Jander · Blasius
**Einführung in das anorganisch-chemische
Praktikum**

Jander · Blasius

Einführung in das anorganisch-chemische Praktikum

(einschließlich der quantitativen Analyse)

von Prof. Dr. Dr. h.c. Joachim Strähle
und Prof. Dr. Eberhard Schweda,
Institut für Anorganische Chemie der Universität Tübingen

15., neu bearbeitete Auflage
Mit 107 Abbildungen und 69 Tabellen

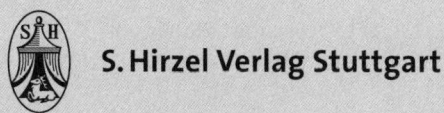

S. Hirzel Verlag Stuttgart

Bibliographische Information der Deutschen Bibliothek
Die Deutsche Bibliothek verzeichnet diese Publikation in der Deutschen Nationalbibliographie; detaillierte bibliographische Daten sind im Internet unter http://dnb.ddb.de abrufbar.

ISBN 3-7776-1364-9

Ein Markenzeichen kann warenrechtlich geschützt sein, auch wenn ein Hinweis auf etwa bestehende Schutzrechte fehlt.

Jede Verwertung des Werkes außerhalb der Grenzen des Urheberrechsgesetzes ist unzulässig und strafbar. Dies gilt insbesondere für Übersetzung, Nachdruck, Mikroverfilmung oder vergleichbare Verfahren sowie für die Speicherung in Datenverarbeitungsanlagen.

© 2005 S. Hirzel Verlag, Birkenwaldstraße 44, 70191 Stuttgart
Printed in Germany
Satz und Druck:
K. Triltsch, Print und digitale Medien GmbH, Ochsenfurt-Hohestadt

Vorwort zur 15. Auflage

In der nun vorliegenden 15. Auflage der Einführung in das anorganisch-chemische Praktikum wurden insbesondere die Angaben zum sicheren Arbeiten im Labor und die Bestimmungen der gültigen Gefahrstoffverordnung ergänzt und auf den neuesten Stand gebracht. Außerdem haben wir Kapitel über chromatographische Methoden, über die Flammenphotometrie und die Atomabsorptionsspektroskopie neu aufgenommen. Auch einige Abbildungen wurden neu gestaltet.

Sehr herzlich danken wir unseren Lesern für die Hinweise auf Fehler und Unstimmigkeiten, die uns nach Erscheinen der 14. Auflage erreicht haben.

Wir hoffen, dass das Lehrbuch im Anfängerunterricht weiterhin gute Dienste leistet.

Tübingen, im Sommer 2005   E. Schweda und J. Strähle

Zur Geschichte dieses Buches

Die 1. Auflage der vorliegenden „Einführung in das anorganisch-chemische Praktikum" wurde 1949 von Prof. Dr. Gerhart Jander und Prof. Dr. Hildegard Wendt veröffentlicht. Der nachfolgende Auszug aus dem Vorwort zu dieser Auflage verdeutlicht die Absicht der Autoren, das Buch vor allem für die praktische Ausbildung der Studenten des Lehramts mit Chemie als Haupt- oder Nebenfach sowie für Studenten naturwissenschaftlicher Fächer anzubieten. Die „Einführung" umfasste von Anfang an neben einigen theoretischen Grundlagen, die Qualitative und Quantitative Analyse, sowie Vorschriften für das präparative Arbeiten. Sie hat sich sehr schnell zu einem Standardwerk für die praktische Ausbildung entwickelt, das in der Folge auch an den Fachhochschulen benutzt wurde.

Aus dem Vorwort zur 1. Auflage

Die vorliegende Einführung in das gesamte anorganisch-chemische Praktikum einschließlich der quantitativen chemischen Analysenverfahren wendet sich hauptsächlich an alle Studierenden naturwissenschaftlicher Fächer, welche Chemie und chemische Praktika in etwas umfangreicherem Maße benötigen, also z. B. Lehramtsanwärter und Pädagogen mit Chemie als Hauptfach oder Nebenfach, Mineralogen, Geologen, Physiker, Biologen usw., welche aber nicht ganz so intensiv und langdauernd im anorganisch-chemischen Praktikum verweilen können wie Vollchemiker. In das Hilfsbuch haben wir Übungsbeispiele aus der qualitativen chemischen Analyse, der präparativen anorganischen Chemie und der quantitativen chemischen Arbeitsmethodik möglichst paritätisch Aufnahme gefunden, so dass aus jedem Bereich eine größere Anzahl von Aufgaben zur Auswahl steht. Von den anorganisch-chemischen Präparaten lassen sich einige durchaus auch als Schulversuche durchführen. Wir haben uns bemüht, an geeignet erscheinenden Stellen kürzere, allgemein chemische Erläuterungen einzuschalten, welche das verständnisvolle, praktische Durcharbeiten erleichtern, die jeweiligen Übungsbeispiele aus der Sphäre der Einzelerscheinung herausheben und dem gesamten Stoffgebiet ein einheitliches Gepräge und Zusammenhang verleihen sollen.

Greifswald und Berlin, im Herbst 1949   G. Jander und H. Wendt

1951 ergänzten die Autoren die „Einführung in das anorganisch-chemische Praktikum" durch ein „Lehrbuch der analytischen und präparativen anorganischen Chemie", das sich an Studenten des Diplomstudiengangs Chemie wandte und dementsprechend einen umfangreicheren Teil über die theoretischen Grundlagen enthielt.

Aufgrund seines Todes im Dezember 1961 konnte Professor Jander die 6./7. Neuauflage der „Einführung" nicht mehr zu Ende führen. Sie wurde von Prof. Dr. E. Blasius und seinen Mitarbeitern übernommen und erschien 1965. Frau Prof. Wendt war zu diesem Zeitpunkt wegen anderweitiger Verpflichtungen aus dem Autorenteam ausgeschieden. Prof. Blasius hat die „Einführung" in den folgenden Jahren mehrfach überarbeitet und ergänzt. So wurden beispielsweise elektroanalytische Methoden und die quantitative Analyse technischer Produkte sowie die neu entwickelte Titration und die Gaschromatographie neu aufgenommen.

Die erfolgreiche Tätigkeit von Prof. Blasius und seinen Mitarbeitern endete mit der 12. Auflage. Prof. Blasius starb überraschend im August 1987.

Mit der 13. Auflage begann die Autorenschaft von Prof. Dr. Joachim Strähle und Prof Dr. Eberhard Schweda, Institut für Anorganische Chemie der Universität Tübingen.

Inhaltsverzeichnis

Vorwort V
Zur Geschichte dieses Buches VI

1 Allgemeiner Teil

1.1 Theoretische Vorbemerkungen und historischer Rückblick 2

1.1.1	Periodensystem der Elemente – Aufbau der Materie	2
1.1.2	**Ionenlehre und Bindungsarten**	12
1.1.3	**Säure-Base-Gleichgewichte**	18
1.1.3.1	Stoffmengenkonzentration, Äquivalentkonzentration, Molalität .	18
1.1.3.2	Säuren, Basen, Neutralisation	19
1.1.4	**Chemisches Gleichgewicht, Massenwirkungsgesetz, Löslichkeitsprodukt**	21
1.1.4.1	Massenwirkungsgesetz	22
1.1.4.2	Dissoziation und Dissoziationsgrad	23
1.1.4.3	Hydrolyse und Pufferlösungen	26
1.1.4.4	Löslichkeitsprodukt	27
1.1.5	**Oxidation und Reduktion**	28
1.1.5.1	Wertigkeit, Oxidationsstufe	31
1.1.5.2	Periodensystem und Oxidationsstufen	32
1.1.5.3	Disproportionierung und Komproportionierung (Synproportionierung)	34
1.1.5.4	Spannungsreihe und Redoxpotenzial	34
1.1.6	**Stöchiometrisches Rechnen**	38
1.1.7	**Grundlagen der Komplexchemie**	41
1.1.8	**Kolloidchemie**	46
1.1.9	**Nomenklatur**	51

1.2 Giftgefahren und Arbeitsschutz ... 58

1.2.1 Das Chemikaliengesetz ... 58
1.2.1.1 Gefährliche Stoffe und gefährliche Zubereitungen (§ 3a ChemG) ... 59
1.2.2 **Die Gefahrstoffverordnung** ... 59
1.2.2.1 Begriffsbestimmungen (§ 3 GefStoffV) ... 60
1.2.2.2 Die Betriebsanweisung (§ 20 GefStoffV) ... 62
1.2.2.3 Verpackung und Kennzeichnung bei der Verwendung von Chemikalien (§ 23 GefStoffV) ... 68
1.2.2.4 Aufbewahrung und Lagerung von Chemikalien (§ 24 GefStoffV) ... 68
1.2.2.5 Anhang I der Gefahrstoffverordnung (bzw. in Bezug genommene Richtlinien der Europäischen Gemeinschaft) ... 69
1.2.3 **Allgemeine Arbeitsregeln im Labor** ... 69
1.2.4 **Entsorgung von Laborabfällen** ... 72
1.2.4.1 Hinweise auf besondere Entsorgungsmaßnahmen ... 72

1.3 Praktische Vorbemerkungen ... 76

1.3.1 **Trennung durch Kristallisation oder Niederschlagsbildung, Destillation, Eindampfen** ... 76
1.3.2 **Trennung durch chromatographische Methoden** ... 78
1.3.2.1 Dünnschichtchromatographie ... 79
1.3.2.2 Papierchromatographie ... 80
1.3.2.3 Säulenchromatographie ... 81
1.3.2.4 Ionenchromatographie ... 81
1.3.2.5 Gaschromatographie ... 84
1.3.3 **Trocknen, Trockenmittel** ... 85
1.3.4 **Erhitzen** ... 86
1.3.5 **Glasbearbeitung** ... 87
1.3.6 **Behandlung von Platingeräten** ... 88
1.3.7 **Behandlung physikalischer Apparate** ... 89
1.3.8 **Arbeitstechnik und Geräte der Halbmikroanalyse** ... 89

2 Qualitativer und präparativer Teil

2.1 Grundsätzliches ... 97

2.1.1 **Nachweis von Anionen und Kationen** ... 97
2.1.1.1 Spezifität und Selektivität ... 98

2.1.1.2	Grenzkonzentration	99
2.1.1.3	Erfassungsgrenze	99
2.1.2	**Darstellung von Präparaten**	100

2.2 Die wichtigsten Nichtmetalle und einige ihrer Verbindungen ... 102

2.2.1	**Wasserstoff**	103
2.2.1.1	Wasser und Wasserstoffperoxid	105
2.2.2	**3. Hauptgruppe des PSE**	109
2.2.2.1	Bor und seine Verbindungen	109
2.2.3	**4. Hauptgruppe des PSE**	110
2.2.3.1	Kohlenstoff und seine Verbindungen	111
	Kohlenmonoxid, Kohlendioxid, Kohlensäure und Carbonate	111
	Essigsäure und Acetate	114
	Oxalsäure und Oxalate	115
	Cyanwasserstoffsäure, Cyanide und Cyanokomplexe	116
	Komplexe Cyanide	118
	Thiocyansäure und Thiocyanate	119
2.2.3.2	Silicium und seine Verbindungen	120
2.2.4	**5. Hauptgruppe des PSE**	123
2.2.4.1	Stickstoff und seine Verbindungen	124
	Ammoniak	124
	Derivate des Ammoniaks	126
	Distickstoffmonooxid	129
	Stickstoffoxid und Stickstoffdioxid	129
	Salpetrige Säure und Nitrite	130
	Salpetersäure und Nitrate	133
2.2.4.2	Phosphor und seine Verbindungen	136
	Phosphorsäure und Phosphate	136
	Analyse bei Gegenwart von Phosphorsäure	140
2.2.5	**6. Hauptgruppe des PSE, Chalkogene**	142
2.2.5.1	Sauerstoff und seine Verbindungen	142
2.2.5.2	Schwefel und seine Verbindungen	144
	Schwefelwasserstoff und Sulfide	146
	Schwefeldioxid, schweflige Säure und Sulfite	147
	Schwefelsäure und Sulfate	150
	Peroxoschwefelsäuren	152
	Thioschwefelsäure und Thiosulfate	152
	Trennung und Nachweis von S^{2-}, SO_3^{2-}, SO_4^{2-}, $S_2O_3^{2-}$ und CO_3^{2-}	154
2.2.6	**7. Hauptgruppe des PSE, Halogene**	155
2.2.6.1	Fluor und seine Verbindungen	156
	Fluorwasserstoff und Fluoride	156

XII Inhaltsverzeichnis

	Trennung und Nachweis von F^- und $[SiF_6]^{2-}$	158
	Trennung und Nachweis von Silicaten, Boraten und F^-	159
2.2.6.2	Chlor und seine Verbindungen	160
	Salzsäure und Chloride	163
	Säurechloride	165
	Chlorsauerstoffverbindungen	168
2.2.6.3	Brom, Iod und ihre Verbindungen	170
	Trennung und Nachweis von Cl^-, Br^-, I^- und NO_3^-	173
2.2.7	**Nachweis der Anionen**	174
2.2.7.1	Die häufigsten Anionen und ihr Nachweis	174
	Prüfung auf Anionen bei Gegenwart störender Kationen. Sodaauszug	175
2.2.7.2	Nachweis aller Anionen	176
	Analyse bei Gegenwart von CN^- und SCN^-	181
	Analyse bei Gegenwart von $C_2O_4^{2-}$	182

2.3 Die Metalle und ihre Verbindungen – Analyse und Trennung der Kationen ... 183

2.3.1	**1. Hauptgruppe des PSE, lösliche Gruppe (zusätzlich Mg und NH_4^+)**	184
2.3.1.1	Natrium	184
	Spektralanalyse bzw. Flammenfärbung	185
2.3.1.2	Kalium	188
2.3.1.3	Ammonium	191
2.3.1.4	Magnesium	193
2.3.1.5	Trennung und Nachweis von Na^+, K^+, NH_4^+, Mg^{2+}	196
2.3.2	**2. Hauptgruppe des PSE, Ammoniumcarbonatgruppe**	197
2.3.2.1	Calcium	198
2.3.2.2	Strontium	201
2.3.2.3	Barium	203
2.3.2.4	Trennung und Nachweis von Ba^{2+}, Sr^{2+} und Ca^{2+}	205
	Chromat-Sulfat-Verfahren	205
	Aufschluss der Erdalkalisulfate	206
	Anionennachweis	207
2.3.3	**Nebengruppen des PSE, Ammoniumsulfid-Urotropin-Gruppe**	207
	Trennung der Elemente der $(NH_4)_2S$-Gruppe	208
2.3.3.1	Nickel	209
	Phosphorsalz- und Boraxperle	211
2.3.3.2	Cobalt	212
2.3.3.3	Mangan	215
2.3.3.4	Zink	221
2.3.3.5	Eisen	224

	Isopolyoxo-Kationen	227
	Nernstsches Verteilungsgesetz	230
2.3.3.6	Aluminium	233
2.3.3.7	Beryllium	239
2.3.3.8	Chrom	240
	Isopolysäuren	243
2.3.3.9	„Seltenere" Elemente: 4. bis 6. Nebengruppe des PSE	245
	Heteropolysäuren	246
2.3.3.10	Titan	247
2.3.3.11	Vanadium	249
2.3.3.12	Molybdän	252
2.3.3.13	Wolfram	254
2.3.3.14	„Seltenere" Elemente: 3. Nebengruppe des PSE	257
2.3.3.15	Uran	258
2.3.3.16	Analysengang der Ammoniumsulfid-Urotropingruppe	259
	Vorproben	259
	Kationentrennungsgang	260
	Urotropinverfahren	260
	Ammoniumsulfid-Verfahren	263
	Urotropintrennung unter Berücksichtigung der „selteneren" Elemente	265
	Aufschluss geglühter Oxide	268
	Anionennachweis	269
	Analyse und Aufschluss von Silicaten	269
2.3.4	**Elemente der Schwefelwasserstoffgruppe**	**270**
	Kupfergruppe	271
2.3.4.1	Quecksilber	271
2.3.4.2	Blei	275
2.3.4.3	Bismut	278
2.3.4.4	Kupfer	280
2.3.4.5	Cadmium	284
2.3.4.6	Trennungsgang der Kupfergruppe	286
	Arsen-Zinn-Gruppe	289
2.3.4.7	Arsen	289
2.3.4.8	Antimon	294
2.3.4.9	Zinn	301
2.3.4.10	Trennungsgang der Arsen-Zinn-Gruppe	305
2.3.5	**Elemente der Salzsäuregruppe**	**308**
2.3.5.1	Silber	308
2.3.5.2	Trennungsgang der Salzsäuregruppe	311

2.4 Systematischer Gang der Analyse ... 313

2.4.1 Vorproben ... 313

2.4.2	**Trennungsgang der Kationen**	317
2.4.2.1	Säureschwerlösliche Gruppe	318
2.4.2.2	Die Salzsäuregruppe Ag, Hg(I), Pb	320
2.4.2.3	Die H_2S-Gruppe	322
2.4.2.4	Ammoniumsulfid-Urotropingruppe	327
2.4.2.5	Ammoniumcarbonatgruppe	337
2.4.2.6	Lösliche Gruppe	339

3 Quantitative Analyse

3.1 Theorie 342

3.1.1	**Arbeitsabschnitte**	342
3.1.2	**Bewertungsgrundlagen**	344
3.1.3	**Trennmethoden**	346
3.1.4	**Bestimmungsverfahren**	348

3.2 Arbeitsgeräte 350

3.2.1	**Analytische Waagen**	350
3.2.2.	**Messgefäße**	351
3.2.3	**Sonstige Grundgeräte**	354
3.2.4	**Sondergeräte**	354

3.3 Gravimetrische Verfahren 355

3.3.1	**Allgemeine Grundlagen**	355
3.3.2	**Einzelbestimmung von Anionen**	360
3.3.3	**Einzelbestimmung von Kationen**	364

3.4 Titrimetrische Verfahren 381

3.4.1	**Allgemeine Grundlagen**	381
3.4.2	**Neutralisationsverfahren**	387
3.4.2.1	Grundlagen	387
	Titrationskurven	388
	Indikatoren	392
	Arbeitsbedingungen und Fehlerquellen	394

3.4.2.2	Maßlösung und Titerstellung	395
3.4.2.3	Titration mit Laugen	398
3.4.2.4	Titration mit Säuren	400
3.4.2.5	Titration nach Ionenaustausch	402
3.4.3	**Redoxverfahren**	**405**
3.4.3.1	Grundlagen	405
	Titrationskurven	406
	Redoxindikatoren	408
	Fehler	408
3.4.3.2	Permanganatometrie	409
3.4.3.3	Iodometrie	413
3.4.3.4	Bromatometrie	416
3.4.3.5	Dichromatometrie	417
3.4.3.6	Cerimetrie	418
3.4.3.7	Ferrometrie	419
3.4.4	**Fällungsverfahren**	**420**
3.4.4.1	Grundlagen	420
	Titrationskurven	421
	Indikatoren	422
3.4.4.2	Argentometrie	423
3.4.4.3	Hydrolytische Fällungsverfahren	426
3.4.5	**Komplexbildungs-Titrationen**	**427**
3.4.5.1	Grundsätzliches	427
3.4.5.2	Komplexometrie	428
	Komplexbeständigkeit	431
	Metallindikatoren	432
3.4.5.3	Carbamato-Komplexe	436

3.5 Trennungen ... 438

3.5.1	**Trennung durch Fällung**	**438**
3.5.1.1	Abtrennung als Hydroxide	438
3.5.1.2	Abtrennung als organische Komplexe	440
3.5.1.3	Abtrennung als Sulfide	441
3.5.1.4	Abtrennung als organische Sulfidderivate	442
3.5.2	**Trennung durch Extraktion**	**443**
3.5.3	**Maskierung statt Trennung**	**445**
3.5.4	**Trennung über die Gasphase**	**448**
3.5.5	**Trennung durch Ionenaustauschchromatographie**	**452**

3.6 Elektroanalytische Methoden ... 454

3.6.1	**Allgemeine Grundlagen**	**454**

3.6.1.1 Elektrochemische Einheiten 454
3.6.1.2 Potenzialbildung und Nernstsches Gesetz 457
3.6.2 Potentiometrie 460
3.6.2.1 Indikator- und Bezugselektroden 460
3.6.2.2 Messanordnungen 463
3.6.2.3 Titrationen mit potentiometrischer Endpunktsanzeige 464
3.6.3 Elektrogravimetrie 466
3.6.3.1 Theoretische Grundlagen 467
3.6.3.2 Versuchsanordnung 471
3.6.3.3 Elektrogravimetrische Bestimmungen 473
3.6.4 Polarographie 475
3.6.4.1 Theoretische Grundlagen 476
3.6.4.2 Messanordnung 478
3.6.4.3 Polarographische Bestimmungen 479
3.6.5 Konduktometrie 480
3.6.5.1 Leitfähigkeit von Elektrolytlösungen 481
3.6.5.2 Kurvenformen 482
3.6.5.3 Messanordnung 485
3.6.5.4 Titration mit konduktometrischer Endpunktsanzeige 486

3.7 Optische Methoden 487

3.7.1 Kolorimetrie und Photometrie 487
3.7.1.1 Grundbegriffe und Grundgesetze 487
3.7.1.2 Geräte 489
3.7.2 Photometrische Bestimmungen 493
3.7.3 Atomemissionsspektroskopie, Flammenphotometrie 495
3.7.4 Atomabsorptionsspektroskopie, AAS 496
3.7.3.1 Bestimmung von Strontium 499

3.8 Gasanalyse 500

3.8.1 Allgemeine Grundlagen 500
3.8.1.1 Gasgesetze 500
3.8.1.2 Geräte 502
3.8.2 Chemische Methoden der Gasanalyse 504
3.8.2.1 Qualitativer Nachweis 505
3.8.2.2 Absorptiometrie 505
3.8.2.3 Verbrennungsanalyse 507
3.8.2.4 Gasvolumetrie 509
3.8.2.5 Gastitrimetrie 512
3.8.2.6 Gasgravimetrie 512
3.8.3 Physikalisch-chemische Methoden der Gasanalyse 513

3.8.3.1 Wärmeleitfähigkeitsmethode 513
3.8.3.2 Weitere Methoden 514
3.8.3.3 Bestimmung von Leuchtgas durch Adsorptions-
Gaschromatographie mit einer einfachen Eigenbau-Apparatur . 515

3.9 Chemische Materialkontrolle technischer Produkte . . . 516

3.9.1 Praktische Vorbemerkungen 516
3.9.2 Wasseranalyse 517
3.9.3 Mineralanalyse 519
3.9.4 Glasanalyse (Anorganische Gläser) 526
3.9.5 Legierungsanalyse 530
3.9.6 Analyse technischer Gase 544

4 Anhang

4.1 Tabellen 547

Übliche Konzentrationen der wichtigsten Lösungen 548
Dichte und Gehalt wässriger Lösungen 549
Elektronenanordnung der Elemente 555
Relative Atommassen der Elemente 557
R-Sätze 559
S-Sätze 562

4.2 Verzeichnis der Zeichen und Symbole 564
4.3 Verzeichnis der Wortabkürzungen 568
4.4 Literaturverzeichnis 569

5 Register

5.1 Formelregister der Präparate 571
5.2 Namensregister 572

5.3 Sachregister 574

Kristallaufnahmen 591
Spektraltafel 597

1 Allgemeiner Teil

Wie aus dem Vorwort schon hervorgeht, wendet sich die vorliegende „Einführung in das anorganisch-chemische Praktikum" hauptsächlich an diejenigen Studierenden, die Chemie als Nebenfach betreiben. Jedoch wird die „Einführung" auch dem Chemiestudenten an Hoch- und Fachhochschulen gute Dienste leisten. Im Gegensatz zum „Lehrbuch der analytischen und präparativen anorganischen Chemie" waren bei der Gliederung des Stoffes der „Einführung" vor allem pädagogische Gesichtspunkte (Aufbau der Gedankengänge aus dem Experiment) maßgebend.

Die praktischen Arbeiten auf dem Gebiet der anorganisch-analytischen Chemie haben in pädagogischer Hinsicht einen doppelten Zweck. Sie sollen einerseits dem Studenten die für seine Ausbildung notwendigen Stoffkenntnisse vermitteln. Dieser Gesichtspunkt tritt um so stärker hervor, je geringer die Anforderungen an die chemische Ausbildung sind. Die Aufteilung des Stoffes in Form von Analysen hat hier nur den Zweck, eine größtmögliche Kontrolle über die Arbeitsweise des Studenten seitens des Assistenten zu gewährleisten. Andererseits sollen die praktischen Arbeiten eine Einführung in die analytische und präparative Methodik darstellen. Dies gilt besonders für Studenten, deren Beruf eine spätere Beschäftigung mit chemischen Problemen unbedingt notwendig macht.

Im Anschluss an diese Ausführung folgen zwei Kapitel theoretischer und praktischer Vorbemerkungen. Das erste Kapitel 1.1 bringt einige wesentliche Grundtatsachen der allgemeinen Chemie, deren nähere Erklärung den Rahmen einer „Einführung in das anorganisch-chemische Praktikum" überschreitet, die jedoch das Fundament unseres heutigen chemischen Wissens bilden. Es handelt sich vor allem um das Gesetz der Erhaltung der Masse, die chemischen Grundgesetze, den Atom- und Molekülbegriff, die die Grundlage für die Aufstellung von Formeln und Gleichungen geben. Es folgen Gedanken über das Periodensystem der Elemente (PSE). Man lese Näheres in den Lehrbüchern der anorganischen Chemie nach, und zwar betreffs der Grundgesetze usw. zu Beginn der Ausbildung, hinsichtlich des Periodensystems und des Aufbaus der Materie spätestens, wenn die entsprechenden Begriffe im Praktikumsbuch genannt werden.

Das Kapitel 1.2 gibt eine Anzahl praktischer Hinweise, deren Kenntnis für eine ordnungsgemäße und gefahrlose Durchführung der einzelnen Arbeitsoperationen Voraussetzung ist.

1.1 Theoretische Vorbemerkungen und historischer Rückblick

1.1.1 Periodensystem der Elemente – Aufbau der Materie

Während geschichtlich gesehen die Physik – die Wissenschaft von den Naturerscheinungen ohne stoffliche Veränderung – seit frühen Zeiten (z. B. *Archimedes* † 212 v. Chr.) als eine exakte Naturwissenschaft mit mathematisch erfassbaren Gesetzen zu bezeichnen ist, war die Chemie – die Wissenschaft von den Eigenschaften und Umwandlungen der Stoffe – bis Ende des 18. Jahrhunderts vorwiegend eine auf empirischen Grundlagen beruhende beschreibende Naturwissenschaft.

Erst als der russische Gelehrte *Michail Lomonossow* (1711–1765) und der französische Chemiker *Antoine Lavoisier* (1743–1794) die Vorgänge bei der Verbrennung quantitativ mit der Waage verfolgten, trat in der Chemie die messende und quantitative Fragestellung in den Vordergrund. Beide entdeckten somit unabhängig voneinander das **Gesetz von der Erhaltung der Masse:**

> **Bei allen chemischen Umsetzungen bleibt die Gesamtmasse der Reaktionsteilnehmer erhalten.**

Aufgrund des Massen-Energie-Äquivalenzgesetzes von *Albert Einstein* (1879–1955) wissen wir heute, dass das vorstehende Gesetz nur ein Grenzfall des allgemeinen Prinzips von der Erhaltung der Energie ist.

Durch Zusammenfassung zahlreicher quantitativer Untersuchungsergebnisse formulierte dann Anfang des 19. Jahrhunderts der französische Chemiker *Josèphe-Louis Proust* (1754–1826) das erste chemische Grundgesetz, das **Gesetz von den konstanten Proportionen:**

> **Zwei oder mehrere Elemente treten in einer Verbindung in einem ganz bestimmten Gewichtsverhältnis zusammen.**

Das zweite chemische Grundgesetz, das **Gesetz von den multiplen Proportionen** von *John Dalton* (1766–1844), stellt nur eine Erweiterung des ersten dar:

> **Bilden zwei Elemente mehrere Verbindungen miteinander, so stehen die Gewichtsverhältnisse miteinander im Verhältnis kleiner ganzer Zahlen.**

Periodensystem der Elemente – Aufbau der Materie

Die genannten Gesetze konnten in ihrem Wesensinhalt 1805 durch *Dalton* mit der **Atomhypothese** gedeutet werden:

> **Die chemischen Elemente (Grundstoffe, die chemisch nicht mehr zerlegt werden können) bestehen aus kleinsten Teilen, den Atomen. Die Atome verbinden sich in ganzzahligen Verhältnissen zu Verbindungen, die entweder aus kleinen Einheiten – den Molekülen – oder aus polymeren Verbänden wie z. B. den Salzen bestehen.**

Der Beweis für das Auftreten von Molekülen wurde 1811 durch den italienischen Physiker *Amadeo Avogadro* (1776–1856) erbracht. Er stellte aufgrund von Untersuchungen an Gasen die nach ihm benannte Hypothese auf:

> **Gleiche Volumina idealer Gase enthalten bei gleichem Druck und gleicher Temperatur die gleiche Anzahl von Molekülen.**

Erst diese Erkenntnisse gestatten die Aufstellung sinnvoller Formeln, Gleichungen und damit auch die Ermittlung von relativen Atommassen. Diese wurden lange Zeit auf die gleich 16,0000 gesetzte Masse des Sauerstoffs bezogen.

Die Vielzahl der in der Zwischenzeit entdeckten Elemente regte die Forscher an, nach gemeinsamen Beziehungen zu suchen. Das Endergebnis war die Aufstellung des **Periodensystems der Elemente** (PSE) unabhängig voneinander durch *Lothar Meyer* (1830–1895) und *Dimitri Mendelejeff* (1834–1907) im Jahre 1869. Als Ordnungsprinzip diente die Atommasse. Sie ordneten die Elemente mit Ausnahme des Wasserstoffs mit steigender Atommasse in mehrere untereinander stehende Reihen (Perioden genannt), so dass chemisch ähnliche Elemente in senkrechten Gruppen untereinander angeordnet sind (s. Periodensystem, vorderer Buchdeckel innen). Die Gruppen des Periodensystems wurden in Haupt- und Nebengruppen eingeteilt (s. S. 6), wobei die Gruppennummer in der Regel der Anzahl Valenzelektronen (s. S. 5) entspricht. Heute wird jedoch eine durchgehende Nummerierung der Gruppen von 1 bis 18 empfohlen.

Bei Einordnung der Elemente nach der relativen Atommasse zeigte sich jedoch, dass in einigen Fällen Umstellungen notwendig waren. Und zwar mussten Argon (39,948) und Kalium (39,098), Tellur (127,60) und Iod (126,90) sowie Cobalt (58,93) und Nickel (58,69) aufgrund ihrer chemischen Eigenschaften ausgetauscht werden.

Diese und andere Tatsachen wiesen darauf hin, dass die Atommasse kein eindeutiges Ordnungsprinzip darstellt und dass das Atom selbst nicht unteilbar ist. Hierzu gehören die Entdeckung der Ionisation verdünnter Gase im elektrischen Feld, wobei positiv geladene Teilchen (Kanalstrahlen, entdeckt 1886 von *Goldstein*) und negative Teilchen sehr kleiner Masse (Kathodenstrahlen, entdeckt 1858 von *Plücker*) entstehen, sowie vor allem die Entdeckung der Radioaktivität (*Becquerel* 1896). Die darauf folgenden grundsätzlichen Untersuchungen, die u. a. mit den Namen des Ehepaares *Curie* (*Marie Curie* 1867–1934; *Pierre Curie* (1859–1906) und *Ernest Rutherford* (1871–1937) verknüpft sind, ergaben ein

4 Theoretische Vorbemerkungen und historischer Rückblick

vollständig neues Bild vom Aufbau der Materie. So konnte z. B. gezeigt werden, dass α-Strahlen (Heliumkerne) Materie sehr leicht durchdringen, was auf erheblichen freien Raum hinwies. Vor allem begründet auf die teilweise sehr starke Ablenkung der Bahnen der α-Strahlen bei Durchgang durch Materie entwarf 1911 *Rutherford* ein in der Zwischenzeit jedoch erheblich verfeinertes Atommodell:

> **Ein Atom besteht aus einem kleinen positiv geladenen Kern, der praktisch die Gesamtmasse enthält, und einer Hülle negativ geladener, den Kern umkreisender Elektronen, deren Anzahl der Kernladungszahl entspricht.**

Nach *Niels Bohr* kreisen die Elektronen zwar um den Kern wie die Planeten um die Sonne, doch sind ihnen nur bestimmte Bahnen erlaubt. Die möglichen Bahnen ergeben sich aus der Anwendung der Quantentheorie für die Deutung der Spektrallinien (s. S. 185 ff.). Mehrere Elektronen ähnlicher Energieniveaus sind in gesetzmäßiger Weise in einer Elektronenschale angeordnet. Bei einem neutralen Atom ist die Anzahl der positiven Kernladungen gleich der Gesamtzahl der Elektronen. Die Kernladungszahl ist identisch mit der Ordnungszahl des Elementes im Periodensystem.

Es gilt daher aufgrund unseres heutigen Wissens:

> **Unter einem Element versteht man einen Stoff, dessen Atome die gleiche Kernladung besitzen.**

Vor allem die Vorgänge der Radioaktivität zeigen, dass auch der Atomkern nicht unteilbar ist. Nachdem aufgrund der Arbeiten von *Bothe* und *Becker* durch *Chadwick* 1932 das Neutron entdeckt worden war, ergab sich endlich folgendes Bild:

> **Der Atomkern besteht aus Protonen (relative Masse ungefähr 1, eine positive Elementarladung) und Neutronen (relative Masse ungefähr 1, keine Ladung). Die Anzahl der Protonen ist identisch mit der Kernladungszahl (Ordnungszahl) des Elementes. Alle Atome eines Elementes besitzen also die gleiche Anzahl Protonen im Kern, die Anzahl Neutronen kann jedoch unterschiedlich sein. Derart verschiedene Atomsorten nennt man Isotope. Unsere natürlichen Elemente stellen in vielen Fällen ein Isotopengemisch dar.**

Kohlenstoff besteht aus 98,89% Kohlenstoff-12 und 1,11% Kohlenstoff-13. Auf Kohlenstoff-12 beziehen sich neuerdings chemische und atomphysikalische Einheiten:

> **Alle relativen Atom- und Molekülmassen beziehen sich auf die gleich 12,0000 gesetzte Masse des Kohlenstoff-Isotops ^{12}C. Der 12te Teil der relativen Masse eines Atoms Kohlenstoff-12 ist die atomare Masseneinheit mit**

Fortsetzung

> dem Kurzzeichen u. Die Anzahl Atome in 12 g Kohlenstoff-12 wird als **Loschmidtsche Zahl** bezeichnet. Sie definiert die Teilchenzahl, aus der die Stoffmenge 1 Mol besteht. Kurzzeichen der Einheit ist mol.

Atommodelle

Die einzelnen Elektronenschalen, die konzentrisch um den Atomkern angeordnet sind, werden durch die Hauptquantenzahlen n charakterisiert. n kann alle ganzzahligen Werte beginnend mit n = 1 annehmen. n = 1 repräsentiert die innerste Schale. Mit steigendem n wird der radiale Abstand der Elektronen vom Kern größer. Die Hauptquantenzahl n ist zugleich ein Maß für die Energie der Elektronen. Mit steigendem n wird die Energie größer, d.h. um ein Elektron in eine Schale mit größerem n anzuheben, ist Energie erforderlich (s. Spektralanalyse S. 185 ff.). Zur Bezeichnung der Elektronenschalen sind neben den Hauptquantenzahlen n = 1, 2, 3, 4 … auch große Buchstaben K, L, M, N … gebräuchlich. Die auf den einzelnen Elektronenschalen maximal mögliche Anzahl Elektronen ist durch $2n^2$ gegeben, wobei n wiederum die Hauptquantenzahl ist. Somit kann die K-Schale mit n = 1 maximal 2 Elektronen aufnehmen. Bei der L-Schale (n = 2) sind es 8 und bei der M-Schale (n = 3) sind es 18 usw. Die chemischen Eigenschaften der Elemente werden weitgehend durch die Elektronen in den äußeren Schalen bestimmt, die auch als **Valenzelektronen** bezeichnet werden. Im Periodensystem ergeben sich die Perioden der Hauptgruppenelemente und die Gruppennummern durch schrittweisen Einbau von Elektronen in die äußerste Schale. Bei Helium ist mit 2, bei den anderen Edelgasen mit 8 Elektronen in der äußersten, n-ten Schale ein besonders stabiler Zustand erreicht. Dagegen wird bei den als Nebengruppen- oder Übergangselemente bezeichneten Elementen die noch nicht voll besetzte Schale mit der Hauptquantenzahl n − 1 besetzt. Dies ist bei den Elementen mit den Ordnungszahlen 21–30 die 3., bei den Elementen mit den Ordnungszahlen 39–48 die 4. und bei den Ordnungszahlen 57 sowie 72–80 die 5. Schale (s. Periodensystem, Umschlag).

Neben der Anzahl der Valenzelektronen werden die Eigenschaften der Atome ganz wesentlich auch vom Atomradius bestimmt. Er nimmt im Periodensystem von oben nach unten zu, da auch die Hauptquantenzahl n und damit die Anzahl der Elektronenschalen zunimmt. Innerhalb einer Periode nimmt der Radius von links nach rechts ab, da die Kernladung steigt und somit auch die Anziehungskraft auf die Elektronen, die in dieselbe Schale eingebaut werden, zunimmt.

Die Elektronenanordnung der Elemente gibt die Aufstellung auf Seite 565 wieder.

Das Periodensystem, wie es heute vorliegt (s. vorderer Buchdeckel innen) enthält 111 natürliche und künstliche Elemente. Aus der Stellung des jeweiligen Elements in diesem System lässt sich eine große Anzahl für den Chemiker wichtiger Eigenschaften ableiten (s. S. 6).

6 Theoretische Vorbemerkungen und historischer Rückblick

Heute verwendet man statt des Bohrschen Atommodells das **Orbitalmodell**. Dabei geht man davon aus, dass die Elektronen auch Wellencharakter haben können. Die Elektronen eines Atoms werden als dreidimensionale stehende Wellen angesehen, die als Orbitale bezeichnet werden. Zur Charakterisierung der Form der Orbitale benötigt man außer der Hauptquantenzahl n noch eine Nebenquantenzahl l, die alle ganzzahligen Werte von $l = 0$ bis $l = n - 1$ annehmen kann. Für Nebenquantenzahlen sind auch kleine Buchstaben gebräuchlich; s für $l = 0$, p für $l = 1$, d für $l = 2$ und f für $l = 3$. Die Orbitale werden entsprechend als s-, p-, d- oder f-Orbitale bezeichnet. Zur genaueren Charakterisierung muss außerdem noch die Hauptquantenzahl der Orbitalbezeichnung vorangestellt werden: z. B. 1s, 2s, 2p, 3s, 3p, 3d usw. Jedem Orbital und damit jeder Schwingungsform entspricht eine bestimmte Elektronenenergie. Außer bei den ns-Orbitalen gibt es jeweils mehrere Orbitale gleicher Form und Energie, aber unterschiedlicher Orientierung, und zwar, jeweils drei np-Orbitale, die längs der Achsen eines orthogonalen Koordinatensystems ausgerichtet sind, sowie jeweils fünf nd-Orbitale und sieben nf-Orbitale. Jedes Orbital kann ein oder zwei Elektronen repräsentieren, d. h. dass jedes Orbital ein Aufenthaltsraum für maximal zwei Elektronen sein kann. Für ein weiteres Verständnis des Orbitalmodells sei auf die entsprechenden Lehrbücher verwiesen.

Zuvor haben wir festgestellt, dass die chemischen Eigenschaften im wesentlichen von den Valenzelektronen in den äußersten Schalen bestimmt werden. Diese befinden sich, nach dem Orbitalmodell, in den Orbitalen mit der bzw. den höchsten Hauptquantenzahlen. Bei den Hauptgruppenelementen sind dies ns- oder ns- und np-Orbitale; bei den Nebengruppenelementen die ns- und $(n-1)$d Orbitale. Innerhalb der Nebengruppenelemente gibt es außerdem die auf das Element Lanthan folgenden 14 Lanthanoide und die auf das Element Actinium folgenden 14 Actinoide, bei denen die 4f- bzw. 5f-Niveaus aufgefüllt werden. In Übereinstimmung mit dem Bohrschen Atommodell haben die Elektronen mit der höchsten Hauptquantenzahl auch den größten radialen Abstand vom Kern, d. h. mit steigender Hauptquantenzahl reichen die Orbitale weiter nach außen.

Periodensystem und Periodizität der Eigenschaften

Es wurde bereits dargelegt, dass im Periodensystem der Elemente die waagerecht verlaufenden Zeilen als Perioden und die senkrecht verlaufenden Spalten als Gruppen bezeichnet werden (s. S. 3). Die Gruppen kann man in Haupt- und Nebengruppen einteilen. Dabei sind die Nebengruppenelemente alle **Metalle** mit niedrigen Ionisierungsenergien (s. S. 102). Sie bilden daher relativ leicht Kationen. In den Hauptgruppen befinden sich sowohl Metalle als auch **Nichtmetalle,** die durch eine Diagonale, die vom Bor zum Astat verläuft, getrennt werden (s. S. 102). Die der Trennungslinie unmittelbar benachbarten Elemente sind Halbmetalle mit weniger stark ausgeprägten metallischen Eigenschaften. Die Nichtmetalle, die rechts der Diagonalen eingeordnet sind, haben gegenüber den Metallen höhere Ionisierungsenergien und bilden eher Anionen.

Zur Definition von Säuren und Basen s. Kap. 1.1.3.

Allgemein bilden die Oxide der Metalle mit Wasser Hydroxide, die der Nichtmetalle Säuren, z. B.

$$Na_2O + H_2O \rightarrow 2\,NaOH \qquad \text{Hydroxid}$$
$$SO_3 + H_2O \rightarrow SO_2(OH)_2 = H_2SO_4 \qquad \text{Säure}$$

Die Oxide der Nichtmetalle werden daher auch als Säureanhydride bezeichnet.
 Die Säurestärke ist abhängig vom Metall- bzw. Nichtmetallcharakter, besser gesagt dem elektropositiven bzw. elektronegativen Charakter der Elemente.
 Wie wir gesehen haben, nimmt im PSE innerhalb einer Periode der Hauptgruppenelemente die Atomgröße von links nach rechts ab (s. Abnahme der Atomradien in Abb. 1.1, S. 13). Die Bindung zwischen diesen Elementen und dem Sauerstoff in Oxiden und Hydroxiden ist weitgehend elektrostatischer Natur. Ihre Stärke wird daher durch das *Coulombsche* Gesetz bestimmt:

$$F = k \cdot \frac{z' \cdot z''}{r^2}$$

wobei F die Kraft der elektrostatischen Anziehung, also ein Maß für die Bindungsfestigkeit, z' und z'' die Ladungen des Elementes bzw. des Sauerstoffs und r deren Abstand voneinander bedeuten. Der Abstand ist gleich der Summe der Ionenradien von Element und Sauerstoff. Die Bindung Element-Sauerstoff muss nach dem *Coulombschen* Gesetz um so fester sein, je größer die positive Ladung des Elementes – die Ladung des Sauerstoffions ist zweifach negativ – und je kleiner dessen Ionenradius, also auch der Abstand r ist. Je fester aber der Sauerstoff gebunden ist, desto schwerer lässt er sich abtrennen, desto weniger ist das Hydroxid dissoziert. Andererseits wird mit zunehmender Festigkeit der Bindung infolge Deformation des Sauerstoffatoms – seine Elektronenhülle wird von dem positiv geladenen Element angezogen, sein positiver Kern dagegen abgestoßen – die Bindung zwischen Sauerstoff und Wasserstoff in den Hydroxiden immer mehr gelockert, die Abspaltung von H^+-Ionen also erleichtert, der saure Charakter muss demnach zunehmen. Beim Übergang von niedrigerer zu höherer Oxidationsstufe eines Elementes wirken Ladung und Abnahme des Ionenradius in gleichem Sinne. Aus beiden Gründen nimmt daher der saure Charakter zu. In den vertikalen Reihen des PSE bleibt zwar die elektrische Ladung gleich, der Ionenradius vergrößert sich jedoch erheblich; die Folge davon ist die Zunahme der Dissoziation und damit der Löslichkeit der Hydroxide.
 Bei Hydroxiden in einer solchen Reihe, die den Übergang von überwiegend basischen zu überwiegend sauren Hydroxiden bilden, halten sich nun basischer und saurer Charakter angenähert die Waage. Diese Hydroxide können daher ebenso als sehr schwache Basen wie als sehr schwache Säuren reagieren, sie sind **amphoter** wie z. B. das Hydroxid des As(III), die arsenige Säure:

$$As^{3+} + 3\,H_2O \xrightleftharpoons{3\,H^+} As(OH)_3 \xrightleftharpoons{3\,OH^+} AsO_3^{3-} + 3\,H_2O$$

Nach dem Massenwirkungsgesetz (MWG) wird in saurer Lösung das Gleichgewicht nach links, in alkalischer dagegen vollständig nach rechts unter Bildung von Arsenitionen, AsO_3^{3-}, verschoben. In entsprechender Weise lässt sich auch die Dissoziation anderer amphoterer Hydroxide formulieren, so dass z. B. aus Zink- oder Aluminiumhydroxid Zincat- oder Aluminationen entstehen. Der einfachen Dissoziation nach dem Schema der arsenigen Säure überlagert sich hier allerdings das Bestreben dieser Elemente, statt der Anionen der Sauerstoffsäuren vorwiegend Hydroxokomplexe zu bilden, z. B.

$$Zn(OH)_2 + 2\,OH^- \rightleftharpoons [Zn(OH)_4]^{2-}$$
$$Al(OH)_3 + OH^- \rightleftharpoons [Al(OH)_4]^-$$

Sowohl durch Verdünnen als auch durch Temperaturerhöhung muss nach dem MWG Hydroxid zurückgebildet werden (s. S. 21).

Allgemein gilt nach den vorhergehenden Ausführungen:

1. In den Perioden der Hauptgruppen des PSE nimmt von links nach rechts der Säurecharakter der „Hydroxide" zu. $Al(OH)_3$ ist amphoter. H_4SiO_4 rechnet man zu den schwächsten Säuren, H_3PO_4 ist schon eine mittelstarke, H_2SO_4 eine starke und $HClO_4$ eine sehr starke Säure.
2. In derselben Reihenfolge geht die Löslichkeit in Wasser und ebenso auch die Bindefestigkeit des Wassers an das Oxid durch ein Minimum. So lösen sich $Al(OH)_3$ und H_4SiO_4 in Wasser kaum, das Wasser ist außerdem an Al_2O_3 bzw. SiO_2 nur recht locker gebunden.
3. In den Gruppen des PSE nimmt der saure Charakter mit steigender Ordnungszahl ab. Beispiele aus der V. Gruppe: HNO_2 und H_3PO_3 sind schwache Säuren, H_3AsO_3 und $SbO(OH)$ sind amphoter.
4. Bei ein und demselben Element nehmen mit steigender Oxidationsstufe die Säureeigenschaften zu. Beispiel:

$$\underset{\text{Zunahme der Säurestärke} \longrightarrow}{\overset{+I}{ClOH} \quad \overset{+III}{OClOH} \quad \overset{+V}{O_2ClOH} \quad \overset{+VII}{O_3ClOH}}$$

Das gleiche gilt auch von HNO_2–HNO_3, H_3PO_3–H_3PO_4 und H_2SO_3–H_2SO_4.

Der Aufbau der Anionen bzw. Säuren, die die Elemente von der dritten Hauptgruppe ab nach rechts bilden können, wird gleichfalls durch die Stellung der betreffenden Elemente im PSE bestimmt. Bei sukzessiver Anlagerung von Wasser an die Anhydride (in der maximalen Oxidationsstufe der Elemente) werden verschiedene Säure-Typen erhalten (Tab. 1.1):

Die „wasserärmste" – die **meta-Form** – wird überall erreicht. Als ortho-Form wird streng genommen diejenige Verbindung benannt, die in ihrer Summenformel eine der jeweiligen Oxidationsstufe des Zentralions X entsprechende Anzahl Sauerstoffionen enthält. Die **meso-Formen** nehmen eine Zwischenstellung ein. In der Literatur wird jedoch meist die beständigste wasserreichste Form als **ortho-Form** bezeichnet, z. B. H_3PO_4, Orthophosphorsäure.

Periodensystem der Elemente – Aufbau der Materie

Tab. 1.1: Anlagerung von Wasser an die Anhydride

	3. Gruppe	4. Gruppe	5. Gruppe	6. Gruppe	7. Gruppe
Anhydride (Oxide)	X_2O_3	XO_2	X_2O_5	XO_3	X_2O_7
meta-Formen	HXO_2	H_2XO_3	HXO_3	H_2XO_4	HXO_4
ortho-Formen	H_3XO_3	H_4XO_4	H_3XO_4	H_6XO_6	H_5XO_6
(X = betreffendes Element)					

Die Ausbildung der verschiedenen Formen ist von der Größe des Zentralions X abhängig. Da innerhalb der Gruppen mit steigender Ordnungszahl der Ionenradius zunimmt, können mehr Liganden in Form von Sauerstoff-Ionen angelagert werden. Die Beständigkeit der ortho-Formen wird demnach größer. So bildet z. B. in der sechsten Hauptgruppe der Schwefel die Säure $H_2\overset{+VI}{S}O_4$, das Tellur $H_6\overset{+VI}{Te}O_6$ und in der siebten Hauptgruppe Chlor $HClO_4$, Iod dagegen auch H_5IO_6.

Tritt ein Anionen bildendes Element in einer niedrigeren Oxidationsstufe auf, z. B. Arsen in der arsenigen Säure mit +III, so gelten die Säuretypen der entsprechenden Gruppe, hier der dritten Gruppe.

Allgemeine Zusammenhänge im Periodensystem

Aufgrund der gleichsinnigen Änderung der chemischen Eigenschaften der Elemente in den einzelnen Perioden (von links [1. Gruppe] nach rechts) und in den einzelnen Gruppen (von oben nach unten, d. h., mit steigender Ordnungszahl) lässt sich aus der Stellung eines Einzelelementes im PSE Grundsätzliches über seine Eigenschaften aussagen. Zu unterscheiden sind die Eigenschaften, die den jeweiligen Haupt- und Nebengruppenelementen gemeinsam sind, von denen, die nur für Haupt- oder nur für die Nebengruppen zutreffen.

Chemisch-physikal. Eigenschaften	Haupt- und Nebengruppen gemeinsam	S.	Hauptgruppen	S.	Nebengruppen	S.
Metallcharakter			Metalle und Nichtmetalle. Metallcharakter nimmt innerhalb einer Periode von links nach rechts ab. – In der Nähe der Diagonalen von links oben nach rechts unten stehen die Halbmetalle.	102	Nur Metalle.	207
Basizität der Hydroxide	Nimmt innerhalb einer Periode von links nach rechts und beim selben Element mit steigender Oxidationsstufe ab.	6	Nimmt innerhalb einer Gruppe mit steigender Ordnungszahl zu.	6	Nimmt innerhalb einer Gruppe mit steigender Ordnungszahl schwach zu.	6
Säuretypen	Durch die Stellung in der jeweiligen Gruppe gegeben.	8				
Beständigkeit der Orthoverbindungen			Nimmt innerhalb einer Gruppe mit steigender Ordnungszahl zu.	8		
Anzahl der Elektronen in der äußersten Schale			Identisch mit der Gruppennummer.	32	Maximal zwei. Ausnahme Pd.	32
Maximal mögliche Oxidationsstufe	Identisch mit der Gruppennummer.	32	Ausnahme: O, F, Edelgase der 8. Hauptgruppe, die diese außer Xe nicht erreichen.	32	Ausnahme: Elemente der 1. Nebengruppe, die diese überschreiten und der 8. Nebengruppe, die diese außer Ru und Os nicht erreichen.	32

Periodensystem der Elemente – Aufbau der Materie

Chemisch-physikal. Eigenschaften	Haupt- und Nebengruppen gemeinsam	S.	Hauptgruppen	S.	Nebengruppen	S.
Oxidationsstufenintervall			Oft zwei.	32	Meist eins.	32
Beständigkeit der maximalen Oxidationsstufe			Nimmt innerhalb einer Gruppe mit steigender Ordnungszahl ab. Ausnahmen: 7. und 8. Hauptgruppe	32	Nimmt innerhalb einer Gruppe mit steigender Ordnungszahl zu. Ausnahme: 2. Nebengruppe	32
Minimal mögliche Oxidationsstufe ab 4. Gruppe			Maximale Oxidationsstufe minus 8 = minimale Oxidationsstufe	32		
Thermische Beständigkeit der Hydride in der minimalen Oxidationsstufe			Nimmt innerhalb einer Gruppe mit steigender Ordnungszahl ab.	155, 142, 123, 110, 109		
Magnetismus, Farbe			Bevorzugt diamagnetische, farblose Ionen.	46	Bevorzugt paramagnetische, farbige Ionen. Ion mit maximaler Oxidationsstufe wird mit steigender Ordnungszahl farbloser.	46
Basizität der Element-Wasserstoff-Verbindungen			Nimmt innerhalb einer Gruppe mit steigender Ordnungszahl ab.	156, 142, 111		
Unstetige Änderung der chemischen Eigenschaften			Starker Eigenschaftssprung zwischen dem ersten und zweiten Element innerhalb einer Gruppe. Schrägbeziehung!	102		

1.1.2 Ionenlehre und Bindungsarten

Da bereits mehrfach Salze, Säuren und Basen behandelt wurden, ist es von Wichtigkeit, ihre Eigenschaften und die dabei gefundenen Gesetzmäßigkeiten näher kennen zu lernen. Zu ihrem Verständnis ist es notwendig, auf die „chemische Gleichgewichtslehre" einzugehen.

Salze, Säuren und Basen bilden in wässriger Lösung Ionen. Diese Lösungen leiten den elektrischen Strom und werden dementsprechend als Elektrolytlösungen bezeichnet. Bei Gleichstrom gehen an den Zuleitungen sog. Elektrodenreaktionen vor sich. Am negativen Pol, der Kathode, wird aus Säuren Wasserstoff entwickelt, aus Salzlösungen entweder auch Wasserstoff (bei Alkalisalzen) oder Metall abgeschieden (z. B. bei Kupfersalzen). Am positiven Pol, der Anode, entsteht Sauerstoff (aus Sulfaten, Nitraten) oder Chlor (aus Chloriden) bzw. ein anderes Nichtmetall (Brom aus Bromiden).

Außerdem gelten folgende Gesetzmäßigkeiten.

1. Unter der Wirkung des elektrischen Stroms wandert ein Teil der Bestandteile des Elektrolyten zur Kathode. Diese Teilchen werden **Kationen** genannt; sie sind positiv geladen. Der Rest, bei Säuren und Salzen also der Säurerest (SO_4^{2-} bei Sulfaten, NO_3^- bei Nitraten) und z. B. das OH^-, wandern zur Anode; sie werden als **Anionen** bezeichnet. Sie sind negativ geladen. Die Elektrolyte bestehen dementsprechend aus positiv und negativ geladenen Bestandteilen.
2. Die Elektrolyte werden nicht erst unter der Wirkung des elektrischen Stromes in Ionen gespalten, sondern ihre wässrigen Lösungen enthalten sie von Anfang an. Dies ergibt sich aus dem anomalen osmotischen Druck, den Elektrolytlösungen zeigen. Eine wässrige Lösung von Salzsäure besteht im wesentlichen aus positiv geladenen H_3O^+-Ionen und negativ geladenen Cl^--Ionen, ebenso eine KI-Lösung aus positiv geladenen K^+-Ionen und negativ geladenen I^--Ionen.
3. Die Ladung eines Ions hat einen bestimmten Wert, sie ist entweder gleich der elektrischen Elementarladung ($1{,}60 \cdot 10^{-19}$ Coulomb) oder ein ganzzahliges Vielfaches davon. Die Anzahl der elektrischen Elementarladungen wird als Ionenladung mit entsprechenden Vorzeichen bezeichnet. Das Wasserstoffion ist einfach positiv geladen, das Chloridion einfach negativ, das Sulfation, da in der Schwefelsäure $2H^+$ mit ihm verbunden sind, zweifach negativ (SO_4^{2-}). Weitere Beispiele sind:

    PO_4^{3-} dreifach negativ entsprechend H_3PO_4,

    Al^{3+} dreifach positiv entsprechend $AlCl_3$,

    OH^- einfach negativ entsprechend NaOH.

4. Durch die Elektrizitätsmenge 96 485 Coulomb wird in allen Elektrolytlösungen an beiden Elektroden je ein Mol Elementarladungen umgesetzt und dadurch die äquivalente Stoffmenge Kationen bzw. Anionen abgeschieden (*Faraday*).

Ionenlehre und Bindungsarten 13

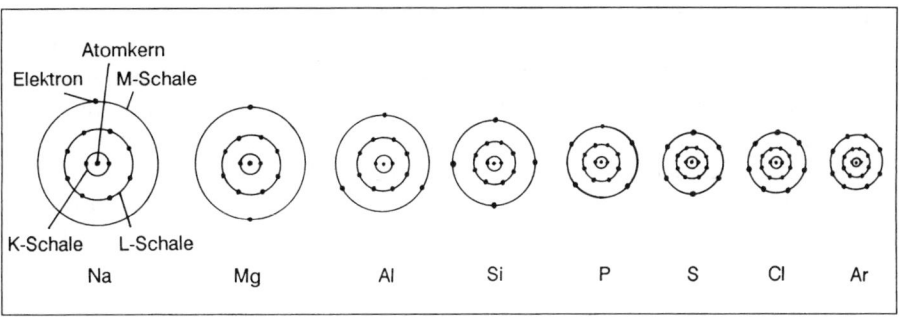

Abb. 1.1: Schematische Darstellung des Atomaufbaus der Elemente Na–Ar

Alle diese Erscheinungen finden ihre Erklärung durch den Atombau und die Art der chemischen Bindung. Die Atome bestehen, wie bereits in Kapitel 1.1 angegeben wurde, aus einem positiven Atomkern und aus einer Hülle von negativ geladenen Elektronen. Die Elektronen sind in bestimmten, den Kern umgebenden Schalen angeordnet. Die Anzahl der Elektronen ist im neutralen Atom stets gleich der Anzahl der positiven Kernladungen, also gleich der Kernladungs- oder auch Ordnungszahl des Elements. Bei den Edelgasen ist die äußerste Schale mit 2 (He) oder 8 Elektronen besetzt.

Im Folgenden werden die Hauptgruppen des Periodensystems der Elemente betrachtet. Bei den Alkalielementen, die je ein Elektron mehr besitzen als die vor ihnen stehenden Edelgase, befindet sich dieses Elektron in der nächst höheren (äußersten) Elektronenschale, die erst bei Erreichung eines Edelgases wieder voll aufgefüllt ist.

Für die Elemente Na–Ar ist der Atomaufbau in Abb. 1.1 schematisch wiedergegeben.

Bringt man die Außenelektronen der Atome durch Punkte zum Ausdruck, so ergibt sich für die betrachteten Elemente das folgende Bild:

$$\cdot Na \quad \cdot Mg\cdot \quad \cdot \overset{\cdot}{Al}\cdot \quad \cdot \overset{\cdot}{Si}\cdot \quad \cdot \overset{\cdot \cdot}{P}\cdot \quad \cdot \overset{\cdot \cdot}{\underset{\cdot \cdot}{S}}\cdot \quad :\overset{\cdot \cdot}{\underset{\cdot \cdot}{Cl}}\cdot \quad :\overset{\cdot \cdot}{\underset{\cdot \cdot}{Ar}}:$$

Die der äußersten, noch nicht abgesättigten Elektronenschale angehörenden Elektronen haben für das Zustandekommen der chemischen Bindung eine besondere Bedeutung. Sie werden daher **Valenzelektronen** genannt und lassen sich im Gegensatz zu den in den abgeschlossenen Schalen befindlichen Elektronen relativ leicht abspalten.

So geht z. B. ein Natriumatom bei Abspaltung des Valenzelektrons aus der äußersten Schale in ein einfach positiv geladenes Natriumion über. Anzahl und Anordnung der dem Natriumion noch verbliebenen Elektronen entsprechen derjenigen des Edelgases Neon. Eine solche **„Edelgaskonfiguration"** (Oktett) der Elektronen, die sich durch besondere Stabilität auszeichnet und von den Elementen nach Möglichkeit angestrebt wird, ist ebenso auch durch Aufnahme von Elektronen in die äußerste, noch unvollständige Schale bis zu ihrer Auffüllung möglich. Tatsächlich kann eine solche Aufnahme von Elektronen nur stattfinden bei den Elementen, denen 1–4 Elektronen bis zum nächsten Edelgas fehlen. 1 Chloratom kann also durch Aufnahme eines Elektrons unter Auffüllung seiner äußersten Schale auf 8 Elektronen in ein einfach negativ geladenes Chloridion übergehen. Bei der Reaktion zwischen Natrium und Chlor wird das vom Natrium abgegebene Elektron von Chlor unter Bildung von Natrium- und Chloridionen aufgenommen, die dann beide über eine stabile Edelgaselektronenkonfiguration verfügen:

$$\text{Na}\cdot + \cdot\ddot{\underset{..}{\text{Cl}}}\cdot \rightarrow [\text{Na}]^+ + [:\ddot{\underset{..}{\text{Cl}}}:]^- = \text{Na}^+ + \text{Cl}^-$$

Diese beiden Ionenarten werden durch starke elektrostatische Kräfte aneinander gebunden. Es entsteht die **„Ionenbindung"**, auch „heteropolare" oder „salzartige" Bindung genannt. In Salzkristallen ist sie naturgemäß nicht gerichtet, da sich das durch die Ladung der einzelnen Ionen bedingte elektrische Feld gleichmäßig nach allen Richtungen hin erstreckt. So wirkt sich beispielsweise die Anziehungskraft eines Natriumions nicht nur auf ein einziges Chloridion aus und umgekehrt, sondern auf alle umliegenden Ionen mit entgegengesetzter Ladung. Verbindungen mit Ionenbindung kristallisieren infolgedessen in Form von „Ionengittern"; ein Kochsalzkristall ist somit aus Na^+- und Cl^--Ionen aufgebaut, welche sich in allen 3 Koordinatenrichtungen abwechseln.

Eine zweite Art der chemischen Bindung ist die **„Atombindung"**, auch „homöopolare" oder „kovalente" Bindung genannt. Bei der Vereinigung von 2 Atomen, wie z.B. zweier Chloratome, wird das Ziel der stabilen Edelgaskonfiguration dadurch erreicht, dass 2 Atome ein gemeinsames, also beiden angehörendes Elektronenpaar besitzen:

$$:\ddot{\text{Cl}}\cdot + \cdot\ddot{\text{Cl}}: \longrightarrow :\ddot{\text{Cl}}:\ddot{\text{Cl}}: \longrightarrow |\overline{\text{Cl}}-\overline{\text{Cl}}|$$

Die Anzahl der von einem Atom ausgehenden Atombindungen hängt von der Anzahl seiner Außenelektronen ab.

In derselben Weise sind auch zahlreiche Verbindungen der Nichtmetalle untereinander aufgebaut, insbesondere der größte Teil der organischen Verbindungen, z.B.:

$$CH_4 \longrightarrow \begin{array}{c} H \\ H:\overset{..}{\underset{..}{C}}:H \\ H \end{array} \longrightarrow \begin{array}{c} H \\ | \\ H-C-H \\ | \\ H \end{array}$$

Methan

$$C_2H_4 \longrightarrow \begin{array}{c} H \\ \\ H \end{array} \overset{..}{C}::\overset{..}{C} \begin{array}{c} H \\ \\ H \end{array} \longrightarrow \begin{array}{c} H \\ \\ H \end{array} C=C \begin{array}{c} H \\ \\ H \end{array}$$

Ethen

Im Falle des Ethens ist je ein Wasserstoffatom mit dem Kohlenstoffatom durch eine Einfachbindung verknüpft, da der Wasserstoff und der Kohlenstoff je ein Elektron für die Bindung zur Verfügung stellen. Die beiden Kohlenstoffatome werden durch eine Doppelbindung vereinigt. Durch diese Elektronenanordnung hat jedes der beteiligten Atome die Auffüllung zur Edelgasschale erreicht. Dieses Primitivmodell der Bindung durch Ausbildung der Oktettschalen **(Oktettregel)** ist im wesentlichen bei den Elementen der ersten Achterperiode (Li–Ne) anwendbar, während bei den übrigen Elementen Oktettaufweitungen auftreten können: z. B. PF_5, SF_6.

Beim Formulieren der sogenannten **Valenzstrichformeln** oder Lewis-Formeln vergewissert man sich zuerst, wie viel Valenzelektronen insgesamt im betreffenden Molekül oder Ion vorliegen. Dann verteilt man die Elektronen entsprechend der Oktettregel, die besagt, dass jedes Element nach Möglichkeit ein vollständiges Elektronenoktett anstrebt. Bei den Elementen der ersten Achterperiode darf das Oktett nicht überschritten werden. Bindungselektronenpaare werden dabei durch Valenzstriche symbolisiert. Ebenso kann man nicht bindende, freie Elektronenpaare durch einen Strich darstellen.

Der Idealfall einer Ionenbindung liegt annähernd bei den Alkalihalogeniden mit niedriger Ordnungszahl der Partner vor. Im allgemeinen besitzen die Kationen und Anionen keine Kugelgestalt mehr, sondern es tritt eine Deformation bzw. **Polarisation der Elektronenhüllen** ein. Das kleinere Kation zieht die Elektronenhülle des Anions an sich und stößt dessen positiven Kern ab und umgekehrt. Da jedoch in der Regel die Elektronenhüllen der Anionen größer und daher weniger fest gebunden sind als bei den Kationen, macht sich die Deformation besonders stark bei den Anionen bemerkbar. Je größer der Radius und je höher geladen ein Anion ist, desto stärker wird es bei gegebenem Kation deformiert.

Daher nimmt der Salzcharakter z. B. in der Reihe der Anionen Cl^-, Br^-, I^- und O^{2-}, S^{2-} ab.

Bei gegebenem Anion wirkt ein Kation um so stärker deformierend, je kleiner sein Radius und je höher seine Ladung ist. (Siehe das Beispiel weiter unten.)

Der Idealfall einer Atombindung liegt vor, wenn die miteinander verbundenen Atome die gleiche Elektronegativität (s. u.) besitzen. Dies ist bei identischen Atomen wie z. B. beim H_2- und beim Cl_2-Molekül der Fall. Auch die Bindung der Kohlenstoffatome untereinander in den einfachen organischen Verbindungen gehört noch hierher. Geht jedoch der Kohlenstoff mit anderen Atomen wie O, N und S eine Bindung ein, so treten Atome verschiedener Elektronegativität in Wechselwirkung. Es zieht dann das Atom mit höherer Elektronegativität das Elektronenpaar näher zu sich heran und lädt sich damit negativ auf. Der Partner bekommt somit eine partielle positive Ladung. Es wird wie oben ein Molekül gebildet, welches einen Dipol besitzt. Es treten Moleküle mit sogenannten Übergangsbindungen auf. Die Abb. 1.2 gibt die Verhältnisse schematisch wieder.

Unter **Elektronegativität** versteht man das Vermögen eines Elements, die Elektronen einer kovalenten Bindung anzuziehen. Die Elektronegativitätswerte wurden von *L. Pauling* als empirische, dimensionslose Größen eingeführt. Die Werte liegen zwischen 0,7 für Cs und 4,0 für F.

16 Theoretische Vorbemerkungen und historischer Rückblick

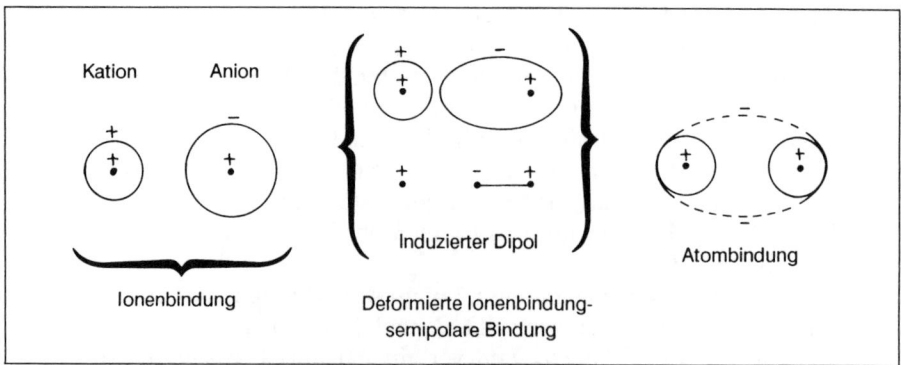

Abb. 1.2: Übergang Ionenbindung – Atombindung

Eine gute Übersicht geben die Chlorverbindungen der 2. Periode des PSE (Tab. 1.2). Das NaCl mit typischer Ionenbindung besitzt einen hohen Schmelz- und Siedepunkt. Mit zunehmender Deformation nimmt der Molekülcharakter und damit die Flüchtigkeit zu. Das Cl_2 mit seiner Atombindung ist gasförmig.

Tab. 1.2: Ionenbindung → Übergangsbindung → Atombindung

	NaCl	$MgCl_2$	$AlCl_3$	$SiCl_4$	PCl_3	SCl_2	ClCl
Smp.	800	712	192,5[1)]	−67,6	−92	−78	−101 °C
Sdp.	1465	1418	subl. 180	56,7	74,5	59	−34,1 °C

[1)] Unter Druck

Eine weitere Bindungsart, die **Metallbindung** liegt bei den Metallen vor. Hierbei lagern die Atomrümpfe gleichsam in einem „Elektronengas"; die Elektronen der äußeren Schale sind jeweils wegen der geringen Ionisierungsenergien der Metalle und der relativ dichten Packung leicht verschiebbar, womit das gute Leitvermögen der Metalle für Elektrizität und Wärme sowie der metallische Glanz in Zusammenhang stehen.

Schließlich kennen wir noch besondere Bindungsverhältnisse bei den Verbindungen höherer Ordnung, zu denen als wichtigste Bindungsart die **„koordinative" Bindung** zählt, die für die Bildung von Komplexen in vielen Fällen maßgebend ist. Sie entspricht der Atombindung. Allerdings wird das Bindungselektronenpaar nur von einem Bindungspartner beigesteuert. (Näheres über Komplexsalze findet sich auf S. 41).

Wie aus der Elektronenformel für das Natriumchlorid (s. S. 14) ersichtlich ist, hat das Chloridion vier nur einseitig beanspruchte (freie) Elektronenpaare, die zur Auffüllung unvollständiger Elektronenschalen dienen können. Demgegenüber hat beispielsweise das Boratom im BCl_3 eine Elektronenpaar-Lücke, d. h. es fehlen ihm zwei Elektronen zum vollständigen Oktett.

Ionenlehre und Bindungsarten 17

Nach der auf S. 21 gegebenen Definition ist BCl_3 eine Lewissäure, während das Cl^--Ion eine Lewisbase ist. Durch Bindung von einem Cl^--Ion an BCl_3 wird das Elektronensextett zum Oktett ergänzt und es bildet sich der Komplex BCl_4^-:

$$\underset{Cl}{\overset{Cl}{Cl-B-Cl}} + Cl^- \longrightarrow \left[\underset{Cl}{\overset{Cl}{Cl-B-Cl}}\right]^{\ominus}$$

Auch eine Anzahl weiterer, vielfach als komplex bezeichneter Ionen, wie SO_3^{2-}, SO_4^{2-}, NO_2^-, NO_3^-, PO_4^{3-} oder CO_3^{2-}, können durch koordinative Bindung erklärt werden. (Über die Bindungsverhältnisse bei Verbindungen mit Komplexbildung am Kation, vgl. S. 41).

Wird eine heteropolare Verbindung, z. B. ein Salz, in Wasser gelöst, so lagern sich die Wassermoleküle zwischen die Ionen und drängen sie auseinander (Dissoziation). Wird eine homöopolare Verbindung in Wasser gelöst, so sollten die Moleküle als solche in Wasser vorhanden sein. Das ist auch bei Zucker, Harnstoff, Alkohol u. a. der Fall. Bei manchen kann das Wasser aber auch eine Spaltung in Ionen hervorrufen. Das tritt insbesondere bei den Wasserstoffverbindungen der Halogene sowie bei anderen Verbindungen ein, die Säuren sind. HCl, das als Gas, in flüssigem und festem Zustand als homöopolare Verbindung anzusehen ist, löst sich in Wasser auf, wobei das H^+ von Cl^- abgetrennt wird und sich an ein H_2O-Molekül anlagert:

$$H-Cl + H_2O \rightleftharpoons [H_3O]^{\oplus} + [Cl]^{\ominus}$$

$$HCl + H_2O \rightleftharpoons H_3O^+ + Cl^-$$

Wie bei Salzsäure bilden sich auch bei allen anderen Säuren neben Säurerestionen H_3O^+-Ionen, Oxoniumionen genannt (Hydroniumion ist eine ältere Bezeichnung für H_3O^+ oder ein hydratisiertes Proton mit unbestimmtem Hydratationsgrad). Häufig spricht man jedoch vereinfachend vom Wasserstoff-Ion, H^+ und schreibt in Reaktionsgleichungen statt H_3O^+ nur H^+.

In wässrigen Lösungen haben wir es bei den Umsetzungen der Salze mit Ionenreaktionen zu tun, z. B.:

$$(H^+ + Cl^-) + (Ag^+ + NO_3^-) \rightarrow AgCl\downarrow + (H^+ + NO_3^-)$$
oder
$$(Na^+ + Cl^-) + (Ag^+ + NO_3^-) \rightarrow AgCl\downarrow + (Na^+ + NO_3^-)$$

Da H^+, Na^+ und NO_3^- auf beiden Seiten der Gleichung stehen, kann man sie auch ohne weiteres wegfallen lassen. Wir erhalten die einfache Ionengleichung:

$$Ag^+ + Cl^- \rightarrow AgCl\downarrow$$

18 Theoretische Vorbemerkungen und historischer Rückblick

Ionenpotenzial

Das Ionenpotenzial ist der Quotient aus der Ladung (z) und dem kristallographischen Radius (r) eines Ions. z/r kann als ungefähres Maß für die Stärke des vom Ion ausgehenden elektrischen Feldes betrachtet werden. Jedoch ist streng genommen der Vergleich der chemischen Eigenschaften aufgrund des Ionenpotenzials nur auf Ionen mit gleicher Elektronenanordnung anwendbar. Weiterhin ist die Tatsache zu berücksichtigen, dass die Ionen in wässriger Lösung nicht „nackt", sondern in Form von Hydraten vorliegen. Ein Beispiel möge die Reihe von Ionen geben, bei denen die äußere Elektronenhülle eine abgeschlossene Zweier- bzw. Achterkonfiguration aufweist. (Tab. 1.3: r in Å eingesetzt; 1 Å = 0,1 nm bzw. 100 pm)

Tab. 1.3: Beispiele für Ionenpotenziale

	Cs^+	Rb^+	NH_4^+	K^+	Na^+	Li^+	Ra^{2+}	Ba^{2+}	Sr^{2+}	Ca^{2+}
z/r	0,6	0,7	0,7	0.8	1,0	1,3	1,3	1,4	1,6	1,9
	La^{3+}	Ce^{3+}	Mg^{2+}	Y^{3+}	Sc^{3+}	Zr^{4+}	Hf^{4+}	Al^{3+}	Be^{2+}	Ti^{4+}
z/r	2,5	2,5	2,6	2,8	3,6	4,6	4,6	5,3	5,9	6,2

Ionen mit ähnlichem Ionenpotenzial weisen annähernd gleiche Eigenschaften auf. So haben z. B. die NH_4^+- und K^+-Salze vergleichbare Löslichkeiten. Die Dissoziation der Hydroxide nimmt mit fallendem Ionenpotenzial zu. Beryllium und Aluminium haben ähnliche chemische Eigenschaften (s. S. 103).

1.1.3 Säure-Base-Gleichgewichte

1.1.3.1 Stoffmengenkonzentration, Äquivalentkonzentration, Molalität

In der Chemie wird die Konzentration einer Lösung gewöhnlich nicht in Prozenten, sondern als Stoffmengenkonzentration in mol/l angegeben. Die **Stoffmengenkonzentration** gibt die Stoffmenge des gelösten Stoffes pro Volumen der Lösung an. Da sich die Stoffmenge auf Atome, Formeleinheiten, Moleküle oder Bruchteile davon beziehen kann, ist die Teilchenart hinter dem Konzentrationssymbol anzugeben. Für dieselbe verdünnte Schwefelsäure ist demnach sowohl die Angabe $c(H_2SO_4) = 1$ mol $\cdot$ l^{-1} als auch die Angabe $c(H^+) = 2$ mol $\cdot$ l^{-1} möglich. Alte Bezeichnungen dafür sind einmolare Schwefelsäure, 1 M H_2SO_4, und zweinormale Schwefelsäure, 2 N H_2SO_4, die jedoch nicht mehr verwendet werden sollen.

Den Molekülbruchteil, d. h. die **Äquivalentkonzentration** (früher als Normalität bezeichnet), wählt man bei Säuren und Hydroxiden entsprechend der Anzahl ersetzbarer H^+- bzw. OH^--Ionen im Molekül, dagegen bei Lösungen reduzierender oder oxidierender Stoffe nach der Anzahl der pro Molekül umgesetzten Elektronen (s. S. 28 f.), z. B. $c(\frac{1}{5}KMnO_4)$.

Für die Stoffmenge in 1000 g Lösungsmittel ist die Bezeichnung Molalität üblich, d. h. 1-molal = 1 mol in 1000 g Lösungsmittel.

1.1.3.2 Säuren, Basen, Neutralisation

Definition von Säuren und Basen nach Brønsted

Nach einer Definition von *Brønsted* wird als **Säure** ein Stoff bezeichnet, der Protonen abgeben kann (Protonendonator). Eine **Base** ist ein Stoff, der Protonen aufnimmt (Protonenakzeptor). Wenn eine Säure ein Proton abgibt, verbleibt ein Säurerest, der seinerseits eine Base ist, da er unter Rückbildung der Säure auch wieder ein Proton aufnehmen kann. Eine Säure und eine Base die auf diese Weise verknüpft sind, werden als **korrespondierendes oder konjugiertes Säure-Base-Paar** bezeichnet:

$$HB \rightleftharpoons B^- + H^+$$

$$\text{Säure} \rightleftharpoons \text{Base} + \text{Proton}$$

Man spricht auch von der zur Säure **konjugierten Base**.

Da es sich bei einem Proton lediglich um einen H-Atomkern ohne Elektronenhülle handelt, können Protonen in Lösungen oder anderen kondensierten Phasen nicht isoliert auftreten. Dies bedeutet, dass eine Säure nur dann ein Proton abspalten kann, wenn eine Base vorhanden ist, die das Proton aufnimmt. Es führt zwangsläufig dazu, dass bei Säure-Base-Reaktionen stets zwei Säure-Base-Paare wechselwirken. Den Sachverhalt kann man sich anhand der Essigsäure klar machen. Reine Essigsäure HAc ($Ac^- = CH_3COO^-$) leitet den elektrischen Strom nicht, da sie praktisch nicht in Ionen dissoziiert ist. Das Proton kann erst abgegeben werden, wenn beispielsweise Wasser als Base anwesend ist:

$$HAc \rightleftharpoons Ac^- + H^+$$

$$H_2O + H^+ \rightleftharpoons H_3O^+$$

$$HAc + H_2O \rightleftharpoons H_3O^+ + Ac^-$$

$$\text{Säure 1} + \text{Base 2} \rightleftharpoons \text{Säure 2} + \text{Base 1}$$

Da zwei Säure-Base-Paare miteinander wechselwirken, führt die Protonenaustauschreaktion zu einem Gleichgewicht. Die Stärke einer Säure hängt davon ab, wie leicht sie ihr Proton abgeben kann. Entsprechend ist die Stärke einer Base proportional zu ihrer Fähigkeit, das Proton zu binden. Eine starke Säure spaltet ihr Proton leicht ab und korrespondiert daher mit einer schwachen Base, während umgekehrt eine starke Base zu einer schwachen Säure korrespondiert (s. S. 389).

Die Schwefelsäure H_2SO_4 besitzt zwei Protonen, die Orthophosphorsäure H_3PO_4 drei Protonen, die sie nacheinander abgeben können. In diesen Fällen liegen **mehrwertige oder mehrprotonige Säuren** vor. Einige Stoffe wie z. B. HPO_4^{2-}

können sowohl als Säure, als auch als Base reagieren. Sie werden als **Ampholyte oder amphoter** bezeichnet:

$$HPO_4^{2-} \rightleftharpoons PO_4^{3-} + H^+$$
$$HPO_4^{2-} + H^+ \rightleftharpoons H_2PO_4^-$$

Ob ein Ampholyt als Säure oder Base reagiert, hängt vom jeweiligen Reaktionspartner ab. Ist der Reaktionspartner eine stärkere Säure, so reagiert der Ampholyt als Base. Ist der Reaktionspartner die stärkere Base, so reagiert er als Säure.

Die spezielle Säure-Base-Reaktion der Säure H_3O^+ mit der Base OH^- wird **Neutralisation** genannt.

$$H_3O^+ + OH^- \rightleftharpoons 2\,H_2O$$

Indikatoren

Indikatoren sind organische Farbstoffe, die selbst schwache Säuren oder Basen sind. Dabei hat die Säure eine andere Farbe als die korrespondierende Base.

Die verschiedenen Farbindikatoren ändern ihre Farbe nicht immer bei genau neutraler Reaktion, sondern teilweise in schwach saurem (Methylrot, Methylorange), teilweise in schwach alkalischem Gebiet (Phenolphthalein). Lackmus schlägt jedoch um, wenn die Lösung neutral reagiert (s. auch Tab. 1.4).

Bei qualitativen Arbeiten benutzt man meist mit Lackmus- oder Neutralrotlösung getränktes Filterpapier. Ersteres ist als Lackmuspapier im Handel. Oft wird auch Universalindikatorpapier benutzt, das abhängig von der Wasserstoffionenkonzentration bzw. Hydroxylionenkonzentration verschiedene Farbe zeigt.

Tab. 1.4: Farbindikatoren

Farbstoff	Farben		pH-Bereich des Farbumschlags*)
	Säuren	Basen	
Lackmus	rot	blau	5,0 – 8,0
Neutralrot	rot	gelb	6,8 – 8,0
Methylrot	rot	gelb	4,2 – 6,3
Methylorange	orangerot	gelb	3,1 – 4,4
Phenolphthalein	farblos	rot	8,3 – 10,0

* Zur Definition des pH-Werts s. S. 26.

Definition von Säuren und Basen nach Lewis

Eine Erweiterung der Definition von Säuren und Basen nach Brønsted hat *Lewis* eingeführt. Nach Lewis ist eine **Base ein Elektronenpaar-Donator** und eine Säure ein **Elektronenpaar-Akzeptor**. Zur Unterscheidung von Säuren und Basen der Brønstedschen Definition spricht man hier von **Lewissäuren und Lewisbasen**. Bei der Reaktion einer Lewisbase mit einer Lewissäure wird eine koordinative Bindung ausgebildet. Eine Lewisbase muss demnach über mindestens ein freies Elektronenpaar verfügen. Hier zeigt sich die Gemeinsamkeit mit der Definition nach Brønsted, denn eine Brønsted-Base kann nur dann ein Proton aufnehmen, wenn sie für die Bindung zum Proton ein freies Elektronenpaar besitzt, so sind z. B. NH_3, OH^-, CN^- usw. Basen im Sinne von Brønsted als auch von Lewis.

Die Definition unterscheidet sich jedoch in bezug auf die Säure. Nach Lewis ist das Proton die Säure, denn es wird von der Base gebunden und ist damit der Elektronenpaar-Akzeptor. Ganz allgemein ist eine Lewissäure ein Ion oder ein Molekül mit einer Elektronenpaar-Lücke. Dies ist beispielsweise bei den Borhalogeniden BX_3 (X = F, Cl, Br, I) oder beim PCl_5 der Fall. So reagieren NH_3 und BF_3 unter Ausbildung einer kovalenten B–N-Bindung:

$$\begin{array}{c} H \quad\; F \\ |\quad\;\; | \\ H-N| + B-F \\ |\quad\;\; | \\ H \quad\; F \end{array} \rightarrow \begin{array}{c} H \quad F \\ |\quad\; | \\ H-N-B-F \\ |\quad\; | \\ H \quad F \end{array}$$

oder PCl_5 mit Cl^- zu PCl_6^-. Wie wir bei der Theorie der Komplexe noch sehen werden (s. S. 41), sind Komplexe das Ergebnis einer Reaktion einer Lewissäure mit Lewisbasen. Hier ist das Zentralatom die Lewissäure.

1.1.4 Chemisches Gleichgewicht, Massenwirkungsgesetz, Löslichkeitsprodukt

Viele Reaktionen verlaufen nicht quantitativ. So bilden sich bei einer Umsetzung $A + B \rightleftharpoons C + D$ zwar aus $A + B$ die Stoffe $C + D$, rückläufig entstehen aber auch $C + D$ teilweise wieder $A + B$. In dem System bleibt also ein Teil der Stoffe $A + B$ zurück, es stellt sich ein Gleichgewicht ein.

Als Beispiele seien folgende Gleichgewichte genannt:

a) $2 SO_2 + O_2 \rightleftharpoons 2 SO_3$ (wichtig für die Schwefelsäuredarstellung nach *Knietsch*),
b) $N_2 + 3 H_2 \rightleftharpoons 2 NH_3$ (*Haber-Bosch*-Verfahren: wichtig für die Gewinnung von Stickstoffverbindungen aus der Luft)
c) $H_2 + I_2 \rightleftharpoons 2 HI$,
d) $C_2H_5OH + CH_3COOH \rightleftharpoons C_2H_5OOCCH_3 + H_2O$
Esterbildung $\rightleftharpoons$ Esterverseifung,
e) $CH_3COOH + H_2O \rightleftharpoons CH_3COO^- + H_3O^+$
(Dissoziation einer schwachen Säure).

1.1.4.1 Massenwirkungsgesetz (MWG)

Die Lage des Gleichgewichts ist vom Konzentrationsverhältnis der Reaktionspartner, von der Temperatur, bei Gasen vom Druck und bei Lösungen von der Konzentration abhängig. Betrachten wir zunächst die Verhältnisse bei konstanter Temperatur am Beispiel des Iodwasserstoffgleichgewichtes: H_2 und I_2 werden mit einer bestimmten Geschwindigkeit reagieren. Sie ist abhängig von der Anzahl der Zusammenstöße der H_2-Moleküle mit I_2-Molekülen und diese wiederum von der in der Volumeneinheit befindlichen Anzahl der H_2- und I_2-Moleküle. Bezeichnen wir die Reaktionsgeschwindigkeit der $(H_2 + I_2)$-Reaktion mit v_1, die Konzentration von Wasserstoff mit $c(H_2)$ und die von Iod mit $c(I_2)$, so ist:

$$v_1 = K_1 \cdot c(H_2) \cdot c(I_2)$$

wobei K_1 ein Proportionalitätsfaktor ist. Die gleiche Überlegung gilt auch für den Zerfall des Iodwasserstoffs. Nur ist dabei zu bedenken, dass zur Reaktion 2 Moleküle Iodwasserstoff aneinanderstoßen müssen.

So haben wir hier für die Reaktionsgeschwindigkeit zu schreiben:

$$v_2 = K_2 \cdot c(HI) \cdot c(HI) = K_2 \cdot c^2(HI)$$

Im Gleichgewicht müssen die Reaktionsgeschwindigkeit v_1 und v_2 einander gleich sein und damit auch

$$K_1 \cdot c(H_2) \cdot c(I_2) = K_2 \cdot c^2(HI)$$

oder

$$\frac{c^2(HI)}{c(H_2) \cdot c(I_2)} = \frac{K_1}{K_2} = \text{konstant}$$

Somit erhalten wir die spezielle Form des Massenwirkungsgesetzes für das Iodwasserstoffgleichgewicht: Das Produkt der Konzentrationen der Reaktionsprodukte dividiert durch das Produkt der Konzentrationen der Ausgangsstoffe (Edukte) ist eine Konstante. Der negative dekadische Logarithmus der Gleichgewichtskonstanten ist der pK-Wert. Selbstverständlich müssen die Konzentrationen in gleichen Maßeinheiten angegeben werden, also z. B. in Mol pro Liter. Wenn ein Reaktionspartner mit mehreren Molekülen an der Umsetzung teilnimmt, ist diese Zahl bei der mathematischen Formulierung als Exponent der Potenz einzusetzen.

So kommen wir zur allgemeinen Fassung des MWG für eine Reaktion

$$xA + yB + zC \ldots \rightleftharpoons mD + nE + oF \ldots$$

Sie lautet:

$$\frac{c_D^m \cdot c_E^n \cdot c_F^o \cdots}{c_A^x \cdot c_B^y \cdot c_C^z \cdots} = \text{konstant}$$

Das MWG gibt uns sofort die Änderung der Konzentration an, wenn wir die Konzentration einer Komponente verändern. Vermehren wir z. B. bei der Re-

Chemisches Gleichgewicht, Massenwirkungsgesetz, Löslichkeitsprodukt

aktion $H_2 + I_2 \rightleftharpoons 2\,HI$ die Wasserstoffkonzentration, so muss sich diejenige des Iods so weit vermindern und damit die des Iodwasserstoffs so stark erhöhen, bis die gleiche Konstante wieder erreicht ist. Man kann demnach durch geeignete Wahl der Konzentration weitgehend Iod in Iodwasserstoff verwandeln.

Bei Erhöhung des Druckes verschiebt sich das Gleichgewicht bei Gasreaktionen stets nach der Seite, auf der die geringere Anzahl von Molekülen steht. Auch die Temperatur beeinflusst das Gleichgewicht. Während bei Konzentrations- bzw. Druckänderung die Gleichgewichtskonstante nicht geändert wird, wird durch Temperaturerhöhung eine Änderung der Konstanten und damit eine Gleichgewichtsverschiebung nach der Seite des Wärmeverbrauchs hervorgerufen.

Die genannten Tatsachen sind Beispiele für das **Prinzip von Le Chatelier**, wonach die Verschiebung der Gleichgewichte nach der Seite des „kleinsten Zwanges" vor sich geht.

Massenwirkungsgesetz und Ionenlehre

Genau wie bei Gasreaktionen kann das MWG auch auf Flüssigkeiten und Lösungen, also auch auf Ionenreaktionen angewandt werden. Nur darf man bei den letzteren nicht vergessen, dass neben den allgemeinen Bedingungen, die für das chemische Gleichgewicht verantwortlich sind, sich noch elektrische Anziehungskräfte maßgebend beteiligen. Das MWG ist demnach nur für schwache Elektrolyte und verdünnte Lösungen anwendbar. Will man das MWG auch für konzentriertere Lösungen oder stärkere Elektrolyte ansetzen, dann sind an Stelle der Konzentrationen c die sog. **Aktivitäten** a einzuführen, die ein Maß für die „wirksamen" Konzentrationen sind, die aufgrund der Wechselwirkungen zwischen den Ionen kleiner sind.

Aktivität und Konzentration stehen gemäß

$$a = f \cdot c$$

miteinander in Beziehung, wobei der **Aktivitätskoeffizient** f einen Korrekturfaktor darstellt ($f \leq 1{,}0$).

Den folgenden auf dem MWG beruhenden Ableitungen liegen Systeme schwacher Elektrolyte bzw. verdünnte Lösungen zugrunde, so dass die Konzentrationen verwendet werden können. (Näheres s. Lehrbücher der physikalischen Chemie.)

1.1.4.2 Dissoziation und Dissoziationsgrad

Für die Dissoziation der Essigsäure $CH_3COOH + H_2O \rightleftharpoons H_3O^+ + CH_3COO^-$ lautet also das MWG:

$$\frac{c(H_3O^+) \cdot c(CH_3COO^-)}{c(CH_3COOH)} = K_{HAc} = 1{,}76 \cdot 10^{-5}\ \text{mol} \cdot \text{l}^{-1};$$

$$pK_S = 4{,}75\ (\text{bei } 25\,°C)$$

Die Konstante K_{HAc} oder allgemein K_S wird **Säurekonstante** genannt. Sie ist ein Maß für die Stärke einer Säure. Der pK_S-Wert ist der negative dekadische Logarithmus der Säurekonstante. Die Konzentration des Wassers wird dabei als konstant angesehen und in die Konstante K_S mit einbezogen.

Ganz allgemein nimmt beim Verdünnen die Dissoziation zu (vgl. unten). Das beruht auf der gleichen Erscheinung wie die Änderung eines Gleichgewichts mit dem Druck. So sind in 1 mol/l CH_3COOH bei Zimmertemperatur nur 0,4%, in 0,1 mol/l CH_3COOH 1,3% der Moleküle dissoziiert. Die Abhängigkeit der Dissoziation vom Verdünnungsgrad lässt sich quantitativ durch Messung der elektrischen Leitfähigkeit verfolgen (s. S. 481).

Die verdünnte Essigsäure enthält als schwache Säure sehr wenig H_3O^+-Ionen. Die Konstante ist also sehr klein. Durch Zugabe gleichioniger Salze kann die H_3O^+-Ionenkonzentration einer schwachen Säure verkleinert werden. Man „stumpft die Säure ab". Wie stark die Zurückdrängung ist, ersieht man leicht aus einem kleinen Zahlenbeispiel. Eine 1 mol/l CH_3COOH ist etwa zu $\alpha = 0{,}4\%$ dissoziiert. Der **Dissoziationsgrad** α ist das Verhältnis von dissoziierten zu insgesamt vorhandenen Essigsäuremolekülen. Folglich ist $c(H_3O^+) = c(CH_3COO^-) = 0{,}004$ mol/l, und die Gleichung lautet:

$$\frac{0{,}004 \text{ mol} \cdot \text{l}^{-1} \cdot 0{,}004 \text{ mol} \cdot \text{l}^{-1}}{0{,}996 \text{ mol} \cdot \text{l}^{-1}} = K_{HAc} \approx 0{,}000016 \text{ mol} \cdot \text{l}^{-1}$$

Löst man nun in der Essigsäure so viel festes Natriumacetat, dass auch $c(NaCH_3COO) = 1$ mol $\cdot$ l^{-1} ist, so wird praktisch $c(CH_3COO^-) = 1$ mol $\cdot$ l^{-1}. Im Nenner kann 0,996 höchstens auf 1 steigen, ändert sich also praktisch kaum.

Die H^+-Konzentration fällt daher von 0,004 auf rund 0,000 016 mol $\cdot$ l^{-1}, also auf etwa $\frac{1}{250}$ des ursprünglichen Wertes.

1. Verdünnung und Dissoziationsgrad

Nach der Gleichung

$$Fe(SCN)_3 \rightleftharpoons Fe^{3+} + 3\,SCN^-$$

entstehen aus der stark farbigen Verbindung beim Verdünnen durch Dissoziation Fe^{3+}- und farblose SCN^--Ionen.

Man füge zu einigen Tropfen Eisen(III)-chloridlsg. einige Tropfen NH_4SCN (Ammoniumthiocyanat) hinzu. Es entsteht eine blutrote Farbe von undissoziiertem Eisenthiocyanat, $Fe(SCN)_3$. Man verdünne mit Wasser. Die rote Farbe verblasst und geht in Gelb über.

2. Änderung des Dissoziationsgrades von $Fe(SCN)_3$ durch Zusatz gleichioniger Salze

Erhöht man durch den Zusatz gleichioniger Salze nach der Gleichung

$$\frac{c(Fe^{3+}) \cdot c^3(SCN^-)}{c(Fe(SCN)_3)} = K$$

Chemisches Gleichgewicht, Massenwirkungsgesetz, Löslichkeitsprodukt

die Konzentration des Fe^{3+} bzw. SCN^-, so wird ein Faktor im Zähler größer. Da aber K konstant ist, muss der andere Faktor vermindert oder der Nenner vergrößert werden. Da beide Zahlen gemäß der Dissoziationsgleichung eng zusammenhängen, verschwinden bei Fe^{3+}-Zusatz SCN-Ionen, bei SCN-Zusatz Fe^{3+}-Ionen unter Bildung von undissoziiertem $Fe(SCN)_3$.

Man stellt sich wiederum eine gleiche $Fe(SCN)_3$-Lsg. wie bei Versuch 1 her, die so weit mit Wasser verd. wird, dass gerade die rote Farbe verschwindet. Dann teile man die Lsg. und füge zu dem einen Teil $FeCl_3$, zum anderen NH_4SCN oder $KSCN$ hinzu. Beide Male tritt die rote Farbe wieder auf. Es ist also undissoziiertes $Fe(SCN)_3$ erneut entstanden.

Zu den Versuchen 1 und 2 vergleiche auch Versuch 25, S. 232.

3. Änderung des Dissoziationsgrades von Essigsäure durch Zusatz von Natriumacetat

Die Verringerung der H^+-Ionenkonzentrationen in Essigsäure durch Zugabe von Natriumacetat kann durch Anwendung von Indikatoren erkannt werden.

2–3 Tropfen verd. Essigsäure versetze man mit etwa 2 ml Wasser, gebe als Indikator Metyhlrot oder Methylorange und dann tropfenweise eine konz. Natriumacetatlösung hinzu. Der Indikator schlägt von Rot bzw. Orange nach Gelb um.

4. Änderung des Dissoziationsgrades von Ammoniak durch Zusatz von Ammoniumchlorid

Genau wie bei einer schwachen Säure wird bei einer schwachen Base durch ein gleichioniges Salz die Basizität abgestumpft.

Man füge zu etwa 2 ml Wasser 2–3 Tropfen verd. Ammoniak und 1–2 Tropfen Phenolphthalein hinzu. Durch Zusatz von konz. NH_4Cl-Lsg. geht die Farbe des Indikators von Rot in Farblos über.

Dissoziation des Wassers, Ionenprodukt des Wassers, pH-Wert

Wasser ist ebenfalls, wenn auch äußerst gering, in H^+ und OH^- gespalten. Und zwar sind in 10 Millionen Liter reinen Wassers etwa 1 g H^+-Ionen und 17 g OH^--Ionen vorhanden. Die H^+- und OH^--Ionenkonzentration ist dementsprechend 10^{-7} mol $\cdot$ l^{-1}.

Der Dissoziationsgrad, d.h. der Prozentgehalt an dissoziierten Molekülen, nimmt bei Temperaturerhöhung stark zu. Dadurch steigt die H^+-Konzentration von $0{,}34 \cdot 10^{-7}$ mol $\cdot$ l^{-1} bei 0 °C über $0{,}83 \cdot 10^{-7}$ mol $\cdot$ l^{-1} bei 20 °C und $2{,}3 \cdot 10^{-7}$ mol $\cdot$ l^{-1} bei 50 °C auf $7{,}4 \cdot 10^{-7}$ mol $\cdot$ l^{-1} bei 100 °C.

Für die Dissoziationskonstante des Wassers gilt nach dem MWG:

$$K = \frac{a(H^+) \cdot a(OH^-)}{a(H_2O)} = \frac{f \cdot c(H^+) \cdot f \cdot c(OH^-)}{a(H_2O)}$$

Da die Aktivität des Wassers wegen des geringen Dissoziationsgrades praktisch der Gesamtkonzentration entspricht, wird $a(H_2O) = 997$ g $\cdot$ l^{-1}:

18 g $\cdot$ mol^{-1} = 55,4 mol $\cdot$ l^{-1} in die Konstante K mit einbezogen. Weiterhin dürfen wegen der sehr geringen H$^+$- und OH$^-$-Konzentration die Aktivitätskoeffizienten ebenfalls gleich eins gesetzt werden. Man erhält unter diesen Voraussetzungen eine neue, als **Ionenprodukt des Wassers** bezeichnete Konstante K_w. Sie hat bei 25 °C den Wert

$$K_w = c(H^+) \cdot c(OH^-) = 1,00 \cdot 10^{-14} \text{ mol}^2 \cdot l^{-2}$$

Setzt man reinem Wasser wenig Säure oder Base hinzu, so muss das Ionenprodukt selbstverständlich konstant bleiben. Daher sind auch in saurer Lösung OH$^-$-Ionen und in alkalischer H$^+$-Ionen vorhanden. Eine 0,001 mol/l NaOH [$c(OH^-) = 10^{-3}$ mol $\cdot$ l^{-1}] enthält also noch eine Wasserstoffionenkonzentration $c(H^+) = 10^{-11}$ mol $\cdot$ l^{-1}. Für eine 0,001 mol/l HCl ergeben sich entsprechend die Konzentration neu $c(H^+) = 10^{-3}$ mol $\cdot$ l^{-1} und $c(OH^-) = 10^{-11}$ mol $\cdot$ l^{-1}.

Im allgemeinen gibt man statt der H$^+$-Konzentration bzw. -Aktivität in mol $\cdot$ l^{-1} ihren negativen dekadischen Logarithmus an und bezeichnet diesen als **pH-Wert**. (Wegen verschiedener messtechnischer und theoretischer Schwierigkeiten musste die konventionelle pH-Skala allerdings durch eine Reihe von Standard-Pufferlösungen festgelegt werden.)

$$pH = -\lg c(H^+)$$

Der pH-Wert kann bei 25 °C Werte zwischen 0 und 14 annehmen. Bei pH = 7 liegen gleich viele H$_3$O$^+$- wie OH$^-$-Ionen vor, die Lösung ist neutral. Bei pH < 7 reagiert die Lösung sauer und bei pH > 7 alkalisch.

Für 0,05 mol/l HCl, bei der $a(H^+) \approx c(H^+)$ ist, erhält man pH $\approx -\log 0,05 = -(-2 + 0,7) = 1.3$. Im umgekehrten Fall ist der Numerus zum Logarithmus zu suchen, z. B. für pH = 4,5 ist $c(H^+) \approx 10^{-4,5} = 10^{-5} \cdot 10^{+0,5} = 0,000032$ mol $\cdot$ l^{-1}.

Anwendungen des MWG auf andere Erscheinungen wie Hydrolyse, Pufferlösungen, Löslichkeitsprodukt usw. s. u.

1.1.4.3 Hydrolyse und Pufferlösungen

NaCH$_3$COO ist in Wasser wie viele andere Salze praktisch völlig in Na$^+$ und CH$_3$COO$^-$ gespalten. Infolge der Eigendissoziation des Wassers sind in der Natriumacetatlösung ferner H$^+$- und OH$^-$-Ionen vorhanden. Da Essigsäure eine schwache Säure ist und sich das Acetation entsprechend als Base verhält, treten die H$^+$-Ionen mit den CH$_3$COO$^-$-Ionen zu undissoziierter Essigsäure zusammen.

Dies geht so lange, bis sich die Gleichgewichte:

$$\frac{c(H^+) \cdot c(CH_3COO^-)}{c(CH_3COOH)} = K_{HAc} = 1,76 \cdot 10^{-5} \text{ mol} \cdot l^{-1} \quad (a)$$

und

$$c(H^+) \cdot c(OH^-) = K_w = 10^{-14} \text{ (mol} \cdot l^{-1})^2 \quad (b)$$

eingestellt haben.

Chemisches Gleichgewicht, Massenwirkungsgesetz, Löslichkeitsprodukt

Beim Lösen des Natriumacetats verschwinden somit H^+-Ionen, und dafür treten OH^--Ionen im Überschuss auf, bis die H^+-Ionenkonzentration ihren Gleichgewichtswert erreicht hat und somit $c(H^+)$ in der Gleichung (a) den gleichen Wert wie in der Gleichung (b) hat. Die Lösung reagiert dann alkalisch.

NH_4Cl ist dagegen ein Salz, das als Kation die schwache Säure NH_4^+ enthält. Sie kann mit Wasser H_3O^+ und NH_3 bilden und so eine schwach saure Reaktion verursachen.

Wenn die Ionen eines Salzes als Säure oder Base mit H_2O reagieren oder mit H_2O eine Säure bilden, so spricht man von **Hydrolyse**. Zn^{2+}- und Al^{3+}-Ionen werden hydratisiert. Die Aquakomplexe sind Säuren:

$$Al^{3+} + 6\,H_2O \rightarrow [Al(OH_2)_6]^{3+} \rightleftharpoons [Al(OH_2)_5(OH)]^{2+} + H^+$$

Allgemein kann man feststellen:

Anionen, die sich von schwachen Säuren ableiten, sind Basen: z. B. CH_3COO^-, CN^-, CO_3^{2-}. Kationen, die sich von schwachen Basen ableiten, sind Säuren: z. B. NH_4^+, $Al(OH_2)_6^{3+}$.

Auch Moleküle, wie $SiCl_4$, PCl_3 usw., können hydrolysieren. Dabei werden kovalente Bindungen gespalten:

$$PCl_3 + 3\,H_2O \rightarrow H_3PO_3 + 3\,HCl$$

Von großem praktischem Interesse sind Lösungen, zu denen man sowohl H^+-Ionen (z. B. HCl) als auch OH^--Ionen (NaOH) hinzufügen kann, ohne dass sich die tatsächliche H^+-Ionenkonzentration wesentlich ändert. Geeignet sind Systeme, die aus vergleichbaren Mengen einer schwachen Säure oder Base und der korrespondierenden Base bzw. Säure (z. B. CH_3COOH/CH_3COO^-; NH_3/NH_4^+) bestehen.

Solche **Pufferlösungen** werden sehr viel gebraucht, wenn man Reaktionen bei konstanter H^+-Ionenkonzentration ablaufen lassen will, was besonders in der physiologischen Chemie sehr wichtig ist.

Pufferlösungen

Zwei Reagenzgläser fülle man mit Wasser, zwei weitere mit 5 ml 2 mol/l CH_3COOH + 5 ml 2 mol/l $NaCH_3COO$ und füge zu allen 2 Tropfen Methylorange hinzu. Ein Reagenzglas mit Wasser versetze man mit 1–2 Tropfen 2 mol/l HCl. Es tritt sofort die rote Farbe auf. Im Acetatpuffer dagegen bleibt die Mischfarbe des Indikators auch bei Zugabe von weiterer Salzsäure bestehen. Die entsprechenden Ergebnisse erhält man bei tropfenweiser Zugabe von Natronlauge zu Wasser bzw. dem Puffer.

1.1.4.4 Löslichkeitsprodukt

Lösungen über einem festen Bodenkörper des gelösten Salzes werden als gesättigt bezeichnet. Die Stoffmengenkonzentrationen **gesättigter Lösungen** zeigen große Unterschiede, so dass eine Einteilung in leicht lösliche (mehr als $1\,\text{mol}\cdot l^{-1}$), mäßig lösliche (0,1 bis $1\,\text{mol}\cdot l^{-1}$) und schwer lösliche (weniger als $0,1\,\text{mol}\cdot l^{-1}$)

Verbindungen zweckmäßig ist. Die Löslichkeit wird in starkem Maße durch die Temperatur, durch die Art des Lösungsmittels und durch die Teilchengröße des Bodenkörpers beeinflusst.

Bei schwerlöslichen Salzen wie $KClO_4$, $AgCl$, $BaSO_4$ kann vorausgesetzt werden, dass der gelöste Salzanteil über einem entsprechenden Bodenkörper fast völlig dissoziiert ist. Für $KClO_4$ gilt das MWG in der Form

$$\frac{c(K^+) \cdot c(ClO_4^-)}{c(KClO_4)} = K$$

In einer gesättigten Lösung ist die Gesamtkonzentration C bei einer bestimmten Temperatur konstant. Bei vollständiger Dissoziation folgt dann:

$$c(K^+) = c(ClO_4^-) = C$$

Die Konzentration des gelösten undissoziierten Anteils ist klein und bei Gegenwart des Bodenkörpers konstant und kann in eine Konstante einbezogen werden. Man erhält damit:

$$c(K^+) \cdot c(ClO_4^-) = K \cdot c(KClO_4) = K_L = C^2$$

K_L nennt man das **Löslichkeitsprodukt**. Es kann im vorliegenden Fall durch Quadrieren der Gesamtkonzentration C in einfacher Weise berechnet werden.

Wird das Löslichkeitsprodukt überschritten, indem man zu einer gesättigten Lösung von $KClO_4$ weitere K^+- oder ClO_4^--Ionen zu undissoziierten Molekülen zusammentreten, bis das Produkt der Ionenkonzentrationen wieder auf den Wert K_L gesunken ist. Da nun aber in gesättigten Lösungen die Konzentration des undissoziierten Anteils konstant ist und nicht überschritten werden kann, muss das gebildete undissoziierte $KClO_4$ auskristallisieren.

1.1.5 Oxidation und Reduktion

Unter **Oxidation** wird allgemein die Abgabe von Elektronen bzw. Erhöhung der Oxidationsstufe (s. S. 29), unter **Reduktion** die Aufnahme von Elektronen bzw. Erniedrigung der Oxidationsstufe verstanden. Beide Vorgänge sind immer miteinander gekoppelt, da bei jeder Redox- (= Reduktions-Oxidations-)Reaktion die Anzahl der aufgenommenen Elektronen gleich der der abgegebenen sein muss; außerdem können Elektronen ebenso wie Protonen in kondensierter Phase nicht frei auftreten.

Nach den im vorhergehenden Kapitel besprochenen Tatsachen sind z. B. bei den Elementen in der linken Hauptgruppen des PSE die äußeren Elektronen unter Bildung der entsprechenden positiven Ionen mit Edelgaskonfiguration leicht abtrennbar, d. h. die **Ionisierungsenergie** (s. S. 102) ist gering. Bei der Aufnahme eines Elektrons durch das neutrale Atom wird nur wenig Energie frei, die sog. **Elektronenaffinität** (s. S. 102) ist also gering. In einigen Fällen ist die Elektronenaffinität sogar positiv, d. h. bei der Aufnahme eines Elektrons muss Energie aufgewandt werden. Demgegenüber besitzen Atome von Elementen der rechten Hauptgruppen große Ionisierungsenergie und Elektronenaffinität.

Bei der Bildung von NaCl aus Chlor und Natrium wird das Natrium oxidiert und das Chlor reduziert:

$$Na \rightarrow Na^+ + e^-$$
$$Cl + e^- \rightarrow Cl^-$$

Die Oxidationsstufe des Natriums im $\overset{+I\ -I}{NaCl}$ hat sich von ± 0 auf $+I$ erhöht, die des Chlors von ± 0 auf $-I$ erniedrigt. Kennt man also den Wechsel der Oxidationsstufe der an einer Redoxgleichung beteiligten Moleküle und Ionen, so ist die Aufstellung von Reaktionsgleichungen aus den Teilreaktionen der „Redox-Reaktion" sehr einfach.

Beispiele:

a) Auflösung eines Metalls in Säure:

$$Zn \rightarrow Zn^{2+} + 2e^-$$
$$2H^+ + 2e^- \rightarrow H_2$$
$$\overset{\pm 0}{Zn} + \overset{+I}{H_2}SO_4 \rightarrow \overset{+II}{Zn}SO_4 + \overset{\pm 0}{H_2}\uparrow$$

b) In einer Verbindung bzw. einem komplexen Ion wird die **Oxidationsstufe** ermittelt, indem man alle Partner als Ionen in Rechnung stellt, z. B. MnO_4^- (Permanganation):

Oxidationsstufe des Sauerstoffs	$-II$:	$-II \times 4 = -VIII$
Oxidationsstufe des Mangans	$+VII$:	$+VII \times 1 = +VII$
Ladung des MnO_4^--Ions		-1

Die Ionenladung ergibt sich als Summe aller Oxidationsstufen.

Ganz allgemein kann man die Oxidationsstufen auch aus der Valenzstrichformel ableiten, indem man die Bindungselektronen vollständig dem elektronegativeren Bindungspartner zuordnet und dann die Differenz zu der Elektronenanzahl berechnet, die das entsprechende Atom als Element aufweist. Bei gleichen Atomen werden die Bindungselektronen aufgeteilt.

Bei der Oxidation von Fe^{2+} zu Fe^{3+} durch MnO_4^- in saurer Lösung entsteht Mn^{2+} (s. S. 218):

$$\overset{+VII}{MnO_4^-} + 8H^+ + 5e^- \rightarrow \overset{+II}{Mn}{}^{2+} + 4H_2O \quad |\cdot 1$$
$$\overset{+II}{Fe}{}^{2+} \rightarrow \overset{+III}{Fe}{}^{3+} + e^- \quad |\cdot 5$$

Da nun in saurer Lösung ein MnO_4^--Ion 5 Elektronen aufnimmt, ein Fe^{2+}-Ion dagegen nur 1 Elektron abgibt, müssen 5 Fe^{2+}-Ionen oxidiert werden, um die zur Reduktion eines MnO_4^--Ions notwendigen Elektronen zu liefern. Die zweite

Teilreaktion muss also mit 5 multipliziert werden, damit bei der Addition der beiden Teilgleichungen die in ihnen auftretenden freien Elektronen herausfallen. Letztlich läuft es darauf hinaus, das kleinste gemeinsame Vielfache für die Anzahl der abgegebenen und aufgenommenen Elektronen zu finden (hier $5 \times 1 = 5$). Der Stoff, der 5 Elektronen aufnimmt, ist demnach mit 1, derjenige, der 1 Elektron abgibt, mit 5 zu multiplizieren. Die aus den Teilgleichungen sich ergebende Gleichung für die Gesamtreaktion lautet dann:

$$MnO_4^- + 8\,H^+ + 5\,Fe^{2+} \rightarrow Mn^{2+} + 5\,Fe^{3+} + 4\,H_2O$$

Bei komplizierten Redoxreaktionen geht man am besten so vor, dass man die **Oxidationsteilreaktion** getrennt von der **Reduktionsteilreaktion** formuliert. Wir wollen dies am Beispiel der Reaktion von As_2O_3 mit BrO_3^- ausführen. Zunächst schreibt man Edukt und Produkt auf, bestimmt die Oxidationsstufen und berechnet daraus den **Elektronenübergang**:

$$\overset{+III}{As_2}O_3 \rightarrow 2\,H_2\overset{+V}{As}O_4^- + 4\,e^-$$

$$\overset{+V}{Br}O_3^- + 6\,e^- \rightarrow \overset{-I}{Br}^-$$

Bei einer Ionengleichung muss die Summe der unkompensierten Ladungen auf beiden Seiten gleich sein. Als nächster Schritt ist daher ein **Ladungsausgleich** zweckmäßig, den man bei Reaktionen in wässriger Lösung je nach pH-Wert mit H^+ oder mit OH^- ausführt:

$$\overset{+III}{As_2}O_3 \rightarrow 2\,H_2\overset{+V}{As}O_4^- + 4\,e^- + 6\,H^+$$

$$\overset{+V}{Br}O_3^- + 6\,e^- + 6\,H^+ \rightarrow \overset{-I}{Br}^-$$

Anschließend folgt der **Stoffausgleich**, der häufig mit H_2O erfolgen kann:

$$\overset{+III}{As_2}O_3 + 5\,H_2O \rightarrow 2\,H_2\overset{+V}{As}O_4^- + 4\,e^- + 6\,H^+ \qquad |\cdot 3$$

$$\overset{+V}{Br}O_3^- + 6\,e^- + 6\,H^+ \rightarrow \overset{-I}{Br}^- + 3\,H_2O \qquad |\cdot 2$$

Da sich die Elektronen in der Summengleichung herausheben sollen, muss man noch das kleinste gemeinsame Vielfache suchen ($3 \cdot 4\,e^- = 12\,e^-$ und $2 \cdot 6\,e^- = 12\,e^-$):

$$3\,\overset{+III}{As_2}O_3 + 2\,\overset{+V}{Br}O_3^- + 9\,H_2O \rightarrow 6\,H_2\overset{+V}{As}O_4^- + 2\,\overset{-I}{Br}^- + 6\,H^+$$

weitere Beispiele s. S. 33.

1.1.5.1 Wertigkeit, Oxidationsstufe

Im Anschluss soll noch auf den wichtigen Wertigkeitsbegriff hingewiesen werden. Dieser Begriff hat eine starke Wandlung durchgemacht und umfasst heute eine Anzahl selbständiger Aussagen. Man unterscheidet:

1. Die **stöchiometrische Wertigkeit.** Sie gibt an, wie viel einwertige Atome oder Atomgruppen ein Atom des betrachteten Elements binden oder ersetzen kann. Durchweg einwertig ist der Wasserstoff, in der Regel zweiwertig der Sauerstoff.
2. **Ionenladung.** Sie ist die Anzahl der elektrischen Elementarladungen eines Ions, z. B. Na^+, Ca^{2+} (vgl. S. 12).
3. **Bindigkeit oder Bindungszahl.** Sie bezeichnet die Anzahl der Atombindungen, die von einem Atom betätigt werden. Sie ist beim Chlor im Cl_2 eins, beim Kohlenstoff im CH_4 vier. Die Bindigkeit kann in einigen Fällen mit der Koordinationszahl in Komplexen identisch sein.
4. **Formale Ladung.** Sie ergibt sich aus dem Vergleich der Elektronenanzahl, die dem betrachteten Atom in der Elektronenformel zukommt, mit der des neutralen Atoms. Für jedes überschüssige Elektron erhält das Atom eine negative, für jedes fehlende Elektron eine positive Ladung zugeordnet. Gemeinsame Elektronenpaare (Bindungsstriche in Valenzstrichformeln) gehören zur Hälfte dem einen und zur Hälfte dem anderen Atom. Die Summe der formalen Ladungen entspricht der Ionenladung.

Im SO_4^{2-}-Anion ist demnach die formale Ladung des S-Atoms: 0, eines O-Atoms im Mittel: $-0{,}5$.

5. **Oxidationsstufe oder Oxidationszahl** (elektrochemische Wertigkeit s. S. 29). Sie bezeichnet die Ladung eines Atoms im Molekül unter der Annahme, dass das Molekül nur aus Ionen aufgebaut ist. Sie wird als römische Zahl mit dem entsprechenden Vorzeichen über das betreffende Element geschrieben, z. B.:

$$\overset{+VI}{H_2S}O_4, \quad \overset{-III}{N}H_3, \quad K\overset{+VII}{Mn}O_4, \quad H_2\overset{+III}{C_2}O_4, \quad \overset{+I}{N_2}O$$

(Schreibweise in Verbindungsnamen s. S. 51). Die Kenntnis der Oxidationsstufe gestattet bei Redox-Prozessen eine Ermittlung der Elektronenbilanz. Sie ist demnach äußerst wichtig zur Ableitung von Redox-Gleichungen und der elektrochemisch äquivalenten Stoffmengen.

1.1.5.2 Periodensystem und Oxidationsstufen

Das Periodensystem lässt einige Aussagen über die auftretenden Oxidationsstufen zu:

Die maximal mögliche Oxidationsstufe eines Elementes ist identisch mit der Gruppennummer im PSE. Dies ist bei den Hauptgruppen leicht einzusehen, da die Anzahl der Valenzelektronen mit der Gruppennummer übereinstimmt. Jedoch können die Nebengruppenelemente, die auf ihrer äußersten Schale mit nur wenigen Ausnahmen (z. B. Cu, Cr, Pd) maximal zwei Elektronen haben, und bei denen demnach häufig die Oxidationsstufe + II realisiert ist, auch aus der nächsten weiter innen liegenden Schale Elektronen (d-Elektronen) abgeben. Sie erreichen so die ihrer Gruppennummer entsprechende maximale Oxidationsstufe. Werden dagegen von den Elementen der 4. bis 7. Hauptgruppe Elektronen zur Auffüllung der nächst höheren Edelgasschale aufgenommen, so ergibt sich die minimal mögliche Oxidationsstufe aus der Gruppennummer minus 8.

Beispiele:

Maximale Oxidationsstufe

$$\overset{+IV}{H_4SiO_4} \quad \overset{+V}{H_3PO_4} \quad \overset{+VI}{H_2SO_4} \quad \overset{+VII}{HClO_4}$$

Minimale Oxidationsstufe

$$\overset{-III}{PH_3} \quad \overset{-II}{H_2S} \quad \overset{-I}{HCl}$$

Die maximal mögliche Oxidationsstufe wird nicht erreicht von den Hauptgruppenelementen Fluor, das nur in den Oxidationsstufen − I und 0, Sauerstoff, der nur maximal als + II (OF_2) auftritt, und den Edelgasen, bei denen nur Xenon im XeO_4 + VIII erreicht, sowie den Elementen der 8. Nebengruppe mit Ausnahme von Ruthenium und Osmium. Nur letztere erreichen in den Tetraoxiden die Oxidationsstufe + VIII.

Überschritten wird die durch die Regel genannte maximale Oxidationsstufe nur von den Elementen der 1. Nebengruppe (Kupfer, Silber, Gold), die auch mit höheren Oxidationsstufen als + I auftreten.

Da die Nebengruppenelemente auch Elektronen aus der nächsten weiter innen liegenden Schale abzugeben vermögen, ist bei diesen die Variationsmöglichkeit der Oxidationsstufen größer als bei den Hauptgruppenelementen. So tritt z. B. das Element Mangan in allen Oxidationsstufen von − III bis + VII auf. Bei den Hauptgruppen beobachtet man dagegen oft einen Unterschied von jeweils 2 Elektronen, z. B. beim Schwefel die Oxidationsstufen − II, ±0, + II, + IV, + VI. Eine Ausnahme liegt hier allerdings beim Disulfidion, S_2^{2-}, mit der Oxidationsstufe − I vor.

In der 3. bis 5. Hauptgruppe nimmt die Beständigkeit der Verbindungen in der maximalen Oxidationsstufe des Elementes mit steigender Ordnungszahl ab, die Beständigkeit der Verbindungen mit einer niedrigeren Oxidationsstufe zu, z. B.

liegt in der 5. Hauptgruppe beim Stickstoff die beständigsten Verbindungen in der Oxidationsstufe +V vor. Bismut dagegen tritt vorwiegend mit der Oxidationsstufe +III auf. Bi(V)-Verbindungen sind sehr starke Oxidationsmittel.

Bei den Nebengruppen liegen die Verhältnisse umgekehrt. Ein gutes Beispiel ist die 7. Nebengruppe (s. S. 215).

Weitere Ableitungen von Redox-Gleichungen

Bei der Oxidation der schwefligen Säure zu Sulfat durch MnO_4^- in saurer Lösung entsteht Mn^{2+}:

$$\overset{+IV}{HSO_3^-} + H_2O \rightarrow \overset{+VI}{SO_4^{2-}} + 2\,e^- + 3\,H^+$$

Für die Reduktion des MnO_4^--Ions, das in saurer Lösung in Mn^{2+} übergeht, werden fünf Elektronen benötigt:

$$\overset{+VII}{Mn}O_4^- + 5\,e^- + 8\,H^+ \rightarrow \overset{+II}{Mn^{2+}} + 4\,H_2O$$

Zur Aufstellung der Summengleichung muss daher die Oxidationsgleichung mit 5 und die Reduktionsteilgleichung mit 2 multipliziert werden:

Beim H_2O_2 muss man beachten, dass eine O–O-Bindung vorliegt (H–O–O–H), dadurch kommt dem Sauerstoff hier die Oxidationsstufe –I zu. Der Sauerstoff hat somit im H_2O_2 eine mittlere Oxidationsstufe, die zwischen –II im H_2O und ±0 im O_2 liegt. Daher kann H_2O_2 in Abhängigkeit vom Reaktionspartner sowohl zu H_2O reduziert als auch zu O_2 oxidiert werden:

$$\text{Reduktion}: \quad \overset{-I}{H_2O_2} + 2\,e^- + 2\,H^+ \rightarrow 2\,\overset{-II}{H_2O}$$

$$\text{Oxidation}: \quad \overset{-I}{H_2O_2} \rightarrow \overset{\pm 0}{O_2} + 2\,e^- + 2\,H^+$$

Die Teilreaktionen bei der Oxidation des H_2O_2 mit MnO_4^- in saurer Lösung lauten demnach:

$$MnO_4^- + 8\,H^+ + 5\,e^- \rightarrow Mn^{2+} + 4\,H_2O$$

und

$$H_2O_2 \rightarrow 2\,H^+ + O_2 + 2\,e^-$$

Damit in beiden Teilreaktionen die gleiche Anzahl von Elektronen auftritt, ist die erste Teilreaktion mit 2, die zweite mit 5 zu multiplizieren. Durch Addition ergibt sich dann die Gesamtreaktion:

$$2\,MnO_4^- + 6\,H^+ + 5\,H_2O_2 \rightarrow 2\,Mn^{2+} + 8\,H_2O + 5\,O_2$$

Bei der Oxidation oder Reduktion organischer Verbindungen geht man wie in den vorausgehenden Beispielen vor und ordnet dem C-Atom die entsprechende Oxidationsstufe zu.

Zerlegt man das Oxalation schematisch in Atomionen, wobei verbindende Elektronenpaare dem Element mit größerer Elektronegativität zugeteilt werden und nur zwischen gleichen Elementen eine Aufteilung des Elektronenpaares erfolgt, so erhält man für die Oxidationsstufe des Kohlenstoffs $+\mathrm{III}$.

Bei der Oxidation des Oxalations zu CO_2 werden 2 Elektronen gemäß der Teilreaktion abgegeben:

$$\overset{+III}{C_2}O_4^{2-} \to 2\,\overset{+IV}{C}O_2 + 2\,e^-$$

Bei wasserstoffhaltigen Verbindungen ist zu beachten, dass der Kohlenstoff eine größere Elektronegativität als Wasserstoff besitzt. Deshalb liefert die gleiche schematische Zerlegung beim Ethylalkohol für das C-Atom der CH_3-Gruppe die Oxidationsstufe $-\mathrm{III}$, dagegen $-\mathrm{I}$ für das der OH-Gruppe benachbarte C-Atom. Nur dieses C-Atom wechselt bei der Oxidation zu Acetaldehyd unter Abgabe zweier Elektronen seine Oxidationsstufe auf $+\mathrm{I}$ gemäß der Teilgleichung:

$$\overset{-III}{CH_3} - \overset{-I}{CH_2} - OH \to \overset{-III}{CH_3} - \overset{+I}{CHO} + 2\,H^+ + 2\,e^-$$

Bei der Oxidation des $C_2O_4^{2-}$ bzw. C_2H_5OH durch MnO_4^- ergibt sich demnach wieder als kleinstes gemeinsames Vielfaches $(2 \times 5) = 10$. Die Gleichungen lauten daher:

bzw.
$$2\,MnO_4^- + 5\,C_2O_4^{2-} + 16\,H^+ \to 2\,Mn^{2+} + 10\,CO_2 + 8\,H_2O$$
$$2\,MnO_4^- + 5\,C_2H_5OH + 6\,H^+ \to 2\,Mn^{2+} + 5\,CH_3CHO + 8\,H_2O$$

An Hand der hier aufgeführten Beispiele lassen sich alle Redoxgleichungen mit organischen Komponenten leicht ableiten und formulieren.

1.1.5.3 Disproportionierung und Komproportionierung (Synproportionierung)

Geht bei einer Reaktion ein Element von einer mittleren Oxidationsstufe in eine höhere und eine niedere über, so nennt man diesen Vorgang **Disproportionierung**, z. B.:

$$\overset{\pm 0}{Cl_2} + 2\,OH^- \to \overset{-I}{Cl^-} + \overset{+I}{OCl^-} + H_2O$$

$$2\,\overset{-I}{H_2O_2} \to 2\,\overset{-II}{H_2O} + \overset{\pm 0}{O_2}$$

Bei der Aufstellung der Reaktionsgleichung ist wie bei den Redoxreaktionen zu verfahren.

Der umgekehrte Vorgang wird als **Kom-** oder **Synproportionierung** bezeichnet, z. B. Gleichung 9b) S. 218.

1.1.5.4 Spannungsreihe und Redoxpotenzial

Das Bestreben eines Elementes, in eine andere Oxidationsstufe überzugehen, kann qualitativ oder auch quantitativ festgelegt werden.

Oxidation und Reduktion 35

Gibt man z. B. in eine Cu^{2+}-Lösung elementares Zn, so schlägt sich elementares Cu nieder und Zn^{2+}-Ionen gehen in Lösung. Das Kupfer hat demnach eine geringere Tendenz, als hydratisiertes Ion in Lösung zu gehen, es ist „edler" als das Zink.

Die ablaufende Redox-Reaktion lässt sich beim Vorliegen der Elemente X und Y allgemein formulieren

a) $X + Y^{2+} \rightarrow X^{2+} + Y$ (X unedler als Y) und in die Teilreaktionen
b) $X \rightarrow X^{2+} + 2e^-$ (Elektronen liefernde Reaktion, Oxidation) und
c) $Y^{2+} + 2e^- \rightarrow Y$ (Elektronen verbrauchende Reaktion, Reduktion) zerlegen.

Den Elektronenaustausch kann man in der unten stehenden Versuchsanordnung (Abb. 1.3), die einem **galvanischen Element**, z. B. einem *Daniell*-Element, entspricht, direkt nachweisen und messen. Man taucht die Metalle X und Y in die Lösungen ihrer Salze (also X z. B. in XSO_4 und Y in YSO_4), und erhält so zwei (galvanische) **„Halbelemente"**.

Verbindet man nun die beiden Lösungen durch einen mit der Lösung eines Elektrolyten (z. B. KCl) gefüllten Flüssigkeitsheber und die beiden eintauchenden Metalle, die beiden „Elektroden", über ein Ampèremeter, so fließt ein elektrischer Strom. Er kommt dadurch zustande, dass die Atome des Metalles X als Ionen X^{2+} in Lösung gehen unter Abgabe von Elektronen, die nun von X durch den Draht nach Y wandern und an dessen Oberfläche mit den Ionen Y^{2+} reagieren unter Bildung der Atome Y, die sich an der Oberfläche des Metalles Y abscheiden. Es findet also die Umsetzung (a) statt, nur reagieren hier X und Y^{2+} nicht direkt miteinander. Die beiden Teilreaktionen (b) und (c) verlaufen örtlich voneinander getrennt, wobei die Elektronen durch den metallischen Leiter vom Ort der Teilreaktion (b) zu dem der Teilreaktion (c) transportiert werden. Der Flüssigkeitsheber sorgt für den Anionenausgleich (Gesetz der Elektroneutralität).

Die zwischen den Metallstäben auftretende Spannung ist ein Maß für den Unterschied in den Lösungstendenzen der Metalle X und Y.

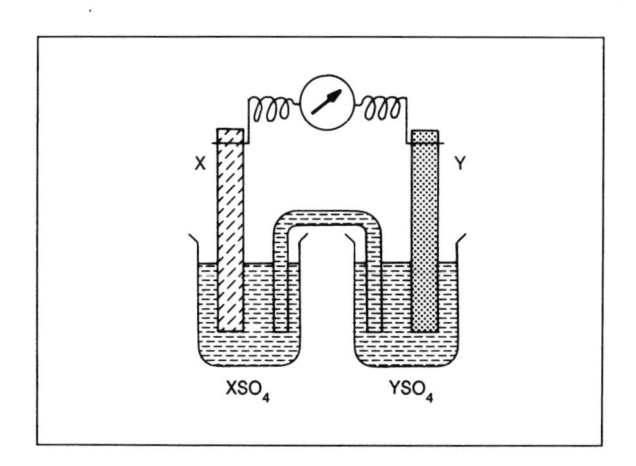

Abb. 1.3: Schematische Darstellung eines galvanischen Elementes

36 Theoretische Vorbemerkungen und historischer Rückblick

Die Reihe, die man erhält, wenn man die Metalle nach abnehmender Lösungstendenz geordnet aufschreibt, wird **Spannungsreihe** genannt:

K, Ca, Na, Mg, Al, Mn, Zn, Fe, Cd, Ni, Sn, Pb, **H**,
Sb, As, Cu, Hg, Ag, Au, Pt

In ihr befindet sich auch der Wasserstoff. Alle Metalle, die vor ihm stehen, sind unedler und werden schon von nichtoxidierenden Säuren aufgelöst. Diejenigen, die hinter ihm stehen, sind edler und können nur durch oxidierende Säuren in den Ionenzustand überführt werden.

Die Reaktion:

$$X \rightleftharpoons X^{2+} + 2\,e^-$$

die auf der einen Seite eines galvanischen Elementes vor sich geht, ist eine Gleichgewichtsreaktion. Das Bestreben, in den Ionenzustand überzugehen, wird daher nicht nur von dem Metall selbst, sondern auch von den schon in Lösung befindlichen Ionen abhängen, und zwar muss es um so kleiner sein, je größer die Ionenkonzentration ist. Die obige Reihenfolge gilt daher nur unter gleichen Bedingungen, d.h. nur für gleiche Ionenkonzentrationen. Quantitativ misst man daher das Bestreben, in Lösung zu gehen, bei der Ionenaktivität $a = f \cdot c = 1\,\text{mol} \cdot l^{-1}$ und nennt die erhaltene Spannung das **Standardpotenzial E^0** (s. Tab. 1.5), wobei als Gegenelektrode eine **Wasserstoffelektrode**[1] dient, deren Standardpotenzial man – da man nur so die Potenzialdifferenzen messen kann – willkürlich gleich Null setzt.

Die Abhängigkeit der Spannung E (gemessen in Volt) des galvanischen Halbelementes von der Ionenkonzentration c ist nach *Nernst* gegeben durch die Formel:

$$E = E^0 + \frac{0,059}{z}\lg a \approx E^0 + \frac{0,059}{z}\lg c$$

wobei E^0 das Standardpotenzial des Metallions und z die Anzahl der ausgetauschten Elektronen bedeuten. Der für Zimmertemperatur gültige Wert 0,059 ändert sich mit der Temperatur. (Näheres s. S. 459.)

In dem obigen Beispiel hat die Elektrode zwei Funktionen. Erstens stellt sie den Bestandteil in der niederen Oxidationsstufe in den beiden Halbelementen dar, zweitens dient sie als Medium für den Elektronenaustausch.

Soll nun das Redoxpotenzial in Lösung wie z. B.

$$Fe^{2+} \rightleftharpoons Fe^{3+} + e^-$$

oder

$$Mn^{2+} + 4\,H_2O \rightleftharpoons MnO_4^- + 8\,H^+ + 5\,e^-$$

---

[1] Definition der Standardwasserstoffelektrode: Platiniertes Platinblech, eintauchend in eine H^+-Ionenlösung mit der Aktivität 1 (Aktivität s. S. 23), umspült von Wasserstoffgas mit dem Wasserstoffpartialdruck 1013,25 mbar (1 atm) bei 18 °C.

Tab. 1.5: Spannungsreihe der Metalle.

		$E°$ (Volt)
$Li^+ + e^-$	$\rightleftharpoons Li_{(fest)}$	−3,04
$K^+ + e^-$	$\rightleftharpoons K_{(fest)}$	−2,92
$Ca^{2+} + 2e^-$	$\rightleftharpoons Ca_{(fest)}$	−2,87
$Na^+ + e^-$	$\rightleftharpoons Na_{(fest)}$	−2,713
$Mg^{2+} + 2e^-$	$\rightleftharpoons Mg_{(fest)}$	−2,36
$Al^{3+} + 3e^-$	$\rightleftharpoons Al_{(fest)}$	−1,67
$Mn^{2+} + 2e^-$	$\rightleftharpoons Mn_{(fest)}$	−1,18
$Zn^{2+} + 2e^-$	$\rightleftharpoons Zn_{(fest)}$	−0,762
$Fe^{2+} + 2e^-$	$\rightleftharpoons Fe_{(fest)}$	−0,44
$Cd^{2+} + 2e^-$	$\rightleftharpoons Cd_{(fest)}$	−0,40
$Co^{2+} + 2e^-$	$\rightleftharpoons Co_{(fest)}$	−0,28
$Ni^{2+} + 2e^-$	$\rightleftharpoons Ni_{(fest)}$	−0,257
$Sn^{2+} + 2e^-$	$\rightleftharpoons Sn_{(fest)}$	−0,137
$Pb^{2+} + 2e^-$	$\rightleftharpoons Pb_{(fest)}$	−0,126
$2H^+ + 2e^-$	$\rightleftharpoons H_2$	0,00
$SbO^+ + 2H^+ + 3e^-$	$\rightleftharpoons Sb_{(fest)} + H_2O$	0,20
$H_3AsO_3 + 3H^+ + 3e^-$	$\rightleftharpoons As_{(fest)} + 3H_2O$	0,25
$Cu^{2+} + 2e^-$	$\rightleftharpoons Cu_{(fest)}$	0,34
$Hg^{2+} + 2e^-$	$\rightleftharpoons Hg_{(flüssig)}$	0,854
$Ag^+ + e^-$	$\rightleftharpoons Ag_{(fest)}$	0,800
$Pt^{2+} + 2e^-$	$\rightleftharpoons Pt_{(fest)}$	1,188
$Au^{3+} + 3e^-$	$\rightleftharpoons Au_{(fest)}$	1,52

gemessen werden, so ist die Einführung einer „indifferenten" Edelmetallelektrode notwendig. An ihr geht der Elektronenaustausch vonstatten.

Taucht man also z. B. sowohl in eine FeSO$_4$-Lösung, als auch in eine saure Permanganatlösung je einen Platindraht, verbindet wieder die beiden Lösungen durch einen Flüssigkeitsheber und die Platindrähte mit einem Metalldraht über ein Messinstrument, so fließt ein Strom. Denn Fe^{2+} gibt an den Platindraht Elektronen ab, die dann das MnO$_4^-$ in der anderen Lösung reduzieren.

Das Oxidationsvermögen eines Oxidationsmittels hängt in gleicher Weise von dem Konzentrationsverhältnis aller an der Umsetzung beteiligten Ionen ab, wie das Potential eines Metalls von der Ionenkonzentration der Lösung. Der einzige Unterschied besteht darin, dass jetzt nicht eine einzige Konzentration, sondern die von allen an der Reaktion beteiligten Ionen berücksichtigt werden muss.

Als Maß für das Oxidationsvermögen kann man genauso auch die Potenzialmessung zu Hilfe nehmen und erhält z. B. für die obigen Systeme

$$E = E^0 + \frac{0,059}{1} \lg \frac{c(Fe^{3+})}{c(Fe^{2+})}$$

und

$$E = E^0 + \frac{0{,}059}{5} \lg \frac{c(\mathrm{MnO_4^-}) \cdot c^8(\mathrm{H^+})}{c(\mathrm{Mn^{2+}})}$$

Die Konzentration (Aktivität) des H_2O kann in der letzten Gleichung fortgelassen werden, da in wässriger Lösung gearbeitet wird und die Wasserkonzentration praktisch konstant bleibt.

Für das Redoxgleichgewicht mit z ausgetauschten Elektronen

$$\mathrm{xA + yB + \ldots \rightleftharpoons rD + qE} + z\mathrm{e^-}$$

gilt allgemein bei 25 °C

$$E = E^0 + \frac{0{,}059}{z} \lg \frac{c_D^r \cdot c_E^q}{c_A^x \cdot c_B^y}; \quad E \text{ in Volt, } c \text{ in mol/l}$$

Wird der logarithmische Ausdruck 0, so entspricht E dem Standardpotenzial E^0. Es ist nicht berechenbar, sondern nur als Potenzialdifferenz zwischen der Standardwasserstoffelektrode (s. S. 36) und dem betrachteten System messbar.

Das Redoxpotenzial verschiebt sich in positiver Richtung, d.h., das Oxidationsvermögen nimmt zu, wenn die Konzentration des Oxidationsmittels zu- oder die des Reduktionsmittels abnimmt. Bei einer Konzentrationsänderung um eine Zehnerpotenz beträgt die Potenzialänderung $\frac{0{,}059}{z}$ Volt. (Weiteres s. S. 458.)

1.1.6 Stöchiometrisches Rechnen

Alle Reaktionsgleichungen geben nicht nur eine qualitative, sondern auch eine quantitative Beschreibung der chemischen Vorgänge wieder. Hinsichtlich Anzahl und Art der Atome muss die linke Seite einer Gleichung mit der rechten übereinstimmen. Aus dem Gesetz der Erhaltung der Masse, s. S. 459, folgt weiterhin, dass auch die Summe der Massen beider Seiten identisch sein muss.

Beim Umsatz größerer Stoffportionen berechnet man die Massen aus den Stoffmengen und molaren Massen der Atome oder Moleküle. Einheit der Stoffmenge ist das Mol. Die **Stoffmenge 1 Mol** besitzt ein System bestimmter Zusammensetzung, das aus ebenso vielen Teilchen besteht, wie Atome in 12 g des Kohlenstoffnuklids ^{12}C enthalten sind. Die Teilchen können Atome, Moleküle, Ionen oder Elektronen sein. Die Anzahl Teilchen, die ein Mol eines jeden Stoffes enthält, wird als Avogadro-Konstante N_A bezeichnet. Sie beträgt $N_A = 6{,}022137 \cdot 10^{23} \text{ mol}^{-1}$.

Die Masse (in g) einer Verbindung ist das Produkt aus Stoffmenge (in mol) und Summe der molaren Massen (in $g \cdot mol^{-1}$).

Als Beispiel sei die Gleichung der Sauerstoffabspaltung aus $KClO_3$ angeführt:

$$2\,\mathrm{KClO_3} \rightarrow 2\,\mathrm{KCl} + 3\,\mathrm{O_2}$$

Aus 2 Mol KClO$_3$ entstehen neben 2 Mol KCl demnach 3 Mol O$_2$. Für die Massen erhält man:

$$2\,\text{mol} \cdot (39{,}10 + 35{,}45 + 3 \cdot 16{,}00 = 122{,}55)\,\text{g} \cdot \text{mol}^{-1}$$
$$= 2\,\text{mol} \cdot (39{,}10 + 35{,}45 = 74{,}55)\,\text{g} \cdot \text{mol}^{-1} + 3\,\text{mol}$$
$$\cdot (2 \cdot 16{,}00 = 32)\,\text{g} \cdot \text{mol}^{-1}$$

oder ausgerechnet

$$245{,}10\,\text{g} = 149{,}10\,\text{g} + 96{,}00\,\text{g}$$

Die Gleichung der Massen dient auch zur Berechnung beliebiger Massen der einzusetzenden und entstehenden Stoffe.

Beispiele:

a) Nach einer Sauerstoffabspaltung aus KClO$_3$ wurden 100 g KCl gefunden. Wie groß war die eingesetzte Masse KClO$_3$?

Reaktionsgleichung: $2\,\text{KClO}_3 \rightarrow 2\,\text{KCl} + 3\,\text{O}_2$,
Massengleichung: $245{,}10\,\text{g} = 149{,}10\,\text{g} + 96{,}00\,\text{g}$ Multiplizieren der Gleichung mit $\dfrac{100}{149{,}10}$

$$\frac{245{,}10}{1{,}491}\,\text{g} = 100{,}00\,\text{g} + \frac{96{,}00}{1{,}491}\,\text{g}$$

Man rechnet nun den benötigten Bruch aus:

$$m(\text{KClO}_3) = \frac{245{,}10}{1{,}491}\,\text{g} = 164{,}4\,\text{g}$$

b) Wie viel g Sauerstoff liefern 50 g HgO?

Reaktionsgleichung: $2\,\text{HgO} \rightarrow 2\,\text{Hg} + \text{O}_2$. Demnach geben 2 Mol HgO also 1 Mol O$_2$. Unter Verzicht auf die vollständige Massengleichung erhält man:

$$2\,\text{mol} \cdot (216{,}60\,\text{g} \cdot \text{mol}^{-1})\,\text{HgO} \quad \text{geben} \quad 1\,\text{mol} \cdot (32{,}00\,\text{g} \cdot \text{mol}^{-1})\,\text{O}_2$$

$$433{,}20\,\text{g HgO} \quad \text{geben} \quad 32{,}00\,\text{g O}_2$$

$$50\,\text{g HgO} \quad \text{geben} \quad \frac{50}{433{,}20} \cdot 32{,}00\,\text{g O}_2 = 3{,}69\,\text{g O}_2$$

c) Eine weitere wichtige Anwendung der Stöchiometrie besteht in der Aufstellung von Formeln für unbekannte Verbindungen aus analytisch gefundenen Massenanteilen w der einzelnen Elemente an der Gesamtmasse. Hierzu dividiert man jeden Massenanteil $w(X)$ durch die entsprechende molare Masse $M(X)$, erhält also Stoffmenge/Masseneinheit mit der Dimension mol · g^{-1}. Diese massenbezogene Stoffmenge muss für jedes Element in der Verbindung berechnet werden. Aus dem Verhältnis aller massenbezogenen Stoffmengen findet man durch systematisches Probieren die ganzzahligen Koeffizienten der Verbindung. (Gesetz der konstanten und multiplen Proportionen, s. S. 2.)

In einem Eisenoxid wurde der Eisenanteil $w(\text{Fe}) = 72{,}36\%$ gefunden. Welches Oxid liegt vor? Der Sauerstoffanteil ergibt sich aus dem analytisch gefundenen Eisenanteil als Differenz zu 100%.

$$w(O) = 100{,}00\% - w(Fe) = 27{,}64\%$$

Das Massenverhältnis Eisen zu Sauerstoff beträgt:

$$w(Fe):w(O)$$

Das Verhältnis der massenbezogenen Stoffmengen:

$$\frac{w(Fe)}{M(Fe)} : \frac{w(O)}{M(O)}$$

Nach Einsetzen der Werte:

$$= \frac{72{,}36\%}{55{,}85 \text{ g} \cdot \text{mol}^{-1}} : \frac{27{,}64\%}{16{,}00 \text{ g} \cdot \text{mol}^{-1}}$$

100 g Verbindung enthalten das Stoffmengenverhältnis:

$$\frac{w(Fe)}{M(Fe)} : \frac{w(O)}{M(O)} = (1{,}296 \text{ mol} \cdot \text{g}^{-1}) : (1{,}728 \text{ mol} \cdot \text{g}^{-1})$$

Daraus durch Probieren:

$$= 1{,}296 : 1{,}728 = 0{,}75 : 1 = 3 : 4$$

Es liegt also Fe_3O_4 vor.

d) In einer aus K, Cl und O bestehenden Verbindung wurden $w(K) = 31{,}91\%$ und $w(Cl) = 28{,}93\%$ gefunden. Welche Verbindung liegt vor?
Der Sauerstoffanteil ergibt sich aus der Differenz

$$w(O) = 100 - (w(K) + w(Cl)) = 100 - (31{,}91\% + 28{,}93\%) = 39{,}16\%$$

Daraus erhält man die massenbezogenen Stoffmengen und Atom-% an Kaliumatomen

$$\frac{w(K)}{M(K)} = \frac{31{,}91\%}{39{,}10 \text{ g} \cdot \text{mol}^{-1}} = 0{,}816 \text{ mol} \cdot \text{g}^{-1} \text{ K}$$

an Chloratomen

$$\frac{w(Cl)}{M(Cl)} = \frac{28{,}93\%}{35{,}45 \text{ g} \cdot \text{mol}^{-1}} = 0{,}816 \text{ g} \cdot \text{mol}^{-1} \text{ Cl}$$

an Sauerstoffatomen

$$\frac{w(O)}{M} = \frac{39{,}16\%}{16{,}00 \text{ g} \cdot \text{mol}^{-1}} = 2{,}448 \text{ mol} \cdot \text{g}^{-1} \text{ O}$$

$$\text{Summe} \quad 4{,}080 \text{ mol} \cdot \text{g}^{-1}$$

In der Verbindung verhalten sich $n(K):n(Cl):n(O)$ wie $0{,}816 : 0{,}816 : 2{,}448 = 1:1:3$, es handelt sich also um $KClO_3$.

Die Beispiele zeigen, dass zur Aufstellung der Formel einer Verbindung mit z Komponenten mindestens z − 1 Anteile w erforderlich sind. Die noch fehlende Komponente ergibt sich aus der Differenz gegen 100%. Speziell in der organischen Chemie reicht die analytische Gehaltsbestimmung vielfach nicht aus. So kann ein Stoffmengenverhältnis $n(C):n(H):n(O) = 1:2:1$ sowohl dem Formaldehyd CH_2O als auch den formalen Polymeren $(C_6H_{12}O_6)_n$, wie Zucker, Stärke oder Cellulose zugeordnet sein. Hier sind zur Klärung weitere, oft komplizierte Untersuchungen notwendig.

e) Der Ni-Gehalt eines Nickelsulfates wurde zu w(Ni) = 20,9% gefunden. Wie lautet die wahrscheinliche Formel?
Angenommene Voraussetzung: $n(\text{Ni}) : n(\text{SO}_4) = 1 : 1$ und damit $n(\text{Ni}) = n(\text{NiSO}_4)$.

Aus $\dfrac{w(\text{Ni})}{M(\text{Ni})} = \dfrac{w(\text{NiSO}_4)}{M(\text{NiSO}_4)}$ folgt $w(\text{NiSO}_4) = \dfrac{w(\text{Ni})}{M(\text{Ni})} \cdot M(\text{NiSO}_4)$

$= \dfrac{20,90\%}{58,70 \text{ g} \cdot \text{mol}^{-1}} \cdot 154,76 \text{ g} \cdot \text{mol}^{-1} = 55,10\%$

Der Rest ist Wasser:

$w(\text{H}_2\text{O}) = 100 - 55{,}10 = 44{,}90\%$

Für das Verhältnis der massenbezogenen Stoffmengen gilt:

$\dfrac{w(\text{NiSO}_4)}{M(\text{NiSO}_4)} : \dfrac{w(\text{H}_2\text{O})}{M(\text{H}_2\text{O})} = \dfrac{55,10\%}{154,76 \text{ g} \cdot \text{mol}^{-1}} : \dfrac{44,90\%}{18,02 \text{ g} \cdot \text{mol}^{-1}}$

$= 0{,}356 : 2{,}492$

Unter obiger Voraussetzung handelt es sich also um $\text{NiSO}_4 \cdot 7\,\text{H}_2\text{O}$.

f) Werden bei einer Reaktion Gase gebildet, so sind häufig ihre Volumina bei bestimmtem Druck und bestimmter Temperatur von Bedeutung. In Erweiterung der *Avogadro*schen Hypothese (s. S. 3) gilt die allgemeine Zustandsgleichung für ideales Gas, $p \cdot V = n \cdot R \cdot T$, annähernd auch für reale Gase bei Atmosphärendruck. Die allgemeine molare Gaskonstante setzt man hier zweckmäßig $R = 8{,}314 \text{ J} \cdot \text{mol}^{-1} \cdot \text{K}^{-1} = 0{,}083\,14 \text{ bar} \cdot \text{l} \cdot \text{mol}^{-1} \cdot \text{K}^{-1}$.
Wie viel Liter CO_2 werden bei 500 °C und 1060 mbar aus 18 g Kohlenstoff gebildet?
Da ein Mol C ein Mol CO_2 liefert, hat das entstehende CO_2 die Stoffmenge:

$n(\text{CO}_2) = \dfrac{m(\text{C})}{M(\text{C})} = \dfrac{18 \text{ g}}{12{,}01 \text{ g} \cdot \text{mol}^{-1}} = 1{,}5 \text{ mol}.$

Die Celsius-Temperatur 500 °C ist gleich der thermodynamischen Temperatur $T = 273{,}15 \text{ K} + 500 \text{ K} = 773{,}15 \text{ K}$. Außerdem gilt 1060 mbar = 1,060 bar. Es entstehen

$V = \dfrac{n \cdot R \cdot T}{p} = \dfrac{1{,}5 \text{ mol} \cdot 0{,}083\,14 \text{ bar} \cdot \text{l} \cdot \text{mol}^{-1} \cdot \text{K}^{-1} \cdot 773{,}15 \text{ K}}{1{,}060 \text{ bar}}$

$= 90{,}962 \text{ Liter } \text{CO}_2.$

Beispiel (f) zeigt, dass die molare Masse des gesuchten Gases (hier CO_2) nicht in die Rechnung eingeht.

1.1.7 Grundlagen der Komplexchemie

Häufig beobachtet man, dass die für ein Ion charakteristischen Reaktionen ganz oder teilweise ausbleiben, wenn bestimmte andere Ionen oder Moleküle zugegen sind. In diesen Fällen verbinden sich einzelne Ionen oder Moleküle zu neuen Verbindungen, die als Komplexe bezeichnet werden. Einen **Komplex** kann man danach als eine Gruppe von Teilchen definieren, die bei vielen Reaktionen als Ganzes auftritt, obwohl andererseits die einzelnen Komponenten in einem

Gleichgewicht (Komplexbildungs- bzw. Dissoziations-Gleichgewicht s. u.) miteinander stehen. Ein Komplex ist durch ein **Zentralatom** und die an das Zentralatom gebundenen **Liganden** charakterisiert. Die Anzahl der an das Zentralatom gebundenen Nachbarn bezeichnet man als **Koordinationszahl**. Ein Komplex ist meist das Ergebnis einer Lewis-Säure–Lewis-Base-Reaktion (s. S. 21), wobei das Zentralatom die Säure und die Liganden die Basen darstellen. Als Beispiele kann man die Komplexe $Fe(CN)_6^{4-}$, $NiCl_4^{2-}$ und $Ag(NH_3)_2^+$ als auch BF_4^- oder ClO_4^- aufführen. Man erkennt daraus, dass das Zentralatom sowohl ein Hauptgruppenelement als auch ein Übergangsmetall sein kann. Im Fall des $Fe(CN)_6^{4-}$ liegt ein Komplex mit der Koordinationszahl sechs und oktaedrisch angeordneten CN^--Liganden vor (s. Abb. 1.4). $NiCl_4^{2-}$, BF_4^- und ClO_4^- bilden Tetraeder (s. Abb. 1.5). Das Zentralatom hat die Koordinationszahl 4. Im $[Ag(NH_3)_2]^+$ hat Ag^+ die Koordinationszahl 2 mit linearer Anordnung N–Ag–N. Bei den aufgeführten Beispielen sind die Ionen bzw. Moleküle CN^-, Cl^-, F^-, O^{2-} und NH_3 die Liganden, sie werden als **einzähnig oder einwertig** bezeichnet, da sie jeweils eine Koordinationsstelle am Zentralatom besetzen. Andere Moleküle oder Ionen, wie Ethylendiamin 2,2'-Bipyridin, Oxin, Diacetyldioxim oder EDTA (Ethylendiamintetraacetat) verfügen über mehrere Donoratome und können mehrere Koordinationsstellen besetzen. Sie sind **zwei- oder mehrzähnig** und bilden mit dem Zentralatom einen bzw. mehrere Ringe, die in der Regel aus 5 oder 6 Ringgliedern bestehen. Kleinere Ringe weisen eine Ringspannung auf und sind daher weniger stabil. Allgemein werden Komplexe, in denen ein mehrzähniger Ligand an das Zentralatom gebunden ist, als **Chelatkomplexe** ($\chi\eta\lambda\eta$ = Schere) oder Chelate bezeichnet. Die Chelatbildung bedingt eine deutliche Zunahme der Komplexstabilität (sog. Chelateffekt) gegenüber vergleichbaren Komplexen mit einzähnigen Liganden. Typische Chelatkomplexe

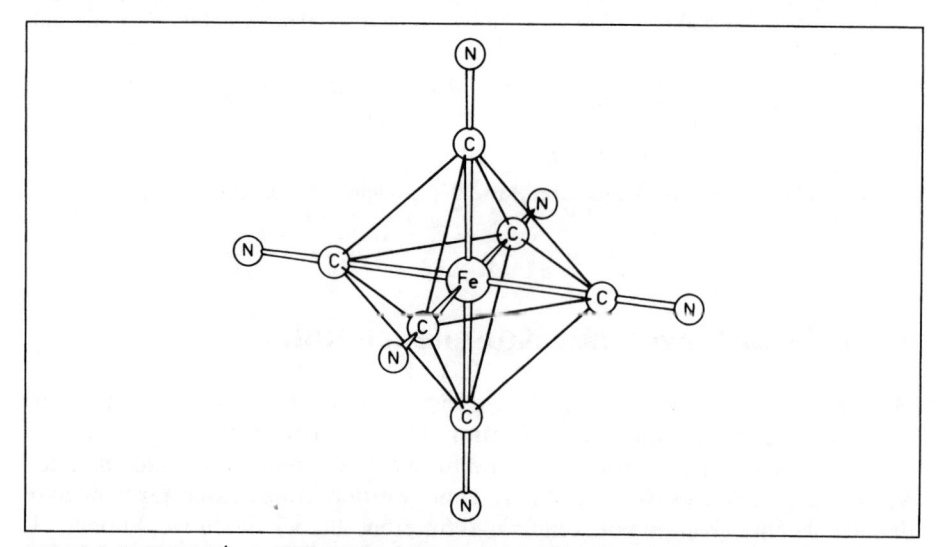

Abb. 1.4: $[Fe(CN)_6]^{4-}$ als Beispiel eines oktaedrischen Komplexes

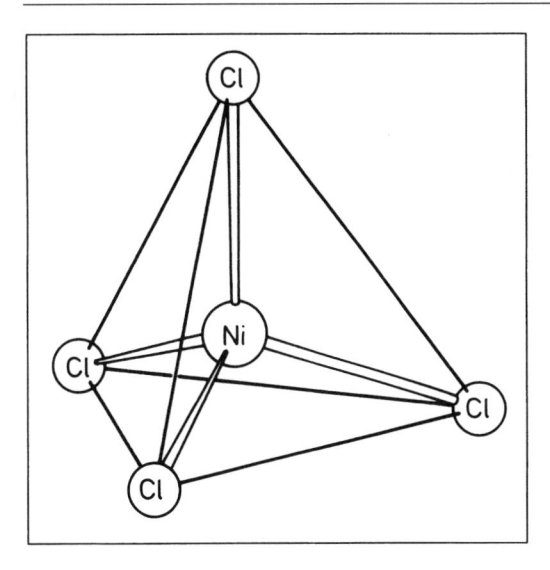

Abb. 1.5: [NiCl$_4$]$^{2-}$ als Beispiel eines tetraedrischen Komplexes

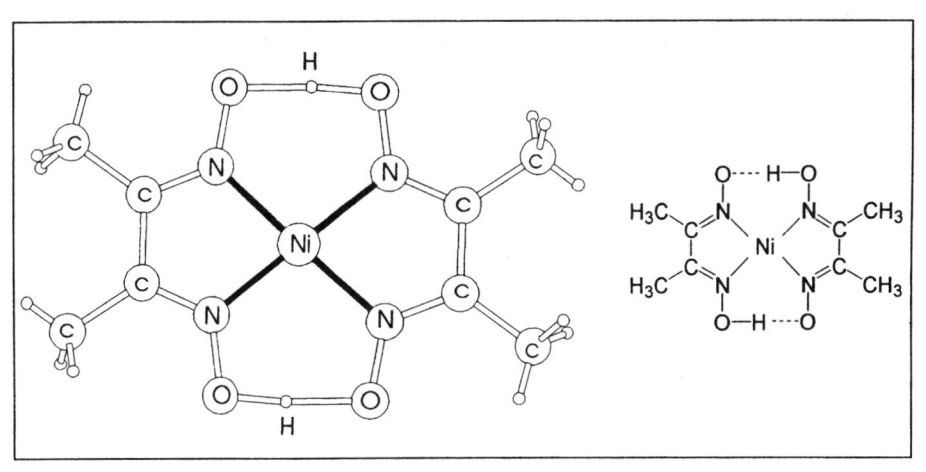

Abb. 1.6: Struktur und Valenzstrichformel von quadratisch planarem Ni-Diacetyldioxim

sind Ni(II)-diacetyldioxim (s. Abb. 1.6) oder Mg(II)-oxinat (Mg-8-hydroxychinolinolat) (s. Abb. 1.7).

Je nach der Art der Bindung zwischen Zentralatom und Liganden kann man Komplexe in zwei Typen unterteilen. Beim ersten Typ sind die Liganden durch kovalente Bindungen am Zentralatom gebunden, während die Bindung beim zweiten Typ besser durch eine elektrostatische Ion-Dipol-Wechselwirkung beschrieben wird. Zum ersten Typ, der auch als **Durchdringungskomplex** oder inner sphere Komplex bezeichnet wird, gehören z.B. Cyano-, Carbonyl- und Oxo-Komplexe als auch Chelatkomplexe. Der zweite Typ wird **Anlagerungskomplex**

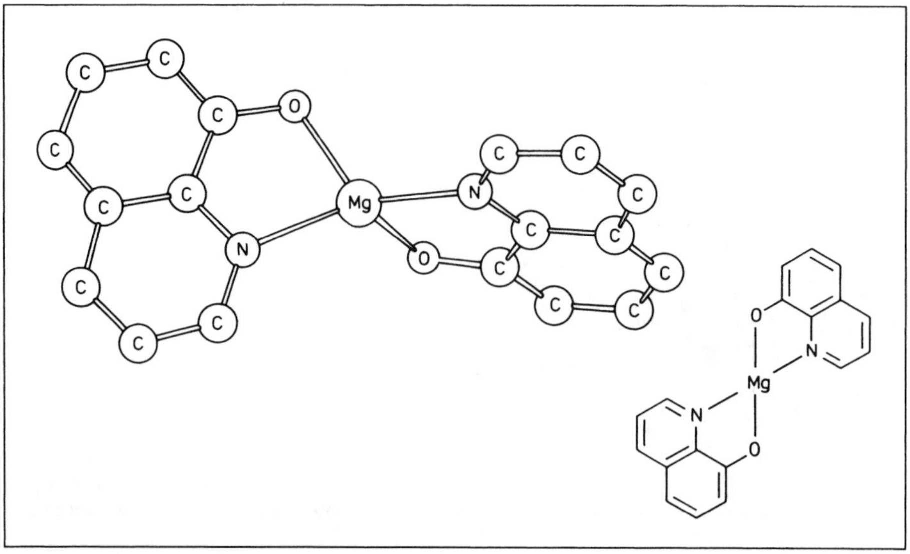

Abb. 1.7: Struktur von tetraedrischem Mg-oxinat

oder outer sphere Komplex genannt. Hierzu zählen z. B. die Aquakomplexe, in denen das H$_2$O-Molekül als Dipol gebunden ist.

Unter einem **Dipol** versteht man Teilchen, bei denen der Schwerpunkt der positiven und negativen Ladung nicht zusammenfällt, obwohl sie insgesamt elektrisch neutral sind. Das Wassermolekül ist z. B. nicht linear gebaut. Der Bindungswinkel beträgt 104,5°:

Da das Sauerstoffatom, als elektronegativerer Bindungspartner (s. S. 16), die Bindungselektronen stärker anzieht als die Wasserstoffatome, erhalten letztere eine partielle positive Ladung δ+ und das O-Atom eine partielle negative Ladung δ−, so dass ein elektrischer Dipol entsteht.

Die Stabilität der Komplexe kann durch die **Komplexbildungs-** oder **Komplexbeständigkeitskonstante** K bzw. ihren Kehrwert 1/K = K′, die **Komplexdissoziationskonstante** quantitativ angegeben werden. Diese ergeben sich aus dem MWG, wie dies für das Beispiel Ni(CN)$_4^{2-}$ angegeben ist:

$$\text{Ni}^{2+} + 4\,\text{CN}^- \rightleftharpoons \text{Ni(CN)}_4^{2-}$$

Komplexbildungskonstante:

$$\frac{c(\text{Ni(CN)}_4^{2-})}{c(\text{Ni}^{2+}) \cdot c^4(\text{CN}^-)} = K = 10^{31}$$

Komplexdissoziationskonstante:

$$\frac{c(\text{Ni}^{2+}) \cdot c^4(\text{CN}^-)}{c(\text{Ni(CN)}_4^{2-})} = K' = 10^{-31}$$

Je größer die Dissoziationskonstante K' ist, um so mehr Einzelionen befinden sich in der Lösung und um so unbeständiger ist dementsprechend der Komplex.

Das Zentralion oder die Liganden eines Komplexes werden nur dann von einem Fällungsmittel ausgefällt, wenn die Dissoziation des Komplexes so groß ist, dass das Löslichkeitsprodukt (s. S. 27) der entstehenden schwerlöslichen Verbindung überschritten wird. So entsteht aus $[Cd(CN)_4]^{2-}$ mit H_2S in gleicher Weise ein gelber Niederschlag von CdS, wie aus einer Lösung von freien Cd^{2+}-Ionen ($K_{[Cd(CN)_4]^{2-}} = 1,4 \cdot 10^{19}$). Hingegen fällt aus einer Lösung des wesentlich beständigeren Cu(I)-Komplexes $[Cu(CN)_4]^{3-}$ ($K_{[Cu(CN)_4]^{3-}} = 10^{28}$) mit H_2S kein Cu_2S, obwohl das Löslichkeitsprodukt von Cu_2S mit $K_{L(Cu_2S)} = 10^{-47}$ sehr viel kleiner ist als das Löslichtkeitsprodukt von CdS($K_{L(CdS)} = 10^{-28}$) Diese Eigenschaften können z. B. zur Trennung von Cu und Cd ausgenutzt werden. Komplexe mit großer Bildungskonstante werden als starke Komplexe bezeichnet. Umgekehrt nennt man solche mit kleiner Bildungskonstante schwache Komplexe.

Die Tatsache, ob ein Komplex stabil ist, hängt wesentlich von der Anzahl der Elektronen des Zentralatoms in seinen äußeren Schalen ab. Eine stabile Situation ergibt sich immer dann, wenn das Zentralatom mit den von den Liganden zur Verfügung gestellten Bindungselektronen eine Edelgaskonfiguration erreicht. Dies bedeutet, dass bei den Nebengruppenelementen das $(n-1)$d-Niveau mit 10 Elektronen, das ns-Niveau mit 2 und das np-Niveau mit 6 Elektronen besetzt sein muss. In der Summe ergeben sich somit 18 Elektronen (**18-Elektronen-Regel**). Cu^+ verfügt über 10 d-Elektronen und erhält je CN^--Ligand 2 Elektronen, so dass sich 18 Elektronen ergeben. Im entsprechenden Cu(II)-Komplex $[Cu^{2+}(CN)_4]^{2-}$ erreicht das Zentralatom nur 17 Elektronen. Er ist daher instabil und wird unter Oxidation von CN^- zu $(CN)_2$ zum Cu(I)-Komplex reduziert:

$$2 \overset{+II}{Cu}{}^{2+} + 10 \overset{+II}{C}N^- \rightleftharpoons 2[\overset{+I}{Cu}(CN)_4]^{3-} + (\overset{+III}{C}N)_2$$

Ebenso begründet sich die höhere Stabilität des Hexacyanoferrat(II)komplexes $[Fe(CN)_6]^{4-}$ ($6 + 2 \cdot 6 = 18\,e^-$) gegenüber dem Hexacyanoferrat(III)komplex $[Fe(CN)_6]^{3-}$ ($5 + 2 \cdot 6 = 17\,e^-$). Aus dem gleichen Grund wird auch Co^{2+} bei Anwesenheit von CN^--Ionen durch Sauerstoff zu $[Co^{3+}(CN)_6]^{3-}$ oxidiert ($6 + 2 \cdot 6 = 18\,e^-$).

$$4 \overset{+II}{Co}{}^{2+} + 24\,CN^- + \overset{\pm 0}{O_2} + 2\,H_2O \rightleftharpoons 4[\overset{+III}{Co}(CN)_6]^{3-} + 4\,\overset{-II}{O}H^-$$

Die 18 Elektronenregel erklärt auch, dass Cu^+ sich nur mit 4 CN^--Ionen vereinigt, während Fe^{2+} und Co^{3+} jeweils 6 CN^- binden. Allerdings gibt es auch viele Ausnahmen. Metallionen mit 8 d-Elektronen wie Ni^{2+} bilden mit CN^- quadratischplanare $[M(CN)_4]^-$-Komplexe, obwohl dabei nur $8 + 2 \cdot 4 = 16\,e^-$ erreicht werden und Ag^+ bildet sogar nur den linearen $[Ag(CN)_2]^-$-Komplex, in dem das Ag-Atom über $10 + 2 \cdot 2 = 14\,e^-$ verfügt.

Dia- und Paramagnetismus

In diamagnetischen Stoffen werden die Feldlinien eines homogenen Magnetfeldes auseinandergedrängt, in paramagnetischen verdichtet. Diamagnetisch sind Ionen, Atome oder Moleküle, die eine gerade Elektronenanzahl und eine abgeschlossene Elektronenschale bzw. nur doppelt besetzte Orbitale besitzen, so dass sich die magnetischen Momente der einzelnen Elektronen aufheben. Paramagnetisch sind solche Ionen, Atome oder Moleküle, die eine ungerade Anzahl von Elektronen bzw. ein oder mehrere einfach besetzte Orbitale aufweisen. Infolge des leichten Wechsels der Oxidationsstufen sind die Nebengruppenelemente in der Lage, paramagnetische Ionen zu bilden.

1.1.8 Kolloidchemie

In gewöhnlichen „echten" Lösungen liegen die gelösten Stoffe in molekulardisperser Verteilung entweder als Ionen oder Moleküle vor. Die einzelnen Teilchen haben eine Größe von < 1 nm. Teilchen in der Größenordnung von 1–100 nm bilden mit dem Dispersionsmittel **kolloidale Lösungen**. Alle Stoffe können unter gewissen Bedingungen in den kolloidalen Zustand überführt werden, wenn sie in dem betreffenden Dispersionsmittel schwer molekulardispers verteilbar (schwerlöslich) sind. Eine Anzahl von Stoffen tritt jedoch nur kolloid auf (die sog. Eukolloide). Im Gegensatz zu den Suspensionen, bei denen sich die Teilchen aufgrund ihrer Schwere mehr oder weniger schnell absetzen, bleiben die kolloidalen Teilchen in dem Dispersionsmittel schweben. Dass es sich dabei nicht um echte, also molekulare Lösungen handelt, erkennt man daran, dass ein durch die Lösung hindurchtretender Lichtstrahl das *Tyndall*phänomen zeigt. An den Kolloidteilchen wird das Licht gestreut. Im Ultramikroskop, d. h. durch mikroskopische Untersuchungen das *Tyndall*kegels senkrecht zum Lichtstrahl, kann man sehr häufig die Einzelteilchen durch ihre Beugungskegel erkennen.

Gewisse kolloidal verteilte Stoffe können ähnlich wie die Ionen mit dem Dispersionsmittel in Wechselwirkung treten. Bildet sich z. B. in wässriger Lösung eine Hydrathülle aus, so spricht man von **hydrophilen Kolloiden**. Im Gegensatz hierzu stehen die **hydrophoben Kolloide**. Anorganische hydrophile Kolloide sind u. a. Kieselsäure und Zinn(IV)-oxid-Hydrat, dagegen bilden die Metalle und Metallsulfide hydrophobe Teilchen.

Die kolloidalen Lösungen (Sole) sind nur beständig, wenn eine Aggregation der Teilchen, die aufgrund der Kohäsionskräfte eintreten müsste, behindert ist. Dies ist der Fall, wenn die einzelnen Teilchen gleichsinnig geladen sind oder die Hydrathülle eine Annäherung erschwert. Eine elektrische Aufladung der Teilchen wird entweder durch Abgabe von Ionen in die Lösung oder durch Adsorption von Ionen aus der Lösung bewirkt.

Ein Beispiel für positiv geladene Kolloidteilchen, bei denen eine Ionendissoziation vorliegt, bildet das Eisen(III)-oxid-Hydrat-Sol (s. S. 228). Im Gegensatz hierzu sorbieren die As_2S_3-Kolloidteilchen HS^--Ionen und laden sich somit ne-

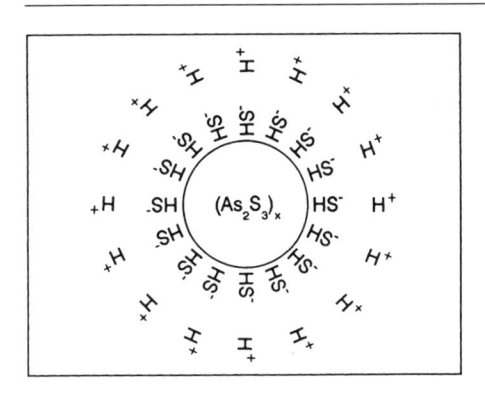

Abb. 1.8: As$_2$S$_3$-Kolloidteilchen

gativ auf (Abb. 1.8). Wird jetzt durch Zugabe von Säure die H$^+$-Ionenkonzentration erhöht, so bilden die HS$^-$-Ionen undissoziiertes H$_2$S, die Oberflächenladung verschwindet, und die Teilchen flocken aus (s. Versuch 1, S. 289).

Ein „Flocken" oder „Koagulieren" der Kolloide erfolgt demnach durch Aufhebung der Ladung. So werden z. B. die unter dem Einfluss des elektrischen Stromes wandernden Teilchen (Elektrophorese) an den entsprechenden Elektroden ausgefällt. Das Ausflocken kann jedoch auch durch Elektrolytzusatz erreicht werden. Negativ geladene Kolloidteilchen (u. a. Edelmetalle, Metallsulfide, Kieselsäure, Molybdänblau) werden durch Kationen, positiv geladene Teilchen (u. a. Hydroxide von Eisen, Aluminium, Chrom) durch Anionen koaguliert. Außerdem tritt Flockung bei Zusammengabe gegensinnig geladener Kolloidteilchen (z. B. As$_2$S$_3$–Fe(OH)$_3$, SiO$_2$-Gelatine) ein (s. Versuch 2, S. 290).

Die Ionengleichgewichte, die sich zwischen der Oberfläche der Kolloidteilchen und der Lösung einstellen, sind analog zu den Ionenaustauschern (s. S. 402) von der Konzentration und der Bindungsfestigkeit abhängig. Entsprechend nimmt auch die Flockungsfähigkeit der Anionen bzw. Kationen mit steigender Ladung erheblich zu.

Der Punkt, an dem die Ladung der Teilchen gerade aufgehoben ist, wird **isoelektrischer Punkt** genannt. Wird er überschritten, so kommt es oft zur Wiederaufladung, jetzt jedoch mit entgegengesetztem Vorzeichen. Geht der Vorgang schnell vor sich, so kann die Flockung unterbleiben. Versetzt man z. B. eine Cl$^-$-Lösung tropfenweise mit Ag$^+$-Ionen, so bindet das zuerst gebildete AgCl überschüssige Cl$^-$-Ionen (schematisch $[(AgCl)_xCl^-]^-$), am isoelektrischen Punkt liegt ungeladenes AgCl vor, beim Überschuss von Ag$^+$ laden sich die Teilchen positiv auf (schematisch $[(AgCl)_yAg^+]^+$). S. auch S. 423.

Sind die Teilchen einmal aggregiert, so ist der umgekehrte Vorgang, die Überführung in den Solzustand (Peptisation), nur bei den hydrophilen Kolloiden (Wiederaufbau der Hydrathülle) möglich.

Die einzelnen kolloiden Teilchen können aus kleinen Kristallen bestehen, wie bei den Metallen, oder amorph sein, wie bei den Hydroxiden von Fe, Al, und Cr. Flockt man sie aus oder fällt sie unter Überspringen des kolloidalen Zustandes aus

Salzlösungen mit OH⁻-Ionen aus, so entstehen amorphe Niederschläge, Gele, die wegen ihrer schwammartigen Struktur viele Lösungsmittel enthalten. Beim längeren Aufbewahren des Gels tritt langsam weitere Aggregation ein. Verbunden hiermit ist auch eine Abnahme der Adsorptions- und Peptisationsfähigkeit, der Lösungsgeschwindigkeit in Säuren oder, falls es sich um amphotere Hydroxide handelt, in Basen. Dieses **„Altern"** des Gels ist durch chemische und physikalische Umwandlungen bedingt. Teilweise gehen die amorphen Gebilde langsam in einen höheren Ordnungszustand, den kristallinen, über.

Aus den Hydroxid-Gelen kann das kapillar gebundene Wasser nur bei höheren Temperaturen entfernt werden. Gleichzeitig wird jedoch auch das chemisch gebundene Wasser abgespalten und das Oxid gebildet.

Für den Analytiker sind die in Lösung vor sich gehenden kolloidchemischen Erscheinungen von erheblicher Bedeutung, und zwar hinsichtlich der quantitativen Abscheidung amorpher Niederschläge und der „Mitfällung" unerwünschter Ionen.

Oft werden bei Fällungsreaktionen anstatt filtrierbarer Niederschläge kolloide, durch das Filter laufende Lösungen erhalten (z. B. NiS, CoS, As_2S_3, $SiO_2 \cdot aq$). Man hilft sich hier durch Elektrolytzusatz (Menge und Art des Elektrolyten beachten!), Zusatz eines gegensinnig geladenen Kolloid-Sols, Kochen der Lösung (Vergrößerung der Teilchen), Kochen bei Gegenwart von Filterschnitzeln oder Aktivkohle.

Mitfällung

Bedingt durch die chemische Natur und die große Oberflächenentwicklung der Niederschläge können während des Fällungsvorganges Fremdionen mitgefällt werden. So kommt es, dass häufig eine quantitative Trennung, die aufgrund der Löslichkeitsverhältnisse möglich sein müsste, nur unter ganz bestimmten Vorsichtsmaßnahmen oder auch gar nicht durchgeführt werden kann.

Die Mitfällungen von Fremdionen können grundsätzlich auf 4 Ursachen zurückgeführt werden:

a) Es tritt eine **Absorption** von Ionen oder/und Kolloiden an der Oberfläche der fertig ausgebildeten Kristalle ein. Hierbei spielt die Oberflächenentwicklung – bedingt durch den Zeitraum des Fällungsvorganges – eine Rolle.

Diese Adsorptionsvorgänge erfolgen im allgemeinen sehr schnell. Es stellt sich ein von der Konzentration der Ionen in der Lösung und der Temperatur abhängiges reversibles Gleichgewicht zwischen den adsorbierten Ionen in der Grenzschicht und den in der Lösung befindlichen ein. Nach einer Regel von *Kolthoff* wird ein Ion durch einen Niederschlag um so stärker adsorbiert, je höher seine Ladung ist. Die Adsorption tritt besonders dann hervor, wenn der Niederschlag schon einen Überschuss an Gitterionen einer Ladung enthält, die derjenigen des zu adsorbierenden Ions entgegengesetzt ist.

Über diese Regel hinaus spielen die Löslichkeit der Adsorptionsverbindung, die Ionengröße und die polarisierende Eigenschaft der zu adsorbierenden Fremdionen eine Rolle. Ist die Verbindung des zu adsorbierenden Ions mit dem entgegengesetzt geladenen Ion des Gitters schwer löslich (z. B. diejenige des Anions A_2 mit dem Kation M^+ in Abb. 1.9a), so ist zu erwarten, dass auch diese adsorptive Anlagerung leicht erfolgt. (Beispiel der Bindung von Cl^- an AgCl, s. S. 47.) Bei der elektrostatischen Wechselwirkung zwischen einem Ion und einer Oberfläche kommt es nicht nur auf die Anziehungskräfte zwischen dem Ion und dem entgegengesetzt geladenen Ion des Gitters, sondern auch auf Abstoßungskräfte zwischen gleichgeladenen Ionen an (Abb. 1.9b). Hierbei gilt, dass die Adsorption mit steigender Ionengröße abnimmt, da sich die Abstoßung durch gleichgeladene Ionen am Gitter stärker bemerkbar macht. Üben die entgegengesetzt geladenen gittereigenen Ionen auf die Adsorptivionen einen starken polarisierenden Einfluss aus, so besitzen letztere auch ein starkes Anlagerungsbestreben (Abb. 1.9c).

Ein Beispiel für mögliche Adsorptionsvorgänge bildet die Trennung von Fe^{3+}, Cr^{3+} und Al^{3+} von den Ionen Zn^{2+}, Mn^{2+}, Ni^{2+} und Co^{2+}. Versetzt man z. B. eine Lösung von Fe^{3+} und Ni^{2+} mit Ammoniak, so müsste Nickel als $[Ni(NH_3)_6]^{2+}$ in Lösung bleiben, während $Fe(OH)_3$ ausfällt.

Der Niederschlag von Eisen enthält aber stets Nickel adsorbiert. Die adsorbierte Ionen-Art hängt nun sehr stark von dem Medium, insbesondere vom pH der Lösung ab. Fällt man Fe^{3+}, Al^{3+} und Cr^{3+} aus alkalischer Lösung, so werden Kationen weitgehend adsorbiert. Nehmen wir die Hydrolyse dagegen in saurer Lösung vor, also mit Natriumacetat oder Urotropin oder mit aufgeschlämmtem Bariumcarbonat, so adsorbiert das Gel Anionen, also Acetationen, Cl^-, SO_4^{2-} usw.

Erscheinungen, die scheinbar im Widerspruch zu den Voraussetzungen für eine erfolgreiche Adsorption stehen, finden ihre Erklärung durch die sog. Kolloidadsorption. Der mitgerissene Stoff liegt hier in geringster Menge und meist – infolge hydrolytischer Spaltung – in kolloider Form vor. Diese kolloid gelösten Bestandteile werden beinahe auf jeder Oberfläche adsorbiert.

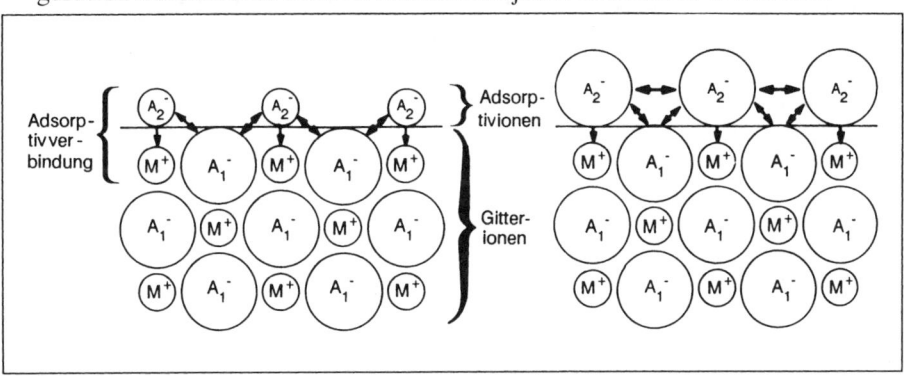

Abb. 1.9a, b: Adsorption (→) entgegengesetzt geladener ($A_2^- \rightarrow M^+$) und Abstoßung (↔) gleichgeladener Ionen ($A_2^- \leftrightarrow A_1^-$) an der Oberfläche eines Kristallgitters (schematische Darstellung; a) kleine Absorptivionen, gute Adsorption; b) große Adsorptivionen, schlechte Adsorption)

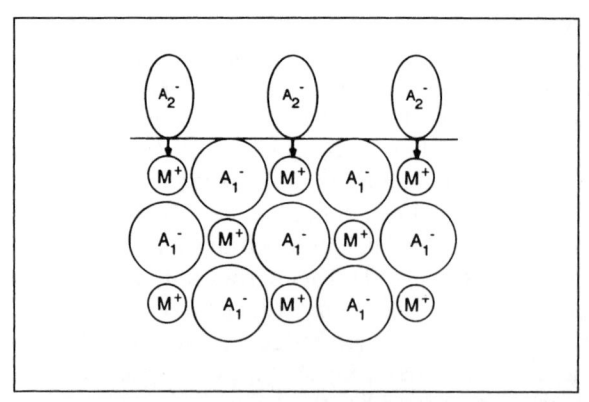

Abb. 1.9 c: Polarisationserscheinungen bei der Adsorption der Anionen A_2^- an der Oberfläche eines Kristallgitters (schematische Darstellung)

b) Es tritt **Okklusion**, d. h. Einschluss von Fremdstoffen im Kristallinnern im Verlaufe des Kristallwachstums durch **Mischkristallbildung** oder mechanische Umhüllung auf. Eine Okklusion wird bei schneller Fällung aus kalten Lösungen durch Bildung kleiner Kristalle erhalten, die an ihrer Oberfläche Fremdionen adsorbieren und weiterwachsen. Mischkristallbildung wird vorwiegend eintreten, wenn Ionen ähnlicher Größe und Struktur gemeinsam gefällt werden. Eine Übereinstimmung der Ionen in den chemischen und physikalischen Eigenschaften ist jedoch nicht erforderlich (s. $BaSO_4/KMnO_4$, S. 152). Durch Umfällen kann der Niederschlag nur in sehr geringem Maße von Fremdstoffen, die Mischkristalle bilden, befreit werden. Dagegen können Fehler durch mechanische Umhüllung vermieden werden, wenn man aus heißer, verdünnter Lösung umfällt.

c) **Bildung definierter chemischer Verbindungen oder von Einschlussverbindungen.** Bei Trennungsreaktionen kann die ausfallende Verbindung Ionen aus der Lösung in Form schwerlöslicher Verbindungen mitfällen. Beispielsweise wird bei der Mangandioxid-Hydrat-Fällung in Gegenwart von Zinkionen Zn^{2+} adsorbiert (vgl. S. 217), in alkalischer Lösung bilden Chrom(III)-Verbindungen mit Mg^{2+}, Zn^{2+} und anderen Ionen schwerlösliches Chromat(III). Um die Mitfällung durch Verbindungsbildung zu verhüten, trennt man am besten die störenden Ionen vor der Fällung ab. In vielen Fällen erreicht man schon durch Änderung der Oxidationsstufe der störenden Ionen ein Ausbleiben der Mitfällung.

Vom theoretischen Standpunkt aus sind weiterhin die Einschlussverbindungen (Clathrate) von Interesse. So finden sich im Kristallgitter gewisser organischer Verbindungen käfigartige Hohlräume, in denen die verschiedenartigsten Moleküle beim Aufbau des Kristallgitters eingeschlossen werden können. Zu den Einschlussverbindungen gehören eine große Anzahl weiterer Stoffe, wie Edelgashydrate und Iodstärke (s. S. 413).

d) Die nachfolgende Fällung tritt durch **Abscheidung eines weiteren Niederschlags** beim Stehenlassen in der Mutterlauge ein (s. auch Mischkristallbildung). Beispielsweise bildet sich Magnesiumoxalat bei Fällung von Calciumoxalat und Zink-, Gallium- und Indiumsulfid bei Fällung von Kupfer- und Quecksilbersulfid. Die koagulierten Sulfidniederschläge z. B. enthalten auf ihrer Oberfläche eine Schicht von sorbiertem HS^--Ionen (s. S. 47, Abb. 1.8). Bei Gegenwart von Zinkionen scheidet sich infolge der erhöhten HS^--Konzentration an der Oberfläche der gefällten Sulfide ZnS ab, obgleich der pH-Wert der Lösung für diese Fällung zu klein ist.

Die Mitfällung ist durch Zusätze beeinflussbar, die entweder die Löslichkeit der Adsorptivverbindung erhöhen oder die ebenfalls adsorbiert werden und infolge ihrer großen Menge die Sorption der betrachteten Fremddionen zurückdrängen (Zurückhalteträger, s. S. 413). Im allgemeinen kann eine Nachfällung vermieden werden, wenn der erhaltene Niederschlag sofort abfiltriert bzw. abzentrifugiert wird.

1.1.9 Nomenklatur

Die Internationale Union für Reine und Angewandte Chemie (IUPAC) lässt von ihren Kommissionen international gültige Regeln für die chemische Nomenklatur und Terminologie erarbeiten.

Im Folgenden sind die wichtigsten Regeln für die Nomenklatur der anorganischen Verbindungen aufgeführt.

Trivialnamen statt der den Regeln entsprechenden systematischen Namen können weiterhin für einige Säuren und Wasserstoffverbindungen benutzt werden, z. B.

Kohlensäure	H_2CO_3	Ammoniak	NH_3
Flusssäure	HF	Arsan	AsH_3
Orthokieselsäure	H_4SiO_4	Hydrazin	N_2H_4
Salpetersäure	HNO_3	Phosphan	PH_3
Salzsäure	HCl	Wasser	H_2O

In der technischen und volkstümlichen Literatur ist gegen den Gebrauch weiterer Trivialnamen nichts einzuwenden, z. B.

Ätzkalk	≙	$Ca(OH)_2$	Calcium-hydroxid
Kochsalz	≙	NaCl	Natrium-chlorid
Chilesalpeter	≙	$NaNO_3$	Natrium-nitrat
Soda	≙	Na_2CO_3	Natrium-carbonat

Namen mit entstellender chemischer Aussage sollten aber verschwinden, z. B.

essigsaure Tonerde für $Al(CH_3COO)_3$	richtig: Aluminium-acetat
kohlensaurer Kalk für $CaCO_3$	richtig: Calcium-carbonat
schwefelsaure Magnesia für $MgSO_4$	richtig: Magnesium-sulfat

52 Theoretische Vorbemerkungen und historischer Rückblick

Trivialnamen gibt es auch für Atomgruppen, die als Ionen oder als Teile von Molekülen, Salzen oder Komplexen vorkommen. Soweit es sich um klar abgegrenzte Atomgruppen handelt, können diese Trivialnamen noch weiter benutzt werden, z. B.

HO	Hydroxyl	S_2O_5	Disulfuryl
CO	Carbonyl	SeO	Seleninyl
CSe	Selenocarbonyl	SeO_2	Selenonyl
NO	Nitrosyl	ClO	Chlorosyl
NO_2	Nitryl	ClO_2	Chloryl
PO	Phosphoryl	ClO_3	Perchloryl (entsprechendes gilt
SO	Sulfinyl (Thionyl)		für andere Halogene)
SO_2	Sulfonyl (Sulfuryl)	CrO_2	Chromyl
UO_2	Uranyl	(BiO ist keine klar abgegrenzte Atomgruppe)	
NpO_2	Neptunyl		
PuO_2	Plutonyl (entsprechend für andere Elemente der Actinoiden-Reihe)		

Formeln

Formeln geben die stöchiometrische Zusammensetzung einer Verbindung an, sollen aber oft auch die strukturelle Beziehung zwischen den Atomen darstellen. Der elektropositive Bestandteil (das Kation) steht stets an erster Stelle, z. B. KCl, $CaSO_4$. Bei Verbindungen aus zwei Nichtmetallen wird der elektronegativere Bindungspartner an zweiter Stelle genannt, z. B. SiC, H_2S, ClO_2, OF_2. Dagegen soll in kettenförmigen Verbindungen mit drei oder mehr Elementen die Reihenfolge in der Formel mit der tatsächlichen Reihenfolge der Atome im Molekül übereinstimmen, z. B. HOCN (Cyansäure), HONC (Knallsäure).

Systematische Namen

In den systematischen Namen wird der elektropositive Bestandteil zuerst genannt und sprachlich nicht verändert. Ist der elektronegative Bestandteil einatomig oder besteht er nur aus mehreren gleichen Atomen, so erhält sein (manchmal gekürzter oder lateinischer) Name die Endung -id, z. B. Galliumarsenid GaAs, Natriumhydrid NaH. Heteropolyatomige elektronegative Bestandteile erhalten, bis auf wenige Ausnahmen, die Endung -at, z. B. Natrium-nitrat $NaNO_3$. Liegen verschiedene elektronegative bzw. -positive Bestandteile vor, wird in jeder Gruppe alphabetisch geordnet, z. B. Kalium-magnesium-phosphat $KMgPO_4$, Bismut-chlorid-oxid BiClO.

Zur Angabe von stöchiometrischen Proportionen werden außerdem multiplikative Vorsilben benutzt: mono, di, tri, tetra, penta, hexa, hepta, octa, nona (ennea), deca, undeca (hendeca), dodeca usw.

Beispiele: Tetraphosphortrisulfid P_4S_3, Distickstofftetraoxid N_2O_4.

Mit diesen Vorsilben bezeichnet man auch den Umfang einer Substitution (z. B. Dichlorsilan $SiCl_2H_2$), die Anzahl identischer koordinierter Gruppen in Komplexen (siehe Komplexe), die Anzahl gleichartiger Zentralatome in kondensierten Säuren (z. B. Dischwefelsäure $H_2S_2O_7$) sowie die Anzahl der Atome desselben Elements, die das Gerüst bestimmter Moleküle oder Ionen bilden (z. B. Disilan Si_2H_6, Tetrathionat-Ion $S_4O_6^{2-}$).

Um Mehrdeutigkeit auszuschließen, ist daher eine zweite Gruppe rein multiplikativer Vorsilben notwendig: bis, tris, tetrakis, pentakis usw.

Beispiele: Tris(decyl)phosphan $P(C_{10}H_{21})_3$, nicht zu verwechseln mit Tridecylphosphan $PH_2(C_{13}H_{27})$
Pentacalcium-fluorid-tris(phosphat) $Ca_5F(PO_4)_3$, im Gegensatz zu Triphosphaten, den Salzen der Triphosphorsäure.

Indirekt ergeben sich die stöchiometrischen Proportionen, wenn man die Oxidationsstufe des Elements in einer Verbindung durch eine in Klammern gesetzte nachgestellte römische Zahl angibt (Stocksches System) oder die Ionenladung in Klammern hinter den Namen von Ionen setzt (Ewens-Basset-System). Beispiele:

$FeCl_2$	Eisen-dichlorid	Eisen(II)-chlorid
		Eisen(2+)-chlorid
K_3MnO_4	Trikalium-tetraoxomanganat	Kalium-manganat(V)
		Kalium-manganat(3−)
$Pb_2^{II}Pb^{IV}O_4$	Triblei-tetraoxid	Diblei(II)-blei(IV)-oxid

Säuren

Die systematische Nomenklatur verzichtet grundsätzlich auf jede funktionelle Bezeichnungsweise. Bei Säuren erscheint eine konsequente Umbenennung z. Z. kaum durchführbar, z. B. Dihydrogensulfat statt Schwefelsäure.

In einigen Fällen werden Säuren den Regeln entsprechend so bezeichnet wie Verbindungen, die neben Wasserstoff als elektropositivem Bestandteil nur einen elektronegativen einfachen Bestandteil enthalten, z. B. HCl Hydrogenchlorid, HCN Hydrogencyanid, HN_3 Hydrogenazid, H_2S Hydrogensulfid, H_2S_2 Dihydrogendisulfid, H_2Se Hydrogenselenid, H_2Te Hydrogentellurid usw.

Oxosäuren (Sauerstoffsäuren) und ihre Salze

Säuren, die sich von mehratomigen Anionen ableiten, werden meist benannt, indem -säure an den Namen des charakteristischen Elements gehängt wird, z. B. H_3BO_3 Borsäure. Manchmal muss die Oxidationsstufe des Elements angegeben werden, damit die Bezeichnung eindeutig wird, z. B. H_2MnO_4 Mangan(VI)säure (zum Unterschied von H_3MnO_4 Mangan(V)säure). Die Salze erhalten die Endung -at, z. B. Natrium-borat, Kalium-manganat(VI), Kalium-manganat(V).

Bei einer Reihe von Oxosäuren bzw. -salzen wird die Oxidationsstufe des Elements durch besondere Vorsilben oder Endungen bezeichnet. Den Namen der bekanntesten Säure bildet man durch Anhängen von -säure an den Elementnamen, z. B. H_2SO_4 Schwefelsäure. Die Salze erhalten die Endung -at ohne Angabe

54 Theoretische Vorbemerkungen und historischer Rückblick

von Oxidationsstufe, z.B. Na_2SO_4 Natriumsulfat. Die Säure mit dem charakteristischen Element in niedriger Oxidationsstufe erhält das aus dem Elementnamen gebildete, auf -ige endende Adjektiv vor dem Wort Säure, während die Salze die Endung -it erhalten.

H_2SO_3	Schweflige Säure	Na_2SO_3	Natriumsulfit
H_3AsO_3	Arsenige Säure	Ag_3AsO_3	Silberarsenit
$HClO_2$	Chlorige Säure	$NaClO_2$	Natriumchlorit
HNO_2	Salpetrige Säure	KNO_2	Kaliumnitrit

Der Gebrauch der Vorsilbe Hypo- ist auf folgende Fälle beschränkt:

$HClO$	Hypochlorige Säure	$NaClO$	Natrium-hypochlorit
$HBrO$	Hypobromige Säure	$NaBrO$	Natrium-hypobromit
HIO	Hypoiodige Säure	$NaIO$	Natrium-hypoiodit
$H_2N_2O_2$	Hyposalpetrige Säure	$Na_2N_2O_2$	Natrium-hyponitrit
$H_4P_2O_6$	Hypodiphosphorsäure	$Na_4P_2O_6$	Natrium-hypodiphosphat

Die Vorsilbe Per- soll nur bei den Säuren der Elemente der VII. Haupt- bzw. Nebengruppe und ihren Salzen verwendet werden.

$HClO_4$	Perchlorsäure	$NaClO_4$	Natrium-perchlorat
$HBrO_4$	Perbromsäure	$NaBrO_4$	Natrium-perbromat
HIO_4	Periodsäure	$NaIO_4$	Natrium-periodat
$HMnO_4$	Permangansäure	$KMnO_4$	Kalium-permanganat
$HTcO_4$	Pertechnetiumsäure	$KTcO_4$	Kalium-pertechnetat
$HReO_4$	Perrheniumsäure	$KReO_4$	Kalium-perrhenat

Ortho- und Meta- sollen nur noch bei folgenden Säuren und ihren Salzen zur Unterscheidung nach verschiedenem „Wassergehalt" dienen (s. auch S. 8).

H_3BO_3	Orthoborsäure	$(HBO_2)_n$	Metaborsäure
H_4SiO_4	Orthokieselsäure	$(H_2SiO_3)_n$	Metakieselsäure
H_3PO_4	Orthophosphorsäure	$(HPO_3)_n$	Metaphosphorsäure
H_5IO_6	Orthoperiodsäure	HIO_4	Periodsäure (Metaperiodsäure)
H_6TeO_6	Orthotellursäure	$(H_2TeO_4)_n$	Metatellursäure

Thio- und Peroxosäuren

Säuren, die sich von Oxosäuren durch Ersatz von Sauerstoff durch Schwefel ableiten, werden als Thiosäuren bezeichnet. Kann mehr als ein Sauerstoffatom ersetzt werden, ist stets die Zahl der Schwefelatome anzugeben.

$H_2S_2O_3$	Thioschwefelsäure	$Na_2S_2O_3$	Natrium-thiosulfat
$H_3PO_2S_2$	Dithiophosphorsäure	$Na_3PO_2S_2$	Natrium-dithiophosphat
H_2CS_3	Trithiokohlensäure	Na_2CS_3	Natrium-trithiocarbonat
H_3AsO_2S	Monothioarsenige Säure	Na_3AsO_2S	Natrium-monothioarsenit
H_3AsS_4	Tetrathioarsensäure	Na_3AsS_4	Natrium-tetrathioarsenat

Durch Peroxo- vor dem Trivialnamen einer Oxosäure wird die Substitution von O^{2-} durch O_2^{2-} angegeben.

H_2SO_5	Peroxomonoschwefelsäure	K_2SO_5	Kalium-peroxomonosulfat
$H_2S_2O_8$	Peroxodischwefelsäure	$K_2S_2O_8$	Kalium-peroxodisulfat

Isopolysäuren

Entstehen Säuren formal oder tatsächlich durch Kondensation von Molekülen einer Monosäure, so genügt es, mit einer multiplikativen Vorsilbe wie Di-, Tri- usw. vor dem Trivialnamen der Säure die Anzahl der Atome des charakteristischen Elements in den Molekülen der gebildeten Polysäure anzugeben.

$H_2S_2O_7$	Dischwefelsäure	$Na_2S_2O_7$	Natrium-disulfat
$H_2S_2O_5$	Dischweflige Säure	$Na_2S_2O_5$	Natrium-disulfit

Säurewasserstoff enthaltende Salze (saure Salze)

Die im Salz noch vorhandenen ersetzbaren Wasserstoffatome werden, durch einen Bindestrich abgesetzt und eventuell mit multiplikativer Vorsilbe versehen, als „hydrogen" an letzter Stelle der elektropositiven Bestandteile (Kationen) genannt. Danach folgt ohne Bindestrich der Name des Anions.

KH_2PO_4 Kaliumdihydrogenphospat

Oxid- und Hydroxid-Salze (Basische Salze)

Die Namen ergeben sich, indem hydroxid bzw. oxid unter den elektronegativen Bestandteilen entsprechend der alphabetischen Reihenfolge genannt wird.

MgCl(OH)   Magnesium-chlorid-hydroxid
VO(SO$_4$)   Vanadium(IV)-oxid-sulfat

Komplexe und Heteropolysäuren

In der Formel eines Komplexes steht zuerst das Symbol des Zentralatoms. Darauf folgen die anionischen und dann die neutralen Liganden, und zwar jeweils in alphabetischer Reihenfolge der Symbole. Die Formel des genannten Komplexes wird in eckige Klammern gesetzt.

Im Namen werden zuerst alle Liganden alphabetisch genannt, d. h. ohne Einteilung in anionische und neutrale und ohne Berücksichtigung ihrer Anzahl, d. h. der multiplikativen Vorsilben. Daher wird z. B. Dimethylamin unter „d" eingeordnet, Diammin dagegen unter „a". Die Vorsilbe mono wird meist weggelassen. Ganz am Schluss steht der Name des als Zentralatom vorliegenden Elements. Anionische Komplexe enthalten immer die Endung -at.

56 Theoretische Vorbemerkungen und historischer Rückblick

Namen anionischer Liganden enden stets auf -o. An Anionennamen, die auf -id, -it oder -at enden, wird -o angehängt. Andere Bildungsform besitzen:

F^- fluoro, Cl^- chloro, Br^- bromo, I^- iodo, O^{2-} oxo, OH^- hydroxo, O_2^{2-} peroxo, HO_2^- hydrogenperoxo, S^- thio, CN^- cyano, H^- hydrido.

Neutrale Liganden haben keine bestimmte Endung, werden jedoch in Klammern gesetzt. Ausnahmen sind aqua (für H_2O) und ammin (für NH_3) sowie Carbonyl (CO) bzw. Nitrosyl (NO). Letztere gelten als neutral.

$[Cr(NH_3)_6]Cl_3$	Hexaamminchrom(III)-chlorid
$Na_3[Ag(S_2O_3)_2]$	Natrium-bis(thiosulfato)argentat(I)
$K[Co(CN)(CO)_2(NO)]$	Kalium-dicarbonylcyanonitrosylcobalt(0)

Bilden sich durch Kondensation aus verschiedenen Monosäuren ketten- oder ringförmige Heteropolysäuren, so wird das Anion, dessen vom charakteristischen Element abgeleiteter Name im Alphabet an vorderer Stelle steht, als Ligand am charakteristischen Atom der anderen Säure behandelt.

$H_2O_2Se-O-SO_3$ Selenatoschwefelsäure (Hydrogenselenatosulfat)

Enthalten die Heteropolysäureanionen dreidimensionale Netzwerke, werden etwas veränderte Namen benutzt, z. B. Wolframo statt Wolframato.

$H_4[SiW_{12}O_{40}]$ 12-Wolframokieselsäure oder Dodecawolframokieselsäure

Additionsverbindungen

Nur „Wasser" wird oft als „Hydrat" bezeichnet. Sonst werden die Namen von Additionsverbindungen gebildet, indem man die Namen der Bestandteile durch Bindestriche verbindet und die Anzahl der Moleküle hinter dem Namen durch in Klammern gesetzte arabische Ziffern angibt, die durch einen Schrägstrich getrennt sind.

Wasser wird immer zuletzt genannt, die anderen Moleküle nach steigender Anzahl. Ist ihre Anzahl gleich, wird in alphabetischer Reihenfolge zitiert.

$Al_2(SO_4)_3 \cdot K_2SO_4 \cdot 24\,H_2O$ Aluminiumsulfat-Kaliumsulfat-Wasser (1/1/24)
$CaCl_2 \cdot 8\,NH_3$ Calciumchlorid-Ammoniak (1/8)

Wenn Angaben über die Struktur vorliegen, kann ein Teil des Addukts oft nach den Regeln für Komplexliganden benannt werden, z. B.

$[Fe(H_2O)_6]SO_4 \cdot H_2O$ Hexaaquaeisen(II)-sulfat-Monohydrat.

Kristallsysteme

Die unterschiedlichen makroskopischen Formen der Kristalle gehen zurück auf die verschiedenen Anordnungen der Ionen in einem Ionenkristall oder der Moleküle in einem Molekülkristall. Es lässt sich also eine kleinste Einheit postulieren, durch deren Aneinanderreihen in den drei Raumrichtungen der ganze

Tab. 1.6: Die sieben Kristallsysteme

Kristallsystem	Gitterkonstanten	
Kubisch	$a = b = c$	$\alpha = \beta = \gamma = 90°$
Hexagonal	$a = b \neq c$	$\alpha = \beta = 90°, \gamma = 120°$
Rhomboedrisch	$a = b = c$	$\alpha = \beta = \gamma \neq 90°$
Trigonal	$a = b \neq c$	$\alpha = \beta = 90°, \gamma = 120°$
Tetragonal	$a = b \neq c$	$\alpha = \beta = \gamma = 90°$
Orthorhombisch	$a \neq b \neq c$	$\alpha = \beta = \gamma = 90°$
Monoklin	$a \neq b \neq c$	$\alpha = \gamma = 90°, \beta \neq 90°$
Triklin	$a \neq b \neq c$	$\alpha \neq \beta \neq \gamma \neq 90°$

Kristall entsteht. Diese kleinste Einheit nennt man die Elementarzelle. Sie ist durch die Anordnung der Atome und die Symmetrieoperationen sowie durch ihre Gitterkonstanten a, b, c, α, β und γ charakterisiert. Je nach Zugehörigkeit zu einer der sechs Kristallfamilien oder der sieben Kristallsysteme sagt man: Die Verbindung kristallisiert im kubischen, hexagonalen, trigonalen, tetragonalen, orthorhombischen, monoklinen oder triklinen Kristallsystem. Die einzelnen Kristallsysteme sind über ihre Symmetrie und damit über die Gitterkonstanten definiert (s. Tab. 1.5). Dabei ist zu beachten, dass im trigonalen Kristallsystem zwei Aufstellungsvarianten mit verschiedenen Gitterkonstanten gewählt werden können, nämlich neben der hexagonalen Aufstellung noch die rhomboedrische Aufstellung.

Man kann also sagen, NaCl kristallisiert kubisch mit der Gitterkonstante a = 510 pm. Diese Information ist ausreichend, um das Gitter bzw. die Elementarzelle zu zeichnen. Natürlich benötigt man zusätzlich noch die Koordinaten der Atome in der Elementarzelle, um die vollständige Struktur zu konstruieren.

1.2 Giftgefahren und Arbeitsschutz

(siehe auch beiliegendes Poster)

1.2.1 Das Chemikaliengesetz

Im Labor wird mit Chemikalien gearbeitet, die bei ihrer Einwirkung auf den Organismus Erkrankungen oder Schädigungen hervorrufen können. Es gibt kaum eine Chemikalie, die nicht, in entsprechender Konzentration, schädigend wirkt. Diese Substanzen können über den Verdauungsweg, den Atemweg oder über Resorption durch die Haut aufgenommen werden.

Der Umgang mit gefährlichen Stoffen ist für die Bundesrepublik Deutschland durch das **Gesetz zum Schutz vor gefährlichen Stoffen (Chemikaliengesetz)** geregelt. Der Zweck dieses Gesetzes ist es, den Menschen und die Umwelt vor schädlichen Einwirkungen gefährlicher Stoffe und Zubereitungen zu schützen, insbesondere sie erkennbar zu machen, sie abzuwenden und ihrem Entstehen vorzubeugen.

Einige der für den Laborbetrieb wichtigsten Begriffe und Informationen aus dem **Chemikaliengesetz (ChemG)**, der **Gefahrstoffverordnung (GefStoffV)** und den **Technischen Regeln für Gefahrstoffe (TRGS)**, sind im folgenden zusammengefasst.

Gesetzestexte unterliegen von Zeit zu Zeit einer Novellierung, deshalb kann das hier auszugsweise Abgedruckte nur informativ sein. Es enthält aber die für die Chemiestudierenden wichtigsten Regeln, die sie für ein sauberes und sicheres Arbeiten im Labor benötigen.

Zur genaueren Einarbeitung in die Gesetzestexte und Verordnungen empfiehlt sich:

1. R. Kühn und K. Birett, Merkblätter. Gefährliche Arbeitsstoffe. ecomed Verlagsgesellschaft mbH, Landsberg 1983
2. H. Hörath, Gefährliche Stoffe und Zubereitungen, 6. Auflage, Wissenschaftliche Verlagsgesellschaft Stuttgart 2002
3. Sicheres Arbeiten in chemischen Laboratorien – Einführung für Studenten. Bundesverband der Unfallkassen, 6. Auflage 2000

1.2.1.1 Gefährliche Stoffe und gefährliche Zubereitungen (§ 3a ChemG)

(1) Gefährliche Stoffe oder gefährliche Zubereitungen sind Stoffe oder Zubereitungen, die:
1. explosionsgefährlich
2. brandfördernd
3. hoch entzündlich
4. leicht entzündlich
5. entzündlich
6. sehr giftig
7. giftig
8. mindergiftig
9. ätzend
10. reizend
11. sensibilisierend
12. krebserzeugend
13. fruchtschädigend oder
14. erbgutverändernd sind oder
15. sonstige chronisch schädigende Eigenschaften besitzen oder
16. umweltgefährlich sind

ausgenommen sind gefährliche Eigenschaften ionisierender Strahlen.

(2) Umweltgefährlich sind Stoffe oder Zubereitungen, die selbst oder deren Umwandlungsprodukte geeignet sind, die Beschaffenheit des Naturhaushalts von Wasser, Boden, Luft, Klima, Pflanzen oder Mikroorganismen derart zu verändern, dass dadurch sofort oder später Gefahren für die Umwelt herbeigeführt werden können.

Dem Chemikaliengesetz untergeordnet sind sechs Verordnungen. Hier soll jedoch nur die

- Verordnung über gefährliche Stoffe (**Gefahrstoffverordnung** (GefStoffV)) näher behandelt werden.

1.2.2 Die Gefahrstoffverordnung

Die für den Umgang mit Gefahrstoffen in einem Labor wichtigsten Informationen sind in der Gefahrstoffverordnung zusammengefasst. Die Gefahrstoffverordnung entspricht im EU-Bereich den EG-Richtlinien.

Der Zweck dieser Verordnung ist es, durch besondere Regelungen über das Inverkehrbringen von gefährlichen Stoffen und Zubereitungen und über den Umgang mit Gefahrstoffen einschließlich ihrer Aufbewahrung, Lagerung und Vernichtung den Menschen vor arbeitsbedingten und sonstigen Gesundheitsgefahren und die Umwelt vor stoffbedingten Schädigungen zu schützen, soweit nicht in anderen Rechtsvorschriften besondere Regelungen getroffen sind.

Der dritte Abschnitt der Gefahrstoffverordnung behandelt den Umgang mit Gefahrstoffen und ist deshalb im Themenbereich dieses Buches von besonderem Interesse.

1.2.2.1 Begriffsbestimmungen (§ 3 GefStoffV)

(4) Arbeitgeber ist, wer Arbeitnehmer beschäftigt einschließlich der zu ihrer Berufsausbildung Beschäftigten. Dem Arbeitgeber steht gleich, wer in sonstiger Weise selbständig tätig wird. Dies ist im Bereich der Ausbildungsstätten in der Regel der für das Praktikum verantwortliche Leiter. Dem Arbeitnehmer stehen andere Beschäftigte, wie z. B. Schüler und Studierende gleich.

(5) **Maximaler Arbeitsplatztoleranzwert (MAK)** ist die Konzentration eines Stoffes in der Luft am Arbeitsplatz, bei der im allgemeinen die Gesundheit der Arbeitnehmer nicht beeinträchtigt wird (s. S. 61).

(6) **Biologischer Arbeitsplatztoleranzwert (BAT)** ist die Konzentration eines Stoffes oder seines Umwandlungsproduktes im Körper oder die dadurch ausgelöste Abweichung eines biologischen Indikators von seiner Norm, bei der im allgemeinen die Gesundheit der Arbeitnehmer nicht beeinträchtigt wird.

(7) **Technische Richtkonzentration (TRK)** ist die Konzentration eines Stoffes in der Luft am Arbeitsplatz, die nach dem Stand der Technik erreicht werden kann (s. S. 62).

(8) **Auslöseschwelle** ist die Konzentration eines Stoffes in der Luft am Arbeitsplatz oder im Sinne des Absatzes (6) im Körper, bei deren Überschreitung zusätzliche Maßnahmen zum Schutz der Gesundheit erforderlich sind.

Zusätzlich zu Gesetzen und Verordnungen hat der Ausschuss für Gefahrstoffe (AGS) eine Reihe von Technischen Regeln für Gefahrstoffe (TRGS) erstellt. Die Technischen Richtlinien entsprechen Verwaltungsvorschriften. Diese geben den Stand der sicherheitstechnischen, arbeitsmedizinischen, hygienischen sowie arbeitswissenschaftlichen Anforderungen an Gefahrstoffe hinsichtlich Inverkehrbringen und Umgang wieder.

Umgang mit Gefahrstoffen im Hochschulbereich (TRGS 451)

Die TRGS 451 regelt den Umgang mit Gefahrstoffen in den naturwissenschaftlichen, technischen oder medizinischen, insbesondere aber den chemischen Ausbildungs- und Forschungseinrichtungen der Hochschulen, Fachhochschulen und Fachschulen, sowie bestimmten beruflichen Schulen. Sie beschränkt sich im wesentlichen auf die Definition der für Hochschulen bedeutsamen Anforderungen des dritten Abschnitts der GefStoffV. Da dieser im folgenden ausführlicher besprochen wird, wird hier auf eine detaillierte Wiedergabe der TRGS 451 verzichtet.

Grenzwerte (TRGS 900)

Der MAK-Wert

> Der MAK-Wert (Maximale Arbeitsplatzkonzentration) ist die höchstzulässige Konzentration eines Arbeitsstoffes als Gas, Dampf oder Schwebstoff in der Luft am Arbeitsplatz, die nach dem gegenwärtigen Stand der Kenntnis auch bei wiederholter und langfristiger, in der Regel täglich 8-stündiger Exposition, jedoch bei Einhaltung einer durchschnittlichen Wochenarbeitszeit von 40 Stunden im allgemeinen die Gesundheit der Beschäftigten nicht beeinträchtigt und diese nicht unangemessen belästigt.

Die maximale Arbeitsplatzkonzentration von Gasen, Dämpfen und flüchtigen Schwebstoffen wird in der MAK-Wert-Liste in der von den Zustandsgrößen Temperatur und Luftdruck unabhängigen Einheit ml/l^3 (ppm = parts per million) sowie in der von den Zustandsgrößen abhängigen Einheit mg/m^3 für eine Temperatur von 20 °C und einen Barometerstand von 101,3 kPa angegeben, die von nicht flüchtigen Schwebstoffen (Staub, Rauch, Nebel) in mg/m^3 (Milligramm (mg) des Stoffes je Kubikmeter (m^3) Luft).

Bei den angegebenen Zustandsbedingungen (20 °C, 101,3 kPa) werden die Konzentrationsmaße (c) nach folgender Formel umgerechnet:

$$c\left[\frac{ml}{m^3}\right] = \frac{\text{Molvolumen in l}}{\text{molare Masse in g}} \cdot c\left[\frac{mg}{m^3}\right]$$

bzw.

$$c\left[\frac{mg}{m^3}\right] = \frac{\text{molare Masse in g}}{\text{Molvolumen in l}} \cdot c\left[\frac{ml}{m^3}\right]$$

Das Molvolumen beträgt 24,1 l bei 20 °C und 101,3 kPa (= 1013 mbar).
Einige Beispiele für MAK-Werte:

Gefahrstoff	Geruchswahrnehmungsschwelle*)	MAK-Wert			
Cl_2	≈ 0,9 mg/m^3	1,5	mg/m^3 ≡	0,5	ppm
NH_3	≈ 3,7 mg/m^3	35	mg/m^3 ≡	50	ppm
AsH_3	≈ 1,6 mg/m^3	0,2	mg/m^3 ≡	0,05	ppm
H_2S	≈ 0,012 mg/m^3	15	mg/m^3 ≡	100	ppm

*) aus: L. Brauer, **Gefahrstoffsensori**k: Farbe, Geruch, Geschmack, Reizwirkung gefährlicher Stoffe; Geruchsschwellenwerte. (Losebl. Ausg.) ecomed Verlagsgesellschaft mbH 1988 (Grundwerk).

62 Giftgefahren und Arbeitsschutz

Für eine übersichtlichere Abschätzung sei ein Labor von $20 \times 10 \times 3$ m also mit 600 m^3 angenommen. In einem solchen Raum ist der MAK-Wert für die 40 Wochenarbeitsstunden eines Beschäftigten nicht überschritten, wenn ständig 0,305 Liter (0,9 g) Chlor oder 6,368 Liter (9 g) H_2S gleichmäßig in diesem Luftvolumen gemessen werden.

Der MAK-Wert ist also ein Mittelwert über einen bestimmten Zeitraum. Es gibt jedoch auch Regeln zur Bewertung von Expositionsspitzen. Diese Regeln geben an, wie hoch, wie lange und wie häufig während der Arbeitszeit der MAK-Wert überschritten werden darf; erforderlich ist aber die Einhaltung des Mittelwerts über die gesamte Arbeitszeit. MAK-Werte gibt es gegenwärtig für 348 Arbeitsstoffe. Die MAK-Wert-Liste ist in der TRGS 900 abgedruckt.

Technische Richtkonzentrationen

Für eine Reihe krebserzeugender und erbgutverändernder Arbeitsstoffe können MAK-Werte nicht ermittelt werden. Die Gründe dafür sind folgende: Krebs und Mutationen manifestieren sich erst nach Jahren und Jahrzehnten, unter Umständen erst in künftigen Generationen. Bei langfristiger Einwirkung geringer Dosen dieser Stoffe summieren sich die Schäden in hohem Maße, ob und in welchem Maße Reparatur eintritt, kann zur Zeit nicht entschieden werden.

Da bestimmte krebserzeugende Stoffe technisch unvermeidlich sind und zum Teil auch natürlich vorkommen und Expositionen gegenüber diesen Stoffen nicht völlig ausgeschlossen werden können, benötigt die Praxis des Arbeitsschutzes Richtwerte für die zu treffenden Schutzmaßnahmen und die messtechnische Überwachung, die Technischen Richtkonzentrationen.

> **Unter der Technischen Richtkonzentration eines gefährlichen Stoffes versteht man diejenige Konzentration als Gas, Dampf oder Schwebstoff in der Luft, die nach dem Stand der Technik erreicht werden kann und die als Anhalt für die zu treffenden Schutzmaßnahmen und die messtechnische Überwachung am Arbeitsplatz heranzuziehen ist. Technische Richtkonzentrationen werden nur für solche gefährlichen Stoffe benannt, für die zur Zeit keine toxikologisch-arbeitsmedizinisch begründeten maximalen Arbeitsplatzkonzentrationen (MAK-Werte) aufgestellt werden können.**

Die Liste ist in der TRGS 900 abgedruckt.

1.2.2.2 Die Betriebsanweisung (§ 20 GefStoffV)

(1) Der Arbeitgeber hat eine arbeitsbereichs- und stoffbezogene Betriebsanweisung zu erstellen, in der auf die beim Umgang mit Gefahrstoffen verbundenen Gefahren für Mensch und Umwelt hingewiesen wird sowie die erforderlichen Schutzmaßnahmen und Verhaltensregeln festgelegt werden; auf die sachgerechte Entsorgung entstehender gefährlicher Abfälle ist hinzuweisen. Die Betriebsanweisung ist in verständlicher Form und in der

Sprache der Beschäftigten abzufassen und an geeigneter Stelle in der Arbeitsstätte bekannt zu machen. In der Betriebsanweisung sind auch Anweisungen über das Verhalten im Gefahrfall und über die erste Hilfe zu treffen.
(2) Arbeitnehmer, die beim Umgang mit Gefahrstoffen beschäftigt werden, müssen anhand der Betriebsanweisung über die auftretenden Gefahren sowie über die Schutzmaßnahmen unterwiesen werden. Gebärfähige Arbeitnehmerinnen sind zusätzlich über die für werdende Mütter möglichen Gefahren und Beschäftigungsbeschränkungen zu unterrichten. Die Unterweisungen müssen vor der Beschäftigung und danach mindestens einmal jährlich mündlich und arbeitsplatzbezogen erfolgen. Inhalt und Zeitpunkt der Unterweisungen sind schriftlich festzuhalten und von den Unterwiesenen durch Unterschrift zu bestätigen. Der Nachweis der Unterweisung ist zwei Jahre aufzubewahren.

Für die im Labor verwendeten gefährlichen Arbeitsstoffe muss eine Betriebsanweisung vorhanden sein. Darüber hinaus ist es aber auch Ziel der Ausbildung der Studierenden, das Aufstellen einer Betriebsanweisung zu erlernen. Es wird daher empfohlen, dass jeder Studierende im Rahmen seines Praktikums eine Betriebsanweisung erstellt.

Betriebsanweisung und Unterweisung nach § 20 GefStoffV (TRGS 555)

Die TRGS 555 enthält Empfehlungen für das Aufstellen von Betriebsanweisungen und die Durchführung von Unterweisungen.
  Im Text dieser Verwaltungsvorschrift heißt es (hier verkürzt wiedergegeben):

1. Bei der Erstellung von Betriebsanweisungen soll sich der Arbeitgeber oder sein Beauftragter von Fachkräften für Arbeitssicherheit, Betriebsärzten oder anderen Fachleuten (z. B. von der Gewerbeaufsicht oder den zuständigen Trägern der gesetzlichen Unfallversicherung) beraten lassen.
2. Betriebsanweisungen sind erforderlich, wenn sich aus den nach § 16 der Gefahrstoffverordnung vorgeschriebenen Ermittlungen ergibt, dass es sich im Hinblick auf den vorgesehenen Umgang um einen Gefahrstoff handelt.
3. Betriebsanweisungen sind auch erforderlich, wenn damit zu rechnen ist, dass bei Abweichungen vom bestimmungsgemäßen Betrieb Gefahrstoffe entstehen oder freigesetzt werden.
4. Betriebsanweisungen sind im Betrieb an einer für die betreffenden Arbeitnehmer geeigneten Stelle durch Aushängen oder Auslegen bekannt zu machen.
5. Die Arbeitnehmer haben die Betriebsanweisung zu beachten.
6. Betriebsanweisungen sind an neue arbeitswissenschaftliche und betriebliche Erkenntnisse anzupassen.

Inhalt einer Betriebsanweisung

Betriebsanweisungen sollen nach folgender Gliederung erstellt werden:

- Arbeitsbereich, Arbeitsplatz, Tätigkeit
- Gefahrstoffbezeichnung
- Gefahr für Mensch und Umwelt
- Schutzmaßnahmen, Verhaltensregeln und hygienische Maßnahmen
- Verhalten im Gefahrfall
- Erste Hilfe
- Sachgerechte Entsorgung

Arbeitsbereich, Arbeitsplatz, Tätigkeit, Inhalt

1. Der Anwendungsbereich ist durch Bezeichnung des Betriebes, des Arbeitsbereiches, des Arbeitsplatzes oder der Tätigkeit festzulegen.
2. Für Arbeitsplätze und Tätigkeiten mit vergleichbaren Gefahren können gemeinsame Betriebsanweisungen erstellt werden.

Gefahrstoffbezeichnung

Die Gefahrstoffe, die am Arbeitsplatz vorkommen, sind mit der den Beschäftigten bekannten Bezeichnung zu benennen. Zusätzlich sind die chemischen Namen der Gefahrstoffe, die sich aus der Kennzeichnung oder den Ermittlungen des Arbeitgebers nach § 16 GefStoffV ergeben, aufzuführen. Bei Zubereitungen und Erzeugnissen sind zumindest die chemischen Namen der für die Gefahren verantwortlichen Inhaltsstoffe anzugeben. Sofern von mehreren Stoffen die gleichen Gefahren ausgehen und die gleichen Schutzmaßnahmen erforderlich sind, können – wenn es die Übersichtlichkeit erfordert – diese auch zu Stoffgruppen zusammengefasst werden.

Gefahren für Mensch und Umwelt

1. Es sind die beim Umgang möglichen Gefahren zu beschreiben gemäß
    - den Gefahrstoffsymbolen und den dazugehörigen Gefahrenbezeichnungen
    - den Hinweisen auf die besonderen Gefahren
    - weiteren Angaben des Herstellers oder eigenen Erkenntnissen, die über die Angaben in der Kennzeichnung hinausgehen.
2. Die Gesundheitsgefahren müssen benannt und leicht verständlich beschrieben werden.
3. Angaben des Herstellers sind z. B. Sicherheitsdatenblatt, Produktinformation oder sonstige besondere Mitteilungen.
4. Erkenntnisse aus eigenen Ermittlungen ergeben sich z. B. aus den Anhängen der Gefahrstoffverordnung, Unfallmerkblättern nach den verkehrsrechtlichen Vorschriften, eigener Stoff- und Verfahrensprüfungen, Betriebserfahrungen und Literatur.

Schutzmaßnahmen und Verhaltensregeln

1. Die für den sicheren Umgang notwendigen Schutzmaßnahmen und Verhaltensregeln sind zu beschreiben gemäß
    *   den Anhängen der Gefahrstoffverordnung
        den Sicherheitsratschlägen (S-Sätzen), die sich aus den Anhängen I und IV der Gefahrstoffverordnung oder vorhandener Kennzeichnung ergeben.
    *   den technischen Regeln für Gefahrstoffe und den sonstigen allgemein anerkannten sicherheitstechnischen, arbeitsmedizinischen und hygienischen Regeln (s. TRGS 003)
    *   den vorhandenen Betriebsanlagen, Arbeitsmitteln und Arbeitsverfahren (Bezugnahme auf betriebsspezifische Arbeitsanweisung ist möglich).
    *   eigenen Betriebserfahrungen.
    *   Auf Beschäftigungsbeschränkungen insbesondere für Schwangere und Verwendungsbeschränkungen ist hinzuweisen.
2. Die Beschreibungen der Schutzmaßnahmen und Verhaltensregeln sollen durch Symbolschilder nach Unfall-Verhütungs-Vorschrift (UVV) „Sicherheitskennzeichnung am Arbeitsplatz" ergänzt werden.

Verhalten im Gefahrenfall

1. Die im Gefahrfall (z. B. ungewöhnlicher Druck- oder Temperaturanstieg, Leckage, Brand, Explosion) erforderlichen Schutzmaßnahmen und Verhaltensregeln sind aufzuführen gemäß
    *   den für den Gefahrfall zutreffenden Sicherheitsratschlägen (S-Sätze)
    *   den Technischen Regeln für Gefahrstoffe und den sonstigen allgemein anerkannten sicherheitstechnischen, arbeitsmedizinischen und hygienischen Regeln (s. TRGS 003).
    *   den Sicherheitsdatenblättern und den Unfallmerkblättern nach den verkehrsrechtlichen Vorschriften.
2. Die Angaben sollen insbesondere eingehen auf
    *   geeignete und nicht geeignete Löschmittel
    *   zusätzliche technische Schutzmaßnahmen (z. B. Not-Aus) und zusätzliche persönliche Schutzausrüstung
    *   notwendige Maßnahmen gegen Umweltgefährdungen.
3. Auf bestehende Alarmpläne sowie Flucht- und Rettungspläne ist hinzuweisen.

Erste Hilfe

1. Die Beschreibung der Maßnahmen zur ersten Hilfe sollten untergliedert werden nach Haut- oder Augenkontakt, Einatmen oder Verschlucken sowie Verbrennungen. Zu berücksichtigen sind die Maßnahmen, die sich ergeben aus:
   - den Sicherheitsratschlägen der Kennzeichnungsetiketten
   - weiteren stoff- bzw. verfahrensspezifischen Merkblättern, z. B. Sicherheitsdatenblatt, Merkblättern der Berufsgenossenschaften und Unfallmerkblättern nach verkehrsrechtlichen Vorschriften.
2. Innerbetriebliche Regelungen für den Fall der ersten Hilfe sind zu berücksichtigen. Insbesondere sind Hinweise zu geben auf
   - Erste Hilfe-Einrichtungen
   - Ersthelfer und
   - Notrufnummern.

Beispiel einer Betriebsanweisung

Im Kühn-Birett sind Beispiele für Betriebsanweisungen für verschiedene Stoffgruppen in deutscher Sprache und verschiedenen Fremdsprachen abgedruckt.

Für sehr giftige, krebserzeugende, fruchtschädigende und erbgutverändernde sowie für selbstentzündliche und explosionsgefährliche Einzelstoffe sind stets Einzelbetriebsanweisungen zu erstellen; siehe Anlage 1 der TRGS 451 (Stoffliste der Gefahrstoffe der Gefahrstoffverordnung in Praktika oder vergleichbaren Tätigkeitsbereichen), Spalte 8: Der Buchstabe B schreibt die Erstellung einer Einzelbetriebsanweisung vor. Die Kennzeichnung B1–B9 weist auf die Möglichkeit zur Erstellung von weiteren stoffgruppenbezogenen Betriebsanweisungen hin.

Im Folgenden sei ein Beispiel einer stoffgruppenbezogenen Betriebsanweisung nach § 20 GefStoffV sowie TRGS 451, Nummer 7, Abs. 1–4 gegeben.

Die Gefahrstoffverordnung 67

Universität: Institut: Institutsleiter: Labor: Datum:

Stoffgruppenbezogene Betriebsanweisung gem. § 20 Gefahrstoff-Verordnung, sowie TRGS 451

Hoch und leicht entzündliche Lösemittel Stoffgruppe B9 der TRGS 451
Sämtliche Flüssigkeiten, die das Gefahrensymbol F$^+$ (Hoch entzündlich) oder F (Leicht entzündlich) tragen und für die die R-Sätze 11 oder 12 gelten, sofern TRGS 451, Anl. 1, Spalte 8 keine Einzelbetriebsanweisung verlangt.

Gefahrstoffbezeichnungen

Beispiele: Acetale, Aldehyde, Alkohole, aliphatische Amine, Ether, Ester, Ketone, Kohlenwasserstoffe

Gefahren für Mensch und Umwelt

Hoch entzündliche Dämpfe können eine explosionsfähige Atmosphäre bilden. Einatmen der Dämpfe kann zu Kopfschmerz, Benommenheit und Koordinationsstörungen führen. Bei Dauerexposition sind bleibende Schäden möglich. Nicht mit Wasser mischbare Flüssigkeiten sind in der Regel wassergefährdend und dürfen nicht ins Abwasser gelangen.

Schutzmaßnahmen und Verhaltensregeln

Nur im Abzug verwenden. Von Zündquellen fern halten. Apparaturen, wenn nötig gegen elektrostatische Aufladung erden (siehe dazu: Richtlinien für Laboratorien, GUV 16.17, Nr. 7.6 und 7.7). Vorkehrungen gegen Siedeverzüge treffen. Größere Mengen als 1 Liter im Sicherheitsschrank aufbewahren.
Augenschutz: Brille mit Seitenschutz.
Kontakt mit der Haut vermeiden. Dämpfe nicht einatmen. Im Labor nicht essen, trinken oder rauchen; keine Lebensmittel aufbewahren.

Verhalten in Gefahrensituationen

Bei Verschütten: Alle Zündquellen beseitigen, mit inertem Material aufnehmen. (Standort:)
Im Brandfall: Kleine Brände, wenn möglich ersticken. Ansonsten Handlöscher verwenden. **Nicht mit Wasser löschen**, außer bei wassermischbaren Lösemitteln!

Erste Hilfe

Bei Kontamination mit der Haut: Betroffene Stelle gründlich reinigen, nachfettende Hautcreme benutzen.
Bei Kontamination der Kleidung: Benetzte Kleidung sofort ausziehen und außerhalb des Gebäudes oder im Abzug trocknen.
Spritzer in die Augen: Gründlich mit Wasser spülen; sofort Arzt aufsuchen.

Sachgerechte Entsorgung

In gekennzeichnete Behälter für chlorierte, bzw. nicht chlorierte Lösemittel geben. Nicht ins Abwasser gelangen lassen.

1.2.2.3 Verpackung und Kennzeichnung bei der Verwendung von Chemikalien (§ 23 GefStoffV)

(1) Gefährliche Stoffe, Zubereitungen und Erzeugnisse sind auch bei ihrer Verwendung entsprechend den Vorschriften §§ 3 bis 7 zu verpacken und zu kennzeichnen.
(3) Abweichend vom Absatz 1 sind
  1. Behälter, die mit dem Boden fest verbunden sind,
  2. In wissenschaftlichen Instituten und Laboratorien sowie in Apotheken Standflaschen, in denen gefährliche Stoffe und Zubereitungen in einer für den Handgebrauch erforderlichen geringen Menge enthalten sind, mindestens mit der Angabe
  a) der Bezeichnung des Stoffes nach § 6, der Zubereitung nach § 7 und der Bestandteile der Zubereitung nach § 3 (Anmerkung: s. Poster)
  b) des Gefahrensymbols mit der zugehörigen Gefahrenbezeichnung nach Anhang I Nr. 2 zu kennzeichnen.
(4) Absatz 1 gilt nicht für
  1. Stoffe und Zubereitungen, die sich als Ausgangsstoffe oder Zwischenprodukte im Produktionsgang befinden, sofern den beteiligten Arbeitnehmern bekannt ist, um welche gefährlichen Stoffe oder Zubereitungen es sich handelt.

1.2.2.4 Aufbewahrung und Lagerung von Chemikalien (§ 24 GefStoffV)

1. Gefahrstoffe sind so aufzubewahren oder zu lagern, dass sie die menschliche Gesundheit und die Umwelt nicht gefährden. Es sind dabei geeignete und zumutbare Vorkehrungen zu treffen, um den Missbrauch oder einen Fehlgebrauch nach Möglichkeit zu verhindern. Bei der Aufbewahrung zur Abgabe oder zur sofortigen Verwendung müssen die mit der Verwendung verbundenen Gefahren erkennbar sein.
2. Gefahrstoffe dürfen nicht in solchen Behältnissen, durch deren Form oder Bezeichnung der Inhalt mit Lebensmitteln verwechselt werden kann, aufbewahrt oder gelagert werden. Gefahrstoffe dürfen nur übersichtlich geordnet und nicht in unmittelbarer Nähe von Arzneimitteln, Lebens- oder Futtermitteln einschließlich der Zusatzstoffe aufbewahrt oder gelagert werden.
3. Mit T+ oder T gekennzeichnete Stoffe und Zubereitungen sind unter Verschluss oder so aufzubewahren oder zu lagern, dass nur fachkundige Personen Zugang haben.

1.2.2.5 Anhang I der Gefahrstoffverordnung (bzw. in Bezug genommene Richtlinien der Europäischen Gemeinschaft)

Gefahrensymbole und Gefahrbezeichnung

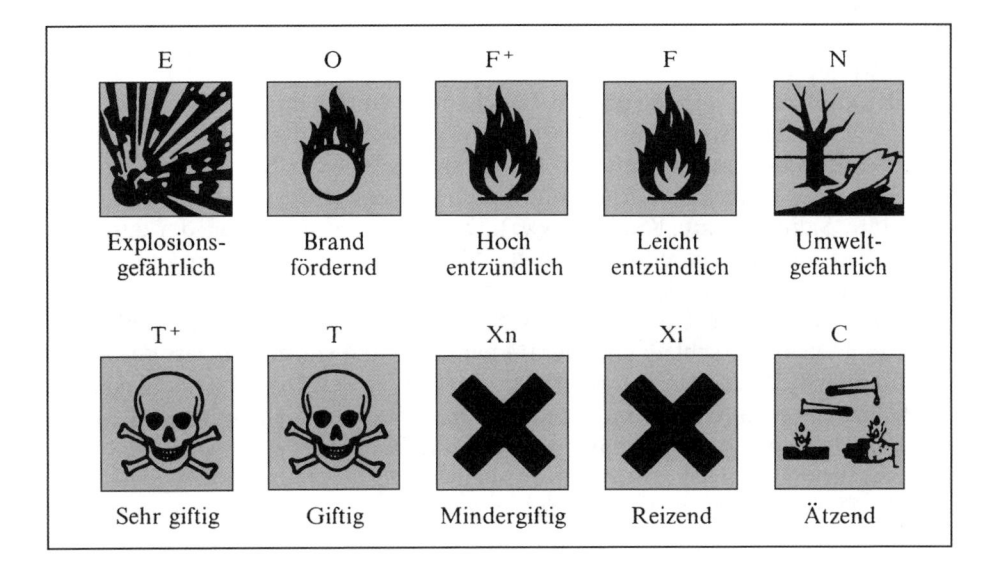

E	O	F⁺	F	N
Explosions-gefährlich	Brand fördernd	Hoch entzündlich	Leicht entzündlich	Umwelt-gefährlich
T⁺	T	Xn	Xi	C
Sehr giftig	Giftig	Mindergiftig	Reizend	Ätzend

Die Kennbuchstaben T^+, T, C, Xn, Xi stellen Kürzel dar. Sie verbinden den jeweiligen Stoff mit dem für ihn geltenden Gefahrstoffsymbol und mit der entsprechenden Gefahrenbezeichnung. Sie sind nicht Bestandteil der Kennzeichnung und müssen deshalb auf den Verpackungen nicht angegeben werden.

Hinweise auf die besonderen Gefahren (R-Sätze) sowie Sicherheitsratschläge (S-Sätze) befinden sich im Anhang auf S. 559 ff. und S. 562 f.

1.2.3 Allgemeine Arbeitsregeln im Labor

Als praktische Konsequenzen der GefStoffV ergeben sich für das Arbeiten im Labor eine Reihe von Regeln, von denen die für den Anfänger wichtigsten nachstehend aufgeführt sind:

- Es muss grundsätzlich geprüft werden, ob anstelle eines Gefahrstoffes eine gleich gut geeignete aber weniger gefährliche Chemikalie verwendet werden kann.

- Die Augen sind beim Arbeiten im Laboratorium generell durch eine splittersichere **Schutzbrille** mit Seitenschutz zu schützen.
- Substanzen sollten niemals mit der Haut in Berührung gebracht werden, also auch nicht mit der Hand angefasst werden. Gegebenenfalls sind **Gummihandschuhe** zu tragen.
- Für die **Sauberhaltung des Arbeitsplatzes** ist Sorge zu tragen. Verspritzte Chemikalien sind sofort in geeigneter Weise zu entfernen. Konzentrierte Säuren und Basen werden neutralisiert und die Flüssigkeit anschließend aufgewischt.
- **Reaktionen mit giftigen und übel riechenden Stoffen** dürfen nur unter einem gut ziehenden Abzug durchgeführt werden. Vor allem ist beim Arbeiten mit giftigen Gasen und Dämpfen größte Vorsicht geboten (z. B. beim Einleiten von Schwefelwasserstoff, Abrauchen von schwefliger Säure, Schwefelsäure, Salzsäure, Salpetersäure, Königswasser). Der geschlossene Abzug, der durch ein Arbeitsfenster bedient werden kann, bietet Schutz gegen verspritzende Substanzen (heftige Reaktion, Siedeverzug usw.).
- Eine sachgemäße Lagerung der Chemikalien ist auch für den Erhalt ihrer Reinheit von ausschlaggebender Bedeutung. Für **feste Substanzen**, besonders für solche, die leicht Bestandteile der Luft (z. B. H_2O, CO_2) aufnehmen oder die selbst einen hohen Dampfdruck besitzen, verwendet man gut verschließbare Pulverflaschen aus Polyethylen. Diese sind besonders geeignet für die Aufbewahrung alkalischer Substanzen, da diese Bestandteile des Glases lösen.
- Für **Flüssigkeiten** sind Glasflaschen mit Schliffstopfen geeignet. Jedoch sollte man für die Aufbewahrung von Laugen Gummistopfen benutzen, da sich Schliffstopfen schon nach einiger Zeit festsetzen. Besser ist auch hier die Verwendung von Polyethylenflaschen. Diese sind jedoch ungeeignet für die Aufbewahrung konzentrierter Schwefel- und Salpetersäure, organischer Lösungsmittel und lichtempfindlicher Verbindungen. **Flusssäure** darf nicht in Glasgefäßen vorrätig gehalten werden. Sie muss in Plastikflaschen aufbewahrt werden.
- **Lichtempfindliche Verbindungen**, wie Silber- und Iodverbindungen oder Kohlenstoffdisulfid werden in braunen Flaschen aufbewahrt.
- Um Explosionen beim Abdampfen etherhaltiger Lösungen infolge eines Gehaltes an Peroxiden zu vermeiden, bewahre man auch Ether stets in braunen Flaschen auf. Vor dem Abdampfen prüfe man auf einen möglichen Gehalt an Peroxiden mit den entsprechenden Teststreifen.
- **Flaschen ohne genaue Kennzeichnung sind im Labor unzulässig!** Chemikalienflaschen sollten mit folgenden Angaben gekennzeichnet sein:
    1. Die Bezeichnung des Inhalts (Name, Chemisches Symbol oder die Bestandteile einer Mischung).
    2. Das Gefahrensymbol und die Gefahrenbezeichnung
- Zur Bezeichnung der Chemikalienflaschen verwende man die im Kap. 2.2.5.1 und im Poster näher erläuterten Symbole.
- Feste Stoffe entnimmt man mit einem sauberen Spatel oder Löffel der Pulverflasche, deren Stopfen man umgekehrt auf den Tisch legt. Beim Ausgießen

Allgemeine Arbeitsregeln im Labor

einer Flüssigkeit hält man die Flasche so, dass beim Herunterfließen von Flüssigkeitstropfen die Beschriftung nicht beschädigt wird. Beim direkten Umfüllen sind stets Flüssigkeits- oder Pulvertrichter zu verwenden. Beim Umfüllen von Flüssigkeiten, insbesondere toxischer oder ätzender Art (im Abzug) ist das Unterstellen von Wannen, beim Umfüllen von Feststoffen das Unterlegen einer Papierunterlage zu empfehlen.

- Es kommt vor, dass sich Flaschen mit Glasstopfen nicht öffnen lassen. Durch Klopfen mit einem hölzernen Gegenstand an den Stopfen, oder durch vorsichtiges Erwärmen des Flaschenhalses mit einem Heißluftgebläse oder Föhn lässt sich der Stopfen lockern. **Es besteht große Unfallgefahr bei brennbarem oder tief siedendem Inhalt.**
- Jede Apparatur ist exakt und sauber aufzubauen. Jedes Glasrohr soll gerade eingesetzt sein, jede Waschflasche fest aufgebaut und jeder Korken senkrecht durchbohrt sein.
- Die meisten Reaktionen lassen sich in kleinen Substanzmengen durchführen. Es genügen kleine Reagenzgläser, die nur mit 1 ml Lösung oder 0,1 g fester Substanz gefüllt sind. Man spart dadurch beim Eindampfen, Kristallisieren oder Filtrieren viel Zeit und vermeidet unnötige Abfälle.
- Eine Reagenzlösung wird im allgemeinen bis zum Ende der Reaktion tropfenweise zugesetzt. Ein zu großer Überschuss schadet häufig.
- Beim **Erhitzen von Flüssigkeiten** im Reagenzglas darf dieses nur zu einem Drittel gefüllt sein, außerdem ist durch Schütteln ein Siedeverzug zu verhindern.
- **Konzentrierte Säuren und Basen** dürfen erst nach dem Verdünnen und nur wenn eine zentrale Neutralisationsanlage vorhanden ist, in den Ausguss. Weiterhin gehören auch Filter und Zigarettenreste nicht in den Ausguss.
- Beim **Verdünnen konzentrierter Schwefelsäure** ist diese stets in Wasser, nie umgekehrt Wasser in konzentrierte Schwefelsäure zu gießen!!! Sonst besteht die Gefahr des Verspritzens infolge starker Erhitzung.
- **Verspritzte Quecksilberteilchen** sind sofort unschädlich zu machen. Dies geschieht entweder durch Einsammeln (Quecksilberzange, Einsaugen in eine Quecksilberpipette u. a.) oder durch chemische Umsetzung (Mercurisorb®, Zinkpulver, Iodkohle). Beim Arbeiten mit Quecksilber ist das Unterstellen einer Plastikwanne zu empfehlen.
- Aus **Alkalicyaniden** entsteht bei Einwirkung von Säure Cyanwasserstoff!! Diese Chemikalien dürfen daher nicht mit Säuren vereinigt werden. (Zur Entsorgung s. 2.4.1.)
- Da **Natrium und Kalium** mit Wasser heftig reagieren, müssen beide unter einer halogen- und sauerstofffreien Flüssigkeit (z. B. Paraffin, Petroleum oder dgl.) aufbewahrt werden.
- **Weißer Phosphor** muss unter Wasser in einem Glasgefäß, das in einer mit Sand gefüllten Blechbüchse steht, aufbewahrt werden.
- **Chlorate und konzentrierte Perchlorsäure** neigen in Gegenwart oxidierender Stoffe sowie in Gegenwart von Aziden zur Explosion. Desgleichen Chlorate und Permanganate bei Zugabe konz. Schwefelsäure.

72 Giftgefahren und Arbeitsschutz

- Bei **Ätz- und Reizgasen** muss man sich auf jeden Fall vorher über MAK-Werte oder Technische Richtkonzentrationen informieren. Für alle diese Gase sind Einzelbetriebsanweisungen zu erstellen. Zu den Ätz- und Reizgasen (Schädigung der Atmungsorgane) zählen u. a. die Halogene, die Halogenwasserstoffsäuren, Schwefeldioxid, Schwefeltrioxid, Ammoniak und Phosphorhalogenide.
Als Giftgase wirken u. a. Schwefelwasserstoff, Stickstoffoxide, Phosphorwasserstoff, Arsenwasserstoff, Kohlenmonoxid, Kohlenstoffdisulfid (Schwefelkohlenstoff), Cyanwasserstoff, Quecksilberdämpfe und flüchtige Bleiverbindungen sowie eine Anzahl in anorganischen Laboratorien benutzter organischer Verbindungen, wie z. B. Benzol, Anilin, Chloroform, Ether u. a.

1.2.4 Entsorgung von Laborabfällen

Grundsätzlich gilt das Gesetz über die Vermeidung und Entsorgung von Abfällen (Abfallgesetz AbfG), das im Zweifelsfall zu Rate gezogen werden sollte. Der Studierende sollte sich insbesondere über folgende Punkte informieren:

- Verfahren zur Entsorgung oder Wiederaufbereitung
- Persönliche Schutzausrüstung
- Entsorgungsbehälter und Sammelstellen
- Aufsaugmittel
- Reinigungsmittel und -möglichkeiten.

Im folgenden werden hier nur einige spezielle Hinweise gegeben.

1.2.4.1 Hinweise auf besondere Entsorgungsmaßnahmen

Alle Abfälle müssen entsorgt oder wieder aufbereitet werden. Jedem, der mit Chemikalien umgeht, sollte die Verpflichtung zur Entsorgung auch ohne Gesetz selbstverständlich sein, da von einer falschen Handhabung Schäden für Personen, Sachen und Umwelt ausgehen können. Besser ist es jedoch, Reststoffe nach Möglichkeit wieder aufzuarbeiten und so einer Wiederverwendung zuzuführen.

In diesem Abschnitt sollen nur einige praktische Hinweise zur Entsorgung der im Labor anfallenden Chemikalien gegeben werden. **Des weiteren sei darauf hingewiesen, dass viele der abgedruckten „analytischen Nachweisreaktionen" ebenso gut unter dem Gesichtspunkt der sachgerechten Entsorgung beurteilt werden können.** So kann die

- **Entsorgung von Nitrit** analog der „Nachweisreaktion" für Nitrit (s. 4, S. 131) durchgeführt werden.

$$HNO_2 + NH_3 \rightarrow N_2\uparrow + 2\,H_2O$$

oder besser

$$HNO_2 + (NH_2)HSO_3 \rightarrow N_2\uparrow + H_2SO_4 + H_2O$$

Bei beiden Reaktionen entstehen insbesondere die umweltneutralen Stoffe Stickstoff und Wasser. Der Reaktion mit Amidosulfonsäure ist der Vorzug vor der Zersetzung durch Ammoniak (Geruchbelästigung) zu geben.
- Ins **Abwasser** dürfen nur Stoffe gelangen, die ungiftig sind und Bestandteile von Lebensmitteln sein können. Sie dürfen allerdings nur in kleinen Mengen und in verdünnter Form eingeleitet werden. Beispiele sind Säuren, wie HCl, H_2SO_4, HNO_3, H_3PO_4 und Laugen wie NaOH, KOH und NH_3, sofern eine Neutralisationsanlage vorhanden ist. Organische Lösungsmittel dürfen mit Ausnahme von Ethanol nicht ins Abwasser gelangen. Hierauf ist auch bei der Verwendung von Wasserstrahlpumpen und Rotationsverdampfern zu achten.
- **Organische Lösungsmittel** sind getrennt nach chlorierten und nicht chlorierten Lösungsmitteln zu sammeln und sollten nach Möglichkeit redestilliert werden. Bei Ethern ist hierbei vorher auf Peroxide zu prüfen.
- **Altöl** aus Heizbädern und Vakuumpumpen, das oft mit Chemikalien verunreinigt ist, sollte getrennt gesammelt werden.
- **Feinchemikalienreste** werden in den Originalflaschen zur Entsorgung gegeben, sofern sie nicht einer anderen Verwendung zugeführt werden können.
- **Schwermetallsalze, z. B. As-, Cd-Verbindungen** und ihre Lösungen, müssen in gesonderten Behältern gesammelt werden. Sie sind gegebenenfalls in Form ihrer am schwersten löslichen Salze zu entsorgen, bzw. aufzuarbeiten und wieder zu verwenden.

$$2\,As(OH)_3 + 3\,H_2S \rightarrow As_2S_3 + 6\,H_2O$$
$$CdCl_2 + H_2S \rightarrow CdS + 2\,HCl$$

- **Altquecksilber** sollte getrennt gesammelt und eventuell nach Reinigung wieder verwendet werden.
- Zur Aufbereitung von I_2 und Ag s. S. 171 f. bzw. 308 f.
- **Chromschwefelsäure** und Cr(VI)-Salze müssen zu Chrom(III) reduziert werden, bevor sie beseitigt werden können. Cr(VI)-Salze oder Lösungen sind mit Schwefelsäure (pH 2–3) anzusäuern und vorsichtig mit $NaHSO_3$ gemäß (s. S. 242)

$$Cr_2O_7^{2-} + 3\,HSO_3^- + 5\,H^+ \rightarrow 2\,Cr^{3+} + 3\,SO_4^{2-} + 4\,H_2O$$

zu reduzieren.

Aus dieser Chrom(III)sulfatlösung fällt beim Versetzen mit NaOH beim pH 8–9 $Cr(OH)_3$ aus, welches in den Kanister für schwermetallsalzhaltige Abfälle gegeben werden kann.
- Die **Vernichtung von Natriumresten** geschieht durch Versetzen mit Alkohol (Propanol, Ethanol, Methanol), dabei bilden sich Natriumalkoholate. Keinesfalls darf Natrium in Wasser geworfen werden.
- Zur Entsorgung sind **Chlor, Schwefeldioxid, Chlorwasserstoff und Phosgen** in verdünnter Natronlauge einzuleiten. Für Chlor:

Giftgefahren und Arbeitsschutz

$$Cl_2 + 2\,OH^- \rightarrow OCl^- + Cl^- + H_2O$$

Das gebildete Hypochlorit wird mit Thiosulfat zerstört.

$$S_2O_3^{2-} + 4\,OCl^- + H_2O \rightarrow 4\,Cl^- + 2\,SO_4^{2-} + 2\,H^+$$

Die Reaktionslösungen, die in die Kanalisation gegeben werden dürfen, müssen vorher neutralisiert werden.

- **Brom** wird mit Natriumthiosulfat zu Bromid reduziert.

$$4\,Br_2 + S_2O_3^{2-} + 5\,H_2O \rightarrow 8\,Br^- + 2\,SO_4^{2-} + 10\,H^+$$

- **Cyanide** lassen sich durch milde Oxidationsmittel bei pH 10–11 zu Cyanaten oxidieren, aus denen bei Zugabe von weiterem Oxidationsmittel bei pH 8–9 CO_2 und Stickstoff entstehen. Als besonders geeignet hat sich Natriumhypochlorit erwiesen.

$$CN^- + H_2O + OCl^- \rightleftharpoons CNCl + 2\,OH^-$$
$$CNCl + 2\,OH^- \rightleftharpoons OCN^- + Cl^- + H_2O$$
$$2\,OCN^- + 3\,OCl^- + H_2O \rightleftharpoons 2\,CO_2 + N_2 + 3\,Cl^- + 2\,OH^-$$

- **Weißer Phosphor** an Glaswandungen kann mit $KMnO_4$-Lösung in saurem Milieu vernichtet werden.

$$MnO_4^- + P \rightarrow PO_4^{3-} + Mn^{2+}$$

- **Filter und Aufsaugmassen**, auch Chromatographieplatten und Säulenfüllungen werden getrennt gesammelt und entsorgt.
- **Asbest** ist zur Entsorgung in reißfesten Foliensäcken zu sammeln, die staubdicht verschlossen werden. Die Behälter sind nach Anhang I der GefStoffV mit nebenstehendem Kennzeichen zu versehen.

ACHTUNG ENTHÄLT ASBEST
Gesundheitsgefährdung bei Einatmen von Asbestfeinstaub
Sicherheitsvorschriften beachten

Chrysotilasbest (**fasriger Serpentin** $Mg_3[(OH)_4Si_2O_5]$) bildete die Grundlage der Asbestindustrie und fand besonders in Asbestbetonerzeugnissen Verwendung. Asbesthaltige Gefahrstoffe sind als Krebs erzeugende Gefahrstoffe eingestuft. Daneben verursachen sie, wie andere quarzhaltige Stäube die Staublungenerkrankung (Silikose, Asbestose). Deshalb ist beim Arbeiten mit solchen Stoffen stets ein wirksamer Mundschutz zu tragen. Die Technische Richtkonzentration in der Luft am Arbeitsplatz ist in der TRGS 102 festgelegt und beträgt zurzeit 250000 Fasern/m^3. Die Fasern sind von einer Länge $>5\,\mu m$ und einem Durchmesser $<3\,\mu m$. Das Verhältnis von Länge/Durchmesser muss größer sein als 3:1.

Die Benutzung von Asbest sollte für den Laboratoriumsgebrauch entfallen, da auch hier gute hitzebeständige Ersatzstoffe vorhanden sind.

Jeder, der in einem chemischen Laboratorium arbeitet, sollte sich der Problematik der Entsorgung von Chemikalien bewusst werden und darüber nachdenken, wie man Chemikalien einer adäquaten Entsorgung oder besser noch einer Aufarbeitung und Wiederverwendung zuführen kann.

1.3 Praktische Vorbemerkungen

1.3.1 Trennung durch Kristallisation oder Niederschlagsbildung, Destillation, Eindampfen

Bei den chemischen Operationen erfolgt die Trennung und häufig auch Reinigung vieler Stoffe durch Fällen oder Kristallisieren. Das Fällen wird in der Regel in der Hitze vorgenommen, um das Fällungsprodukt kompakter und somit leichter filtrierbar zu erhalten. Beim Kristallisieren benutzt man zur Darstellung bestimmter Präparate die Eigenschaft, dass diese häufig in der Hitze stärker löslich sind als in der Kälte. Man stellt gewöhnlich eine heiß gesättigte Lösung her, aus der sich beim Abkühlen die Kristalle ausscheiden. Stoffe, auf deren Löslichkeit die Temperatur keinen großen Einfluss hat, kristallisieren nach Abdunsten des Lösungsmittels aus.

Häufig ist zur Reinigung Umkristallisieren erforderlich, d. h. der Niederschlag wird nach Abtrennung von der Mutterlauge in wenig reinem Lösungsmittel in der Wärme gelöst. Beim Erkalten scheidet er sich wieder ab, wobei der größere Teil der Verunreinigungen in der Lösung verbleibt. Dieser Vorgang kann mehrfach wiederholt werden, wobei zwar die Ausbeute sinkt, die Reinheit jedoch zunimmt.

Die Abtrennung des Niederschlags (s. auch S. 90) oder der Kristalle von der Lösung (Mutterlauge) geschieht durch Zentrifugieren, Filtrieren oder Absaugen. Leicht absetzbare Niederschläge reinigt man durch Dekantieren, d.h. durch Abgießen der überstehenden Flüssigkeit, erneutes Zugeben von Waschflüssigkeit und nochmaliges Dekantieren, nachdem vorher gründlich durchgemischt worden ist. Kleine Niederschlagsmengen und schwer filtrierbare Niederschläge werden durch Zentrifugieren angesammelt.

Abb. 1.10: Spritzflasche aus Polyethylen

Kristallisation, Niederschlagsbildung, Destillation, Eindampfen

Zum Filtrieren dienen Filter, deren Größe sich nach der Menge des zu filtrierenden Niederschlags richtet. Die Größe des Trichters muss so ausgewählt werden, dass etwa 1 cm des Randes frei bleibt. Das Filter, das durch zweimaliges Falten eines runden Filtrierpapiers hergestellt wird, ist trocken einzulegen, mit destilliertem Wasser zu befeuchten und an seiner Randpartie sorgfältig an den Trichter anzudrücken, damit zwischen Filter und Trichterwand keine Luftblasen hindurchgehen können. Für größere Flüssigkeitsmengen sind Faltenfilter vorzuziehen. Für schleimige Niederschläge empfiehlt sich oft die Anwendung eines sog. „Schnelllauftrichter". In diesem wird mit hängender Wassersäule filtriert. Hierzu wird der kreisförmige Rand des Filterpapiers, das oben am Trichter anliegt, so abgerissen, dass der glatte Papierrand entfernt wird. Das so vorbehandelte Filterpapier wird in den mit Wasser gefüllten Trichter eingesetzt und das Papier an den oberen Rand des Trichters angepresst. Hierdurch wird das Leerlaufen des Trichters und des Trichterrohres wirksam verhindert. Ein in diesem Trichter filtrierter Niederschlag [etwa $Fe(OH)_3$ oder $Al(OH)_3$] lässt sich erheblich schneller filtrieren als in einem gewöhnlichen Filter. Neben Filtern aus Papier finden in steigendem Maß auch andere Materialien, insbesondere Glassinterplatten (Fritten), Verwendung.

Das Filter wird nie ganz voll gegossen, damit die Flüssigkeit nicht über den Rand steigt. Nachdem das Filtrat fast abgetropft ist, beginnt man mit dem Auswaschen des Niederschlages. Man muss mit wenig Wasser aus einer Spritzflasche (s. Abb. 1.10) mehrmals auswaschen und jedes Mal möglichst weitgehend auslaufen lassen. Das Waschwasser wird beim qualitativen Arbeiten verworfen.

Für präparative Arbeiten ist zur Trennung von Flüssigkeit und festen Stoffen das Absaugen durch einen Büchner-Trichter (Nutsche) besonders geeignet. Das Filtrat wird in einer Saugflasche aufgefangen, die zur Erzeugung eines Unterdruckes an eine Pumpe angeschlossen ist. Die dafür zu verwendende Apparatur (Abb. 1.11) besteht aus der Filtriereinrichtung, evtl. einem Digitalmanometer und der Sicherheitsflasche (*Woulfe*sche Flasche).

Der Niederschlag lässt sich in den meisten Fällen durch Auftropfen des warmen Lösungsmittels vom Filter lösen. Weiterhin kann man auch Filter nebst Niederschlag aus dem Trichter entfernen, das Filter öffnen und den Niederschlag in eine Porzellanschale abklatschen, wobei das Filter oben liegen muss. Man trocknet dann durch Auflegen von frischem Filtrierpapier und zieht die Filter ab.

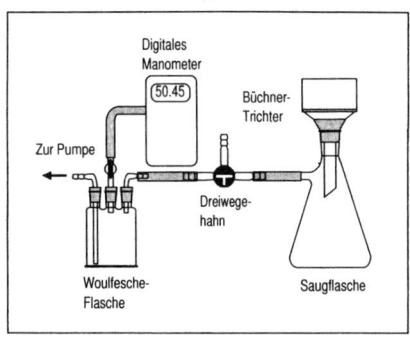

Abb. 1.11: Absaugvorrichtung mit Manometer

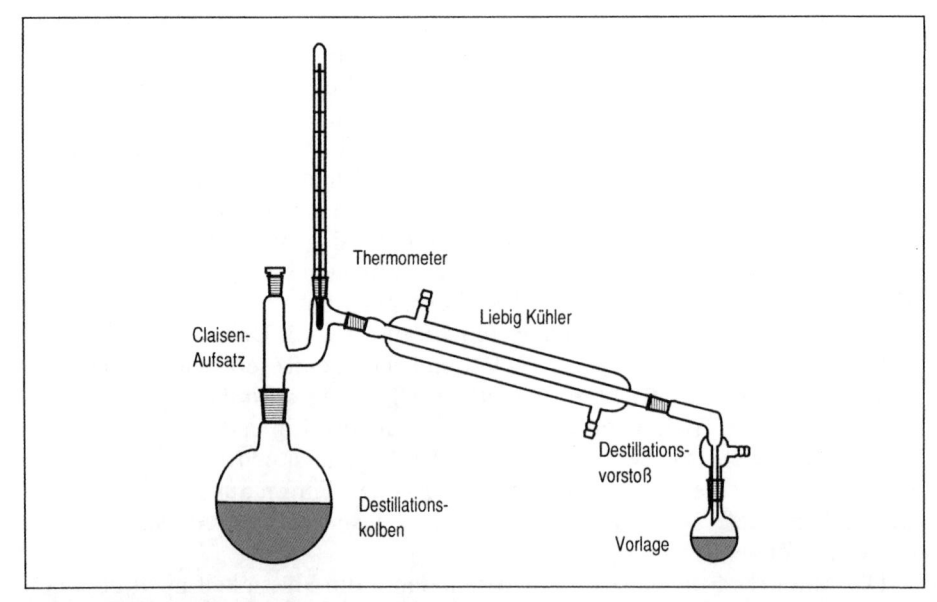

Abb. 1.12: Einfacher Destillationsapparat

Um Stoffe durch Destillation voneinander zu trennen, bedient man sich der in Abb. 1.12 skizzierten Destillationsapparatur: Ein Destillationskolben mit Claisen-Aufsatz und aufgesetztem Thermometer ist mit dem Kühler und der Vorlage verbunden. Bei giftigen Dämpfen nimmt man am besten eine geschlossene Apparatur mit einem Vakuumvorstoß (zwischen Kühler und Vorlage) und leitet die Dämpfe in den Abzugskamin. Siedesteinchen im Destillationskolben gewährleisten ein stoßfreies Sieden. Hochsiedende oder leicht zersetzliche Substanzen werden im Vakuum destilliert (Abb. der Apparatur s. S. 298).

Im allgemeinen wird man Flüssigkeiten in flachen Schalen eindampfen, weil in diesen die Verdampfungsgeschwindigkeit größer ist als in hohen Bechergläsern. Scheidet sich beim Eindampfen ein fester Körper aus, so erhitzt man auf dem Wasserbad oder von oben mit einem elektrischen Infrarotstrahler weiter, um das Verspritzen und Zersetzen des Rückstandes durch Überhitzen zu vermeiden.

1.3.2 Trennung durch chromatographische Methoden

Die Bezeichnung Chromatographie geht auf den russischen Botaniker *Tswett* (1903) zurück, der kurz nach der Jahrhundertwende Blattfarbstoffe trennte, indem er einen Benzin-Extrakt der Blätter durch eine Säule laufen ließ, die übereinander Füllungen von Al_2O_3, $CaCO_3$ und Puderzucker enthielt. Beim Durchlaufen trennte sich das Farbstoffgemisch in mehrere voneinander getrennte Zonen, die beim Nachwaschen mit Lösemittel nur langsam in der Säule weiter nach unten wanderten. Er erhielt auf diese Weise ein Chromatogramm, ein Bild der Zusammensetzung des Farbstoffs (chromos = Farbe).

Heute versteht man unter Chromatographie allgemein Verfahren zur Trennung von Substanzen, wobei diese unterschiedlich zwischen einer stationären und einer mobilen Phase verteilt sind. Bei einer stationären Phase kann es sich um eine feste Phase (Sorbens), wie Al_2O_3, Kieselsäure, Aktivkohle oder Ionenaustauscherharze handeln. Ebenso sind Trennflüssigkeiten und Gele als stationäre Phasen denkbar. Die stationäre Phase kann auch als Packung der Säule oder als chromatographisches Bett (**Dünnschichtchromatographie, DC**) bezeichnet werden.

Die mobile Phase durchströmt das Bett der stationären Phase in einer definierten Richtung. Sie kann flüssig (**Flüssigchromatographie, LC**) oder gasförmig (**Gaschromatographie, GC** s. S. 84) sein. In der GC spricht man auch vom Trägergas, in der LC vom Eluenten und in der DC vom Fließmittel.

Chromatographische Techniken werden oft nach dem Aggregatzustand der beiden beteiligten Phasen eingeteilt, z. B. gas-flüssig Chromatographie GLC (gas-liquid chromatography), gas-fest Chromatographie GSC (gas-solid chromatography) oder flüssig-fest-Chromatographie LSC (liquid-solid chromatography).

Unter Flüssigchromatographie versteht man alle Verfahren, die mit flüssiger mobiler Phase in der Säule oder in der planaren Schicht durchgeführt werden. Bei der heutigen Flüssigchromatographie verwendet man sehr kleine Teilchen und einen relativ hohen Eingangsdruck, sie wird mit dem Akronym **HPLC** (High Performance Liquid Chromatography) oder mit **Hochdruck-Flüssigchromatographie** bezeichnet. In der DC spricht man in diesem Zusammenhang von HPLTC (High Performance Thin Layer Chromatography, Hochleistungs-DC).

Chromatographische Methoden werden ebenfalls nach ihren Retentionsmechanismen bezeichnet, so werden bei der Adsorptionschromatographie Unterschiede in den Adsorptionsaffinitäten der Analyten zur Oberfläche eines aktiven Festkörpers (GC) oder Unterschiede bei der Verteilung des Analyten zwischen mobiler Phase und Sorbens berücksichtigt.

Bei der **Verteilungschromatographie** beruht die Trennung auf Unterschieden der Löslichkeit der Analyten in der stationären Phase (GC), oder auf Unterschieden in den Löslichkeiten in der mobilen und stationären Phase (LC). Bei der **Ionenaustauschchromatographie** beruht die Trennung auf Unterschieden in den Ionenaustauschaffinitäten der einzelnen Analyten. Wenn anorganische Ionen getrennt und mit Leitfähigkeitsdetektoren oder durch indirekte UV-Detektion nachgewiesen werden, bezeichnet man dies auch als **Ionenchromatographie, IC**. Es gibt mittlerweile eine Vielzahl solcher Verfahren, die zur analytischen oder präparativen Stofftrennung eingesetzt werden. Im Rahmen dieses Buches werden nur ausgewählte chromatographische Methoden besprochen.

1.3.2.1 Dünnschichtchromatographie

Bei der DC-Methode wird die zu analysierende Substanz in einem geeigneten Lösemittel gelöst. Einen Tropfen hiervon trägt man auf der Startlinie als Fleck oder als Strich auf. Die Trennkammer (Entwicklungs- oder auch Elutionskammer) enthält das Fließmittel und kann mit dem Dampf der mobilen Phase gesättigt sein. Ebenso kann die Schicht vor dem Beginn der Trennung mit dem Dampf der mobilen Phase vorgesättigt werden. Üblicherweise erfolgt die Elution aufsteigend, dabei wird die mobile Phase durch Kapillarkräfte bewegt. Die absteigende Elution findet in der DC, im Gegensatz zur Papierchromatographie, kaum Anwendung. Danach wird die Schicht in einem Betrachtungsgerät bei definierten Wellenlängen des Lichts betrachtet. Dies kann direkt oder nach Besprühen oder Tauchen der Platte mit geeigneten Reagenzien erfolgen, wobei das Chromatogramm sichtbar wird. Mit einem Densitometer können die Platten qualitativ oder quantitativ vermessen werden. Für die Dünnschichtchromatographie ist die stationäre Phase (oft Al_2O_3) auf einem ebenen Träger fixiert. Bei der Papierchromatographie ist die stationäre Phase auch gleichzeitig Träger.

1.3.2.2 Papierchromatographie

Ein schwer trennbares Stoffgemisch kann in vielen Fällen leicht papierchromatographisch getrennt werden. Die papierchromatographische Methode zeichnet sich durch ihre Einfachheit, Schnelligkeit und Empfindlichkeit aus. Die Methode wurde 1944 von *Consden, Gordon* und *Martin* entdeckt.

Nach dem Lösen der Substanz wird ein Tropfen der Lösung auf chromatographisches Papier aufgetragen. Anschließend wird überschüssiges Lösemittel mit einem Fön entfernt. Ein Ende des Papierstreifens wird in das Laufmittel so getaucht, dass sich die aufgetragene Substanz 0,5 cm oberhalb der Flüssigkeitsmenge befindet. Durch die Kapillaren des Papiers wird das Laufmittel angesaugt. Es wandert über die Analysensubstanz hinweg und nimmt die einzelnen Komponenten entsprechend ihrer Adsorptionsfähigkeit am Papier verschieden weit mit. Nach Erreichen einer gewissen Laufstrecke wird der Vorgang unterbrochen und das Chromatogramm getrocknet. Um die getrennten Stoffe sichtbar zu ma-

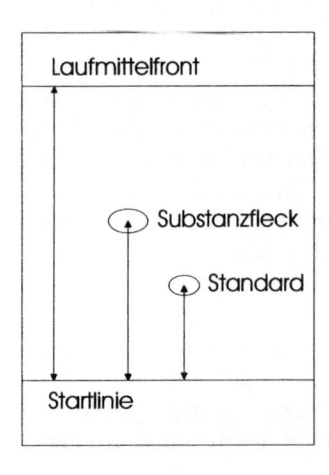

Abb. 1.13: Auswertung eines Dünnschicht- oder Papierchromatogramms

chen, sprüht man Nachweisreagenzien auf. Zwischen dem Startpunkt und der Laufmittelfront treten eine Anzahl voneinander getrennter Flecken auf. Jeder enthält eine Komponente der Analysensubstanz. Die Lage der Flecken wird durch den Verzögerungsfaktor, R_f-Wert, beschrieben. Der R_f-Wert bezieht sich auf die Wanderstrecke des Probenflecks zur obersten sichtbaren Front des Laufmittels:

$$R_f = \frac{\text{Entfernung : Startpunkt} \leftrightarrow \text{Fleckmittelpunkt}}{\text{Entfernung : Startpunkt} \leftrightarrow \text{Laufmittelfront}}$$

Der R_f-Wert ist stets kleiner als 1 und wird auf zwei Dezimalstellen genau angegeben.

1.3.2.3 Säulenchromatographie

In der Flüssigchromatographie wird die mobile Phase mit einem kontrollierten Volumenstrom durch Pumpen dem chromatographischen System zugeführt. In der Trennsäule befindet sich das Packungsmittel. Es ist ein adsorptions-aktiver oder modifizierter Festkörper, ein mit Trennmittel beschichtetes (imprägniertes) Trägermaterial oder ein gequollenes Gel. Der Festkörper kann vollständig porös sein oder aus einem unporösen Kern mit einer dünnen Außenschicht bestehen. Das Packungsmaterial ist charakterisiert durch den mittleren Teilchendurchmesser d_p und seinen mittleren Porenradius r_p. Für chromatographische Wirksamkeit sind daneben die Teilchengrößenverteilung, die spezifische Oberfläche, das spezifische Porenvolumen und die chemische Zusammensetzung der Oberfläche von Bedeutung. Je länger eine Säule ist, je kleiner die Partikelgröße der stationären Phase und je gleichmäßiger die Säule gepackt ist, desto höher ist die Trennleistung.

Um letztlich definierte Anteile des Säuleneluats aufzufangen wird ein Fraktionssammler benutzt.

1.3.2.4 Ionenchromatographie

Die Bestimmung ionischer Verbindungen in Lösung ist ein klassisches analytisches Problem mit einer Vielzahl von Lösungsmöglichkeiten. Während für den Bereich der Kationenanalytik ausreichend schnelle Analysenmethoden zur Verfügung stehen (Atomabsorption (AAS), Polarographie u. a.) wird für die Anionenanalytik als hochempfindliche Nachweismethode die Ionenchromatographie eingesetzt. Die Methode ist schnell, empfindlich, selektiv, simultan und die Trennsäulen sind über lange Zeit stabil.

In Abb. 1.14 ist der typische Aufbau eines Ionenchromatographen als Skizze wiedergegeben. Dabei wird mittels einer Pumpe die mobile Phase durch das gesamte System gefördert. Das Aufbringen der Probe erfolgt mit einem Schleifeninjektor, was ebenfalls schematisch in Abb. 1.14 dargestellt ist. Benötigt wird ein

Dreiwegeventil, bei dem zwei Ausgänge über eine Probenschleife miteinander verbunden sind. Das Füllen der Probenschleife erfolgt bei Normaldruck. Nach Umschalten des Ventils wird die Probe in der Schleife durch die mobile Phase zum Trennsystem transportiert. Typische Injektionsvolumina liegen zwischen 10 und 100 µL. Die Säulenrohre der analytischen Trennsäule sind aus Epoxidharzen gefertigt und werden in der Regel bei Raumtemperatur betrieben. Als Detektor wird in der Ionenchromatographie meistens ein Leitfähigkeitsdetektor, der mit oder ohne Suppressorsystem eingesetzt wird, verwendet. Aufgabe des Suppressorsystems ist es, die hohe Grundleitfähigkeit des Eluens chemisch zu verringern und die zu analysierende Probe in eine stärker leitende Form überzuführen.

Im Unterschied zur klassischen Säulenchromatographie (HPLC), deren Säulenfüllung meistens aus Kieselgel besteht, verwendet man in der Ionenchromatographie vorwiegend organische Polymere als Trägermaterial. Der Grund hierfür liegt in der höheren pH-Stabilität des Materials. Während Kieselgelsäulen nur in einem pH-Bereich 2–8 eingesetzt werden können, sind Ionenaustauscher auf Polymerbasis auch im alkalischen Bereich stabil. Unter den zahlreichen organischen Verbindungen, die auf ihre Eignung als Substratmaterial für die Herstellung

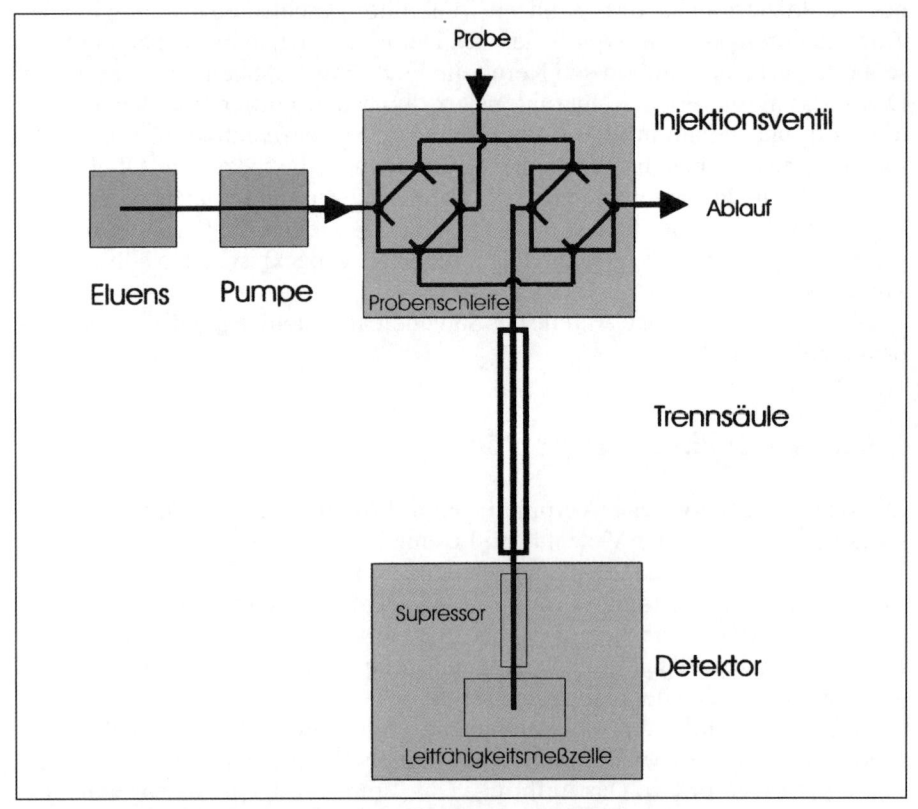

Abb. 1.14: Skizze für den Aufbau eines Ionenchromatographen

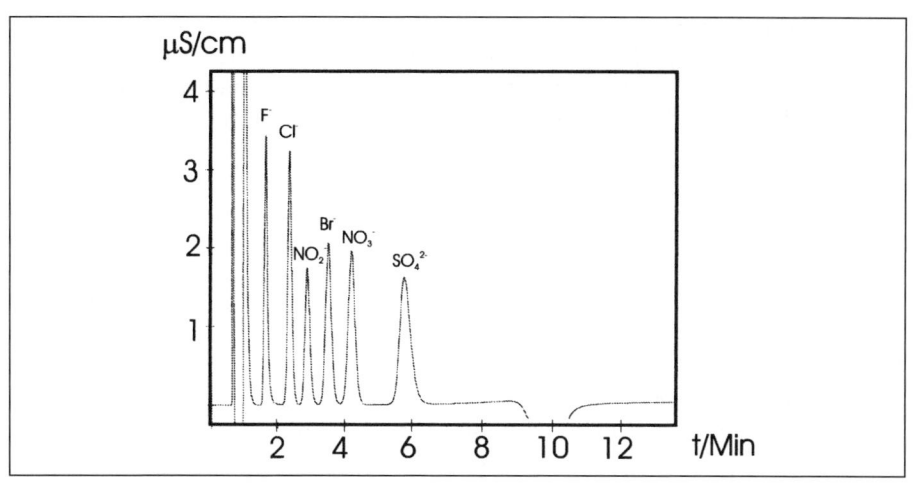

Abb. 1.15: Trennung verschiedener anorganischer Anionen. Eluens: 2,5 mmol Phthalsäure, 5/Leitfähigkeit ca. 130 µcm

von Anionenaustauschern auf Basis organischer Polymere getestet wurden, haben Styrol/Divinylbenzol-Copolymere (stabil im pH-Bereich 0–14) sowie Polymethacrylat- und Polyvinyl-Harze wohl die größte Bedeutung. Diese Polymere werden oft direkt auf der Oberfläche funktionalisiert, um eine höhere chromatographische Effizienz zu erzielen. Dazu wird das Harz aminiert (z. B. mit einem tertiären Amin).

Tab. 1.7: Trennverfahren mit Ionenchromatographie

Trennverfahren	Mechanismus	Funktionalität des Harzes	Eluenten	analysierbare Spezies
HPIC-Anionen	Ionenaustausch	$-NR_3^+$	$Na_2CO_3/$ $NaHCO_3$	$F^-, Cl^-, Br^-, I^-, SCN^-, CN^-,$ $H_2PO_2^-, HPO_3^{2-}, HPO_4^{2-},$ $P_2O_7^{2-}, P_3O_{10}^{5-}, NO_2^-,$ $NO_3^-, S^{2-}, SO_3^{2-}, SO_4^{2-}, S_2O_3^{2-},$ $S_2O_6^{2-}, S_2O_8^{2-}, OCl^-, ClO_2^-,$ $ClO_3^-, ClO_4^-, SeO_3^{2-},$ $HAsO_3^{2-}, WO_4^{2-}, MoO_4^{2-},$ CrO_4^{2-}
HPIC-Kationen	Ionenaustausch	$-SO_3^-$	HCl/DAP[1]	$Li^+, Na^+, NH_4^+, K^+, Rb^+,$ $Cs^+, Mg^{2+}, Sr^{2+}, Ca^{2+},$ $Ba^{2+},$
		$-SO_3^-/-NR_3^+$	Oxalsäure PDCA[2]	$Fe^{2+}, Fe^{3+}, Cu^{2+}, Ni^{2+},$ $Zn^{2+}, Co^{2+}, Pb^{2+}, Mn^{2+},$ $Cd^{2+}, Al^{3+}, Ga^{3+}, V^{5+},$ $UO_2^{2+},$ Lanthanide

[1] DAP 2,3-Diaminopropionsäure
[2] PDCA Pyridin-2,6-dicarbonsäure

Die chromatographische Trennung gleichsinnig geladener Ionen hat ihre Ursache in den unterschiedlichen Bindungsfestigkeiten der Ionen am Austauscher. Oft wird das Auseinanderziehen der Zonen auch durch einen Komplexbildner im Elutionsmittel erreicht, der mit den zu trennenden Ionen unterschiedlich starke Komplexe bildet. Allgemein werden nach dieser Methode chemisch sehr ähnliche Ionen (wie z. B. diejenigen der Seltenerdmetalle) getrennt.

Die einfache Trennung von Kationen und Anionen ist zur Beseitigung von Störungen bei gravimetrischen und maßanalytischen Bestimmungen gut geeignet. So macht z. B. die gravimetrische Bestimmung des Sulfats als Bariumsulfat bei Gegenwart einer Anzahl Kationen Schwierigkeiten, da diese bei der Fällung teilweise mitgerissen werden. Auch die acidimetrische Titration der Borsäure in Gegenwart mehrwertiger Alkohole wird durch bestimmte Kationen gestört. Durch Anwendung eines stark sauren Kationenaustauschers in der H^+-Form sind diese Kationen einwandfrei durch Austausch zu entfernen.

1.3.2.5 Gaschromatographie

In der Gaschromatographie wird das Trägergas aus Druckbehältern entnommen und über entsprechende Druckminderer und Gasflussregler als kontrollierter Volumenstrom in das Gerät eingespeist. Die Probenaufgabe erlaubt die Einführung einer festen, flüssigen oder gasförmigen Probe in die mobile Phase oder direkt in das chromatographische Bett. Bei Direktinjektion erfolgt die Probenaufgabe in den Strom der mobilen Phase. Normalerweise wird die Probe im gesondert beheizten Einlassteil sehr schnell im Trägerstrom außerhalb der Trennsäule verdampft (flash vaporizer), mit dem Trägergas vermischt und vollständig auf die Trennsäule gespült (direkte Probenaufgabe). Der Säulenofen enthält die Trennsäule. Sie befindet sich auf einer Temperatur unterhalb des Siedepunkts des Lösemittels, in dem die Probe gelöst ist. Häufig verwendet man zwischen Probenaufgabe und Trennsäule eine leere Vorsäule (retention gap), um eine Fokussierung der Probenbestandteile am Säulenanfang zu erreichen. Die Trennsäule ist entweder mit dem festen Adsorbens wie Aktivkohle, Silicagel oder Zeolithen gefüllt, man spricht dann von einer Adsorptions-Gaschromatographie, oder sie enthält einen für die betreffenden Gase völlig inaktiven Träger, der mit einer schwer flüchtigen Flüssigkeit imprägniert ist, es handelt sich dann um eine Verteilungs-Gaschromatographie. Durch die Apparatur streicht in konstantem Strom das Trägergas (H_2, He, N_2 oder CO_2). Vor der Trennsäule ist die Dosiereinrichtung in den Trägergasstrom eingeschaltet. Sie besteht entweder aus einer Dosierschleife oder man benutzt einen einfachen Gummiverschluss, der mit der Kanüle der Injektionsspritze durchstochen wird, um die Analysensubstanz in den Gasstrom einzuspritzen. Als Detektor wird im einfachsten Fall eine Wärmeleitfähigkeitszelle benutzt (s. S. 514). Als Vergleichsgas dient dann das Trägergas.

Die meisten Detektoren, so auch die Wärmeleitfähigkeitszelle liefern eine Differentialanzeige. Im aufgezeichneten Diagramm, in dem die Höhe des Ausschlages gegen die Zeit oder gegen das durchgesetzte Volumen Trägergas auf-

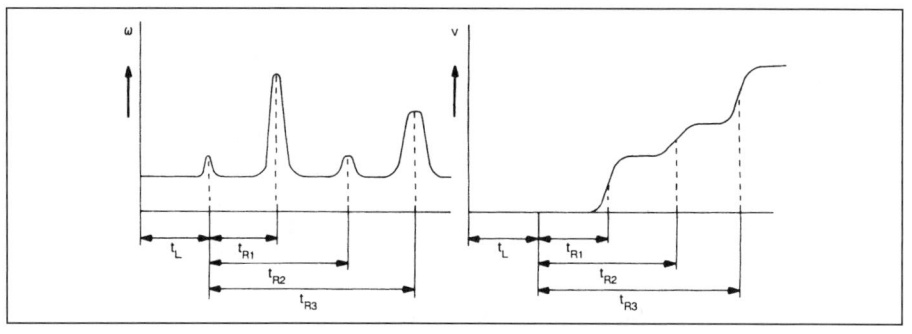

Abb. 1.16: Gaschromatogramm (a) differentielle Ausgabe des Detektorsignals und b) integrale Anzeige)

getragen ist, findet man für jede getrennt auftretende Komponente eine Bande (s. Abb. 1.16).

Je stärker das Gas in der Säule sorbiert wird, um so später tritt die Bande auf. Bei gegebener konstanter Strömungsgeschwindigkeit ist also eine Verzögerung, die sog. Retentionszeit t_R, charakteristisch für ein bestimmtes Gas. Sie ergibt sich aus der gesamten Laufzeit t_G vom Augenblick des Dosierens bis zum Maximum des Aufschlages minus der Laufzeit t_L eines Gases, das die Säule völlig ungehindert durchstreicht. Besonders bei der Verteilungschromatographie benutzt man zur Bestimmung von t_L meist die Luftbande, denn beim Dosieren gelangt fast immer etwas Luft in die Anlage. Ein quantitatives Maß ist die Fläche unter der Kurve oder, wenn die Banden nicht zu breit sind, auch die Höhe oder die Breite in halber Höhe. Das Detektorsignal kann jeweils differentiell oder integral ausgegeben werden.

1.3.3 Trocknen, Trockenmittel

In der einfachsten Form kann man Kristalle, die aus einer Lösung abgeschieden wurden, durch Abpressen zwischen mehreren Lagen von Filterpapier trocknen, während schmierige Niederschläge auf einem Teller aus unglasiertem Ton ausgebreitet werden. Die letzten Reste anhaftenden Lösungsmittels sind durch Erhitzen in einem Trockenschrank oder durch Aufbewahren über einem Trockenmittel in einem Exsikkator (Abb. 1.17) zu entfernen. Als Trockenmittel benutzt man im allgemeinen – nach zunehmender Wirksamkeit geordnet – gekörntes, wasserfreies Calciumchlorid ($CaCl_2$), Silicagel, konzentrierte Schwefelsäure (H_2SO_4) oder Phosphorpentaoxid (P_2O_5). Für Stoffe, die leicht Ammoniak abgeben, muss man Natronkalk (NaOH + CaO) oder Natriumhydroxid (NaOH, Ätznatron) nehmen. Schnelleres Trocknen erzielt man durch Evakuieren des Exsikkators, der vorher durch Umkleben mit Folie gesichert werden sollte.

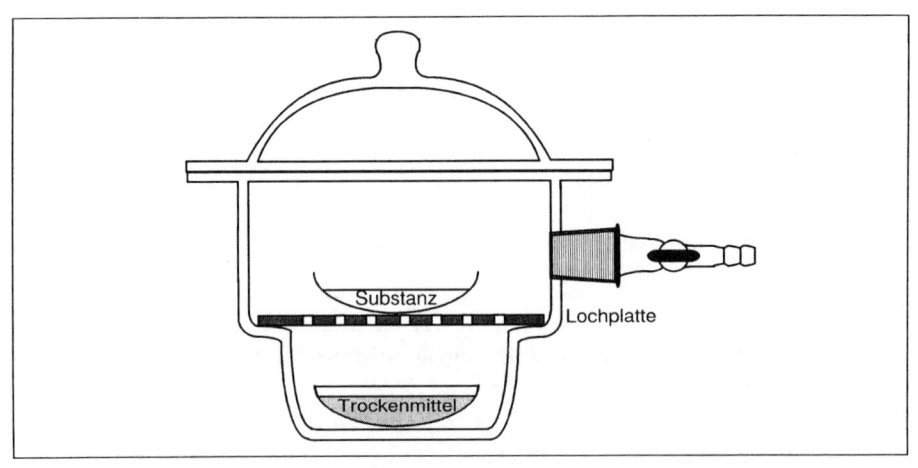

Abb. 1.17: Exsikkator

1.3.4 Erhitzen

Im Laboratorium benutzt man zum Erhitzen gewöhnlich den **Bunsenbrenner**. Er enthält in seinem unteren Teil eine Düse, aus der das Gas ausströmt, und eine Vorrichtung, um Luft in verschiedenen Mengen in das Brennerrohr einzulassen. Ohne Luftzufuhr erhält man eine „leuchtende" Flamme. Ein Teil der Kohlenwasserstoffe wird dabei zunächst nur zu Kohlenstoff und Wasser verbrannt (oxidiert); bei der Flammentemperatur leuchten die gebildeten festen Kohlenstoff-(Ruß-)Teilchen. Leicht Sauerstoff abgebende Substanzen werden in der leuchtenden Flamme reduziert.

Bei Luftzutritt verbrennen die Kohlenwasserstoffe und alle anderen im Leuchtgas enthaltenen brennbaren Gase vollständig zu Kohlendioxid und Wasser. Die entstehende „nichtleuchtende" Flamme lässt mehrere Verbrennungszonen erkennen (vgl. Abb. 1.18): den unteren (1) und den oberen Oxidationsraum (2), den unteren Reduktionsraum (3). Bei geringem Luftzutritt (leuchtende Flamme) liegt bei 4 der sogenannte obere Reduktionsraum. Die heißeste Stelle der Flamme befindet sich etwa bei 5. Der äußere Rand des Flammenkegels wirkt oxidierend, während der innere reduzierend wirkt.

Ist die Luftzufuhr zu groß oder der Gasdruck zu klein, so schlägt der Brenner durch, d. h., das Gas brennt im Innern des Brennerrohres an der Gasaustrittsdüse. In diesem Fall muss die Gaszufuhr sofort abgestellt werden. Nach dem Erkalten des Brenners stellt man dann die Luftzufuhr etwas kleiner oder vergrößert die Gaszufuhr.

Für höhere Temperaturen wird ein **Gebläse-Brenner** benutzt, bei dem die Luft in komprimierter Form zugeführt wird. Noch höhere Temperaturen erreicht man mit dem Sauerstoff-Gebläse. Für viele Zwecke sind auch elektrische Öfen (Tiegel-, Röhren- oder Muffelöfen) geeignet, die den Vorteil der besseren Temperaturregelung haben. Für Temperaturen bis 1200 °C verwendet man Widerstands-

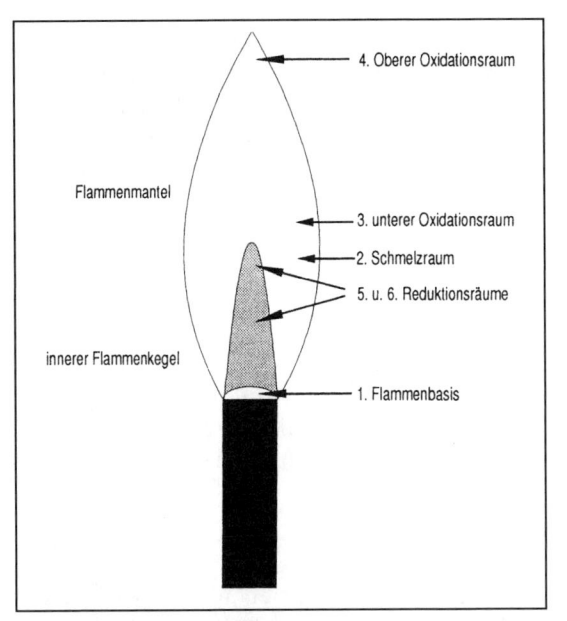

Abb. 1.18: Schema der Flamme eines Bunsenbrenners
1. **Flammenbasis; diese ist verhältnismäßig kalt**
2. **Schmelzraum; etwas oberhalb des ersten Drittels der ganzen Flammenhöhe und von der inneren und äußeren Begrenzung des Flammenmantels gleich weit entfernt; hier herrscht die höchste Temperatur.**
3. **Unterer Oxidationsraum**
4. **Oberer Oxidationsraum; bei 3 und 4 und dazwischen ist Luftüberschuss vorhanden. Dort herrschen oxidierende Bedingungen. Für kleinere Proben, wie Phosphorsalzperlen und dergleichen verwendet man am besten den Raum 3.**
5. **Die Reduktionsräume sind 5 und 6, wobei 6 (oben) am heißesten ist und daher am stärksten reduzierend wirkt.**

öfen mit Drahtwicklung aus Chrom-Aluminium-Eisen-Legierung. Darüber bis 1500 °C finden Platinmetalle als Wicklungsdraht Verwendung.

1.3.5 Glasbearbeitung

Im chemischen Laboratorium sind sehr viele Operationen in Glasapparaturen durchzuführen. Man erlerne daher möglichst bald die einfachsten Arten der Glasbearbeitung. Die hauptsächlichsten Arbeitsoperationen sind:

a) Schneiden

Das Rohr wird mit einem scharfen Glasmesser zu einem Viertel seines Umfanges an der gewünschten Stelle eingeschnitten. Nun wird das Rohr so gefasst, dass der Schnitt so zwischen beiden Händen liegt, dass er gegen die Brust gekehrt ist. Durch leichtes Ziehen und Biegen wird das Glasrohr auseinandergesprengt.

b) Rundschmelzen

Zerteilte oder abgesprengte Glasrohre oder -stäbe sind an den Schnittkanten scharf. Ihre Enden müssen daher rundgeschmolzen werden. In leuchtender Flamme und bei gleichmäßiger Drehung wird das Rohrende erwärmt, so dass die Kanten erweichen. Je weiter das Rohr ist, desto vorsichtiger muss die Erwärmung vor sich gehen.

c) Glasrohr biegen

Um das Rohr an der gewünschten Stelle zu biegen, wird ein größerer Teil unter gleichmäßigem Drehen erwärmt. Hierbei ist es erforderlich, dass beide Hände im gleichmäßigen Rhythmus drehen, die rechte Seite des Rohres geschlossen ist und dann die linke Öffnung zum Mund geführt wird. Nun wird das Rohr gebogen und durch Hineinblasen an der Stelle wieder aufgeweitet, an der durch das Biegen eine Verengung des Querschnitts erfolgt ist. Das erhitzte Glas wird jeweils außerhalb der Flamme bearbeitet.

d) Ampullen abschmelzen

Zum Einschmelzen von festen Substanzen und hochsiedenden Flüssigkeiten nimmt man ein normales Reagenzglas, das nur zu einem Drittel gefüllt werden darf. An das Reagenzglas setzt man zur bequemeren Handhabung ein gleichkalibriges Glasrohr an. Das Abschmelzen erfolgt kurz unterhalb der Ansatzstelle, und zwar so, dass man unter gleichmäßigem Drehen erhitzt, das Glas zusammenfallen lässt und schließlich zu einer dünnen Kapillare auszieht. Diese wird mit spitzer Flamme endgültig abgeschmolzen. Bei Einschmelzen von Flüssigkeiten mit hohem Dampfdruck ist zu empfehlen, die Kapillare vor dem Eingießen in das Reagenzglas fertig zu stellen. Nach Kühlung im Kältebad wird die Kapillare zugeschmolzen.

Das Öffnen gefüllter Ampullen muss unter größter Vorsicht erfolgen (Schutzbrille!). Zuerst wird mit dem Handgebläse die Spitze der Kapillare erwärmt, bis das erweichte Glas durch den Überdruck in der Ampulle aufgerissen wird. Anschließend wird der Kapillaransatz eingeritzt und abgesprengt.

Beim Schließen und Öffnen von Bombenrohren ziehe man einen Fachmann hinzu. Bei unsachgemäßem Öffnen der Bombenrohre entweicht der Überdruck explosionsartig.

1.3.6 Behandlung von Platingeräten

Glühende Platingeräte dürfen niemals mit Metallen und ebenso wenig mit Kohlenstoff, Phosphor, Schwefel und freien Halogenen in Berührung gebracht werden, da mit diesen leicht Legierungen bzw. Verbindungen gebildet werden. Auch Verbindungen leicht reduzierbarer Metalle, wie Gold, Silber, Blei, Zinn, Bismut, Arsen, Antimon oder Sulfide und Phosphate in Gegenwart reduzierender Stoffe, greifen in der Schmelze oder beim Glühen Platin an. Durch die leuchtende, also

Kohlenstoff enthaltende Flamme und ebenso durch den inneren blauen Kegel der Bunsenflamme entstehen Platinkohlenstofflegierungen, die den Tiegel brüchig machen.

Platintiegel sind beim Glühen auf ein Ton-, Quarz-, Platindraht- oder Nickeldrahtdreieck zu stellen. Um ihn zu reinigen, kann man den Platintiegel mit feinstem Sand **vorsichtig** ausscheuern; besser schmilzt man in ihm Kaliumhydrogensulfat. Auch kann man ihn mit Salzsäure oder Salpetersäure auskochen, aber auf keinen Fall mit einem Gemisch beider Säuren, da diese das Platin löst. Über die Behandlung von Platinelektroden s. S. 471.

In Platintiegeln dürfen keine alkalischen Schmelzen wie Na_2CO_3, Na_2O, $NaOH$ durchgeführt werden, da im stark alkalischen Medium Platin von Luftsauerstoff oxidiert wird.

1.3.7 Behandlung physikalischer Apparate

Für die verschiedenen analytischen und präparativen Arbeiten wird eine Anzahl physikalischer Apparate benötigt, wie Mikroskop, Spektroskop, elektrische Messinstrumente, Widerstände, elektrische Öfen u. dgl. Diese meist teuren und empfindlichen Instrumente müssen sauber gehalten werden. So achte man beim Mikroskop besonders darauf, dass das Objektiv nicht in die auf dem Objektträger befindliche Flüssigkeit eintaucht. Ein Brenner darf nie so nahe an einen Spektralapparat gebracht werden, dass dieser heiß wird. Bei allen Arbeiten mit physikalischen Apparaten beachte man stets genau die vom Hersteller angegebenen Vorschriften.

1.3.8 Arbeitstechnik und Geräte der Halbmikroanalyse

Im Vergleich zur Makroanalyse werden in der HM-Technik zusätzlich einige apparative Hilfsmittel benötigt, wie Zentrifuge, Mikroskop und Tüpfelplatte. An Zentrifugen und Mikroskopen sind verschiedenste Ausführungen im Handel. Bei Verwendung eines Mikroskops ist ein Vergrößerungsverhältnis von 1 : 100 oder 1 : 200 völlig ausreichend.

In der HM-Technik sind Vergleichs- und Blindproben unerlässlich. Will man eine bestimmte Kristallform zum Nachweis einer Substanz benutzen, so muss zum Vergleich vorher oder auch gleichzeitig mit der reinen Substanz die entsprechende Kristallform auf dem Objektträger gezüchtet werden. Nachweis und Vergleichsprobe können auf demselben Objektträger, aber an verschiedenen Stellen ausgeführt werden. Das gleiche gilt für Reaktionen auf der Tüpfelplatte. Die im Anhang dieses Buches wiedergegebenen Kristallaufnahmen dienen nur als Gedächtnisstütze. Grundsätzlich kann auf die Ausführung von Vergleichsproben nicht verzichtet werden. Erst wenn diese Vorschrift beachtet wird, kann die große Schnelligkeit und eindeutige Identifizierungsmöglichkeit der HM-Technik voll ausgenutzt werden.

Das in der HM-Analyse übliche Arbeiten mit Substanzmengen von etwa 10–100 mg und Volumina von etwa 0,5–5 ml erfordert noch einige besondere Geräte, die im folgenden beschrieben werden, wobei auch, soweit erforderlich, auf die Arbeitstechnik bei ihrer Anwendung kurz eingegangen wird.

Da in der HM-Analyse Flüssigkeiten fast ausnahmslos nach Tropfen dosiert werden, sind für Lösungen Reagenzienflaschen aus Polyethylen mit aufgesetztem Tropfrohr und einem Fassungsvermögen von 30–50 ml besonders zu empfehlen. Konzentrierte Säuren (H_2SO_4, HNO_3, HCl, H_3PO_4) und leicht flüchtige organische Lösungsmittel (CS_2, Ether, Methanol, Ethanol) werden am besten in Glasflaschen mit eingeschliffener Tropfpipette aufbewahrt. Auch für die Aufbewahrung fester Substanzen sind Flaschen aus Polyethylen mit Schraubverschluss hervorragend geeignet. Selbstverständlich können aber auch die herkömmlichen Pulverflaschen aus Glas verwendet werden. Reagenzien, von denen nur sehr kleine Mengen benötigt werden, werden zweckmäßig in Präparategläschen von etwa 2–3 ml Inhalt mit Polyethylenverschluss aufbewahrt.

Das Zusammenfügen der Reagenzlösungen beim Arbeiten erfolgt, falls sich diese nicht in Tropfflaschen befinden, mit Hilfe von Tropfpipetten, die mit Saugbällen aus Polyethylen oder Gummi versehen sind. Die Pipetten sind stets unmittelbar nach Gebrauch sorgfältig mit destilliertem Wasser zu reinigen. Zur Entnahme von Lösungen sind ferner auch an den Enden abgeschmolzene Glasstäbchen von 2 mm Durchmesser in entsprechender Länge gut geeignet.

Im allgemeinen wird man sich in der HM-Analyse zur Abtrennung von Niederschlägen einer Zentrifuge bedienen. Die erforderlichen Zentrifugengläser müssen dickwandig sein und eine lang ausgezogene konische Verjüngung nach der Spitze aufweisen. Durch die starke Verjüngung ist bei kleinen Niederschlagsmengen eine bessere Beurteilung von Menge und Farbe möglich. Die Gläser sollen aus Jenaer Glas sein. Sie dürfen nur im Wasserbad erhitzt werden, um ein Springen des Glases beim Zentrifugieren zu vermeiden. Es sind immer zwei gleiche Gläser in die Zentrifuge einzusetzen, die nach Augenmaß bis zur gleichen Höhe zu füllen sind; und zwar ein Glas mit der zu zentrifugierenden Lösung, das andere mit Wasser. Bei schnell laufenden Zentrifugen muss die Gleichgewichtsgleichheit beider Seiten mit einer Waage überprüft werden.

Gelegentlich kommt es vor, dass auch durch längeres Zentrifugieren keine vollständige Sedimentation der suspendierten Teilchen zu erzwingen ist. In diesem Falle ist es unvermeidlich, die Lösung zu filtrieren. Hierfür kann eine *Hahn*sche Filternutsche empfohlen werden. Die Nutsche besteht aus dem zylindrischen Oberteil aus Jenaer Glas, der als Filterplatte dienenden Scheibe aus Sinterglas (∅ etwa 10 mm) und der trichterartigen Auflage für die Filterplatte. Vor Gebrauch wird das Gerät in der in Abb. 1.19 angegebenen Art zusammengesetzt. Die Einzelteile werden durch den von der Saugpumpe innerhalb des Filtersystems erzeugten Unterdruck zusammengehalten. Eventuell weiter zu

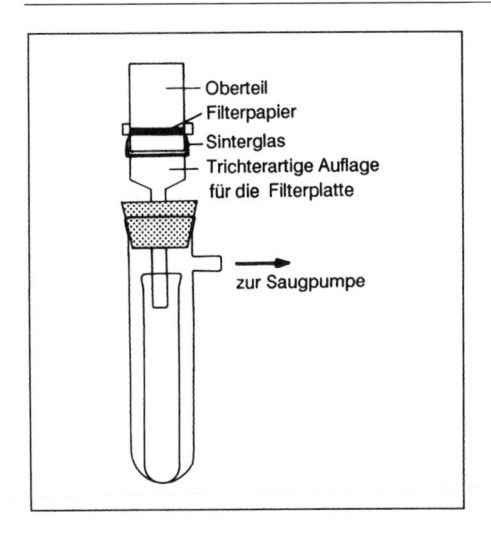

Abb. 1.19: Filtriergerät mit *Hahn*scher Nutsche

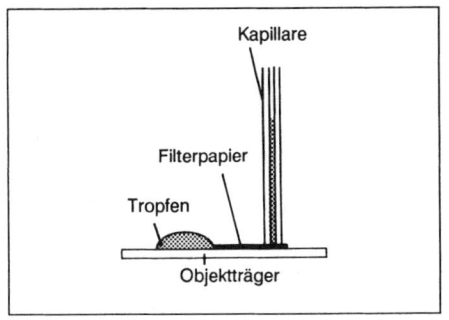

Abb. 1.20: Kapillarfiltration

verarbeitende Niederschläge können nun leicht mit dem Spatel von der Platte abgehoben oder mit der Spritzflasche abgespritzt werden.

Die Filterplatten haben genormte Porenweiten: G1 > G2 > G3 > G4. Die Wahl der Porenweite richtet sich nach dem Dispersionsgrad des Niederschlages. Da man bei einer qualitativen Analyse häufig nicht übersehen kann, welche Niederschläge gebildet werden und unter welchen Fällungsbedingungen sie entstehen, empfiehlt es sich, von vornherein die Größe G4 zu verwenden, die auch feinste Niederschläge, wie z. B. $BaSO_4$ quantitativ zurückhält. Bei kolloidalen Suspensionen legt man ein Membranfilter auf die Filterplatte, desgleichen bei Gegenwart größerer Mengen von schleimigen Niederschlägen, wie z. B. $Fe(OH)_3$, Kieselsäuregel, $Al(OH)_3$ usw., da letztere sowohl die Filterplatte als auch Filterpapier in kürzester Zeit verstopfen. Im allgemeinen lassen sich aber gerade schleimige Niederschläge durch Zentrifugieren leicht entfernen.

In der HM-Analyse kommt es häufig vor, dass im Verlauf einer Nachweisreaktion, die mit einem Tropfen durchgeführt wird, eine Filtration notwendig ist, bei der lediglich das Filtrat weiter geprüft werden soll. In diesem Falle bedient man sich der in Abb. 1.20 wiedergegebenen Anordnung. Ein Tropfen der zu prüfenden

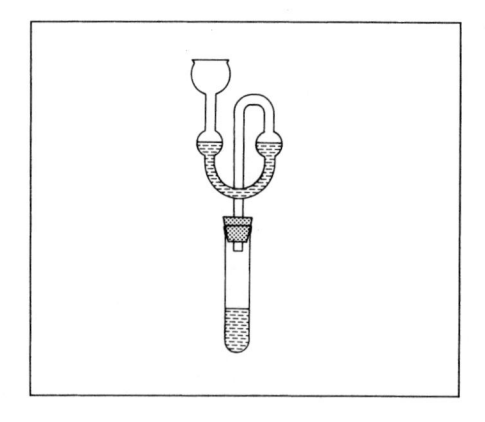

Abb. 1.21: Reagenzglas mit Gärröhrchen

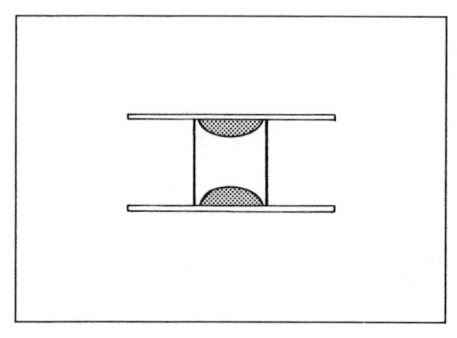

Abb. 1.22: Mikrogaskammer

Lösung wird auf dem Objektträger mit einem Tropfen Reagenzlösung versetzt, wobei sich ein Niederschlag bildet. Nun wird an den Rand des Tropfens ein kleines Stück Filterpapier gelegt, auf das dem Tropfen abgekehrte Ende des Papiers ein Kapillarrohr mit seinem plangeschliffenen Ende fest aufgesetzt und die Lösung vorsichtig in das Kapillarrohr eingesaugt, wobei der in ihr suspendierte Niederschlag vom Filterpapier zurückgehalten wird. Nach dieser Operation wird das Kapillarrohr von dem Papier abgehoben und die klare Lösung zur weiteren Prüfung auf den Objektträger oder die Tüpfelplatte geblasen.

Zur Ausführung von Reaktionen im HM-Maßstab werden, soweit diese nicht auf Objektträgern oder der Tüpfelplatte erfolgen, Reagenzgläser von etwa 8–10 mm $\varnothing$ und 80–100 mm Länge aus Jenaer Glas verwendet. Zum Nachweis von Gasen ist das in Abb. 1.21 dargestellte Gärröhrchen und für Gase oder schwer flüchtige Dämpfe (z. B. CrO_2Cl_2) die in der Abb. 1.22 skizzierte Mikrogaskammer besonders geeignet. Sie besteht aus 2 Objektträgern und einem 10 mm hohen Ring, der aus einem Glasrohr von etwa 15 mm $\varnothing$ geschnitten wird. Der Ring ist an beiden Enden plangeschliffen. Bei der Anwendung wird ein Probetropfen auf den unteren Objektträger aufgetropft und der Glasring so aufgesetzt, dass der Tropfen von ihm umschlossen wird. Dann wird die zur Gasentwicklung erforderliche Menge Reagenzlösung zugesetzt und der Glasring mit dem zweiten Objektträger abgedeckt. Am zweiten Objektträger hängt ein Tropfen einer zum Nachweis des gesuchten Gases geeigneten Reagenzlösung. Nun wird der untere Objektträger vorsichtig erwärmt (Luftbad). Die sich entwickelnden Gase werden von dem Tropfen am Deckglas absorbiert und können dort durch weitere Reaktionen nachgewiesen werden.

Zum **Betrachten von Kristallen** unter dem Mikroskop genügen die üblichen Objektträger vom Format 76 × 26 mm aus Glas. Sie dürfen keinesfalls über freier Flamme erwärmt werden, da sie dabei leicht infolge lokaler Überhitzung zerspringen. Zum Eindampfen von Tropfen wird der Objektträger entweder von oben mit dem Infrarotstrahler bestrahlt, oder man erwärmt in einem Luftbad, das sich sehr einfach aus einem Drahtnetz, welches etwa 2 cm über einer elektrischen Kochplatte angebracht ist, herstellen lässt. Durch Heben oder Senken des Drahtnetzes lässt sich die Heizintensität beliebig variieren. Es muss hierbei sorgfältig beachtet werden, dass nicht bis zum völlig trockenen Zustand eingeengt wird (von wenigen Ausnahmen abgesehen), weil sich in diesem Fall ein Gemisch verschiedenster Kristalle bildet. Es muss immer noch etwas Mutterlauge vorhanden sein, aus welcher sich die Kristalle abscheiden sollen. Je ungestörter und langsamer die Kristalle wachsen können, desto größer werden sie und desto typischer kann sich ihre Gestalt ausbilden, nach welcher sie beurteilt werden sollen. Erzwungenes Kristallisieren durch überhastetes Einengen führt zu falschen Ergebnissen.

Von den im Handel befindlichen Mikrobrennern können nur solche Ausführungen empfohlen werden, die eine Manschette oder einen Schraubring zur Regulierung der Luftzufuhr nach Art des Bunsenbrenners aufweisen.

Ein Aufschluss erfolgt in der HM-Analyse häufig nicht in einem Tiegel, sondern in der Öse eines Platindrahtes. An Stelle des Platindrahtes kann fast immer ein hitzebeständiger Chromnickeldraht verwendet werden, wie er in elektrischen Geräten als Heizwiderstand verwendet wird. Zur Ausführung des Aufschlusses nimmt man mit der glühenden Öse die Mischung aus Aufschlussmittel und aufzuschließendem Material auf und glüht die flüssige Perle im Bunsenbrenner etwa eine Minute lang. Sie wird dann im glühenden, flüssigen Zustand zur Weiterverarbeitung in einen Mörser abgeschlagen.

Sonstige Geräte, die keiner weiteren Erläuterung bedürfen, sind:
1 Spritzflasche aus Polyethylen, 500 ml,
1 Tüpfelplatte aus Glas oder Porzellan,
1 Porzellanschale, ∅ etwa 100 mm,
2 Porzellanschalen, ∅ etwa 30 mm,
3 Porzellantiegel, etwa 20 mm hoch, ∅ etwa 15 mm,
1 Mörser, Inhalt ca. 2–3 g,
1 Abtropfgestell für kleine Reagenzgläser,
5 Uhrgläser,
einige Glasstäbe,
1 Messzylinder,
Filterpapier, Reagenzpapier, Glühröhrchen, Pinzette, Watte, Reagenzglashalter, Reagenzgläser.

2 Qualitativer und präparativer Teil

Der qualitative und präparative Teil hat vor allem die Aufgabe, an Hand praktischer Versuche (Analysen und Präparate) ein notwendiges chemisches Grundwissen zu vermitteln. Daher wird das zu besprechende Element zunächst durch einen allgemein gehaltenen Absatz charakterisiert.
Dieser enthält:

a) Name des Elements, Elementsymbol, relative Atommasse, wichtigste Oxidationsstufen, Valenzelektronenkonfiguration (Titelzeile),
b) Vorkommen und Häufigkeit des betreffenden Elementes,
c) Darstellung,
d) technische Verwendung von Element und Verbindungen,
e) allgemeine chemische Eigenschaften.

Der Versuchsteil folgt auf den allgemeinen Teil. Er ist aufgeteilt in:

a) allgemeine Reaktionen und Präparate,
b) Vorproben,
c) Nachweise.

Am Anfang des Buches sind Kapitel eingeschaltet, die sich mit den allgemeinen Zusammenhängen des PSE, den wichtigsten theoretischen Grundlagen usw. beschäftigen.

Der praktischen Ausbildung entsprechend ist der „Qualitative und präparative Teil" gegliedert in:

2.1 Grundsätzliches

Dieses Kapitel enthält einige Hinweise über den qualitativen Nachweis von Ionen sowie über die Darstellung von Präparaten und stellt sinngemäß eine Ergänzung zu Kapitel 1.2 dar.

2.2 Die wichtigsten Nichtmetalle und einige ihrer Verbindungen

Hier werden vor allem die Elemente behandelt, deren Anionen häufig in der Analyse vorkommen (Cl^-, S^{2-}, SO_4^{2-}, NO_3^-, PO_4^{3-}, CO_3^{2-}) und ebenfalls Angaben über die Nachweise von F^-, Br^-, I^-, SO_3^{2-}, $S_2O_3^{2-}$, NO_2^-, Silicat, H_3BO_3,

CH_3COO^-, $C_2O_4^{2-}$, CN^- und SCN^- gemacht. Am Ende befindet sich eine Übersicht über die Nachweise der Anionen.

2.3 Die Metalle und ihre Verbindungen

Dieses Kapitel beschränkt sich bewusst auf die Elemente des sog. „Schultrennungsganges", Na, K, NH_4^+, Mg, Ca, Sr, Ba, Ni, Co, Fe, Mn, Al, Cr, Zn, Pb, Bi, Cu, Cd, Sb, Sn, Ag sowie nur wenige „Seltene" (d. h. in der Analyse seltener vorkommende) Elemente wie Ti, V, Mo, W (Stahlveredler) und U.

2.4 Systematischer Gang der Analyse

Der aufgeführte Trennungsgang entspricht im Prinzip dem, der vor mehr als 100 Jahren von *C. R. Fresenius* (1818–1897) ausgearbeitet wurde. Hinzu kommt für alle analytischen Operationen als Empfehlung die Halbmikroarbeitstechnik, die sich durch Sauberkeit in der Durchführung, Ersparnis von Material und Zeit sowie Schonung der Umwelt und Verringerung der Abfälle auszeichnet. Ferner ist die gesundheitliche Gefährdung wesentlich geringer.

Auf die Verwendung von speziellen organischen Nachweisreagenzien wurde jedoch aus pädagogischen Gründen verzichtet.

2.1 Grundsätzliches

In Kapitel 2.1.1 ist u. a. Näheres über die Behandlung der Analysensubstanz, den Einzelnachweis von Ionen, den systematischen Trennungsgang sowie über die wichtigen Begriffe der Grenzkonzentration und Erfassungsgrenze zu finden. Kapitel 2.1.2 gibt eine Einführung in die Darstellung von Präparaten.

2.1.1 Nachweis von Anionen und Kationen

Im Verlauf der Ausbildung erhält der Praktikant zum überwiegenden Teil „synthetische" Analysengemische, die daher aus einer großen Anzahl chemisch verschiedenartiger Substanzen bestehen können. Im Gegensatz hierzu enthalten natürliche Mineralien und Gesteine oder technische Produkte (Legierungen, Schlacken usw.) zum großen Teil nur eine begrenzte Anzahl an Elementen.

In einer „synthetischen" Analyse wird das relative Mengenverhältnis der einzelnen Stoffe meist annähernd gleich gehalten. Bei den natürlichen Mineralien und den technischen Produkten ist es jedoch oft sehr unterschiedlich. Man unterscheidet hier

> Hauptbestandteile 10–100%,
> Nebenbestandteile 1–10%,
> Spuren unter 1%.

Da die anorganischen Substanzen vorwiegend in Ionenform (s. S. 14) in Lösung vorliegen, werden sie auch als solche nachgewiesen.

Für die Kationen bildenden Elemente sind einwandfreie Trennungsgänge ausgearbeitet worden. Sie bestehen im Prinzip darin, dass nacheinander mit bestimmten Reagenzien „Elementgruppen" gefällt werden. Diese Gruppenfällungen werden ihrerseits einer weiteren Auftrennung in die Einzelelemente unterworfen und letztere getrennt nachgewiesen.

Die Anionen werden meist einzeln aus dem Gemisch identifiziert.

Der systematische Gang einer Vollanalyse umfasst:

a) Vorproben,
b) Anionennachweise aus Sodaauszug oder Ursubstanz,
c) Kationentrennungsgang.

Zum Nachweis der Kationen benutzt man daher nur einen Teil der Ursubstanz, während der andere für die Anionennachweise, die Vorproben und als Reserve verbleibt. Wenn nicht besonders vermerkt ist, arbeitet man mit kleinen Analysenmengen. Sie reduzieren die Zeit für die entsprechenden Arbeitsvorgänge des Filtrierens und des Auswaschens sowie den Reagenzverbrauch. Beim HM-Verfahren werden für einen Trennungsgang 0,05–0,1 g, beim Makroverfahren 0,5–1 g benötigt.

Die nachfolgend beschriebenen Trennungsgänge sind infolge von Mitfällungs- und Ionenadsorptionsvorgängen (s. S. 48) häufig nicht quantitativ und sind daher je nach Anwesenheit der einen oder anderen Substanz sinnvoll zu modifizieren. Man verwende daher auch zur Identifizierung möglichst spezifisch wirkende Reagenzien und gewöhne sich daran, nicht durch eine einzige Umsetzung oder Erscheinung ein Ion nachzuweisen, sondern man führe möglichst viele verschiedenartige Identifizierungsreaktionen durch.

Die wichtigsten Nachweisreaktionen für die Anionen sind in Kap. 2.2.7 und in Tab. 2.2 zusammengestellt. Die Trennungsgänge und Nachweisreaktionen für die Kationen findet man in Kap. 2.4.2.

2.1.1.1 Spezifität und Selektivität

> Als spezifische Reaktionen und Reagenzien werden solche bezeichnet, die unter bestimmten Versuchsbedingungen für eine Ionenart eindeutig sind. Reaktionen und Reagenzien, mit denen sich nur eine gewisse Auswahl treffen lässt, heißen selektiv (s. auch S. 346).

Zum Nachweis der einzelnen Ionen mit anorganischen Reagenzien dienen zum überwiegenden Teil Fällungsreaktionen. Bevorzugt werden Niederschläge, die durch Farbigkeit oder Kristallhabitus leicht identifizierbar sind. Lediglich bei denjenigen Ionen, die keine schwer löslichen Verbindungen zu bilden vermögen (z. B. NO_3^-, CH_3COO^-), ist man auf Farbänderungen oder andere Nachweise angewiesen.

Die Reagenzlösung setzt man im allgemeinen tropfenweise zu, bis das Ende der Reaktion erreicht ist. Man überprüft stets die Vollständigkeit einer Fällung am Ausbleiben weiterer Niederschlagsbildung. Ein zu großer Überschuss der Reagenzlösung schadet oft. Es kann in verschiedenen Fällen zu Komplexbildung kommen. Oft werden auch Konzentrationsniederschläge gefällt. Nach jedem Reagenzzusatz schüttle man gut durch, um eine homogene Durchmischung zu erreichen.

Um eindeutige Nachweise zu erhalten, sind möglichst reine (p. a.) Substanzen zu verwenden. Bestehen Zweifel an der Reinheit, führe man vorerst eine Blindprobe durch.

Vergleichs- bzw. Blindproben sind oftmals angebracht:

a) Zum Kennenlernen des Nachweises bzw. zur Kontrolle der Wirksamkeit der Reagenzien. Angewendet wird die reine Verbindung und das betreffende Reagenz.

Nachweis von Anionen und Kationen

b) Zur Überprüfung der Reinheit der zur Analyse benutzten Chemikalien. Angewendet wird die Chemikalie und das auf seine Wirksamkeit überprüfte Reagenz.
c) Beim negativen Verlauf eines Nachweises. Gegebenenfalls wird dann das zu identifizierende Ion zur Probelösung hinzugesetzt und der einwandfreie Ablauf der Reaktion in dem vorherigen Gemisch kontrolliert.

Die Ausführung dieser Proben ist um so notwendiger, je empfindlicher die Nachweise sind.

Man gewöhne sich daran, über die einzelnen Beobachtungen im Verlauf einer Analyse ein genaues Protokoll zu führen.

Zur exakten Definition der Empfindlichkeit einer Nachweisreaktion hinsichtlich der Konzentration und absoluten Menge des gesuchten Stoffes werden die beiden Begriffe „Grenzkonzentration (GK)" – gelegentlich auch Verdünnungsgrenze genannt – und „Erfassungsgrenze (EG)" – auch Nachweisgrenze oder Empfindlichkeit genannt – verwendet.

2.1.1.2 Grenzkonzentration

Der Begriff Grenzkonzentration GK bezeichnet diejenige Konzentration eines nachzuweisenden Stoffes, bei welcher der Nachweis noch positiv ist. Hierbei wird auf 1 g des Stoffes bezogen und das entsprechende Lösungsvolumen in ml angegeben. Ist z. B. 1 g des gesuchten Stoffes in $3 \cdot 10^5$ ml Lösung noch nachweisbar, so ist $GK = \dfrac{1}{3 \cdot 10^5} = \dfrac{1}{10^{5,47}} \approx 10^{-5,5}$. Die Angabe über die Empfindlichkeit einer Reaktion vereinfacht sich, wenn man an Stelle der Grenzkonzentration GK den pD-Wert einführt, der als negativer dekadischer Logarithmus der GK definiert ist (im Beispiel pD: 5,5).

2.1.1.3 Erfassungsgrenze

Die Erfassungsgrenze gibt die Menge des gesuchten Stoffes an, die noch nachweisbar ist. Sie wird gewöhnlich in Mikrogramm µg (γ) angegeben. Gelingt z. B. bei der GK 10^{-6} der Nachweis noch mit einem Lösungstropfen von 0,05 ml, dann enthält dieser Tropfen $0,05 \cdot 10^{-6} = 0,05$ µg des nachzuweisenden Stoffes. Somit beträgt die Erfassungsgrenze 0,05 µg. Die Erfassungsgrenze ist notwendigerweise, im Gegensatz zur GK, abhängig vom verwendeten Volumen. Durch Änderung der Nachweistechnik (Betrachtung im UV-Licht, Tüpfeln auf Filterpapier an Stelle von Tüpfelplatte, Ausschütteln mit organischen Lösungsmitteln) kann die Erfassungsgrenze erheblich heruntergesetzt werden.

Alle im Text angegebenen pD- und EG-Werte gelten für Lösungen bzw. Substanzgemisch, die nur den nachzuweisenden Stoff und die zum Nachweis

Fortsetzung

> notwendigen Substanzen enthalten. Die bei Durchführung einer qualitativen Analyse unweigerlich anwesenden Fremdsalze verändern im allgemeinen die Empfindlichkeit des Nachweises. Meistens wird die Empfindlichkeit verringert, sie kann jedoch durch bestimmte Fremdionen auch erhöht werden.

2.1.2 Darstellung von Präparaten

Beschäftigt sich die qualitative anorganische Analyse mit der Frage, welche Elemente, Ionen oder Atomgruppen in einem bestimmten Stoff vorhanden sind, und ist die Kenntnis der qualitativen Zusammensetzung die Voraussetzung für die Ausführung quantitativer Bestimmungen, so soll die Darstellung einiger anorganischer Substanzen einen Einblick in die dafür zur Verfügung stehenden Arbeitsmethoden geben und die Substanzkenntnis vertiefen.

Bei der Auswahl der in den folgenden Kapiteln beschriebenen Präparate wurden in erster Linie solche Substanzen berücksichtigt, deren Darstellung relativ einfach und ohne besonderen apparativen Aufwand durchgeführt werden kann. Ein besonderes Augenmerk wurde dabei auf Stoffe gerichtet, bei denen durch auffällige Änderungen der Ausgangskomponenten – hinsichtlich Farbe, Niederschlagsbildung, Gasentwicklung usw. – der Gang der Reaktionen in ihren einzelnen Phasen gut beobachtet und kontrolliert werden kann. Es wurden vorwiegend solche Präparate aufgenommen, die im Rahmen der allgemeinen und technischen anorganischen Chemie von Interesse sind und die möglichst nur mindergefährliche Chemikalien erfordern. Trotzdem informiere man sich vor Beginn der Arbeiten über diesbezügliche Eigenschaften der eingesetzten und herzustellenden Verbindungen.

In den meisten Fällen sind den Arbeitsvorschriften kurze Vorbemerkungen vorangestellt, welche auf die im Zusammenhang mit dem Präparat stehenden chemischen Grundtatsachen hinweisen und eine eingehendere Beschäftigung mit dem betreffenden Stoffgebiet anregen sollen. Der eigentlichen Arbeitsvorschrift folgt eine kurze Charakterisierung der dargestellten Substanz, die sich im wesentlichen auf die chemischen Eigenschaften und wichtige Reaktionen beschränkt.

Beim präparativen Arbeiten ist die Kenntnis der allgemeinen Arbeitsregeln und der möglichen Gefahren, die von Chemikalien ausgehen, in erhöhtem Maße notwendig. An dieser Stelle sei daher nochmals das Studium der Kapitel 1.2.1 und 1.2.2 dringend empfohlen. Außerdem wird empfohlen, eine Betriebsanweisung anzufertigen. Aus Gründen der Zeit- und Geldersparnis sollte jede einzelne Phase der Darstellung eines Präparates – vor dem Einsatz der Chemikalienhauptmenge – zunächst im kleinen Maßstabe durchgeführt werden.

Von Anfang an bemühe man sich, die Präparate in möglichst reiner Form zu erhalten. Nicht die Quantität einer dargestellten Substanz, sondern ihre Qualität ist in den meisten Fällen ausschlaggebend.

Zu jedem Präparat gehört ein Arbeitsprotokoll, das den Gang der Darstellung, aufgetretene Schwierigkeiten, besondere Beobachtungen usw. sowie eine Ausbeuteberechnung in Prozenten (mit Angabe des Bezugsstoffes) enthalten soll.

Man informiere sich über die ordnungsgemäße Entsorgung der anfallenden Abfälle und Nebenprodukte (Kap. 1.2.3).

2.2 Die wichtigsten Nichtmetalle und einige ihrer Verbindungen

Die Metalle unterscheiden sich von den Nichtmetallen durch niedrige Elektronenaffinität und Ionisierungsenergie. Wobei man unter **Ionisierungsenergie I** diejenige Energie versteht, die zur vollständigen Ablösung eines Elektrons aus einem Atom im Gaszustand erforderlich ist:

$$M \rightarrow M^+ + e^- + I$$

Während die **Elektronenaffinität A** diejenige Energie ist, die bei der Aufnahme eines Elektrons durch ein Atom im Gaszustand umgesetzt wird.

$$X + e^- \rightarrow X^- \pm A$$

Betrachtet man Metalle und Nichtmetalle als Substanz, so unterscheiden sich die Metalle von den Nichtmetallen durch gute, bei Temperaturerhöhung abnehmende, elektrische Leitfähigkeit, gute Wärmeleitfähigkeit, Undurchsichtigkeit und bei geeigneter Bearbeitung durch ihren metallischen Glanz. Nichtmetalle stehen nur in den Hauptgruppen des PSE. Sieht man vom Wasserstoff ab, der als leichtestes Element ganz allgemein eine Sonderstellung einnimmt, und zieht eine Diagonale durch die Anordnung der Hauptgruppen, so sind rechts oben Nichtmetalle und links unten Metalle zu finden. Die direkt an der Grenze stehenden Elemente können sowohl metallischen als auch nichtmetallischen Charakter aufweisen (Tab. 2.1).

Tab. 2.1: Stellung der Metalle und Nichtmetalle im PSE

I	II	III	IV	V	VI	VII	VIII
H							He
Li	Be	B	C	N	O	F	Ne
Na	Mg	Al	Si	P	S	Cl	Ar
K	Ca	Ga	Ge	As	Se	Br	Kr
Rb	Sr	In	Sn	Sb	Te	I	Xe
Cs	Ba	Tl	Pb	Bi	Po	At	Rn
Fr	Ra						

Allgemein nehmen die ersten Elemente einer Hauptgruppe jeweils eine Sonderstellung ein, da die Änderung der Eigenschaften zwischen dem ersten und zweiten Element jeder Gruppe größer ist als bei den folgenden Elementen. Diese Tatsache führt mit dazu, dass das erste Element einer Hauptgruppe mehr dem zweiten Element der folgenden Gruppe ähnelt. Diese als **„Schrägbeziehung"** bezeichnete Erscheinung zeigt sich bei den Elementpaaren Li-Mg, Be-Al, B-Si besonders gut.

Im folgenden wird das Verhalten der wichtigsten Nichtmetalle und einiger ihrer Verbindungen kurz aufgezeigt.

2.2.1 Wasserstoff, H, 1,0079; + I (− I), $1s^1$

Wasserstoff, H_2, ein farbloses und geruchloses Gas der molaren Masse 2,016 g/mol, kommt in der Erdatmosphäre nur in großen Höhen in bedeutenden Mengen frei vor. Gebunden tritt er in der Erdrinde hauptsächlich im Wasser auf. Seine Häufigkeit beträgt wegen seiner geringen Masse nur 0,88 Gewichtsprozent. In der relativen Elementhäufigkeit steht Wasserstoff jedoch an 9. Stelle. Im Universum ist er das häufigste Element.

Dargestellt wird Wasserstoff in der Technik u. a. durch Elektrolyse von wässrigen Lösungen, durch Überleiten von Wasserdampf über glühende Kohlen (Wassergas) und durch Umsetzung von CO mit H_2O (CO-Konvertierung) sowie vor allem durch thermisches Cracken von Kohlenwasserstoffen aus Erdöl und Erdgas. Im Laboratorium wird Wasserstoff bei der Einwirkung von Säuren auf Zink oder von Laugen auf Aluminium erhalten. Wasserstoff wird in der Industrie in großen Mengen zur Hydrierung organischer Verbindungen, zur Salzsäure-, Methanol-, Blausäure- und Ammoniakherstellung verbraucht. Während Wasserstoff z.B. in Wasser oder in Säuren die Oxidationsstufe + I aufweist, kann er mit Metallen Hydride mit der Oxidationsstufe − I bilden, wie beispielsweise in LiH.

1. Darstellung von H_2

Wasserstoff, H_2

Sdp. − 252,9 °C

Farbloses, brennbares Gas, viel leichter als Luft, geruchlos. Bildet mit Luft, bzw. Sauerstoff oder Chlor, explosionsfähige Gemische. Rote Druckgasflasche.

F+

R: 12
S: (2-)9-16-33

a) Durch Zersetzung von Wasser

$$2\,Na + 2\,H_2O \rightarrow 2\,Na^+ + 2\,OH^- + H_2\uparrow$$

Bei gewöhnlicher Temperatur vermögen die unedelsten Metalle, wie Natrium oder Kalium, Wasser zu zersetzen. Dabei entsteht neben Wasserstoff Natriumhydroxid (NaOH) bzw. Kaliumhydroxid (KOH). Wegen der mit dieser Reaktion verbundenen Gefahren ist diese Reaktion zur Darstellung von Wasserstoff jedoch nicht geeignet.

$$Fe + H_2O \rightleftharpoons FeO + H_2\uparrow$$
$$C + H_2O \rightleftharpoons CO\uparrow + H_2\uparrow$$

104 Die wichtigsten Nichtmetalle und einige ihrer Verbindungen

Bei höheren Temperaturen zerlegen auch Metalle wie Eisen (Fe) oder Zink (Zn) sowie auch Kohlenstoff (C) Wasserdampf.

Während im ersten Fall festes Oxid entsteht und daher der Wasserstoff praktisch rein ist, entsteht bei Kohlenstoff gasförmiges Kohlenmonoxid (CO), das mit Hilfe eines Katalysators bei 400° mit weiterem Wasserdampf in CO_2 und H_2 überführt wird. Das CO_2 kann dann z. B. durch Einleiten in eine K_2CO_3-Lösung absorbiert und so entfernt werden.

$$CO + H_2O \rightleftharpoons CO_2\uparrow + H_2\uparrow$$

Hier müssen also erst die unerwünschten Gase entfernt werden, um reinen Wasserstoff zu erhalten (vgl. Lehrbücher).

b) Aus Zink und Säure

Die Umsetzung zwischen Zink und Salzsäure benutzt man, um im Laboratorium in größeren Mengen Wasserstoff zu entwickeln.

Man bedient sich dabei des *Kipp*schen Apparates, kurz „Kipp" genannt (s. Abb. 2.1). In der mittleren Kugel befindet sich schwach verkupfertes Stangenzink. Bei geöffnetem Hahn wird Salzsäure, u. zwar ein Teil konz. Säure u. zwei Teile Wasser, von oben eingegossen, bis die Säure an das Zink gelangt ist. Dann wird der Hahn geschlossen u. die obere Kugel mit Säure zu zwei Dritteln gefüllt. Öffnet man den Hahn, so tritt die Säure an das Zink u. entwickelt Wasserstoff, schließt man den Hahn, so wird durch den entstehenden Wasserstoff die Säure vom Zink verdrängt, wodurch die weitere Gasentwicklung unterbrochen wird. Vor der ersten Benutzung muss man soviel H_2 entwickeln, bis alle Luft aus dem Kipp vertrieben ist, um die Bildung von Knallgas zu vermeiden.

Der Wasserstoff muss noch von Verunreinigungen befreit werden. Man leitet ihn daher stets zur Entfernung von Chlorwasserstoff durch eine Waschflasche mit Wasser oder Natronlauge u. zur Trocknung durch eine solche mit konz. Schwefelsäure (s. Abb. 2.1). Diese Art der Reinigung genügt im allgemeinen.

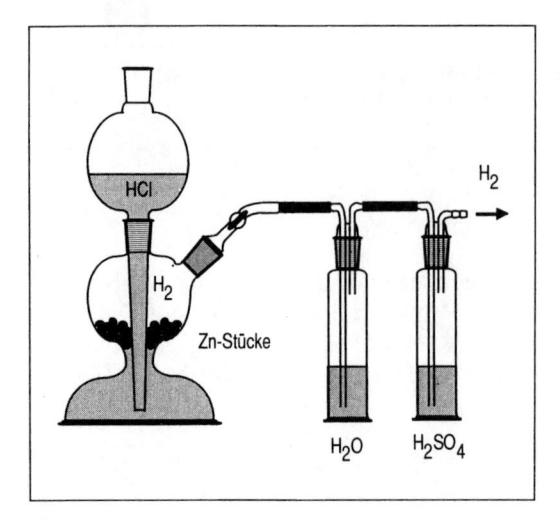

Abb. 2.1: *Kipp*scher Apparat

Außer auf rein chemischem Wege kann man auch mit Hilfe von elektrischer Energie Wasserstoff erhalten. Im *Hoffmann*schen Zersetzungsapparat (näheres siehe in den Lehrbüchern der anorganischen Chemie) wird mit Schwefelsäure oder mit wenig Natronlauge versetztes Wasser bei Anlegen einer Gleichspannung an zwei in das Wasser eintauchende Elektroden in seine Bestandteile zerlegt. An der Kathode (negativer Pol) scheidet sich Wasserstoff, an der Anode (positiver Pol) Sauerstoff ab.

$$2 H_2O + \text{elektr. Energie} \rightarrow 2 H_2 + O_2.$$

Der Zusatz von Säure oder Lauge dient dazu, das praktisch nichtleitende Wasser für den Durchgang des elektrischen Stroms leitend zu machen. Die Erklärung dafür wird bei der Ionenlehre (S. 12) gegeben.

2. Reduktionswirkung des molekularen Wasserstoffes

$$Fe_2O_3 + 3 H_2 \rightarrow 2 Fe + 3 H_2O$$
$$CuO + H_2 \rightarrow Cu + H_2O$$

Molekularer Wasserstoff verbindet sich nicht nur mit freiem Sauerstoff zu Wasser, sondern entzieht bei höheren Temperaturen auch vielen Oxiden den Sauerstoff. So werden Eisen(III)-oxid, Fe_2O_3, Kupferoxid, CuO, Cadmiumoxid, CdO, u. a. zu den Metallen reduziert.

3. Katalysierte Reduktion mit Wasserstoff

Molekularer Wasserstoff ist nur bei höherer Temperatur ein kräftiges Reduktionsmittel, obwohl die Umsetzung aufgrund der Abgabe von Energie auch bei Zimmertemperatur vor sich gehen sollte. Die Reaktionsgeschwindigkeit ist jedoch bei 20 °C viel zu klein. Es ist zu berücksichtigen, dass das Wasserstoffmolekül erst in Atome überführt werden muss, ehe es überhaupt reagieren kann. Dazu ist aber viel Energie (auf 1 Mol H_2 etwa 435 kJ) notwendig.

Eine starke Reduktionswirkung bei gewöhnlicher Temperatur erzielt man mit molekularem Wasserstoff in wässrigen Lösungen bei Gegenwart bestimmter, feinverteilter Metalle, besonders von Platin oder Palladium, da sich in diesen der Wasserstoff löst bzw. an diesen adsorbiert wird und dabei in Atome gespalten wird. Hiervon macht die organische Chemie weitgehend Gebrauch, um Wasserstoff in organische Verbindungen einzuführen (hydrieren). Die Metalle wirken hierbei als Katalysatoren (s. S. 107).

2.2.1.1 Wasser und Wasserstoffperoxid

Wasserstoff und Sauerstoff bilden zwei wichtige Verbindungen miteinander: H_2O, Wasser und H_2O_2, Wasserstoffperoxid. Bildung und Zersetzung des Wassers sind schon beim Wasserstoff beschrieben worden. Charakteristisch für das Wasser ist sein starkes Lösevermögen für viele Stoffe, besonders für Salze, sowie das Anlagerungsvermögen an Ionen.

Die wichtigsten Nichtmetalle und einige ihrer Verbindungen

Fortsetzung

In großem Maße findet bei Salzen, die aus Wasser beim Verdunsten oder beim Abkühlen auskristallisieren, Hydratbildung statt. Es bilden sich Salzhydrate, z. B. $Na_2SO_4 \cdot 10\,H_2O$; $CuSO_4 \cdot 5\,H_2O$; $MgCl_2 \cdot 6\,H_2O$ usw.

Genau wie das Wasser haben diese Hydrate bei bestimmter Temperatur einen bestimmten Dampfdruck, der mit steigender Temperatur zunimmt. Ist der Dampfdruck größer als der Partialdruck des Wasserdampfes in der Luft, dann gibt das Salz sein Kristallwasser teilweise oder vollständig ab, es verwittert. Andererseits haben die gesättigten Lösungen mancher Salze oder Salzhydrate einen kleineren Wasserdampfdruck, als ihn die Luft im allgemeinen besitzt. Dann nehmen sie Wasser auf und zerfließen (Beispiel $CaCl_2$). Solche Verbindungen nennt man hygroskopisch.

Beim Übergang von wasserfreiem Salz in Salzhydrat kann ein Farbwechsel eintreten. So ist $CuSO_4$ weiß, $CuSO_4 \cdot 5\,H_2O$ blau. Dieser Vorgang dient zum Nachweis von Wasser in anderen Flüssigkeiten oder Gasen.

Das Wasserstoffperoxid steht hinsichtlich seines chemischen Verhaltens zwischen Wasser und Sauerstoff

H_2O_2 ist eine schwache Säure, deren Salze, die Peroxide, schon durch Wasser praktisch vollständig zu Wasserstoffperoxid und Metallhydroxid hydrolysiert werden. H_2O_2 selbst zerfällt in wässriger Lösung in der Kälte langsam, beim Erwärmen in zunehmendem Maße in H_2O und O_2. Seine Darstellung erfolgt entweder durch Zersetzung von BaO_2 mit Schwefelsäure oder durch anodische Oxidation von H_2SO_4, wobei sich zunächst Peroxodischwefelsäure $H_2S_2O_8$ (vgl. S. 152) bildet, die in wässriger Lösung zu H_2O_2 und H_2SO_4 zerfällt.

1. Darstellung von Wasserstoffperoxid

Wasserstoffperoxid, H_2O_2
Perhydrol

Sdp. 107 °C
Smp. −26 °C

C

R: 34
S: 3-26-36/37/39-45

$$BaO_2 + H_2SO_4 \rightarrow BaSO_4\uparrow + H_2O_2$$
$$BaCO_3 + H_2SO_4 \rightarrow BaSO_4\uparrow + H_2O + CO_2\uparrow$$

Die Darstellung von Wasserstoffperoxid erfolgt durch Umsetzung von Bariumperoxid mit Schwefelsäure. Der Überschuss an H_2SO_4 wird durch Zusetzen von $BaCO_3$ beseitigt.

In ein Kölbchen, in dem sich etwa 50 ml 20%ige eiskalte Schwefelsäure befinden, trägt man in kleinen Portionen etwa 10 g BaO_2 ein. Zur besseren Kühlung füge man vor und während des Vers. kleine Eisstückchen hinzu. Es fällt $BaSO_4$ als schwerlöslicher Nd. aus. Dann wird mit festem $BaCO_3$ versetzt. Man lässt absetzen und filtriert durch ein Faltenfilter ab. Die H_2O_2-Lsg. wird für die nachfolgenden Versuche benutzt.

2. Zerfall von H_2O_2

$$2\ H_2O_2 \rightarrow 2\ H_2O + O_2\uparrow - 193\ kJ$$

H_2O_2 zersetzt sich sehr leicht von selbst unter Wärmeentwicklung.

Die Zersetzung wird durch feste Stoffe, besonders durch feinverteiltes Platin oder Braunstein (MnO_2), katalytisch stark beschleunigt. Um das zu verhindern, sind käuflichen Wasserstoffperoxidlösungen Phosphorsäure oder organische Säuren in sehr geringen Mengen als „Antikatalysatoren" oder Stabilisatoren zugesetzt.

Zu einigen ml der oben erhaltenen Lsg. setze man MnO_2 hinzu. Es findet starke Gasentwicklung statt. Das entstandene Gas erkennt man am Entflammen eines glimmenden Spans als Sauerstoff.

Katalyse

> Der Katalysator beschleunigt eine Reaktion, deren Geschwindigkeit unter gewöhnlichen Bedingungen gering ist. Stoffe, die Reaktionen verlangsamen oder verhindern, nennt man „Antikatalysatoren" oder Inhibitoren. Der Katalysator hat jedoch auf die Lage des chemischen Gleichgewichtes (s. S. 21) keinen Einfluss und geht am Ende unverändert wieder aus der Reaktion hervor:
>
> $$A + B + Katalysator \rightleftharpoons C + D + Katalysator$$
>
> Im System der Reaktionspartner kann er in gleichem (homogene Katalyse) oder unterschiedlichem Aggregatzustand (heterogene Katalyse) enthalten sein.
>
> Der Mechanismus einer solchen Umsetzung ist in vielen Fällen nicht geklärt. Man macht Adsorptionsvorgänge am Feststoffkatalysator (Lockerung der Bindung der Atome im Molekül mindestens eines der Reaktionspartner) bzw. die Bildung lockerer Zwischenverbindungen mit dem Katalysator als zeitweilige Zwischenzustände verantwortlich. In relativ wenigen Beispielen kann der Reaktionsweg eindeutig beschrieben werden.
>
> Katalysatoren wirken oft sehr selektiv, so dass sich aus dem gleichen Stoffgemisch sehr verschiedene Endprodukte bilden können. So gibt ein CO/H_2-Gemisch mit elementarem Fe oder Ni Methan, mit dem Mehrstoffkatalysator $ZnO/Cu/Al_2O_3$ Methanol, mit $Co/MgO/ThO_2$ Benzin, mit $ZnO/Fe/KOH$ höhere Alkohole.
>
> Katalysatoren besitzen eine große Bedeutung auf allen Gebieten der chemischen Synthese (s. S. 105) und bei den biochemischen Lebensvorgängen.

3. $KMnO_4 + H_2O_2$

$$2\ MnO_4^- + 6\ H^+ + 5\ H_2O_2 \rightarrow 2\ Mn^{2+} + 5\ O_2 + 8\ H_2O$$

Wasserstoffperoxid steht zwischen Wasser und Sauerstoff. Der Übergang zu Wasser ist eine Reduktion, zum Sauerstoff dagegen eine Oxidation. Durch sehr starke Oxidationsmittel kann daher Wasserstoffperoxid in Sauerstoff übergeführt werden. Ein hierfür geeignetes Oxidationsmittel ist z. B. $KMnO_4$ (s. S. 218).

Kaliumpermanganatlsg. säure man mit verd. Schwefelsäure an und setze H_2O_2-Lsg. hinzu. Man beobachtet Sauerstoffentwicklung (Nachweis!).

4. KI + H_2O_2

$$2\,I^- + 2\,H^+ + H_2O_2 \rightleftharpoons I_2 + 2\,H_2O$$

H_2O_2 wirkt meistens als ein Oxidationsmittel, während es selbst zu Wasser reduziert wird. H_2O_2 oxidiert Kaliumiodid (KI) in schwach saurer Lösung zu I_2, das mit der Stärkereaktion nachgewiesen wird. Da viele andere Oxidationsmittel (ClO^-, $[Fe(CN)_6]^{3-}$, BrO_3^-, IO_3^-, MnO_4^- und beim Erhitzen auch AsO_4^{3-}, NO_3^- und $S_2O_8^{2-}$) ähnlich reagieren, ist diese Reaktion nur als Vorprobe zu werten.

Zur Ausführung wird die Analysensubstanz (oder der Sodaauszug (s. S. 175) in der Kälte mit 5 mol/l Essigsäure ausgezogen und in der Lösung das gebildete H_2O_2 mit KI-Stärke nachgewiesen. Hierzu werden in 2 Tropfen der schwachsauren Probelösung auf der Tüpfelplatte mit 1 Tropfen 0,1 mol/l KI-Lösung und 1–2 Tropfen Stärkelösung (5 g Stärke in 500 ml siedendem H_2O gelöst) versetzt. In der Kälte sofort B l a u färbung.

5. $MnSO_4$ + H_2O_2

$$Mn^{2+} + 2\,OH^- \rightarrow Mn(OH)_2\downarrow$$
$$Mn(OH)_2 + H_2O_2 \rightarrow MnO(OH)_2\downarrow + H_2O$$

In alkalischer Lösung fällt H_2O_2 b r a u n s c h w a r z e s Mangandioxid-Hydrat aus. Mangan(II) wird hierbei zu Mangan(IV) oxidiert.

Einige ml H_2O_2-Lsg. mache man mit Natronlauge stark alkalisch und füge einige Tropfen $MnSO_4$-Lsg. zu.

6. Nachweis als Peroxotitankation (s. auch S. 249)

2 Tropfen Probelsg. werden auf der Tüpfelplatte oder im Reagenzglas mit 2 Tropfen 2,5 mol/l H_2SO_4 und 5 Tropfen 0,05 mol/l $TiOSO_4 \cdot H_2O$ („Titanylsulfat") versetzt. G e l b e bis g e l b o r a n g e Färbung infolge Bildung von $[Ti(O_2) \cdot aq]^{2+}$ zeigt H_2O_2 an. Der spezifische Nachweis wird gestört von Fluoridionen (Bildung von Hexafluorotitanat), Bromid (Br_2-Bildung), Chromaten (Eigenfärbung) und Vanadaten (Bildung von gelborangen Peroxovanadaten).

EG: 2 µg H_2O_2

7. Nachweis als Chromperoxid

H_2O_2 reagiert mit Dichromationen in schwefelsaurer Lösung unter Bildung von tiefblauem Chromperoxid $CrO(O_2)_2$ (s. auch S. 244).

$CrO(O_2)_2$ ist in wässrig-saurer Lösung sehr instabil, kann jedoch durch geeignete organische Verbindungen, z. B. Ether, Chinolin, Pyridin usw., einige Zeit stabilisiert werden.

Zum Nachweis überschichtet man eine verd. $K_2Cr_2O_7$-Lsg., die mit H_2SO_4 angesäuert ist, mit einigen ml Ether und kühlt (Eiswasser). Dann lässt man die Probelsg. vorsichtig an der Wand des schräg gehaltenen Glases einlaufen. Bei Gegenwart von H_2O_2 bildet sich an der Phasengrenze Ether-wässrige-Lösung ein t i e f b l a u e r Ring. Sind größere Mengen H_2O_2 zugegen, so färbt sich der Ether beim Durchschütteln des Gefäßes blau. Dieser Nachweis wird durch Fluoridionen nicht gestört.

2.2.2 3. Hauptgruppe des PSE

In der 3. Hauptgruppe des PSE stehen Bor, B, Aluminium, Al, Gallium, Ga, Indium, In, und Thallium, Tl. Auf Grund der Schrägbeziehung im PSE hat das Bor als erstes Element der 3. Hauptgruppe Ähnlichkeit in seinem Verhalten mit dem Silicium. So bildet es wie das Silicium gasförmige Wasserstoffverbindungen und sein Oxid neigt wie Kieselsäure zur Glasbildung. Das gleiche gilt von manchen Boraten. Die Elemente Al, Ga, In und Tl sind Metalle. Al wird auf S. 233 besprochen.

2.2.2.1 Bor, B, 10,81; +III, $2s^2\,2p^1$, und seine Verbindungen

Bor kommt in der Natur als Borsäure, H_3BO_3 (Sassolin), und in Form von Boraten mit Isopolyanionen vor, z. B. Borax, $Na_2B_4O_7 \cdot 10\,H_2O$, Kernit, $Na_2B_4O_7 \cdot 4\,H_2O$, Boracit, $Mg_3B_7O_{13}Cl$. Die Turmaline sind borhaltige Silicate.

Bor selbst erhält man kristallisiert, aber durch Aluminium verunreinigt, nach dem aluminothermischen Verfahren (s. S. 233), dagegen in amorphem Zustand verhältnismäßig rein durch Reduktion von Bortrioxid mit Magnesium.

Die Orthoborsäure, H_3BO_3, ist in Wasser in der Hitze leicht, in der Kälte schwerer löslich, so dass man sie aus Wasser umkristallisieren kann. Beim Erhitzen geht Borsäure bei 100 °C zunächst in Metaborsäure, $(HBO_2)_n$, über. Bei weiterem Erhitzen bis zum Glühen entsteht schließlich wasserfreies Bortrioxid, B_2O_3. Beim Lösen in Wasser gehen Metaborsäure und Bortrioxid sofort wieder in Orthoborsäure über. Diese bildet mit H_2O wenige H^+- und $B(OH)_4^-$-Ionen ($pK_S = 9{,}25$ (s. S. 23)).

Borsäure wurde früher in der Medizin zu Augenspülungen verwendet. Additionsverbindungen von H_2O_2 mit Borat, die sog. Perborate, werden als Waschmittelzusätze benutzt. B_2O_3 ist Bestandteil mancher Gläser. Die kovalente Verbindung BF_3 dient bei organischen Synthesen als Katalysator, Natriumborhydrid als Reduktionsmittel. Borcarbid und Bornitrid sind äußerst hart und dienen als Schleifmittel.

Borat kann im Sodaauszug nachgewiesen werden, da sich alle Borate mit Ausnahme von Borosilicaten beim Kochen mit Na_2CO_3-Lsg. zu löslichem Alkaliborat umsetzen. Borosilicate müssen aus der Ursubstanz nach 1., S. 109, identifiziert werden.

1. Nachweis durch Flammenfärbung

Borverbindungen färben die Flamme grün.

Man bringe ein wenig Borat an die Öse eines Platindrahtes, befeuchte es mit 18 mol/l H_2SO_4 und erhitze in der äußersten Zone der Bunsenflamme, wobei der Platindraht nicht in die Flamme, sondern bis 2 mm an die Flamme gebracht werden soll. Die durch die Schwefelsäure in Freiheit gesetzte Borsäure färbt die Flamme grün. Gute Vorprobe!

Bei Ausführung dieser Reaktion mit der Ursubstanz können Cu-, Ba-Verbindungen und Iodide H_3BO_3 vortäuschen.

Bei manchen Borosilicaten versagt dieser Nachweis. In diesem Falle wird das Mineral mit CaF_2 und $KHSO_4$ innigst verrieben und dann in der Platinöse erhitzt. Infolge der Bldg. von flüchtigem Bortrifluorid tritt Grünfärbung auf.

2. Nachweis als Borsäuremethylester

$$B{<}^{O|H}_{O|H}\ {}^{HO|CH_3}_{HO|CH_3} + HO|CH_3 \rightarrow B(OCH_3)_3 + 3\,H_2O$$

Unter der Wirkung der wasserentziehenden konz. Schwefelsäure bildet sich aus Borsäure und Methylalkohol der leicht flüchtige Borsäuremethylester.

Der Ester kann entweder a) mit Hilfe der Flammenprobe oder b) durch Einleiten in eine $Mn(NO_3)_2$–$AgNO_3$–KF-Lösung identifiziert werden. Bei Abwesenheit von I^- genügt Ausführung a).

Säureschwerlösliche Borverbindungen (Mineralien, wie Turmaline) müssen durch Schmelzen mit Na_2CO_3 (s. S. 206) aufgeschlossen werden. Vorsicht bei Gegenwart von ClO_4^- und ClO_3^-.

a) Etwa 0,5 ml des SA werden in einem Reagenzglas zur Trockene eingedampft und mit 5 Tropfen 18 mol/l H_2SO_4 und 5–10 Tropfen Methanol versetzt. Ein zur Kapillare ausgezogenes kurzes Glasrohr wird mit einer Gummimanschette direkt auf das Reagenzglas aufgesetzt, und unter Erwärmen des Reagenzglases im Wasserbad wird die Spitze der Kapillare seitlich bis auf wenige mm der Bunsenflamme genähert. Eine grüne Flammenfärbung zeigt Borat an. Hier ist unbedingt eine Blindprobe durchzuführen. Gläser enthalten oft B und täuschen so eine positive Reaktion vor. Die Probe lässt sich auch im Porzellantiegel durchführen.

b) Der Borsäureester wird wie unter a) beschrieben erzeugt und in eine Vorlage (Gärröhrchen) geleitet, die mit 1 ml einer $Mn(NO_3)_2$–$AgNO_3$–KF-Lsg. beschickt ist. Der Ester hydrolysiert zu H_3BO_3, das mit KF Fluoroborat- und OH^--Ionen bildet.

$$H_3BO_3 + 4\,F^- \rightarrow [BF_4]^- + 3\,OH^-$$

Letztere werden bei Gegenwart von Mn^{2+}- und Ag^+-Ionen durch Bildung eines schwarzen MnO_2- und Ag-Niederschlags nachgewiesen:

$$Mn^{2+} + 2\,Ag^+ + 4\,OH^- \rightarrow MnO_2\downarrow + 2\,Ag\downarrow + 2\,H_2O$$
EG: 0,2 µg B   pD 6,7

2.2.3 4. Hauptgruppe des PSE

In der 4. Hauptgruppe des PSE befinden sich die Elemente Kohlenstoff, C, Silicium, Si, Germanium, Ge, Zinn, Sn, und Blei, Pb. Gemäß den allgemeinen Regeln des PSE (s. S. 9) nimmt mit steigender Ordnungszahl der metallische Charakter der Elemente sowie der basische Charakter der Hydroxide zu, dagegen die Beständigkeit der höchsten Oxidationsstufe ab. Kohlenstoff ist ein Nichtmetall, Silicium und Germanium gehören zu den Halbmetallen und Zinn und Blei zu den Metallen. Beim Kohlenstoff ist die Oxidationsstufe $+IV$ die beständigste. Von Silicium und Germanium kennt man Verbindungen mit der Oxidationsstufe $+II$, sie sind jedoch sehr unbeständig und werden leicht zur Stufe $+IV$ oxidiert. Beim Zinn sind die Oxidationsstufen $+II$ und $+IV$ hinsichtlich ihrer Beständigkeit fast gleichwertig, beim Blei überwiegt die Beständigkeit der Oxidationsstufe $+II$.

Die minimale Oxidationsstufe beträgt – IV. Die thermische Beständigkeit der Wasserstoffverbindungen nimmt mit steigender Ordnungszahl ab, ihr saurer Charakter zu.

2.2.3.1 Kohlenstoff, C, 12,011; – IV, – III, – II, – I, + I, + II, + III, + IV, $2s^2\ 2p^2$

Kohlenstoff kommt in der Natur elementar in zwei Modifikationen vor, nämlich als Graphit und Diamant. Heute kennt man außerdem die Fullerene, polyedrische Moleküle C_{60}, C_{70} u. a. Der Kohlenstoff ist eines der Hauptelemente, die zum Aufbau der organischen Stoffwelt nötig sind. Kohlenstoff in Form von Kohle dient in der Technik als Reduktionsmittel (Fe-Darstellung), Energiequelle (Wärme und Elektrizität) und Ausgangsprodukt für eine Vielzahl organischer und anorganischer Stoffe. Die wichtigsten Oxide des Kohlenstoffs sind das Kohlenmonooxid, CO, und das Kohlendioxid, CO_2.

Neben den einfachsten Kohlenstoffverbindungen liegt die Anzahl der in der organischen Chemie zusammengefaßten bisher entdeckten oder synthetisierten Verbindungen weit über einer Million. Aus dieser großen Anzahl an Verbindungen sollen nur die Essigsäure, CH_3COOH, eine sog. Monocarbonsäure und deren Salze, die Acetate, die Oxalsäure, $(COOH)_2$ oder $H_2C_2O_4$, eine Dicarbonsäure und deren Salze, die Oxalate, die Cyanwasserstoffsäure oder Blausäure, HCN, und deren Salze, die Cyanide, und die Thiocyansäure oder Rhodanwasserstoffsäure, HSCN, und deren Salze, die Thiocyanate oder Rhodanide, behandelt werden.

Kohlenmonoxid, Kohlendioxid, Kohlensäure und Carbonate

Kohlenmonoxid, CO, ist ein wesentlicher Bestandteil des Generatorgases, des Gichtgases und des Wassergases. Im Laboratorium entsteht CO beim Zersetzen von Ameisensäure durch konz. H_2SO_4. CO ist ein farbloses, geruchloses und sehr giftiges Gas. Es wird in der Technik als Reduktionsmittel (z. B. für Fe-, Cu- und Ni-Oxide), Brennstoff und zu Synthesen (z. B. von Kohlenwasserstoffen, Methanol usw.) verwendet.

Kohlendioxid, CO_2, entsteht bei der vollständigen Verbrennung von Kohlenstoff und organischen Verbindungen, beim trockenen Erhitzen von Carbonaten:

$$CaCO_3 \rightleftharpoons CaO + CO_2\uparrow$$

sowie beim Behandeln von Carbonaten mit Säuren:

$$CaCO_3 + 2\,H^+ \rightarrow Ca^{2+} + H_2O + CO_2\uparrow$$

Davon ist die erste Reaktion für die Kalkherstellung (s. S. 199), die zweite für die Darstellung des CO_2 im Kippschen Apparat wichtig.

In der Luft beträgt der Massenanteil $w(CO_2) = 0.03\%$. CO_2 ist ein farbloses und geruchloses Gas. Es löst sich etwas in Wasser. Bei der Auflösung entsteht in geringem Maße die sehr schwache Kohlensäure, H_2CO_3, die wie folgt dissoziiert:

$$CO_2 + H_2O \rightleftharpoons CO_2 \cdot aq + H_2O \rightleftharpoons H_2CO_3 \rightleftharpoons H^+ + HCO_3^- \rightleftharpoons 2\,H^+ + CO_3^{2-}$$

Dementsprechend bildet H_2CO_3 zwei Reihen von Salzen, z. B. $NaHCO_3$ (Natriumhydrogencarbonat) und Na_2CO_3 (Natriumcarbonat).

Nur die neutralen Alkalicarbonate und das Ammoniumcarbonat sind in Wasser leicht löslich. Alle anderen Carbonate sind dagegen schwerlöslich. In kohlensäurehaltigem Wasser lösen sie sich aber teilweise unter Bildung von Hydrogencarbonaten auf, z. B.

Die wichtigsten Nichtmetalle und einige ihrer Verbindungen

Fortsetzung

$$CaCO_3 + H_2CO_3 \rightleftharpoons Ca^{2+} + 2\,HCO_3^-$$

Diese Reaktion ist sehr wichtig für die Auflösung von Carbonatgesteinen durch Regenwasser, für die Bildung von „hartem Wasser" sowie für die Neubildung von Gesteinen.

Hartes, d. h. Ca^{2+}- und Mg^{2+}-haltiges Wasser ist sowohl in der Industrie als auch im Haushalt sehr störend, weil sich beim Kochen das Calciumcarbonat als schädlicher Kesselstein absetzt und die Calciumionen mit den in den Seifen als Na-Salze vorhandenen höheren Fettsäuren schwerlösliche Salze bilden und damit das Schäumen verhindern. Man unterscheidet **temporäre Härte**, durch $(Ca, Mg)(HCO_3)_2$ hervorgerufen, und **permanente Härte**, durch $(Ca, Mg)SO_4$ hervorgerufen. Man kann sie beseitigen:

1. durch $Ca(OH)_2$: $Ca(HCO_3)_2 + Ca(OH)_2 \rightarrow 2\,CaCO_3\downarrow + 2\,H_2O$,
2. durch PO_4^{3-}: $3\,Ca^{2+} + 2\,PO_4^{3-} \rightarrow Ca_3(PO_4)_2\downarrow$[1]),
3. durch Na_2CO_3: $CaSO_4 + Na_2CO_3 \rightarrow CaCO_3\downarrow + Na_2SO_4$,
4. durch Permutite, das sind Natriumalumosilicate, die die Fähigkeit besitzen, Na^+ gegen Ca^{2+} auszutauschen, oder Ionenaustauscher auf Kunstharzbasis (s. S. 402), die die gleichen Eigenschaften haben.
5. durch Kochen (nur die temporäre Härte).
   durch Komplexbildner wie Polyphosphate, Nitrilotriessigsäure oder EDTA.
6. Weiteres über Wasser und Wasseranalyse s. S. 517.

1. Bildung und Verhalten von $Ca(HCO_3)_2$

Man verdünne in einem Reagenzglas 2 ml Kalkwasser, $Ca(OH)_2$, mit 2 ml Wasser und leite CO_2 aus einem Kipp ein. Es fällt zunächst Calciumcarbonat aus:

$$Ca(OH_2) + CO_2 \rightarrow CaCO_3\downarrow + H_2O$$

Beim weiteren Einleiten löst sich der Niederschlag unter Bildung von $Ca(HCO_3)_2$ auf. Dann wird das CO_2-Einleiten eingestellt und die Lsg. erhitzt. Unter Entwicklung von Kohlendioxid trübt sich die Lsg. erneut, weil sich wieder $CaCO_3$ abscheidet.

2. Darstellung von Natriumcarbonat

Natriumcarbonat, Na_2CO_3

Smp: 851 °C (Zersetzung)
pH-Wert 11,5 (50 g/l, H_2O, 25 °C)

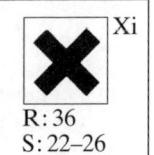

Xi
R: 36
S: 22–26

$$NaCl + NH_4HCO_3 \rightleftharpoons NH_4Cl + NaHCO_3\downarrow$$

Zur Darstellung von Soda geht man von der Tatsache aus, dass Natriumhydrogencarbonat, $NaHCO_3$, in Wasser ziemlich schwer löslich ist (bei 15 °C 8,8 g,

---

[1]) Die Zusammensetzung des ausgefallenen Calciumphosphates ist in Wirklichkeit komplizierter (s. S. 200)

bei 0 °C 6,9 g in 100 ml Wasser). Leitet man in eine ammoniakalische Kochsalzlösung Kohlendioxid ein, so entstehen aus Ammoniak und H_2CO_3 bei Überschuss von Kohlendioxid NH_4^+ und HCO_3^-. Aus diesen und den in der Lösung enthaltenen Na^+- und Cl^--Ionen können sich 4 Salze bilden: $NaCl$, $NaHCO_3$, NH_4Cl und NH_4HCO_3, die durch die obige Gleichung miteinander gekoppelt sind.

Solche Paare nennt man reziproke Salzpaare. Welches von ihnen aus der Lösung auskristallisiert, richtet sich nur nach ihrem Löslichkeitsverhältnis. Da in dieser Salzlösung das $NaHCO_3$ am schwersten löslich ist, verläuft die Reaktion weitgehend nach rechts.

Die sauren Carbonate sind mehr oder weniger leicht zersetzlich. In festem Zustand existieren nur die der Alkalimetalle, die aber auch beim Erhitzen zerfallen.

$$2\,NaHCO_3 \rightarrow Na_2CO_3 + CO_2\uparrow + H_2O$$

Man bereitet sich zunächst in einem Becherglas eine gesättigte Kochsalzlsg., indem man 36 g feinst gepulvertes NaCl in 100 ml Wasser löst. Zu der kalten Lsg. fügt man 44 ml einer 25 %igen Ammoniaklsg. ($\rho = 0{,}970$). Man leitet dann aus einem Kipp oder einer Stahlflasche durch eine mit Wasser gefüllte Waschflasche CO_2 in die Lsg., wobei man die Stärke des Stromes zuerst so reguliert, dass möglichst alles Gas absorbiert wird. Man kann die Absorption stark beschleunigen, wenn man das Einleitungsrohr mit einer Eintauchnutsche aus Sinterglas versieht und das CO_2 durch die Nutsche presst. Das ist aber nur bei Anwendung einer CO_2-Stahlflasche möglich. Außerdem muss dann statt eines gewöhnlichen Schlauches ein Druckschlauch verwendet werden.

Am besten kühlt man die Lsg. durch Einstellen in Eiswasser. Nach einiger Zeit scheidet sich Hydrogencarbonat in feinen Kriställchen ab. Es wird mit Hilfe einer Glasfilternutsche abgesaugt und mit möglichst wenig Eiswasser dreimal gewaschen. In einem großen Porzellantiegel wird es solange erhitzt (auf etwa 300 °C) und dabei mit einem Glasstab öfter umgerührt, bis kein Kohlendioxid mehr entweicht. Nach dem Abkühlen wird gewogen und die Ausbeute bestimmt. Aus 1 mol NaCl = 58 g bildet sich theoretisch 1/2 mol $Na_2CO_3 = 53$ g, aus 36 g müssten daher 33 g entstehen. Da selbstverständlich ein Teil $NaHCO_3$ in Lsg. bleibt (etwa 8 g $NaHCO_3$, die etwa 5 g Na_2CO_3 entsprechen), kann man höchstens 28 g Na_2CO_3 erwarten.

Außerdem prüfe man das Salz auf Cl^-. Entsteht mehr als eine Trübung, so muss es umkristallisiert werden. Dazu löst man in möglichst wenig siedend heißem Wasser, lässt abkühlen und nutscht wieder ab. Dabei kristallisiert aber nicht wasserfreies Natriumcarbonat, sondern Kristallsoda, $Na_2CO_3 \cdot 10\,H_2O$, aus.

3. Nachweis als $BaCO_3$

$$CO_2 + Ba(OH)_2 \rightarrow BaCO_3\downarrow + H_2O$$

Der CO_3^{2-}-Nachweis wird prinzipiell mit der Ursubstanz durch Zersetzen der Carbonate mit verd. Mineralsäuren ausgeführt. Zu beachten ist hierbei, dass natürliche Carbonate, insbesondere basisches Magnesiumcarbonat, sehr langsam von Säuren zersetzt werden. Da S^{2-}, SO_3^{2-}, $S_2O_3^{2-}$, CN^-, F^- und NO_2^- sowie Oxalat, $C_2O_4^{2-}$ und Tartrat, $C_4H_4O_6^{2-}$ bei Gegenwart stark oxidierender Substanzen den CO_3^{2-}-Nachweis beeinträchtigen, wird dieser erst nach Prüfung auf Anwesenheit der genannten Ionen und dann in entsprechend modifizierter Form durchgeführt. Bei Anwesenheit von SO_3^{2-} verwende man Kalkwasser als Vorlage.

Die wichtigsten Nichtmetalle und einige ihrer Verbindungen

Etwa 10 mg Substanz werden bei Abwesenheit störender Anionen in ein kleines Reagenzglas gegeben, mit 10 Tropfen 2 mol/l HCl versetzt und im Wasserbad erwärmt. Als Vorlage dient ein Gärröhrchen mit gesättigter $Ba(OH)_2$-Lsg. Das gebildete CO_2 wird in die Vorlage übergetrieben. Die Bildung einer weißen Trübung von $BaCO_3$ innerhalb von 3–5 Min. zeigt CO_2 an.

Das Zusammensetzen der Apparatur muss sofort nach Zugabe der HCl geschehen. Man achte darauf, dass keine Säure beim Erwärmen übergetrieben wird. Bei Gegenwart von S^{2-} und CN^- wird die Substanz vor dem CO_2-Nachw. mit $HgCl_2$ verrieben [Bildung von HgS und $Hg(CN)_2$]. Sind SO_3^{2-} und $S_2O_3^{2-}$ zugegen, so wird die Substanz vor dem Säurezusatz mit 3 Tropfen 2,5 mol/l H_2O_2 versetzt (Oxidation des SO_3^{2-} und $S_2O_3^{2-}$ zu SO_4^{2-}). F^- wird mit 0,5 mol/l $ZrO(NO_3)_2$ maskiert. (Bildung des sehr stabilen $[ZrF_6]^{2-}$-Komplexes.) NO_2^- kann mit Amidoschwefelsäure zerstört werden. Die Bildung von CO_2 aus $C_2O_4^{2-}$ und $C_4H_4O_6^{2-}$ in saurer Lsg. durch starke Oxidationsmittel wird durch Zugabe von Hydraziniumsulfat vermieden.

Essigsäure und Acetate

> Reine Essigsäure, CH_3COOH, sog. Eisessig, schmilzt bei $+17\,°C$ und ist mit Wasser in jedem Verhältnis mischbar. Da sie eine schwache Säure ist (pK_S 4,8 (s. S. 23)), reagieren die Alkalisalze in Wasser schwach basisch. Mit Ausnahme des weniger löslichen Silbersalzes sind alle Acetate in Wasser leicht löslich.
>
> Aus diesem Grunde ist man auf Geruch- oder Farbreaktionen angewiesen. Diese besitzen nur eine geringe Empfindlichkeit, so dass man häufig gezwungen ist, mit besonders in der Halbmikroanalyse ungewöhnlichen großen Substanzmengen (100–200 mg) zu arbeiten.

1. Nachweis durch Verreiben mit $KHSO_4$

$$CH_3COO^- + HSO_4^- \rightarrow CH_3COOH\uparrow + SO_4^{2-}$$

Die in Freiheit gesetzte Essigsäure wird durch den Geruch erkannt.

Die Bildung anderer stark riechender, flüchtiger Verbindungen wird durch Zusatz von Ag^+ und MnO_4^- eingeschränkt. Hierbei werden aus den evtl. vorhandenen störenden Anionen Ag-Halogenide, AgCN, AgSCN und Ag_2S gebildet und SO_3^{2-}, $S_2O_3^{2-}$ und NO_2^- zu NO_3^- durch MnO_4^- oxidiert. Dennoch führe man die Geruchsprobe mit größter Vorsicht und nur sehr kurzzeitig durch, da nicht völlig sicher gestellt ist, dass noch flüchtige, giftige Substanzen vorhanden sind.

Die feste Probesubstanz wird mit der vierfachen Menge $KHSO_4$ in einem Mörser verrieben. Bei Gegenwart von Acetaten tritt Geruch nach Essigsäure auf. Auch durch 1 mol/l H_2SO_4 wird Essigsäure in Freiheit gesetzt.

2. Nachweis mit konz. H_2SO_4 + Ethylalkohol

$$CH_3COOH + HOC_2H_5 \xrightarrow[H_2SO_4]{konz.} CH_3COOC_2H_5 + H_2O$$

Essigsäure bildet mit Alkohol bei Gegenwart wasserentziehender Mittel einen Ester. Ester sind Verbindungen, die aus einem Alkohol und einer Säure unter Wasserabspaltung entstehen.

Diese Reaktion ist eine Gleichgewichtsreaktion. Durch den Zusatz von 18 mol/l H_2SO_4 wird das Gleichgewicht jedoch auf die Seite der Esterbildung verschoben (Entfernung des H_2O aus dem Gleichgewicht).

Man übergieße ein Acetat in einem kleinen Schälchen mit 18 mol/l H_2SO_4 und Alkohol, verrühre alles miteinander, bedecke das Schälchen mit einem Uhrglas und lasse eine Viertelstunde stehen. Angenehmer, obstartiger Geruch, herrührend von dem entstandenen Essigsäureethylester.

Auch hier können die oben erwähnten Störungen und flüchtigen Giftstoffe (s. oben) auftreten. Sie müssen ggf. analog beseitigt werden. Man versäume nicht, Vergleichsversuche durchzuführen.

Oxalsäure und Oxalate

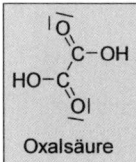

Oxalsäure, $H_2C_2O_4$, ist ebenso wie die Alkalioxalate in Wasser leicht löslich. Die Salze der Erdalkalielemente, besonders das Calciumoxalat, sind dagegen schwer löslich. In starken Säuren lösen sie sich jedoch leicht auf. Oxalat wird meist im Sodaauszug nachgewiesen, da sich fast alle Oxalate beim Kochen mit Sodalösung zu löslichem Alkalioxalat umsetzen.

1. Konz. H_2SO_4

$$H_2C_2O_4 \rightarrow H_2O + CO\uparrow + CO_2\uparrow$$

Man erhitze im Reagenzglas Oxalsäure oder ein Oxalat mit 18 mol/l H_2SO_4. Durch die wasserentziehende Wirkung der Schwefelsäure bildet sich ein Gemisch von CO_2 und CO. Letzteres brennt mit b l a u e r Flamme. Vorsicht: CO ist sehr giftig!

2. Nachweis mit $CaCl_2$

Ca^{2+} bildet mit Oxalationen in mit Na-Acetat gepufferter Essigsäure einen schwerlöslichen Niederschlag von CaC_2O_4, der sich in starken Säuren wieder löst. Sehr empfindliche Reaktion (s. auch S. 201).

3. Nachweis durch Oxidation mit MnO_4^-

$$5\,H_2C_2O_4 + 2\,MnO_4^- + 6\,H^+ \rightarrow 2\,Mn^{2+} + 10\,CO_2\uparrow + 8\,H_2O$$

$KMnO_4$ oxidiert Oxalate in saurer Lösung zu CO_2, während es selbst zu Mn^{2+} reduziert wird.

Durch Anwesenheit von Mn^{2+} wird die Reaktion katalytisch beschleunigt, d. h. die Umsetzung verläuft ohne Mn(II)-Salzzusatz zunächst sehr langsam. Die Reaktionsgeschwindigkeit nimmt jedoch im Verlauf der Reaktion infolge steigender Mn^{2+}-Ionenkonzentration zu (Beispiel einer autokatalytischen Reaktion). Die E n t f ä r b u n g von Kaliumpermanganat und die dabei auftretende Kohlendioxidentwicklung ist der beste Nachweis für Oxalate, vorausgesetzt dass keine anderen organischen Verbindungen oder Reduktionsmittel vorhanden sind.

Da praktisch alle Reduktionsmittel mit MnO_4^- reagieren, muss zur Spezifizierung des $C_2O_4^{2-}$-Nachweises die Reaktion folgendermaßen durchgeführt werden.

116   Die wichtigsten Nichtmetalle und einige ihrer Verbindungen

5–10 Tr. des Sodaauszugs werden mit 5 mol/l CH_3COOH schwach angesäuert und mit soviel 0,1 mol/l KI_3 versetzt, dass die Lsg. durch einen geringen I_2-Überschuss gelb gefärbt ist (Oxidation von SO_3^{2-} und anderen Ionen). Dann wir die CaC_2O_4-Fällung wie unter 2. beschrieben ausgeführt. Der Niederschlag wird in 5 Tropfen W. und 5 Tropfen 18 mol/l H_2SO_4 gelöst. Die Lsg. wird im Reagenzglas tropfenweise mit ca. 0,5 ml 0,02 mol/l $KMnO_4$ versetzt. Bei Gegenwart von Oxalat wird das MnO_4^- zuerst langsam, dann schnell entfärbt. Das gebildete CO_2 kann, wie unter 3., S. 113 beschrieben, nachgewiesen werden.

Cyanwasserstoffsäure, Cyanide und Cyanokomplexe

> Reine Cyanwasserstoffsäure (Blausäure), HCN, ist eine farblose Flüssigkeit vom Siedepunkt 26 °C, die sich mit Wasser in jedem Verhältnis mischt. Sie ist eine sehr schwache Säure. Das CN^--Ion ist daher eine starke Base, und aus den einfachen Salzen lässt sich die Säure schon durch Kohlensäure austreiben. Sie besitzt einen typischen Geruch nach bitteren Mandeln.
> **Cyanwasserstoffsäure und ihre Salze sind äußerst giftig. Man sei daher beim Arbeiten mit ihnen besonders vorsichtig!!**
> Die wässrige Lösung von Blausäure ist nur wenig haltbar, da langsam Hydrolyse eintritt:
>
> $$HCN + 2\,H_2O \rightarrow HCOOH + NH_3$$
>
> Es bilden sich Ameisensäure und Ammoniak bzw. Ammoniumformiat (Salz der Ameisensäure). Die gleiche Reaktion wird auch durch starke Säuren und Hydroxide hervorgerufen, wobei bei Säuren Ammoniumsalze und Ameisensäure bzw. bei 18 mol/l H_2SO_4 Kohlenmonoxid entstehen, während mit Natriumhydroxid Natriumformiat, Na(HCOO), und Ammoniak gebildet werden.
> Von den Salzen sind die der Alkali- und Erdalkalielemente sowie das Quecksilber(II)-Cyanid in Wasser leicht löslich, alle anderen sind schwer löslich.
> Das CN^--Ion bildet eine große Anzahl von zum Teil sehr stabilen Durchdringungskomplexen, wie $[Fe(CN)_6]^{4-}$, $[Fe(CN)_6]^{3-}$, $[Cu(CN)_4]^{3-}$ und andere.
> Alle Cyanide außer AgCN gehen beim Sodaauszug in Lösung. Da sich aber bei Gegenwart von Schwermetallionen (Cu^{2+}, Fe^{2+} usw.) im Sodaauszug sehr stabile lösliche Cyanokomplexe bilden können, ist eine negative CN^--Reaktion im Sodaauszug noch kein Beweis für die Abwesenheit von CN^-. Man prüfe daher stets neben dem Sodaauszug auch die Analysensubstanz direkt auf HCN.

1. Verd. H_2SO_4

Aus einfachen Cyaniden und leicht zerstörbaren Cyanokomplexen wird HCN frei. **Vorsicht!** HCN riecht nach bitteren Mandeln und ist sehr giftig.

2. Konz. H_2SO_4

$$K_4[Fe(CN)_6] + 3\,H_2SO_4 \rightarrow 2\,K_2SO_4 + FeSO_4 + 6\,HCN$$
$$6\,HCN + 3\,H_2SO_4 + 6\,H_2O \rightarrow 3\,(NH_4)_2SO_4 + 6\,CO\uparrow$$

Alle Cyanide, auch die stabilsten Komplexe, werden von 18 mol/l H_2SO_4 zerstört, wobei sowohl Blausäure als auch Kohlenmonooxid und Ammoniumsulfat gebildet werden. **Vorsicht!**

3. Nachweis mit AgNO₃ aus der Analysensubstanz

AgNO₃ bildet mit CN⁻ einen w e i ß e n Niederschlag von AgCN, schwerlöslich in Säuren, dagegen löslich in Ammoniak, Thiosulfat und Cyanidüberschuss. Silbercyanid fällt also erst aus, wenn ein Überschuss von Silberionen vorhanden ist.

Um den Cyanidnachweis neben Halogenidionen eindeutig zu gestalten, muss HCN in eine AgNO₃-Lösung übergetrieben werden. Dies geschieht in der HM-Analyse am besten durch CO₂ mit Hilfe des „Gärröhrchens". CO₂ wird aus NaHCO₃ in Freiheit gesetzt. Bei Gegenwart von Eisen, Nickel, Kupfer und anderen mit Cyanidionen leicht komplexbildenden Metallen nehme man statt Natriumhydrogencarbonat besser 2 mol/l CH₃COOH, da sich sonst leicht Komplexe wie [Fe(CN)₆]³⁻ bilden. Die Reaktion versagt bei Hg(CN)₂, da es in Wasser kaum dissoziiert ist. Setzt man aber Chloridionen hinzu und säuert mit Oxalsäure an, so geht Hg(CN)₂ in HgCl₂ und CN⁻ über, so dass man dann Blausäure in die Vorlage oder in das Gärröhrchen abdestillieren kann.

In einem Reagenzglas werden entweder 10 Tropfen des Sodaauszuges mit 1 Tropfen Neutralrot versetzt und mit 5 mol/l CH₃COOH bis zum Umschlag des Indikators neutralisiert, oder es werden etwa 10 mg Substanz mit 1 ml einer gesättigten NaHCO₃-Lsg. versetzt. Die Vorlage wird mit 1 mol/l AgNO₃ beschickt, die mit 2 Tropfen 2,5 mol/l HNO₃ angesäuert wurde. Man erwärmt etwa 10 Min. im Wasserbad. Bei Ggw. von CN⁻ bildet sich in der Vorlage AgCN, das abzentrifugiert und auf einem Objektträger mit 1 Tropfen 14 mol/l HNO₃ durch vorsichtiges Erwärmen gelöst wird. Beim Abkühlen krist. das AgCN in farblosen Nadeln, die oft zu Büscheln vereinigt sind, wieder aus.

EG: 5,0 µg CN⁻   pD 5,0

4. Nachweis durch Berliner Blau-Reaktion

$$6\,CN^- + Fe(OH)_2 \rightarrow [Fe(CN)_6]^{4-} + 2\,OH^-$$

In alkalischen Cyanid-Lösungen bilden sich mit Eisen(II)-Salzen komplexe Eisen(II)-cyanide, bei Anwesenheit von genügend CN⁻-Ionen entsteht der besonders beständige Hexacyanoferrat(II)-Komplex.

Wie man aus der Gleichung sieht, darf man nur sehr wenig FeSO₄ zusetzen. Mit Fe³⁺-Ionen bildet sich dann nach dem Ansäuern Berliner Blau, $\overset{+III}{Fe}[\overset{+III}{Fe}\overset{+II}{Fe}(CN)_6]_3$.

1 Tropfen des Sodaauszugs wird mit 1 Tropfen 1%iger FeSO₄-Lsg. versetzt und bis fast zur Trockne eingedampft. Bei Zugabe von 1 Tropfen 5 mol/l HCl, 1 Tropfen Wasser und 1 Tropfen einer verd. FeCl₃-Lsg. entsteht bei Gegenwart von CN⁻ je nach dessen Menge eine g r ü n e Lsg., aus der sich langsam b l a u e Flocken abscheiden, oder sofort eine t i e f b l a u e Fällung.

EG: 0,02 µg CN⁻   pD 6,2

5. Nachweis als Thiocyanat

CN⁻-Ionen reagieren mit dem Schwefel von Polysulfiden zu Thiocyanat, SCN⁻, das mit Fe³⁺ eine t i e f r o t e Verbindung (s. S. 232) gibt.

118 Die wichtigsten Nichtmetalle und einige ihrer Verbindungen

1 Tropfen des Sodaauszugs wird mit 1 Tropfen g e l b e m A m m o n i u m s u l f i d (Ammoniumpolysulfid) auf einem Uhrglas bis fast zur Tockne eingedampftt. Der Rückstand wird mit je einem Tropfen 2 mol/l HCl und $FeCl_3$-Lsg. versetzt. Eine Rotfärbung zeigt SCN^- an.

EG: 1 µg CN^- pD 4,7

Ist SCN^- von vornherein zugegen, so muss CN^- vorher als Zinkcyanid abgetrennt werden.

Komplexe Cyanide

> Von den komplexen Cyaniden sind besonders wichtig $K_4[Fe(CN)_6]$ und $K_3[Fe(CN)_6]$, gelbes bzw. rotes Blutlaugensalz (vgl. S. 231). Die Komplexionen $[Fe(CN)_6]^{4-}$, Hexacyanoferrat(II)-Ion, und $[Fe(CN)_6]^{3-}$, Hexacyanoferrat(III)-Ion, sind sehr stabile Durchdringungskomplexe und geben charakteristische Reaktionen. So sind die Hexacyanoferrate(II) fast aller Kationen mit der Ladung +2 wie Ca^{2+}, Zn^{2+}, Mn^{2+}, Fe^{2+}, UO_2^{2+} usw. schwer löslich und weisen vielfach charakteristische Farbe auf.
> Der Nachweis der Hexacyanoferrate erfolgt im Sodaauszug. Allerdings ist zu beachten, dass einige schwerlösliche Schwermetallhexacyanoferrate (Cu^{2+}, Fe^{2+}, Fe^{3+} u. a.) sich beim Kochen mit Sodalösung nur wenig zu löslichem Alkalihexacyanoferrat umsetzen. Da die schwer zersetzlichen Hexacyanoferrate meist intensiv farbig sind, können sie leicht im Rückstand des Sodaauszugs erkannt werden. In diesen Fällen kocht man den Rückstand einige Minuten mit 5 mol/l NaOH und prüft im Zentrifugat nach Ansäuern mit HCl nochmals auf $[Fe(CN)_6]^{4-}$ und $Fe[(CN)_6]^{3-}$.

1. Nachweis als Berliner Blau

In Lösungen von $[Fe(CN)_6]^{4-}$ entsteht durch Zusatz von $FeCl_3$ das bekannte B e r l i n e r B l a u, in Lösungen von $[Fe(CN)_6]^{3-}$ B r a u n färbung, die auf Zusatz von Reduktionsmitteln wie $SnCl_2$ + HCl infolge Reduktion des $[Fe(CN)_6]^{3-}$ zu $[Fe(CN)_6]^{4-}$ in B l a u färbung und allmähliche Abscheidung von B e r l i n e r B l a u übergeht.

Im HM-Maßstab wird 1 Tropfen des Sodaauszuges oder 1 Tropfen des NaOH-Auszuges vom Rückstand des Sodaauszuges mit 5 mol/l HCl schwach angesäuert und mit 1 Tropfen $FeCl_3$-Lsg. versetzt. Eine B l a u färbung zeigt $[Fe(CN)_6]^{4-}$ an.

EG: 0,25 µg $[Fe(CN)_6]^{4-}$ pD 6,6

In Lösungen von $[Fe(CN)_6]^{4-}$ entsteht mit Fe^{2+} ein h e l l b l a u e r, nur bei völligem Luftabschluss w e i ß e r Niederschlag, der an der Luft schnell d u n k e l b l a u wird infolge Oxidation zu Berliner Blau; in Lösungen von $[Fe(CN)_6]^{3-}$ wird dagegen sofort ein t i e f b l a u e r Niederschlag von Berliner Blau gebildet.

Zur Vermeidung von Störungen durch $[Fe(CN)_6]^{4-}$-Ionen muss die zum Nachweis verwendete Fe^{2+}-Verbindung absolut frei von Fe^{3+}-Ionen sein. Besonders gut eignen sich umkristallisiertes, trockenes und in einer Schliffflasche aufbewahrtes $Fe(NH_4)_2(SO_4)_2 \cdot 6 H_2O$ (*Mohr*sches Salz) oder Alkylammoniumeisen(II)-sulfate, z. B. das Ethylendiammoniumeisen(II)-sulfat $[(CH_2NH_3)_2 SO_4 \cdot FeSO_4]$. $FeSO_4$ enthält stets Fe^{3+} und ist daher ungeeignet.

Im HM-Maßstab wird 1 Tropfen des Sodaauszuges oder 1 Tropfen des NaOH-Auszuges vom Rückstand des Sodaauszuges mit 5 mol/l HCl schwach angesäuert und mit einem Kristall reinsten Fe(II)-Salzes versetzt. Bei Gegenwart von $[Fe(CN)_6]^{3-}$ Bildung von blauem Eisen(II)-hexacyanoferrat(III). Empfindlichkeit wie bei der $[Fe(CN)_6]^{4-}$ Reaktion mit Fe^{3+}.

2. Nachweis aus $[Cu(CN)_4]^{3-}$

$$2 K_3[Cu(CN)_4] + K_2CO_3 \rightarrow 7 KCN + KOCN + CO_2\uparrow + 2 Cu\downarrow$$

Aus schwer zerstörbaren komplexen Cyaniden, z. B. $[Cu(CN)_4]^{3-}$ kann das CN^- durch Schmelzen mit der gleichen Menge K_2CO_3 in säurezersetzliche Form überführt werden. Die erkaltete Schmelze wird mit Wasser ausgezogen, zentrifugiert und im Zentrifugat die Berliner-Blau-Reaktion durchgeführt.

3. Abtrennung von Hexacyanoferrat aus der Analyse

Die Hexacyanoferrate stören häufig die Anionennachweise und müssen deshalb quantitativ abgetrennt werden.

Hierzu eignen sich am besten die Cd-Hexacyanoferratfällung mit 0,2 mol/l $Cd(CH_3COO)_2$ im neutralisierten CO_2-freien Sodaauszug oder die Ag-Hexacyanoferratfällung, die mit 1 mol/l $AgNO_3$ oder gesätt. Ag_2SO_4-Lsg. im s c h w a c h angesäuerten (HNO_3 bzw. H_2SO_4) Sodaauszug durchgeführt wird.

Thiocyansäure und Thiocyanate

> Die reine Thiocyansäure, HSCN, ist eine farblose, stechend riechende, wenig beständige Flüssigkeit. In wässriger Lösung bildet sie eine starke, nur wenig haltbare Säure. Alle Thiocyanate außer Ag^+-, Cu^+-, Hg^{2+}- und Pb^{2+}-Thiocyanate lösen sich leicht in H_2O. Die schwerlöslichen Thiocyanate außer AgSCN werden beim Sodaauszug zu löslichem Alkalithiocyanat umgesetzt. Man prüft daher im Sodaauszug, bei Gegenwart von Ag^+ auch in dessen Rückstand, auf SCN^-.

Für die nachstehenden Reaktionen verwende man NH_4SCN oder KSCN bzw. die entsprechend vorbereitete Analysenlösung.

1. $Co(NO_3)_2$

Bildung von löslichem, b l a u e m $Co(SCN)_2$, durch Amylalkohol + Ether ausschüttelbar (s. bei Co^{2+}).

2. $CuSO_4$

$$2 SCN^- + 2 Cu^{2+} + HSO_3^- + H_2O \rightarrow 2 CuSCN\downarrow + SO_4^{2-} + 3 H^+$$

Bei Gegenwart von schwefliger Säure w e i ß e r Niederschlag von CuSCN.

3. Nachweis von $Fe(SCN)_3$

Um den störenden Einfluss von F^-, PO_4^{3-}, AsO_4^{3-}, H_3BO_3, $C_4H_4O_6^{2-}$, $C_2O_4^{2-}$ usw., die mit Fe^{3+} Komplexe bilden, auszuschalten, wird Fe^{3+} im Überschuss zugegeben. Hexacyanoferrate werden vor dem Fe^{3+}-Zusatz mit $CdSO_4$ in schwach HNO_3-

saurer Lösung gefällt oder Fe(SCN)$_3$ wird aus dem Fe(III)-Hexacyanoferrat-Gemisch mit Ether extrahiert.

Im Halbmikro-Maßstab werden 5 Tropfen der alkalischen Probelsg. mit 2,5 mol/l HNO$_3$ schwach angesäuert und mit FeCl$_3$-Lsg. im Überschuss versetzt. Die Bildung von r o t e m, in Ether löslichem Fe(SCN)$_3$ zeigt SCN$^-$ an.

EG: 0,05 µg SCN$^-$ pD 5,8

2.2.3.2 Silicium, Si, 28,0855; +IV, 3s^2 3p^2, und seine Verbindungen

Silicium ist nach dem Sauerstoff das am weitesten verbreitete Element auf der Erdoberfläche (w(Si) = 25,7 %), die es in Gestalt einer Vielzahl von Silicaten aufbaut. Der kristallinen Struktur der meisten Silicate ist gemeinsam, dass jedes Siliciumion von vier Sauerstoffionen in Tetraederform umgeben ist. Die Silicate weisen eine sehr große strukturchemische Vielfalt auf. Neben Orthosilicaten [SiO$_4$]$^{4-}$ mit Inselstruktur und ausschließlich terminalen Oxoliganden, wie z. B. dem Olivin Mg$_2$[SiO$_4$] entstehen oligomere und polymere Strukturen durch Ausbildung von Oxobrücken. Hierzu gehören Disilicate [Si$_2$O$_7$]$^{6-}$, wie der Thortveitit Sc$_2$[Si$_2$O$_7$] und Metasilicate [SiO$_3$]$^{2-}$ mit Ring- oder Kettenstruktur, wie der α-Wollastonit Ca$_3$[Si$_3$O$_9$] oder der Enstatit Mg[SiO$_3$] als auch Bandsilicate [Si$_4$O$_{11}$]$^{6-}$ mit Doppelkettenstruktur, wie Serpentin Mg$_3$(OH)$_4$[Si$_2$O$_5$]. Zu den dreidimensional vernetzten Alumosilicaten mit Gerüststruktur gehören die Feldspäte wie der Orthoklas K[AlSI$_3$O$_8$] und der Quarz SiO$_2$. Silicium stellt man aluminothermisch (S. 235) durch Umsetzung von SiO$_2$ mit Al dar. Si und seine Verbindungen finden in allen Gebieten der Industrie Verwendung. Silicium wird als Halbleitermaterial benutzt. Ständig steigende Bedeutung haben die Siliciumorganoverbindungen (Silicone). Nicht zuletzt sind Baustoffe, Glas, Zement u. a. zu erwähnen.

Alle Silicate mit Ausnahme der reinen Alkali- und der Bariumsilicate sind schwerlöslich, sie werden nur durch Säuren zersetzt. Die löslichen Silicate reagieren in Wasser als Basen, da Kieselsäure nur eine sehr schwache Säure ist. Sie neigt entsprechend dem Aufbau der kristallisierten Silicate auch in Lösung zur Kondensation. So liegt in der Lösung von kristallisiertem, wasserhaltigem Natriumsilicat, Na$_2$H$_2$SiO$_4$ · aq, einkerniges Ortho-Silicat nur in Gegenwart von viel überschüssiger Natronlauge vor. Bei Verminderung der OH$^-$-Konzentration entsteht zunächst Disilicat:

$$2[HSiO_4]^{3-} \xrightleftharpoons[+OH^-]{+H^+} [Si_2O_7]^{6-} + H_2O$$

Bei weiterer Herabsetzung der Hydroxidionenkonzentration bilden sich wie bei den Isopolysäuren (s. S. 243) je nach den Versuchsbedingungen mehr oder weniger schnell höher kondensierte Kieselsäuren, die mit steigendem Kondensationsgrad immer schwerlöslicher werden und über kolloide Lösungen schließlich zu Abscheidungen von amorpher Kieselsäuregallerte führen:

$$x\ [H_2Si_2O_7]^{4-} + 4\ x\ H^+ \rightleftharpoons (H_2SiO_3)_{2x} + x\ H_2O$$

Die Aggregation zu den Isopolysäuren ist ein nicht sehr schnell verlaufender Vorgang. Lässt man nämlich eine frisch bereitete Lösung von Natriumsilicat in Wasser unter Umrühren in eine Lösung von überschüssiger starker Mineralsäure einfließen, so wird sofort monomolekular verteilte Kieselsäure in Freiheit gesetzt:

$$[H_2SiO_4]^{2-} + 2\ H^+ \rightarrow H_4SiO_4$$

Fortsetzung

Sie bleibt zunächst als solche in Lösung. Zu der gleichen Verbindung gelangt man durch Hydrolyse von Siliciumtetrachlorid, $SiCl_4$, oder Kieselsäureester

$$SiCl_4 + 4\ H_2O \rightarrow H_4SiO_4 + 4\ HCl$$

Auch sie kondensiert, wobei die Kondensationsgeschwindigkeit stark vom pH-Wert der Lösung abhängt. Verhältnismäßig leicht erhält man dann beständige, kolloide Lösungen (s. 3. die Darstellung von kolloider Kieselsäure).

Schmilzt man SiO_2 mit Soda im Stoffmengenverhältnis 3 bis 4 : 1 zusammen, so erhält man eine Masse, die unter dem Namen Wasserglas bekannt ist:

$$Na_2CO_3 + 3 - 4\ SiO_2 \rightarrow Na_2O \cdot 3 - 4\ SiO_2 + CO_2\uparrow$$

Die Lösungen von Wasserglas zeigen im großen und ganzen ähnliche Reaktionen wie die von $Na_2H_2SiO_4 \cdot$ aq, wobei allerdings zu berücksichtigen ist, dass die Wasserglaslösung schon aggregierte Kieselsäure enthält.

Silicium reagiert mit Halogenen, z. B. Cl_2, unter Bildung von Siliciumtetrachlorid, $SiCl_4$, mit HCl zu Trichlorsilan (Silicochloroform), $SiHCl_3$, usw.

1. Darstellung von Siliciumtetrachlorid, $SiCl_4$

Siliciumtetrachlorid, $SiCl_4$ — Xi

Smp. $-70\,°C$; Siedebereich $57-58\,°C$

$SiCl_4$ ist eine farblose, an der Luft stark rauchende Flüssigkeit, die durch Wasser schnell hydrolytisch zersetzt wird. Es ist daher trocken aufzubewahren.

R: 14-36/37/38
S: (2-)7/8-26

$$Si + 2\ Cl_2 \rightarrow SiCl_4$$

In einem Schiffchen befinden sich 10 g aluminothermisch gewonnenes und fein gepulvertes Si (Darstellung s. S. 235). Zuerst wird die leicht schräg gestellte Apparatur (vgl. Abb. 2.4) mit trockenem Cl_2 (Waschflasche mit 18 mol/l H_2SO_4) gefüllt, bis alle Luft verdrängt ist; erst dann darf mit dem Erhitzen begonnen werden. Sobald die durch Aufglühen des Si bemerkbare Reaktion einsetzt (ca. 400 °C), braucht nur noch wenig erhitzt zu werden, da die Reaktion selbst reichlich Wärme entwickelt (exotherme Reaktion). Das Si setzt sich völlig um und sammelt sich als $SiCl_4$, verunreinigt durch Si_2Cl_6 und Si_3Cl_8, in der mit Eis-Kochsalz gekühlten Vorlage an. Das Rohprodukt wird zur Entfernung der Hauptmenge des gelösten Cl_2 ganz langsam destilliert, dann in einer trockenen, verschlossenen Flasche mit etwas Cu über Nacht stehen gelassen und schließlich der fraktionierten Destillation (s. S. 298) unterworfen. Sdp.$_{1013\ mbar}$: $SiCl_4$ 57 °C, Si_2Cl_6 145 °C, Si_3Cl_8 210–215 °C.

2. Darstellung von Trichlormonosilan, $SiHCl_3$ („Silicochloroform")

Trichlorsilan, $SiHCl_3$ — C F+

Smp. $-127\,°C$; Sdp. $32\,°C$

Farblose, sehr flüchtige und brennbare Flüssigkeit, die sich mit Wasser schnell zersetzt: die Rückreaktion bei 1000 °C liefert Reinstsilicium.

R: 12-14-17-20/22-29-35
S: (2-)7/9-16-26-36/37/39-43-45

$$Si + 3\ HCl \rightarrow SiHCl_3 + H_2$$

Es ist in der gleichen Weise wie bei der Darstellung von $SiCl_4$ zu arbeiten, nur wird an Stelle von Cl_2 sorgfältig getrocknetes HCl-Gas verwendet. Das bei einer Arbeitstemperatur von 450–500 °C entstehende Rohprodukt enthält $SiCl_4$, das durch fraktionierte Destillation abgetrennt wird.

3. Darstellung von kolloidaler Kieselsäure

Natriumsilicatlösungen reagieren alkalisch. Aus ihnen erhält man durch vorsichtiges Ansäuern Sole von $SiO_2 \cdot aq$.

20 g krist. Natriumsilicat werden in 70 ml heißem Wasser gelöst und die Lsg., falls notwendig, filtriert. Nach dem Erkalten wird von dieser Lsg. soviel in eine Mischung von 20 ml 12 mol/l HCl und 40 ml Wasser getropft, bis die durch zugefügtes Phenolphthalein an der Eintropfstelle auftretende Rosafärbung gerade nicht mehr verschwindet. Zur Abtrennung störender Fremdionen wird die klare, kolloide Lsg. so lange dialysiert (s. 12, S. 228), bis im Dialysat kein Cl^- mehr vorhanden ist.

4. Säuren

Bei Vermeidung eines Säureüberschusses fällt gallertartig Kieselsäure aus. Es bleibt aber stets eine nicht unbeträchtliche Menge kolloid in Lösung.

Um die Kieselsäure quantitativ abzuscheiden, was beim analytischen Arbeiten notwendig ist, muss man auf dem Wasserbad bis zur Trockne abrauchen, die Masse mit einigen Tropfen 7 mol/l HCl durchfeuchten, nochmals abrauchen, mit 2 mol/l HCl aufnehmen, erwärmen, bis sich die Metallchloride wieder gelöst haben, und filtrieren. Nur so erhält man die Kieselsäure als w e i ß e s Pulver, das kaum noch andere Stoffe adsorbiert und nicht wieder kolloid in Lsg. geht.

5. Ammoniumsalze

Ammoniumsalze fällen ebenfalls aus Alkalisilicatlösungen gallertartige Kieselsäure, da durch sie die OH^--Konzentration stark verringert wird (vgl. S. 120).

6. Nachweis mit Ammoniummolybdat

Silicat-Lösungen bilden mit Molybdänsäure eine gelbe, lösliche Heteropolysäure, $H_4[Si(Mo_{12}O_{40})] \cdot aq]$. Phosphat und AsO_4^{3-} stören.

a) Man säure eine sehr verd. Natriumsilicat-Lsg. reichlich und schnell mit Salpetersäure an und versetze die klare Lsg. mit viel Ammoniummolybdatlösung.

    EG: 1 µg SiO_3^{2-}/ml   pD 6,1

Es gelingt so auch, die im gewöhnlichen oder auch im destillierten Wasser vorhandenen Spuren von Kieselsäure zu erfassen.

b) Man gebe zu einer sehr verd. Natriumsilicat-Lsg. einen deutlichen Überschuss einer etwa 10%igen neutralen Ammoniummolybdat-Lsg. und säure dann unter tropfenweiser Zugabe von 2 mol/l CH_3COOH oder 1 mol/l H_2SO_4 schwach an. Zu diesem Gemisch füge man in der Kälte in einem Guss so viel einer alkalischen Stannat(II)-Lsg. hinzu, dass eine klare Lsg. entsteht. Die Farbe der Lsg. ist d u n k e l b l a u (Molybdänblau!); sie ist jedoch nur eine gewisse Zeit beständig.

pD 6,0

Die Reaktion ist zum Nachweis von Kieselsäure geeignet, soweit das betreffende Silicat in lösl. Form vorliegt. Es stören Phosphate. Diese Störung lässt sich ausschalten, indem man den Niederschlag von Ammoniummolybdophosphat abzentrifugiert, die im Zentrifugat noch verbliebenen geringen Mengen Molybdophosphat durch Zugabe des doppelten Volumens einer 1%igen Oxalsäure-Lsg. unter schwachem Erwärmen zerstört und dann die Kieselsäure nach einigem Warten (bis zu ca. 1 Std.) wie oben nachweist.

Die zur Bereitung der alkalischen Stannat(II)-Lsg. verwendete Natronlauge muss selbstverständlich silicatfrei sein. Man stelle sie jedes Mal frisch durch Auflösen von festem NaOH in Wasser her.

7. Nachweis mit der Wassertropfenprobe

$$SiO_2 + 2\,CaF_2 + 2\,H_2SO_4 \rightarrow SiF_4\uparrow + 2\,CaSO_4 + 2\,H_2O$$
$$SiF_4 + 2\,H_2O \rightarrow SiO_2\downarrow + 4\,HF$$
$$SiF_4 + 2\,HF \rightarrow H_2[SiF_6]$$

Diese zum Nachweis von Fluoriden geeignete Reaktion (vgl. S. 157) kann auch zur Identifizierung von Siliciumdioxid dienen. Das bei Anwesenheit von SiO_2 mit Fluoriden gebildete, flüchtige SiF_4 hydrolysiert, wobei sich die Kieselsäure je nach Angreifbarkeit und SiO_2-Gehalt des vorliegenden Silicates nach etwa $1/2$–4 Min. als w e i ß e r Saum oder Überzug auf dem Wassertropfen abscheidet. Die Substanz soll stets sehr fein gepulvert sein, ein großer Überschuss von CaF_2 ist unbedingt zu vermeiden. Er kann die Abscheidung von Kieselsäure verhindern, da die entstehende überschüssige Flusssäure mit SiF_4 unter Bildung löslicher Hexafluorokieselsäure reagiert.

Im HM-Maßstab werden 5–10 mg der Analysensubstanz oder der beim Abrauchen mit HCl anfallende schwerlösl. Rückstand zum Entfernen der letzten Reste H_2O u. a. flüchtiger Bestandteile auf einem Blech oder im Tiegel kurz durchgeglüht.

Zur Wassertropfenprobe wird die vorher erhitzte Substanz mit einem Drittel der Substanzmenge CaF_2 gut durchmischt und in einem kleinen Pb- oder Pt-Tiegel (ca. 2 ml) mit 5 Tropfen 18 mol/l H_2SO_4 versetzt. Der Tiegel wird sofort mit einem einfach durchbohrten Deckel abgedeckt, dessen Bohrloch mit einem feuchten schwarzen Filterpapier bedeckt ist, und im siedenden Wasserbad erwärmt. Bei Gegenwart von SiO_2 bildet sich nach wenigen Min. ein weißer Fleck.

2.2.4 5. Hauptgruppe des PSE

Die 5. Hauptgruppe des PSE umfasst die Elemente Stickstoff, N, Phosphor, P, Arsen, As, Antimon, Sb, und Bismut, Bi.

Gemäß den allgemeinen Regeln (s. S. 9) ist die maximal mögliche Oxidationsstufe, die auch von allen Elementen erreicht wird, + V, die minimale – III. Mit steigender Ordnungszahl nimmt der metallische Charakter stark zu, die Stabilität der höchsten Oxidationsstufe dagegen ab. Bismutate(V) sind äußerst starke Oxidationsmittel. In gleicher Richtung sinkt die thermische Stabilität der Wasserstoffverbindungen H_3X und steigt ihr Säurecharakter. Letzteres macht sich auch dadurch bemerkbar, dass die Anlagerung eines Protons unter Bildung

Die wichtigsten Nichtmetalle und einige ihrer Verbindungen

von Ionen des Typus $[XH_4]^+$ (s. S. 125) immer schwieriger wird. Die Abnahme der Stärke der Sauerstoffsäuren zeigt sich am besten durch den Vergleich der Verbindungen in der Oxidationsstufe +III. HNO_2 und H_3PO_3 zählen zu den Säuren, H_3AsO_3 bzw. As_2O_3 und H_3SbO_3 bzw. $Sb_2O_3 \cdot$ aq. sind amphoter, und $Bi(OH)_3$ verhält sich wie eine Base.

Die Elemente Arsen, Antimon und Bismut gehören analytisch gesehen zur H_2S-Gruppe und werden dort besprochen (Kap. 2.3.4).

2.2.4.1 Stickstoff, N, 14,0067; −III, −II, −I, +I, +II, +III, +IV, +V, $2s^2\,2p^3$

> Stickstoff, frei in der Luft vorkommend mit einem Massenanteil $w(N_2) = 75{,}5\%$ bzw. Volumenanteil $\phi(N_2) = 78{,}1\%$, wird technisch durch fraktionierte Destillation der flüssigen Luft gewonnen. Im Laboratorium stellt man ihn dar, indem man den Sauerstoff durch Reaktion mit Kupfer entfernt. Auf chemischem Wege erhält man Stickstoff aus Verbindungen, die daneben noch Wasserstoff und Sauerstoff im Verhältnis 2:1 enthalten, wie z. B. NH_4NO_2 (s. 1), so dass Wasser und freier Stickstoff, N_2, entstehen können.
>
> Stickstoff ist von großtechnischer Bedeutung, vor allem für die Herstellung von Ammoniak und Salpetersäure.
>
> Bei gewöhnlicher Temperatur ist N_2 ein sehr reaktionsträges Gas. Jedoch wird seine Reaktionsfähigkeit z. B. durch Temperaturerhöhung beträchtlich gesteigert. So bildet Stickstoff mit vielen Metallen Nitride. Daneben existiert eine große Anzahl verschiedenartiger Verbindungen, von denen besonders die Wasserstoffverbindungen, die Oxide und die Sauerstoffsäuren von Bedeutung sind.

1. Darstellung von N_2 aus Ammoniumnitrit

$$NH_4NO_2 \rightarrow N_2\uparrow + 2\,H_2O$$

Ammoniumnitrit zersetzt sich beim Erwärmen. Der entstandene Stickstoff unterhält die Verbrennung nicht. Ein in den Gasraum gebrachter brennender Holzspan erlischt.

Man mische einige ml einer konz. NH_4Cl-Lsg. mit einigen ml einer konz. KNO_2-Lsg. in einem Reagenzglas miteinander und erwärme sehr gelinde, bis Gasentwicklung eingetreten ist. Die Rk. läuft dann allein weiter.

Ammoniak, NH_3

> NH_3 wird großtechnisch aus den Elementen dargestellt (*Haber-Bosch*-Verfahren):
> $$N_2 + 3\,H_2 \rightleftharpoons 2\,NH_3 - 92\,kJ/mol$$
> Eine andere Methode ist die Synthese aus Calciumcyanamid, $Ca(NCN)$:
> $$Ca(NCN) + 3\,H_2O \rightarrow CaCO_3 + 2\,NH_3\uparrow$$
> Im Laboratorium kann NH_3 aus Metallnitriden, das sind Derivate des NH_3, bei denen der Wasserstoff vollständig durch Metall ersetzt ist, oder aus Ammoniumsalzen dargestellt werden (s. unten).

Fortsetzung

In Form der Ammoniumsalze findet das Ammoniak ausgedehnte Verwendung als Düngemittel. Weiterhin dient es als Ausgangsprodukt für die Salpetersäureherstellung nach dem *Ostwald*-Verfahren.

Ammoniak ist ein stechend riechendes farbloses Gas vom Siedepunkt $-33,4\,°C$ und besitzt folgende Strukturformel:

$$H-\overset{\bar{N}}{\underset{H}{|}}-H$$

An das freie Elektronenpaar lagert sich leicht ein Proton an, wodurch ein einfach positiv geladenes NH_4^+-Kation (s. S. 191) entsteht.

So löst sich NH_3 sehr leicht in Wasser unter Bildung von NH_4^+ und OH^-:

$$NH_3 + H_2O \leftrightarrow NH_3 \cdot H_2O \rightleftharpoons NH_4^+ + OH^-$$

Konz. NH_3-Lösung ist ca. 25%ig oder 33%ig ($c(NH_3) \approx 13,3$ oder $17,1$ mol/l) und verd. 2 mol/l NH_3 etwa 3,4%ig. Mit Säuren reagiert NH_3 als Base.

Reaktionen mit NH_4^+-Ionen werden auf S. 191 beschrieben.

Darstellung von NH_3

Ammoniak, NH_3

Sdp. $-33,4\,°C$, Smp. $-77,7\,°C$

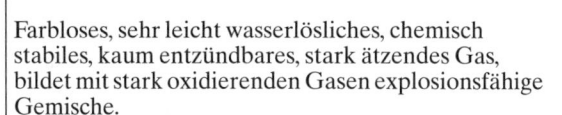

Farbloses, sehr leicht wasserlösliches, chemisch stabiles, kaum entzündbares, stark ätzendes Gas, bildet mit stark oxidierenden Gasen explosionsfähige Gemische.

Vernichtung: Einleiten in eine $NaNO_2$-Lösung.

N   T

R: 10-23-34-50
S: (1/2-)9-16-26-36/37/39-45-61

1. Darstellung von NH_3 aus Magnesiumnitrid

$$3\,Mg + N_2 \rightarrow Mg_3N_2$$
$$Mg_3N_2 + 6\,H_2O \rightarrow 3\,Mg(OH)_2 + 2\,NH_3\uparrow$$

Ein Fe-Tiegel von etwa 3–4 cm Höhe und 5 cm Durchmesser wird zu zwei Dritteln mit Mg-Pulver gefüllt. Als Deckel dient eine mit einem kleinen Loch versehene Keramikscheibe. So kann zum Magnesium nur langsam Luft treten. Zum Trocknen setzt man den gefüllten Tiegel einige Zeit in einen Trockenschrank (110°C). Um beim Erhitzen die Flammengase von dem Deckel fern zu halten, setzt man den Tiegel in ein Loch einer größeren Keramikscheibe. Das Loch muss so bemessen sein, dass der Tiegel zum größeren Teil unten herausragt. Er wird mit einer seitlich auf ihn gerichteten Gebläseflamme erhitzt (Schutzbrille!). Von Zeit zu Zeit dreht man den Tiegel, damit alle Teile der Mg-Füllung durchreagieren können.

Nach dem Erkalten findet man im oberen Teil des Tiegels weißes MgO, im unteren eine grüne Masse, die in der Hauptsache aus Mg_3N_2 besteht. Von diesem wird ein wenig in einem Porzellanschälchen mit einigen Tropfen Wasser übergossen. Es tritt eine heftige Reaktion und starker Geruch nach NH_3 auf. Zur Darstellung von reinem Mg_3N_2 führt man die Reaktion unter reinem N_2 durch.

2. Darstellung von Ammoniak aus Ammoniumsalzen

$$Ca(OH)_2 + 2\,NH_4Cl \rightarrow CaCl_2 + 2\,H_2O + 2\,NH_3\uparrow$$

Im Laboratorium wird Ammoniakgas oder dessen wässrige Lösung am besten aus Ammoniumsalzen und einer starken Base hergestellt. Im allgemeinen geht man dabei von Calciumhydroxid, $Ca(OH)_2$, und Ammoniumchlorid aus.

In einem Kolben, der über ein Ableitungsrohr mit einem Trockenturm (gefüllt mit festem NaOH) verbunden ist, werden eine Mischung von 30 g $Ca(OH)_2$ mit 20 g NH_4Cl und dann 20 ml Wasser gefüllt. Vom Trockenturm wird ein Einleitungsrohr bis fast zum Boden eines Erlenmeyerkolbens geführt, in dem sich 30 ml Wasser befinden. Die Rk. kommt durch schwaches Erwärmen in Gang. Dabei muss die Wärmezufuhr dauernd so reguliert werden, dass das Wasser im Erlenmeyerkolben nicht zurücksteigt, das Gas aber auch nicht mit zu großer Geschwindigkeit durchperlt. Am Schluss des Versuchs muss stärker erhitzt werden.
Entwickelt sich kein Ammoniak mehr, so wird zuerst der Erlenmeyerkolben entfernt. Dann kann die Flamme gelöscht werden. Den Gehalt an Ammoniak stellt man durch Wägung fest und bestimmt damit die Ausbeute.
Nach der obigen Gleichung muss aus einem Mol NH_4Cl ($\widehat{=}$ 53,50 g NH_4Cl) ein Mol NH_3 ($\widehat{=}$ 17,03 g NH_3) entstehen.
Theoretisch sind daher $\dfrac{20 \cdot 17\,g}{53,5} = 6{,}35$ g NH_3 zu erwarten.

Derivate des Ammoniaks

Das Ammoniak besitzt nicht nur die Fähigkeit, als Base anderen Verbindungen Protonen, H^+, unter Bildung von NH_4^+ zu entziehen und sich wegen seines Dipol- und Lewis-Basencharakters an viele Stoffe unter Bildung von Amminkomplexen anzulagern, sondern in ihm kann auch der Wasserstoff ganz oder teilweise durch andere Reste ersetzt werden.

Bei Austausch des Wasserstoffs gegen Metalle erhält man **Amide:** $NaNH_2$, **Imide:** $PbNH$ und **Nitride:** Mg_3N_2 (Darstellung s. oben).

Bei Ersatz des Wasserstoffs durch Säurerest erhält man Säureamide: NH_2SO_3H **Amidoschwefelsäure.**

Weiterhin kann an Stelle eines Wasserstoffs die OH-Gruppe treten, wodurch das **Hydroxylamin** NH_2OH entsteht, und ebenso können zwei NH_2-Gruppen zum NH_2–NH_2, **Hydrazin,** zusammentreten.

Die beiden Verbindungen Hydroxylamin und Hydrazin haben mit dem Ammoniak insofern Ähnlichkeit, als sie ebenfalls Protonen aufzunehmen und sich an andere Verbindungen anzulagern vermögen. So bilden sie die Ionen $[NH_3OH]^+$, $[NH_2NH_3]^+$ und $[NH_3NH_3]^{2+}$ sowie viele Komplexsalze, z. B. $[Zn(NH_2OH)_2]SO_4$. Die Bindung ist aber allgemein schwächer als beim Ammoniak. Außerdem sind sie starke Reduktionsmittel und selbstzersetzlich, wobei die Zerfallsprodukte je nach den Versuchsbedingungen verschieden sein können. Hydrazin kann Krebs erzeugen.

1. Darstellung von Amidoschwefelsäure, $(NH_2)HSO_3$

Amidoschwefelsäure, $(NH_2)HSO_3$		Xi
Smp. 205 °C	✗	
Farblose Kristalle		R: 36/38-52/53 S: 2-26-28-61

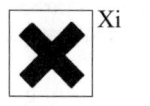

$$CO(NH_2)_2 + H_2S_2O_7 \rightarrow 2\,(NH_2)HSO_3 + CO_2\uparrow$$

Der Ersatz eines Wasserstoffatoms im NH_3-Molekül durch die Sulfonsäuregruppe SO_3H führt zur Amidoschwefelsäure. Sie lässt sich sehr einfach aus Harnstoff (dem Diamid der Kohlensäure) und rauchender Schwefelsäure (Oleum) (s. S. 150) darstellen.

In 56 ml 18 mol/l H_2SO_4 werden langsam 30 g Harnstoff unter Kühlung und Rühren eingetragen. Zur klaren Lsg. fügt man unter Eiskühlung und Rühren nach und nach 90 ml 65–70%iges Oleum hinzu, wobei die Temp. von 45 °C nicht überschritten werden darf. Von diesem Gemisch wird ein kleiner Teil auf dem Wasserbad bis zum Eintreten einer heftigen CO_2-Entwicklung erwärmt; sobald diese nachgelassen hat, wird ein weiterer Anteil zugefügt usw., bis alles zur Reaktion gebracht ist. Dann lässt man abkühlen, saugt auf einer Glasfritte ab, wäscht mit 18 mol/l H_2SO_4, saugt 1/2 Std. Luft hindurch, presst auf Ton ab und lässt über Nacht an der Luft stehen. Die rohe Säure wird in 200–250 ml siedendes Wasser gegeben, die Lsg. sofort durch einen Heißwassertrichter filtriert und in Eis gekühlt. Die auskristallisierte, reine Amidoschwefelsäure wird abgesaugt, mit wenig eiskaltem Wasser gewaschen und getrocknet; Smp. 205 °C.

Eine andere Möglichkeit zur Herstellung von Amidoschwefelsäure besteht in der Umsetzung von Hydroxylammoniumsulfat $[NH_2OH]_2SO_4$ mit SO_2.

$$[NH_3OH]_2SO_4 + 2\,SO_2 \rightarrow 2\,(NH_2)HSO_3 + H_2SO_4$$

Hydroxylammoniumsulfat wird in möglichst wenig Wasser gelöst und in die eiskalte Lsg. SO_2 bis zur Sättigung eingeleitet. Man lässt diese Lsg. in einem verschlossenen Erlenmeyerkolben einen Tag lang stehen, vertreibt dann das überschüssige SO_2 durch einen Luft-

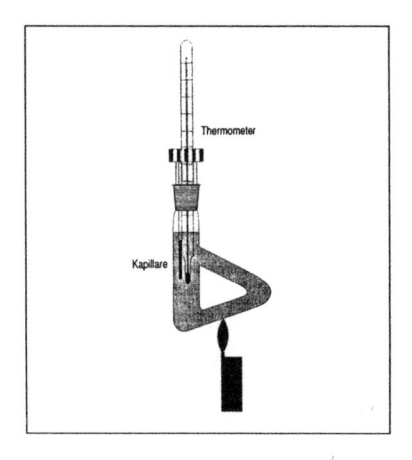

Abb. 2.2: Schmelzpunktbestimmungsapparat

strom und lässt im Exsikkator über 18 mol/l H_2SO_4 kristallisieren. Die abgeschiedenen, farblosen Kristalle werden auf einer Glasfilternutsche abgesaugt und wie oben beschrieben weiter verarbeitet. Die rohe Amidoschwefelsäure kristallisiert man aus der 2- bis 2,5-fachen Gewichtsmenge siedenden Wasser um.

Ein sehr gutes Kriterium für die Reinheit einer Substanz ist der Schmelzpunkt, der bei Anwesenheit von Verunreinigungen herabgesetzt wird (*Raoult*sches Gesetz). Liegt der Schmelzpunkt zu tief, ist eine weitere Reinigung der Substanz durch Umkristallisation, Destillation oder Sublimation erforderlich.

Zur Schmelzpunktbestimmung füllt man eine einseitig zugeschmolzene Kapillare von ca. 5 cm Länge und ca. 1 mm ⌀ zu etwa einem Fünftel mit der trockenen Substanz und bringt sie in den mit Paraffinöl gefüllten Schmelzpunktbestimmungsapparat (Abb. 2.2). Die Kapillare wird mit 1 Tropfen Paraffinöl an das Thermometer angeklebt, und zwar so, dass sich die Substanz in der Höhe der Mitte der Quecksilberkugel befindet. Mit kleiner Flamme erhitzt man langsam und beobachtet die Substanz. In der Nähe des Smp. soll der Temperaturanstieg besonders gering sein. Sobald Verflüssigung eintritt, wird die Temperatur abgelesen und notiert.

Schmelzpunkte über 250 °C werden in einem Metallblock bestimmt.

2. Darstellung von Hydraziniumsulfat, $(N_2H_6)SO_4$

Hydraziniumsulfat

Smp. 254 °C

$(N_2H_6)SO_4$ ist giftig und Krebs erregend. Es zersetzt sich vor Erreichen des Siedepunkts und ist in kaltem Wasser schwer, in warmem jedoch leicht löslich. Es bildet farbige, dicke, glänzende Tafeln.

R: 45-E23/24/25-43-50/53
S: 53-45-60-61

$$NH_3 + OCl^- \rightarrow OH^- + NH_2Cl$$
$$NH_3 + NH_2Cl + OH^- \rightarrow NH_2NH_2 + Cl^- + H_2O$$
$$NH_2NH_2 + H_2SO_4 \rightarrow [N_2H_6]SO_4\downarrow$$

N_2H_4 bildet sich bei der Oxidation von Ammoniak durch Hypochlorit, wobei als Zwischenverbindung Chloramin auftritt.

Das Chloramin reagiert mit Hypochlorit äußerst leicht unter Stickstoffentwicklung, besonders in Gegenwart von Schwermetallspuren, die in jedem Wasser, auch in destilliertem, vorhanden sind:

$$2\,NH_2Cl + OCl^- \rightarrow 3\,Cl^- + 2\,H^+ + N_2 + H_2O$$

Der Umgang mit Hydrazin oder Hydraziniumsalzen sollte vermieden werden, da Hydrazin Krebs erregen kann.

NH_2OH wird in der Technik meist durch kathodische Reduktion von Salpetersäure an amalgamierten Metallelektroden gewonnen.

3. Hydroxylamin als Reduktionsmittel

$$2\ NH_2OH + 4\ Ag^+ \rightarrow 4\ Ag\downarrow + N_2O\uparrow + 4\ H^+ + H_2O$$

Hydrazin und Hydroxylamin sind starke Reduktionsmittel und reduzieren Ag^+-Ionen zu metallischem Silber.

Zu ammoniakalischer Silbersalzlsg. wird etwas Hydroxylaminlsg. gegeben und schwach erwärmt. Es scheidet sich Silber, häufig als Spiegel, ab.

4. Fehlingsche Lösung (vgl. 7., S. 283)

$$2\ NH_2OH + 4\ Cu^{2+} + 8\ OH^- \rightarrow N_2O\uparrow + 2\ Cu_2O\downarrow + 7\ H_2O$$
(vereinfachte Gleichung)

Auch komplexgebundenes Cu(II) wird von Hydroxylamin reduziert. Es bildet sich rotes Kupfer(I)-oxid, Cu_2O.

Man versetze *Fehling*sche Lsg., erhalten aus Kupfersulfat, Weinsäure und Natronlauge, mit $[NH_3OH]Cl$. Es scheidet sich schon bei Zimmertemp. r o t e s Kupfer(I)-oxid ab.

Distickstoffmonooxid, N_2O

> Während die Stickstoff-Sauerstoffverbindungen NO, NO_2 (bei tiefen Temperaturen N_2O_4), N_2O_3, HNO_2 und HNO_3 durch eine Reihe wichtiger Reaktionen miteinander verbunden sind, nimmt N_2O, Distickstoffmonooxid (Distickstoffoxid, auch Lachgas genannt) eine Sonderstellung ein.

1. Darstellung von N_2O

$$NH_4NO_3 \rightarrow N_2O\uparrow + 2\ H_2O$$

Man bringe in ein trockenes Reagenzglas 100 mg NH_4NO_3 und erhitze. Es entsteht f a r b l o s e s Distickstoffmonooxid, das die Verbrennung unterhält. Ein glimmender Span flammt auf:

$$2\ N_2O + C \rightarrow 2\ N_2 + CO_2$$

An der Luft wird N_2O nicht braun (Unterschied von NO).

Wird NH_4NO_3 (einige Körner, Vorsicht!) in ein auf dunkle Rotglut erhitztes Reagenzglas geworfen, so geht die Zers. unter Feuererscheinung vor sich. NH_4NO_3 ist ein wichtiger Stickstoffdünger. Es kann auch als Sprengstoff verwendet werden.

Stickstoffoxid, NO und Stickstoffdioxid, NO_2

> Außer durch Verbrennung von Ammoniak (*Ostwald*-Verfahren) wird Stickstoffoxid in der Technik auch aus den Elementen im elektrischen Flammbogen (*Birkeland-Eyde*-Verfahren) dargestellt:
>
> $$N_2 + O_2 \rightleftharpoons 2\ NO + 180\ kJ$$
>
> Im Laboratorium geht man am besten von Salpetersäure aus und reduziert sie (s. S. 134) oder man zersetzt im Kippschen Apparat $NaNO_2$ mit verd. H_2SO_4.
> NO geht bei tieferen Temperaturen im Sauerstoffüberschuss in braunes NO_2 über, das mit Wasser bei Luftausschluss unter Disproportionierung reagiert:

Fortsetzung

$$3\,NO_2 + H_2O \rightleftharpoons 2\,HNO_3 + NO$$

Leitet man ein Gemisch aus NO_2 und Luft in H_2O, so wird NO_2 zu HNO_3 oxidiert:

$$4\,NO_2 + 2\,H_2O + O_2 \rightarrow 4\,HNO_3$$

Die Umsetzung des NO_2 zu HNO_3 geht nur bis zu einer bestimmten HNO_3-Konzentration.

1. Darstellung von NO_2

Stickstoffdioxid, NO_2   C   T

Hochgiftiges, ätzendes, wasserlösliches Gas. Starkes Oxidationsmittel, schwerer als Luft, stechender Geruch.
Vernichtung: Einleiten in Amidoschwefelsäurelösung.

R: 26-34
S: (1/2-)9-26-28-36/37/39-45

NO_2 ist sehr giftig. Alle Arbeiten müssen daher unter dem Abzug ausgeführt werden.

$$2\,Pb(NO_3)_2 \rightarrow 2\,PbO + 4\,NO_2\uparrow + O_2\uparrow$$

Reines Stickstoffdioxid erhält man am besten durch Erhitzen von Schwermetallnitraten, z. B. Bleinitrat.

Man führe den Versuch in einem trockenen Reagenzglas durch.

2. Darstellung von NO

NO kann in einem Kippschen Gasentwickler (s. S. 104) aus festem $NaNO_2$ und 3 mol/l H_2SO_4 dargestellt werden.

$$3\,NaNO_2 + 2\,H^+ \rightarrow 2\,NO + NO_3^- + 3\,Na^+ + H_2O$$

Salpetrige Säure und Nitrite

Die salpetrige Säure HNO_2 entsteht beim vorsichtigen Ansäuern von Nitriten. Sie zerfällt sehr leicht (s. 1.).
Nitrite werden dargestellt durch Schmelzen von Nitraten mit Pb oder Fe:

$$Pb + NaNO_3 \rightarrow PbO + NaNO_2$$

Beim Einleiten von NO_2 in Laugen entsteht ein Gemisch aus Nitrat und Nitrit:

$$2\,NO_2 + 2\,OH^- \rightarrow NO_3^- + NO_2^- + H_2O$$

NO_2 disproportioniert demnach in N(V) und N(III). Außer $AgNO_2$ sind in neutraler wässriger Lösung alle Nitrite leicht löslich.

1. Beständigkeit von HNO$_2$

$$2\ HNO_2 \rightarrow H_2O + NO\uparrow + NO_2\uparrow$$
$$3\ HNO_2 \rightarrow H_3O^+ + 2\ NO + NO_3^-$$

In konz. Säuren disproportioniert HNO$_2$ in Stickstoffmonooxid und -dioxid. In verd. Säuren entsteht HNO$_3$ und NO. In Gegenwart von Luft wird NO zu NO$_2$ oxidiert.

Man verwende zu dem Versuch einige ml NaNO$_2$-Lösung, die man mit Schwefelsäure ansäuert.

2. Reduktion von Nitriten

$$2\ HNO_2 + 2\ HI \rightarrow 2\ H_2O + 2\ NO\uparrow + I_2\downarrow$$

Nitrite verhalten sich in sauren Lösungen im allgemeinen wie Oxidationsmittel. Iodide werden z. B. zu I$_2$ oxidiert.

Man verdünne einige ml der NaNO$_2$-Lösung mit Wasser und füge KI-Lsg. sowie einige Tropfen HCl zu. Die empfindliche Reaktion ist nicht spezifisch für NO$_2^-$, da andere Oxidationsmittel, wie H$_2$O$_2$, Arsenat(V) usw. ebenso reagieren.

3. Oxidation von Nitriten

$$5\ NO_2^- + 2\ MnO_4^- + 6\ H^+ \rightarrow 2\ Mn^{2+} + 5\ NO_3^- + 3\ H_2O$$

Andererseits kann man auch Nitrite wieder zu Nitraten oxidieren, z.B. mit Kaliumpermanganat in verd. Schwefelsäure.

In einem Reagenzglas gebe man zu verd. H$_2$SO$_4$ einige Tropfen KMnO$_4$-Lsg. und versetze mit NaNO$_2$-Lsg. Entfärbung!

4. Reaktionen von Nitrit mit Ammoniakderivaten

$$CO(NH_2)_2 + 2\ HNO_2 \rightarrow CO_2\uparrow + 3\ H_2O + 2\ N_2\uparrow$$

bzw.

$$NH_2SO_3H + HNO_2 \rightarrow H_2SO_4 + N_2\uparrow + H_2O$$

Außer mit NH$_3$ reagiert HNO$_2$ auch mit den Ammoniakderivaten unter N$_2$-Bildung. Diese Reaktion ist wichtig zur Entfernung von Nitriten aus der Analysenlösung, da Nitrate nur dann nachgewiesen werden können, wenn kein NO$_2^-$ zugegen ist. Ohne störende Nebenreaktionen werden in saurer Lösung Nitrite von Harnstoff CO(NH$_2$)$_2$ oder besser Amidoschwefelsäure NH$_2$SO$_3$H zerstört.

Zur Entfernung von NO$_2^-$ wird entweder der Sodaauszug oder die neutrale Lsg. der Analysensubstanz kalt mit einer Harnstofflsg. versetzt und ganz schwach angesäuert, oder es wird nicht ganz neutralisiert und tropfenweise Amidoschwefelsäurelsg. zugegeben, wobei sich NO$_2^-$ sehr schnell zersetzt.

5. Nachweis mit FeSO₄ (vgl. 3., S. 135)

$$[Fe(H_2O)_6]^{2+} + NO_2^- + 2\,H^+ \rightarrow [Fe(H_2O)_6]^{3+} + NO + H_2O$$
$$[Fe(H_2O)_6]^{2+} + NO \rightarrow [Fe(H_2O)_5NO]^{2+} + H_2O$$

Wie bei Nitrat, aber zum Unterschied zu diesem schon in schwach saurer Lösung bildet sich das b r a u n e Pentaaquanitrosyleisen-Kation.

Im Halbmikro-Maßstab wird 1 Tropfen der vorbereiteten Probelsg. auf der Tüpfelplatte mit 1 Tropfen 2,5 mol/l H$_2$SO$_4$ angesäuert und mit einem kleinen, mit 2,5 mol/l H$_2$SO$_4$ gewaschenen FeSO$_4$-Kristall versetzt. Eine B r a u n färbung um den FeSO$_4$-Kristall (Bildung von [Fe(H$_2$O)$_5$NO]$^{2+}$) zeigt NO$_2^-$ an.

EG: 2 µg HNO$_2$ pD 4,2

6. Nachweis mit Sulfanilsäure + α-Naphthylamin (Lunge-Reagenz)

Ganz allgemein reagiert freie HNO$_2$ mit primären aromatischen Aminen und ihren kernsubstituierten Derivaten (Diazotierung), wobei Diazoniumsalze entstehen, die sich in saurer Lösung mit primären und sekundären aromatischen Aminen, in alkalischer Lösung mit Phenolen zu intensiv farbigen Azofarbstoffen umsetzen (kuppeln). Bei Verwendung von obigem Reagenz wird die Sulfanilsäure diazotiert, und das entsprechende Diazoniumsalz setzt sich mit α-Naphthylamin zu einem roten Azofarbstoff um.

1 Tropfen der vorbereiteten Probelsg. wird mit je 1 Tropfen Eisessig, 1 Tropfen Sulfanilsäure-Lsg. und 1 Tropfen α-Naphthylamin-Lsg. auf der Tüpfelplatte vermischt. Eine R o t färbung zeigt NO$_2^-$ an.

EG: 0,01 µg NO$_2^-$ pD 6,7

Reagenz A: 1%ige Lsg. von Sulfanilsäure in 5 mol/l CH$_3$COOH.
Reagenz B: Gesättigte Lsg. von α-Naphthylamin in 5 mol/l CH$_3$COOH (ca. 3%ig)
Achtung: α-Naphthylamin ist giftig und wirkt krebserregend.

Salpetersäure und Nitrate

Konz. HNO$_3$ wirkt ätzend auf Haut und Schleimhäute. Ihre Dämpfe reizen die Augen und Atemwege. Betroffene Körperteile müssen sofort mit viel Wasser abgespült werden.

In der Technik wird die Salpetersäure, HNO$_3$, durch katalytische Verbrennung von Ammoniak zu Stickstoffoxiden (*Ostwald*-Verfahren) gewonnen. Früher wurde sie aus ihren Salzen mit Hilfe einer schwerer flüchtigen Säure dargestellt (zur Darst. s. 1).

Man unterscheidet hochkonz. Salpetersäure, etwa 95%ig, die durch Stickstoffdioxid meist gelb bis braun gefärbt ist, an der Luft NO$_2$-Dämpfe abgibt und daher rote rauchende Salpetersäure genannt wird. Weiterhin kennt man die gewöhnliche konz. Salpetersäure, 69%ig, und die verd. Salpetersäure, $c(\text{HNO}_3) = 2$ mol/l, $w(\text{HNO}_3) \approx 12\%$.

Genau wie bei der Salzsäure destilliert aus verd. Salpetersäure zunächst hauptsächlich Wasser, bis eine Konzentration von 69,2% erreicht ist. Aus einer hochkonzentrierten Säure destilliert zunächst Salpetersäure und NO$_2$ bis zu der gleichen Konzentration. Die 69,2%ige Säure besitzt einen Siedepunkt von 121,8°C. Ihre Konzentration lässt sich durch Destillation bei Atmosphärendruck nicht verändern, jedoch kann man der Säure durch konz. Schwefelsäure noch Wasser entziehen.

Salpetersäure ist eine starke Säure, die in wässriger Lösung dissoziiert vorliegt.

HNO$_3$ ist ein kräftiges Oxidationsmittel. Besonders konz. HNO$_3$ ist sehr aggressiv, da nicht das Nitration, sondern das undissoziierte Molekül diese Wirkung ausübt. Das Verhalten der Salpetersäure gegenüber Metallen ist daher je nach der Konzentration verschieden.

Die Nitrate sind besonders bei höheren Temperaturen starke Oxidationsmittel und werden daher als Bestandteile von Sprengstoffen benutzt. Beim Erhitzen zerfallen sie, und zwar die Erdalkali- und Alkalinitrate unter Bildung von Nitrit:

$$2 \text{ NaNO}_3 \rightarrow 2 \text{ NaNO}_2 + \text{O}_2$$

die Schwermetallnitrate in Oxid, Stickstoffdioxid und Sauerstoff:

$$2 \text{ Pb(NO}_3)_2 \rightarrow 2 \text{ PbO} + 4 \text{ NO}_2 + \text{O}_2 \quad \text{(s. S. 130)}.$$

Nitrat wird wie Nitrit im Sodaauszug nachgewiesen, da alle Nitrate wasserlöslich sind. Nur bei Gegenwart von Hg und Bi bilden sich bei der Herstellung des Sodaauszugs schwerer lösliche basische Nitrate, die im Rückstand verbleiben. In diesen Fällen wird entweder der Rückstand des Sodaauszuges oder – bei Abwesenheit von NO$_2^-$ – die Substanz direkt noch einmal auf NO$_3^-$ geprüft.

134 Die wichtigsten Nichtmetalle und einige ihrer Verbindungen

1. Darstellung von wasserfreier Salpetersäure

Salpetersäure, HNO_3

Smp. $-40\,°C$, Sdp. $84\,°C$

HNO_3 ist eine farblose Flüssigkeit, $D = 1{,}522$ g/cm^3. Bei Siedetemperatur unter Atmosphärendruck und bei Aufbewahrung am Licht tritt langsam Zersetzung ein:

R: 8-35
S: (1/2-)23-26-36-45

$2\ HNO_3 \rightarrow 2\ NO_2 + H_2O + \frac{1}{2} O_2$

NO_2 löst sich in HNO_3 und färbt sie gelb oder bei größeren Konzentrationen rot (rauchende Salpetersäure). 69%ige wässrige HNO_3 ist ein azeotropes Gemisch (s. S. 163)
Konz. HNO_3 wirkt stark ätzend und oxidierend.

$$KNO_3 + H_2SO_4 \rightarrow KHSO_4 + HNO_3$$

In einen mit 25 ml konz. H_2SO_4 beschickten, trockenen Destillationskolben (Abb. 1.12, S. 78) gibt man unter guter Kühlung 30 g sorgfältig getrocknetes, feingepulvertes KNO_3 und etwas $AgNO_3$ und lässt etwa 1 Std. verschlossen stehen. Dann wird vorsichtig destilliert und der zunächst übergehende, braun bis gelb gefärbte Vorlauf verworfen. Der bei 83–85 °C siedende Anteil besteht aus ziemlich reiner Cl$^-$-freier HNO_3, die nur ganz schwach gelb gefärbt ist; sobald das abtropfende Destillat anfängt, sich bräunlich zu färben, wird die Destillation abgebrochen.

Zur Darstellung größerer HNO_3-Mengen arbeitet man zweckmäßig mit Schliffgeräten (Abdichtung mit Polytetrafluorethylenfett, Hostaflonfett) und dest. wiederholt im Vakuum (Siedekapillare, Wasserbad, Schutzbrille); Sdp. 26 mbar 36–38 °C.

HNO_3 ist eine farblose Flüssigkeit, $\rho = 1{,}522$ g/ml. Bei Siedetemperatur unter Atmosphärendruck und Aufbewahrung im Licht tritt langsame Zersetzung ein:

$$2\ HNO_3 \rightarrow 2\ NO_2 + H_2O + {}^1\!/_2\ O_2$$

2. Zink mit HNO_3 unterschiedlicher Konzentration

a) Zink gibt mit konz. HNO_3 b r a u n e Dämpfe von NO_2:

$$Zn + 2\ NO_3^- + H^+ \rightarrow Zn^{2+} + 2\ NO_2\uparrow + 2\ H_2O$$

b) Zn mit einer Mischung von konz. HNO_3 mit 2 Teilen Wasser entwickelt fast f a r b l o s e Dämpfe von NO, die an der Luft b r a u n werden:

$$2\ NO_3^- + 8\ H^+ + 3\ Zn \rightarrow 3\ Zn^{2+} + 2\ NO\uparrow + 4\ H_2O$$

$$(2\ NO + O_2 \quad \rightarrow 2\ NO_2)$$

c) Bei Zusatz von verd. HNO_3 zu Zn entweicht Wasserstoff:

$$Zn + 2\ H^+ \rightarrow Zn^{2+} + H_2$$

Die Reaktion c geht nur mit „unedlen" Metallen. Edelmetall, wie Silber, Quecksilber und auch Kupfer werden nach a) oder b) aufgelöst, weil sie von Protonen nicht oxidiert werden können. (Näheres s. S. 34.)

Bei Gold und Platin reicht auch die oxidierende Wirkung der Salpetersäure nicht mehr aus. Daher kann man Gold und Silber durch Salpetersäure trennen

(Scheidewasser). Um Gold und Platin aufzulösen, fügt man zu einem Teil konz. Salpetersäure 3 Teile konz. Salzsäure. Eine solche Mischung nennt man **Königswasser**. Sie entwickelt langsam freies Chlor, das besonders reaktionsfähig ist, und Nitrosylchlorid (NOCl):

$$HNO_3 + 3\ HCl \rightarrow NOCl + 2\ H_2O + Cl_2$$

3. Nachweis mit FeSO$_4$ und konz. H$_2$SO$_4$ (Ringprobe)

$$2\ NO_3^- + 6\ Fe^{2+} + 8\ H^+ \rightarrow 2\ NO + 6\ Fe^{3+} + 4\ H_2O$$
$$[Fe(H_2O)_6]^{2+} + NO \rightarrow [Fe(H_2O)_5NO]^{2+} + H_2O$$

HNO$_3$ wird von FeSO$_4$ in saurer Lösung zu NO reduziert, wobei Fe(II) zu Fe(III) oxidiert wird. NO lagert sich an überschüssiges Fe^{2+} an und bildet den braun violetten Komplex Pentaaquanitrosyleisen(II).

a) 3 Tropfen der Probelsg. werden im Reagenzglas mit 3 Tropfen einer kalt gesätt., mit 1 Tropfen 2,5 mol/l H$_2$SO$_4$ angesäuerten FeSO$_4$-Lsg. versetzt und vorsichtig mit 18 mol/l H$_2$SO$_4$ unterschichtet, indem man die 18 mol/l H$_2$SO$_4$ an der inneren Wandung des schräg gehaltenen Reagenzglases herunterfließen lässt. An der Berührungszone wässrige Lsg./18 mol/l H$_2$SO$_4$ bildet sich je nach der NO$_3^-$-Konz. ein braunvioletter Ring.
b) Ein mit 2,5 mol/l H$_2$SO$_4$ gewaschener FeSO$_4$-Kristall wird auf der Tüpfelplatte mit 1 Tropfen 2,5 mol/l H$_2$SO$_4$, 2 Tropfen Probelsg. und 3 Tropfen 18 mol/l H$_2$SO$_4$ versetzt. Bei Gegenwart von NO$_3^-$ bildet sich um den Kristall eine braunviolette Zone.

EG: 3 µg NO$_3^-$ pD 4,0

4. Nachweis durch Reduktion in alkalischer Lösung zu NH$_3$

$$NO_3^- + 4\ Zn + 7\ OH^- + 6\ H_2O \rightarrow NH_3 + 4\ [Zn(OH)_4]^{2-}$$

Mit Laugen reagieren Zn und Al unter Wasserstoffentwicklung zu Hydroxokomplexen. Die Hydroxide von Zn und Al sind amphoter und lösen sich daher sowohl in Säuren als auch in Basen (s. S. 7). Zn reduziert NO$_3^-$ (oder NO$_2^-$) zu NH$_3$.

Man erwärmt eine Spatelspitze der nitrathaltigen Substanz mit 2 mol/l NaOH und 1 g Zinkstaub oder Devardascher Legierung (50% Cu, 45% Al, 5% Zn). NH$_3$-Geruch. Eventuell vorhandene NH$_4^+$-Salze müssen vorher durch Kochen mit Lauge entfernt werden.

5. Nachweis mit Lunge-Reagenz (s. S. 132)

2–3 Tropfen der nitritfreien Lsg. (s. S. 132) werden mit Na$_2$CO$_3$ neutralisiert, mit Eisessig angesäuert, auf der Tüpfelplatte mit je einem Tropfen Sulfanilsäurelsg. und α-Naphthylaminlsg. sowie etwas Zinkstaub versetzt. Eine sich langsam bildende Rotfärbung zeigt NO$_3^-$ an.

EG: 0,05 µg NO$_3^-$ pD 6,0

2.2.4.2 Phosphor, P, 30,97376; – III, + I, + III, + V; $3s^2\,3p^3$

0,12 Gew.-% der Erdrinde besetzen aus Phosphor. Der Phosphor wird in der Natur in Form der Phosphate, wie z. B. Phosphorit $Ca_3(PO_4)_2$, Apatit $Ca_5[(PO_4)_3(F,Cl)]$ gefunden. In den Knochen liegt er als Hydroxylapatit $Ca_5[(PO_4)_3(OH)]$ vor. Elementarer Phosphor wird aus Calciumphosphat, SiO_2 und Kohle dargestellt, wobei sich als Nebenprodukte Calciumsilicat und Kohlenoxide bilden. Es fällt hierbei weißer Phosphor an, der äußerst giftig und an der Luft leicht entzündlich ist. Die rote Modifikation ist stabil und wird in der Zündholzindustrie verwendet. Phosphate in der Oxidationsstufe + V dienen zu Düngezwecken.

Die beständigste Oxidationsstufe des Phosphors ist V. Deshalb wird Phosphor in der Natur als Phosphat gefunden. Ersetzt man nacheinander die OH-Gruppen der Phosphorsäure durch Wasserstoff, so erhält man die phosphorige Säure, H_3PO_3, und die hypophosphorige Säure, H_3PO_2. Da im H_3PO_3 ein Wasserstoff und im H_3PO_2 zwei Wasserstoffatome direkt an den Phosphor gebunden sind, sind im ersten Fall nur 2 und im letzten sogar nur ein Wasserstoff im Wasser abdissoziierbar. H_3PO_3 ist daher eine zweibasige und H_3PO_2 eine einbasige Säure. H_3PO_3 entsteht bei der Hydrolyse von Phosphortrichlorid, PCl_3, das aus den Elementen erhalten werden kann. PCl_3 geht bei Chlorüberschuss in PCl_5 über, das bei milder Hydrolyse Phosphoroxidchlorid gibt.

phosphorige Säure
(Phosphonsäure)

hypophosphorige Säure
(Phosphinsäure)

Phosphorsäure und Phosphate

Die Phosphorsäure oder genauer Orthophosphorsäure H_3PO_4 wird aus Phosphorit und Schwefelsäure oder Phosphorpentaoxid und Wasser dargestellt. Die Orthophosphorsäure hat die folgende Valenzstrichformel

cyclo-Metaphosphorsäure   Orthophosphorsäure

Die Salze der H_3PO_4 sind die Phosphate. Man unterscheidet primäre (NaH_2PO_4), sekundäre (Na_2HPO_4) und tertiäre Phosphate (Na_3PO_4).

Außer der Orthophosphorsäure kennt man noch eine Reihe höher aggregierter Phosphorsäuren bzw. Phosphate. Beim Erhitzen von primären Phosphaten oder Phosphorsalz ($NaNH_4HPO_4$) werden Metaphosphate (s. S. 211) erhalten.

$NaH_2PO_4 \rightarrow NaPO_3 + H_2O$

$NaNH_4HPO_4 \rightarrow NaPO_3 + NH_3 + H_2O$

In entsprechender Weise entstehen beim Erhitzen sekundärer Phosphate Di- oder Pyrophosphate:

Fortsetzung

$$2\,Na_2HPO_4 \rightarrow Na_4P_2O_7 + H_2O$$

Der zugrunde liegende Reaktionstyp wird **Kondensation** genannt, bei der sich zwei Moleküle oder Ionen unter Abspaltung eines einfachen Moleküls zu einem größeren Molekül oder Ion vereinigen (s. auch S. 227 und 243). Die Metaphosphate und auch die freien Metaphosphorsäuren bilden keine einfachmolekularen $[PO_3]^-$-Ionen, sondern liegen je nach den Versuchsbedingungen in oligomerer Ringform oder als Polymer vor.

In Wasser wandeln sich die Pyro- und Metaphosphate je nach dem pH-Wert der Lösung wieder mehr oder weniger langsam in Orthophosphate um.

In Wasser sind nur die Alkaliphosphate (außer Li_3PO_4) und die primären Erdalkaliphosphate leicht löslich. Die Phosphate aller anderen Metalle sind in neutraler Lösung schwerlöslich.

1. $AgNO_3$

Mit $AgNO_3$ bildet sich ein g e l b e r Niederschlag von Ag_3PO_4, der bereits in schwachen Säuren wie Essigsäure sowie in Ammoniak löslich ist.

2. $BaCl_2$

$BaCl_2$ erzeugt einen Niederschlag von w e i ß e m Bariumphosphat, das bei Fällung aus neutraler Lsg. vorwiegend aus sekundärem Phosphat, $BaHPO_4$, aus ammoniakalischer Lsg. dagegen aus tertiärem $Ba_3(PO_4)_2$ besteht, und in Essigsäure leicht löslich ist.

Ca^{2+} und Sr^{2+} verhalten sich ebenso wie Ba^{2+}. Phosphorsäure muss daher beim Kationentrennungsgang vor der Fällung der $(NH_4)_2S$-Gruppe entfernt werden, da sonst die Erdalkaliionen bereits mit den Elementen der $(NH_4)_2S$-Gruppe als Phosphate ausfallen würden. Zu ihrer Abtrennung eignen sich die in den Reaktionen 3, 4 und 7 beschriebenen Fällungen.

3. $FeCl_3$

$FeCl_3$ fällt w e i ß l i c h e s $FePO_4$. Bei Überschuss von Fe^{3+} wird dieses leicht in Form basischer Salze mitgerissen, so dass der Niederschlag meist g e l b l i c h w e i ß bis r o t b r a u n gefärbt ist. In Essigsäure ist $FePO_4$ löslich, wenn die Acidität der Lsg. nicht durch Natriumacetat abgestumpft wird. Ein Überschuss von Acetat wirkt infolge Bildung von basischen Acetatoeisen(III)-Komplexen in der Kälte lösend, beim Erhitzen wird die Fällung infolge Zerstörung der löslichen Komplexe durch Hydrolyse wieder vollständig. Da Erdalkaliionen unter diesen Bedingungen nicht ausgefällt werden, ist die Reaktion für die Abtrennung der Phosphorsäure im Kationentrennungsgang brauchbar.

4. Zinndioxid-Hydrat (Zinnsäure)

Zinndioxid-Hydrat vermag Phosphorsäure zu adsorbieren.

Man erhitze die Lsg. von etwas Dinatriumphosphat in 1 ml 14 mol/l HNO_3 in einer Porzellanschale unter portionsweiser Zugabe von 0,1 g chemisch reiner Zinnfolie oder granuliertem Zinn. Man engt noch etwas ein, verdünnt mit 10 ml Wasser und zentrifugiert nach dem Absetzen des Niederschlages. Das Zentrifugat ist nun frei von PO_4^{3-}. Die Fällung ist jedoch nur quantitativ, wenn keine Cl^--Ionen anwesend sind. Zur Abtrennung der Phosphorsäure im Kationentrennungsgang muss das Zentrifugat der H_2S-Gruppe daher mehrmals mit HNO_3 zur völligen Vertreibung von Cl^- eingedampft werden.

5. Nachweis mit Mg^{2+} in ammoniakalischer Lösung

Eine ammoniakalische, ammoniumchloridhaltige Lösung eines Magnesiumsalzes fällt auch aus sehr verd. Lösungen kristallines, bereits in schwachen Säuren leicht lösliches $MgNH_4PO_4 \cdot 6\ H_2O$ (vgl. 6, S. 195).

1 Tropfen der ammoniakalischen Probe-Lsg. wird auf dem Objektträger mit einem Körnchen NH_4Cl und danach mit einem Körnchen $MgCl_2$ versetzt. Es bilden sich charakteristische Kristalle (s. Kristallaufnahme Nr. 4). Ist der Niederschlag sehr fein, so fälle man um.

EG: 0,05 µg PO_4^{3-} pD 5,3.

6. Nachweis mit Ammoniummolybdat

$$H_2PO_4^- + 22\ H^+ + 3\ NH_4^+ + 12\ MoO_4^{2-} \rightarrow (NH_4)_3[P(Mo_{12}O_{40}) \cdot aq]\downarrow + 12\ H_2O$$

Ammoniummolybdatlösung fällt aus phosphathaltiger salpetersaurer Probelösung das gelbe Ammoniumsalz der 12-Molybdo-1-phosphorsäure, einer Heteropolysäure (s. S. 246). Auf 12 Atome Mo enthält sie nur 1 Atom P (Überschuss an Reagenzlösung!), Arsensäure gibt auch eine entsprechend schwerlösliche Verbindung (vgl. 14, s. S. 300). Zum Unterschied von Phosphorsäure entsteht sie aber erst beim Kochen. Da eine solche Unterscheidung aber sehr unsicher ist, muss die Arsensäure vor dem Nachweis auf Phosphate entfernt werden.

Kieselsäure muss ebenfalls vorher abgeschieden werden, da sie mit Molybdänsäure zwar lösliche, aber gelbe Heteropolysäuren bildet. Größere Mengen von Oxalsäure können die Fällung von Ammoniummolybdophosphat verhindern.

a) Etwa 10 mg Substanz werden mit 10 Tropfen 14 mol/l HNO_3 erwärmt, bis keine nitrosen Gase mehr entweichen (Oxidation reduzierender Ionen, die den Nachweis stören). Zu 5 Tropfen des HNO_3-sauren Zentrifugats werden weitere 5 Tropfen 14 mol/l HNO_3 und in der Kälte 10 Tropfen Reagenzlsg. zugegeben. Bei Gegenwart größerer PO_4^{3-}-Mengen entsteht in der Kälte innerhalb von 3 Min. eine g e l b e Fällung von $(NH_4)_3[P(Mo_{12}O_{40}) \cdot aq]$. Zur Unterscheidung, ob neben Molybdophosphat auch Molybdoarsenat ausgefallen ist, wird der gelbe Niederschlag in 5 mol/l NH_3 gelöst. Aus dieser Lsg. wird durch Zusatz von 5 Tropfen 0,1 mol/l $Mg(NO_3)_2$ und 5 Tropfen 5 mol/l NH_4Cl $Mg(NH_4)PO_4$ bzw. $Mg(NH_4)AsO_4$ ausgefällt (vgl. 13, S. 293).

Der abzentrifugierte und gewaschene Niederschlag wird mit 1 Tropfen 1 mol/l $AgNO_3$ befeuchtet. Bei Gegenwart von AsO_4^{3-} entsteht neben dem rein g e l b e n Ag_3PO_4 b r a u n e s Ag_3AsO_4, das die gelbe Farbe des Ag_3PO_4 mehr oder weniger überdeckt.
Reagenz: 100 g $(NH_4)_6Mo_7O_{24} \cdot 4\ H_2O$ + 200 g NH_4NO_3 + 70 ml 13,5 mol/l NH_3 mit Wasser auf 1 Liter aufgefüllt.

b) Mikrochemischer Nachweis als $(NH_4)_3[P(Mo_{12}O_{40}) \cdot aq]$: 1 Tropfen der HNO_3-sauren Lsg. wird auf dem Objektträger mit etwas festem NH_4NO_3 und danach mit einem Kristall Ammoniummolybdat versetzt. Es entstehen kleine g e l b e Würfel und Oktaeder. AsO_4^{3-} und SiO_3^{2-} stören die Reaktion (s. 14., S. 294 und 6., S. 122). (Kristallaufnahme Nr. 5).

EG: 0,05 µg PO_4^{3-} pD 5,3.

7. Nachweis als Zirconiumphosphat

$Zr(NO_3)_4$ oder $ZrOCl_2$ bildet selbst in stark saurer Lösung einen schwerlöslichen Niederschlag, der etwa der Zusammensetzung $Zr_3(PO_4)_4$ entspricht.

Der Niederschlag ist flockig und entsteht besonders in verd. Lsg. erst beim Erhitzen. Die Schwerlöslichkeit des Zirconiumphosphats kann auch zur Beseitigung der Phosphationen vor der Fällung der Kationen der $(NH_4)_2$S-Gruppe benutzt werden. Ein Überschuss von Zr stört den Nachweis der übrigen Ionen der $(NH_4)_2$S-Gruppe nicht.

8. Darstellung von Phosphortrichlorid, PCl_3

Phosphortrichlorid, PCl_3	T+ / C
Smp. $-111\,°C$; Sdp.$_{1013mbar}$ $74,8\,°C$	
Typisches Säurechlorid, PCl_3 bildet mit Wasser H_3PO_3 (Beste Darstellungsmethode für H_3PO_3)	R: 14-26/28-35-48/20 S: (1/2-)7/8-26-36/37/39-45

$$2\,P + 3\,Cl_2 \rightarrow 2\,PCl_3$$

Weißer Phosphor verbrennt in Cl_2 mit fahlgelber Flamme zu PCl_3, das durch überschüssiges Cl_2 zu PCl_5 oxidiert wird.

Man verwendet die auf S. 145 wiedergegebene Apparatur, die ganz allgemein zur Darstellung flüchtiger Chloride geeignet ist. Es handelt sich dabei um ein abgestuftes Rohr aus schwer schmelzbarem Geräteglas (besser Quarzglas), in dessen erweitertem Teil, der als Kondensationsraum für destillierende Stoffe dient, ein Kühlfinger ragt. Im engeren, heizbaren Teil des Rohres befindet sich ein Porzellanschiffchen mit dem weißen Phosphor. Es ist darauf zu achten, dass an der verjüngten Stelle des Reaktionsrohres keine Kondensation eintritt. Chloride, die bei Zimmertemp. flüssig sind, werden am Kühlfinger niedergeschlagen und fließen bei leicht schräger Lage des Rohres in das Sammelgefäß. An der Wandung des erweiterten Rohres niedergeschlagene Chloride lassen sich durch Erwärmung dieser Stelle leicht entfernen und an den Kühlfinger überführen.

Die trockene, leicht schräg gestellt Apparatur (vgl. Abb. 2.4) wird zur Luftverdrängung mit CO_2 gefüllt. Dann wird das mit 20 g weißem P (in kleinen Stücken und trocken) gefüllte Schiffchen in das Reaktions-Rohr eingeschoben und die eingedrungene Luft wieder durch CO_2 verdrängt. Nach Abstellen des CO_2-Stromes leitet man trockenes Cl_2 (Waschflasche mit konz. H_2SO_4) ein. Als Gaseinleitungsrohr wird zweckmäßig ein T-Stück verwendet, dessen beide Enden mit der CO_2- bzw. Cl_2-Entwicklungsanlage verbunden sind. Unter Feuererscheinung verbrennt der Phosphor. Bildet sich dabei ein weißes bis gelbgrünes Sublimat von PCl_5, so ist zu erwärmen und der Cl_2-Strom zu drosseln (ggf. mit CO_2 verdünnen). Entsteht dagegen ein gelbroter Beschlag von P, dann ist die Flamme zu verkleinern und der Cl_2-Strom zu verstärken. Das gebildete PCl_3 sammelt sich in der gekühlten Vorlage als farblose, schwere Flüssigkeit, die meist noch PCl_5 enthält. Nach Beendigung der Reaktion wird der Cl_2-Strom abgestellt und Cl_2 durch CO_2 verdrängt. Das Rohprodukt wird nach Zugabe von 0,5 g weißem Phosphor der fraktionierten Destillation (s. S. 298) unterworfen. Man trennt in 3 Fraktionen: den Vorlauf bis 72 °C, das Hauptdestillat zwischen 72 und 76 °C und den Nachlauf bis 78 °C. Vor- und Nachlauf werden nochmals gesondert destilliert, wobei die zwischen 72 und 76 °C übergehenden Anteile mit dem Hauptdestillat vereinigt werden; letzteres wird schließlich abermals destilliert und liefert reines PCl_3 (Sdp.$_{1013mbar}$ $74,5\,°C$).

Bei allen Operationen ist auf völligen Feuchtigkeitsausschluss zu achten!

Das typische Säurechlorid (PCl$_3$ ist eine leicht bewegliche Flüssigkeit, die an der Luft raucht, weil sehr leicht Hydrolyse zu H$_3$PO$_3$ eintritt:

$$PCl_3 + 3\,H_2O \rightarrow H_3PO_3 + 3\,HCl$$

9. Darstellung von Phosphorpentachlorid, PCl$_5$

Phosphor(V)-chlorid, PCl$_5$

Sublimation 160 °C.

PCl$_5$ ist eine weiße, häufig durch Cl$_2$ etwas grünlich gefärbte Kristallmasse, die oberhalb 100 °C ohne zu schmelzen zu sublimieren beginnt. Es wird durch wenig Wasser zunächst in POCl$_3$, mit mehr schließlich in H$_3$PO$_4$ umgewandelt. Bei 300 °C ist PCl$_5$ vollständig in PCl$_3$ und Cl$_2$ dissoziiert

R: 34-37
S: 7,8-26

$$PCl_3 + Cl_2 \rightleftharpoons PCl_5$$

Ein trockener Dreihalskolben wird mit einem weiten, bis auf den Boden reichenden Gaseinleitungsrohr, einem Tropftrichter und einem Gasableitungsrohr versehen. Man füllt den Kolben unter dem Abzug mit trockenem Cl$_2$, zieht dann das Einleitungsrohr in die Höhe und lässt sehr langsam aus dem Tropftrichter PCl$_3$ eintropfen. Man sorge dafür, dass jeder Tropfen erst dann in die Flasche kommt, wenn der vorhergehende sich völlig in festes PCl$_5$ umgewandelt hat. Anderenfalls ist zu befürchten, dass PCl$_3$ von festem PCl$_5$ umhüllt wird und sich damit der Reaktion entzieht. Ist alles PCl$_3$ verbaucht, wird noch einige Min. weiter Cl$_2$ eingeleitet.

PCl$_5$ ist eine weiße, häufig durch Cl$_2$ etwas grünlich gefärbte Kristallmasse, die oberhalb 100 °C ohne zu schmelzen sublimiert. Es wird durch wenig Wasser zunächst in POCl$_3$, dann in HPCl$_2$O$_2$ (Dichlorphosphorsäure) und mit mehr schließlich in H$_3$PO$_4$ umgewandelt. Bei 300 °C ist PCl$_5$ vollständig in PCl$_3$ und Cl$_2$ dissoziiert.

Analyse bei Gegenwart von Phosphorsäure

Da die Löslichkeit der Phosphate sehr unterschiedlich ist, muss die Prüfung auf PO$_4^{3-}$ je nach den vorliegenden Bedingungen an verschiedenen Stellen des Analysenganges erfolgen. Lösliche Phosphate können sowohl im mineralsauren Substanzauszug als auch im Sodaauszug nachgewiesen werden. Bei Anwesenheit von SiO$_4^{4-}$ und AsO$_4^{3-}$ erfolgt die PO$_4^{3-}$-Identifizierung erst nach dem Abrauchen der löslichen Kieselsäure und der quantitativen As$_3$S$_{3(5)}$-Fällung im Zentrifugat der H$_2$S-Gruppe. Zum Nachweis des PO$_4^{3-}$ eignen sich neben der Ausfällung als Zr$_3$(PO$_4$)$_4$ (s. 7, S. 139) die Bildung von MgNH$_4$PO$_4$-Kristallen (s. 5, S. 138) oder die Reaktion mit Ammoniummolybdat (s. 6, S. 138). Wird das salzsaure Zentrifugat der H$_2$S-Gruppe verwendet, muss H$_2$S verkocht und evtl. vorhandene Oxalsäure durch Zugabe von einigen Tropfen H$_2$O$_2$ entfernt werden.

Da die Phosphorsäure, wie schon erwähnt, den Gang der Analyse durch Bildung schwerlöslicher Phosphate von Mg, Ca, Sr und Ba in neutraler oder ammoniakalischer Lösung stört, muss sie vor Durchführung des Kationentrennungsganges entfernt werden. Die erwähnten Kationen fallen bei Gegenwart von Phosphorsäure mit der Ammoniumsulfidgruppe (s. S. 207) und gelangen nicht in den Teil des Trennungsganges, wo sie identifiziert werden müssten.

Bei Anwendung des Urotropinverfahrens (s. S. 208) muss so viel Fe^{3+} zugegeben werden, dass alles PO_4^{3-} als $FePO_4$ gefällt wird. Ist also der Nachweis von PO_4^{3-} positiv ausgefallen, so prüfe man das Zentrifugat des H_2S-Niederschlages nach Verkochen des Schwefelwasserstoffs und Oxidation durch einige Tropfen Salpetersäure zunächst auf Eisen. Ist sehr viel Eisen zugegen, dagegen wenig PO_4^{3-}, so unterbleibt ein Zusatz von $FeCl_3$. Ist das Umgekehrte der Fall, so setzt man einen der PO_4^{3-}-Menge entsprechenden Überschuss von $FeCl_3$ hinzu und fällt wie üblich mit Urotropin aus. Im Niederschlag befindet sich neben $Fe(OH)_3$, $Cr(OH)_3$, $Al(OH)_3$, $FeVO_4$ usw. die gesamte Phosphorsäure als $FePO_4$ oder auch als $CrPO_4$ bzw. $AlPO_4$. Sie stört den Nachweis dieser Kationen nicht, so dass wie gewöhnlich weitergearbeitet werden kann.

Bei der gemeinsamen Fällung der Ammoniumsulfidgruppe mit Ammoniak und $(NH_4)_2S$ ist es notwendig, die Phosphorsäure vorher abzuscheiden. Hierzu geeignet sind neben der Fällung mit $FeCl_3$ aus saurer, acetatgepufferter Lösung die Abscheidung mit Zinnsäure und als Zirconiumphosphat.

Die Fällung mit $FeCl_3$ aus schwach saurer Acetatlösung (s. 3., S. 137) ist dem Hydrolysenverfahren mit Urotropin ähnlich, denn zusammen mit $FePO_4$ fallen neben basischem Eisenacetat auch Chrom, Aluminium und Titan als basische Acetate aus. Die Fällung von Eisen und Aluminium ist jedoch in Gegenwart von Chrom häufig nicht vollständig, so dass die Fällung mit Urotropin vorzuziehen ist.

Zur Abscheidung der Phosphorsäure mit Zinnoxid-Hydrat (s. 4., S. 137) dampfe man zur Entfernung von H_2S und Cl^- das Zentrifugat der H_2S-Gruppe unter Zusatz einiger ml 14 mol/l HNO_3 zur Trockne ein, befeuchte die Trockensubstanz nochmals mit einigen Tropfen 14 mol/l HNO_3 und wiederhole die Operation, bis der Nachweis auf Cl^- negativ ausfällt. Dann nimmt man mit 10 ml 14 mol/l HNO_3 auf und verfährt weiter nach Rk. 4., S. 137. Wenn man richtig gearbeitet hat, ist das Zentrifugat frei von PO_4^{3-} und auch von Zinn. Sollte letzteres nicht der Fall sein, so muss es mit Schwefelwasserstoff entfernt werden. Dann wird wie üblich weitergearbeitet.

Am einfachsten ist die Abtrennung der Phosphorsäure durch Fällung als Zirconiumphosphat (s. 7., S. 139). Man erhitzt das Zentrifugat der H_2S-Gruppe zum Sieden und versetzt nach der Vertreibung von H_2S die heiße Lösung tropfenweise mit einer Lösung von $ZrOCl_2$. Zur Fällung von je 50 mg PO_4^{3-} genügen 15 ml 0,05 mol/l $ZrOCl_2$. Man zentrifugiert ab und versetzt das Zentrifugat nochmals mit 10 ml $ZrOCl_2$-Lösung, kocht kurz auf und zentrifugiert nach 5 Minuten. Das im Zentrifugat befindliche Zirconium scheidet sich bei der $NaOH$–H_2O_2-Trennung mit dem Fe(III) als $ZrO_2 \cdot$ aq bzw. $Zr_3(PO_4)_4$ ab.

In Metalllegierungen liegt Phosphor stets als Phosphid vor, und zwar meist in sehr kleinen Mengen. Um ihn nachzuweisen, werden 5–10 g Metall in konz. Salpetersäure gelöst, wobei das Phosphid zu Phosphat oxidiert wird. Nachweis des PO_4^{3-} wie üblich.

2.2.5 6. Hauptgruppe des PSE, Chalkogene

Die 6. Hauptgruppe des PSE enthält die Elemente Sauerstoff, O, Schwefel, S, Selen, Se, Tellur, Te, und Polonium, Po. Polonium ist ein kurzlebiges radioaktives Element und kommt nur in sehr geringen Mengen in der Uranpechblende vor.

Gemäß den allgemeinen Regeln (s. S. 9) ist die maximal mögliche Oxidationsstufe der Elemente +VI, die minimale −II. Sauerstoff, der wie jedes erste Element einer Hauptgruppe eine gewisse Sonderstellung einnimmt, kommt in den Oxidationsstufen +II (im OF_2), +I (O_2F_2), ±0 (elementar), −I (H_2O_2) und meist −II vor. Mit steigender Ordnungszahl nimmt der Metallcharakter der Elemente zu. Sauerstoff und Schwefel sind Nichtmetalle, Selen und Tellur kommen in einer metallischen und einer nichtmetallischen Modifikation vor. Mit steigender Ordnungszahl nehmen weiterhin die Stabilität der höchsten Oxidationsstufe und die thermische Beständigkeit der Wasserstoffverbindungen H_2X ab, die Säurestärke letzterer jedoch zu. Demnach gehen beim Schwefel die Verbindungen mit der Oxidationsstufe +IV leicht in die der Oxidationsstufe +VI über, beim Selen ist es schon umgekehrt.

2.2.5.1 Sauerstoff, O, 15,999; −II, −I, +I, +II, $2s^2 2p^4$

> Der Sauerstoff kommt frei in der Luft als O_2 und in Spuren als Ozon, O_3 sowie gebunden in den Oxiden und deren Abkömmlingen vor. 49,4 Gewichtsprozent der Erdrinde einschließlich der Luft- und Wasserhülle bestehen aus Sauerstoff. Er ist daher das verbreitetste Element auf der Erde.
>
> Sauerstoff wird technisch durch fraktionierte Destillation von verflüssigter Luft und durch fraktionierte Verflüssigung der Luft dargestellt. Im Laboratorium wird O_2 aus sauerstoffhaltigen Verbindungen durch elektrische, thermische oder chemische Einwirkung erhalten. In Oxiden hat der Sauerstoff die Oxidationsstufe −II.

1. Darstellung von O_2

Sauerstoff, O_2	O
Sdp. −183 °C	
Farbloses, brandförderndes geruchloses Gas, etwas schwerer als Luft	R: 8 S: (2−)17

a) *Durch thermische Zersetzung von Oxiden oder Peroxiden*

$$3\ MnO_2 \rightarrow Mn_3O_4 + O_2\uparrow$$
$$2\ BaO_2 \rightarrow 2\ BaO + O_2$$

Einige Oxide spalten beim Erhitzen Sauerstoff ganz oder teilweise ab.

In trockenen, schwer schmelzbaren Reagenzgläsern erhitze man nacheinander 0,5 g Bleidioxid (PbO_2), Mangandioxid (MnO_2) und Bariumperoxid (BaO_2). Es entwickelt sich

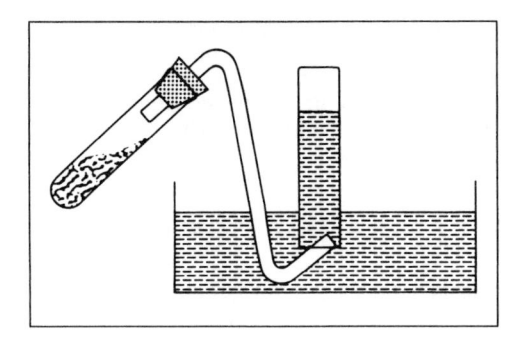

Abb. 2.3: Versuchsanordnung zur O_2-Darstellung

ein farbloses Gas. Taucht man in den oberen Teil des Reagenzglases einen glühenden Span, so entflammt er; das Gas ist Sauerstoff. Sauerstoff unterhält die Verbrennung.

b) *Aus Kaliumchlorat*

$$2\ KClO_3 \rightarrow 2\ KCl + 3\ O_2\uparrow$$

In der Hitze zersetzt sich Kaliumchlorat, $KClO_3$, in Gegenwart von Braunstein, MnO_2.

Der Braunstein wirkt in der Hauptsache reaktionsbeschleunigend. Einen solchen Vorgang nennt man Katalyse (Erklärung s. S. 107).

Die Reaktion wird in einem schwer schmelzbaren trockenen Reagenzglas oder einem Kölbchen mit angeschlossenem Rohr ausgeführt, dessen Ende unter einen mit Wasser gefüllten und in einer pneumatischen Wanne stehenden Zylinder taucht (Abb. 2.3). Das Reagenzglas wird mit einer innigen Mischung von 5 g Kaliumchlorat und 0,5 g Braunstein gefüllt und nach Verschließen erhitzt (**Vorsicht!** Der Braunstein muss gut getrocknet und in fein vermahlenem Zustand eingesetzt werden. Ist er nass, so bilden sich im oberen Teil des Reagenzglases Wassertropfen, die beim Herunterfließen ein Zerspringen des heißen Glases bewirken). Nachdem die Sauerstoffentwicklung in Gang gekommen und die Luft verdrängt ist, werden einige Zylinder mit Sauerstoff gefüllt und mit einem Glasdeckel verschlossen. Nach Beendigung des Versuches ist zuerst das Rohr aus der pneumatischen Wanne zu entfernen, dann kann die Flamme gelöscht werden. Andernfalls steigt Wasser zurück und zersprengt das heiße Reagenzglas.

Vorsicht: $KClO_3$ **bildet mit oxidierbaren Substanzen höchst explosive Mischungen!**

2. Reaktionen mit O_2

$$S + O_2 \rightarrow SO_2\uparrow$$
$$C + O_2 \rightarrow CO_2\uparrow$$
$$3\ Fe + 2\ O_2 \rightarrow Fe_3O_4$$
$$4\ Fe + 3\ O_2 \rightarrow 2\ Fe_2O_3$$

Eine Anzahl von Elementen reagiert mit Sauerstoff besonders bei höheren Temperaturen unter Bildung von Oxiden, z. B. verbrennt Schwefel zu Schwefeldioxid, Kohlenstoff zu Kohlendioxid und Eisen teils zu schwarzem Fe_3O_4, und teils zu rotem Eisen(III)-oxid.

In einem eisernen Löffelchen wird etwas Schwefel so hoch erhitzt, dass er zu brennen anfängt. Dann tauche man ihn in einen Zylinder, der mit Sauerstoff gefüllt ist. Der Schwefel verbrennt mit hellblau leuchtender Flamme, wobei das stechend riechende, gasförmige Schwefeldioxid entsteht. Analog zu diesen Versuchen werden glühende Kohle und glühender Blumendraht im reinen Sauerstoff unter Feuererscheinung oxidiert.

2.2.5.2 Schwefel, S, 32,06; – II, – I, + I, + II, + IV, + VI, $3s^2\ 3p^4$

Schwefel kommt in der Natur elementar und gebunden als Sulfid, Disulfid und Sulfat vor. Reiner elementarer Schwefel wird durch Herausschmelzen aus schwefelhaltigen Gesteinen, durch Oxidation von Schwefelwasserstoff, H_2S, oder durch Reduktion von Schwefeldioxid, SO_2, mit Kohle gewonnen. Elementarer Schwefel wird zur Schädlingsbekämpfung, zum Vulkanisieren, zur Darstellung von Schwefelsäure und Kohlenstoffdisulfid u. a. verwendet.

Modifikationen des Schwefels

Elementarer fester Schwefel bildet bis 95,6 °C rhombische Kristalle, sog. α-Schwefel, darüber bis zum Schmelzpunkt monokline Kristalle, sog. β-Schwefel. Dieser schmilzt bei schnellem Erhitzen bei 119,3 °C zu hellgelbem, dünnflüssigem λ-Schwefel. Sowohl α- und β- als auch λ-Schwefel bestehen aus ringförmigen S_8-Molekülen. In der Schmelze setzt bei 159 °C Ringöffnung zu kettenförmigen S_8-Molekülen ein, und dadurch erfolgt Polymerisation zu langen S_n-Ketten (n ≈ 100 000 bei 200 °C). Die zähe Schmelze enthält daneben noch größere Anteile Ringmoleküle, z. B. S_6, S_7, S_8, S_{12} u. a., und wird als μ-Schwefel bezeichnet. Abschrecken der Schmelze gibt den „plastischen Schwefel". Bei höherem Erhitzen wird die Schmelze wieder dünnflüssiger wegen abnehmender Kettenlänge. Im Dampf liegen beim Siedepunkt, 444,7 °C, S_8-, S_7- und S_6-Ringe neben wenig S_4-, S_3- und S_2-Molekülen vor. Mit steigender Temperatur überwiegen die kleineren Moleküle, und oberhalb 1800 °C beginnt die Dissoziation in Atome.

Allotropie, Polymorphie

Bildet ein Element verschiedene Zustandsformen (Modifikationen), spricht man von Allotropie. Allotrope des Sauerstoffs sind O_2 und O_3, des Schwefels, z. B. α- und β-Schwefel oder beim Kohlenstoff Diamant und Graphit. Treten bei einer Verbindung verschiedene Modifikationen auf, spricht man von Polymorphie.

1. Modifikationen des Schwefels

Man fülle ein nicht zu enges, schwer schmelzbares Reagenzglas zu etwa einem Drittel seiner Höhe mit gepulvertem Schwefel und erhitze allmählich. Der Schwefel schmilzt zunächst bei 114,5 °C zu einer goldgelben Flüssigkeit. Bei weiterem Erhitzen wird diese von 160 °C an immer dunkler und zähflüssiger, bis man schließlich bei 200–250 °C ein zähes Harz erhält, so dass man das Reagenzglas umkehren kann, ohne dass der Schwefel ausfließt. Erhitzt man weiter bis fast zum Sieden (Sdp. 444,6 °C), so wird die Schmelze wieder dünnflüssig. Man gieße einen Teil in dünnem Strahl in eine mit Wasser gefüllte Schale. Der Schwefel erstarrt zu einer braunen, kautschukartig dehnbaren Masse, sog. „plastischem Schwefel". Den anderen Teil lasse man langsam erkalten. Sobald sich eine Kristallhaut gebildet hat, durchsteche man diese mit einer Nadel und gieße die restliche noch flüssige Masse ab. Die im Reagenzglas zurückbleibenden durchsichtigen Kristalle von β-Schwefel werden nach einiger Zeit unter Bildung von α-Schwefel trübe.

6. Hauptgruppe des PSE, Chalkogene

2. Reaktion des Schwefels mit Metallen

$$Cu + S \rightarrow CuS$$

Schwefel verbindet sich beim Erhitzen leicht mit Metallen, z. B. reagiert S mit Kupfer zu Kupfersulfid.

Man msicht 1 g Cu-Pulver mit 2 g S-Pulver, füllt in ein trockenes Reagenzglas und erhitzt. Unter Glühen tritt Reaktion ein.

3. Reaktion des Schwefels mit Nichtmetallen

a) Sauerstoff

$$S + O_2 \rightarrow SO_2\uparrow$$

Mit Sauerstoff reagiert S bei höherer Temperatur. Es entsteht dabei Schwefeldioxid.

Man erhitze ein kleines Stückchen S bis zum Schmelzen. An der Luft fängt es unter Bildung des stechend riechenden Dioxids Feuer.

b) Chlor

$$2\,S + Cl_2 \rightarrow S_2Cl_2$$

S reagiert bei erhöhter Temperatur mit Cl_2 unter Bildung von S_2Cl_2, das wegen seiner Fähigkeit, bis zu 67% S zu lösen, bei der Kautschukvulkanisation eine Rolle spielt.

In der leicht schräg gestellten Apparatur (vgl. Abb. 2.4) wird nach Verdrängen der Luft durch trockenes Cl_2 der im Schiffchen befindliche Schwefel im Cl_2-Strom vorsichtig erhitzt. In der gekühlten Vorlage sammelt sich ein mehr oder weniger dunkelrotes Öl. Die Chlorierung wird unterbrochen, wenn noch nicht aller Schwefel verbraucht ist. Das Rohprodukt wird unter Zusatz von etwas Schwefel destilliert; S_2Cl_2 siedet unter Atmosphärendruck bei

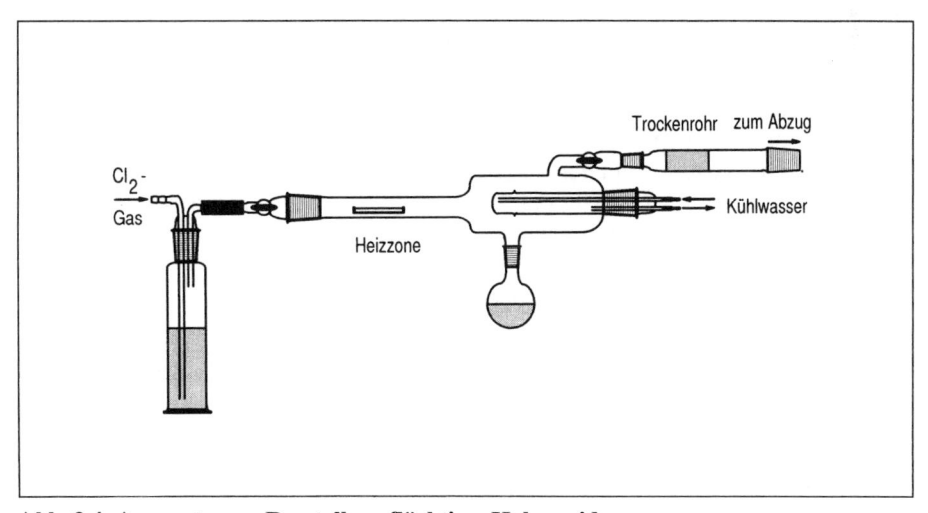

Abb. 2.4: Apparatur zur Darstellung flüchtiger Halogenide

137–138 °C. S_2Cl_2 ist eine g e l b e , ölige Flüssigkeit und riecht erstickend widerlich. Weniger reine Produkte sind durch SCl_2 orange bis rötlich gefärbt. Mit Wasser zersetzt sich S_2Cl_2 unter Disproportionierung (s. S. 34) zu HCl, SO_2 und H_2S.

$$S_2Cl_2 + 2\ H_2O \rightarrow 2\ HCl + SO_2 + H_2S$$

Schwefelwasserstoff und Sulfide

> Schwefelwasserstoff, H_2S, wird am besten aus säurezersetzlichen Sulfiden und Salzsäure dargestellt. Bei genügender Sauerstoffzufuhr verbrennt er mit blauer Flamme zu Wasser und Schwefeldioxid.
>
> $$2\ \overset{-II}{H_2S} + 3\ O_2 \rightarrow 2\ H_2O + 2\ \overset{+IV}{S}O_2$$
>
> Bei Zimmertemperatur (20 °C) lösen sich etwa 4 g H_2S in einem Liter Wasser, wobei H_2S als schwache zweibasige Säure wirkt:
>
> $$H_2S \rightleftharpoons H^+ + HS^- \rightleftharpoons 2\ H^+ + S^{2-}$$

1. Darstellung von Schwefelwasserstoff

> **Schwefelwasserstoff, H_2S**
>
> Sdp. $-60{,}7\,°C$; Smp. $-85{,}5\,°C$.
>
> Sehr giftiges, farbloses, sehr leicht entzündliches Gas, bildet mit Luft explosionsfähiges Gemisch. Schwerer als Luft. In bestimmten Konzentrationen Geruch nach faulen Eiern.
>
> R: 14-34-37-50
> S: (1/2-)26-45-61
>
> **Vernichtung:** Einleiten in KI_3-Lösung. Einleiten in NaOCl-Lösung, Verbrennen zu SO_2

$$FeS + 2\ HCl \rightarrow FeCl_2 + H_2S\uparrow$$

Diese Darstellungsart kann mit Hilfe eines Kippschen Apparats (s. S. 104) in Laboratorien angewandt werden, sofern keine H_2S-Stahlflasche zur Verfügung steht. H_2S wird für zahlreiche analytische Fällungen gebraucht, da der Gang der qualitativen Analyse zu einem wesentlichen Teil auf der verschiedenen Löslichkeit der Metallsulfide beruht.

2. Reaktion des H_2S mit Metallsalzen

Man gebe zu $CuSO_4$-, $Pb(NO_3)_2$-, $ZnSO_4$-Lsgg. H_2S-Wasser hinzu. Niederschläge, die bei den beiden ersten Salzen s c h w a r z und bei $ZnSO_4$ w e i ß aussehen. Bei den ersteren entstehen die Niederschläge auch, wenn mit Salzsäure schwach angesäuert wird.

3. Oxidation des H_2S mit Iod

$$H_2S + I_2 \rightarrow 2\ HI + S\downarrow$$

Schwefelwasserstoff verbrennt nicht nur bei höherer Temperatur, er wird auch leicht in wässriger Lösung oxidiert und ist also ein Reduktionsmittel.

Man versetze etwas Iodlsg. mit H_2S-Wasser. Es tritt Entfärbung ein, und Schwefel wird frei, der in sehr feiner Verteilung als milchige Trübung zu erkennen ist.

4. Nachweis von H_2S als PbS

Durch Hydrolyse wasserlöslicher Sulfide sowie beim Behandeln von schwerlöslichen Sulfiden mit HCl oder H_2SO_4 entsteht H_2S, das einmal am Geruch (noch 0,2 µg H_2S sind durch den Geruch feststellbar) oder besser durch ein in den Gasraum gehaltenes, mit Bleiacetatlösung getränktes Filterpapier infolge Bildung von s c h w a r z e m PbS identifiziert wird.

Manche Sulfide sind in diesen Säuren nicht zersetzlich, z. B. HgS, As_2S_3. Zum Nachweis von Sulfidionen in diesen Verbindungen reduziert man HgS mit Zn in saurer Lösung, z. B.:

$$HgS + Zn + 2\,H^+ \rightarrow Hg\downarrow + Zn^{2+} + H_2S$$

Um Sulfidionen nachzuweisen, gebe man etwas verkupfertes Zink in ein Reagenzglas, bedecke es mit der zu prüfenden schwerlöslichen Substanz und füge 1–2 ml 5 mol/l HCl hinzu.

Auf ähnliche Weise kann man aus dem Rückstand des Sodaauszuges (s. S. 175), in dem sich Ag_2S und HgS befinden können, die Sulfidionen nachweisen. Andere schwerlösliche, jedoch von Soda angreifbare Sulfide, wie As_2S_3 und MoS_3, werden nach Ansäuern und Abfiltrieren bzw. Zentrifugieren wie oben nachgewiesen.

Zur Ausführung werden im Reagenzglas mit aufgesetztem Gärröhrchen 10 Tropfen der auf S^{2-} zu prüfenden Lsg. bzw. 5–10 mg der festen Substanz (CdS-Fällung, Rückstand des Sodaauszuges oder die beim Ansäuern des Sodaauszugs auftretende Fällung) mit 1 ml 5 mol/l HCl erwärmt. Bei wasser- und säurelösl. Sulfiden entsteht H_2S, das in die mit 1 ml 0,1 mol/l $Na_2[Pb(OH)_4]$ (wird in alkalischer Bleiacetat-Lsg. gebildet) beschickte Vorlage übergetrieben und als PbS nachgewiesen wird. Bei säureschwerlösl. Sulfiden wird vor der HCl-Zugabe eine kleine Spatelspitze S-freies Zn-Pulver (Blindprobe!) zugefügt.

pD 4,1 als Tüpfelreaktion bzw. Gasreaktion mit feuchtem $Pb(CH_3COO)_2$-Papier.

Lässt man HCl und Zn direkt auf die Analysensubstanz einwirken, so ist die Bildung von H_2S nicht spezifisch für S^{2-}-Ionen, da unter diesen Bedingungen SO_3^{2-}, $S_2O_3^{2-}$, SO_4^{2-}, SCN^- und elementarer S ebenfalls H_2S bilden.

Schwefeldioxid, schweflige Säure und Sulfite

> Schwefeldioxid SO_2 wird in der Technik hauptsächlich durch Verbrennen von Schwefel oder durch Abrösten von Sulfiden gewonnen:
> $$4\,FeS_2 + 11\,O_2 \rightarrow 2\,Fe_2O_3 + 8\,SO_2\uparrow$$
> Der Schwefel hat im SO_2 die Odxidationsstufe +IV. Es ist ein farbloses, stechend riechendes und leicht bei $-10\,°C$ zu verflüssigendes Gas, das in Wasser leicht löslich ist.
> Die wässrige Lösung reagiert sauer. Sie enthält hauptsächlich hydratisiertes SO_2 mit HSO_3^--Ionen im Gleichgewicht. Die Säure H_2SO_3 ist in Wasser nicht nachweisbar. Bei allen Versuchen, den Wasserüberschuss zu entziehen, bildet sich das Anhydrid

Die wichtigsten Nichtmetalle und einige ihrer Verbindungen

Fortsetzung

SO$_2$. Beim Abkühlen kristallisiert das SO$_2$-Hydrat aus. Im HSO$_3^-$-Ion ist das H-Atom am Schwefel gebunden. Ob in wässriger Lösung daneben eine tautomere Form mit einer OH-Gruppe existiert, ist fraglich.

In Lösungen mit pH > 8 liegen Sulfitionen, SO$_3^{2-}$, vor. Beim Ansäuern konzentrierter Lösungen entstehen unsymmetrische Disulfit-Anionen, die keine Sauerstoffbrücken besitzen wie gewöhnliche Pyrosäuren (dargestellt ist nur eine mesomere Grenzform!)

$$2\,[\mathrm{SO_3}]^{2-} + 2\,\mathrm{H}^+ \rightleftharpoons 2\,[\mathrm{H{-}SO_3}]^- \rightleftharpoons [\mathrm{O_3S{-}SO_3}]^{2-} + \mathrm{H_2O}$$

Schweflige Säure bildet demnach drei Reihen von Salzen: Sulfite, z. B. Na$_2$SO$_3$, Natriumsulfit; Hydrogensulfite, z. B. CsHSO$_3$, Caesiumhydrogensulfit; und daraus durch Erhitzen oder Eindampfen konz. Lösungen hergestellte Disulfite (Pyrosulfite), z. B. Na$_2$S$_2$O$_5$, Natriumdisulfit.

1. Darstellung von SO$_2$

Schwefeldioxid, SO$_2$ T

Sdp. $-10\,°C$; Smp. $-72{,}7\,°C$

Farbloses, giftiges, wasserlösliches, stechend riechendes Gas, schwerer als Luft, zieht Feuchtigkeit aus der Luft an.
R: 23-34
S: (1/2-)9-26-36/37/39-45

Vernichtung: Einleiten in NaOH und Oxidation mit H$_2$O$_2$.

Schwefeldioxid ist ein farbloses, giftiges, wasserlösliches Gas, das Feuchtigkeit aus der Luft anzieht. Es reizt die Haut und die Atemwege.

a) Aus Natriumsulfit

$$\mathrm{Na_2SO_3 + 2\,HCl \rightarrow 2\,NaCl + SO_2\!\uparrow + H_2O}$$
$$\mathrm{SO_3^{2-} + 2\,H^+ \rightleftharpoons SO_2 \cdot H_2O \rightleftharpoons H_2O + SO_2\!\uparrow}$$

Man versetze im Reagenzglas eine Na$_2$SO$_3$-Lsg. mit Salz- oder Schwefelsäure. Geruch nach SO$_2$.

b) Aus Schwefelsäure

$$\mathrm{Cu + H_2SO_4 + 2\,H^+ \rightarrow Cu^{2+} + 2\,H_2O + SO_2\!\uparrow}$$

Schwefeldioxid bildet sich auch durch Reduktion von konz. Schwefelsäure.

Man erhitze ein Stückchen Kupfer mit konz. H$_2$SO$_4$. Geruch nach SO$_2$.

Beide Methoden werden zur Darstellung von SO$_2$ im Laboratorium benutzt.

2. Reduktionswirkung des H_2SO_3

$$I_2 + 2\,H_2O + SO_2 \rightarrow 2\,HI + H_2SO_4$$

Schweflige Säure ist ein starkes Reduktionsmittel; sie wird zu Schwefelsäure oxidiert, z. B. werden von SO_2 oder Sulfiten CrO_4^{2-} zu Cr^{3+}, Fe^{3+} zu Fe^{2+}, $HgCl_2$ zu Hg_2Cl_2 und Hg usw. reduziert. Eine Iodlösung wird von SO_2 oder Sulfiten entfärbt.

3 Tropfen des Sodaauszuges werden mit 2 mol/l HCl schwach angesäuert und tropfenweise mit 0,1 mol/l KI_3 und 3 Tropfen Stärkelsg. versetzt. Die b l a u e Iodstärkeverbindung wird entfärbt. S^{2-}, $S_2O_3^{2-}$, AsO_3^{3-}, CN^-, SCN^- und $[Fe(CN)_6]^{4-}$ reduzieren I_2 ebenfalls in salzsaurer Lösung.

3. Oxidationswirkung des H_2SO_3

$$3\,Zn + SO_2 + 6\,H^+ \rightarrow H_2S\uparrow + 3\,Zn^{2+} + 2\,H_2O$$
$$6\,Sn^{2+} + 2\,SO_2 + 8\,H^+ + 30\,Cl^- \rightarrow SnS_2 + 5\,[SnCl_6]^{2-} + 4\,H_2O$$

Stärkere Reduktionsmittel reduzieren HSO_3^- in saurer Lösung zu H_2S.

4. Nachweis mit $ZnSO_4 + K_4[Fe(CN)_6] + Na_2[Fe(CN)_5NO] \cdot 2\,H_2O$

Es bildet sich ein r o t e r Niederschlag, der $[Fe(CN)_5NOSO_3]^{4-}$ enthält.

Zum Nachw. von SO_3^{2-} gebe man zu einigen ml einer kaltgesättigten $ZnSO_4$-Lsg. das gleiche Volumen einer verd. $K_4[Fe(CN)_6]$-Lsg. und einige Tropfen einer 1%igen Natriumpentacyanonitrosylferrat-Lsg. ($Na_2[Fe(CN)_5NO] \cdot 2\,H_2O$) und füge dann die zu untersuchende, neutrale Lsg. hinzu.

5. Nachweis nach Oxidation als $BaSO_4$

$$HSO_3^- + Ba^{2+} + H_2O_2 \rightarrow BaSO_4\downarrow + H^+ + H_2O$$

Sulfitionen werden durch H_2O_2 zu Sulfationen oxidiert und mit Ba^{2+} gefällt.

Zum Nachw. von SO_3^{2-} neben SO_4^{2-} fällt man aus neutraler oder schwach ammoniakalischer Lsg. mit $BaCl_2$-Lsg. $BaSO_3$ und $BaSO_4$ gemeinsam aus. Nach dem Abzentrifugieren löst man aus dem Niederschlag mit 2 mol/l HCl das $BaSO_3$ heraus und zentrifugiert vom ungelöst zurückbleibenden $BaSO_4$ ab. Beim Versetzen des Zentrifugats mit einigen Tropfen H_2O_2 beweist das erneute Auftreten eines $BaSO_4$-Niederschlags die Anwesenheit von Sulfit.

6. Nachweis mit Formaldehyd

$$Na_2SO_3 + HCHO + H_2O \rightarrow [HCH(OH(SO_3)]^- + 2\,Na^+ + OH^-$$

Formaldehyd reagiert mit SO_3^{2-} zu Additionsverbindungen. Die gebildeten OH^--Ionen werden mit Hilfe von Phenolphthalein nachgewiesen.

Die genau neutralisierte Lsg. des Sulfits wird mit einigen mol einer 1%igen Formaldehyd-Lsg. versetzt und die nach obiger Gleicher gebildeten OH^--Ionen mit Hilfe von Phenolphthalein nachgewiesen. Bei Anwesenheit von SO_3^{2-} schlägt der Indikator nach t i e f r o t um. $S_2O_3^{2-}$ stört nicht.

pD 3,7

7. Reaktion mit $BaCl_2$, $SrCl_2$

Weißer Niederschlag von $BaSO_3$ bzw. $SrSO_3$, leicht löslich in Säuren.

Häufig wird sich der Niederschlag in Säuren nicht vollständig auflösen. Dies deutet darauf hin, dass die Sulfitlösung bereits teilweise zu Sulfat oxidiert war. $BaSO_4$ und $SrSO_4$ sind aber in Säuren sehr schwer löslich. Man verwende daher zu dieser Reaktion nur eine frisch, am besten durch Einleiten von SO_2 in NaOH hergestellte Sulfitlösung.

Die Sulfite der Alkalien lösen sich leicht in H_2O, während alle anderen Sulfite mehr oder weniger schwer löslich sind. Von Na_2CO_3-Lösung werden jedoch alle Sulfite zu löslichem Natriumsulfit umgesetzt.

Schwefelsäure und Sulfate

> Schwefelsäure, H_2SO_4, wird meist nach dem Kontaktverfahren (Kontakt = Katalysator) von *Knietsch* dargestellt, wobei ein SO_2-Luft-Gemisch über Katalysatoren (Vanadiumverbindungen, z. B. V_2O_5) geleitet wird:
>
> $$2\,SO_4 + O_2 \rightleftharpoons 2\,SO_3 - 191{,}2\text{ kJ/mol}$$
>
> Das entstandene Schwefeltrioxid wird in Schwefelsäure eingeleitet und diese Lösung dann mit Wasser verdünnt.
>
> Schwefelsäure ist eine starke Säure. Eine Grenzform ihrer Struktur (in wässriger Lösung) ist:
>
> $$\left[\underset{\underset{\underline{\underline{O}}}{\|}}{\overset{\overset{\underline{\underline{O}}}{\|}}{\underline{\underline{|O}}^{\ominus}-S-\underline{\underline{O}}-H}}\right]^{\ominus} + H_3O^{\oplus} \underset{}{\overset{H_2O}{\rightleftharpoons}} \left[\underset{\underset{\underline{\underline{O}}}{\|}}{\overset{\overset{\underline{\underline{O}}}{\|}}{\underline{\underline{|O}}^{\ominus}-S-\underline{\underline{O}}|^{\ominus}}}\right]^{2-} + 2\,H_3O^{\oplus}$$
>
> Sie ist im Gegensatz zu anderen Säuren schwerflüchtig und siedet als 98,3%ige Säure bei 338 °C. Man unterscheidet 1. verd. Schwefelsäure (meist 1 mol/l), 2. konz. (98,3%ig bzw. 18 mol/l) und 3. Oleum oder rauchende Schwefelsäure (eine Lösung von SO_3 in H_2SO_4). In der Technik wird H_2SO_4 zur Herstellung von Düngemitteln, zur Sulfonierung und zur Darstellung von Mineralsäuren verwendet. Konz. H_2SO_4 zieht Wasser an und dient deshalb als Trockenmittel. In der Wärme ist konz. H_2SO_4 ein Oxidationsmittel.

1. Wasserentziehende Wirkung von konzentrierter H_2SO_4

Konz. H_2SO_4 vermag sogar organische Verbindungen in Wasser und Kohlenstoff zu zersetzen. So wird z. B. im Holz die Cellulose zersetzt:

$$(C_6H_{10}O_5)_x \rightarrow 6x\,C + 5x\,H_2O$$

Beim Arbeiten mit konz., besonders mit heißer H_2SO_4, ist äußerste Vorsicht geboten, da von dieser Haut, Kleider und Bücher zerstört werden.

Man werfe einen Holzspan in konz. H_2SO_4. Er schwärzt sich allmählich, schneller bei gelindem Erwärmen.

2. Verhalten von H_2SO_4 gegen Zn

a) Verdünnte H_2SO_4

$$Zn + 2\,H^+ \rightarrow Zn^{2+} + H_2\uparrow$$

In einem Reagenzglas übergieße man technisches Zink mit verd. Schwefelsäure. Es entweicht Wasserstoff, der durch Anzünden nachgewiesen wird. Dabei muss man darauf achten, dass sich kein H_2/Luft-Gemsich bildet (Knallgas!)

b) *Konzentrierte H_2SO_4*

$$Zn + H_2SO_4 + 2\,H^+ \rightarrow Zn^{2+} + SO_2\uparrow + 2\,H_2O$$
$$2\,Al + H_2SO_4 + 6\,H^+ \rightarrow 2\,Al^{3+} + S + 4\,H_2O$$

Heiße konz. Schwefelsäure wirkt völlig anders als verdünnte. Je nach dem angewandten Metall entsteht nur SO_2 (Cu oder Fe) oder daneben auch freier Schwefel (Al oder Zn).

Technisches Zink wird mit k o n z. Schwefelsäure übergossen. Es tritt keine Reaktion ein, da konz. H_2SO_4 praktisch keine Wasserstoffionen enthält. Man erwärme bis zur Gasentwicklung. Es entsteht SO_2, erkennbar am Geruch, und Schwefel, der sich in den kälteren Teilen des Reagenzglases als Tröpfchen absetzt.

3. Nachweis als $BaSO_4$

$$Ba^{2+} + SO_4^{2-} \rightarrow BaSO_4\downarrow$$

Abgesehen von einigen basischen Sulfaten, z.B. des Bi(III), Cr(III), Hg(II), und von $BaSO_4$, $SrSO_4$, $CaSO_4$ und $PbSO_4$ sind alle anderen Sulfate in Wasser löslich. Während die basischen Sulfate auf Zusatz von Säuren schnell in Lösung gehen, löst sich $BaSO_4$ in konz. HCl nur spurenweise. $SrSO_4$ löst sich in konz. HCl bei längerem Kochen merklich, und $CaSO_4$ und $PbSO_4$ gehen unter diesen Bedingungen in Lösung.

Zum Nachweis von SO_4^{2-} sind daher am besten Ba^{2+}-Ionen geeignet, die einen auch in Säure schwerlöslichen, w e i ß e n, feinkristallinen Niederschlag geben. Wichtig zum Nachweis ist, dass man stets mit Salzsäure vorher ansäuert, da es viele Verbindungen wie $BaCO_3$, $Ba_3(PO_4)_2$, $BaSO_3$ gibt, die in Wasser auch schwer löslich sind, aber bei Gegenwart von Wasserstoffionen wieder in Lösung gehen.

Man arbeite außerdem nicht in zu konz. Lösungen, sonst können Konzentrationsniederschläge auftreten. Man versetze hierfür $BaCl_2$-Lösung mit konz. Salzsäure. Es entsteht ein kristalliner Niederschlag von $BaCl_2$, der aber durch Zugabe von Wasser leicht wieder in Lösung geht (vgl. S. 98).

Es muss noch erwähnt werden, dass aus salzsaurer Lösung Ba^{2+} auch von F^- und $[SiF_6]^{2-}$ gefällt wird. BaF_2 lässt sich aus dem Niederschlag mit konz. HCl in der Wärme herauslösen. Eine Entscheidung, ob die Fällung aus $BaSO_4$, $Ba[SiF_6]$ oder aus einem Gemisch beider Stoffe besteht, kann man durch Betrachtung des Niederschlags unter dem Mikroskop treffen. $BaSO_4$ ist aufgrund seiner mikrokristallinen Beschaffenheit auch bei 100facher Vergrößerung kaum als kristalliner Niederschlag zu erkennen, während die Stäbchen und Büschel des $Ba[SiF_6]$ deutlich zu sehen sind (vgl. Kristallaufnahme Nr. 9 und 3).

Im Halbmikromaßstab werden 3 Tropfen des Sodaauszug mit 5 mol/l HCl neutralisiert und mit 3 Tropfen 5 mol/l HCl angesäuert (bei Gegenwart von F^- verwende man zum Ansäuern konz. HCl). Auf Zusatz von 3 Tropfen 0,5 mol/l $BaCl_2$ bildet sich bei Gegenwart

152 Die wichtigsten Nichtmetalle und einige ihrer Verbindungen

von SO_4^{2-}- und $[SiF_6]^{2-}$-Ionen ein w e i ß e r Niederschlag, der selbst in konz. HCl kaum löslich ist. Zur Unterscheidung $BaSO_4$–$Ba[SiF_6]$ Betrachtung unter dem Mikroskop, V = 100.

4. Nachweis durch BaSO$_4$-KMnO$_4$-Mischkristallbildung

$BaSO_4$ hat im Gegensatz zu $Ba[SiF_6]$ die Eigenschaft, bei der Fällung MnO_4^--Ionen einzulagern (s. S. 50). Das gefällte $BaSO_4$ ist dann mehr oder minder r o t v i o l e t t gefärbt. Die im $BaSO_4$ eingebauten MnO_4^--Ionen lassen sich durch Reduktionsmittel nicht mehr entfärben.

Es werden 3 Tropfen des Sodaauszug mit 5 mol/l HCl neutralisiert, mit 3 Tropfen 2 mol/l HCl angesäuert und mit etwa dem gleichen Vol. 0,02 mol/l KMnO$_4$ versetzt. Dann werden 3 Tropfen 0,5 mol/l BaCl$_2$ zugegeben. Der bei Gegenwart von SO_4^{2-} ausfallende h e l l r o t gefärbte BaSO$_4$-Niederschlag wird zentrifugiert, gewaschen und mit 1 ml 2,5 mol/l H$_2$O$_2$ oder 1 mol/l H$_2$C$_2$O$_4$ (Oxalsäure) geschüttelt. Die Färbung bleibt.

EG: 2,5 µg SO_4^{2-} pD 4,3

Peroxoschwefelsäuren

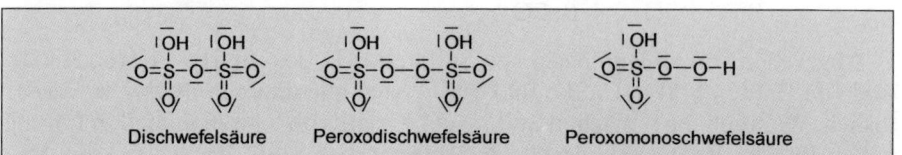

Dischwefelsäure   Peroxodischwefelsäure   Peroxomonoschwefelsäure

Außer der Schwefelsäure gibt es eine Dischwefelsäure, $H_2S_2O_7$, deren Kalium-Salz beim Erhitzen von KHSO$_4$ entsteht (S. 268). Durch formalen Ersatz des Brückensauerstoffatoms in der $H_2S_2O_7$ durch eine Peroxogruppe (–O–O–) wird die Peroxodischwefelsäure, $H_2S_2O_8$, erhalten, deren Ammoniumsalz zur Oxidation von Mn(II) zu Mn(VII) benutzt werden kann (S. 220). $H_2S_2O_8$ hydrolysiert in Wasser über die Peroxomonoschwefelsäure, H_2SO_5, (einbasig!) zu H_2SO_4 und H_2O_2 (Darstellung von H_2O_2).

Thioschwefelsäure und Thiosulfate

Thioschwefelsäure   Disulfandisulfonsäure

Die Substitution eines O- durch ein S-Atom in der Schwefelsäure führt zur Thioschwefelsäure, $H_2S_2O_3$, die bei Einwirkung von I_2 zur Tetrathionsäure bzw. Disulfandisulfonsäure, HO$_3$SSSSO$_3$H, oxidiert wird (s. S. 413). Das bekannteste Salz der Thioschwefelsäure ist das Natriumthiosulfat. Es wird in der Photographie zur Fixierung des Bildes benutzt (Fixiersalz), da es das unbelichtete, bei der Entwicklung nicht reduzierte Silberhalogenid (AgBr) der lichtempfindlichen Schicht als Komplexverbindung löst (s. 3., S. 153).

6. Hauptgruppe des PSE, Chalkogene

1. Darstellung von Natriumthiosulfat-5-Hydrat, $Na_2S_2O_3 \cdot 5\,H_2O$

$$Na_2SO_3 + S \rightarrow Na_2S_2O_3$$

Thiosulfat wird technisch durch längeres Kochen von Sulfitlösung mit Schwefel hergestellt. Aus S_8 entsteht mit SO_3^{2-} zuerst Octasulfanmonosulfonsäure H–SSSSSSSS–SO_3^-, die mit weiterem SO_3^{2-} schnell zu H–SSSSSSS–SO_3^- und $S_2O_3^{2-}$ abgebaut wird. Der Kettenabbau geht dann gleichartig weiter.

In einem 500-ml-Rundkolben erhitzt man 100 bzw. 70 ml Wasser zum Sieden, fügt zwei Tropfen Detergenzlösung (Spülmittel) hinzu und trägt portionsweise ein gut verriebenes Gemisch aus 1/4 mol Na_2SO_3 (32 g Na_2SO_3 bzw. 64 g $Na_2SO_3 \cdot 7\,H_2O$) und 1/4 mol S (8 g S_8 als sublimierter Schwefel) ein. Am Rückflusskühler wird dann weitergekocht, bis sich nach ca. 3 Stunden der Schwefel bis auf geringe Reste gelöst hat. Die Lösung wird noch heiß filtriert, auf 70 ml eingedampft und zur Kristallisation stehen gelassen. Aus der dekantierten Mutterlauge kann durch erneutes Eindampfen usw. eine zweite Fraktion gewonnen werden. Da 100 ml Waser bis 0 °C 97,4 g $Na_2S_2O_3 \cdot 5\,H_2O$ lösen und bei 45 °C bereits 291 g, ist die Ausbeute bei der Kristallisation schlecht. Eine zu stark eingeengte Lösung erstarrt jedoch vollständig zu einer Kristallmasse unter Einschluss aller Verunreinigungen.

2. Einwirkung von Säuren auf Thiosulfate

$$H_2S_2O_3 \rightarrow S\downarrow + SO_2\uparrow + H_2O$$

Beim Ansäuern, für den Nachweis von $S_2O_3^{2-}$ am besten mit HCl, entsteht zunächst die unbeständige freie Thioschwefelsäure. Sie zerfällt in Abhängigkeit von der Konzentration mehr oder weniger langsam, wobei in der Hauptsache Schwefel und Schwefeldioxid entstehen.

3. Nachweis mit $AgNO_3$

$$S_2O_3^{2-} + 2\,Ag^+ \rightarrow Ag_2S_2O_3\downarrow$$
$$Ag_2S_2O_3 + 3\,S_2O_3^{2-} \rightarrow 2\,[Ag(S_2O_3)_2]^{3-}$$
$$Ag_2S_2O_3 + H_2O \rightarrow Ag_2S\downarrow + H_2SO_4$$

$AgNO_3$ gibt mit $Na_2S_2O_3$-Lösung einen weißen Niederschlag von $Ag_2S_2O_3$, der sich im Überschuss von $Na_2S_2O_3$ löst. Dieser Komplex entsteht auch aus anderen schwerlöslichen Silbersalzen wie AgCl, AgBr und AgI mit Thiosulfatlösung (s. S. 309). Das Silberthiosulfat selbst ist unbeständig und zersetzt sich unter Bildung von s c h w a r z e m Ag_2S.

Diese Schwarzfärbung, die von W e i ß über G e l b, O r a n g e und B r a u n verläuft, kann zum Nachweis von $S_2O_3^{2-}$ mitbenutzt werden. Auch andere Schwermetallthiosulfate zersetzen sich in gleicher Weise. Da S^{2-}-Ionen durch Bildung von Ag_2S die Reaktion überdecken, kann dieser Nachweis erst nach Fällung von S^{2-} durchgeführt werden.

Trennung und Nachweis von S^{2-}, SO_3^{2-}, SO_4^{2-}, $S_2O_3^{2-}$ und CO_3^{2-}
(s. Tabelle 2.2, S. 178)

Vorproben

Um zu prüfen, ob eine Substanz überhaupt Schwefel in irgendeiner Form enthält, führt man die sog. H e p a r p r o b e durch.

$$4\,Ag + 2\,S^{2-} + 2\,H_2O + O_2 \rightarrow 2\,Ag_2S + 4\,OH^-$$

Dazu wird zunächst eine kleine Perle von Soda am Magnesiastäbchen oder in der Öse eines Platindrahtes zusammengeschmolzen, eine geringe Menge der auf Schwefel zu prüfenden Substanz hinzugebracht, in der Oxidationsflamme des Bunsenbrenners erhitzt, um störende Stoffe, wie z. B. Iodide, zu verflüchtigen, und schließlich in der leuchtenden Spitze der Flamme reduzierend geschmolzen. (Leuchtgas enthält manchmal Spuren von Schwefel, man mache daher eine Blindprobe.) Dabei werden alle Schwefelverbindungen zu Sulfid reduziert. Dann presst man die Perle zusammen mit einem Tropfen Wasser auf ein blankes Silberstück. Durch das bei der Reduktion entstandene Sulfid und den Sauerstoff der Luft wird das Silber unter Bildung von Silbersulfid schwarz.

Die Substanz wird weiterhin mit 1 mol/l H_2SO_4 erwärmt. H_2S-Geruch und Schwärzung von Bleiacetatpapier zeigen Sulfidionen, der bekannte Geruch nach „verbranntem Schwefel" SO_3^{2-} oder $S_2O_3^{2-}$ an. Bei $S_2O_3^{2-}$ findet außerdem Schwefelausscheidung statt.

Nachweise

Je nachdem, ob man es mit löslichen oder in nichtoxidierenden Säuren schwerlöslichen Sulfiden zu tun hat, ist der **Nachweis von S^{2-}** verschieden.

Lösliche Sulfide werden mit 2 mol/l HCl versetzt und das frei werdende H_2S mit Pb-Acetat nachgewiesen (s. S. 147).

Ist auf schwer lösliche Sulfide zu prüfen, wird die Analysensubstanz, ggf. der Rückstand des Sodaauszug mit Zink und 5 mol/l HCl, der man 1 Tropfen $CuSO_4$-Lösung zusetzt, nach S. 147 behandelt. Der Nachweis des entweichenden H_2S erfolgt wie oben. Man kann auch den Rückstand des Sodaauszug mit 14 ml/l HNO_3 kochen und das gebildete SO_4^{2-} mit $BaCl_2$ nachweisen.

Bei Gegenwart von SO_3^{2-}, $S_2O_3^{2-}$ und SO_4^{2-} im Sodaauszug muss das S^{2-} vor dem Nachweis mit Cadmiumacetat-Lösung abgetrennt werden. Bei Gegenwart von S^{2-} fällt g e l b e s CdS, das abgetrennt wird. Ist alles S^{2-} als CdS ausgefällt, so bildet sich bei Zusatz von überschüssigem Cd-Acetat w e i ß e s $CdCO_3$. Störungen können auftreten, wenn die evtl. saure Analysensubstanz Sulfit und Sulfid enthält. Hierbei kann sich Schwefel abscheiden.

SO_3^{2-}, $S_2O_3^{2-}$ **und SO_4^{2-}** werden im Zentrifugat des CdS-Niederschlages ermittelt. Dazu fällt man zunächst SO_3^{2-} und SO_4^{2-} gemeinsam aus.

Das Zentrifugat der CdS-Fällung oder bei Abwesenheit von S^{2-} der Sodaauszug werden mit 1 Tropfen Neutralrot als Indikator versetzt und mit 5 mol/l CH_3COOH neutralisiert. Zeigt der Indikator in der Kälte nach Zusatz der Essigsäure schwach saure Reaktion, so erwärmt man im Wasserbad. Unter CO_2-Entwicklung schlägt die Indikatorfarbe wieder um und zeigt alkalische Reaktion. Man versetzt nun solange mit 5 mol/l CH_3COOH, bis in der Wärme kein CO_2 mehr entweicht und der Indikator konstant ein pH = 6–7 anzeigt. Sodann werden einige Tropfen 5 mol/l NH_3 und einige Tropfen einer kalt gesättigten $Sr(NO_3)_2$-Lösung zugegeben und 10 Minuten im Wasserbad erwärmt. Nach dem Abzentrifugieren des Niederschlags wird das Zentrifugat durch erneuten Zusatz von einigen Tropfen 5 mol/l NH_3 und Erwärmen auf Vollständigkeit der Fällung geprüft. Eine durch den Carbonatgehalt des Ammoniaks aufretende Trübung wird verworfen. Der gut gewaschene Niederschlag wird auf SO_3^{2-} und SO_4^{2-}-Ionen, das Zentrifugat auf $S_2O_3^{2-}$ geprüft.

Zum **Nachweis des SO_3^{2-}** behandle man einen Teil des Niederschlags mit 1 mol/l H_2SO_4. Das entstehende SO_2 ist am Geruch zu erkennen (s. 1., S. 148). Das durch Ansäuern entstehende SO_2 kann auch in ein mit Wasser gefülltes Gärröhrchen übergetrieben werden. Das entstehende H_2SO_3 wird nach Oxidation mit H_2O_2 als $BaSO_4$ (s. 5., S. 149), durch Reduktion von I_2 (s. 2., S. 149) oder mit $ZnSO_4$ + $K_4[Fe(CN)_6]$ + $Na_2[Fe(CN)_5NO] \cdot 2 H_2O$ (s. 4., S. 149) nachgewiesen.

Thiosulfat erkennt man daran, dass das Zentrifugat vom Sulfit-Sulfat-Niederschlag beim Ansäuern allmählich Schwefel ausscheidet und nach Schwefeldioxid riecht. Außerdem reduziert die Lösung Iod. Aus neutralen Lösungen kann das Thiosulfat mit $AgNO_3$ (s. 3., S. 153) identifiziert werden.

Sulfat wird in einer besonderen, mit Salzsäure angesäuerten Probe mit $BaCl_2$ (s. 3., S. 151) nachgewiesen, wobei vom evtl. ausgeschiedenen Schwefel vorher abzufiltrieren ist.

Der **Nachweis von Carbonat** wird durch Sulfite und Thiosulfate gestört, da Schwefeldioxid mit Bariumhydroxid schwerlösliches Bariumsulfit gibt. Man muss dann die Analysensubstanz vor dem Nachweis des Carbonats einige Zeit mit Wasserstoffperoxid behandeln (Nachweis von Carbonat s. 3., S. 113).

2.2.6 7. Hauptgruppe des PSE, Halogene

Bei den Halogenen Fluor, F, Chlor, Cl, Brom, Br, und Iod, I, ändern sich die Eigenschaften im allgemeinen in stetiger Weise mit der Ordnungszahl. Die Schmelz- und Siedepunkte der Elemente steigen mit zunehmender Ordnungszahl regelmäßig an, die Farbe vertieft sich, die Elektronegativität und damit die Reaktionsfähigkeit nimmt ab, die thermische Beständigkeit der Wasserstoffverbindungen HX und die Löslichkeit der Silberhalogenide sinkt. Aufgrund der allgemeinen Regeln (s. S. 9) tritt ein stärkerer Eigenschaftssprung zwischen Fluor und Chlor auf. So ist z. B. Fluorwasserstoffsäure ähnlich assoziiert wie Wasser und Ammoniak und fällt dementsprechend aus dem Rahmen der anderen Wasserstoffverbindungen HCl, HBr, HI heraus. Auch ist AgF leicht löslich, während AgCl, AgBr und AgI schwer löslich sind. Umgekehrt gehört CaF_2 zu den schwerlöslichen Verbindungen, während $CaCl_2$, $CaBr_2$ und CaI_2 äußerst leicht löslich sind.

156 Die wichtigsten Nichtmetalle und einige ihrer Verbindungen

Alle Halogene vermögen mit Sauerstoff Verbindungen einzugehen. Mit Ausnahme des Fluors, das infolge seiner höheren Elektronegativität in Verbindungen stets die Oxidationsstufe − I aufweist, haben die anderen Halogene in den Verbindungen mit Sauerstoff positive Oxidationsstufen.

Die maximale Oxidationsstufe + VII wird z. B. in den Perchloraten $MClO_4$, den Perbromaten $MBrO_4$ und den Periodaten MIO_4 bzw. den Mesoperiodaten M_3IO_5 oder den Orthoperiodaten M_5IO_6 erreicht (M = Alkalimetallkation). Die mögliche Vergrößerung der Koordinationszahl beim Iod ist eine Folge der Zunahme des Ionenradius. Die minimale Oxidationsstufe ist in der 7. Hauptgruppe − I. Die Säurestärke der Wasserstoffverbindungen HX nimmt mit steigender Ordnungszahl zu.

2.2.6.1 Fluor, F, 18,9984; − I, $2s^2\, 2p^5$, und seine Verbindungen

Das Fluor ist das reaktionsfähigste Nichtmetall. Die meisten seiner Verbindungen leiten sich von dem Fluorwasserstoff, HF, ab. In der Natur kommt es besonders als CaF_2, Flussspat, $Na_3[AlF_6]$, Kryolith, und $Ca_5[(PO_4)_3(F,Cl)]$, Apatit, vor. Zur Darstellung des Fluors auf elektrochemischem Weg dient eine Schmelzflusselektrolyse von KF · n HF. Fluor wird z. B. zur Darstellung von Freonen und Teflon, $(CF_2)_x$, verwendet.

Fluorwasserstoff und Fluoride

Die aus Calciumfluorid und Schwefelsäure darstellbare Flusssäure ist dicht oberhalb ihres Siedepunktes bei 19,5 °C teils monomer und teils hexamer. In verdünnter wässriger Lösung sind dagegen auch die einfachen Ionen H_3O^+ und F^- vorhanden.

Fluor bildet mit den meisten Nichtmetallen stabile Verbindungen, die durch Wasser längst nicht in dem Maße hydrolysiert werden, wie es bei den anderen Halogeniden der Fall ist (s. bei Chlor S. 165). Außerdem wirkt Komplexsalzbildung der Hydrolyse entgegen. So entsteht schon in wässrigen Lösungen aus kieselsäurehaltigen Stoffen $H_2[SiF_6]$ nach:

$$SiO_2 + 4\,HF \rightleftharpoons SiF_4 + 2\,H_2O$$
$$SiF_4 + 2\,HF \rightleftharpoons H_2[SiF_6]$$

Flusssäure greift daher als einzige Säure Glas- und Porzellangefäße schon in der Kälte an, auch ist sie sehr giftig. Beim Arbeiten mit ihr sei man daher vorsichtig, da schon geringfügige Verätzungen der Haut schwere Folgen haben können.

Bekannte Komplexionen sind das $[AlF_6]^{3-}$ und $[SiF_6]^{2-}$. Ebenso beständig sind viele Fluorokomplexe mit anderen höher geladenen Kationen als Zentralion, z. B. $[FeF_6]^{3-}$, $[TiF_6]^{2-}$, $[BF_4]^-$, usw. Diese Komplexbildungsreaktionen sind für den Analytiker wichtig, da sie den Trennungsgang und einzelne Nachweise stören können.

1. $CaCl_2$

Aus neutraler und essigsaurer, Fluoridionen enthaltender Lsg. fällt ein weißer, schleimiger und schwer filtrierbarer Niederschlag von CaF_2. In verd. Mineralsäuren ist der Niederschlag nur sehr schwer löslich, leicht dagegen bei Anwesenheit von Ammoniumsalzen, die daher auch die Fällung verhindern. Auch die anderen Erdalkalifluoride sind in verd. Säuren schwer löslich.

2. Ätzprobe

$$CaF_2 + H_2SO_4 \rightarrow CaSO_4 + 2\,HF$$
$$4\,HF + SiO_2 \rightarrow SiF_4\uparrow + 2\,H_2O$$

Die Ätzprobe kann zum Nachweis großer Fluoridmengen herangezogen werden. Sie versagt bei Anwesenheit eines Überschusses von Kieselsäure oder Borsäure, da dann SiF_4 und BF_3 gebildet werden, die Glas nicht angreifen können.

In einem Platintiegel oder Bleischälchen wird etwas CaF_2 mit 18 mol/l H_2SO_4 übergossen. Der Tiegel wird mit einer Glasplatte (Objektträger) bedeckt und mit kleiner Flamme erwärmt. Es entwickelt sich HF, durch das das Glas geätzt wird. (Abzug!)

3. Nachweis durch „Kriechprobe"

Beim Versetzen trockener, fluoridhaltiger Substanzen mit konz. H_2SO_4 entwickelt sich HF. Die Gasblasen von Fluorwasserstoff kriechen ölartig an der Glaswand empor, und beim Umschütteln fließt die Schwefelsäure wie Wasser an einer fettigen Unterlage ab. Die Oberfläche des Glases wird infolge der Ätzung durch die Flusssäure so verändert, dass sie von Schwefelsäure nicht mehr benetzt wird. Der Nachweis auf Fluoridionen versagt wie die Ätzprobe in Gegenwart eines Überschusses von Kiesel- oder Borsäure.

Zur Ausführung werden ca. 10 mg Substanz in einem trockenen, noch nicht angeätzten Reagenzglas mit 10 Tropfen 18 mol/l H_2SO_4 versetzt und im Wasserbad erwärmt. Aus den meisten Fluoriden wird hierbei HF in Freiheit gesetzt, das langsam in größeren Blasen an der Glaswandung empor kriecht und sie anätzt. Bei negativem Verlauf erhitze man anschließend noch kurz über freier Flamme, bis H_2SO_4 Nebel entweichen, da einige Fluoride höher geladener Kationen erst bei höherer Temp. mit H_2SO_4 reagieren.

4. Nachweis mit der Wassertropfenprobe

$$2\,CaF_2 + SiO_2 + 2\,H_2SO_4 \rightarrow SiF_4\uparrow + 2\,CaSO_4 + 2\,H_2O$$
$$SiF_4 + 2\,H_2O \rightarrow SiO_2\downarrow + 4\,HF$$

Die Grundlagen für diesen Nachweis bilden die schon bei der Ätzprobe beschriebenen Reaktionen. Nur wird hierbei durch direkte Umsetzung von HF mit Siliciumdioxid SiF_4 gebildet, dessen Neigung zur Hydrolyse zum Nachweis benutzt wird. Es scheidet sich eine weiße Gallerte von Kieselsäure ab.

In einem Platin- oder Bleitiegel wird die getrocknete Substanz mit der dreifachen Menge gefällter und geglühter Kieselsäure vermengt, 1 ml 18 mol/l H_2SO_4 zugegeben und der Tiegel mit einem Bleideckel, der in der Mitte ein etwa 0,5 cm großes Loch besitzt, verschlossen. Über das Loch hält man einen Wassertropfen, der in der Öse eines Platindrahtes oder an einem Glasstab hängt, der mit schwarzem Lack überzogen ist. Dann wird mit einer Sparflamme schwach erwärmt oder besser auf dem Wasserbad erhitzt. Nach einiger Zeit überzieht sich der Tropfen bei Anwesenheit von Fluoriden mit Kieselsäuregallerte.

Besser ist es, das Loch mit feuchtem, schwarzem Papier zu bedecken, auf dem sich dann eine weiße Gallerte von Kieselsäure abscheidet. Das Papier muss während der Einwirkung der Dämpfe feucht gehalten, zur Beurteilung einer Abscheidung aber getrocknet werden.

In Gegenwart von viel Borsäure versagt die Wassertropfenprobe, da BF_3 entsteht, das bei der Hydrolyse HF und lösl. Borsäure bildet (vgl. auch S. 159). Thiosulfat stört durch Bildung eines Flecks von elementarem Schwefel.

5. Nachweis durch Entfärben von Zirconium-Alizarin S-Lack

Zirconiumionen bilden in salzsaurer Lösung mit Alizarin S einen violettroten Farblack. Unter dem Einfluss von F^- im Überschuss bilden sich jedoch komplexe $[ZrF_6]^{2-}$-Ionen, so dass die violette Farbe des Lackes in die in saurer Lösung gelbrote Farbe des freien Farbstoffes umschlägt. Größere Mengen SO_4^{2-}, $S_2O_3^{2-}$, PO_4^{3-}, AsO_4^{3-} und $C_2O_4^{2-}$ sowie Fluroborate und Fluorosilicate geben die gleiche Reaktion.

Zum Nachweis von F^- wird ein Streifen Zr-Alizarin S-Papier mit 1 Tropfen 50%ig. Essigsäure angefeuchtet und 1 Tropfen der neutralen Probelsg. auf den feuchten Fleck getüpfelt. Eine Gelbfärbung zeigt F^- an. Bei sehr geringen F^--Mengen wird die Reaktion durch Erwärmen im Dampfstrom beschleunigt.

EG: 1 µg F^- pD 4,7

Reagenz: Zr-Alizarin S-Papier stellt man durch Tränken von Filterpapier mit einer 5%igen Lsg. von Zirconiumnitrat in 2 mol/l HCl und danach mit einer 2%igen Lsg. von Na-Alizarinsulfonat her. Das durch den Farblack rotviolett gefärbte Papier wird so lange gewaschen, bis das Waschwasser fast farblos abläuft, und danach getrocknet.

6. Hexafluorosilicate

Eine Hexafluorosilicate, z. B. $K_2[SiF_6]$, oder Hexafluorokieselsäure, $H_2[SiF_6]$, enthaltende Lösung gibt eine positive Ätz- und Wassertropfenprobe. Reaktion 3 ist nur noch bei Anwesenheit größerer Mengen $K_2[SiF_6]$ positiv. Die Wassertropfenprobe gelingt auch ohne Zusatz von Kieselsäure schon in der Kälte. $BaCl_2$ reagiert mit $[SiF_6]^{2-}$-Ionen zu einem nur in siedender 7 mol/l HCl etwas löslichen farblosen Niederschlag.

Trennung und Nachweis von F^- und $[SiF_6]^{2-}$

Fluoride und Fluorosilicate erkennt man durch die Ätzprobe und Wassertropfenprobe, Fluoride außerdem durch Erhitzen der Analysensubstanz im trockenen Reagenzglas mit 18 mol/l H_2SO_4. Da Fluorosilicate die Wassertropfenprobe auch ohne Zusatz von SiO_2 geben, können F^- und SiO_2 oder $[SiF_6]^{2-}$ allein oder F^- und $[SiF_6]^{2-}$ vorliegen.

Bei einigen fluoridhaltigen Verbindungen (z. B. Turmalin, Topas, Al-, Fe-Fluoride und Fluoroborate) bereitet der Nachweis von F^- gewisse Schwierigkeiten. Um lösliche Alkalifluoride zu erhalten, ist die Durchführung eines Sodaauszug (s. S. 175) oder einer Schmelze der feinst gepulverten Substanz mit der sechsfachen Menge eines Gemisches von Na_2CO_3/K_2CO_3 im Platintiegel nötig.

Aus dem Sodaauszug bzw. der wässrigen Lösung der Schmelze werden die F^--Ionen in schwach essigsaurer Lösung mit Ca^{2+} gefällt und abgetrennt. NH_4^+-Salze, die die CaF_2-Fällung beeinträchtigen, sind im Sodaauszug nicht mehr vorhanden.

7. Hauptgruppe des PSE, Halogene

Zur Durchführung des Kationentrennungsganges muss F⁻ entfernt werden. Zum einen bildet F⁻ mit Erdalkaliionen in neutraler oder schwach saurer Lösung Niederschläge, wodurch diese in die $(NH_4)_2$S-Gruppe gelangen. Zum anderen werden in saurer Lösung Glas- und Porzellangefäße angegriffen und verschiedene Kationen, wie Na^+, Ca^{2+}, Al^{3+}, gelöst. Zwecks Entfernung des F⁻ wird die Substanz in einem Platintiegel mit 2 ml 18 mol/l H_2SO_4 übergossen und vorsichtig mit kleiner Flamme so lange erhitzt, bis dicke Schwefelsäuredämpfe entstehen (Abzug!). Bei Verwendung eines Bleitiegels ist vorher auf Pb zu prüfen. Das H_2SO_4 wird weitgehend abgeraucht, jedoch nicht bis zur Zersetzung der Sulfate zu den Oxiden. Der Rückstand ist mit 2 mol/l HCl aufzunehmen. Wenn er darin nicht klar löslich ist, so sind eventuell Erdalkalisulfate entstanden, die nach S. 206 mit Na_2CO_3/K_2CO_3 aufzuschließen sind.

Trennung und Nachweis von Silicaten, Boraten und F⁻

Zur Vorprobe und zum Nachweis von SiO_2 dient die Wassertropfenprobe (s. 4., S. 157). Bei löslichen Silicaten kann in Abwesenheit von PO_4^{3-} und AsO_4^{3-} auch die Reaktion mit Ammoniummolybdat (s. 6., S. 122) durchgeführt werden.

Zum Nachweis von H_3BO_3 und F⁻ werden Silicate durch Behandlung mit HCl nach 4., S. 122, abgetrennt. Das Zentrifugat wird eingedampft und zur Identifizierung von H_3BO_3 mit 18 mol/l H_2SO_4 und Methanol (s. 2., S. 110) versetzt. Daneben kann auch auf H_3BO_3 mittels der grünen Flammenfärbung nach 1., S. 109, geprüft werden.

Im Zentrifugat wird das F⁻ durch die Kriechprobe (s. 3., S. 157) neben Borat nachgewiesen.

Der Nachweis der genannten Anionen muss je nach dem Zustand, in dem sie vorliegen, variiert werden.

So liegt z. B. in Metallen das Silicium meistens als Silicid vor. Die meisten von ihnen werden durch Salpetersäure gelöst, wobei Silicium zu Kieselsäure oxidiert wird. Diese scheidet sich beim Abrauchen mit 7 mol/l HCl ab und wird wie oben nachgewiesen.

Manche Verbindungen, wie z. B. Siliciumcarbid (Carborundum), SiC, lassen sich nicht durch Salpetersäure aufschließen. Diese muss man mit Natriumhydroxid im Silbertiegel schmelzen, wobei nach der Gleichung:

$$SiC + 8\ OH^- \rightarrow SiO_4^{4-} + CO_3^{2-} + O^{2-} + 4\ H_2\uparrow$$

Orthosilicat und Carbonat entstehen.

Liegen Borosilicate oder Turmaline vor, so müssen sie nach S. 269 aufgeschlossen werden. Mit dem wässrigen Auszug der Schmelze führe man die oben beschriebene Trennung und die Nachweise durch.

Silicat, Borat und Fluorid stören den Kationentrennungsgang und müssen deshalb vorher entfernt werden. So kann die Kieselsäure im Trennungsgang der $(NH_4)_2$S-Gruppe z. B. Aluminiumhydroxid vortäuschen. An der gleichen Stelle könnten bei Anwesenheit von Borsäure die Erdalkaliionen als Borate ausfallen und damit ihrer vorschriftsmäßigen Identifizierung entzogen werden. Da das F⁻

mit einigen Kationen der Ammoniumsulfidgruppe lösliche Komplexe bildet (z. B. [FeF$_6$]$^{3-}$), wird deren ungestörte Fällung bei Anwesenheit von F$^-$ verhindert. Die Silicate werden aufgeschlossen und entfernt nach 4., S. 122 bzw. 269. Borat und Fluorid verflüchtigen sich beim Behandeln mit 18 mol/l H$_2$SO$_4$ und Methanol.

2.2.6.2 Chlor, Cl, 35,453; − I, + I, + III, + IV, + V, + VII; 3s^2 3p^5

> Das Element Chlor (Cl$_2$), ein giftiges, stechend riechendes, gelbgrünes Gas, kommt in der Natur nicht frei, sondern hauptsächlich als Natrium-, Kalium- und Magnesiumchlorid vor. Seine Verbreitung auf der Erde, die Weltmeere eingeschlossen, beträgt 0,19 Gewichtsprozent. Chlor wird auf elektrolytischem Wege aus den Chloriden und durch Oxidation von Salzsäure HCl dargestellt. Im Laboratorium wird Cl$_2$ meist durch Reaktion von HCl mit MnO$_2$ oder KMnO$_4$ gewonnen. Chlor dient zur Darstellung von Bleilaugen und HCl, zur Darstellung anorganischer Chlorverbindungen, zur Chlorierung organischer Verbindungen usw.

1. Darstellung von Cl$_2$

Chlor, Cl$_2$

Sdp. − 34 °C; Smp. − 100,98 °C

Gelbgrünes, hochgiftiges, stark korrosives, wasserlösliches, nicht entzündbares Gas, schwerer als Luft, stechender Geruch.
Vernichtung: Einleiten in NaOH und Reduktion mit Thiosulfat.

R: 23-36/37/38-50
S: (1/2-)9-45-61

Alle Arbeiten mit elementarem Chlor müssen wegen seiner Giftigkeit unter dem Abzug ausgeführt werden. Chlor wirkt sehr stark reizend auf die Atemwege aber auch auf Augen und Haut.

a) Durch Oxidation von Salzsäure mit Bleidioxid

$$PbO_2 + 2\,Cl^- + 4\,H^+ \rightarrow Pb^{2+} + 2\,H_2O + Cl_2\uparrow$$

Man gebe zu einer Spatelspitze PbO$_2$ (Bleidioxid) 1 ml konz. HCl und erwärme unter dem Abzug. Es entsteht stechend riechendes gelbgrünes Chlorgas.

b) Deacon-Prozess

$$2\,HCl + \tfrac{1}{2}O_2 \overset{CuCl_2}{\rightleftharpoons} H_2O + Cl_2$$

Kupfer(II)-chlorid wirkt als Katalysator.

Zur Darst. wird die in Abb. 2.5 wiedergegebene Apparatur unter dem Abzug aufgebaut. Das Rohr besteht aus schwer schmelzbarem Glas, in dem sich Stückchen aus porösem Ton befinden, die mit einer verd. Kupferchloridlsg. getränkt und dann getrocknet wurden. Links schließt sich eine Waschflasche mit konz. rauchender Salzsäure, rechts eine umgekehrt geschaltete leere, dann eine richtig geschaltete Waschflasche mit Wasser an. Dadurch wird das Zurücksteigen des Wassers verhindert. Das Rohr wird mit einem Reihenbrenner auf

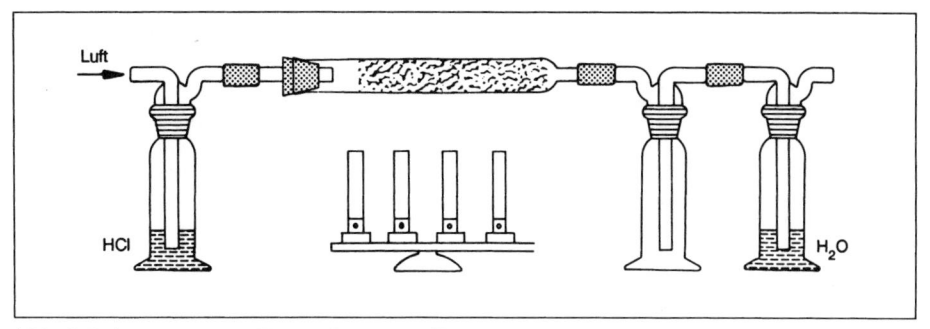

Abb. 2.5: Apparatur zur Darstellung von Chlor

schwache Rotglut erhitzt und ein Luftstrom von etwa 1–2 Blasen in der Sekunde von links nach rechts hindurchgeleitet. Den Luftstrom erhält man entweder aus der im Institut befindlichen Druckluftleitung oder durch Anschließen einer Wasserstrahlpumpe an die rechte Seite unter Dazwischenschalten eines Glashahnes oder Schraubenquetschhahnes zur Regulierung. Nach kurzer Zeit erkennt man das Chlor an der Reaktion der wässrigen Lsg. mit KI:

$$2\,I^- + Cl_2 \rightarrow 2\,Cl^- + I_2$$

Es wird b r a u n e s Iod ausgeschieden. Nach Beendigung des Versuchs wird die leere Waschflasche vom Rohr gelöst und dann erst die Flamme gelöscht.

c) Weldon-Prozess

$$MnO_2 + 2\,Cl^- + 4\,H^+ \rightarrow Mn^{2+} + Cl_2\uparrow + 2\,H_2O$$

Um die Eigenschaften des Chlors näher kennen zu lernen, stelle man es sich nach dem Verfahren her, das man früher technisch verwandte und jetzt noch in Laboratorien benutzt, nämlich aus Braunstein, Natriumchlorid und Schwefelsäure.

In einen unter dem Abzug befindlichen 100 ml fassenden Zweihalskolben (siehe Abb. 2.6) gibt man 2 g feingepulverten Braunstein und 2 g Kochsalz. Über ein Winkelstück und ein Übergangsstück ist der Zweihalskolben mit zwei umgekehrt geschalteten Waschflaschen verbunden, von denen die zweite mit konz. Schwefelsäure gefüllt ist. Bei den Schlauchverbindungen ist darauf zu achten, dass stets Glas auf Glas sitzt, so dass das Chlor nicht mit dem Plastikschlauch in Verbindung kommt. Der Zweihalskolben ist außerdem mit einem Tropftrichter versehen, in dem sich eine Mischung gleicher Volumina konz. Schwefelsäure und Wasser befinden (es ist immer die konz. Schwefelsäure in das Wasser zu gießen!). Man lässt einige ml einfließen und erwärmt entweder mit einem Heizpilz oder mit einem Bunsenbrenner auf kleiner Flamme. Das entstehende Chlor verdrängt zunächst die Luft, wird dann in der zweiten Waschflasche getrocknet und zu den nachstehenden Versuchen verwendet. Zum Unterbrechen der Chlorentwicklung löst man die Verbindung zwischen dem Kolben und den Wasserflaschen und entfernt dann die Heizung.

2. Bildung von Metallchloriden

$$Zn + Cl_2 \rightarrow ZnCl_2$$
$$Cu + Cl_2 \rightarrow CuCl_2$$

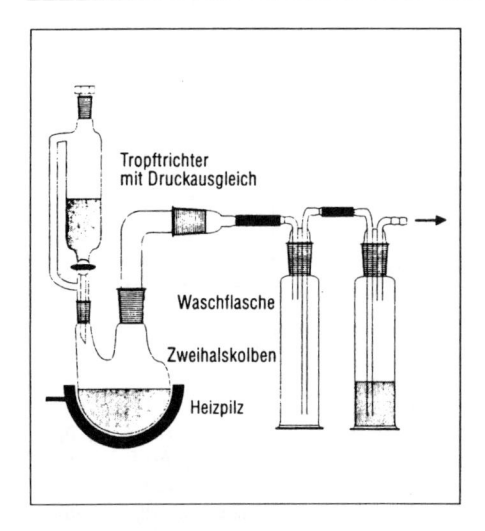

Abb. 2.6: Gasentwicklungsapparatur

Chlor reagiert mit vielen Metallen schon bei gewöhnlicher oder etwas erhöhter Temperatur unter Bildung von Chloriden. Ebenso bildet sich mit Wasserstoff im Licht bei Zimmertemperatur Chlorwasserstoff. Im diffusen Licht verläuft diese Reaktion langsam, bei hoher Lichtintensität, z. B. im Sonnenlicht, dagegen explosionsartig. Im Dunkeln geht sie erst bei erhöhter Temperatur vor sich, dann aber ebenfalls unter Explosion (Chlorknallgas).

Man fülle ein trockenes Reagenzglas mit Cl_2 und gebe etwas Zinkstaub oder einige Blättchen Kupfer hinein. Unter heller Lichterscheinung tritt Reaktion ein.

3. Oxidation von Iodid bzw. Bromid zu I_2 bzw. Br_2

$$Cl_2 + 2\,Br^- \rightarrow 2\,Cl^- + Br_2$$
$$Cl_2 + 2\,I^- \rightarrow 2\,Cl^- + I_2$$

Chlor verdrängt Brom und Iod aus ihren Verbindungen.

Man leite etwas Cl_2 in Wasser, in dem einmal einige Körnchen Kaliumiodid, KI, das andere Mal Kaliumbromid, KBr, aufgelöst sind. Es tritt Ausscheidung von Iod bzw. Brom ein.

4. Oxidation von Farbstoffen

Chlor ist ein starkes Oxidationsmittel. Organische Farbstoffe werden oxidiert und damit zerstört. Das wird bekanntlich im großen Maßstab in den Bleichereien angewandt.

In ein mit Cl_2 gefülltes Reagenzglas halte man angefeuchtetes rotes und blaues Lackmuspapier. Entfärbung! Ebenso leite man in Indigolsg. Cl_2 ein. G e l b färbung durch Zersetzungsprodukte des Indigo.

Mit Nichtmetallen bildet Chlor ebenfalls Chloride, z. B. aus Schwefel, Dischwefeldichlorid, S_2Cl_2, und Schwefeldichlorid, SCl_2, aus NH_4^+ das Stickstofftrichlorid, NCl_3 (explosiv!).

7. Hauptgruppe des PSE, Halogene

Salzsäure und Chloride

> Die wichtigsten Verbindungen des Chlors sind der Chlorwasserstoff HCl (Hydrogenchlorid) und seine Salze, die Chloride. Die Chloride sind fast alle in Wasser leicht löslich. Ausnahmen bilden $PbCl_2$, das in der Kälte schwer löslich ist, sowie AgCl, Hg_2Cl_2 (CuCl, TlCl und AuCl), die sehr schwer löslich sind. HCl wird durch Einwirkung von konz. Schwefelsäure auf Natriumchlorid oder aus den Elementen dargestellt. Chlorwasserstoff löst sich sehr leicht in Wasser. Seine wässrige Lösung heißt Salzsäure. Die Löslichkeit des HCl ist abhängig von der Temperatur, vom HCl-Dampfdruck über der Lösung, sowie von der Art und Konzentration der Lösungspartner. Leitet man bei 20 °C Chlorwasserstoff unter einem Druck von 1 bar in Wasser, so lösen sich 72,5 g HCl in 100 g Wasser. Die Dichte dieser „kaltgesättigten" 42,0%igen Salzsäure beträgt 1,205 g/cm^3 bei 20 °C. Durch konz. H_2SO_4 kann man die Löslichkeit stark herabdrücken. Es entweicht daher beim Zutropfen von konz. H_2SO_4 zu konz. HCl gasförmiger Chlorwasserstoff (Darstellungsmöglichkeit für gasförmiges HCl!).
>
> Erhitzt man konz. HCl, so destilliert hauptsächlich Chlorwasserstoff und wenig Wasser ab, bis die Konzentration der Lösung auf 20,22% gesunken ist. Erhitzt man umgekehrt verd. HCl, so entweicht hauptsächlich Wasser, bis die Säure wieder die gleiche Konzentration erhalten hat. 20,22%ige HCl siedet bei 1013,25 mbar konstant bei 108,58 °C. Im Destillat erhält man dann die gleiche Konzentration. Ein solches konstant siedendes Gemisch, auch **azeotropes Gemisch** genannt, findet sich bei Säuren häufig:
>
> | | | |
> |---|---|---|
> | HNO_3: | 68% | bei 121 °C |
> | H_2SO_4: | 98,3% | bei 338 °C |
> | HF: | 35% | bei 120 °C |
>
> Die rauchende Salzsäure ist etwa 37%ig, die konz. Salzsäure meist etwa 32 oder 25%ig, die verd. entweder 10%ig oder ≈ 7%ig, d. h., sie enthält 2 mol/l HCl.

1. Neutralisation, Darstellung von Kochsalz

$$NaOH + HCl \rightarrow NaCl + H_2O$$

1 ml verdünnter Salzsäure versetze man so lange tropfenweise mit Natronlauge, bis Lackmuspapier nach violett umschlägt. Dann wird eingedampft. Es entstehen Kristalle von NaCl.

2. Auflösung von Metallen

Die Wirksamkeit von Säuren, z. B. die Schnelligkeit der Auflösung von Metallen, ist von der Stärke der Säure, d. h. von der Anzahl H$^+$-Ionen, die sie in Lösung abdissoziiert, abhängig.

Von einem Stück Stangenzink, das man vorher durch kurzes Eintauchen in eine Kupfersulfatlösung verkupfert und dann gründlich abgespült hat, schneidet man sich einige gleich lange Stücke (etwa 1 cm) ab, übergießt sie in Reagenzgläsern mit 1 mol/l HCl, 0,5 mol/l H_2SO_4 und 1 mol/l CH_3COOH und beobachtet die Stärke der Wasserstoffentwicklung. Durch die geringfügige Verkupferung, die durch die Reaktion $Zn + Cu^{2+} \rightarrow Zn^{2+} + Cu$ zustande kommt, wird die Wasserstoffentwicklung beschleunigt und gleichmäßiger.

3. Darstellung von Chlorwasserstoff

Chlorwasserstoff, HCl

Sdp. $-84{,}9\,°C$; Smp. $-114{,}8\,°C$

Farbloses, beständiges, stark korrosives, giftiges, ätzendes, unbrennbares, leicht wasserlösliches Gas, wenig schwerer als Luft, stechender Geruch.
Vernichtung: Einleiten in NaOH.

C   T

R: 23-35
S: (1/2-)9-26-36/37/39-45

$$NaCl + H_2SO_4 \rightarrow NaHSO_4 + HCl\uparrow$$

Chlorwasserstoff ist ein farbloses, stark korrosives, giftiges, unbrennbares, leicht wasserlösliches Gas. Es reizt die Haut, die Augen und die Schleimhäute.

Zur Darstellung größerer Mengen Chlorwasserstoff benutzt man die in Abb. 2.6 wiedergegebene Apparatur, füllt sie mit NaCl und lässt unter Erwärmen konz. Schwefelsäure zutropfen. Oder man verwendet einen Kippschen Apparat (S. 104), der mit Ammoniumchlorid und halbkonz. Schwefelsäure gefüllt ist. NH_4Cl reagiert mit H_2SO_4 schon bei Zimmertemperatur (Arbeiten unter dem Abzug!).

4. Nachweis als AgCl bzw. [Ag(NH$_3$)$_2$]Cl

$$Cl^- + Ag^+ \rightarrow AgCl\downarrow$$
$$AgCl + 2\,NH_3 \rightarrow [Ag(NH_3)_2]^+ + Cl^-$$

Lösungen von HCl und löslichen Chloriden geben mit Silbernitratlösung einen **w e i ß e n** käsigen Niederschlag von Silberchlorid.

AgCl ist im Gegensatz zum **w e i ß e n** Ag_2CO_3 und **g e l b e n** Ag_3PO_4 in Salpetersäure (verd. und konz.) nicht löslich. Jedoch löst sich AgCl leicht in Ammoniak, NH_3, unter Bildung des Silberdiamminkomplexes (über Komplexe s. S. 41).

Auch in konz. Salzsäure ist AgCl teilweise löslich, wobei Chlorokomplexe entstehen (s. S. 357).

Chloride sind sehr verbreitet und finden sich daher häufig als Verunreinigungen in anderen Salzen. Darauf ist bei der Durchführung der Nachweise zu achten.

Nur sehr wenige andere Salze, und zwar hauptsächlich die Bromide und Iodide geben Niederschläge mit $AgNO_3$, die sich in Salpetersäure nicht lösen. Bei deren Abwesenheit kann man daher die Umsetzung mit $AgNO_3$ als Nachweismittel für Chloride benutzen.

a) Zu der salpetersauren Lsg. der Substanz oder des Sodaauszugs gebe man einige Tropfen $AgNO_3$-Lsg.; **w e i ß e r**, käsiger Niederschlag deutet auf Anwesenheit von Cl^-.
b) Zum Nachweis von Cl^- als $[Ag(NH_3)_2]Cl$ in der Halbmikroanalyse wird der AgCl-Niederschlag in Ammoniak gelöst. 1 Tropfen der Lsg. wird auf einem Objektträger eingedunstet, wobei sich wieder AgCl bildet, dessen Kristalle unter dem Mikroskop untersucht werden (V: 150–200, vgl. Kristallaufnahme Nr. 15).

EG: 0,05 µg Cl^-

7. Hauptgruppe des PSE, Halogene

Säurechloride

Ersatz aller OH-Gruppen einer Sauerstoffsäure durch Cl ergibt Verbindungen, die zu der Stoffklasse der Säurechloride zusammengefasst werden. Als Beispiele seien erwähnt Sulfurylchlorid, SO_2Cl_2 (Schwefeldichloriddioxid, abgeleitet von der Schwefelsäure).

$$H-\underline{\overline{O}}-\overset{\overset{\overset{\frown}{O}}{\|}}{\underset{\underset{\underset{\smile}{O}}{\|}}{S}}-\underline{\overline{O}}-H \qquad |\underline{\overline{C}l}-\overset{\overset{\overset{\frown}{O}}{\|}}{\underset{\underset{\underset{\smile}{O}}{\|}}{S}}-\underline{\overline{C}l}|$$

Thionylchlorid, $SOCl_2$, Phosgen, $COCl_2$, Nitrosylchlorid, $NOCl$, Phosphorylchlorid, $POCl_3$, und Chromylchlorid, CrO_2Cl_2.

Diese Säurechloride bilden sich nur dann, wenn man völlig wasserfrei oder mit einem wasserentziehenden Mittel arbeitet, da sie sonst mehr oder weniger schnell hydrolysiert werden. So erhält man Sulfurylchlorid aus $SO_2 + Cl_2$ (s. S. 167), Thionylchlorid aus $PCl_5 + SO_2$ (s. unten), Chromylchlorid aus $NaCl + K_2Cr_2O_7 +$ konz. H_2SO_4. Sie sind Flüssigkeiten, die durch Feuchtigkeit langsam zersetzt werden und daher an der Luft rauchen.

1. Darstellung von Thionylchlorid, $SOCl_2$, und Phosphoroxidtrichlorid, $POCl_3$

Thionylchlorid, $SOCl_2$,

Smp. $-105\,°C$; Sdp. $76\,°C$

R: 14-20/22-29-35
S: (1/2-)26-36/37/39-45

Phosphoroxidchlorid, $POCl_3$

Smp. $1\,°C$; Sdp. $105\,°C$

R: 14-22-26-35-48/23
S: (1/2-)7/8-26-36/37/39-45

$$PCl_5 + SO_2 \rightarrow POCl_3 + SOCl_2$$

Bei der Einwirkung von Schwefeldioxid auf Phosphorpentachlorid entstehen nebeneinander $SOCl_2$ und $POCl_3$:

Zu ihrer Darst. werden unter dem Abzug 100 g PCl_5 in einen völlig trockenen Zweihalskolben gebracht und dieser wird mit einem Glasstopfen mit zwei Anschlussrohren versehen. Das eine Rohr dient als Gaseinleitungsrohr, und führt fast bis zum Boden des Kolbens, auf das andere wird ein aufrechtstehender Kühler mit einem $CaCl_2$-Trockenrohr gesetzt. Vom Trockenrohr führt eine Gasleitung direkt in den Abzugskamin. Das Gaseinleitungsrohr ist über zwei mit 18 mol/l H_2SO_4 gefüllte Waschflaschen mit einer Schwefeldioxidbombe oder einem Gefäß verbunden, in dem man Schwefeldioxid aus konz. $NaHSO_3$-Lsg. und 18 mol/l H_2SO_4 erzeugen kann. Alle Apparateteile müssen völlig trocken sein. Man stellt die Kühlung im Rückflusskühler an und leitet dann nicht zu schnell

166 Die wichtigsten Nichtmetalle und einige ihrer Verbindungen

Schwefeldioxid ein. Es bildet sich eine schwach gelbliche Flüssigkeit. Die Reaktion ist beendet, wenn alles Phosphorpentachlorid gelöst ist.

Das Gemisch von $SOCl_2$ und $POCl_3$ muss durch fraktionierte Destillation getrennt werden, wozu die in Abb. 2.7 wiedergegebene, sehr gut getrocknete Apparatur dient. Sie besteht aus einem Destillationskolben, dem Fraktionieraufsatz, in dem sich Glaskugeln befinden, dem Thermometer, dem Kühler und der auswechselbaren Vorlage, deren Ansatz zum Abzugskamin führt. Stattdessen kann man auch eine „Spinne" mit mehreren Vorlagen anwenden (s. Abb. 2.17, S. 298). Man dest. langsam und fängt folgende Fraktionen auf: 1. bis 82 °C; 2. bis 92 °C; 3. bis 105 °C; 4. bis 115 °C. Die Fraktionen 1 und 4 bestehen schon aus fast reinem $SOCl_2$ bzw. $POCl_3$, 2 und 3 sind Gemische. Letztere werden in gleicher Weise wieder in vier Fraktionen zerlegt, wobei stets gleich siedende Anteile zusammengegossen werden. Das wird so oft wiederholt, bis die Fraktionen 2 und 3 sehr klein geworden sind. Schließlich werden die Fraktionen 1 und 4 jede für sich aus dem jedes Mal gereinigten Kolben destilliert, wobei die bei 78–79 °C bzw. 106–108 °C siedenden Anteile für sich aufgefangen werden, da $SOCl_2$ bei 78,8 °C (1013 mbar) und $POCl_3$ bei 107 °C (1013 mbar) sieden. Thionylchlorid und Phosphoroxidtrichlorid sind stechend riechende, farblose Flüssigkeiten. Alle Arbeiten werden unter einem Abzug ausgeführt.

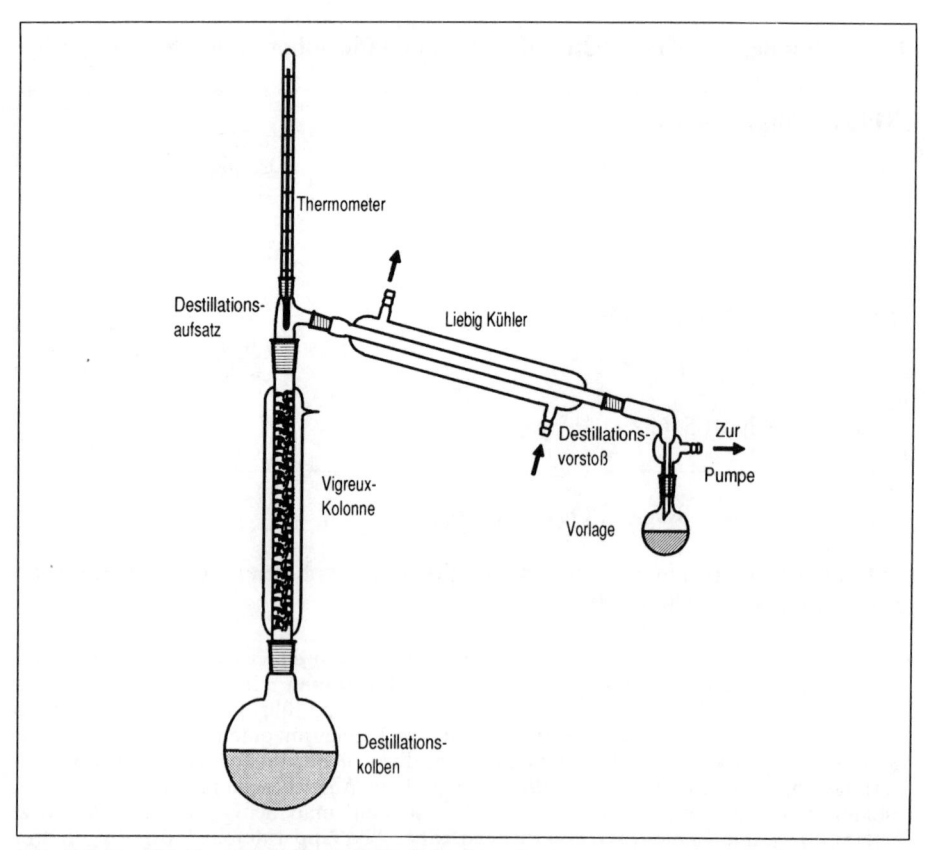

Abb. 2.7: Destillationsapparatur mit Fraktionieraufsatz

2. Darstellung von Sulfurylchlorid, SO_2Cl_2

Sulfurylchlorid, SO_2Cl_2

Smp. $-54\,°C$; Sdp. $69\,°C$

Farblose stechend riechende Flüssigkeit, die sich bei längerem Stehen infolge teilweiser Dissoziation schwach gelb färbt. SO_2Cl_2 zersetzt sich mit Wasser zu H_2SO_4 und HCl; mit Alkalihydroxiden tritt unter Umständen explosionsartige Zersetzung ein.

C

R: 14-34-37
S: (1/2-)26-45

$$SO_2 + Cl_2 \rightarrow SO_2Cl_2$$

Die Umsetzung läuft unter der katalytischen Wirkung von Aktivkohle glatt und nahezu quantitativ.

Die Darst. erfolgt in der in Abb. 2.8 skizzierten Apparatur unter dem Abzug. Die Kugeln des Kugelkühlers werden abwechselnd mit einer Schicht loser Glaswolle und einer Schicht körniger Aktivkohle locker gefüllt. Nachdem man das Kühlwasser angestellt hat, lässt man ziemlich lebhaft gleichstarke Ströme (3–5 Blasen/Sek.) von trockenem SO_2 und Cl_2 (Waschflaschen mit konz. H_2SO_4) in den Kühler eintreten. Die Aktivkohle sättigt sich zunächst mit SO_2 und Cl_2 bzw. SO_2Cl_2. Nach 10–30 Min. tropft SO_2Cl_2 in die gekühlte Vorlage; das überschüssige Gasgemisch wird durch ein $CaCl_2$-Trockenrohr direkt in den Abzugskamin geleitet. Bei richtiger Dosierung werden stündlich ca. 150 g SO_2Cl_2 gebildet. Das gelbe Rohprodukt wird nun zur Entfernung von gelöstem Cl_2 mit etwas Cu geschüttelt; man kann auch einen trockenen N_2-Strom durch die eisgekühlte Flüssigkeit leiten. Nach

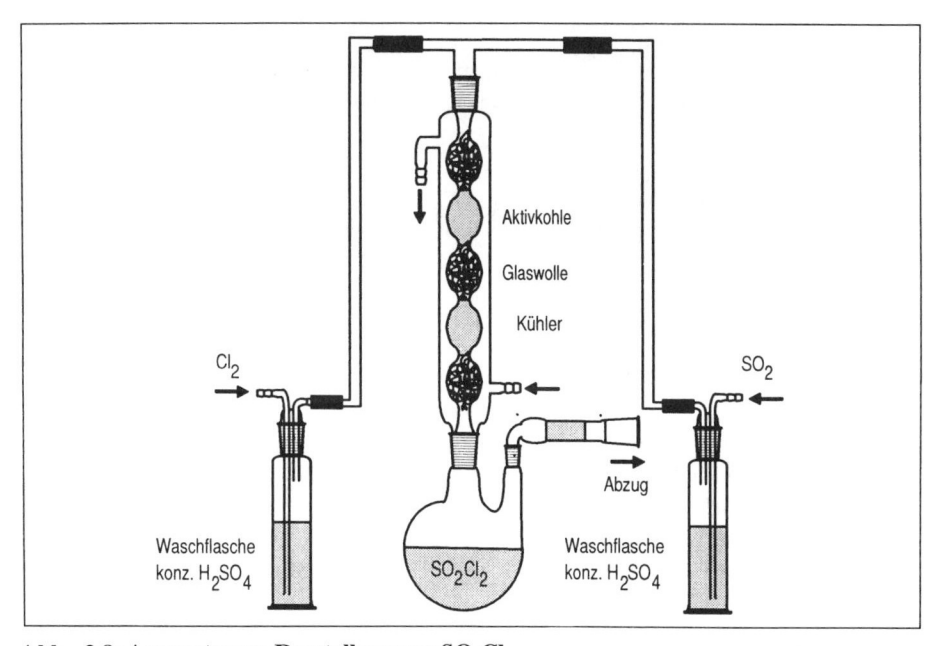

Abb. 2.8: Apparatur zur Darstellung von SO_2Cl_2

Dekantieren von $CuCl_2$ destilliert man aus einem trockenen Destillationskolben mit Fraktionieraufsatz (vgl. Abb. 2.7) und fängt die bei 68–70 °C übergehenden Anteile gesondert auf (SO_2Cl_2, Sdp.$_{1013mbar}$ 69,1 °C).

Chlorsauerstoffverbindungen

Chlor bildet eine Reihe Oxide, z. B. das Dichloroxid, Cl_2O, das Chlordioxid, ClO_2 und das Dichlorheptaoxid, Cl_2O_7. Chlor ist weniger elektronegativ als Fluor, und der Ionenradius des Cl^- ist größer als der des F^-. Infolgedessen gibt es im Gegensatz zum Fluor eine Anzahl Chlorsauerstoffsäuren (Oxochlorsäuren), wie die hypochlorige Säure, HOCl, die chlorige Säure, $HClO_2$, die Chlorsäure, $HClO_3$, und die Perchlorsäure, $HClO_4$.

Die hypochlorige Säure ist eine sehr schwache, nur in wässriger Lösung bekannte Säure. Sie entsteht beim Einleiten von Chlor in Wasser durch Disproportionierung:

$$Cl_2 + H_2O \rightarrow Cl^- + HOCl + H^+$$

Die Hypochlorite sind starke Oxidationsmittel. Sie entwickeln schon in der Kälte mit verd. HCl Chlor (Verschiebung des vorstehenden Gleichgewichts nach links). Als gemischtes Salz der Salzsäure und der hypochlorigen Säure hat Calciumchloridhypochlorit [CaCl(OCl), Chlorkalk] Bedeutung.

Die Salze der Chlorsäure, die Chlorate, sind wenig stabil. Sie geben leicht Sauerstoff beim Erhitzen ab und werden deshalb in der Sprengstoffindustrie verarbeitet. Besonders wichtig ist das Kaliumchlorat.

Die Perchlorsäure, $HClO_4$, ist wesentlich stabiler als die vorgenannten Säuren. Man kann sie darstellen, indem man $KClO_4$ mit $H_2[SiF_6]$ oder $Ba(ClO_4)_2$ mit H_2SO_4 oder $NaClO_4$ mit 7 mol/l HCl umsetzt, von den schwerlöslichen Salzen abfiltriert und die Lösung eindampft. Verd. Perchlorsäure wird aus $NaClO_4$-Lösungen durch Ionenumtausch am Kationenaustauscher in der H^+-Form hergestellt. Konz. $HClO_4$ ist wie H_2SO_4 eine ölige Flüssigkeit. Bei 203 °C destilliert ein konstant siedendes Gemisch mit 72% $HClO_4$. Eine weitere Konzentrierung kann durch Destillation mit wasserentziehenden Mitteln, wie 18 mol/l H_2SO_4, im Vakuum vorgenommen werden.

Die wasserfreie Säure kann sich explosionsartig zersetzen, das Arbeiten mit ihr ist daher sehr gefährlich. Verdünnte wässrige Lösungen dagegen sind sehr stabil. $HClO_4$ ist die stärkste Säure.

Von den Perchloraten ist nur das des K^+ in Wasser schwer löslich. Alle anderen sind löslich. (Darst. von $KClO_4$ s. S. 169.)

Chlorsauerstoffverbindungen geben mit oxidierbaren Substanzen explosive Gemische! Die Chloroxide können explosionsartig zerfallen.

1. Entwicklung von Cl_2 aus CaCl(OCl)

$$CaCl(OCl) + 2\,H^+ \rightarrow Ca^{2+} + Cl_2\uparrow + H_2O$$

Diese Reaktion dient häufig dazu, um Cl_2 im Laboratorium auf bequeme Weise herzustellen, indem man in einem Kippschen Apparat (s. S. 104) auf Chlorkalkstücke HCl einwirken lässt.

Man versetze feste CaCl(OCl) mit HCl. Es entwickelt sich gelbgrünes, stechend riechendes Chlor.

2. Darstellung von Kaliumchlorat, KClO$_3$

Kaliumchlorat, KClO$_3$

Smp. 356 °C

Farblose, luftbeständige, perlmuttglänzende, monokline Blättchen. Thermische Zersetzung ab 400°C. (s. S. 143.) KClO$_3$ bildet mit oxidierbaren Substanzen höchst explosive Gemische,

O   Xi

R: 9-20/22
S: (2-) 13-16-27

$$6\,H_2O \rightleftharpoons 6\,H^+ + 6\,OH^-$$
$$6\,H^+ + 6\,e^- \rightarrow 3\,H_2$$
$$\left.\right\}\text{Kathodenreaktion}$$

$$6\,Cl^- \rightarrow 3\,Cl_2\uparrow + 6\,e^-$$
$$3\,Cl_2 + 6\,OH^- \rightarrow ClO_3^- + 5\,Cl^- + 3\,H_2O$$
$$\left.\right\}\text{Anodenreaktionen}$$

Bei der Elektrolyse wässriger KCl-Lösungen entsteht an der Kathode H$_2$ und OH$^-$, an der Anode Cl$_2$. Sorgt man für eine Vermischung des Elektrolyten und arbeitet man bei erhöhter Temperatur (50–60 °C), entsteht ClO$_3^-$.

Der kathodisch entwickelte Wasserstoff reduziert sowohl Cl$_2$ als auch ClO$_3^-$, verschlechtert also die Ausbeute. Man verhindert dies, indem man durch Zusatz von wenig K$_2$CrO$_4$ zum Elektrolyten die Bildung eines festen Überzuges von Chromoxid-Hydrat auf der Kathode ermöglicht, der als Diaphragma wirkt.

Um 1 Cl$^-$ in ClO$_3^-$ zu verwandeln, ist eine Abgabe von 6 e$^-$ notwendig; durch 96 485 Coulomb (= 1 Mol e$^-$) wird die Stoffmenge $n(KClO_3) = 1/6$ mol gebildet. Sie besitzt die Masse $m(KClO_3) = 20{,}43$ g. (Faraday-Konstante $F = 96\,485$ C · mol^{-1}.)

In einem Becherglas werden 20 g KCl und 0,2 g K$_2$CrO$_4$ in 100 ml Wasser in der Wärme gelöst. Als Elektroden dienen 2 gleich große Pt-Bleche; als Kathodenmaterial kann auch Ni, Fe oder Cu verwendet werden. Man elektrolysiert bei ca. 50–60 °C mit einer anodischen Stromdichte von ca. 0,2 A/cm^2 bezogen auf die Oberfläche der Vorder- und Rückseite der Anode und 10–14 V. Zur Durchmischung und Aufrechterhaltung einer schwach sauren Reaktion des Elektrolyten wird CO$_2$ durch die Lsg. geleitet. Nach einem Stromdurchgang von ca. 40–50 Amperestunden lässt man die Lsg. erkalten, wobei sich die Hauptmenge KClO$_3$ ausscheidet. Durch Eindampfen der Mutterlauge erhält man eine zweite, weniger reine KClO$_3$-Fraktion. Enthält das Rohprodukt noch Cl$^-$, muss das Salz umkristallisiert werden.

Chlorate bilden mit 18 mol/l H$_2$SO$_4$ Chlordioxid ClO$_2$, eine gelbe, stark endotherme und explosive Verbindung. Durch Reduktionsmittel wird ClO$_3^-$ leicht reduziert; das entstehende Cl$^-$ weist man in üblicher Weise durch Ag$^+$ nach.

3. Darstellung von Kaliumperchlorat, KClO$_4$

Kaliumperchlorat, KClO$_4$

Smp. 610 °C

Weiße rhombische Kristalle. Zersetzung ab 400 °C (s. S. 143)

O Xn

R: 9-22
S: 2-13-22-27

$$4 \text{ KClO}_3 \rightarrow \text{KCl} + 3 \text{ KClO}_4$$

KClO$_4$ entsteht neben KCl beim Erhitzen von reinem KClO$_3$ auf Temperaturen unter 500 °C durch Disproportionierung. Bei Gegenwart von Nebengruppenelementverbindungen (z. B. MnO$_2$) tritt jedoch eine katalytische Zersetzung in KCl und O$_2$ ein (siehe O$_2$-Darstellung, S. 143).

5 g analysenreines KClO$_3$ wird in einen glasierten, sauberen Porzellantiegel gegeben. Der Tiegel wird dann in einen elektrischen Ofen gestellt und 3 h auf 490 °C erhitzt. Nach Abkühlen wird der Tiegel entnommen. Man fügt 5 ml Wasser zu und zerkleinert den Schmelzkuchen. Nun wird der Tiegelinhalt in ein Becherglas überführt, mit 20 ml Wasser versetzt und durch Erhitzen vollständig gelöst. Beim Erkalten kristallisieren 3,3 g KClO$_4$ aus.

$$\text{ClO}_3^- + \text{H}_2\text{O} \rightarrow \text{ClO}_4^- + 2 \text{ H}^+ + 2 \text{ e}^-$$
$$4 \text{ ClO}_3 + 2 \text{ H}_2\text{O} \rightarrow 4 \text{ ClO}_3^- + 4 \text{ H}^+ + \text{O}_2$$

Technisch wird KClO$_4$ durch anodische Oxidation von KClO$_3$ bei tiefen Temperaturen hergestellt. Bei höheren Temperaturen überwiegt anodisch O$_2$-Entwicklung, da das intermediär gebildete Radikal ClO$_3$ dem H$_2$O unter Rückbildung von ClO$_3^-$ Elektronen entzieht. Bei 50 °C verläuft ausschließlich dieser Vorgang.

Als Elektrolytlsg. werden 12 g KClO$_3$ in 200 ml Wasser gelöst (gesättigte Lsg.) und mit einigen Tropfen H$_2$SO$_4$ angesäuert. Um die Sättigung aufrecht zu erhalten, wird ein kleiner Tiegel mit festem KClO$_3$ in den Elektrolyten gestellt. Als Elektroden dienen ein blankes Pt-Blech von ca. 10 cm^2 Fläche (Anode) und eine gleich große Cu-Kathode, die sich in einem Abstand von ca. 3 cm gegenüberstehen. Man elektrolysiert bei 10–14 V und einer anodischen Stromdichte von ca. 0,1 A/cm^2 beiderseitiger Oberfläche (also ca. 2 A bei den gegebenen Dimensionen). Zur Kühlung stellt man das Elektrolysegefäß in Eis. Nach anfänglicher O$_2$-Entwicklung fallen bald KClO$_4$-Kristalle von der Anode herab. Nach 3 Std. wird die Elektrolyse abgebrochen, der Kristallbrei bei möglichst tiefer Temp. abgenutscht und aus heißem Wasser umkristallisiert.

2.2.6.3 Brom, Br, 79,904; – I, + I, + III, + V, + VII; 4s^2 4p^5; Iod, I, 126,9045; – I, + I, + III, + V, + VII; 5s^2 5p^5; und ihre Verbindungen

Brom, ein steter Begleiter des Chlors, findet sich in kleinen Mengen als Bromid im Meerwasser und in den Kalisalzlagern. Dort reichert es sich bei der Aufarbeitung auf Kaliumchlorid in den Endlaugen an, aus denen es durch Chlor in Freiheit gesetzt wird. Iod kommt im Seetang und als Lautarit, Ca(IO$_3$)$_2$, im Chilesalpeter vor.

Fortsetzung

Beim letzteren wird das Iodat aus den Endlaugen entfernt, indem man es mit Schwefeldioxid reduziert.

In Wasser sind Brom und Iod nur sehr wenig löslich, viel besser dagegen in KBr- bzw. KI-Lösung unter Bindung von Triiodid- bzw. Tribromidionen. Die Bildungskonstante in Wasser ist nicht sehr groß. So kann z. B. ein Liter 0,7 mol/l KI ca. 0,5 mol I_2 aufnehmen. In vielen organischen Flüssigkeiten, wie Alkohol, Chloroform, Kohlenstofftetrachlorid und Kohlenstoffdisulfid, sind die beiden Elemente sehr leicht löslich.

Bromwasserstoff, HBr, und Iodwasserstoff, HI, kann man nicht wie Chlorwasserstoff aus Halogenid und 18 mol/l H_2SO_4 darstellen, da sie von letzterer zu Br_2 und I_2 oxidiert werden. Man muss daher eine andere, nicht oxidierend wirkende, schwerflüchtige Säure, wie z. B. H_3PO_4, verwenden. Bei Einhaltung bestimmter Bedingungen ist die Darstellung aus den Elementen möglich. Man kann außerdem zunächst PBr_3 bzw. PI_3 als Zwischenprodukt herstellen und diese dann hydrolytisch zersetzen.

Schließlich erhält man leicht eine wässrige Lösung von beiden Verbindungen, wenn man in eine Dispersion der Elemente in Wasser Schwefelwasserstoff einleitet:

$$H_2O + I_2 \rightarrow 2\,HI + S\downarrow$$

Brom- und Iodwasserstoff sind farblose, stechend riechende Gase, die sich leicht in Wasser lösen und sehr starke Säuren bilden. Durch Luft wird die wässrige Lösung langsam oxidiert, wodurch Gelbfärbung eintritt. Iodid reagiert hierbei leichter als Bromid.

Wie beim Chlor existieren vom Iod und Brom eine Anzahl Sauerstoffsäuren.

1. Darstellung von Iod aus Iodrückständen

Iod, I_2, aus Rückständen

Smp. 113,7 °C; Sdp. 184,50 °C

Schwarzgraue, metallglänzende Schuppen. In Wasser sehr wenig, in Ethanol und vielen organischen Lösungsmitteln gut löslich. Dämpfe sind gesundheitsschädlich.

Xn

R: 20/21
S: 23-25

Im Laboratorium als Iodide oder Iodate anfallende Iodrückstände kann man durch vollständige Reduktion zu Iodid und anschließende Oxidation zu Iod aufarbeiten. Dazu wird die Lösung unter dem Abzug zunächst mit einer $NaHSO_3$-Lösung versetzt. Nach Zugabe von 1 mol/l Schwefelsäure bis zur deutlich sauren Reaktion wird die Lösung teilweise eingedampft, bis das gebildete SO_2 entfernt ist. Sollte sich kein SO_2 bilden, so muss weiteres $NaHSO_3$ zugegeben werden.

$$IO_3^- + 3\,HSO_3^- \rightarrow I^- + 3\,SO_4^{2-} + 3\,H^+$$
$$HSO_3^- + H^+ \rightarrow SO_2 + H_2O$$

Sofern ungelöste Rückstände vorhanden sind, wird die Lösung filtriert. Zum Filtrat, das sich in einem Rundkolben befindet, wird noch etwas 1 mol/l H_2SO_4 und anschließend eine $NaNO_2$-Lösung zugefügt, bis sich der Gasraum im Kolben durch gebildetes NO_2 braun färbt. Durch Schütteln kann auch das gebildete NO_2 zur Oxidation des Iodids dienen.

$$2\,I^- + 2\,NO_2^- + 4\,H^+ \rightarrow I_2 + 2\,NO + 2\,H_2O$$
$$2\,I^- + NO_2 + 2\,H^+ \rightarrow I_2 + NO + H_2O$$

Nach dem Abdampfen des überschüssigen NO_2 wird das ausgefallene Rohiod auf einer Glasfilternutsche abgesaugt und über $CaCl_2$ oder 18 mol/l H_2SO_4 im ungefetteten Exsikkator gut getrocknet. Das trockene Iod kann dann noch durch Sublimation gereinigt werden.

Für die Aufarbeitung von organischen Iodverbindungen ist die Methode nicht geeignet.

2. Nachweis von Bromid und Iodid mit $AgNO_3$

Die Löslichkeit der Silberhalogenide nimmt mit steigender Ordnungszahl des Halogens ab. Gleichzeitig tritt eine Farbvertiefung ein. AgBr ist schwachgelb, und AgI ist gelb. Mit der Verringerung des Löslichkeitsprodukts der Silberhalogenide vom AgCl zum AgI verringert sich auch deren Neigung, mit Komplexbildnern in Lösung zu gehen. AgCl löst sich schon in $(NH_4)_2CO_3$-Lösung, AgBr erst in konz. Ammoniak und AgI schließlich in KCN und $Na_2S_2O_3$ (Natriumthiosulfat).

Zutropfen von $AgNO_3$-Lsg. zur salpetersauren Bromid(Iodid)-Lsg.; es fällt ein käsiger gelblicher (gelber) Niederschlag von AgBr(AgI) aus, der beim Behandeln mit $(NH_4)_2S$ in der Wärme Ag_2S und HBr(HI) bildet.

3. Nachweis von I^- und Br^- mit Chlorwasser

$$Cl_2 + 2\,Br^- \rightarrow 2\,Cl^- + Br_2$$
$$Cl_2 + 2\,I^-\ \ \rightarrow 2\,Cl^- + I_2$$

Man versetze die mit 1 mol/l H_2SO_4 angesäuerte und mit farblosem Kohlenstoffdisulfid oder Dichlormethan unterschichtete Lsg. tropfenweise mit Chlorwasser. Bei Bromiden B r a u n f ä r b u n g , bei Iodiden V i o l e t t f ä r b u n g .

Beide Elemente lösen sich in CS_2 bzw. in Dichlormethan. Bei weiterer Zugabe von Chlorwasser schlägt bei Br_2 die Farbe unter Bildung von Bromchlorid in B l a s s g e l b um:

$$Br_2 + Cl_2 \rightarrow 2\,BrCl$$

Bei I_2 tritt E n t f ä r b u n g ein, weil es teilweise zu Iodat oxidiert und teilweise in farbloses Iodtrichlorid überführt wird:

$$I_2 + 5\,Cl_2 + 6\,H_2O \rightarrow 10\,HCl + 2\,HIO_3$$
$$I_2 + 3\,Cl_2 \rightarrow 2\,ICl_3$$

Bei gemeinsamer Anwesenheit von I^- und Br^- tritt erst die violette Farbe des I_2 und dann die braune des Br_2 auf, nachdem das Iod weiter oxidiert worden ist.

Sind in der Probelsg. noch andere Reduktionsmittel zugegen, so ist es besser, an Stelle von Cl_2-Wasser Cl_2-Gas direkt zu verwenden. Man benutzt hierzu am besten die Gasprüfapp. (s. S. 92). Cl_2 wird aus MnO_2 (S. 161) oder $KMnO_4$ (S. 218) und 7 mol/l HCl dargestellt.

4. Nachweis mit konz. H_2SO_4

$$2\,HBr + H_2SO_4 \rightarrow Br_2 + SO_2 + 2\,H_2O$$
$$8\,HI + H_2SO_4\ \ \rightarrow 4\,I_2 + H_2S + 4\,H_2O$$

7. Hauptgruppe des PSE, Halogene

In einem kleinen Reagenzglas erhitze man einige Körnchen KBr und KI mit 18 mol/l H_2SO_4. Neben der Entwicklung von HBr und HI entstehen b r a u n e bzw. v i o l e t t e Dämpfe, die auf Br_2 und I_2 hinweisen. $K_2Cr_2O_7$ und 18 mol/l H_2SO_4 geben mit Br^- und I^- zum Unterschied von Cl^- nur Br_2 und I_2, jedoch keine flüchtige Chromylverbindung.

5. Nachweis von Cl^- neben Br^- und I^- mit Ag^+ und $(NH_4)_2CO_3$

Man behandle gefälltes und gründlich ausgewaschenes AgBr mit $(NH_4)_2CO_3$-Lsg., filtriere ab und versetze mit KBr-Lsg., kein Niederschlag. Man führe den gleichen Versuch mit AgCl durch. Es bildet sich ein Niederschlag von AgBr. Dieser Unterschied beruht darauf, dass in der $(NH_4)_2CO_3$-Lsg. infolge des Gleichgewichts

$$NH_4^+ \rightleftharpoons H^+ + NH_3$$

eine bestimmte geringe Konzentration an NH_3 und daher auch entsprechend

$$Ag^+ + 2\,NH_3 \rightleftharpoons [Ag(NH_3)_2]^+$$

nur eine bestimmte, sehr kleine Konzentration an Ag^+ vorliegt. Diese ist so groß, dass das Löslichkeitsprodukt von AgBr noch überschritten, dasjenige von AgCl dagegen nicht mehr erreicht wird. Deshalb löst $(NH_4)_2CO_3$-Lösung AgBr nicht auf. Aus der mit AgCl erhaltenen Komplexsalzlösung muss mit Br^- AgBr ausfallen. Nachweis von Cl^- auch neben I^- und Br^-!!

Im Halbmikromaßstab wird die gewaschene Ag-Halogenidfällung 1 Min. mit 1 ml einer frisch hergestellten, kalt gesättigten $(NH_4)_2CO_3$-Lsg. digeriert. Das Zentrifugat wird mit KBr- oder KI-Lsg. versetzt. Eine Trübung oder ein Niederschlag zeigt Cl^- an.

Für den Cl^--Nachweis kann man durch Kochen mit 14 mol/l HNO_3 oder durch Behandeln mit $KMnO_4$-Lsg. Br^- und I^- zu Br_2 bzw. I_2 oxidieren. Dabei werden auch SCN^- und CN^- zerstört. Diese Methode erfordert aber größere Erfahrung, da die Reaktion häufig nicht quantitativ verläuft.

Trennung und Nachweis von Cl^-, Br^-, I^- und NO_3^-

Zur **Vorprobe auf Bromid und Iodid** erhitzt man die Analysensubstanz mit 18 mol/l H_2SO_4. Bei Anwesenheit von Br^- entstehen b r a u n e, bei I^- r o t v i o - l e t t e Dämpfe. Bei Brom ist aber die Farbe nicht spezifisch, da auch NO_2, aus Nitraten oder Nitriten stammend, eine fast gleiche Farbe besitzt (s. S. 130).

Zum **Nachweis von I^- und Br^-** versetzt man die H_2SO_4-saure Lösung des Sodaauszugs mit 0,5 ml CS_2 oder CH_2Cl_2 und tropfenweise mit Chlorwasser und schüttelt um. V i o l e t t färbung zeigt I^- an (s. 3., S. 172). I^--Ionen können auch im Sodaauszug wie Cl^- und Br^- in HNO_3-saurer Lösung mit Ag^+ ausgefällt werden. AgI wird durch seine Schwerlöslichkeit in 13,5 mol/l NH_3 von den anderen schwerlöslichen Ag-Halogeniden abgetrennt und mit Zn und H_2SO_4 reduziert. Dabei geht I^- in Lösung und kann wie oben oxidiert und nachgewiesen werden.

Bei der Oxidation des I^- mit Chlorwasser verschwindet durch eine weitere Zugabe die Farbe wieder und schlägt bei Anwesenheit von Br^- über B r a u n in G e l b (BrCl) um (s. 3., S. 172).

Zum **Nachweis des Cl^- neben I^- und Br^-** stehen mehrere Wege zur Verfügung:

1. Zu dem mit HNO_3 angesäuerten Sodaauszug gibt man einige Tropfen $AgNO_3$, kocht, bis sich der Niederschlag zusammengeballt hat, und zentrifugiert ab. Das Zentrifugat wird wieder mit $AgNO_3$ versetzt, nochmals zentrifugiert usw., bis nichts mehr ausfällt. Die letzte Fraktion, die bei Anwesenheit von viel

Chloridionen reinweiß ist, wird mit einer konz. $(NH_4)_2CO_3$-Lösung geschüttelt. Es wird wieder zentrifugiert und zum Zentrifugat etwas verd. KBr-Lösung zugefügt. Ein Niederschlag von AgBr zeigt Cl^- an (s. 5., S. 173).
2. Die gut getrocknete Analysensubstanz oder der zur Trockne eingedampfte Sodaauszug wird mit der dreifachen Menge $K_2Cr_2O_7$ und 18 mol/l H_2SO_4 vermischt und in einem Reagenzglas mit aufgesetztem Gärröhrchen (s. Abb. 1.17) erhitzt. Brom und Iod gehen als Elemente, Chlor als CrO_2Cl_2 über. In der vorgelegten Natronlauge prüft man auf Chromat, das sich nur dann nachweisen lässt, wenn die Analysensubstanz Chloridionen enthält. Die Reaktion versagt bei AgCl, Hg_2Cl_2, $HgCl_2$, bei Anwesenheit von Nitrat, Nitrit sowie von Chlorat und Reduktionsmitteln, bei Anwesenheit von Fluorid ist sie nicht eindeutig.
3. Man oxidiert in essigsaurer Lösung Bromid und Iodid durch $KMnO_4$ und weist dann Chlorid mit Silbernitrat nach, das in einer solchen Lösung von $KMnO_4$ noch nicht angegriffen wird. Diese Methode ist besonders dann anzuwenden, wenn man wenig Chloridionen neben viel Bromid und Iodid nachzuweisen hat.

Nur selten liegen die Halogenide in schwerlöslicher Form vor, z. B. als AgCl, AgBr und AgI. In diesem Falle muss ein Teil des in Säuren schwerlöslichen Rückstandes der Analysensubstanz mit Zink und 1 mol/l H_2SO_4 behandelt werden. Man gießt vom Metall ab und prüft die Lösung auf Halogenide. (Über den Aufschluss mit Soda/Pottasche vgl. S. 206.)

Der Nachweis von Nitrat mittels Eisen(II)-sulfat und 18 mol/l H_2SO_4 wird durch Bromid- und Iodidionen gestört. Man entferne sie daher entweder vorher mit Ag_2SO_4 oder prüfe auf NO_3^- durch Reduktion mit Devardascher Legierung in NaOH-Lösung (s. 4., S. 135).

2.2.7 Nachweis der Anionen

2.2.7.1 Die häufigsten Anionen und ihr Nachweis

Im Anfängerkurs werden nur die Anionen OH^-, Cl^-, SO_4^{2-}, NO_3^-, CO_3^{2-}, PO_4^{3-} und S^{2-} nachgewiesen. Es sollen daher in diesem Abschnitt nur die Nachweisreaktionen dieser Anionen kurz zusammengefasst werden.

Ganz allgemein können zum Nachweis von Ionen in einer zu analysierenden Substanz nur solche Reaktionen benutzt werden, die für das zu prüfende Ion spezifisch sind. Eventuell auftretende Störungen beim Nachweis eines bestimmten Ions in Gegenwart anderer Ionen müssen beachtet und entsprechend den Vorschriften für die Durchführung des Nachweises umgangen werden. Auch die Einhaltung des pH-Wertes bei den Nachweisreaktionen ist wichtig.

Eine feste Analysensubstanz wird vor Beginn der Untersuchung gut pulverisiert und homogenisiert. Das Analysenpulver wird dann in einem geeigneten, verschließbaren Gefäß (Polyethylenflasche, Glaspulverflasche) aufbewahrt. Die Analysensubstanz wird dadurch vor Staub und festen Verunreinigungen, vor Aufnahme von CO_2 (bei alkalischen Verbindungen) sowie vor Feuchtigkeit geschützt. Flüssige Substanzen werden solange geschüttelt oder gerührt, bis keine Schlieren mehr auftreten.

Zur Analyse werden 0,1–1 ml oder eine Spatelspitze der Analysensubstanz in einige ml destilliertes Wasser gegeben. Bei den Anfängeranalysen wird hierbei meistens eine klare Lösung entstehen. Dieser Ausgangslösung entnimmt man dann für die Einzelnachweise jeweils einige Tropfen. Man gewöhne sich von Anfang an daran, mit kleinen Proben zu arbeiten. Mit kleinen Substanzmengen und wenig Lösungsmittel ist die Empfindlichkeit des Nachweises genau so groß wie bei Einsatz von viel Substanz in entsprechend viel Lösungsmittel. Alle Operationen, wie Filtrieren, Zentrifugieren, Auswaschen und Eindunsten, lassen sich jedoch mit großem Zeitgewinn durchführen.

Die oben erwähnten Anionen lassen sich aus der Analysenlösung nebeneinander wie folgt nachweisen:

OH^- bzw. H^+: Lackmuspapier wird blau bzw. rot.
Cl^-: Ansäuern mit 2 mol/l HNO_3, versetzen mit $AgNO_3$: weißer, käsiger Niederschlag von AgCl, löslich in Ammoniak, schwerlöslich in HNO_3 (s. 4., S. 164)
SO_4^{2-}: Ansäuern mit 2 mol/l HCl, versetzen mit $BaCl_2$: weißer, reinkristalliner Niederschlag von $BaSO_4$ (s. 3., S. 151)
NO_3^-: Ansäuern mit 1 mol/l H_2SO_4, versetzen mit frisch bereiteter $FeSO_4$-Lösung, Unterschichten mit konz. H_2SO_4: brauner Ring von $[Fe(H_2O)_5NO]^{2+}$ (s. 3., S. 135)
CO_3^{2-}: Ansäuern der Ursubstanz mit HCl oder HNO_3: Gasentwicklung. Prüfung des Gases nach 3., S. 113, mit $Ba(OH)_2$.
PO_4^{3-}: Ansäuern mit HNO_3, versetzen mit Ammoniummolybdat, kochen: gelber Niederschlag von Ammoniummolybdophosphat (s. 6., S. 138)
S^{2-}: Ansäuern mit HCl: Gasentwicklung. Geruch nach faulen Eiern (s. S. 146). Nachweis als PbS (s. 4., S. 147).

Die Nachweise diese Anionen können bei Anwesenheit anderer Ionen gestört werden. Es sei daher auf den folgenden Abschnitt und auf Tab. 2.2, S. 178, verwiesen.

Prüfung auf Anionen bei Gegenwart störender Kationen. Sodaauszug

Der Nachweis der Anionen wird recht häufig durch Metallionen, z. B. durch die Schwerlöslichkeit ihrer Salze, gestört. Deshalb werden die meisten Anionen – außer CO_3^{2-}, z. T. S^{2-} und einigen anderen – im sog. **Sodaauszug** nachgewiesen. Hierbei wird die Analysensubstanz mit einem Überschuss an Sodalösung gekocht. Mit Ausnahme der Alkaliionen bilden die meisten Metallionen schwerlösliche Hydroxide bzw. Carbonate (je nachdem, ob das Carbonat oder das Hydroxid des betreffenden Metalles schwerer löslich ist, teilweise bilden sich auch

Mischverbindungen, basische Carbonate), so dass die betreffenden Verbindungen in den Rückstand des Sodaauszuges kommen.

Für den Sodaauszug wird ein Gemisch aus der fein gepulverten Analysensubstanz (etwa 0,1 g) und der zwei- bis dreifachen Menge an wasserfreier Soda (Na_2CO_3) in Wasser (etwa 10–20 ml) aufgeschlämmt und im Filtrat oder Zentrifugat nach Ansäuern mit einer entsprechenden Säure auf die Anionen geprüft. Durch Blindproben (s. unten) überzeuge man sich von der Reinheit der verwendeten Reagenzien (besonders der Soda!).

Häufig wird es gerade beim Anfänger vorkommen, dass er aus einer nur sehr schwach positiv ausgefallenen Nachweisreaktion fälschlicherweise auf das Vorhandensein des betreffenden Anions oder Kations schließt. In solchen nicht einwandfreien Fällen wiederhole man den Nachweis möglichst sorgfältig und mache, wenn das Ergebnis ebenso zweifelhaft bleibt, eine „Blindprobe" (s. S. 98). Meistens wird sich dann herausstellen, dass auch die Blindprobe bereits schwach positiv ausfällt, also das Vorhandensein der nachzuweisenden Substanz bereits in den herangezogenen Reagenzien anzeigt. Erst wenn die Blindprobe eindeutig negativ ausfällt, darf aus einer schwach positiven Nachweisreaktion auf ein äußerst geringes Vorhandensein des betreffenden Ions in der zu prüfenden Substanz geschlossen werden („Spuren").

Bei Anwesenheit bestimmter Kationen (z.B. Bi^{3+}) kann NO_3^- im Sodaauszug nicht gefunden werden. Es wird im schwefelsauren Auszug des Sodaauszug-Rückstandes nachgewiesen. PO_4^{3-} wird meist im Kationentrennungsgang nach Abtrennen der Schwefelwasserstoffgruppe (s. S. 270) identifiziert.

2.2.7.2 Nachweis aller Anionen

Bei den Kationen ist ein gut ausgearbeiteter Trennungsgang vorhanden; bei den Anionen hingegen ist man im allgemeinen auf eine große Anzahl von Einzelreaktionen angewiesen, und nur bei einzelnen Gruppen, wie den Halogenen oder den verschiedenen Schwefelverbindungen, kann man Trennungsverfahren anwenden.

Sehr wichtig sind auch hier die **Vorproben,** insbesondere das Verhalten der Substanz gegenüber 1 mol/l und 18 mol/l H_2SO_4, wie es in den Tab. 2.7 und 2.8 (S. 316) beschrieben ist. Aus diesen kann man sehr häufig schon auf die An- oder Abwesenheit bestimmter Anionen schließen.

Zum weiteren Erkennen der Anionen wird der **Sodaauszug** (S. 175) hergestellt, Proben von ihm werden mit Reagenzien versetzt, die die An- bzw. Abwesenheit von bestimmten Gruppen anzeigen. Einige Anionen und H_2O_2 können im Sodaauszug zersetzt werden.

1. Man säuert zunächst eine Probe des Sodaauszugs mit Salzsäure an. Während des Ansäuerns können Niederschläge besonders von amphoteren Hydroxiden auftreten, also con $Al(OH)_3$, $Zn(OH)_2$, $Pb(OH)_2$, $Sn(OH)_2$ usw., die bei Erhöhung der H^+-Ionenkonzentration wieder verschwinden. Ebenso verhalten sich VO_4^{3-} und MoO_4^{2-}, während WO_4^{2-} und Silicationen sowie Pb^{2+} als $PbSO_4$ bleibende Niederschläge bilden. Auch Sulfide, von Thiosalzen herrührend,

und Schwefel aus Thiosulfat können ausfallen. Darauf ist bei den späteren Reaktionen stets zu achten, da sonst Fehlschlüsse vorkommen können. Gegebenenfalls muss der Niederschlag abzentrifugiert werden.

2. Man säuert mit 2 mol/l HNO_3 an und versetzt mit $AgNO_3$:
   Weißer Niederschlag: Cl^-, CN^-, SCN^-.
   Schwach gelblicher Niederschlag: Br^-.
   Gelblicher Niederschlag: I^-.

   Hat man nicht stark angesäuert, so können außerdem noch schwarzes Ag_2S, stammend von S^{2-}, und weißes Ag_2SO_3 entstehen, sie sind in 14 mol/l HNO_3 löslich. Auch AgCN löst sich merklich in 14 mol/l HNO_3.

   Den Niederschlag behandle man nach dem Zentrifugieren und Auswaschen mit 13,5 mol/l NH_3. Es lösen sich auf: AgCl, AgBr, AgCN, AgSCN, Ag_2SO_3. Den Rückstand versuche man in verd. Kaliumcyanidlösung zu lösen. AgI ist löslich, Ag_2S dagegen nicht.

3. Man säuert mit Essigsäure schwach an und versetzt mit $CaCl_2$-Lösung. Es fällt ein weißer Niederschlag bei Anwesenheit von:
   SO_4^{2-}, MoO_4^{2-}, WO_4^{2-}, PO_4^{3-}, VO_4^{3-}, H_3BO_3, F^- sowie SO_3^{2-},
   falls es in größerer Konzentration vorliegt. Dem Anfänger bereitet diese Prüfung Schwierigkeiten, da er meist zu viel Essigsäure zusetzt und damit die Lösung zu sehr verdünnt.

4. Man säuert mit 2 mol/l HCl an und versetzt mit $BaCl_2$-Lösung:
   Weißer Niederschlag: SO_4^{2-} und $[SiF_6]^{2-}$, eventuell auch F^-.
   BaF_2 ist in 7 mol/l HCl leicht, $Ba[SiF_6]$ dagegen schwer löslich.

5. Wichtig ist weiterhin die Prüfung auf oxidierende Substanzen. Dazu säuert man mit Salzsäure an und fügt KI und Stärkelösung hinzu. Blaufärbung können hervorrufen:
   (ClO^-); CrO_4^{2-}; AsO_4^{3-} (schwach); MnO_4^-; H_2O_2 und NO_2^-; in stark saurer Lösung auch NO_3^- und schließlich auch Cu^{2+} sowie Fe^{3+}.

6. Umgekehrt kann man ein Reduktionsmittel durch Entfärbung von Iodlösung erkennen, wenn man diese tropfenweise zu dem mit Salzsäure angesäuerten Sodaauszug hinzufügt. Entfärbung tritt ein bei:
   S^{2-}, SO_3^{2-}, AsO_3^{3-}.

   Außerdem findet schwache Reaktion statt bei:
   CN^- und SCN^-.

7. Ebenso prüfe man den schwefelsauren Sodaauszug mit $KMnO_4$-Lösung, weil von ihr besonders in der Wärme einige Anionen oxidiert werden, die mit Iod keine Reaktion geben. Bei tropfenweise vorgenommener Zugabe wird $KMnO_4$ entfärbt durch:
   Br^-, I^-, SCN^-, S^{2-}, SO_3^{2-}, H_2O_2, NO_2^-.

   Auf Grund dieser Reaktionen weiß man, welche Anionen vorhanden sein können und, was wichtiger ist, welche Anionen abwesend sind.

Die wichtigsten Nichtmetalle und einige ihrer Verbindungen

Bei den folgenden Einzelreaktionen achtet man besonders auf Störungen durch andere Ionen und versuche, durch verschiedenartige Identifizierungen Sicherheit über die vorliegenden Anionen zu gewinnen.

In der Tab. 2.2 sind die wichtigsten Reaktionen der einzelnen Anionen zusammengefasst und dabei die am häufigsten auftretenden Störungen und deren Vermeidung bzw. Umgehung vermerkt.

Tab.: 2.2: Anionen-Nachweis

Anion	Nachweis-reaktion	Störung	Umgehung der Störung	Beschreibung auf Seite
F^-	1. Ätzprobe oder Kriechprobe	Versagt bei Überschuss von SiO_2 und H_3BO_3	Anwendung der Wassertropfenprobe	157
	2. Wassertropfenprobe	Versagt bei manchen Fluorsilicaten	Aufschluss mit $Na_2CO_3 + K_2CO_3$	157
Cl^-	$HNO_3 + AgNO_3$	Br^-, I^-	a) Fraktioniertes Fällen mit Ag^+, letzte Fraktion in $(NH_4)_2CO_3$ lösen und mit KBr versetzen b) Durch $KMnO_4$ in essigsaurer Lösung oxidieren	164
		CN^-, SCN^-, $[Fe(CN)_6]^{3-}$, $[Fe(CN)_6]^{4-}$	Entfernung durch $Cu^{2+} + H_2SO_3$	181
Br^-	Cl_2	I^-, Reduktionsmittel	Überschuss von Cl_2 zugeben	172
I^-	Cl_2	Reduktionsmittel	Vorsichtig Überschuss von Cl_2 zugeben	172
		CN^-	Durch Zn^{2+} entfernen oder als HCN abdestillieren	
S^{2-}	1. HCl + Bleiacetatpapier	Versagt bei Sulfiden, die in nichtoxidierenden Säuren schwer löslich sind	Anwendung von 2.	146
	2. Zn + HCl + Bleiacetatpapier	SO_3^{2-}, $S_2O_3^{2-}$, SCN^-	Nur Rückstand des Sodaauszugs prüfen	146
		Freier Schwefel	Mit Kohlendisulfid entfernen	

Nachweis der Anionen 179

Tab. 2.2: Fortsetzung

Anion	Nachweis-reaktion	Störung	Umgehung der Störung	Beschreibung auf Seite
SO_3^{2-}	1. Ansäuern, Geruch	S^{2-}	Im neutralen Sodaauszug durch $HgCl_2$ ausfällen	148
	2. $ZnSO_4$ + $K_4[Fe(CN)_6]$ + $[Fe(CN)_5NO]^{2-}$			149
$S_2O_3^{2-}$	1. HCl	S_x^{2-}	Im neutralen Sodaauszug durch $CdCO_3$ oder $[Cd(NH_3)_6]^{2+}$ ausfällen	153
		SO_3^{2-}	Im neutralen Sodaauszug mittels $Sr(NO_3)_2$ entfernen	
	2. $AgNO_3$	S^{2-}	Mit Cd-Acetat fällen	153
SO_4^{2-}	HCl + $BaCl_2$	F^-, $[SiF_6]^{2-}$	Lösen in 7 mol/l HCl	151
NO_2^-	1. $FeSO_4$ + 1 mol/l H_2SO_4	ClO_3^-, I^-, SO_3^{2-}, SCN^-, $[Fe(CN)_6]^{4-}$, $[Fe(CN)_6]^{3-}$	Anwendung von 2.	132
	2. Sulfanilsäure + α-Naphthylamin	–	–	132
NO_3^-	1. $FeSO_4$ + 18 mol/l H_2SO_4	Br^-, I^-	Mit Ag_2SO_4 ausfällen	135
		SO_3^{2-}, CrO_4^{2-}	Anwendung von 2.	
		SCN^-, CN^-	Mit Ag_2SO_4 ausfällen	
	2. NaOH + Devardasche Legierung	NH_4^+	Kochen mit NaOH	131
		SCN^-	Mit Ag_2SO_4 ausfällen	
	3. Sulfanilsäure + α-Naphthylamin + Zinkstaub	NO_2^-	Durch $(NH_2)_2CO$ oder $(NH_2)HSO_3$ entfernen	135
		Oxidationsmittel	Überschuss von Zinkstaub	
		$[Fe(CN)_6]^{3-}$	Zuerst Zinkstaub, dann filtrieren, im Filtrat Sulfanilsäure + α-Naphthylamin	

Tab. 2.2: Fortsetzung

Anion	Nachweisreaktion	Störung	Umgehung der Störung	Beschreibung auf Seite
PO_4^{3-}	1. HNO_3 + Ammoniummolybdat	AsO_4^{3-}	Nachweis von PO_4^{3-} nach der H_2S-Gruppe	138
	2. Fällung als $Zr_3(PO_4)_4$	AsO_4^{3-}	Nachweis des PO_4^{3-} nach der H_2S-Gruppe	139
CO_3^{2-}	HCl, Gas einleiten in $Ba(OH)_2$	SO_3^{2-}, $S_2O_3^{2-}$	Oxidieren mit H_2O_2	113
CH_3COO^-	1. $KHSO_4$	SO_3^{2-}	Oxidieren mit MnO_4^-	114
	2. 18 mol/l H_2SO_4 + C_2H_5OH	Stoffe, die mit 18 mol/l H_2SO_4 stark riechende Gase geben	Zusatz von Ag^+ und oxidieren mit MnO_4^-	114
$C_2O_4^{2-}$	1. H_2SO_4 + $KMnO_4$, Nachweis des CO_2	Reduktionsmittel	Überschuss von $KMnO_4$	115
	2. CH_3COOH + $CaCl_2$	F^-, SO_3^{2-}, SO_4^{2-}, PO_4^{3-}, H_3BO_3, $[Fe(CN)_6]^{4-}$	Niederschlag abfiltrieren, mit ihm Reaktion 1 durchführen	115
CN^-	1. Mit $NaHCO_3$ erhitzen, in $AgNO_3$ einleiten	$Hg(CN)_2$	NaCl im Überschuss zusetzen	116
	2. Berliner-Blau-Reaktion	SCN^-, $[Fe(CN)_6]^{3-}$	Anwendung von 1.	117
	3. Thiocyanat-Reaktion	SCN^-, $[Fe(CN)_6]^{4-}$	Anwendung von 1.	117
SCN^-	$HCl + FeCl_3$	F^-, PO_4^{3-}	In essigsaurer Lösung mit $BaCl_2$ ausfällen, im Filtrat auf SCN^- prüfen	119
		I^-	$SCN^- + I^-$ mit $AgNO_3$ fällen, AgSCN in Ammoniak lösen, Ag^+ mit farblosem $(NH_4)_2S$ oder Na_2S fällen, dann nach Filtration und Ansäuern mit $FeCl_3$ prüfen	

Tab. 2.2: Fortsetzung

Anion	Nachweis-reaktion	Störung	Umgehung der Störung	Beschreibung auf Seite
$[Fe(CN)_6]^{4-}$	$HCl + Fe^{3+}$	SCN^-	Tropfenweiser Zusatz von Fe^{3+}, erst Blaufärbung, dann Rotfärbung	118
$[Fe(CN)_6]^{3-}$	$HCl + Fe^{2+}$	NO_2^-	Überschuss von $FeSO_4$, Erhitzen	118
SiO_2	1. Lösliche Silicate: Ammoniummolybdat ansäuern + alkal. Stannat(II)-Lösung	PO_4^{3-}, AsO_4^{3-}	As mit H_2S fällen, mit HCl abrauchen und aufschließen	122
	2. Wassertropfenprobe	–	–	123
Borat	1. CH_3OH + 18 mol/l H_2SO_4	Versagt bei Borosilicaten	Zusatz von CaF_2 oder Aufschluss mit $Na_2CO_3 + K_2CO_3$	110
	2. $CaF_2 + KHSO_4$	–	–	109
H_2O_2	1. $[TiO]SO_4$	F^-, CrO_4^{2-}	Anwendung von 2.	108
	2. $Cr_2O_7^{2-}$ + Ether	–	–	108

Analyse bei Gegenwart von CN^- und SCN^-

(siehe dazu auch Tab. 2.2)

Zum Nachweis von CN^- vertreibt man HCN aus der Substanz mit einem Überschuss von $NaHCO_3$ und leitet das Gas in vorgelegte $AgNO_3 + HNO_3$ nach Versuch 3., S. 117 (Gasprüfapparat). Bei Abwesenheit von SCN^- macht man am besten nach 4., S. 117, die Berliner-Blau-Reaktion. Zur Prüfung auf SCN^- wird zu dem schwach angesäuerten Sodaauszug Fe^{3+} zugegeben. F^- und PO_4^{3-} stören, da sie mit Fe^{3+} Komplexe bilden. Man fällt sie aus dem mit Essigsäure angesäuerten Sodaauszug mit Ba^{2+} aus und prüft im Zentrifugat auf SCN^- mit Fe^{3+}.

Die hier behandelten Anionen stören den Nachweis von Chloridionen, da auch sie mit $AgNO_3$ in Salpetersäure schwerlösliche Niederschläge bilden. Man fälle sie daher vorher mit Kupfersulfat unter Zusatz von schwefliger Säure als CuSCN und CuCN aus. Nach Zentrifugieren wird wie üblich auf Chloridionen geprüft.

Weiterhin wird durch Cyanidionen der Iodidnachweis mit Chlorwasser unmöglich gemacht, weil farbloses Iodcyanid, ICN, gebildet wird. In diesem Fall müssen die Cyanidionen mit einem Überschuss von Zn^{2+} als $Zn(CN)_2$ gefällt oder in hydrogencarbonathaltiger Lösung als Blausäure vorher abdestilliert werden.

Auch der Nachweis von NH_4^+ mit Basen lässt sich nicht durchführen, weil die Cyanidionen zu NH_3 und Formiat hydrolysiert werden. Auch hier muss man die Cyanidionen vorher entfernen.

Schließlich stören beide Anionen, teilweise wegen Komplexsalzbildung, den Trennungsgang der Kationen. Durch Abrauchen der Analysensubstanz mit 18 mol/l H_2SO_4 zerstört man sie. **Vorsicht**: HCN ist sehr giftig (Abzug!)

Analyse bei Gegenwart von $C_2O_4^{2-}$

Der Nachweis wird in der ursprünglichen Analysensubstanz nach 3., S. 115, mit Kaliummanganat(VII) und im Sodaauszug nach 7., S. 201, durch Ansäuern mit Essigsäure und Fällen als CaC_2O_4 durchgeführt. Letztere Reaktion wird durch viele Anionen gestört, so durch F^-, SO_3^{2-}, SO_4^{2-}, PO_4^{3-}, Borat. Man zentrifugiere deswegen den mit Calciumionen erhaltenen Niederschlag ab, löse ihn nach gründlichem Auswaschen wieder in 1 mol/l H_2SO_4 und weise das Oxalat in dieser Lösung mit Manganat(VII) nach (siehe dazu auch Tab. 2.2, S. 180).

Oxalsäure stört insofern den Gang der Analyse, als beim Fällen der Ammoniumsulfidgruppe auch Erdalkalioxalate niedergeschlagen werden können. Man entfernt $H_2C_2O_4$ am besten, indem man aus dem Zentrifugat der H_2S-Gruppe zunächst den Schwefelwasserstoff wegkocht und die salzsaure Lösung mit einigen Tropfen 30%igem H_2O_2 (Perhydrol) 5–10 Minuten lang auf Siedehitze hält. Dabei wird die Oxalsäure oxidiert und das überschüssige Wasserstoffperoxid wieder zerstört:

$$H_2C_2O_4 + H_2O_2 \rightarrow 2\,H_2O + 2\,CO_2\uparrow$$

2.3 Die Metalle und ihre Verbindungen – Analyse und Trennung der Kationen

Während der Nachweis der Anionen, die durch die Nichtmetalle gebildet werden, meist durch Einzelreaktionen erfolgt, ist für die Kationen ein sicherer Trennungsgang ausgearbeitet worden.

Der Trennungsgang der Kationen steht jedoch mit Ausnahme der Alkali- und Erdalkalielemente nicht im Zusammenhang mit der Stellung der Elemente im PSE. Dies ist vor allem darauf zurückzuführen, dass diese Elemente in unterschiedlichen Oxidationsstufen auftreten. Zum Vergleich der Eigenschaften von Ionen mit verschiedener Ladung und verschiedenem Radius wird das sog. Ionenpotenzial herangezogen (s. S. 18). Der Trennungsgang richtet sich nach der Löslichkeit der Chloride, Sulfide, Hydroxide und Carbonate in saurem oder alkalischem Medium. Analytisch teilt man demnach, unter Berücksichtigung der Tatsache, dass in dem vorliegenden Buch überwiegend die Elemente des sog. „Schultrennungsganges" und nur einige seltenere Elemente (s. S. 96), wie Ti, V, Mo, W und U behandelt werden, den Trennungsgang in folgende Gruppen ein, wobei die vorhergehenden Gruppen jeweils abgetrennt sein müssen:

1. **HCl-Gruppe:** Elemente, die in Wasser und Säuren schwerlösliche Chloride bilden [Ag, Hg(I), Pb] sowie W, das im allgemeinen aus saurer Lösung als schwerlösliches Oxidhydrat abgeschieden wird.
2. **H_2S-Gruppe:** Elemente, die in saurer Lösung schwerlösliche Sulfide bilden: Cu, Cd, Hg(II), Sn, Pb, As, Sb, Bi und Mo. Einige dieser Elementsulfide sind in gelbem $(NH_4)_2S_x$ unter Bildung von Thiosalzen löslich.
3. **$(NH_4)_2$S-Urotropin-Gruppe:** Elemente, die in ammoniakalischer Lösung schwerlösliche Sulfide oder Hydroxide bilden: Zn, Al, U, Ti, Cr, Mn, Fe, Co, Ni. Ferner gehören dazu V und W, deren Thiosalze sich in ammoniakalischer Ammoniumsulfid-Lösung bilden. Ihre Sulfide fallen aber erst auf Zusatz von Säure zu diesen Lösungen aus.
4. **$(NH_4)_2CO_3$-Gruppe:** Elemente, die durch die genannten Gruppenreagenzien nicht ausgefällt werden, dagegen mit $(NH_4)_2CO_3$ schwerlösliche Carbonate bilden: Ca, Sr, Ba.
5. **Lösliche Gruppe:** Elemente, die mit allen vorstehenden Fällungsreagenzien keine Niederschläge bilden und demnach am Ende des Analysenganges nachzuweisen sind: Mg (unter gewissen Bedingungen), Na, K.

Aus didaktischen Gründen erfolgt die Besprechung der einzelnen analytischen Gruppen nicht in der oben aufgeführten, sondern in der umgekehrten Reihenfolge.

2.3.1 1. Hauptgruppe des PSE, lösliche Gruppe (zusätzlich Mg und NH_4^+)

Zu dieser analytischen Gruppe zählen die Alkalielemente Lithium, Li, Natrium, Na, Kalium, K, Rubidium, Rb, und Caesium, Cs (erste Hauptgruppe), sowie Magnesium, Mg, aus der zweiten Hauptgruppe des PSE.

Die äußere Elektronenschale der Alkalielemente enthält ein Elektron, die des Mg zwei Elektronen, die sehr leicht abgegeben werden können. Gemäß den allgemeinen Regeln nimmt bei den Alkalielementen mit steigender Ordnungszahl die Ionisierungsenergie (s. S. 102) aufgrund der zunehmenden Größe der Elemente ab, die Löslichkeit der Hydroxide zu (s. S. 7). Alle Alkalielemente bilden leicht lösliche Hydroxide.

Die sehr weichen, mit dem Messer leicht schneidbaren und spezifisch leichten Alkalimetalle, die man durch Schmelzflusselektrolyse gewinnt, überziehen sich an der Luft schnell mit einer Oxid- bzw. Hydroxidhaut. Zum Aufbewahren dienen deshalb sauerstofffreie Flüssigkeiten, meist Petroleum. Da MgO in Wasser schwer löslich ist und die Oxidhaut auf dem Metall haftet, ist Mg im Gegensatz zu den Alkalielementen vor weiterem Angriff feuchter Luft geschützt und bei gewöhnlicher Temperatur beständig. Zu den Alkaliionen rechnet man auch das „Komplexion" NH_4^+ (s. S. 125 und S. 191). Es ist fast so groß wie das Kaliumion. Viele Reaktionen der beiden Ionen sind daher gleich.

Die meisten Salze der Alkalielemente sind in Wasser leicht löslich. Nur das Lithium, das in seinen Eigenschaften schon den Erdalkalien ähnelt (s. S. 8), und das Magnesium bilden relativ schwer lösliche Carbonate und Phosphate. Wegen des Mangels an schwerlöslichen Verbindungen bereitet die Trennung der Alkaliionen erhebliche Schwierigkeiten. Sie können dagegen, einzeln vorliegend, leicht durch die Färbung, die sie in der Bunsenflamme bewirken, und im Gemisch durch Spektralanalyse erkannt werden.

Die Verbindungen des Magnesiums, Natriums und Kaliums sind in der Natur weit verbreitet. Lithium, Rubidium und Caesium sind dagegen selten. Die beiden letzteren unterscheiden sich in ihrem chemischen Verhalten kaum vom Kalium. Zum qualitativen Nachweis der drei selteneren Alkalielemente dient am besten die Spektralanalyse (s. S. 185).

2.3.1.1 Natrium, Na, 22,9898; +I, $3s^1$

In der Erdrinde beträgt der Massenanteil $w(Na) = 2,63\%$. Natrium steht damit in der Häufigkeitstabelle an 6. Stelle. Meerwasser enthält 27,5 g NaCl im Liter. Das verbreitetste Natriummineral ist der Natronfeldspat (Albit), $Na[AlSi_3O_8]$; ferner finden sich in mächtigen Lagern das Steinsalz, NaCl, Chilesalpeter, $NaNO_3$, Borax, $Na_2B_4O_7 \cdot 10 H_2O$, und Thenardit, Na_2SO_4. Die drei letzten Verbindungen werden direkt oder nach Reinigung in der chemischen Technik in großem Maße wegen ihrer Anionen verwendet. Weitere technisch wichtige Natriumverbindungen und ihre Darstellung: Soda, $Na_2CO_3 \cdot 10 H_2O$, nach dem Solvay-Verfahren, auch

1. Hauptgruppe des PSE, lösliche Gruppe (zusätzlich Mg und NH_4^+)

Fortsetzung

Ammoniak-Soda-Verfahren genannt; Natriumhydroxid, NaOH, durch Elektrolyse wässriger NaCl-Lösungen; Natriumsulfat, Na_2SO_4, und Glaubersalz, $Na_2SO_4 \cdot 10\ H_2O$, aus NaCl und H_2SO_4. Da fast alle Natriumsalze leicht in Wasser löslich sind, eignen sich zum Nachweis des Natriumions nur ganz wenige Fällungsreaktionen.

1. Das Verhalten von Na_2CO_3 in Wasser

Prüft man eine wässrige Natriumcarbonatlösung mit rotem Lackmus, so stellt man die Anwesenheit von OH^--Ionen fest. Zum weiteren Verständnis dieser Erscheinung prüfe man Lösungen von NaCl, $NaCH_3COO$, KCN, $AlCl_3$, $ZnCl_2$ und NH_4Cl mit Lackmus. Es reagieren neutral NaCl, alkalisch $NaCH_3COO$ und KCN, stark sauer $ZnCl_2$ und $AlCl_3$, schwach sauer NH_4Cl (s. S. 27).

2. Pufferlösungen

Zwei Reagenzgläser fülle man mit Wasser, zwei weitere mit 5 ml 2 mol/l CH_3COOH + 5 ml 2 mol/l $NaCH_3COO$ und füge zu allen 2 Tropfen Methylorange hinzu. Ein Reagenzglas mit Wasser versetze man mit 1–2 Tropfen 2 mol/l HCl. Es tritt sofort die rote Farbe auf. Im Acetatpuffer dagegen bleibt die Mischfarbe des Indikators auch bei Zugabe von weiterer Salzsäure bestehen. Die entsprechenden Ergebnisse erhält man bei tropfenweiser Zugabe von Natronlauge zu Wasser bzw. dem Puffer.

3. Nachweis durch Flammenfärbung

Natriumverbindungen bewirken in der nichtleuchtenden Bunsenflamme eine intensiv g e l b e Farbe, die schon durch unwägbare Mengen hervorgerufen wird. Soll die Flammenfärbung als analytischer Nachweis dienen, so muss daher vor der Prüfung der Platindraht bzw. das Magnesiastäbchen völlig frei von Natrium sein. Dazu muss man gegebenenfalls so lange ausglühen und zwischendurch in konz. Salzsäure eintauchen, bis die Flamme nicht mehr gefärbt wird. Außerdem muss während der Prüfung des zu untersuchenden Salzes die Flamme längere Zeit, eine Minute und mehr, stark gelb aufleuchten. Im Spektroskop (s. S. 187) erscheint die gelbe Na-Linie bei 589 nm (vgl. Spektraltafel).

Auf einem kleinen Uhrglas oder einer Tüpfelplatte werden 3 Tr. des H_2SO_4- bzw. essigsauren Substanzauszuges mit 2 Tropfen 7 mol/l HCl versetzt. Falls ein schwerlösliches Produkt vorliegt, befeuchtet man auf der Tüpfelplatte 2–3 mg Substanz mit 1–2 Tropfen 7 mol/l HCl. Ein sauberes, ausgeglühtes Magnesiastäbchen oder eine Pt-Drahtöse wird in die Lsg. bzw. in die HCl-feuchte Substanz getaucht und anschließend in die heiße Zone der nichtleuchtenden Bunsenbrennerflamme gebracht.

Da in fast allen Substanzen Na in Spuren als Verunreinigung vorhanden ist, ziehe man zur Identifizierung auch die nachfolgenden chemischen Reaktionen heran.

Spektralanalyse bzw. Flammenfärbung

Alle Elemente senden im atomaren oder ionisierten gasförmigen Zustand bei hohen Temperaturen oder elektrischer Anregung Licht von bestimmter Farbe aus, das,

Fortsetzung

durch ein Spektrometer beobachtet, aus bestimmten, für das Element charakteristischen Spektrallinien besteht.

Ein solches Linienspektrum kommt dadurch zustande, dass die im Atom befindlichen äußeren Elektronen durch die Anregung kurzzeitig auf ein höheres Energieniveau gehoben werden und beim Zurückfallen auf ein niederes Niveau die Energiedifferenz als Strahlung einer bestimmten Wellenlänge abgeben. In Abb. 2.9 ist dieser Prozess für die gelbe Natrium Doppellinie schematisch wiedergegeben. Das 3s Valenzelektron wird zunächst angeregt und kann im 3p Zustand zwei geringfügig unterschiedliche Energiezustände einnehmen. Beim Rückfall der Elektronen auf das 3s Niveau wird daher eine Doppellinie emittiert, die jedoch nur von sehr genauen Spektrometern aufgelöst wird.

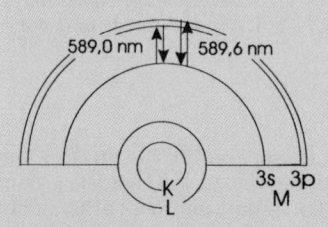

Abb. 2.9: Die Entstehung der gelben Natriumdoppellinie

Die inneren Elektronen werden hierbei nicht beeinflusst. Sie können erst bei Zuführung höherer Energie angeregt werden. Dabei entstehen die kurzwelligen Röntgenstrahlen.

Die Anregungsbedingungen sind bei den Elementen äußerst verschieden. Bei Alkali-, Erdalkali- und einigen anderen Elementen genügt, falls die Verbindungen leicht flüchtig sind, die Temperatur der Bunsenbrennerflamme, bei manchen anderen muss man zur Gebläseflamme übergehen und bei den meisten benötigt man einen elektrischen Lichtbogen oder Funken. Die „Flammenfärbung" der Bunsenflamme lässt demnach bei den Alkali- und Erdalkalimetallen usw. unter gewissen Bedingungen eine Aussage über deren Vorhandensein zu.

Da sich jedoch die Farben der einzelnen Elemente überdecken können, ist die Anwendung eines Spektrometers vorteilhafter. Die Emissionslinien einiger Elemente, die mit der Flammenphotometrie bestimmt werden können, sind in Tab. 3.27 (S. 497) wiedergegeben.

Neben dem Linienspektrum können bei kleiner Dispersion des Spektrometers auch sichtbare breite Streifen auftreten, die bei größerer Dispersion in ein System von vielen einzelnen Linien aufgelöst werden. Im Gegensatz zu den Linienspektren der Atome bezeichnet man letztere als Bandenspektren. Sie werden von angeregten Molekülen ausgesandt und daher auch Molekülspektren genannt.

Zur Erzeugung des notwendigen leuchtenden Dampfes wird die Substanz in der entleuchteten Bunsenflamme an einem Platindraht oder einem Magnesiastab erhitzt. Für die Spektralanalyse benutzt man aber besser einen einfachen Spektralbrenner, da dann das Spektrum mit größerer Ruhe zu beobachten ist. In einfachster Ausführung hat er die von *Beckmann* angegebene Gestalt. Das Zusatzgerät ist aus Glas und wird über die Luftlöcher des Bunsenbrenners gestülpt (s. Abb. 2.10). In die Vertiefung kommen einige Körnchen verkupfertes Zink, 3–5 ml 2 mol/l HCl und etwa 5 ml der zu untersuchenden Lösung. Durch die H_2-Entwicklung wird etwas Lösung verspritzt und gelangt durch die angesaugte Luft in den Brenner. Der Zerstäuber hat den großen Vorteil, dass er den Bunsenbrenner selbst nicht verschmutzt und äußerst leicht zu reinigen ist.

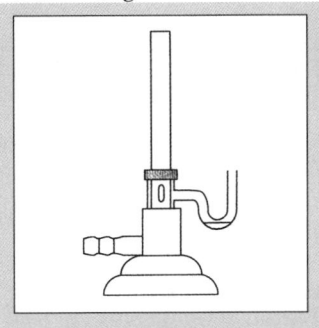

1. Hauptgruppe des PSE, lösliche Gruppe (zusätzlich Mg und NH_4^+)

Fortsetzung

Abb. 2.10: Bunsenbrenner mit Zerstäuber

Der Brenner wird so vor den Spalt des Spektroskops gestellt, dass der innere Kegel der Bunsenflamme nicht im Spalt beobachtet werden kann, sondern nur das obere Drittel. Sonst erhält man das Bandenspektrum des Kohlenmonooxids. (Der Brenner darf nie so nahe am Spalt des Spektroskops stehen, dass dieses heiß wird!)

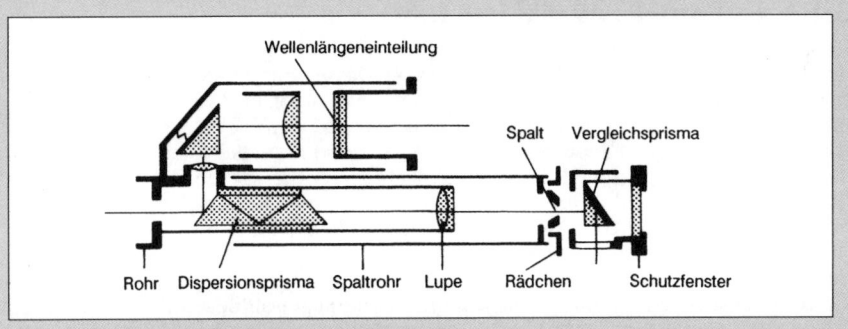

Abb. 2.11: Schema für ein Handspektroskop

Als Spektralapparat dient für einfache Untersuchungen meist das in Abbildung 2.11 dargestellte Handspektroskop mit Wellenlängeneinteilung. Vor dem Spalt sitzt das Vergleichsprisma und das Schutzfenster. Das Spaltrohr trägt außerdem ein Rädchen zur Verstellung der Spaltbacken. Das Rohr enthält die achromatische Lupe, das dreiteilige geradsichtige Dispersionsprisma und das Skalenrohr mit der Wellenlängeneinteilung, der Justierschraube und einem kleinen Objektiv. Neuerdings kommen auch Gitterspektrometer zum Einsatz. Hierzu wird das Licht über Lichtleiterkabel in das Spektrometer geführt, dort spektral zerlegt, über ein Photodioden Array ausgelesen und der Datenverarbeitung zugeführt.

4. Nachweis mit Kaliumhexahydroxoantimonat(V), $K[Sb(OH)_6]$

$$Na^+ + [Sb(OH)_6]^- \rightarrow Na[Sb(OH)_6]\downarrow$$

Na^+-haltige Lösungen bilden einen weißen, körnig kristallinen Niederschlag.

Zur richtigen Ausführung der Reaktion ist es notwendig, dass man erstens von Sb(V) ausgeht, zweitens in schwach alkalischer Lsg. arbeitet, da sonst amorphe Antimonsäure ausfällt, und dass drittens keine Ammoniumsalze vorhanden sind, da auch diese einen

188 Die Metalle und ihre Verbindungen – Analyse und Trennung der Kationen

amorphen Niederschlag von Antimonsäure ergeben (Entfernung der Ammoniumsalze s. S. 191). Außerdem dürfen die Lösungen auch hier nicht zu verd. sein.

Entsteht ein amorpher Niederschlag, so ist falsch gearbeitet worden. Man hat entweder nicht genügend alkalisch gemacht oder es sind noch NH_4^+-Ionen vorhanden gewesen.

Mit Ausnahme von K^+ stören fast alle anderen Metallionen. Sie müssen daher vorher sorgfältig entfernt werden!

Bei Beachtung und Ausschaltung aller Fehlermöglichkeiten ist der Nachweis von Na^+ als schwerlösl. Natriumhexahydroxoantimonat(V), $Na[Sb(OH)_6]$, zuverlässig und genügend empfindlich! (Kristallaufnahme Nr. 7).

pD 4,2

Reagenzlsg.: Etwa 0,5 g des käuflichen Kaliumantimonats (häufig noch als saures Kaliumpyroantimonat bezeichnet) werden mit 10 ml 1 mol/l KOH und 1–2 ml verd. H_2O_2 kurz aufgekocht. Hierdurch soll etwa vorhandenes Antimonit zu Antimonat oxidiert werden. Man lässt unter Umschütteln abkühlen und dekantiert vom nicht Gelösten.

2.3.1.2 Kalium, K, 39,0983; + I, 4s^1

> Kalium ist am Aufbau der Erdrinde mit einem Massenanteil $w(K) = 2,41\%$ beteiligt und steht damit dem Natrium an Häufigkeit nur wenig nach. Weitverbreitete Kaliummineralien sind der Kalifeldspat, $K[AlSi_3O_8]$, und zahlreiche andere Kaliumsilicate. Zur technischen Gewinnung von Kaliumverbindungen dienen in riesigen Salzlagern vorkommende Kaliumsalze: Kaliumchlorid (Sylvin), KCl; Carnallit, $KCl \cdot MgCl_2 \cdot 6 H_2O$, u. a. Der Gehalt des Meerwassers an Kaliumchlorid beträgt nur etwa 1/40 des Natriumchloridgehaltes, da der Erdboden Kaliumverbindungen zum Unterschied von Natriumverbindungen stark bindet, so dass sie nicht ins Meer gelangen.
>
> Besondere Bedeutung haben die Kaliumverbindungen als Bestandteil künstlicher Düngemittel, zu diesem Zweck werden hauptsächlich KNO_3 und K_2SO_4 verwendet.
>
> Die Kaliumsalze sind häufig etwas schwerer löslich als die entsprechenden Natriumverbindungen und enthalten seltener Kristallwasser. Sie werden daher unter anderem als Bestandteile von Sprengstoffen und Feuerwerkskörpern verwendet, da zu diesen Zwecken nicht hygroskopische, wasserfreie Salze benötigt werden, z. B. KNO_3, $KClO_3$.

1. Nachweis durch Flammenfärbung

Kaliumsalze färben die Bunsenflamme **violett**. Die Spektrallinien sind 768,2 nm Rot und 404,4 nm **Violett** (s. Spektraltafel). Die violette K-Linie sieht man mit einfacheren Spektrometern häufig nicht. Man kann sich daher nur auf die rote Linie verlassen.

Geringe Mengen von Natrium verdecken die Kaliumflamme. Betrachtet man sie aber durch ein blaues Cobalt- oder Neophanglas von genügendem Absorptionsvermögen, so wird das gelbe Na-Licht absorbiert, und nur rötliches K-Licht strahlt durch. Häufig ist bei Gegenwart von viel Natrium auch eine schwache Kaliumflamme sichtbar, selbst wenn kein Kalium vorhanden ist. Diese Erscheinung beruht auf dem Vorhandensein von glühenden, festen Teilchen in der Flamme, da ganz allgemein in den Fällen, wo glühende Stoffe in der Flamme enthalten sind, Licht aller Wellenlängen und damit auch rötliches Kaliumlicht ausgesandt wird.

1. Hauptgruppe des PSE, lösliche Gruppe (zusätzlich Mg und NH_4^+)

Der Nachweis durch Flammenfärbung kann aber nur als Vorprobe gelten. K^+-Ionen werden endgültig nur durch die folgenden Reaktionen nachgewiesen, bei denen sich schwerlösliche Kaliumsalze bilden.

2. Nachweis mit $HClO_4$

Der Nachweis ist nicht sehr empfindlich und wird am besten als Mikroreaktion ausgeführt.

Außer $KClO_4$ sind nur noch die Perchlorate einiger Kationen schwer löslich, z. B. $[Ni(NH_3)_6](ClO_4)_2$, $[Zn(NH_3)_4](ClO_4)_2$. Da letztere nur in ammoniakalischer Lösung beständig sind, ist der Nachweis von Kalium mit Perchlorsäure in saurer Lösung auch in Gegenwart aller anderen Kationen spezifisch (vgl. S. 98). Man kann daher eine Probe der Analysensubstanz mit wenig Salzsäure erhitzen, vom Ungelösten abfiltrieren und in der so erhaltenen Lösung direkt mit Perchlorsäure auf Kalium prüfen. Nur aus hochkonz. Ammoniumsalzlösungen fällt gegebenenfalls NH_4ClO_4 aus, welches aber mit wenig Wasser wieder in Lösung geht.

1 Tr. KCl-Lsg. und 1 Tropfen konz. $HClO_4$ werden auf einem Objektträger vereinigt und die entstehenden Kristalle durch das Mikroskop beobachtet (Kristallaufnahme Nr. 8).

$KClO_4$ bildet weiße, orthorhombische, stark lichtbrechende Kristalle. Es ist in reinem Wasser bei 20°C zu 1,98 Gew.-% (0,14 mol · l^{-1}), bei 100°C dagegen zu 18,4 Gew.-% (1,3 mol · l^{-1}) löslich. Die Löslichkeit steigt also mit der Temperatur stark an. Man erwärme den Objektträger vorsichtig über der Sparflamme, wobei man darauf achtet, dass möglichst wenig verdampft, und kühle langsam ab. Jetzt sind die Kristalle besser ausgebildet, so dass man die orthorhombischen Säulen gut erkennen kann.

Man stelle sich durch Neutralisation von verd. KOH mit $HClO_4$ gegen Lackmus Kaliumperchlorat dar, wasche mit etwas kaltem Wasser auf dem Filter aus und löse es in wenig heißem Wasser. Beim Abkühlen kristallisiert der größte Teil des Salzes wieder aus. Einen Teil der erkalteten, überstehenden Lsg., die nun mit $KClO_4$ gesättigt ist, versetzt man in einem Reagenzglas mit konz. KOH, einen anderen mit $HClO_4$. Aus beiden Lösungen fällt nunmehr weiteres $KClO_4$ aus. Seine Löslichkeit wird also durch Zusatz von Elektrolyten, die K^+ oder ClO_4^- enthalten, herabgesetzt. Die Erklärung für diese Tatsache gibt das Löslichkeitsprodukt (s. S. 27).

3. Nachweis mit Natriumhexanitrocobaltat(III), $Na_3[Co(NO_2)_6]$

$$2 K^+ + Na_3[Co(NO_2)_6] \rightarrow K_2Na[Co(NO_2)_6]\downarrow + 2 Na^+$$

Die K^+-haltige Probelösung muss neutral oder schwach essigsauer und nicht zu verdünnt sein. Alkalische Lösungen säure man mit Essigsäure an, stark saure dampfe man am besten ein, schwach saure werden mit Natriumacetat abgepuffert.

5 Tropfen der Probelsg. werden auf der Tüpfelplatte mit 2 Tropfen einer frisch bereiteten kaltgesättigten $Na_3[Co(NO_2)_6]$-Lsg. versetzt. Bei Gegenwart von K^+ entsteht eine **gelborange** Fällung von $K_2Na[Co(NO_2)_6]$.

Bei Ggw. von NH_4^+ führt man die Reaktion wie folgt aus: Die Probelsg. wird in einem Reagenzglas mit $Na_3[Co(NO_2)_6]$-Lsg. im Überschuss versetzt und im Wasserbad 5 Min. erwärmt. Ein primär gebildeter $K_2Na[Co(NO_2)_6]$-Niederschlag geht dabei wieder in Lsg., da in saurer Lsg. in der Wärme der $[Co(NO_2)_6]^{3-}$-Komplex zersetzt wird. Die dabei entstehende HNO_2 oxidiert NH_4^+-Ionen quantitativ zu N_2. Nach dem Abkühlen wird erneut in der Kälte mit dem Reagenz auf K^+ geprüft. Ein Zusatz von Alkohol steigert die Empfindlichkeit der Reaktion bedeutend. (Kristallaufnahme Nr. 2.)

EG: ca. 1 µg K   GK: 1:12500

Natrium-, Erdalkali-, Zink-, Aluminium- und Eisen(III)-Salze stören die Nachweisreaktion nicht.

Reagenzlsg.: 5 g Cobaltnitrat, $Co(NO_3)_2 \cdot 6\,H_2O$, in 25 ml Wasser gelöst, werden mit 2 ml Eisessig und einer Lsg. von 10 g Natriumnitrit in 25 ml Wasser gemischt. Man sauge einige Zeit Luft durch die Lsg., indem man auf den Erlenmeyerkolben einen doppelt durchbohrten Stopfen setzt. Durch die eine Bohrung geht ein Glasrohr bis zum Boden des Gefäßes, durch die andere ein rechtwinklig gebogenes Glasrohr bis unter den Stopfen. Das letztere ist mit einer Wasserstrahlpumpe verbunden. Man lässt dann einen Tag stehen, wobei sich häufig ein geringer Niederschlag von $K_2Na[Co(NO_2)_6]$, zurückzuführen auf Verunreinigungen des $NaNO_2$, oder von $(NH_4)_2Na[Co(NO_2)_6]$ (NH_3 aus der Laboratoriumsluft) absetzt. Die klare Lsg. wird vorsichtig von dem Niederschlag in eine braune Flasche dekantiert oder abfiltriert. Die Lsg. ist vor Licht geschützt aufzubewahren. Sie ist auch im Dunkeln nicht sehr lange beständig. Man prüfe daher eine ältere Lsg. stets mit einer verd. Kaliumchloridlösung.

4. Nachweis mit Hexachloroplatin(IV)-säure, $H_2[PtCl_6]$

1 Tropfen KCl-Lsg. wird auf einem Objektträger mit 1 Tropfen $H_2[PtCl_6]$-Lsg. versetzt. Es entstehen **zitronengelbe** Oktaeder von $K_2[PtCl_6]$. (Kristallaufnahme Nr. 10.)

pD 3,3

5. Nachweis als $K_2CuPb(NO)_6$

Die Bildung dieses in verdünnter Essigsäure schwer löslichen Tripelsalzes ist zum Nachweis von K, Cu und Pb gleichermaßen geeignet. Na^+ und Erdalkaliionen stören nicht. Die Kristalle bilden charakteristische **schwarze bis dunkelbraune** Würfel von 10–100 µm Kantenlänge (Kristallaufnahme Nr. 11). Bei der Fällung muss beachtet werden, dass das Tripelsalz in Wasser löslich ist und aus Lösungen, die keine freie Essigsäure enthalten, nur unvollständig ausfällt, durch Eisessig und freie Mineralsäuren aber unter Bildung von HNO_2 zersetzt wird. K^+ kann isomorph durch NH_4^+, Cu^{2+} durch Ni^{2+}, Cd^{2+}, Sr^{2+} und Ba^{2+} ersetzt werden. Die Tripelsalze des Cd^{2+} und der Erdalkaliionen bilden sich nur sehr langsam. Ihre Löslichkeit ist so groß, dass sie keinerlei analytische Bedeutung haben und auch den Nachweis von Pb (s. S. 278) im allgemeinen nicht zu stören vermögen. Bei Gegenwart von Cu und Ni bilden sie je nach dem Verhältnis beider Elemente zueinander **braune** bis gelbe Mischkristalle. Das reine $K_2NiPb(NO_2)_6$ ist gelb.

Von der Reagenzlsg. wird 1 Tropfen direkt zu der neutralen oder schwach essigsauren NH_4^+-freien Probelsg. gegeben, die zweckmäßig vorher auf dem Objektträger zur Trockne eingedampft wird. Bei Gegenwart von K^+ fällt das schwarze Tripelnitrit sofort aus. Bei größeren K^+-Mengen lässt sich die Bildung des Niederschlags auch im Reagenzglas ohne optische Hilfsmittel gut erkennen.

EG: 0,2 µg K   pD 5,0

Reagenzlsg.: Mischlsg. aus 0,91 g Cu-Acetat, 1,62 g Pb-Acetat und 0,2 ml Eisessig in 15 ml Wasser. Zu 1 ml dieser Lsg. werden unmittelbar vor dem Nachweis 0,135 g $NaNO_2$ gegeben. Man schüttelt gut durch und lässt einige Min. absitzen, da sich infolge Anwesenheit von K^+ aus dem Glas oder aus den Reagenzien bereits hier ein Niederschlag bilden kann.

1. Hauptgruppe des PSE, lösliche Gruppe (zusätzlich Mg und NH_4^+)

Auch NH_4^+ gibt die Reaktionen 2–4. Es ist daher vor der Prüfung auf K^+ durch Vertreiben (s. unten) zu entfernen.

2.3.1.3 Ammoniumion, NH_4^+

> Über die Darstellung von NH_4^+-Salzen und die Konstitution des NH_4^+-Ions s. S. 125. Hinsichtlich der Wasserlöslichkeit und verschiedener analytischer Eigenschaften gleichen die Ammoniumsalze den Alkalisalzen, besonders denen des Kaliums (s. S. 188).
> NH_4^+ wird entweder aus der Substanz direkt oder, da die Mehrzahl der NH_4^+-Nachweisreaktionen von K^+ gestört wird, mit Natronlauge als NH_3 vertrieben und in der Vorlage nachgewiesen.

1. Vertreiben von NH_4^+-Salzen durch Erhitzen

Die Ammoniumsalze zersetzen sich bei höheren Temperaturen. Salze flüchtiger Säuren verflüchtigen sich dabei völlig, kondensieren aber in dem kälteren Teil der Apparatur wieder als Ammoniumsalze:

$$NH_4Cl_{fest} \underset{\text{fallende Temperatur}}{\overset{\text{steigende Temperatur}}{\rightleftharpoons}} NH_{3\,gasf.} + HCl_{gasf.}$$

Salze nichtflüchtiger Säuren zerfallen ebenfalls, wobei nur Ammoniak und eventuell Wasser verdampfen:

$$NH_4H_2PO_{4\,fest} \to NH_{3\,gasf.} + H_3PO_4$$

Diese Tatsache macht man sich zunutze, um Ammoniumsalze aus der Analysensubstanz zu vertreiben.

Im Halbmikromaßstab wird die von NH_4^+ zu befreiende Analysenlsg. in einem hochschmelzenden, kurzen Reagenzglas, das in einem passenden kreisförmigen Ausschnitt in der Mitte eines Keramikvlieses hängt, mit 5 Tropfen 7 mol/l HCl und 10 Tr. 14 mol/l HNO_3 versetzt und langsam zur Trockne eingedampftt (Oxidation der Hauptmenge NH_4^+-Ionen zu N_2 und N_2O). Den Rückstand erhitzt man vorsichtig weiter über freier Flamme, bis die letzten Sublimatreste von der Wandung des Glases vertrieben sind.

2. Verhalten gegen Basen

$$NH_4^+ + OH^- \to NH_3\uparrow + H_2O$$
$$2\,NH_4^+ + MgO \to 2\,NH_3\uparrow + H_2O + Mg^{2+}$$

Ammoniak wird durch starke, ebenso auch durch schwache, aber nicht flüchtige Basen aus seinen Verbindungen frei gesetzt. Diese Reaktionen erklären sich leicht durch das auf S. 125 besprochene Gleichgewicht:

$$NH_3 + H_2O \rightleftharpoons NH_3 \cdot H_2O \rightleftharpoons NH_4^+ + OH^-$$

Durch Erhöhung der OH^--Konzentration bei Zugabe einer Base muss nach dem MWG das Gleichgewicht nach links verschoben werden. Es wird also Ammoniak gebildet. Umgekehrt wird bei Wegnahme von OH^- durch eine Säure das Gleichgewicht nach rechts verschoben, es bildet sich ein Ammoniumsalz.

Man erwärme eine Ammoniumchlorid-Lsg. erstens mit NaOH; zweitens mit $Ca(OH)_2$; drittens mit MgO. Es tritt Geruch nach Ammoniak auf. $Ca(OH)_2$ und MgO lösen sich auf. Noch etwa 10 µg Ammoniak pro 1 Liter Luft lassen sich am Geruch erkennen.

3. Verhalten gegen Indikatoren

Zu etwa 2 ml Wasser werden 2–3 Tropfen 2 mol/l NH_3 und 1–2 Tropfen Phenolphthalein hinzugefügt. Durch Zusatz von konz. NH_4Cl-Lsg. geht die Farbe des Indikators von rot in farblos über (vgl. S. 27). Durch die NH_4^+-Ionen des NH_4Cl wird die NH_4^+-Konz. vergrößert, daher muss nach dem MWG $c(OH)^-$ kleiner und $c(NH_3)$ größer werden.

$$\frac{c(NH_4^+) \cdot c(OH^-)}{c(NH_3)} = \text{konstant}$$

Genau wie bei einer schwachen Säure durch die konjugierte Base die Acidität, so wird bei einer schwachen Base durch die konjugierte Säure die Basizität abgeschwächt.

4. Nachweis als NH_3

Ammoniak im Gasraum kann außer durch den Geruch noch dadurch nachgewiesen werden, dass ein Tropfen konz. Salzsäure, an einem Glasstab hängend, Nebelbildung (feinstverteiltes NH_4Cl) hervorruft und dass außerdem feuchtes Universalindikatorpapier b l a u gefärbt wird.

Diese Reaktion wird in der Hauptsache als Nachweis für Ammoniumsalze benutzt. Bis zu 1 µg Ammoniak in 1 Liter Luft lassen sich durch die B l a u färbung von angefeuchtetem Universalindikatorpapier erkennen.

In einem kleinen Mörser wird die zu prüfende Substanz mit der vierfachen Menge an Bariumhydroxid, $Ba(OH)_2$, oder einer NaOH-Pastille und einigen Tropfen Wasser mit einem Pistill fein verrieben. Vorher wurden an einem Uhrglas auf beiden Seiten je ein angefeuchteter Streifen Universalindikatorpapier kreuzweise angebracht. Das Uhrglas legt man auf die Reibschale. Nach einigen Min. färbt sich bei Anwesenheit von NH_4-Salzen das untere Universalindikatorpapier b l a u. Die Randpartien der Reibschale und des Uhrglases müssen trocken sein, da sonst Lauge hochkriechen kann und von sich aus Blaufärbung hervorruft. Der Nachweis kann auch in einem kleinen Reagenzglas (5 mg Substanz mit 5 Tropfen 5 mol/l NaOH) durchgeführt werden. In das Reagenzglas wird ein passendes Filterröhrchen eingehängt, dessen untere Öffnung mit einem lockeren Wattebausch zum Auffangen von NaOH-Spritzern verschlossen ist. In das Filterröhrchen wird ein angefeuchteter Universalindikator-Papierstreifen eingebracht und das Reagenzglas im Wasserbad erwärmt.

EG: 0,7 µg NH_3

5. Umsetzung von NH_3 mit $[HgI_4]^{2-}$ („Neßlers Reagenz")

$HgCl_2 + 2\,I^- \qquad\qquad \rightarrow HgI_2\downarrow + 2\,Cl^-$

$2\,I^- + HgI_2 \qquad\qquad \rightarrow [HgI_4]^{2-}$

$NH_3 + 2\,[HgI_4]^{2-} + 3\,OH^- \quad \rightarrow [Hg_2N]I \cdot H_2O\downarrow + 2\,H_2O + 7\,I^-$

1. Hauptgruppe des PSE, lösliche Gruppe (zusätzlich Mg und NH_4^+)

Kaliumtetraiodomercurat(II), $[HgI_4]^{2-}$, bildet sich durch Umsetzung von $HgCl_2$ mit KI. Es entsteht zuerst HgI_2, das sich im Überschuss von KI zu dem Komplex löst. $[HgI_4]^{2-}$ in Natronlauge ist das sog. Neßlers Reagenz.

Das Reagenz besitzt hohe Empfindlichkeit zum Nachweis von Ammoniak und wurde früher zu dessen Bestimmung im Trinkwasser benutzt. Mit wenig NH_3 entsteht eine gelbbraune Lösung, aus der sich nach einiger Zeit braune Flocken abscheiden. Man erhält das schwerlösliche Iodid der Millonschen Base, einer Verbindung, in der jedes N-Atom über vier Hg-Atome mit anderen N-Atomen zu einem Tropfen Cristobalit (SiO_2) analogen $[(Hg_2N)^+]_\infty$-Raumnetz verbunden ist.

2.3.1.4 Magnesium, Mg, 24,305; +II, $3s^2$

> Magnesium, das am Aufbau der Erdrinde mit $w(Mg) = 1,95\%$ beteiligt ist, kommt in der Natur als $MgCO_3$, Magnesit, $MgSO_4 \cdot H_2O$, Kieserit, sowie als $CaCO_3 \cdot MgCO_3$, Dolomit, und $KCl \cdot MgCl_2 \cdot 6 H_2O$, Carnallit, vor. Da sich das Magnesium unter Lufteinwirkung mit einer das Metall schützenden Oxidhaut überzieht, ist es bei gewöhnlicher bis schwach erhöhter Temperatur beständig. Daher haben einige Legierungen, die überwiegend Magnesium enthalten, wie Elektron, Hydronalium u. a., als Werkstoffe Bedeutung erlangt. Sie haben den Vorteil, sehr leicht zu sein. Bei hohen Temperaturen verbrennt Magnesium mit blendend weißem Licht. Das in der II. Hauptgruppe des PSE stehende Mg unterscheidet sich von den Erdalkalien mit höherer Atommasse durch die Eigenschaft, nicht so extrem schwerlösliche Sulfate und Chromate zu bilden. Die Löslichkeit des Hydroxids ist jedoch geringer im Vergleich mit den erwähnten Elementen. Die anderen Magnesiumsalze wie Phosphate, Carbonate und Fluoride u. a. sind wie die der anderen Erdalkalien mit höherer Ordnungszahl relativ schwer löslich. Eine Zusammenstellung der Löslichkeit wird auf S. 197 gegeben. Magnesium gibt im Gegensatz zu den Alkalien keine Flammenfärbung.
>
> Fast alle Magnesiumnachweise werden von Schwermetallkationen und teilweise auch von den anderen Erdalkaliionen gestört. Man identifiziert Mg daher in einer Lösung, die neben Mg^{2+} nur noch Na^+ und K^+ enthalten darf.

Für die nachstehenden Reaktionen nehme man eine verdünnte Magnesiumsalzlösung, etwa $MgCl_2$ oder $Mg(NO_3)_2$, bzw. die entsprechend vorbereitete Analysenlösung.

1. NaOH oder $Ba(OH)_2$

$$Mg^{2+} + 2\,OH^- \rightarrow Mg(OH)_2\downarrow$$

Beim Versetzen mit einer Lsg. von NaOH oder $Ba(OH)_2$ fällt ein weißer Niederschlag von $Mg(OH)_2$. Bei Überschuss von OH^- ist die Fällung praktisch quantitativ. Es gilt das Löslichkeitsprodukt (vgl. S. 27)

$$c(Mg^{2+}) \cdot c^2(OH^-) = K_L$$

Bei Erhöhung der Konz. von OH^- muss diejenige von Mg^{2+} kleiner werden. Löslichkeit von $Mg(OH)_2$: $1,4 \cdot 10^{-4}$ Mol pro Liter.

Bei Gegenwart von Ammoniumsalzen ist die Fällung des Magnesiums als Magnesiumhydroxid unvollständig oder sie bleibt sogar ganz aus (vgl. Rk. 3. und 4.).

2. Ammoniak

Auch hier entsteht ein Niederschlag. Während aber bei Überschuss von NaOH die Fällung quantitativ ist, bleibt bei Ammoniak stets Mg^{2+} in Lsg., da einerseits infolge der geringeren Basenstärke des Ammoniaks die Konz. an OH^- stets verhältnismäßig klein bleibt, andererseits bei sehr hoher Konz. an NH_3 dieses mit Mg^{2+} in geringem Maße lösl. Komplexionen bildet (vgl. folgende Reaktion).

3. Ammoniak + NH_4Cl

Man füge zu dem Fällungsprodukt mit Ammoniak mehrere ml NH_4Cl-Lsg. hinzu. Der Nd. von $Mg(OH)_2$ löst sich wieder auf. Außerdem setze man zu Mg^{2+}-Salzlsg. zuerst genügend NH_4Cl und dann Ammoniak hinzu. Die Fällung bleibt aus.

Die Erklärung für diese Tatsache gibt wieder das MWG.

$$\frac{c(NH_4^+) \cdot c(OH^-)}{c(NH_3)} = K$$

Durch Zugabe von Ammoniumchlorid, also von NH_4^+, wird die Konzentration an OH^- weit zurückgedrängt. Entsprechend dem Löslichkeitsprodukt des Magnesiumhydroxids

$$c(Mg^{2+}) \cdot c^2(OH^-) = K_L$$

kann die Konz. an Mg^{2+} nunmehr wesentlich größer sein, ohne dass $Mg(OH)_2$ ausfällt.

Zusätzlich zu dieser Verminderung der OH^--Konz. bilden sich mit Magnesium in ammoniumsalzhaltigen Lösungen lösl. Komplexe, die eine Herabsetzung der Mg^{2+}-Konz. zur Folge haben:

$$Mg^{2+} + NH_3 + 5\,H_2O \rightleftharpoons [Mg(H_2O)_5(NH_3)]^{2+}$$

Das Ausbleiben der Fällung von $Mg(OH)_2$ lässt sich also dadurch erklären, dass durch die Verringerung der OH^--Konz. und der Mg^{2+}-Konz. das Löslichkeitsprodukt des $Mg(OH)_2$ nicht mehr erreicht wird.

Die letzte Gleichung wäre besser folgendermaßen zu formulieren:

$$[Mg(H_2O)_6]^{2+} + NH_3 \rightleftharpoons [Mg(H_2O)_5(NH_3)]^{2+} + H_2O$$

so dass also auch nicht Mg^{2+}-, sondern $[Mg(H_2O)_x]^{2+}$-Ionen vorliegen. Da man jedoch über den Hydrationsgrad, also die Zahl x der mit dem einfachen Ion zu einem „Aquakomplex" verbundenen Wassermoleküle, vielfach nichts Genaues weiß und er bei der Mehrzahl der Reaktionen nicht in Erscheinung tritt, lässt man ihn in der Regel unberücksichtigt. Bei obiger Reaktion findet also nicht eine Anlagerung von Wasser- und Ammoniakmolekülen an das Mg^{2+} statt, sondern es erfolgt teilweise ein Austausch der gebundenen Wassermoleküle gegen Ammoniak.

4. Na_2CO_3 und $(NH_4)_2CO_3$

Bei Abwesenheit von Ammoniumsalzen fällt basisches Magnesiumcarbonat von wechselnder Zusammensetzung aus. Häufig entsteht eine Verbindung der Zusammensetzung $Mg(OH)_2 \cdot 4\,MgCO_3 \cdot H_2O$. Das Salz löst sich leicht in Säuren und NH_4Cl-Lösungen. Der Grund dafür ist der gleiche wie beim $Mg(OH)_2$.

5. Fällung von Magnesium als Mg-Oxinat

Diese Reaktion eignet sich besonders zum Abtrennen des Mg^{2+} von den Alkaliionen. Mg^{2+} bildet in ammoniakalischer Lösung mit 8-Hydroxychinolin (Oxin) eine sehr schwer lösliche g r ü n l i c h g e l b e Verbindung (s. Abb. 1.7, S. 44). Da fast alle anderen Schwermetallionen

1. Hauptgruppe des PSE, lösliche Gruppe (zusätzlich Mg und NH_4^+)

mit Oxin gleichfalls schwerlösliche Niederschläge bilden, müssen sie vorher abgetrennt werden. Wegen der geringen Spezifität hat diese Reaktion für den Mg-Nachweis nur geringe Bedeutung (s. jedoch quantitative Mg-Bestimmung S. 367).

6. Nachweis mit $(NH_4)_2HPO_4 + NH_4Cl + $ Ammoniak

$$Mg^{2+} + HPO_4^{2-} + NH_4^+ + OH^- + 5\,H_2O \leftrightarrow MgNH_4PO_4 \cdot 6\,H_2O\downarrow$$

Mg^{2+} bildet mit $(NH_4)_2HPO_4$ einen w e i ß e n, kristallinen Niederschlag von Magnesiumammoniumphosphat.

Diese sehr empfindliche Reaktion dient als Nachweis für Magnesium. Da aber viele andere Elemente, wie Calcium, Strontium, Barium und Schwermetalle, auch Fällungen mit Phosphat geben, müssen sie sämtlich vorher entfernt werden (s. den späteren Trennungsgang). Dem Anfänger passiert es aber doch häufig, dass die vorhergehende Abscheidung, besonders der anderen Erdalkaliionen, nicht quantitativ war. Er erhält dann auch bei Abwesenheit von Magnesium einen Niederschlag. Dieser ist aber bei den anderen Erdalkaliionen so mikrokristallin, dass er unter dem Mikroskop amorph aussieht. Der Niederschlag ist auf jeden Fall mikroskopisch zu prüfen.

$MgNH_4PO_4 \cdot 6\,H_2O$ bildet bei langsamer Kristallisation aus verd. Lösungen orthorhombische Kristalle, die in ihrer einfachsten prismatischen Form wie Sargdeckel aussehen. Diese einfachen Prismen verwachsen oft zu gekreuzten, scherenartigen Formen (Kristallaufnahme Nr. 4). Bei schneller Kristallisation und hoher Mg^{2+}- bzw. NH_4^+-Konzentration erhält man komplizierte Formen, von denen die sechsstrahligen Sternchen besonders charakteristisch sind.

In einem Reagenzglas gibt man zu der ca. 1 mol/l HCl-enthaltenden Lsg. 1 Tropfen 2,5 mol/l $(NH_4)_2HPO_4$ und versetzt mit 5 Tropfen 5 mol/l NH_3. Innerhalb von 5 Min. fällt beim Erwärmen im Wasserbad das $MgNH_4PO_4 \cdot 6\,H_2O$ quantitativ aus. 1 Tropfen der Mischung wird auf einem OT unter dem Mikroskop (V.: 100–150) untersucht (charakteristische Kristallformen). Ist der Niederschlag sehr fein krist. ausgefallen und die Kristallform schlecht zu identifizieren, so fällt man wie folgt um: Der abzentrifugierte und gewaschene Niederschlag wird in 5 Tropfen 1 mol/l HCl gelöst und 1 Tropfen der erhaltenen Lsg. auf einem Objektträger in eine NH_3-Atmosphäre gebracht. Hierfür gibt man 5 Tropfen 13,5 mol/l NH_3 in einen kleinen Porzellantiegel und deckt den Tiegel mit dem Objektträger so ab, dass der Probentropfen den NH_3-Dämpfen ausgesetzt ist. Nach 10 Min. beobachtet man erneut die gebildeten Kristalle unter dem Mikroskop.

Störungen, die durch Bildung ähnlicher Kristallformen des Zn- und Mn-Phosphats auftreten, können durch Versetzen des Niederschlags mit 13,5 mol/l NH_3 und H_2O_2 erkannt werden. Er darf sich weder lösen noch braun färben.

EG: ca. 0,02 µg Mg^{2+} pD 5,0

7. Nachweis mit p-Nitrobenzolazo-α-naphthol (Magneson)

Mg gibt mit Magneson in stark alkalischer Lösung einen t i e f b l a u e n Farblack. Zahlreiche Schwermetalle sowie Al und Ca stören und müssen vorher abgetrennt werden.

Nach Entfernung von Schwermetall- und Erdalkaliionen (Trennungsgang) werden einige Tropfen der Probelsg. auf der Tüpfelplatte mit 1–2 Tropfen Reagenzlsg. versetzt. Je nach der Mg-Menge bildet sich eine B l a u f ä r b u n g oder ein blauer Niederschlag. Falls die Lsg. zu sauer ist (Gelbfärbung) oder viel NH_4^+-Salze enthält, muss NaOH bis zur stark alkalischen Reaktion zugegeben werden. Blindprobe! Die Reaktion darf nicht auf Filterpapier ausgeführt werden, da auch reines Filterpapier infolge von Adsorptionserscheinungen mit der Farbstofflsg. B l a u färbungen ergeben kann.

EG: 0,19 µg Mg   pD 6,4

Reagenz: 0,001 g Magneson in 100 ml 2 mol/l NaOH.

2.3.1.5 Trennung und Nachweis von Na^+, K^+, NH_4^+, Mg^{2+}

Die Identifizierung der aufgeführten Ionen erfolgt nach dem Trennungsgang der Kationen im Filtrat der $(NH_4)_2CO_3$-Gruppe. Bei Substanzen, die nur Kationen der löslichen Gruppe enthalten, kann ein Säureauszug (Mineral- oder Essigsäure) verwandt werden. NH_4^+ wird aus der Ursubstanz direkt nachgewiesen.

Man prüfe auf NH_4^+ durch Zugabe starker Basen und mit Universalindikatorpapier. Der Nachweis wird nach 4., S. 192, durchgeführt.

Ist NH_4^+ zugegen, so entfernt man es unter dem Abzug durch Abrauchen der festen Substanz in einer Porzellanschale oder Tiegel über freier Flamme, bis keine weißen Nebel mehr entweichen und der Geruch nach Ammoniak verschwunden ist (s. 1., S. 191). Dabei darf man nicht so hoch erhitzen, dass die Substanz glüht, da sonst auch Kaliumsalze verdampfen können.

Weiter prüfe man mit der Flammenfärbung oder besser spektralanalytisch auf Na^+, K^+, wobei man bei Na^+ zu beachten hat, dass schon unwägbare Spuren erkennbar sind. Es darf daher nur Na^+ als gefunden angegeben werden, wenn einige Zeit eine intensiv gelbe Flamme auftritt.

Der nach dem Abrauchen der NH_4^+-Salze verbleibende salzartige Rückstand kann Mg^{2+} und (oder) die Alkaliionen enthalten.

Nach Auflösen in möglichst wenig verdünnter Essigsäure zentrifugiert man vom Schwerlöslichen (Kohle) ab und weist Magnesium, Kalium und Natrium nebeneinander nach.

Na^+ wird durch Fällungsreaktionen mit Kaliumhexahydroxoantimonat(V) (s. 4., S. 187) erkannt.

Zum Nachweis des K^+ eignen sich die Fällungen mit Perchlorsäure (s. 2., S. 189), Hexanitrocobaltat(III) (s. 3., S. 189), Hexachloroplatin(IV)-säure (s. 4., S. 190) und als Tripelnitrit (s. 5., S. 190).

Zum spektralanalytischen Nachweis der Alkalielemente dienen folgende Linien bzw. Liniendubletts (vgl. Spektraltafel am Ende des Buches):

Li	670,8 nm	Rot,
Na	589,3 nm	Gelb,
K	768,2 nm	Rot (und 404,4 nm Violett),
Rb	780,0 nm	Rot und 421,5 nm Violett,
Cs	457,4 nm	Blau.

Während die Anionen im Normalfall aus dem Sodaauszug nachgewiesen werden, können sie, falls ausschließlich Kationen der löslichen Gruppe vorhanden sind, auch in einem wässrigen Auszug der Substanz identifiziert werden.

2.3.2 2. Hauptgruppe des PSE, Ammoniumcarbonatgruppe

Zu dieser analytischen Gruppe zählen die Erdalkalielemente Calcium, Ca, Strontium, Sr, und Barium, Ba, der zweiten Hauptgruppe des PSE. Von den beiden ersten Elementen der zweiten Hauptgruppe, Beryllium, Be, und Magnesium, Mg, gehört Mg zur löslichen Gruppe (s. S. 193) und Beryllium zur Ammoniumsulfid-Urotropin Gruppe (s. S. 239).

Auch die zweite Hauptgruppe des PSE folgt den allgemeinen Regeln (s. S. 9). Die Löslichkeit der Hydroxide nimmt in der Reihenfolge Be, Mg, Ca, Sr, Ba, Ra (Radium) zu. Diese Elemente treten in ihren Verbindungen in der Oxidationsstufe +II auf. Während sich die Nitrate und Chloride der Erdalkalielemente leicht lösen, sind die Sulfate, Phosphate, Carbonate u. a. mehr oder weniger schwer, teilweise sogar sehr schwer löslich. Bei den Sulfaten und Chromaten nimmt die Löslichkeit ab, bei den Hydroxiden zu, bei den Fluoriden und Oxalaten tritt ein Minimum auf. Eine Zusammenstellung der Löslichkeiten in mol/l findet sich in Tab. 2.3.

In der Natur kommen die Erdalkalielemente u. a. primär in vielen Silicaten, sekundär in deren Verwitterungsprodukten vor. Calcium ist weit verbreitet, Strontium und Barium gehören zu den seltener vorkommenden Stoffen. Die Metalle selbst werden im allgemeinen durch Schmelzflusselektrolyse hergestellt. Sie sind silberweiß, an der Luft bedecken sie sich aber schnell mit einer Oxidhaut, die infolge der Löslichkeit der Oxide keinen Schutz bietet.

Tab.: 2.3: Löslichkeiten von Erdalkaliverbindungen in mol/l (in Wasser bei Zimmertemperatur)

Anion \ Kation	Mg^{2+}	Ca^{2+}	Sr^{2+}	Ba^{2+}
OH^-	$1{,}4 \cdot 10^{-4}$	$1{,}6 \cdot 10^{-2}$	$5{,}7 \cdot 10^{-2}$	$2{,}0 \cdot 10^{-1}$
F^-	$1{,}4 \cdot 10^{-2}$	$2{,}1 \cdot 10^{-4}$	$9{,}6 \cdot 10^{-4}$	$9{,}1 \cdot 10^{-3}$
CO_3^{2-}	$2{,}4 \cdot 10^{-3}$	$1{,}5 \cdot 10^{-4}$	$7{,}5 \cdot 10^{-5}$	$8{,}6 \cdot 10^{-5}$
PO_4^{3-}	$2{,}5 \cdot 10^{-4}$	$1{,}3 \cdot 10^{-5}$	–	$1{,}7 \cdot 10^{-4}$
SO_4^{2-}	$2{,}8$	$1{,}5 \cdot 10^{-2}$	$6{,}0 \cdot 10^{-4}$	$8{,}6 \cdot 10^{-6}$
CrO_4^{2-}	$4{,}2$	$1{,}4 \cdot 10^{-1}$	$5{,}9 \cdot 10^{-3}$	$1{,}6 \cdot 10^{-5}$
$C_2O_4^{2-}$	$6{,}2 \cdot 10^{-3}$	$3{,}1 \cdot 10^{-5}$	$2{,}6 \cdot 10^{-4}$	$3{,}9 \cdot 10^{-4}$

2.3.2.1 Calcium, Ca, 40,078; + II, 4s²

Die wichtigsten Mineralien, in denen Calcium, dessen Massenanteil in der Erdrinde $w(Ca) = 3,38\%$ beträgt, vorkommt, sind: $CaCO_3$, Kalkstein, Kalkspat, Marmor oder Kreide; $CaCO_3 \cdot MgCO_3$, Dolomit; $CaSO_4 \cdot 2\,H_2O$, Gips; $CaSO_4$, Anhydrit; $Ca_5[(PO_4)_3(F,Cl)]$, Apatit; $Ca_5[(PO_4)_3(OH)]$, Hydroxylapatit, der anorganische Hauptbestandteil der Knochensubstanz, sowie CaF_2, Flussspat.

In der Technik werden von den Calciumverbindungen in größtem Maßstabe CaO, $CaSO_4 \cdot 2\,H_2O$ und die im Zement vorkommenden Calciumsilicate und -aluminate verwandt, weil sie unter bestimmten Bedingungen erhärten und daher die Grundlage für die Mörtelstoffe und Zemente abgeben. Weiterhin findet das durch Reaktion von Calciumoxid mit Wasser entstehende Calciumhydroxid, in wässriger Suspension Kalkmilch genannt, als billigste Base in der Technik ausgedehnte Verwendung. Calciumoxid erhält man durch thermische Zersetzung von Calciumcarbonat:

$$CaCO_3 \rightleftharpoons CaO + CO_2 \uparrow$$

Heterogene Gleichgewichte

Vorstehende Reaktion kann auch rückläufig vor sich gehen. Wir haben es daher ebenso wie bei den folgenden Reaktionen mit einem chemischen Gleichgewicht zu tun:

$$\begin{aligned}
Fe_3O_4 + H_2 &\rightleftharpoons 3\,FeO + H_2O \\
FeO + H_2 &\rightleftharpoons Fe + H_2O \\
C + H_2O &\rightleftharpoons CO + H_2 \\
FeO + CO &\rightleftharpoons Fe + CO_2
\end{aligned}$$

Alle diese Umsetzungen sind heterogen, da sich mehrere Phasen an der Reaktion beteiligen (bei $CaCO_3 \rightleftharpoons CaO + CO_2$ z.B. zwei feste und eine gasförmige; bei $FeO + H_2 \rightleftharpoons Fe + H_2O$ auch zwei feste und eine gasförmige).

Da sich alle Gase mischen, gibt es stets nur eine gasförmige Phase, auch wenn mehrere Gase an einer Reaktion beteiligt sind. Will man auf solche Gleichgewichte das MWG anwenden, so darf man nicht wie bisher bei Reaktionen in homogenen Systemen die Konzentration aller Teilnehmer einsetzen, sondern muss, da das MWG für eine homogene Phase abgeleitet ist, folgende Überlegungen anstellen: Die festen Phasen besitzen bei bestimmter Temperatur einen konstanten Dampfdruck, wenn er auch vielleicht so klein ist, dass man ihn nicht messen kann. Die gasförmigen Moleküle setzen sich nun gemäß dem MWG ins Gleichgewicht, z.B.:

$$\frac{c(CaO_{Dampf}) \cdot c(CO_2)}{c(CaCO_{3Dampf})} = K$$

Da aber im Gasraum die Konzentrationen derjenigen Molekülarten, die noch in festem Zustand vorkommen, bei bestimmter Temperatur festliegen, also konstant sein müssen, kann man sie mit in die Konstante übernehmen und erhält so:

über einem $CaCO_3/CaO$-Gemisch ist $c(CO_2) =$ konstant;

oder über einem Fe/FeO-Gemisch ist $\dfrac{c(H_2)}{c(H_2O)} =$ konstant.

Bei heterogenen Reaktionen kommt es also für das Gleichgewicht nicht auf die Konzentrationen der festen Reaktionsteilnehmer an, sondern nur darauf, dass sie

2. Hauptgruppe des PSE, Ammoniumcarbonatgruppe

Fortsetzung

zugegen sind. Die gleiche Überlegung wurde schon bei der Ableitung des Löslichkeitsproduktes angestellt (s. S. 27).

Ändern wir die Temperatur, so ändert sich, wie bei den Reaktionen in homogener Phase, die Konstante. Das Gleichgewicht verschiebt sich mit Erhöhung der Temperatur nach der Seite, nach der sie endotherm verläuft, also Wärme verbraucht. Für die $CaCO_3$-Dissoziation heißt das, dass der Kohlendioxiddruck mit steigender Temperatur zunimmt.

1. Brennen von Calciumcarbonat

$$CaCO_3 \rightleftharpoons CaO + CO_2\uparrow$$
$$CO_2 + Ba(OH)_2 \rightarrow BaCO_3\downarrow + H_2O$$

Calciumcarbonat zersetzt sich beim Erhitzen unter Bildung von Kohlendioxid, das beim Einleiten in Bariumhydroxidlösung einen Niederschlag hervorruft.

An ein mit erbsengroßen Stücken $CaCO_3$ gefülltes, schwer schmelzbares Glasrohr schließt sich an der Eingangsseite ein T-Stück mit 2 Hähnen an, die mit je 1 Waschflasche verbunden sind. An die eine Waschflasche, die mit konz. H_2SO_4 gefüllt ist, kommt ein Kohlensäure-Kipp (keine Stahlflasche!!), durch die andere, in der sich konz. NaOH befindet, kann Luft eingeleitet werden. Die Ausgangsseite des Rohres wird über einen Hahn mit einer Waschflasche, die mit $Ba(OH)_2$-Lsg. gefüllt ist, verbunden. Man leitet zunächst Luft über das $CaCO_3$ und erhitze es mit einem Reihenbrenner auf etwa 600 bis 700 °C (Rotglut).

Das Erhitzen wird etwa 1–2 Std. fortgesetzt. Den Fortgang der Zersetzung kann man leicht am Aussehen des $CaCO_3$ verfolgen. Ab und zu drehe man das Rohr ein wenig, um auch die oberen Stücke des $CaCO_3$ hoch zu erhitzen.

Ist genügend $CaCO_3$ zersetzt, wird die Luftzufuhr abgestellt, die Waschflasche mit der $Ba(OH)_2$-Lsg. durch eine solche mit Wasser ersetzt und aus dem Kipp CO_2 eingeleitet. Bei der gleichen Temp. erfolgt jetzt rückläufig die Reaktion:

$$CaO + CO_2 \rightarrow CaCO_3$$

Man erkennt dies daran, dass nach Verdrängung der Luft wesentlich mehr Gas durch die Waschflasche vor dem Rohr strömt als durch die dahinter stehende, dass beim Schließen des Hahns an der Ausgangsseite trotzdem noch CO_2 einströmt oder dass nach Abstellen des CO_2-Kipps das Wasser in der Ausgangsflasche schnell zurücksteigt.

2. Reaktion von CaO mit Wasser

$$CaO + H_2O \rightarrow Ca(OH)_2$$

Man befeuchte etwas Calciumoxid, das man sich durch Erhitzen auf Weißglut in der Magnesiarinne frisch bereitet hat (gebrannter Kalk), mit Wasser. Starke Wärmeentwicklung! Setzt man das Wasser tropfenweise hinzu, so ist die entstehende Wärme so groß, dass ein Teil des Wassers verdampft. Zum Schluss erhält man einen steifen Brei von Calciumhydroxid (Löschen des Kalks). Bei weiterem Wasserzusatz erhält man eine milchige Flüssigkeit (Kalkmilch). Nach dem Filtrieren prüfe man mit Lackmuspapier. Blaufärbung! In der bei Zimmertemp. gesättigten Lösung ist $w(Ca(OH)_2) = 0{,}12\%$.

Dass gelöschter Kalk, mit Sand angerührt, im Laufe der Zeit fest wird, also als Mörtelstoff verwandt werden kann, beruht auf seiner Reaktion mit dem Kohlendioxid in der Luft:

$$Ca(OH)_2 + CO_2 \rightarrow CaCO_3 + H_2O$$

Dabei entsteht das Calciumcarbonat in kleinen, sich verfilzenden Nädelchen.

Für die nachstehenden Reaktionen verwende man eine verdünnte $CaCl_2$-Lösung bzw. die entsprechend vorbereitete Analysenlösung.

3. Ammoniak

Kein Nd.; beim längeren Stehen Trübung, da Kohlendioxid aus der Luft angezogen wird und sich Calciumcarbonat bildet. Die ausstehende Ammoniaklösung enthält sehr häufig Carbonat als Verunreinigung. Es fällt dann ebenfalls $CaCO_3$ aus. Diese Tatsache ist sehr wichtig, da man im Gang der Analyse die sog. Ammoniumsulfidgruppe von den Erdalkaliionen in ammoniakalischer Lsg. abscheidet. Es fällt dann ein Teil der Erdalkaliionen bei Benutzung von carbonathaltigem Ammoniak aus und entzieht sich dem Nachweis.

4. Na_2CO_3 oder $(NH_4)_2CO_3$

$$Ca^{2+} + CO_3^{2-} \rightarrow CaCO_3\downarrow$$

In neutralen oder schwach ammoniakalischen Lösungen w e i ß e r, flockiger Niederschlag von $CaCO_3$, der in schwachen und starken Säuren sehr leicht löslich ist. Beim Erwärmen geht der flockige Niederschlag in einen leichter filtrierbaren kristallinen über.

Das Ammoniumcarbonat des Handels besteht meist zum größten Teil aus Ammoniumamidocarbonat, das mit H_2O in der Hitze in $(NH_4)_2CO_3$ übergeht:

$$NH_4\left[\bar{\underline{O}}-C{\overset{\bar{\underline{O}}|}{\underset{NH_2}{\diagdown}}}\right] + H_2O \rightarrow NH_4^+ + \left[\bar{\underline{O}}-C{\overset{\bar{\underline{O}}|}{\underset{NH_2}{\diagdown}}}\right]^- + H_2O \rightarrow 2NH_4^+ + CO_3^{2-}$$

Daher ist die Fällung stets in der Hitze vorzunehmen. Außerdem darf man nicht in sauren Lsgg. arbeiten. In diesem Falle entsteht nämlich HCO_3^-. Da $Ca(HCO_3)_2$ etwas löslich ist, fällt nicht alles Calcium aus. Schließlich ist zu berücksichtigen, dass die Fällung bei Gegenwart von viel Ammoniumsalzen, wie sie durch den Gang der Analyse oft in die Lsg. hineinkommen, ganz ausbleiben kann. Man muss dann die Ammoniumsalze nach dem Eindampfen absublimieren oder durch Kochen mit HNO_3 zerstören (s. 1., S. 191).

5. PO_4^{3-}-Ionen

Phosphate geben in neutralen und alkalischen Lösungen einen w e i ß e n, unter dem Mikroskop amorph aussehenden Niederschlag eines basischen Calciumphosphats (Hydroxylapatit), der in Salzsäure leicht löslich ist:

$$3\,Ca_3(PO_4)_2 \cdot Ca(OH_2) \equiv 2\,Ca_5[(PO_4)_3(OH)]$$

6. Nachweis durch Flammenfärbung

Im Spektroskop sind von den Natriumlinien etwa gleich weit entfernte r o t e (622,0 nm) und g r ü n e (533,3 nm) Linien des Calciums gut zu erkennen (s. Spektraltafel).

Durchführung wie bei den Alkalielementen mit der HCl-sauren Lsg. des gefällten $CaCO_3$. Ziegelrote Flammenfärbung.

2. Hauptgruppe des PSE, Ammoniumcarbonatgruppe

7. Nachweis mit $(NH_4)_2C_2O_4$, Ammoniumoxalat

$$Ca^{2+} + C_2O_4^{2-} \rightarrow CaC_2O_4\downarrow$$

We i ß e r kristalliner Niederschlag von $CaC_2O_4 \cdot H_2O$, schwerlöslich in Essigsäure, löslich in starken Säuren. Zur Ausfällung arbeitet man entweder in ammoniakalischer oder schwach essigsaurer Lsg., deren Acidität man noch durch festes Acetat abstumpft. Bei Gegenwart von Ba^{2+} und Sr^{2+} müssen diese durch Zugabe von $(NH_4)_2SO_4$ im Überschuss vorher entfernt werden.

pD 6,5

8. Nachweis mit $K_4[Fe(CN)_6]$, Kaliumhexacyanoferrat(II)

$$Ca^{2+} + 2\,NH_4^+ + [Fe(CN)_6]^{4-} \rightarrow Ca(NH_4)_2[Fe(CN)_6]\downarrow$$

Gesättigte Lsg. von $K_4[Fe(CN)_6]$ gibt bei Gegenwart von überschüssigem NH_4Cl in schwach ammoniakalischen Lösungen bei Zimmertemp. einen w e i ß e n Niederschlag.

Man vermeide es, die Lsg. zu erhitzen, da sonst nach Verdampfen des Ammoniaks Zersetzung des Hexacyanoferrat(II)-Komplexes unter Bildung eines Niederschlags stattfinden kann, der die Anwesenheit von Ca^{2+} vortäuscht.

Diese Reaktion bleibt bei Sr^{2+} und Ba^{2+} aus. Mg^{2+} gibt dagegen eine ähnliche Fällung, es darf also bei der Prüfung auf Ca^{2+} nicht anwesend sein. Schwermetallionen stören diesen Nachweis, bei Gegenwart von Fe^{3+}-Ionen kann G r ü n - bis B l a u färbung auftreten.

pD 6,0

9. Nachweis als $CaSO_4 \cdot 2\,H_2O$ (Gips)

Die Bildung von Gipsnadeln ist ein spezifischer und empfindlicher Nachweis für Calcium. Die Fällung ist nicht quantitativ, da Calciumsulfat bei Zimmertemperatur in Wasser zu $1,5 \cdot 10^{-2}$ mol $\cdot$ l^{-1} löslich ist.

Auch Sr^{2+}-Ionen geben mit SO_4^{2-} einen Niederschlag, der jedoch im Gegensatz zu der Gips-Fällung feinkristallin ist. Die Gipskristalle bilden monokline, farblose, dünne Nadeln, die in die Lösung hineinwachsen und sich häufig zu Büscheln vereinigen (s. Kristallaufnahme Nr. 12). $CaSO_4$ ist in konz. H_2SO_4, HCl und konz. $(NH_4)_2SO_4$-Lösung löslich.

1 Tropfen der HCl-sauren Lsg. des $CaCO_3$-Niederschlags wird auf einem Objektträger mit 1 Tropfen 1 mol/l H_2SO_4 vereinigt. Man lässt bei Zimmertemp. langsam verdunsten und beobachtet nach etwa 10 min. unter dem Mikroskop (V.: 50–100).

EG: 0,4 µg Ca   pD 4,5

2.3.2.2 Strontium, Sr, 87,62; + II, 5s²

> Die wichtigsten Mineralien, die Strontium enthalten, sind $SrCO_3$, Strontianit, und $SrSO_4$, Cölestin. Strontiumverbindungen, insbesondere das Nitrat, werden bei der Herstellung rotbrennender Feuerwerkskörper verwendet.
>
> Die Strontiumsalze verhalten sich sehr ähnlich den Calciumsalzen. Man prüfe dies, indem man die Reaktionen 3.–5. und 9., die beim Calcium beschrieben sind, mit Sr^{2+}-Lösung vornimmt. Unterschiedlich ist einmal die Nichtfällbarkeit durch $K_4[Fe(CN)_6]$ und die geringere oder größere Löslichkeit einiger an und für sich schwerlöslicher Salze. Das gilt insbesondere für das Sulfat, Oxalat und Chromat. Darauf beruht neben der Spektralanalyse der Nachweis von Strontium.

1. Nachweis durch Flammenfärbung

Sr-Salze färben die Flamme intensiv rot, im Spektroskop sind mehrere rote Linien (650–600 nm) zu erkennen, während die charakteristische blaue Linie (460,7 nm) nur selten sichtbar wird (s. Spektraltafel).

Durchführung wie beim Ca.

2. Nachweis mit Gipslösung

Da das Löslichkeitsprodukt von $SrSO_4$ kleiner ist als das des $CaSO_4$, gibt Gipslösung (gesättigte Lösung von $CaSO_4$) mit Sr^{2+} langsam einen Niederschlag von $SrSO_4$. Bariumionen geben ebenfalls einen Niederschlag. Da $BaSO_4$ noch schwerer löslich ist als $SrSO_4$, entsteht bei Anwesenheit von Ba^{2+} sofort die Fällung. Zum Nachweis von Strontium durch $CaSO_4$-Lösung ist also Barium vorher quantitativ zu entfernen.

Gipslsg. versetze man mit der auf Strontium zu prüfenden Lösung. Nach einiger Zeit weiße Trübung von $SrSO_4$. Das Salz neigt stark zur Übersättigung. Man kann die Niederschlagsbildung beschleunigen, indem man die Lsg. zum Sieden erhitzt.

pD 4,0

Reagenzlsg.: Aus $CaCl_2$-Lsg. wird $CaSO_4$ mit verd. H_2SO_4 gefällt, abfiltriert, mit Wasser gewaschen und der Niederschlag in Wasser aufgeschlämmt. Man schüttelt öfters um, lässt absitzen und dekantiert die klare Lsg. ab.

3. Nachweis mit CrO_4^{2-}-Ionen

In ammoniakalischer Lösung gelber, kristalliner Niederschlag von $SrCrO_4$. Löslich in Wasser zu $5,9 \cdot 10^{-3}$ mol · l^{-1}, leicht löslich in schwachen Säuren. Diese Reaktion ist nicht sehr empfindlich, aber zum mikrochemischen Nachweis geeignet.

1 Tropfen der zu prüfenden Lsg. wird auf dem Objektträger eingedampft. Nach dem Erkalten wird schwach angefeuchtet, und mit 1 Tropfen einer 10%igen g e l b e n K_2CrO_4-Lsg. (nicht $K_2Cr_2O_7$!!) versetzt. Feine, lange, häufig zu Büscheln vereinigte Nadeln. Nach kurzer Zeit lagern sich diese bei Überschuss des Fällungsmittels in kleine hexagonale Säulen oder in sechseckige Scheibchen um (s. Kristallaufnahme Nr. 13). Calciumionen geben in konz. Lsgg. auch Kristalle, die aber quadratisch und nicht hexagonal sind. Bariumionen sind vorher zu entfernen, da $BaCrO_4$ wesentlich schwerer löslich ist (s. Reaktionen des Ba^{2+}).

pD 3,1

4. Sr- und Ba-Nachweis mit Na-Rhodizonat

Na-Rhodizonat ist das Salz der Rhodizonsäure (5,6-Dihydroxy-5-cyclohexen-1,2,3,4-tetraon). Es bildet in neutralen Lösungen farbige Niederschläge mit Schwermetallen der Oxidationsstufe +II sowie mit Ba^{2+} und Sr^{2+}, dagegen nicht mit Ca^{2+}. Ba-Rhodizonat wird von verd. HCl in eine schwerlösliche h e l l r o t e Verbindung umgewandelt, während Sr-Rhodizonat unter den gleichen Bedingungen gelöst wird. Auf diesem unterschiedlichen Verhalten beider Verbindungen gegenüber HCl beruht der Nachweis von Ba und Sr nebeneinander.

Zum Nachweis von Ba allein und neben Sr und Ca wird nach Abtrennung der Schwermetalle 1 Tropfen der neutralen oder schwach sauren Probelsg. auf Filterpapier gegeben und mit 1 Tropfen Reagenzlsg. getüpfelt. Ein b r a u n r o t e r Fleck zeigt die Gegenwart von Ba oder Sr oder beider Erdalkalien an. Verschwindet dieser Fleck bei Einwirkung von 0,1 mol/l HCl, so ist nur Sr zugeen. Schlägt die Farbe dagegen nach intensiv Rot um, so ist Ba und daneben möglicherweise noch Sr zugegen.

EG: 0,5 µg Ba neben einem 50 fachen Sr-Überschuss Pd 5,0

Um bei Gegenwart von Ba auch Sr eindeutig nachweisen zu können, werden 2–3 Tropfen der gleichen Probelsg. auf Filterpapier getüpfelt, welches vorher mit K_2CrO_4-Lsg. getränkt und getrocknet wurde. Es bilden sich $BaCrO_4$ und $SrCrO_4$, von denen nur das letztere infolge seiner größeren Löslichkeit mit Na-Rhodizonat reagiert. Die Bildung eines b r a u n r o t e n Ringes beim Nachtüpfeln mit Reagenzlsg. beweist Sr.

EG: 4,0 µg Sr neben einem 80 fachen Überschuss von Ba pD 4,1

Reagenz: Frisch bereitete 0,2%ige wässrige Lsg. von Na-Rhodizonat.

2.3.2.3 Barium, Ba, 137,33; + II, $6s^2$

> Bekannte Mineralien, in denen das Barium in der Natur vorkommt, sind $BaCO_3$, Witherit, und $BaSO_4$, Schwerspat. Größere Bariummengen dienen zur Herstellung eines häufig verwendeten Weißpigments, Lithopone ($ZnS + BaSO_4$), das in Kunststoffen und Pulverlacken eingesetzt wird. Das Nitrat und Chlorat benötigt man in der Feuerwerkerei. Bariumsalze verhalten sich ebenfalls ähnlich den Calciumsalzen. Bemerkenswert ist die Schwerlöslichkeit des $BaCrO_4$ in schwach essigsaurer Lsg. sowie die außerordentliche Schwerlöslichkeit des $BaSO_4$.

Für die folgenden Reaktionen verwende man eine $BaCl_2$-Lösung bzw. die entsprechend vorbereitete Analysenlösung.

1. $SrSO_4$-Lösung

In der Hitze Bildung eines weißen Niederschlags von $BaSO_4$, da die $SrSO_4$-Lsg. mehr SO_4^{2-}-Ionen enthält, als dem Löslichkeitsprodukt des $BaSO_4$ entspricht.

pD 6,2

Reagenzlsg.: Man löse eine Spatelspitze $SrCl_2$ in Wasser, fälle mit verd. H_2SO_4, filtriere ab, wasche mit Wasser aus und schlämme das $SrSO_4$ in Wasser auf. Nach gründlichem Umschütteln unter Erwärmen filtriere man die gesättigte $SrSO_4$-Lsg. ab.

2. Nachweis durch Flammenfärbung

F a h l g r ü n e Flammenfärbung, im Spektroskop einer Schar g r ü n e r Linien, von denen die bei 524,2 nm und 513,9 nm besonders charakteristisch sind (s. Spektraltafel).

Durchführung wie bei Calcium.

3. Nachweis mit CrO_4^{2-}- bzw. $Cr_2O_7^{2-}$-Ionen

a) $Ba^{2+} + CrO_4^{2-} \rightarrow BaCrO_4\uparrow$
b) $2\,Ba^{2+} + Cr_2O_7^{2-} + H_2O \rightleftharpoons 2\,BaCrO_4\downarrow + 2\,H^+$

Sowohl Kaliumchromat, K_2CrO_4, als auch Kaliumdichromat, $K_2Cr_2O_7$, geben in neutralen oder schwach essigsauren Lösungen einen Niederschlag von g e l b e m $BaCrO_4$, der in starken Säuren löslich ist.

Bei der Reaktion mit $K_2Cr_2O_7$ entstehen H^+-Ionen (Näheres s. Reaktionen des Chroms, S. 242). Da $BaCrO_4$ aber durch Säuren aufgelöst wird, ist bei Verwendung von $K_2Cr_2O_7$ die Fällung nicht quantitativ, wenn man nicht die Wasserstoffionenkonzentration durch Zufügen eines Puffersalzes, z. B. Natriumacetat, verringert:

$$2\,Ba^{2+} + Cr_2O_7^{2-} + 2\,CH_3COO^- + H_2O \rightarrow 2\,BaCrO_4\downarrow + 2\,CH_3COOH$$

Bei Überschuss von Natriumacetat wird die Dissoziation der Essigsäure so stark zurückgedrängt, dass nur äußerst wenig Wasserstoffionen vorhanden sind und die Fällung des $BaCrO_4$ vollständig wird.

Die Auflösung des $BaCrO_4$ in starken Säuren beruht auf der Verschiebung des Gleichgewichts der Reaktion b) nach der linken Seite. Das Löslichkeitsprodukt des $BaCrO_4$ wird somit unterschritten, da $c(CrO_4^{2-})$ vermindert wird (s. auch 9., S. 242). $SrCrO_4$ fällt nur aus alkalischen Lösungen aus, da es leichter löslich als $BaCrO_4$ ist. Schon in schwach saurer Lösung wird das Löslichkeitsprodukt des $SrCrO_4$ nicht mehr erreicht. Deshalb dient die Chromatfällung zur Abtrennung der Ba^{2+}-Ionen von Sr^{2+} und Ca^{2+}. Sie kann aber auch zum Ba-Nachweis neben Sr, Ca und auch Mg direkt herangezogen werden, da sich in schwach essigsaurer Lösung kleine charakteristische, h e l l g e l b e $BaCrO_4$-Täfelchen und -Würfel bilden, die von evtl. mitgefallenen $SrCrO_4$-Nadeln bzw. Nadelbüscheln (s. Kristallaufn. Nr. 13) unter dem Mikroskop leicht zu unterscheiden sind.

In einem Reagenzglas wird die essigsaure Lsg. mit 2 Tropfen 5 mol/l NH_4CH_3COO gepuffert und in der Wärme tropfenweise mit 0,5 mol/l K_2CrO_4 versetzt, bis die Mischung durch einen Überschuss von CrO_4^{2-}-Ionen gelb gefärbt ist. Das ausgefällte $BaCrO_4$ wird abzentrifugiert und das g e l b gefärbte Zentrifugat durch Zusatz von 1 Tropfen 5 mol/l NH_4CH_3COO auf Vollständigkeit der Fällung geprüft. Der $BaCrO_4$-Niederschlag wird einmal mit H_2O gewaschen und 1 Tropfen der wässrigen Aufschlämmung unter dem Mikroskop untersucht.

Das CrO_4^{2-}-haltige Zentrifugat dient zur Prüfung auf Sr^{2+} und Ca^{2+}.

EG: 0,2 µg Ba   pD 4,7

4. Nachweis als $BaSO_4$

Aus wässriger Lösung fällt $BaSO_4$ äußerst feinkristallin aus. Fällt man in der Siedehitze, so wird der Niederschlag gröber. $BaSO_4$ ist in Wasser schwer löslich. In konz. H_2SO_4 löst es sich unter Komplexbildung auf. Man löst deshalb den Sulfat-Niederschlag mit möglichst wenig konz. H_2SO_4 in der Hitze und untersucht unter dem Mikroskop die beim Abkühlen sich abscheidenden $BaSO_4$-Kristalle, die kleine orthorhombische Nadeln, Kreuze, Täfelchen und Sterne bilden (s. Kristallaufnahme Nr. 9).

Der Ba-Nachweis kann von Pb^{2+}, Ag^+, Sr^{2+}, Ca^{2+} und $[SiF_6]^{2-}$ gestört werden, da sich unter diesen Bedingungen gleichfalls schwer lösliche Niederschläge bilden und dadurch das Erkennen der $BaSO_4$-Kristalle erschwert wird.

1 Tropfen der HCl- bzw. essigsauren Lsg. wird auf einem Objektträger mit 1 Tropfen 2,5 mol/l H_2SO_4 versetzt. Es fällt $BaSO_4$ aus. Nach dem Absetzen des Niederschlags wird die Lsg. mit Hilfe von Filterpapier abgesaugt. Der Rückstand wird mit 1 Tropfen 18 mol/l H_2SO_4 versetzt und über der Sparflamme erhitzt, bis der Niederschlag gelöst ist. Beim Abkühlen kristallisiert $BaSO_4$ wieder aus. Betrachtung unter dem Mikroskop (V.: 200–250).

EG: 0,05–0,5 µg Ba pD 4,3

5. Ba- und Sr-Nachweis mit Na-Rhodizonat

Beschreibung und Durchführung s. 4., S. 202.

2.3.2.4 Trennung und Nachweis von Ba^{2+}, Sr^{2+} und Ca^{2+}

Die auf Erdalkaliionen zu prüfende Lösung wird zunächst in kleinen Anteilen einerseits mit H_2SO_4, andererseits mit Ammoniak und $(NH_4)_2C_2O_4$ auf Anwesenheit von Ba^{2+}, Sr^{2+} oder Ca^{2+} untersucht. Fällt eine der Reaktionen positiv aus, so muss die nachstehende Trennung durchgeführt werden; sind sie negativ, so wird gleich auf Magnesium und die Alkalielemente geprüft (s. S. 196).

Durch Versetzen mit Ammoniumcarbonat-Lösung sowie einigen Tropfen Ammoniak fallen die Erdalkaliionen als Carbonate aus.

Im Filtrat befinden sich Magnesium und die Alkalien. Es wird verarbeitet, wie auf S. 196 beschrieben.

Der Zusatz von NH_4^+ ist zur Verhinderung einer eventuellen Mitfällung des Mg^{2+} notwendig (s. 3., S. 194). Sind dagegen aus dem Kationentrennungsgang (s. später) größere Mengen Ammoniumsalze vorhanden, so müssen diese durch Abrauchen entfernt werden (s. 4., S. 200).

Einen Teil des Niederschlags benutze man nach Versetzen mit HCl zur spektralanalytischen Prüfung (s. Spektraltafel).

Der Hauptteil des mit heißem Wasser gut gewaschenen Carbonatniederschlags wird in Essigsäure gelöst und damit die Trennung der Erdalkalien durchgeführt.

Chromat-Sulfat-Verfahren

Zu der essigsauren Lösung gebe man etwa eine Spatelspitze festes Natriumacetat. Anschließend wird nach 3., S. 204, das Ba^{2+} mit $K_2Cr_2O_7$-Lösung gefällt.

Die quantitative Fällung des Bariums, die für den Nachweis des Strontiums unbedingt notwendig ist, erkennt man daran, dass das Zentrifugat durch den Überschuss der CrO_4^{2-}-Ionen gelb gefärbt ist und dass durch Zusatz von Natriumacetat kein Bariumchromat mehr ausfällt.

Eine HCl-saure Lösung des Niederschlags wird nach 4., S. 200, durch Fällung von $BaSO_4$ auf Ba^{2+} geprüft.

Das Filtrat des $BaCrO_4$-Niederschlags wird in der Wärme mit 2 mol/l Na_2CO_3 versetzt und kurz aufgekocht. Es fallen $SrCO_3$ und $CaCO_3$ aus, die zentrifugiert und mit H_2O und 2 mol/l Na_2CO_3 chromatfrei gewaschen werden. Der Niederschlag der Carbonate wird dann in möglichst wenig 5 mol/l HCl in der Wärme gelöst, das in Freiheit gesetzte CO_2 verkocht und mit H_2O auf das doppelte Volumen verdünnt.

In einem Teil der Lösung prüft man auf Sr^{2+} einmal mit CrO_4^{2-}-Ionen nach 3., oder mit Na-Rhodizonat nach 4., S. 202. Zum anderen versetze man mit Gipslösung (s. 2., S. 202). Das ausgefallene $SrSO_4$ kann noch spektroskopisch untersucht werden. Dazu gebe man zu dem Niederschlag eine Zn-Perle und 7 mol/l HCl. Zum spektroskopischen Nachweis der Sulfate der Erdalkalien müssen diese durch Zn in saurer Lsg. reduziert werden.

In einem anderen Teil der Lösung wird Ca^{2+} mit $(NH_4)_2C_2O_4$ nach 7., S. 201, sowie mit $K_4[Fe(CN)_6]$ nach 8., S. 201, identifiziert. Auch die Fällung als $CaSO_4 \cdot 2\,H_2O$ (s. 9., S. 201) ist zum Nachweis des Ca^{2+} geeignet.

Aufschluss der Erdalkalisulfate

$$BaSO_4 + Na_2CO_3 \rightleftharpoons BaCO_3 + Na_2SO_4$$

Da die Sulfate des Ba, Sr und teilweise des Ca in wässrigen Lösungsmitteln schwer löslich sind, müssen sie zum Nachweis erst in andere Verbindungen überführt werden. Dazu dient der Aufschluss mit geschmolzenen Alkalicarbonaten.

Der in Salzsäure schwer lösliche Rückstand der Analysensubstanz wird nach Abtrennung von der Lösung im Trockenschrank getrocknet und in einem Platin-, Nickel- oder notfalls Porzellantiegel mit der sechsfachen Menge einer Mischung von K_2CO_3 und Na_2CO_3 sorgfältig gemischt und über einer gut brennenden Bunsenflamme oder einem Gebläse so hoch erhitzt, dass ein klarer Schmelzfluss entsteht.

Das Gemisch von K_2CO_3 und Na_2CO_3 hat gemäß dem Gesetz der Gefrierpunktserniedrigung einen viel tieferen Schmelzpunkt als die reinen Salze. Man benötigt daher nicht so hohe Temperaturen.

Nach etwa 10 Minuten ist die Reaktion beendet. Den erkalteten Schmelzkuchen pulverisiert man, laugt ihn mit Wasser aus, wobei nur die Alkalisulfate und -carbonate gelöst werden, und zentrifugiert. Es wird so lange mit warmer Sodalösung gewaschen, bis die Waschlösung keine Reaktion auf SO_4^{2-} mehr gibt.

Unterlässt man das Auswaschen, so reagieren beim Auflösen in Säure die Erdalkaliionen mit den SO_4^{2-}-Ionen zu schwerlöslichen Sulfaten, wodurch der ganze Aufschluss hinfällig wird.

Dann wird der Niederschlag in wenig warmer Essigsäure gelöst und auf Ba, Sr und Ca nach den bekannten Verfahren geprüft.

Sollen sehr kleine Mengen aufgeschlossen werden, so empfiehlt es sich, die Schmelze an der Öse eines Platindrahtes durchzuführen (s. S. 93). Der erkaltete Schmelzkuchen wird wie oben weiterverarbeitet.

Anionennachweis

Zum Nachweis der Anionen muss wie üblich ein Sodaauszug (s. S. 175) hergestellt werden.

2.3.3 Nebengruppen des PSE, Ammoniumsulfid-Urotropin-Gruppe

In der vorliegenden analytischen Gruppe sind neben dem Hauptgruppenelement Al vorwiegend Nebengruppenelemente (Zn, Cr, Mn, Fe, Co, Ni, Ti, U) enthalten. Eine Aufstellung der Hauptgruppenelemente ist auf S. 102 zu finden. Die Nebengruppen setzen sich aus folgenden Elementen zusammen (s. Periodensystem, vorderer Buchdeckel innen):

1	2	3	4	5	6	7	8
Cu	Zn	Sc	Ti	V	Cr	Mn	Fe Co Ni
Ag	Cd	Y	Zr	Nb	Mo	Tc	Ru Rh Pd
Au	Hg	La	Hf	Ta	W	Re	Os Ir Pt
		Ac					

In den Nebengruppen stehen nur Metalle. Auch bei den Nebengruppenelementen werden wie bei den Hauptgruppen stetige Eigenschaftsänderungen, jedoch in abgeschwächter Form, bemerkbar.

Hinsichtlich vieler Eigenschaften zeigen sich jedoch charakteristische Unterschiede zwischen den Elementen der Haupt- und Nebengruppen. Die Hauptgruppenelemente bilden z. B. bevorzugt farblose, diamagnetische Ionen, die Nebengruppenelemente farbige, paramagnetische Ionen (s. S. 46).

Die Farbigkeit der Ionen in der höchsten Oxidationsstufe nimmt innerhalb der Nebengruppe mit steigender Ordnungszahl ab (Beispiel: MnO_4^-: violett → TcO_4^-: rosa → ReO_4^-: farblos). In den Nebengruppen befinden sich auch alle katalytisch stärker wirksamen Elemente.

In der 3. Nebengruppe folgen auf den Platz des Lanthans und des Actiniums je 14 weitere Elemente. Die ersteren werden zusammenfassend **Lanthanoide**, die zweiten **Actinoide** genannt. Die Lanthanoide (Lanthan bis Lutetium) sind untereinander chemisch sehr ähnlich. Zu den Actinoiden gehört das in der Kerntechnik wichtige Element Uran, sowie eine Anzahl künstlicher radioaktiver Elemente (Transurane). In der 8. Nebengruppe befinden sich 3 Dreiergruppen, von denen die erste, die „Eisengruppe", die Elemente Fe, Co, Ni umfasst. Die beiden anderen Gruppen enthalten die leichten bzw. schweren „Platinelemente".

Näheres über die einzelnen Nebengruppen s. S. 209, 215, 245, 257, 271, 280.

Trennung der Elemente der $(NH_4)_2S$-Gruppe

a) **Gemeinsame Fällung mit Ammoniak und $(NH_4)_2S$** und anschließende Trennung mittels HCl sowie H_2O_2.
b) Die sogenannte **Hydrolysentrennung**, d. h. Fällung in zwei getrennten Gruppen, erst mit Urotropin oder einem entsprechenden Reagenz aus schwach saurer, dann mit $(NH_4)_2S$ aus ammoniakalischer Lösung.

Trennung mit $(NH_4)_2S$

Sind nur die häufigeren Elemente der Ammoniumsulfidgruppe, also Fe, Cr, Al, Zn und Mn sowie Ni und Co zugegen, so kann man die Trennung mittels des ersten Verfahrens, der gemeinsamen Fällung mit Ammoniak und $(NH_4)_2S$ durchführen. Hierbei werden zunächst die genannten Elemente mit $(NH_4)_2S$ ausgefällt, dann mit verd. Salzsäure Fe, Cr, Al, Zn und Mn wieder gelöst, wobei Ni und Co als Sulfide zurückbleiben. Durch NaOH + H_2O_2 trennt man dann Fe und Mn von Cr, Al und Zn.

Dieser Trennungsgang ist zwar verhältnismäßig schnell durchführbar, hat jedoch einige Nachteile. So ist er für den Nachweis geringer Mengen einiger Elemente neben einem großen Überschuss anderer (z. B. von wenig Zn neben viel Mn) ungeeignet. Ferner bereitet die Einordnung der selteneren Elemente der Ammoniumsulfidgruppe in den Trennungsgang sowie deren einwandfreie Identifizierung erhebliche Schwierigkeiten. Außerdem muss man Phosphorsäure vorher mit Zinndioxid-Hydrat oder als Zirconiumphosphat abtrennen, um Störungen zu vermeiden.

Hydrolysetrennung mit Urotropin

Sind daher außer den häufigeren Elementen der Ammoniumsulfidgruppe noch die selteneren, also U, V, Ti, in der Analysenlösung vorhanden, so trennt man diese Elemente am besten mittels des zweiten Verfahrens, der sog. Hydrolysentrennung. In diesem Fall scheidet man zunächst aus schwach saurer Lösung (etwa pH = 5–6) mit Urotropin (Hexamethylentetramin) die Elemente mit einer höheren Oxidationsstufe Fe, Cr, Al, Ti und U von denen in der Oxidationsstufe + II, wie Zn, Mn, Ni, Co, Mg, Ca, Sr, Ba und den Alkalielementen ab. Dann werden Zn, Mn, Ni und Co durch $(NH_4)_2S$ von den Erdalkali- und Alkalielementen getrennt.

Wird die Hydrolysetrennung richtig durchgeführt, so kann eine fast quantitative Trennung der Elemente erreicht werden. Außerdem sind geringe Mengen der einen Substanz neben größeren einer anderen nachweisbar. Ferner ist bei Anwesenheit von Phosphorsäure keine Änderung des Trennungsganges erforderlich. Der große Nachteil der Hydrolysentrennung liegt aber darin, dass man sehr genau bei einem bestimmten pH arbeiten muss.

Trennung mit NH_3

Die Trennung scheint im Prinzip auch mit Ammoniak möglich. Ein Teil der Elemente bleibt als Amminkomplexe in Lösung, die anderen fallen als Hydroxide

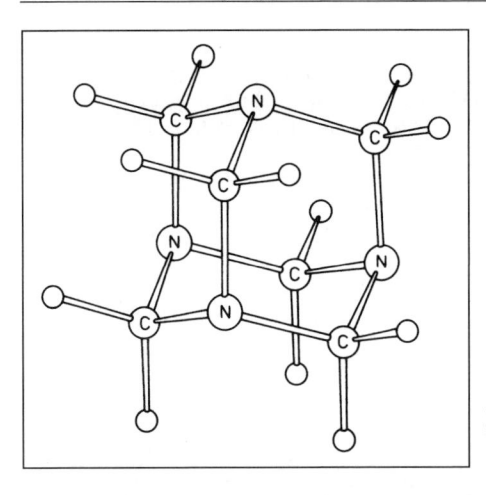

Abb. 2.12: Struktur von Hexamethylentetraamin $C_6H_{12}N_4$ (Urotropin)

aus. Da die im basischen Gebiet ausfallenden Hydroxide jedoch Kationen der Ladung +2 mitfällen, auch die der Erdalkalielemente, ist Ammoniak kein ideales Trennungsmittel. Aus diesem Grunde verwendet man statt dessen Na- bzw. NH_4-Acetat oder Hexamethylentetraamin.

Die Trennung mittels Acetat ist nicht möglich, wenn Chrom zugegen ist. Dann fallen Eisen, Aluminium und Chrom nur unvollständig aus. Chrom allein bleibt als Acetatokomplex vollständig in Lösung.

Am zuverlässigsten und vollständigsten gelingt die hydrolytische Trennung mit Urotropin (Hexamethylentetraamin) $C_6H_{12}N_4$ (s. Abb. 2.12).

Urotropin ist ein Kondensationsprodukt von Ammoniak und Formaldehyd, HCHO, in die es beim Erhitzen der wässrigen Lösung wieder langsam zerfällt:

$$C_6H_{12}N_4 + 5\,H_2O \rightleftharpoons 6\,HCHO + 4\,NH_3$$

Dieses Hydrolysegleichgewicht wird nun in saurer Lösung infolge des Verschwindens von NH_3 durch Bildung von NH_4^+ nach rechts verschoben, die Acidität einer Lösung wird also durch Zugabe von Urotropin in ähnlicher Weise wie durch Zugabe von Natriumacetat auf pH = 5 bis 6 abgeschwächt.

2.3.3.1 Nickel, Ni, 58,69; +II, +III, $4s^2\,3d^8$, 8. Nebengruppe des PSE

Nickel steht zusammen mit Eisen und Kobalt in der 8. Nebengruppe des PSE. In dieser Gruppe befinden sich außer diesen Elementen noch die 6 Platinelemente Ruthenium, Ru, Rhodium, Rh, Palladium, Pd, Osmium, Os, Iridium, Ir, und Platin, Pt. Sie zeichnen sich durchweg durch eine große Widerstandsfähigkeit gegenüber Chemikalien aus, sind schwer schmelzbar und vermögen Wasserstoff bei höheren Temperaturen zu absorbieren, manche sogar schon bei Zimmertemperatur.

Gemäß ihrer Stellung im PSE ist die maximal mögliche Oxidationsstufe +VIII. Sie wird jedoch nur in den Tetraoxiden OsO_4 und RuO_4 erreicht. Die Tendenz, in höheren Oxidationsstufen beständige Verbindungen zu bilden, nimmt in beiden

Fortsetzung

Reihen vom Ru zum Pd bzw. vom Os zum Pt ab. Nicht nur innerhalb dieser beiden Gruppen sind die Platinelemente in ihrem Verhalten einander ähnlich, sondern diese Ähnlichkeit tritt auch zwischen den im PSE untereinander stehenden Elementen, also zwischen Ru und Os, Rh und Ir sowie zwischen Pd und Pt, hervor.

Nickel kommt in der Natur mit Fe und Cu an As, Sb und S gebunden, sowie als wasserhaltiges Mg-Ni-Silicat, Garnierit, vor. Einige Mineralien sind NiS, Gelbnickelkies, NiAs, Rotnickelkies und NiSb, Breithauptit. In gediegenem Zustand wird es zusammen mit Eisen in den Meteoriten gefunden.

Dargestellt wird das Metall, indem man zunächst nach einem komplizierten Verfahren das Nickel in den Erzen anreichert, in Oxid überführt und nun mit Kohlenstoff reduziert. Zur Reinigung kann es in das leicht flüchtige $Ni(CO)_4$, Nickeltetracarbonyl, überführt werden, das sich aus feinverteiltem, auch unreinem Nickel und Kohlenmonooxid bei 50–100 °C bildet.

Nickel findet hauptsächlich als Legierungsbestandteil Verwendung in Stählen und für Widerstände, z. B. Konstantan (40% Ni und 60% Cu), Monel (70% Ni, 30% Cu), Manganin (Ni, Cu, Mn) und Nichrom (60% Ni und 40% Cr). Feinverteiltes Nickel oder Nickeloxid dient als Katalysator. Salze des Nickels werden für galvanische Bäder verwendet.

Nickel hat im allgemeinen die Oxidationsstufe + II. Mit der Oxidationsstufe + III ist als beständige Verbindung ein Oxid der wahrscheinlichen Zusammensetzung Ni_2O_3 bekannt. Verbindungen, in denen das Ni die Oxidationsstufe +I trägt, sind zwar bekannt, aber äußerst instabil. Auch Ni(IV)-Verbindungen sind dargestellt worden.

Die wasserhaltigen Ni(II)-Salze sind meist grün, die wasserfreien meist gelb. Die Eigenschaften der Nickelverbindungen ähneln in wässriger Lösung sehr denen der Zinksalze.

Die folgenden Reaktionen führe man mit einer wässrigen Lösung von $NiSO_4$ oder $Ni(NO_3)_2$ bzw. der entsprechend vorbereiteten Analysenlösung durch.

1. NaOH

G r ü n e r Niederschlag von $Ni(OH)_2$, schwer lösl. im Überschuss (Gegensatz zu Zn). Durch starke Oxidationsmittel, wie Cl_2 oder Br_2 (nicht durch H_2O_2), geht der Niederschlag in ein höheres, s c h w a r z e s Oxid über.

2. Ammoniak

Erst h e l l g r ü n e r Niederschlag, dann Wiederauflösung unter Bildung des b l a u e n Komplexions $[Ni(NH_3)_6]^{2+}$. Bei Anwesenheit von Ammoniumsalzen entsteht kein Niederschlag (s. u.).

3. Urotropin

Mit Urotropin geben Nickelsalze in der Kälte keine, beim Kochen dagegen infolge Zunahme der Hydrolyse eine teilweise Fällung von $Ni(OH)_2$. In Gegenwart von Ammoniumsalzen bleibt die Fällung wegen des niederen pH-Werts aus.

4. Na_2CO_3

G r ü n e r Niederschlag von basischem Nickelcarbonat.

5. Phosphate

In neutraler und alkalischer Lsg. Fällung eines Nickelphosphats wechselnder Zusammensetzung, das in Säuren und Ammoniak löslich ist.

6. H_2S

Ebenso wie bei Zink (s. S. 222) keine Fällung in mineralsaurer oder stark essigsaurer Lsg., dagegen quantitative Fällung in mit Natriumacetat gepufferter Essigsäure. Der Nd. ist schwarz.

7. $(NH_4)_2S$

In neutraler und ammoniakalischer Lösung bildet sich zunächst säurelösliches NiS. Entsprechend dem Cobaltsulfid, CoS (s. 9., S. 214), wird das säurelösliche NiS in ammoniakalischer Lösung unter Luftzutritt zu Ni(OH)S oxidiert und geht in das (im Gegensatz zu den übrigen Sulfiden der $(NH_4)_2S$-Gruppe) in Säuren schwer lösliche Ni_2S_3 über. Der Sulfid-Niederschlag löst sich jedoch in konz. HNO_3 sowie in essigsaurem Wasserstoffperoxid.

Fällt man NiS in stark ammoniumsalzhaltiger Lsg. mit einem Überschuss von $(NH_4)_2S$, das mit gelbem Ammoniumsulfid verunreinigt ist, so bleibt es in äußerst feiner Verteilung, in kolloider Form (s. S. 46) in Lsg. und läuft tiefbraun durch das Filter. Zur Verhinderung der Kolloidbildung wird mit frisch hergestelltem farblosem Ammoniumsulfid und nur mit einem sehr geringen Überschuss des Fällungsmittels gearbeitet. Andernfalls kocht man die braune Lsg. einige Zeit mit Ammoniumacetat, wobei sich NiS in Flocken abscheidet. Die Ausflockung kann durch Zugabe von Filterpapierschnitzeln beschleunigt werden.

Phosphorsalz- und Boraxperle

Für die Erkennung zahlreicher Schwermetalle hat sich als ausgezeichnete Vorproben die Phosphorsalz- bzw. Boraxperle erwiesen.

Schmilzt man Phosphorsalz, $NaNH_4HPO_4$, und gibt ein Schwermetallsalz hinzu, so können sehr charakteristische Färbungen durch Bildung von Schwermetallphosphaten auftreten. Beim Erhitzen kondensiert $NaNH_4HPO_4$ zu Polyphosphaten, darunter ringförmige Metaphosphate, z. B. $Na_3(P_3O_9)$. Im folgenden wird zur Vereinfachung nur $NaPO_3$ geschrieben.

$$NaNH_4HPO_4 \rightarrow NaPO_3 + NH_3\uparrow + H_2O$$

Das Polyphosphat vermag in der Hitze nicht nur Oxide zu lösen, sondern auch aus Salzen eine leichter flüchtige Säure auszutreiben:

$$3\,NaPO_3 + 3\,CoSO_4 \rightarrow Na_3PO_4 + Co_3(PO_4)_2 + 3\,SO_3\uparrow$$

oder

$$NaPO_3 + CoSO_4 \rightarrow NaCoPO_4 + SO_3\uparrow$$

Genau so verhält sich Borax, $Na_2B_4O_7$:

$$Na_2B_4O_7 + CoSO_4 \rightarrow 2\,NaBO_2 + Co(BO_2)_2 + SO_3\uparrow$$

Verwendet wird ein Magnesiastäbchen oder ein dünner Platindraht mit Öse, der in einen Glasstab eingeschmolzen ist und in verdünnte Salzsäure tauchend aufbewahrt wird. Zur Reinigung wird am Platindraht am besten etwas Borax und Soda verschmolzen. Man lässt die Schmelze am Draht hin und her laufen und tropft sie dann ab. Die letzten Spuren der Schmelze werden mit Salzsäure abgelöst.

Fortsetzung

> Die Spitze des Magnesiastäbchens oder die Öse des Platindrahtes wird zum Glühen erhitzt und heiß in Phosphorsalz oder Borax eingedrückt. Dabei schmilzt ein wenig Salz an, das beim Erhitzen in eine glasklare Perle verwandelt wird. Diese wird nach dem Erkalten ein wenig angefeuchtet und damit die feingepulverte Analysensubstanz berührt. Es bleibt meist sofort genügend zum Einschmelzen hängen.
>
> Man arbeitet in der Oxidations- oder Reduktionsflamme, weil durch verschiedene Oxidationsstufen andere Färbungen hervorgerufen werden. Für die Oxidationsperle erhitzt man in der Oxidationszone der entleuchteten Bunsenflamme. Die Reduktionsperle erschmilzt man an der Grenze zwischen innerem und äußerem Flammenkegel oder in der leuchtenden Flamme, kühlt, damit keine Oxidation eintritt, im inneren Flammenkegel bzw. im Inneren des Brennerrohres ab und zieht dann die Perle schnell heraus. Von der Analysensubstanz gibt man zunächst nur sehr wenig zu der Perle und steigert die Menge erst, wenn die Farbe nicht deutlich ist, weil sonst durch überschüssiges Oxid manche Farben nicht deutlich herauskommen.
>
> Eine Zusammenstellung des Verhaltens der einzelnen Elemente in der Perle gibt Tab. 2.5 auf S. 314.

8. Vorproben

Nickel färbt die Phosphorsalz- bzw. Boraxperle in der Oxidationsflamme in der Hitze g e l b bis r u b i n r o t , in der Kälte b r ä u n l i c h . In der Reduktionsflamme ergibt sich eine graue Perle.

9. Nachweis mit Dimethylglyoxim (Diacetyldioxim)

Dimethylglyoxim bildet mit Ni^{2+} in neutraler, essigsaurer und ammoniakalischer Lösung einen r o t e n , schwerlöslichen Chelatkomplex (s. Abb. 1.6, S. 43). Bei der Ausführung im Halbmikromaßstab verhindern starke Oxidationsmittel (Nitrate, H_2O_2, usw.) die Fällung. Es bildet sich lediglich eine r o t e bis r o t o r a n g e Färbung. In ammoniakalischer Lösung gibt Fe^{2+} eine rote und Co^{2+} eine b r a u n r o t e Färbung. Wenn Fe^{3+} und Co^{2+} nebeneinander vorliegen, bildet sich ein b r a u n r o t e r Niederschlag. Auch Cu^{2+} (Violettfärbung) kann stören.

Zur Prüfung auf Ni neben Fe und Co wird die Lsg. zunächst mit H_2O_2 gekocht, um Fe^{2+} zu Fe^{3+} zu oxidieren. Dann wird ammoniakalisch gemacht, $Fe(OH)_3$ mit der Saugkapillare abgetrennt und 1 Tropfen des klaren Filtrates auf der Tüpfelplatte mit 1 Tropfen Reagenzlsg. versetzt. Die Bildung eines roten Niederschlags am Rande des Tropfens zeigt Ni an.

EG: 0,16–2 µg Ni bei Gegenwart eines 0–40fachen Co-Überschusses pD 5,5

Reagenz: Gesättigte Lsg. von Dimethylglyoxim in 96%igem Alkohol.

2.3.3.2 Cobalt, Co, 58,9332; + II, + III, $4 s^2 3 d^7$

> Cobalt ist in der Natur ein ständiger Begleiter des Nickels. Als Metall sowie in seinen einfachen Salzen und Verbindungen hat es sehr große Ähnlichkeit mit diesem und findet daher in der Technik eine ähnliche Verwendung. Wie Nickel kann es neben der Oxidationsstufe + II auch in der Oxidationsstufe + III erhalten werden, von der aber nur die Komplexsalze beständig sind (s. unten).

Nebengruppen des PSE, Ammoniumsulfid-Urotropin-Gruppe

1. Darstellung von Tetraammincarbonatocobalt(III)-nitrat-Hemihydrat, $[CoCO_3(NH_3)_4]NO_3 \cdot \frac{1}{2} H_2O$

$$2\,Co(NO_3)_2 + \tfrac{1}{2}\,O_2 + 2\,(NH_4)_2CO_3 + 6\,NH_3$$
$$\rightarrow 2\,[CoCO_3(NH_3)_4]NO_3 \cdot \tfrac{1}{2}\,H_2O + 2\,NH_4NO_3$$

Eine Lsg. von 100 g $(NH_4)_2CO_3$ in 500 ml Wasser und 250 ml 13,5 mol/l NH_3 wird mit einer Lsg. von 50 g $Co(NO_3)_2 \cdot 6\,H_2O$ in 100 ml Wasser versetzt. Durch die tiefviolette Flüssigkeit wird etwa 3 Std. lang ein nicht zu schneller Luftstrom mit der Wasserstrahlpumpe gesaugt. Dabei schlägt die Farbe allmählich nach blutrot um. Man engt dann auf etwa 300 ml ein, wobei alle 15 Min. 5 g $(NH_4)_2CO_3$ (insgesamt etwa 30 g) zugesetzt werden. Nach Filtration wird unter Zugabe von weiteren 10 g $(NH_4)_2CO_3$ auf etwa 200 ml eingeengt. Die ausgeschiedenen purpurfarbenen Kristalle werden nach dem Erkalten abgesaugt, erst mit Wasser, dann mit verd. und schließlich mit reinem Alkohol gewaschen und bei 100°C getrocknet. Ausbeute etwa 20 g.

2. Darstellung von Hexaammincobalt(III)-chlorid, $[Co(NH_3)_6]Cl_3$

$$4\,CoCl_2 + 4\,NH_4Cl + 20\,NH_3 + O_2 \rightarrow 4[Co(NH_3)]_6Cl_3 + 2\,H_2O$$

24 g $CoCl_2 \cdot 6\,H_2O$ und 16 g NH_4Cl werden in 20 ml Wasser unter Schütteln fast gelöst. Man gibt 1–2 g Aktivkohle und 50 ml 13,5 mol/l NH_3 zu und leitet anschließend einen kräftigen Luftstrom durch die Suspension, bis die ursprünglich rote Lsg. gelbbraun ist; zur Aufrechterhaltung der NH_3-Konz. wird während des Oxidationsvorganges zweckmäßig noch etwas 13,5 mol/l NH_3 zugefügt. Der Niederschlag von $[Co(NH_3)_6]Cl_3$ wird zusammen mit der Aktivkohle abfiltriert und der Filterrückstand in 1–2%iger HCl in der Hitze gelöst. Man filtriert noch heiß ab und fällt reines $[Co(NH_3)_6]Cl_3$ durch Zusatz von 40 ml konz. HCl und Abkühlen auf 0°C. Der abfiltrierte Niederschlag wird zuerst mit 60%igem, dann mit 96%igem Alkohol gewaschen und bei 80–100°C getrocknet; Ausbeute etwa 20 g weinrote bis bräunlichrote, wasserlösliche Kristalle.

3. Darstellung von Natriumhexanitritocobaltat(III), $Na_3[Co(NO_2)_6]$

$$2\,Co(NO_3)_2 + 12\,NaNO_2 + 2\,CH_3COOH + \tfrac{1}{2}\,O_2$$
$$\rightarrow 2\,Na_3[Co(NO_2)_6] + 4\,NaNO_3 + 2\,CH_3COONa + H_2O$$

Man löst in der Hitze 15 g $NaNO_2$ in 15 ml Wasser, kühlt auf 50–60°C ab, wobei sich wieder etwas $NaNO_2$ ausscheidet, fügt 5 g $Co(NO_3)_2 \cdot 6\,H_2O$, dann portionsweise 5 ml 50%ige Essigsäure unter Umschütteln zu und leitet $\tfrac{1}{2}$ Std. einen kräftigen Luftstrom durch die Lösung. Nach 2 Std. wird der braune Niederschlag abfiltriert. Das Filtrat muss klar sein. Der Niederschlag wird mit 5 ml Wasser von 70–80°C angerührt, die Lsg. durch ein kleines Filter von ungelöstem $K_3[Co(NO_2)_6]$ abgetrennt und mit dem vorigen klaren Filtrat vereinigt. Aus der gesamten Lsg. fällt man mit 25 ml 96%igem Alkohol, lässt den ausgefallenen Niederschlag ein paar Stunden absitzen, nutscht ihn dann ab, saugt trocken, wäscht 4mal mit etwa 3 ml Alkohol, dann 2mal mit Ether und trocknet an der Luft. Damit sich das Präparat klar in Wasser löst, ist ein Umfällen mit Alkohol zweckmäßig. Die wässrige Lösung ist nicht beständig.

4. Darstellung von Triammintrinitritocobalt(III), $[Co(NO_2)_3(NH_3)_3]$

$$2\,CoCl_2 + 2\,NH_4Cl + 6\,NaNO_2 + 4\,NH_3 + \tfrac{1}{2}\,O_2$$
$$\rightarrow 2\,[Co(NO_2)_3(NH_3)_3] + 6\,NaCl + H_2O$$

Die Metalle und ihre Verbindungen – Analyse und Trennung der Kationen

4,5 g CoCl$_2$ · 6 H$_2$O werden in 12,5 ml Wassser gelöst und zu einer kalt bereiteten Lsg. von 5 g NH$_4$Cl und 6,7 g NaNO$_2$ in 42 ml Wasser und 21 ml 13,5 mol/l NH$_3$ gegeben. Man oxidiert die Lsg. 4 Std. lang durch einen kräftigen Luftstrom. Die dicke, braune Lsg. lässt man drei Tage lang an der Luft stehen. Der Niederschlag wird abgenutscht, mit kaltem Wasser bis zur Chloridfreiheit gewaschen und mit heißem, essigsäurehaltigem Wasser ausgezogen. Aus dem klaren Filtrat kristallisieren gelbbraune Kristalle.

Zur Erkennung der Eigenschaften der Cobaltsalze in wässrigen Lösungen verwende man für die folgenden Reaktionen verd. CoCl$_2$- oder Co(NO$_3$)$_2$-Lösungen bzw. die entsprechend vorbereitete Analysenlösung.

5. NaOH oder KOH

$$2\ Co(OH)_2 + 2\ H_2O + Cl_2 \rightarrow 2\ Co(OH)_3 + 2\ HCl$$

In der Kälte b l a u e r Niederschlag eines basischen Salzes wechselnder Zusammensetzung, in der Hitze Bildung von r o s e n r o t e m Co(OH)$_2$. Bei Anwesenheit von Oxidationsmitteln, wie Cl$_2$, Br$_2$, H$_2$O$_2$, wird der Niederschlag schwarzbraun.

6. Ammoniak

Bei Abwesenheit von Ammoniumsalzen Bildung eines b l a u e n Niederschlags wie bei NaOH. An der Luft wird der Niederschlag schnell r ö t l i c h und löst sich im Überschuss von Ammoniak leicht auf, wobei sich sehr beständige Cobaltamminkomplexe bilden, in denen das Element in der Oxidationsstufe + III vorliegt.

Bei Anwesenheit von Ammoniumsalzen bleibt die Fällung aus. Es entsteht zunächst eine s c h m u t z i g g e l b e, komplexe Cobalt(II)-Salzlsg., die an der Luft schnell durch Oxidation zu Co(III) rot wird.

7. Urotropin

In der Kälte kein Niederschlag, in der Hitze teilweise Fällung von Co(OH)$_2$, die aber bei Anwesenheit von Ammoniumsalzen ganz ausbleibt.

8. Na$_2$CO$_3$

Je nach den Konzentrationsverhältnissen b l ä u l i c h e r oder r ö t l i c h e r Niederschlag von basischem Carbonat wechselnder Zusammensetzung.

9. H$_2$S, (NH$_4$)$_2$S

In saurer Lsg. kein Niederschlag. In neutraler, acetathaltiger Lsg. s c h w a r z e r Niederschlag von CoS, ebenso mit (NH$_4$)$_2$S in ammoniakalischer Lösung. Der Niederschlag ist wie bei Nickel schwerlösl. in Essigsäure und verd. Salzsäure. Beim Fällen unter Luftzutritt und bei Gegenwart von überschüssigem Ammoniumsulfid bildet sich zunächst Co(OH)S, das in Co$_2$S$_3$ übergeht.

$$2\ CoS + \tfrac{1}{2}\ O_2 + H_2O \rightarrow 2\ Co(OH)S$$
$$2\ Co(OH)S + H_2S \rightarrow Co_2S_3 + 2\ H_2O$$

Dagegen wird das Sulfid durch konz. Salpetersäure oder Königswasser sowie von Wasserstoffperoxid in Essigsäure unter Oxidation des S^{2-}-Ions zu Schwefel oder SO$_4^{2-}$ gelöst.

$$3\ Co_2S_3 + 16\ H^+ + 4\ NO_3^- \rightarrow 6\ Co^{2+} + 4\ NO\uparrow + 9\ S\downarrow + 8\ H_2O$$
$$Co_2S_3 + 11\ H_2O_2 \rightarrow 2\ Co^{2+} + 10\ H_2O + 2\ H^+ + 3\ SO_4^{2-}$$

10. Vorproben

Die Phosphorsalz- und Boraxperle sind in der Reduktions- und Oxidationsflamme in der Hitze und Kälte b l a u.

11. Nachweis mit Ammoniumthiocyanat

Co^{2+} bildet in neutraler oder essigsaurer Lösung mit Thiocyanationen $Co(SCN)_2$ (in neutralem Medium) bzw. $[Co(SCN)_4]^{2-}$ (in saurem Medium); beide Verbindungen sind b l a u. Zur besseren Erkennung werden sie mit Amylalkohol aus der wässrigen Lösung extrahiert.

Man kann sehr wenig Co^{2+} neben viel Ni^{2+} nachweisen. Fe^{3+} stört, da es (s. S. 232) mit SCN^- eine t i e f r o t e Verbindung bildet, die sich auch in organischen Lösemitteln löst. Man verhindert das durch Zufügen eines Überschusses von festem NaF, wodurch das Fe^{3+} in $[FeF_6]^{3-}$ übergeführt wird.

In einem Reagenzglas versetze man einige Tropfen der essigsauren oder neutralen Probelsg. mit einer Spatelspitze KSCN oder NH_4SCN und überschichtet mit 1 ml Amylalkohol-Ether-Gemisch. Bei Ausführung auf einer Tüpfelplatte versetze man 1 Tropfen der essigsauren Probelsg. mit 5 Tropfen einer gesättigten Lsg. von NH_4SCN in Aceton. Je nach der Menge der Co^{2+}-Ionen entsteht eine g r ü n bis b l a u gefärbte Lösung.

EG: 0,3 µg Co   pD 5,0

2.3.3.3 Mangan, Mn, 54,9380; + II, +IV, +VI, +VII; $4s^2 3d^5$, 7. Nebengruppe des PSE

Mangan ist das erste Element der 7. Nebengruppe des PSE. Es folgen die Elemente Technetium. Tc, und Rhenium, Re. Technetium kennt man nur in Form künstlich hergestellter Isotope.

Gemäß den allgemeinen Regeln für die Nebengruppen (s. S. 9 und 207) kommen die Elemente in zahlreichen Oxidationsstufen vor, wobei die Beständigkeit der höchsten Oxidationsstufe mit steigender Ordungszahl zunimmt. Kaliummanganat(VII) z.B ist demnach ein wesentlich stärkeres Oxidationsmittel als Kaliumrhenat(VII). Außerdem sind die Rhenate(VII) zum Unterschied von den Manganaten(VII) farblos.

Mangan kommt in der Natur hauptsächlich als MnO_2 (Braunstein), Mn_3O_4 (Hausmannit) und in Form anderer, zum Teil wasserhaltiger Oxide sowie als $MnCO_3$ (Manganspat) vor. Die Darstellung des Metalls erfolgt auf aluminothermischem Wege (s. S. 234). Eisen-Mangan-Legierungen (Ferromangan, Spiegeleisen) lassen sich im Hochofen erschmelzen. Manganlegierungen finden in der Technik weitgehende Verwendung. Von seinen Verbindungen wird der Braunstein in der Glas- und Keramischen Industrie, das Kaliummanganat(VII) (auch Kaliumpermanganat genannt) als Oxidationsmittel verwendet. Braunstein sowie Mangansalze werden in Batterien verwendet.

Beim Mangan kennt man Verbindungen mit den Oxidationsstufen von – I bis + VII. Die Oxidationsstufe + I kommt z.B. in der sehr unbeständigen Komplexverbindung $[Mn(CN)_6]^{5-}$ vor. Mn(II)-Salze sind häufig. Sie sind schwach rosa, beständig und schließen sich – mit Ausnahme ihrer Oxidierbarkeit zu Manganverbindungen höherer Oxidationsstufe – in ihrem Verhalten in wässriger Lösung weitgehend an die Magnesiumsalze und teilweise an die Zinksalze an. Mn(III)-Verbindungen sind starke Oxidationsmittel. Das gilt besonders für wässrige Lösungen von

216 Die Metalle und ihre Verbindungen – Analyse und Trennung der Kationen

Fortsetzung

Verbindungen mit Mn^{3+} als Kation. Stabil sind Komplexverbindungen, bei denen Mn(III) im Anion enthalten ist. Mn(III) tritt in der Analyse in der Phosphorsalzperle auf.

In MnO_2, Mangandioxid oder Braunstein, der wichtigsten Verbindung des Mn, liegt die Oxidationsstufe $+ IV$ vor. Schmelzen von MnO_2 mit anderen Oxiden liefert Doppeloxide, z.B. $CaO \cdot MnO_2$, die formal wegen der Summenformel $CaMnO_3$ als Manganite bezeichnet wurden. Mangandioxid ist ein starkes Oxidationsmittel (s. die Chlordarstellung aus $MnO_2 + HCl$, S. 161) und dient als Ausgangsmaterial für die anderen Manganverbindungen (Darstellung von $KMnO_4$, S. 219, und von Mangan, S. 234).

Die Oxidationsstufe $+ V$ tritt z.B. im unbeständigen $Na_3MnO_4 \cdot 12 H_2O$ auf, welches hellblaue Kristalle bildet.

Die Manganate(VI) leiten sich von dem unbekannten Oxid MnO_3 bzw. der Mangan(VI)-säure H_2MnO_4 ab. Die Manganate(VI) sind grün und sehr unbeständig. Sie haben insofern Bedeutung, als sie erstens als Zwischenverbindung bei der großtechnischen Darstellung des Permanganats vorkommen und zweitens zum Erkennen von Mangan in der Analyse dienen. Sie entstehen immer, wenn man irgendeine Manganverbindung in Gegenwart von basisch wirkenden Stoffen, wie Alkalihydroxid, Alkalicarbonat, Calciumoxid und dergleichen, oxidierend auf höhere Temperatur erhitzt. Als Oxidationsmittel dient in der Technik Luft, bei der Analyse am besten KNO_3 oder $KClO_3$.

Die Manganate(VII) leiten sich von dem sehr unbeständigen rotvioletten Mn_2O_7 und der in wässriger Lösung haltbaren Mangan(VII)-säure, $HMnO_4$, ab. Das MnO_4^--Ion ist intensiv violett. $HMnO_4$ kann aus $Ba(MnO_4)_2$ und verdünnter H_2SO_4 dargestellt werden.

Das Säureanhydrid Mn_2O_7 ist eine ölige, rotbraune, sehr explosive Flüssigkeit. Es entsteht, wenn man $KMnO_4$ mit konz. H_2SO_4 behandelt. Dabei ist äußerste Vorsicht geboten.

Für die folgenden Reaktionen 1.–7. verwende man eine $MnSO_4$-Lösung, für Reaktion 8. und 9. eine $KMnO_4$-Lösung bzw. die entsprechend vorbereitete Analysenlösung.

1. NaOH oder KOH

Rosa Niederschlag von $Mn(OH)_2$, im Gegensatz zum Zink nicht im Überschuss des Fällungsmittels löslich. Wird an der Luft **b r a u n** durch Oxidation zu MnO_2.

2. Ammoniak

$$Mn^{2+} + 6 NH_3 \rightleftharpoons [Mn(NH_3)_6]^{2+}$$

Wie bei Magnesium unvollständige Fällung. Bei Gegenwart von Ammoniumsalzen bleibt sie überhaupt aus (vgl. aber 4.!). Die Gründe für das Ausbleiben der Fällung sind wie beim Mg^{2+} die Zurückdrängung der OH-Konzentration durch die Ammoniumionen und die Bildung eines Hexaamminkomplexes.

3. Urotropin

Wie bei Nickel (S. 210) in der Kälte kein Niederschlag, in der Siedehitze teilweise Fällung von $Mn(OH)_2$, die bei Gegenwart von Ammoniumsalzen ausbleibt.

4. Alkalicarbonat

Weiße Fällung von $MnCO_3$, im Gegensatz zum Magnesium auch mit $(NH_4)_2CO_3$.

Diese bei den Reaktionen 1.–4. beobachteten Erscheinungen treten aber nur bei Ausschluß von Sauerstoff (also auch von Luft) ein. Ist Sauerstoff zugegen, so werden die Niederschläge bald braun bzw. es bildet sich ein solcher in Lösungen, die Ammoniumsalze enthalten, nach Zusatz von Ammoniak. Im alkalischen Medium wird schon durch den Sauerstoff der Luft bei gewöhnlicher Temp. das Mn(II) langsam oxidiert. Es entstehen je nach pH-Wert und Konzentration des Mn(II)-salzes sowie eventuell vorhandener Fremdsalze überwiegend Mn(III)- oder Mn(IV)-enthaltende Niederschläge. So erhält man z. B. durch Versetzen einer H_2O_2-haltigen $MnSO_4$-Lösung mit NH_3 und Trocknen des Niederschlags bei 50°C reines schwarzes MnO(OH), das dem Mineral Manganit entspricht. Andererseits ergibt eine Oxidation in fremdelektrolythaltiger Lösung ein kaum kristallines, sehr unreines MnO_2. Auf Mn(IV)-Plätzen sitzt zum Teil Mn(II), und wie in einem Ionenaustauscher wird von z. B. K^+ oder Zn^{2+}-Ionen die fehlende Ladung kompensiert.

5. Fällung als MnO_2

$$Mn(OH)_2 + H_2O_2 \rightarrow MnO_2\downarrow + 2\,H_2O$$

Eine Mischung von Natronlauge und H_2O_2 oder Natriumperoxid bewirkt die Fällung von MnO_2.

Das Verhalten des Mangan(II)-Ions in alkalischen oder ammoniakalischen Lösungen ist für die analytische Trennung von anderen Elementen von großer Bedeutung!

Auch in saurer Lösung kann Mn(II) zu Mn(IV) oxidiert werden. Dies dient vor allem zur Abtrennung des Mn von den anderen Kationen der $(NH_4)_2S$-Gruppe. Dazu wird entweder in HNO_3-saurer Lösung mit $NaClO_3$ oder in H_2SO_4-saurer Lösung mit $(NH_4)_2S_2O_8$ oxidiert. Das aus saurem Medium abgeschiedene MnO_2 zeichnet sich gegenüber dem aus alkalischen Lösungen gefällten Oxidhydrat durch eine geringere Bindungsfähigkeit für andere gelöste Kationen aus, so dass ein Umfällen unterbleiben kann (s. S. 48).

Etwa 1 ml der Probelsg. wird in einem Porzellantiegel mit 10 Tropfen 14 mol/l HNO_3 und mit 3 Tropfen 5 mol/l $NaClO_3$ versetzt und gerade bis zur Trockne eingedampft. Den Rückstand nimmt man erneut mit 10 Tropfen 14 mol/l HNO_3 auf, versetzt mit 3 Tropfen 5 mol/l $NaClO_3$-Lsg. und dampft nochmals zur Trockne ein. Der b r a u n s c h w a r z e Rückstand wird mit 1 ml H_2O + 1 Tropfen 2,5 mol/l HNO_3 aufgeschlämmt, in ein Reagenzglas überführt, von der Lsg. abzentrifugiert und einmal mit 1 ml H_2O gewaschen. (Im Trennungsgang können sich in der Lsg. Fe^{3+}, Zn^{2+}, Ni^{2+} und Co^{2+} befinden).

Der MnO_2-Rückstand wird in 5 Tropfen 2,5 mol/l HNO_3 und 1 Tropfen 2,5 mol/l H_2O_2 gelöst und die Lsg. im Wasserbad solange erwärmt, bis das überschüssige H_2O_2 zersetzt ist. In dieser Lsg. können die gebildeten Mn^{2+}-Ionen durch die üblichen Reaktionen identifiziert werden.

6. $(NH_4)_2HPO_4$

W e i ß e r kristalliner Niederschlag von $MnNH_4PO_4$ wie beim Magnesium. Im Gegensatz zu dem entsprechenden Magnesiumsalz färbt sich der Niederschlag nach Zugabe eines Tropfen alkalischer H_2O_2-Lsg. infolge Bildung von MnO_2 b r a u n .

7. H_2S

$$Mn^{2+} + S^{2-} \rightarrow MnS\downarrow$$
$$MnS + O_2 \rightarrow MnO_2\downarrow + S$$

In saurer und neutraler Lsg. fällt im Gegensatz zum Zink k e i n Niederschlag. Dagegen fällt mit $(NH_4)_2S$ in neutraler oder ammoniakalischer Lsg. r o s a , wasserhaltiges Mangansulfid aus. Beim Stehen an der Luft B r a u n färbung durch Oxidation.

Es wird Mn(II) zu Mn(IV) und S^{2-} zu Schwefel oxidiert, so dass das ausgefällte Mangansulfid im allgemeinen aus einem b r ä u n l i c h e n Gemisch von MnS, MnO(OH) oder MnO_2 und Schwefel besteht.

Kocht man mit einem Überschuss von gelber $(NH_4)_2S_x$-Lsg., so geht das rosa Mangansulfide bei Abwesenheit von Cl^- mehr oder weniger langsam in ein s c h m u t z i g g r ü n e s über.

8. Reduktion des in schwefelsaurer Lösung

Permanganate sind starke Oxidationsmittel. In Gegenwart von Reduktionsmitteln wird in alkalischer Lösung MnO_2, in saurer dagegen Mn^{2+} gebildet. Im ersten Falle werden also drei, im zweiten fünf Elektronen aufgenommen.

Die folgenden Reaktionen werden im Reagenzglas durchgeführt:

a) $FeSO_4$:
$$MnO_4^- + 8\,H^+ + 5\,Fe^{2+} \rightarrow Mn^{2+} + 5\,Fe^{3+} + 4\,H_2O$$

b) H_2SO_3:
$$2\,MnO_4^- + H^+ + 5\,HSO_3^- \rightarrow 2\,Mn^{2+} + 5\,SO_4^{3-} + 3\,H_2O$$

c) konz. HCl:
$$2\,MnO_4^- + 16\,H^+ + 10\,Cl^- \rightarrow 2\,Mn^{2+} + 5\,Cl_2 + 8\,H_2O$$
HCl reagiert nur in stark saurer Lsg. und in der Wärme.

d) KI:
$$2\,MnO_4^- + 16\,H^+ + 10\,I^- \rightarrow 2\,Mn^{2+} + 5\,I_2 + 8\,H_2O$$
Iodid setzt sich schon in der Kälte um.

e) H_2O_2:
$$2\,MnO_4^- + 5\,H_2O_2 + 6\,H^+ \rightarrow 2\,Mn^{2+} + 5\,O_2 + 8\,H_2O$$
H_2O_2 wird zu O_2 oxidiert!

f) $H_2C_2O_4$:
$$2\,MnO_4^- + 5\,H_2C_2O_4 + 6\,H^+ \rightarrow 2\,Mn^{2+} + 10\,CO_2 + 8\,H_2O$$
Oxalsäure reagiert in der Kälte erst langsam, dann aber, nachdem etwas Mn^{2+} entstanden ist, schnell (vgl. auch S. 115).

g) C_2H_5OH:
$$2\,MnO_4^- + 5\,C_2H_5OH + 6\,H^+ \rightarrow 2\,Mn^{2+} + 5\,CH_3CHO + 8\,H_2O$$
Alkohol wird in der Siedehitze zu Aldehyd oxidiert, erkennbar am Geruch.
Bei allen Reaktionen tritt E n t f ä r b u n g durch Reduktion des MnO_4^- auf!

9. Reduktion des MnO_4^- in alkalischer Lösung

a) Na_2SO_3:
$$2\,MnO_4^- + 3\,SO_3^{2-} + H_2O \rightarrow 2\,MnO_2\downarrow + 3\,SO_4^{2-} + 2\,OH^-$$

b) $MnCl_2$:
$$2\,MnO_4^- + 3\,Mn^{2+} + 4\,OH^- \rightarrow 5\,MnO_2\downarrow + 2\,H_2O$$

Aus der letzten Reaktion (Komproportionierung) erkennt man, wie bevorzugt in alkalischer Lsg. Mn(IV) in Form des schwerlöslichen MnO_2 ist.

10. Darstellung von Kaliummanganat(VII), $KMnO_4$

Kaliumpermanganat, $KMnO_4$

Tiefpurpurrote, fast schwarze, metallisch glänzende, rhombische Prismen. Zersetzung ab 240 °C

O   Xn
R: 8–22
S. 2

Durch Oxidationsschmelze wird aus MnO_2 zunächst K_2MnO_4 dargestellt, das dann anodisch zu $KMnO_4$ oxidiert wird.

1 g feinstgepulverter Braunstein wird mit 1 g KOH und 0,5 g $KClO_3$ in einem Fe-Tiegel unter Umrühren zusammengeschmolzen. Sowie die Masse so zäh geworden ist, dass nur noch schwer gerührt werden kann, wird sie aus dem Tiegel herausgekratzt und im Trockenschrank getrocknet. Dann wird fein pulverisiert und im Fe-Tiegel über 3 Std. auf 500 °C (schwache Rotglut) erhitzt; zum Fernhalten der reduzierend wirkenden Flammengase steht der Tiegel im Loch einer Scheibe aus Keramikvlies. Nach Beendigung der Reaktion ist die zerkleinerte Masse in wenig Wasser zu lösen und durch eine Glasfilternutsche abzufiltrieren. Das noch nicht umgesetzte MnO_2 wird durch die gleiche Behandlung möglichst weitgehend in Manganat(VI) überführt.

Die vereinigten, stark alkalischen Lösungen werden zur elektrolytischen Oxidation in eine als Diaphragma wirkende Tonzelle gefüllt, die in einem größeren Becherglas mit 5%iger KOH steht; Kathoden- (KOH) und Anodenflüssigkeit (MnO_4^{2-}) müssen gleich hoch stehen. Als Anode dient ein Pt-Blech von 10–20 cm² Oberfläche, als Kathode 2–3 Fe-Bleche. Man elektrolysiert bei 10–14 Volt mit einer anodischen Stromdichte von 0,3 A pro cm² beiderseitiger Oberfläche und bei etwa 50–60 °C. Nach einigen Stunden ist die Elektrolyse beendet. Ein mit Wasser verdünnter Tropfen der Anodenflüssigkeit darf dann keinen grünlichen Schimmer mehr zeigen. Es ist unbedingt darauf zu achten, dass alles MnO_4^{2-} oxidiert ist. Mit einer Eis-Kochsalz-Mischung wird die Lsg. stark abgekühlt, wobei die Hauptmenge $KMnO_4$ auskristallisiert. Nach Filtration durch ein Glasfilter wird durch Eindampfen der Mutterlauge und Abkühlen eine zweite $KMnO_4$-Fraktion erhalten.

11. Vorproben

Die Phosphorsalz- oder Boraxperle (s. S. 314) wird in der Oxidationsflamme violett gefärbt [Bildung von Mn(III)]. In der Reduktionsflamme ist sie farblos.

12. Nachweis durch Oxidationsschmelze

$$Mn^{2+} + 2\,NO_3^- + 2\,CO_3^{2-} \rightarrow MnO_4^{2-} + 2\,NO_2^- + 2\,CO_2\uparrow$$

$$Mn^{2+} + 4\,NO_2^- \rightarrow MnO_4^{2-} + 4\,NO\uparrow$$

$$3\,MnO_4^{2-} + 4\,H^+ \rightarrow 2\,MnO_4^- + MnO_2 + 2\,H_2O$$

Es entsteht eine g r ü n e , verschiedentlich auch b l a u g r ü n e S c h m e l z e. Der gelegentlich auftretende b l a u e Farbton der Schmelze ist auf die Bildung von MnO_4^{3-} zurückzuführen. Nach Auflösen der Schmelze disproportioniert MnO_4^{2-} bei Säurezugabe. Es entsteht rotviolettes MnO_4^- und MnO_2.

Einige mg einer Manganverbindung, $MnSO_4$ oder MnO_2, werden mit der 3–6fachen Menge einer Mischung aus gleichen Teilen Na_2CO_3 und KNO_3 feinst verrieben und in einer Magnesiarinne so lange auf Rotglut erhitzt, bis die Gasentwicklung aufhört. Im Halbmikro-Maßstab wird die Schmelze an der Öse eines Platindrahtes durchgeführt.

Die erkaltete Schmelze löst man auf einem Uhrglas in wenig Wasser und säuert an, indem man einen Tropfen Eisessig vom Rand her in die Lsg. einfließen lässt. Die g r ü n e Farbe schlägt in R o t v i o l e t t um; es bildet sich Manganat(VII). Außerdem scheidet sich nach einiger Zeit ein b r a u n e r Niederschlag von Mangandioxid aus.

13. Nachweis durch Oxidation zu MnO_4^-

Bei dieser Reaktion dient die intensiv violette Farbe der MnO_4^--Ionen zur Identifizierung von Mn. Als Oxidationsmittel eignen sich Ammoniumperoxodisulfat, $(NH_4)_2S_2O_8$, in H_2SO_4-saurer Lösung bei Gegenwart von Ag^+-Ionen als Katalysator (bei Abwesenheit von Ag^+ findet nur Oxidation zum MnO_2 statt), PbO_2 in HNO_3-saurer Lösung ($2\,Mn^{2+} + 5\,PbO_2 + 4\,H^+ \rightarrow 2\,MnO_4^- + 5\,Pb^{2+} + 2\,H_2O$) sowie Hypobromit in alkalischer Lösung. Bei der sauren Oxidation müssen Ionen, die MnO_4^- reduzieren (Cl^-, Br^-, I^-, H_2O_2 usw.), abwesend sein.

a) Oxidation in saurer Lösung

In einem kleinen Porzellantiegel werden einige Tropfen der Probelsg. bzw. der MnO_2-Suspension zur Trockne eingedampft und der Rückstand mit 3 Tropfen 18 mol/l H_2SO_4, 1 Tropfen 1 mol/l $AgNO_3$ sowie 1 Spatelspitze festem $(NH_4)_2S_2O_8$ verrührt. Bei schwachem Erwärmen entsteht die charakteristische Farbe des MnO_4^--Ions.

EG: 0,1 µg Mn   pD 5,7

Soll PbO_2 oder $NaBiO_3$ zur Oxidation benutzt werden, so versetzt man 1 Tropfen Probelsg. mit 1–2 ml 14 mol/l HNO_3 und einer Spatelspitze Mn-freiem PbO_2 (Blindprobe), kocht einige Min. und verdünnt. Nach dem Zentrifugieren v i o l e t t e Färbung durch MnO_4^-.

pD 5,3

Zur Entfernung der Halogenidionen und des H_2O_2 wird die saure Lsg. tropfenweise mit $AgNO_3$-Lsg. versetzt, gut aufgekocht und das Silberhalogenid zentrifugiert. Im Zentrifugat wird das Mn^{2+} wie oben beschrieben oxidiert.

b) Oxidation in alkalischer Lösung

$$2\,Mn(OH)_2 + 5\,Br_2 + 12\,OH^- \rightarrow 2\,MnO_4^- + 10\,Br^- + 8\,H_2O$$

Mn^{2+} wird durch Hypobromit unter dem katalytischen Einfluss von Cu^{2+} zu Manganat(VII) oxidiert. Die Reaktion hat den großen Vorteil, dass sie in Gegenwart von sämtlichen farbigen Schwermetallionen ausgeführt werden kann, da letztere im alkalische Medium als schwerlösliche Hydroxide gefällt werden, so dass nach dem Absetzen die v i o l e t t e Farbe des MnO_4^- in der überstehenden Flüssigkeit gut sichtbar ist. Lediglich Cr^{3+} in größerem Überschuss kann infolge Bildung von löslichem Chromat das Erkennen geringer Mn-Mengen erschweren.

1 Tropfen der Lsg. wird im Reagenzglas mit etwa 2 ml 1%iger $CuSO_4$-Lsg. und 8–10 ml etwa 0,1 mol/l NaOBr (frisch bereitet aus NaOH und Bromwasser) versetzt und kurz auf-

gekocht. Nach dem Absetzen zeigt eine r o t v i o l e t t e Färbung der überstehenden Lsg. Mn an. Bei Gegenwart von Ni oder Co wird soviel CuSO$_4$-Lsg. zugegeben, dass ein Überschuss von Cu gegenüber Co und Ni vorliegt.

EG: 2,5 µg Mn   pD 4,4

2.3.3.4 Zink, Zn, 65,39; + II; $4 s^2 3 d^{10}$

> Zink findet sich in der Natur hauptsächlich als Zinkblende, ZnS, Zinkspat oder Galmei, ZnCO$_3$, sowie als wasserhaltiges Zinksilicat.
> Das Metall, das man entweder aus Zinkoxid und Kohle bei hohen Temperaturen oder durch Elektrolyse wässriger ZnSO$_4$-Lösungen herstellt, schmilzt schon bei 419 °C und siedet bei 907 °C. Es gehört zu den unedlen Schwermetallen (Dichte 7,1). An der Luft überzieht es sich mit einer fest haftenden, sehr dünnen Oxidhaut und wird dann nicht weiter angegriffen (Passivierung).
> Zink wird als Metall (Zinkblech) bzw. als Legierungsbestandteil (Messing, Rotguss) oder als Schutz anderer Metalle (Verzinken) viel verwendet. Als Anstrichfarben dienen Lithopone (ZnS + BaSO$_4$) und Zinkweiß (ZnO). Zink gehört mit Cadmium und Quecksilber zur zweiten Nebengruppe des PSE und tritt nur mit der Oxidationsstufe + II auf. Leichtlösliche Zn-Salze sind Nitrat, Halogenid und Sulfat, schwerlösliche sind Hydroxid, Phosphat, Carbonat und Sulfid. Zn^{2+} ist farblos. Das Hydroxid hat amphotere Eigenschaften (Näheres s. unten). Außerdem neigt das Ion zu Komplexsalzbildung (s. S. 41).

1. NaOH oder KOH

$$Zn^{2+} + 2\,OH^- \rightarrow Zn(OH)_2\downarrow$$

$$Zn(OH)_2 + 2\,OH^- \rightarrow [Zn(OH)_4]^{2-}$$

Bei tropfenweiser Zugabe zunächst w e i ß e r Niederschlag, der sich im Überschuss von Lauge wieder löst, wobei ein Zincat gebildet wird.

Zinkhydroxid vermag also in zweierlei Weise zu reagieren, und zwar

in saurer Lösung: $\quad Zn(OH)_2 + 2\,H^+ \rightleftharpoons Zn^{2+} + 2\,H_2O$

in alkalischer Lösung: $Zn(OH)_2 + 2\,OH^- \rightleftharpoons [Zn(OH)_4]^{2-}$

Es entsteht ein Hydroxozincat. Die Hydroxosalze zählen zu den Komplexsalzen. Sie sind nur bei Überschuss von OH$^-$-Ionen beständig. Entfernt man diese, so verschiebt sich das Gleichgewicht in Richtung zum Hydroxid, das als schwerlösliche Verbindung ausfällt.

Andere, ebenfalls nur sehr schwach basische oder auch sehr schwach saure Hydroxide vermögen in ähnlicher Weise sowohl mit H$^+$ als auch mit OH$^-$ zu reagieren, sie sind „amphoter" [**amphoter** = nach „beiden" Seiten reagierend (s. S. 20)].

2. Bildung von Zn(OH)$_2$

Man wiederhole Reaktion 1 mit etwas mehr Zn^{2+}-Lsg. und füge tropfenweise so viel Natronlauge hinzu, dass sich das Zn(OH)$_2$ noch nicht völlig wieder auflöst. Nach Filtration erhitze man das Filtrat zum Sieden. Es fällt weißes Zn(OH)$_2$ aus (Weitere Versuche s. S. 237.)

3. Ammoniak

$$Zn(OH)_2 + 4\,NH_3 \rightleftharpoons [Zn(NH_3)_4]^{2+} + 2\,OH^-$$

In ammoniumsalzfreier Lösung bildet sich zunächst ein w e i ß e r Niederschlag von $Zn(OH)_2$, der sich im Überschuss löst.

Da die OH^--Konz. der schwachen Base Ammoniak sehr gering ist, findet keine Bldg. von Hydroxozincat statt. Infolge der Neigung des Zinkions, komplexe Ionen zu bilden, entstehen je nach der NH_3-Konz. verschiedene lösl. Amminzinkkomplexe (Di- bis Tetraammin).

Bei Gegenwart von Ammoniumsalzen bleibt wegen der Zurückdrängung der OH^--Konzentration durch die NH_4^+-Ionen die Fällung aus.

4. Urotropin

In der Kälte wie bei Ni^{2+} keine Fällung, in der Siedehitze unvollständige Fällung, die bei Ggw. von Ammoniumsalzen ganz ausbleibt.

5. Na_2CO_3 und andere lösliche Carbonate

W e i ß e r Niederschlag von basischem Zinkcarbonat wechselnder Zusammensetzung. Bei $(NH_4)_2CO_3$ ist wie bei 3. der Niederschlag im Überschuss des Fällungsmittels löslich.

6. Phosphate

Phosphate fällen bei pH = 7 w e i ß e s Zinkphosphat aus, lösl. in Säuren und Ammoniak, in letzterem unter Komplexsalzbildung. Aus ammoniumsalzhaltigen, schwach ammoniakalischen, verd. Lsgg. kann auch $ZnNH_4PO_4 \cdot 6\,H_2O$ in ähnlichen Kristallformen wie das entsprechende Magnesiumsalz ausfallen. Bei der Prüfung auf Mg^{2+} darf daher Zn^{2+} nicht anwesend sein. Zum Unterschied von $MgNH_4PO_4 \cdot 6\,H_2O$ ist $ZnNH_4PO_4 \cdot 6\,H_2O$ jedoch in konzentrierterem Ammoniak löslich.

7. H_2S

$$Zn^{2+} + H_2S \rightleftharpoons ZnS\downarrow + 2\,H^+$$

Aus neutralen Lösungen fällt ZnS aus. Die Fällung ist aber nicht quantitativ, wenn die gebildeten H^+-Ionen nicht durch eine Base abgefangen werden.

Dieses Verhalten hängt mit den Dissoziationsverhältnissen der schwachen Säure H_2S und dem Löslichkeitsprodukt des ZnS zusammen:

$$\frac{c^2(H^+) \cdot c(S^{2-})}{c(H_2S)} = K$$

und

$$c(Zn^{2+}) \cdot c(S^{2-}) = K_L$$

In starken Säuren wird die S^{2-}-Ionenkonzentration so stark zurückgedrängt, dass das Löslichkeitsprodukt des ZnS nicht erreicht wird. Wird die H^+-Ionenkonzentration vermindert, so steigt die S^{2-}-Ionenkonzentration und ZnS fällt aus.

Nebengruppen des PSE, Ammoniumsulfid-Urotropin-Gruppe

Leitet man langsam (etwa 1–2 Blasen in der Sek.) in eine mit Salz- oder Schwefelsäure schwach angesäuerte Zinksalzlsg. Schwefelwasserstoff ein, so fällt nichts aus. Säuert man dagegen mit Essigsäure an und stumpft die H$^+$-Ionenkonzentration noch mit Natriumacetat ab, so entsteht quantitativ ein Niederschlag von w e i ß e m Zinksulfid.

Alle Arbeiten mit H$_2$S müssen unter einem gut ziehenden Abzug ausgeführt werden.

8. (NH$_4$)$_2$S

(NH$_4$)$_2$S-Lsg. fällt aus neutralen Lösungen quantitativ ZnS, das in Ammoniak nicht, in verd. Säuren dagegen lösl. ist.

9. Vorproben

Zink ist in der Phosphorsalz- bzw. Boraxperle nicht zu erkennen.

10. Nachweis als Rinmanns Grün

Bringt man Zinksalze mit einer Co(II)-Verbindung bei hoher Temperatur zur Reaktion, so bilden sich charakteristisch g r ü n e Produkte; dabei handelt es sich je nach der Glühtemperatur um eine Verbindung vom Spinelltyp ZnCo$_2$O$_4$ oder um Mischkristalle von ZnO mit CoO. Der Nachweis ist recht empfindlich.

Man fälle ein wenig Zn(OH)$_2$ aus einer Zinksalzlsg. aus, zentrifugiere ab und bringe den Niederschlag auf die Magnesiarinne, oder man überführe ZnS oder ZnCO$_3$ durch Glühen auf der Magnesiarinne in Oxid. Das Hydroxid oder Oxid wird dann mit einem Tropfen einer sehr verd. Co(NO$_3$)$_2$-Lsg. (höchstens 0,1%ig) befeuchtet und in der oxidierenden Flamme schwach geglüht. Ein Überschuss von Co(NO$_3$)$_2$ ist zu vermeiden, da das daraus entstehende Co$_3$O$_4$ schwarz ist und die Farbe von Rinmanns Grün überdeckt!

11. Nachweis mit K$_4$[Fe(CN)$_6$]

$$3\ Zn^{2+} + 2\ K^+ + 2\ [Fe(CN)_6]^{4-} \rightarrow K_2Zn_3[Fe(CN)_6]_2\downarrow$$

Zn^{2+}-Ionen bilden in salzsaurer, mit Acetat gepufferter Lösung mit K$_4$[Fe(CN)$_6$]-Lösung einen sehr schwerlöslichen, schmutzig w e i ß e n Niederschlag.

Bei dieser Reaktion ist zu beachten, dass der Niederschlag erst allmählich in der Wärme entsteht. M^{2+}-Kationen, besonders Cd^{2+}- und Mn^{2+}-Ionen, müssen vorher quantitativ abgetrennt werden.

2 Tropfen der acetatgepufferten Probelsg. werden auf einer dunkel glasierten Tüpfelplatte mit 3 Tropfen 0,1 mol/l K$_4$[Fe(CN)$_6$] versetzt. Es bildet sich langsam K$_2$Zn$_3$[Fe(CN)$_6$]$_2$, lösl. in 7 mol/l HCl und in 5 mol/l NaOH.

EG: 0,05 µg Zn^{2+}

12. Nachweis mit K$_3$[Fe(CN)$_6$]

$$3\ Zn^{2+} + 2\ [Fe(CN)_6]^{3-} \rightarrow Zn_3[Fe(CN)_6]_2\downarrow$$

B r a u n g e l b e r Niederschlag, der in verd. Säuren schwerlösl. ist.

pD 4,0

13. Nachweis als Zn[Hg(SCN)₄]

Zn bildet ebenso wie Co, Fe, Cu und Cd in neutraler bis essigsaurer Lösung ein relativ schwerlösliches Thiocyanatomercurat von charakteristischer Kristallform. Das Zn-Salz bildet farblose, keilartige und häufig verwachsene orthorhombische Kristalle (vgl. Kristallaufnahme Nr. 14). Fe stört durch Bildung des intensiv roten $Fe(SCN)_3$. In allen sonstigen Fällen bilden sich je nach der Co-Menge mehr oder minder intensiv b l a u e Mischkristalle. Cu und Cd, an Stelle von Co, bilden gleichfalls mit Zn Thiocyanatomercurat-Mischkristalle.

1 Tropfen der neutralen bis essigsäuren Co-freien Lsg. wird auf dem Objektträger mit 1 Tropfen Reagenzlsg. versetzt. Die Kristalle erscheinen häufig verzögert. Betrachtung unter dem Mikroskop (V. 1:100).

EG: 0,1 µg Zn   pD 5,3

Reagenz: 6 g $HgCl_2$ und 6,5 g NH_4SCN in 10 ml Wasser.

2.3.3.5 Eisen, Fe, 55,847; + II, + III, $4s^2 3d^6$

Eisen, das am weitesten verbreitete und wichtigste Schwermetall, kommt in der Natur hauptsächlich in oxidischer Form (z. B. als Fe_3O_4, Magnetit; Fe_2O_3, Hämatit; FeO(OH), Brauneisenstein) und sulfidischer Form (als FeS_2, Pyrit; FeS, Magnetkies), sowie als Eisenspat, $FeCO_3$, vor. Sein Anteil an der Zusammensetzung der Erdrinde beträgt $w(Fe) = 4,7\%$. Es ist damit das vierthäufigste Element. Elementares Eisen wird durch Reduktion von Eisenoxiden mit Kohlenstoff gewonnen (Hochofenprozess, Windfrischverfahren, Siemens-Martin-Prozess). Die Darstellung chemisch reinen Eisens erfolgt durch thermische Zersetzung von Eisenpentacarbonyl.

Man kennt die in wässrigen Lösungen ganz schwach grünlichen Eisen(II)-Verbindungen, die in Wasser infolge teilweiser Hydrolyse gelblichen Eisen(III)-Verbindungen und die sehr unbeständigen rotvioletten Ferrate, in denen Eisen die Oxidationsstufe + VI hat und die sich von der hypothetischen Eisensäure H_2FeO_4 ableiten. Das Eisen erreicht dementsprechend ebenso wie Nickel und Cobalt nicht die nach dem PSE zu erwartende höchste Oxidationsstufe + VIII. Eisen(II)-Verbindungen werden sehr leicht zu Fe(III)-Verbindungen oxidiert und sind daher Reduktionsmittel. $Fe(OH)_2$ ist im alkalischen Medium bei Zimmertemperatur eines der stärksten Reduktionsmittel (s. S. 226). Selbst Wasser wird bei Anwesenheit von feinverteiltem Palladium als Katalysator zu Wasserstoff reduziert.

$$2\,Fe(OH)_2 \rightarrow 2\,FeO(OH) + H_2\uparrow$$

Dagegen nimmt das Reduktionsvermögen sehr stark ab, wenn man von alkalischen zu sauren Fe(II)-Lösungen und weiter zu solchen, in denen das Fe(II) komplex gebunden ist, übergeht.

Relativ beständig sind die Eisen(II)-Verbindungen in saurer Lösung oder in fester Form als Doppelsalze, z. B. Ammoniumeisen(II)-sulfat, $(NH_4)_2Fe(SO_4)_2 \cdot 6\,H_2O$, das sogenannte Mohrsche Salz.

Nebengruppen des PSE, Ammoniumsulfid-Urotropin-Gruppe

1. Darstellung von Ammoniumeisen(II)-sulfat

> **Ammoniumeisen(II)-sulfat-Hexahydrat, „Mohr'sches Salz",**
> **$(NH_4)_2Fe(SO_4)_2 \cdot 6\ H_2O$**
>
> Smp. 100 °C (unter Zersetzung)
>
> Schwach bläulich grüne, in Wasser leicht lösliche Kristalle, die viel luftbeständiger als $FeSO_4$ sind.

5 g Fe-Späne werden in der berechneten Menge 1 mol/l H_2SO_4 (ca. 100 ml) in der Wärme gelöst. Die Lsg. wird von ausgeschiedenem Kohlenstoff abfiltriert und auf dem Wasserbad so weit eingeengt, dass sich gerade eine Kristallhaut auszubilden beginnt. Unterdessen wird die stöchiometrisch erforderliche Menge von 12 g $(NH_4)_2SO_4$ in möglichst wenig Wasser gelöst und ebenfalls in der Hitze bis zur Sättigung eingeengt. Noch heiß werden beide Lsgg. vereinigt. Nach dem Erkalten (am besten über Nacht) werden die ausgeschiedenen Kristalle abgesaugt, mit sehr wenig Wasser gewaschen und auf Filterpapier trockengepresst. Aus der Mutterlauge lässt sich durch Eindampfen eine zweite Kristallfraktion erhalten.

Zu den nachstehenden Reaktionen benutzt man eine verdünnte Lösung von Fe^{2+} ($FeSO_4$ oder Mohrsches Salz) oder Fe^{3+}.

2. NaOH oder KOH

Enthält das Fe^{2+}-Salz keine Spur von Fe^{3+}, so entsteht ein r e i n w e i ß e r Niederschlag von $Fe(OH)_2$. Im allgemeinen ist dieser aber durch Anwesenheit von Fe^{3+} g r ü n l i c h gefärbt. Beim Stehen an der Luft geht er von Grün über S c h w a r z in B r a u n über. Dabei entsteht zunächst ein Eisen(II)-eisen(III)-oxid-Hydrat, das weiter oxidiert wird zu Eisen(III)-oxid-Hydrat, meist formuliert als das hypothetische $Fe(OH)_3$.

$$4\ Fe(OH)_2 + O_2 + 2\ H_2O \rightarrow 4\ Fe(OH)_3$$

3. Ammoniak

Wie bei den anderen Elementen in der Oxidationsstufe + II nur Fällung bei Abwesenheit von Ammoniumsalzen. Ein Überschuss löst den Niederschlag als $[Fe(NH_3)_6]^{2+}$. Man muss aber unter strengstem Ausschluß von O_2 arbeiten, sonst tritt Oxidation zu Fe^{3+} und Fällung von $Fe(OH)_3$ ein.

4. Urotropin

Wie bein den übrigen bisher besprochenen Elementen in der Oxidationsstufe + II der $(NH_4)_2S$-Gruppe tritt nur in der Hitze teilweise Fällung von $Fe(OH)_2$ ein, die bei Anwesenheit von Ammoniumsalzen ausbleibt. In Gegenwart von Luftsauerstoff findet jedoch allmählich Oxidation zu Fe(III) statt, das dann als $Fe(OH)_3$ ausfällt.

5. Na_2CO_3

W e i ß e r Niederschlag von $FeCO_3$. Dieser ist wie $CaCO_3$ in kohlensäurehaltigem Wasser unter Bildung von $Fe(HCO_3)_2$ lösl., einer Verbindung, die in allen Eisensäuerlingen und Stahlquellen vorkommt. Ebenso wie das $Fe(OH)_2$ wird sie durch den Luftsauerstoff oxidiert, wobei unter Hydrolyse $Fe(OH)_3$ ausfällt:

$$4\ Fe(HCO_3)_2 + O_2 + 2\ H_2O \rightarrow 4\ Fe(OH)_3\downarrow + 8\ CO_2\uparrow$$

Entsprechend bilden sich die braunen Abscheidungen von Eisen(III)-oxid-Hydrat beim eisenhaltigen Mineralwasser.

6. H_2S, $(NH_4)_2S$

In saurer Lsg. kein Niederschlag. In ammoniakalischer Lsg. sowie mit $(NH_4)_2S$ Fällung von schwarzem FeS, das in verd. Mineralsäuren leicht lösl. ist.

7. Oxidation von Fe^{2+} in alkalischer Lösung

$$8\ Fe(OH)_2 + NO_3^- + 6\ H_2O \rightarrow 8\ Fe(OH)_3 + NH_3 + OH^-$$

Das Reduktionsvermögen des Fe^{2+} ist in alkalischer Lösung besonders groß (vgl. S. 224). So kann $Fe(OH)_2$ Nitrat bis zum Ammoniak reduzieren.

Man löse in einem Becherglässchen in der Kälte einige Kristalle $FeSO_4 \cdot 7\,H_2O$ in wenig Wasser, füge einige Kristalle KNO_3 hinzu und soviel 14 mol/l NaOH, dass die Lsg. mindestens 2,5 mol/l NaOH enthält. Man bedecke das Becherglas mit einem Uhrglas, an dessen Unterseite ein feuchtes Stück Universalindikator-Papier geklebt ist. Beim Erhitzen (nicht kochen!) wird dieses langsam blau.

8. Oxidation von Fe^{2+} in saurer Lösung

$$3\ Fe^{2+} + NO_3^- + 4\ H^+ \rightarrow 3\ Fe^{3+} + NO + 2\ H_2O$$
$$2\ Fe^{2+} + H_2O_2 + 2\ H^+ \rightarrow 2\ Fe^{3+} + 2\ H_2O$$

In saurer Lösung wird Fe(II) nur durch stärkere Oxidationsmittel, wie HNO_3 oder H_2O_2, in Fe(III) übergeführt.

9. Reduktion von Fe^{3+} in saurer Lösung

Fe^{3+}-Ionen werden durch zahlreiche Reduktionsmittel in saurer Lösung vollständig zu Fe(II) reduziert. Mit KI erfolgt nur eine teilweise Reduktion und Ausbildung eines Gleichgewichts. Die Beseitigung des ausgeschiedenen Iods führt jedoch zu einer quantitativen Reduktion des Fe^{3+}. Die Reaktion kann daher unter entsprechenden Bedingungen zur quantitativen maßanalytischen Best. von Fe^{3+} verwendet werden.

Man versetze eine schwefelsaure Fe(III)-Salzlsg. mit einigen Körnchen KI: Iodausscheidung, die durch Zugabe von Stärkelsg. (Blaufärbung) deutlich nachweisbar ist.
In Gegenwart von stärkeren Reduktionsmitteln wird Fe^{3+} in saurer Lsg. vollständig zu Fe^{2+} reduziert.
Geeignet sind:

a) H_2S: $2\ Fe^{3+} + H_2S \rightarrow 2\ Fe^{2+} + S\downarrow + 2\ H^+$
   wobei kolloidaler Schwefel die Lsg. milchig trübt.
b) H_2SO_3: $2\ Fe^{3+} + HSO_3^- + H_2O \rightarrow 2\ Fe^{2+} + SO_4^{2-} + 3\ H^+$
c) $SnCl_2$: $2\ Fe^{3+} + Sn^{2+} + 2\ H_2O \rightarrow 2\ Fe^{2+} + SnO_2 + 4\ H^+$
d) Unedle Metalle, z.B. Fe, Zn, Cd in saurer Lösung: $Fe + 2\ Fe^{3+} \rightarrow 3\ Fe^{2+}$

Eisen wird verwendet, wenn man eine reine Eisen(II)-Salzlsg. erhalten will, Cadmium oder Sn^{2+}, wenn man zur quantitativen Analyse das Fe^{3+} in Fe^{2+} überführen muss.

Nebengruppen des PSE, Ammoniumsulfid-Urotropin-Gruppe

Für viele Reaktionen des Fe^{3+} ist charakteristisch, dass das Eisen(III)-oxid-Hydrat in Wasser äußerst schwer löslich ist und nur geringe basische Eigenschaften besitzt. Dementsprechend sind sogar die Eisen(III)-Salze starker Säuren in Wasser in erheblichem Maße hydrolytisch gespalten, ihre Lösungen reagieren sauer. Die hydrolytische Spaltung erkennt man auch daran, dass diese Lösungen durch die Hydrolyseprodukte, die zunächst noch in Lösung bleiben, orangegelb bis rotbraun gefärbt sind, während die Farbe der Fe^{3+}-Ionen in wässriger Lösung schwach rosaviolett sein müsste. Diese Farbe ist auch dem kristallisierten Eisen(III)-nitrat, -perchlorat, -sulfat sowie dem Ammoniumeisen(III)-sulfat eigen. Säuert man die frisch bereitete Lösung dieser Salze mit Salpeter- bzw. Perchlor- oder Schwefelsäure an, so wird die Hydrolyse zurückgedrängt, die Farbe der hydrolisierten Eisensalze verschwindet zugunsten derjenigen der Fe^{3+}-Ionen. Anders verhält sich eine Lösung von $FeCl_3 \cdot 6H_2O$. Auch hier findet zwar bei vorsichtigem Ansäuern mit HCl eine deutliche Farbaufhellung statt, die Gelbfärbung vertieft sich aber wieder bei weiterer Zugabe von Salzsäure. Es bilden sich die nur in salzsaurer Lösung beständigen, braungelben Chloroferrate(III), z.B. $FeCl_6^{3-}$. Die Eisen(III)-chloridlösung der Laboratorien ist meist mit HCl angesäuert, um die Hydrolyse zurückzudrängen.

Die Hydrolyse von Eisen(III)-Salzen schwacher Säuren ist besonders stark und beim Erhitzen der Lösungen vollständig, wenn keine Komplexsalzbildung eintritt. So kann man Eisen(III)-oxid-Hydrat nicht nur durch NaOH, Ammoniak oder andere Basen, sondern auch durch Na_2CO_3, $NaCH_3COO$ oder $BaCO_3$ ausfällen.

Isopolyoxo-Kationen

Hydrolysiert man in der Kälte langsam eine Eisen(III)-Salzlösung, so färbt sich die Lösung immer mehr rotbraun, ohne dass sich ein Niederschlag bildet. Es tritt zunächst nur eine Kondensation zu höhermolekularen Gebilden ein. Schematisch ist zu formulieren:

$$4[Fe(H_2O)_6]^{3+} \rightarrow 4[Fe(H_2O)_5(OH)]^{2+} + 4H^+$$
$$\rightarrow 2[(H_2O)_5Fe-O-Fe(H_2O)_5]^{4+} + 4H^+ + 2H_2O$$

$$\rightarrow \begin{bmatrix} \text{H}_2\text{O} \ \text{OH}_2\text{H}_2\text{O} \ \text{OH}_2\text{H}_2\text{O} \ \text{OH}_2\text{H}_2\text{O} \ \text{OH}_2 \\ \text{H}_2\text{O}-\text{Fe}-\text{O}-\text{Fe}-\text{O}-\text{Fe}-\text{O}-\text{Fe}-\text{OH}_2 \\ \text{H}_2\text{O} \ \text{OH}_2 \ \text{H}_2\text{O} \ \text{OH}_2\text{H}_2\text{O} \ \text{OH}_2\text{H}_2\text{O} \ \text{OH}_2 \end{bmatrix}^{6+} + 6H^+ + 3H_2O$$

Unter **Kondensation** versteht man eine chemische Reaktion, bei der sich zwei oder mehr Teilchen unter Abspaltung eines einfachen Moleküls (H_2O, NH_3, HCl) zu einem größeren Teilchen vereinigen. Im vorliegenden Fall bilden sich unter Wasseraustritt polynukleare Ionen, in denen zwei und mehr

Fortsetzung

Eisenatome vorhanden sind. Mit Abnahme der H^+-Konzentration nimmt der Kondensationsgrad zu, so dass zum Schluss Teilchen mit der Summenformel $(FeOOH)_x$ entstehen.

Ebenso wie Fe^{3+} verhalten sich auch andere Kationen mit höherer Ionenladung, so z. B. Al^{3+} und Cr^{3+}. Die entstehenden hochmolekularen kolloidalen Gebilde (s. S. 46) werden Isopolyoxo-Kationen genannt.

Das Eisen(III)-oxid-Hydrat, vereinfacht formuliert als $Fe(OH)_3$, zeigt die folgenden Reaktionen:

10. NaOH, Ammoniak, Na_2CO_3 und Urotropin

R o t b r a u n e r Niederschlag von $Fe(OH)_3$, schwerlösl. im Überschuss des Fällungsmittels sowie in Ammoniumsalzen. $Fe(OH)_3$ löst sich wie $Al(OH)_3$ u. a. Hydroxide in ammoniakalischen oder alkalischen Lösungen mancher organischer Verbindungen, wie Weinsäure, unter Bildung eines Chelatkomplexsalzes auf.

11. $NaCH_3COO$

$$3\ Fe^{3+} + 8\ CH_3COO^- + H_2O \rightarrow [Fe_3O(CH_3COO)_6]^+ + 2\ CH_3COOH$$

$$[Fe_3O(CH_3COO)_6]^+ + 8\ H_2O \rightarrow 3\ Fe(OH)_3\downarrow + 6\ CH_3COOH + H^+$$

Man versetze eine Fe^{3+}-Salzlsg. in der Kälte tropfenweise mit $(NH_4)_2CO_3$- oder Na_2CO_3-Lsg., bis die Lsg. annähernd neutralisiert ist. Man erkennt das daran, dass der an der Einlaufstelle sich bildende Niederschlag nur noch sehr langsam gelöst wird. Sollte das nicht der Fall sein, so bringe man ihn durch 1 Tropfen Salzsäure wieder in Lösung. Dann fügt man einen Überschuss von Natriumacetat hinzu. Die Lsg. färbt sich tiefrot infolge Bildung verschiedener, auch mehrkerniger Acetatokomplexe des Fe(III). Erhitzt man sie nun fast bis zum Sieden, so fällt $Fe(OH)_3$ aus, und es tritt Geruch nach Essigsäure auf.

Diese Reaktion kann zur Trennung von Fe^{3+} und Mn^{2+} dienen, da unter den Reaktionsbedingungen weder $Mn(OH)_2$ ausfällt, noch Mn^{2+} durch Luft zu MnO_2 oxidiert wird.

12. Darstellung von Eisen(III)-oxid-Hydrat-Sol

Eisen(III)-hydroxidsol

Die braunrote kolloidale Lösung ist in der Kälte haltbar, durch Kochen, Elektrolyse oder Elektrolytzusatz flockt sie jedoch aus.

Bei Erhöhung des pH-Wertes einer Fe(III)-Salzlösung durch langsame Zugabe von OH^- fällt nicht sofort Eisen(III)-oxid-Hydrat aus, sondern es tritt unter Wasserabspaltung eine Kondensation zu Isopolyoxo-Kationen (s. S. 227) ein. Näheres über Kolloidchemie s. S. 46.

6 g $(NH_4)_2CO_3$ werden in 25 ml heißem Wasser gelöst und nach dem Erkalten etwa $\frac{2}{3}$ davon unter Rühren zu einer klaren (!) Lsg. von 7,5 g $FeCl_3 \cdot 6 H_2O$ in 25 ml Wasser gegeben. $^1/_{10}$ der weitgehend neutralisierten Lsg. wird abgegossen und der übrige Teil tropfenweise

Nebengruppen des PSE, Ammoniumsulfid-Urotropin-Gruppe

(!) mit $(NH_4)_2CO_3$-Lsg. versetzt, bis sich der an der Eintropfstelle bildende Niederschlag von $Fe(OH)_3$ gerade nicht mehr auflöst; zu dessen Auflösung gibt man nun einen Teil der vorher abgetrennten, noch schwach sauren Lsg. hinzu.

Nach Beseitigung etwa vorhandener Trübungen durch Filtration kommt die Lsg. sofort in eine Dialysierhülse, die bis zur Meniskusgleichheit in ein mit destilliertem Wasser gefülltes Gefäß eintaucht; das Wasser wird täglich erneuert. Durch Diffusion der Ionen bleibt in der Hülse eine reine, kolloide Lsg. von Eisen(III)-oxid-Hydrat zurück; die darin noch enthaltenen Cl^--Ionen sind vom Sol adsorbiert und lassen sich durch Fortsetzen der Dialyse nicht entfernen. Die Dialyse ist beendet, wenn im Dialysat keine Cl^--Ionen mehr nachgewiesen werden können.

13. Darstellung von Eisen(III)-chlorid, $FeCl_3$, wasserfrei

Eisen(III)-chlorid, $FeCl_3$		Xn
Smp. 306 °C		
Dunkelgrüne Kristalle, $FeCl_3$ lässt sich schon oberhalb 120 °C sublimieren.		R: 22-38-41 S: 26-39

$$2\,Fe + 3\,Cl_2 \rightarrow 2\,FeCl_3$$

Über möglichst reinen, etwa 0,2 mm starken Fe-Draht, der sich in einem gut getrockneten Glasrohr befindet, wird ein mit konz. H_2SO_4 und P_2O_5 gut getrockneter Cl_2-Strom geleitet. Die Umsetzung, die bei 250–400 °C in Gang kommt, soll so geleitet werden, dass durch eine am Ende des Reaktionsrohres angeschlossene, mit wenig konz. H_2SO_4 beschickte Waschflasche stets noch überschüssiges Chlor entweicht (Abzug!). Um eine Verstopfung des Rohres zu vermeiden, schiebt man die benutzte Heizquelle (Reihenbrenner, elektrischer Ofen oder Al-Block) von Zeit zu Zeit ein wenig von der Kondensationsstelle weg.

Das Präparat wird zur Reinigung nach beendeter Umsetzung nochmals im Cl_2-Strom bei 220 °C bis höchstens 300 °C sublimiert. Danach wird alles Chlor durch gut getrocknetes N_2 verdrängt und das Präparat in eine Ampulle gefüllt, die sofort abgeschmolzen wird.

14. H_2S

In saurer Lsg. Reduktion zu Fe^{2+} (vgl. 9., S. 226).

15. $(NH_4)_2S$

$$2\,Fe^{3+} + 3\,S^{2-} \rightarrow [Fe_2S_3] \rightarrow 2\,FeS\downarrow + S\downarrow$$

In neutraler oder ammoniakalischer Lsg. s c h w a r z e r Niederschlag von FeS und S. Lösl. in verd. Mineralsäuren unter Entwicklung von H_2S. Zurück bleibt Schwefel.

16. Natriumhydrogenphosphat

$$Fe^{3+} + HPO_4^{2-} \rightarrow FePO_4\downarrow + H^+$$

In essigsaurer Lsg. w e i ß e r , etwas g e l b s t i c h i g e r Niederschlag von $FePO_4$. Schwerlösl. in Essigsäure, lösl. in Mineralsäuren.

17. Ausethern von FeCl₃

Die in salzsauren FeCl₃-Lsgg. vorliegenden komplexen Chloroferrate(III) (vgl. S. 227) sind in Ether leichter löslich als in der salzsauren, wässrigen Lösung, können also mit Ether extrahiert werden. Man macht von dieser Möglichkeit, das Eisen „auszuethern", Gebrauch, um einen Überschuss von Eisen zu entfernen, der die Abtrennung und den Nachweis anderer Metallionen erschweren würde. Das Verfahren ist besonders für die weiter unten beschriebene Trennung der Elemente der $(NH_4)_2S$-Gruppe mit Urotropin von Bedeutung.

Die Eisen(III)-chloridlsg. wird mit so viel 7 mol/l HCl versetzt, dass diese etwa 60% des Gesamtvolumens ausmacht, und in Eiswasser gekühlt. In einem Schütteltrichter wird die Lsg. nun mit dem gleichen Volumen Ether, der zuvor durch Schütteln mit 7 mol/l HCl mit letzterer gesättigt ist, versetzt und kräftig durchgemischt. Die Hauptmenge des Eisens befindet sich nun in der etherischen Schicht und kann mit dieser von der wässrigen Lsg. abgetrennt werden. Durch Zusatz von Thiocyanat überzeuge man sich, dass nur noch geringe Mengen Eisen in der salzsauren wässrigen Lsg. zurückgeblieben sind. Nach dem Schütteln muss der Tropftrichter zunächst zum Druckausgleich über den Hahn belüftet werden.

Nernstsches Verteilungsgesetz

Bei der Verteilung eines Stoffes zwischen zwei nicht oder begrenzt mischbaren Phasen stellt sich ein Gleichgewicht ein, das durch das *Nernst*sche Verteilungsgesetz beschrieben wird. Danach ist der Quotient der Konzentrationen eines sich zwischen zwei Phasen verteilenden Stoffes bei gegebener Temperatur konstant,

$$\frac{c(A)_{\text{Phase 1}}}{c(A)_{\text{Phase 2}}} = K = \alpha$$

α wird Verteilungskoeffizient genannt. Das Gesetz ist jedoch nur dann erfüllt, wenn der Stoff in beiden Phasen den gleichen Molekularzustand besitzt. Die praktische Bedeutung für die Ausschüttelung möge ein Zahlenbeispiel näher erläutern:

1 Mol des Stoffes A verteilt sich zwischen 1 Liter einer leichteren Oberphase und 1 Liter einer schwereren Unterphase im Verhältnis 9:1 ($\alpha = 9$). Demnach sind im Gleichgewicht in der Oberphase 0,9 mol/l, in der Unterphase 0,1 mol/l enthalten. Verdoppelt man das Volumen der Oberphase auf 2 Liter, so muss das Verhältnis der Konzentrationen erhalten bleiben. Es gilt demnach:

$$\left(0,45 + \frac{x}{2}\right) : (0,1 - x) = 9 : 1 \quad x = 0,0474$$

In der Unterphase befinden sich jetzt 0,0526 mol/l, in der Oberphase 0,4737 mol/l.

Günstiger ist es, das Volumen der Oberphase nicht zu verdoppeln, sondern nach Abtrennung erneut mit dem gleichen Volumen von einem Liter zu schütteln. Sind beim ersten Ausschüttelprozess 0,9 Mol aus der Unterphase entfernt, so werden beim zweiten 0,09 Mol in die Oberphase überführt. Am Ende hat man bei gleicher Volumenmenge der Oberphase die Konzentration in der Unterphase auf 0,01 mol/l im Vergleich zu 0,0526 mol/l reduziert.

Bei der Stoffverteilung zwischen zwei Phasen ergeben mehrere Einzelarbeitsgänge mit kleinen Volumina ein besseres Ergebnis als eine einmalige Ausschüttelung mit einem großen Volumen.

18. Bildung von $K_4[Fe(CN)_6]$

Eisen bildet, wie schon auf S. 118 besprochen, mit CN^- komplexe Anionen.

Das Hexacyanoferrat(II)-Ion $[Fe(CN)_6]^{4-}$ gehört zu den beständigsten Komplexionen. Es gibt weder Reaktionen auf Eisen noch auf Cyanid, da es kaum in Einzelionen dissoziiert (vgl. S. 41, Komplextheorie). Nur durch heiße Säure wird es zersetzt.

Man versetze eine neutrale Fe(II)-Salzlsg. mit Kaliumcyanid. Es entsteht ein b r a u n e r Nd. von $Fe(CN)_2$. Man setze unter schwachem Erwärmen weiter tropfenweise KCN hinzu, bis sich der Niederschlag gerade gelöst hat. Es ist Kaliumhexacyanoferrat(II), gelbes Blutlaugensalz, $K_4[Fe(CN)_6]$, entstanden. Dabei müssen wegen der Giftigkeit von CN^- und HCN alle Arbeiten mit größter Vorsicht unter dem Abzug ausgeführt werden.

Durch Oxidation des $[Fe(CN)_6]^{4-}$ entsteht das rötlichbraune $[Fe(CN)_6]^{3-}$, dessen Kaliumsalz $K_3[Fe(CN)_6]$, Kaliumhexacyanoferrat(III), als rotes Blutlaugensalz bekannt ist.

Zu den folgenden Reaktionen verwendet man eine Lösung von $K_4[Fe(CN)_6]$.

19. Ammoniak + $(NH_4)_2S$, HCl

Es entstehen weder mit Ammoniak noch mit $(NH_4)_2S$ Niederschläge von $Fe(OH)_2$ bzw. FeS. Mit verd. Salzsäure entweicht keine Blausäure, die aus einfachen Cyaniden sofort entsteht und die man auch in Spuren an ihrem Geruch nach bitteren Mandeln erkennt. (Vorsicht!)

20. Verd. H_2SO_4

$$[Fe(CN)_6]^{4-} + 6\,H^+ \rightarrow Fe^{2+} + 6\,HCN$$

Einige Kristalle $K_4[Fe(CN)_6]$ erhitze man unter dem Abzug mit 1–2 ml 1 mol/l H_2SO_4. Es entweicht HCN (Vorsicht! Blausäure ist sehr giftig!).

21. Konz. H_2SO_4

$$[Fe(CN)_6]^{4-} + 12\,H^+ + 6\,H_2O \rightarrow 6\,NH_4^+ + 6\,CO\uparrow + Fe^{2+}$$

Eine Spatelspitze $K_4[Fe(CN)_6]$ erhitze man unter dem Abzug mit 2 ml 18 mol/l H_2SO_4. Wegen der wasserentziehenden Wirkung der konz. H_2SO_4 hydrolysiert das entstehende HCN nicht zu NH_4^+ und HCOOH (Ameisensäure), sondern zu NH_4^+ und CO. Bei genügend starker Gasentwicklung lässt sich das Kohlenstoffmonoxid entzünden und brennt mit blauer Flamme.

Für die folgenden Nachweisreaktionen verwendet man Fe^{2+}- bzw. Fe^{3+}-Salzlösung oder die entsprechend vorbereitete Analysenlösung.

22. Vorproben

Die Phosphorsalz- bzw. Boraxperle ist in der Oxidationsflamme bei schwacher Sättigung g e l b bis f a r b l o s, bei starker Sättigung b r a u n r o t bis g e l b r o t. Die Reduktionsflamme färbt sie s c h w a c h grünlich.

23. Nachweis mit $K_3[Fe(CN)_6]$, Kaliumhexacyanoferrat(III)

Eine $K_3[Fe(CN)_6]$-Lsg. versetze man

a) mit Fe(III)-Salzlsg.: b r a u n e   F ä r b u n g.
b) Mit Fe(II)-Salzlsg.: t i e f b l a u e Fällung von Berliner Blau.

24. Nachweis mit $K_4[Fe(CN)_6]$, Kaliumhexacyanoferrat(II)

$K_4[Fe(CN)_6]$-Lsg. gebe man zu

a) Fe(II)-Lsg.: zunächst w e i ß l i c h e r bis h e l l b l a u e r Niederschlag von $\overset{+II}{Fe}[\overset{+II}{Fe}\overset{+II}{Fe}(CN)_6]$, der sich an der Luft bald tiefer blau färbt (Oxidation zum Fe(III)-Salz der Hexacyanoeisen(II)-säure).
b) Fe(III)-Lsg.: t i e f b l a u e r Niederschlag von Berliner Blau, einer Verbindung der angenäherten Zusammensetzung $\overset{+III}{Fe}[\overset{+III}{Fe}\overset{+II}{Fe}(CN)_6]_3$. Der Niederschlag ist in Säuren schwerlösl., wird aber – wie alle schwerlösl. Hexacyanoferrate(II) – von Laugen zersetzt:

$$\overset{+III}{Fe}[\overset{+III}{Fe}\overset{+II}{Fe}(CN)_6]_3 + 12\ OH^- \rightarrow 3\ [Fe(CN)_6]^{4-} + 4\ Fe(OH)_3\downarrow$$

Die Nachweise von Fe(II) mit Kaliumhexacyanoferrat(III) und von Fe(III) mit Kaliumhexacyanoferrat(II) sind äußerst empfindlich.

25. Nachweis als $Fe(SCN)_3$

Die sehr empfindliche Thiocyanat-Reaktion auf Fe^{3+}-Ionen kann auf der Tüpfelplatte, auf Filterpapier oder im Reagenzglas durchgeführt werden. Die t i e f r o t e Fe^{3+}-Verbindung lässt sich mit Ether oder Amylalkohol aus der wässrigen Phase extrahieren. Co^{2+} und Mo^{3+} stören infolge Bildung b l a u e r bzw. r o t e r SCN^--Verbindungen. Nitrite rufen in saurer Lösung durch Bildung von Nitrosylthiocyanat, NOSCN, eine R o t färbung hervor, die der des Eisenthiocyanats sehr ähnlich ist. Ferner beeinträchtigen Hg^{2+}-Ionen durch Bildung von wenig dissoziiertem $Hg(SCN)_2$, F^- durch $[FeF_6]^{3-}$-Komplexbildung, die Anionen organischer Säuren ebenfalls durch Komplexbildung und auch PO_4^{3-}-, AsO_3^{3-}-, Borat-Ionen sowie ein größerer Mineralsäureüberschuss die Reaktion. Es ist daher ratsam, vor der Prüfung mit SCN^- die Fe^{3+}-Ionen als $Fe(OH)_3$ auszufällen (s. S. 228) oder die störenden Anionen in neutraler Lösung mit Ba^{2+} abzutrennen.

1 Tropfen der schwach HCl-sauren Fe^{3+}-Lsg. wird auf der Tüpfelplatte mit 1 Tropfen 1 mol/l NH_4SCN versetzt. Eine b l u t r o t e Farbe zeigt Fe an.

EG: 0,25 µg Fe^{3+} pD 5,3

Bei Ausführung der Reaktion in einem Reagenzglas und anschließender Extraktion des $Fe(SCN)_3$ in Ether oder Amylalkohol erhöht sich die Empfindlichkeit bedeutend. Es lassen sich dabei in 5 ml Lsg. noch 3 µg Fe^{3+} nachweisen, was einem pD von etwa 6,2 entspricht.

2.3.3.6 Aluminium, Al, 26,98154; + III, 3 s² 3 p¹

Aluminium ist das dritthäufigste Element in der Erdrinde (w(Al) = 7,57%). Sehr viele silicatische Mineralien, wie Feldspat und Glimmer, enthalten Aluminium. Für die Technik sind besonders wichtig die durch Verwitterung entstandenen Tonmineralien, wasserhaltige Alumosilicate, aus denen die Tonwaren hergestellt werden, und der Bauxit, ein Gemisch aus hauptsächlich $Al(OH)_3$, $AlO(OH)$ und Fe_2O_3, als Ausgangsstoff für die Aluminiumproduktion. Zur Metalldarstellung löst man Al_2O_3, das aus Bauxit gewonnen wird, in geschmolzenem Kryolith, $Na_3[AlF_6]$, und elektrolysiert. Aluminium und Aluminiumlegierungen sind von großer wirtschaftlicher Bedeutung. Feinverteiltes Aluminium vermag, infolge der hohen Bildungswärme des Aluminiumoxids, die meisten Oxide anderer Metalle zu reduzieren. Das hierauf basierende „Aluminothermische Verfahren" (s. unten) wird zur Metalldarstellung benutzt.

Aluminium steht in der 3. Hauptgruppe des PSE und tritt maximal in der Oxidationsstufe + III auf.

Unter Normalbedingungen wird Aluminium von der Luft nicht angegriffen, weil sich auf ihm eine sehr fest haftende, dünne Oxidhaut bildet, die die Oberfläche schützt, das Aluminium also vor weiterer Oxidation bewahrt (Passivierung).

Die Aluminiumsalze sind, soweit sie aus wässrigen Lösungen dargestellt werden, wasserhaltig ($AlCl_3 \cdot 6\,H_2O$, $Al(NO_3)_3 \cdot 9\,H_2O$). Will man sie durch einfaches Erhitzen entwässern, so tritt Hydrolyse ein, und man erhält statt des wasserfreien Salzes das Oxid.

$$2[Al(H_2O_6)]Cl_3 \rightarrow Al_2O_3 + 6\,HCl + 9\,H_2O$$

Diese Erscheinung hat Aluminium mit anderen Elementen, wie Eisen oder Chrom, gemeinsam. Will man das wasserfreie Salz herstellen (Darstellung s. S. 235), so muss man von Anfang an unter Ausschluß von Wasser arbeiten.

Das Aluminiumsulfat bildet „Doppelsalze" (Alaune).

1. Aluminothermisches Verfahren

$$8\,Al + 3\,M_3O_4 \rightarrow 9\,M + 4\,Al_2O_3$$

Feinverteiltes Al vermag infolge der großen Bildungswärme des Al_2O_3 ($2\,Al + ^3/_2\,O_2 \rightarrow Al_2O_3 - 1676$ kJ/mol) die meisten Metalloxide oder -sulfide unter Bildung der Elemente zu reduzieren. Um die Reaktion in Gang zu bringen, genügt meist eine Initialzündung; die Reaktion läuft dann von allein weiter und erzeugt die erforderlichen Temperaturen durch die Reaktionswärme selbst. Die Temperatur ist so hoch (2000–2500 °C), dass die ganze Masse schmilzt und sich Schlacke und Metall weitgehend voneinander trennen; ein Zusatz von Flussmittel (CaF_2) begünstigt diese Trennung. Auf Grund der Tatsache, dass die Reaktionswärme die Temperatur bestimmt, hat man es in der Hand, durch geeignete Wahl der Ausgangsstoffe die Reaktionstemperatur den jeweils vorliegenden Verhältnissen anzupassen. Einerseits darf die Reaktion nicht explosionsartig ablaufen (Abhilfe durch Verdünnen des Reaktionsgemisches mit überschüssigem Oxid oder Verwendung eines niederen Oxids, z. B. Mn_3O_4 an Stelle von MnO_2), andererseits werden bei zu geringer Wärmetönung Schwefel oder sauerstoffreiche Verbindungen ($K_2Cr_2O_7$) zugesetzt. Wegen der hohen Reaktionstemperatur ist das aluminothermische Verfahren zur Darstellung von Metallen mit hohem

Dampfdruck (Pb, Zn) im allgemeinen ungeeignet. Fast alle aluminothermisch dargestellten Metalle enthalten kleinere Mengen Al ($\approx$ 1%) und sind meist sehr spröde.

Die Durchführung aluminothermischer Reaktionen erfolgt am besten im Freien in kleinen Tontiegeln, die mindestens zu drei Vierteln mit dem innig vermischten und gut getrockneten (!) Reaktionsgemisch gefüllt sind; zweckmäßig werden die Tiegel in Kieselgur oder Sand eingebettet. Es empfiehlt sich nicht, die Reaktionen mit kleineren Ansätzen durchzuführen, als in den Vorschriften angegeben ist. Das aus Mg-Pulver und BaO$_2$ bestehende **Zündgemisch** (3:2 Gewichts-Teile) – **nicht im Mörser verreiben (!)** – wird in dünner Schicht auf das Reaktionsgut aufgebracht. In der M i t t e legt man eine kraterförmige Vertiefung an, füllt sie mit dem Zündgemisch und steckt ein etwa 10 bis 20 cm langes, möglichst oxidarmes Mg-Band oder besser KNO$_3$-Papier hinein; man achte darauf, dass das Band nicht auf dem Tiegelrand aufliegt. Nach dem Anzünden des Bandes (Schutzbrille!) ziehe man sich sofort zurück und halte wegen der zuweilen recht heftigen Reaktion (Fortsprühen glühender Teilchen) einen sicheren Abstand ein. Das entstandene Metall sammelt sich meist in Gestalt eines Regulus am Boden des Reaktionsgefäßes und wird nach dem Erkalten mechanisch von der anhaftenden Schlacke befreit.

Der Versuch darf nur in Gegenwart eines Assistenten durchgeführt werden! Unsachgemäße Zündung kann zu schweren Unfällen führen. Häufig brennt der Zündstreifen nur bis zur Oberfläche des Reaktionsgemisches und erlischt dann, ohne dass die Reaktion in Gang kommt. Es ist in solchen Fällen unbedingt erforderlich, mindestens 5 Minuten (Uhr!) abzuwarten, bevor ein neuer Zündversuch unternommen wird!

Chrom, Cr

Smp. 1857 °C

Chrom ist ein weißes, glänzendes, hartes, sprödes Metall (Dichte 7,2 g/cm^3). Chrom löst sich in wässriger Salz- und Schwefelsäure. In HNO$_3$ und Königswasser löst sich Chrom in der Kälte nicht

---

70 g geglühtes Cr$_2$O$_3$, 25 g K$_2$Cr$_2$O$_7$ (geschmolzen und gepulvert) und 33 g Al-Grieß. Auf den Tiegelboden etwa 10 g CaF$_2$; 10 g Zündmischung.

Mangan, Mn

Smp. 1244 °C

Mangan ist ein hartes, sprödes Metall; in reinem Zustand silbrig weiß (Dichte 7,4 g/cm^3). Das nach dem aluminothermischen Verfahren dargestellte Metall läuft an der Luft bunt an. Fein verteiltes Mangan zersetzt sich in H$_2$O.

Xn
R:20/22
S:25

MnO$_2$ reagiert zu heftig: 80 g MnO$_2$ werden durch Glühen (800–900 °C, 1 Std.) in Mn$_3$O$_4$ übergeführt und mit 20 g Al-Grieß ($^9/_{10}$ der stöchiometrischen Menge) innig vermischt. 10 g CaF$_2$ auf den Tiegelboden; 10 g Zündmischung.

> **Silicium, Si**
>
> Smp. 1410 °C
>
> Kristallisiertes Silicium wird beim Erhitzen an der Luft selbst bei 1000 °C nicht angegriffen (Siliciumdioxidschicht). Silicium ist in allen Säuren unlöslich. Es löst sich in HF bei Gegenwart von Oxidationsmitteln (HNO$_3$) und in konz. NaOH.

90 g feiner, gut getrockneter Quarzsand, 10 g Al-Grieß, 120 g Schwefelblume. Nach Erkalten Tiegel zerschlagen, die ganze Masse in einer großen Porzellanschale mit Wasser übergießen (Abzug, H$_2$S!) und Al(OH)$_3$ bzw. Al$_2$O$_3$ abschlämmen. Si-Kugeln mechanisch von Schlackenresten befreien, zerschlagen und im Becherglas mehrere Tage mit warmer 5 mol/l HCl zur Al-Entfernung behandeln (HCl mehrfach erneuern), schließlich mit 7 mol/l HCl auskochen und dekantieren. Zur SiO$_2$-Entfernung werden die Kristalle in einer Pt-Schale 1 Std. mit warmer 40%iger HF behandelt (Abzug).

2. Darstellung von wasserfreiem Aluminiumchlorid, AlCl$_3$

> **Aluminium(III)-chlorid, AlCl$_3$**   C
>
> Aluminiumchlorid besitzt im Dampfzustand (in der Nähe des Sublimationspunktes, 178 °C) die der Formel Al$_2$Cl$_6$ entsprechende Zusammensetzung.
>
> R: 34
> S: (1/2-) 7/8-28-45

$$2\,Al + 6\,HCl \rightarrow 2\,AlCl_3 + 3\,H_2\uparrow$$

AlCl$_3$ kann nicht durch einfaches Erhitzen von AlCl$_3 \cdot$ 6 H$_2$O erhalten werden, da Hydrolyse zu HCl und Al$_2$O$_3$ eintritt.

Die Apparatur (vgl. Abb. 2.4, S. 145) wird zunächst mit HCl gefüllt, bis alle Luft verdrängt ist (sonst Knallgasexplosion mit dem bei der Reaktion entstehenden H$_2$!). Dann wird das im Porzellanschiffchen befindliche Al in Form von Al-Grieß im kräftigen HCl-Strom (2 Waschflaschen mit konz. H$_2$SO$_4$) langsam so hoch erhitzt, da weiße Dämpfe von AlCl$_3$ entstehen, die sich am Kühlfinger niederschlagen. Das gewonnene Chlorid ist nach beendeter Reaktion sofort in eine Ampulle zu überführen, die schnell abgeschmolzen wird, da AlCl$_3$ stark hygroskopisch ist und dabei teilweise hydrolysiert.

3. Darstellung von Alaunen

Aluminiumsulfat bildet ebenso wie die Sulfate anderer Metallionen mit der Oxidationsstufe +III (Fe^{3+}, Cr^{3+}, Mn^{3+}) mit Sulfaten von Metallionen mit der Oxidationsstufe +I (K$^+$, Rb$^+$, Cs$^+$, NH$_4^+$, Tl$^+$, seltener mit Na$^+$) aus wässrigen Lösungen ternäre Sulfate der allgemeinen Zusammensetzung M^{I}M^{III}(SO$_4$)$_2 \cdot$ 12 H$_2$O. Dieser Typ von Doppelsalzen wird Alaune genannt.

Alle Alaune kristallisieren im kubischen Kristallsystem als schöne Oktaeder. Lässt man Mischungen auskristallisieren, also z. B. eine Lösung, die Fe^{3+}, Al^{3+}, K$^+$ und SO$_4^{2-}$ enthält, so entstehen einheitliche Kristalle, in denen sowohl Fe^{3+} als auch Al^{3+} vorhanden sind. Im Kristallgitter vermögen sich Fe^{3+}, Cr^{3+} und Al^{3+}

gegenseitig zu ersetzen. Das gleiche gilt von M(I). Die Alaune haben gleiche Strukturen und bilden miteinander Mischkristalle. Man nennt diese Eigenschaft **Isomorphie**. Sie tritt auf, wenn die austauchbaren Ionen chemische Ähnlichkeit, gleiche Oxidationsstufe und annähernd gleiche Ionenradien besitzen.

Aluminiumkaliumsulfat-Dodecahydrat, Aluminiumalaun
$KAl(SO_4)_2 \cdot 12\ H_2O$

Smp. 92°C (unter Abgabe von Kristallwasser)

Gut ausgebildete, farblose, oktaedrische Kristalle

Zu einer Lsg. von 15 g $Al_2(SO_4)_3 \cdot 18\ H_2O$ in 100 ml Wasser wird die theoretisch berechnete Menge einer heiß gesättigten K_2SO_4-Lsg. hinzugefügt. Der Alaun kristallisiert nach einiger Zeit aus der in einer Porzellanschale befindlichen Lsg. aus. Er wird durch Umkristallisieren gereinigt, abgenutscht und zwischen Filtrierpapier getrocknet.

Chrom(III)-Kaliumsulfat-Dodecahydrat, Chromalaun
$KCr(SO_4)_2 \cdot 12\ H_2O$

Smp. 89°C

Im Durchlicht dunkelviolette, oktaedrische Kristalle, Im Auflicht
erscheinen sie schwarz.

---

10 g $K_2Cr_2O_7$ werden in 100 ml Wasser und 11 ml 18 mol/l H_2SO_4 in der Kälte mit etwa 7 ml Ethanol reduziert, wobei durch Kühlung ein Ansteigen der Temp. über 40°C vermieden werden muss, da sich in der Hitze das Komplexion $[Cr(H_2O)_2(SO_4)_2]^-$ bildet (s. bei Chrom, S. 240).

Ammoniumeisen(III)-sulfat-Dodecahydrat, Eisenalaun,
$(NH_4)Fe(SO_4)_2 \cdot 12\ H_2O$

Smp. 40°C

Schwach rosafarbene, oktaedrische Kristalle

Nach Zusammengeben der in 1 mol/l H_2SO_4 gelösten, berechneten Mengen von $(NH_4)_2SO_4$ und $FeSO_4 \cdot 7\ H_2O$ wird Fe^{2+} mit einigen ml 14 mol/l HNO_3 oxidiert. Beim Stehen der Lsg. im Exsikkator über 18 mol/l H_2SO_4 scheidet sich der Alaun in Form großer, schwach rosavioletter, oktaedrischer Kristalle ab.

4. Aktivierung von Al mit Hg^{2+}

$$3\ Hg^{2+} + 2\ Al \rightarrow 2\ Al^{3+} + 3\ Hg$$
$$4\ Al + 6\ H_2O + 3\ O_2 \rightarrow 4\ Al(OH)_3$$

Auf Grund der Spannungsreihe wird Hg^{2+} auf Aluminiumblech zu elementarem Hg reduziert. Das entstehende Aluminiumamalgam wird durch Luftsauerstoff schnell oxidiert, da sich auf der Oberfläche der Legierung keine zusammenhängende Oxidhaut bildet.

Nebengruppen des PSE, Ammoniumsulfid-Urotropin-Gruppe

Vor der Durchführung des Versuchs informiere man sich über den ordnungsgemäßen Umgang mit Hg und seinen Verbindungen sowie über die ordnungsgemäße Entsorgung der Hg-haltigen Abfälle!

5. Auflösen von Aluminium

$$2\,Al + 2\,OH^- + 6\,H_2O \rightarrow 2[Al(OH)_4]^- + 3\,H_2\uparrow$$

Metallisches Aluminium löst sich sowohl in Säuren als auch in Basen, da $Al(OH)_3$ amphoteren Charakter besitzt.

Man löse Al-Schnitzel oder Al-Grieß in NaOH. Zu der Lauge hinzugesetztes Nitrat wird von dem sich entwickelnden atomaren Wasserstoff zu NH_3 reduziert (s. bei HNO_3, S. 135).

Für die nachstehenden Reaktionen verwende man eine Aluminiumsalzlösung mit $c(Al^{3+}) \approx 0{,}1$ mol/l bzw. die entsprechend vorbereitete Analysenlösung.

6. NaOH oder KOH

$$Al^{3+} + 3\,OH^- \rightarrow Al(OH)_3\downarrow$$

$$Al(OH)_3 + OH^- \rightleftharpoons [Al(OH)_4]^-$$

$$[Al(OH)_4]^- + NH_4^+ \rightarrow Al(OH)_3\downarrow + NH_3\uparrow + H_2O$$

Bei tropfenweiser Zugabe von Alkalihydroxid bildet sich zunächst ein Niederschlag von weißem $Al(OH)_3$, das sowohl in Säuren als auch in überschüssiger Lauge löslich ist. $Al(OH)_3$ ist also amphoter und bildet mit starken Laugen Hydroxoaluminate. Diese sind nur in alkalischer Lsg. beständig. Al^{3+} fällt im Gegensatz zu Zn^{2+} vollständig als Hydroxid aus, wenn man die Lösung mit einer ausreichenden Menge NH_4Cl versetzt.

7. Ammoniak

Es bildet sich ein Niederschlag von $Al(OH)_3$, der auch in einem Überschuss von NH_3 nicht löslich ist (Unterschied zu Zn). Ein großer Überschuss von konz. Ammoniak kann allerdings etwas Hydroxid als Aluminat lösen, jedoch nur bei Abwesenheit von Ammoniumsalzen. In ammoniakalischer Weinsäurelsg. ist $Al(OH)_3$ unter Komplexbildg. lösl., in Gegenwart von Tartraten fällt daher mit Ammoniak auch kein $Al(OH)_3$ aus.

Durch allmähliche Zugabe von OH^--Ionen zu einer Al-Salzlsg. erfolgt wie beim Fe^{3+} und Cr^{3+} (vgl. S. 227 und 243) eine Aggregation zu höhermolekularen Teilchen, die schließlich bis zum kolloiden Verteilungszustand führt. $Al(OH)_3$-Gele zeigen ebenfalls die Erscheinungen des Alterns und der Adsorptionsfähigkeit (s. S. 48 ff.).

8. $NaCH_3COO$

$$Al^{3+} + 3\,CH_3COO^- + 2\,H_2O \rightleftharpoons Al(OH)_2CH_3COO + 2\,CH_3COOH$$

Wie beim Fe^{3+} bildet sich in der Hitze ein Niederschlag von $Al(OH)_3$ durch Hydrolyse.

$$Al(OH)_2CH_3COO + H_2O \rightarrow Al(OH)_3 + CH_3COOH$$

9. Urotropin

Ebenfalls Fällung von $Al(OH)_3$ unter den gleichen Bedingungen und in gleicher Weise wie bei Fe^{3+} (vgl. S. 225).

10. H₂S, (NH₄)₂S

$$2 \, Al^{3+} + 3 \, S^{2-} + 6 \, H_2O \rightarrow 2 \, Al(OH)_3\downarrow + 3 \, H_2S\uparrow$$

Mit H_2S in neutraler und saurer Lsg. entsteht kein Niederschlag, mit $(NH_4)_2S$ Fällung von $Al(OH)_3$.

11. Natriumphosphat

Weißer voluminöser Niederschlag von $AlPO_4$, wie $FePO_4$ schwerlösl. in Essigsäure, lösl. in Mineralsäuren. In ammoniakalischer, ammoniumsalzhaltiger Lsg. ist $AlPO_4$ schwerlöslich. Der abfiltrierte, ausgewaschene Niederschlag ist in Ammoniak etwas löslich.

12. Nachweis als Thénards Blau

$$2 \, Co(NO_3)_2 + 4 \, Al(OH)_3 \rightarrow 2 \, CoAl_2O_4 + 4 \, NO_2 + O_2 + 6 \, H_2O$$

Die beiden Oxide vereinigen sich durch Reaktion im festen Zustand miteinander. $CoAl_2O_4$ gehört zu den Spinellen, von denen $MgAl_2O_4$ der bekannteste ist.

Man fälle etwas $Al(OH)_3$ aus, filtriere, wasche gut aus, trockne und bringe es auf eine Magnesiarinne. Dann wird mit 1 Tropfen einer sehr verd. $Co(NO_3)_2$-Lsg. (höchstens 0,1%) befeuchtet und in der oxidierenden Flamme geglüht. Beim Glühen von $Al(OH)_3$ in Gegenwart von $Co(NO_3)_2$ entsteht Thénards Blau.

Bei einem Überschuss von $Co(NO_3)_2$ bildet sich schwarzes Co_3O_4, das die Farbe des Thénards Blau überdeckt!

SiO_2, B_2O_3 und P_2O_5 geben ähnliche Reaktionen und müssen deshalb vorher entfernt werden. Die Reaktion ist sehr empfindlich. Die Magnesiarinne darf keine der oben genannten Verunreinigungen, besonders SiO_2, enthalten.

13. Nachweis mit Alizarin S

Al^{3+} bildet mit dem Farbstoff Alizarin S einen sog. Farblack. Die rote Verbindung ist in verd. Essigsäure schwerlöslich, während die rotviolette Färbung der ammoniakalischen Alizarinlösung beim Ansäuern in Gelb umschlägt. Fe, Cr und Ti geben ähnlich farbige, gegen Essigsäure stabile Lacke. Auch Erdalkaliionen in konz. Lösungen geben farbige Niederschläge mit Alizarin S, die jedoch in Essigsäure löslich sind.

Zum Nachweis von Al wird die saure Lsg. mit möglichst wenig KOH alkalisch gemacht und zentrifugiert. 1 Tropfen des Zentrifugats wird auf der Tüpfelplatte oder auf dem Objektträger mit 1 Tropfen Reagenzlsg. versetzt und 1 mol/l CH_3COOH bis zum Verschwinden der rotvioletten Farbe und danach noch ein weiterer Tropfen CH_3COOH zugegeben. Die Bildung eines r o t e n Niederschlags oder eine R o t färbung zeigt Al an. Der Niederschlag wird häufig erst nach einigem Stehen sichtbar.

EG: 0,5 µg Al   pD 5,6

Reagenz: 0,1%ige wss. Lsg. von Na-Alizarinsulfonat.

14. Nachweis als Caesiumalaun, $CsAl(SO_4)_2 \cdot 12\,H_2O$

Falls $CsSO_4$ oder $CsCl$ zur Verfügung steht, eignet sich die Caesiumalaun-Reaktion gut zur Identifizierung von Al, wenn es von den anderen Kationen im Analysengang abgetrennt worden ist. Alle Kationen, die zur Alaunbildung befähigt sind, geben ähnliche Reaktionen.

1 Tropfen der HCl- oder H_2SO_4-sauren Probelsg. wird auf dem Objektträger bis fast zur Trockne eingedampftt. Dann wird ein kleiner Cs_2SO_4-Kristall oder besser eine Mikrospa-

telspitze einer trockenen, fein zerriebenen Mischung aus einem kleinen CsCl-Kristall mit einem etwas größeren KHSO$_4$-Kristall dem Probetröpfchen zugesetzt und angefeuchtet, bis das Reagenz zerfließt. Die Bildung von farblosen, oktaedrischen Kristallen neben ungelösten Reagenzkörnchen zeigt Al an. Betrachtung unter dem Mikroskop (V.: 1 : 50–100, Kristallaufnahme Nr. 1).

EG: 0,2 µg Al pD 5,4

15. Al-Nachweis mit Morin

Al bildet in neutraler oder essigsaurer Lösung mit Morin, einem kompliziert aufgebauten organischen Farbstoff, intensiv g r ü n fluoreszierende kolloidale Suspensionen einer Komplexverbindung. Silicate geben gleichfalls mit Morin fluoreszierende Verbindungen, deren Bildung und Beständigkeit stark pH-abhängig ist.

Die saure Probelsg. wird mit KOH (nicht NaOH!) stark alkalisch gemacht und zentrifugiert. Einige Tropfen des Zentrifugats werden im Reagenzglas oder auf einer schwarzen Tüpfelplatte mit Eisessig angesäuert und mit einigen Tropfen Reagenzlsg. versetzt. Eine g r ü n e Fluoreszenz, die beim starken Ansäuern mit HCl verschwindet, zeigt Al an. UV-Licht erleichtert die Beobachtung erheblich. Eine Blindprobe mit der verwendeten KOH zum Vergleich von Fluoreszenzfarbe und Fluoreszenzintensität ist unerlässlich. NaOH fluoresziert mit Morin meist so stark, dass es nicht verwendet werden kann.

EG: 0,2 µg Al pD 5,4

Reagenz: Gesättigte Lsg. von Morin in Methanol.

2.3.3.7 Beryllium, Be, 9,01218, 2 s^2

Beryllium steht in der 2. Hauptgruppe des Periodensystems der Elemente. Es gehört zu den selteneren Elementen auf der Erde. Das wichtigste Mineral ist der Beryll, $Al_2Be_3[Si_6O_{18}]$. Seine, durch Beimengung anderer Metalle wie Cr oder Fe farbigen Abarten, sind die Edelsteine Smaragd (Cr) oder Aquamarin (Fe). Weiterhin ist Beryllium z. B. noch im Euklas, $AlBe(OH)[SiO_4]$, im Gadolinit, $Y_2FeBe_2O_2[SiO_4]_2$ und im Chrysoberyll, $Al_2[BeO_4]$ enthalten. Berylliummetall wird aus BeF_2 durch Reduktion mit Magnesium bei 1000 °C oder durch Schmelzflusselektrolyse des $BeCl_2$-NaCl-Eutektikums bei 350 °C hergestellt. Ausgangsmaterial ist das Mineral Beryll, das nach verschiedenen Verfahren aufgeschlossen wird.

Berylliumzusätze in Cu-, Al-, Ni- und Co-Legierungen erhöhen deren Härte, Festigkeit, Temperatur- und Korrosionsbeständigkeit. Reines Beryllium dient zur Herstellung von Austrittsfenstern für Röntgenstrahlen und es findet Verwendung in Kernreaktoren. Keramik aus BeO ist feuerfest, gut wärmeleitend und noch bei hohen Temperaturen ein Isolator.

Beryllium tritt in der Oxidationsstufe + II auf. Es ähnelt in seinen chemischen Eigenschaften jedoch eher dem Aluminium (Schrägbeziehung s. S. 103) als seinen höheren Homologen. $Be(OH)_2$ ist wie $Al(OH)_3$ amphoter und Berylliumsalze hydrolysieren in Wasser.

Berylliummetall wird von nicht oxidierenden Säuren und starken Basen wie NaOH gelöst. Gegenüber oxidierenden Säuren zeigt es jedoch die Erscheinung der Passivierung.

Beryllium und seine Verbindungen sind sehr toxisch und wahrscheinlich Krebs erzeugend. Eingeatmeter Oxid- oder Metallstaub (MAK-Wert 0,002 mg/m^3) ist stark giftig.

Wegen seiner Seltenheit und der damit verbundenen relativ geringen Bedeutung sowie vor allem wegen seiner Toxizität werden keine Versuche mit Beryllium aufgeführt.

2.3.3.8 Chrom, Cr, 51,996; + III, + VI, 4 s^1 3 d^5

Chrom, das in der sechsten Nebengruppe des PSE (Näheres s. S. 245 ff.) steht, kommt in der Natur hauptsächlich als Chromeisenstein, $FeCr_2O_4$, außerdem als Chromat, z.B. $PbCrO_4$, vor. Das Metall stellt man rein nach dem aluminothermischen Verfahren (s. S. 234) oder als Chromeisenlegierung mit 60% Cr (Ferrochrom) aus $FeCr_2O_4$ und Kohle im Hochofen her. Außer der Verwendung seiner Verbindung als Beiz- und Ätzmittel in der Lederindustrie und als besonders beständige und leuchtende Mineralfarben (Chromgelb = Bleichromat, Chromgrün = Chrom(III)-oxid) wird es als Metall wegen seiner Beständigkeit gegenüber Oxidationsmitteln und seiner chemischen Widerstandsfähigkeit benutzt. Es wird z.B. von Salpetersäure – auch konzentrierter – und Luftsauerstoff „passiviert". Diese Eigenschaft verleiht es auch den Eisenlegierungen, die dann nicht rosten (z.B. V2A-Stahl mit 18% Chrom und 8% Nickel).

In verd. Salzsäure und Schwefelsäure ist es dagegen löslich. Chrom bildet Verbindungen, in denen es in den Oxidationsstufen + II, + III, + V und + VI auftreten kann.

Chrom(II)-Salze, z.B. $CrCl_2$, haben in wässriger Lösung meist eine blaue Farbe und sind äußerst unbeständig. Sie werden sehr leicht zu Cr(III) oxidiert, sind also starke Reduktionsmittel. So können sie sogar bei Zimmertemperatur Wasser zu Wasserstoff reduzieren.

Die beständigen Cr(III)-Salze haben in wässriger Lösung verschiedene Farbe: teils grün, teils violett. Es bilden sich dabei Aquakomplexe verschiedener Zusammensetzung. Die grünen enthalten $[CrX_2(H_2O)_4]^+$- oder $[CrX(H_2O)_5]^{2+}$-Ionen (wobei X ein Anion mit der Ladung – 1 ist oder X_2 auch ein Anion mit der Ladung – 2 sein kann). Die violetten sind Hexaaqua-Komplexe $[Cr(H_2O)_6]^{3+}$. Die obige Zusammensetzung der grünen Salze erkennt man z.B. daran, dass bei $[CrCl_2(H_2O)_4]Cl \cdot 2 H_2O$ nur ein Drittel des Chlorids mit Ag^+ und beim $[Cr(SO_4)(H_2O)_4]_2SO_4 \cdot 4 H_2O$ mit Ba^{2+} nur ein Drittel ausfällt. Die violetten zeigen dagegen diese Erscheinung nicht. Man kann die beiden isomeren Formen (Beispiel einer **Hydratationsisomerie**) leicht durch Erwärmung ineinander umwandeln. In der Hitze bildet sich die grüne, in der Kälte die violette Verbindung. Der Vorgang ist reversibel. Auch Konzentrationsveränderungen rufen Verschiebungen hervor gemäß:

$$[Cr(H_2O_6)]^{3+} + 2\ Cl^- \rightleftarrows [CrCl_2(H_2O)_4]^+ + 2\ H_2O$$

Die Oxidationsstufe + V ist sehr unbeständig.

Wichtig ist noch die Oxidationsstufe + VI. Als Säureanhydrid bildet Chromtrioxid Salze mit der Zusammensetzung K_2CrO_4, gelb, und $K_2Cr_2O_7$, orange. Die Säure H_2CrO_4 selbst ist unbekannt. Die Chromate sind starke Oxidationsmittel.

Die Darstellung des Metalls und die des Chromalauns sind auf S. 234 bzw. 236 beschrieben.

Cr(III) lässt sich sowohl in wässriger Lösung, und zwar besonders leicht in alkalischem Medium, als auch auf trockenem Wege zu Chromat oxidieren.

Toxizität: Chromate können Krebs erzeugen!

Für die nachstehenden Reaktionen verwende man eine Cr(III)-Salzlösung.

Nebengruppen des PSE, Ammoniumsulfid-Urotropin-Gruppe

1. Aqua- und Sulfatokomplexe

Man löse feingepulvertes violettes $Cr_2(SO_4)_3 \cdot 18\ H_2O$ oder $KCr(SO_4)_2 \cdot 12\ H_2O$ (Chromalaun) in der Kälte in einigen ml Wasser auf. Die Lsg. ist durch $[Cr(H_2O)_6]^{3+}$ v i o l e t t gefärbt.

Man erhitze zum Sieden. Die Lsg. färbt sich t i e f g r ü n : $[CrSO_4(H_2O)_4]^+$.

2. Wasserfreies $CrCl_3$

Wasserfreies $CrCl_3$ ist scheinbar schwerlöslich, da die Auflösungsgeschwindigkeit bzw. die Hydratationsgeschwindigkeit fast Null ist.

Einige Kristalle von wasserfreiem, rotviolettem $CrCl_3$ versuche man in Wasser zu lösen. Dies gelingt nicht. Fügt man aber ein Stückchen Zink und Salzsäure hinzu, so tritt Auflösung ein.

3. NaOH, Ammoniak, Na_2CO_3, Urotropin

Cr^{3+} verhält sich gegenüber OH^- ähnlich wie Fe^{3+}.

NaOH, Ammoniak, Na_2CO_3 und Urotropin fällen daher aus Cr(III)-Salzlösung g r a u g r ü n e s $Cr(OH)_3$, das frisch gefällt in verd. Säuren leicht löslich ist. In der Kälte ist $Cr(OH)_3$ im Überschuss von Ammoniak bei Gegenwart von Ammoniumsalzen unter Bldg. von $[Cr(NH_3)_6]^{3+}$ ein wenig löslich. Beim Kochen wird der Komplex aber zerstört und, sobald der Geruch nach Ammoniak verschwunden ist, fällt $Cr(OH)_3$ quantitativ aus. In Gegenwart von sehr viel Ammoniumsalzen kann die Fällung jedoch unterbleiben, so dass $Cr(OH)_3$ kolloidal in Lsg. bleibt.

Frisch gefälltes $Cr(OH)_3$ ist schwach amphoter, in starken Laugen löst es sich mit t i e f g r ü n e r Farbe kolloidal oder unter Bildung von Hydroxochromat(III) auf:

$$Cr(OH)_3 + 3\ OH^- \rightarrow [Cr(OH)_6]^{3-}$$

Beim Kochen und Verdünnen fällt $Cr(OH)_3$ wieder aus. Infolge Alterung sinkt die Löslichkeit in Laugen so stark, dass es sich beim Abkühlen nicht wieder löst (Gegensatz zu Zinkhydroxid).

4. $NaCH_3COO$

Im Gegensatz zu Fe^{3+} und Al^{3+} fällt weder in der Kälte noch in der Hitze $Cr(OH)_3$ aus, weil sich ein sehr beständiger, mehrkerniger Komplex der Zusammensetzung $[Cr_3O(CH_3COO)_6]^+$ bildet.

5. H_2S, $(NH_4)_2S$

$$2\ Cr^{3+} + 3\ S^{2-} + 6\ H_2O \rightarrow 2\ Cr(OH)_3\downarrow + 3\ H_2S\uparrow$$

Mit H_2S bildet sich kein Niederschlag, mit $(NH_4)_2S$ g r ü n e r Niederschlag von $Cr(OH)_3$. Es fällt kein Cr_2S_3 aus, vielmehr bildet sich $Cr(OH)_3$.

6. Natrium-hydrogenphosphat

Aus neutraler Lsg. Fällung von g r ü n e m , voluminösem $CrPO_4$, das in Säuren löslich ist.

7. Oxidation in alkalischer Lösung

$$2\,Cr^{3+} + 3\,H_2O_2 + 10\,OH^- \rightarrow 2\,CrO_4^{2-} + 8\,H_2O$$

In alkalischem Medium lässt sich Cr(III) leicht zu Chromat oxidieren.

Man gieße zu einer Cr(III)-Salzlsg. eine Mischung von NaOH + H_2O_2 oder NaOH + Br_2. Die Farbe der Lösung schlägt in Gelb um.

8. Oxidation und Reduktion in saurer Lösung

$$2\,Cr^{3+} + 3\,S_2O_8^{2-} + 7\,H_2O \rightarrow Cr_2O_7^{2-} + 6\,SO_4^{2-} + 14\,H^+$$

In saurer Lösung oxidieren nur noch die stärksten Oxidationsmittel, z. B. Peroxodisulfate, Cr(III) zu Cr(VI).

Man versetze eine Lösung von Cr^{3+} in verd. H_2SO_4 mit etwas festem Alkaliperoxodisulfat und koche ¼ bis ½ Minute. Infolge Bildung von $Cr_2O_7^{2-}$ färbt sich die Lsg. orange.

$Cr_2O_7^{2-}$ ist in saurer Lösung (vgl. 9) selbst ein starkes Oxidationsmittel.

Man erhitze K_2CrO_4 oder $K_2Cr_2O_7$ mit konz. HCl. Es entwickelt sich Cl_2.

$$Cr_2O_7^{2-} + 6\,Cl^- + 14\,H^+ \rightarrow 2\,Cr^{3+} + 3\,Cl_2\uparrow + 7\,H_2O$$

Man setze zu sauren $Cr_2O_7^{2-}$-Lösungen H_2S, H_2SO_3, HI oder Ethanol:

$$Cr_2O_7^{2-} + 3\,H_2S + 8\,H^+ \rightarrow 2\,Cr^{3+} + 3\,S\downarrow + 7\,H_2O \text{ (S-Abscheidung)}$$

$$Cr_2O_7^{2-} + 3\,HSO_3^- + 5\,H^+ \rightarrow 2\,Cr^{3+} + 3\,SO_4^{2-} + 4\,H_2O$$

$$Cr_2O_7^{2-} + 6\,I^- + 14\,H^+ \rightarrow 2\,Cr^{3+} + 3\,I_2\downarrow + 7\,H_2O$$

$$Cr_2O_7^{2-} + 3\,C_2H_5OH + 8\,H^+ \rightarrow 2\,Cr^{3+} + 3\,CH_3CHO + 7\,H_2O$$
(Geruch nach Aldehyd)

Stets tritt Farbumschlag von O r a n g e nach G r ü n auf.

Für die nachstehenden Reaktionen verwende man eine wässrige Kaliumchromatlösung oder die entsprechend vorbereitete Analysenlösung.

9. Gleichgewicht zwischen CrO_4^{2-}, $HCrO_4^-$ und $Cr_2O_7^{2-}$

$$CrO_4^{2-} + H^+ \rightleftharpoons HCrO_4^-$$

$$2\,HCrO_4^- \rightleftharpoons Cr_2O_7^{2-} + H_2O$$

Cr(VI) liegt über pH = 8 nur als CrO_4^{2-} vor. Zwischen pH = 6 bis 2 enthalten sehr verdünnte Lösungen praktisch nur $HCrO_4^-$. In konzentrierten Lösungen kondensiert $HCrO_4^-$ zu.

Man löse wenig g e l b e s K_2CrO_4 in Wasser und säure mit Essigsäure an: Farbumschlag nach O r a n g e ($HCrO_4^-$). Beim Versetzen mit Alkali entsteht wieder die g e l b e Farbe.

Man löse einige Kristalle $K_2Cr_2O_7$, Kaliumdichromat, in einigen ml Wasser und teile die Lsg. in zwei Hälften: die eine versetze man mit verd. Salzsäure, die andere mit der gleichen Menge reinen Wassers. In der letzteren ist die Farbe durch entstandenes CrO_4^{2-} stärker gelb als in der sauren Probe, in der die Verdünnung durch die Vergrößerung der Wasserstoffionenkonz. wieder ausgeglichen wird.

Isopolysäuren

Säuert man eine Dichromatlösung mit 2,5 mol/l H_2SO_4 an, so wird die Farbe dunkler, und unter geeigneten Bedingungen können aus solchen Lösungen Salze einer Tri- oder Tetrachromsäure auskristallisieren:

$$3\ Cr_2O_7^{2-} + 2\ H^+ \rightleftharpoons 2\ Cr_3O_{10}^{2-} + H_2O$$

$$4\ Cr_3O_{10}^{2-} + 2\ H^+ \rightleftharpoons 2\ Cr_4O_{13}^{2-} + H_2O$$

Bei weiterem Ansäuern mit einem Überschuss an konz. H_2SO_4 bildet sich neben Sulfato-Komplexen wie $CrSO_7^{2-}$ das rote Anydrid CrO_3:

$$Cr_4O_{13}^{2-} + 2\ H^+ \rightleftharpoons 4\ CrO_3 + H_2O$$

Bei manchen Sauerstoffsäuren, wie H_2SO_4, H_3PO_4, entstehen in wässrigen Lösungen beim Ansäuern der neutralen Salze zuerst saure Salze:

$$SO_4^{2-} + H^+ \rightleftharpoons HSO_4^-$$

$$PO_4^{3-} + H^+ \rightleftharpoons HPO_4^{2-}$$

$$HPO_4^{2-} + H^+ \rightleftharpoons H_2PO_4^-$$

Die höher aggregierten, wie $K_2S_2O_7$, $K_4P_2O_7$, bilden sich dagegen erst in wasserfreiem Zustand:

$$2\ KHSO_4 \rightarrow K_2S_2O_7 + H_2O$$

Im Gegensatz zu diesen Sauerstoffsäuren tritt bei der Chromsäure und vielen anderen, wie Molybdänsäure, Wolframsäure, Vanadiumsäure, Kieselsäure und Zinnsäure, die Wasserabspaltung durch **Kondensation** (s. S. 227) schon in wässriger Lösung ein.

Bei diesen Säuren erfolgt mit Erhöhung der H^+-Ionenkonzentration, also beim Gang vom alkalischen in das saure Gebiet, eine Kondensation zu höhermolekularen Gebilden. Man spricht von Isopolysäuren (vgl. auch Isopolyoxo-Kationen, S. 227). Ihre Konstitution ergibt sich im einfachsten Fall durch Verkettung zweier Metallatome über eine Sauerstoffbrücke, also etwa:

$$\left[\begin{array}{c}\underline{|\overline{O}}-Cr-O-Cr-\overline{O}|\end{array}\right]^{2-} \quad \left[\begin{array}{c}\underline{|\overline{O}}-Cr-O-Cr-O-Cr-\overline{O}|\end{array}\right]^{2-}$$

Andere Isopolysäuren haben ringförmige oder räumliche Verknüpfung. Heteropolysäuren s. S. 246.

10. Ba^{2+}, Pb^{2+}, Hg_2^{2+}, Ag^+

$$2\ Ba^{2+} + Cr_2O_7^{2-} + H_2O \rightleftharpoons 2\ BaCrO_4\downarrow + 2\ H^+$$

Während im allgemeinen alle Dichromate in Wasser löslich sind, bildet Chromat mit Ba^{2+}, Pb^{2+}, Hg_2^{2+} und Ag^+ schwerlösliche Verbindungen. Wegen des in wässriger Lösung vorhandenen Gleichgewichts zwischen CrO_4^{2-} und $Cr_2O_7^{2-}$ fallen aber auch aus neutralen Dichromatlösungen Chromate aus.

Die Fällung ist aber nur dann vollständig, wenn man für die Entfernung der entstehenden H^+-Ionen sorgt. Das gelingt am besten mit Natriumacetat.

244 Die Metalle und ihre Verbindungen – Analyse und Trennung der Kationen

BaCrO$_4$ ist gelb, PbCrO$_4$ ebenfalls (Chromgelb; ein basisches Bleichromat ist bräunlichrot), Ag$_2$CrO$_4$ ist dunkelbraunrot, Hg$_2$CrO$_4$ ist kaltgefällt tieforange, in der Hitze rot.

11. Vorproben

Die Phosphorsalz- bzw. Boraxperle ist bei Anwesenheit von Cr smaragdgrün gefärbt.

12. Nachweis durch Oxidationsschmelze

$$Cr_2O_3 + 3\ NO_3^- + 2\ CO_3^{2-} \rightarrow 2\ CrO_4^{2-} + 3\ NO_2^- + 2\ CO_2$$

Auf einer Magnesiarinne schmelze man ein feingepulvertes Gemisch von Cr(III)-Salz mit der doppelten Menge von wasserfreiem Na$_2$CO$_3$ und KNO$_3$. Nach dem Erkalten ist der Schmelzkuchen gelb gefärbt.

13. Nachweis durch Oxidation von Cr(III) in saurer oder alkalischer Lösung

Die auf S. 242 angeführten Reaktionen 7. und 8. können zum Nachweis von Chrom benutzt werden.

14. Nachweis als CrO$_5$

$$Cr_2O_7^{2-} + 4\ H_2O_2 + 2\ H^+ \rightarrow 2\ CrO_5 + 5\ H_2O$$
$$4\ CrO_5 + 12\ H^+ \rightarrow 4\ Cr^{3+} + 6\ H_2O + 7\ O_2\uparrow$$

Cr(VI)-Ionen bilden in HNO$_3$- bzw. H$_2$SO$_4$-saurer Lösung in der Kälte mit H$_2$O$_2$ blaues Chrom(VI)-peroxid, CrO(O$_2$)$_2$, das mit Ether oder Amylalkohol ausgeschüttelt werden kann.

Das Chromperoxid besitzt folgende Konstitution:

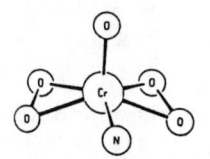

Koordination des Chroms in py CrO$_5$ Valenzstrichformel für CrO$_5$

Das CrO$_5$ wird gleichzeitig vom organischen Lösungsmittel, das als Lewisbase wirkt, stabilisiert. Die Reaktion ist für Cr(VI) spezifisch. Nach einiger Zeit schlägt die Farbe in Grün oder Violett um.

Die kalte HNO$_3$-saure Lsg. wird mit 1 ml Ether überschichtet, mit wenigen Tropfen 2,5 mol/l H$_2$O$_2$ versetzt und geschüttelt. Eine Blaufärbung der Etherphase zeigt Cr an. Gleichzeitig entsteht bei Gegenwart von Vanadium(V) nach Zusatz des ersten Tropfens H$_2$O$_2$ eine rötlich-braune wässrige Phase, vgl. auch Reaktion 7., S. 242.

EG: 50 µg Cr pD 4,3

15. Nachweis mit Diphenylcarbazid

Stark saure Lösungen von Chrom(VI) geben mit Diphenylcarbazid eine vorübergehende Rotviolettfärbung. Unter gleichen Bedingungen stören nur Mo(VI), V(V) und Hg(II). Mo(VI) kann durch Zugabe von gesättigter Oxalsäurelösung als komplexe Oxalatomolybdänsäure, Hg(II) durch Alkalichlorid oder HCl im Überschuss (Bildung von undissoziiertem $HgCl_2$) maskiert werden. Vanadate(V) geben eine schmutzig grünviolette Färbung, die unter Umständen das Erkennen der violetten Färbung durch Chromat unmöglich macht. In diesem Falle trennt man am besten das Cr vor dem Nachweis ab.

In einigen Tropfen der sauren Probelsg. wird ggf. nach der auf S. 242 gegebenen Vorschrift Cr(III) zu Cr(VI) oxidiert. 2–3 Tropfen der oxidierten Lsg. werden nach Verkochen des überschüssigen Oxidationsmittels auf der Tüpfelplatte mit 3 Tropfen Reagenzlsg. versetzt. Eine violette bis rote Färbung, die schnell verblasst, zeigt Cr an.

EG: 0,8 µg Cr   pD 5,0

Reagenz: Gesätt. Lsg. von Diphenylcarbazid in Alkohol.

2.3.3.9 „Seltenere" Elemente: 4. bis 6. Nebengruppe des PSE

Die sogenannten „seltneren" Elemente sind z. T. weit verbreitet. Sie treten jedoch im allgemeinen nur in geringer Anreicherung auf. So überwiegen z. B. in dem uns bekannten Teil der Erdrinde Yttrium mit $w(Y) = 3 \cdot 10^{-3}\%$ und Wolfram mit $w(W) = 5,5 \cdot 10^{-3}\%$ gegenüber Blei mit $w(Pb) = 2 \cdot 10^{-3}\%$. Ferner ist Titan mit $w(Ti) = 5 \cdot 10^{-1}\%$ in größerer Menge vertreten als z. B. Mangan mit $w(Mn) = 8,5 \cdot 10^{-2}\%$, Zink mit $w(Zn) = 1 \cdot 10^{-2}\%$ oder Nickel mit $w(Ni) = 1 \cdot 10^{-2}\%$. Sogar die sog. Lanthanoide sind größenordnungsmäßig (jedes Element mit ungefähr $w_1 = 5 \cdot 10^{-4}\%$) um 2 Zehnerpotenzen in der Erdrinde reichlicher vorhanden als beispielsweise Iod mit $w(I) = 6 \cdot 10^{-6}\%$. Infolge der geringeren Konzentration der „selteneren" Elemente müssen sie bei ihrer Gewinnung erst angereichert werden, wodurch sich die Darstellung der einzelnen Stoffe und ihrer Verbindungen weitaus schwieriger gestaltet als die der übrigen. Dementsprechend haben sie bisher auch keine derartige technische Bedeutung erlangt, wie einige der anderen, vielleicht selteneren, aber an den einzelnen Fundstellen in größerer Menge vorkommenden Elemente. Die meisten der „selteneren" Elemente stehen in den Nebengruppen des PSE.

Gemäß der allgemeinen Regel für die Nebengruppen (s. S. 207) nimmt in einer Gruppe die Beständigkeit der höchsten Oxidationsstufe mit steigender Ordnungszahl zu und die Tendenz zur Bildung niedrigerer Oxidationsstufen ab.

Die 4. Nebengruppe enthält die Elemente Titan, Ti, Zirconium, Zr, und Hafnium, Hf. Alle 3 Elemente treten vorwiegend in der Oxidationsstufe +IV auf. Von Titan kennt man auch Verbindungen der Oxidationsstufe +II und +III, die jedoch an Luft instabil sind. Der basische Charakter der hochschmelzenden Dioxide nimmt mit steigender Ordnungszahl zu. Bedingt durch die Gleichheit der Ionenradien von Zr^{4+} und Hf^{4+}, die auf die Lanthanoidenkontraktion (s. S. 257) zurückzuführen ist, zeigen beide Elemente ein sehr ähnliches chemisches Verhalten.

Zur 5. Nebengruppe des PSE gehören die Elemente Vanadium, V, Niob, Nb, und Tantal, Ta, zur 6. Nebengruppe die Elemente Chrom, Cr, Molybdän, Mo, und Wolfram, W. Ihre Hauptoxidationsstufen sind +V bzw. +VI. Vanadium kann man mit Zink und HCl bis zur Oxidationsstufe +II, Niob aber nur noch bis zur Oxidationsstufe

Fortsetzung

+ III und Tantal überhaupt nicht mehr reduzieren. Sowohl die Atom- als auch die Ionenradien von Niob und Tantal unterscheiden sich infolge der Lanthanoidenkontraktion kaum, wodurch die Verbindungen in ihrem Verhalten sehr ähnlich sind.

Die Elemente Molybdän und Wolfram treten in den Oxidationsstufen + II bis + VI auf, wobei die Oxidationsstufe + VI die häufigste ist. Die genannten Elemente bilden in ihrer höchsten Oxidationsstufe leicht Isopolysäuren (s. S. 243), dabei nimmt innerhalb der einzelnen Gruppe das Kondensationsbestreben mit steigender Ordnungszahl zu. Dies zeigt sich darin, dass bei einem bestimmten pH-Wert der Kondensationsgrad in der Reihe Chrom, Molybdän, Wolfram steigt. So bilden z. B. Molybdän und Wolfram in alkalischer Lösung beständige Monomolybdat- bzw. Monowolframationen, im schwach sauren Gebiet dagegen Heptamolybdat- und Hexawolframat-Ionen.

$$[HMo_7O_{24} \cdot aq]^{5-} \text{ und } [HW_6O_{21} \cdot aq]^{5-}$$

Heteropolysäuren

Die Säuren einiger dieser Elemente vermögen bei Erhöhung der H^+-Konzentration nicht nur mit sich selbst zu höheren Kondensationsprodukten, sondern auch mit anderen, meist schwächeren Säuren zu sog. Heteropolysäuren zusammenzutreten. Salze solcher Heteropolysäuren sind z. B. die Ammoniumsalze der Molybdoarsen- und Molybdophosphorsäure (s. bei Arsen und Phosphor) mit den Anionen

$$[AsMo_{12}O_{40} \cdot aq]^{3-} \text{ und } [PMo_{12}O_{40} \cdot aq]^{3-}$$

Man kann sich vorstellen, dass an Stelle eines O^{2-} im AsO_4^{3-} und PO_4^{3-} je ein $Mo_3O_{10}^{2-}$-Ion getreten ist. Das $Mo_3O_{10}^{2-}$-Ion ist ebenfalls als Baugruppe in den Isopolysäuren des Molybdäns enthalten; in wässriger Lösung vermag es jedoch nicht für sich allein zu existieren. Die Bildung des Moybdoarsenat-Komplexes erfolgt formal nach der Gleichung

$$AsO_4^{3-} + 4\,Mo_3O_{10}^{2-} + 8\,H^+ + aq \rightarrow [AsMo_{12}O_{40} \cdot aq]^{3-} + 4\,H_2O$$

In alkalischer Lösung werden die Heteropolysäuren genau so aufgespalten wie die Isopolysäuren (s. S. 243). Das Gleichgewicht verschiebt sich dabei nach der Seite der einfachen Ionen, so dass sich diese Verbindungen, falls sie schwerlöslich sind, in Alkalien leicht auflösen.

Ebenso wie beim vorstehenden Beispiel bildet stets das eine Element (As, P, Si, B, I u. a.) das Zentralion eines Komplexes und wird vom anderen (V, Mo oder W) über Sauerstoffbrücken in regelmäßiger räumlicher Anordnung umgeben. Dabei kommen oft auf ein Zentralion 6, 9 oder 12 Ionen des anderen Elements, manchmal auch 8, 10, 11 oder 18.

Fortsetzung

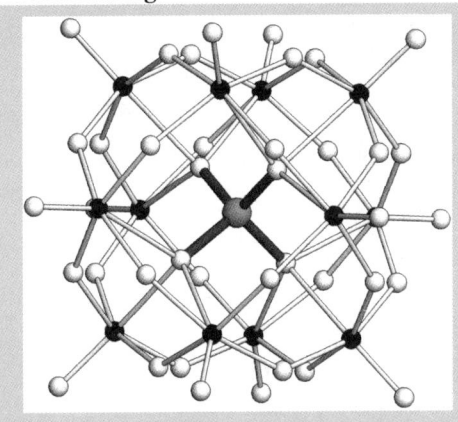

Abb. 2.13 Struktur des Anions [PMo$_{12}$O$_{40}$]$^{3-}$. Mo-Atome sind schwarz, O-Atome weiß und das P-Atom grau gezeichnet.

2.3.3.10 Titan, Ti 47,88; +II, +III, +IV, 4s^2 3d^2

Titan ist in der Natur weit verbreitet, findet sich aber meist nur in geringen Mengen in silicatischen Mineralien (w(Ti) ≈ 0,5%). Reine Mineralien sind Rutil, Anatas und Brookit (TiO$_2$) sowie Ilmenit (FeTiO$_3$) und Perowskit (CaTiO$_3$). Es tritt in den Oxidationsstufen +II, +III und +IV auf, wovon +IV die beständigste ist. Das Metall, das für den chemischen Apparatebau, den Flugzeugbau sowie für die Herstellung eines gegen Stoß und Schlag besonders widerstandsfähigen Stahls eine Rolle spielt, wird aus TiCl$_4$ und Mg dargestellt (*Kroll*-Verfahren); sehr reines Ti erhält man durch thermische Zersetzung von TiI$_4$. Ti(III)-Salze sind **rotviolett** und wirken stark reduzierend. Diese Eigenschaften macht man sich in der Maßanalyse (Titanometrie) zunutze. Titandioxid, TiO$_2$, ist in geglühtem Zustand in Säuren und Alkalien schwerlöslich. Es wird am besten durch Schmelzen mit Kaliumdisulfat aufgeschlossen:

$$TiO_2 + K_2S_2O_7 \rightarrow [TiO]SO_4 + K_2SO_4$$

TiO$_2$ ist sehr schwach basisch. Infolgedessen sind die neutralen Salze nur in konz. Säuren beständig. Beim Verdünnen und desgleichen in der Schmelze bilden sich also nur basische Salze mit dem aus –Ti–O–Ti–O–Ketten bestehenden Titanoxid-Kation [TiO]$^{2+}$. Die Schmelze löst sich langsam in kalter 1 mol/l Schwefelsäure auf. Beim Kochen tritt teilweise Hydrolyse ein, und es fällt TiO$_2$ aus, wenn die Lösung nicht genügend Wasserstoffionen enthält. Titandioxid-Hydrat verhält sich also noch schwächer basisch als Fe(OH)$_3$ oder Cr(OH)$_3$.

TiO$_2$ kann man außer durch Schmelzen mit Kaliumdisulfat auch durch gleichzeitige Einwirkung von Kohlenstoff und Chlor aufschließen. Wie bei den anderen schwer reduzierbaren Oxiden, z. B. SiO$_2$, Al$_2$O$_3$ oder U$_3$O$_8$, die mit wäßriger Salzsäure entweder nur wasserhaltige Chloride bilden oder sich gar nicht auflösen, führt diese Behandlungsweise verhältnismäßig leicht zum wasserfreien Chlorid.

1. Darstellung von Titan(IV)-chlorid

Titan(IV)-chlorid, TiCl$_4$

Smp. $-25\,°C$; Sdp. $136\,°C$

Farblose, stechend riechende Flüssigkeit, die an feuchter Luft stark raucht. Mit Wasser wird TiCl$_4$ hydrolysiert; HCl drängt die Hydrolyse so stark zurück, dass in konz. HCl mit Alkalichloriden Hexachlorotitanate(IV), M$_2$[TiCl$_6$] entstehen. Mit NH$_3$ und Pyridin bildet TiCl$_4$ Additionsverbindungen.

C

R: 14-34-36/37
S: (1/2-) 7/8-26-45

$$TiO_2 + 2\,C + 2\,Cl_2 \rightarrow TiCl_4 + 2\,CO\uparrow$$

Durch gleichzeitige Einwirkung von C und Cl$_2$ auf TiO$_2$ entsteht TiCl$_4$.

50 g feinstgepulverter Rutil, TiO$_2$, werden mit 25 g Kohlenstoff und 0,05 g MnO$_2$ als Katalysator innigst vermischt und mit wenig Stärkekleister zu einer dicken, gerade noch plastischen Masse zusammengeknetet. Daraus werden Kugeln von etwa 0,5 cm⌀ geformt, die im Trockenschrank getrocknet und dann unter einer Schicht Ruß im Gebläseofen ausgeglüht werden. So vorbereitet, kommen sie in das sorgfältig getrocknete Quarzrohr (vgl. Abb. 2.4, S. 145). Sie werden im trockenen Cl$_2$-Strom unter dem Abzug langsam erhitzt und allmählich auf dunkle Rotglut gebracht. Der Chlorstrom muss dabei so stark sein, dass die Blasen in der mit konz. H$_2$SO$_4$ gefüllten Waschflasche gerade nicht mehr gezählt werden können. In der mit Eis-Kochsalz gut gekühlten Vorlage sammelt sich TiCl$_4$; es enthält als Verunreinigungen noch Cl$_2$, FeCl$_3$, SiCl$_4$ und VOCl$_3$. Zur Reinigung wird von Feststoffen dekantiert und am besten durch eine trockene Glasfilternutsche filtriert, wobei zwischen Woulfesche Flasche und Wasserstrahlpumpe ein CaCl$_2$-Rohr geschaltet werden muss. Das Filtrat ist zur Cl$_2$-Entfernung mit wenigen Cu-Spänen bis zur Farblosigkeit zu schütteln. Anschließend wird die Flüssigkeit wieder filtriert und destilliert; Sdp. 1013 mbar 136–137 °C.

Man stelle sich eine Lösung von Titan(IV)-sulfat her, indem man eine kleine Spatelspitze von TiO$_2$ mit etwa der fünffachen Menge K$_2$S$_2$O$_7$ in einem Porzellantiegel 5–10 Minuten lang so hoch erhitzt, dass ein klarer Schmelzfluss entsteht, aber nur sehr wenig Schwefeltrioxid entweicht. Den Schmelzkuchen löse man in wenig kaltem Wasser auf, dem etwas verdünnte Schwefelsäure zugesetzt ist. Für die nachstehenden Reaktionen verwende man diese Lösung bzw. die entsprechend vorbereitete Analysenlösung.

2. Hydrolyse

Ein Teil der Lsg. wird mit Wasser verdünnt und gekocht. Es bildet sich ein Niederschlag von TiO$_2$-Hydrat. Werden schwach saure Titansalzlsgg. mit Na$_2$S$_2$O$_3$ oder mit NaCH$_3$COO versetzt und gekocht, so erfolgt ebenfalls Bildung eines Niederschlags von TiO$_2$-Hydrat.

3. NaOH, Ammoniak, Na$_2$CO$_3$, (NH$_4$)$_2$S und Urotropin

Stets w e i ß e r, voluminöser Niederschlag von TiO$_2$-Hydrat. Frisch, in der Kälte gefällt, ist er in Salzsäure u. a. starken Säuren leicht löslich. In der Hitze tritt aber sehr schnell Alterung ein, so dass die Lösungsgeschwindigkeit bald sehr klein wird und man längere Zeit mit konz. Salzsäure oder Schwefelsäure digerieren muss, bis alles gelöst ist.

Ähnlich wie beim $SnO_2 \cdot aq$ (s. S. 303) erfolgt beim TiO_2-Hydrat durch Erhitzen eine Teilchenvergröberung, wodurch die Lösungsgeschwindigkeit herabgesetzt wird. Frisch gefälltes TiO_2-Hydrat löst sich außerdem relativ leicht in $(NH_4)_2CO_3$.

4. Dinatriumhydrogenphosphat

In essigsaurer Lsg. bildet sich ein **weißer** Nd. eines Gemisches von Titandioxid-Hydrat und Titanoxidhydrogenphosphat, $[TiO]HPO_4$, der in Essigsäure schwer löslich und in Mineralsäuren leicht löslich ist.

5. Zink + HCl

$$2\,Ti(IV) + Zn \rightarrow 2\,Ti(III) + Zn^{2+}$$

Es erfolgt Red. zu **rotviolettem** $[Ti(H_2O)_6]^{3+}$.

6. Vorproben

Phosphorsalzperle in der Oxidationsflamme: Die Perle ist in der Hitze schwach **gelblich**, in der Kälte **farblos**.

7. Nachweis mit H_2O_2

$$[TiO \cdot aq]^{2+} + H_2O_2 \rightarrow [Ti(O_2) \cdot aq]^{2+} + H_2O$$

Mit H_2O_2 bilden sich gelbe bis gelborange $[Ti(O_2) \cdot aq]^{2+}$-Kationen.

Fe^{3+} wird mit wenig sirupöser (70- bis 85%iger) H_3PO_4 maskiert [Bildung von Phosphatoferraten(III)]. Diese sehr empfindliche Reaktion wird durch farbige und komplexbildende Anionen beeinträchtigt, z. B. überdecken CrO_4^{2-}-Ionen die Farbe des Peroxokomplexes, und V sowie Mo geben mit H_2O_2 ebenfalls farbige Peroxoverbindungen. F^--Ionen verhindern die Reaktion mit H_2O_2 durch Bildung des sehr stabilen $[TiF_6]^{2-}$-Komplexes sogar vollständig. Bei Gegenwart dieser Ionen ist daher die exakte Durchführung der auf S. 334 beschriebenen Trennverfahren Voraussetzung für die Eindeutigkeit dieses Nachweises.

Die salzsaure Probelsg. wird bei Gegenwart von Fe^{3+} durch Zusatz weniger Tropfen sirupöser H_3PO_4 entfärbt und mit 3 Tropfen 2,5 mol/l H_2O_2 versetzt. Die Bildung einer gelb bis gelborange gefärbten Lsg., die durch Zugabe von gesättigten KF- oder NH_4F-Lsg. wieder entfärbt wird, zeigt Ti an.

EG: 0,01 µg Ti/ml   pD 8,7

2.3.3.11 Vanadium, V, 50,9415; +II, +III, +IV, +V, $4s^2\,3d^3$

> Vanadium findet sich nur selten in größerer Menge in Lagern von Vanadiumerzen wie Patronit, ein Vanadiumsulfid, und Vanadinit, ein Bleivanadat, $Pb_5(VO_4)_3Cl$. Bedeutende Vanadiumvorkommen haben die USA, Kasachstan, Südafrika, Finnland, Simbabwe, Peru, Venezuela und Frankreich, doch sind nur die ersten vier Staaten Großproduzenten. Als geringe Beimengung in anderen Erzen und Mineralien ist Vanadium jedoch weit verbreitet. Sein Anteil am Aufbau der uns bekannten Teile der Erdrinde ($w(V) = 0,016\%$) ist größer als der von Kupfer ($w(Cu) = 0,01\%$) oder Co-

Fortsetzung

balt (w(Co) = 0,004 %). Sowohl Vanadium als auch seine Verbindungen besitzen erhebliche technische Bedeutung. So wird z. B. Ferrovanadium zur Herstellung widerstandsfähiger Spezialstähle verwendet. Vanadiumverbindungen wirken als Katalysatoren, z. B. V_2O_5 bei dem Schwefelsäure-Kontaktverfahren.

Beim Vanadium ist die höchste Oxidationsstufe die wichtigste und beständigste. Daneben bildet es Verbindungen, in denen es die Oxidationsstufe $+II$, $+III$ und $+IV$ hat. Der basische Charakter der Oxide nimmt mit steigender Oxidationsstufe ab. So bilden sich z. B. in der Oxidationsstufe $+II$ und $+III$ Salze und Komplexverbindungen wie $VSO_4 \cdot 7H_2O$, $K_4[V(CN)_6] \cdot 3H_2O$, oder die Sulfatovanadium(III)-säure, $HV(SO_4)_2 \cdot 6H_2O$. Das Oxid in der Oxidationsstufe $+IV$, VO_2, hat bereits amphoteren Charakter, mit Basen bildet es Vanadate(IV), mit Säuren Salze des in wässriger Lösung hellblauen „Vanadyl"-Ions, VO^{2+}. Das Oxid in der Oxidationsstufe $+V$, V_2O_5, reagiert als Säureanhydrid und bildet mit Alkalien Vanadate(V). In der gleichen Weise wie beim Chrom entstehen aus den in stark alkalischer Lösung beständigen Anionen der Orthovanadiumsäure, VO_4^{3-}, mit steigender Wasserstoffionenkonzentration verschieden stark kondensierte Isopolysäuren.

Die nachstehenden Reaktionen werden mit einer Lösung von Natriumvanadat(V) in Wasser bzw. der entsprechend vorbereiteten Analysenlösung durchgeführt.

1. Säuren, Alkalien, Urotropin

Diese Reagenzien geben keine Fällung. Die alkalische Lsg. ist f a r b l o s. Bei langsamem Ansäuern tritt g e l b e, dann o r a n g e g e l b e Farbe unter Bildung von Polyvanadiumsäuren auf. Bei weiterer Verminderung des pH-Wertes hellt sich die Lsg. wieder auf, weil jetzt das h e l l g e l b e VO_2^+-Ion entstanden ist.

Die Tetravanadate sind am verbreitetsten und werden im allg. als Metavanadate bezeichnet, z. B. Natriummetavanadat $Na_4[H_2V_4O_{13}] \equiv (NaVO_3)_4 \cdot H_2O$.

2. Reduktionsmittel

H_2S, SO_2, Oxalsäure u. a. reduzieren V(V) in saurer Lsg. zu V(IV). Es entstehen hellblaue VO^{2+}-Kationen. Metalle, wie Zn, Cd oder Al, reduzieren über g r ü n e s V^{3+} bis zum v i o l e t t e n V^{2+}. Hierbei kann man die dazwischenliegenden Oxidationsstufen leicht an dem Farbwechsel erkennen.

3. Schwermetall-, Erdalkaliionen

In neutraler Lsg. Fällung von Vanadaten, z. B. o r a n g e r o t e s $AgVO_3$, w e i ß e s $(Hg_2)_3(VO_4)_2$, g e l b e s $Pb_3(VO_4)_2$, r o t b r a u n e s $FeVO_4$, w e i ß e Erdalkalivanadate, Letztere sind auch in schwachen Säuren lösl., $FeVO_4$ ist in Essigsäure schwerlösl., in Mineralsäuren lösl.; $(Hg_2)_3(VO_4)_2$ ist auch in verd. HNO_3 nur sehr schwer löslich.

4. H_2S, $(NH_4)_2S$

Mit $(NH_4)_2S$ in neutraler und ammoniakalischer Lsg. keine Fällung, sondern Bldg. lösl. Thiovanadate, die je nach dem Schwefelgehalt des Ammoniumsulfids b r a u n bis r o t v i o l e t t sind. Beim Sättigen der ammoniakalischen Lsg. mit H_2S tritt die intensive R o t v i o l e t t färbung durch entstandenes $[VS_4]^{3-}$ besonders schön auf. Diese Reaktion dient als empfindlicher Nachweis für Vanadium.

Beim Ansäuern der Thiovanadatlsgg. fällt b r a u n e s V_2S_5 aus. Durch den frei werdenden Schwefelwasserstoff wird stets etwas Vanadium(V) reduziert, das Zentrifugat des V_2S_5-Niederschlags ist daher durch geringe Mengen von lösl. VO^{2+} schwach b l ä u l i c h bis t ü r k i s b l a u gefärbt. Bei Gegenwart von Cl^- wird die Reduktion gestört.

5. Flüchtigkeit von Vanadiumchloridoxid

Eine Vorprobe beruht auf der Flüchtigkeit von Vanadiumchloridoxid im trockenen Chlorwasserstoffstrom.

Man mischt die auf Vanadium zu prüfende Substanz mit der 4–5 fachen Menge NH_4Cl und füllt das Gemisch in ein trockenes Reagenzglas. Dies wird mit einem Glaswollebausch verschlossen, der mit 1 mol/l H_2SO_4 angefeuchtet ist. Nun erhitzt man lebhaft. Vanadium verflüchtigt sich dabei mit dem NH_4Cl, schlägt sich an der Glaswandung nieder und wird bis an den Glaswollebausch getrieben. Nach 5 Min. ist die Reaktion beendet. Die in und unter der Glaswolle vorhandene Masse wird in 1 mol/l H_2SO_4 gelöst, vom Schwerlöslichen abfiltriert, auf ein kleines Volumen eingedampft und entsprechend 7. (s. unten) auf Vanadium geprüft.

6. Vorproben

Die P h o s p h o r s a l z p e r l e wird in der Reduktionsflamme charakteristisch g r ü n, in der Oxidationsflamme s c h w a c h g e l b bis g e l b b r a u n (nur bei sehr starker Konzentration).
Auch die Reaktionen mit Reduktionsmitteln (s. 2.), mit H_2S bzw. $(NH_4)_2S$ (s. 4.) sowie die Flüchtigkeit des Vanadiumchloridoxids (s. 5.) haben Vorprobencharakter.

7. Nachweis als Peroxovanadium(V)-Komplex

In saurer Lösung liegt V(V) in Form von VO_2^+- und $H_2VO_4^-$-Ionen vor. Diese Ionen reagieren mit H_2O_2 primär unter Bildung von r ö t l i c h - b r a u n e n $[V(O_2)]^{3+}$-Kationen, die aber auf Zusatz von weiterem H_2O_2 in die schwach gelbe Peroxovanadiumsäure $H_3[VO_2(O_2)_2]$ übergehen. Die Reaktion soll demgemäß möglichst in saurer, 2–3 mol/l H_2SO_4 oder HNO_3 enthaltenden Lösung und mit wenig H_2O_2 durchgeführt werden.

Die Acidität darf nicht zu groß sein, wenn Cr(VI) und V(V) nebeneinander nachgewiesen werden sollen, da sonst CrO_5 zerfällt, ehe es in der etherischen Phase gelöst ist. Die Empfindlichkeit der Reaktion für V(V) wird durch pH-Erhöhung zwar herabgesetzt, ist jedoch bei den Bedingungen der CrO_5-Reaktion immer noch zur eindeutigen Identifizierung von V(V) groß genug. Ti muss vorher abgetrennt werden, da es stört.

Die Reaktion wird, wie beim Cr beschrieben (vgl. 14., S. 244), ausgeführt. Es bildet sich nach Zusatz von wenig H_2O_2 eine r ö t l i c h - b r a u n e wässrige Phase, die auf weiteren H_2O_2-Zusatz wieder verblasst.

EG: 2,5 µg V   pD 4,3

(Bei Anwesenheit von Cr(VI) wird in 2–3 mol/l mineralsaurer Lsg. gearbeitet).

2.3.3.12 Molybdän, Mo, 95,95; + V, + VI, $5s^1 4d^5$

> Molybdän kommt in der Natur hauptsächlich als Molybdänglanz (Molybdänit), MoS_2, und in geringen Mengen als Gelbbleierz (Wulfenit), $PbMoO_4$, vor. Das reine Metall wird nach dem Abrösten des Sulfids durch Reduktion von MoO_3 im Wasserstoffstrom gewonnen. Hierzu wird das Oxid zuerst mit Soda geschmolzen, das gebildete Molybdat herausgelöst und das MoO_3 durch Ansäuern wieder gefällt. Als Legierungsbestandteil für Molybdänstahl dient vorwiegend Ferromolybdän, das auf elektrothermischem Wege aus einem Eisenoxid-Moybdänoxid-Kohle-Gemisch hergestellt wird.

Zu den nachstehenden Reaktionen verwende man eine Ammoniummolybdatlösung bzw. die entsprechend vorbereitete Analysenlösung.

1. Darstellung von Ammoniumtetrathiomolybdat, $(NH_4)_2MoS_4$

5 g $(NH_4)_6Mo_7O_{24} \cdot 4 H_2O$ werden in 15 ml Wasser gelöst und mit 50 ml 8 mol/l NH_3 versetzt. Durch Einleiten von H_3S färbt sich die Lsg. anfangs gelb, später tiefrot, und nach einer halben Stunde fällt plötzlich eine reichliche Menge von zum Teil wohlausgebildeten, blutroten Kristallen von $(NH_4)_2MoS_4$ mit metallischem Oberflächenglanz aus. Diese werden mit wenig kaltem Wasser, dann mit Alkohol gewaschen und im Vakuumexsikkator getrocknet.

2. Säuren

Es bildet sich ein w e i ß e r Niederschlag von Molybdänsäure, der sich im Überschuss als MoO_2^{2+}-Kation löst. Dieses neigt zur Bildung von komplexen Salzen, z. B. $M_2[MoO_2Cl_4]$, $M_2[(MoO_2)_2(SO_4)_3]$ u. a.

Aus salpetersauren Molybdatlsgg. kann sich bei längerem Stehen auch das Hydrat der Molybdänsäure, $H_2MoO_4 \cdot H_2O$, als g e l b e r kristalliner Niederschlag abscheiden.

3. H_2S

Es entsteht langsam ein s c h w a r z b r a u n e r Niederschlag von MoS_3. Die Fällung geht beim gewöhnlichen Einleiten sowohl in der Kälte als auch in der Hitze äußerst langsam vor sich. Will man Molybdän als MoS_3 quantitativ fällen, so nimmt man die Fällung am besten unter Druck vor, indem man die Lsg. in einer Druckflasche mit Schwefelwasserstoff sättigt, verschließt und auf dem Wasserbad erhitzt (Vorsicht). Die Operation wiederhole man, bis alles Molybdänsulfid ausgefallen ist. Als Fällungsmittel kann auch Thioacetamid (s. S. 441) verwendet werden.

MoS_3 ist schwerlösl. in konz. Salzsäure, lösl. in Königswasser sowie in gelbem Ammoniumsulfid. Es bildet sich r o t e s Thiomolybdat:

$$MoS_3 + (NH_4)_2S \rightarrow (NH_4)_2MoS_4$$

Beim Ansäuern fällt wieder b r a u n e s MoS_3 aus.

4. Hg(I) und Pb^{2+}

In neutralen Lösungen entsteht ein w e i ß e r Niederschlag von Hg_2MoO_4 bzw. $PbMoO_4$.

5. Reduktionsmittel

Zink in salzsaurer oder schwefelsaurer Lsg. sowie $SnCl_2$ reduzieren zunächst zu Molybdänblau und weiter unter G r ü n - bzw. B r a u n f ä r b u n g zu Mo(IV) und Mo(III). SO_2 reduziert nur in neutraler oder schwach saurer Lsg. zu Molybdänblau, in stark saurer dagegen nicht (s. auch Wolfram, S. 256).

6. Vorproben

a) Flammenfärbung: Fahlgrün, wenig charakteristisch.
b) Phosphorsalzperle: In der Oxidationsflamme je nach Konzentration in der Hitze b r a u n g e l b bis g e l b, beim Erkalten g e l b g r ü n, in der Kälte f a r b l o s, In der Reduktionsflamme in der Hitze d u n k e l b r a u n, in der Kälte g r a s g r ü n.
c) Die beste Vorprobe ist das Abrauchen mit konz. Schwefelsäure (s. 7.).

7. Nachweis mit konz. H_2SO_4

Raucht man unter dem Abzug eine kleine Menge einer molybdathaltigen Substanz in offener Schale mit einigen Tropfen 18 mol/l H_2SO_4 bis fast zur Trockne ab und lässt erkalten, so tritt intensive B l a u f ä r b u n g ein, da sich teilweise infolge Reduktion des Mo(VI) ein Molybdänoxid der ungefähren Zusammensetzung $MoO_{3-x}(OH)_x$, mit x zwischen 0 und 2, bildet (Molybdänblau). Sehr empfindliche Reaktion, als Vorprobe geeignet!

8. Nachweis mit $K_4[Fe(CN)_6]$

$$2\ MoO_2^{2+} + [Fe(CN)_6]^{4-} \rightarrow (MoO_2)_2[Fe(CN)_6]\downarrow$$

In salzsaurer Lösung bildet sich ein r o t b r a u n e r Niederschlag, der sich im Unterschied zu Kupferhexacyanoferrat(II) (s. S. 284) in Laugen und auch in Ammoniak leicht löst.

pD 4,7

Gibt man zu dem Niederschlag festes Ammoniumacetat oder eine konz. Lsg. hinzu, so entsteht allmählich ein z i t r o n e n g e l b e r Niederschlag der Zusammensetzung

$$(NH_4)_4[Fe(CN)_6] \cdot 2\ MoO_3 \cdot 3\ H_2O$$

Am besten führt man die Reaktion aus, indem man die essigsaure Probelsg. mit der $K_4[Fe(CN)_6]$-Lsg. versetzt und dann NH_4CH_3COO hinzugibt.

9. Nachweis als Ammonium- bzw. Kaliummolybdophosphat, $M_3[PMo_{12}O_{40}] \cdot aq$

Die stark salpetersaure Lsg. wird in einem kleinen Reagenzglas mit wenig NH_4Cl bzw. KCl und 1–2 Tropfen 2 mol/l Na_2HPO_4 versetzt und erwärmt. Es scheiden sich äußerst feine gelbe Kristalle von Ammonium- bzw. Kaliummolybdophosphat ab. (Kristallaufnahme Nr. 5.)

pD 5,0

10. Nachweis mit KSCN + Reduktionsmitteln

Molybdate bilden in salzsaurer Lösung mit KSCN und einem Reduktionsmittel (Zn, $SnCl_2$, $Na_2S_2O_3$) r o t e s, wasserlösliches $[Mo(SCN)_6]^{3-}$, das durch konz. HCl oder H_2O_2 entfärbt wird. PO_4^{3-}, Oxalsäure und Weinsäure können den Nachweis verhindern bzw. seine Empfindlichkeit stark vermindern. Hg^{2+} und NO_2^- stören durch Verbrauch von SCN^--Ionen durch Bildung von NOSCN bzw. undissoziiertem $Hg(SCN)_2$. Wolframate, die unter den gleichen Bedingungen blaue Wolframoxide bilden, werden durch Kapillartrennung auf Filterpapier entfernt. Der Thiocyanatokomplex ist in Ether löslich. Eisen(III)-Salze stören nicht, da sie zu Fe(II)-Salzen reduziert werden.

Zum Nachweis von Mo wird 1 Tropfen der Probelsg. und 1 Tropfen KSCN-Lsg. auf Filterpapier getüpfelt, das vorher mit 5 mol/l HCl angefeuchtet wurde. Bei Zugabe von $SnCl_2$-Lsg. zeigt ein **hellroter** Fleck oder Ring Mo an, während ein ggf. vorher gebildeter **roter** Fleck von Fe(III)-thiocyanat verschwindet. Ist gleichzeitig Wolfram zugegen, so bildet sich in der Mitte ein **blauer** Fleck (Wolframblau), der von einem **roten** Ring der Mo-Verbindung umgeben ist. Beim Nachtüpfeln mit 7 mol/l HCl verschwindet die **rote** Farbe des Hexathiocyanatomolybdats, und nur die Farbe des Wolframblaus bleibt bestehen (vgl. auch 7., S. 256).

EG: 0,1 µg Mo   pD 6,2

Reagenzien: 10%ige KSCN-Lsg., 5%ige Lsg. von $SnCl_2$ in 3 mol/l HCl.

2.3.3.13 Wolfram, W, 183,85; + VI, $6s^2 5d^4$

Wolfram kommt in der Natur als Scheelit, $CaWO_4$, Stolzit, $PbWO_4$, und als Wolframit, einem Mischkristall aus $FeWO_4$ und $MnWO_4$, vor. Durch Schmelzen dieser Mineralien mit Soda wird das wasserlösliche Natriumwolframat, Na_2WO_4, erhalten, aus dessen Lösungen durch Zusatz von Säure das Oxid WO_3 ausgefällt wird. WO_3 kann mit Wasserstoff zum Metall reduziert werden. Wolfram findet als Legierungsbestandteil in Spezialstählen Verwendung, weiterhin hat es große Bedeutung in der Glühlampenindustrie und zur Herstellung von „Wolframbronzen". Wolframcarbid, WC, bildet den Hauptbestandteil von Hartmetallen wie „Widia".

Wolfram liegt in der Analyse hauptsächlich in Form verschiedenartiger Wolframate vor. Beim Ansäuern einfacher Wolframate bilden sich zunächst in Abhängigkeit vom pH verschieden stark kondensierte Polywolframsäuren, bis schließlich im stärker sauren Bereich $WO_3 \cdot$ aq ausfällt. H_2S fällt aus sauren Lösungen keine Wolframsulfide, im alkalischen Bereich entstehen rotbraune lösliche Thiowolframate, aus deren Lösungen beim Ansäuern hellbraunes WS_3 ausfällt. Da die Fällung von $WO_3 \cdot$ aq durch HCl unter analytischen Bedingungen nie quantitativ erfolgt, können Reste des Wolframs bis an das Zentrifugat der $(NH_4)_2S$-Gruppe gelangen. Die Fällung von $WO_3 \cdot$ aq durch HCl kann völlig ausbleiben, wenn ein größerer Überschuss von Phosphaten, Arsenaten, Silicaten oder Boraten vorliegt, da Wolframsäure mit den entsprechenden Säuren im sauren Bereich sehr stabile Heteropolysäuren bildet. Bei Anwesenheit von Wolfram ist daher in jedem Falle der Urotropintrennungsgang anzuwenden, bei dem – unbeschadet einer bereits vorherigen teilweisen Fällung von $WO_3 \cdot$ aq in der HCl-Gruppe – der Rest des Wolframs quantitativ als Eisenwolframat gefällt wird. Häufig ist es noch zweckmäßiger, WO_3 vor dem Trennungsgang quantitativ durch Abrauchen mit konz. HNO_3 zu entfernen. In diesem Fall muss allerdings vorher auf As und Hg geprüft werden, die sich beim Abrauchen verflüchtigen können.

1. Darstellung von 12-Wolframo-1-phosphorsäure, $H_3[PW_{12}O_{40} \cdot aq]$

Alle Iso- und Heteropolysäuren sowie ihre Salze kristallisieren stets mit Wasser, da H_2O ein wesentliches Bauelement der Kristallstruktur dieser Verbindungen ist.

Zunächst wird das Natriumsalz, $Na_3[PW_{12}O_{40} \cdot aq]$, hergestellt, aus dem die freie Säure nach der zur Darstellung freier Heteropolysäuren allgemein anwendbaren Extraktionsmethode von *Drechsel* durch Ausschütteln der konzentrierten wässrigen Lösung des Natriumsalzes mit Ether und konz. Salzsäure erhalten wird.

$$12\, Na_2WO_4 \cdot aq + Na_2HPO_4 + 23\, HCl \rightarrow$$
$$Na_3[PW_{12}O_{40} \cdot aq] + 23\, NaCl + 12\, H_2O$$

Eine Lsg. von 50 g $Na_2WO_4 \cdot 2 H_2O$ in etwa 80 ml Wasser wird mit 25 g $Na_2HPO_4 \cdot 12 H_2O$ versetzt und bis zur vollständigen Auflsg. des Salzes erhitzt. Man dampft bei etwa 80 °C bis zur Bildung einer Kristallhaut ein, setzt dann langsam unter Rühren etwa 75 ml 7 mol/l HCl ($\varrho = 1{,}12$ g/ml) zu (ein vorübergehend auftretender Niederschlag löst sich wieder klar auf) und verdampft erneut bis zur Bildung einer Kristallhaut. Die Flüssigkeit samt den ausgeschiedenen Kristallen wird nach dem Abkühlen in einen Scheidetrichter gebracht, in dem sich durch Schütteln mit Ether (langsam zugeben!) drei Schichten ausbilden: eine untere, ölige (etherische Lsg. von $H_3[PW_{12}O_{40} \cdot aq]$), eine mittlere, wässrige sowie eine obere, aus überschüssigem Ether bestehende. Aus der abgetrennten, unteren Schicht wird vorsichtig (!) der Ether auf dem Wasserbad abgedampft und aus 30 ml Wasser umkristallisiert. Eine auftretende Blaufärbung kann durch Zugabe von einigen ml Chlorwasser beseitigt werden.

$H_3[PW_{12}O_{40} \cdot aq]$ bildet lichtgelbe oder grünliche, in Wasser leicht lösliche Kristalle.

Zu den folgenden Reaktionen benutze man eine verdünnte Na_2WO_4-Lösung bzw. die entsprechend vorbereitete Analysenlösung.

2. Säuren

Es entsteht ein w e i ß e r Niederschlag von Wolframtrioxidhydrat, $WO_3 \cdot aq$ (weiße Wolframsäure), der in der Hitze in g e l b e s H_2WO_4 übergeht. Die Fällung geht am besten mit Salpetersäure vor sich, weniger gut mit Salz- oder Schwefelsäure. Bei reichlichem Überschuss von 7 mol/l HCl kann Wiederauflsg. zu Derivaten von Wolframoxidchloriden stattfinden. $WO_3 \cdot aq$ geht sehr leicht kolloidal wieder in Lösung. Beim Auswaschen des Niederschlags nehme man daher 2 mol/l HNO_3. Phosphorsäure kann zunächst auch einen w e i ß e n Niederschlag geben, der sich aber in der Wärme und bei etwas größeren Mengen von Phosphorsäure wieder löst. Es bildet sich Wolframophosphorsäure, $H_3[PW_{12}O_{40}] \cdot aq$. Aus solchen u. a. heteropolysäurehaltigen Lösungen wird durch Säuren kein $WO_3 \cdot aq$ abgeschieden.

3. Hg_2^{2+} und Pb^{2+}

Aus neutraler Lsg. Fällung von Hg_2WO_4 bzw. $PbWO_4$.

4. H_2S, $(NH_4)_2S$

In saurer Lsg. keine Fällung, in alkalischer Lsg. Bildung von lösl. Thiowolframat, WS_4^{2-}. Säuert man eine Thiowolframat-Lsg. an, so fällt h e l l b r a u n e s WS_3 aus.

5. Vorproben

a) Flammenfärbung: Keine.
b) Phosphorsalzperle: In der Oxidationsflamme **farblos**, in der Reduktionsflamme **blau**, bei Zusatz von wenig $FeSO_4$ **blutrot**.

6. Nachweis als Ammonium- bzw. Kaliumwolframophosphat

Eine stark salpetersaure Lsg. von Na_2WO_4 versetze man in einem kleinen Reagenzglas mit etwas NH_4Cl bzw. KCl und einigen Tropfen verd. Na_2HPO_4-Lsg. und erwärme. Es bilden sich **farblose** Kristalle von

$$(NH_4)_3[PW_{12}O_{40} \cdot aq] \cdot 3\,H_2O \quad \text{bzw.} \quad K_3[PW_{12}O_{40} \cdot aq] \cdot 3\,H_2O$$

die mit den analog zusammengesetzten **gelben** Molybdatkristallen isomorph sind (Kristallaufnahme Nr. 5).

pD 4,9

7. Nachweis durch Reduktionsmittel

Gibt man zu einer alkalischen Wolframatlösung ein Reduktionsmittel, z. B. $SnCl_2$, Zn usw., und säuert dann an, so erhält man eine **tiefblau** gefärbte Lösung bzw. einen Niederschlag von Wolframblau (ungefähre Zusammensetzung H_xWO_3, $x = 0,1$–$0,5$). Diese Reaktion läuft selbst in Gegenwart von heteropolysäurebildenden Anionen ab. Sie gestattet das Erkennen löslicher W(VI)-Verbindungen auch bei Gegenwart von Mo(VI), das ähnlich reagiert (vgl. 5., S. 253). Vanadium gibt allmählich ebenfalls eine **blaue** Färbung, die sich aber im Gegensatz zum Wolfram auch bei der Reduktion mit Weinsäure bildet.

Zum Nachweis von W neben Mo wird 1 Tropfen der Probelsg. und 1 Tropfen 5 mol/l HCl auf Filterpapier getüpfelt und der feuchte Fleck mit KSCN- und $SnCl_2$-Lsg. behandelt. Eine **Blaufärbung** zeigt W an. Die bei Gegenwart von Mo gleichzeitig auftretende **Rotfärbung** verschwindet beim Nachtüpfeln mit 7 mol/l HCl.

EG: 4 µg W   pD 4,1

Reagenzien: 10%ige wss. KSCN-Lsg., 5%ige wässrige Lsg. von $SnCl_2$ in 3 mol/l HCl.

8. Nachweis mit Hydrochinon

Durch diese empfindliche Nachweisreaktion kann Wolfram in löslichen und schwerlöslichen W(VI)-Verbindungen identifiziert werden. Die Reaktion eignet sich deshalb als Vorprobe. Titan reagiert mit Hydrochinon in ähnlicher Weise und stört den Nachweis von W.

Einige mg Substanz werden mit der vierfachen Menge $KHSO_4$ und 2 Tropfen 18 mol/l H_2SO_4 langsam bis zur Schmelze erhitzt. Nach dem Erkalten setzt man einige mg Hydrochinon zu. Bei Gegenwart von W(VI)-Ionen entsteht eine **rotviolette** Färbung.

EG: 2 µg W

2.3.3.14 „Seltenere" Elemente: 3. Nebengruppe des PSE

In der 3. Nebengruppe des Periodensystems stehen die Elemente Scandium, Sc, Yttrium, Y, Lanthan, La und Actinium, Ac. Die 14 auf das Element Lanthan folgenden Elemente werden als **Lanthanoide** bezeichnet und die 14 auf das Actinium folgenden Elemente nennt man entsprechend **Actinoide**. Für die Elemente Sc, Y, La einschließlich der Lanthanoide wird häufig die Bezeichnung **Seltene Erden** verwendet.

Bei den 14 Lanthanoiden handelt es sich um Cer, Ce, Praseodym, Pr, Neodym, Nd, Promethium, Pm, Samarium, Sm, Europium, Eu, Gadolinium, Gd, Terbium, Tb, Dysprosium, Dy, Holmium, Ho, Erbium, Er, Thulium, Tm, Ytterbium, Yb, und Lutetium, Lu. Ihre Hauptoxidationsstufe ist +III. Cer tritt in seinen Verbindungen nicht nur in der Oxidationsstufe +III, sondern auch in +IV auf. Weiterhin können auch noch einige andere Elemente in anderen Oxidationsstufen relativ unbeständig. Zu diesen Elementen gehören Praseodym und Terbium, die in der Oxidationsstufe +IV auftreten können, sowie Samarium, Europium und Ytterbium, die man verhältnismäßig leicht in die Stufe +II überführen kann.

Beim Übergang von einem Element zum nächsten im PSE wird im allgemeinen – entsprechend der Zunahme der positiven Kernladung – ein Elektron in die äußerste (Hauptgruppenelemente) oder aber in die nächstfolgende darunter liegende Elektronenschale (Übergangselemente) eingebaut. Damit werden die chemischen Eigenschaften wesentlich geändert. Bei den Lanthanoiden wird nun dieses Prinzip durchbrochen. Zwar steigt die Ordnungszahl und damit die positive Ladung des Kerns stets um eine Einheit, die neuen Elektronen dienen jedoch nur zur Auffüllung einer inneren (4f-)Schale. Dadurch bleibt die Hauptoxidationsstufe stets die gleiche. Die Größe der Ionen nimmt dabei aber stetig ab (sog. **Lanthanoidenkontraktion**), und zwar so stark, daß schon das Dysprosium-Ion – trotz seiner doppelt so hohen relativen Atommasse – die gleiche Größe wie das Yttrium-Ion besitzt und die Größe des Lu^{3+} sogar der des Sc^{3+} ähnelt. Infolgedessen sind die Elemente der Seltenerdmetalle (Sc bis Lu) einander sehr ähnlich. Infolgedessen sind die Elemente der Seltenerdmetalle (Sc bis Lu) einander sehr ähnlich. So nimmt z. B. die Löslichkeit der Hydroxide, wie zu erwarten, von Scandium über Yttrium zum Lanthan zu, so daß $La(OH)_3$ ähnliche Löslichkeit besitzt wie das $Ca(OH)_2$. Dann nimmt sie aber langsam wieder ab, so daß $Lu(OH)_3$ nur etwa die gleiche Löslichkeit aufweist wie $Sc(OH)_3$. Die Lanthanoidenkontraktion macht sich bei den im PSE auf die Seltenerdmetalle folgenden Elementgruppen Zr und Hf, Nb und Ta, Mo und W usw. noch stark bemerkbar, so daß sich durch den geringen Unterschied in der Ionengröße die Eigenschaften dieser Paare sehr ähneln. Dadurch wird z. B. auch die Trennung von Zirconium und Hafnium oder von Niob und Tantal sehr schwierig.

Beim Actinium, Ac, beginnt die den Lanthanoiden analoge Elementenreihe der **Actinoide**. Zu ihr gehören: Thorium, Th, Protactinium, Pa, Uran, U, Neptunium, Np, Plutonium, Pu, Americium, Am, Curium, Cm, Berkelium, Bk, Californium, Cf, Einsteinium, Es, Fermium, Fm, Mendelevium, Md, Nobelium, No, und Lawrencium, Lr. Wie bei den Lanthanoiden erfolgt – soweit man es bereits hat feststellen können – auch bei den Actinoiden beim Übergang von einem Element zum nächsten des PSE der Einbau des durch die Erhöhung der positiven Ladung des Kernes erforderlichen Elektrons in eine innere (5f-)Schale.

Gemäß ihrer Stellung im PSE treten Actinium und die schwereren Actinoide wie die Lanthanoide bevorzugt in der Oxidationsstufe +III auf. In dieser Oxidationsstufe besitzen sie im allgemeinen die Eigenschaften des Actiniums und somit auch die des Lanthans, d. h., die Actinoide in der Oxidationsstufe +III ähneln den Lanthanoiden. In dieser Hinsicht zeigen besonders auch die untereinander stehenden Elemente der beiden Reihen, z. B. Europium und Americium oder Terbium und Berkelium, übereinstimmendes Verhalten und weitgehend ähnliche Eigenschaften.

Fortsetzung

Wie bei den Lanthanoiden vermögen auch bei den Actinoiden einige Elemente in höheren Oxidationsstufen aufzutreten. So tritt z. B. Thorium, das zweite Element der Actinoiden, wie Cer, das zweite Element der Lanthanoiden, durchweg in der Oxidationsstufe +IV auf. Außer Thorium können aber auch noch Americium, Curium und Berkelium in der Oxidationsstufe +IV auftreten, jedoch nimmt die Beständigkeit der Verbindung dieser Oxidationsstufe mit steigender Ordnungszahl ab. Die genannten 3 Elemente verhalten sich in der Oxidationsstufe +IV wie Thorium. Sie bilden z. B. wie dieses in verd. Säuren schwerlösliche Fluoride und Oxalate.

Von den bis heute bekannten Actinoiden nehmen die Elemente Uran, Neptunium und Plutonium gewissermaßen eine Sonderstellung ein. Sie können nicht nur in der Oxidationsstufe +III und +IV, sondern auch in den Oxidationsstufen +V und +VI auftreten. Alle drei lassen sich durch die Verbindungen der Oxidationsstufe +VI charakterisieren. Ihre M(VI)-Oxide sind amphoter. Demgemäß bilden sie mit Alkalien den Chromaten analoge Uranate, Neptunate und Plutonate, die sämtlich in Wasser schwerlöslich sind. Hingegen erfolgt in saurer Lösung eine Umsetzung nach der Gleichung:

$$UO_3 + 2\,HNO_3 \rightarrow UO_2(NO_3)_2 + H_2O$$

wobei Uranoxid-, Neptuniumoxid- und Plutoniumoxidsalze entstehen, in denen die 3 Elemente nunmehr als Kationen (UO_2^{2+}, NpO_2^{2+} und PuO_2^{2+}) vorhanden sind. Jedoch nimmt innerhalb dieser Triade die Beständigkeit der Verbindungen der Oxidationsstufe +VI mit steigender Ordnungszahl ab, so dass z. B. Plutonium zwar noch in die Oxidationsstufe +VI übergeführt werden kann, vorzugsweise aber in den Oxidationsstufen +III und +IV auftritt.

Die Isotope der Actinoiden sind radioaktiv. Infolgedessen lassen sich Untersuchungen nur unter Beachtung besonderer Vorsichtsmaßnahmen und Anwendung spezieller Methoden durchführen. Weiterhin sind viele der Actinoiden infolge ihrer Darstellung durch Kernreaktionen (Kernreaktor, Cyclotron) bisher nur einer relativ kleinen Gruppe von Wissenschaftlern zugänglich. Im Rahmen dieses Buches wird daher nur das Element Uran näher besprochen.

2.3.3.15 Uran, U, 238,029; + IV, + VI; $5\,f^3\,6\,d^1\,7\,s^2$

Das häufigste Uranerz ist die Uranpechblende, U_3O_8. Aus ihr kann Radium isoliert werden. Uran als Oxid, Carbid oder Nitrid spielt heute zur Erzeugung von Atomenergie eine wichtige Rolle. Hierzu wird in dem natürlichen Isotopengemisch (99,3% ^{238}U und 0,7% ^{235}U) das leichtere Isotop, das für die Kernreaktion von Bedeutung ist, angereichert. Die natürlichen Isotope besitzen eine große Halbwertszeit (etwa 10^9 Jahre). Die Radioaktivität ist relativ gering. Der Umgang mit Uran erfordert jedoch spezielle Sicherheitsvorkehrungen, die in einem normalen Labor nicht gegeben sind. **Daher darf in einenem normalen Labor nicht mit Uran gearbeitet werden.** Dennoch werden nachfolgend einige typische Reaktionen des Urans aufgeführt, um die chemischen Reaktionen des Urans darzulegen.

1. NaOH, KOH, Ammoniak oder Urotropin

$$2\,UO_2^{2+} + 2\,Na^+ + 6\,OH^- \rightarrow Na_2U_2O_7\downarrow + 3\,H_2O$$

Es bildet sich ein g e l b e r Niederschlag des betreffenden Diuranats; Weinsäure verhindert die Fällung durch Bildung eines lösl. Komplexes.

2. NaHCO$_3$, (NH$_4$)$_2$CO$_3$

$$Na_2U_2O_7 + 6\,CO_3^{2-} + 6\,NH_4^+ \rightarrow 2\,[UO_2(CO_3)_3]^{4-} + 2\,Na^+ + 6\,NH_3 + 3\,H_2O$$

Mit Uranoxidsalzen Bildung leicht lösl., komplexer Uranoxidverbindungen. Auch die Diuranate lösen sich in beiden, besonders aber in (NH$_4$)$_2$CO$_3$ leicht auf, so dass diese zur Abtrennung des Urans von anderen Elementen dienen können. Bei längerem Kochen fällt das Diuranat infolge Verschiebung des Gleichgewichtes wieder aus.

3. (NH$_4$)$_2$S

Ammoniumsulfid erzeugt mit UO$_2^{2+}$ einen b r a u n e n Niederschlag von Uranoxidsulfid, UO$_2$S, der nicht nur in verd. Säuren, sondern auch in (NH$_4$)$_2$CO$_3$ lösl. ist.

4. Reduktion

Saure Uranoxidsalzlösungen – am besten schwefelsaure – werden durch unedle Metalle, wie Mg, Zn, Cd, Bi sowie durch Natriumdithionit Na$_2$S$_2$O$_4$ zu U(IV) reduziert.

Die g e l b e Farbe des U(VI) geht dabei in die g r ü n e des U(IV) über. Beim Versetzen der Lsg. von U(IV) mit Alkalihydroxid oder Ammoniak fällt voluminöses, b r a u n e s U(OH)$_4$ aus, das an der Luft schnell zu Uran(VI) oxidiert wird.

5. KSCN + Ether

UO$_2^{2+}$ bildet in salzsaurer Lsg. mit SCN$^-$ o r a n g e g e l b e s, komplexes Uranoxidthiocyanat der vermutlichen Zusammensetzung UO$_2$(NCS)$_2$ · 3 Ether, das in Wasser und Ether lösl. ist. Durch mehrmaliges Schütteln der salzsauren wss. Lsg., der festes KSCN im Überschuss (1 g KSCN auf 3 ml Lsg.) zugesetzt ist, mit Ether lässt sich Uran aus der wässrigen Lsg. weitgehend entfernen (wichtig für die Trennung des Urans von Cr und V!).

6. Fluoreszenz

Viele Uransalze zeigen im UV-Licht gelbgrüne Fluoreszenz.

7. Reaktion mit H$_2$O$_2$

Aus neutraler oder essigsaurer Lsg. fällt H$_2$O$_2$ das Uran als g e l b l i c h w e i ß e s Peroxid.
Bei gleichzeitiger Einwirkung von NaOH oder Ammoniak und H$_2$O$_2$ entsteht ein in Laugen leicht lösl. o r a n g e g e l b e s Peroxouranat, dessen Zusammensetzung je nach den angewandten Mengenverhältnissen wechselt. Unter anderem entsteht

$$[UO_2(O_2)_3]^{4-} \quad pD\ 4{,}3$$

2.3.3.16 Analysengang der Ammoniumsulfid-Urotropingruppe

Vorproben

Als Vorproben für die häufigsten Elemente der Ammoniumsulfidgruppe kommen insbesondere die Herstellung der Phosphorsalz- und der Boraxperle in Frage

(s. S. 211). Zur Erkennung von Chrom und Mangan führt man die Oxidationsschmelze aus (s. S. 219 und 244).

Kationentrennungsgang

Zur Ausführung der Trennungs- und Nachweisoperationen muss die Analysensubstanz in Lösung gebracht werden. Mit kleinen Anteilen der feingepulverten Substanz, die man im Reagenzglas nacheinander mit Wasser, 2 mol/l und 7 mol/l HCl übergießt und 5–10 Minuten erhitzt, stellt man zunächst fest, ob sich die Substanz in diesen am besten geeigneten Lösungsmitteln löst. Bleibt ein schwerlöslicher Rückstand, so prüft man in gleicher Weise die Löslichkeit in 2 mol/l und 14 mol/l HNO_3 und schließlich in Königswasser (s. S. 135). Für den eigentlichen Lösungsprozess nehme man dann das Lösungsmittel, in dem sich der größte Teil oder alles gelöst hat. War Salpetersäure zur Lösung notwendig, so ist bis fast zur Trockne einzudampfen und mit 2 mol/l HCl wieder aufzunehmen. Ungelöst bleiben die Erdalkalisulfate, die hochgeglühten Oxide Al_2O_3, Fe_2O_3, Cr_2O_3, gegebenenfalls auch CoO und NiO bzw. Ni_2O_3, sowie TiO_2 und WO_3. In schwerlöslicher Form können auch manche Verbindungen wie z. B. Chromeisenstein, $FeCr_2O_4$, und Spinell $MgAl_2O_4$, vorliegen. Diese müssen, nachdem man sie vom löslichen Anteil abgetrennt hat, aufgeschlossen werden (s. S. 268).

Sowohl beim Urotropinverfahren als auch bei der gemeinsamen Fällung mit Ammoniumsulfid müssen in der Lösung der Analysensubstanz Chrom als Cr^{3+} und Mangan als Mn^{2+} vorliegen. Falls $HCrO_4^-$ und MnO_4^- – kenntlich an der orangeroten bzw. violetten Farbe der Lösungen – vorhanden sind, müssen sie mit einigen ml Alkohol in der Siedehitze reduziert werden. Der Überschuss des Alkohols wird verkocht.

Trennung und Nachweis von Ni, Co, Mn, Zn, Fe, Al, Cr (und) durch das Urotropinverfahren

Die HCl- bzw. H_2SO_4-saure Lösung prüfe man vor Anwendung des Trennungsganges auf Phosphat. Ist Phosphat zugegen, jedoch kein oder nur wenig Eisen, dann setzt man der Lösung eine dem PO_4^{3-} entsprechende Menge an Fe^{3+} hinzu. Sodann versetzt man unter Umrühren zuerst mit konz., später mit verd. $(NH_4)_2CO_3$-Lösung, bis sich der an der Eintropfstelle bildende Niederschlag beim Umschütteln gerade nicht mehr auflöst. Mit einigen Tropfen 2 mol/l HCl bringt man ihn wieder in Lösung, setzt gegebenenfalls noch festes NH_4Cl hinzu und kocht auf. Zur siedenden Lösung lässt man nun eine 10%ige Urotropinlösung (für 100–200 mg zu fällender Elemente genügen 4–8 ml) zutropfen und kocht noch einige Minuten. Die Urotropinlösung versetzt man vorher mit so viel 2 mol/l HCl, dass Methylrot gerade von Gelb nach Rot umzuschlagen beginnt (pH 5–6). Man zentrifugiert heiß und wäscht den Niederschlag mehrmals mit heißem Wasser aus. Er enthält die folgenden Hydroxide: $Al(OH)_3$ weiß, $Fe(OH)_3$ rotbraun und $Cr(OH)_3$ grün. Daneben befindet sich im Niederschlag $FePO_4$ weißlich.
In Lösung bleiben: Co^{2+}, Ni^{2+}, Mn^{2+} und Zn^{2+}, außerdem die Erdalkali- und Alkalielemente.

Der **Urotropinniederschlag** wird mit etwa 5 ml 7 mol/l HCl unter Erwärmen gelöst und die entstehende Lösung mit so viel Wasser oder 7 mol/l HCl versetzt, dass letztere etwa 60% des Gesamtvolumens ausmacht. Nach der in 17., S. 230 wiedergegebenen Arbeitsvorschrift wird nun der größte Teil des Eisens ausgeethert. Die etherische Schicht versetzt man mit 5–10 ml 2 mol/l HCl und entfernt dann den Ether, indem man Luft durch die Lösung saugt. Im Rückstand wird Eisen mit KSCN (s. 25., S. 232) sowie mit $K_4[Fe(CN)_6]$ (s. 18., S. 231) nachgewiesen. Sofern wegen der Anwesenheit von PO_4^{3-} noch Fe^{3+} zugesetzt wurde, muss der Eisennachweis natürlich bereits vor dem Zusatz des Fe^{3+} erfolgen.

Die abgetrennte wässrige Schicht wird durch Eindampfen von anhaftendem Ether und von der Hauptmenge der Salzsäure befreit und zum Schluss mit Na_2CO_3 nahezu neutralisiert. Nun bereite man sich in einer Porzellanschale eine Mischung von frisch hergestellter 30%iger NaOH und ebenso viel 3%igem H_2O_2. Die Natronlauge muss stets frisch bereitet werden, weil durch längeres Aufbewahren der Lauge in Glasgefäßen aus dem Glas Aluminium und Silicium gelöst werden. Zur Vermeidung dieser Verunreinigung wird die Verwendung von Polyethylenflaschen empfohlen. Statt NaOH und H_2O_2 kann man auch 0,5 g Na_2O_2, in 5 ml 2 mol/l NaOH gelöst, nehmen. Unter gelindem Erwärmen und Umrühren gießt man in dieses Gemisch die Analysenlösung langsam ein. Es darf auf keinen Fall umgekehrt verfahren werden. Danach wird unter Rühren bis zum beginnenden Sieden erhitzt, zentrifugiert und mit warmer Natronlauge und schließlich mit warmem Wasser gründlich gewaschen. Das Waschwasser wird verworfen. Der entstandene Niederschlag enthält das restliche Eisen. Wurde das Eisen nicht ausgeethert, so befindet es sich in diesem Niederschlag. Nach Lösen in 2 mol/l HCl wird es wie oben identifiziert.

In der stark alkalischen Lösung, in der durch Kochen das überschüssige H_2O_2 vollständig zerstört sein muss, befinden sich noch Al und Cr. Man fügt NH_4Cl in ausreichender Menge (etwa 0,2 g auf 10 ml Lösung) hinzu und kocht kurze Zeit auf. Besser ist es jedoch, die stark alkalische Lösung mit Säure zu neutralisieren, mit Ammoniak schwach ammoniakalisch zu machen und dann erst NH_4Cl zuzugeben. Dadurch wird die OH^--Konzentration so stark verkleinert, dass das Löslichkeitsprodukt des $Al(OH)_3$ überschritten wird und dieses ausfällt. Man kocht noch 2–3 Minuten – nicht länger – und zentrifugiert das gebildete $Al(OH)_3$ ab. Auch wenn kein Aluminium in der ursprünglichen Substanz vorhanden war, bildet sich bisweilen ein kleiner Niederschlag. Dieser stammt aus der Natronlauge und ist $Al(OH)_3$ oder Kieselsäure. Erhält man also nur eine geringe Fällung, so muss eine Blindprobe vorgenommen werden!

Zur Identifizierung wird mit dem abzentrifugierten $Al(OH)_3$ die Thénards-Blau-Reaktion (s. 12., S. 238) und der Nachweis als Alizarin-S-Farblack durchgeführt (s. 13., S. 238). Auch die Bildung von Caesiumalaun (s. 14., S. 238) kann zum Nachweis von Al herangezogen werden.

Das Zentrifugat von $Al(OH)_3$ zeigt bei Anwesenheit von Chrom eine gelbe Farbe. Zu dessen Nachweis säure man mit Essigsäure an, versetze in der Siedehitze mit $BaCl_2$ (s. 3., S. 204) und koche auf. Der gelbe Niederschlag von $BaCrO_4$ wird abzentrifugiert. Zur Identifikation wird das $BaCrO_4$ in 1 mol/l H_2SO_4 gelöst, vom entstandenen $BaSO_4$ abzentrifugiert und mit Ether und Wasserstoffperoxid geschüttelt. Chrom zeigt sich durch eine Blaufärbung des Ethers an (vgl. 14., S. 244).

Das **Zentrifugat des Urotropinniederschlages** wird auf ein kleines Volumen eingeengt, schwach ammoniakalisch gemacht und in der Hitze mit einem geringen Überschuss an farblosem $(NH_4)_2S$ versetzt. Co, Ni, Zn und Mn fallen als Sulfide aus, während die Erdalkali- und Alkaliionen in Lösung bleiben. Der Sulfidniederschlag wird abgetrennt und mit warmem, schwach ammoniakalischem und $(NH_4)_2S$-haltigem Wasser gründlich ausgewaschen. Das Zentrifugat des Sulfidniederschlages soll möglichst farblos oder schwach gelb gefärbt sein. Ist es gelbbraun, so ist NiS kolloid in Lösung gegangen (s. 7., S. 211). Durch Kochen mit Ammoniumacetat, am besten unter Zugabe von Filterpapierschnitzeln, lässt es sich ausflocken.

Der **Sulfidniederschlag** wird sofort in einer Porzellanschale mit Essigsäure (1 : 1) bis zum Ende der H_2S-Entwicklung umgerührt. MnS geht hierbei in Lösung und wird vom ungelösten NiS, CoS und ZnS abgetrennt. Nach dem Auswaschen behandelt man den Niederschlag mehrmals mit einigen ml kalter 0,5 mol/l HCl. Dabei wird ZnS gelöst, während NiS und CoS zurückbleiben. Der mit 2 mol/l HCl gut ausgewaschene Niederschlag von NiS und CoS wird in 2 mol/l HCl gut ausgewaschene Niederschlag von NiS und CoS wird in 2 mol/l CH_3COOH unter Zugabe einiger Tropfen von 30%igem H_2O_2 aufgelöst und ausgeschiedener Schwefel abgetrennt. Diese Art der Lösung ist besser als die mit Königswasser, weil man dann sofort ohne Vertreibung der Säure die Prüfung vornehmen kann. Löst man in Königswasser, so muss man zur Trockne eindampfen und mit 2 mol/l HCl wieder aufnehmen. Die Lösung dampfe man bis auf einige ml ein und prüfe auf Ni und Co nebeneinander. Zur Identifizierung des Ni verwende man den roten Niederschlag des Nickeldimethylglyoxims (s. 9., S. 212). Eine gute Vorprobe auf Co ist die Phosphorsalzperle (s. 10., S. 215). Blaufärbung zeigt Cobalt an. Bei ganz bestimmtem Verhältnis von Nickel zu Cobalt können sich die Farben gegenseitig aufheben. Zum Nachweis von Co dient die Blaufärbung mit NH_4SCN (s. 11., S. 215).

Die Zinkionen enthaltende Lösung wird zur Vertreibung des H_2S aufgekocht und darauf mit festem NaOH versetzt, bis die Lösung ca. 2 mol/l NaOH enthält, wieder gekocht und von den auf diese Weise ausgefällten Co-, Ni- und Mn-Spuren durch Zentrifugieren befreit. Zur Identifizierung des Zinks säuert man mit Essigsäure an, versetzt mit etwas festem Natriumacetat und fällt das Zink mit H_2S als weißes ZnS aus. Es wird abgetrennt und gründlich ausgewaschen. Eine Probe des Sulfidniederschlages kann mit der Rinmanns Grün-Reaktion (s. 10., S. 223) geprüft werden. Ein anderer Teil des ZnS wird in verd. HCl gelöst. Zum Nachweis eignet sich die Fällung mit $K_4[Fe(CN)_6]$ (s. 11., S. 223).

Die Mn^{2+} enthaltende Lösung wird erwärmt, schwach ammoniakalisch gemacht und mit einem geringen Überschuss von farblosem $(NH_4)_2S$ versetzt. Mit einem Teil des ausgefallenen und abgetrennten MnS-Niederschlages führe man die Oxidationsschmelze durch (s. 12., S. 219). Einen anderen Teil löse man in HCl und prüfe auf Mangan nach 13., S. 220, durch Oxidation.

Nebengruppen des PSE, Ammoniumsulfid-Urotropin-Gruppe

Aus dem **Zentrifugat der Ammoniumsulfidgruppe** müssen zum Nachweis der Erdalkalielemente die Alkalielemente die S^{2-}-Ionen entfernt werden. Dazu säuert man mit 7 mol/l HCl an, kocht zur Vertreibung des H_2S und zur Koagulation des kolloid ausgefallenen Schwefels – eventuell unter Beifügung von Filterpapierschnitzeln – und zentrifugiert.

Die Lösung enthält häufig sehr viel Ammoniumsalze, so dass bei Zusatz von Ammoniak + $(NH_4)_2CO_3$ nicht alles Calcium ausfällt. Dann muss man zur Trockne eindampfen und die Ammoniumsalze abrauchen oder aber die eingeengte Lösung ein- bis zweimal mit 14 mol/l HNO_3 abdampfen. Beim letzten Mal erhitze man bis fast zur Trockne und überzeuge sich davon, dass nur noch geringe Mengen von Ammoniumsalzen zugegen sind. Der Rückstand wird in wenig 2 mol/l HCl gelöst und gegebenenfalls filtriert. Dann werden in bekannter Weise (s. S. 205) Ca, Sr, Ba, Mg, Na und K nachgewiesen.

Da einige der besprochenen Elemente in unterschiedlichen **Oxidationsstufen** auftreten können, ist deren Ermittlung von Interesse. Dazu ist der Trennungsgang selbst nicht geeignet, da man mehrfach Oxidationen oder Reduktionen durchführt. Man muss daher die Analysensubstanz untersuchen und stelle folgende Reaktionen an:

1. Zur Erkennung der Oxidationsstufen des Eisens löse man in Wasser oder 2 mol/l HCl. Fe^{2+} gibt mit $[Fe(CN)_6]^{3-}$, Fe^{3+} mit $[Fe(CN)_6]^{4-}$ die Berliner-Blau-Reaktion.
2. Von Mangan, das als Mn(II), Mn(IV) und Mn(VII) auftreten kann, geht MnO_4^- in den Sodaauszug, und macht sich durch die violette Farbe bemerkbar. Dagegen bleiben Mn(II) und MnO_2 im Niederschlag des Sodaauszugs und können dort dadurch unterschieden werden, dass MnO_2 mit Salzsäure Chlor entwickelt.
3. Bei Chrom geht in den Sodaauszug und färbt ihn gelb, während Cr^{3+} in dessen Rückstand verbleibt und dort erkannt werden kann.

Trennung und Nachweis von Ni, Co, Mn, Zn, Fe, Al und Cr bei Abwesenheit von PO_4^{3-} durch gemeinsame Fällung mit Ammoniumsulfid

Die gemäß S. 260 vorbereitete HCl- bzw. H_2SO_4-saure Lösung der Analysensubstanz versetzt man, um bei der folgenden Fällung Mg^{2+} in Lösung zu halten, mit etwas festem NH_4Cl und erwärmt. Dann wird bis zur deutlich alkalischen Reaktion Ammoniak zugefügt und mit einem kleinen Überschuss von farblosem $(NH_4)_2S$ versetzt und einige Zeit gelinde ($\approx 40°C$) erwärmt. Einen Überschuss von $(NH_4)_2S$ erkennt man am besten, wenn man 1 Tropfen der Lösung mit 1 Tropfen Bleisalzlösung zusammenbringt. Es muss dann ein schwarzer Niederschlag von PbS entstehen.

Es fallen aus:
Die Sulfide NiS schwarz, CoS schwarz, FeS schwarz, MnS rosa, ZnS weiß und die Hydroxide $Cr(OH)_3$ grün, sowie $Al(OH)_3$ weiß.

Es bleiben in Lösung:
Die Erdalkali- und Alkaliionen.

Diese Trennung verläuft jedoch nur bei sauberstem Arbeiten und vor allem bei Verwendung frisch bereiteter Reagenzien annähernd vollständig. Ist z. B. das Ammoniak carbonathaltig, wie es bei älteren Lösungen meist der Fall ist, so können Erdalkaliionen als Carbonate mit der Ammoniumsulfidgruppe gefällt werden und entgehen so dem Nachweis. Nicht frisch bereitete Lösungen von $(NH_4)_2S$ enthalten infolge teilweiser Oxidation SO_4^{2-}-Ionen, so dass ebenfalls Erdalkaliionen, insbesondere Sr und Ba, als Sulfate ausfallen.

Das Zentrifugat der $(NH_4)_2S$-Fällung soll möglichst farblos oder schwach gelb gefärbt sein. Ist es gelbbraun gefärbt, so ist NiS kolloidal in Lösung gegangen, und man verfahre wie auf S. 211 beschrieben. Der mit warmen, schwach ammoniakalischen und $(NH_4)_2S$-haltigem Wasser gründlich ausgewaschene Niederschlag wird sofort in eine Porzellanschale übergeführt und unter Umrühren mit kalter 0,5 mol/l HCl behandelt, bis die H_2S-Entwicklung aufgehört hat. Am besten lässt man über Nacht unter dem Abzug stehen. Nun wird zentrifugiert und gründlich mit 2 mol/l HCl gewaschen. Als Rückstand verbleiben NiS und CoS.
Die Lösung enthält:

$$Fe^{2+}, Mn^{2+}, Al^{3+}, Zn^{2+}, Cr^{3+}$$

NiS und CoS werden nach den Angaben auf S. 262 in Lösung gebracht und nachgewiesen.

Das Zentrifugat der Sulfide von Ni und Co wird zur Entfernung des H_2S kurze Zeit gekocht, dann zur Oxidation des Fe(II) mit einigen Tropfen 14 mol/l HNO_3 versetzt, durch Eindampfen der größte Teil der Säure vertrieben und dann der **NaOH/H_2O_2-Trennung** in der auf S. 261 beschriebenen Weise unterworfen.
Es fallen aus:

$$Fe(OH)_3, \text{ rotbraun, und } MnO_2, \text{ braunschwarz.}$$

In Lösung verbleiben:

$$[Al(OH)_4]^- \text{ und } [Zn(OH)_4]^{2-}, \text{ farblos, sowie } CrO_4^{2-} \text{ gelb.}$$

Den Niederschlag löst man in einigen ml HCl, wobei sich bei Anwesenheit von Mangan Chlor entwickelt, und kocht bis zu dessen Vertreibung. In der Lösung kann nebeneinander auf Eisen und Mangan geprüft werden. Einen Teil der Lösung verdünnt man mit Wasser und fügt KSCN hinzu (s. 25., S. 232). Tiefrote Farbe zeigt Eisen an (schwache Rotfärbung deutet auf Spuren, die auch durch die verwendeten Reagenzien in die Analyse gelangt sein können, daher ist eine Blindprobe notwendig!). Ferner prüfe man auf Eisen mit $K_4[Fe(CN)_6]$ nach 24., S. 232 (Berliner Blau).

Zur Prüfung auf Mangan dampfe man einen Teil der Lösung mit Salpetersäure ein, wiederhole die Operation, um alles Chlorid zu vertreiben, und prüfe mit 14 mol/l HNO_3 und PbO_2 (s. 13., S. 220). Violettfärbung deutet auf Mangan. Die Prüfung auf Mangan kann auch durch Oxidation zu Manganat(VII) in alkalischem Medium erfolgen. Schließlich wird ein Teil der Lösung zur Trockne eingedampft und mit dem Rückstand die Oxidationsschmelze (s. 12., S. 219) durchgeführt (Grünfärbung: Mangan). Statt einzudampfen, kann man auch die auf Mangan zu prüfende Lösung mit Natronlauge versetzen, den entstandenen Niederschlag abzentrifugieren, gründlich auswaschen und mit ihm die beiden genannten Identifizierungsreaktionen durchführen.

Das Zentrifugat der $NaOH/H_2O_2$-Trennung enthält Aluminat, Zincat und Chromat. Entsprechend S. 261 wird die OH^--Ionenkonzentration durch NH_4Cl verringert, wobei $Al(OH)_3$ ausfällt. Die Identifizierung des Aluminiums erfolgt wie auf S. 261 beschrieben. Beim NH_4Cl-Zusatz bleiben Chromat und Zincat in Lösung. Zum Chromat-Nachweis säure man mit Essigsäure an und prüfe, wie auf S. 261 beschrieben, auf $Cr(VI)$ (s. S. 262 f.).

Mit $BaCl_2$ entsteht auch bei Abwesenheit von Chrom meist ein geringer Niederschlag, der aber weiß ist. Er besteht aus $BaSO_4$, das durch Oxidation von S^{2-} zu SO_4^{2-} entstanden sein kann.

Im essigsauren Zentrifugat des $BaCrO_4$-Niederschlags befindet sich noch Zn^{2+}. In einem Teil der Lösung wird es nach Verkochen des Wasserstoffperoxids durch $(NH_4)_2S$ oder H_2S im schwach sauren Gebiet als weißes ZnS ausgefällt. Der Nachweis des Zn erfolgt wie auf S. 222 beschrieben. Die weitere Verarbeitung des Zentrifugats der $(NH_4)_2S$-Fällung erfolgt wie bereits auf S. 205 angegeben.

Urotropintrennung unter Berücksichtigung der „selteneren" Elemente U, Ti, Zr, V und W bei Gegenwart von PO_4^{3-}

Bei Gegenwart der „selteneren" Elemente der Ammoniumsulfidgruppe können Störungen dann weitgehend ausgeschaltet werden, wenn man Urotropin als Fällungsmittel verwendet. Bei exakter Durchführung des Trennungsvorganges kann man die einzelnen Elemente ohne besondere Schwierigkeiten nebeneinander nachweisen und identifizieren.

Selbstverständlich beginnt die Analyse auch in diesem Falle mit den Vorproben. Dann wird die Substanz, wie schon beschrieben, in Lösung gebracht. Dabei bleibt W als in Säure schwerlösliches WO_3 zurück. Damit gelangt Wolfram in die HCl-Gruppe (s. S. 308). Die Trennung und der Nachweis des W werden deshalb nicht hier besprochen, sondern auf S. 312. Analog wird Mo, das ein in Säuren schwerlösliches Sulfid bildet, bei der H_2S-Gruppe (s. S. 306) erwähnt. Selbst bei Anwesenheit größerer Mengen heteropolysäurebildender Anionen wird es im allgemeinen gelingen das WO_3 durch Abrauchen mit konz. H_2SO_4 abzuscheiden. Sollten dennoch geringe Mengen Wolfram in den Trennungsgang gelangen, so treten diese in der Urotropingruppe in Erscheinung und können dort nach dem beschriebenen Verfahren abgetrennt und nochmals nachgewiesen werden.

Gewisse Legierungen wie z. B. Vanadiumlegierungen, müssen durch Schmelzen mit Na_2CO_3 und KNO_3 aufgeschlossen werden.

Wie schon beschrieben, werden Chromat und Permanganat mit Ethanol reduziert, und es wird auf Fe^{3+} geprüft. Eventuell in der Lösung befindliches PO_4^{3-} und/oder VO_4^{3-} müssen an dieser Stelle mit Fe^{3+} als $FeVO_4$ und $FePO_4$ abgetrennt werden.

Mit Urotropin werden gefällt: $Al(OH)_3$ weiß, $Fe(OH)_3$ rotbraun und $Cr(OH)_3$ grün und $TiO_2 \cdot$ aq weiß. Außerdem enthält der Niederschlag $(NH_4)_2U_2O_7$ gelb,

FePO₄ weißlich, $Fe_2(WO_4)_3$ und $FeVO_4$ rotbraun. In Lösung bleiben die Ionen mit der Oxidationsstufe $+II$: Co^{2+}, Ni^{2+}, Mn^{2+} und Zn^{2+}, außerdem die Erdalkali- und Alkaliionen. Die Behandlung des Zentrifugats der Urotropinfällung erfolgt wie auf S. 262 beschrieben.

Die HCl-saure Lösung des Urotropinniederschlags wird zur Extraktion des Fe(III) ausgeethert. Die etherische Schicht wird verworfen.

Die abgetrennte wässrige Schicht wird soweit eingedampft, dass sich die Hauptmenge der HCl sowie der Ether (Vorsicht bei offener Flamme!) verflüchtigen. Nun wird die Lösung der $NaOH/H_2O_2$-Trennung (s. S. 261) unterworfen. Der entstehende Niederschlag enthält neben dem restlichen Eisen Titan.

Der Niederschlag der **$NaOH/H_2O_2$-Fällung** wird in wenig heißer konz. HCl gelöst. Die erkaltete Lösung gießt man unter Schütteln und Kühlen in das gleiche bis 1½fache Volumen konz. NH_3 und 2–5 ml 3%iges H_2O_2. In der Wärme und desgleichen bei zu langsamem Arbeiten fällt $TiO_2 \cdot$ aq aus, in der Kälte bilden sich dagegen lösliche Peroxotitanverbindungen. Dann wird abzentrifugiert und der entstandene Niederschlag so lange gewaschen, bis das Waschwasser gegen Lackmus neutral reagiert. Bei Anwesenheit von Titan hat das Zentrifugat eine orange Farbe (s. 7., S. 249). Falls diese nicht sofort auftreten sollte, wird die Lösung eingeengt, bis sich eine Kristallhaut der vorhandenen Ammoniumsalze bildet, und dann mit 1 mol/l H_2SO_4 angesäuert. Eventuell ist auch noch ein Zusatz von H_2O_2 erforderlich.

Der bei der vorigen Operation zurückgebliebene Niederschlag enthält das nicht ausgeetherte Eisen als $Fe(OH)_3$ und eventuell noch geringe Mengen $TiO_2 \cdot$ aq. Das Eisen wird in der auf S. 262 beschriebenen Weise nachgewiesen.

Das **Zentrifugat des $NaOH/H_2O_2$-Niederschlages** enthält $[Al(OH)_4]^-$, PO_4^{3-}, WO_4^{2-} und VO_4^{3-} farblos, ferner gelb und $[UO_2(O_2)_3]^{4-}$ orange. Es wird zunächst mit wenigen Tropfen 7 mol/l HCl abgestumpft und dann tropfenweise mit 2 mol/l HCl bis zur gerade sauren Reaktion versetzt. Nun engt man die Lösung etwas ein und gibt 2 mol/l HCl und anschließend einige ml schweflige Säure hinzu, bis die Lösung danach riecht. Man kocht, bis der SO_2-Geruch verschwunden ist, kühlt ab, versetzt mit 0,5 g festem Natriumdithionit, $Na_2S_2O_4$, schüttelt gut durch und setzt dann so viel Natronlauge zu, dass die Lösung etwa 2 mol/l NaOH enthält. Nun kocht man kurz auf, zentrifugiert noch heiß ohne Unterbrechung möglichst rasch und wäscht mit heißem, alkalischem, Na_2SO_3-haltigem Wasser aus. Chrom und Vanadium sind so bis zur Oxidationsstufe $+III$, Uran bis zur Oxidationsstufe $+IV$ reduziert und als Hydroxide ausgefällt worden, im Zentrifugat befinden sich $[Al(OH)_4]^-$, PO_4^{3-} und WO_4^{2-}.

Der Niederschlag der Hydroxide wird mit wenig 7 mol/l HCl, der zur Oxidation von U(IV) zu U(VI) bzw. von V(III) zu V(V) einige Tropfen 2 mol/l HNO_3 zugesetzt worden sind, aufgenommen. Die Lösung wird auf wenige Tropfen eingedampft und mit einigen ml 2 mol/l HCl verdünnt. Nach Abkühlen versetzt man mit festem KSCN (3–4 g auf 10 ml Lösung). NH_4SCN kann hier nicht an Stelle von KSCN verwendet werden, da NH_4^+ bei der späteren Fällung des Cr stören würde. Die Lösung wird dreimal mit dem der HCl-sauren Lösung entsprechenden Volumen Ether ausgeschüttelt und die etherische Schicht jedes Mal abgehebert. Die etherische Phase enthält nun den größten Teil des Urans als komplexe Thiocyanatoverbindung sowie etwas Vanadium. In der wässrigen Lösung bleiben Chrom, der Hauptteil des Vanadiums und Spuren Uran zurück..

Zum Nachweis von Uran entfernt man den Ether zunächst durch Luftdurchleiten bei Zimmertemperatur und dampft durch Erhitzen auf dem Wasserbad in einem kleinen glasierten Porzellantiegel bis zur Trockne ein. Der Rückstand wird nun bis zur vollständigen Zersetzung der Thiocyanatoverbindung geglüht. Bei Anwesenheit von Vanadium gibt man zu dessen Entfernung (s. 5., S. 251) eine Spatelspitze NH_4Cl hinzu, stellt den Tiegel in einen größeren Schutztiegel und raucht unter möglichst gleichmäßiger Erwärmung des Schutztiegels langsam ab. Wenn notwendig, wird diese Operation bis zur vollständigen Entfernung des Vanadiums wiederholt. Den Rückstand erwärmt man mit wenig 14 mol/l HNO_3, dekantiert gegebenenfalls von ungelösten Kohleteilchen und dampft auf dem Wasserbad zur Trockne ein.

Es wird mit wenig 2 mol/l CH_3COOH aufgenommen und Uran mit H_2O_2 (s. 7., S. 259) nachgewiesen. Die wässrige, neben Chrom noch Vanadium enthaltende Lösung wird zur Entfernung von anhaftendem Ether etwas auf dem Wasserbad eingedampft und dann in der Hitze unter dem Abzug vorsichtig tropfenweise mit 7 mol/l HNO_3 versetzt, bis die heftige Gasentwicklung infolge Zerstörung des Thiocyanats aufhört. Dann dampft man mit einem Überschuss von 14 mol/l HNO_3 bis zur Trockne ein. Der Rückstand wird mit Wasser wieder aufgenommen und mit soviel Natronlauge versetzt, dass $c(NaOH) \approx 1,5$ mol/l ist. Dann wird aufgekocht. Bei Anwesenheit größerer Mengen Chrom wird die Lösung bis zur möglichst vollständigen Abscheidung von $Cr(OH)_3$ kurze Zeit auf einem Wasserbad erhitzt. Man zentrifugiert den Niederschlag siedendheiß ab und wäscht mit heißem Wasser, bis das Waschwasser Cl^--frei ist. Nun löst man den Niederschlag in heißer 1 mol/l H_2SO_4, gibt etwas festes Alkaliperoxodisulfat hinzu, kocht eine halbe Minute, verdünnt mit Wasser und kühlt ab. Das entstandene CrO_4^{2-} kann entweder durch Bildung von blauem CrO_5 (s. 14., S. 244) oder mittels Diphenylcarbazid (s. 15., S. 245) identifiziert werden. Das Zentrifugat des $Cr(OH)_3$-Niederschlages wird zum Nachweis des V verwendet. Bei Zugabe von H_2S bzw. $(NH_4)_2S$ zu einem Teil der alkalischen Lösung erfolgt Verfärbung nach braun bis rotviolett (s. 4., S. 250). Zum Nachweis des V mit der Peroxovanadatreaktion (s. 7., S. 251) muss ein anderer Teil der alkalischen Lösung mit HCl angesäuert werden.

Das Zentrifugat der Dithionitfällung wird mit 2–3 Tropfen verd. $FeCl_3$-Lösung versetzt, um etwa vorhandene Spuren von Titan, welche die folgenden Nachweisreaktionen stören könnten, mit dem ausfallenden FeS bzw. $Fe(OH)_3$ zu entfernen. Das Zentrifugat dieses Niederschlages versetzt man in der Siedehitze mit gesättigter $BaCl_2$-Lösung bis zur vollständigen Fällung, zentrifugiert den Niederschlag ab und wäscht ihn gut aus. Er enthält $BaSO_4$ und $Ba_3(PO_4)_2$, eventuell auch $BaWO_4$. Einen Teil des Niederschlages kocht man mit einigen ml 2 mol/l HNO_3, zentrifugiert vom zurückbleibenden $BaSO_4$ und WO_3 ab. Das Zentrifugat dampft man bis auf ein Volumen von etwa 1 ml ein, kühlt ab, dekantiert von eventuell auskristallisiertem $Ba(NO_3)_2$ und weist nach 6., S. 138, Phosphorsäure als Ammoniummolybdophosphat nach. Im Zentrifugat des $Ba_3(PO_4)_2$-Niederschlages befindet sich noch $[Al(OH)_4]^-$. Es wird mit $\frac{1}{2}$ ml Perhydrol (30%iges H_2O_2) zur völligen Zerstörung verbliebener Dithionitionen kurze Zeit aufgekocht. Dann wird, wie auf S. 261 beschrieben, die OH-Konzentration durch Zusatz von NH_4Cl verringert, wobei $Al(OH)_3$ ausfällt. Die Identifizierung des A l u m i n i u m s erfolgt wie auf S. 261 beschrieben. W o l f r a m weist man in einem anderen Teil der $BaCl_2$-Fällung mit konz. H_2SO_4 und Hydrochinon nach.

Aufschluss geglühter Oxide

Je nach der Zusammensetzung des Rückstandes wird entweder der „saure" Aufschluss mit $KHSO_4$ oder der „alkalische" Aufschluss mit K_2CO_3/Na_2CO_3 (s. unten) benutzt. Jedoch wird es in den meisten Fällen nötig sein, beide Verfahren anzuwenden. In diesem Falle empfiehlt sich zuerst die Durchführung eines „sauren" und mit dem verbleibenden Rückstand die eines „alkalischen" Aufschlusses. WO_3 wird am besten vor der Durchführung der Aufschlüsse durch Auslaugen mit wässrigem Alkali aus dem Rückstand entfernt.

1. Aufschluss mit $KHSO_4$

Mit $KHSO_4$ lassen sich aufschließen: Fe_2O_3, Cr_2O_3, TiO_2 und teilweise Al_2O_3. Hierzu wird der Rückstand mit der sechsfachen Menge $KHSO_4$ verrieben und in einem Nickel- oder Platintiegel bei möglichst niedriger Temperatur geschmolzen. Weniger vorteilhaft ist ein Porzellantiegel, da auch er von der sauren Schmelze etwas angegriffen und Aluminium herausgelöst wird.

Bis 250°C entweicht aus dem Kaliumhydrogensulfat, unter Bildung von Kaliumdisulfat, $K_2S_2O_7$, Wasser. Ist diese Reaktion beendet, erhitzt man allmählich auf mäßige Rotglut. Wenn die Schmelze klar geworden ist, lässt man erkalten, löst in 1 mol/l H_2SO_4, filtriert und führt den üblichen Trennungsgang durch. Hat sich nicht alles gelöst, und ist der Rückstand noch gefärbt, so muss der Aufschluss wiederholt werden.

Al_2O_3 wird durch $KHSO_4$ nur unvollständig in eine leicht lösliche Form gebracht.

Die Umsetzung (Beispiel: Fe_2O_3) entspricht folgender Bruttogleichung:

$$Fe_2O_3 + 6\ KHSO_4 \rightarrow Fe_2(SO_4)_3 + 3\ K_2SO_4 + 3\ H_2O\uparrow$$

2. Aufschluss mit K_2CO_3/Na_2CO_3

Durch den „alkalischen" Aufschluss (s. auch S. 206) werden gelöst: CoO, NiO, Ni_2O_3, Chromeisenstein, $FeCr_2O_4$, Spinell, $MgAl_2O_4$, teilweise Al_2O_3, Fe_2O_3, Cr_2O_3, WO_3 sowie Erdalkalisulfate.

Während die saure Schmelze gleich durch Behandeln mit 1 mol/l H_2SO_4 in Lösung gebracht wird, muss der Schmelzkuchen des „alkalischen" Aufschlusses erst fein pulverisiert und mit Wasser gut ausgewaschen werden. Die im Rückstand verbleibenden Carbonate löst man in 2 mol/l HCl, zentrifugiert von eventuell vorhandenen Verunreinigungen ab und führt mit dem Zentrifugat den üblichen Trennungsgang durch.

Anionennachweis

Zum Nachweis der Anionen wird ein Sodaauszug bereitet (s. S. 175). Aluminium und Zink lösen sich dabei etwas auf, außerdem natürlich MnO_4^- und CrO_4^{2-}. Aluminium und Zink stören nicht und müssen nicht entfernt werden. Da die violette Farbe des MnO_4^- die gelbe des CrO_4^{2-} verdeckt, muss man zur Erkennung von CrO_4^{2-} das MnO_4^- reduzieren. Dazu säuere man einen Teil des Sodaauszuges mit Salzsäure an, gebe noch einige Tropfen 7 mol/l HCl zusätzlich hinzu und koche.

Zum Nachweis von NO_3^- reduziere man, falls MnO_4^- und CrO_4^{2-} zugegen sind, den schwach mit Schwefelsäure angesäuerten Sodaauszug in der Wärme tropfenweise mit schwefliger Säure, wobei ein Überschuss zu vermeiden ist.

Analyse und Aufschluss von Silicaten

Zur Vorprobe und zum Nachweis dient die Wassertropfenprobe (7., S. 123). Zur Bestimmung der weiteren im Silicat enthaltenen Komponenten muss dieses durch einen Aufschluss in eine lösliche Form überführt werden. Silicate sind nach folgenden Methoden aufzuschließen:

a) Salzsäureaufschluss: Handelt es sich um ein durch HCl zersetzbares Silicat, so wird es, wie unter 4., S. 122 beschrieben, in SiO_2 übergeführt. Da man in der qualitativen Analyse meist nicht weiß, ob man es mit einem durch Salzsäure zersetzbaren Silicat zu tun hat, wählt man am besten von vornherein eines der beiden folgenden Aufschlussverfahren.

b) Flusssäureaufschluss: Die sehr fein gepulverte Substanz wird mit ca. 1 ml 18 mol/l H_2SO_4 und 5 ml HF in einem Pt- oder Pb-Tiegel unter dem Abzug auf dem Wasserbad erhitzt, wobei sich die Flusssäure zusammen mit SiF_4 verflüchtigt. Um die Kieselsäure völlig zu vertreiben, wiederhole man das Verfahren. Dabei rührt man mit einem dicken Platindraht den Brei öfter um. Zum Schluss wird erhitzt, bis Schwefelsäuredämpfe entweichen. Man sei dabei vorsichtig, damit die Sulfate nicht in schwerlösl. Oxide umgewandelt werden. Der Tiegelinhalt wird in 2 mol/l HCl gelöst, wobei Erdalkalisulfate und Bleisulfat, die gesondert aufzuschließen sind, zurückbleiben.

c) Alkalicarbonataufschluss: Die theoretischen Grundlagen und die praktische Durchführung der Schmelze werden auf S. 206 beschrieben. Wenn die Kohlendioxidentwicklung in der Schmelze aufgehört hat, erhitzt man noch eine Viertelstunde und schreckt dann den Tiegel nebst Inhalt durch Eintauchen in kaltes Wasser ab, wodurch der Schmelzkuchen meist leicht aus dem Tiegel entfernbar wird. Man behandelt ihn zunächst mit Wasser, fügt dann 7 mol/l HCl bis zur stark sauren Reaktion hinzu, dampft zur Trockne ein, nimmt mit 7 mol/l HCl auf, verd. mit Wasser, kocht auf und filtriert. Die Silicate werden so in Chloride übergeführt und die Kieselsäure quantitativ abgeschieden.

Die quantitative Abscheidung der Kieselsäure ist unbedingt notwendig, da sie sonst im Trennungsgang in der $(NH_4)_2S$-Gruppe an Stelle von Aluminiumhydroxid erscheint und dessen Nachweis stört.

2.3.4 Elemente der Schwefelwasserstoffgruppe

Zu der H_2S-Gruppe gehören nachstehend aufgeführte Elemente, die in saurer Lösung schwerlösliche Sulfide bilden.

4. Hauptgruppe: Sn, Pb	1. Nebengruppe: Cu
5. Hauptgruppe: As, Sb, Bi	2. Nebengruppe: Cd, Hg
	6. Nebengruppe: Mo

Molybdän wird wegen seiner Ähnlichkeit mit dem Wolfram und seiner oft unvollständigen Fällung mit H_2S in saurer Lösung auf S. 252 f. besprochen.

Die Sulfide As_2S_3, As_2S_5, Sb_2S_3, Sb_2S_5, SnS, SnS_2 und MoS_3 lösen sich in gelbem Ammoniumpolysulfid, $(NH_4)_2S_x$, während die übrigen Sulfide im Rückstand verbleiben. Hierdurch wird eine Aufspaltung der H_2S-Gruppe in 2 Untergruppen, die sog. Cu-Gruppe und die As-Sn-Gruppe, erreicht.

Die Sulfide des As, Sb, Sn und Mo bilden mit $(NH_4)_2S_x$ lösliche Thiosalze **(As-Sn-Gruppe)**. In ihnen kommt die Ähnlichkeit des Schwefels mit dem in der gleichen Gruppe des PSE stehenden Sauerstoff zum Ausdruck. Analog der Bildung von Salzen aus „basischen" und „sauren" Oxiden vereinigen sich zwei Sulfide zu einem Salz, das im Gegensatz zu dem Oxosalz als Thiosalz bezeichnet wird:

$$Na_2O + SO_3 \rightarrow Na_2SO_4 \text{ Sulfat}$$
$$3\,CaO + As_2O_3 \rightarrow Ca_3(AsO_3)_2 \text{ Arsenit}$$
$$3\,Na_2S + As_2S_3 \rightarrow 2\,Na_3AsS_3 \text{ Thioarsenit}$$
$$3\,Na_2S + As_2S_5 \rightarrow 2\,Na_3AsS_4 \text{ Thioarsenat}$$
$$Na_2S + SnS_2 \rightarrow Na_2SnS_3 \text{ Thiostannat}$$

Auch Vanadium und Wolfram bilden in ammoniakalischer Lösung mit $(NH_4)_2S_x$ lösliche Thiosalze, sie gehören aber nicht in die H_2S-Gruppe, da ihre Sulfide nicht mit H_2S aus saurer Lösung gefällt werden. HgS, das in saurer Lösung gefällt wird, löst sich nicht in Ammoniumsulfid, wohl aber in Alkalisulfid (s. S. 243).

Die freien Thiosäuren, also etwa H_3AsS_3 oder H_2SnS_3, sind ebenso unbeständig wie manche Sauerstoffsäuren, z. B. H_2CO_3, HNO_2 (salpetrige Säure), und zerfallen dementsprechend in H_2S und Sulfid:

$$6\,H^+ + 2\,AsS_3^{3-} \rightleftharpoons 3\,H_2S + As_2S_3\downarrow$$

Da hierbei das Löslichkeitsprodukt der Sulfide weit überschritten wird, verläuft die Reaktion in wässriger Lösung stets quantitativ nach rechts.

Die Analogie zwischen Sauerstoff und Schwefel wird noch deutlicher durch das Auftreten gemischter Thiooxosalze, z. B. Na_3AsSO_3, Natriummonothiotrioxoarsenat, oder $Na_3AsS_2O_2$, Natriumdithiodioxoarsenat.

Im systematischen Gang der Analyse werden die Sulfide der Elemente der H_2S-Gruppe mit $(NH_4)_2S_x$ digeriert (s. S. 305). Hierbei bleiben die Sulfide der **Kupfergruppen**-Elemente; HgS, PbS, Bi_2S_3, CuS und CdS im Rückstand.

Kupfergruppe

2.3.4.1 Quecksilber, Hg, 200,59; + I, + II; $6s^2 5d^{10}$; 2. Nebengruppe des PSE

In der 2. Nebengruppe des PSE folgt auf die Elemente Zink und Cadmium das Quecksilber. Im Gegensatz zu den allgemeinen Regeln für die Nebengruppen (s. Kapitel 2.3.3) nimmt die Tendenz zur Bildung niederer Oxidationsstufen mit steigender Ordnungszahl zu. Während Zink und Cadmium nur in der Oxidationsstufe +II auftreten, bildet das Quecksilber auch Verbindungen mit der Oxidationsstufe +I. In der Reihe Zn–Cd–Hg nimmt die Löslichkeit der Sulfide ab, was sich durch ihre Fällbarkeit aus sauren Lösungen mit fallendem pH bemerkbar macht. Jedoch ist der Eigenschaftssprung zwischen Cd und Hg wesentlich größer als der zwischen den ersten beiden Elementen. So hat auch das Quecksilber eine wesentlich höhere Ionisierungsenergie. Es ist im Gegensatz zu Zn und Cd edler als Wasserstoff (Spannungsreihe s. S. 36) und unterscheidet sich weiterhin durch die große Flüchtigkeit sowohl des unter Normalbedingungen flüssigen Metalles als auch seiner Verbindungen von den anderen Elementen dieser Gruppe.

Quecksilber kommt hauptsächlich als roter Zinnober, HgS, in der Natur vor. Dieses Sulfid dient als Ausgangsmaterial für die Quecksilbergewinnung. Allgemeines über die Darstellung eines Metalls aus seinem Sulfid wird unten (s. 1., S. 272) besprochen.

Quecksilber erstarrt bei − 38,84°C und siedet bei 356,58°C. Es ist als einziges Metall bei Zimmertemperatur flüssig und merklich flüchtig. Quecksilberdämpfe sind sehr giftig.

Quecksilber findet als Metall Verwendung für technische und wissenschaftliche Geräte. Seine Verbindungen wurden in der Farbindustrie, für pharmazeutische Präparate sowie als Katalysatoren bei der Oxidation organischer Substanzen benutzt.

Beim Einleiten von H_2S in Hg^{2+}-Lösungen entsteht meist die unbeständige (metastabile) schwarze Modifikation des HgS, die sich durch Kochen in Natriumsulfidlösungen in die beständigere rote Form überführen lässt.

Diese Tatsache kann mit der **Ostwaldschen Stufenregel** erklärt werden, wonach der energieärmste Zustand eines Systems nicht direkt, sondern stufenweise erreicht wird, sofern mehrere Energiezustände existieren.

Die Quecksilbersalze zeichnen sich durch einige Besonderheiten aus. Einmal sind sie alle leicht flüchtig, weiterhin ist ein Teil von ihnen, z. B. $HgCl_2$ oder $Hg(CN)_2$, in

Fortsetzung

wässriger Lösung nur sehr wenig dissoziiert. Die Folge davon ist, dass manche Reaktionen anomal verlaufen. Die Nitrate und Perchlorate allerdings sind normale Elektrolyte. Die Verbindungen des Quecksilbers in der Oxidationsstufe + II bilden mit Ammoniak in wässriger Lösung Amidoverbindungen in form sehr langer, nur am N-Atom gewinkelter –Hg–NH_2–Hg–NH_2-Ketten:

$$HgCl_2 + 2\ NH_3 \rightarrow [HgNH_2]_n Cl_n\downarrow + NH_4Cl$$

Das Quecksilber kommt in der Oxidationsstufe +I nur in Doppelmolekülen vor, wie z. B. Hg_2Cl_2. In wässrigen Lösungen tritt das Ion Hg_2^{2+} auf. Dieses disproportioniert leicht nach:

$$Hg_2^{2+} \rightleftharpoons Hg\downarrow + Hg^{2+}$$

Der eine Teil des Hg(I) wird zum Metall reduziert, der andere zum Hg(II) oxidiert. Die Lage eines solchen Redoxgleichgewichts wird von der Konzentration der dabei beteiligten Ionen beeinflusst.

Toxizität: Hg und seine Verbindungen sind sehr giftig. Die Gefahr ist dabei durch die Flüchtigkeit des Hg und seiner Verbindungen besonders groß. **Mit Quecksilber arbeite man daher unter einem Abzug. Hg-Abfälle müssen getrennt gesammelt und entsorgt werden.**

1. Darstellung von Metallen aus ihren Sulfiden

Es gibt hauptsächlich 3 Methoden, um auf trockenem Wege aus einem Sulfid das Metall zu erhalten:

a) Röstreduktionsarbeit

$$2\ PbS + 3\ O_2 \rightarrow 2\ PbO + 2\ SO_2\uparrow$$
$$PbO + C \rightarrow Pb + CO\uparrow$$

Das Sulfid wird völlig abgeröstet (Verblaseröstung) und das entstandene Oxid reduziert.

Beispiel einer im großtechnischen Maßstab durchgeführten Röstreduktionsarbeit ist die Darstellung von Eisen aus Pyrit, FeS_2, der zunächst zur H_2SO_4-Gewinnung abgeröstet und dann als Fe_2O_3 im Hochofen zu Roheisen verarbeitet wird.

b) Röstreaktionsarbeit

$$2\ PbO + PbS \rightarrow 3\ Pb + SO_2\uparrow$$

Das Sulfid wird nur teilweise abgeröstet und das entstandene Oxid mit noch vorhandenem Sulfid unter Luftabschluss erhitzt (s. Darstellung des Bleis S. 276).

c) Niederschlagsarbeit

$$HgS + Fe \rightarrow FeS + Hg$$

Das Sulfid wird mit einem unedleren Metall erhitzt, wobei das edlere Metall unmittelbar aus dem Sulfid durch Reduktion entsteht (niederschlägt).

2. NaOH

$$Hg_2^{2+} + 2\,OH^- \rightarrow Hg\downarrow + HgO\downarrow + H_2O$$

S c h w a r z e r Niederschlag eines Gemisches von Hg + HgO. Schwerlösl. im Überschuss des Fällungsmittels, lösl. in 7 mol/l HNO_3.

3. Ammoniak

Es bildet sich ein s c h w a r z e r Niederschlag eines Gemisches von Quecksilber, das in feinverteiltem Zustand schwarz aussieht, und weißem Amidoquecksilber(II)nitrat (s. S. 272).

4. HCl, lösliche Chloride

$$Hg_2^{2+} + 2\,Cl^- \rightarrow Hg_2Cl_2\downarrow$$

$$Hg_2Cl_2 + Cl_2 \rightarrow 2\,HgCl_2$$

Es entsteht ein w e i ß e r Niederschlag von Hg_2Cl_2. Schwerlösl. in verd. Säuren, lösl. in Königswasser, da Oxidation eintritt.

Hg_2Cl_2 führt den Namen „Kalomel" (schönes Schwarz), weil es sich beim Übergießen mit Ammoniak t i e f s c h w a r z färbt. Dabei bildet sich ein Gemisch von feinverteiltem Quecksilber (schwarz) und Quecksilber(II)-amidochlorid, $[HgNH_2]_nCl_n$ (unschmelzbares Präzipitat). Wichtige Reaktion zum Erkennen von Hg_2^{2+}.

5. H_2S

$$Hg_2^{2+} + S^{2-} \rightarrow Hg\downarrow + HgS\downarrow$$

$$HgS + S^{2-} \rightarrow [HgS_2]^{2-}$$

$$Hg + S_2^{2-} \rightarrow [HgS_2]^{2-}$$

In saurer Lsg. bildet sich ein s c h w a r z e r Niederschlag von HgS + Hg schwerlösl. in HCl. In Königswasser wird der gesamte Niederschlag oxidiert und aufgelöst, in 7 mol/l HNO_3 nur das Quecksilber. In Ammoniumsulfid und -polysulfid ist der Niederschlag schwerlösl., konz. Alkalisulfidlsg. löst dagegen HgS heraus, Alkalipolysulfid auch das Hg.

Für die nachstehenden Reaktionen benutze man eine $HgCl_2$- oder $Hg(NO_3)_2$-Lösung.

6. NaOH

$$Hg^{2+} + 2\,OH^- \rightarrow HgO\downarrow + H_2O$$

Es bildet sich ein g e l b e r Niederschlag von HgO, schwerlösl. im Überschuss, lösl. in Säuren.

7. Ammoniak

$$n\,Hg^{2+} + 2n\,Cl^- + 2n\,NH_3 \rightarrow [HgNH_2]_nCl_n\downarrow + n\,NH_4^+ + n\,Cl^-$$

Es entsteht ein w e i ß e r Niederschlag. Bei Gegenwart von viel NH_4Cl entsteht Diamminquecksilber(II)-chlorid, $[Hg(NH_3)_2]Cl_2$, das auch sehr schwerlösl. ist und schmelzbares Präzipitat genannt wird.

Versetzt man, da HgI_2 schwerlösl. ist eine Lsg. des Komplexsalzes $K_2[HgI_4]$ mit Ammoniak, so bildet sich ein r o t b r a u n e r Niederschlag von $[Hg_2N]I$.

8. H_2S

Es entsteht ein s c h w a r z e r Niederschlag von HgS, schwerlösl. in HCl und 7 mol/l HNO_3, lösl. in Königswasser.

HgS ist nicht in $(NH_4)_2S$, dagegen in konz. Alkalisulfidlsg. unter Bldg. eines Thiosalzes lösl. (vgl. 5., S. 273). Beim Einleiten von H_2S in dessen Lsg. fällt infolge der Herabsetzung der S^{2-}-Konz. – es bilden sich HS^--Ionen – HgS wieder aus, wobei sich die rote Modifikation an Stelle der sonst beim analytischen Arbeiten entstehenden schwarzen bilden kann.

9. Wenig dissoziierte Hg^{2+}-Salze

Die geringe Dissoziation mancher Hg(II)-Salze erkennt man an folgenden Versuchen:

a) F e s t e s $HgCl_2$ (Sublimat) versetze man mit konz. Schwefelsäure. Es entweicht keine Salzsäure. Bei stärkerem Erhitzen destilliert mit der Schwefelsäure zugleich $HgCl_2$ ab, das sich an den kälteren Teilen des Reagenzglases wieder absetzt. (Zugleich Zeichen für die leichte Flüchtigkeit!)
b) Man behandle etwas frisch bereitetes HgO mit KCN-Lsg.; es löst sich auf:

$$HgO + 2\ CN^- + H_2O \rightarrow Hg(CN)_2 + 2\ OH^-$$

Aus $Hg(CN)_2$-Lsg. fallen mit NaOH oder KI keine Niederschläge, weil in einer solchen Lsg. so wenig Hg^{2+}-Ionen zugegen sind, dass das Löslichkeitsprodukt des HgO bzw. HgI_2 nicht überschritten wird. Nur mit H_2S erfolgt aus $Hg(CN)_2$-Lsg. eine Fällung von HgS.

10. Vorproben

a) Weder Flammenfärbung noch Phosphorsalzperle ergeben eine charakteristische Färbung oder Umsetzung.
b) Wegen der Flüchtigkeit aller Quecksilberverbindungen dient das Erhitzen im Glühröhrchen als Vorprobe. Dazu erwärmt man in einem einseitig geschlossenen, trockenen Glasröhrchen von etwa 5 mm innerem Durchmesser und 50 mm Länge einige mg der Substanz langsam in der Bunsenflamme. Dabei entsteht ein Sublimat, das beim Chlorid w e i ß , beim Sulfid s c h w a r z oder r o t und beim Iodid gelb (nach Reiben mit einem Glasstab r o t) ist; bei Sauerstoffverbindungen g r a u e Farbe des Metalls. Verreibt man vorher die Substanz mit Soda, so liefern alle Quecksilberverbindungen einen g r a u e n Metallspiegel.

11. Nachweis durch Amalgambildung mit unedleren Metallen

Dieser empfindliche und selektive Hg-Nachweis eignet sich auch als Vorprobe aus der Analysensubstanz.

5–10 mg Substanz werden mit 3 Tropfen 5 mol/l HCl und 1 Tropfen 5 mol/l $NaClO_3$ im Wasserbad erhitzt. Wenn nichts mehr in Lsg. geht, wird mit H_2O auf 0,5 ml verd. und das überschüssige Cl_2 in der Wärme mit einem Luftstrom aus der Lsg. vertrieben. In 1 Tropfen dieser Lsg. oder in 1 Tropfen der im Trennungsgang auf Hg^{2+} zu prüfenden HCl-sauren Lsg. wird auf einem Objektträger ein kleines Stückchen blanker Cu-Draht gebracht und der

Tropfen auf dem Wasserbad zur Trockne verdampft. Der Rückstand wird mit 1 Tropfen H$_2$O befeuchtet und der Cu-Draht, an dem sich Hg und Ag abgeschieden haben, vorsichtig ohne zu reiben zwischen Filterpapier getrocknet. Das abgeschiedene Hg wird in einer flachen Mikrogaskammer oder zwischen zwei kleinen Uhrgläsern über kleiner Flamme vom Cu-Draht abdestilliert. Am oberen Objektträger oder am Uhrgläschen scheiden sich kleine Hg-Tröpfchen ab, die mit einer Lupe oder unter dem Mikroskop bei geringer Vergrößerung leicht zu erkennen sind.

EG: ca. 0,5 μg Hg^{2+}

Aus Lösungen, die nur Quecksilber als edleres Metallion enthalten, kann Hg an einem Kupferblech (Kupfercent) als g r a u e r Beschlag abgeschieden werden, der beim Polieren mit einem Filterbausch s i l b e r g l ä n z e n d wird (Amalgambildung).

12. Nachweis durch Reduktionsmittel

$$2\,HgCl_2 + SnCl_2 + 2\,Cl^- \rightarrow Hg_2Cl_2\downarrow + [SnCl_6]^{2-}$$

$$Hg_2Cl_2 + SnCl_2 + 2\,Cl^- \rightarrow 2\,Hg\downarrow + [SnCl_6]^{2-}$$

Zur Reduktion kann u. a. SnCl$_2$ in saurer Lösung benutzt werden.

Bei tropfenweiser Zugabe tritt zunächst eine Fällung von weißem Hg$_2$Cl$_2$ auf, da Hg^{2+} zu Hg$_2^{2+}$ reduziert wird. Bei Überschuss von SnCl$_2$ erfolgt Graufärbung durch Hg (weitere Reduktion).
Eventuell vorhandenes Hg$_2$Cl$_2$ kann durch Übergießen mit Ammoniak erkannt werden (s. 3., S. 273).

13. Nachweis als Cobaltthiocyanotomercurat(II)

Die Bildungsweise und Eigenschaften dieses Salzes wurden bereits beim Zink (s. 13., S. 224) beschrieben.

Zum Nachweis von Hg^{2+} wird 1 Tropfen der Lsg. auf dem Objektträger mit 1 Tropfen 14 mol/l HNO$_3$ vorsichtig zur Trockne eingedampft. Der Rückstand wird mit 1 Tropfen 1 mol/l CH$_3$COOH und danach mit einem kleinen Tropfen Reagenzlsg. versetzt. Bei sehr geringen Hg-Mengen wird die Reagenzlsg. direkt auf den getrockneten Rückstand gegeben. Die Bildung blauer, keilförmiger Kristalle von Co[Hg(SCN)$_4$] zeigt Hg an. Größere Mengen Pb und Ag stören und müssen vorher durch Fällung als Chloride entfernt werden. Betrachtung unter dem Mikroskop. (Kristallaufnahme Nr. 16.)

EG: 0,04 μg Hg   pD 5,7

Reagenz: 3,3 g NH$_4$SCN + 3 g Co(NO$_3$)$_2$ · 6 H$_2$O in 5 cm^3 Wasser.

2.3.4.2 Blei, Pb, 207,2; + II, + IV; $6s^2\,6p^2$

> Blei kommt in der Natur hauptsächlich als Bleiglanz, PbS, vor, aus dem das Metall meistens nach dem Röstreaktionsverfahren dargestellt wird (s. S. 272). Neben seiner Verwendung als korrosionsbeständiges Metall und in Legierungen (Letternmetall, Weichlot, Lagermetalle) wurden seine Verbindungen als Farbstoffe (Bleiweiß, basisches Bleicarbonat; Mennige, Pb$_3$O$_4$; Chromgelb, PbCrO$_4$) benutzt. Außerdem ist es in gewissen Gläsern (Kristallglas) und in Firnissen (Sikkative) sowie im Bleiakkumulator enthalten. Früher wurde es als Tetraethylblei dem Benzin zugefügt.

Die Metalle und ihre Verbindungen – Analyse und Trennung der Kationen

Fortsetzung

> Blei steht in der 4. Hauptgruppe des PSE. In seiner höchsten Oxidationsstufe $+IV$ ist es mit Ausnahme des PbO_2 und einiger Komplexsalze sehr unbeständig. In den meisten Verbindungen tritt es in der Oxidationsstufe $+II$ auf. Blei(IV)verbindungen wie PbO_2 sind gute Oxidationsmittel (s. 13., S. 220).
>
> Obwohl metallisches Blei unedler als Wasserstoff ist, wird es von Salz-, Schwefel- und Flusssäure kaum angegriffen, weil es mit diesen Säuren fest haftende schwerlösliche Überzüge bildet, die es vor weiterem Angriff schützen. Daher kann man Blei im Bleikammerprozess, bei der Destillation von Flusssäure usw. verwenden. Dagegen wird es von heißer hochkonz. H_2SO_4 angegriffen, da $PbSO_4$ unter Komplexsalzbildung als $[Pb(SO_4)_2]^{2-}$ gelöst wird. Das beste Lösungsmittel für Blei ist Salpetersäure.

1. Darstellung von Blei durch Röstreaktionsarbeit

Blei, Pb		T
Smp. 327,7 °C		
Graues Metall. **Schwere Vergiftungsgefahr beim Einatmen von Dämpfen und Verschlucken von Bleistaub.**		R: 61-62-20/32-33 S: 53-45

$$2\ PbO + PbS \rightarrow 3\ Pb + SO_2\uparrow$$

Zur Gewinnung des Metalls auf trockenem Wege wird das Sulfid nur teilweise abgeröstet und das entstandene Oxid mit noch vorhandenem Sulfid unter Luftabschluss erhitzt.

12 g PbS und 22 g PbO werden, innig vermischt, in einen kleinen Tontiegel gegeben, auf dessen Boden sich bereits als Flussmittel eine Schicht $Na_2CO_3 : K_2CO_3 = 1 : 1$ befindet. Mit einer weiteren Schicht des Flussmittels bedeckt man das Reaktionsgemisch und erhitzt ca. $\frac{3}{4}$ Std. mit dem Gebläse oder einem Muffelofen auf dunkle Rotglut.

Während der Reaktion muss die flüssige Masse mit einem Magnesiastäbchen umgerührt und Flussmittel zugesetzt werden. Um einen gut ausgebildeten Regulus (Metallkugel) zu erhalten, steigert man kurz vor Ende Der Reaktion die Temp. bis zur hellen Rotglut, rührt gut durch, lässt erkalten, zerschlägt den Tiegel und laugt den Schmelzkuchen mit heißem Wasser gründlich aus.

Für die nachstehenden Reaktionen verwende man eine $Pb(NO_3)_2$-Lösung bzw. die entsprechend vorbereitete Analysenlösung.

2. NaOH

Es entsteht ein w e i ß e r Niederschlag von $Pb(OH)_2$, lösl. in Säuren und starken Basen. Als amphoteres Hydroxid bildet es mit letzteren Hydroxoplumbate(II), z. B:

$$Pb(OH)_2 + 2\ OH^- \rightleftharpoons [Pb(OH)_4]^{2-}$$

Auch in ammoniakalischer, konz. Ammoniumacetat- und bes. in Tartratlsg. ist $Pb(OH)_2$ löslich. Mit Tartrationen bildet Pb(II) dabei einen ähnlichen Chelatkomplex wie Cu(II) (vgl. 6., S. 282).

3. Ammoniak

Es entsteht ein w e i ß e r Niederschlag von Pb(OH)$_2$, schwerlösl. im Überschuss. In wässrigen Lösungen vermag Pb^{2+} keine Amminkomplexe zu bilden.

4. HCl und Chloride

Aus nicht zu verdünnter Lösung fällt weißes kristallines Bleichlorid, PbCl$_2$, aus. Überschüssige konz. Salzsäure löst zu Chloroplumbaten.

Man löse in einem Reagenzglas etwas Bleichlorid in siedendem Wasser, dekantiere heiß vom eventuell Ungelösten und lasse abkühlen. Es bilden sich charakteristische lange, glänzendweiße Nadeln. 100 ml reines Wasser lösen bei 100 °C 3 g, bei 20 °C nur 1 g PbCl$_2$.

5. H$_2$S

Aus nicht zu stark saurer Lsg. fällt s c h w a r z e s PbS, lösl. in starken Säuren. Äußerst empfindliche Reaktion.

6. H$_2$SO$_4$

Neben H$_2$S dient H$_2$SO$_4$ als Fällungsmittel für Pb^{2+}.

Der w e i ß e Niederschlag von PbSO$_4$ ist etwas lösl. in verd. Salpetersäure, lösl. in konz. Schwefelsäure unter Bildung des Komplexions [Pb(SO$_4$)$_2$]$^{2-}$.

Um eine quantitative Fällung zu erzielen, muss man die Lsg. nach dem Versetzen mit Schwefelsäure so weit eindampfen, bis weiße Nebel entstehen. Nur dann hat man die Gewissheit, dass alle Salz- und Salpetersäure entfernt ist und dementsprechend die Fällung des Bleis quantitativ wird. Nach Abkühlung verd. man mit Wasser. (Vorsicht! Konz. Schwefelsäure + Wasser spritzen leicht!)

PbSO$_4$ wird ebenso wie Pb(OH)$_2$ durch ammoniakalische Tartrat- sowie konz. Ammoniumacetatlsg. unter Komplexbildung gelöst. Desgleichen löst sich PbSO$_4$ in konz. Natronlauge unter Bildung von Hydroxoplumbaten(II) auf.

7. Vorproben

F l a m m e n f ä r b u n g : Fahlblau, wenig charakteristisch.

8. Nachweis als PbCrO$_4$

Pb^{2+} bildet mit CrO$_4^{2-}$ einen gelben, in Essigsäure und Ammoniak schwerlöslichen, in NaOH und HNO$_3$ löslichen kristallinen Niederschlag. Neben BaCrO$_4$ und SrCrO$_4$ (s. Kristallaufnahme Nr. 13) kann PbCrO$_4$ durch seine Kristallform – gelbe, durchsichtige Stäbchen, eventuell auch kleine monokline Kristalle (Kristallaufnahme Nr. 17) – unter dem Mikroskop erkannt werden.

Die alkalische Probelsg. wird mit 1 Tropfen 0,5 mol/l K$_2$CrO$_4$ versetzt und dann mit 5 mol/l CH$_3$COOH schwach angesäuert. Bei Gegenwart von Pb^{2+} fällt g e l b e s PbCrO$_4$ aus. Zur mikroskopischen Untersuchung wird 1 Tropfen der Pb^{2+}-Lsg. mit 5 mol/l HNO$_3$ schwach angesäuert und auf dem Objektträger erwärmt. Man bringt einen kleinen Kristall K$_2$Cr$_2$O$_7$ in die Mitte des Probeträgers und beobachtet die beim Erkalten einsetzende Kristallisation unter dem Mikroskop.

EG: 0,24 µg Pb   pD 5,3

9. Nachweis als $K_2CuPb(NO_2)_6$

Die Bildung und Eigenschaften dieses Tripelnitrits wurden bereits unter Kalium (5., S. 190) beschrieben. Innerhalb der H_2S-Gruppe stören lediglich Hg in 300fachem Überschuss sowie Bi und Sn.

1 Tropfen der essigsauren Lsg. wird auf dem Objektträger fast zur Trockne eingedampft und der abgekühlte Rückstand mit 1 Tropfen Reagenzlsg. versetzt. Bei Zugabe von etwas festem KNO_2 scheiden sich sofort die schwarzen Würfel des Tripelnitrits aus. Falls das Pb als $PbSO_4$ vorliegt, wird letzteres auf dem Objektträger mit Reagenzlsg. in mäßigem Überschuss durchfeuchtet und KNO_2 hinzugegeben. Das durch das NH_4CH_3COO gelöste $PbSO_4$ reicht zur Bildung des Tripelnitrits aus, das sich neben ungelöstem $PbSO_4$ unter dem Mikroskop erkennen lässt (vgl. Kristallaufnahme Nr. 11).

EG: 0,2 µg Pb pD 4,7

Reagenz: Mischlsg. aus gleichen Volumina Eisessig, gesätt. NH_4CH_3COO-Lsg. und 10%iger Kupferacetatlösung.

10. Nachweis mit KI

Es entsteht ein **gelber** Niederschlag von PbI_2, lösl. im Überschuss des Fällungsmittels unter Bildung des komplexen Ions $[PbI_4]^{2-}$, das aber nur bei Überschuss von KI beständig ist.

100 ml Wasser lösen bei 20 °C etwa 0,08 g PbI_2, bei 100 °C etwa 0,5 g. Aus heiß gesättigten Lösungen kristallisiert PbI_2 beim Abkühlen in **gelben** glänzenden Blättchen aus (vgl. Kristallaufnahme Nr. 18).

2.3.4.3 Bismut, Bi, 208,9804; + III, + V; $6s^2 6p^3$

> Das seltene Metall Bismut kommt in der Natur gediegen, sowie als Bismutglanz Bi_2S_3, und Bismutocker, Bi_2O_3, vor. Es wird aus oxidischen Erzen durch Reduktion mit Kohle in Flammöfen gewonnen. Aus sulfidischen Erzen wird Bismut durch Verschmelzen mit dem unedleren Eisen in Freiheit gesetzt (Niederschlagsarbeit, s. S. 272). Metallisches Bismut dient zur Herstellung leicht schmelzender Legierungen, seine Verbindungen werden in der Glas- und Porzellanfabrikation sowie für kosmetische und pharmazeutische Präparate verwendet.
>
> Vom Bismut der Oxidationsstufe + V sind nur die Salze der in freiem Zustand nicht beständigen Bismutsäure, die Bismutate(V) und das Bismutpentaoxid bekannt. Die Bismutate(V) sind starke Oxidationsmittel.
>
> $Bi(OH)_3$ bzw. $BiO(OH)$ sind sehr schwache Basen. Bei den Salzen tritt leicht Hydrolyse ein, wobei meist schwerlösliche, basische Salze der Zusammensetzung BiOX, Bismutoxid- oder Bismutylverbindungen, entstehen.

Zu den nachfolgenden Reaktionen benutze man eine salzsaure $BiCl_3$- oder salpetersaure $Bi(NO_3)_3$-Lösung bzw. die entsprechend vorbereitete Analysenlösung.

1. H_2O

$$Bi^{3+} + H_2O + Cl^- \rightleftharpoons BiOCl\downarrow + 2\,H^+$$

Man gibt $BiCl_3$- oder $Bi(NO_3)_3$-Lsg. in Wasser. Es scheidet sich BiOCl bzw. $BiONO_3$ aus. Bei Zugabe von Mineralsäuren löst es sich, beim Verdünnen mit Wasser tritt wiederum Ausfällung ein.

2. NaOH, Ammoniak und Na$_2$CO$_3$

Es entsteht ein w e i ß e r Niederschlag von basischen Salzen oder Bi(OH)$_3$. Beim Kochen wird letzteres g e l b, wahrscheinlich unter Bildung von BiO(OH). Bi(OH)$_3$ ist kaum amphoter (Gegensatz zu Pb(OH)$_2$). Nur mit hochkonz. Laugen bilden sich Hydroxosalze.

3. H$_2$S

Aus nicht zu stark saurer Lsg. entsteht ein b r a u n s c h w a r z e r Niederschlag von Bi$_2$S$_3$, lösl. in konz. Säuren sowie heißer verd. Salpetersäure, etwas lösl. in Na$_2$S- oder K$_2$S-Lsg., besonders bei Anwesenheit von Natronlauge.

4. Vorproben

Flammenfärbung, Phosphorsalzperle und Glühröhrchenprobe ergeben keine charakteristische Reaktion.

5. Nachweis mit [Sn(OH)$_3$]$^-$

$$2\,Bi(OH)_3 + 3\,[Sn(OH)_3]^- + 3\,OH^- \rightarrow 2\,Bi\downarrow + 3\,[Sn(OH)_6]^{2-}$$

Hydroxostannat(II)-Lösung reduziert Bi(III) zum Metall, das als s c h w a r z e s Pulver ausfällt, während Sn(II) zu Sn(IV) oxidiert wird.

Störende Edelmetalle werden durch Reduktion mit NH$_2$OH · HCl entfernt. Hg wird durch vorsichtiges Erhitzen in einer Porzellanschale verflüchtigt und an einem Uhrglas kondensiert. Die Reduktion von Cu(I) wird durch Zugabe von KCN verhindert.

In die Reagenzlsg. lasse man die möglichst neutralisierte, gegebenenfalls mit einigen Tropfen KCN-Lsg. versetzte Bismutsalzlsg. einfließen. In der Kälte (!) s c h w a r z e r Niederschlag.

EG: 1 µg Bi   pD 5,7

Reagenz: Alkalische Stannat(II)-Lsg. aus gleichen Volumina 6 mol/l NaOH und einer Lsg. von 5 g SnCl$_2$ und 5 ml 7 mol/l HCl in 90 ml Wasser.

6. Nachweis mit Dimethylglyoxim

Eine BiCl$_3$-Lsg. versetze man in der Hitze mit einer 1%igen alkoholischen Dimethylglyoxim-Lsg. und hierauf mit Ammoniak bis zur deutlichen alkalischen Reaktion. Es bildet sich ein intensiv gelber, sehr voluminöser Niederschlag der Bismut-Komplexverbindung; die überstehende Flüssigkeit erscheint wasserklar.

Liegt Bi^{3+} neben SO$_4^{2-}$ oder NO$_3^-$ in der Lsg. vor, so setzt man vor dem Erhitzen etwas NaCl hinzu.

As, Sb, Ni, Co, Fe(II), Mn sowie größere Mengen Cu und Cd stören; auch Tartrat stört.

pD 4,8

7. Nachweis mit Kaliumiodid

$$BiI_3 + I^- \rightleftharpoons [BiI_4]^-$$

Aus schwach schwefel- oder salpetersaurer Lsg. fällt zunächst ein s c h w a r z e r Niederschlag von BiI$_3$, der sich im Überschuss von KI unter Bildung des o r a n g e g e l b e n Komplexes [BiI$_4$]$^-$ löst.

8. Nachweis mit Chinolin oder 8-Hydroxychinolin (Oxin) und Kaliumiodid

$[BiI_4]^- +$ [Chinolinium-Struktur mit OH]$^+$ → [Chinolinium-Struktur mit OH]BiI_4 ↓

Aus der nach 7. hergestellten $[BiI_4]^-$-Lösung fällt bei Zugabe von Chinolin oder Oxin das entsprechende Tetraiodobismutat der organischen Base als oranger bis hellroter schwerlöslicher Niederschlag aus. Bei Gegenwart von weniger als 1 mg Bi entsteht eine orange bis gelbe Trübung. Unter den gleichen Bedingungen geben Sb(III), Pb(II), Hg(II) und Ag(I) schwarze Niederschläge, die nur bei einem Überschuss dieser Ionen stören. Iodausscheidungen durch Fe(III) und Cu(II) (Oxidation von I^- zu I_2) können durch Zugabe von $K_2S_2O_5$ verhindert werden.

2–3 Tropfen der HNO_3-sauren Probelsg. werden auf der Tüpfelplatte mit 2–3 Tropfen Reagenzlsg. und einem kleinen KI-Kristall versetzt. Die Bildung eines orange- bis hellroten Niederschlags zeigt Bi an.

EG: 1 µg Bi   pD 4,7

2.3.4.4 Kupfer, Cu, 63,546; + I, + II; $4s^1 3d^{10}$; 1. Nebengruppe des PSE

In der 1. Nebengruppe des PSE folgt auf die Elemente Kupfer und Silber das Gold. Bei allen drei Elementen können neben der Oxidationsstufe + I auch höhere (bis + V) auftreten. Damit stellt die 1. Nebengruppe eine Ausnahme von der Regel dar, dass die maximale Oxidationsstufe der Gruppennummer entspricht. Die Elemente der 1. Nebengruppe besitzen im Vergleich zu denen der I. Hauptgruppe größere Ionisierungsenergien, und die positiven Standardpotenziale steigen mit der Ordnungszahl stark an.

> Kupfer kommt in der Natur hauptsächlich in sulfidischer Form vor, z. B. als Kupferkies, $CuFeS_2$, und als Kupferglanz, Cu_2S. Für seine Darstellung werden die sulfidischen Erze zunächst zum Oxid abgeröstet und anschließend zum Metall reduziert. Das Rohkupfer wird durch Raffinationsschmelzen oder durch elektrolytische Raffination von Fremdstoffen befreit. Neben der Verwendung des Kupfers in der Elektroindustrie und als Legierungsbestandteil (Messing, Bronzen, Monelmetall, Devardasche Legierung) werden seine Verbindungen als Farbstoff und zur Schädlingsbekämpfung benutzt. Außerdem werden Kupferverbindungen in der Gasanalyse als Absorptionsmittel (s. S. 506) sowie in der Kunstseideindustrie gebraucht.
>
> Obgleich Cu in der ersten Gruppe des PSE steht, ist die Oxidationsstufe +II am beständigsten. In wässriger Lösung ist Cu^+ farblos, Cu^{2+} blau.
>
> Das Metall ist edler als Wasserstoff, d. h. sein Bestreben, in den Ionenzustand überzugehen, ist geringer als das des Wasserstoffs. Daher wird Kupfer bei Abwesenheit eines Oxidationsmittels durch nichtoxidierende Säuren nicht gelöst.

Elemente der Schwefelwasserstoffgruppe

Fortsetzung

Die Cu(I)-Verbindungen sind meistens schwerlöslich und zum Teil leicht oxidierbar. Beständig und in Wasser schwerlöslich sind: Cu_2O rot, Cu_2S schwarz, CuI weiß, $CuSCN$ weiß. Die Cu(I)-Salze von Sauerstoffsäuren disproportionieren leicht in Metall und Cu^{2+}.

1. Unedle Metalle

$$Cu^{2+} + Fe \rightarrow Cu\downarrow + Fe^{2+}$$

Kupfer ist edler als die Metalle Eisen und Zink. Cu(I) oder Cu(II) werden daher von diesen Metallen reduziert.

Diese Reaktion wird in der Technik zur Cu-Reindarstellung benutzt (Zementation).

Man tauche ein blankes Eisenstück in eine $CuSO_4$-Lsg. Auf dem Eisen schlägt sich Kupfer nieder. Die dabei eintretende Auflösung des Eisens erkannt man besser, wenn man an Stelle eines Eisenstückes einige Eisenspäne oder Eisenpulver in die verd. $CuSO_4$-Lsg. einträgt. Es tritt eine sehr lebhafte Reaktion ein. Nachdem diese beendet ist, filtriere man ab; die Lsg. sieht jetzt durch die gebildeten Fe^{2+}-Ionen h e l l g r ü n aus. Man weise die Fe^{2+}-Ionen mit $K_3[Fe(CN)_6]$ nach.

2. Darstellung von Kupfer(I)-chlorid

Kupfer(I)-chlorid, CuCl   N   Xn

Smp. 430°C; Sdp. 1490°C

Bei Gegenwart von Feuchtigkeit ist CuCl z. B durch O_2 oxidierbar und lichtempfindlich. Es löst sich bei O_2-Ausschluss in starken Ammoniak oder konzentrierter HCl. Diese Lösungen absorbieren CO unter Bildung der Verbindung $CuCl \cdot CO \cdot 2\,H_2O$ (Gasanalyse).

R: 22-50/53
S: (2-) 22-60-61

$$Cu^{2+} + Cu \rightarrow 2\,Cu^+$$
$$Cu^{2+} + 2\,Cl^- \rightarrow [CuCl_2]^-$$
$$[CuCl_2]^- \rightarrow CuCl\downarrow + Cl^-$$

50 g $CuSO_4 \cdot 5\,H_2O$ und 25 g NaCl werden in einem Kolben mit 125 ml 7 mol/l HCl und ca. 20 g Cu-Pulver auf dem Wasserbad erhitzt, bis die blaue Farbe verschwunden ist. Dabei bildet sich ein Chlorokomplex des Cu(I), der als Na-Salz zunächst in Lsg. gehalten wird. Die klare Lsg. wird vom Rückstand dekantiert und in ca. 1 l ausgekochtes, SO_2-haltiges Wasser eingegossen. Es fällt weißes CuCl aus, da beim Verdünnen der unbeständige Komplex $[CuCl_2]^-$ so weitgehend in die Einzelionen zerfällt, dass das Löslichkeitsprodukt von CuCl überschritten wird. Der Niederschlag wird durch Dekantieren mit ausgekochtem, SO_2-haltigem Wasser ausgewaschen, dann abgesaugt, mit Alkohol und Ether gewaschen und in ein trockenes Präparategläschen eingeschmolzen.

3. KI

$$2\,Cu^{2+} + 4\,I^- \rightarrow 2\,CuI\downarrow + I_2$$
$$I_2 + HSO_3^- + H_2O \rightarrow 2\,I^- + 3\,H^+ + SO_4^{2-}$$

Im Gegensatz zum Chlorid ist das Kupfer(I)-iodid relativ beständig, während Kupfer(II)-iodid in CuI und Iod zerfällt (s auch S. 415).

Man versetze eine Kupfersulfatlsg. mit KI-Lösung. Es fällt CuI aus, das durch mit ausfallendes Iod b r a u n gefärbt ist. Beim Kochen entweichen v i o l e t t e Ioddämpfe. Nach Reduktion des Iods durch schweflige Säure wird das w e i ß e CuI sichtbar.

4. KCN

$$2\,Cu^{2+} + 4\,CN^- \rightarrow 2\,Cu(CN)_2\downarrow \rightarrow 2\,CuCN\downarrow + (CN)_2\uparrow$$

Cu^{2+} reagiert mit CN^- wie mit I^-. Es fällt zunächst g e l b e s $Cu(CN)_2$ aus. Beim Erwärmen wird es w e i ß, wobei sich Dicyan, $(CN)_2$, entwickelt.

Im Überschuss von KCN löst sich CuCN zu dem f a r b l o s e n, sehr beständigen Komplexion $[Cu(CN)_4]^{3-}$ auf.

Man versetze $CuSO_4$-Lsg. tropfenweise mit KCN-Lsg. und erwärme unter dem Abzug. **Vorsicht! $(CN)_2$ ist sehr giftig!**

In ammoniakalischer Lsg. entwickelt sich kein $(CN)_2$, da dieses analog den Halogenen durch OH^- in Cyanid und Cyanat disproportioniert:

$$(CN)_2 + 2\,OH^- \rightarrow CN^- + OCN^- + H_2O$$

In die Lsg. von $K_3[Cu(CN)_4]$ leite man H_2S ein. Es fällt kein Cu_2S aus, da der Komplex so beständig, d. h. so wenig dissoziiert ist, dass das Löslichkeitsprodukt von Cu_2S nicht überschritten wird. Der Cadmium(II)-cyanokomplex ist unbeständiger, es fällt CdS aus (Trennung von Cd s. S. 285).

5. NH$_4$SCN

$$2\,Cu(SCN)_2 + SO_2 + 2\,H_2O \rightarrow 2\,CuSCN\downarrow + SO_4^{2-} + 2\,SCN^- + 4\,H^+$$

Auch mit SCN^- erfolgt aus konz. Lsg. zunächst allmähliche Bildung von s c h w a r z e m $Cu(SCN)_2$, das langsam, jedoch bei Zusatz von SO_2 schnell, in w e i ß e s CuSCN übergeht. Diese Reaktion kann zur quantitativen Bestimmung von Cu herangezogen werden (s. S. 373).

6. NaOH

In Cu^{2+}-Lsg. bildet sich ein b l ä u l i c h e r Niederschlag von $Cu(OH)_2$, der beim Erhitzen unter Wasserabspaltung in s c h w a r z e s CuO übergeht:

$$Cu(OH)_2 \rightarrow CuO\downarrow + H_2O$$

Frisch gefälltes $Cu(OH)_2$ und auch CuO lösen sich im Überschuss von NaOH und Na_2CO_3 teilweise zu Natriumcuprat(II), $Na_2[Cu(OH)_4]$. Aus diesem Grunde kann man Kupfer im Sodaauszug finden.

Bei Gegenwart von Tartrationen und anderen organischen Verbindungen, die mehrere OH-Gruppen enthalten, wie z. B. Citronensäure oder Zucker, bleibt die Fällung aus. Dafür

Elemente der Schwefelwasserstoffgruppe

entsteht eine **tiefblaue** Lsg., die bei Weinsäure „Fehlingsche Lösung" genannt wird. Diese enthält das Kupfer als Chelatkomplex gebunden (Theorie der Komplexe, s. S. 41).

7. Fehlingsche Lösung

Die Fehlingsche Lösung hat als Reagenz auf leicht oxidierbare organische Stoffe, besonders auf die Aldehydgruppe, in der physiologischen Chemie Bedeutung. So dient sie zum Nachweis von Zucker im Harn.

Reagenz: Man gebe zu $CuSO_4$-Lsg. etwa die doppelte Menge Weinsäurelsg. und mache mit Natronlauge alkalisch (Fehlingsche Lösung).

Man setze einige Tropfen dieser Lsg. zu Traubenzuckerlsg. und erwärme. Es fällt zunächst feinverteiltes, wasserhaltiges **gelbes** Cu_2O aus, das in **ziegelrotes** Cu_2O übergeht. Wie Traubenzucker verhalten sich auch Hydroxylamin, Hydrazin u. a. Reduktionsmittel.

8. Ammoniak

Zuerst bildet sich ein **bläulicher** Niederschlag von $Cu(OH)_2$, der sich im Überschuss von Ammoniak zu **tiefblauem** $[Cu(NH_3)_4]^{2+}$ löst. Empfindliche Reaktion!

Salze des Tetraamminkupfer(II)-Ions lassen sich leicht kristallin erhalten, wenn man deren Löslichkeit durch Ethanolzusatz verringert.

9. Darstellung von Tetraamminkupfer(II)-sulfat-Monohydrat

> **Tetraamminkupfer(II)-sulfat-Monohydrat, $[Cu(NH_3)_4]SO_4 \cdot H_2O$**
>
> Tief dunkelblaue Kristalle, an der Luft zersetzlich. Die Verbindung zersetzt sich oberhalb 30 °C langsam unter Abgabe von NH_3 und H_2O.

$$CuSO_4 + 4\,NH_3 \rightarrow [Cu(NH_3)_4]SO_4$$

25 g $CuSO_4 \cdot 5\,H_2O$ werden unter Erwärmen in ca. 25 ml Wasser gelöst und mit 13,5 mol/l NH_3 versetzt, bis sich der Niederschlag gerade wieder vollständig gelöst hat. Die Lsg. wird nun in einem Messzylinder mit einem Ethanol-Wassergemisch (1 : 1 Vol.) vorsichtig ca. 1 cm hoch überschichtet, indem man das Gemisch langsam aus einer Pipette an der Wand des Messzylinders herunterfließen lässt. Darüber wird in gleicher Weise und Höhe 96%iges Ethanol geschichtet. Das bedeckte Gefäß bleibt mehrere Tage in der Kälte ruhig stehen. Dann werden die entstandenen tiefdunkelblauen $[Cu(NH_3)_4]SO_4 \cdot H_2O$-Kristalle abgenutscht und mit Ethanol und Ether gewaschen und getrocknet.

10. H_2S

In saurer Lsg. $[c(HCl) \approx 2\,mol/l]$ bildet sich ein **schwarzer** Niederschlag von $CuS + Cu_2S$, lösl. in konz. Säuren sowie in heißer 2 mol/l HNO_3. In gelbem Ammoniumpolysulfid ist Kupfersulfid unter Bildung eines Thiosalzes ein wenig löslich.

11. Vorproben

a) Flammenfärbung: Bei Gegenwart von Halogenidionen **grün**.
b) Phosphorsalzperle: Oxidationsflamme heiß: gelb, kalt: blau. Reduktionsflamme heiß: **farblos**, kalt: **rotbraun**. Bei starker Reduktion: Kupferflitter.

12. Nachweis mit Ammoniak und anschließende Abtrennung von Cadmium

Durch Kombination der Reaktionen 8 (S. 283) und 4 (S. 282) wird Kupfer zunächst an der Bildung der tiefblauen Lsg. mit Ammoniak und der Entfärbung dieser Lsg. durch Zusatz von festem KCN erkannt. In der entfärbten Lsg. kann Cadmium mit H_2S nachgewiesen werden.

13. Nachweis mit $K_4[Fe(CN)_6]$

Es bildet sich ein brauner Niederschlag von $Cu_2[Fe(CN)_6]$, schwerlösl. in verd. Säuren, lösl. in Ammoniak unter Bildung von $[Cu(NH_3)_4]^{2+}$. Sehr empfindliche Reaktion!

14. Nachweis als $K_2CuPb(NO_2)_6$

Die Eigenschaften dieses Tripelsalzes wurden bereits unter Kalium (vgl. 5., S. 190) beschrieben.

1 Tropfen der neutralen oder schwach essigsauren Lsg. wird mit soviel Pb-Acetatlsg. versetzt, dass Pb gegenüber Cu im geringen Überschuss vorliegt. Die Mischung wird auf dem Objektträger vorsichtig bis fast zur Trockne eingedampft und der erkaltete Rückstand mit einem kleinen Tropfen einer stets frisch zubereiteten Reagenzlsg. versetzt. Ein Überschuss an Reagenzlsg. ist unbedingt zu vermeiden, da sich das Tripelnitrit darin auflöst. Häufig empfiehlt es sich, nach Zugabe der Reagenzlsg. noch einen kleinen Kristall festes KNO_2 zuzufügen. SO_4^{2-} stört nicht, da sich gegebenenfalls gebildetes $PbSO_4$ durch NH_4CH_3COO in ausreichender Menge wieder löst. (Betrachtung unter dem Mikroskop, vgl. Kristallaufnahme Nr. 11.)

EG: 0,03 µg Cu   pD 5,8

Reagenz: Gesättigte NH_4CH_3COO-Lsg., gesättigte KNO_2-Lsg. und 50%ige Essigsäure, 1 : 1 : 1 Volumen-Teile.

2.3.4.5 Cadmium, Cd, 112,41; + II; $5s^2\, 4d^{10}$

> Cadmium ist in geringen Mengen ein steter Begleiter des Zinks. Das Metall wird aus dem nach komplizierten Verfahren gereinigten Oxid durch Reduktion mit Kohlenstoff oder aus dem Sulfat durch Elektrolyse hergestellt. Cadmium findet in Nickel-Cadmium-Akkumulatoren, für Schutzüberzüge von Metallen und als Neutronenabsorber in der Kerntechnik Verwendung. CdS dient als Leuchtstoff. Cd ist in verd. Salpetersäure leicht, in verd. Salzsäure und Schwefelsäure schwerer löslich. Sein Ion ist farblos.
> Die Reaktionen des Cadmiums sind denen des Zinks außerordentlich ähnlich. Es bestehen nur graduelle Unterschiede. So gibt Cd^{2+} schon aus verdünnten mineralsauren Lösungen mit Schwefelwasserstoff ein schwerlösliches Sulfid, während ZnS erst aus essigsaurer Lösung ausfällt. $Cd(OH)_2$ ist dagegen in Natronlauge schwerlöslich.
> **Toxizität:** Cadmiumverbindungen sind sehr giftig.

Für die folgenden Versuche benutze man eine $CdSO_4$- oder $CdCl_2$-Lösung oder die entsprechend vorbereitete Analysenlösung.

Elemente der Schwefelwasserstoffgruppe 285

1. NaOH

Es entsteht ein w e i ß e r Niederschlag von Cd(OH)$_2$, schwerlösl. im Überschuss von NaOH (Unterschied zu Zn).

2. Ammoniak

Es bildet sich ein w e i ß e r Niederschlag, der im Überschuss unter Bildung des Amminkomplexes [Cd(NH$_3$)$_6$]$^{2+}$ löslich ist.

3. KCN

$$Cd^{2+} + 4\ CN^- \rightarrow Cd(CN)_2\downarrow + 2\ CN^- \rightarrow [Cd(CN)_4]^{2-}$$

Zunächst entsteht ein w e i ß e r Niederschlag, der sich im Überschuss des Fällungsmittels leicht löst.
Der Komplex ist so weit in die Einzelionen dissoziiert, dass mit Schwefelwasserstoff das Löslichkeitsprodukt des CdS überschritten wird und CdS ausfällt. Wichtiger Unterschied zu Kupfer (s. S. 282).

4. Vorproben

Flammenfärbung und Phosphorsalzperle geben keinen Hinweis!

5. Nachweis mit H$_2$S

Aus schwach mineralsaurer Lsg. entsteht ein g e l b e r bis b r a u n g e l b e r Niederschlag von CdS, lösl. in starken Säuren (pH < 1), schwerlösl. in Alkali- und Ammoniumsulfid.

6. Nachweis des CdS im Gemisch der H$_2$S-Gruppenfällung

Die Reaktion basiert auf der relativen Flüchtigkeit des metallischen Cd im Vergleich zu den übrigen Metallen der H$_2$S-Gruppe und eignet sich als selektive Vorprobenreaktion auf Cd direkt aus dem Niederschlag der H$_2$S-Gruppe.

Ein kleiner Teil des Niederschlags der H$_2$S-Gruppe wird in einem offenen Mikrotiegel über der Bunsenflamme auf Rotglut erhitzt, bis keine flüchtigen Bestandteile mehr entweichen (As$_2$S$_3$ und HgS, Abzug!). Der Rückstand wird mit einem Überschuss an Na$_2$C$_2$O$_4$ (1 : 5) vermischt und im Glühröhrchen kräftig erhitzt. Das Oxalat reduziert das Sulfid-Oxid-Gemisch zu den Metallen, wobei nur Cadmium als der am leichtesten flüchtige Bestandteil bei 767 °C verdampft und sich an dem oberen, kalten Teil des Glühröhrchens als Metallspiegel abscheidet. Gibt man nun ein Körnchen Schwefel in das Glühröhrchen, so reagiert das Metall in der Hitze mit dem Schwefeldampf zu CdS, das in der Hitze rot, in der Kälte g e l b r o t ist.

7. Einfache papierchromatographische Trennung der Elemente der Kupfergruppe im Reagenzglas (s. S. 80)

Auf einen Papierstreifen (Schleicher und Schüll 2043 a) mit den Maßen 15×165 mm gibt man 0,001 ml Analysenlsg. auf den Startpunkt (ca. 25 mm vom unteren Ende des Streifens). Die Lösung soll jedes Element in der Konzentration $c(M) = 0{,}1$ mol/l enthalten und außerdem soviel HNO$_3$, dass kein basisches Bismutnitrat ausfällt. Der Papierstreifen wird mit Hilfe einer Heftklammer an einem Korkstopfen befestigt und am anderen Ende mit einem kleinen Glasstab beschwert. Als Chromatographiergefäß (Abb. 2.12) dient ein großes

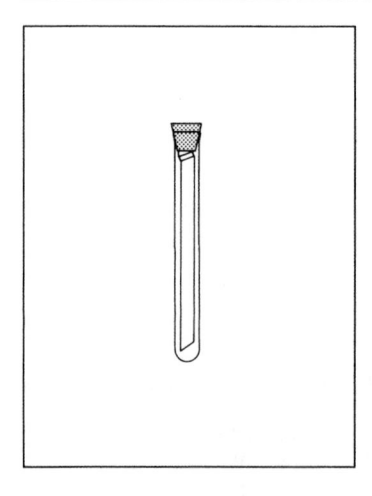

Abb. 2.14: Papierchromatographie im Reagenzglas

Reagenzglas (h: 175 mm, $\varnothing$: 18 mm). Der Streifen wird so eingehängt, dass der Startpunkt 5 mm über der Laufmitteloberfläche liegt.

Laufmittel: 49 ml tert.-Butanol (geschmolzen), 33 ml Aceton, 10 ml Wasser, 3 ml 14 mol/l HNO_3, 5 ml Acetylaceton.

Wenn die Laufmittelfront etwa 20 mm vom oberen Rand entfernt ist, wird der Streifen herausgenommen, an der Luft getrocknet, durch H_2S-Wasser gezogen, um die Flecken sichtbar zu machen, und wieder getrocknet.

R_f-Werte: Pb: 0,15,   Cd: 0,38,   Bi: 0,65,   Hg: 1,00

2.3.4.6 Trennungsgang der Kupfergruppe

(Vgl. Tabelle 2.12, S. 324 und das Poster).

Vorproben

Ebenso wie bei der Ammoniumsulfidgruppe (s. S. 259) führt man zunächst Vorproben aus.

Cu erkennt man mit der Phosphorsalzperle und durch die Flammenfärbung. Auf Hg macht man die Glühröhrchenprobe ohne und mit Soda (s. S. 274).

Kationennachweis

Die Kupfergruppe wird von den anderen bisher besprochenen Elementen durch Fällung mit Schwefelwasserstoff aus saurer Lösung getrennt. Als Lösungsmittel für die Analysensubstanz verwendet man nach Möglichkeit Salzsäure. Salpetersäure ist wenig geeignet, weil sie mit S^{2-} unter Schwefelabscheidung reagiert. Ist jedoch zum Lösen der Ursubstanz Salpetersäure oder Königswasser erforderlich, so dampft man mit einigen Tropfen HCl bis **fast** zur Trockne ein (bei völligem Eintrocknen verflüchtigt sich Quecksilber!) und nimmt dann mit 2 mol/l HCl auf.

Elemente der Schwefelwasserstoffgruppe

Bei Gegenwart von viel Blei kann ein Niederschlag von, in kaltem Wasser ziemlich schwerlöslichen $PbCl_2$ entstehen. Man zentrifugiert ab und weist Pb nach 8., S. 277, nach. Bei Gegenwart von CrO_4^{2-} und MnO_4^-, die man an ihrer Farbe erkennt, empfiehlt es sich, zur Reduktion mit Alkohol zu kochen (s. $(NH_4)_2$S-Trennungsgang S. 260).

Zur Fällung der Sulfide erhitzt man die auf ein geringes Volumen eingeengte, 2–3 mol/l HCl enthaltende Lösung in einem kleinen Erlenmeyerkolben oder in einem großen Reagenzglas zum Sieden. Man verschließt mit einem doppelt durchbohrten Stopfen, durch dessen Bohrungen ein Einleitungsrohr, das in die Lösung eintaucht, und ein kurzes Ableitungsrohr mit Gummischlauch eingeführt werden. Dann leitet man unter Vorschalten einer Waschflasche in langsamem Strom (1–2 Blasen in der Sekunde) Schwefelwasserstoff ein (Abzug!). Nach einigen Minuten verschließt man den Ableitungsschlauch mit einem Quetschhahn und lässt die Lösung unter mehrmaligem Umschütteln erkalten. Wenn nichts mehr ausfällt, zentrifugiert man eine kleine Probe ab, verdünnt auf das Fünffache und leitet noch einmal H_2S ein. Entsteht erneut ein Niederschlag, so muss das gleiche mit der Gesamtmenge geschehen.

Der Niederschlag wird sofort abzentrifugiert und mit Schwefelwasserstoffwasser, dem man einige Körnchen Ammoniumacetat zugesetzt hat, gewaschen, bis keine Chloridionen mehr nachzuweisen sind. Das Waschwasser wird verworfen. Das Zentrifugat selbst dient zum Nachweis der anderen Elemente.

Die Sulfide behandelt man in einer Porzellanschale bei mäßiger Wärme unter Umrühren mit einer Mischung von einem Volumenteil 14 mol/l HNO_3 und zwei Volumenteilen Wasser. Nach 2–3 Minuten wird abzentrifugiert.

Der Rückstand kann schwarzes HgS oder auch weißes $Hg_2S(NO_3)_2$, vermischt mit weißlichem Schwefel und etwas $PbSO_4$, enthalten. Er wird in Königswasser gelöst, bis fast zur Trockne eingedampft und mit wenig Wasser aufgenommen. In der Lösung wird das Hg durch Amalgambildung mit Kupferblech (s. 11., S. 274), durch Zugabe von $SnCl_2$ (s. 12., S. 275) sowie als Cobaltthiocyanatomercurat(II) (s. 13., S. 275) nachgewiesen.

Das Zentrifugat vom HgS-Rückstand wird unter Zusatz von 1–2 ml 18 mol/l H_2SO_4 in einer Porzellanschale eingedampft, bis weiße Nebel entstehen und die Salpetersäure restlos entfernt ist. Man lässt erkalten und fügt ungefähr das gleiche Volumen 1 mol/l H_2SO_4 hinzu. Ist Blei zugegen, so bildet sich ein weißer Niederschlag von $PbSO_4$. Bei zu starker Verdünnung kann auch Bismutoxidsulfat ausfallen. Es ist also darauf zu achten, dass dies nicht geschieht, da man sonst leicht Bismut übersieht.

Nach einigem Stehen zentrifugiert man ab, wäscht mit 1 mol/l H_2SO_4 aus und behandelt den Rückstand mit ammoniakalischer Weinsäurelösung. $PbSO_4$ löst sich auf. In dieser Lösung kann Pb mit K_2CrO_4 (s. 8., S. 277) und durch Bildung von $K_2CuPb(NO_2)_6$ (s. 9., S. 278) nachgewiesen werden.

Das Zentrifugat von $PbSO_4$, in dem noch Bi^{3+}, Cu^{2+} und Cd^{2+} vorhanden sein können, macht man mit 13,5 mol/l NH_3 ammoniakalisch. Bei Anwesenheit von Bi^{3+} entsteht ein weißer Niederschlag von $Bi(OH)SO_4$. Nach dem Abzentrifugieren löst man einen Teil des Niederschlags in HCl, versetzt mit etwas NaCl und prüft nach 6., S. 280, mit Dimethylglyoxim-Lösung und Ammoniak. Den Hauptteil des Bi(OH)SO$_4$-Niederschlags, der bei nicht richtigem Arbeiten noch Pb(OH)$_2$ und [Hg$_2$N]$_2$SO$_4$ sowie, falls der H$_2$S-Niederschlag nicht genügend ausgewaschen war, noch etwas Al(OH)$_3$, Fe(OH)$_3$ und Cr(OH)$_3$ enthalten kann, identifiziert man weiter, indem man ihn nach 5., S. 279, mit frisch bereiteter alkalischer Stannat(II)-Lösung behandelt. Bei Anwesenheit von Bi tritt sofort eine rein schwarze Farbe auf. Von den genannten, bei nicht richtigem Arbeiten an dieser Stelle eventuell ausfallenden Elementen gibt nur Quecksilber die gleiche Reaktion wie Bismut. Man zentrifugiert den Niederschlag ab, trocknet ihn und prüft ihn im Glühröhrchen auf seine Flüchtigkeit. Bismut ist im Gegensatz zu Quecksilber nicht flüchtig.

Ist das Zentrifugat von Bi(OH)SO$_4$ blau gefärbt, so ist Kupfer als [Cu(NH$_3$)$_4$]$^{2+}$ zugegen. Zum weiteren Nachweis wird ein Teil der Lösung mit Essigsäure angesäuert und K$_4$[Fe(CN)$_6$] zugegeben. Es fällt braunes Cu$_2$[Fe(CN)$_6$] aus (s. 13., S. 284). In der essigsauren Lösung kann Cu auch als K$_2$CuPb(NO$_2$)$_6$ (s. 14., S. 284) identifiziert werden.

Zur Prüfung auf Cadmium wird ein anderer Teil der ammoniakalischen Lösung mit KCN versetzt, bis die Lösung völlig farblos geworden ist, und dann H$_2$S eingeleitet. Es fällt Cadmium als gelbes CdS aus (s. 5. u. 6., S. 285). CdS kann auch im Sulfidgemisch der H$_2$S-Fällung nach 6., S. 285, erkannt werden.

Sollte bei der Prüfung auf Cadmium mit H$_2$S ein schwarzer Niederschlag entstehen, so ist unsauber gearbeitet worden, und der Trennungsgang muss wiederholt werden. Man kann auch den Niederschlag mit 1 mol/l H$_2$SO$_4$ behandeln, wobei im allgemeinen nur Cadmium in Lösung geht. Nach dem Zentrifugieren und Verdünnen mit Wasser auf das Dreifache erzielt man beim H$_2$S-Einleiten häufig eine reingelbe CdS-Fällung.

Zentrifugat der Kupfergruppe

Im Zentrifugat des H$_2$S-Niederschlages befinden sich die Elemente der vorher beschriebenen Gruppen. Um diese nachzuweisen, muss man für den Hydrolysentrennungsgang (Urotropinverfahren) den Schwefelwasserstoff verkochen, darauf Fe^{2+} mit einigen Tropfen 14 mol/l HNO$_3$ quantitativ zu Fe^{3+} oxidieren und, falls man bei der Fällung der H$_2$S-Gruppe stark verdünnen musste, auf ein kleines Volumen eindampfen. Erfolgt die Fällung der Ammoniumsulfidgruppe mit (NH$_4$)$_2$S, so können die beiden ersten Operationen unterbleiben, und man verfährt wie auf S. 263 beschrieben.

Aufschluss schwerlöslicher Verbindungen

Als einzige in Säuren schwerlösliche Verbindung kommt hier PbSO$_4$ in Frage. Wenn sich ein Hinweis auf die Gegenwart von PbSO$_4$ ergeben hat, löst man es aus den übrigen säureschwerlöslichen Verbindungen, wie geglühten Oxiden und Erdalkalisulfaten, mit ammoniakalischer Tartratlösung heraus und fällt das Blei als PbCrO$_4$ aus.

Anionennachweis

Die Prüfung auf Anionen bietet im Sodaauszug keinerlei Schwierigkeiten. Blei geht als Plumbat(II) etwas in den Sodaauszug, stört aber die einzelnen Nachweise nicht.

Arsen-Zinn-Gruppe

Zur Arsen-Zinn-Gruppe gehören eine Anzahl Elemente, deren Sulfide sich in $(NH_4)_2S_x$ unter Thiosalzbildung lösen (s. S. 270). Zu den Elementen des Schultrennungsganges zählen jedoch nur Arsen, Antimon und Zinn, zu den „seltenen" das Molybdän. Mitunter kommt auch Kupfer in die Arsen-Zinn-Gruppe, da sich das Sulfid bei längerem Digerieren und erhöhter Temperatur teilweise löst. Über die grundsätzlichen Zusammenhänge in der 4. und 5. Hauptgruppe des PSE s. S. 110 und 123.

2.3.4.7 Arsen, As, 74,9216; $-$ III, $+$ III, $+$ V; $4\,s^2\,4\,p^3$

Arsen findet sich meist in sulfidischer Form als As_2S_3 (Auripigment), As_4S_4 (Realgar), FeAsS (Arsenkies) oder als Arsenid, wie $FeAs_2$ (Arsenikalkies), seltener gediegen als „Scherbenkobalt" und als As_2O_3 (Arsenik). Arsen bzw. Arsentrioxid wird durch Sublimation aus entsprechenden Erzen gewonnen und in der Heilkunde sowie wegen seiner Giftigkeit zur Schädlingsbekämpfung verwendet. Mit Stickstoff, Phosphor, Antimon und Bismut steht es in der 5. Hauptgruppe des PSE und zeigt die Eigenschaften eines Halbmetalls.

Das Arsentrioxid, As_2O_3, ist in Wasser wenig löslich und reagiert schwach sauer. Die arsenige Säure, H_3AsO_3, ist amphoter. Deshalb löst sich As_2O_3 nicht nur in Basen unter Bildung von Arseniten, sondern auch in starken Säuren, wobei sich As(III)-Salze bilden, die stark hydrolytisch gespalten sind. $AsCl_3$ ist mit Wasserdämpfen bei Gegenwart von Salzsäure (zur Zurückdrängung der Hydrolyse) flüchtig. Beim Eindampfen von As(III)-Salzlösungen treten daher starke Verluste auf, die sich vermeiden lassen, wenn man zu As(V) oxidiert. Die Oxidation geht in alkalischer und saurer Lösung leicht vor sich, in saurer z. B. durch Chlor oder Salpetersäure, in alkalischer schon durch Wasserstoffperoxid. Das Oxid des As(V) ist gemäß den allgemeinen Gesetzmäßigkeiten wesentlich saurer als das des As(III). Die Arsenverbindungen lassen sich leicht zum Element reduzieren.

Im Arsenwasserstoff, AsH_3, sowie in den davon ableitbaren Arseniden hat das Arsen die Oxidationsstufe $-$ III. AsH_3 ist eine endotherme Verbindung. Seine Flüchtigkeit sowie die leichte Zersetzbarkeit benutzt man zum Nachweis geringster Spuren von Arsen, eine Bestimmungsart, die für die Gerichtsmedizin Bedeutung hatte. Sie führt den Namen „*Marsh*sche Probe".
Toxizität: Alle Arsenverbindungen sind sehr giftig.

1. Kolloidales Arsentrisulfid

Arsentrisulfid neigt in schwach sauren Lösungen zur Kolloidbildung.

Man erhitze etwas As_2O_3 mit Wasser. Es löst sich ein wenig unter Bildung von arseniger Säure. Man filtriere ab und leite Schwefelwasserstoff ein. Es entsteht eine g e l b e , kolloidale Lsg. von As_2S_3. Beim Ansäuern mit Salzsäure flockt As_2S_3 g e l b aus.

2. Flockung gegensinnig geladener Kolloidteilchen (s. S. 47)

Positiv aufgeladene $(FeOOH)_x$-Kolloidteilchen geben mit negativ aufgeladenen $(As_2S_3)_y$-Kolloidteilchen eine Flockung.

Man verwende entweder das beim Eisen unter Vers. 12, S. 228, beschriebene Eisen(III)-oxid-Hydrat-Sol bzw. stelle sich ein solches durch Eingießen von schwach salzsaurer Eisen(III)-chlorid-Lösung in siedendes Wasser her. Es entsteht eine dunkelrotbraune Lösung. Wird dieses Kolloidsol mit dem hier im Vers. 1 beschriebenen (As_2S_3)-Sol vereinigt, bildet sich ein brauner Niederschlag.

Zu den nachfolgenden Reaktionen verwende man eine Na_3AsO_3-Lösung bzw. die entsprechend vorbereitete Analysenlösung.

3. H_2S

Der gelbe Niederschlag von As_2S_3 ist schwerlöslich in konz. Salzsäure, löslich in heißer konz. Salpetersäure, ebenso in $(NH_4)_2S$ unter Bildung von $(NH_3)_3AsS_3$. Bei Anwendung von gelbem Ammoniumpolysulfid bildet sich $(NH_4)_3AsS_4$. Arsen(III)-sulfid löst sich auch in Alkalien, Ammoniak und Ammoniumcarbonat, wobei Thioarsenite und Arsenite bzw. Thiooxoarsenite gebildet werden:

$$As_2S_3 + 6\,OH^- \rightarrow AsS_3^{3-} + AsO_3^{3-} + 3\,H_2O$$

$$As_2S_3 + 6\,OH^- \rightarrow AsO_2S^{3-} + AsOS_2^{3-} + 3\,H_2O$$

Beim Ansäuern von Thioarseniten fällt As_2S_3 wieder aus.

$$2\,AsS_3^{3-} + 6\,H^+ \rightarrow As_2S_3\downarrow + 3\,H_2S$$

As_2S_3 lässt sich leicht in ammoniakalischer H_2O_2-Lösung lösen, wobei es zu Arsenat und Sulfat oxidiert wird:

$$As_2S_3 + 12\,OH^- + 14\,H_2O_2 \rightarrow 2\,AsO_4^{3-} + 3\,SO_4^{2-} + 20\,H_2O$$

Man leite in die schwach salzsaure As(III)-Lsg. H_2S ein. Es bildet sich sofort ein gelber Niederschlag von As_2S_3, der evtl. mit überschüssigem S verunreinigt ist. Man führe anschließend die oben angegebenen Lösungsversuche durch.

4. $AgNO_3$

Aus neutralen Lösungen wird gelbes Ag_3AsO_3 gefällt (Unterschied von Arsenat, das einen schokoladenbraunen Niederschlag bildet). Ag_3AsO_3 ist in Säuren lösl., wird durch Alkalien zu $Ag_2O + AsO_3^{3-}$ zersetzt und in Ammoniak zu $[Ag(NH_3)_2]^+ + AsO_3^{3-}$ gelöst. Stellt man daher diese Probe an, um die Oxidationsstufe von Arsen zu prüfen, so muss man genau neutralisieren, indem man die saure Lsg. (nicht salzsaure, da sonst AgCl ausfällt) Tropfenweise mit Ammoniak versetzt. Oder man überschichtet vorsichtig mit Ammoniak, wobei ein gelber Ring entsteht.

Beim Kochen der ammoniakalischen Lsg. tritt Reduktion des Ag^+ und Oxidation des AsO_3^{3-} ein:

$$2\,[Ag(NH_3)_2]^+ + AsO_3^{3-} + 2\,OH^- \rightarrow 2\,Ag\downarrow + AsO_4^{3-} + 4\,NH_3 + H_2O$$

5. Oxidationsmittel

$$AsO_3^{3-} + I_2 + H_2O \rightleftharpoons AsO_4^{3-} + 2\,I^- + 2\,H^+$$

Oxidationsmittel, wie HNO_3, alkalische H_2O_2-Lösung usw., oxidieren As(III) leicht zu As(V). Auch Iod vermag arsenige Säure zu oxidieren.

Man versetze Arsen(III)-säurelsg. mit wenig Iodlsg.; es tritt allmählich E n t f ä r b u n g ein. Setzt man nun 7 mol/l HCl hinzu, so tritt wieder die Iodfarbe auf, weil durch die starke Erhöhung der H^+-Konzentration das Gleichgewicht wieder nach links verschoben wird (s. S. 414).

6. Darstellung von Arsen(V)-säure-Hemihydrat

Arsensäure-Hemihydrat, $H_3AsO_4 \cdot \frac{1}{2} H_2O$	N T
Klare, **sehr giftige,** hygroskopische Kristalle der Zusammensetzung $H_3AsO_4 \cdot \frac{1}{2} H_2O$	R:45-23/25-50/53 S: 53-45-60-61

$$As_2O_3 + 2\,HNO_3 + 3\,H_2O \rightarrow NO\uparrow + NO_2\uparrow + 2\,H_3AsO_4 \cdot \tfrac{1}{2}H_2O$$

In einem Rundkolben mit aufgesetztem Tropftrichter und Gasableitungsrohr werden vorsichtig 5 g As_2O_3 erwärmt, wobei gleichzeitig ca. 5 ml 14 mol/l HNO_3 langsam zugetropft werden. Die sich entwickelnden Stickstoffoxide werden zweckmäßig in konz. H_2SO_4 eingeleitet. Dabei bildet sich „Nitrosylschwefelsäure", $(NO)HSO_4$. Entstehen keine Stickstoffoxide mehr, dekantiert man vom Ungelösten und dampft zur Trockne ein. Der Rückstand wird mit wenig Wasser aufgenommen, durch eine Glasfritte filtriert und die Lsg. abermals eingeengt, bis ein in die Flüssigkeit gehaltenes Thermometer 130 °C anzeigt. Man überlässt dann diese Lsg., die im kalten Zustand etwa Honigkonsistenz hat, im Kühlschrank der Kristallisation (am besten im Exsikkator über H_2SO_4).

Zu den nachfolgenden Reaktionen benutze man eine Na_3AsO_4-Lösung.

7. Darstellung von Natriummonothiotrioxoarsenat(V)-12-Wasser

Natriummonothiotrioxoarsenat(V)-12-Wasser, $Na_3AsO_3S \cdot 12\,H_2O$	N T
Smp. 58–59 °C	
Farblose, rhombische Säulen	R: 23/25-50/53 S: (1/2-)20/21-28-45-60-61

2 g As_2O_3 werden in der genau berechneten Menge NaOH (2,4 g/10 ml) gelöst und mit 0,65 g Schwefel $\frac{1}{2}$ Std. gekocht. Man filtriert von ungelöstem S ab, dunstet bis zur beginnenden Kristallisation ein und lässt langsam abkühlen.

8. H$_2$S

Aus Arsenatlösung wird ein **gelber** Niederschlag von As$_2$S$_5$ gefällt, der je nach den Reaktionsbedingungen auch As$_2$S$_3$ + S enthält. Bei der Reduktion von Arsensäure bildet sich zuerst Monothioarsensäure nach

$$H_3AsO_4 + H_2S \rightarrow H_3AsO_3S + H_2O$$

die in Gegenwart von verd. Säure in arsenige Säure und Schwefel zerfällt:

$$H_3AsO_3S \rightarrow H_3AsO_3 + S$$

H$_3$AsO$_3$ reagiert mit überschüssigem H$_2$S zu As$_2$S$_3$ weiter.

In stark saurer Lsg. mit geringer Konz. an H$_2$S ist die Instabilität der Monothioarsen(V)-säure noch größer. As der bei der Zersetzung von H$_3$AsO$_3$S gebildeten H$_3$AsO$_3$ wird durch H$_2$S gelbes As$_2$S$_3$ abgeschieden. Leitet man dagegen einen sehr kräftigen H$_2$S-Strom in die salzsaure Lsg., so findet keine Red. des As(V) statt; es wird reines As$_2$S$_5$ niedergeschlagen. As$_2$S$_5$ verhält sich entsprechend wie As$_2$S$_3$. Es ist schwerlösl. in Salzsäure, lösl. in konz. Salpetersäure oder ammoniakalischer H$_2$O$_2$-Lsg. unter Bildung von Arsenat und Sulfat, ebenso lösl. in Laugen und (NH$_4$)$_2$CO$_3$, wobei Thiooxoarsenate entstehen, sowie in (NH$_4$)$_2$S, mit dem sich (NH$_4$)$_3$AsS$_4$ bildet.

9. AgNO$_3$

In neutraler Lsg. entsteht ein Niederschlag von **schokoladenbraunem** Ag$_3$AsO$_4$. Dieses verhält sich analog wie Ag$_3$AsO$_3$. Zur Erkennung von As(V) wird daher die saure Lsg. mit AgNO$_3$ versetzt, mit Ammoniak tropfenweise neutralisiert oder überschichtet.

10. Reduktionsmittel

Starken Reduktionsmitteln gegenüber verhält sich AsO$_4^{3-}$ wie AsO$_3^{3-}$. So reduziert SnCl$_2$ in saurer Lsg. zu Arsen (s. S. 293). Teilweise wird AsO$_4^{3-}$ auch nur zu AsO$_3^{3-}$ reduziert, wie z. B. von H$_2$S, SO$_2$ und HI. Beim letzteren entsteht ein Gleichgewicht (s. 5, S. 291).

11. Vorproben

a) Flammenfärbung: **Fahlblau**, wenig charakteristisch.
b) Phosphorsalzperle: **Farblos**.
c) Glühröhrchenprobe: Erhitzt man Arsenverbindungen im Glühröhrchen, so sublimieren sie teilweise und bilden entweder ein Sublimat von **schwarzem** Arsen oder **weißem** As$_2$O$_3$ oder **gelbem** As$_2$S$_3$. In Gegenwart fester Acetate Bildung von widerlich riechendem und **sehr giftigem** Kakodyloxid ((H$_3$C)$_2$As–O–As(CH$_3$)$_2$).
d) *Marsh*sche Probe: Ein Reagenzglas (Abb. 2.13), in dem sich Zink, 1 mol/l H$_2$SO$_4$, etwas Kupfersulfat und die Analysensubstanz befinden, ist mit einem einfach durchbohrten Stopfen verschlossen, durch den ein rechtwinklig gebogenes, am Ende zu einer 10 cm langen Kapillare ausgezogenes Rohr aus schwerschmelzbarem Glas führt. Nach vollständiger Verdrängung der Luft aus der kleinen Apparatur erhitzt man an der verjüngten Stelle mit einem Sparbrenner. Falls Arsen (bzw. Antimon, vgl. S. 300) zugegen ist, wird es zu AsH$_3$ (bzw. SbH$_3$) reduziert. Dieses verflüchtigt sich und wird in der Hitze zu As (bzw. Sb) und Wasserstoff zersetzt. As (bzw. Sb) schlägt sich als schwarzglänzender Spiegel hinter der erwärmten Stelle im Innern der Kapillare nieder.

Erhitzt man nicht, sondern zündet man den entwickelten Wasserstoff an, so brennt er bei Anwesenheit von Arsen oder Antimon mit fahlblauer Flamme, wobei beide zu Oxid ver-

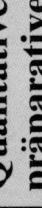

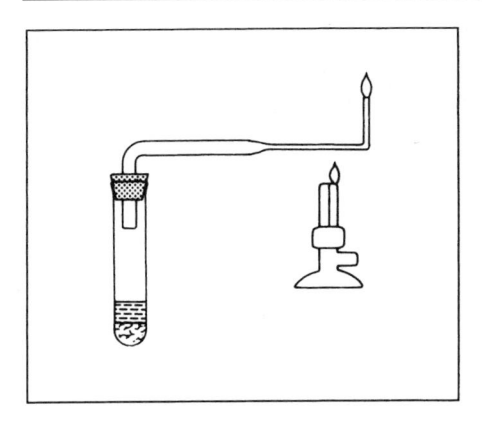

Abb. 2.15: *Marsh*sche Probe

brennen, erkennbar an dem weißlichen Rauch. Hält man in die Flamme ein außen glasiertes Porzellanschälchen, so schlagen sich Arsen und Antimon elementar als schwarzer Belag nieder. Zur Unterscheidung behandelt man den Metallspiegel mit alkalischer H_2O_2-Lösung. Arsen löst sich unter Oxidation zur farblosen Arsensäure. Antimon löst sich erst bei längerer Einwirkung merklich auf. **Der Nachweis wird wegen der Giftigkeit der Arsenverbindungen nicht empfohlen!**

12. Nachweis mit SnCl$_2$ (*Bettendorf*sche Probe)

$$2\,As^{3+} + 3\,Sn^{2+} \rightarrow 3\,Sn^{4+} + 2\,As\downarrow$$

As wird unabhängig von der Oxidationsstufe, in der es vorliegt, durch SnCl$_2$ in konz. HCl zum Element reduziert. Sn und Sb geben die *Bettendorf*sche Reaktion nicht. Von den übrigen Elementen stören nur Hg und Edelmetalle. Hg kann nach Überführung des As in MgNH$_4$AsO$_4$ durch Erhitzen des Rückstandes auf Rotglut verflüchtigt werden.

2–3 Tropfen der Probelsg. werden in einem Mikrotiegel mit 2 Tropfen 13 mol/l NH$_3$, 1 Tropfen 30%igem H$_2$O$_2$ und 2 Tropfen 0,1 mol/l Mg(NO$_3$)$_2$ oder MgCl$_2$ versetzt und langsam zur Trockne eingedampft. Der Rückstand wird nach kurzem Erhitzen auf Rotglut mit 2 Tropfen SnCl$_2$-Lsg in 12 mol/l HCl versetzt und schwach erwärmt. Die Bildung eines s c h w a r z e n Niederschlags oder eine B r a u n färbung der Lsg. zeigt As an. Sehr kleine As-Mengen lassen sich gut sichtbar machen, wenn man nach der Reduktion die wässrige Lsg. mit Ether oder Amylalkohol ausschüttelt. Das gebildete As wird als deutlich sichtbare s c h w a r z e Zone in der Grenzschicht zwischen wss. und organischer Phase angereichert.

EG: 1 µg As   pD 4,7

13. Nachweis als MgNH$_4$AsO$_4$ · 6 H$_2$O

Die Arsenate zeigen recht große Ähnlichkeit mit den Phosphaten und sind weitgehend mit diesen isomorph, d. h., sie bilden mit ihnen Mischkristalle und geben häufig gleiche Reaktionen. So fällt Mg^{2+} aus ammoniakalischer, ammoniumchloridhaltiger AsO$_4^{3-}$-Lösung kristallines Magnesiumammoniumarsenat-Hexahydrat, MgNH$_4$AsO$_4$ · 6 H$_2$O, wie beim Phosphat (s. S. 138) aus.

294 Die Metalle und ihre Verbindungen – Analyse und Trennung der Kationen

In der Halbmikro-Analyse wird 1 Tropfen der die Thioverbindungen enthaltenden Lsg. auf dem Objektträger mit 14 mol/l HNO_3 zur Trockne eingedampft. Der Rückstand wird in Ammoniak gelöst und überschüssiges NH_3 vorsichtig abgedampft. Um die Bildung einfacher Kristallformen zu begünstigen, wird ein Körnchen NH_4NO_3 und danach ein Körnchen $MgCl_2$ zugegeben. NH_4NO_3 verzögert die Kristallisation, ein großer Überschuss ist jedoch zu vermeiden, da sonst die Kristallisation des $MgNH_4AsO_4 \cdot 6\, H_2O$ bei sehr geringen As-Mengen ganz ausbleiben kann. Unter dem Mikroskop (100fache Vergrößerung) zeigt das Auftreten orthorhombischer hemimorpher Kristalle (Sargdeckel) oder sechseckiger Sternchen (wie bei $MgNH_4PO_4 \cdot 6\, H_2O$, Kristallaufnahme Nr. 4) As an. Wenn sich bei hohem As-Gehalt uncharakteristische Formen bilden, wird die Fällung am besten unter Zusatz von etwas mehr NH_4NO_3 wiederholt. Wird der gewaschene Niederschlag mit 1 mol/l $AgNO_3$ befeuchtet, so bildet sich s c h o k o l a d e n b r a u n e s Ag_3AsO_4.

EG: 0,3 μg As   pD 4,7

14. Nachweis mit Ammoniummolybdat

$$H_2AsO_4^- + 22\, H^+ + 3\, NH_4^+ + 12\, MoO_4^{2-} \rightarrow (NH_4)_3[AsMo_{12}O_{40} \cdot aq]\downarrow + 12\, H_2O$$

$$(NH_4)_3[AsMO_{12}O_{40} \cdot aq] + 27\, OH^- \rightarrow 3\, NH_3 + AsO_4^{3-} + 12\, MoO_4^{2-} + 15\, H_2O$$

In stark salpetersaurer Lösung entsteht mit Ammoniummolybdat wie beim Phosphat eine g e l b e kristalline Verbindung, Ammoniumdodecamolybdoarsenat, jedoch verläuft ihre Bildung langsamer. Näheres s. S. 246 bei den Heteropolysäuren. Dieser Nachweis wird nur von PO_4^{3-} und Silicat gestört, die unter den gleichen Bedingungen in Form und Farbe identische Kristalle bilden.

Das Ammoniummolybdoarsenat ist in Säuren schwerlöslich, dagegen leicht löslich in Alkalien, durch die es aufgespalten wird.

Zum Nachweis von As wird ein Teil des Sulfid-Niederschlags der H_2S-Gruppe in etwas Königswasser gelöst, HNO_3 im Überschuss zugegeben und vorsichtig zur Trockne eingedampft. Der Rückstand wird in wenig 14 mol/l HNO_3 gelöst und 1 Tropfen dieser Lsg. auf dem Objektträger mit etwas festem NH_4NO_3 und danach mit einem kleinen Kristall $(NH_4)_2MoO_4$ versetzt. Bei gelindem Erwärmen fällt das Molybdoarsenat in Form kleiner, gelber Würfel und Oktaeder aus. Die Kristallform ist im allgemeinen erst bei etwa 250facher Vergrößerung gut erkennbar.

EG: 0,2 μg As   pD 5,3

2.3.4.8 Antimon, Sb, 121,75; – III, + III, + V; $5\,s^2\,5\,p^3$

Antimon kommt in der Natur, wie Arsen, häufig in Kupfer-, Blei- und Silbererzen, hauptsächlich jedoch als Grauspießglanz, Sb_2S_3, vor. Metallisches Antimon wird aus Grauspießglanz durch Niederschlagsarbeit mit Eisen gewonnen (s. S. 295).

Antimon verleiht vielen Legierungen eine besondere Härte (Hartblei, Letternmetall). Seine Verbindungen werden in der Zündholz- und Kautschukindustrie verwendet. Die Verbindungen des Antimons sind denen des Arsens ähnlich. $Sb(OH)_3$ ist stärker basisch als $As(OH)_3$, ist aber noch ausgesprochen amphoter. Salze des Sb(III) erleiden sehr leicht Hydrolyse, wobei sich Verbindungen mit dem Anti-

Elemente der Schwefelwasserstoffgruppe

Fortsetzung

monoxidion, SbO^+, bilden:

$$SbCl_3 + H_2O \rightleftharpoons SbOCl + 2\,HCl$$

Die Antimonoxidverbindungen sind in Wasser meist schwer löslich. Die Halogenide des Antimons sind weniger flüchtig als die des Arsens.

$SbCl_5$ ist bei Zimmertemperatur flüssig. Wie auch seine Flüchtigkeit und der niedrige Schmelzpunkt zeigen, hat $SbCl_5$ keinen salzartigen Charakter, vielmehr liegt es in Form von trigonal-bipyramidalen Molekülen. $SbCl_5$ weist Eigenschaften einer starken Lewissäure (s. S. 20) auf. In stark salzsaurer Lösung bildet es den Chlorokomplex $[SbCl_6]^-$.

Sb(V) bildet in neutralen und alkalischen Lösungen, je nach der Wasserstoffionenkonzentration und der Temperatur, einen Komplex $[Sb(OH)_6]^-$ oder eine höher aggregierte Antimonsäure.
In wasserfreiem Zustand erhaltene Antimonate sind Doppeloxide, die sich entsprechend der Summenformel nur formal von den Ionen SbO_4^{3-}, $Sb_2O_7^{4-}$ und SbO_3^- ableiten und als Ortho-, Di (oder Pyro-) und Metaantimonate bezeichnet werden (Näheres s. S. 8).

1. Darstellung von Antimon durch Niederschlagsarbeit

Antimon, Sb

Smp. 630,89 °C

Giftiges, wasserunlösliches, silberweißes, leicht pulverisierbares Halbmetall.

$$Sb_2S_3 + 3\,Fe \rightarrow 2\,Sb + 3\,FeS$$

Zur Gewinnung des Metalls wird das Sulfid mit einem unedleren Metall erhitzt, das das edlere Metall unmittelbar aus dem Sulfid in Freiheit setzt („niederschlägt").

25 g gepulverter Grauspießglanz, Sb_2S_3, 11 g Fe-Pulver, 2,5 g wasserfreies Na_2SO_4 und 0,5 g Holzkohlepulver werden innig vermischt und vor dem Gebläse ca. 20 Min. so hoch erhitzt, dass die Schlacke erweicht, aber nicht völlig schmilzt. Nach dem Erkalten wird der Tiegel zerschlagen, der Sb-Regulus von Schlacken mechanisch befreit und gegebenenfalls mit heißem Wasser behandelt.

2. Darstellung von Antimon(III)-chlorid

Antimon(III)-chlorid, $SbCl_3$

Smp. 73 °C; Sdp. 223·C

Weiche, kristalline Masse („Antimonbutter"), die stark hygroskopisch ist und bei der Hydrolyse in ein Gemisch basischer Salze übergeht („Algarotpulver"), **sehr giftig**.

N C

R: 34-51/53
S: (1/2-)26-45-61

$$2\,Sb + 3\,Cl_2 \rightarrow 2\,SbCl_3$$

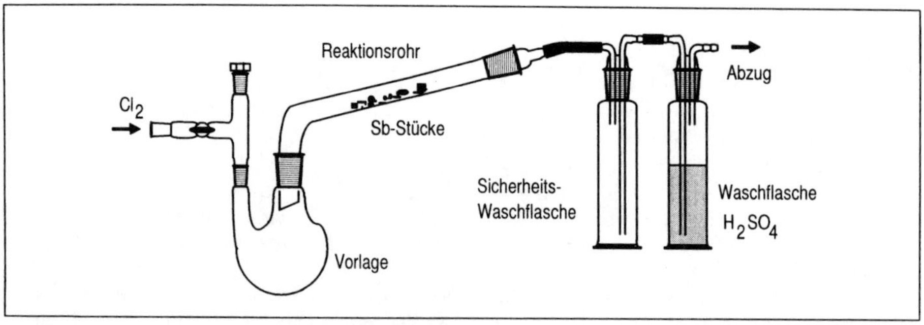

Die Metalle und ihre Verbindungen – Analyse und Trennung der Kationen

Abb. 2.16: Apparatur zur SbCl$_3$-Darstellung

In das Reaktionsrohr bringt man einige Stücke reines Sb und leitet durch Vorlage und Reaktionsrohr einen trockenen Cl$_2$-Strom. Dabei ist die Schliffverbindung zwischen Reaktionsrohr und Waschflasche so lange geöffnet, bis die Luft in der Apparatur durch das schwerere Cl$_2$ verdrängt ist. Das Reaktionsrohr ist schwach zum Kolben hin geneigt (s. Abb. 2.16). Verstopfungen sind nicht zu befürchten, da das Trichlorid durch Aufnahme von Cl$_2$ flüssig gehalten wird. Wenn sich in dem Kolben genügend Rohchlorid gesammelt hat, unterbricht man den Cl$_2$-Strom und gibt noch einige Stückchen Sb in den Kolben. Man erwärmt und gibt zum Schluss noch etwas Sb-Pulver zur Beseitigung der letzten Reste von SbCl$_5$ zu. Anschließend wird das SbCl$_3$ durch Dest. gereinigt, wobei die bei 223 °C siedenden Anteile direkt in einer Glasampulle aufgefangen und nach beendeter Destillation eingeschmolzen werden.

Zu den nachstehenden Reaktionen benutze man eine Lösung von SbCl$_3$ oder Sb$_2$O$_3$ in Salzsäure.

3. H$_2$O, Weinsäure

$$Sb^{3+} + H_2O + Cl^- \rightleftharpoons SbOCl\downarrow + 2\ H^+$$

Aus stark salzsauren Sb(III)-Lösungen fällt beim Verdünnen SbOCl aus.

Man verdünne die Lsg. mit Wasser. Es bildet sich ein Niederschlag von SbOCl. Beim Versetzen mit Salzsäure löst sich dieser wieder auf. Durch weitere Hydrolyse geht SbOCl in SbO(OH) über, das beim Erwärmen zu Sb$_2$O$_3$ entwässert wird. In Gegenwart von Weinsäure tritt keine Fällung ein, bzw. die gefällten basischen Salze lösen sich in ihr wieder auf unter Bildung der Säure H$_2$[Sb$_2$(C$_4$H$_4$O$_6$)$_2$(H$_2$O)$_2$]. Das Kaliumsalz K$_2$[Sb$_2$(C$_4$H$_4$O$_6$)$_2$(H$_2$O)$_2$] · H$_2$O, ist der bekannte Brechweinstein.

4. NaOH und Ammoniak

$$SbO(OH) + H_2O + OH^- \rightleftharpoons [Sb(OH)_4]^-$$

Es entsteht ein **weißer** Niederschlag von SbO(OH), der sich im Überschuss einer starken Lauge als Hydroxokomplex löst.

5. H₂S

$$2\,Sb^{3+} + 3\,H_2S \rightarrow Sb_2S_3\downarrow + 6\,H^+$$

$$Sb_2S_3 + 3\,S^{2-} \rightleftharpoons 2\,SbS_3^{3-}$$

$$Sb_2S_3 + 6\,OH^- \rightleftharpoons SbO_2S^{3-} + SbOS_2^{3-} + 3\,H_2O$$

Es bildet sich ein **orangeroter** Niederschlag von Sb_2S_3, lösl. in 7 mol/l HCl, in Ammonium- und Alkalisulfiden unter Bildung von Thioantimonit. Sb_2S_3 ist außerdem löslich in Alkalilaugen, wobei ein Gemisch von Thiooxoantimonit und Thioantimonit entsteht. Beim Ansäuern fällt Sb_2S_3 wieder aus. Im Gegensatz zu As_2S_3 ist Sb_2S_3 in Ammoniak und $(NH_4)_2CO_3$ nicht merklich löslich.

6. Oxidation mit konz. HNO₃

Etwas elementares Antimon oder Antimon(III)-oxid behandle man mit 14 mol/l HNO_3 und dampfe die überschüssige Säure vorsichtig ab. Der **weiße** Rückstand ist Antimonsäure, die sich in Wasser schwer löst und beim Erhitzen unter Wasserabgabe leicht in Sb_2O_5 übergeht. Bei höherem Erhitzen entsteht Sb_2O_4.

7. Redoxgleichgewicht mit I₂ und I⁻

$$Sb^{3+} + I_2 + 4\,H_2O \rightleftharpoons HSbO_4^{2-} + 2\,I^- + 7\,H^+$$

Bei Gegenwart von Natriumhydrogencarbonat vermag Iod Sb(III) in Sb(V) zu überführen.

Eine Lsg. von Brechweinstein (s. 3., S. 296) in Wasser versetzt man mit festem $NaHCO_3$ und einigen Tropfen Iodlösung. Infolge Reduktion von I_2 zu I^- tritt Entfärbung ein. Beim Ansäuern der Lsg. entsteht wieder Iod, ebenso bei Zugabe von Iodid zu einer sauren Lsg. von Sb(V).

In saurer Lsg. liegt das Gleichgewicht weitgehend auf der linken Seite, bei Zurückdrängung der H^+-Konz. durch Zusatz von $NaHCO_3$ wird es vollständig nach rechts verschoben.

8. Darstellung von Antimon(V)-chlorid

Antimon(V)-chlorid, SbCl₅	
Smp. 4 °C; Sdp. 140 °C (unter Zersetzung in $SbCl_3 + Cl_2$)	N C
$SbCl_5$ ist eine farblose, an feuchter Luft stark rauchende Flüssigkeit, die mit wenig H_2O die Hydrate $SbCl_5 \cdot H_2O$ und $SbCl_5 \cdot 4\,H_2O$ bildet und mit viel Wasser zu Antimonpentaoxidhydrat hydrolysiert.	R: 34-51/53 S: (1/2-)26-45-61

$$SbCl_3 + Cl_2 \rightleftharpoons SbCl_5$$

In geschmolzenes $SbCl_3$, das sich im Destillationskolben einer sorgfältig getrockneten Vakuumdestillationsapparatur (Abb. 2.15) befindet, wird bis zur Sättigung trockenes Cl_2 zuerst in der Wärme, dann in der Kälte eingeleitet. Es entsteht eine schwere, blaßgelbe Flüssigkeit.

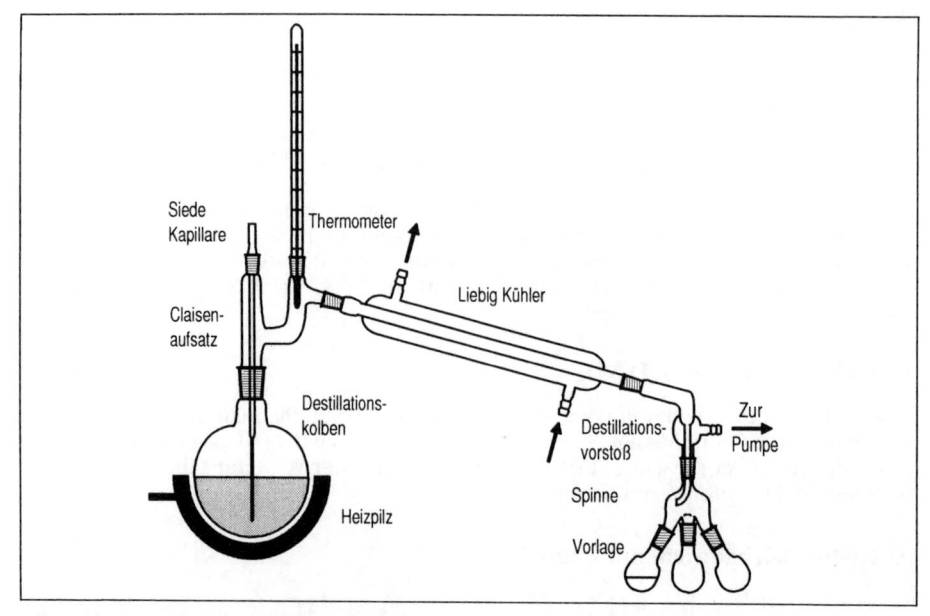

Abb. 2.17: Vakuumdestillationsapparatur

Zur Reinigung darf SbCl$_5$ nicht bei Atmosphärendruck dest. werden, da es beim Sdp. (140 °C) in Umkehrung der Bildungsgleichung bereits teilweise zerfällt. Bei 16–19 mbar siedet SbCl$_5$ dagegen unzersetzt bei 68 °C. Man destilliert daher im Vakuum unter Zuhilfenahme einer Apparatur, wie sie auch in der organischen präparativen Chemie häufig gebraucht wird. Der Destillationskolben trägt einen Aufsatz mit zwei Hälsen (*Claisen*-Aufsatz). Durch den einen führt ein Glasrohr, das in eine lange, dünne Kapillare ausläuft, in dem anderen befindet sich das Thermometer. Durch die Kapillare wird bei der Dest. mit P$_2$O$_5$ getrocknete Luft durch die Flüssigkeit gesaugt, wodurch das lästige Stoßen infolge Siedeverzugs vermieden wird. An den Ablauf schließt sich über einen sog. Spinne an. Von dieser führt eine Leitung aus Vakuumschlauch, in die ein Trockenrohr geschaltet ist, über ein T-Stück zu einem Manometer und einer leeren Sicherheitsflasche, die mit der Vakuumpumpe verbunden ist. An die Ansätze der Spinne kommen Kölbchen, die zum Auffangen für den Vorlauf, die einzelnen Fraktionen und den Nachlauf dienen. Man kann so die einzelnen Anteile gesondert auffangen, ohne das Vakuum unterbrechen zu müssen. Im geeigneten Augenblick lässt man durch Drehen der Spinne das Destillat in ein anderes Kölbchen fließen. Zur Destillation wird das Gaseinleitungsrohr durch eine Siedekapillare ersetzt und die Apparatur evakuiert (Schutzbrille!). Vor der Destillation muss einige Zeit ein mit P$_2$O$_5$ getrockneter Luftstrom durch die Kapillare gesaugt werden, um überschüssiges Cl$_2$ auszutreiben. Anschließend wird bei 16–19 mbar durch vorsichtiges Erhitzen mit einem Ölbad destilliert. Man erhält einen kleinen Vorlauf. Ist die Temp. auf 65 °C gestiegen, wird die Spinne gedreht und die bei 68 °C übergehende Hauptmenge gesondert aufgefangen. Dieser Anteil wird nach Reinigung des Destillationskolbens noch einmal destilliert.

Wird bei 29 mbar destilliert, liegt der Sdp. bei ca. 79 °C.

9. Darstellung von Kaliumhexachlorantimonat(V)-Monohydrat

Kaliumhexachloroantimonat(V)-Monohydrat, $K[SbCl_6] \cdot H_2O$	N Xn
Schwach grünlich gelbe, oktaederähnliche Kristalle.	R: 20/22-51/53 S: (2-)61

$$Sb_2O_3 + 6\,HCl + 2\,KCl + 2\,Cl_2 \rightarrow 2\,K\,[SbCl_6] + 3\,H_2O$$

1 Mol Sb_2O_3 wird in 2 mol/l HCl gelöst und mit Cl_2 oxidiert. Nach Zusatz von 1 Mol KCl fallen nach einiger Zeit grünlichgelbe Kristalle aus.

Für die folgenden Reaktionen verwende man eine Lösung von Kaliumhexahydroxoantimonat, $K[Sb(OH)_6]$ bzw. die entsprechend vorbereitete Analysenlösung.

10. H_2S

Aus saurer Antimonatlsg. fällt je nach den Reaktionsbedingungen orangerotes Sb_2S_5 oder auch $Sb_2S_3 + S$. Die Verhältnisse liegen ganz ähnlich wie ber der Reaktion von Arsenatlsg. mit H_2S (s. 3., S. 290).

Sb_2S_5 löst sich in Ammonium- und Alkalisulfiden zu Thioantimonaten und in Alkalien zu einer Mischung von Thio- und Thiooxoantimonaten:

$$Sb_2S_5 + 3\,S^{2-} \rightleftharpoons 2\,SbS_4^{3-}$$
$$2\,Sb_2S_5 + 12\,OH^- \rightleftharpoons SbS_4^{3-} + 3\,SbO_2S_2^{3-} + 6\,H_2O$$

In fluoridhaltiger Lsg. unterbleibt die Sulfidfällung.

11. Na^+-Ionen

Na^+-Ionen geben bei Anwesenheit von $[Sb(OH)_6]^-$ in schwach alkalischer Lsg. schwerlösliches $Na[Sb(OH)_6]$ (s. S. 187). Kristallaufnahme Nr. 7.

12. Darstellung von Natriumtetrathioantimonat(V)-9-Wasser

Natriumtetrathioantimonat(V)-9-Wasser, $Na_3SbS_4 \cdot H_2O$ „Schlippe'sches Salz"	N Xn
Smp. 87 °C	
Hellgelbe Tetraeder. Die Verbindung zersetzt sich bei 234 °C	R: 20/22-51/53 S: (2-)61

$$3\,Na_2S + 2\,S + Sb_2S_3 \rightarrow 2\,Na_3SbS_4$$

4,5 g $SbCl_3$ oder 4 g Sb_2O_3 werden in heißer 2 mol/l HCl gelöst, dann wird H_2S eingeleitet. Sb_2S_3 wird abfiltriert und mit 2 mol/l HCl ausgewaschen. Zur Darstellung einer dem angewandten Sb äquivalenten Menge Na_2S löst man 2,4 g NaOH in 10 ml Wasser, halbiert die Lsg., leitet in die eine Hälfte bis zur Sättigung H_2S ein ($NaOH + H_2S \rightarrow NaHS + H_2O$) und vereinigt sie mit der anderen Hälfte ($NaOH + NaHS \rightarrow Na_2S + H_2O$). In der so bereiteten

Na_2S-Lsg. werden das Sb_2S_3 und 0,64 g Schwefel in der Wärme gelöst. Auf dem Wasserbad ist die klare Lsg. vorsichtig bis zur Bildung einer Kristallhaut einzudampfen. Bei langsamer Abkühlung scheiden sich hellgelbe tetraedrische Kristalle ab.

13. Vorproben

a) Flammenfärbung: Fahlblau, wenig charakteristisch.
b) Phosphorsalzperle: Farblos, mit einer Spur Cu^{2+} in der Reduktionsflamme tiefes Rot.
c) *Marsh*sche Probe: Sb-Verbindungen geben die *Marsh*sche Probe (s. bei Arsen, 11. d, S. 292). Zum Unterschied von Arsen löst sich aber der Metallspiegel in frisch bereiteter alkalischer Hypochloritlsg. und in ammoniakalischer H_2O_2-Lösung nicht bzw. nur langsam auf.

14. Nachweis mit Molybdophosphorsäure

Molybdophosphorsäure wird durch Sb(III)- und Sn(II)-Salze in saurer Lösung zu Molybdänblau reduziert, das sich mit Amylalkohol ausschütteln lässt. Bei Abwesenheit von Sn(II) ist dieser Nachweis für Sb(III) spezifisch.

a) Zur Reduktion von evtl. anwesendem Sb(V) wird die alkalische Lsg. der entsprechenden Sulfide mit 18 mol/l H_2SO_4 zur klaren Lsg. erwärmt. In dieser Lsg. liegen Sb als Sb(III)-Sulfat, Sn als Sn(IV)-Sulfat und As als H_3AsO_4 vor. 1 Tropfen der vorstehenden Lsg. wird auf Filterpapier getüpfelt, das mit Molybdophosphorsäure getränkt ist, und mit heißem Wasserdampf behandelt. Die Bildung eines blauen Flecks innerhalb weniger Min. zeigt Sb an.

   EG: 0,2 µg Sb pD 5,4

b) Zu 1 ml Probelsg. wird in einem Reagenzglas die gleiche Menge Reagenzlsg. hinzugegeben und im Wasserbad schwach erwärmt. Die entstehende blaue Mo-Verbindung kann mit Amylalkohol ausgeschüttelt werden. Hierbei erhöht sich die Empfindlichkeit der Reaktion beträchtlich.

   pD 6,4

Reagenz: Frisch bereitete 5%ige wässrige Lösung von Molybdophosphorsäure.

15. Nachweis durch Reduktion mit unedlen Metallen

Unedle Metalle wie Fe, Zn oder Sn reduzieren in nicht zu stark sauren Lösungen Sb(III) und Sb(V) zu elementarem Antimon. Diese Reaktion ist zum Nachweis von Antimon geeignet.

a) Man gebe einen Eisennagel in eine Sb-haltige HCl-saure Lösung. Antimon scheidet sich in schwarzen Flöckchen bzw. direkt am Eisen ab. Diese Methode dient zur Trennung von Sb und Sn. Zinn wird durch Eisen nur bis zum Sn(II) reduziert.
b) Man legt ein unedles Metall, am besten Zn, auf ein Stückchen Platin. Das Antimon schlägt sich auf dem Platin als samtschwarzer Beschlag nieder, der beim Entfernen des Zinks zum Unterschied von Zinn (s. S. 302) nicht verschwindet. Der Beschlag wird von HNO_3 gelöst.

16. Nachweis mit Rhodamin B

Stark salzsaure Sb(V)-Lösungen geben mit Rhodamin B eine V i o l e t t färbung bzw. einen v i o l e t t e n Niederschlag. Hg, Bi, Wolframate und Molybdate sowie größere Mengen Fe^{3+} stören durch Bildung ähnlicher Färbungen.

Ein Teil der Thiosalzlsg. der H_2S-Gruppe wird mit HCl schwach angesäuert. Die ausfallenden Sulfide werden abzentrifugiert und mit einigen Tropfen 7 mol/l HCl digeriert, wobei nur Sb und Sn gelöst werden. 2–3 Tropfen dieser Lsg. werden auf der Tüpfelplatte mit 1 Tropfen 7 mol/l HCl und 2–3 Kriställchen KNO_3 versetzt [Oxidation des Sb(III) zu Sb(V)]. Danach werden zur Zersetzung von überschüssiger HNO_2 einige Kristalle Amidoschwefelsäure zugegeben und das Gemisch nach gutem Durchrühren mit 1–2 Tropfen Reagenzlsg. getüpfelt.

Ein Farbumschlag von h e l l r o t nach v i o l e t t zeigt Sb an.

EG: 0,5 µg Sb   pD 5,0

Reagenz: 0,01%ige wässrige Lösung von Rhodamin B.

2.3.4.9 Zinn, Sn, 118,710; + II, + IV; $5 s^2 5 p^2$

Zinn kommt in der Natur hauptsächlich als Zinnstein, SnO_2, vor. Das Metall wird aus Zinnstein durch Reduktion mit Kohlenstoff gewonnen. Im Laboratorium wendet man besser Kaliumcyanid als Reduktionsmittel an. Zinn findet in der Hauptsache zur Herstellung von Weißblech sowie in Legierungen (Bronzen, Weichlot) Verwendung.

Zinn löst sich in Salzsäure langsam unter Bildung von Zinn(II)-chlorid auf, bei Salpetersäure ist das Verhalten je nach der Konzentration und der Temperatur verschieden. In der Kälte entsteht mit verd. Salpetersäure zunächst $Sn(NO_3)_2$. Konz. Salpetersäure oxidiert dagegen zu schwerlöslichem Zinndioxid-Hydrat:

$$Sn + 4 HNO_3 \rightarrow SnO_2 + 4 NO_2 + 2 H_2O$$

Sn(II)-Salze sind gut darstellbar, zeigen jedoch große Neigung, in die Oxidationsstufe + IV überzugehen. Deshalb werden sie sowohl in saurer als auch in alkalischer Lösung als Reduktionsmittel benutzt.

Sn(IV) tritt zwar in saurer Lösung noch als Sn^{4+}-Ion auf, vorwiegend bildet es jedoch komplexe Stannat(IV)-Ionen: in salzsaurer Lösung $SnCl_6^{2-}$, in alkalischer Lösung $Sn(OH)_6^{2-}$, Sn(IV) ist amphoter. Beständige Lösungen erhält man nur im stark sauren Gebiet vom pH $\leq$ 1 und im basischen von pH $\geq$ 16. Dazwischen entstehen Niederschläge von Zinndioxid-Hydrat. Dieses durch Hydrolyse von Sn(IV)-Verbindungen oder durch Oxidation von Sn mit konz. HNO_3 erhaltene Zinndioxid-Hydrat, vielfach auch Zinnsäure genannt, besitzt einen typisch gelartigen Aufbau, adsorbiert leicht die verschiedenartigsten Stoffe und ist durch wenig Salzsäure oder Kalilauge zu kolloiden Lösungen zu peptisieren. Je nach dem Wassergehalt, dem Alter und der Herstellungsweise unterscheidet man α- und β-Zinnsäuren, die in ihrem kolloidchemischen Verhalten sowie in ihren Lösungsgeschwindigkeiten in Säuren und Basen Unterschiede aufweisen.

$SnCl_4$ hat wie $SbCl_5$ keinen salzartigen Charakter und lässt sich wie letzteres nur in wasserfreiem Medium herstellen. Es liegt in Form von hydrolyseanfälligen, tetraedrischen $SnCl_4$-Molekülen vor, mit einem Schmelzpunkt von – 33 °C und einem Siedepunkt von 114 °C. Zur Darstellung oxidiert man Zinn mit Chlor. Das Verfahren dient zur Aufarbeitung von Weißblechabfällen, da Eisen nur langsam reagiert.

1. Darstellung von Zinn

$$SnO_2 + 2\,KCN \rightarrow Sn + 2\,KOCN$$

KCN kann Metalloxide zu den Elementen reduzieren, indem es selbst zu Kaliumcyanat, KOCN, oxidiert wird.

Eine Mischung von 5 g KCN und 5 g feingepulvertem Zinnstein, SnO_2, wird im Porzellantiegel unter dem Abzug ca. $\frac{1}{2}$ Stunde am Gebläse geschmolzen, und der Schmelzkuchen nach dem Erkalten mit Wasser extrahiert; Sn bleibt als Regulus zurück. Es ist qualitativ auf Verunreinigungen (Fe, Cu, Pb) zu prüfen (**Vorsicht:** KCN ist sehr giftig).

Für die nachstehenden Reaktionen verwende man eine $SnCl_2$-Lösung.

2. NaOH

$$Sn^{2+} + 2\,OH^- \rightarrow Sn(OH)_2\downarrow$$
$$Sn(OH)_2 + OH^- \rightleftharpoons Sn(OH)_3^-$$
$$2\,[Sn(OH)_3]^- \rightleftharpoons Sn\downarrow + [Sn(OH)_6]^{2-}$$

Es bildet sich ein **weißer** Niederschlag von $Sn(OH)_2$, lösl. in Säuren sowie im Überschuss des Fällungsmittels.

Kocht man den Niederschlag in stark alkalischer Lsg., so disproportioniert das Sn(II) zu Sn und Sn(IV). Es fällt schwarzes metallisches Zinn aus. Wichtig für den Nachweis von Bi! (vgl. 5., S. 279).

3. Ammoniak

Ebenfalls **weißer** Niederschlag von $Sn(OH)_2$, der im Überschuss des Fällungsmittels schwerlöslich ist.

4. H$_2$S

Es bildet sich ein brauner Niederschlag von SnS, lösl. in 7 mol/l HCl, nicht lösl. in farblosem Ammonium- und Alkalisulfid, da Sn(II) keine Thiosalze bildet. Nimmt man aber gelbes Polysulfid, so löst sich SnS unter Oxidation zu Sn(IV) auf:

$$SnS + S_2^{2-} \rightarrow [SnS_3]^{2-}$$

Wichtig für den analytischen Trennungsgang ist, dass diese Reaktion verhältnismäßig langsam vor sich geht.

5. Unedle Metalle

$$Sn^{2+} + Zn \rightarrow Sn\downarrow + Zn^{2+}$$

Unedle Metalle, wie Zink, aber nicht Eisen (!), reduzieren Sn(II) und Sn(IV) zu metallischem Zinn.

Es scheidet sich dabei schwammig oder am Zink haftend ab. Nimmt man wie beim Antimon außerdem noch ein Platinblech, auf das man das Zink legt, so findet in stark saurer Lsg. die Abscheidung des Zinns am Platin statt. In schwach saurer Lsg. jedoch scheidet sich das Zinn hauptsächlich (zum Unterschied von Antimon, s. 15., S. 300) am Zink ab. Der durch die Abscheidung des Zinns am Platin gebildete graue Fleck verschwindet beim Entfernen des Zinks sofort (Unterschied zu Antimon).

Sowohl in saurer als auch in alkalischer Lsg. ist, wie schon erwähnt, Sn(II) ein gutes Reduktionsmittel. So werden Quecksilber(II)-Salze in saurer Lsg. in Quecksilber(I)-Verbindungen und elementares Quecksilber, Bismut(III)-Verbindungen in alkalischer Lsg. in Bismut übergeführt, während Sn(II) zu Sn(IV) oxidiert wird.

6. Darstellung von Zinn(IV)-chlorid, $SnCl_4$

$$Sn + 2\,Cl_2 \rightarrow SnCl_4$$

Ein Zweihalskolben, welcher Sn-Granalien enthält, wird mit einem Gaseinleitungsrohr, das bis zum Boden reicht, versehen. Ein Gasableitungsrohr führt direkt in den Abzugskamin. Zuerst wird ein langsamer, nach Bildung von Flüssigkeit ein lebhafter Strom von trockenem Cl_2 eingeleitet und das Einleitungsrohr immer so weit gehoben, dass es gerade in die Flüssigkeit eintaucht. Das Rohprodukt wird über einigen Zinnstücken unter dem Abzug dest.; Sdp. 113,5–114 °C. Aufbewahrung in einer zugeschmolzenen Ampulle.

$SnCl_4$ ist eine farblose, an der Luft rauchende, hygroskopische Flüssigkeit, die verschiedene Hydrate bildet. Mit viel Wasser erfolgt unter starker Erwärmung weitgehende Umsetzung zu kolloid in Lsg. bleibender Zinnsäure.

7. Darstellung von Kaliumhexachlorostannat(IV), $K_2[SnCl_6]$

$$SnCl_4 + 2\,KCl \rightarrow K_2[SnCl_6]$$

Eine salzsaure $SnCl_2$-Lsg. wird mit Cl_2 gesättigt, wodurch Sn(II) in Sn(IV) übergeht, und in der Wärme mit gesättigter KCl-Lsg. versetzt. Beim Abkühlen scheiden sich weiße Kristalle von $K_2[SnCl_6]$ ab, die abgesaugt, mit wenig eiskaltem Wasser gewaschen und auf Ton im Exsikkator getrocknet werden.

In analoger Weise lässt sich Ammoniumhexachlorostannat(IV), $(NH_4)_2[SnCl_6]$ („Pinksalz"), darstellen.

Zu den Reaktionen 9 und 10 nehme man eine frische Lösung von $(NH_4)_2[SnCl_6]$ in 2 mol/l HCl bzw. die entsprechend vorbereitete Analysenlösung.

8. Fe

Sn(IV) wird in saurer Lsg. durch metallisches Eisen zu Sn(II) reduziert (Unterschied zu Antimon, das bis zum Metall reduziert wird).

9. NaOH

Es bildet sich ein w e i ß e r Niederschlag von $SnO_2 \cdot$ aq (sog. α-Zinnsäure). Er ist unter Bildung von $[SnCl_6]^{2-}$ bzw. $[Sn(OH)_6]^{2-}$ leicht in Salzsäure bzw. Natronlauge löslich. Kocht man aber den Niederschlag einige Zeit, so verliert er diese Eigenschaft. Er ist in β-Zinnsäure übergegangen. Diese Umwandlung ist sowohl mit einer Teilchenvergrößerung als auch mit einer chemischen Umwandlung, wahrscheinlich durch Wasserabgabe aus $SnO_2 \cdot$ aq, verbunden. Die β-Zinnsäure kann kolloidal in Lsg. gebracht werden. Man filtriere den Niederschlag ab und wasche ihn aus. Schon beim Auswaschen kann, wenn eine bestimmte Ionenkonz. von adsorbierten H^+ und Cl^- bzw. Na^+ und OH^- vorliegt, Peptisation eintreten, eine Erscheinung, die auch viele andere derartige Niederschläge zeigen.

Nun befeuchte man den Niederschlag in einem Becherglaschen mit einigen Tropfen 7 mol/l HCl und füge nach kurzer Zeit Wasser hinzu. Meist bildet sich eine völlig klar erscheinende, kolloide Lösung.

10. H₂S

Es bildet sich ein **gelber** Niederschlag von SnS_2, lösl. in konz. Salzsäure sowie in Ammonium- und Alkalisulfiden, wobei in diesem Fall Thiostannate gebildet werden.

Bei Gegenwart von Oxalsäure tritt mit Schwefelwasserstoff keine Fällung ein. Es bildet sich ein stabiler Oxalatokomplex der Zusammensetzung $[Sn(C_2O_4)_3]^{2-}$, der so wenig dissoziiert ist, dass das Löslichkeitsprodukt des SnS_2 nicht überschritten wird. So kann man Zinn und Antimon voneinander trennen.

11. Vorproben

a) Flammenfärbung: Keine.
b) Phosphorsalzperle: Farblos. Setzt man aber eine Spur Kupfersalz zu und glüht in der Reduktionsflamme, so wird die Perle durch eine kolloide Cu-SnO-Lösung (entsprechend dem *Cassius*schen Goldpurpur) rot.
c) Leuchtprobe: Zu der auf Zinn zu prüfenden festen Substanz gebe man in einen Porzellantiegel einige Körnchen Zink und 5 ml 2 mol/l HCl. Das Zink hat den Zweck, etwa vorhandene schwerlösl. Sn(IV)-Verbindungen, wie SnO_2, durch Red. zu Sn(II) in Lsg. zu bringen. Nach Auflösen des Zn taucht man in die Lsg. ein mit kaltem Wasser halb gefülltes Reagenzglas, zieht es wieder heraus und hält es in eine Bunsenflamme. An der benetzten Stelle des Glases entsteht bei Anwesenheit von Zinn blaue Fluoreszenz, herrührend von $SnCl_2$. An Stelle des mit Wasser gefüllten Reagenzglases kann in der Halbmikroanalyse ein Magnesiastäbchen verwendet werden, das mit der Reaktionslösung benetzt und in den reduzierenden Teil einer Bunsenflamme gehalten wird. Schwerlösl. Sn-Verbindungen werden zweckmäßig vorher mit Na_2CO_3 aufgeschlossen. Bei Gegenwart von As im Überschuss kann der sonst spezifische Sn-Nachweis versagen. Äußerst empfindliche Vorprobe! Nur Niobverbindungen geben eine ähnliche Lumineszenz.

EG: 0,03 µg Sn   pD 6,2

12. Nachweis mit Molybdophosphorsäure

Im Gegensatz zum Sb(III) vermag Sn(II) auch schwerlösliche Molybdophosphate zu Molybdänblau zu reduzieren.

Zum Nachweis von Sn wird zunächst etwa in der Probelsg. vorhandenes Sn(IV) mit etwas Zn-Staub zu Sn(II) reduziert. Das sich dabei evtl. abscheidende Sb stört nicht. 1 Tropfen dieser Lsg. wird auf Filterpapier, das mit $(NH_4)_3[PMo_{12}O_{40}]$ imprägniert ist, getüpfelt. Eine **Blau**färbung zeigt Sn an.

EG: 0,03 µg Sn   pD 6,2

Reagenzpapier: Filterpapier wird mit 5%iger Lsg. von Molybdophosphorsäure getränkt und einige Zeit über 13,5 mol/l NH_3 gehalten, wobei sich das gelbe schwerlösl. Ammoniumsalz bildet. Das gut getrocknete Papier ist in einer verschlossenen braunen Flasche haltbar.

13. Nachweis mit AuCl₃

$$2\,Au^{3+} + 3\,Sn^{2+} + 6\,H_2O \rightarrow 2\,Au\downarrow + 3\,SnO_2\downarrow + 12\,H^+$$

Beim Versetzen einer sehr verd., schwach sauren Gold(III)-chloridlsg. mit einer Spur $SnCl_2$ tritt **Reduktion** ein.

Elemente der Schwefelwasserstoffgruppe 305

Dabei bleiben das Gold und das durch Hydrolyse entstandene Zinndioxid-Hydrat in kolloidaler Form in Lsg. und färben sie p u r p u r r o t (*Cassius*scher Goldpurpur). Je nach der Konz. tritt mehr oder weniger schnell Koagulation ein.

Man kann diese Reaktion zu einem empfindlichen Nachweis für Sn^{2+} benutzen, indem man zu der zu prüfenden, schwach sauren Lsg. einige Tropfen $AuCl_3$-Lsg. hinzugibt. Bei Anwesenheit von Sn^{2+} färbt sich die Lsg. p u r p u r r o t.

pD 4,0

2.3.4.10 Trennungsgang der Arsen-Zinn-Gruppe

(Vgl. Tabelle 2.12, S. 324, und das Poster)

Vorproben

Flammenfärbung: wenig charakteristisch.
Phosphorsalzperle: Zinn und Antimon geben mit einer Spur Cu^{2+} in der Reduktionsflamme ein tiefes Rot.
Glühröhrchenprobe: Bei Anwesenheit von Asren kann ein weißer (As_2O_3), schwarzer (As) oder gelber (As_2S_3) Beschlag, bei Anwesenheit von Acetaten und Arsen Kakodyloxidgeruch auftreten..
Leuchtprobe: sehr empfindliche Vorprobe auf Zinn (s. S. 304).

Kationennachweis

Arsen, Antimon und Zinn werden gemeinsam mit der Kupfergruppe (s. S. 286) aus saurer Lösung durch Schwefelwasserstoff ausgefällt. Bei Anwesenheit von As muss die Lösung eine Wasserstoffionenkonzentration $c(H^+) = 2$–3 mol/l besitzen. Man fällt in der Hitze durch Einleiten von H_2S in der auf S. 286 beschriebenen Weise. In der Reihenfolge ihrer Fällung bilden sich folgende Sulfide: As_2S_3, As_2S_5 gelb, SnS_2 hellgelb, Sb_2S_3, Sb_2S_5 orange, HgS, PbS, CuS, SnS und Bi_2S_3 braun bzw. schwarz und häufig erst nach Verdünnen auf das Fünffache CdS, gelb.

Der Niederschlag wird sofort abzentrifugiert und mit Schwefelwasserstoffwasser, dem man einige Körnchen Ammoniumacetat zugesetzt hat, gründlich gewaschen.

Die Sulfide werden in einer Porzellanschale bei mäßiger Wärme (etwa 60 °C, nicht Siedehitze) unter Umrühren etwa 10 Minuten lang mit gelbem $(NH_4)_2S_x$ behandelt. Es lösen sich As, Sb, Sn und spurenweise Cu, während die Elemente der Kupfergruppe, Hg, Pb, Bi, Cu und Cd zurückbleiben. Der Rückstand wird abzentrifugiert, mit $(NH_4)_2S$-haltigem Wasser gewaschen und nach S. 288 weiterverarbeitet.

Die Lösung, in der sich AsS_4^{3-}, SbS_4^{3-} und SnS_3^{2-} befinden, wird mit 2 mol/l HCl bis zur deutlich sauren Reaktion angesäuert. Dabei fallen die Sulfide von Arsen, Antimon und Zinn mit viel Schwefel vermischt wieder aus. Ist die Fällung rein weiß, so können höchstens Spuren der drei Elemente vorhanden sein. Im allgemeinen braucht dann nicht weiter geprüft werden. Durch As_2S_5 und SnS_2 ist der

Niederschlag gelb gefärbt, während sich Sb_2S_5 durch orangerote Farbe bemerkbar macht. Eine evtl. gelöste Spur von Kupfer bewirkt eine braune Farbe des Niederschlags.

Von den drei Sulfiden kann, nachdem sie abzentrifugiert und gewaschen sind, das As_2S_5 nach zwei Methoden abgetrennt werden.

1. Man kocht einige Minuten mit 7 mol/l HCl, dabei gehen Antimon und Zinn in Lösung, während As_2S_5 mit Schwefel vermischt zurückbleibt. Der Rückstand wird dann durch Ammoniak und Wasserstoffperoxid unter Bildung von AsO_4^{3-} in Lösung gebracht.
2. Umgekehrt kann man auch mit konz. $(NH_4)_2CO_3$-Lösung das Arsen herauslösen, wobei AsS_4^{3-}, AsO_4^{3-} und $AsOS_3^{3-}$ entstehen. Die vom Niederschlag abgetrennte Lösung wird mit Wasserstoffperoxid versetzt. Beim Erwärmen erhält man AsO_4^{3-}. Den Rückstand von Sb_2S_5 und SnS_2 löst man in 7 mol/l HCl.

Sowohl nach 1. als auch nach 2. erhält man zwei Lösungen, die eine enthält Arsen, die andere Antimon und Zinn.

Zum Nachweis von Arsen versetzt man die ammoniakalische Lösung mit $MgCl_2$ oder $MgSO_4$ und NH_4Cl. Ein weißer kristalliner Niederschlag, der die gleiche Kristallform wie $MgNH_4PO_4 \cdot 6H_2O$ besitzt (s. S. 138 und S. 195), zeigt Arsen an. Auch die Bildung von $(NH_4)_3[AsMo_{12}O_{40}] \cdot aq$ (s. 14., S. 294) und die Reduktion mit $SnCl_2$ in saurer Lösung (s. 12., S. 293) können zum Nachweis herangezogen werden.

In der zweiten Lösung können nach dem Abdampfen des Salzsäureüberschusses Antimon und Zinn nach folgender Methode getrennt und nachgewiesen werden:

Metallisches Eisen reduziert Sb^{3+} zum Element, Sn^{4+} dagegen nur zu Sn^{2+}. Man bringt in die durch Abrauchen des Salzsäureüberschusses und Aufnehmen mit Wasser schwach saure Lösung einen blanken Eisendraht oder Eisennagel. Nach einiger Zeit (ca. 30–60 Minuten, mitunter auch erst nach Stunden) hat sich alles Antimon als schwarzer Überzug oder in Form von Flocken niedergeschlagen. Man löst es in Königswasser, vertreibt die Säure, nimmt mit Salzsäure auf und fällt mit H_2S (s. 5., S. 297). Mit dem orangeroten Niederschlag führt man die *Marsh*sche Probe aus.

In der von Antimon betreiten Lösung identifiziert man Zinn durch die Leuchtprobe (s. 11 c, S. 304), mit Molybdophosphorsäure (s. 12., S. 304) oder als *Cassius*schen Goldpurpur (s. 13., S. 304).

Kationennachweis bei Gegenwart von Molybdän

Molybdän, ein Element der Arsen-Zinn-Gruppe, wird zunächst wie oben beschrieben, gemeinsam mit der Kupfergruppe aus saurer Lösung ausgefällt. Dabei ist zu beachten, dass eine schnelle quantitative Fällung des Molybdäns nur bei Anwendung eines höheren H_2S-Druckes erzielt werden kann. Zu dem Zweck leitet man in die erwärmte Lösung bis zum Erkalten H_2S ein. Dabei fällt der größte Teil der Sulfide aus, und die Lösung ist gesättigt an H_2S. Verschließt man nun das

Gefäß gut und erhitzt es im Wasserbad, so entsteht ein für die quantitative Fällung des Molybdäns ausreichender Druck. Aus durch wiederholtes längeres H_2S-Einleiten lässt sich Molybdän annähernd vollständig als Sulfid abscheiden.

Beim Digerieren der Sulfide mit $(NH_4)_2S_x$ geht Molybdänsulfid ebenso wie die übrigen Sulfide der Arsen-Zinn-Gruppe als Thiosalz, MoS_4^{2-}, in Lösung. Man zentrifugiert von der ungelöst zurückbleibenden Kupfergruppe ab und versetzt das Zentrifugat bis zur schwach sauren Reaktion mit 2 mol/l HCl. Dabei fallen die Sulfide von Arsen, Antimon, Zinn und Molybdän mit viel Schwefel vermischt wieder aus. Bei Gegenwart des schwarzbraunen MoS_3 ist dieser Niederschlag dunkel gefärbt. Nach dem Abzentrifugieren und Auswaschen mit H_2S-Wasser werden die Sulfide zur Abtrennung von Antimon und Zinn mit konz. HCl behandelt. Beide Elemente werden im Zentrifugat, wie auf S. 306 beschrieben, nachgewiesen.

Aus dem Rückstand wird Arsensulfid mit konz. Ammoniumcarbonatlösung herausgelöst, und das Arsen nach der Vorschrift auf S. 306 oben identifiziert.

Der zurückbleibende Niederschlag besteht aus Moybdänsulfid und Schwefel. Man löst in Königswasser, vertreibt die Salpetersäure weitgehend durch Abrauchen mit Salzsäure und nimmt mit 2 mol/l HCl auf. In dieser Lösung weist man Mo als Ammonium- bzw. Kaliummolybdophosphat (s. 9., S. 253) oder mit KSCN + Reduktionsmittel (s. 10., S. 253) nach.

Aufschluss schwerlöslicher Verbindungen

Von den Verbindungen der Elemente der Arsen-Zinn-Gruppe ist nur Zinnstein, SnO_2, schwerlöslich. Als Vorproben dienen die Phosphorsalzperle mit Kupfer und die Leuchtprobe. Vermutet man auf Grund der Vorproben im säureschwerlöslichen Rückstand der Analysensubstanz SnO_2, so wird der **Freiberger Aufschluss** angewendet:

$$2\,SnO_2 + 2\,Na_2CO_3 + 9\,S \rightarrow 2\,Na_2SnS_3 + 3\,SO_2\uparrow + 2\,CO_2\uparrow$$

Die trockene schwerlösliche Substanz wird mit der sechsfachen Menge eines Gemisches aus gleichen Anteilen Schwefel und wasserfreier Soda innig vermischt und im Porzellantiegel verschmolzen. Nach dem Auslaugen der erkalteten Schmelze mit Wasser und Abzentrifugieren wird das Zentrifugat mit HCl versetzt, wobei SnS_2 ausfällt. Den Niederschlag löst man in 7 mol/l HCl und weist das Zinn durch die oben angeführten Reaktionen nach.

Anionennachweis

As, Sb und Sn gehen als Anionen in das Filtrat des Sodaauszuges. Im allgemeinen stören sie den Nachweis der anderen Anionen nicht. Sb und Sn können beim genauen Neutralisieren weitgehend ausgefällt werden.

2.3.5 Elemente der Salzsäuregruppe

Zur Salzsäuregruppe gehören diejenigen Elemente, die schwerlösliche Chloride bilden. Es sind dies Silber, Ag, Quecksilber als Hg(I) und Blei als Pb^{2+}. Aus praktischen Gründen trennt man die Kationen Ag^+, Hg_2^{2+} und teilweise Pb^{2+} vor der H_2S-Gruppe ab. Erstens leitet man H_2S besser in salzsaure statt in salpetersaure Lösung ein, da sonst viel H_2S von HNO_3 zu Schwefel oxidiert wird, und zweitens disproportioniert Hg(I) mit H_2S in Hg und HgS. Da sich Hg in HNO_3 löst, würden Störungen in der Kupfergruppe hervorgerufen werden. Da Hg und Pb, und zwar als Hg(II) und Pb(II), in der H_2S-Gruppe gefällt werden, sind diese Elemente dort auf S. 271 und S. 275 besprochen worden.

Beim Lösen der Substanz mit Salpetersäure fallen bei Zugabe von Chloridionen, falls diese in der Analyse noch nicht vorhanden sind, die genannten schwerlöslichen Chloride aus. Bei Gegenwart löslicher Wolframate bilden sich gleichzeitig schwerlösliche Wolframsäure.

2.3.5.1 Silber, Ag, 107,8682; + I, 5 s^1 4 d^{10}

> Silber findet sich in geringen Mengen in vielen sulfidischen Erzen, besonders in Kupfer- und Bleierzen. Nach deren Reduktion wird das in dem Metallgemisch vorliegende Silber nach verschiedenen Verfahren rein gewonnen. So reichert es sich bei der elektrolytischen Kupferraffination im Anodenschlamm an und wird aus ihm auf elektrochemischem Wege rein erhalten. Aus silberhaltigen Bleisorten gewinnt man es durch Pattinsonieren oder durch Parkesieren.
>
> Silber findet vor allem als Legierungsbestandteil für Schmuck- und Gebrauchsgegenstände sowie in wissenschaftlichen, besonders elektrischen Geräten Verwendung.
>
> Die wichtigste Oxidationsstufe des Silbers ist + I. Nur in wenigen Komplexverbindungen tritt es mit der Oxidationsstufe + II und + III auf.
>
> Als Edelmetall löst sich Silber nur in oxidierenden Säuren wie HNO_3 oder heißer konz. H_2SO_4:
>
> $$3\,Ag + 4\,H^+ + NO_3^- \rightarrow 3\,Ag^+ + NO\uparrow + 2\,H_2O$$
> $$2\,Ag + 4\,H^+ + SO_4^{2-} \rightarrow 2\,Ag^+ + SO_2\uparrow + 2\,H_2O$$

1. Aufarbeiten von Silberrückständen

Häufig sammeln sich im Laboratorium Silberrückstände durch Arbeiten in der quantitativen Analyse (hauptsächlich AgCl, AgBr, AgI) oder beim fotografischen Arbeiten (Fixierbad) an, deren Aufarbeitung nachfolgend beschrieben ist.

Mit ca. 6 mol/l HCl wird zunächst alles noch in Lsg. befindliche Ag^+ gefällt, dann bis zur Zusammenballung des Niederschlags erhitzt, abfiltriert bzw. dekantiert und mit heißem Wasser ausgewaschen. Man schlämmt den Niederschlag in ca. 6 mol/l HCl auf, gibt Zn-Granalien im Überschuss zu und lässt über Nacht an einem warmem Ort stehen (Zementation). Nach Zusatz frischer HCl wird so lange erhitzt, bis sich der Zn-Überschuss restlos gelöst hat. Nach dem Dekantieren vom Ag ist bis zum Ausbleiben der Cl^--Reaktion zu waschen und dann in konz. HNO_3 zu lösen. Aus dieser Lsg. wird erneut mit Cl^- gefällt und die Reduktion wiederholt; statt dessen kann das umgefällte AgCl auch in 2 mol/l NaOH suspendiert und in der Siedehitze so lange mit Formaldehyd- oder Traubenzuckerlsg. versetzt werden, bis sich eine gut ausgewaschene Probe ohne Trübung (AgCl!) in Cl^--freier HNO_3 löst. Das so gewonnene Ag-Pulver wird abfiltriert, mit heißem Wasser gewaschen, getrocknet und in einem Tontiegel bei Gegenwart von Borax als Flussmittel in der Gebläseflamme zusammengeschmolzen.

Zur Gewinnung von $AgNO_3$ löst man das Ag-Pulver in Cl^--freier HNO_3 und dampft auf dem Wasserbad ein.

Fixierbäder werden deutlich ammoniakalisch gemacht und mit $(NH_4)_2S$-Lsg. im geringen Überschuss versetzt. nach 24stündigem Stehen wird der Niederschlag abgenutscht, gut ausgewaschen, getrocknet, mit wasserfreiem Borax vermischt und ca. 1000°C geschmolzen. Dabei wird das zunächst gebildete Ag_2S zu Ag reduziert.

Für die folgenden Reaktionen verwende man eine verdünne $AgNO_3$-Lösung bzw. die entsprechend vorbereitete Analysenlösung.

2. Komplexsalzbildung

Charakteristisch für Ag^+ ist die große Neigung zur Bildung von Komplexionen, die in neutraler und alkalischer Lösung mehr oder weniger beständig sind, in saurer Lösung dagegen zerstört werden.

Man versetze neutrale $AgNO_3$-Lösungen tropfenweise mit Ammoniak, KSCN, $Na_2S_2O_3$ sowie KCN. Die zunächst gebildeten Niederschläge lösen sich im Überschuss der Fällungsmittel zu den komplexen Ionen $[Ag(NH_3)_2]^+$, $[Ag(SCN)_2]^-$, $[Ag(S_2O_3)_2]^{3-}$, $[Ag(CN)_2]^-$. Von diesen ist $[Ag(NH_3)_2]^+$ am unbeständigsten, $[Ag(CN)_2]^-$ am beständigsten. Durch die Komplexbildung wird die Ag^+-Konz. so weit herabgesetzt, dass das Löslichkeitsprodukt vieler schwerlösl. Ag-Verbindungen nicht mehr überschritten wird, diese also in Gegenwart der Komplexbildner nicht ausfallen bzw. wieder aufgelöst werden. So werden AgCl und Ag_2O bereits von Ammoniak und sogar $(NH_4)_2CO_3$, die schwerer lösl. AgBr und AgI nur noch von $S_2O_3^{2-}$ und CN^- gelöst, während das sehr schwer lösl. Ag_2S durch S^{2-}-Ionen aus allen Komplexsalzen des Silbers gefällt wird.

3. Cl^-, Br^-, I^-

Silberhalogenide, außer dem Fluorid, sind in Säuren schwerlöslich. Die Löslichkeit nimmt mit steigender Ordnungszahl des Halogens ab und die Farbe der Niederschläge vertieft sich von weiß nach gelb (s. S. 172).

AgCl: pD 6,9   AgBr: pD 7,0   AgI: pD 7,1

Im Licht zersetzen sich die Silberhalogenide allmählich unter Bildung von freiem Halogen und fein (kolloidal) verteiltem Silber, so dass sich vor allem die Niederschläge von AgCl und AgBr v i o l e t t verfärben. In $(NH_4)_2CO_3$-Lsg. ist nur AgCl lösl. (wichtig für die Trennung von Cl^- und Br^-, vgl. S. 173). Ammoniak löst auch AgBr merklich auf, überschüssiges Thiosulfat sowie Cyanid lösen alle Silberhalogenide leicht (vgl. 2.). 7 mol/l HCl und konz. Lösungen von Chloriden lösen AgCl zumindest teilweise unter Bildung des komplexen Anions $[AgCl_2]^-$ (s. S. 357). Beim Verdünnen mit Wasser fällt AgCl wieder aus.

Mit $(NH_4)_2S$ erfolgt beim Erwärmen Bildung von schwerlösl. Ag_2S, während Cl^-, Br^- und I^- in Lsg. gehen.

4. CN⁻, SCN⁻

Bei tropfenweiser Zugabe von Alkalicyanid und -thiocyanat zu neutralen Lsgg. von Ag^+ entstehen zunächst Niederschläge von AgCN bzw. AgSCN, die in Säuren schwerlösl. sind, sich in neutraler Lsg. jedoch im Überschuss des Fällungsmittels unter Bildung der komplexen Anionen $[Ag(CN)_2]^-$ und $[Ag(SCN)_2]^-$ leicht lösen (vgl. 2.).

5. H₂S

Es bildet sich ein **schwarzer** Niederschlag von Ag_2S, lösl. in 14 mol/l HNO_3. Ag_2S ist so schwer lösl., dass es auch im Überschuss von Ammoniak, $S_2O_3^{2-}$ und SCN^- nicht merklich in Lsg. geht. Nur in sehr konz. Lösungen von KCN löst es sich teilweise auf.

Von den zahlreichen weiteren schwerlösl. Ag^+-Verbindungen, die sich ähnlich wie die Silberhalogenide verhalten, seien hier noch Ag_2O (schwarz), Ag_2CrO_4 (rotbraun), Ag_3PO_4 (gelb) und Ag_3AsO_4 (schokoladenbraun) genannt; sie sind jedoch in 2 mol/l HNO_3 löslich.

6. Reduktionsmittel

Reduktionsmittel scheiden aus Ag^+-Lösungen leicht metallisches Ag ab.

Man versetze eine Ag^+-Lsg. mit unedleren Metallen, wie Zn, Fe, Cu oder mit $FeSO_4$, NH_2OH, HCHO, Weinsäure, usw. Die Reduktion mit NH_2OH geht nur in alkalischer bis essigsaurer Lsg. vor sich, durch Anwesenheit starker Säuren wird sie verhindert. Die Reduktion mit Weinsäure führt, wenn man die in einem Reagenzglas befindliche, schwach ammoniakalische Lsg. im Wasserbad erhitzt, zur Bildung eines charakteristischen Silberspiegels an den Gefäßwandungen. Beim Erhitzen von Silberhalogeniden mit Zn in 1 mol/l H_2SO_4 fällt Ag aus.

7. Vorproben

a) Flammenfärbung: Keine
b) Phosphorsalzperle: In der Reduktionsflamme nach dem Erkalten durch ausgeschiedenes Metall grau.

8. Nachweis als AgCl

Cl^--Ionen fällen aus saurer Lsg. einen schwerlösl. Niederschlag von AgCl (vgl. 4., S. 164). Durch Behandlung mit Ammoniak kann er auf Grund der Komplexbildung von anderen schwerlösl. Verbindungen abgetrennt und im Zentrifugat mit HNO_3 wieder ausgefällt werden. Die **Dunkelviolett**färbung des AgCl durch Licht kann zur Identifizierung dienen.

9. Mikrochemischer Nachweis als AgCl (vgl. S. 164)

Silberchlorid wird in Ammoniak gelöst. 1–2 Tropfen der Lsg. werden auf dem Objektträger möglichst langsam nicht ganz zur Trockne eingedampft. Bei Gegenwart von Ag^+ bilden sich Würfel und Oktaeder von ca. 20 μm Kantenlänge, die je nach der Beleuchtung **farblos** durchsichtig oder **schwarz** erscheinen. Hg(I) und Pb(II) stören nur bei Anwesenheit größerer Mengen. In diesem Falle wird die Hauptmenge des Pb mit H_2SO_4 gefällt und Hg(I) durch Kochen mit HNO_3 zu Hg(II) oxidiert. Unter diesen Bedingungen ist der Nachweis für Ag spezifisch (s. Kristallaufnahme Nr. 15).

EG: 0,1 μg Ag.

2.3.5.2 Trennungsgang der Salzsäuregruppe

Hat man durch Vorproben und Versetzen einer salpetersauren Probelösung mit Salzsäure festgestellt, dass Ag^+ oder (und) Hg_2^{2+} vorhanden sind, so löse man zu Beginn des systematischen Kationentrennungsganges die Analysensubstanz soweit wie möglich in Salpetersäure, zentrifugiere in der Wärme vom Säureschwerlöslichen ab und gebe zum Zentrifugat unter Kühlen tropfenweise Salzsäure hinzu, bis nichts mehr ausfällt. Der Niederschlag kann aus $AgCl$, Hg_2Cl_2 und $PbCl_2$ bestehen. Blei fällt nicht quantitativ aus und findet sich dementsprechend ebenso wie Hg^{2+} auch in der Schwefelwasserstoffgruppe.

Der Niederschlag wird abzentrifugiert, zunächst mit kaltem Wasser gründlich gewaschen, dann mit Wasser zum Sieden erhitzt und sofort zentrifugiert. Das in der Hitze gelöste $PbCl_2$ kristallisiert aus dem Zentrifugat beim Erkalten in charakteristischen weißen Nadeln aus. Das Blei wird als $PbSO_4$ nach 6., S. 277 gefällt und identifiziert.

Einen Teil des Rückstandes von Hg_2Cl_2 und $AgCl$, der zur völligen Entfernung des $PbCl_2$ mit heißem Wasser ausgewaschen wird, behandle man in einem Porzellanschälchen mit 6 mol/l NH_3. Schwarzfärbung beweist Hg. Man zentrifugiere ab und säure das Zentrifugat mit Salzsäure wieder an; bei Anwesenheit von Silber weißer Niederschlag von AgCl (s. 8., S. 310), der sich in Ammoniak löst.

Wenn wenig Silber neben viel Quecksilber vorhanden ist, kann die Trennung durch Ammoniak versagen. Ist daher die Probe auf AgCl negativ verlaufen, so erhitzt man einen anderen Teil des Rückstandes mit einigen Tropfen 14 mol/l HNO_3. Dadurch wird Hg_2Cl_2 oxidiert und gelöst, während AgCl zurückbleibt. Nach Verdünnen mit Wasser wird zentrifugiert und der Rückstand mit Ammoniak behandelt, wodurch mit Sicherheit so viel gelöst wird, dass bei darauf folgendem Ansäuern mit HNO_3 eine weiße Fällung eintritt.

Das Zentrifugat der HCl-Gruppe enthält die übrigen Ionen. Seine Weiterverarbeitung wird auf S. 286 und 305 abgehandelt.

Aufschluss schwerlöslicher Verbindungen

Zur Erkennung schwerlöslicher Silberhalogenide mache man zunächst einen Lösungsversuch in Ammoniak, der jedoch nur bei AgCl positiv ausfällt, da sich AgBr nur wenig und AgI kaum löst.

Sowohl beim Schmelzen der schwerlöslichen Silberhalogenide mit Soda/Pottasche als auch beim Behandeln mit Zink und verdünnter Schwefelsäure tritt Reduktion zu elementarem Silber ein:

$$2\,AgBr + Na_2CO_3 \rightleftharpoons Ag_2CO_3 + 2\,NaBr$$

$$2\,Ag_2CO_3 \rightarrow 4\,Ag + 2\,CO_2\uparrow + O_2\uparrow$$

$$2\,AgBr + Zn \rightarrow 2\,Ag + Zn^{2+} + 2\,Br^-$$

Im ersten Fall wird die Schmelze mit Wasser ausgezogen, zentrifugiert, gewaschen und der Rückstand mit 2 mol/l HNO_3 gelöst. Das beim zweiten Verfahren entstehende Ag wird ebenfalls in 2 mol/l HNO_3 gelöst und nach 8., S. 310, nachgewiesen.

Trennungsgang bei Gegenwart von Wolfram

Bei Gegenwart von Wolframaten löst man die Analysensubstanz für den systematischen Kationentrennungsgang ebenfalls in Salpetersäure. Dabei wird schwerlösliche Woframsäure, $WO_3 \cdot aq$, gebildet, die im Rückstand verbleibt. Lediglich bei Anwesenheit größerer Mengen von Heteropolysäurebildnern, wie AsO_4^{3-}, PO_4^{3-} oder Silicat, ist die Abscheidung der Wolframsäure nicht quantitativ (s. Heteropolysäuren, S. 246), falls nicht schwerlösliche K- oder NH_4-Salze gebildet werden. Ein kleiner Teil des Wolframs kann dann bis in die Ammoniumsulfidgruppe verschleppt werden.

Den in Salpetersäure schwerlöslichen Rückstand digeriert man in der Wärme mit 2 mol/l NaOH. Wolframsäure geht wie evtl. vorhandene Wolframophosphate oder -arsenate als Wolframat in Lösung und wird als Ammonium- bzw. Kaliumwolframophosphat (s. 6., S. 256) oder durch Reduktionsmittel (s. 7., S. 256) nachgewiesen. Aus dem verbleibenden Rückstand wird evtl. vorhandenes AgCl mit 6 mol/l NH_3 herausgelöst. Man säuert das Zentrifugat mit HCl an; bei Anwesenheit von Silber tritt weißer Niederschlag von AgCl auf, der, in Ammoniak gelöst, zum Nachweis als Diamminsilberchlorid bzw. AgCl (s. 9., S. 310) geeignet ist. Schließlich wird zurückgebliebenes $PbSO_4$ mit ammoniakalischer Tartratlösung herausgelöst und nach 8., S. 277, nachgewiesen.

Wolframmetall, geglühtes WO_3 und andere schwerlösl. Wolframverbindungen müssen durch Schmelzen mit NaOH, Na_2CO_3/K_2CO_3 oder Na_2O_2 aufgeschlossen werden.

2.4 Systematischer Gang der Analyse

Eine qualitative Analyse beginnt stets mit den Vorproben, aus denen man im allgemeinen schon wichtige Hinweise auf die Zusammensetzung der Substanz erhalten kann. Ein geschickter Analytiker wird sogar häufig viele eindeutige Schlüsse daraus ziehen können, so dass er manche Vereinfachung am systematischen Gang der Analyse vornehmen kann. Man darf sich aber niemals mit dem Ergebnis der Vorproben allein begnügen. Wie schon mehrfach betont wurde, soll man, um sicher zu gehen, die verschiedenartigsten Umsetzungen und Reaktionen durchführen, ehe man die An- oder Abwesenheit eines Elements als bewiesen ansieht.

Den Vorprüfungen schließen sich die Versuche zur Lösung der Substanz an. Der Anionennachweis ist vor Beginn des eigentlichen Trennungsganges vorzunehmen, weil erstens einige Anionen den Kationentrennungsgang stören und zweitens häufig aus der Kenntnis der Anionen und der Art des angewandten Lösungsmittels sich die Abwesenheit mancher Elemente eindeutig ergibt.

2.4.1 Vorproben

In den nachstehenden Tab. 2.4–2.9 sind die wichtigsten Vorproben zusammengestellt. Die genaue Erklärung aller Umsetzungen lese man bei den einzelnen Abschnitten über die Elemente nach.

Tab. 2.4: Flammenfärbung (s. auch Spektraltafel, Ausführung s. S. 185)

Element	allgemeine Farbe	charakteristische Linie in nm
Na	gelb	589,3 (gelb) (Mittelwert)
K	violett	768,2 (rot), 404,4 (violett)
Ca [1])	ziegelrot	622,0 (rot), 553,3 (grün)
Sr [1])	rot	mehrere rote Linien, 604,5 (orange), 460,7 (blau)
Ba [1])	grün	524,2 (grün), 513,7 (grün)
Tl	grün	535,0 (grün)
Cu	grün	
Pb, As, Sb	fahlblau	
V, Mo	fahlgrün	
Li	rot	670,8 (rot)
Rb	violett	780 (rot), 421 (violett)
Cs	blau	458 (blau)
In	violettblau	452,1 (violettblau)

[1]) Sulfat vorher reduzieren!

Tab. 2.5: Phosphorsalzperle (bzw. Boraxperle) (Ausführung s. S. 211)

Färbung	Oxidationsflamme	Reduktionsflamme
farblos [1]	heiß: W kalt: W, Ti	heiß: Cu, Mn kalt: Mn
grau		Ag, Pb, Bi, Cd, Ni, Zn, Sn, Sb (Co bei starker Sättigung)
gelb	heiß: Ni, Fe, V, U, Ti (schwach) kalt: Fe (farblos bis gelbrot) U (gelbgrün) V (gelb bis braun) Mo (gelbgrün)	heiß: Ti (nur schwach)
braun	heiß: Mo (gelbbraun) kalt: Ni (stark gesättigt) V (stark gesättigt) Fe (rotbraun bei starker Sättigung)	heiß: Mo
rot	heiß: $\Big\}$ Sn + Cu kalt:	kalt: Cu (rotbraun), Ti und W bei Gegenwart von Fe
grün	heiß: Cr, Cu (nach Gelb) kalt: Cr	heiß: Fe (sehr schwach), Cr, U, V, kalt: Fe (sehr schwach), Cr, U, V, Mo
blau	heiß: Co kalt: Co; Cu	heiß: Co kalt: Co, W
violett	heiß: $\Big\}$ Mn kalt:	kalt: Ti (schwach, nur bei starker Sättigung)

[1] Unter farblos sind nur diejenigen Metalle aufgenommen, die unter anderen Bedingungen die Perle färben.

Außerdem kann durch Flammenfärbung noch Bor an der grünen Flamme des Methylesters oder des Borfluorids (vermischen mit $CaF_2 + H_2SO_4$ nach S. 109) erkannt werden.

Tab. 2.6: Erhitzen im Glühröhrchen

Ausführung: Einige mg in einem einseitig geschlossenen trockenen Rohr von etwa 0,5 cm Durchmesser und 5 cm Länge erhitzen.

a) *Es entwickelt sich ein Gas:*				
Art des Gases	**Woher**	**Farbe**	**Geruch**	**Bemerkungen**
O_2	Peroxide, Chlorate usw.	–	–	glimmender Span brennt
CO_2	Carbonate und org. Verbindungen	–	geruchlos (org. Verbindungen geben brenzlichen Geruch)	trübt $Ba(OH)_2$
CO	Org. Verbindungen	–	geruchlos (org. Verbindungen geben brenzlichen Geruch)	brennt schwach bläulich, **sehr giftig**
$(CN)_2$	Cyanide	–	nach bitteren Mandeln (Vorsicht!)	brennt blau-violett, **sehr giftig**
SO_2	Sulfide an der Luft, Sulfite, Thiosulfate	–	stechend	trübt $Ba(OH)_2$
HCl	Chloride	–	stechend	mit NH_3: Nebel
Cl_2	Chloride + oxidierende Substanzen	hellgrün	erstickend	–
Br_2	Bromide + oxidierende Substanzen	braun	erstickend	–
I_2	Iodide + oxidierende Substanzen	violett	erstickend	–
NO_2	Nitrat, Nitrit	braun	erstickend	–
NH_3	Ammoniumsalze + Basen	farblos	stechend	bläut Lackmus
Kakodyloxid	Arsenverbindungen + Acetat	farblos	unangenehm riechend	**sehr giftig**

b) *Es entsteht ein Sublimat:*
weiß: NH_4^+-Salze, Hg-Halogenide, As_2O_3, As_2O_5
grau: Hg von HgO und anderen Hg-Verbindungen herrührend
grauschwarz: I_2 (violette Dämpfe) aus Iodid + oxidierender Subst., HgS, As
gelb: As_2S_3, S, HgI_2 (wird beim Reiben rot)

c) *Der Rückstand wird schwarz*, in schmelzendes KNO_3 hineingeworfen, verbrennt er: Kohle von organischen Substanzen.

Tab. 2.7: Erhitzen mit verdünnter H_2SO_4

Man behandle zunächst in der Kälte, dann in der Wärme, und beobachte das sich entwickelnde Gas:

Art des Gases	Woher	Farbe	Geruch	Bemerkungen
CO_2	Carbonate	–	–	trübt $Ba(OH)_2$
HCN	Cyanide	–	nach bitteren Mandeln	**Vorsicht, sehr giftig!**
H_2S	Lösliche Sulfide	–	nach faulen Eiern	Schwärzung von Bleiacetatpapier, **sehr giftig**
SO_2	Sulfide, Thiosulfate	–	stechend	trübt $Ba(OH)_2$. Bei $S_2O_3^{2-}$ Schwefelabscheidung
NO_2	Nitrite	braun	stechend	–

Tab. 2.8: Erhitzen mit konzentrierter H_2SO_4

Reagiert die Substanz bereits mit 1 mol/l H_2SO_4, sei man mit dem Zusatz von 18 mol/l H_2SO_4 vorsichtig, da eventuell zu heftige Reaktion eintritt. Man gibt dann erst 1 mol/l H_2SO_4 und nach Beendigung der Gasentwicklung 18 mol/l H_2SO_4 hinzu.

Art des Gases	Woher	Farbe	Geruch	Bemerkungen
CO_2	Carbonate, Oxalate	–	–	trübt $Ba(OH_2)$
CO	Cyanide, Oxalate	–	–	brennt mit blauer Flamme; **sehr giftig**
HCN	Cyanide	–	bittere Mandeln	**Vorsicht, sehr giftig!**
H_2S	Sulfide	–	nach faulen Eiern	schwärzt Bleiacetatpapier, **sehr giftig**
SO_2	Sulfite, Thiosulfate oder aus H_2SO_4 selbst, falls Metalle, Sulfide, Schwefel, Kohle oder organische Substanzen vorhanden	–	stechend	trübt $Ba(OH)_2$
$HF + SiF_4$	Fluoride, Fluorosilicate	–	stechend	trübt Wassertropfen, H_2SO_4 benetzt nicht mehr das Glas
HCl	Chloride	–	stechend	mit NH_3: NH_4Cl-Nebel
Cl_2	Chloride + stark oxidierende Substanzen	gelbgrün	stechend	–

Tab. 2.8: Fortsetzung

Art des Gases	Woher	Farbe	Geruch	Bemerkungen
$HBr + Br_2$	Bromide	braun	stechend	–
I_2	Iodide	violett	stechend	evtl. mit SO_2-Entwicklung verbunden
CrO_2Cl_2	Chlorid + Chromat	rotbraun	stechend	–
NO_2	Nitrate, Nitrite	braun	stechend	–
Mn_2O_7	Manganat(VII)	violett	–	**Vorsicht, Explosionsgefahr**
ClO_2	Chlorat(V)	gelbgrün	stechend	**Vorsicht, Explosionsgefahr**

Tab. 2.9: Weitere Vorproben

Art	Nachzuweisendes Element oder Ion	Beschreibung auf Seite
Oxidationsschmelze	Mn, Cr	219 u. 244
Marshsche Probe	Sb	300
Leuchtprobe	Sn	304
Erhitzen mit NaOH oder CaO	NH_3 (evtl. CN^-)	191
Abrauchen mit 18 mol/l H_2SO_4	Mo	253
Sublimieren mit NH_4Cl	V (Mo)	251
Heparprobe	S-Verbindungen	154
Ätzprobe	F^-	157
Wassertropfenprobe	F^-, SiF_6^{2-}, SiO_2	157 u. 123

2.4.2 Trennungsgang der Kationen

In den folgenden Kapiteln ist der systematische Gang der Analyse beschrieben, wie er auch in der Beilage „Trennungsgang der Kationen" zusammengefasst ist.

In den Tab. 2.11–2.16 sind die Bestandteile, die in Lösung verbleiben, in Ionenform in den grau unterlegten Kästen aufgeführt. Die gefällten Produkte sind mit ihrer Summenformel in weißen Kästen aufgeführt. Auf der gegenüberliegenden Seite der Tabelle sind die wichtigsten Identifizierungsreaktionen der abgetrennten Kationen angegeben. Je nach Art der Analysensubstanz wird man an verschiedenen Stellen Vereinfachungen oder Änderungen des Trennungsganges vornehmen können.

Zusätzliche Erläuterungen in den einzelnen Kapiteln beziehen sich auf die Halbmikroarbeitstechnik.

Die Halbmikroanalyse bietet sowohl gegenüber der Makro- als auch gegenüber der Mikroanalyse den Vorteil großer Zeitersparnis. In der Makroanalyse erfordert das Erwärmen, Filtrieren und Abkühlen der dort üblichen großen Volumina erhebliche Zeit. Bei der Mikroanalyse bedingt die Sorgfalt bei der Handhabung der sehr geringen Substanzmengen einen großen Zeitaufwand.

Die günstigste Substanzmenge für die Halbmikroarbeitstechnik ist dadurch gegeben, dass das gleichzeitig zu verarbeitende Volumen der Analysenlösung nie den Inhalt von zwei Zentrifugengläsern (etwa 10 ml) übersteigen sollte, da bei den üblichen Zentrifugen nur zwei Gläser gleichzeitig zentrifugiert werden können. Das bedingt, dass man bei dem Kationentrennungsgang von 50–100 mg Substanz ausgeht und unter Anwendung geringer Lösungsmittelmengen bei möglichst hohen Konzentrationen arbeitet, da viele, insbesondere auch mikroskopische Nachweise, aus konzentrierter Lösung erfolgen.

Vor dem eigentlichen Trennungsgang müssen die störenden Verbindungen, wie Borate (S. 109), organische Verbindungen, Cyanide (S. 116), Oxalate (S. 115) und Fluoride (S. 156) ermittelt und an der richtigen Stelle des Trennungsganges entfernt werden. Dies geschieht wie bei den einzelnen Verbindungen beschrieben.

2.4.2.1 Säureschwerlösliche Gruppe

Lösen und Aufschließen

Je nach der Substanz muss man verschiedene Lösungsmittel anwenden. Eine Regel zur Wahl des besten Lösungsmittels kann nicht gegeben werden. Man versuche zunächst mit Wasser und dann mit 2 mol/l oder 7 mol/l HCl zu lösen, damit beim Einleiten von Schwefelwasserstoff möglichst wenig elementarer Schwefel ausfällt bzw. nicht eingedampft werden muss. Erst wenn sich die Substanz in HCl nicht oder nur teilweise auflöst, nehme man nacheinander 2 mol/l, 14 mol/l HNO_3 und schließlich Königswasser. Sind Erze oder Metalllegierungen zu analysieren, so ist man häufig auf Salpetersäure angewiesen. Auch bei Legierungen aus unedlen Metallen ist dies öfter angebracht, weil man die darin vorkommenden Phosphide oder Silicide oxidieren muss. Mit Salzsäure würden sie sich als Phosphor- bzw. Siliciumwasserstoffe verflüchtigen. Bei Anwendung von Salpetersäure ist es notwendig, diese nach dem Lösen möglichst weitgehend durch Eindampfen mit Salzsäure zu entfernen.

Die Wahl des richtigen Lösungsmittels vereinfacht häufig die Analyse. Auch hierfür leisten die Vorproben wertvolle Dienste.

Bleibt ein in den genannten Lösungsmitteln schwerlöslicher Rückstand, so ist er aufzuschließen. Um das richtige Aufschlussmittel anzuwenden, ist es notwendig, vorher durch Vorproben festzustellen, woraus er besteht. Diese sind mit dem gut ausgewaschenen Rückstand vorzunehmen.

In der Tab. 2.10 sind die wichtigsten Verbindungen, die in Säuren schwerlöslich sind, mit der Vorprobenart, die zu ihrer Erkennung dient, und mit dem Aufschlussmittel zusammengestellt.

Für die Behandlung von schwerlöslichen Rückständen wird folgendes Schema empfohlen:

1. In der Hitze mit tartrathaltiger 14 mol/l NaOH: Wolframverbindungen und Bleisulfat gehen in Lösung.
2. Der verbleibende Rückstand wird mit Ammoniak, Natriumthiosulfat- oder Kaliumcyanidlösung zur Lösung der Silberhalogenide behandelt.
3. Der anschließende saure Aufschluss mit Kaliumhydrogensulfat bringt Titan, teilweise auch Aluminium, Eisen und Chrom in Lösung.
4. Mit dem Rest wird der Alkalicarbonataufschluss der Erdalkalisulfate und der Silicate ausgeführt; auch Aluminium, Chrom und Eisen werden teilweise gelöst.
5. Der zurückbleibende Zinnstein wird mit Kaliumcyanid oder mit Alkalicarbonat und Schwefel geschmolzen.

Ag, Pb und säureschwerlösliche Verbindungen

Beim Lösen in 14 mol/l HNO_3 und anschließendem Behandeln des Schwerlöslichen mit Königswasser verbleiben im Rückstand, falls Chlorid- und viel Sulfationen in der Analysensubstanz enthalten waren, AgCl und $PbSO_4$ sowie alle übrigen säureschwerlöslichen Verbindungen.

50–100 mg Analysensubstanz (entsprechen 1–2 kleine Spatelspitzen) werden mit 2 ml 14 mol/l HNO_3 im Reagenzglas einige Minuten gekocht und heiß abzentrifugiert. Das Zentrifugat dient zur Fällung der HCl-Gruppe. Der schwerlösliche Niederschlag wird kurz mit 1 ml Königswasser ausgekocht. Das Zentrifugat, der sog. Königswasserauszug, wird später mit dem Zentrifugat der HCl-Fällung vereinigt und für die H_2S-Fällung verwendet.

Trennung: $PbSO_4$ und Säureschwerlösliches von AgCl

Der Niederschlag der $PbSO_4$, Säureschwerlösliches und AgCl enthalten kann, wird mit 1 ml 13,5 mol/l NH_3 gut durchgeschüttelt und abzentrifugiert. Aus dem Zentrifugat fällt beim Ansäuern mit HNO_3 wieder AgCl aus, das mit den Reaktionen 8. und 9., S. 310, noch näher identifiziert wird.

Trennung: Säureschwerlösliches von $PbSO_4$

Der verbleibende Niederschlag wird mit einigen ml ammoniakalischer Tartratlsg. mehrmals in der Wärme ausgelaugt. Im Zentrifugat wird Pb nach 8., S. 277, nachgewiesen.

Abtrennung des Wolframs in der säureschwerlöslichen Gruppe

Neben den übrigen säureschwerlöslichen Verbindungen (s. Tab. 2.10) verbleibt beim Behandeln der Analysensubstanz mit Salpetersäure $WO_3 \cdot$ aq im Rückstand. In Gegenwart größerer Mengen PO_4^{3-}, AsO_4^{3-}, SiO_4^{4-} und H_3BO_3 ist die Abscheidung jedoch infolge der Bildung von Heteropolysäuren nicht quantitativ und Wolfram erscheint dann auch in der Urotropingruppe.

Aus dem in HNO_3 schwerlöslichen Rückstand, der $WO_3 \cdot$ aq, AgCl, $PbSO_4$ und alle übrigen säureschwerlösl. Substanzen enthalten kann, wird $WO_3 \cdot$ aq durch Behandeln mit 1–2 ml warmer 2 mol/l NaOH herausgelöst. Im Zentrifugat weist man Wolfram mit den Reaktionen S. 255 nach.

Aus dem Rückstand trennt man dann nacheinander AgCl und $PbSO_4$ ab (s. o.).

Systematischer Gang der Analyse

Tab. 2.10: Wichtigste, in Säuren schwerlösliche Verbindungen mit Vorproben und Aufschlussmittel

Substanz	Vorprobenart	Aufschlussmittel	Beschreibung auf Seite
Silberhalogenide	AgBr und AgCl lösen in Ammoniak und wiederausfällen mit HNO_3	$Zn + H_2SO_4$ oder schmelzen mit $Na_2CO_3 + K_2CO_3$ oder in warmem konz. Ammoniak lösen	311
Erdalkalisulfate	Heparreaktion, Flammenfärbung	schmelzen mit $Na_2CO_3 + K_2CO_3$	206
$PbSO_4$	Heparreaktion	in warmer ammon. Tartratlösung lösen	277
Silicate	Wassertropfenprobe	schmelzen mit $Na_2CO_3 + K_2CO_3$	269
Fluoride	Ätzprobe, Wassertropfenprobe	Abrauchen mit 18 mol/l H_2SO_4	157
hochgeglühte Oxide: Al_2O_3 (weiß), Fe_2O_3 (schwarz), TiO_2 (weiß) usw.	Phosphorsalzperle, für Al_2O_3: Thénards-Blau-Reaktion	schmelzen mit $KHSO_4$; Al_2O_3: schmelzen mit $Na_2CO_3 + K_2CO_3$	268 268, 206
Cr_2O_3 (grün) und $FeCr_2O_4$ (schwarz)	Phosphorsalzperle, Oxidationsschmelze	schmelzen mit $Na_2CO_3 + KNO_3$	244
SnO_2 (weiß)	Phosphorsalzperle + $CuSO_4$, Leuchtprobe	schmelzen mit KCN, NaOH oder schmelzen mit $Na_2CO_3 + S$	307
WO_3 (gelb)	Phosphorsalzperle + $FeSO_4$	lösen in NaOH	312
$CrCl_3$ (violett)	–	Zn + HCl kochen	241

2.4.2.2 Die Salzsäuregruppe Ag, Hg(I), Pb

In Wasser oder 2 mol/l HNO_3 gelöste Ag^+-, Hg_2^{2+}- und Pb^{2+}-Ionen werden durch Zusatz von HCl als AgCl bzw. Hg_2Cl_2 quantitativ gefällt. Pb^{2+} fällt wegen der größeren Löslichkeit des $PbCl_2$ in Wasser nicht vollständig aus und wird deshalb noch in der H_2S-Gruppe nachgewiesen.

Das salpetersaure Zentrifugat der säureschwerlösl. Gruppe wird tropfenweise mit 2 mol/l HCl (5–10 Tropfen) versetzt, bis nichts mehr ausfällt. Der Niederschlag wird abzentrifugiert, das Zentrifugat mit dem Königswasserzentrifugat der säureschwerlösl. Gruppe vereinigt und für die H_2S-Fällung zurückgestellt.

Trennung AgCl, Hg$_2$Cl$_2$ vom PbCl$_2$

Der Niederschlag der AgCl, Hg$_2$Cl$_2$ und PbCl$_2$ enthalten kann, wird mehrmals mit 1 ml H$_2$O und 1 Tropfen 2 mol/l HCl aufgekocht und in der Hitze abzentrifugiert. Das herausgelöste PbCl$_2$ wird in der wässrigen Lsg. mittels der Reaktionen 8., S. 277 und 9., S. 278, nachgewiesen.

Trennung Hg$_2$Cl$_2$ vom AgCl

Einen Teil des verbliebenen Rückstandes von Hg$_2$Cl$_2$ und AgCl behandelt man im Reagenzglas mit 1 ml 13,5 mol/l NH$_3$. Das Auftreten einer Schwarzfärbung durch Bildung von Hg + HgNH$_2$Cl beweist Hg. Man zentrifugiert ab und säuert das Zentrifugat mit HCl an; bei Anwesenheit von Ag bildet sich ein weißer Niederschlag von AgCl, das nach 8. und 9., S. 310, nachgewiesen wird.

Tab. 2.11: Trennungsvorgang der Salzsäuregruppe

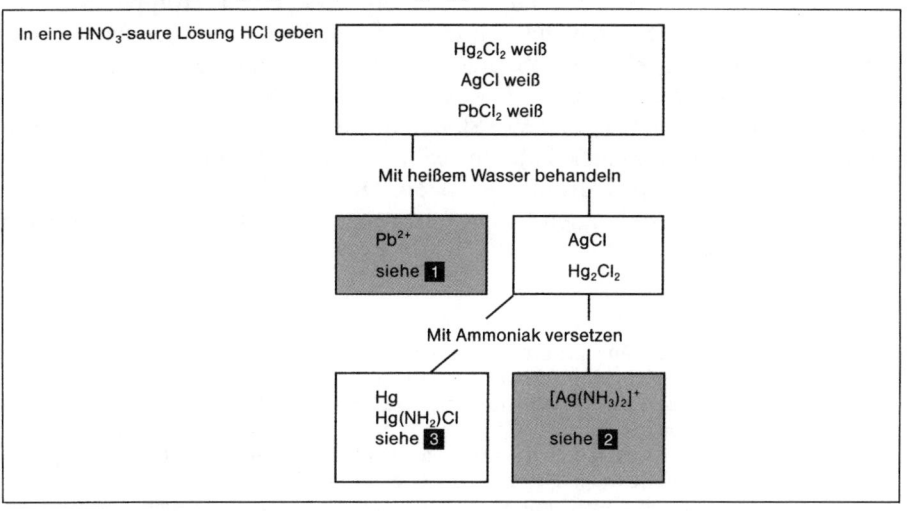

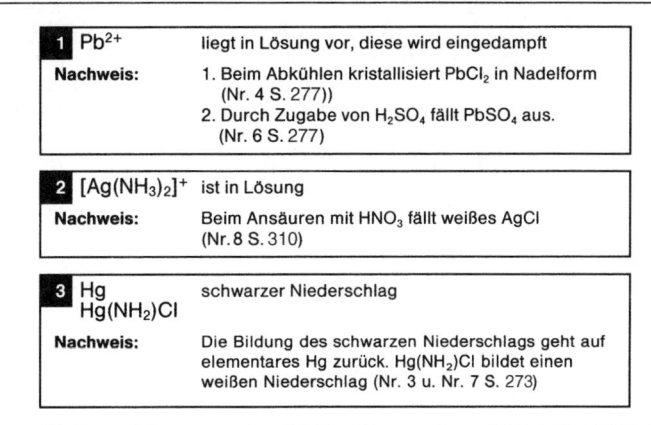

In eine HNO$_3$-saure Lösung HCl geben

- Hg$_2$Cl$_2$ weiß
- AgCl weiß
- PbCl$_2$ weiß

Mit heißem Wasser behandeln

- Pb^{2+} siehe **1**
- AgCl / Hg$_2$Cl$_2$

Mit Ammoniak versetzen

- Hg, Hg(NH$_2$)Cl siehe **3**
- [Ag(NH$_3$)$_2$]$^+$ siehe **2**

---

1 Pb^{2+} liegt in Lösung vor, diese wird eingedampft

Nachweis:
1. Beim Abkühlen kristallisiert PbCl$_2$ in Nadelform (Nr. 4 S. 277))
2. Durch Zugabe von H$_2$SO$_4$ fällt PbSO$_4$ aus. (Nr. 6 S. 277)

2 [Ag(NH$_3$)$_2$]$^+$ ist in Lösung

Nachweis: Beim Ansäuern mit HNO$_3$ fällt weißes AgCl (Nr. 8 S. 310)

3 Hg, Hg(NH$_2$)Cl — schwarzer Niederschlag

Nachweis: Die Bildung des schwarzen Niederschlags geht auf elementares Hg zurück. Hg(NH$_2$)Cl bildet einen weißen Niederschlag (Nr. 3 u. Nr. 7 S. 273)

In Lösung bleiben: Elemente der H$_2$S-, Urotropin-, (NH$_4$)$_2$S-, Erdkali- und Alkaligruppe.

Einen anderen Teil des Rückstandes erhitzt man mit einigen Tropfen 14 mol/l HNO_3. Hg_2Cl_2 wird dabei oxidiert und gelöst, während AgCl zurückbleibt. Man verdünnt mit H_2O, zentrifugiert ab und behandelt den Niederschlag mit Ammoniak. Bei darauf folgendem Ansäuern mit HNO_3 erkennt man Ag am Auftreten einer weißen Fällung.

2.4.2.3 Die H_2S-Gruppe

Hg(II), Pb, Bi, Cu, Cd, As, Sb, Sn

Die Kationen dieser Gruppe werden aus salzsaurer Lösung durch H_2S als schwerlösliche Sulfide mit charakteristischer Farbe gefällt. Auf Grund der unterschiedlichen Löslichkeit der Sulfide in Ammoniumpolysulfidlösungen wird die H_2S-Gruppe unterteilt in **Kupfergruppe** und **Arsen-Zinn-Gruppe**. Beim Digerieren des Sulfidniederschlages mit $(NH_4)_2S_x$ bleiben die Sulfide der Kupfergruppe ungelöst zurück: HgS, PbS, Bi_2S_3, CuS und CdS. Die Elemente der Arsen-Zinn-Gruppe gehen als Thiosalze in Lösung: AsS_4^{3-}, SbS_4^{3-} und SnS_3^{2-}.

Die Sulfide werden bei längerem Stehen an der Luft, besonders in feuchtem Zustand, leicht zu löslichen Sulfaten oxidiert. Dadurch können die gefällten Kationen in die $(NH_4)_2S$-Gruppe gelangen. Die Sulfide sind daher möglichst schnell von der überstehenden Lösung zu trennen und stets mit H_2S-haltigem Wasser auszuwaschen.

Fällung mit H_2S

Das Zentrifugat der Salzsäuregruppe und der Königswasserauszug der säureschwerlösl. Gruppe (s. S. 319) werden in einer kleinen Porzellanschale vereinigt und durch mehrfaches vorsichtiges Eindampfen mit HCl bis fast zur Trockne von HNO_3 befreit. Da sich beim Abrauchen bis zur Trockne Hg verflüchtigt, weist man es am besten vor dem Eindampfen nach. Der fast trockne Rückstand wird mit etwa 0,5 ml 7 mol/l HCl unter Erwärmen gelöst und mit einer Tropfpipette in ein Normalreagenzglas überführt. In die stark saure, warme Lösung leitet man durch eine Kapillarpipette (kleine Gasblasen – große Absorptionsoberfläche) etwa 3 Min. H_2S ein. Nach einer Min. wird die Lsg. mit H_2O auf das Fünffache verdünnt. Der Sulfidniederschlag wird abzentrifugiert und mit 1 ml H_2S-Wasser gewaschen. Eine kleine Probe des Zentrifugats (0,5 ml) wird mit H_2O auf das Doppelte verdünnt und nochmals H_2S eingeleitet. Wenn dabei nichts ausfällt, ist die Sulfidfällung quantitativ. Das Zentrifugat der H_2S-Gruppe wird zur Abtrennung der $(NH_4)_2S$-Gruppe zurückgestellt.

Trennung der Fällung der H_2S-Gruppe in Kupfer- und Arsen-Zinn-Gruppe

Der Niederschlag der H_2S-Gruppe wird im Zentrifugenglas mit 2 ml gelbem Ammoniumpolysulfid 5 Min. bei gelinder Wärme (50–60°C) unter Umrühren ausgelaugt. Man zentrifugiert ab. Im Zentrifugat befinden sich die Thiosalze der Arsen-Zinn-Gruppe: AsS_4^{3-}, SbS_4^{3-} und SnS_3^{2-}. Der Rückstand wird mit 1–2 ml H_2O ausgewaschen. Er enthält die Sulfide der Kupfergruppe: HgS, PbS, Bi_2S_3, CuS und CdS.

Trennung der Kationen der Kupfergruppe

Abtrennung des Hg(II)

Der Niederschlag der Kupfergruppe wird mit 1–2 ml 4 mol/l HNO_3 (1 Teil 14 mol/l HNO_3, 2 Teile H_2O) erwärmt. Es lösen sich alle Sulfide außer HgS (schwarz). Außerdem kann blassgelber Schwefel oder auch weißes $Hg_2S(NO_3)_2$ ungelöst zurückbleiben. Der Rückstand wird abzentrifugiert, im Reagenzglas mit 0,5 ml Königswasser bis fast zur Trockne eingedampft und schließlich mit 5 Tropfen 2 mol/l HCl aufgenommen. In der Lsg. wird Hg durch Amalgambildung am Kupferblech (Cent) (s. S. 274) nachgewiesen.

Abtrennung des restlichen Pb

Das salpetersaure Zentrifugat vom HgS-Rückstand wird unter Zusatz von 0,5 ml 18 mol/l H_2SO_4 im Porzellanschälchen so weit abgedampft, bis weiße Nebel entstehen und die HNO_3 restlos entfernt ist. Nach dem Abkühlen wird *vorsichtig* mit 1 ml/l H_2SO_4 verdünnt. Bei Gegenwart von Pb bildet sich ein weißer Niederschlag von $PbSO_4$. Beim Verdünnen mit Wasser kann an dieser Stelle auch Bismutoxidsulfat ausfallen. Das $PbSO_4$ wird abzentrifugiert und wie in der HCl-Gruppe beschrieben identifiziert.

Abtrennung des Bi

Das Zentrifugat der $PbSO_4$-Fällung wird in einem kleinen Becherglas vorsichtig tropfenweise mit 13,5 mol/l NH_3 ammoniakalisch gemacht. Bei Anwesenheit von Bi^{3+} entsteht ein weißer flockiger Niederschlag von $Bi(OH)_3$. Man zentrifugiert ab und übergießt einen Teil des Niederschlags mit alkalischer Stannat(II)-Lösung. Tiefschwarze Färbung beweist Bi. Weiterhin kann Bi mit Dimethylglyoxim nach 6., S. 279 nachgewiesen werden.

Trennung: Cu von Cd durch Fällung des CdS aus KCN-haltiger Lösung

Bei Gegenwart von Cu ist das ammoniakalische Zentrifugat der Bi-Fällung durch den Tetramminkupferkomplex tiefblau gefärbt. Man versetzt mit kleinen Mengen KCN bis zum Verschwinden der Blaufärbung, erwärmt und leitet einige Min. H_2S ein. Eine gelbe Färbung zeigt Cd an (Bildung von CdS). Fällt ein brauner bis schwarzer Niederschlag aus, so ist nicht sauber getrennt worden (Spuren von Hg und Pb). Man behandelt dann den Rückstand mit 1 ml warmer 1 mol/l H_2SO_4. Dabei geht nur CdS in Lösung. In das mit Ammoniak versetzte Zentrifugat leitet man nochmals H_2S ein und erhält eine rein gelbe CdS-Fällung.

Trennung der Kationen der Arsen-Zinn-Gruppe

Abtrennung des As

Aus der durch Digerieren mit gelbem Ammoniumpolysulfid erhaltenen ammoniakalischen Thiosalzlösung fällt man die Sulfide der Arsen-Zinn-Gruppe durch Ansäuern mit 1 mol/l H_2SO_4 aus. Es wird mehrere Minuten lang zentrifugiert. Das Zentrifugat, das dann immer noch kolloidalen Schwefel enthält, wird verworfen. Der Rückstand wird mit 1–2 ml 7 mol/l HCl kurz aufgekocht. Dabei gehen Sb als $[SbCl_6]^-$ und Sn als $[SnCl_6]^{2-}$ in Lösung, während As_2S_5 ungelöst zurückbleibt. Der Rückstand wird abzentrifugiert und in der Wärme mit 1–2 ml konz. $(NH_4)_2CO_3$-Lsg. das As herausgelöst. Die Lsg. wird vom ggf. vorhandenen elementaren S abzentrifugiert und mit 3 Tropfen H_2O_2 (frei von H_3PO_4) oder einigen Körnchen Na_2O_2 aufgekocht. Nach dem Ansäuern mit 1–2 ml 2 mol/l HNO_3 wird auf AsO_4^{3-} geprüft (s. S. 293).

Trennung: Sb von Sn

Im salzsauren Zentrifugat des As_2S_5-Rückstandes werden Sb und Sn nach folgenden Methoden getrennt und nachgewiesen:

324 Systematischer Gang der Analyse

Tab. 2.12: Trennungsgang der H_2S-Gruppe

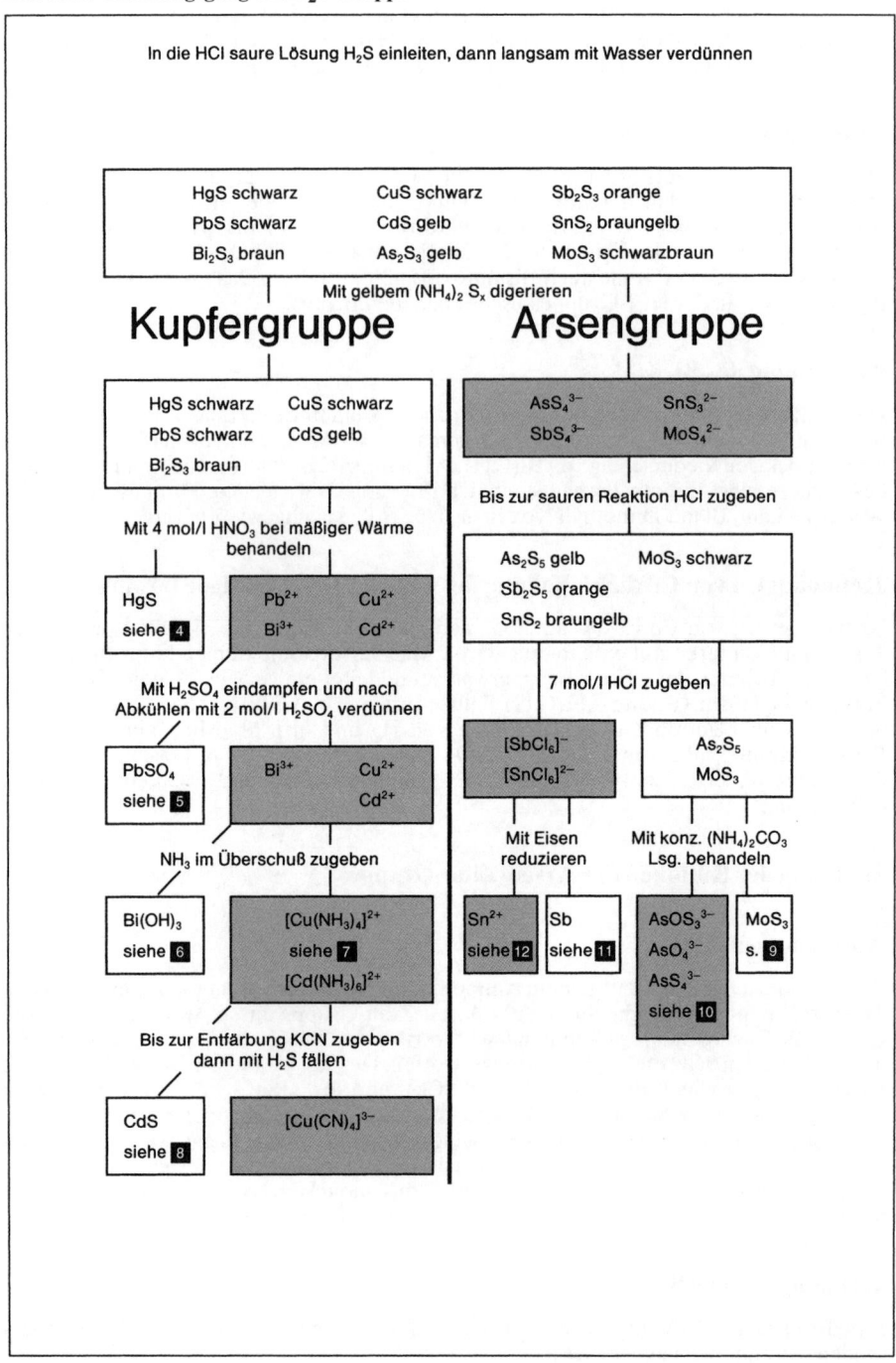

In die HCl saure Lösung H_2S einleiten, dann langsam mit Wasser verdünnen

HgS schwarz	CuS schwarz	Sb_2S_3 orange
PbS schwarz	CdS gelb	SnS_2 braungelb
Bi_2S_3 braun	As_2S_3 gelb	MoS_3 schwarzbraun

Mit gelbem $(NH_4)_2 S_x$ digerieren

Kupfergruppe　　　　Arsengruppe

HgS schwarz　　CuS schwarz	AsS_4^{3-}　　SnS_3^{2-}
PbS schwarz　　CdS gelb	SbS_4^{3-}　　MoS_4^{2-}
Bi_2S_3 braun	

Kupfergruppe-Zweig:

Mit 4 mol/l HNO_3 bei mäßiger Wärme behandeln

- HgS siehe **4**
- Pb^{2+}　Cu^{2+}　Bi^{3+}　Cd^{2+}

Mit H_2SO_4 eindampfen und nach Abkühlen mit 2 mol/l H_2SO_4 verdünnen

- $PbSO_4$ siehe **5**
- Bi^{3+}　Cu^{2+}　Cd^{2+}

NH_3 im Überschuß zugeben

- $Bi(OH)_3$ siehe **6**
- $[Cu(NH_3)_4]^{2+}$ siehe **7**
- $[Cd(NH_3)_6]^{2+}$

Bis zur Entfärbung KCN zugeben dann mit H_2S fällen

- CdS siehe **8**
- $[Cu(CN)_4]^{3-}$

Arsengruppe-Zweig:

Bis zur sauren Reaktion HCl zugeben

As_2S_5 gelb	MoS_3 schwarz
Sb_2S_5 orange	
SnS_2 braungelb	

7 mol/l HCl zugeben

- $[SbCl_6]^-$　$[SnCl_6]^{2-}$
- As_2S_5　MoS_3

Mit Eisen reduzieren　　　Mit konz. $(NH_4)_2CO_3$ Lsg. behandeln

- Sn^{2+} siehe **12**
- Sb siehe **11**
- $AsOS_3^{3-}$　AsO_4^{3-}　AsS_4^{3-} siehe **10**
- MoS_3 s. **9**

Fortsetzung

4 HgS		löst sich in HNO$_3$/HCl
Nachweis:		1. durch Amalgambildung mit unedlen Metallen (Nr. 11 S. 274)
		2. durch Reduktionsmittel (SnCl$_2$) Bildung von Hg$_2$Cl$_2$ (weiß) und Hg (schwarz) (Nr. 12 S. 275)

5 PbSO$_4$		löst sich in Ammoniumtartrat-Lösung
Nachweis:		1. Zusatz von K$_2$Cr$_2$O$_7$ fällt gelbes PbCrO$_4$ (Nr. 8 S. 277)
		2. Durch Zusatz von Cu-acetat und KNO$_2$ fällt K$_2$CuPb(NO$_2$)$_6$ (Nr. 9 S. 278)

6 Bi(OH)$_3$		löst sich in HCl
Nachweis:		1. mit Dimethylglyoxim + NH$_3$ gelber Niederschlag (Nr. 6 S. 279)
		2. neutralisieren und mit alkal. Stannat (II) Lsg. versetzen (Bi schwarz) (Nr. 5 S. 279)

7 [Cu(NH$_3$)$_4$]$^{2+}$		ist an der blauen Farbe der Lösung erkenntlich (Nr. 8 S. 283)

8 CdS		ist an der gelben Farbe des Niederschlags zu erkennen (Nr. 5 S. 285)

9 MoS$_3$		Der Niederschlag ist mit Schwefel vermischt und löst sich in Königswasser, nach Abbrauchen wird in 2 mol/l HCl gelöst.
Nachweis:		Bei Zusatz von NH$_4$Cl und Na$_2$HPO$_4$ scheiden sich feine gelbe Kristalle von Ammoniummolybdophosphat ab (Nr. 9 S. 253)

10 AsS$_4^{3-}$, AsO$_4^{3-}$, AsOS$_3^{3-}$		Die Lösung wird mit H$_2$O$_2$ versetzt; beim Erwärmen bildet sich AsO$_4^{3-}$
Nachweis:		NH$_4^+$ und Mg^{2+} zugeben; MgNH$_4$AsO$_4 \cdot$ 6 H$_2$O kristallisiert weiß (Nr. 13 S. 293)

11 Sb		löst sich in 7 mol/l HCl + wenig HNO$_3$
Nachweis:		stark verdünnen und H$_2$S einleiten: Sb$_2$S$_3$ (orange) fällt aus (Nr. 5 S. 297)

12 Sn^{2+}		verbleibt in der Lösung
Nachweis:		1. mit HgCl$_2$ bildet sich weißes Hg$_2$Cl$_2$ und schwarzes Hg (Nr. 12 S. 275)
		2. Leuchtprobe (Nr. 11c S. 304)

In Lösung bleiben: Elemente der Urotropin-Gruppe, der (NH$_4$)$_2$S-Gruppe, Erdalkali- und Alkaliionen

1. **Oxalsäuremethode:** Die salzsaure Lsg. wird mit einem Überschuss konz. Ammoniumoxalat-Lsg. versetzt. In die Lsg. wird nach Erhitzen H_2S eingeleitet. Hierbei fällt nur Antimonsulfid aus, das an seiner Farbe erkannt werden kann. Sn^{4+} bildet mit $C_2O_4^{2-}$-Ionen den sehr stabilen Komplex $[Sn(C_2O_4)_3]^{2-}$, aus dem durch H_2S kein SnS_2 gefällt wird. Die Trennung versagt bei Gegenwart von Sn^{2+}-Ionen, da diese keinen entsprechenden Komplex bilden, so dass hier SnS ausfallen und den Nachweis stören würde. Im Trennungsgang liegt aber nach dem Digerieren mit $(NH_4)_2S_x$ Zinn immer in der Oxidationsstufe + IV vor.
2. **Reduktionsmethode:** Unedle Metalle (Mg, Zn, Fe usw.) reduzieren Sb(V) in saurer Lsg. zum Element, während Sn(IV) nur bis zum Sn(II) reduziert wird. Die salzsaure Lsg. wird durch Kochen von H_2S befreit. Zur Abscheidung des Sb taucht man einen sauberen Eisennagel in die Lsg. und lässt unter schwachem Erwärmen mehrere Minuten stehen (evtl. auch mehrere Stunden). Die schwarzen Sb-Flocken werden abzentrifugiert und in Königswasser gelöst. Nach dem Vertreiben der HNO_3 durch Abrauchen mit HCl nimmt man mit 1 ml 2 mol/l HCl auf und leitet H_2S ein. Es entsteht orangefarbenes Sb_2S_5. Es wird in 7 mol/l HCl gelöst und mit den Reaktionen 13. c, S. 300, und 16., S. 301, auf Sb geprüft. In dem sauren Sn(II)-haltigen Zentrifugat kann Sn direkt identifiziert werden.

Die Schwefelwasserstoffgruppe in Gegenwart von Mo

Molybdän, ein Element der Arsen-Zinn-Gruppe, wird zunächst wie auf S. 306 beschrieben gemeinsam mit der Kupfergruppe aus saurer Lsg ausgefällt. Dabei ist zu beachten, dass eine schnelle quantitative Fällung des Mo nur bei Anwendung eines hohen H_2S-Druckes erzielt werden kann. Man verfährt bei der Fällung mit H_2S zunächst nach der auf S. 322 beschriebenen Weise. Nachdem man die Lsg. zur quantitativen Abscheidung des Cd weitgehend verdünnt hat, leitet man in der Kälte zur Sättigung mit H_2S noch etwa 1 Min. ein. Das Reagenzglas wird dann mit einem Gummistopfen fest verschlossen und auf dem Wasserbad mehrere Min. erhitzt. Im allgemeinen entsteht so ein für die quantitative Fällung des Mo ausreichender H_2S-Druck. Fällt beim nochmaligen Einleiten in das Zentrifugat der Sulfidfällung noch ein deutlicher Niederschlag aus, so muss der Arbeitsgang wiederholt werden, tritt jedoch nur eine schwache Trübung auf, so lässt sich der weitere Trennungsgang ohne Störung durchführen.

Der Sulfidniederschlag wird im Zentrifugenglas mit 2 ml gelbem Ammoniumpolysulfid 5 Min. bei 50–60°C unter Umrühren digeriert. Ebenso wie die übrigen Elemente der Arsen-Zinn-Gruppe geht Mo als Thiosalz MoS_4^{2-} in Lösung. Man zentrifugiert von der ungelöst zurückbleibenden Kupfergruppe ab und versetzt das Zentrifugat bis zur schwach sauren Reaktion mit 2 mol/l HCl. Dabei fallen die Sulfide des As, Sb, Sn und Mo mit viel Schwefel vermischt wieder aus. Bei Gegenwart des schwarzbraunen MoS_3 ist dieser Niederschlag dunkel gefärbt. Aus dem Sulfidniederschlag löst man nun zuerst durch Aufkochen mit 1–2 ml 7 mol/l HCl Sb und Sn und dann durch Behandeln mit 1–2 ml konz. $(NH_4)_2CO_3$-Lsg. As heraus (s. S. 323). Der zurückbleibende Niederschlag besteht aus Molybdänsulfid und Schwefel. Man löst in 0,5 ml Königswasser, vertreibt die HNO_3 weitgehend durch Abrauchen mit 1 ml 7 mol/l HCl und nimmt mit 1 ml 1 mol/l HCl auf. In dieser Lsg. weist man Mo als Ammonium- bzw. Kaliummolybdophosphat (s. S. 253) oder mit KSCN + Reduktionsmittel (s. S. 253) nach.

2.4.2.4 Ammoniumsulfid-Urotropingruppe

Im allgemeinen wird man in der Halbmikroanalyse den Urotropintrennungsgang (s. S. 265) der gemeinsamen Fällung der Kationen der Oxidationsstufen + III und + II mit $(NH_4)_2S$ vorziehen. Bei Gegenwart der „selteneren" Elemente Ti, V, U und W ist stets die Urotropintrennung durchzuführen. Sie empfiehlt sich weiterhin, wenn PO_4^{3-} in der Analyse enthalten ist. Bei Abwesenheit der „selteneren" Elemente kann die gemeinsame Fällung mit $(NH_4)_2S$ angewendet werden.

Gemeinsame Fällung von Ni, Co, Mn, Zn, Fe, Al und Cr mit Ammoniumsulfid

Falls CrO_4^{2-} und MnO_4^- – kenntlich an der organgeroten bzw. violetten Farbe der Lösungen – vorhanden sind, müssen sie mit einigen ml Ethanol in der Siedehitze zu Cr^{3+} bzw. Mn^{2+} reduziert werden. Der Überschuss des Ethanols wird verkocht.

Das Zentrifugat der H_2S-Fällung wird in einer Porzellanschale auf ungefähr 1 ml eingeengt. Um Mg^{2+} in Lsg. zu halten, gibt man eine Spatelspitze festes NH_4Cl hinzu, erhitzt zum Sieden, fügt bis zur deutlich alkalischen Reaktion 13,5 mol/l NH_3 hinzu und versetzt dann mit 1–2 ml farblosem $(NH_4)_2S$. Der Niederschlag wird einige Minuten gelinde erwärmt und dann abzentrifugiert. 1 Tropfen des Zentrifugats wird auf der Tüpfelplatte mit 1 Tropfen Bleiacetatlsg. versetzt. Schwarzfärbung durch PbS zeigt die Vollständigkeit der Fällung an. Der Niederschlag wird sofort mit 1–2 ml heißem $(NH_4)_2S$-haltigem Wasser gewaschen. Er besteht aus:
NiS schwarz, CoS schwarz, FeS schwarz, MnS rosa, ZnS weiß und $Cr(OH)_3$ grün sowie $Al(OH)_3$ weiß. Es bleiben in Lsg. die Erdalkali- und Alkaliionen.

Diese Trennung verläuft jedoch nur bei sauberstem Arbeiten und vor allem bei Verwendung frisch bereiteter Reagenzien annähernd vollständig. Ist z.B. das Ammoniak carbonathaltig, wie es bei älteren Lösungen meist der Fall ist, so können Erdalkaliionen als Carbonate mit der Ammoniumsulfidgruppe gefällt werden und entgehen so dem Nachweis. Nicht frisch bereitete Lösungen von $(NH_4)_2S$ enthalten infolge teilweiser Oxidation SO_4^{2-}-Ionen, so dass ebenfalls Erdalkaliionen, insbesondere Sr^{2+} und Ba^{2+}, als Sulfate ausfallen.

Das Zentrifugat des Sulfidniederschlages soll möglichst farblos oder schwach gelb gefärbt sein. Ist es gelbbraun, so ist NiS kolloid in Lsg. gegangen (s. S. 211). Durch Kochen mit Ammoniumacetat, am besten unter Zugabe von Filterpapierschnitzeln, lässt es sich ausflocken.

Abtrennung des NiS und CoS

Der Sulfidniederschlag wird sofort einige Minuten in der Kälte mit 1–2 ml 2 mol/l HCl behandelt. Beim Zentrifugieren verbleiben NiS und CoS im Rückstand, Fe^{2+}, Mn^{2+}, Al^{3+}, Zn^{2+} und Cr^{3+} gehen in Lösung. NiS und CoS werden in 1 ml 2 mol/l CH_3COOH und 3–5 Tropfen 30%igem H_2O_2 unter Erwärmen aufgelöst und von ausgeschiedenem Schwefel abgetrennt. In dieser Lsg. werden Ni und Co nebeneinander nachgewiesen. Ein Teil der essigsauren Lsg. wird mit 13,5 mol/l NH_3 ammoniakalisch gemacht, vom etwa entstandenen $Fe(OH)_3$ abzentrifugiert und mit 2–3 Tropfen Dimethylglyoxim-Lsg. versetzt. Ein flockiger roter Niederschlag zeigt Ni an. Einen anderen Teil der essigsauren Lsg. versetzt man mit 1–2 Spatelspitzen festem KSCN und einer halben Spatelspitze NaF (zur Maskierung von Fe^{3+}-Spuren) und schüttelt mit einer Mischung von 10 Tropfen Ether und 5 Tropfen Amylalkohol aus. Blaufärbung der Ether-Amylalkohol-Phase zeigt Co an.

328 Systematischer Gang der Analyse

Tab. 2.13: Gemeinsame Fällung mit $(NH_4)_2S+NH_3$. Trennungsgang der $(NH_4)_2S$-Gruppe

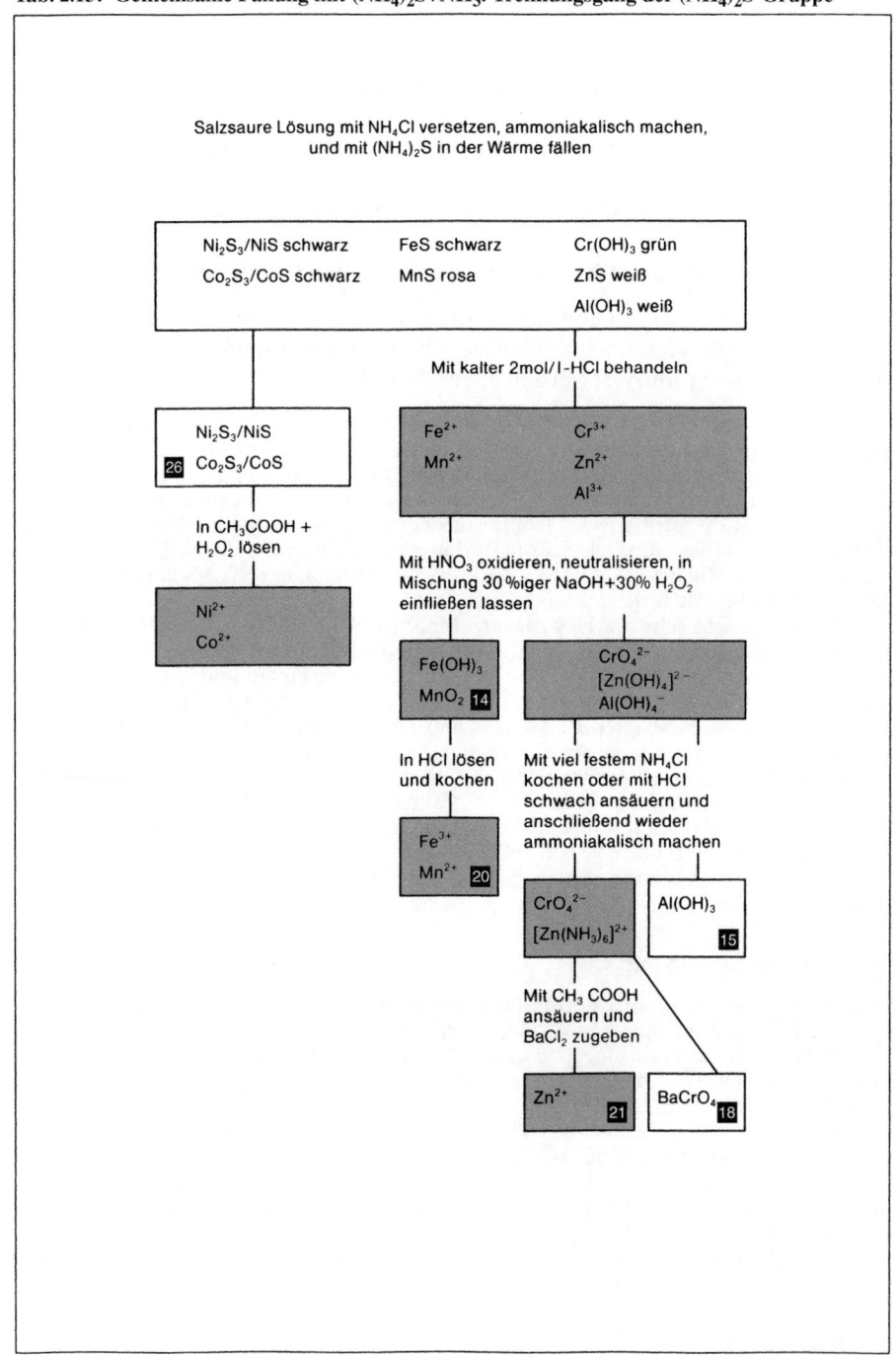

Salzsaure Lösung mit NH_4Cl versetzen, ammoniakalisch machen, und mit $(NH_4)_2S$ in der Wärme fällen

- Ni_2S_3/NiS schwarz
- Co_2S_3/CoS schwarz
- FeS schwarz
- MnS rosa
- $Cr(OH)_3$ grün
- ZnS weiß
- $Al(OH)_3$ weiß

Mit kalter 2mol/l-HCl behandeln

Rückstand:
- Ni_2S_3/NiS
- Co_2S_3/CoS [26]

In CH_3COOH + H_2O_2 lösen

- Ni^{2+}
- Co^{2+}

Lösung:
- Fe^{2+}, Cr^{3+}
- Mn^{2+}, Zn^{2+}
- Al^{3+}

Mit HNO_3 oxidieren, neutralisieren, in Mischung 30%iger NaOH+30% H_2O_2 einfließen lassen

Niederschlag:
- $Fe(OH)_3$
- MnO_2 [14]

In HCl lösen und kochen

- Fe^{3+}
- Mn^{2+} [20]

Lösung:
- CrO_4^{2-}
- $[Zn(OH)_4]^{2-}$
- $Al(OH)_4^{-}$

Mit viel festem NH_4Cl kochen oder mit HCl schwach ansäuern und anschließend wieder ammoniakalisch machen

- CrO_4^{2-}
- $[Zn(NH_3)_6]^{2+}$

- $Al(OH)_3$ [15]

Mit CH_3COOH ansäuern und $BaCl_2$ zugeben

- Zn^{2+} [21]
- $BaCrO_4$ [18]

Fortsetzung

26 Co_2S_3/CoS
Ni_2S_3/NiS Die Niederschläge werden in $CH_3COOH + H_2O_2$ gelöst
Nachweis:
1. In essigsaurer Lösung bildet Cobalt mit KSCN blaues $[Co(SCN)_4]^{2-}$ (Nr. 11, S. 215)
2. In essigsaurer Lösung bildet Nickel mit Diacetyldioxim einen roten Komplex (Fe^{2+}, Co^{2+}, Cu^{2+} stören) (Nr. 9, S. 212)

20 Mn^{2+} liegt in Lösung vor
Nachweis:
1. Mit NH_3 und $(NH_4)_2S$ bildet sich MnS. Dieses wird in 2 mol/l HCl gelöst und das H_2S verkocht
2. Oxidationsschmelze mit Sulfidniederschlag (s. Vorproben, S. 219)
3. Oxidation in alkalischer Lsg. mit Br_2 zu MnO_4^- (s. S. 220)

14 $Fe(OH)_3$ löst sich in verdünnter HCl
Nachweis: Zusatz von $K_4[Fe(CN)_6]$ ergibt einen tiefblauen Niederschlag von Berliner Blau (Nr. 24, S. 232)

15 $[Al(OH)_3]$
Nachweis:
1. mit $Co(NO_3)_2$ auf einer Magnesiarinne erhitzen: blaues $CoAl_2O_4$ (Nr. 12, S. 238)
2. Alizarin S bildet mit Al^{3+} einen roten Farblack (Nr. 13, S. 238)

18 $BaCrO_4$ wird mit H_2SO_4 in $BaSO_4$ und $Cr_2O_7^{2-}$ überführt
Nachweis:
1. Cr(VI) Ionen bilden mit H_2O_2 blaues CrO_5, das mit Ether ausgeschüttelt werden kann (Nr. 14, S. 244)

21 Zn^{2+} H_2S verkochen + NaOH, zentrifugieren, mit HAc + NaAc + H_2S fällt ZnS. ZnS löst sich in verdünnter HCl
Nachweis:
1. Rinmanns Grün (Nr. 10, S. 223)
2. als $Zn[Hg(SCN)_4]$ (Nr. 13, S. 224)

In Lösung bleiben Alkali- und Erdalkaliionen.

Abtrennung des Fe und Mn

Das Zentrifugat der Sulfide von Ni und Co wird zur Entfernung des H_2S kurze Zeit gekocht, dann zur Oxidation des Fe^{2+} zu Fe^{3+} mit 3–5 Tropfen 14 mol/l HNO_3 versetzt, durch Eindampfen der größte Teil der Säure vertrieben und zum Schluss mit Na_2CO_3 nahezu neutralisiert. In einem kleinen Becherglas löst man 2 NaOH-Pillen in 2 ml H_2O, fügt 5–10 Tropfen 30%iges H_2O_2 hinzu, erwärmt und gießt unter Umrühren langsam die Analysenlsg. ein. Es wird bis zum Sieden erhitzt und abzentrifugiert. Der Niederschlag, der aus $Fe(OH)_3$, rotbraun, und MnO_2, braunschwarz, besteht, wird mit warmem Wasser gewaschen. Das Waschwasser wird verworfen. In Lsg. verbleiben $[Al(OH)_4]^-$ und $[Zn(OH)_4]^{2-}$, farblos, sowie CrO_4^{2-}, gelb.

Den Niederschlag löst man in 1 ml 7 mol/l HCl. Bei Anwesenheit von Mn entwickelt sich dabei Chlor, welches verkocht wird. In je einem Tropfen der Lsg. prüft man mit KSCN (s. 25., S. 232) oder mit $K_4[Fe(CN)_6]$ (s. 24., S. 232) auf Eisen. Zur Prüfung auf Mn muss ein Teil der Lsg. mindestens zweimal mit je 1 ml 14 mol/l HNO_3 abgeraucht werden, um die Cl^--Ionen quantitativ zu vertreiben. Man nimmt dann mit 1 ml 14 mol/l HNO_3 auf, versetzt mit einer Spatelspitze PbO_2 und kocht 1 Min. lang. Violettfärbung beweist Mn (s. 13., S. 220). Die Prüfung auf Mn kann auch durch Oxidation im alkalischen Medium (s. S. 220) oder mit der Oxidationsschmelze (s. S. 219) erfolgen.

Abtrennung des Al

In der stark alkalischen Lsg., in der durch Kochen das überschüssige H_2O_2 vollständig zerstört wird, befinden sich noch Al, Cr und Zn. Sie wird durch tropfenweise Zugabe von HCl genau neutralisiert, mit einigen Tropfen Ammoniak schwach ammoniakalisch gemacht und dann mit 2–3 Spatelspitzen NH_4Cl versetzt. Dadurch wird die OH^--Ionenkonz. so stark verkleinert, dass das Löslichkeitsprodukt des $Al(OH)_3$ überschritten wird und dieses ausfällt. Man kocht noch 1–2 Min. und zentrifugiert dann ab. Entsteht nur ein geringer Hydroxidniederschlag, so muss eine Blindprobe vorgenommen werden, weil Natronlauge häufig Spuren von Al und Kieselsäure enthält.

Zur Identifizierung wird mit dem $Al(OH)_3$-Niederschlag die Thénards-Blau-Reaktion (s. S. 238) und der Nachweis als Alizarin S-Farblack durchgeführt (s. S. 238).

Trennung des Cr und Zn

Das Zentrifugat vom $Al(OH)_3$-Niederschlag zeigt bei Anwesenheit von Cr eine gelbe Farbe. Man säuert mit Essigsäure an, versetzt mit 1–2 Spatelspitzen Natriumacetat und in der Siedehitze mit einigen Tropfen $BaCl_2$-Lsg. (s. S. 243). Das ausfallende gelbe $BaCrO_4$ wird abzentrifugiert, in 3–5 Tropfen 1 mol/l H_2SO_4 gelöst und mit 0,5 ml Ether sowie 2–3 Tropfen H_2O_2 geschüttelt. Blaufärbung des Ethers zeigt Cr an. Häufig entsteht mit $BaCl_2$ auch bei Abwesenheit von Cr ein geringer Niederschlags, der aber weiß ist. Er besteht aus $BaSO_4$, SO_4^{2-} kann durch Oxidation von S^{2-} entstanden sein. Zur Identifizierung des Cr ist auch die Bildung von Silberchromat (s. S. 244) geeignet.

In das schwach essigsaure Zentrifugat des $BaCrO_4$-Niederschlag, in dem sich noch Zn^{2+} befindet, leitet man 1–2 Min. H_2S ein. Das ausfallende ZnS ist durch Spuren verschleppter, störender Ionen häufig nicht rein weiß. Man zentrifugiert den Niederschlag ab, löst ihn in 0,5 ml 2 mol/l HCl, versetzt mit einer NaOH-Pille und zentrifugiert nach kurzem Aufkochen von der Fällung der Hydroxide störender Ionen ab. Das Zentrifugat wird mit Essigsäure angesäuert und mit 1–2 Spatelspitzen Natriumacetat abgepuffert. Jetzt fällt beim Einleiten von H_2S weißes ZnS aus. Mit diesem Sulfidniederschlag führt man die Rinmanns-Grün-Reaktion (s. S. 223) oder als (Co, Zn) $[Hg(SCN)_4]$ (s. S. 224) durch.

Fällung mit Urotropin

Fe, Al, Cr

Wenn die Analyse PO_4^{3-} enthält, fallen bei der gemeinsamen Fällung der Kationen mit Ammoniak und $(NH_4)_2S$ nicht nur Sulfide und Hydroxide aus, sondern auch Erdalkaliphosphate. Dadurch fallen die Nachweise in der Ammoniumcarbonatgruppe negativ aus und auch in der Ammoniumsulfidgruppe treten Störungen auf. Diese Schwierigkeit tritt beim Urotropinverfahren nicht auf, wenn man dafür sorgt, dass soviel Fe^{3+} in der Analysenlösung enthalten ist, dass das gesamte PO_4^{3-} als $FePO_4$ gefällt wird. Ein weiterer wichtiger Vorteil dieses Verfahrens besteht in der sauberen quantitativen Trennung, die es erlaubt, geringe Mengen einer Substanz neben einem großen Überschuss einer anderen nachzuweisen. Da die Fällung mit Urotropin in schwachsaurem Medium (pH ≈ 6) verläuft, wird die Mitfällung von Kationen der folgenden Gruppen erheblich zurückgedrängt.

Das schwachsaure Zentrifugat der H_2S-Gruppe wird unter Verkochen von H_2S in einer Porzellanschale auf etwa 1 ml eingeengt. Sind CrO_4^{2-} und MnO_4^- zugegen, so werden sie durch Aufkochen mit 1–2 Tropfen Ethanol zu Cr^{3+} bzw. Mn^{2+} reduziert. Fe^{2+} wird mit 1–2 Tropfen HNO_3 quantitativ zu Fe^{3+} oxidiert. Man prüft dann nach Reaktion 6., S. 138 auf PO_4^{3-}. Bei Gegenwart von PO_4^{3-} prüft man in 1 Tropfen der Lsg. auf der Tüpfelplatte mit NH_4SCN (s. S. 232) auf Fe^{3+}. Ist kein oder nur wenig Fe^{3+} in der Lsg., so versetzt man mit 1–2 ml 0,2 mol/l $FeCl_3$ und fügt dann tropfenweise gesättigte $(NH_4)_2CO_3$-Lsg. hinzu, bis eine bleibende Trübung entsteht. Man bringt die Trübung mit 2 mol/l HCl (2–3 Tropfen) eben wieder zum Verschwinden und tropft zu der siedenden Lsg. soviel 10%ige Urotropinlsg., bis sich kein weiterer Niederschlag mehr bildet (etwa 1–2 ml). Der Niederschlag wird 1–2 Min. gekocht, abzentrifugiert, mit 2 ml H_2O nochmals aufgekocht und gewaschen. Er enthält: $Fe(OH)_3$, $Cr(OH)_3$, $Al(OH)_3$ und $FePO_4$. Das Zentrifugat wird zur Fällung der $(NH_4)_2S$-Gruppe zurückgestellt.

Abtrennung des Fe

Der Urotropinniederschlag wird unter Erwärmen in 5 Tropfen 2 mol/l HCl gelöst und nach Zugabe von 10 Tropfen H_2O der $NaOH/H_2O_2$-Trennung unterworfen. Dazu löst man in einem kleinen Becherglas 2 NaOH-Pillen in 2 ml H_2O, fügt 5–10 Tropfen 30%iges H_2O_2 hinzu, erwärmt und tropft unter Umrühren langsam die Analysenlsg. ein. Es wird zum Sieden erhitzt und das ausgefällte rotbraune $Fe(OH)_3$ abzentrifugiert.

Abtrennung des Al und Cr

Das Zentrifugat der $NaOH/H_2O_2$-Fällung enthält $[Al(OH)_4]^-$, farblos und CrO_4^{2-}, gelb. Man neutralisiert die Lsg. durch tropfenweise Zugabe von HCl, macht mit wenigen Tropfen 2 mol/l NH_3 schwach ammoniakalisch und kocht nach Zugabe von festem NH_4Cl (100–200 mg) auf. Die OH^--Ionenkonzentration wird dabei so stark verkleinert, dass das Löslichkeitsprodukt von $Al(OH)_3$ überschritten wird. Der Niederschlag wird abzentrifugiert und in 0,5–1 ml 2 mol/l NaOH gelöst. Einen Teil dieser Lsg. versetzt man mit 1 Tropfen Morinlsg. und Eisessig bis zur sauren Reaktion: Grüne Fluoreszenz im UV-Licht beweist Al. In einem anderen Teil prüft man nach S. 238 mit Alizarin S auf Al.

Das gelbe Zentrifugat der $Al(OH)_3$-Fällung wird mit Essigsäure angesäuert, mit 1 Spatelspitze Natriumacetat und in der Siedehitze mit einigen Tropfen $BaCl_2$-Lsg. versetzt. Es fällt gelbes $BaCrO_4$ aus. Der Niederschlag wird abzentrifugiert und nach den Reaktionen 14., S. 244, und 15., S. 245, auf Cr geprüft.

332 Systematischer Gang der Analyse

Tab. 2.14: Trennungsgang mit Urotropin (Hydrolysetrennung)

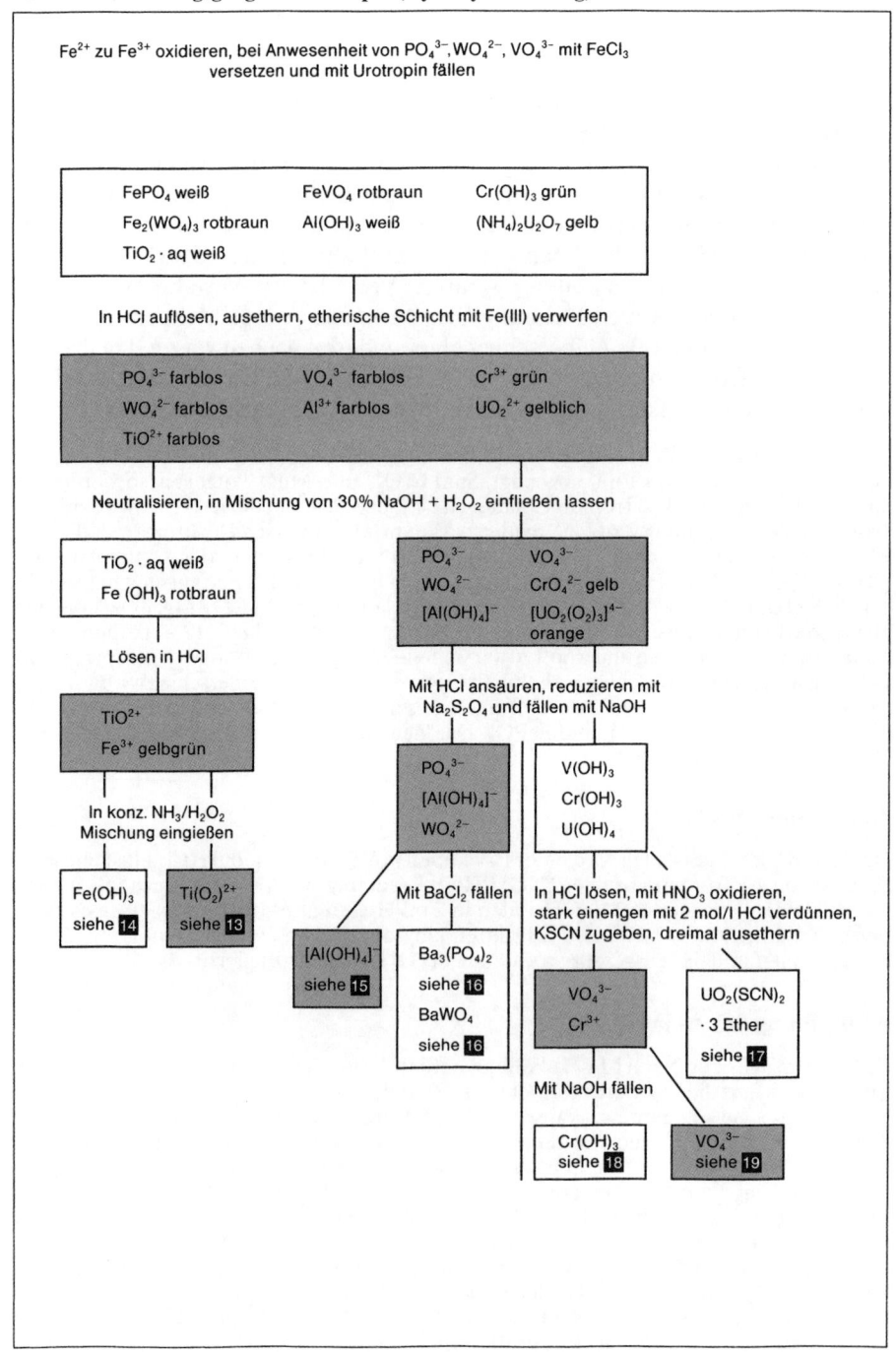

Fe^{2+} zu Fe^{3+} oxidieren, bei Anwesenheit von PO_4^{3-}, WO_4^{2-}, VO_4^{3-} mit $FeCl_3$ versetzen und mit Urotropin fällen

$FePO_4$ weiß	$FeVO_4$ rotbraun	$Cr(OH)_3$ grün
$Fe_2(WO_4)_3$ rotbraun	$Al(OH)_3$ weiß	$(NH_4)_2U_2O_7$ gelb
$TiO_2 \cdot aq$ weiß		

In HCl auflösen, ausethern, etherische Schicht mit Fe(III) verwerfen

PO_4^{3-} farblos	VO_4^{3-} farblos	Cr^{3+} grün
WO_4^{2-} farblos	Al^{3+} farblos	UO_2^{2+} gelblich
TiO^{2+} farblos		

Neutralisieren, in Mischung von 30% NaOH + H_2O_2 einfließen lassen

$TiO_2 \cdot aq$ weiß	PO_4^{3-} VO_4^{3-}
$Fe(OH)_3$ rotbraun	WO_4^{2-} CrO_4^{2-} gelb
	$[Al(OH)_4]^-$ $[UO_2(O_2)_3]^{4-}$ orange

Lösen in HCl

TiO^{2+}
Fe^{3+} gelbgrün

Mit HCl ansäuern, reduzieren mit $Na_2S_2O_4$ und fällen mit NaOH

In konz. NH_3/H_2O_2 Mischung eingießen

PO_4^{3-}	$V(OH)_3$
$[Al(OH)_4]^-$	$Cr(OH)_3$
WO_4^{2-}	$U(OH)_4$

$Fe(OH)_3$ siehe **14**	$Ti(O_2)^{2+}$ siehe **13**

Mit $BaCl_2$ fällen

In HCl lösen, mit HNO_3 oxidieren, stark einengen mit 2 mol/l HCl verdünnen, KSCN zugeben, dreimal ausethern

$[Al(OH)_4]^-$ siehe **15**	$Ba_3(PO_4)_2$ siehe **16**
	$BaWO_4$ siehe **16**

VO_4^{3-} Cr^{3+}	$UO_2(SCN)_2$ · 3 Ether siehe **17**

Mit NaOH fällen

$Cr(OH)_3$ siehe **18**	VO_4^{3-} siehe **19**

Trennungsgang der Kationen 333

Fortsetzung

---

13 $Ti(O_2)^{2+}$ liegt in Lösung vor

Nachweis: Mit H_2O_2 haben sich die gelb bis gelborangen $[Ti(O_2) \cdot aq]^{2+}$-Kationen gebildet (Nr. 7 S. 249)

---

14 $Fe(OH)_3$ löst sich in verdünnter HCl

Nachweis: Zusatz von $K_4[Fe(CN)_6]$ ergibt einen tiefblauen Niederschlag von Berliner Blau (Nr. 24 S. 232)

---

15 $[Al(OH)_4]^-$ Die Lösung mit HCl ansäuern, mit Ammoniak $Al(OH)_3$ fällen

Nachweis:
1. mit $Co(NO_3)_2$ auf Magnesiarinne erhitzen: blaues $CoAl_2O_4$ (Nr. 12 S. 238)
2. Alizarin S bildet mit Al^{3+} einen roten Farblack (Nr. 13 S. 238)

---

16 $Ba_3(PO_4)_2$ löst sich in HNO_3

Nachweis: PO_4^{3-} ergibt mit Ammoniummolybdat einen gelben Niederschlag (Nr. 6 S. 138)

$BaWO_4$ löst sich in 18 mol/l H_2SO_4

Nachweis: W(VI) Ionen ergeben mit Hydrochinon eine rotviolette Färbung (Nr. 8 S. 256)

---

17 $UO_2(SCN)_2$ verbleibt in der etherischen Schicht,
3 Ether   eindampfen, glühen

Nachweis: HNO_3 und $K_4[Fe(CN)_6]$ zugeben: Es bildet sich ein rotbrauner Niederschlag von $(UO_2)K_2[Fe(CN)_6]$

---

18 $Cr(OH)_3$ löst sich in H_2SO_4

Nachweis:
1. Oxidation mit $S_2O_8^{2-}$ zu $Cr_2O_7^{2-}$ (Nr. 8 S. 242)
2. Cr(VI) Ionen bilden mit H_2O_2 blaues CrO_5, das mit Ether ausgeschüttelt werden kann (Nr. 14 S. 244)

---

19 VO_4^{3-} ist in der Lösung

Nachweis:
1. Durch Einleiten von H_2S wird rotviolettes VS_4^{3-} gebildet. (Nr. 4 S. 250)

In Lösung bleiben: Ni^{2+}, Co^{2+}, Mn^{2+}, Zn^{2+}, Erdalkali- und Alkaliionen

Die Urotropingruppe bei Anwesenheit von Ti, V, U und W

Die Fällung mit Urotropin wird auch in Gegenwart der „selteneren" Elemente Ti, V, U und W in der auf S. 331 angegebenen Weise durchgeführt. Es ist allerdings darauf zu achten, dass nicht nur bei Anwesenheit von PO_4^{3-}, sondern auch, wenn die Analyse VO_4^{3-} und WO_4^{2-} enthält, Fe^{3+} in ausreichender Menge zugesetzt werden muss. Im Urotropinniederschlag befinden sich dann: $TiO_2 \cdot$ aq, $Fe(OH)_3$, $Cr(OH)_3$, $Al(OH)_3$, $(NH_4)_2U_2O_7$, $FePO_4$, $FeVO_4$, $Fe_2(WO_4)_3$. Da der häufig recht voluminöse Urotropinniederschlag dazu neigt, insbesondere Mn^{2+}-Ionen mitzufällen, empfiehlt es sich, ihn umzufällen. Dazu wird der Niederschlag mit 3–5 Tropfen 2 mol/l HCl gelöst und erneut wie bereits beschrieben die Urotropinfällung durchgeführt. Die Zentrifugate beider Fällungen werden vereinigt und für die $(NH_4)_2S$-Fällung zurückgestellt (s. S. 335).

Hat man zur Fällung von PO_4^{3-}, VO_4^{3-} und WO_4^{2-} viel Fe^{3+} zugegeben, so muss der größte Teil durch Ausethern entfernt werden. Dazu wird der Niederschlag der Urotropinfällung in 10 Tropfen 7 mol/l HCl gelöst und mit 5 Tropfen H_2O verdünnt (60% des Gesamtvolumens ist 7 mol/l HCl). Im Scheidetrichter überschichtet man mit dem gleichen Volumen Ether, der an HCl gesättigt ist, und schüttelt kräftig durch. Das Fe geht zum größten Teil als Chlorokomplex in die etherische Phase und wird so von der wässrigen Lsg. abgetrennt (vgl. Versuch 17., S. 230). Die salzsaure Lsg. wird durch Kochen von Ether befreit und der NaOH/H_2O_2-Trennung unterworfen (s. S. 331).

Der Niederschlag enthält $TiO_2 \cdot$ aq, restliches $Fe(OH)_3$ und gegebenenfalls Mn-Spuren als MnO_2.

Im Zentrifugat befinden sich CrO_4^{2-}, $[Al(OH)_4]^-$, $[UO_2(O_2)_3]^{4-}$, VO_4^{3-}, WO_4^{2-} und PO_4^{3-}.

Der Niederschlag wird in 0,5 ml 7 mol/l HCl gelöst und mit einem Gemisch aus 1 ml 13,5 mol/l NH_3 und 5–10 Tropfen 30%igem H_2O_2 versetzt. Man zentrifugiert nun ausfallendes braunes $Fe(OH)_3$ ab. Gelborange Färbung des Zentrifugats beweist Ti (s. S. 249 und 266).

Das Zentrifugat der NaOH/H_2O_2-Trennung wird mit 7 mol/l HCl neutralisiert, mit 1–2 Tropfen 2 mol/l HCl eben angesäuert und solange tropfenweise mit SO_2-Wasser versetzt, bis die Lsg. danach riecht. Dann wird durch Kochen auf etwa 3 ml eingeengt und dabei das überschüssige SO_2 entfernt. Nach dem Abkühlen gibt man unter Schütteln 50–100 mg Na-Dithionit, $Na_2S_2O_4$, und danach 1,5 ml 5 mol/l NaOH zu und kocht kurz auf. Es fallen $Cr(OH)_3$, $V(OH)_3$ und $U(OH)_4$ aus, während PO_4^{3-}, WO_4^{2-} und $[Al(OH)_4]^-$ in Lsg. verbleiben.

Der Niederschlag von $U(OH)_4$, $Cr(OH)_3$ und $V(OH)_3$ wird in 0,5 ml 7 mol/l HCl und 3 Tropfen 14 mol/l HNO_3 gelöst, die Lsg. fast zur Trockne eingedampft (Oxidation $U(IV) \rightarrow U(VI)$ und $V(III) \rightarrow V(I)$) und mit 1–2 ml 2 mol/l HCl verdünnt. Aus dieser Lsg. wird U nach der auf S. 259 beschriebenen Methode als Thiocyanatokomplex extrahiert und identifiziert. Die nach dem Ausethern anfallende wässrige Phase enthält das gesamt Cr neben der Hauptmenge V und noch Spuren von U. Sie wird zur Trockne eingedampft und zur Zers. von SCN^- mit 3–4 Tropfen 14 mol/l HNO_3 erneut zur Trockne abgeraucht. Der Rückstand wird in 1 ml H_2O gelöst. Zu dieser Lsg. gibt man 0,3 ml 5 mol/l NaOH und erhitzt zur vollständigen Abscheidung des $Cr(OH)_3$ einige Min. auf dem siedenden Wasserbad. Der gebildete Niederschlag von $Cr(OH)_3$ wird in der Siedehitze zentrifugiert und chloridfrei gewaschen. Zur vollgültigen Identifizierung von Cr können die Reaktionen 10., S. 243, und 14., S. 244, herangezogen werden.

Das alkalische Zentrifugat der $Cr(OH)_3$-Fällung wird neutralisiert und zur Trockne eingedampft. Der Rückstand wird mit 1 ml H_2O aufgenommen. In der erhaltenen Lsg. wird V nach Reaktion 7., S. 251 identifiziert.

Das Zentrifugat der Fällung mit alkalischer Dithionitlsg. wird in der Siedehitze tropfenweise mit gesättigter $BaCl_2$-Lsg. bis zur vollständigen Fällung von $BaSO_4$, $Ba_3(PO_4)_2$ und $BaWO_4$ versetzt. Der Niederschlag wird abzentrifugiert und mit 14 mol/l HNO_3 behandelt. PO_4^{3-} und WO_4^{2-} gehen in Lsg. und können, nachdem das $BaSO_4$ abzentrifugiert worden ist, im Zentrifugat mit den Reaktionen 6., S. 138, und Rk. 7., S. 256, nachgewiesen werden.

Das Zentrifugat der vollständigen BaCl$_2$-Fällung, das noch [Al(OH)$_4$]$^-$ enthält, wird mit Eisessig angesäuert, mit einer Spatelspitze NaCH$_3$COO abgepuffert und mit 1–2 Tropfen Morin-Lsg. versetzt: Grüne Fluoreszenz im UV-Licht beweist Al.

Fällung von Ni, Co, Mn, Zn mit (NH$_4$)$_2$S

Die Fällung der Sulfide dieser Gruppe wird in der Halbmikroanalyse durch Einleiten von H$_2$S in die ammoniakalische Kationenlösung vorgenommen, in der die Kationen als Amminkomplexe vorliegen. Die Verwendung von (NH$_4$)$_2$S-Lösung als Fällungsreagenz ist nicht zu empfehlen, da sie häufig, besonders wenn sie längere Zeit gestanden hat, durch Luftoxidation SO$_4^{2-}$-Ionen enthält, deren Gegenwart zu einer Fällung von Erdalkalisulfaten führt.

Wie bereits beim allgemeinen Kationentrennungsgang erwähnt wurde (vgl. S. 327), neigen die Sulfide dieser Gruppe, besonders NiS, zur Bildung kolloidaler Lösungen. Diese für ihre Abtrennung unangenehme Erscheinung kann weitgehend verhindert werden, wenn beim Sättigen der Lösung mit H$_2$S durch eine geeignete Wahl des pH-Wertes (pH = 8) die Konzentration der S^{2-}-Ionen so klein gehalten wird, dass gerade das Löslichkeitsprodukt der zu fällenden Sulfide überschritten wird. Dadurch wird eine Adsorption von S^{2-}-Ionen an kolloiden Metallsulfidteilchen weitgehend unterbunden und die Ausflockung begünstigt. Erst nachdem sich in der mit H$_2$S gesättigten Lösung die Gleichgewichte zwischen H$^+$, S^{2-}-Ionen und Metallsulfiden eingestellt haben, wird durch Zugabe von weiterem Ammoniak ein pH von 10 eingestellt und dadurch auch die S^{2-}-Ionenkonzentration entsprechend vergrößert, um eine quantitative Fällung der Sulfide zu sichern. Die Fällung wird bei Gegenwart von NH$_4$Cl durchgeführt, da allgemein ein Elektrolytgehalt das Ausflocken gelöster Teilchen begünstigt (Einzelheiten s. S. 47).

Das NH$_4$Cl-haltige Zentrifugat der Urotropinfällung wird auf 2–3 ml eingeengt und mit einigen Tropfen 2 mol/l NH$_3$ gerade ammoniakalisch gemacht. In die warme Lsg. leitet man durch ein Kapillarrohr 2–3 Min. H$_2$S ein und fügt kurz vor Beendigung des Einleitens 2–3 Tropfen 13,5 mol/l NH$_3$ hinzu. Die Mischung wird noch 1 Min. auf Siedehitze gehalten (nicht länger, da ZnS und MnS leicht zu löslichen Sulfaten oxidiert werden!) und dann zentrifugiert. Der Niederschlag wird zweimal in der Kälte mit je 1 ml H$_2$O gewaschen, dem 1 Tropfen NH$_4$Cl-Lsg. und 2 Tropfen Ammoniak zugesetzt wurden.

Ist das Zentrifugat bräunlich gefärbt, so ist NiS kolloidal in Lsg. gegangen. In diesem Fall ersetzt man es mit 1 Spatelspitze NH$_4$CH$_3$COO und Filterpapierschnitzeln. Nach 5–10 Min. Kochen erhält man ein fast farbloses Zentrifugat.

Das Zentrifugat der (NH$_4$)$_2$S-Fällung wird sofort mit 7 mol/l HCl angesäuert und H$_2$S-frei gekocht, um die Bildung von SO$_4^{2-}$ durch Luftoxidation zu vermeiden. Die Lsg. wird zur Fällung der (NH$_4$)$_2$CO$_3$-Gruppe zurückgestellt.

Abtrennung des Mn

Der Niederschlag der (NH$_4$)$_2$S-Fällung kann aus NiS, CoS, MnS und ZnS bestehen. Er wird mit 1–2 ml 2 mol/l CH$_3$COOH gut durchgeschüttelt. MnS geht in Lsg. und wird von ungelöst zurückbleibenden Sulfiden abzentrifugiert. Das Zentrifugat wird zur Entfernung von Cl$^-$-Spuren mit 1 ml 14 mol/l HNO$_3$ bis zur Trockne eingedampft. Man nimmt den Rückstand in 0,5 ml 14 mol/l HNO$_3$ auf, versetzt mit $\frac{1}{2}$ Spatelspitze PbO$_2$, kocht 2 Min. und zentrifugiert. Ist das Zentrifugat durch MnO$_4^-$ violett gefärbt, so ist Mn zugegen.

Tab. 2.15: Fällung mit $(NH_4)_2S+NH_3$. Ammoniumsulfidgruppe (Hydrolysetrennung)

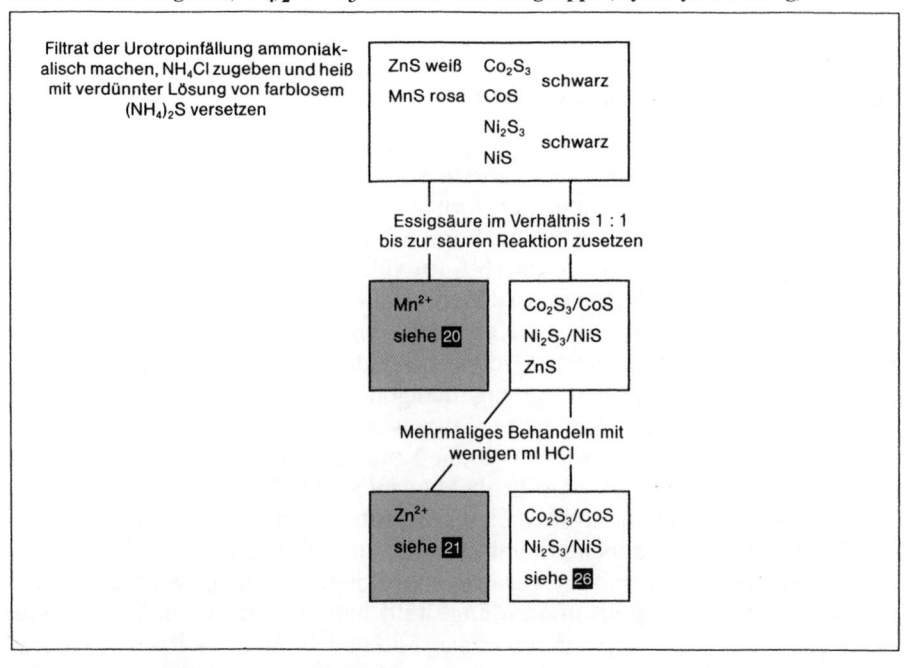

Filtrat der Urotropinfällung ammoniakalisch machen, NH_4Cl zugeben und heiß mit verdünnter Lösung von farblosem $(NH_4)_2S$ versetzen

→ ZnS weiß, Co_2S_3 schwarz, MnS rosa, CoS schwarz, Ni_2S_3 schwarz, NiS

Essigsäure im Verhältnis 1 : 1 bis zur sauren Reaktion zusetzen

- Mn^{2+} siehe **20**
- Co_2S_3/CoS, Ni_2S_3/NiS, ZnS

Mehrmaliges Behandeln mit wenigen ml HCl

- Zn^{2+} siehe **21**
- Co_2S_3/CoS, Ni_2S_3/NiS siehe **26**

---

20 Mn^{2+} liegt in Lösung vor

Nachweis:
1. Mit NH_3 und $(NH_4)_2S$ bildet sich MnS. Dieses wird in 2 mol/l HCl gelöst und das H_2S verkocht
2. Oxidationsschmelze mit Sulfidniederschlag (s. Vorproben S. 219)
3. Oxidation in alkalischer Lsg. mit Br_2 zu MnO_4^- (Nr. 13 b S. 220)

21 Zn^{2+} H_2S verkochen, + NaOH, zentrifugieren, mit HAc + NaAc + H_2S fällt ZnS. ZnS löst sich in verdünnter HCl

Nachweis:
1. Rinmanns Grün (Nr. 10 S. 223)
2. als $Zn[Hg(SCN)_4]$ (Nr. 13 S. 224)

26 Co_2S_3/CoS, Ni_2S_3/NiS — Die Niederschläge werden in $CH_3COOH + H_2O_2$ gelöst

Nachweis:
1. In essigsaurer Lösung bildet Cobalt mit KSCN blaues $[Co(SCN)_4]^{2-}$ (Nr. 11 S. 215)
2. In essigsaurer Lösung bildet Nickel mit Diacetyldioxim einen roten Komplex (Fe^{2+}, Co^{2+}, Cu^{2+} stören). (Nr. 9 S. 212)

Es bleiben in Lösung: Erdalkali- und Alkaliionen

Man kann das Mn auch schon vor der $(NH_4)_2S$-Fällung quantitativ als Braunstein abscheiden, indem man das Urotropinzentrifugat mit 2–3 Tropfen 2 mol/l NH_3 und 2–3 Tropfen H_2O_2 versetzt und kurz aufkocht.

Abtrennung des Zn

Den Rückstand der Mn-Abtrennung wäscht man mehrmals mit je 1 ml 2 mol/l CH_3COOH aus und behandelt ihn dann mit 1 ml kalter 2 mol/l HCl. ZnS geht in Lsg. und der Rückstand wird abzentrifugiert. Nach völligem Verkochen des H_2S gibt man eine NaOH-Pille zu der Lsg. und zentrifugiert von evtl. ausfallenden Hydroxiden verschleppter Kationen ab. Aus dem Eisessig angesäuerten, mit $NaCH_3COO$ abgepufferten Zentrifugat fällt beim Einleiten von H_2S rein weißes ZnS aus. Man löst es in 2 mol/l HCl und weist mit den Reaktionen 11., 12. und 13., S. 223 ff., Zn nach.

NiS und CoS

Das zurückbleibende NiS und CoS wird nach gutem Auswaschen mit 2 mol/l HCl in 1 ml 2 mol/l CH_3COOH und 2–5 Tropfen 30%igem H_2O_2 unter Erwärmen aufgelöst. Ni und Co werden, wie auf S. 262 beschrieben, nebeneinander nachgewiesen.

2.4.2.5 Ammoniumcarbonatgruppe

Ca, Sr und Ba

Im Verlauf der vorangehenden Gruppenfällungen bleiben die Erdalkaliionen bei Abwesenheit von CO_3^{2-}, SO_4^{2-}, PO_4^{3-}, $C_2O_4^{2-}$ und F^- in Lösung und werden anschließend mit $(NH_4)_2CO_3$ als Carbonate ausgefällt. Wegen der verhältnismäßig großen Löslichkeitsprodukte der Erdalkalicarbonate ($pK_L \approx 9$) darf nicht aus zu verdünnten Lösungen gefällt werden. Um quantitative Fällung zu erreichen, muss der Gehalt an Fremdelektrolyten, besonders an NH_4^+-Ionen, klein gehalten und das Fällungsreagenz imn Überschuss angewendet werden. Zum Auswaschen des Carbonatniederschlags verwendet man nicht Wasser, sondern ammoniakalische Lösung mit ca. 1 mol/l $(NH_4)_2CO_3$. Bei Anwesenheit von Mg^{2+} ist eine Umfällung ratsam, weil Mg^{2+} leicht von dem Carbonatniederschlag eingeschlossen wird.

Das Zentrifugat der $(NH_4)_2S$-Fällung wird mit HCl angesäuert und zur Vertreibung des H_2S einige Min. gekocht. Zur Entfernung von NH_4^+-Salzen dampft man dann mehrmals unter Zugabe von 1 ml 14 mol/l HNO_3 im Porzellanschälchen ab. Dabei wird die Hauptmenge der NH_4^+-Ionen zu N_2 und N_2O oxidiert. Den Rückstand erhitzt man über offener Flamme, um restliche Ammoniumsalze von den Wandungen der Schale zu vertreiben. Nach dem Abkühlen wird der Rückstand mit 5–10 Tropfen 2 mol/l HCl und 1 ml H_2O aufgenommen, mit Ammoniak tropfenweise eben alkalisch gemacht und mit 1–2 ml konz. $(NH_4)_2CO_3$-Lsg. versetzt. Das Gemisch wird 1–2 Min. bei Siedehitze gehalten, der Niederschlag abzentrifugiert und im Zentrifugat durch Zugabe einiger Tropfen $(NH_4)_2CO_3$-Lsg. auf Vollständigkeit der Fällung geprüft. Zur Umfällung wird der Niederschlag in 2 mol/l HCl gelöst und nochmals wie eben beschrieben gefällt. Das Zentrifugat der zweiten Fällung wird mit dem der ersten vereinigt und dient zum Nachweis des Mg und der Alkaliionen.

338 Systematischer Gang der Analyse

Tab. 2.16: Trennungsgang der Ammoniumcarbonat- und der löslichen Gruppe

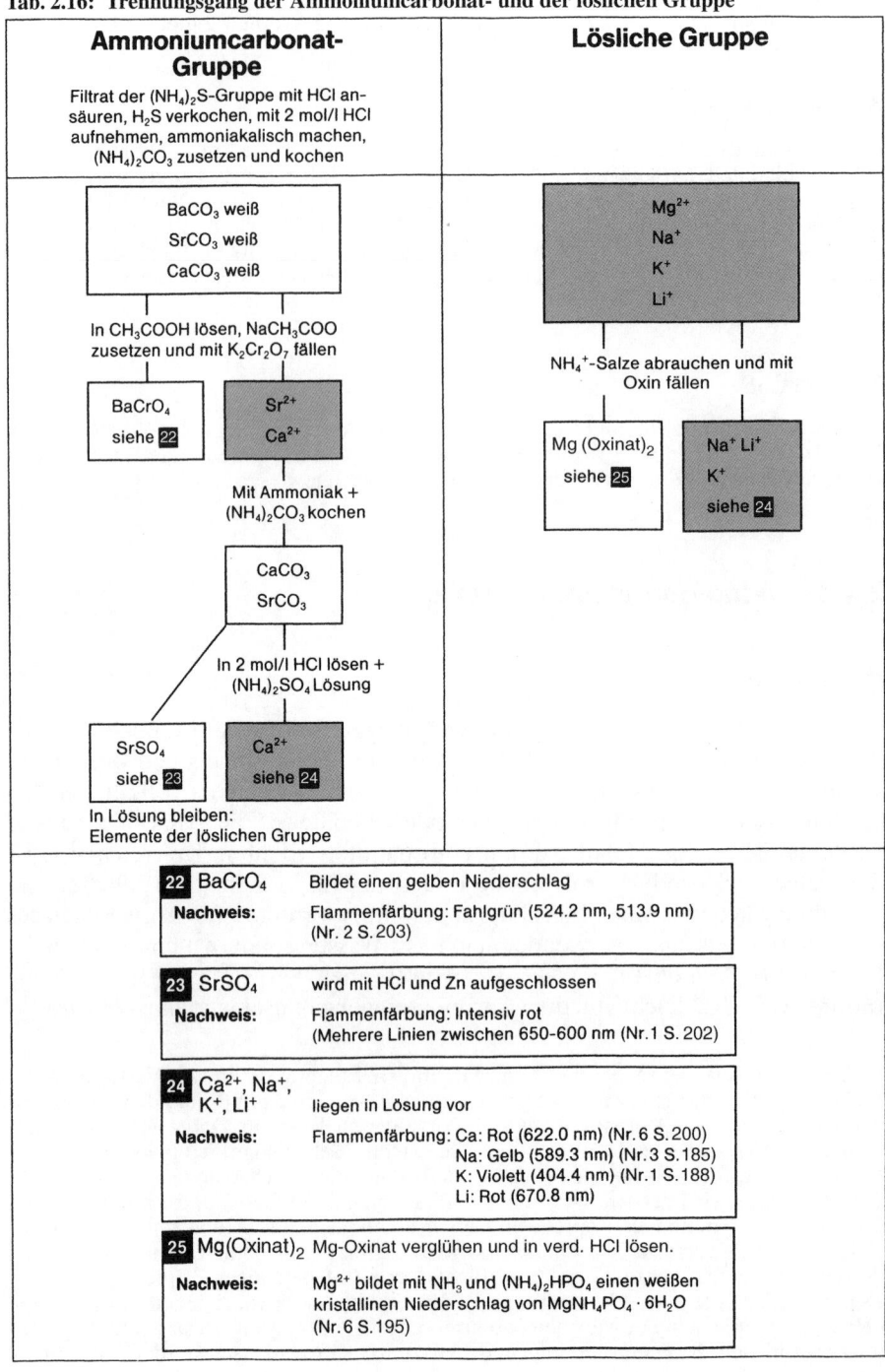

Ammoniumcarbonat-Gruppe

Filtrat der $(NH_4)_2S$-Gruppe mit HCl ansäuern, H_2S verkochen, mit 2 mol/l HCl aufnehmen, ammoniakalisch machen, $(NH_4)_2CO_3$ zusetzen und kochen

- $BaCO_3$ weiß
- $SrCO_3$ weiß
- $CaCO_3$ weiß

In CH_3COOH lösen, $NaCH_3COO$ zusetzen und mit $K_2Cr_2O_7$ fällen

- $BaCrO_4$ siehe **22**
- Sr^{2+}, Ca^{2+}

Mit Ammoniak + $(NH_4)_2CO_3$ kochen

- $CaCO_3$
- $SrCO_3$

In 2 mol/l HCl lösen + $(NH_4)_2SO_4$ Lösung

- $SrSO_4$ siehe **23**
- Ca^{2+} siehe **24**

In Lösung bleiben: Elemente der löslichen Gruppe

Lösliche Gruppe

- Mg^{2+}
- Na^+
- K^+
- Li^+

NH_4^+-Salze abrauchen und mit Oxin fällen

- $Mg(Oxinat)_2$ siehe **25**
- Na^+ Li^+ K^+ siehe **24**

---

22 $BaCrO_4$ — Bildet einen gelben Niederschlag
Nachweis: Flammenfärbung: Fahlgrün (524.2 nm, 513.9 nm) (Nr. 2 S. 203)

23 $SrSO_4$ — wird mit HCl und Zn aufgeschlossen
Nachweis: Flammenfärbung: Intensiv rot (Mehrere Linien zwischen 650-600 nm) (Nr.1 S. 202)

24 Ca^{2+}, Na^+, K^+, Li^+ — liegen in Lösung vor
Nachweis: Flammenfärbung: Ca: Rot (622.0 nm) (Nr. 6 S. 200)
Na: Gelb (589.3 nm) (Nr. 3 S. 185)
K: Violett (404.4 nm) (Nr.1 S. 188)
Li: Rot (670.8 nm)

25 $Mg(Oxinat)_2$ — Mg-Oxinat verglühen und in verd. HCl lösen.
Nachweis: Mg^{2+} bildet mit NH_3 und $(NH_4)_2HPO_4$ einen weißen kristallinen Niederschlag von $MgNH_4PO_4 \cdot 6H_2O$ (Nr. 6 S. 195)

Abtrennung des Ba als BaCrO$_4$

Der Carbonatniederschlag wird in 1–2 ml 2 mol/l CH$_3$COOH gelöst und alles CO$_2$ durch Kochen vertrieben. Danach puffert man mit 2–3 Spatelspitzen Natriumacetat ab und versetzt tropfenweise mit K$_2$Cr$_2$O$_7$-Lsg., bis alles Ba^{2+} ausgefällt und die überstehende Lsg. durch überschüssiges Chromat gelb gefärbt ist. Der Niederschlag wird abzentrifugiert und mit 1 ml H$_2$O gewaschen. Unter dem Mikroskop wird eine Aufschlämmung des Niederschlags auf BaCrO$_4$ geprüft. Einen Teil des Niederschlags löst man in 2–3 Tropfen 2 mol/l HCl und fällt BaSO$_4$ mit 1–2 Tropfen 1 mol/l H$_2$SO$_4$ aus. Dieser Niederschlag wird abzentrifugiert, chromatfrei gewaschen und in der Siedehitze in 2–3 Tropfen 18 mol/l H$_2$SO$_4$ gelöst. Einen Tropfen davon lässt man auf einem Objektträger abkühlen. Es bilden sich charakteristische BaSO$_4$-Kristalle (vgl. Kristallaufnahme 9).

Nachweis von Ca und Sr

Das Zentrifugat der BaCrO$_4$-Fällung wird zur Fällung von SrCO$_3$ und CaCO$_3$ mit 1 mol konz. (NH$_4$)$_2$CO$_3$-Lsg. etwa 1 Min. gekocht. Der Niederschlag wird abzentrifugiert, chromatfrei gewaschen und zur Prüfung auf Ca und Sr nebeneinander in 1–2 ml 2 mol/l HCl gelöst. Einen Teil der Lsg. untersucht man spektralanalytisch. Zum mikrochemischen Nachweis versetzt man 1 Tropfen der Lsg. auf einen Objektträger mit 1 Tropfen 1 mol/l H$_2$SO$_4$ und beobachtet nach etwa 15 Min. die Fällung von SrSO$_4$ neben Gipsnadeln CaSO$_4 \cdot$ 2 H$_2$O (vgl. Kristallaufnahme 12).

2.4.2.6 Lösliche Gruppe

Die noch in der Lösung verbliebenen Ionen besitzen kein gemeinsames Fällungsreagenz. Da die überwiegende Mehrzahl der Alkalisalze löslich ist, trennt man im allgemeinen nur Mg ab und weist Na und K nebeneinander nach. NH$_4^+$ muss stets aus der Ursubstanz identifiziert werden, da im Verlauf des Trennungsganges mehrfach Ammoniumsalze als Reagenzien verwendet werden. Es empfiehlt sich in der Halbmikroanalyse, Na und K nicht nur am Ende des Trennungsganges nachzuweisen, sondern ihre Anwesenheit durch Prüfung in einem Säureauszug aus der Ursubstanz sicherzustellen, da im Verlauf des Trennungsganges stets die Gefahr besteht, dass diese beiden Kationen aus den Reagenzien als Verunreinigungen in die Analyse eingeschleppt werden. Zum Nachweis der Alkaliionen in Silicaten muss immer ein Aufschluss mit Flusssäure im Pt-Tiegel durchgeführt werden.

Nachweis des Mg, Na und K

Das Zentrifugat der (NH$_4$)$_2$CO$_3$-Fällung wird in einer kleinen Porzellanschale eingedampft und durch Abrauchen mit 14 mol/l HNO$_3$ von NH$_4^+$-Salzen völlig befreit. Den Rückstand nimmt man mit 5 Tropfen 2 mol/l HCl und 1 ml Wasser auf. Einige Tropfen der Lsg. macht man mit wenigen Tropfen NaOH alkalisch und gibt 5 Tropfen Magneson-Lsg. hinzu. Blaue Flöckchen von ausgefälltem, angefärbtem Mg(OH)$_2$ beweisen Mg. Zum mikroskopischen Nachweis des Mg vereinigt man auf einem Objektträger 1 Tropfen der schwach salzsauren Analysenlsg. und 1 Tropfen einer Na$_3$PO$_4$-Lsg. Der Objektträger wird umgedreht, so dass der Probetropfen daran hängt, und über die Öffnung eines mit etwas 13,5 mol/l NH$_3$ gefüllten Becherglases gelegt („Räuchern" des Tropfens mit NH$_3$). Nach etwa 5 Min. kann man unter dem Mikroskop charakteristische Kristalle von Magnesium-ammoniumphoshat beobachten (vgl. Kristallaufnahme 4).

Aus dem Zentrifugat der $(NH_4)_2CO_3$-Fällung kann Mg^{2+} auch in ammoniakalischer Lsg. als Mg-Oxinat gefällt und nach Zerstören des Oxins als $MgNH_4PO_4 \cdot 6\ H_2O$ identifiziert werden.

K und Na werden spektralanalytisch und als $K_2CuPb(NO_2)_6$ (s. S. 190) nachgewiesen.

3 Quantitative Analyse

Die vollständige Beurteilung einer Substanz ist nur bei Kenntnis von Art und Menge der in ihr enthaltenen Einzelkomponenten möglich. Die zahlreichen Untersuchungsmethoden der analytischen Chemie geben Antworten auf die Fragen:

        Was liegt vor?   –   Qualitative Analyse,
        Wie viel liegt vor?   –   Quantitative Analyse,
        Wie liegt etwas vor?   –   Strukturanalyse.

Insbesondere die quantitative Analyse bildet eine wesentliche Grundlage der Stoffbeurteilung, so dass ihr Anwendungsbereich in Wissenschaft und Technik keinesfalls auf nur chemisch orientierte Forschungsgebiete oder Industriezweige beschränkt ist. Grundlagen und praktische Anwendungen der wichtigsten quantitativen Analysenverfahren sollen im folgenden behandelt werden. Viele der hier angegebenen klassischen, chemischen Analysenmethoden sind heute durch moderne instrumentalanalytische Verfahren ersetzt worden. Aus didaktischen Gründen werden sie jedoch in diesem Lehrbuch weiterhin aufgeführt, da sie wesentliche Grundlagen und Gesetzmäßigkeiten vermitteln, die für die Ausbildung der Studierenden wichtig sind.

3.1 Theorie

Die theoretischen Vorbemerkungen umfassen die Arbeitsabschnitte: Bewertungsgrundlagen, Trennmethoden und Bestimmungsverfahren und stellen eine Zusammenfassung aus der Sicht des Analytikers dar. Anfänger ohne analytische Vorkenntnisse werden sich in der Regel zuerst mit den Grundlagen (Kapiteln 3.2 usw.) bekannt machen.

3.1.1 Arbeitsabschnitte

Bei der Durchführung einer quantitativen Untersuchung können die aufeinanderfolgenden Arbeitsabschnitte

- Probenahme
- Probevorbehandlung (Auflösung oder Aufschluss, Teilung, Trennung)
- Bestimmung
- Berechnung und Interpretation des Analysenergebnisses

unterschieden werden.

Eine fehlerhafte Probenahme kann auch die sorgfältigste weitere Arbeit entwerten. Die teilweise komplizierte Probenahme kann wegen ihres Umfanges hier nicht behandelt werden, zumal sie bei wertvollen Produkten ohnehin durch speziell geschulte und oft sogar vereidigte Probenehmer erfolgt. Es sollte aber beachtet werden, dass das Zerkleinern und Mischen sowie die Einwaage oder das Abmessen von Volumina bereits einfache Arbeitsvorgänge der Probenahme sind.

Sieht man von speziellen Untersuchungsmethoden wie etwa der direkten Spektralanalyse von Metallproben ab, so muss die Analysensubstanz im nächsten Arbeitsabschnitt mit einem geeigneten Lösungsmittel verdünnt werden. In der anorganischen Analyse wird als Grundkomponente aller Lösungssysteme Wasser verwendet, dessen Eigenschaft durch Zusätze von bestimmten Stoffen ergänzt wird. So steigern Säurezusätze bis zu 2 mol/l HCl, H_2SO_4 oder HNO_3 vor allem die Acidität. Bei 5 mol/l zeigen sich neben einer weiter erhöhten Konzentration der Wasserstoffionen komplexbildende (HCl) oder oxidierende Eigenschaften (HNO_3; $HClO_4$; H_2SO_4). Eine oft wesentliche Verstärkung des Auflösungsvermögens erzielt man durch Zugabe von typischen Komplexbildnern wie Tartrat, Citrat, Oxalat und Fluorid. Neben den sauren kommen in einigen Fällen auch alkalische Lösungsmittel wie mit 2 oder 5 mol/l NH_3 bzw. NaOH in Betracht, die zu Ammin- oder Hydroxokomplexen führen können. Ganz allgemein sollte bei der Auflösung beachtet werden, dass sie zwangsläufig eine „Verunreinigung" der ursprünglichen Probe durch Fremdstoffe darstellt. Zur Vermeidung unkontrollierbarer Störungen der nachfolgenden Arbeitsoperationen ist daher eine dosierte Zugabe der Lösungsmittel eine wesentliche Voraussetzung für eine schnelle und zuverlässige Arbeitsweise. Dosierung und kontrolliertes Arbeiten gestalten sich besonders einfach, wenn die erforderlichen Stoffmengen n_i auf der Basis der Äquivalenzbeziehung abgeschätzt werden:

$$n(X) = c_1 \cdot V_1 = c_2 \cdot V_2 \text{ erfordert } n(R) = c_3 \cdot V_3 = c_4 \cdot V_4 = \ldots$$

Als Einheit wählt man zweckmäßig mmol für die Stoffmenge, mmol/ml für die Konzentration, ml für das Volumen.

Zur Erläuterung soll folgendes Beispiel dienen: In Dolomit mit der mittleren molaren Masse $m(CaCO_3 \cdot MgCO_3) = 184{,}41$ g/mol soll der Ca- und Mg-Gehalt in Gew.-% bestimmt werden; Einwaage von 730 ± 30 mg (ca. 4 mmol) Dolomit.

Lösungsprozess:	$CaCO_3 \cdot MgCO_3 + 4\,H^+ \rightarrow Ca^{2+} + Mg^{2+} + 2\,H_2O + 2\,CO_2$
	1 mmol Dolomit erfordert 4 mmol HCl, für 4 mmol also:
	$n(HCl) = 4 \cdot 4$ mmol = 16 mmol, das sind 8 ml 2 mol/l HCl oder 3,2 ml 5 mol/l HCl.
Lösung in 100-ml-Messkolben:	Säurekonzentration soll $c(HCl) = 0{,}2$ mol/l sein, d. h., es werden zusätzlich 0,2 mmol/ml · 100 ml = 20 mmol HCl benötigt, das sind 10 ml 2 mol/l HCl oder 4 ml 5 mol/l HCl Überschuss.
Praktische Auflösung:	Einwaage in 18 ml 2 mol/l HCl oder 7,2 ml 5 mol/l HCl direkt im Messkolben lösen und mit Wasser auf 100,0 ml auffüllen.
Neutralisation:	Ein aliquoter Anteil dieser Lösung, z. B. von 25,0 ml enthält 0,2 mmol · ml^{-1} · 25 ml = 5,0 mmol H$^+$ und wird durch 2,5 ml 2 mol/l NaOH neutralisiert.

Einige Substanzen werden von den Lösungsmitteln nur sehr langsam oder gar nicht angegriffen. Sie müssen vor der eigentlichen Auflösung durch einen Aufschluss in eine lösliche Form überführt werden. Bei den Aufschlüssen liegen die Temperaturen über 200 oder sogar 300 °C. Neben hochsiedenden Flüssigkeiten wie H_2SO_4 und H_3PO_4 verwendet man Salzschmelzen mit oxidierendem, reduzierendem oder sulfidierendem sowie saurem oder alkalischem Charakter.

Dosierung und somit Kenntnis der Gesamtmenge und des Überschusses an Aufschlussmitteln sind neben Temperatur, Zeitdauer und Aufschlussgerät von entscheidender Bedeutung für den Erfolg. Auch der sich anschließende Lösungsprozess verlangt die Einhaltung bestimmter Versuchsbedingungen.

Wird eine Bestimmung durch Art und Menge der Begleitsubstanzen in einer Analysenprobe gestört, so muss zwischen Auflösung und Bestimmung eine Trennung eingeschaltet werden. Zahlreiche prinzipiell mögliche Trennmethoden werden in Abschnitt 3.1.3 aufgeführt. Der letzte Arbeitsabschnitt einer quantitativen Analyse ist die Bestimmung mit anschließender Berechnung, bei der aus einer Messgröße W die gesuchte Masse m oder die Konzentration c ermittelt wird. Hierzu bringt Abschnitt 3.1.4 die allgemeinen Grundlagen.

3.1.2 Bewertungsgrundlagen

Vergleich, Auswahl und Bewertung verschiedener Analysenverfahren oder der dabei benutzten Bestimmungsverfahren sowie die richtige Beurteilung der Ergebnisse sind nur bei einer allgemeinen Festlegung der folgenden maßgebenden Begriffe möglich, von denen jedoch nur die ersten 4 näher behandelt werden sollen:

Arbeitsbereiche, Schwierigkeitsgrad,
Selektivität, Apparativer Aufwand,
Fehler, Zeitbedarf,
Probemenge und Gehalt, Kosten.

Ein Analysenverfahren enthält mehrere Arbeitsabschnitte (vgl. S. 342), bei denen die Arbeitstechnik weitgehend vom Untersuchungsgegenstand abhängt. Nur das Bestimmungsverfahren selbst ist ziemlich unabhängig davon, weil durch die Probevorbehandlung auch verschiedenartige Probematerialien an die genau festgelegten Arbeitsbedingungen des Bestimmungsverfahrens angepasst werden. Daher kann z.B. ein einziges spektralphotometrisches Bestimmungsverfahren für Eisen mittels Bipyridin in Analysenverfahren für Blut oder Glas oder Leichtmetall eingesetzt werden, ohne dass die Arbeitstechnik geändert werden muss.

Jedes Bestimmungsverfahren hat einen begrenzten **Arbeitsbereich**. Im oben genannten Beispiel muss eine Mindestmenge Eisen vorliegen, andererseits darf aber eine Höchstmenge Eisen nicht überschritten werden, weil im Bestimmungsverfahren nur eine genau angegebene Menge Bipyridin zur Komplexbildung vorgesehen ist. Zweckmäßig gibt man für ein Bestimmungsverfahren den Stoffmengen-Arbeitsbereich an, nicht den Massen-, Volumen- oder Konzentrations-Arbeitsbereich. Hierbei wird zuerst die größere Stoffmenge genannt, dann die kleinere. Die obere Grenze ist wichtiger, weil sie auf keinen Fall überschritten werden darf, da sonst das Bestimmungsverfahren wegen Reagenzmangel oder dgl. versagt. Bei Überschreiten der unteren Grenze erhöht sich dagegen nur der Fehler der Bestimmung.

Tab. 3.1: Standard-Arbeitsbereiche

Benennung	Arbeitsbereich	Benennung	Arbeitsbereich
Millimol-Verfahren 3	1000–100 mmol	Mikromol-Verfahren 3	1000–100 µmol
Millimol-Verfahren 2	100–10 mmol	Mikromol-Verfahren 2	100–10 µmol
Millimol-Verfahren 1	10–1 mmol	Mikromol-Verfahren 1	10–1 µmol

Umfasst der Stoffmengen-Arbeitsbereich glatte Zehnerpotenzen, spricht man von Standard-Arbeitsbereichen (Tab. 3.1).

Analoge Benennungen und Arbeitsbereiche werden für Nanomol-10^{-9}-, Picomol-10^{-12}-, Femtomol-10^{-15}- und Attomol-10^{-18}-Verfahren benutzt.

Zuverlässige analytische Aussagen setzen 2 bis 4 Einzelbestimmungen voraus. Daher muss soviel Probesubstanz vorliegen, dass darin vom zu bestimmenden Stoff mindestens das Fünffache der unteren Arbeitsbereichsgrenze enthalten ist. Nach der für eine Analyse benötigten **Probesubstanzmasse** (Einwaage m_E) teilt man grob ein in Makroanalysenverfahren mit m_E über 100 mg, Halbmikroanalysenverfahren mit m_E zwischen 100 und 10 mg und Mikroanalysenverfahren mit m_E unter 10 mg.

Legt ein Analysenverfahren neben dem Bestimmungsverfahren auch die Einwaage fest, ist damit der Gehaltsbereich, den der zu bestimmende Stoff in der Probesubstanz besitzen darf, ebenfalls gegeben. Gehalte gibt man meist als Massen-Anteile, bzw. bei Gasen als Volumen-Anteile an, oft auch als Stoffmengenkonzentration (z. B. in mmol/l) oder Massenkonzentration (z. B. in mg/m^3). Stoffe mit Anteilen über 0,1 (10%) bezeichnet man als **Hauptbestandteile**, bei 0,1 bis 0,001 (10% bis 0,1%) als **Nebenbestandteile**, darunter als **Spurenbestandteile**.

Jedes einzelne Ergebnis x_i einer Bestimmung bzw. Analyse weicht vom „wahren" Wert mehr oder weniger ab. Als Ursache der Abweichung, des **Fehlers**, kommen in Betracht:

Arbeitsbedingungen:	Einfluss der Änderung von Zustandsgrößen wie Druck, Temperatur, Volumen, Konzentration der Reagenzien und Fremdstoffe sowie von Wasch- und Trocknungsprozessen u.a.m.
Arbeitsgeräte:	Beständigkeit des Materials, Ablesegenauigkeit, Fehler von Bauteilen und mangelnde Konstanz apparativer Größen.
Arbeitstechnik:	Persönliche Fehler, deren Größe auch von Geschicklichkeit und Übung abhängig ist.

Nach der Art der Abweichung muss zwischen zufälligen Fehlern und systematischen Fehlern unterschieden werden. Bei eindeutig festgelegten Arbeitsbedingungen sind die **zufälligen Fehler** vom Willen des Beobachters unabhängige

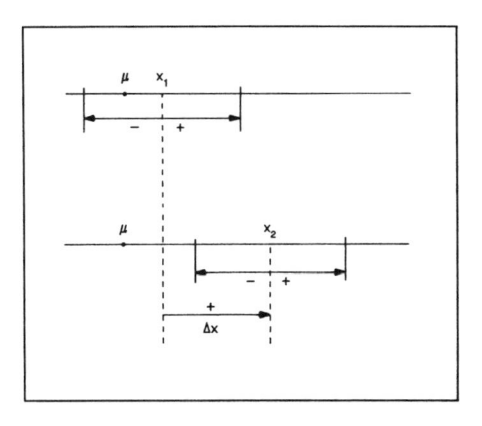

Abb. 3.1: Messergebnis x_1 „numerisch richtig", da wahrer Wert μ im Bereich der zufälligen Fehler liegt. Messergebnis x_2 trotz gleicher Reproduzierbarkeit „numerisch falsch", da durch systematischen Fehler Δx der wahre Wert μ nicht mehr im Bereich der zufälligen Fehler liegt.

zweiseitige Abweichungen (Streuung). Der mit einem ±-Symbol gekennzeichnete Streubereich gibt Aussagen über die Reproduzierbarkeit. **Systematische Fehler** sind einseitige Abweichungen, die im Gegensatz zur ersten Fehlergruppe vermeidbar oder zumindest eliminierbar sind. Die Ausschaltung der negativen oder positiven systematischen Fehler, d. h. von Unter- bzw. Überbefunden, ist für die Richtigkeit eines Ergebnisses von entscheidender Bedeutung. Der Aussagegehalt der Fehlerarten kann aus der Abb. 3.1 ersehen werden.

Fehler können absolut oder proportional zum Betrag des Ergebnisses auftreten, wobei absolute Fehler stets die Dimension des zugehörigen Ergebnisses (Stoffmenge, Masse, Volumen, Konzentration usw.) besitzen. Relative Fehler werden oft in Prozent angegeben und zur Vermeidung von Irrtümern ausdrücklich mit Rel.-% bezeichnet.

Typische systematische Absolutfehler sind z. B. Blindwerte (s. S. 386) bei gravimetrischen und titrimetrischen Bestimmungen. Faktoren der Maßlösungen sind als Korrekturgrößen für systematische Relativfehler einzustufen. Viele Analysenverfahren besitzen „innere" systematische Fehler, die nur durch eine Reihe von Modellanalysen oder Eichmessungen entdeckt werden und sodann bei praktischen Analysen Berücksichtigung finden müssen.

Der Einfluss von Fremdionen und Begleitsubstanzen auf das Analysenergebnis wird durch den Begriff der **Selektivität** des Verfahrens (s. auch S. 98) beschrieben.

3.1.3 Trennmethoden

Besitzt ein Verfahren eine unzureichende Selektivität, so müssen die störenden Begleitstoffe vor der eigentlichen Bestimmung abgetrennt werden. Hierfür stehen zahlreiche Trennmethoden zur Verfügung, unter denen eine zweckmäßige Auswahl zu treffen ist. Tab. 3.2 gibt einen Überblick.

Bei den **physikalischen Trennmethoden** bleiben die Substanzen in chemischer Hinsicht unverändert. Unter den Methoden nach dem Siebprinzip findet man die so geläufige Arbeitsoperationen des Filtrierens, die für den Analytiker unentbehrlich sind. Als Beispiel für das Absetzprinzip seien das Dekantieren und das noch wirksamere Zentrifugieren als Ersatz für die oft langwierige Filtration genannt. Zu den thermischen Trennmethoden gehören die fraktionierte Destillation und Kristallisation, ebenso das Trocknen und Glühen von Niederschlägen zur Entfernung letzter Lösungsmittelreste.

Bei den **physikalisch-chemischen Trennmethoden** sind neben physikalischen auch chemische Vorgänge zu berücksichtigen. So treten bei der Löslichkeitstrennung Wechselwirkungen zwischen gelöstem Stoff und Lösungsmittel auf, die bis zu komplexähnlichen Verbindungen führen. Besondere Aufmerksamkeit verdienen Extraktionsmethoden, die auf einer unterschiedlichen Stoffverteilung in zwei nicht bzw. begrenzt miteinander mischbaren Flüssigkeiten basieren. Geringer Zeitbedarf und Schwierigkeitsgrad bei großer Trennschärfe sind als wich-

Tab. 3.2: Trennmethoden

Physikalische Methoden	Physikalisch-chemische Methoden	Chemische Methoden
1. Mechanische Trennung: Siebprinzip, z. B. Sieben und Filtrieren, sowie Absetzprinzip, z. B. Dekantieren, Zentrifugieren und Windsichten 2. Thermische Trennung: Trennung bei verschiedenen Siede-, Sublimations- und Schmelzpunkten	1. Löslichkeitstrennung: Kristallisation und Extraktion 2. Chromatographische Trennung: Gas- und Flüssigkeitschromatographie 3. Elektrophoretische Trennung: Zonenelektrophorese, Isotachophorese, Elektrophoretische Fokussierung 4. Elektrochemische Trennung: Abscheidung durch Elektrolyse	1. Trennung durch Fällung: Überführen in schwerlösliche Verbindungen 2. Trennung über die Gasphase: Bildung von leicht flüchtigen Wasserstoff- und Halogenverbindungen usw. 3. Trennung durch Ionenaustauscher: äquivalenter Ionenumtausch, Chromatographie an Ionenaustauschern

tige Vorteile zu werten. Eine moderne Weiterentwicklung der Extraktion findet man in den chromatographischen Methoden, die besonders bei komplizierten Systemen und bei extrem kleinen Probemengen unersetzlich geworden sind. Bei den elektrochemischen Methoden nutzt man die verschiedenen stoffspezifischen Abscheidungsspannungen oder die unterschiedlichen Wanderungsgeschwindigkeiten im elektrischen Feld aus.

Bei den **chemischen Methoden** geht der Trennung eine Stoffumsetzung voraus. Die klassische Trennmethode beruht auf der Erzeugung schwerlöslicher Niederschläge und anschließender Filtration. Weniger zeitraubend und störanfällig arbeitet die Maskierung. Störende Begleitsubstanzen werden hierbei durch selektiv wirkende Komplexbildner so verändert, dass die Bestimmung durch sie nicht mehr beeinflusst wird. Einige Elemente lassen sich in Form von Wasserstoffverbindungen (HCl, AsH_3 usw.) oder als Halogenide (SiF_4, $AsCl_3$ usw.) leicht verflüchtigen und somit abtrennen. Als eine weitere moderne Trennmethode bietet sich die Verwendung von Ionenaustauschern an, wobei eine Trennung von Kationen und Anionen in besonders einfacher Weise durchführbar ist.

Weitere Einzelheiten und praktische Beispiele zu den wichtigsten Trennmethoden bringt Kapitel 3.5.

3.1.4 Bestimmungsverfahren

Bestimmungsverfahren dienen zur quantitativen Ermittlung einer Stoffmenge $n(B)$, einer Masse $m(B)$ bzw. einer Konzentration c über eine Messgröße W, wobei $m(B)$ und W zumeist durch den einfachen linearen Zusammenhang

$$m(B) = [\lambda] \cdot W \quad \text{bzw.} \quad c = [\omega] \cdot W$$

miteinander in Beziehung stehen. Eine Erklärung der Faktoren $[\lambda]$ und $[\omega]$ wird weiter unten gegeben. Auf Grund der prinzipiellen Unterschiede in der Arbeits-, Mess- und Auswertetechnik unterscheidet man „klassische" und „physikalische" Analysenverfahren.

Als klassische Verfahren sind alle Methoden einzustufen, bei denen die Messgröße W als Masse (Auswaage = W) oder als Volumen (Maßvolumen = W) erhalten wird. So gehören in diese Gruppe die **Gravimetrie** mit ihren Teilgebieten der Fällung und der elektrolytischen Abscheidung schwerlöslicher Verbindungen (Elektrogravimetrie), aber auch die **Titrimetrie** mit den verschiedenen Indikationsmöglichkeiten durch visuell erkennbare Farbumschläge, durch Leitfähigkeitsänderungen (Konduktometrie) oder Änderungen des elektrischen Potentials einer Lösung (Potentiometrie). Auch die klassische Gasanalyse misst Volumenänderungen. Bei diesen Verfahren wird stets die gesamte in die Analyse eingehende Masse $m(B)$ umgesetzt und dadurch die Messgröße W erhalten. Die Errechnung von $m(B)$ aus der Auswaage in mg oder aus dem Volumen in ml erfolgt über Umrechnungsfaktoren $[\lambda]$, die in einfacher Weise aus bekannten molaren Massen der Elemente oder Verbindungen ableitbar sind.

Im Gegensatz hierzu erfasst die Messgröße W bei den physikalischen Verfahren eine konzentrationsabhängige Eigenschaft von vorbehandelten oder unbehandelten Lösungen, aber auch von Festkörpern, Gasen und Dämpfen. Konzentration bedeutet Stoffmenge pro Volumeneinheit, und es ist ein charakteristischer Vorteil dieser Verfahren, dass W aus einem beliebigen Anteil eines definierten Gesamtvolumens bestimmt werden kann. Die jeweilige Masse $m(B)$ in mg ergibt sich aus der primär erhaltenen Stoffmengenkonzentration durch Multiplikation mit dem Faktor

$$M \cdot V_M$$

(M = molare Masse in mg/mmol, V_M = Volumen des verwendeten Messkolbens in ml).

Als Beispiele von Messgrößen seien die Extinktion E in der Photometrie (s. S. 487), die Stufenhöhe h von Stromstärke-Spannungskurven in der Polarographie (s. S. 475) und die Strahlungsintensität I in der Flammenphotometrie und quantitativen Spektralanalyse genannt. Der maßgebende Umrechnungsfaktor $[\omega]$ ist in seinem numerischen Wert entscheidend von den chemischen, physikalischen und apparativen Versuchsbedingungen abhängig. Er kann nicht theoretisch abgeleitet werden, sondern muss durch sorgfältige Eichmessungen mit bekannten vorgegebenen Konzentrationen c gemäß

$$[\omega] = \frac{c}{W}$$

ermittelt werden. Als Vorteile physikalischer Verfahren sind die Erfassung sehr kleiner Arbeitsbereiche, die oft sehr viel bessere Selektivität und ein geringerer Zeitbedarf hervorzuheben. Viele dieser Methoden erreichen aber nicht die Genauigkeit gravimetrischer oder titrimetrischer Verfahren. Die Durchführung verlangt besonders große Sorgfalt, um die zahlreichen systematischen Fehlerquellen zu vermeiden, deren Ursachen vielfach nur bei gründlichen apparativen Kenntnissen zu ermitteln sind.

3.2 Arbeitsgeräte

Die Arbeitsgeräte für eine quantitative Analyse sind vor allem die analytische Waage und Messgefäße, wie Messkolben, Pipette und Bürette. Heute werden vielfach auch Dosimate mit Digitalanzeige eingesetzt. Hinzu kommen für die einzelnen Arbeitsabschnitte einige allgemeine und spezielle Grundgeräte.

3.2.1 Analytische Waagen

Bis auf wenige Ausnahmen beginnt jede quantitative Analyse mit einer Wägung, so dass die Waage eines der wichtigsten Arbeitsgeräte des Chemikers ist. Die Einwaage gehört zur Probenahme, deren grundsätzliche Bedeutung bereits behandelt wurde. Beherrschung der Wägetechnik und die sorgfältige Behandlung und Kontrolle der analytischen Waage sind unerlässliche Voraussetzungen einwandfreier Analysenergebnisse.

Die gebräuchlichsten Analysenwaagen sind Balkenwaagen mit Schwingungsdämpfung, beleuchteter Projektionsskala oder Ziffernanzeige und vollautomatischer Gewichtsauflage, oft auch mit Ausdruck der Ergebnisse. Nach der Belastbarkeit und Empfindlichkeit unterscheidet man Makro-, Halbmikro- und Mikrowaagen (Tab. 3.3). Die angeführten Daten variieren geringfügig bei den einzelnen Fabrikaten. Am häufigsten werden die Typen II und III benötigt.

Man achte bei der Aufstellung der Waage auf eine horizontale, erschütterungsfreie Unterlage, wozu schwere Tische oder spezielle Wandkonsolen geeignet sind. Die horizontale Aufstellung kann durch eine Dosenlibelle kontrolliert und durch Stellschrauben an den Füßen der Waage korrigiert werden. Häufige Erschütterungen, insbesondere Vibrationen, beschädigen Schneiden und Lager und bedingen instabile Gleichgewichtslagen und geringere Empfindlichkeiten. Für die Aufstellung sollte ein besonderes Wägezimmer und ein Schutzkasten für jede Waage vorgesehen werden, da nur so der erforderliche Schutz vor Staub, aggressiven Dämpfen und hoher Luftfeuchtigkeit gewährleistet ist. Auch Temperaturschwankungen und Zugluft sind weitgehend auszuschalten. Man vermeide daher direkte Sonneneinstrahlung sowie die Nähe von Heizkörpern, Außentüren und Fenstern. Staub wird mit einem nicht haarenden Pinsel entfernt. Zum Entfetten sind Ethanol oder Benzin und ein Leinenläppchen geeignet. Durch einen Silicageltrockenturm im Waagengehäuse wird Kondensatbildung verhindert. Grobe systematische Fehler können durch elektrostatische Aufladungen verursacht werden, die man durch Erdung sicher ausschaltet.

Die erreichbare Genauigkeit (Präzision) von Wägungen ist nicht nur von der Konstruktion und der richtigen Aufstellung abhängig, sondern wird auch vom

Tab. 3.3: Eigenschaften analytischer Waagen

	Typ	Maximal-belastung [Gramm]	Empfindlichkeit Skalenteile [pro mg]	Ablesegenauigkeit [mg]
I	Makrowaage	2000	1–0,1	1–5
II	Makrowaage	200	10	0,05
III	Halbmikrowaage	100	20	0,01
IV	Mikrowaage	20	200	0,001

Wägeverfahren, von der Qualität des Gewichtssatzes, vom Luftauftrieb und von der Vorbehandlung des Wägegutes beeinflusst.

Die Wägung unter wechselseitiger Vertauschung von Gewichten und Wägegut (Gaußsche Doppelwägung) ist zwar die genaueste Methode, doch erfordert sie einen relativ großen Zeitbedarf. Moderne Waagen bevorzugen daher die direkten Methoden (Proportional- und Substitutionsmethoden) und verkürzen durch vollautomatische Gewichtsauflage und starke Dämpfung den Wägevorgang auf weniger als 30 Sekunden.

Die verwendeten Gewichte müssen der Empfindlichkeit und Ablesegenauigkeit der Waage angepasst sein. Die Gewichte dürfen nicht mit den Fingern angefasst werden und sind staub- und fettfrei zu halten. Bei häufigem Gebrauch können im Verlaufe der Zeit Änderungen auftreten. Ebenso wie die Waage sollten auch die Gewichtssätze daher turnusmäßig durch Fachleute überprüft werden.

Bei den üblichen Wägungen in Luft erhält man nicht die Masse, sondern nur das Tauchgewicht (Archimedisches Prinzip), das geringfügig von der Masse abweicht. Bei den ohnehin üblichen Differenzwägungen sind diese Unterschiede zu vernachlässigen.

Wesentlich ist die richtige Vorbehandlung des Wägegutes. Flüssigkeiten, hygroskopische und verwitternde Substanzen sind in geschlossenen Behältern (Wägegläsern) einzuwiegen. Sonstige Festkörper müssen nach Trocken- und Glühprozessen vor der Wägung in Exsikkatoren aufbewahrt werden, wo sie auf Raumtemperatur abkühlen. Das Gewicht des Wägegutes und das des leeren Gefäßes sollen in vernünftiger Relation zueinander stehen, deren untere Grenze etwa bei einem Gewichtsverhältnis von 1:200 liegt.

3.2.2. Messgefäße

Neben der analytischen Waage bilden die Volumen-Messgeräte die zweite Gruppe wichtiger Hilfsmittel, wobei Fein- und Grobgeräte zu unterscheiden sind. Tab. 3.4 und Abb. 3.2 bringen eine Zusammenstellung häufig gebrauchter Geräte und ihrer Volumina.

Arbeitsgeräte

Tab. 3.4: Volumen-Messgefäße

Gruppe	Gerät	Typ	Inhalt [ml]
Feinmeßgefäße (eichfähige und amtlich geeichte)	Messkolben	Enghals und Weithals auch mit Normschliff	25; 50; 100; 250; 500; 1000; 2000
	Zylinder	Messzylinder; Mischzylinder mit Normschliff	
	Pipetten	Vollpipetten auf Auslauf Messpipetten mit teilw. Ablauf Messpipetten auf Auslauf	1; 2; 5; 10; 20; 25; 50; 100; 200
	Büretten	Normalgraduierung mit Schellbachstreifen	10; 25; 50; 100
Grobmeßgefäße (nicht eichfähig)	wie oben, aber größere Fehlergrenzen	wie oben, außerdem alle Kunststoffausführungen sowie Saugkolbenpipetten, schnellablaufende und Ausblasvollpipetten	5; 10; 25; 50; 100; 250; 500; 1000; 2000

Der Inhalt der Messgefäße wird durch eingeätzte Marken in ml für eine Temperatur von 20 °C angegeben. Messkolben, Mess- und Mischzylinder sind im allgemeinen mit Wasser auf Einguss (Kennzeichnung In früher E), Pipetten und Büretten auf Auslauf (Kennzeichnung Ex, früher A) graduiert.

Messkolben und Vollpipetten dienen der Messung eines Gesamtvolumens, während Büretten, Messpipetten sowie Mess- und Mischzylinder mit einer Graduierung versehen sind und beliebige Volumenanteile erfassen. Das Material der Messgeräte besteht aus resistentem Hartglas und nur in Sonderfällen aus Quarz. Daneben gibt es Messzylinder aus Kunststoff etwa zum Abmessen der Glas und Quarz angreifenden Flusssäure. Glasstopfen werden in neuerer Zeit häufig durch besser dichtende Kunststoffstopfen ersetzt. Sehr vorteilhaft sind auch die selbstdichtenden Hahnküken aus Teflon in glatter, d. h. nicht geschliffener Glashülse für Büretten.

Eine einwandfreie Volumenmessung setzt eine völlig staub- und fettfreie Oberfläche voraus, an der Flüssigkeiten ohne Tröpfchen- und Inselbildung ablaufen. Zum Entfetten behandelt man die vorgereinigten Gefäße mit oberflächenaktiven Laborreinigungsmitteln. Für Feinmessungen sollten ausschließlich Geräte der Qualität „eichfähig" verwendet werden. Beschädigte Geräte (angesplitterte Spitzen von Pipetten und Büretten, stark verätzte Messkolben u. a.) sollten nicht benutzt werden.

Die Volumenangaben gelten für Wasser von 20 °C. Für je 5 °C Temperaturabweichung differieren die Volumina um 0,1–0,2 Rel.-%, d. h., z. B. für einen 100-ml-Messkolben um 0,1–0,2 ml oder bei einem titrimetrischen Verbrauch von 10 ml um 0,01–0,02 ml. Dieser relative systematische Fehler ist bei hohen Genauigkeitsansprüchen zu berücksichtigen. Für den Ansatz von Standard- oder Maß-

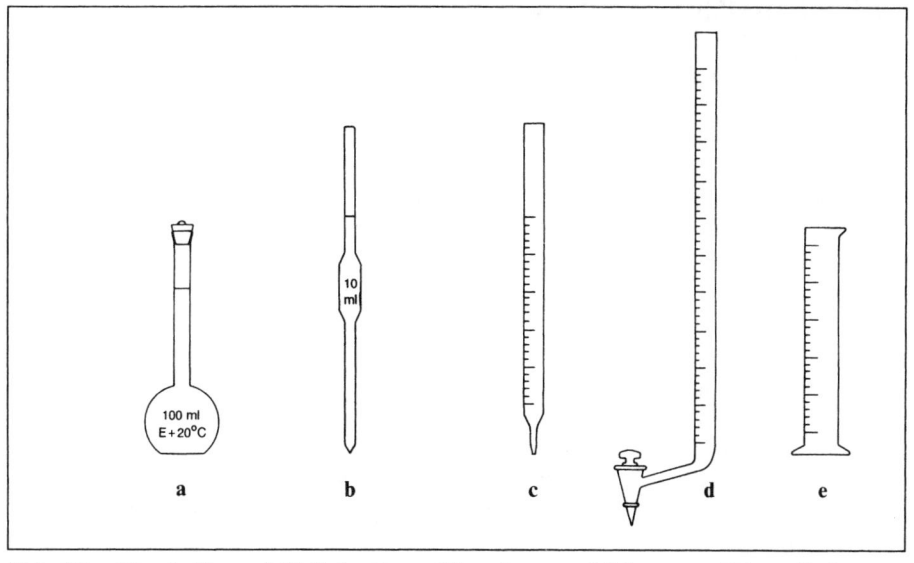

Abb. 3.2: a Messkolben   b Vollpipette   c Messpipette   d Bürette   e Messzylinder

lösungen ist aus gleichen Gründen ein Thermostat empfehlenswert. Zur Vermeidung irreversibler Volumenänderungen dürfen Messkolben nicht über 100 °C erhitzt werden. Kochen von Lösungen im Messkolben mit dem offenen Brenner ist auf jeden Fall zu vermeiden. Erwärmen im Wasserbad ist zulässig.

Zur definierten Entleerung der auf Auslauf justierten Vollpipetten streicht man die Spitze der ausgelaufenen Pipette nach 15 Sekunden Wartezeit unter Drehen an der Gefäßwandung ab. Die Pipette darf nicht ausgeblasen werden. Bei der Füllung von Messkolben und Entleerung von Büretten und Messpipetten muss vor dem genauen Auffüllen oder Ablesen 1–2 Minuten gewartet werden, damit letzte Flüssigkeitsreste von der Wand ablaufen können. Bei den Auslaufgeräten gibt die Volumenmessung nur für Wasser, verdünnte Lösungen und Flüssigkeiten mit wasserähnlicher Viskosität richtige Werte. Hochviskose Systeme wie konz. H_2SO_4, H_3PO_4 oder Glycerin sind nicht mehr einwandfrei pipettierbar. Soweit nicht stark gefärbte Flüssigkeiten vorliegen, wird die Marke stets auf die tiefste Meniskusstelle eingestellt. Einstellen oder Ablesen muss unter horizontaler Beobachtung erfolgen. Bei Büretten und Messpipetten kann das richtige Ablesen durch einen farbigen Streifen auf Milchglasuntergrund (Schellbach-Streifen) erleichtert werden. Häufige Ursache „unerklärlicher" Fehlresultate ist mangelhafte Übereinstimmung von Messkolben und Pipette bei Entnahme aliquoter Anteile. Dass mit einer 25-ml-Pipette stets genau ein Viertel aus einem 100-ml-Messkolben entnommen wird, ist keinesfalls selbstverständlich. Diese Voraussetzung ist nur bei sachgemäßer Arbeitsweise und sauberem, einwandfreiem Arbeitsgerät erfüllt. Auch hier ist eine praktische Überprüfung zu empfehlen.

3.2.3 Sonstige Grundgeräte

Außer der Waage und den Messgefäßen benötigt der Analytiker eine Reihe weiterer vielseitig verwendbarer Geräte und Hilfsmittel, deren ausführliche Beschreibung hier nicht erfolgen kann. Neben den wichtigsten Reagenzien-Standflaschen, bei denen Glas in neuerer Zeit oft durch Kunststoffe ersetzt wird, sind als allgemeine Geräte Stative mit verschiedenem Zubehör wie Muffen, Klemmen und Ringe sowie Dreifüße, Gummi- und Kunststoffschläuche zu nennen. Als Reaktionsgefäße verwendet man Bechergläser, Eng- und Weithals-Erlenmeyerkolben, Schalen und Tiegel und zum Abdecken geeignete Uhrgläser und Deckel. Als Material werden nicht nur Glas, sondern auch Quarz, Porzellan, Kunststoff sowie Edelmetalle (Platin, Silber) verwendet. Als Wärmeerzeuger dienen Gasbrenner, elektrische Heizplatten und Öfen, Wasserbäder und Trockenschränke. Zur Kontrolle werden Thermometer und zur Einhaltung konstanter Temperaturen doppelwandige Gefäße oder Thermostaten benötigt.

Soweit es von Bedeutung ist, wird auf den Gebrauch und die Behandlung noch in den folgenden Beschreibungen der einzelnen Verfahren eingegangen.

3.2.4 Sondergeräte

Die Grundgeräte sind einfache Hilfsmittel, die in jedem analytischen Laboratorium vorhanden sind. Bestimmte Untersuchungen und Verfahren erfordern daneben spezielle Geräte, z. B. Mohrsche Waagen und Pyknometer zur Dichtebestimmung, Extraktionsapparate, Destillierkolonnen, Gasbüretten, elektroanalytische Geräte und Ionenaustauscher.

Für die physikalischen Analysenverfahren benötigt man Geräte wie z. B. Kolorimeter oder Photometer, Polarographen, Flammenphotometer und Spektralapparate. Die oft einfache Bedienung darf nicht darüber hinwegtäuschen, dass Fehlresultate auf die Dauer nur bei guter Kenntnis des Funktionsprinzips der Geräte vermieden werden können.

3.3 Gravimetrische Verfahren

Die ersten wissenschaftlichen Arbeiten auf diesem Gebiet sind mit den Namen *M. H. Klaproth* (1743–1817) und *J. J. Berzelius* (1779–1848) verbunden. Letzterer befasste sich besonders mit der genauen Bestimmung der relativen Atommassen. Eine hervorragende Zusammenfassung der damaligen Ergebnisse findet sich im „Handbuch der analytischen Chemie" (II. Band, 3. Aufl., Berlin 1834) von *Heinrich Rose* (1795–1864).

Die Gravimetrie erfordert gegenüber anderen Verfahren verhältnismäßig viel Zeit und weist einen hohen Schwierigkeitsgrad auf. Dieser Nachteil hat dazu geführt, dass gravimetrische Bestimmungen in den Betriebslaboratorien in wachsendem Maße durch schnellere titrimetrische oder physikalische Methoden ersetzt werden. Für viele wissenschaftliche Arbeiten ist die Gravimetrie wegen ihrer hohen Genauigkeit aber durchaus geschätzt, auch da sie eine Fülle notwendiger theoretischer und praktischer Kenntnisse vermittelt.

3.3.1 Allgemeine Grundlagen

Bei gravimetrischen Verfahren werden die zu bestimmenden Ionen oder Moleküle unter genau festgelegten Arbeitsbedingungen in Form einer schwerlöslichen Verbindung (**Fällungsform**) abgeschieden, filtriert, gewaschen und durch Trocknen oder Glühen in eine definierte **Wägeform** überführt, z. B.:

$$Fe^{3+} \xrightarrow{NH_3} Fe(OH)_3 \cdot xH_2O \xrightarrow{800\,°C} Fe_2O_3$$

Lösung   Fällungsform   Wägeform

erhalten nach:

Vorbehandlung   Abscheidung, Filtration, Waschen,   Glühen, Auswaage.

Aus der ausgewogenen Masse $m(B)$ in mg folgt nach $m(B) \cdot [\lambda] = m$, durch Multiplikation mit dem Umrechnungsfaktor $[\lambda]$ die Masse m an zu bestimmendem Element in mg, wobei

$$[\lambda] = \frac{\text{stöchiometrischer Koeffizient} \cdot \text{molare Masse der gesuchten Substanz}}{\text{molare Masse der Wägeform}},$$

d. h., im Beispiel ist

$$[\lambda] = \frac{2\,M(\text{Fe})}{M(\text{Fe}_2\text{O}_3)} = \frac{2 \cdot 55{,}847 \text{ g} \cdot \text{mol}^{-1}}{159{,}692 \text{ g} \cdot \text{mol}^{-1}} = 0{,}6994.$$

Der stöchiometrische Koeffizient, im obigen Beispiel gleich 2, berücksichtigt die verschiedene Anzahl der maßgebenden Atome in der Formeleinheit von gesuchter Substanz und Wägeform. Entsprechend der Genauigkeit der molaren Massen der Elemente reichen 4- oder besser 5-ziffrige numerische Werte für [λ] aus, wobei vorstehende Nullen nicht gezählt werden. Der [λ]-Wert ist mit dem theoretischen Massenanteil des zu bestimmenden Elements in der Wägeform identisch. Ein Massenanteil wird statt als echter Dezimalbruch oft in Prozent angegeben, z. B. $w(\text{Fe}) = 69{,}94\%$. Dies entspricht der früher üblichen Angabe als Gehalt $H = 69{,}94\%$ Gew.-% Eisen.

Zum besseren Verständnis der gravimetrischen Arbeitstechnik sollen zunächst die einzelnen Stufen theoretisch und praktisch erläutert werden.

Vorbehandlung

Vor Beginn der Fällung müssen die Bedingungen der Arbeitsvorschrift eingestellt und kontrolliert werden, wobei vor allem der pH-Wert, die Zusätze an Hilfsreagenzien, das Ausgangsvolumen und nicht zuletzt die richtige Oxidationsstufe des abzuscheidenden Elementes von Bedeutung sind.

Abscheidung

Die Fällung erfolgt, soweit nicht ausdrücklich anders vorgeschrieben, unter Rühren aus warmer oder sogar siedender Lösung durch Zutropfen des Fällungsreagenz. Die Reagenzzugabe wird nach Auftreten einer ersten Trübung kurzzeitig (5 Minuten) unterbrochen, um den Keimen Gelegenheit zum Wachsen zu geben. Bei Eintropfen der restlichen Reagenzmenge sollen die Keime zu größeren Partikeln zusammenwachsen und diffuse Trübungen verschwinden. Keimbildungs- und Wachstumsgeschwindigkeiten können sich bei den einzelnen Fällungen beträchtlich unterscheiden, worauf auch die Unterschiede der Eigenschaften der Niederschläge wie fein- oder grobkristallin, voluminös und schleimig zurückzuführen sind. Erwünscht sind kristalline Formen mit mittlerer Partikelgröße, die einerseits schnell filtriert und andererseits wirkungsvoll gewaschen werden können. Man nähert sich dem Idealzustand oft nur durch längeres Ausrühren unter Erwärmen oder Stehenlassen über Nacht. Schleimige Niederschläge verstopfen die Filterporen, absorbieren störende Fremdstoffe (s. S. 48) und gehen während des Waschprozesses allzu leicht kolloidal in Lösung. Sehr grobe Kristalle lassen sich ausgezeichnet filtrieren, schließen aber häufig durch Waschen nicht mehr entfernbare Verunreinigungen ein. Zur Erzielung ausreichend reiner Abscheidungen kommt man bisweilen nicht ohne Umfällung aus. Hierzu werden Niederschlag und Lösung durch Filtrieren oder schneller durch Zentrifugieren und Abgießen der überstehenden Lösung getrennt. Nach Auflösen ist erneut nach Vorschrift zu fällen. Sehr vorteilhaft ist die „Abscheidung aus homogener Lösung". Es sind dies Lösungen, denen das Fällungsreagenz unter Bedingungen zugesetzt wurde, bei denen noch keine Abscheidung eintritt. Die Fällung wird etwa durch langsames Erhöhen des pH-Wertes (Fällungen mit 8-Hydroxychinolin) oder durch thermische Zersetzung von inerten Reagenzverbindungen (Hydrolysefällungen, Fällungen von Sulfiden mit Thioacetamid) eingeleitet und gesteuert. Die Endprodukte zeichnen sich durch eine kompaktere Form und größere Reinheit aus.

Allgemeine Grundlagen

Die Vollständigkeit einer Abscheidung wird durch die Löslichkeit und die Reaktionsgeschwindigkeit unter den vorgegebenen Versuchsbedingungen bestimmt. Besonders schnell verlaufen Reaktionen zwischen Kationen und Anionen (z. B. $Ag^+ + Cl^- \rightarrow AgCl$). Bei anderen Partnern wie Ionen und Molekülen oder ausschließlich Molekülen wird eine Umsetzung nur durch starkes Erhitzen über einen längeren Zeitraum erzwungen. Allgemein kann die Löslichkeit unter den speziellen Fällungsbedingungen nur als ein praktisch gemessener Wert (mg/ml oder μg/ml bzw. molar) angegeben werden. Bei einfachen schwerlöslichen Salzen ist eine Abschätzung auch theoretisch über das bereits auf S. 27 behandelte Löslichkeitsprodukt möglich; dies soll am Beispiel der Fällung von Chlorid-Ionen mit Silbernitrat gezeigt werden.

$$K_L = c(Cl^-) \cdot c(Ag^+) = 1{,}10 \cdot 10^{-10} \text{ mol}^2 \cdot l^{-2} \ (20\,°C)$$

Bei einer Fällung von 0,5 mmol Cl^- (17,7 mg) mit insgesamt 2 mmol Ag^+ (10 ml 0,2 mol/l $AgNO_3$) in einem Endvolumen von $V_E = 150$ ml verbleiben rund 1,5 mmol Ag^+ in Lösung. Mit der entsprechenden Konzentration

$$c(Ag^+) = \frac{1{,}5 \text{ mmol}}{150 \text{ ml}} = \frac{0{,}0015 \text{ mol}}{0{,}150 \text{ Liter}} = 0{,}01 \text{ mol} \cdot l^{-1}$$

errechnet sich die in Lösung verbleibende Stoffmenge Chloridionen nach

$$c(Cl^-) = \frac{K_L}{c(Ag^+)} = 1{,}10 \cdot 10^{-8} \text{ mol} \cdot l^{-1}$$

zu $n(Cl^-) = c(Cl^-) \cdot V_E = 1{,}65 \cdot 10^{-9}$ mol $\hat{=} \, m(Cl^-) = 58{,}497 \cdot 10^{-6}$ mg.

Wie Abb. 3.3 zeigt, liegt entsprechend dem Löslichkeitsprodukt ein Maximum der Löslichkeit von AgCl bei einer Konzentration $c(Cl^-) = 10^{-5}$ mol/l vor. An diesem Punkt ist keines der beiden Ionen im Überschuss vorhanden, es gilt:

$$c(Cl^-) = c(Ag^+) = \sqrt{K_{L_{AgCl}}} = 1{,}05 \cdot 10^{-5} \text{ mol} \cdot l^{-1} \ (20\,°C)$$

Die tatsächlich gelöste Menge wird aber meist sehr viel größer sein, da eine zusätzliche Kolloidbildung, unvollständige Gleichgewichtseinstellung, wachsende Löslichkeit durch Komplexbildung mit überschüssigem Reagenz und Verluste durch den Waschprozess keine Berücksichtigung finden.

So geht z. B. bei der Fällung von Ag^+ mit Cl^- AgCl bei Konzentrationen $c(Cl^-) > 10^{-1}$ mol/l unter Komplexbildung ($[AgCl_2]^-$) teilweise wieder in Lösung (Abb. 3.3).

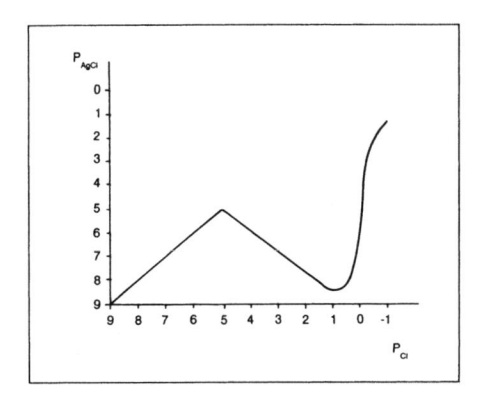

Abb. 3.3: Abhängigkeit der Löslichkeit des AgCl von der Cl^--Konzentration in der Lösung

358 Gravimetrische Verfahren

In der Abb. 3.3 sind als Konzentrationsmaß die p_{AgCl}- bzw. P_{Cl}-Werte aufgetragen; diese sind analog dem pH-Wert als der negative dekadische Logarithmus der Konzentration definiert. Es zeigt sich, dass die vollständigste Fällung von Ag^+ als AgCl bei einer Konzentration $c(Cl^-) = 10^{-1}$ mol/l erreicht wird. Ein größerer Cl^--Überschuss ist nicht nur nutzlos, sondern sogar schädlich (Komplexbildung). Analoge Überlegungen gelten auch für andere Fällungsreaktionen.

Für den Fällungsprozess benötigt man sehr saubere und fettfreie Bechergläser (hohe Form), Dreifüße mit Ceran®-Kochplatten und Brennern (oder elektrische Heizplatten) sowie Magnetrührer und Büretten bzw. Pipetten.

Filtration

Nach Absetzen des Niederschlages wird dieser durch dekantierende Filtration von der Lösung getrennt. Hierzu gießt man zuerst die überstehende Lösung bis auf einen geringen Rest durch ein geeignetes Filter und überführt nach Umschwenken anschließend weitgehend auch den Lösungsrest mit dem Niederschlag. Zur Vermeidung von Löslichkeitsverlusten ist es empfehlenswert, das klare Filtrat in einer sauberen Spritzflasche aufzufangen und in kleinen Portionen zum Ausbringen letzter im Becherglas verbliebener Niederschlagsreste zu verwenden. Man achte während der Filtration und des anschließenden Waschens darauf, dass der Niederschlag stets von einer Flüssigkeitshaut bedeckt bleibt, da andernfalls eine Verstopfung der Filterporen eintreten kann. Stark an der Gefäßwandung haftende Niederschläge werden nach Bedecken mit Lösung vorsichtig durch eine Gummifahne abgestreift. Wird das Filter danach verascht, so kann man für die Überführung von Restmengen des Niederschlages auch Stückchen von quantitativen Filtern (s. unten) verwenden, mit denen man die Wand des Gefäßes abreibt und die dann dem Filtergut zugegeben werden. Bei Verwendung unsauberer Arbeitsgeräte kann Kleben und Kriechen des Niederschlags auftreten.

Das Filtriergerät besteht entweder aus Glastrichtern mit eingelegten Filtrierpapier oder Saugtöpfen bzw. Saugflaschen und Filtertiegeln. Entsprechende Anordnungen zeigt die Abb. 3.4.

Quantitative Filter sind aschefrei, d.h. hinterlassen bei der stets erforderlichen Veraschung praktisch nur unwägbare Rückstände. Nach der Teilchengröße des Niederschlages richtet sich die zu verwendende Filterart. Voluminöse und grobkristalline Niederschläge werden durch weiche Filter (Schwarzband[1]), solche mittlerer Körnung durch mittelharte (Weißband[1]) und pulvrige bzw. feinkristalline Fällungen durch harte Sorten (Blauband[1]) filtriert. Mit den Abstufungen der mittleren Porengrößen 8, 6 und 2 µm wachsen die Filtrationszeiten bereits für reines Wasser etwa im Verhältnis 1 : 3 : 30. Bei einem harten Filter von 15 cm Durchmesser liegt die Zeit für 100 ml H_2O bei 5–7 Minuten. Die Wahl einer falschen Papiersorte macht die geleistete Vorarbeit wertlos und ist nur durch Wiederholung der Bestimmung zu korrigieren.

Darf das Filter auf Grund der Temperaturempfindlichkeit des Fällungsproduktes nicht verascht werden, kann aber das Fällungsprodukt durch Trocknen bis etwa 250 °C in eine definierte Wägeform gebracht werden, so lässt sich eine Filtration mit der in Abb. 3.4 gezeigten Anordnung unter Verwendung von **Glasfiltertiegeln** einfacher und schneller durchführen. Für quantitative Arbeiten eignen sich Tiegel mit Fritten D 3 (relativ grob) und D 4. Bewährte Tiegelformen sind die Typen 63 a D 4 und die etwas größeren Tiegel 1 D 3 bzw. 1 D 4. Allgemein nimmt bei den Glasfritten die Porengröße von D 1 zu D 4 hin ab. (D ≙ Duranglas; G ≙ Geräteglas; auch Aufdruck Pyrexglas). Neben den Glasfiltertiegeln gibt es für höhere Nachbehandlungstemperaturen noch solche aus Quarz oder Porzellan. Bei den **Porzellanfiltertiegeln** hat A 1 die kleinsten, A 4 die größten Poren.

Man beginnt die Filtration durch Einfüllen von Lösung bis etwa zur halben Höhe und saugt den Tiegel durch einen gelinden Unterdruck (Wasserstrahlpumpe) an. Danach wird

---

[1] Handelsnamen von Sorten der Firma Schleicher & Schüll als Beispiel.

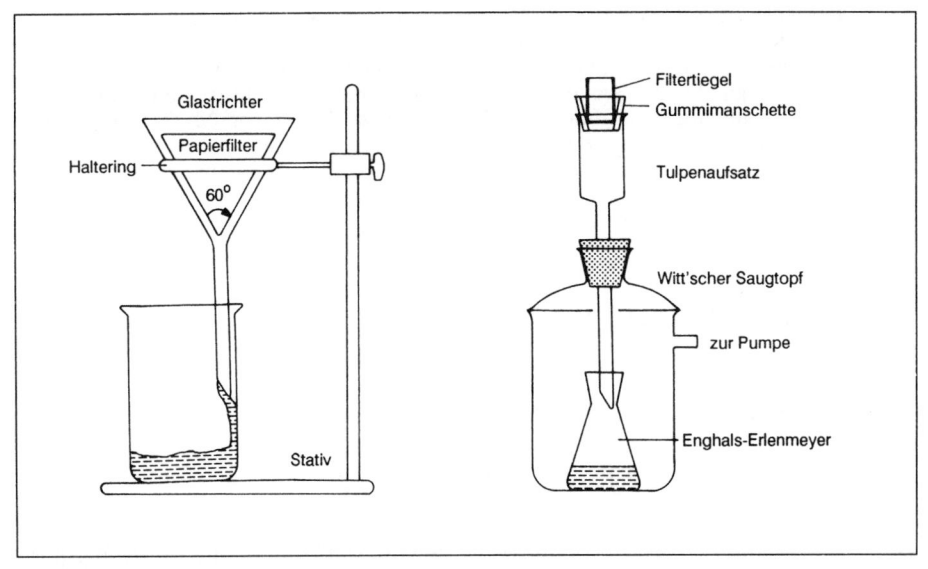

Abb. 3.4: Filtrieranordnungen, Witt'scher Saugtopf

stetig filtriert, wobei Unterdruck und Durchlaufgeschwindigkeit aufeinander abzustimmen sind.

Der isolierte Niederschlag enthält noch Reste der Lösung mit ihren Bestandteilen. Man wäscht daher mit dosierten Mengen einer geeigneten Waschflüssigkeit durch Auftropfen aus einer Pipette. Die Waschlösungen enthalten vielfach Elektrolytzusätze, die eine Peptisation des Niederschlages verhindern sollen. Manchmal wird mit Ethanol, Aceton oder Ether nachgewaschen, um eine vereinfachte Nachbehandlung zu ermöglichen.

Nachbehandlung

Der gewaschene Niederschlag muss im letzten Arbeitsabschnitt in eine definierte luftstabile Wägeform überführt werden. Papierfilter sind hierzu in Porzellantiegeln zu veraschen und die Kohlereste zu verglühen. Die Anwendung von Papierfiltern bleibt damit auf glühbeständige Wägeformen wie Oxide und einige Pyrophosphate und Sulfate beschränkt. Da beim **Veraschungsprozess** Reduktion eintreten kann, ist eine weitere Nachbehandlung oft nicht zu umgehen. Durch Glühen bei bestimmten Temperaturen erreicht man Gewichtskonstanz.

Wägeformen mit organischen Anteilen oder wenig temperaturstabile Verbindungen müssen in jedem Fall im Filtertiegel gesammelt und durch **Trocknen** bei 105–140 °C von der Restfeuchtigkeit befreit werden. Zur Entfernung von fester gebundenem Kristallwasser sind Trocknungstemperaturen von 140–240 °C erforderlich. Eine schnelle, jedoch nicht immer anwendbare Möglichkeit ist das Durchsaugen von Luft nach Waschen mit leicht flüchtigen organischen Flüssigkeiten.

Im allgemeinen wird zunächst 60 Minuten und danach in Intervallen von 30 Minuten bis zur Gewichtskonstanz getrocknet oder geglüht. Vor jeder Wägung müssen die Tiegel in einem Exsikkator auf Raumtemperatur abkühlen, was mindestens weitere 60 Minuten erfordert. Man beachte, dass das Leergewicht der Tiegel nur bei gleichartiger Trocken- oder Glühbehandlung zuverlässig konstant ist. Gewichtskonstanz bedeutet, dass die Unterschiede zweier aufeinanderfolgender Wägungen eine bestimmte Größe nicht überschreiten. Bei Verwendung der üblichen analytischen Waagen sollen die Auswaagen im Bereich von 100 bis höchstens 800 mg liegen. Bei Unterschieden von 0,1 mg und weniger kann die Nachbehandlung abgebrochen werden.

Die Reproduzierbarkeit gravimetrischer Bestimmungen ist bei sorgfältigem Arbeiten bemerkenswert gut. Der Selektivitätsgrad vieler gravimetrischer Bestimmungen ist relativ klein. Durch Einhaltung bestimmter pH-Werte oder Zusatz von Maskierungsmitteln können Störungen durch anwesende Fremdionen in begrenztem Umfang vermieden werden. Man kennt aber auch vereinzelt Verfahren mit fast spezifischem Charakter, z. B. die Ni-Bestimmung mit Dimethylglyoxim (s. S. 379).

3.3.2 Einzelbestimmung von Anionen

Im folgenden werden die gravimetrischen Bestimmungen von Cl^-, SO_4^{2-} und PO_4^{3-} beschrieben.

Bestimmung von Chlorid als Silberchlorid

Reaktionsprinzip: Aus verd. salpetersaurer Lösung werden Chloridionen durch Zusatz von Silberionen als schwerlösliches Silberchlorid gefällt, das sich gut filtrieren lässt und nach dem Trocknen direkt gewogen werden kann.

$$Cl^- + Ag^+ \rightarrow AgCl\downarrow$$
$$35,453 \quad 107,868 \quad 143,321$$

Fällungs- und Wägeform = AgCl. Farbe: weiß.

$$K_L(20°C) = c(Ag^+) \cdot c(Cl^-) = 1,1 \cdot 10^{-10} \text{ mol}^2 \cdot l^{-2}$$

Löslichkeit von AgCl: 0,14 mg (20°C) und 2,2 mg (100°C) in 100 ml H_2O, $1,4 \cdot 10^{-3}$ mg in 100 ml 10^{-3} mol/l $AgNO_3$-Lösung.

Die Löslichkeit des Silberchlorids hängt weitgehend von der Fällungsbeschaffenheit (flockig, schwammig, kristallin), von der Anwesenheit von Ammonium- oder Alkalisalzen sowie von der Säurekonzentration der Probelösung ab. Das Silberchlorid fällt anfangs kolloidal (s. S. 47) und ballt sich, sowie Ag^+-Ionen in geringem Überschuss vorhanden sind, beim Erwärmen und kräftigem Rühren zusammen. Die Bestimmung von Cl^--Ionen als Silberchlorid ist sehr genau und wurde daher zur Ermittlung von relativen Atommassen herangezogen.

Störende Ionen: Die Anionen Br^-, I^-, CN^-, SCN^- müssen abwesend sein, da sie in gleicher Weise mit Ag^+-Ionen schwerlösl. Fällungen ergeben. Schwermetallionen sind wegen evtl. Mitfällung vorher abzutrennen.

Verfahrensfehler: AgCl ist lichtempfindlich. Unter Einwirkung des Lichtes wird Silber ausgeschieden, das im AgCl kolloidal gelöst bleibt und es dunkel färbt. Da die Zersetzung nur an der Oberfläche erfolgt, genügt es, die Fällung von hellem Licht zu schützen (Zusatz von Methylorange und Aufbewahren im Dunkeln). Weiter muss in einer schwefelwasserstofffreien Atmosphäre gearbeitet werden, damit keine Bildung von Ag_2S eintritt. Die Salpetersäurekonz. ist klein zu halten, um eine Löslichkeitszunahme des Niederschlags, besonders in der Hitze, zu vermeiden. Andererseits soll die Säuremenge so bemessen sein, dass Fällungen von Phosphat und Carbonat nicht eintreten.

Arbeitsgeräte: 400-ml-Bechergläser (hohe Form); Rührwerk; Wittscher Saugtopf; Porzellanfiltertiegel A 1 oder Glasfiltertiegel 1 D 4; 50-ml-Bürette; Uhrgläser; Pipetten; Heizplatte; Trockenschrank.

Reagenzien: Fällungsreagenz 0,1 mol/l $AgNO_3$ (1,7 g $AgNO_3$ p.a. zu 100 ml gelöst); 2 mol/l HNO_3 (chloridfrei!); H_2O (chloridfrei!); Methylorange-Lsg. (0,1% wässrige Lsg.); Waschflüssigkeit: 1 ml 2 mol/l HNO_3 u. 200 ml H_2O.

Arbeitsbereich: 2,0–0,5 mmol Cl (70,9–17,7 mg Cl).

Arbeitsvorschrift: Entsprechend dem Arbeitsbereich 10, 20 oder 25 ml neutrale Probelsg. in Becherglas bringen, 1 ml HNO_3 zusetzen u. mit H_2O auf 175 ml (Füllhöhe vorher mit Filzschreiber markieren) verdünnen (pH = 2–3). 10 Tropfen Methylorangelsg. zugeben u. unter ständigem Rühren langsam 25 ml $AgNO_3$-Lsg. aus Bürette eintropfen. Niederschlag absetzen lassen u. überstehende Lsg. mit ein paar Tropfen $AgNO_3$-Lsg. auf Vollständigkeit der Fällung prüfen. Unter ständigem Rühren bis nahe zum Sieden erhitzen u. bei dieser Temp. mit bedecktem Uhrglas bis zum Zusammenballen des Niederschlags belassen. Von der Heizplatte nehmen u. im Dunkeln abkühlen lassen. Filtrieren über Glasfiltertiegel u. letzte Niederschlagsmenge mit 25 ml Waschflüssigkeit in den Tiegel bringen. 4–5mal mit 20 ml Waschflüssigkeit und mit 10 ml kaltem H_2O waschen, bis das Filtrat Ag^+-frei ist. Tiegel im Trockenschrank langsam auf 120–130 °C erhitzen und den Niederschlag bei dieser Temp. bis zur Gewichtskonstanz trocknen. Auswaage $m(AgCl)$ in mg.

Anmerkung: Tiegelreinigung erfolgt durch heiße 5 mol/l NH_3-Lsg. u. nachfolgendes Sauberspülen mit heißem H_2O.

Berechnung:

$$\text{Umrechnungsfaktor } [\lambda] = \frac{M(\text{Cl})}{M(\text{AgCl})} = 0,24737$$

Bestimmung von Sulfat als Bariumsulfat

Reaktionsprinzip: Aus schwach salzsaurer Lösung werden Sulfationen durch Zugabe von Bariumchloridlösung in der Siedehitze als Bariumsulfat gefällt und bestimmt.

$$\begin{array}{ccc} Ba^{2+} & + SO_4^{2-} & \rightarrow BaSO_4\downarrow \\ 137,33 & 96,06 & 233,39 \end{array}$$

Fällungs- und Wägeform = $BaSO_4$. Farbe: weiß.

$$K_L(25\,°C) = c(Ba^{2+}) \cdot c(SO_4^{2-}) = 1,1 \cdot 10^{-10} \text{ mol}^2 \cdot l^{-2}$$

Störende Ionen: Frischgefälltes Bariumsulfat hat die Eigenschaft, andere leicht lösl. Salze, z. B. $BaCl_2$, $Ba(NO_3)_2$ usw. mitzureißen (Mitfällung). Dieser Effekt wird um so stärker, je höher die Konz. der Fremdionen ist. An Anionen werden mitgefällt: Cl^-, NO_3^-, ClO_3^-, PO_4^{3-}, CrO_4^{2-} und MnO_4^-. Während eine Cl^--Mitfällung durch sehr langsame Bariumchloridzugabe unter ständigem Rühren weitgehend vermieden werden kann, müssen NO_3^- – und ClO_3^- – Ionen auf jeden Fall durch mehrmaliges Abrauchen mit konz. Salzsäure entfernt werden. PO_4^{3-} – Ionen werden durch Fällung, CrO_4^{2-} – und MnO_4^- – Ionen durch Reduktion und anschließende Ausfällung abgetrennt. Von den Kationen werden mitgefällt: Fe^{3+}, Cr^{3+} und in starkem Maße Ca^{2+}; sie sind vorher zu entfernen. Fe^{2+}, Al^{3+}, Mn^{2+}, Na^+, K^+ und NH_4^+ werden, sofern sie in kleiner Konz. zugegen sind, in verd. Lsg. nur schwach

362 Gravimetrische Verfahren

adsorbiert. Durch EDTA (s. S. 446) können fast alle Kationen der Ionenladung +2 und +3 maskiert, oder durch Kationenaustauscher (s. S. 402) entfernt werden.

Verfahrensfehler: Es muss in schwach saurer Lsg. (pH = 2,0–2,5) gearbeitet werden, da die Löslichkeit von BaSO$_4$ mit steigender Säurekonz. erheblich zunimmt (Tab. 3.5).

Bei Verwendung von Blaubandfilter zur Filtration kann das BaSO$_4$ bei hoher Temp. leicht durch eingeschlossene Filterkohle reduziert werden.

$$BaSO_4 + 4\,C \rightarrow BaS + 4\,CO\uparrow$$

Daher trockne man zuvor das Filter mit dem Niederschlag und verasche es bei möglichst niedriger Temp. bei vollem Luftzutritt.

Tab. 3.5: pH-Abhängigkeit der Löslichkeit von BaSO$_4$

Säure	Konz.	Löslichkeit von BaSO$_4$ in 100 ml Lsg. bei 20 °C
HCl	0,1 mol/l	1,0 mg
	0,5 mol/l	4,7 mg
	1,0 mol/l	8,9 mg
	2,0 mol/l	10,1 mg
HNO$_3$	2,0 mol/l	17,0 mg

Arbeitsgeräte: 400-ml-Bechergläser (hohe Form); Rührwerk; Wittscher Saugtopf; Porzellanfiltertiegel A1 und Tiegelschuhe; 25-ml-Bürette; Uhrgläser; 5-ml-Pipette; Wasserbad oder Heizplatte; elektr. Muffelofen (800 °C); Trockenschrank.

Reagenzien: 0,2 mol/l BaCl$_2$-Lsg. (4,9 g BaCl$_2 \cdot$ 2 H$_2$O zu 100 ml gelöst); 2 mol/l HCl; 2 mol/l NH$_3$; pH-Papier.

Arbeitsbereich: 1,5–0,3 mmol SO$_4^{2-}$ (144,2–28,8 mg SO$_4^{2-}$).

Arbeitsvorschrift: 20 bzw. 25 ml schwach saure Probelsg. in ein Becherglas geben, 2–5 ml HCl zusetzen u. mit H$_2$O auf 200 ml verdünnen u. evtl. mit HCl oder Ammoniak auf pH = 2,0–2,5 bringen. Becherglas mit Uhrglas bedecken. Flüssigkeit zum Sieden erhitzen u. unter ständigem Rühren langsam aus einer Bürette heiße BaCl$_2$-Lsg. zutropfen. Von Zeit zu Zeit den Niederschlag absetzen lassen u. überstehende Lsg. mit 1–2 Tropfen Reagenzlsg. prüfen, ob Fällung quantitativ ist. Die Lsg. bleibt 2–3 Std. im bedeckten Becherglas bei 70–80 °C stehen (nicht kochen!). Noch einmal mit 1 Tropfen BaCl$_2$-Lsg. die Vollständigkeit der Fällung kontrollieren. Dann dekantierend über Porzellanfiltertiegel filtrieren. Zum Aufbringen letzterer Niederschlagsmengen klares Filtrat verwenden. Mit je 5 ml heißem H$_2$O (Auftropfen durch Pipette) so lange waschen, bis durchgelaufene Waschflüssigkeit Cl$^-$ frei ist. Bei 600 °C den Niederschlag bis zu Gewichtskonstanz glühen (ca. 65 Min.). Auswaage m(BaSO$_4$) in mg BaSO$_4$.

Anmerkung: Zur Filtration ist auch Blaubandfilter geeignet; s. dazu Abschnitt Verfahrensfehler. Die Reinigung der Filtertiegel erfolgt durch warme konz. H$_2$SO$_4$ oder durch Kochen mit konz. Na$_2$CO$_3$-Lösung.

Berechnung:

$$m(SO_4) = [\lambda] \cdot m(BaSO_4)$$

$$\text{Umrechnungsfaktor } [\lambda] = \frac{M(SO_4)}{M(BaSO_4)} = 0{,}41158$$

Bestimmung von Phosphat als 8-Hydroxychinolinium-12-molybdo-1-phosphat

Reaktionsprinzip: In stark saurer Lösung bilden Phosphationen mit Molybdationen ein gelbes Molybdophosphation (s. Heteropolysäuren, S. 246, u. Phosphatnachweis, S. 138). Dieses auch in stark HCl-haltiger Lösung aus Chloromolybdationen entstehende Anion gibt mit 8-Hydroxychinolin (abgekürzt HOx oder einfach Oxin genannt) einen schwerlöslichen Niederschlag von Oxinium-12-molybdo-1-phosphat, der bei 160 °C getrocknet und in wasserfreier Form direkt gewogen wird.

8-Hydroxychinolin   Oxinium-12-Molybdophosphat

$$H_2PO_4^- + 12[MoO_2Cl_3(H_2O)]^- \rightarrow [PMo_{12}O_{40}]^{3-} + 26\,H^+ + 36\,Cl^-$$

$$[PMo_{12}O_{40}]^{3-} + 3\,HOx + 3\,H^+ \rightarrow (H_2Ox)_3[PMo_{12}O_{40}]\downarrow$$

1822,2   3 · 145,16   2260,7

Der Niederschlag ist relativ grobkristallin und enthält nur 1,370% P, so dass vor allem kleinere Phosphatmengen noch gut bestimmbar sind (Mikromol-Verfahren).

Fällungsform = $(H_2Ox)_3[PMo_{12}O_{40}] \cdot x\,H_2O$
Wägeform = $(H_2Ox)_3[PMo_{12}O_{40}]$ Farbe: dunkelorange

Oxin reagiert amphoter, d. h., es bildet sowohl mit Säuren als auch mit Basen Salze, in denen Oxin entweder Kationen- (pH < 7) oder Anionencharakter (pH > 7) besitzt.

$$[H_2Ox]^+ \overset{H^+}{\leftarrow} HOx \overset{OH^-}{\rightarrow} [Ox]^- + H_2O$$

(Nähere Angaben über Löslichkeit und Struktur von Oxin s. Bestimmung von Al als Al-Oxinat, S. 368.)

Statt 8-Hydroxychinolin können auch andere organische Basen wie Chinolin verwendet werden.

Störende Ionen: AsO_4^{3-} u. VO_4^{3-} –Ionen sowie Kieselsäure geben nur in größerer Menge Niederschläge; diese Ionen werden am besten reduziert oder abgetrennt.
Verfahrensfehler: Das Fällungsreagenz ist nur kurze Zeit haltbar u. muss vor Gebrauch durch Mischen zweier getrennter Lösungen A u. B stets frisch hergestellt werden. Die Einzellösungen A u. B sind zu verwerfen, sofern sie Trübungen oder Bodensatz aufweisen. Die angegebene Mischungsfolge der Lösungen A u. B ist unbedingt einzuhalten, um Niederschläge von $MoO_2(Ox)_2$, MoO_3 etc. zu vermeiden.
Arbeitsgeräte: 400-ml-Bechergläser (hohe Form); 100-ml-Erlenmeyerkolben mit Schliffstopfen; Uhrgläser; Wittscher Saugtopf; Glasfiltertiegel 63 a G 4 (notfalls 1 G 4); Heizquelle; Rührwerk; Trockenschrank; 50-ml-Bürette, 20-ml-Pipette, 100-ml-Messzylinder; pH-Papier.

Reagenzien: Das eigentliche Fällungsreagenz wird aus 2 getrennten Lösungen A u. B gemischt. Lsg. A: 4,40 g Oxin in 10 ml 25%iger HCl lösen u. mit 90 ml H_2O verdünnen. Lsg. B: 21 g $(NH_4)_6Mo_7O_{24} \cdot 4\, H_2O$ in 325 ml 25%iger HCl lösen, abkühlen und 40 ml H_2O zugeben. Mischung: Im Becherglas unter kräftigem Rühren zu 160 ml Lsg. B langsam 40 ml Lsg. A hinzufügen. Die vollkommen klare Reagenzlsg. besitzt $c(Mo) = 0{,}24$ mol/l, $c(\text{Oxin}) = 0{,}06$ mol/l und $c(\text{HCl}) \approx 5$ mol/l (pH $\approx$ 0) (das Stoffmengenverhältnis $n(\text{Mo})$: $n(\text{Ox})$ entspricht mit 4:1 dem Stoffmengenverhältnis dieser Komponenten im Komplex). Waschflüssigkeit: 3 ml 5 mol/l NH_4NO_3 mit H_2O zu 100 ml verdünnen (oder 1,2 g NH_4NO_3 zu 100 ml lösen). 2 mol/l NaOH; 2 mol/l HCl; 25%ige HCl (ca. 7,7 mol/l) zur Reagenzherstellung.

Arbeitsbereich: 0,3–0,03 mmol PO_4^{3-} (28,5–2,9 mg PO_4^{3-}).

Arbeitsvorschrift: Entsprechend dem Arbeitsbereich 10 oder 20 ml Probelsg. ins Becherglas bringen u. mit H_2O auf 100 ml verdünnen (Füllhöhe vorher mit Filzschreiber markieren). Lsg. mit NaOH-Lsg. (bzw. HCl) auf pH = 4–7 einstellen u. auf 70–75 °C erwärmen. Unter stetigem Rühren 40 ml frisch angesetztes Fällungsreagenz innerhalb von etwa 15 Min. aus einer Bürette zutropfen, sodann 30 Min. lang bei 70 °C ausrühren u. unter Erkalten 30 Min. lang absetzen lassen. Den Niederschlag über Glasfiltertiegel dekantierend filtrieren. Letzte Niederschlagsreste mit aufgefangenem klarem Filtrat in den Tiegel bringen. Der Niederschlag wird durch Auftropfen mit insgesamt 10 ml Waschflüssigkeit u. anschließend mit 2 ml klarem H_2O gewaschen. In Intervallen von 60 Min. bei 160 °C konstant trocknen. Der Niederschlag ist schwach hygroskopisch. Auswaage $m\{(H_2Ox)_3[PMo_{12}O_{40}]\}$ in mg.

Berechnung:

$$m(PO_4) = [\lambda] \cdot f_R \cdot m\{(H_2Ox)_3[PMo_{12}O_{40}]\}$$

Umrechnungsfaktor $[\lambda] = \dfrac{M(PO_4)}{M\{(H_2Ox)_3[PMo_{12}O_{40}]\}} = 0{,}042009$

$f_R = 1{,}00258$ (empirischer Korr.-Faktor)

3.3.3 Einzelbestimmung von Kationen

Im folgenden werden die gravimetrischen Bestimmungen von K^+, Mg^{2+}, Al^{3+}, Pb^{2+}, Sb^{3+}, Cu^{2+}, Zn^{2+}, Mn^{2+}, Fe^{3+}, Co^{2+} und Ni^{2+} beschrieben.

Bestimmung von Kalium als Kaliumtetraphenylborat

Reaktionsprinzip: Kaliumionen reagieren mit Tetraphenylborationen zu schwerlöslichem Kaliumtetraphenylborat, das gewogen wird.

$$\underset{39{,}098}{K^+} + \underset{319{,}23}{[B(C_6H_5)_4]^-} \rightarrow \underset{358{,}33}{K[B(C_6H_5)_4]\downarrow}$$

Fällungs- und Wägeform = $K[B(C_6H_5)_4]$. Farbe: weiß.

$$K_L(20\,°C) = c(K^+) \cdot c([B(C_6H_5)_4]^-) = 2{,}2 \cdot 10^{-8}\ \text{mol}^2 \cdot \text{l}^{-2}$$

Optimale Fällungsbedingungen werden im pH-Bereich 4–5 und bei einer Fällungstemperatur von 70 °C erhalten.

Einzelbestimmung von Kationen

Störende Ionen: NH_4^+, Rb^+, Cs^+, Ag^+, Tl^+ und Hg^{2+} müssen abwesend sein, da sie ebenfalls schwerlösl. Fällung ergeben.

Verfahrensfehler: Der Niederschlag von $K[B(C_6H_5)_4]$ ist relativ voluminös u. neigt zur Mitfällung unmaskierter Fremdionen der Ladung $+2$ und höher. In Anwesenheit sehr großer Na^+-Konz. sind die Auswaagen zu hoch, so dass der Niederschlag umzufällen ist.

Arbeitsgeräte: 400-ml-Bechergläser (hohe Form); Rührwerk; Wittscher Saugtopf; Glasfiltertiegel 63 a G 4 oder 1 G 4; 10-ml-Bürette; Trockenschrank.

Reagenzien: 0,1 mol/l $Na[B(C_6H_5)_4]$ (in kaltem H_2O gelöst; M = 342 g/mol); Waschlsg. 0,2 mol/l CH_3COOH mit 0,005 mol/l $Na[B(C_6H_5)_4]$; 2 mol/l CH_3COOH; 2 mol/l NaOH. Reagenz- und Waschlsg. vor Gebrauch durch Blaubandfilter filtrieren.

Arbeitsbereich: 1–0,1 mmol K (39–3,9 mg K).

Arbeitsvorschrift: Bis zu 40 ml neutrale Probelsg. (pH = 5–8) ins Becherglas bringen. Zugabe von 10,0 ml NaOH; 50 ml Lsg. 5 Min. lang kochen. 20,0 ml CH_3COOH zugeben u. mit H_2O auf 180 ml verdünnen (pH = 4,6±0,2). Erwärmen auf 60–70 °C u. unter Rühren 20 ml $Na[B(C_6H_5)_4]$-Lsg. im Verlaufe von 20 Min. eintropfen (Bürette). Unter Rühren erkalten lassen. Dekantierend über Glasfiltertiegel filtrieren. Klares Filtrat zum Aufbringen der Niederschlagsreste verwenden. Waschen durch Auftropfen aus Pipette mit 5×5 ml Waschlsg. u. 2×2 ml H_2O. Zunächst 60 Min. u. danach in Intervallen von 30 Min. bei 115±5 °C bis zur Gewichtskonstanz trocknen. Auswaage $m(K[B(C_6H_5)_4])$ in mg.

Berechnung:

$$m(K) = [\lambda] \cdot m(K[B(C_6H_5)_4]) + \Delta m(K[B(C_6H_5)_4])$$

$\Delta m(K[B(C_6H_5)_4]) = 1{,}04$ mg · (Fehlerkorrektur für Verlust durch Löslichkeit)

$$\text{Umrechnungsfaktor } [\lambda] = \frac{M(K)}{M(K[B(C_6H_5)_4])} = 0{,}10911$$

Bestimmung von Magnesium als Magnesiumdiphosphat

Reaktionsprinzip: Mg^{2+}-Ionen ergeben mit PO_4^{3-}-Ionen in ammoniakalischer Lösung (pH = 7,5–10) eine schwerlösliche Fällung von Ammoniummagnesiumphosphat:

$$Mg^{2+} + NH_4^+ + PO_4^{3-} + 6\,H_2O \rightarrow MgNH_4PO_4 \cdot 6\,H_2O \downarrow$$

Der Niederschlag wird mit ammoniakalischer Ammoniumnitratlösung gewaschen und durch Glühen in Magnesiumdiphosphat überführt, das zur Auswaage gelangt.

$$\begin{array}{c} 2\,MgNH_4PO_4 \cdot 6\,H_2O \rightarrow Mg_2P_2O_7 + 2\,NH_3 + 13\,H_2O \\ 490{,}81 \qquad\qquad\qquad 222{,}55 \end{array}$$

Gravimetrische Verfahren

Fällungsform = $MgNH_4PO_4 \cdot 6\,H_2O$. Farbe: weiß; Wägeform = $Mg_2P_2O_7$.
Löslichkeit von $MgNH_4PO_4 \cdot 6\,H_2O$ in 100 ml Lösungsmittel bei 20 °C:

Lösungsmittel	
H_2O	51,6 mg
5%ige NH_4Cl-Lsg.	105,5 mg
1,1 mol/l NH_3	9,8 mg
1,1 mol/l NH_3 + 5% NH_4Cl	16,5 mg
1,1 mol/l NH_3 + 10% NH_4Cl	54,1 mg.

Die Fällung erfolgt aus heißer Lösung auf folgende Weise: Die saure Probelösung wird mit Diammoniumhydrogenphosphatlösung versetzt. Durch langsames Zufügen von Ammoniak wird das Ammoniummagnesiumphosphat zur Abscheidung gebracht (Fällung aus homogener Lösung). Man erhält einen flockigen Niederschlag, der nach mehrstündigem Stehen grobkristallin wird, sich leicht absetzt und sich gut filtrieren lässt. Unter ähnlichen Bedingungen können Mn^{2+}-Ionen als $MnNH_4PO_4 \cdot 6\,H_2O$, AsO_4^{3-}-Ionen als $MgNH_4AsO_4 \cdot 6\,H_2O$ und PO_4^{3-}-Ionen als $MgNH_4PO_4 \cdot 6\,H_2O$ gefällt werden.

Störende Ionen: Mit Ausnahme von Alkaliionen bilden alle Kationen schwerlösliche Phosphate, so dass Phosphatfällungen für Trennungen nicht zu verwenden sind.

Verfahrensfehler: Ammoniummagnesiumphosphat ist in Wasser merklich löslich. Daher muss zur Verringerung der Löslichkeit nach der Fällung ein Ammoniaküberschuss zugesetzt werden. Des weiteren verhindert der Überschuss die Zersetzung des Niederschlags:

$$MgNH_4PO_4 \rightarrow MgHPO_4 + NH_3$$

Bei ungenauer Einstellung der Fällungsbedingungen können $Mg(NH_4)_4(PO_4)_2$ (zu kleine NH_3-Konz.) und $Mg_3(PO_4)_2$ (zu große NH_3-Konz.) entstehen. Es dürfen keine Bechergläser verwendet werden, die innen an der Glaswand Kratzer aufweisen. Der Niederschlag haftet sehr fest an diesen und ist mechanisch nur schwer zu entfernen. Aus diesem Grund benutze man Magnetrührstäbchen mit Polytetrafluorethylenüberzug (PTFE). Wegen der großen Löslichkeit des $MgNH_4PO_4 \cdot 6\,H_2O$ wird der Niederschlag sparsam mit kalter Ammoniaklösung gewaschen. Schmilzt der Niederschlag beim Glühen, so ist das Ammoniumphosphat nicht restlos ausgewaschen worden. Liegen in der Probelösung neben Mg^{2+}-Ionen größere Mengen an Alkaliionen vor, so ist eine Umfällung ratsam; vor allem in Anwesenheit von Kaliumionen, da diese die Ammoniumionen im Niederschlag teilweise ersetzen. Mäßige Citrat- bzw. Tartratmengen stören nicht. Oxalationen verzögern mitunter die Fällung, in größerer Konz. bilden sie mit Mg^{2+}-Ionen Komplexe, so dass $MgNH_4PO_4 \cdot 6\,H_2O$ nicht quantitativ abgeschieden wird.

Arbeitsgeräte: 400-ml-Bechergläser (hohe Form u. nach Möglichkeit ungebraucht); Magnetrührer mit Rührstäbchen; Porzellanfiltertiegel A1 (mit Tiegelschuh); Wittscher Saugtopf, Heizquelle; Trockenschrank; elektr. Muffelofen (1000 °C); 50-ml-Bürette; Pipetten (5, 20 u. 25 ml).

Reagenzien: Fällungsreagenz: 0,1 ml $(NH_4)_2HPO_4$ (1,32 g Diammoniumhydrogenphosphat p.a. in wenig H_2O lösen u. auf 100 ml auffüllen); Waschflüssigkeit: 1 mol/l NH_3, die 0,1 mol/l NH_4NO_3 enthält; 2 mol/l HCl; 2 mol/l NH_3; 14 mol/l NH_3; Phenolphthaleinlsg. (0,1% in 60%igem Alkohol); NH_4Cl.

Arbeitsbereich: 1,5–0,5 mmol (36,5–12,1 mg Mg).

Arbeitsvorschrift: 20 ml neutrale bzw. schwach saure Probelsg. in Becherglas bringen, 10 ml HCl zufügen u. mit Wasser auf 150 ml verdünnen (Füllhöhe vorher mit Filzschreiber markieren!). Sodann zur Lsg. 2 g NH₄Cl u. 20 ml Reagenzlsg. zugeben u. zum Sieden erhitzen. Lsg. von der Heizquelle nehmen u. auf ca. 70 °C abkühlen lassen ($\approx$ 10 Min.). Nach Zusatz von 3 Tropfen Phenolphthaleinlsg. unter stetigem Rühren langsam aus Bürette 2 mol/l NH₃ eintropfen, bis eben eine Trübung auftritt. Zutropfen unterbrechen u. Lsg. 2–3 Min. lang rühren, bis der Niederschlag kristallin wird. Lsg. 20 Min. lang stehen lassen. 15 ml 14 mol/l NH₃ zufügen u. 5 Min. lang rühren. Nach Absetzen des Niederschlags klare Lsg. mit 2–3 Tropfen Reagenzlsg. auf Vollständigkeit der Fällung prüfen. Analysenlsg. mindestens 4 Std., besser über Nacht, kalt stehen lassen. Über Filtertiegel A 1 dekantierend filtern u. die Niederschlagsreste mit 20 ml kalter 1 mol/l NH₃ in den Tiegel bringen. Mit 10 ml kalter Waschflüssigkeit durch Auftropfen aus 5-ml-Pipette Niederschlag waschen (Filtrat muss Cl⁻-frei sein!). Filter im Tiegelschuh im Trockenschrank bei 110 °C trocknen (etwa 20 Min.) u. anschließend den Niederschlag im Ofen bei 1000 °C in Intervallen von 30 Min. bis zur Gewichtskonstanz glühen. Auswaage $m(Mg_2P_2O_7)$ in mg.

Berechnung:

$$m(Mg) = [\lambda] \cdot m(Mg_2P_2O_7)$$

$$\text{Umrechnungsfaktor } [\lambda] = \frac{2\,M(Mg)}{M(Mg_2P_2O_7)} = 0,21842$$

Bestimmung von Magnesium als Magnesiumoxinat

Reaktionsprinzip: In ammoniakalischer Lösung bei pH = 9–10 reagieren Mg^{2+}-Ionen mit 8-Hydroxychinolin (Oxin, abgekürzt HOx) zu schwerlöslichem Magnesiumoxinat, das nach dem Filtrieren und Trocknen direkt zur Auswaage gelangt.

$$Mg^{2+} + 2\,Ox^- \rightarrow Mg(Ox)_2\downarrow$$
$$24{,}305 \quad 2 \cdot 144{,}15 \quad\quad 312{,}61$$

Fällungsform = $Mg(Ox)_2 \cdot 2\,H_2O$; Farbe: hellgelb; Wägeform = $Mg(Ox)_2$; Löslichkeit = 0,5 mg $Mg(Ox)_2$/200 ml H_2O.

Magnesiumoxinat ist ein neutraler Chelatkomplex (s. Abb. 1.7, S. 44). Es besitzt einen günstigen Umrechnungsfaktor und ist im Gegensatz zum $Al(Ox)_3$ auch aus alkalischer, ammoniumsalzfreier Tartratlösung (pH = 11–14) fällbar.

Störende Ionen: Es stören Cu^{2+}-, Cd^{2+}-, Co^{2+}-, Ni^{2+}-, Zn^{2+}- u. Ca^{2+}-Ionen, da sie gleichfalls mit Oxin schwerlösl. Niederschläge ergeben (s. $Al(Ox)_3$-Bestimmung, Tab. 3.6 über die pH-Abhängigkeit von Oxinatfällungen). Kationen der Oxidationsstufe +III u. höher (Al^{3+}, Fe^{3+}, Cr^{3+}, Sb^{3+}, Ti^{4+}, Zr^{4+} usw.) sind vorher durch NaOH-Natriumtartrat zu maskieren (Fällungsbereich von pH = 11 bis pH = 14).

Verfahrensfehler: Bei Gegenwart von sehr viel Alkaliionen ist eine Umfällung des $Mg(Ox)_2$ ratsam. Es ist in heißer 2 mol/l HCl leicht löslich. Ein zu großer Überschuss an Fällungsreagenz ist zu vermeiden, da sich evtl. mitgefälltes freies Oxin nur schwer auswaschen lässt. Die Trocknungstemp. darf wegen Zersetzung des $Mg(Ox)_2$ 150°C nicht übersteigen. Der End-pH-Bereich von pH = 9–10 ist genau einzustellen.

Arbeitsbereich: 1,0–0,1 mmol Mg (24,3–2,4 mg Mg).

Arbeitsgeräte: 400-ml-Bechergläser (hohe Form); Rührwerk; Glasfiltertiegel 1 G 4; Wittscher Saugtopf; Heizquelle; Trockenschrank; 50-ml-Büretten; Pipetten (10 ml, 20 ml, 5 ml); pH-Papier.

Reagenzien: Fällungsreagenz 0,1 mol/l (H_2Ox)CH_3COO (Oxinacetatlsg.): 14,52 g Oxin in 60 g (= 57 ml) Eisessig unter schwachem Erwärmen vollständig lösen u. nach dem Abkühlen die klare Lsg. mit Wasser auf 1000 ml verdünnen. Waschflüssigkeit: 1 ml 2 mol/l $NaCH_3COO$ (272,17 mg $NaCH_3COO \cdot 3\,H_2O$) mit H_2O auf 100 ml verd. (pH = 8–9); 2 mol/l NaOH; 2 mol/l NH_3; evtl. 1 mol/l $C_4H_6O_6$ (Weinsäure).

Arbeitsvorschrift: Entsprechend dem Arbeitsbereich 10 oder 20 ml der mineralsauren Probelsg. in Becherglas bringen, mit NaOH pH = 4–6 einstellen u. mit H_2O auf 150 ml verdünnen (Füllhöhe vorher mit Filzschreiber markieren!). Unter Rühren 25 ml Oxinacetatlsg. aus einer Bürette einfließen lassen. Die nach wie vor klare Lsg. unter Rühren auf 75–85 °C erwärmen u. langsam innerhalb 10–15 Min. 25 ml Ammoniak eintropfen. pH-Wert prüfen (pH = 9–10). Falls notwendig, durch weiteren Zusatz an Ammoniak auf richtigen Wert korrigieren. Lsg. mit Uhrglas bedecken u. 30 Min. lang bei 60 bis 70 °C rühren. Nach Absetzen des Niederschlags warm dekantierend filtrieren, dabei Hauptmenge der überstehenden Lsg. zuerst über Glasfiltertiegel gießen u. dann Fällung mit Restlsg. weitgehend in Tiegel bringen. Zum Aufbringen der Fällungsreste wieder erwärmtes Filtrat verwenden. Den Niederschlag mit 25 ml heißer (80–90 °C) Waschflüssigkeit u. anschließend mit 5 ml heißem H_2O durch Auftropfen (Pipette) waschen. Zunächst 2 Std. bei 140 °C u. dann in Intervallen von 60 Min. konstant trocknen. Auswaage $m(MgOx_2)$ in mg.

Anmerkung: Tiegelreinigung erfolgt durch heiße 5 mol/l HCl u. nachfolgendes Sauberspülen mit heißem H_2O.

Berechnung:

$$m(Mg) = [\lambda] \cdot m(MgOx_2)$$

$$\text{Umrechnungsfaktor } [\lambda] = \frac{M(Mg)}{M(Mg(C_9H_6NO)_2)} = 0,077748$$

Bestimmung von Aluminium als Aluminiumoxinat

Reaktionsprinzip: Al^{3+}-Ionen bilden in essigsaurer, acetatgepufferter Lösung mit 8-Hydroxychinolin (Oxin, abgekürzt HOx) einen schwerlöslichen Niederschlag von Aluminiumoxinat, der nach dem Trocknen direkt zur Auswaage gebracht wird.

$$Al^{3+} + 3\,Ox^- \rightarrow Al(Ox)_3 \downarrow$$
$$26,982 \quad 3 \cdot 144,153 \quad 459,44$$

Fällungs- und Wägeform = $Al(Ox)_3$; Farbe: grüngelb; Löslichkeit: 1 mg $Al(Ox)_3$/200 ml H_2O.

Aluminiumoxinat ist ein Chelatkomplex. Auf Grund des kleinen Al-Gehaltes der Verbindung ergibt sich ein besonders günstiger Umrechnungsfaktor. $Al(Ox)_3$ ist in organischen Lösungsmitteln (z. B. Methanol, Ethanol usw.) teilweise löslich; in warmer 2 mol/l HCl löst es sich völlig.

Die Fällung erfolgt daher mit einer essigsauren Oxinacetatlösung bei ≈ 80 °C zwischen pH = 4,2 und pH = 5. Sie kann auch in ammoniakalischer tartrathaltiger Lösung (bis pH ≈ 9,5) vorgenommen werden; dagegen nicht aus NaOH-Lösung. Beim Arbeiten zwischen pH = 4,2 und pH = 5 kann man Al^{3+} sicher von Alkaliionen, Be^{2+}, Mg^{2+} und Ca^{2+} abtrennen. Überschüssiges Oxin in Filtraten kann durch Extraktion mit organischen Lösungsmitteln oder durch Eindampfen bei wiederholtem Zusatz von NH_3 restlos entfernt werden.

Störende Ionen: Oxin bildet bei verschiedenen pH-Werten mit zahlreichen Metallionen schwerlösl. Verbindungen. Es müssen daher die Ionen: Cu^{2+}, Cd^{2+}, Zn^{2+}, Fe^{3+}, Sb(III), Bi^{3+}

Tab. 3.6: pH-Abhängigkeit der Oxinatfällungen

Ion	Fällungsbeginn beim pH-Wert	Quantitative Fällung im pH-Bereich	Ion	Fällungsbeginn beim pH-Wert	Quantitative Fällung im pH-Bereich
Al^{3+}	2,9	4,2–9,8	Ni^{2+}	3,5	4,6–10,0
Bi^{3+}	3,7	5,0–9,4	Co^{2+}	3,6	4,9–11,6
MoO_2^{2+}	2,0	3,6–7,3	Mn^{2+}	4,3	5,9–9,5
Cu^{2+}	3,0	3,3–14,5	Zn^{2+}	3,3	4,4–13,5
Cd^{2+}	4,5	5,5–13,2	Mg^{2+}	7,0	8,7–10,0
Pb^{2+}	4,8	8,4–12,3	Ca^{2+}	6,8	9,2–12,7
Fe^{3+}	2,5	4,1–11,2			

usw. abwesend bzw. vorher abgetrennt worden sein. Eine allg. Übersicht über die pH-Abhängigkeit der Oxinatfällungen einer Reihe von Metallionen gibt Tab. 3.6.

Verfahrensfehler: Der optimale Bereich von pH = 4,2–5 muss genau eingestellt u. mit Hilfe des Puffersystems $NaCH_3COO/CH_3COOH$ unbedingt eingehalten werden, insbesondere bei einer $Al(Ox)_3$-Fällung in Gegenwart anderer Ionen. Daher ist stets nach Beendigung der Fällung die Lsg. mit pH-Papier zu prüfen. Mitgefälltes Oxin ist aus dem Niederschlag nur mit heißem Wasser herauszuwaschen.

Arbeitsbereich: 1,0–0,1 mmol Al (27,0–2,7 mg Al).

Arbeitsgeräte: 400-ml-Bechergläser (hohe Form); Rührwerk; Glasfiltertiegel 1 G 4; Wittscher Saugtopf; Heizquelle; Trockenschrank; 50-ml-Büretten; Pipetten (5 ml, 10 ml, 20 ml), pH-Papier.

Reagenzien: Fällungsreagenz 0,1 mol/l $(H_2Ox)CH_3COO$: 14,52 g Oxin in 60 g (= 57 ml) Eisessig unter schwachem Erwärmen vollständig lösen u. nach dem Abkühlen die klare Lsg. auf 1000 ml verdünnen (sie enthält 1 mol/l CH_3COOH u. ist in braunen Glasflaschen unbegrenzt haltbar); Waschflüssigkeit: 1 ml 2 mol/l CH_3COOH u. 0,5 ml 2 mol/l NaOH mit H_2O auf 100 ml verdünnen (pH = 4,6–4,8); 2 mol/l NaOH; 2 mol/l NH_3; 2 mol/l HCl; 2 mol/l CH_3COOH; evtl. 1 mol/l $C_4H_6O_6$ (Weinsäure).

Arbeitsvorschrift: Entsprechend dem Arbeitsbereich 10 oder 20 ml mineralsaure Probelsg. in Becherglas bringen, 25 ml H_2O zugeben u. mit NaOH tropfenweise bis zur ersten Trübung versetzen (pH = 4–9). Dann 5 ml HCl zugeben u. klare Lsg. mit H_2O auf 140 ml verdünnen (Füllhöhe vorher mit Filzschreiber markieren!). Unter Rühren 40 ml Oxinacetatlsg. aus Bürette einfließen lassen. Die nach wie vor klare Lsg. auf 75–85 °C erwärmen u. langsam innerhalb 10–15 Min. 15 ml Ammoniak als Pufferkomponente eintropfen. Beim Auftreten einer ersten Trübung Zugabe der Pufferlsg. für 2 Min. unterbrechen, jedoch weiter rühren u. pH-Wert prüfen. Sodann den Rest der Pufferlsg. eintropfen u. erneut prüfen (Sollwert pH = 4,2–4,8). Falls notwendig, durch weitere Tropfen Ammoniak auf den gewünschten Wert korrigieren u. 30 Min. lang bei 60–70 °C rühren. Nach Absetzen des Niederschlags heiß dekantierend filtrieren, dabei Hauptmenge der überstehenden Lsg. zunächst über Glasfiltertiegel abgießen u. dann Fällung mit Restlsg. weitgehend in Tiegel bringen. Zum Aufbringen der Niederschlagsreste das gelb gefärbte u. wieder erwärmte Filtrat verwenden. Den Niederschlag mit 25 ml heißer Waschflüssigkeit (80–90 °C) u. 5 ml heißem Wasser durch Auftropfen (Pipette) waschen. 2 Std. lang bei 130 °C u. dann in Intervallen von 60 Min. konstant trocknen. Auswaage $m(AlOx_3)$ in mg.

Anmerkung: Tiegelreinigung erfolgt durch heiße 5 mol/l HCl u. nachfolgendes Spülen mit heißem H_2O.

Berechnung:

$$m(Al) = [\lambda] \cdot m(AlOx_3)$$

$$\text{Umrechnungsfaktor } [\lambda] = \frac{M(Al)}{M(Al(C_9H_6NO)_3)} = 0,058727$$

Bestimmung von Blei als Bleisulfat

Reaktionsprinzip: Bleiionen werden durch Abrauchen mit Schwefelsäure in schwerlösliches Bleisulfat überführt, das nach dem Filtrieren bei 500–600 °C geglüht und direkt ausgewogen wird.

$$Pb^{2+} + SO_4^{2-} \rightarrow PbSO_4\downarrow$$
$$207{,}2 \quad 96{,}06 \qquad 303{,}26$$

Fällungs- und Wägeform = $PbSO_4$. Farbe: weiß.

Löslichkeit: $\left.\begin{array}{r}4{,}5 \text{ mg}\\ 82 \text{ mg}\end{array}\right\}$ $PbSO_4$/100 ml H_2O $\left\{\begin{array}{l}\text{bei } 20\,°C,\\ \text{bei } 100\,°C,\end{array}\right.$

0,5 mg $PbSO_4$/100 ml Waschfl. A bei 20 °C.

Der $PbSO_4$-Niederschlag ist feinkristallin und in Ethanol sehr schwer löslich.

Störende Ionen: Ba^{2+}-, Sr^{2+}-, Ca^{2+}-, Hg_2^{2+}-, Hg^{2+}-, Ag^+-, Bi^{3+}-, Sb^{3+}-, WO_4^{2-} –Ionen sowie Kieselsäure müssen abwesend sein.
Verfahrensfehler: In Mineralsäuren (vor allem in HNO_3) ist $PbSO_4$ erheblich löslich. Auch höhere H_2SO_4-Konz. (>20%ig) wirken stark lösend. Beim Waschen mit einem Alkohol-H_2O-Gemisch ist darauf zu achten, dass bei Anwesenheit von Verunreinigungsspuren keine in Alkohol schwerlösliche Sulfate (z. B. $CuSO_4$ oder $ZnSO_4$) gefällt werden. Sind dagegen Fremdionen in größeren Konz. zugegen, so wird das $PbSO_4$ in konz. ammoniakalischer Ammoniumacetatlsg. gelöst, die Verunreinigung abfiltriert u. aus dem Filtrat das $PbSO_4$ erneut mit Schwefelsäure gefällt. Zum Filtrieren verwende man einen Filtertiegel, da $PbSO_4$ durch Filterkohle teilweise reduziert wird.

$$PbSO_4 + 4\,C \rightarrow PbS + 4\,CO\uparrow$$

Das Konstantglühen des $PbSO_4$ soll in Abwesenheit von reduzierenden Gasen bei schwacher Rotglut (500–600 °C) erfolgen. Bei Temp. > 700 °C tritt thermische Zersetzung ein.

$$PbSO_4 \xrightarrow{>700\,°C} PbO + SO_3\uparrow$$

Mitunter ist das geglühte $PbSO_4$ durch Spuren Fe_2O_3 leicht bräunlich gefärbt.
Arbeitsgeräte: 200-ml-Bechergläser (breite Form); Uhrgläser; Wittscher Saugtopf; Porzellanfiltertiegel A1 mit Tiegelschuh; Heizplatte oder Sandbad; elektr. Muffelofen (600 °C); Trockenschrank; Messzylinder.
Reagenzien: Fällungsreagenz: Konz. H_2SO_4; Waschflüssigkeiten: A) 1 ml 18 mol/l H_2SO_4 auf 200 ml H_2O u. B) 50%ige Ethanollsg. mit 0,5% H_2SO_4.
Arbeitsbereich: 1,0–0,2 mmol Pb (207,2–41,4 mg Pb).
Arbeitsvorschrift: Entsprechend dem Arbeitsbereich 20 oder 25 ml salpetersaure Probelsg. ins Becherglas geben, 3–4 ml H_2SO_4 zugeben u. auf Heizplatte unter Abzug langsam eindampfen (Spritzgefahr!), bis reichlich weiße SO_3-Nebel entweichen (Rückstand muss schwefelsäurefeucht bleiben!). Nach Abkühlen vorsichtig mit 70 ml H_2O u. 30 ml Ethanol versetzen u. Lsg. im bedeckten Becherglas 60 Min. lang bei Zimmertemp. stehen lassen. Sodann dekantierend über Porzellanfiltertiegel filtrieren. Hierbei letzte Niederschlagsmengen mit klarem Filtrat in den Tiegel bringen. Den Niederschlag zuerst 4mal mit je 5 ml Waschflüssigkeit A u. anschließend 2mal mit je 5 ml Waschflüssigkeit B kalt waschen. Filtertiegel 20–30 Min. lang in der Muffel auf 500–600 °C erhitzen, im Exsikkator abkühlen

lassen u. wiegen. Vorgang solange wiederholen, bis Gewichtskonstanz vorliegt. Auswaage $m(PbSO_4)$ in mg.
Berechnung:

$$m(Pb) = [\lambda] \cdot m(PbSO_4)$$

$$\text{Umrechnungsfaktor } [\lambda] = \frac{M(Pb)}{M(PbSO_4)} = 0,6832$$

Bestimmung von Antimon als Antimon(III)sulfid

Reaktionsprinzip: Antimonionen reagieren mit Sulfidionen in saurer Lösung zu schwerlöslichem Antimon(III)sulfid.

$$2\,Sb^{3+} + 3\,S^{2-} \rightarrow Sb_2S_3\downarrow$$
$$243,50 \quad 96,18 \quad\quad 339,68$$

Mit Thioacetamid, CH_3CSNH_2 an Stelle von Schwefelwasserstoffgas als Fällungsreagenz wird ein körniger, gut filtrierbarer Niederschlag von Sb_2S_3 erhalten (Fällung aus homogener Lösung!). Das Antimonsulfid kann ohne Gefahr einer Peptisation mit klarem heißem Wasser gewaschen und nach dem Filtrieren direkt gewogen werden. (Näheres über Thioacetamid als Fällungsmittel s. gravimetrische Bestimmung von Cu als CuS, S. 372).

Fällungs- und Wägeform = Sb_2S_3. Farbe: dunkelrot bzw. graurot.

$$K_L = c^2(Sb^{3+}) \cdot c^3(S^{2-}) = 3 \cdot 10^{-59} \text{ mol}^5 \cdot \text{l}^{-5} \text{ bei Zimmertemperatur.}$$

Störende Ionen: Alle Ionen, die in saurer Lsg. ebenfalls schwerlösl. Sulfide bilden, müssen abwesend sein. Oxidationsmittel wie NO_3^- (>0,1 mol/l), NO_2^-, Fe^{3+}, $Cr_2O_7^{2-}$ usw. stören.

Verfahrensfehler: Vor der Sulfidfällung muss die Lsg. mit Weinsäure u. Ascorbinsäure versetzt werden. Weinsäure dient zur Komplexierung, da Antimonsalze stark zur Hydrolyse neigen. Ascorbinsäure soll evtl. vorhandenes Sb(V) zu Sb(III) reduzieren. Größere Konz. an Fremdionen, vor allem an Alkaliionen, bewirken eine Löslichkeitserhöhung von Sb_2S_3. Es ist eine frisch hergestellte Thioacetamidlsg. zu verwenden (Haltbarkeit der Lsg. ca. 4 Tage!). Um Fehler infolge Oxidation des feuchten Sulfids durch Luftsauerstoff zu vermeiden, sollen Fällung, Filtration u. Trocknung unmittelbar hintereinander erfolgen.

Arbeitsgeräte: 250-ml-Bechergläser (hohe Form); Uhrgläser; Wittscher Saugtopf; Glasfiltertiegel 1 G 4; Rührwerk; Heizquelle; Wasserbad; Trockenschrank; Pipetten (25, 20 u. 5 ml); Messzylinder (25 ml).

Reagenzien: Fällungsreagenz: 0,25 mol/l CH_3CSNH_2 (M = 75,136 g/mol, vor Gebrauch 1,88 g Thioacetamid in H_2O zu 100 ml lösen); 2 mol/l NH_3; 1 mol/l $C_4H_6O_6$ (Weinsäurelsg.); Ascorbinsäure.

Arbeitsbereich: 1,0–0,1 mmol Sb (121,8–12,2 mg Sb).

Arbeitsvorschrift: Entsprechend dem Arbeitsbereich 25 oder 20 ml saure Probelsg. in Becherglas geben, 30 ml H_2O zugeben u. mit Ammoniak bis zur ersten Trübung versetzen. Sodann 200 mg Ascorbinsäure u. 5 ml Weinsäurelsg. zugeben u. Lsg. auf dem Wasserbad bis zur beginnenden Kristallisation eindampfen. Danach mit 50 ml HCl ansäuern, mit H_2O auf 100 ml auffüllen (Füllhöhe vorher mit Filzschreiber markieren!) u. Lsg. zum Sieden erhitzen. Unter Rühren in die siedende Lsg. 15 ml Thioacetamidlsg. eingießen u. Lsg. mit Uhrglas 15 Min. lang sieden lassen, wobei sich der Niederschlag zusammenballt. Nach kurzem Absetzen warm über Glasfiltertiegel dekantierend filtern, dabei letzte Niederschlagsreste mit dem aufgefangenen Filtrat in den Tiegel bringen. Fällung durch Auftropfen (Pipette) 4mal mit je 5 ml warmem H_2O (60–70 °C) elektrolytfrei waschen (pH = 4–7). Anschließend 60 Min. lang bei 110 °C u. dann in Intervallen von 30 Min. bis zur Gewichtskonstanz trocknen. Auswaage $m(Sb_2O_3)$ in mg.

Anmerkung: Tiegelreinigung erfolgt mit heißer 5 mol/l HCl. **Vorsicht: Thioacetamid kann möglicherweise Krebs erzeugen!**

Berechnung:

$$m(Sb) = [\lambda] \cdot m(Sb_2S_3)$$

$$\text{Umrechnungsfaktor } [\lambda] = \frac{2 \cdot M(Sb)}{M(Sb_2S_3)} = 0{,}71685$$

Bestimmung von Kupfer als Kupfer(II)-sulfid

Reaktionsprinzip: Kupfer(II)-Ionen bilden in salzsaurer Lösung mit Sulfidionen schwerlösliches Kupfer(II)-sulfid.

$$\begin{array}{ccc} Cu^{2+} + & S^{2-} & \to \quad CuS\downarrow \\ 63{,}546 & 32{,}06 & 95{,}606 \end{array}$$

Bei Verwendung von Thioacetamid (Vorsicht: s. oben) an Stelle von gasförmigem Schwefelwasserstoff als Fällungsmittel wird ein körniger und gut filtrierbarer Niederschlag von CuS erhalten (Fällung aus homogener Lösung), der nach dem Waschen mit warmem Wasser direkt zur Auswaage gelangt.

Fällungs- und Wägeform = CuS. Farbe: schwarz.

$$K_L = c(Cu^{2+}) \cdot c(S^{2-}) = 6 \cdot 10^{-36} \text{ mol}^2 \cdot l^{-2} \text{ bei Zimmertemperatur.}$$

Thioacetamid CH_3CSNH_2 ist ein weißes kristallines Pulver, das sich in H_2O und Alkohol gut löst. In der Siedehitze zerfällt die Verbindung in H_2S und Ammoniumacetat, und zwar um so schneller, je saurer die Lösung ist.

$$CH_3 - \underset{\underset{S}{\|}}{C} - NH_2 + 2H_2O \to NH_4^+ + CH_3COO^- + H_2S$$

H_2S-Dissoziation: $H_2S \to 2H^+ + S^{2-}$

$$\frac{c^2(H^+) \cdot c(S^{2-})}{c(H_2S)} = K_{H_2S} = 1{,}1 \cdot 10^{-22} \text{ mol}^2 \cdot l^{-2}$$

Da bei Zimmertemperatur $c(H_2S) \approx 10^{-1}$ mol·l^{-1} ist, ergibt sich die einfache Beziehung: $c^2(H^+) \cdot c(S^{2-}) = K_{H_2S} \cdot c_{H_2S} = 1{,}1 \cdot 10^{-23}$ mol$^3 \cdot l^{-3}$.

Im Gegensatz zum gasförmigen Schwefelwasserstoff ist Thioacetamid gegen 1 mol/l HNO_3 praktisch unempfindlich. Der pH-Wert ändert sich bei der Fällung kaum, da die entstehenden H^+-Ionen durch das Ammoniumacetat abgepuffert werden.

In der gleichen Weise wie Cu können mit Thioacetamid die folgenden Elemente als Sulfide gefällt und direkt gravimetrisch bestimmt werden: As(III), Sb(III), Bi, Sn(II), Pb, Cd und Hg.

Störende Ionen: Es stören alle Ionen, die in saurer Lösung mit H_2S ebenfalls schwerlösliche Niederschläge geben. Weiter müssen Oxidationsmittel wie NO_3^- (>1 mmol/l), NO_2^-, Fe^{3+} usw. abwesend sein.

Verfahrensfehler: Man verwende frisch angesetzte Thioacetamidlsg., da diese in der Kälte nur etwa 4 Tage haltbar ist. Größere Mengen an Fremddionen, vor allem Alkaliionen, wirken infolge Komplexbildung lösend. Der feuchte Sulfidniederschlag kann bei längerem Stehen an der Luft zum Sulfat oxidiert werden. Daher sind Fällung, Filtration u. Trocknung unmittelbar hintereinander durchzuführen.

Arbeitsgeräte: 400-ml-Bechergläser (hohe Form); Uhrgläser; Rührwerk; Wittscher Saugtopf; Glasfiltertiegel 1 G 4; Heizquelle; Trockenschrank; Pipetten (25, 20 u. 5 ml); Wasserbad; Messzylinder (10 ml).

Reagenzien: Fällungsreagenz: 0,25 mol/l CH_3CSNH_2 (M = 75,136 g/mol; vor Gebrauch 1,88 g Thioacetamid in H_2O zu 100 ml lösen); 2 mol/l HCl; 2 mol/l NaOH.

Arbeitsbereich: 1,0–0,2 mmol Cu (63,5–12,7 mg Cu).

Arbeitsvorschrift: Entsprechend dem Arbeitsbereich 20 oder 25 ml saure Probelsg. in Becherglas geben, 30 ml H_2O zusetzen u. mit NaOH auf pH = 4–6 (bzw. erste Trübung) bringen. Sodann 25 ml HCl hinzufügen, mit H_2O auf 100 ml verdünnen (Füllhöhe vorher mit Filzschreiber markieren!) u. Lsg. zum Sieden erhitzen. Zur siedenden Lsg. in einem Guss 7 ml Thioacetamidlsg. unter Rühren zugeben u. die Lsg. 15 Min. lang im Sieden belassen. Danach weitere 3 ml Thioacetamidlsg. zusetzen, mit H_2O auf 100 ml auffüllen u. Lsg. mit Uhrglas 30 Min. lang auf dem Wasserbad stehen lassen. Anschließend warm über Glasfiltertiegel dekantierend filtrieren. Niederschlagsreste mit Hilfe des in einem sauberen Becherglas aufgefangenen Filtrats in den Tiegel bringen. 4mal mit je 5 ml H_2O (60–70 °C) durch Auftropfen (Pipette!) waschen und den Niederschlag bis zur Gewichtskonstanz bei 110 °C trocknen. Auswaage m(CuS) in mg.

Anmerkung: Tiegelreinigung erfolgt mit heißer 5 mol/l HCl. **Vorsicht: Thioacetamid kann möglicherweise Krebs erzeugen!**

Berechnung:

$$m(\text{Cu}) = [\lambda] \cdot m(\text{CuS})$$

$$\text{Umrechnungsfaktor } [\lambda] = \frac{M(\text{Cu})}{M(\text{CuS})} = 0{,}66467$$

Bestimmung von Kupfer als Kupfer(I)thiocyanat

Reaktionsprinzip: In schwach saurer Lösung werden Kupfer(II)-ionen mit schwefliger Säure reduziert und mit Thiocyanationen als schwerlösliches Kupfer(I)thiocyanat gefällt.

$$2\,\text{Cu}^{2+} + \text{HSO}_3^- + \text{H}_2\text{O} \rightarrow 2\,\text{Cu}^+ + \text{HSO}_4^- + 2\,\text{H}^+$$

$$\begin{array}{llll} \text{Cu}^+ + & \text{SCN}^- & \rightarrow & \text{CuSCN} \downarrow \\ 63{,}546 & 58{,}08 & & 121{,}62 \end{array}$$

Fällungs- und Wägeform = CuSCN. Farbe: weiß.

$$K_L = c(\text{Cu}^+) \cdot c(\text{SCN}^-) = 1{,}6 \cdot 10^{-11} \text{ mol}^2 \cdot \text{l}^{-2} \text{ bei Zimmertemperatur.}$$

374 Gravimetrische Verfahren

Die Methode kann mit Vorteil bei Anwesenheit von As(III)-, Sb(III)-, Sn^{2+}-, Bi^{3+}-, Cd^{2+}-, Fe^{2+}- (wenig), Ni^{2+}-, Co^{2+}-, Zn^{2+}- und Mn^{2+}-Ionen angewendet werden, da diese lösliche Thiocyanate bilden. Sb(III), Sn^{2+} und Bi^{3+} komplexiert man durch Zusatz von 2–3 g Weinsäure, um ihre Hydrolyse im schwach sauren Medium zu verhindern.

Störende Ionen: Pb^{2+}-, Hg^{2+}-, Hg_2^{2+}-, Ag^+- u. Tl^+-Ionen dürfen nicht zugegen sein, da sie schwerlösl. Thiocyanate bilden.

Verfahrensfehler: Die Lsg. muss schwach sauer sein (pH = 3–5), da die Löslichkeit von CuSCN mit abnehmendem pH-Wert zunimmt. Ein zu großer Überschuss an Reagenzlsg. ist wegen Bildung eines lösl. $[Cu(SCN)_2]^-$-Komplexes zu vermeiden. Oxidationsmittel, wie NO_3^-, müssen abwesend sein, damit zum einen keine Zersetzung des SCN^--Ions eintritt u. zum anderen die Reduktion von Cu(II) zu Cu(I) quantitativ verläuft.

Arbeitsgeräte: 400-ml-Becherglaser (hohe Form); Rührwerk; Wittscher Saugtopf; Glasfiltertiegel 1 G 4; 10-ml-Bürette; Uhrgläser; Heizplatte; Trockenschrank; 5-ml-Pipette; pH-Papier.

Reagenzien: Frisch hergestellte 0,2 mol/l NH_4SCN (1,52 g NH_4SCN zu 100 ml gelöst); 1,7 mol/l H_2SO_3; 2 mol/l HCl u. 2 mol/l NH_3; Waschflüssigkeit: 100 ml kaltes H_2O mit 5 Tropfen H_2SO_3-Lsg.; 6 mol/l Methanol (ca. 20%ig).

Arbeitsbereich: 1,5–0,5 mmol Cu (95,2–31,7 mg Cu).

Arbeitsvorschrift: 20 bzw. 25 ml neutrale oder schwach saure Probelsg. (pH = 3–5) in Becherglas füllen u. 30 ml H_2O zugeben. Versetzen mit 30 ml H_2SO_3 u. anschließend mit Ammoniak bis zur Trübung oder Blaufärbung. Den Niederschlag mit ein paar Tropfen H_2SO_3 gerade wieder lösen bzw. entfärben u. mit H_2O auf 150 ml verdünnen. Sodann in einem Zeitraum von 15 Min. unter Rühren 10 ml NH_4SCN aus einer Bürette tropfenweise zugeben. 10 Min. lang rühren u. Lsg. 2 Std. lang mit Uhrglas stehen lassen. Prüfen auf Vollständigkeit der Fällung mit einigen Tropfen Reagenzlsg. und anschließend den Niederschlag über einen Glasfiltertiegel dekantierend filtrieren. Mit klarem Filtrat Niederschlagsreste in die Fritte bringen. Waschen mit 5×5 ml kalter Waschlsg. (Pipette) und 2x5 ml Methanol. 45 Min. trocknen u. dann in Intervallen von 15 Min. bei 115 °C konstant trocknen. Auswaage $m(CuSCN)$ in mg.

Berechnung:

$$m(Cu) = [\lambda] \cdot m(CuSCN)$$

$$\text{Umrechnungsfaktor } [\lambda] = \frac{M(Cu)}{M(CuSCN)} = 0,52248$$

Bestimmung von Zink als Zinktetrathiocyanatomercurat(II)

Reaktionsprinzip: In neutraler oder schwach salpetersaurer Lösung ergeben Zinkionen mit Tetrathiocyanatomercurationen einen schwerlöslichen Niederschlag von Zinktetrathiocyanatomercurat(II):

$$Zn^{2+} + [Hg(SCN)_4]^{2-} \rightarrow Zn[Hg(SCN)_4]\downarrow$$
$$65,38 \quad\quad 432,90 \quad\quad\quad\quad 498,28$$

Fällungs- und Wägeform = $Zn[Hg(SCN)_4]$. Farbe: weiß.

Störende Ionen: Cu^{2+}, Ni^{2+}, Mn^{2+}, Cd^{2+}, Hg^{2+}, Ag^+, Fe^{2+}, Fe^{3+}, Bi^{3+} u. As(III) stören.

Verfahrensfehler: Der Niederschlag ist etwas in Wasser, Alkohol oder Ether löslich. Er wird bei 105–110 °C getrocknet.

Arbeitsgeräte: 400-ml-Bechergläser (hohe Form); Rührwerk; Wittscher Saugtopf; Porzellanfiltertiegel A 1 oder Glasfiltertiegel 1 G 4; 50-ml-Bürette; Pipetten; Trockenschrank.
Reagenzien: 2 mol/l HNO_3; Fällungsreagenz: 0,1 mol/l $K_2[Hg(SCN)_4]$ (3,9 g KSCN in 20 ml Wasser lösen, mit 2,7 g $HgCl_2$ unter Rühren versetzen u. mit Wasser auf 100 ml verdünnen; wenn notwendig, filtrieren).
Arbeitsbereich: 1,0–0,1 mmol Zn (65,38–6,54 mg Zn).
Arbeitsvorschrift: 20 bzw. 25 ml neutrale Probelsg. in Becherglas bringen, 1 ml HNO_3 zusetzen u. mit Wasser auf 100 ml verdünnen (Füllhöhe vorher mit Filzstift markieren!). Aus Bürette unter ständigem Rühren Reagenzlsg. eintropfen lassen, bis sich in der klaren überstehenden Lsg. kein Niederschlag mehr bildet. Sodann Lsg. eine Stunde lang ausrühren. Nach Prüfung auf Vollständigkeit der Fällung Nd. über Filtertiegel abfiltrieren u. letzte Nd.-Mengen mit Filtrat in Tiegel bringen. Den Niederschlag mit wenig Wasser waschen u. bei 105–110 °C in Intervallen von 30 Min. bis zur Gewichtskonstanz trocknen. Auswaage $m(Zn[Hg(SCN)_4])$ in mg.
Berechnung:

$$m(Zn) = [\lambda] \cdot m(Zn[Hg(SCN)_4])$$

$$\text{Umrechnungsfaktor } [\lambda] = \frac{M(Zn)}{M(Zn[Hg(SCN)_4])} = 0,13121$$

Bestimmung von Mangan als Mangandiphosphat

Reaktionsprinzip: In schwach ammoniakalischer Lösung bilden Mn^{2+}-Ionen mit PO_4^{3-}-Ionen schwerlösliches Ammoniummanganphosphat

$$Mn^{2+} + NH_4^+ + HPO_4^{2-} + OH^- + 5\,H_2O \rightarrow MnNH_4PO_4 \cdot 6\,H_2O \downarrow$$

Der Niederschlag wird filtriert, mit verdünnter kalter Ammoniumnitratlösung gewaschen und bei 900 °C zum Mangandiphosphat geglüht, das ausgewogen wird.

$$2\,MnNH_4PO_4 \cdot 6\,H_2O \rightarrow Mn_2P_2O_7 + 2\,NH_3\uparrow + 13\,H_2O$$
552,096   283,83

Fällungsform = $MnNH_4PO_4 \cdot 6\,H_2O$. Farbe: weiß; Wägeform = $Mn_2P_2O_7$. Die Fällung erfolgt analog der des Magnesiums aus homogener Lösung (s. S. 365). Der erhaltene Niederschlag von $MnNH_4PO_4 \cdot 6\,H_2O$ ist anfangs amorph, wird aber bei längerem Stehen in der Wärme leicht kristallin.

Störende Ionen: Bis auf die Alkaliionen müssen alle anderen Kationen abwesend sein, da sie gleichfalls schwerlösliche Phosphatfällungen geben.
Verfahrensfehler: Ammoniummanganphosphat ist im Gegensatz zum Ammoniummagnesiumphosphat sehr viel weniger löslich. Die Probelösung muss frei von Oxidationsmitteln sein, um die Bildung von Mangan(IV)-oxid zu vermeiden. Nie trockensaugen, ehe alle Nd. im Tiegel ist.
Arbeitsgeräte: 400-ml-Bechergläser (hohe Form und nach Möglichkeit ungebraucht); Magnetrührer mit Rührstäbchen; Porzellanfiltertiegel A 2 (mit Tiegelschuh); Wittscher Saugtopf; Heizquelle; Trockenschrank; elektr. Muffelofen (1000 °C); 50-ml-Bürette; Pipetten (5, 20 u. 25 ml).
Reagenzien: Fällungsreagenz 0,1 mol/l $(NH_4)_2HPO_4$ (1,32 g Diammoniumhydrogenphosphat p.a. in wenig H_2O lösen u. auf 100 ml auffüllen); Waschflüssigkeit: 0,1 mol/l NH_4NO_3 (0,8 g zu 100 ml mit H_2O lösen); 2 mol/l HCl; 2 mol/l NH_3; 14 mol/l NH_3; Methylrotlsg. (0,2% in 90%igem Ethanol).

376 Gravimetrische Verfahren

Arbeitsbereich: 1,0–0,1 mmol (54,9–5,5 mg Mn).
Arbeitsvorschrift: 20 ml neutrale bis schwach saure Probelsg. ins Becherglas bringen. 10 ml HCl zusetzen u. mit H_2O auf 150 ml verdünnen (Füllhöhe vorher mit Filzschreiber markieren!). Darauf 2 g NH_4Cl, 20 ml Reagenzlsg. zufügen u. kurz zum Sieden erhitzen. Nach Zusatz einiger Tropfen Methylrotlsg. unter stetigem Rühren langsam aus Bürette 2 mol/l NH_3 eintropfen, bis der Farbumschlag nach gelb auftritt. Lsg. mit 2 ml 14 mol/l NH_3 versetzen (pH = 6,5–7,5), 5 Min. lang rühren u. anschließend 30 Min. lang auf dem Wasserbad stehen lassen. Klare überstehende Lsg. mit 3–4 Tropfen Reagenzlsg. auf Vollständigkeit der Fällung prüfen. Nach zweistündigem Abkühlen den Niederschlag über Filtertiegel A 2 dekantierend filtrieren u. Reste mit 10 ml 0,1 mol/l NH_3 in Tiegel bringen. Den Niederschlag zweimal mit je 5 ml 0,1 mol/l NH_3 durch Auftropfen aus 5-ml-Pipette waschen (Filtrat Cl^--frei!). Filtertiegel im Tiegelschuh im Trockenschrank bei 110 bis 120 °C etwa 40 Min. lang trocknen. Den Niederschlag im Muffelofen bei 900–1000 °C in Intervallen von 20 Min. bis zur Gewichtskonstanz glühen. Auswaage $m(Mn_2P_2O_7)$ in mg.

Berechnung:

$$m(Mn) = [\lambda] \cdot m(Mn_2P_2O_7)$$

$$\text{Umrechnungsfaktor } [\lambda] = \frac{2\,M(Mn)}{M(Mn_2P_2O_7)} = 0,38713$$

Bestimmung von Eisen als Eisen(III)oxid

Reaktionsprinzip: Eisen(III)-ionen werden durch Hydroxidionen als schwerlösliches wasserhaltiges Eisen(III)oxid-Hydrat gefällt.

$$Fe^{3+} + 3\,OH^- \rightarrow Fe(OH)_3\downarrow$$
$$55,847 \quad 3\cdot 17,007$$

Der Niederschlag wird mit 0,1 mol/l NH_4NO_3 gewaschen, anschließend bei mäßiger Rotglut (600 °C) in Eisen(III)oxid überführt und ausgewogen.

Die Fällung des $Fe(OH)_3$ erfolgt aus homogener Lösung unter Verwendung von Urotropin (Hexamethylentetraamin), das in der Siedehitze in Ammoniak und Formaldehyd gespalten wird.

$$2\,Fe(OH)_3 \rightarrow Fe_2O_3 + 3\,H_2O$$
$$159,69$$

Fällungsform = $Fe(OH)_3 \cdot x\,H_2O$
Wägeform = Fe_2O_3 Farbe: rotbraun
K_L = $c(Fe^{3+}) \cdot c^3(OH^-) = 4\cdot 10^{-38}\,mol^4\cdot l^{-4}$
                                                             bei Zimmertemperatur.

Tab. 3.7: pH-Bereiche der Hydroxidfällungen

Kationen	Ti^{4+}	Fe^{3+}	Al^{3+}	Fe^{2+}	Zn^{2+}	Ni^{2+}	Co^{2+}	Mn^{2+}	Mg^{2+}
pH-Bereich von Hydroxidfällungen	0 bis 13,0	2,2 bis 7,0	3,8 bis 6,5	5,8 bis 8,5	6,0 bis 7,0	6,7 bis 8,0	6,8 bis 8,5	8,4 bis 10,0	10,5 bis 11,0

$$C_6H_{12}N_4 + 6\, H_2O \rightleftharpoons 4\, NH_3 + 6\, HCHO$$
$$4\, NH_3 + 4\, H^+ \rightleftharpoons 4\, NH_4^+$$

Das Urotropinverfahren besitzt gegenüber Ammoniak als Fällungsmittel wesentliche Vorteile: Es wird erstens in einem definierten pH-Bereich (pH = 4,5–5,5) gearbeitet, so dass eine Abtrennung des Fe^{3+} von Zn^{2+}, Co^{2+}, Ni^{2+} u. Mn^{2+} möglich ist (Tab. 3.7). Dabei verhindert der reduzierend wirkende Formaldehyd die Oxidation von Mn(II) zu schwerlöslichem Mn(IV). Zweitens wird ein grobflockiger, sich relativ schnell absetzender und gut filtrierbarer $Fe(OH)_3$-Niederschlag erhalten. Drittens bietet die Urotropinmethode die Gewähr, dass die Reagenzlösung kieselsäure- und CO_2-frei ist, was sonst nur bei frisch hergestelltem Ammoniak zutrifft.

Einen Überblick über die pH-Bereiche, in denen die wichtigsten Metallionen als Hydroxide gefällt werden, gibt die Tab. 3.7.

Der pH-Wert des Fällungsbeginns hängt noch etwas von der Kationenkonzentration und vom anwesenden Anion (Cl^-, ClO_4^-, NO_3^-, SO_4^{2-} usw.) ab.

Störende Ionen: Ti^{4+}-, Al^{3+}- u. Cr^{3+}-Ionen müssen abwesend sein, da sie in gleicher Weise gefällt werden. Ebenfalls stören die Anionen: PO_4^{3-}, AsO_4^{3-} u. SiO_4^{4-}, weil sie entweder schwerlösliche Fe-Salze bilden oder vom Niederschlag stark adsorbiert werden. Tartrate, Citrate, Fluoride u. Pyrophosphate komplexieren Fe^{3+}-Ionen; es tritt keine Fällung von $Fe(OH)_3$ ein.

Verfahrensfehler: Es dürfen nur Fe^{3+}-Ionen vorliegen. Eventuell vorhandene Fe^{2+}-Ionen werden nicht quantitativ gefällt; sie müssen daher vorher durch einige Tropfen H_2O_2 (Perhydrol) oder 14 mol/l HNO_3 oxidiert werden (Überschuss verkochen!). Bei Gegenwart größerer Mengen an Fremdionen (vor allem an SO_4^{2-}) ist es wegen des großen Adsorptionsvermögens des Hydroxids ratsam, den Niederschlag umzufällen. Die $Fe(OH)_3$-Fällung muss Cl^--frei gewaschen werden, um die Bildung des flüchtigen $FeCl_3$ beim Glühen zu verhindern.

$$Fe_2O_3 + 6\, NH_4Cl \rightarrow 2\, FeCl_3 + 6\, NH_3 + 3\, H_2O$$

Bei zu hoher Glühtemperatur (>800 °C) wird Eisen(III)-oxid durch Kohlenstoff aus dem Filterpapier leicht zu Fe_3O_4 reduziert.

Arbeitsgerät: 400-ml-Becherglas (hohe Form); Uhrgläser; Porzellantiegel; Schwarzband-Filter; Rührwerk; Heizquelle; elektr. Muffelofen 600 °C; Trockenschrank; Pipetten (25, 20 u. 10 ml); 50-ml-Bürette; pH-Papier.

Reagenzien: Fällungsreagenz: 0,5 mol/l $C_6H_{12}N_4$ (Urotropinlsg.; 7,01 g Urotropin mit H_2O zu 100 ml lösen); NH_4Cl; 0,1 mol/l NH_4NO_3; 2 mol/l HCl; Methylrot.

Arbeitsbereich: 2,0–0,2 mmol Fe (117,7–11,8 mg Fe).

Arbeitsvorschrift: 25 oder 20 ml saure (Fe^{3+} enthaltende!) Probelsg. in Becherglas geben, 20 ml HCl zufügen u. mit H_2O auf 150 ml verdünnen (Füllhöhe vorher mit Filzschreiber markieren!). Lsg. mit 1 g NH_4Cl versetzen, zum Sieden erhitzen u. unter Rühren Urotropinlsg. aus Bürette so lange zutropfen lassen, bis pH = 5–6 erreicht ist (oder Methylrot gerade von rot nach gelb umschlägt). Danach Lsg. einige Min. lang kochen lassen (pH-Kontrolle!) und den Niederschlag möglichst heiß über Schwarzbandfilter dekantierend filtrieren. Niederschlagsreste mit einem Teil des Filtrats auf das Filter bringen. Sodann den Niederschlag mit heißer NH_4NO_3-Lsg. Cl^--frei waschen. Filter mit Inhalt in einen Porzellantiegel bringen, im Trockenschrank trocknen (110 °C) u. anschließend veraschen. Rückstand in Intervallen von 20 Min. im Muffelofen bei 600 °C bis zur Gewichtskonstanz glühen. Auswaage $m(Fe_2O_3)$ in mg.

Anmerkung: Tiegelreinigung erfolgt durch heiße 5 mol/l HCl.

Berechnung:

$$m(\text{Fe}) = [\lambda] \cdot m(\text{Fe}_2\text{O}_3)$$

Umrechnungsfaktor $[\lambda] = \dfrac{2\,M(\text{Fe})}{M(\text{F}_2\text{O}_3)} = 0,69943$

Bestimmung von Cobalt als Tetrakis(pyridin)cobalt(II)thiocyanat

Reaktionsprinzip: Aus neutraler Lösung werden Cobalt(II)-ionen durch Zusatz von Ammoniumthiocyanat und Pyridin als feinkristallines Tetrakis(pyridin)cobalt(II)thiocyanat gefällt, das nach dem Trocknen direkt zur Auswaage gebracht wird.

$$\text{Co}^{2+} + 2\,\text{SCN}^- + 4\,\text{C}_5\text{H}_5\text{N} \rightarrow [\text{Co}(\text{C}_5\text{H}_5\text{N})_4](\text{SCN})_2\downarrow$$
$$58{,}933 \quad\ 116{,}156 \quad\ 316{,}407 \qquad\qquad 491{,}496$$

Fällungs- und Wägeform = $[\text{Co}(\text{C}_5\text{H}_5\text{N})_4](\text{SCN})_2$. Farbe: rosa.

Die Komplexverbindung ist schwerlöslich in alkalithiocyanat- und pyridinhaltigem Wasser, in verdünntem alkalithiocyanat- und pyridinhaltigem Ethanol sowie pyridinhaltigem Ether. Sie eignet sich zur Auswaage kleiner Mengen Cobalt, da der Umrechnungsfaktor bei dem kleinen Gehalt der Komplexverbindung an Cobalt (12%) sehr günstig liegt.

Störende Ionen: Viele andere Schwermetallionen geben ähnliche Niederschläge und müssen deshalb vor der Bestimmung quantitativ abgetrennt werden.
Verfahrensfehler: Salzsaure Cobalt(II)-Lösungen, die keinesfalls >0,1 g Co enthalten dürfen, müssen durch Eindampfen vom Salzsäure-Überschuss befreit werden.
Arbeitsgeräte: 400-ml-Bechergläser (hohe Form); Rührwerk; Glasfiltertiegel 1 G 4; Wittscher Saugtopf; Heizquelle; Vakuumexsikkator; 20-ml-Pipette; Messpipetten; Messzylinder.
Reagenzien: Fällungsreagenzien: NH$_4$SCN (p.a.), Pyridin; Waschflüssigkeit: 10%iges Ethanol ($\varrho = 0{,}984$ g/ml), das 1,5% Pyridin u. 0,1% NH$_4$SCN enthält; abs. Ethanol, das in 100 ml 8 ml Pyridin enthält; Ether, auf 100 ml ca. 15 Tropfen Pyridin zusetzen; reiner Ether.
Arbeitsbereich: 1,0–0,1 mmol Co (58,9–5,9 mg Co).
Arbeitsvorschrift: Neutrale Analysenlsg. oder Eindampfrückstand mit Wasser auf ca. 75 ml verdünnen bzw. lösen, mit 0,5 g NH$_4$SCN versetzen u. zum Sieden erhitzen. Unter lebhaftem Rühren 5 ml Pyridin zusetzen u. langsam unter gelegentlichem Umrühren abkühlen lassen. Nach völligem Abkühlen auf Raumtemp. über Glasfiltertiegel dekantierend filtrieren, wobei die Niederschlagsreste mit einem Teil des Filtrats in den Tiegel zu bringen sind. Mit 180 ml 10%igem Ethanol, dann ein- bis zweimal mit je 1 ml abs. Ethanol u. schließlich mit 250 ml pyridinhaltigem Ether waschen und 5–10 Min. lang im Exsikkator trocknen. Auswaage $m([\text{Co}(\text{C}_5\text{H}_5\text{N})_4](\text{SCN})_2)$ in mg.
Berechnung:

$$m(\text{Co}) = [\lambda] = m([\text{Co}(\text{C}_5\text{H}_5\text{N})_4](\text{SCN})_2)$$

Umrechnungsfaktor $[\lambda] = \dfrac{M(\text{Co})}{M([\text{Co}(\text{C}_5\text{H}_5\text{N})_4](\text{SCN})_2)} = 0{,}11991$

Bestimmung von Nickel als Bis-[dimethylglyoximato]-nickel(II)

Reaktionsprinzip: Nickelionen ergeben in schwach ammoniakalischer Lösung mit Dimethylglyoxim ($H_2C_4H_6N_2O_2 = H_2dmg$) einen schwerlöslichen flockigen Niederschlag von Bis-[dimethylglyoximato]-nickel(II), der direkt zur Auswaage gebracht wird.

$$Ni^{2+} + 2\,Hdmg^- \rightarrow [Ni(Hdmg)_2]\downarrow$$
$$58{,}69 \quad 2\cdot 115{,}11 \quad\quad 288{,}91$$

Fällungs- und Wägeform = $[Ni(HC_4H_6N_2O_2)_2]$. Farbe: rot.
Löslichkeit = 0,6 mg $[Ni(Hdmg)_2]$ in 100 ml heißem H_2O, <0,1 mg $[Ni(Hdmg)_2]$ in 100 ml kaltem H_2O.

$[Ni(Hdmg)_2]$ ist ein Chelatkomplex. Die Verbindung besitzt einen sehr günstigen Umrechnungsfaktor. Sie ist löslich in Mineralsäuren, in alkoholischen Lösungen (>50%ig) und in konzentrierten ammoniakalischen Lösungen, vor allem in Gegenwart von Co^{2+}-Ionen. Mit Vorteil lassen sich Ni^{2+}-Ionen mit H_2dmg neben Zn^{2+}, Mn^{2+} und Fe^{2+} in schwach essigsaurer mit Natrium- oder Ammoniumacetat gepufferter Lösung bestimmen. Durch Zugabe von Wein- oder Citronensäure zur sauren Probelösung werden evtl. vorhandene Fe^{3+}-, Cr^{3+}- und Al^{3+}-Ionen komplex gebunden, so dass die Ni-Ausfällung im schwach ammoniakalischen Medium ohne Störung vorgenommen werden kann. Struktur der Verbindung s. S. 43.

Störende Ionen: Dimethylglyoxim ist ein spezifisches Reagenz, da es außer mit Ni^{2+} nur mit Pd^{2+} u. Au^{3+} in ammoniakalischer Lösung schwerlösliche Chelatkomplexe bildet. Bi^{3+}-Ionen werden nur in stark alkalischem Medium gefällt.

Verfahrensfehler: Durch Verwendung einer wässrigen Natriumdimethylglyoximatlsg. an Stelle der bisher üblichen ethanolischen Reagenzlsg. werden folgende mögliche Fehler ausgeschlossen: Einmal die Löslichkeit des Ni-Niederschlags in Ethanol u. zum anderen das Mitfiltrieren von in Wasser schwerlösl. Dimethylglyoxim, das sich bei zu großem Reagenzüberschuss u. längerem Stehen oder beim Kochen der Lsg. nach der Fällung durch Verdampfen des Ethanols abscheidet. Sind größere Mengen an Fremdionen, vor allem Fe^{2+}- u. Co^{2+}-Ionen, zugegen, so muss zur Erzielung einer quantitativen Ni-Fällung mehr Reagenzlsg. als vorgeschrieben zugegeben werden, da H_2dmg mit zahlreichen Ionen, aber im Gegensatz zum Ni^{2+}, lösl. Chelatkomplexe bildet. Es ist in diesem Falle ratsam, den $[Ni(Hdmg)_2]$-Niederschlag umzufällen. Eine weitere Fehlermöglichkeit bei der Ni-Bestimmung ergibt sich dadurch, dass die beim Lösen einer Metallprobe entstandenen nitrosen Gase nicht vollkommen verkocht worden sind.

Arbeitsgeräte: 400-ml-Bechergläser (hohe Form); Rührwerk; Glasfiltertiegel 1 G 4; Wittscher Saugtopf; Heizquelle; Trockenschrank; 50-ml-Bürette; Pipetten; pH-Papier.

Reagenzien: Fällungsreagenz 0,1 mol/l $Na_2C_4H_6N_2O_2$ (wäss. Natriumdimethylglyoximatlsg.: 30,4 g $Na_2C_4H_6N_2O_2 \cdot 8\,H_2O$ werden in Wasser gelöst u. nach evtl. Filtrieren mit Wasser auf 1000 ml verd.; die Lsg. reagiert alkalisch). 2 mol/l HCl; 2 mol/l CH_3COOH; 2 mol/l NaOH; 2 mol/l NH_3 u. 0,2 mol/l NH_3; zur Maskierung 1 mol/l $C_4H_6O_6$ (Weinsäurelsg.; 15 g $C_4H_6O_6$ in H_2O lösen u. auf 100 ml verdünnen).

Arbeitsbereich: 1,0–0,1 mmol Ni (58,7–5,9 mg Ni).

Arbeitsvorschrift: Entsprechend dem Arbeitsbereich 10 oder 20 ml der mineralsauren Probelsg. in Becherglas bringen, 2 ml HCl zugeben u. mit H_2O auf 200 ml verdünnen (Füllhöhe vorher mit Filzschreiber markieren!). 20–30 ml/l NH_3 zusetzen bis pH = 3–4.

Lsg. zum Sieden erhitzen, von der Heizplatte nehmen u. unter Rühren 25 ml Reagenzlsg. aus Bürette langsam einfließen lassen. Sodann mit Ammoniak tropfenweise pH = 8–9 einstellen. In bedecktem Becherglas 10 Min. lang rühren, den Niederschlag absetzen lassen u. klare Lsg. mit 0,5 ml Reagenzlsg. auf Vollständigkeit der Fällung prüfen. Nach 30 Min. warm über Glasfiltertiegel dekantierend filtrieren, wobei die Niederschlagsreste mit einem Teil des Filtrats in den Tiegel zu bringen sind. Mit 10 ml warmem u. anschließend mit 20 ml kaltem Wasser waschen (Pipette). Zuerst 2 Std. lang bei 110–120 °C und dann in Intervallen von 45 Min. bis zur Gewichts-Konstanz trocknen. Auswaage $m([Ni(C_4H_7N_2O_2)_2])$ in mg.

Anmerkung: Bei Anwesenheit von Fe^{3+}-, Al^{3+}- u. Cr^{3+}-Ionen mineralsaure Probelösung mit 20 ml Weinsäurelsg. versetzen u. weiter wie oben verfahren. (Tritt bei pH = 4–5 eine Fällung auf, so war die Menge an Maskierungsmittel nicht ausreichend.)

Berechnung:

$$m(Ni) = [\lambda] \cdot m(Ni(C_4H_7N_2O_2)_2])$$

$$\text{Umrechnungsfaktor } [\lambda] = \frac{M(Ni)}{M([Ni(C_4H_7N_2O_2)_2])} = 0,20317$$

3.4 Titrimetrische Verfahren

Die Titrimetrie oder Maßanalyse wurde zuerst von *J. L. Gay-Lussac* (1788–1850) im Jahre 1830 in die analytische Chemie eingeführt. Hierunter versteht man ein quantitatives Verfahren, bei dem die Bestimmung einer unbekannten Menge eines gelösten Stoffes durch Zugabe einer geeigneten Reagenzlösung bekannten Gehaltes (Titerlösung) bis zur quantitativen Umsetzung (Reaktionsendprodukt oder Äquivalenzpunkt) erfolgt. Bei Kenntnis des chemischen Reaktionsablaufs kann aus dem Verbrauch und der Konzentration der Reagenzlösung die gesuchte Stoffmenge berechnet werden.

Gegenüber der Gravimetrie weisen die maßanalytischen Verfahren eine Reihe von Vorteilen auf. So tritt zum einen an die Stelle vieler Einzelwägungen die Volumenmessung (Bürettenablesung); die analytische Waage wird also nur noch zur Herstellung der Titerlösungen gebraucht. Zum anderen entfallen die zeitraubenden gravimetrischen Arbeitsgänge wie Filtrieren, Waschen, Trocknen und Glühen. Daher findet die Maßanalyse vor allem für Reihenuntersuchungen in der Betriebsanalyse ausgedehnte Verwendung.

Daneben darf jedoch nicht übersehen werden, dass es sich in der Titrimetrie sehr oft um nichtspezifische Reaktionen handelt. Man kann sie nur dann verwenden, wenn die qualitative Zusammensetzung des zu untersuchenden Minerals oder technischen Produktes bzw. der zu analysierenden Legierung genau bekannt ist, da die in gleicher Weise reagierenden Ionen vor der eigentlichen Bestimmung entweder durch Ausfällung, Destillation oder Komplexierung entfernt werden müssen.

3.4.1 Allgemeine Grundlagen

Die Ausführung titrimetrischer Bestimmungen ist an folgende Voraussetzungen gebunden:

a) Eindeutiger Reaktionsablauf mit schneller und quantitativer Umsetzung;
b) Herstellung von Maßlösungen mit einem über längere Zeit konstanten Titer;
c) Erkennbarkeit des Endpunktes der Titration.

Der Zusammenhang zwischen der gesuchten Masse $m(B)$ und dem verbrauchten Volumen V der Maßlösung kann aus den stöchiometrischen Verhältnissen der Reaktionsgleichung abgeleitet werden. Für die Umsetzung $x \cdot B + y \cdot R \rightleftharpoons B_xR_y$ mit B als Teilchen (Molekül oder Ion) des zu bestimmenden Stoffes, R als Reagenzteilchen sowie x und y als stöchiometrische Koeffizienten ergibt sich, dass ein Teilchen B auf y/x Reagenzteilchen R kommt. Für die Stoffmengen gilt dann die Gleichung

$$n(\text{B}) = \frac{x}{y} \cdot n(\text{R})$$

Oft wird in der Maßanalyse nicht auf Moleküle bzw. Ionen des Reagenz bezogen, sondern auf sogenannte Äquivalent-Teilchen, gedachte Bruchteile der tatsächlich vorliegenden Moleküle bzw. Ionen. Aus einem Reagenzteilchen R werden so z^* Äquivalent-Teilchen (R/z^*), von denen jedes nur noch ein einziges ersetzbares H-Atom enthält oder bei einer Redox-Reaktion nur ein einziges Elektron abgibt bzw. aufnimmt usw. Daraus ergibt sich für die Stoffmengengleichung (vgl. S. 405)

$$n(\text{B}) = \frac{1}{z^*} \cdot \frac{x}{y} \cdot n(\text{R}/z^*).$$

Ersetzt man jetzt $n(\text{B})$ und $n(\text{R}/z^*)$ anhand der Beziehung $n(\text{B}) = \frac{m(\text{B})}{M(\text{B})}$ bzw. $n(\text{R}/z^*) = V_t \cdot c(\text{R}/z^*)$ und löst nach $m(\text{B})$ auf, erhält man die Grundgleichung der Maßanalyse für die Bestimmung einer unbekannten Masse $m(\text{B})$:

$$m(\text{B}) = \frac{1}{z^*} \cdot \frac{x}{y} M(\text{B}) \cdot V_t \cdot c(\text{R}/z^*) = [\lambda] \cdot V_t$$

Der Umrechnungsfaktor $[\lambda]$ setzt sich nur aus bekannten Größen zusammen:

$\frac{x}{y}$ Verhältnis der Umsetzungskoeffizienten vom gesuchten Stoff zu Reagenz,

$c(\text{R}/z^*)$ Stoffmengenkonzentration der Maßlösung, bezogen auf Äquivalent-Teilchen, mmol/ml,

z^* Äquivalentzahl; Zahl der reaktionsfähigen Teile in einem Reagenzmolekül,

$M(\text{B})$ molare Masse des gesuchten Stoffes, mg/mmol,

V_t verbrauchtes Volumen Maßlösung, ml.

Je nach Art der reagierenden Anteile des Reagenz sind folgende Untergruppen maßanalytischer Methoden zu unterscheiden:

Neutralisationstitrationen
(z^* = Zahl der reaktionsfähigen H^+- oder OH^--Ionen),
Redoxtitrationen
(z^* = Zahl aufgenommener oder abgegebener Elektronen),
Fällungstitrationen
(z^* = Zahl der reagierenden Verbindungsanteile),
Komplexbildungstitrationen
(z^* = Zahl der den Komplex bildenden Liganden).

Die auf Äquivalent-Teilchen bezogene molare Masse (Äquivalentmasse) hängt von den verschiedenen chemischen Umsetzungen und vom Reaktionstyp

Allgemeine Grundlagen 383

Tab. 3.8: Beispiele für maßanalytische Reaktionen

Titrationsmittel	Teilreaktion	Äquivalentzahl z^*	Äquivalentmasse in g/mol
Neutralisationstitration			
HCl	HCl $\to$ H$^+$ + Cl$^-$	1	36,461
HIO$_3$	HIO$_3$ $\to$ H$^+$ + IO$_3^-$	1	175,91
H$_2$SO$_4$	H$_2$SO$_4$ $\to$ 2 H$^+$ + SO$_4^{2-}$	2	49,037
H$_3$PO$_4$	H$_3$PO$_4$ $\to$ H$^+$ + H$_2$PO$_4^-$	1	97,995
	H$_3$PO$_4$ $\to$ 2 H$^+$ + HPO$_4^{2-}$	2	48,997
NaOH	NaOH $\to$ Na$^+$ + OH$^-$	1	39,997
Ba(OH)$_2$	Ba(OH)$_2$ $\to$ Ba^{2+} + 2 OH$^-$	2	85,67
Redoxtitration			
KMnO$_4$ (s.)	$\overset{+VII}{MnO_4^-}$ +8 H$^+$ + 5 e$^-$ $\to$ $\overset{+II}{Mn^{2+}}$ +4 H$_2$O	5	31,607
KMnO$_4$ (alk.)	$\overset{+VII}{MnO_4^-}$ +2 H$_2$O + 3 e$^-$ $\to$ $\overset{+IV}{MnO_2}$ $\downarrow$ +4 OH$^-$	3	52,678*)
K$_2$Cr$_2$O$_7$ (s.)	$\overset{+VI}{Cr_2O_7^{2-}}$ +14 H$^+$ + 6 e$^-$ $\to$ 2 $\overset{+III}{Cr^{3+}}$ +7 H$_2$O	6	49,031
HIO$_3$ (s.)	$\overset{+V}{IO_3^-}$ +6 H$^+$ + 6 e$^-$ $\to$ $\overset{-I}{I^-}$ +3 H$_2$O	6	29,318
H$_2$C$_2$O$_4$ (s.)	$\overset{+III}{C_2O_4^{2-}}$ $\to$ 2 e$^-$ + 2 $\overset{+IV}{CO_2}$	2	45,018
KI (s.)	$\overset{-I}{I^-}$ $\to$ e$^-$ + 1/2 $\overset{0}{I_2}$	1	166,003
Fällungstitration			
AgNO$_3$	Ag$^+$ + Cl$^-$ $\to$ AgCl$\downarrow$	1	169,873
Komplexbildungstitration			
AgNO$_3$	Ag$^+$ + 2 CN$^-$ $\to$ [Ag(CN)$_2$]$^-$	2	84,936

(s.) = in saurer Lsg.; (alk.) = in schwach alkalischer Lsg.; *) = nicht gebräuchlich

ab. Man erhält sie, indem man die molare Masse der ganzen Teilchen durch das sich aus der Reaktionsgleichung ergebende z^* dividiert (Tab. 3.8).

Wie aus Tab. 3.8 hervorgeht, ergeben sich für dieselbe Verbindung, z. B. das Kaliumpermanganat, verschiedene Äquivalentmassen. Jedes Manganatom darin vermag in saurer Lösung 5 und in schwach alkalischer Lösung 3 Elektronen aufzunehmen. Für eine Lösung mit c(Äquivalent-Teilchen) = 0,1 mol/l benötigt man

im ersten Fall:
$$M(KMnO_4/z^*) \cdot c(KMnO_4/z^*) = 31,6 \text{ g/mol} \cdot 0,1 \text{ mol/l}$$
$$= 3,16 \text{ g/l}$$

im zweiten Fall:
$$M(KMnO_4/z^*) \cdot c(KMnO_4/z^*) = 52,7 \text{ g/mol} \cdot 0,1 \text{ mol/l}$$
$$= 5,27 \text{ g/l}$$

Als weiteres Beispiel sei die Iodsäure HIO_3 angeführt. Als Säure ist wegen $z^* = 1$ ihre Äquivalentmasse $M(HIO_3) = 175{,}91$ g/mol. Dagegen als Oxidationsmittel – Aufnahme von 6 Elektronen, d.h. $z^* = 6$ – resultiert eine Äquivalentmasse $M(HIO_3/6) = 29{,}318$ g/mol. Die Verwendung von Maßlösungen mit auf Äquivalent-Teilchen bezogenen Konzentrationen hat den Vorteil, dass alle gleichkonzentrierten Lösungen bei gleicher Umsetzungsart einander äquivalent sind. So entsprechen z.B. einander gleiche Volumina von Lösungen mit $c(KMnO_4/5) = 0{,}1$ mol/l und $c(K_2Cr_2O_7/6) = 0{,}1$ mol/l. 1 ml dieser Maßlösungen kann jeweils 0,1 mmol Elektronen aufnehmen. Äquivalenz besteht auch zu Oxalsäurelösung mit $c(H_2C_2O_4/2) = 0{,}1$ mol/l, so dass bei Mischung gleicher Volumina völliger Umsatz stattfindet.

Es sei hier erwähnt, dass außer den stoffmengenbezogenen Lösungen in den Industrielaboratorien für Reihenuntersuchungen sehr oft „empirische" Standardlösungen benutzt werden. Diese Lösungen sind so hergestellt, dass die bei der Titration verbrauchten Milliliter den gesuchten Wert direkt in Milligramm oder in Prozenten angeben.

Weitere Einzelheiten zu den Titrationsarten bringen die Vorbemerkungen zu den folgenden Arbeitsvorschriften.

Die **Herstellung der Maßlösungen** kann nach 2 Methoden erfolgen, und zwar direkt oder indirekt.

Bei der direkten Methode wird von einer Substanz hoher Reinheit genau die Masse entsprechend $\dfrac{k}{z^*}$ mol Reagenz B eingewogen ($k = 1$ oder 0,1 usw.), in einen 1000-ml-Messkolben gegeben, gelöst und die Lösung bei 20 °C zur Marke aufgefüllt. Man beachte hierbei unbedingt die Hinweise in Kap. 3.2.2 zum Gebrauch der Messgefäße.

Die gewöhnlich benutzte indirekte Methode besteht darin, die erforderliche Masse nur ungefähr, aber unter Berücksichtigung des erfahrungsgemäß vorliegenden Gehalts an wirksamem Reagenz abzuwägen und in einem bestimmten Volumen Wasser zu lösen. Da die Konzentration der erhaltenen Maßlösung die erstrebte nur angenähert erreicht, muss durch eine Titration eine exakte Konzentrationsbestimmung – die „Titerstellung" – vorgenommen werden. Hierzu benutzt man entweder als Titranten eine Lösung mit bekanntem Gehalt oder, wenn solche nicht zur Verfügung steht, die sog. **„Urtiter"-Substanzen**. Als Urtiter kommen nur Substanzen in Frage, die folgende Eigenschaften aufweisen:

a) Sie müssen absolut rein und definiert zusammengesetzt sein.
b) Sie müssen unbegrenzt haltbar und gegenüber der Atmosphäre indifferent, d.h. nicht hygroskopisch, nicht durch CO_2 veränderlich, nicht oxidierbar sein.
c) Sie müssen mit der Maßlösung rasch und einheitlich reagieren.
d) Sie müssen eine hohe Äquivalentmasse (auf Äquivalent-Teilchen bezogene molare Masse) haben, damit der Wägefehler klein bleibt.
e) Sie müssen bei Verwendung als Maßlösung längere Zeit titerbeständig sein.

Näheres über die in der Maßanalyse gebräuchlichen Urtitersubstanzen und ihre Anwendungen wird in den speziellen Abschnitten berichtet.

Allgemeine Grundlagen

Um das etwas umständliche Verfahren des Herstellens von Maßlösungen mit glattem Konzentrationswert zu vermeiden, werden in der Praxis vielfach Lösungen verwendet, deren erstrebte Konzentration nur angenähert erreicht ist. In solchen Fällen wird die Abweichung rechnerisch berücksichtigt, und zwar entweder durch eine entsprechende Angabe der Konzentration – z. B. 0,1021 mol/l – oder durch einen besonderen Korrekturfaktor f_n. Dieser Faktor – auch als „Normierfaktor" der Maßlösung bezeichnet – stellt die Zahl dar, mit dem das bei der Titration verbrauchte Volumen V der verwendeten Maßlösung multipliziert werden muss, um das normierte Volumen V_n zu erhalten, das bei Verwendung einer Maßlösung mit glattem Konzentrationswert benötigt worden wäre (theoretisches Volumen).

$$V \cdot f_n = V_n \quad \text{bzw.} \quad f_n = \frac{V_n}{V}$$

Beispiel: Es seien $V = 20{,}43$ ml einer ungefähr 0,1 mol/l enthaltenden Maßlösung mit einem Faktor $f_n = 1{,}021$ verbraucht worden. Die für dieselbe Titration notwendigen Milliliter einer Maßlösung mit genau 0,1000 mol/l berechnen sich danach zu $V_n = 20{,}43 \cdot 1{,}021 = 20{,}86$ ml.

Unter den Namen „Titrisol", „Fixanal" usw. sind fertig abgepackte Reagenzmengen auch zu kaufen. Es handelt sich hierbei um Ampullen aus Glas oder Kunststoff, die eine der Äquivalentmasse entsprechende Menge an wirksamer Substanz fest oder als konzentrierte Lösung enthalten. Man öffnet die Ampulle, spült den Inhalt direkt in einen Messkolben und verdünnt sodann zu einem Liter. Die an Hand der jeweiligen Gebrauchsanweisung dargestellten Lösungen haben den Faktor $f_n = 1{,}000$ (s. S. 387).

Die Maßlösungen werden in Standflaschen aus Glas oder Kunststoff von 1 oder 5 Liter Inhalt gut verschlossen und bei möglichst gleich bleibender Temperatur aufbewahrt. Auf dem Schild der Vorratsflasche ist zu vermerken: Art der Maßlösung, genaue Konzentration oder Faktor der Lösung und Datum der letzten Titerstellung.

Der gesuchte Endpunkt einer Titration ist durch den **Äquivalenzpunkt** gegeben, bei dem für x Mol B genau x Mol R des Reagenzes in Form der Maßlösung zugesetzt werden. Die richtige Erkennung **(Indikation)** dieses Punktes ist notwendig, da die Grundformel der Titrimetrie nur für den Äquivalenzpunkt streng gilt. Die Erkennung des Endpunktes gelingt durch Beobachtung charakteristischer Änderungen der Lösungseigenschaften. Außer Farbumschlägen von Farbstoffen, Klarpunkten von Fällungen werden hierzu auch Änderungen des Potentials, der Leitfähigkeit und der optischen Durchlässigkeit herangezogen. Wegen der einfachen und schnellen Handhabung nehmen die Farbindikatoren nach wie vor eine bevorzugte Stellung in der Maßanalyse ein. In Sonderfällen, wie bei Lösungen mit starker Eigenfarbe, müssen sie naturgemäß versagen und durch elektrochemische Indikationen ersetzt werden, die im Kapitel „Elektroanalytische Verfahren" eingehender behandelt sind. Als Farbindikatoren sind Stoffe geeignet, die entweder mit noch nicht umgesetzten Teilen des zu bestimmenden Stoffes B oder mit sehr geringen Reagenzüberschüssen reagieren. Die Farbe der Reaktionsprodukte muss sich eindeutig vom freien Farbstoff unterscheiden. Neben Titrationsgleichgewichten liegen in den Lösungen zusätzlich Farbstoffgleichgewichte vor, die sich auf Grund des Massenwirkungsgesetzes stark beeinflussen. Nur bei kleinen Farbstoffkonzentrationen und dennoch scharfem

Umschlag sowie Titrationsreaktionen mit praktisch vollständigem Umsatz fallen Äquivalenz- und Umschlagspunkt tatsächlich zusammen. Jeder größere Unterschied zwischen diesen beiden Punkten wirkt sich zwangsläufig als ein verfahrensbedingter systematischer Fehler aus.

Für die praktische **Durchführung einer Titration** benötigt man neben den in Kap. 3.2.2 bereits ausführlich beschriebenen Fein-Messgefäßen (Messkolben, Vollpipetten und Büretten) noch Weithals-Erlenmeyer-Kolben oder hohe Bechergläser.

Die zu bestimmende Lösung wird in einem Messkolben (in der Regel 100 ml Inhalt) mit Wasser genau bis zur Marke aufgefüllt und gut durchgemischt. Von dieser Lösung wird mit einer Pipette ein aliquoter Teil (meistens 20 oder 25 ml) entnommen und in einen Weithals-Erlenmeyer-Kolben von 200 oder 250 ml Fassungsvermögen gebracht.

Vor Beginn der Titration sind die Bedingungen der jeweiligen Arbeitsvorschrift wie pH-Wert, Reagenz- und Indikatorzusätze, Oxidationsstufe des zu titrierenden Ions und Ausgangsvolumen genau einzustellen und zu kontrollieren. Nach Einstellen und Ablesen des Bürettenstandes (Nullmarke) beginnt die Titration mit einem stetig schnellen Eintropfen der Maßlösung, wobei der Kolben zur guten Durchmischung laufend geschwenkt wird. Gegen Ende der Titration, das sich zumeist durch eine Farbverschiebung oder Zwischenfarbe ankündigt, wird langsam Tropfen für Tropfen titriert. Nach eben erfolgtem Umschlag liest man den Bürettenstand nach einer Wartezeit von 1 Minute ab. Zur einwandfreien Erkennung der Farbnuancen sollte auf einer weißen Unterlage (Kachel, Filterpapier) in heller diffuser Beleuchtung evtl. gegen eine Vergleichslösung titriert werden. Häufig ist es angebracht, den Flüssigkeitsstand bereits kurz vor dem Endpunkt abzulesen, um auch im Fall eines evtl. Übertitrierens noch ein Ergebnis zu erhalten.

Diese Titrierart wird als „**Direkte Titration**" bezeichnet. Dagegen wird bei der sog. „**Rücktitration**" ein angemessener Überschuss an Maßlösung in die zu titrierende Lösung gegeben und dann mittels einer zweiten Maßlösung der nicht verbrauchte Anteil der ersten Maßlösung titrimetrisch erfasst. Mitunter ist es auch zweckmäßig, die zu bestimmende Lösung in die Bürette zu geben und sie in ein vorgelegtes, abgemessenes Volumen der Maßflüssigkeit bis zum Endpunkt einfließen zu lassen. Man spricht dann von einer „**Umgekehrten Titration**".

Die zufälligen Fehler (**Reproduzierbarkeiten**) von Titrationen werden bei scharfen Umschlägen praktisch allein von der Tropfengröße bestimmt, die bei einwandfreien Bürettenspitzen 0,02–0,04 ml betragen soll. Bei schleppenden Umschlägen kann der Endpunkt nur innerhalb einiger Tropfen erkannt werden, wodurch die zufälligen Fehler um ein Mehrfaches anwachsen.

Bei den systematischen Fehlern, die sich entscheidend auf die numerische Richtigkeit des Endergebnisses auswirken, sind arbeitsbedingte und verfahrensbedingte Fehler zu unterscheiden. Die arbeitsbedingten Abweichungen können durch einen Faktor F (relativ) und einen Blindverbrauch V_b korrigiert werden. Die aus mehreren, mindestens aber 4 Titerstellungen und 4 Blindanalysen erhaltenen Mittelwerte $\bar{V}_x$ bzw. $\bar{V}_b$ gestatten die Errechnung des „wahren" Verbrauches V nach:

$$V = F(\bar{V}_x - \bar{V}_b) \text{ ml}$$

Bei den **Blindanalysen** werden alle verwendeten Reagenzien vorgelegt und die Lösungen bis zum Auftreten der Umschlagsfarbe titriert. Ein typisches Beispiel findet man bei Titrationen mit Permanganat, dessen violettrote Eigenfarbe als Indikator dient. Der unvermeidliche Mehrverbrauch bis zum Erkennen einer

Rosafärbung ist vom Titrationsvolumen und von der Konzentration der Maßlösung abhängig. In vielen anderen Fällen wird ein Blindverbrauch durch Verunreinigung der Reagenzien mit dem zu bestimmenden Stoff verursacht.

Die Titerstellung kann man sich bei Verwendung käuflicher Reagenz-Ampullen zum Ansatz der Maßlösungen zwar ersparen, doch garantiert der Hersteller nur eine Titerkonstanz auf 0,2 %. Auch bei sorgfältigem Arbeiten liegt damit der Faktor im Bereich von 0,998 bis 1,002.

Die durch gegenseitige Beeinflussung von Titrations- und Farbstoffgleichgewichten verursachten systematischen Fehler sind verfahrensbedingt. Sie können ähnlich wie in der Gravimetrie durch Modellanalysen ermittelt und als Korrekturgrößen berücksichtigt werden.

3.4.2 Neutralisationsverfahren

3.4.2.1 Grundlagen

Unter der Neutralisationsanalyse versteht an die maßanalytische Bestimmung basisch reagierender Substanzen mit Säuren (Acidimetrie) bzw. sauer reagierender Substanzen mit Basen (Alkalimetrie) bzw. sauer reagierender Substanzen mit Basen (Alkalimetrie). Die allen diesen Umsetzungen zugrunde liegende Reaktion ist der mit großer Geschwindigkeit erfolgende Zusammentritt von hydratisierten Protonen mit Hydroxylionen zu kaum dissoziiertem Wasser (Neutralisation).

$$H^+ + OH^- \rightleftharpoons H_2O$$

Die Grundlagen der Neutralisation sind bereits in den Abschnitten 1.1.3 und 1.1.4 besprochen worden.

Grundsätzlich lassen sich nach dem Neutralisationsverfahren alle Stoffe titrieren, die in wässriger Lösung eine merkliche Abweichung vom Neutralpunkt pH = 7 des reinen Wassers verursachen. Praktisch ist eine Titration aber nur für Ausgangslösungen mit pH ≤ 4 bzw. pH ≥ 10 möglich, was Dissoziationskonstanten von $K \geq 10^{-8}$ mol · l^{-1} voraussetzt. Danach können also alle freien starken Säuren und Basen ohne weiteres titriert werden. Durch Umtausch an einem Ionenaustauscher lassen sich durch Salze äquivalente Mengen H$^+$- oder OH$^-$-Ionen in Freiheit setzen. Titrierbar sind auch Salze schwacher Säuren (Na$_2$CO$_3$; Na$_2$B$_4$O$_7$) mit starken Säuren (s. S. 398) oder Salze schwacher Basen (ZnCl$_2$; AlCl$_3$) mit starken Basen, deren Lösungen durch Hydrolyse eine stark alkalische bzw. stark saure Reaktion zeigen (Verdrängungstitration).

Titrationskurven

Die Vorgänge der Neutralisation seien am Beispiel der Titration von 100 ml 0,01 mol/l HCl mit 1 mol/l NaOH bei 20 °C näher erläutert. Bei diesem Modellversuch wird angenommen, dass sich das Ausgangsvolumen nicht verändert, was bei Verwendung von 1 mol/l NaOH annähernd der Fall ist, und dass die starke Säure bzw. Base als 100 %ig dissoziiert anzusehen ist. In der Tab. 3.9 sind die jeweilig zugegebene Laugenmenge im Vergleich mit der vorgelegten Säure, die Wasserstoffionen- und Hydroxylionenkonzentration in mol · l^{-1} sowie der pH-Wert der Lösung angegeben.

Tab. 3.9: Neutralisation von 100 ml 0,01 mol/l HCl mit 1 mol/l NaOH

1 mol/l NaOH [ml]	neutralisiert [%]	$c(H^+)$ in [mol/l]	$c(OH^-)$ in [mol/l]	pH
0,000	0,0	10^{-2}	10^{-12}	2
0,900	90,0	10^{-3}	10^{-11}	3
0,990	99,0	10^{-4}	10^{-10}	4
0,999	99,9	10^{-5}	10^{-9}	5
1,000	100,0	10^{-7}	10^{-7}	7
1,001	(100,1)	10^{-9}	10^{-5}	9
1,010	(101,0)	10^{-10}	10^{-4}	10
1,100	(110,0)	10^{-11}	10^{-3}	11

Zur graphischen Darstellung dieser Werte trägt man auf der Ordinate die pH-Werte und auf der Abszisse die zugesetzten ml der Natronlauge auf (Abb. 3.5).

Man erhält einen für alle Titrationen typischen Kurvenzug, in diesem Falle eine Neutralisationskurve. Während der pH-Wert bei Laugezusatz anfangs nur sehr langsam zunimmt, ändert er sich in der Nähe des Äquivalenzpunktes sprunghaft um mehrere Einheiten, um danach nur noch langsam anzusteigen. Am Wendepunkt der Kurve, wo ein sehr geringer Hydroxylionenzusatz eine beträchtliche Änderung des pH-Wertes bewirkt, liegt der Äquivalenzpunkt, bei dem sich die zur Neutralisation der Säure erforderliche äquivalente Menge Lauge umgesetzt hat. Man bezeichnet den pH-Wert des Äquivalenzpunktes auch als **Titrierexponenten** und gibt ihm das **Symbol pT**.

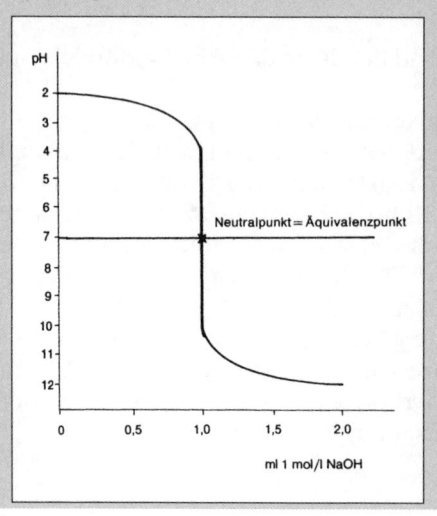

Abb. 3.5: Neutralisationskurve einer starken Säure mit einer starken Base

Fortsetzung

Als Beispiel der Neutralisation einer schwachen Säure wird die Neutralisationskurve für die Titration von 0,1 mol/l CH_3COOH mit 10 mol/l NaOH bei 20 °C berechnet. Dazu müssen die pH-Werte der 0,1 mol/l CH_3COOH, verschiedener Puffergemische aus Essigsäure und Natriumacetat, wie sie bei der Neutralisation gebildet werden, und von 0,1 ml/l $NaCH_3COO$, das am Äquivalenzpunkt vorliegt und der Hydrolyse unterliegt, bestimmt werden.

Die Dissoziation einer schwachen Säure HA bzw. schwachen Base B

$$HA \rightleftharpoons H^+ + A^- \quad \text{bzw.} \quad B + H_2O \rightleftharpoons BH^+ + OH^-$$

wird quantitativ durch das MWG beschrieben:

$$\frac{c(H^+) \cdot c(A^-)}{c(HA)} = K_S \quad \text{bzw.} \quad \frac{c(BH^+) \cdot c(OH^-)}{c(B)} = K_B$$

Für 0,1 mol/l CH_3COOH, $K_S = 1,76 \cdot 10^{-5}$ mol $\cdot$ l^{-1} (vgl. S. 23), kann man wegen ihrer geringen Dissoziation vereinfachend annehmen, dass sie insgesamt undissoziiert vorliegt, so dass $c(HA) = 0,1$ mol/l ist. Weiterhin folgt aus der obigen Dissoziationsgleichung, dass $c(H^+) = c(CH_3COO^-)$ ist. Der Ausdruck des MWG lautet also:

$$\frac{c^2(H^+)}{0,1 \, \text{mol} \cdot \text{l}^{-1}} = 1,76 \cdot 10^{-5} \, \text{mol} \cdot \text{l}^{-1}$$

oder

$$c(H^+) = \sqrt{1,76 \cdot 10^{-6} \, \text{mol}^2 \cdot \text{l}^{-2}} = 1,33 \cdot 10^{-3} \, \text{mol} \cdot \text{l}^{-1}$$

$$-\log c(H^+) = pH = -(\log 1,33 - 3 \log 10)$$

$$= 3 - \log 1,33$$

$$= 3 - 0,12 = 2,88$$

Sind z. B. 10% neutralisiert, dann sinkt die Konzentration $c(CH_3COOH)$ von 0,1 mol/l auf 0,09 mol/l, dafür steigt die Acetationenkonzentration auf $c(CH_3COO^-) = 0,01$ mol/l.

Der Ausdruck des MWG lautet dann:

$$\frac{c(H^+) 0,01 \, \text{mol} \cdot \text{l}^{-1}}{0,09 \, \text{mol} \cdot \text{l}^{-1}} = 1,76 \cdot 10^{-5} \, \text{mol} \cdot \text{l}^{-1} \quad \text{oder}$$

$$c(H^+) = 9 \cdot 1,76 \cdot 10^{-5} \, \text{mol} \cdot \text{l}^{-1} = 1,58 \cdot 10^{-4} \, \text{mol} \cdot \text{l}^{-1}$$

$$pH = 3,80$$

Analog berechnet man die weiteren Punkte der Neutralisationskurve. Bei 100%iger Neutralisation liegt reine Natriumacetatlösung vor, die infolge der Hydrolyse alkalisch reagiert, d. h., der pT-Wert liegt über pH = 7.

Allgemein reagieren Anionen schwacher Säuren A^- mit Wasser nach folgender Gleichung:

$$A^- + H_2O \rightleftharpoons OH^- + HA$$

Im Hydrolysengleichgewicht des Salzes einer schwachen Säure mit einer starken Base muss die aus dem Ionenprodukt des Wassers (s. S. 25) folgende Wasserstoffionenkonzentration

$$c(H^+) = \frac{K_w}{c(OH^-)}$$

gleich derjenigen aus dem Gleichgewicht der schwachen Säure sein:

Fortsetzung

$$c(H^+) = \frac{K_S \, c(HA)}{c(A^-)}$$

also

$$\frac{K_w}{c(OH^-)} = K_S \frac{c(HA)}{c(A^-)} \quad \text{bzw.} \quad c(OH^-) \cdot c(HA) = \frac{K_w}{K_S} c(A^-)$$

Bei der Reaktion des A^- mit Wasser werden nach der Hydrolysengleichung die gleichen Mengen OH^- und HA gebildet: $c(OH^-) = c(HA)$. Nimmt man vereinfachend weiterhin an, dass die Menge der zu HA umgesetzten Säureanionen A^- klein ist, praktisch also die Konzentration des $c(A^-)$ gleich der Gesamtkonzentration C des Salzes ist, dann gilt

$$c^2(OH^-) = \frac{K_w}{K_S} \cdot C \quad \text{bzw.} \quad c(OH^-) = \sqrt{\frac{K_w}{K_S} \cdot C}$$

Für das Beispiel der Natriumacetatlösung mit $c(\text{NaCH}_3\text{COO}) = 0{,}1$ mol/l gilt:

$$c(OH^-) = \sqrt{\frac{10^{-14}}{1{,}76 \cdot 10^{-5}} \cdot 0{,}1 \text{ mol}^2 \cdot l^{-1}}$$

$$= 7{,}54 \cdot 10^{-6} \text{ mol} \cdot l^{-1} = 10^{-5{,}12} \text{ mol} \cdot l^{-1}$$

$$c(OH^-) \cdot c(H^+) = 10^{-14} \text{ mol}^2 \cdot l^{-2} \quad \text{also}$$

$$c(H^+) = \frac{10^{-14} \text{ mol}^2 \cdot l^{-2}}{10^{-5{,}12} \text{ mol} \cdot l^{-1}} = 10^{-8{,}88} \text{ mol} \cdot l^{-1}$$

$$-\log c(H^+) = pT = 8{,}88$$

Der Äquivalenzpunkt der Titration liegt bei $pT = 8{,}88$.

Tab. 3.10 gibt eine Zusammenstellung der berechneten Werte bei der Neutralisation von 0,1 mol/l CH_3COOH mit 10 ml/l NaOH.

Tab. 3.10: Neutralisation von 100 ml 0,1 mol/l CH_3COOH mit 10 mol/l NaOH

10 mol/l NaOH ml	neutralisiert %	$c(H^+)$ in mol/l	$c(OH^-)$ in mol/l	pH
0,000	0,0	$1{,}32 \cdot 10^{-3}$	$7{,}58 \cdot 10^{-12}$	2,88
0,100	10,0	$1{,}60 \cdot 10^{-4}$	$6{,}25 \cdot 10^{-11}$	3,80
0,500	50,0	$1{,}78 \cdot 10^{-5}$	$5{,}62 \cdot 10^{-10}$	4,75
0,900	90,0	$1{,}98 \cdot 10^{-6}$	$5{,}05 \cdot 10^{-9}$	5,70
0,990	99,0	$1{,}80 \cdot 10^{-7}$	$5{,}56 \cdot 10^{-8}$	6,75
0,998	99,8	$3{,}56 \cdot 10^{-8}$	$2{,}81 \cdot 10^{-7}$	7,45
0,999	99,9	$1{,}78 \cdot 10^{-8}$	$5{,}62 \cdot 10^{-7}$	7,75
1,000	100,0	$1{,}35 \cdot 10^{-9}$	$7{,}48 \cdot 10^{-6}$	8,88
1,001	(100,1)	$1{,}01 \cdot 10^{-10}$	$9{,}90 \cdot 10^{-5}$	10,0
1,002	(100,2)	$5{,}01 \cdot 10^{-11}$	$1{,}99 \cdot 10^{-4}$	10,3
1,010	(101,0)	$1{,}01 \cdot 10^{-11}$	$9{,}90 \cdot 10^{-4}$	11,0

Die Abb. 3.6 zeigt zunächst ein stärkeres Absinken der Wasserstoffionenkonzentration. Die Erklärung hierfür liegt darin, dass durch die Neutralisation der Essigsäure mit Natronlauge Natriumacetat gebildet wird, welches infolge Pufferwirkung die an und für sich schon geringe Wasserstoffionenkonzentration der schwachen

Fortsetzung

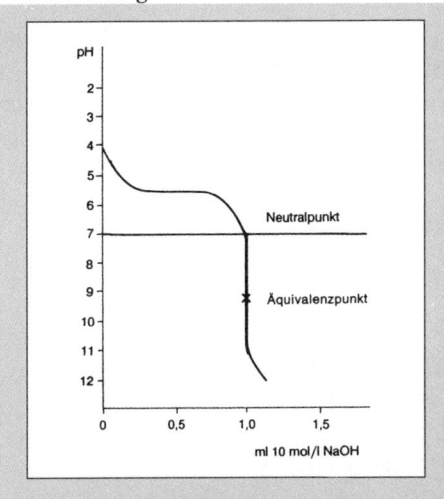

Abb. 3.6: Neutralisationskurve einer schwachen Säure mit einer starken Base

Essigsäure stark vermindert (s. S. 27). Bei 50% Neutralisation ist der Pufferpunkt erreicht. Das anschließende Kurvenstück entspricht wiederum der zunächst langsamen, dann sehr schnellen sprunghaften Änderung der Wasserstoffionenkonzentration, wie sie bereits bei der Titration einer starken Säure mit einer starken Lauge besprochen wurde.

Der Äquivalenzpunkt der Neutralisationskurve liegt nach dem alkalischen Gebiet hin verschoben. Diese Verschiebung ist um so größer und der pH-Sprung um so kleiner, je schwächer die vorgelegte Säure ist. Entsprechendes gilt für die Titration schwacher Basen mit starken Säuren, wo der Äquivalenzpunkt bei pH-Werten <7 liegt. Die Lage und Schärfe des Äquivalenzpunktes hängt also von der Dissoziationskonstanten und der Konzentration der zu titrierenden schwachen Säure oder Base ab. Er liegt bei dem pH-Wert, den die gleichkonzentrierte Lösung des bei der Neutralisation gebildeten Salzes in wässriger Lösung zeigt.

Bei Säuren mit mehreren dissoziationsfähigen H-Atomen (mehrbasig) oder entsprechenden Basen (mehrsäurig) existieren mehrere Äquivalenzpunkte, die man einzeln titrimetrisch erfassen kann, wenn sich die Dissoziationskonstanten der Stufen um mehr als 4 Zehnerpotenzen unterscheiden und geeignete Indikatoren vorhanden sind. Als ein typisches Beispiel sei H_3PO_4 angeführt, die mit

$$K_1 = 7,4 \cdot 10^{-3} \text{ mol} \cdot l^{-1}; \quad K_2 = 6,3 \cdot 10^{-8} \text{ mol} \cdot l^{-1}$$
$$K_3 = 4,4 \cdot 10^{-13} \text{ mol} \cdot l^{-1}$$

gut titrierbare Äquivalenzpunkte bei $pT = 4,6$ und $9,4$ liefert, wenn man eine 0,01 mol/l H_3PO_4 vorlegt.

Der hier an einigen Beispielen näher gezeigte Kurvenverlauf ist nicht nur für die Neutralisationsanalyse, sondern auch für alle übrigen Titrationen charakteristisch. In jedem Falle hat man den negativen dekadischen Logarithmus der sich am Äquivalenzpunkt stark ändernden Konzentrationen eines Ions gegen die zugesetzte Menge einer geeigneten Maßlösung aufzutragen. Bei den Neutralisationsanalysen ist die Wasserstoffionenkonzentration maßgebend, und es wird der pH-Wert aufgetragen. In der Komplexometrie und bei den Fällungstitrationen bestimmt die Metallionenkonzentration den Kurvenverlauf; man trägt den pM-Wert auf, der in diesen Fällen aus dem Dissoziationsgleichgewicht der Chelatbildung bzw. aus dem Löslichkeitsprodukt berechnet wird (s. S. 27).

Indikatoren

Die Ermittlung des Äquivalenzpunktes einer Neutralisationsanalyse ist gleichbedeutend mit der möglichst genauen Bestimmung eines pH-Bereiches. Dazu eignen sich Farbindikatoren. Das sind organische Farbstoffe, die den Charakter schwacher Säuren, HR, oder schwacher Basen, R$^-$, besitzen und bei denen die Säure eine andere Farbe und Konstitution hat als die korrespondierende Base.

> Die Farbänderungen werden durch tautomere Umlagerungen im Indikatormolekül bewirkt, deren Reaktionsmechanismus häufig noch nicht völlig geklärt ist. Nach den Anschauungen von *Wilhelm Ostwald* gilt für Indikatorsäuren bzw. Indikatorbasen das Dissoziationsschema:
>
> $$HR \rightleftharpoons H^+ + R^-$$
>
> Der Farbumschlag eines Indikators sei als Beispiel an der übersichtlichen Reaktion des Methylorange, des Natriumsalzes der p-Dimethylaminoazobenzolsulfonsäure, gezeigt:
>
> In wässriger Lösung besteht folgendes von der Wasserstoffionenkonzentration abhängiges Gleichgewicht:
>
> Gelborange   Rot
>
> Bei steigender Wasserstoffionenkonzentration lagert sich ein Proton an die Azogruppe an. Dabei geht ein Benzolring in eine chinoide Form über, und die Dimethylaminogruppe nimmt den Charakter eines Ammoniumderivates an. Bei dieser Umwandlung ändert sich die Farbe des Indikators von gelborange in rot.
>
> Ohne die komplizierten Veränderungen, die bei der Umwandlung des Indikators vor sich gehen, im einzelnen zu kennen, kann man z. B. die Abhängigkeit des Dissoziationsgleichgewichtes einer Indikatorsäure von der Wasserstoffionenkonzentration quantitativ durch das MWG beschreiben:
>
> $$\frac{c(H^+) \cdot c(R^-)}{c(HR)} = K_{HR}$$
>
> Der Umschlagspunkt pT liegt bei demjenigen pH-Wert, für den die Konzentration des farbigen Indikatorions R$^-$ ebenso groß ist wie die Konzentration des andersfarbigen oder gelegentlich auch farblosen, nicht dissoziierten Indikators HR. Es ist also:

Fortsetzung

$$c(R^-) = c(HR)$$

und damit

$$c(H^+) = K_{HR}$$

Für den Umschlagspunkt gilt also:

$$pT = -\log K_{HR}$$

d. h., die Wasserstoffionenkonzentration des Umschlagspunktes hat denselben Wert wie die Gleichgewichtskonstante K_{HR}. Das menschliche Auge vermag die 1 : 1-Mischung der Farbkomponenten nur selten scharf zu erkennen, wohl aber sind Abweichungen von den reinen Grundfarben, bei Verhältnissen von etwa $c(HR) : c(R^-) = 9 : 1$ bzw. 1 : 9, wahrnehmbar. Das pH-Gebiet der Mischfarben wird mit Umschlagsbereich bezeichnet und erstreckt sich über 1–2 pH-Einheiten. Innerhalb des Bereiches liegen bestimmte Zwischenfarbtöne, bei denen eine optimale Farbänderung durch Zugaben kleiner Mengen an Maßlösung eintritt. Dieser praktisch wichtige „visuelle Umschlagspunkt" kann auf weniger als 0,2 pH-Einheiten reproduziert werden, wenn man gegen entsprechenden Farbvergleich oder mit einfarbigen Indikatoren titriert. Theoretischer und visueller Umschlagspunkt stimmen nur in Sonderfällen überein, da der optische Eindruck durch verschiedene Intensitäten der Grenzfarben und der Augenempfindlichkeit beeinflusst wird.

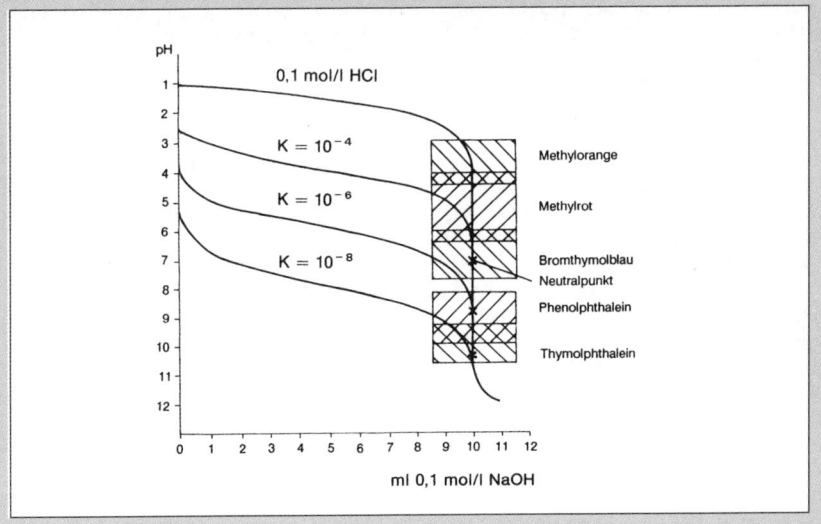

Abb. 3.7: Neutralisationskurven verschieden starker Säuren und Umschlagsbereiche einiger Indikatoren

Für ein Neutralisationssystem ist also der Indikator so auszuwählen, dass dessen Umschlagspunkt bei dem gleichen pH-Wert liegt wie der Äquivalenzpunkt. Für die Praxis genügt es, wenn der Äquivalenzpunkt innerhalb des Umschlagsbereichs liegt.

In Abb. 3.7 sind Neutralisationskurven von 100 ml 0,1 mol/l HCl als einer starken Säure und von einigen schwachen Säuren mit 1 mol/l NaOH, in Abb. 3.8 entsprechend die Kurven für die Neutralisation von 100 ml 0,1 mol/l NaOH als einer starken Base und von einigen schwachen Basen mit 1 mol/l HCl dargestellt. Die Dissoziationskonstanten für die schwachen Säuren K_S und für die schwachen Basen K_B sind

Fortsetzung

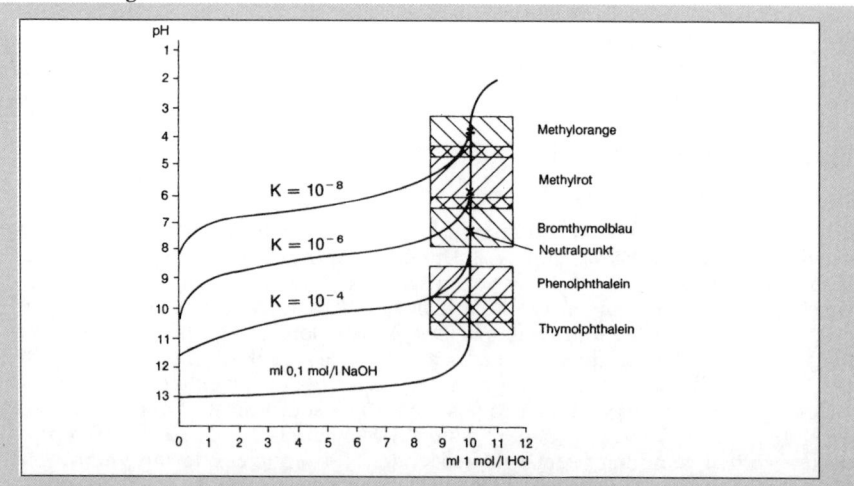

Abb. 3.8: Neutralisationskurven verschieden starker Basen und Umschlagsbereiche einiger Indikatoren

angegeben, die Äquivalenzpunkte durch Kreuzchen am pH-Sprung markiert, und die Umschlagsbereiche einiger gebräuchlicher Indikatoren sind eingezeichnet. Bei Titrationen starker Säuren oder Basen mit Maßlösungen von $c(H^+)$ bzw. $c(OH^-) \geq 0,1$ mol/l sind alle Indikatoren mit visuellen Umschlagspunkten zwischen pH = 4 und 10 verwendbar, da am Äquivalenzpunkt 1 Tropfen Maßlösung einen pH-Sprung über diesen Bereich verursacht. Mit abnehmender Stärke der maßgebenden Säure oder Base sowie allgemein bei Verwendung von Maßlösungen mit $c(H^+)$ bzw. $c(OH^-) \leq 0,1$ mol/l schrumpft der Äquivalenzsprung zusammen, so dass systematische Fehler nur bei weitgehender Angleichung von Äquivalenz- und visuellem Umschlagspunkt vermieden werden können.

Von den Indikatorlösungen, die als verdünnte wässrige oder ethanolische Lösungen verwendet werden (vgl. die letzte Spalte der Tab. 3.11), setzt man jeweils nur einen oder einige wenige Tropfen aus einer kleinen Tropfpipette hinzu. Man bedenke dabei, dass auch der Indikator eine bestimmte kleine Menge der Reagenzlösung verbraucht, und verwendet daher sowohl bei den Titerstellungen als auch bei den analytischen Bestimmungen stets die gleiche Anzahl von Tropfen der Indikatorlösung und wähle möglichst auch die gleichen Konzentrationsverhältnisse.

Arbeitsbedingungen und Fehlerquellen

Die Fehlergrößen wurden bereits im Abschnitt 3.1.2 behandelt. Man beachte hier zusätzlich, dass Titer von Maßlösungen mit $c(H^+)$ bzw. $c(OH^-) \leq 0,1$ mol/l merklich vom jeweiligen Indikator abhängen. Entsprechendes gilt für die Blindwerte.

Die Selektivität der Neutralisationsverfahren ist sehr gering, so dass man bei Stoffgemischen selten ohne Vortrennung auskommt. Ihr Anwendungsbereich erstreckt sich daher vorzugsweise auf Gehaltsermittlungen in reinen Stoffen. Die nachfolgenden Beispiele beschränken sich auf Titrationen mit Maßlösungen von $c(H^+)$ bzw. $c(OH^-) = 0,1$ mol/l. Einzelheiten zur Titrationstechnik sind im Kap. 3.4.1 nachzulesen.

Konzentration, Dosierung und Farbvergleiche für die angegebenen Indikatoren entnehme man der Tab. 3.11. Ansatz der Maßlösungen und Verdünnen von Proben sollte

Tab. 3.11: Merkmale einiger Säure-Base-Indikatoren

Indikator	pH des Umschlagsbereichs	pT-Wert	Farbe im sauren Gebiet	Farbe im alkalischen Gebiet	Farbe beim Umschlagspunkt	Konzentration der Indikatorlösung
Methylorange	3,1–4,4	4,0	rot	orangegelb	orange	0,1%ig in Wasser
Methylrot	4,2–6,3	5,8	rot	gelb	orange	0,2%ig in 60%igem Ethanol
Bromthymolblau	6,0–7,6	7,1	gelb	blau	grün	0,1%ig in 20%igem Ethanol
Lackmus	5,0–8,0	6,8	rot	blau	blaurot	0,5%ig in 90%igem Ethanol
Phenolphthalein	8,2–10,0	8,4	farblos	rot	schwach rosa	0,1%ig in 70%igem Ethanol
Thymolphthalein	9,3–10,6	10,0	farblos	blau	schwach bläulich	0,1%ig in 90%igem Ethanol

ausschließlich mit frisch ausgekochtem oder frisch durch vollständige Entionisierung an Ionenaustauschern gewonnenem Wasser durchgeführt werden, um eine Störung durch gelöste Kohlensäure weitgehend zu vermeiden. Gewöhnliches H_2O nimmt aus der Luft immerhin soviel CO_2 auf, dass sein pH-Wert bei 5–6 liegt. Mit CO_2 gesättigtes H_2O enthält 0,035 mol/l CO_2 und zeigt pH = 3,9 (20 °C, 1 bar CO_2).

3.4.2.2 Maßlösung und Titerstellung

Als Maßlösungen dienen starke Säuren oder starke Basen, bei denen die titrationswirksamen Bestandteile H_3O^+ bzw. OH^- zu mehr als 50% in freier Form vorliegen. Vorzugsweise wird mit Lösungen von HCl oder NaOH und weniger häufig mit solchen von H_2SO_4, $H_2C_2O_4$, KOH oder $Ba(OH)_2$ titriert. Die für den Ansatz von Maßlösungen maßgebende Zahl z^* liest man unmittelbar aus den Formeln ab, s. Tab. 3.8. Eine Oxalsäurelösung mit $c(H_2C_2O_4/z^*) = 0{,}1$ mol/l enthält wegen $z^* = 2$ und $n = c \cdot V$ also 0,05 mol $H_2C_2O_4$ im Liter. Vom handelsüblichen Dihydrat wird die Einwaage

$$m_E = n(H_2C_2O_4/z*) \cdot M(H_2C_2O_4 \cdot 2\,H_2O/z*)$$
$$= 0{,}1 \text{ mol} \cdot \frac{126{,}07}{2} \text{ g/mol} = 6{,}304 \text{ g}$$

gelöst und zum Liter aufgefüllt. Die direkte Herstellung von Maßlösungen der üblichen Säuren und Basen mit genau der geforderten Konzentration ist nicht möglich, sofern man von den käuflichen vorgewogenen Reagenzien in Ampullen (Fixanal, Titrisol etc.) absieht. Die Ausgangsstoffe besitzen entweder einen hohen Dampfdruck (HCl) oder zeigen durch Aufnahme von Luftfeuchtigkeit (konz. H_2SO_4) und CO_2 (Basen) eine wenig definierte und wechselnde Zusammensetzung. Saure Maßlösungen mit $c(H^+) = 1$ mol/l behalten aber über längere Zeit ihre Konzentration, während in zunächst einwandfreie alkalische Lösungen recht bald eine CO_2-Aufnahme und damit oft starke Verminderung der freien OH^--Ionen nach

$$OH^- + CO_2 \rightarrow HCO_3^-$$

eintritt.

Zur Herstellung der Maßlösungen geht man von den handelsüblichen konzentrierten Lösungen der Säuren oder von den festen reinen Hydroxiden aus. Durch eine grobe Einwaage wird eine Maßlösung hergestellt, deren Konzentration der erwünschten nahe kommt und durch Titerstellung mit einer geeigneten Urtitersubstanz genau ermittelt wird. Es eignen sich für Säurelösungen: Natriumcarbonat, Natriumhydrogencarbonat und Quecksilberoxid; für Basen: kristalline Oxalsäure. Häufig stellt man die Lösungen durch Titration mit Maßlösung bekannter Konzentration ein.

Herstellung von 0,1 mol/l HCl

Man misst ein berechnetes Volumen konzentrierter Salzsäure ab und füllt in einem 1-Liter-Messkolben bis zur Marke auf. Hat die Säure die Dichte 1,19 g/l (bei 20 °C), d. h. $c(HCl; konz.) = 12{,}15$ mol/l, dann sind abzumessen

$$V_x = \frac{V_{\text{Kolben}} \cdot c(HCl; \text{Maßlsg.})}{c(HCl; \text{konz.})} = \frac{1000 \text{ ml} \cdot 0,1 \text{ mol/l}}{12,15 \text{ mol/l}} = 8,2 \text{ ml}$$

Einstellung einer Salzsäure-Maßlösung mit Natriumcarbonat

Zur Titerstellung wägt man mehrere Proben von etwa 0,12–0,15 g Natriumcarbonat ein und titriert sie nach S. 401 f.

Soll Na_2CO_3 als Urtitersubstanz verwendet werden, so darf es kein NaOH, $NaHCO_3$, Cl^-, SO_4^{2-} oder Wasser enthalten. Hierzu wird eine bei Zimmertemperatur gesättigte Lösung von 250 g kristallisiertem Natriumcarbonat durch ein Faltenfilter in einen Kolben filtriert und durch das Filtrat ein langsamer Gasstrom von reinem, mit $NaHCO_3$-Lösung gewaschenem CO_2 unter Kühlen und Umschütteln geleitet. Das ausgeschiedene $NaHCO_3$ wird nach ca. 2 Std. abgenutscht (Glasfritte) und mit CO_2-haltigem Eiswasser chlorid- und sulfatfrei gewaschen. Nach Trocknen des Salzes bei 105 °C wird es bei 270–300 °C 1 Std. lang in einem Platintiegel unter zeitweiligem intensivem Umrühren mit einem Platindraht erhitzt. Nach Erkalten in einem mit frischem Calciumchlorid gefüllten Vakuumexsikkator wird gewogen. Erhitzen und Wägen werden bis zur Gewichtskonstanz fortgesetzt. Die titerreine, leicht stäubende und stark hygroskopische Substanz muss in einem gut verschlossenen Glasgefäß aufbewahrt werden.

Berechnung: 1 mol HCl verbraucht bis zum Neutralpunkt 0,5 mol Na_2CO_3. Da 1 ml 0,1 mol/l HCl nur die Stoffmenge $n(HCl) = V \cdot c(HCl) = 1 \text{ ml} \cdot 0,1 \text{ mmol/ml} = 0,1$ mmol enthält, wird damit auch nur die Stoffmenge $n(Na_2CO_3) = 0{,}05$ mmol umgesetzt. Dies entspricht einer Masse $m(Na_2CO_3) = 5{,}2994$ mg. Für eine Einwaage von z. B. $m_E(Na_2CO_3) = 158{,}5$ mg ist dann folglich das $\frac{158,5 \text{ mg}}{5,2994 \text{ mg}} = 29{,}9$fache an HCl erforderlich, also 2,99 mmol HCl, enthalten in 29,9 ml Salzsäure, wenn deren Stoffmengenkonzentration genau $c(HCl) = 0{,}1000$ mol/l beträgt. Tatsächlich seien von der hergestellten Salzsäure jedoch 31,5 ml verbraucht worden. Ihre Konzentration ist demnach $c(HCl) = 2{,}99$ mmol/l

31,5 ml = 0,09494 mol/l. Als Normierfaktor berechnet man f_n = Sollverbrauch/tatsächlichen Verbrauch = $\dfrac{29,9}{31,5}$ = 0,9494.

Einstellung einer Salzsäure-Maßlösung mit Quecksilberoxid

Reaktionsprinzip: Das Verfahren zur Einstellung von Säuren nach *Incze* hat den Vorteil, dass hierbei aus dem H_2O eine starke Base (KOH) gebildet wird. Als Urtitersubstanz wird das nicht hygroskopische Quecksilberoxid, eine Verbindung mit hoher Äquivalentmasse und definierter Zusammensetzung, verwendet. Quecksilberoxid reagiert mit überschüssigem Kaliumiodid und Wasser nach:

$$HgO + 4\,KI + H_2O \rightarrow K_2[HgI_4] + 2\,KOH$$

Das gebildete Kaliumtetraiodomercurat reagiert neutral, so dass die in Freiheit gesetzten 2 Äquivalente Kaliumhydroxid ohne weiteres mit der Säure titriert werden können.

Verfahrensfehler: Das zur Titerstellung verwendete Wasser muss kohlensäurefrei sein! Es darf deshalb nur frisch ausgekochtes Wasser benutzt werden.
Arbeitsgeräte: Vakuumexsikkator; 300-ml-Weithals-Erlenmeyerkolben; Natronkalkrohr; 50-ml-Bürette; Heizplatte.
Reagenzien: Indikator: Phenolphthalein bzw. Methylorange; Quecksilberoxid p.a.; Kaliumiodid p.a.
Arbeitsvorschrift: Etwa 0,4 g HgO, das zuvor im Vakuumexsikkator über H_2SO_4 bis zur Gewichtskonstanz getrocknet wurde, löst man in einem Erlenmeyerkolben mit ca. 6 g KI zusammen in nicht mehr als 20 ml Wasser unter schwachem Erwärmen. Um den Zutritt von CO_2 aus der Luft zu der Lsg. zu vermeiden, wird auf den Kolben ein Natronkalkrohr aufgesetzt. Die klare Lsg. verdünnt man mit Wasser auf ca. 100 ml und titriert dann mit der einzustellenden Säure gegen den Indikator.
Berechnung: 1 ml 0,1 mol/l HCl entspricht 0,05 mmol HgO bzw. 10,83 mg HgO.

Da der Umgang mit Quecksilberverbindungen vermieden werden sollte, wird die Einstellung der Salzsäure-Maßlösung mit Natriumcarbonat (s. S. 396) empfohlen.

Herstellung und Einstellung einer Natronlauge-Maßlösung

Reaktionsprinzip: Die durch Auflösen von Natriumhydroxid im Wasser erhaltene Lauge wird mit einer Säure bekannten Titers oder auch einer Urtitersubstanz (z. B. Oxalsäure) eingestellt.

Verfahrensfehler: Das zur Titerstellung verwendete dest. Wasser muss kohlensäurefrei sein! Es darf deshalb nur frisch ausgekochtes Wasser benutzt werden. Durch Aufsetzen eines Natronkalk-Trockenröhrchens auf die Vorratsflasche wird die Aufnahme von CO_2 aus der Luft durch die Lauge weitgehend verhindert.
Arbeitsgeräte: 1-Liter-Vorratsflasche; Natronkalk-Trockenrohr; Waage; 300-ml-Weithals-Erlenmeyerkolben; 20-ml-Pipette; 50-ml-Bürette; Heizplatte.
Reagenzien: Indikator: Methylorange oder Methylrot; NaOH-Plätzchen p.a.; Maßlsg.: 0,1 mol/l HCl bzw. 0,05 mol/l H_2SO_4 genau bekannter Konzentration.
Arbeitsvorschrift: Ca. 6 g NaOH werden zur Entfernung der an der Oberfläche vorhandenen Carbonatschicht schnell mit dest. Wasser abgespült und in der Vorratsflasche zu 1 Liter Lauge gelöst. Zur Titerstellung werden 20 ml Säure vorgelegt und mit der einzustellenden Lauge gegen Methylorange oder Methylrot als Indikator titriert.
Berechnung: In entsprechender Weise wie bei der Titerstellung der Säure.

3.4.2.3 Titration mit Laugen

Titration der Schwefelsäure mit Natronlauge

Reaktionsprinzip: Als Beispiel für die Gehaltsbestimmung von Lösungen starker Säuren unbekannter Konzentration mit starken Basen soll die Titration von Schwefelsäure mit Natriumhydroxid-Maßlösung dienen.

$$H_2SO_4 + 2\,NaOH \rightarrow Na_2SO_4 + 2\,H_2O$$
$$98{,}074 \quad\quad 79{,}994 \quad\quad 142{,}037 \quad 36{,}031$$

Da auch das zweite H^+-Ion der Schwefelsäure mit $K_{S_2} = 1 \cdot 10^{-2}$ mol/l (20 °C) weitgehend abdissoziiert ist, liegt der pH-Wert des Äquivalenzpunktes zwischen 6,3 und 7,0.

Nach gleicher Vorschrift lassen sich alle starken Säuren, z. B. HCl, HBr, HI, HNO_3, $HClO_4$ usw., titrieren.

Verfahrensfehler: Der Faktor der verwendeten Lauge ist merklich vom CO_2-Gehalt der austitrierten Lösung abhängig. Für äußerst genaue Bestimmungen kann dieser Fehler durch anschließende Titerstellung mit HCl-Maßlösung ausgeschlossen werden. Diese Titerstellung erfolgt unter Vorlage von $V_{HCl} = 20{,}00$ ml 0,1 mol/l HCl-Maßlösung mit bekanntem Faktor f_{HCl} und unter Verbrauch von V_t an NaOH-Maßlösung. Der Faktor f_{NaOH} ergibt sich dann nach

$$f_{NaOH} = \frac{f_{HCl} \cdot V_{HCl}}{V_t}$$

Es muss frisch ausgekochtes, CO_2-freies Wasser benutzt werden.

Arbeitsbereich: 1,0–0,1 mmol H_2SO_4 (98–10 mg H_2SO_4).
Arbeitsgeräte: 100-ml-Messkolben; 20-ml-Pipetten; 300-ml-Weithals-Erlenmeyerkolben; 50-ml-Bürette.
Reagenzien: Indikator: Methylorange, Methylrot oder Bromthymolblau; Maßlsg.: 0,1 mol/l NaOH.
Arbeitsvorschrift: 20 ml der Analysenlsg. mit Wasser auf ca. 100 ml verdünnen, 2–3 Tropfen Indikator (bei Bromthymolblau 0,5 ml) zusetzen. Mit Maßlsg. aus der Bürette unter dauerndem Umschwenken des Titrierkolbens bis zur Umschlagsfarbe des Indikators (gegen Vergleichslsg.) kalt titrieren.
Berechnung: 1 ml 0,1 mol/l NaOH $\hat{=}$ 0,05 mmol H_2SO_4 bzw. 4,9037 mg H_2SO_4

Titration der Essigsäure mit Natronlauge

Reaktionsprinzip: Als Beispiel für die Bestimmung einer schwachen Säure mit einer starken Base wird Essigsäure mit Natronlauge titriert.

$$CH_3COOH + NaOH \rightarrow NaCH_3COO + H_2O$$
$$60{,}053 \quad\quad 39{,}997 \quad\quad 82{,}035 \quad\quad 18{,}015$$

Wegen der geringen Dissoziation der Essigsäure ($K_S = 1{,}76 \cdot 10^{-5}$ mol/l) ist der Äquivalenzpunkt durch den pH-Wert von reinem Natriumacetat gegeben. Im angegebenen Arbeitsbereich liegt der pT-Wert zwischen 7,9 und 8,8.

Nach gleicher Vorschrift lassen sich alle Säuren mit $K_s \geq 10^{-5}$ mol/l titrieren, z. B. Flusssäure ($K_S = 6{,}8 \cdot 10^{-4}$ mol/l) in Kunststoffbechern, Ameisensäure ($K_S = 1{,}76 \cdot 10^{-4}$ mol/l), Propionsäure ($K_S = 1{,}3 \cdot 10^{-5}$ mol/l), Oxalsäure ($K_{S_2} = 5{,}1 \cdot 10^{-5}$ mol/l), Weinsäure ($K_{S_2} = 4{,}6 \cdot 10^{-5}$ mol/l).

Verfahrensfehler: s. unter Titration der Schwefelsäure (S. 398).
Arbeitsbereich: 1,0–0,1 mmol CH_3COOH (60,0–6,0 mg CH_3COOH).
Arbeitsgeräte: s. unter Titration der Schwefelsäure.
Reagenzien: Indikator: Phenolphthalein; Maßlsg.: 0,1 mol/l NaOH.
Arbeitsvorschrift: 20 ml der Analysenlsg. mit Wasser auf 100 ml verdünnen, 2–3 Tropfen Indikator zusetzen. Mit Maßlsg. unter dauerndem Umschwenken des Titrierkolbens kalt titrieren, bis Rosafärbung mindestens 1 Min. lang bestehen bleibt.
Berechnung: 1 ml 0,1 mol/l NaOH $\widehat{=}$ 0,10 mmol CH_3COOH bzw. 6,0053 mg CH_3COOH

$$V = f_{NaOH}(V_t - V_b) \quad (V_b = \text{Blindverbrauch})$$

Titration der Borsäure mit Natronlauge

Reaktionsprinzip: Borsäure hat mit $K_S = 6{,}4 \cdot 10^{-10}$ mol/l eine so kleine Dissoziationskonstante, dass sie sich nicht direkt mit Laugen titrieren lässt. Ein Zusatz mehrwertiger Alkohole, z. B. Mannit oder Glycerin, steigert die Dissoziation der Borsäure durch Komplexbildung auf $K_{S(Mannit)} = 3{,}6 \cdot 10^{-7}$ mol/l, d. h. in das Gebiet mittelstarker einbasiger Säuren.

Bei Überschuss eines Polyalkohols, der zwei benachbarte Hydroxylgruppen enthalten muss, erfolgt eine Veresterung der drei OH-Gruppen der Borsäure mit zwei Molekülen Polyalkohol. Da jedoch Bor die Koordinationszahl 4 hat, tritt eine weitere Bindung zu dem Sauerstoff einer benachbarten alkoholischen Hydroxylgruppe auf. Dadurch wird die Bindung zum Wasserstoff gelockert und dieser teilweise als H^+-Ion abgespalten. Somit kann eine Grenzstruktur der Mannito-Borsäure formuliert werden als:

$$\begin{bmatrix} \text{H–C–O} & \text{O–C–H} \\ & \text{B}^{\ominus} & \\ \text{H–C–O} & \text{O–C–H} \end{bmatrix}^{-} + H^+$$

Verfahrensfehler: Der verwendete Alkohol muss im Überschuss vorhanden sein und absolut neutral reagieren; Glycerin z. B. muss meist vor der eigentlichen Titration mit Lauge gegen Phenolphthalein genau neutralisiert werden. Es ist unter sorgfältigem Ausschluß von CO_2 zu arbeiten. Salze schwacher Basen, die der Hydrolyse unterliegen, stören. Die entsprechenden Kationen können an einem Kationenaustauscher gegen H^+ getauscht werden (s. S. 402 f.).
Arbeitsbereich: 1,0–0,1 mmol H_3BO_3 (62–6,2 mg H_3BO_3).
Arbeitsgeräte: s. unter Titration der Schwefelsäure (S. 398).
Reagenzien: Indikator: Phenolphthalein; Maßlsg.: 0,1 mol/l NaOH; Mannit oder Glycerin.
Arbeitsvorschrift: 20 ml Glycerin mit Maßlsg. nach Zusatz von 2–3 Tropfen Indikator und 5 ml Wasser neutralisieren (Blindverbrauch V_b) und nach Hinzufügen von 20 ml Analysenlsg. ohne weitere Verdünnung mit Maßlsg. unter dauerndem Umschwenken des Titrierkolbens kalt titrieren, bis Rosafärbung mindestens 1 Min. bestehen bleibt.

Bei Verwendung von Mannit 20 ml Analysenlsg. mit Wasser auf 100 ml verdünnen, 3,6 g Mannit und 2–3 Tropfen Indikator zusetzen. Dann wie oben weiterverfahren.
Berechnung: 1 ml 0,1 mol/l NaOH $\hat{=}$ 0,10 mmol H_3BO_3 bzw. 6,1832 mg H_3BO_3 oder 3,481 mg B_2O_3.

$$V = f_n(V_t - V_b)$$

Titration der Ammoniumsalze mit Natronlauge

Reaktionsprinzip: Ammoniumsalze, z. B. NH_4Cl oder $(NH_4)_2SO_4$, bilden mit Formaldehyd (CH_2O) im alkalischen Medium Hexamethylentetraamin:

$$4\,NH_4X + 6\,CH_2O + 4\,NaOH \rightarrow C_6H_{12}N_4 + 4\,NaX + 10\,H_2O$$

Hexamethylentetraamin ist eine sehr schwache Base mit $K_B = 10^{-9}$ mol · l^{-1}. Bewirken die gebildeten Salze NaX in Wasser einen pH-Wert zwischen 7 und 9, so liegt der pT-Wert im Bereich von 8–9. Als Indikator kann Phenolphthalein benutzt werden.

Verfahrensfehler: s. unter Titration der Schwefelsäure (S. 398).
Arbeitsbereich: 1,0–0,1 mmol NH_4^+ (18–1,8 mg NH_4^+).
Arbeitsgeräte: s. unter Titration der Schwefelsäure.
Reagenzien: Indikator: Phenolphthalein; 35%ige (ca. 13 mol/l) Formaldehydlsg., Maßlsg.: 0,1 mol/l NaOH.
Arbeitsvorschrift: 10 ml CH_2O mit 3 Tropfen Indikator versetzen, mit Wasser auf 100 ml verdünnen und mit Maßlsg. neutralisieren (Blindverbrauch V_b). 20 ml der Analysenlsg. hinzufügen und mit Maßlsg. aus Bürette unter dauerndem Umschwenken des Titrierkolbens kalt weitertitrieren, bis Rosafärbung mindestens 60 Sek. lang besteht bleibt.
Berechnung: 1 ml 0,1 mol/l NaOH $\hat{=}$ 0,1 mmol NH_4^+ bzw. 1,8038 mg NH_4^+.

$$V = f_n(V_t - V_b)$$

3.4.2.4 Titration mit Säuren

Titration des Calciumcarbonats mit Salzsäure

Reaktionsprinzip: Da Calciumcarbonat nur in Lösungen mit pH-Werten <3 hinreichend schnell löslich ist, wird die feste Probe mit einer bestimmten Salzsäuremenge gelöst und der Überschuss mit Natronlauge zurücktitriert.

Lösevorgang: $CaCO_3 + 2\,HCl \rightarrow CaCl_2 + H_2O + CO_2\uparrow$
 100,09   72,922   110,99 18,015 44,010

Rücktitration: $HCl + NaOH \rightarrow NaCl + H_2O$
 36,461 39,997   58,443 18,015

Nach gleicher Vorschrift lassen sich auch $SrCO_3$ und $BaCO_3$ bestimmen.

Verfahrensfehler: Carbonathaltige NaOH. Daher Titerstellung der NaOH analog der unten angegebenen Arbeitsvorschrift unter Vorlage von $V_1 = 20$ ml HCl.

Arbeitsbereich: 0,5–0,05 mmol $CaCO_3$ (50–5 mg $CaCO_3$).
Arbeitsgeräte: s. unter Titration der Schwefelsäure (S. 398).
Reagenzien: Indikator: Bromthymolblau; Maßlösungen: 0,1 mol/l HCl und 0,1 mol/l NaOH mit evtl. Normierfaktor f_{HCl} bzw. f_{NaOH}.
Arbeitsvorschrift: Genau abgewogene feste Probe im Titrierkolben mit 10 ml Wasser anfeuchten, mit $V_1 = 20$ ml HCl kalt lösen, mit Wasser auf 100 ml verdünnen, 1 Min. kochen und abkühlen. Nach Zusatz von 0,5 ml Indikatorlsg. mit NaOH bis zur bleibenden Blaufärbung titrieren. Verbrauchtes NaOH-Maßlsg.-Volumen V_t.
Berechnung: 1 ml von $\Delta V \triangleq 0{,}05$ mmol $CaCO_3$ bzw. 5,0045 mg $CaCO_3$.

$$\Delta V = V_1 \cdot f_{HCl} - V_t \cdot f_{NaOH}$$

Titration von Borax mit Salzsäure; Bestimmung des Alkaligehaltes

Reaktionsprinzip: Der Alkaligehalt löslicher Alkalisalze gewisser schwacher Säuren kann durch direkte Titration mit einer eingestellten Säure bestimmt werden. Dabei wird z. B. die schwache Borsäure von der starken Mineralsäure verdrängt.

$$Na_2B_4O_7 + 2\,HCl + 5\,H_2O \rightarrow 2\,NaCl + 4\,H_3BO_3$$
$$201{,}22 \qquad 72{,}922 \quad 90{,}076 \qquad 116{,}886 \quad 247{,}33$$

Die in Freiheit gesetzte Borsäure beeinflusst auf Grund ihrer geringen Dissoziation die im mehr sauren Bereich (pH $< 4{,}9$) umschlagenden Indikatoren nicht.

Arbeitsbereich: 1,0–0,1 mmol $Na_2B_4O_7$ (200–20 mg $Na_2B_4O_7$). Tatsächlich erfasst wird aber nur Na_2O.
Arbeitsgeräte: s. unter Titration der Schwefelsäure (S. 398).
Reagenzien: Indikatorlsg.: Methylrot als Na-Salz; Maßlsg.: 0,1 mol/l HCl.
Arbeitsvorschrift: 20 ml der Analysenlsg. mit Wasser auf 100 ml verdünnen und 3 Tropfen Indikator zusetzen. Mit Maßlsg. aus der Bürette unter dauerndem Umschwenken des Titrierkolbens kalt titrieren, bis die erste schwache Orangerotfärbung auftritt (Vergleichslsg.: 100 ml Wasser und 3 Tropfen Indikator).
Berechnung: 1 ml 0,1 mol/l HCl $\triangleq 0{,}05$ mmol Na_2O bzw. 3,0990 mg Na_2O.

$$V_n = f_n (V_t - V_b)$$

Titration des Natriumcarbonats mit Salzsäure

Reaktionsprinzip:

$$Na_2CO_3 + HCl \rightarrow NaHCO_3 + NaCl$$
$$NaHCO_3 + HCl \rightarrow NaCl + H_2O + CO_2$$
$$\overline{Na_2CO_3 + 2\,HCl \rightarrow 2\,NaCl + H_2O + CO_2}$$
$$105{,}989 \quad 72{,}922 \qquad 116{,}886 \quad 18{,}015 \quad 44{,}010$$

Arbeitsbereich: 1,0–0,1 mmol Na_2CO_3 (106–10,6 mg Na_2CO_3).
Arbeitsgeräte: s. unter Titration der Schwefelsäure (S. 398).
Reagenzien: Indikator: Methylorange; Maßlsg.: 0,1 mol/l HCl.
Arbeitsvorschrift: 20 ml der Analysenlsg. mit Wasser auf 100 ml verdünnen und 2–3 Tropfen Indikator zusetzen. Mit Maßlsg. aus der Bürette unter dauerndem Umschwenken

des Titrierkolbens kalt titrieren, bis der Farbton gerade umschlägt (Vergleichslsg.). Dann 2–3 Min. lang kochen, schnell abkühlen und zu Ende titrieren.
Berechnung: 1 ml 0,1 mol/l HCl ≙ 0,05 mmol Na_2CO_3 bzw. 5,2994 mg Na_2CO_3.

3.4.2.5 Titration nach Ionenaustausch

Ionenaustauscher auf Kunstharzbasis, ursprünglich für die Entsalzung des Wassers entwickelt, haben auch eine erhebliche Bedeutung in der analytischen und präparativen Chemie erlangt.

Als Grundgerüst für die Austauscher dienen Kondensations- oder Polymerisationsharze, in die ionenaustauschende Gruppen eingebaut sind. Es enthalten stark saure Kationenaustauscher die $-SO_3^-$-Gruppe, schwach saure die $-COO^-$-Gruppe, stark basische Anionenaustauscher quartäre Ammoniumgruppen, z. B.

$$\left[-\begin{array}{c} CH_2-N\begin{array}{c}CH_3\\ -CH_3\\ C_2H_4OH\end{array}\end{array}\right]^+$$

Durch den Einbau der entsprechenden Gruppen entsteht ein wasserhaltiger, jedoch wasserunlöslicher Gelkörper, der als Polyanion $[RSO_3^-]_x$ (R = Harzgerüst) Kationen bzw. als Polykation $[R-CH_2N(CH_3)_2C_2H_4OH)^+]_x$ Anionen zu binden vermag. Der schwammartige Aufbau des Gelkörpers, in dessen wasserhaltige Poren die ionenaustauschfähigen Gruppen hineinragen, gestattet die Diffusion der am Austausch beteiligten Ionen.

Den chemischen Aufbau eines stark sauren Kationenaustauschers, hergestellt durch Polymerisation von Vinylbenzol (Styrol) und Divinylbenzol als Vernetzer und anschließende Sulfonierung, zeigt Abb. 3.9.

Die an der $-SO_3^-$-Gruppe gebundenen Kationen können durch andere Kationen reversibel ausgetauscht werden, z. B.

$$RSO_3H + M^+ \rightleftharpoons RSO_3M + H^+$$

Je höher die Ladung des Kations ist, um so stärker liegt das Gleichgewicht auf der Seite der RSO_3M-Form, d. h., bei der Kationenaufnahme nimmt größenordnungsmäßig die Haftfestigkeit am Harz in der Reihenfolge M^+, M^{2+}, M^{3+} usw. zu. Die Lage des Gleichgewichts wird nach rechts verschoben, wenn das ausgetauschte Ion aus dem Gleichgewicht entfernt wird. Dies ist bei dem Säulenverfahren der Fall. Hierbei gelangt das in Freiheit gesetzte Ion in das Filtrat.

Ionenaustauschersäulen werden in der analytischen und präparativen Chemie verwendet:

a) Für den quantitativen Ionenaustausch, Ersatz gewisser Ionen durch das jeweils gewünschte, vor allem Kationen gegen H^+-Ionen bzw. Anionen gegen OH^--Ionen. Für maßanalytische Zwecke wird man einen stark sauren Kationenaustauscher in der H^+-Form verwenden, wenn eine lösliche und titrierbare Säure entsteht, oder einen stark basischen Anionenaustauscher in der OH^--Form, wenn ein lösliches und titrierbares Hydroxid gebildet wird.

b) Zur Entfernung unerwünschter Ionen und zur Reinigung von Lösungsmitteln (z. B. zur Totalentsalzung von Wasser unter Anwendung eines Mischbetts, das einen stark sauren Kationenaustauscher in der H^+-Form und einen stark basischen Anionenaustauscher in der OH^--Form enthält).

Fortsetzung

Als Anwendungsbereich der Ionenaustauscher in der Maßanalyse ist vor allem die Bestimmung der Gesamtsalzmengen in Lösungen zu nennen. Darunter fallen die Einstellung von Standardlösungen aus Salzen, die keine Urtitersubstanzen darstellen, die Kontrolle von Standardsalzlösungen auf ihren Titer und die Analyse schwieriger zu bestimmender Kationen und Anionen, wie z. B. die Alkaliionen, des Nitrat-, Perchlorat- und Acetations (s. S. 404).

c) Zur Trennung von Ionen durch Ausnutzung ihrer unterschiedlichen Ladung (Trennung von Anionen und Kationen bzw. Abtrennung neutraler Moleküle) oder, wenn gleiches Ladungsvorzeichen vorliegt, ihrer unterschiedlichen Haftfestigkeit (s. S. 452).

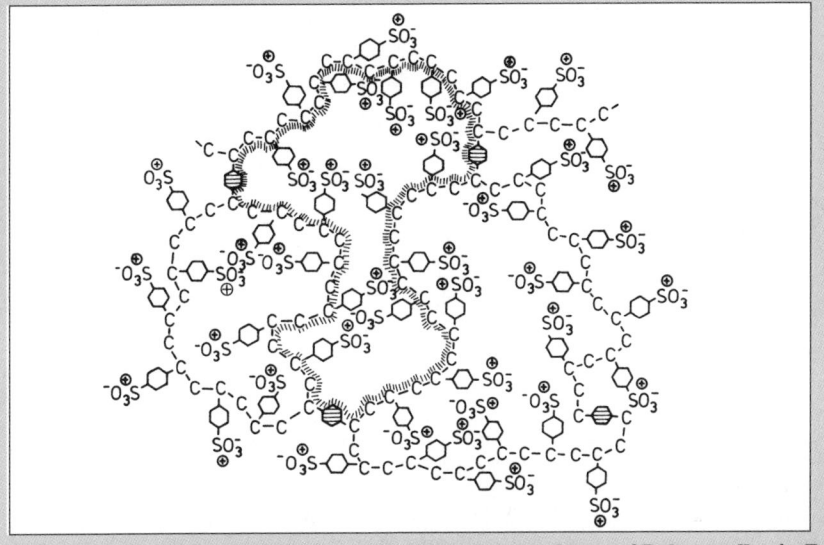

Abb. 3.9: Aufbau eines gequollenen Kationenaustauschers auf Polystyrolbasis. Die austauschfähigen Kationen sind mit ⊕ bezeichnet. Die H-Atome der Methylenbrücken sind der Übersicht halber fortgelassen. Die Ringe des Divinylbenzols sind gestrichelt. Die Markierung entlang der C-Kette gibt die Grenzlinie einer Pore wieder

Geeignete im Handel befindliche stark saure Kationenaustauscher sind z. B. Permutit RS, Lewatit S 100, Amberlite IR-120, Dowex 50; stark basische Anionenaustauscher, z. B. Permutit ES, Amberlite IRA-410, Dowex 2.

Die Aufnahmekapazität eines Austauschers richtet sich nach der Anzahl der vorhandenen ionenaustauschenden Gruppen pro Gewichtseinheit Trockenharz bzw. Volumeneinheit handelsfeuchten Harzes (Angabe in mmol/g oder mmol/ml Harz) und beträgt, bezogen auf M^+ bzw. A^-, für die genannten stark sauren Kationenaustauscher etwa 2 mmol/ml, für die stark basischen Anionenaustauscher etwa 1 mmol/ml.

Eine einfache Austauschersäule zeigt Abb. 3.10. Als Abschluß nach unten dient entweder ein Glaswollebausch oder eine eingeschmolzene Fritte. Die Dimensionen zeigt Abb. 3.10. Als Abschluß nach unten dient entweder ein Glaswollebausch oder eine eingeschmolzene Fritte. Die Dimensionen der Säule richten sich nach der einzusetzenden Austauschermenge. Der schmale Teil der Säule wird etwa zu $\frac{3}{4}$ mit dem Harz gefüllt. Es ist darauf zu achten, dass das Harz ständig mit Wasser bedeckt ist und

Fortsetzung

sich keine Luftblasen in der Säule befinden. Nach dem Füllen deckt man das Harz mit einem zweiten Glaswollebausch ab, um beim Eingießen der Lösung ein Aufwirbeln zu vermeiden.

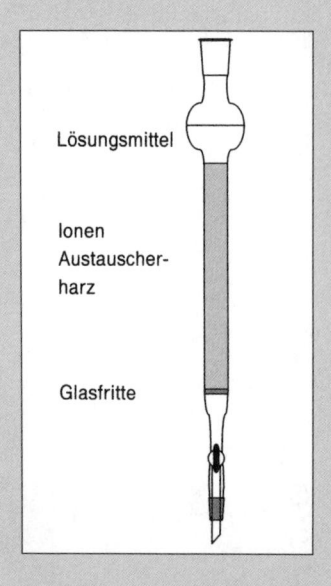

Abb. 3.10: Austauschersäule

Falls die Austauscher nicht als p.a.-Ware bezogen werden, müssen sie vor Gebrauch von Verunreinigungen (z. B. Fe^{3+}) befreit werden. Zur Überführung der Kationenaustauscher in die H^+-Form dient 3 mol/l HCl. Für die Überführung der Anionenaustauscher in die OH^--Form benutzt man 2 mol/l NaOH.

Vor jedem Austauscherversuch wird das Harz solange mit dest. Wasser gewaschen, bis die abtropfende Flüssigkeit Cl^- bzw. Na^+-frei ist und neutral reagiert. Bei Nichtbenutzung wird die Säule mit dest. Wasser gefüllt und beiderseits verschlossen. Die Durchlaufgeschwindigkeit beim Austausch ist von mehreren Faktoren (Korngröße) des Harzes, Packungsdichte, Höhe der Flüssigkeitssäule, Größe der Ausflussöffnung u. a.) abhängig. Um einen einwandfreien Austausch zu gewährleisten, darf die Tropfgeschwindigkeit nicht zu groß sein, soll aber aus Zeitersparnisgründen im Verlauf mehrerer Versuche auch nicht zu klein werden. Die vom Harz aufgenommenen Kationen bzw. Anionen werden wie bei der Regeneration durch portionsweise Aufgabe von ca. 3 mol/l HCl bzw. 2 mol/l NaOH eluiert.

Bestimmung von Phosphat oder Perchlorat durch Anionenaustausch

Reaktionsprinzip: An Anionenaustauschern in der OH^--Form werden Phosphat- bzw. Perchlorationen gegen äquivalente Mengen Hydroxylionen ausgetauscht:

$$ROH + ClO_4^- \rightarrow RClO_4 + OH^-$$

Die entstandene Base wird durch Titration mit Säure bestimmt.

Verfahrensfehler: In der Austauschersäule darf der Flüssigkeitsspiegel niemals in die Harzschicht eindringen, da sonst Luftblasen im Harzbett entstehen und der Austauscher dann nicht mehr einwandfrei arbeitet.

Arbeitsbereich: 1,0–0,1 mmol M_2HPO_4 bzw. 2,0–0,2 mmol $MClO_4$ (98,0–9,8 mg H_3PO_4 bzw. 200,9–20,1 mg $HClO_4$).

Arbeitsgeräte: Austauschersäule nach Abb. 3.10 (Durchmesser ca. 2 cm, ca. 22 cm lang, Höhe des Harzbettes ca. 17 cm); 100-ml-Messkolben; 20-ml-Pipette; 300-ml-Weithals-Erlenmeyerkolben; 50-ml-Bürette; 1-Liter-Bechergläser.

Reagenzien: Stark basischer Anionenaustauscher; ca. 2 mol/l NaOH; Maßlsg.: 0,1 mol/l HCl; Indikator: Methylrot; pH-Papier.

Arbeitsvorschrift: In die mit destilliertem Wasser gefüllte Austauschersäule Anionenaustauscherharz einfüllen. Mit 1 Liter NaOH-Lsg. bei einer Tropfgeschwindigkeit von ca. 60 Tropfen/Min. (5–6 ml/Min.) waschen. Nach Absinken des Flüssigkeitsspiegels bis zur Harzoberfläche so lange mit Wasser waschen, bis das Eluat neutral reagiert. Eine so vorbereitete Säule braucht erst nach ca. 15–20 Bestimmungen mit NaOH-Lsg. regeneriert zu werden. Analysenlsg. auf die Säule pipettieren und evtl. anhaftende Salzlsg. mit wenig Wasser von den Wänden abspülen, waschen mit ca. 200 ml Wasser durch Zugabe kleiner Portionen (30–50 ml), dabei jedes Mal das Absinken des Flüssigkeitsspiegels bis zur Harzoberfläche abwarten. Tropfgeschwindigkeit wie oben. Reagiert das Eluat neutral, noch mit 50–30 ml Wasser bei etwas schnellerer Durchlaufgeschwindigkeit nachwaschen. Das erhaltene Eluat mit 2–3 Tropfen Indikator versetzen und mit Maßlsg. titrieren.

Berechnung: 1 ml 0,1 mol/l HCl $\cong$ 4,900 mg H_3PO_4 bzw. 10,0465 mg $HClO_4$.

3.4.3 Redoxverfahren

Als Redoxtitrationen werden maßanalytische Verfahren bezeichnet, die auf Oxidations-Reduktions-Vorgängen beruhen. Die zu bestimmende Substanz wird mit einer oxidierend oder reduzierend wirkenden Titrationslösung bekannten Gehaltes umgesetzt. Der Äquivalenzpunkt kann mit Hilfe von sog. „Redoxindikatoren" (s. S. 408) sichtbar gemacht werden, falls nicht – wie z. B. beim Permanganat – die Eigenfarbe eines Reaktionspartners zur Indizierung ausreicht.

3.4.3.1 Grundlagen

Nach dem Gesetz der Elektroneutralität reagieren Oxidations- mit Reduktionsmitteln in derartigen Stoffmengenverhältnissen, dass die Anzahl der aufgenommenen gleich der Anzahl der abgegebenen Elektronen ist. Daher lässt sich jede Teilgleichung einer Redox-Titration in allgemeiner Form schreiben:

$$Ox + z* \cdot e^- \rightleftharpoons Red$$

(Ox = Oxidationsmittel, Red = Reduktionsmittel, $z*$ = Anzahl der Elektronen).

Bezieht man für eine gegebene Portion Reagenzsubstanz, z. B. 49 g $K_2Cr_2O_7$, bei Angabe der Stoffmengen zuerst auf Äquivalent-Teilchen, dann auf Moleküle, so erhält man $n(^1\!/_6\, K_2Cr_2O_7) = 1$ mol und $n(K_2Cr_2O_7) = ^1\!/_6$ mol. Daraus folgt $n(^1\!/_6\, K_2Cr_2O_7) = 6 \cdot n(K_2Cr_2O_7)$ und allgemein $n(R/z*) = z* \cdot n(R)$.

Tab. 3.12: Standardpotenziale

Reagenz	Reaktionsvorgang	Ox-Form	Red-Form	E° [Volt]	z*
$KMnO_4$	$MnO_4^- + 4\,H^+ + 3\,e^- \rightleftharpoons MnO_2 + 2\,H_2O$	MnO_4^-	MnO_2	1,70	3
$KMnO_4$	$MnO_4^- + 8\,H^+ + 5\,e^- \rightleftharpoons Mn^{2+} + 4\,H_2O$	MnO_4^-	Mn^{2+}	1,51	5
$KBrO_3$	$BrO_3^- + 6\,H^+ + 6\,e^- \rightleftharpoons Br^- + 3\,H_2O$	BrO_3^-	Br^-	1,44	6
$K_2Cr_2O_7$	$Cr_2O_7^{2-} + 14\,H^+ + 6\,e^- \rightleftharpoons 2\,Cr^{3+} + 7\,H_2O$	$Cr_2O_7^{2-}$	Cr^{3+}	1,38	6
$FeSO_4$	$Fe^{2+} \rightleftharpoons Fe^{3+} + e^-$	Fe^{3+}	Fe^{2+}	0,771	1
H_3AsO_4	$AsO_3^{3-} + H_2O \rightleftharpoons AsO_4^{3-} + 2\,H^+ + 2\,e^-$	AsO_4^{3-}	AsO_3^{3-}	0,56	2
KI	$2\,I^- \rightleftharpoons I_2 + 2\,e^-$	I_2	I^-	0,535	2
$Ce(SO_4)_2$	$Ce^{3+} \rightleftharpoons Ce^{4+} + e^-$ (E° in 1 mol/l H_2SO_4)	Ce^{4+}	Ce^{3+}	1,72	1

In Analogie zu starken und schwachen Säuren bzw. Basen kann man starke und schwache Oxidations- bzw. Reduktionsmittel unterscheiden. Ein Maß für die Fähigkeit der betrachteten Ionen, oxidierend oder reduzierend zu wirken, ist E, das Redoxpotenzial. Es wird durch die **Nernstsche Gleichung** (s. S. 36) beschrieben.

In der Tab. 3.12 sind die für Redoxtitrationen gebräuchlichsten oxidierenden und reduzierenden Substanzen mit ihren Standardpotenzialen zusammengestellt.

Titrationskurven

Im Äquivalenzpunkt ändert sich das Potential sprunghaft, da die Konzentration eines der Reaktionspartner gegen Null geht. Die Größe des Potenzialsprunges beeinflusst, wie der pH-Sprung bei der Neutralisationsanalyse, die Titrationsgenauigkeit und ist durch den Unterschied der Standardpotenziale gegeben.

Der Verlauf der Potenzialänderung während einer Titration wird im folgenden an der Reaktion

$$Cr_2O_7^{2-} + 14\,H^+ + 6\,Fe^{2+} \rightarrow 2\,Cr^{3+} + 6\,Fe^{3+} + 7\,H_2O$$

Tab. 3.13: Potenzialwerte der Redoxsysteme Fe^{3+}/Fe^{2+} und $Cr_2O_7^{2-}/2\,Cr^{3+}$

$c_{Fe^{3+}}$	$c_{Fe^{2+}}$	E [Volt]	$c_{Cr_2O_7^{2-}}$	$c_{Cr^{3+}}$	E [Volt]
0,1	0,9	0,715	0,001	0,018	1,365
0,2	0,8	0,735	0,002	0,016	1,369
0,3	0,7	0,749	0,003	0,014	1,372
0,4	0,6	0,761	0,004	0,015	1,374
0,5	0,5	0,771	0,005	0,010	1,377
0,6	0,4	0,781	0,006	0,008	1,379
0,7	0,3	0,793	0,007	0,006	1,383
0,8	0,2	0,807	0,008	0,004	1,387
0,9	0,1	0,827	0,009	0,002	1,393
0,94	0,06	0,842			
0,98	0,02	0,871			

Fortsetzung

dargestellt. Ebenso wie bei Modellversuchen der Neutralisation (s. S. 388) wird das Volumen und zusätzlich der pH-Wert konstant gehalten. Dies ist möglich durch Anwendung eines Lösungsvolumens, welches groß genug ist, damit die bei Titration mit einer konzentrierten Lösung auftretende Volumenvergrößerung vernachlässigt werden kann. Rechnet man nach der *Nernst*schen Gleichung die Potentiale für Lösungen aus, die verschiedene Konzentrationen an Fe^{3+} und Fe^{2+} sowie $Cr_2O_7^{2-}$ und Cr^{3+} aufweisen, so erhält man die Werte in Tab. 3.13.

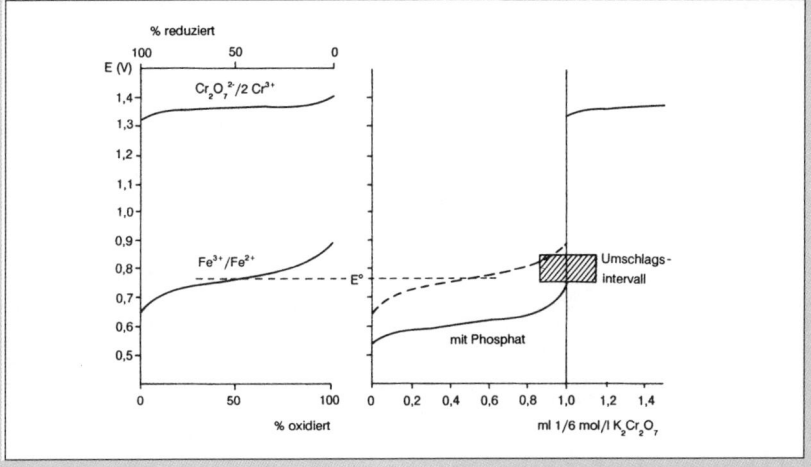

Abb. 3.11: Theoretischer Potenzialverlauf der Redoxsysteme Fe^{3+}/Fe^{2+} und $Cr_2O_7^{2-}/2\,Cr^{3+}$

Abb. 3.12: Titrationskurve von Eisen(II) mit Dichromat in Gegenwart von Phosphat. Indikator: Na-N-Methyldiphenyl-amin-p-sulfonat

In Abb. 3.11 und 3.12 ist der Potenzialverlauf von Fe^{3+}/Fe^{2+} und $Cr_2O_7^{2-}/2\,Cr^{3+}$ (bei konst. pH-Wert) dargestellt. Vor der Titration erfolgt aber eine Zugabe von PO_4^{3-} zur Bildung von Phosphatoeisen(III)-komplexen, wodurch der theoretische Potenzialverlauf bei Fe^{3+}/Fe^{2+} (Abb. 3.11) erheblich verändert wird, wie in der gemessenen Kurve (s. Abb. 3.12) zu sehen ist. Durch diesen Zusatz wird die Fe^{3+}-Konzentration soweit vermindert, dass der Indikator für diese Titration gut verwendbar ist (s. S. 417).

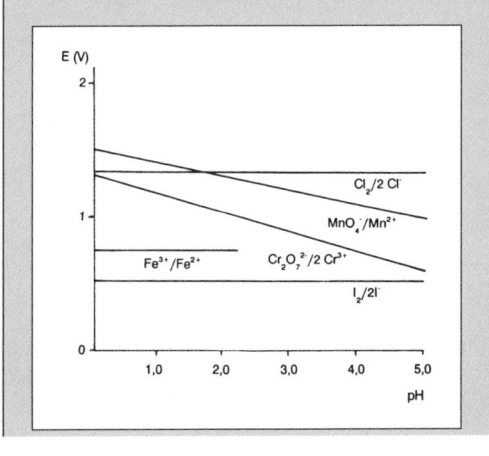

Abb. 3.13: Abhängigkeit des Redoxpotenzials vom pH-Wert

Fortsetzung

Das Redoxpotenzial von Reaktionen, bei denen H^+-Ionen beteiligt sind, ist vom pH-Wert abhängig. Dies trifft z. B. für die Systeme $Cr_2O_7^{2-}/2\,Cr^{3+}$ sowie MnO_4^-/Mn^{2+} zu. Die Abhängigkeit des Redoxpotenzials vom pH-Wert bei einer Reihe von Redoxsystemen zeigt Abb. 3.13.

Redoxindikatoren

Um den Äquivalenzpunkt sichtbar zu machen, werden Redoxindikatoren verwendet. Das sind organische Farbstoffe, die durch Oxidation oder Reduktion reversibel ihre Farbe verändern. Sie stellen selbst ein Redoxsystem dar. Als Beispiel sei der in der Cerimetrie verwendete Indikator Ferroin (Abb. 3.14) genannt, dessen reversibler Farbwechsel auf den Übergang des chelatgebundenen Eisens aus der Oxidationsstufe +II in die Oxidationsstufe +III zurückzuführen ist:

$$Fe(C_{12}H_8N_2)_3^{2+} \rightleftharpoons Fe(C_{12}H_8N_2)_3^{3+} + e^-$$

Bei den meisten anderen organischen Indikatoren treten potentialabhängige, aber oft unübersichtliche, Veränderungen im Molekül ein. Ein Spezialfall ist der nur für die Iodometrie verwendbare Iodstärkekomplex (s. S. 413).

Das Umschlagsintervall des Indikators muss innerhalb des Bereiches des Potenzialsprunges liegen, so wie ein Indikator bei Neutralisationsverfahren im Bereich des pH-Sprunges umschlagen muss. Einige gebräuchliche Indikatoren sind in der Tab. 3.14 aufgeführt. Na-N-Methyldiphenylamin-p-sulfonat ist nicht käuflich.

Tab. 3.14: Redoxindikatoren

Indikator	$E°$ [Volt]	Umschlagsbereich [Volt]	Ox-Farbe	Red-Farbe
Ferroin (o-Phenanthrolin-eisen(II)-sulfat)	1,14	1,08–1,20	blau	tiefrot
Na-Diphenylamin-p-sulfonat	0,76	0,70–0,80	violett	farblos
Na-N-Methyldiphenylamin-p-sulfonat	0,80	0,74–0,86	purpurrot	farblos
I-KI-Stärke	0,535	0,532–0,538	blau	farblos

Gibt es für ein System keine brauchbaren Indikatoren, so kann der Endpunkt elektrometrisch (s. S. 460 und 480) oder durch sog. externe Indikation, d. h. beispielsweise durch Tüpfeln mit einem Tropfen der Lösung auf einer Tüpfelplatte, angezeigt werden (s. S. 418).

Fehler

Als Fehlerquellen bei Redoxverfahren treten oft unerwünschte Reaktionen auf, z. B. mit Luftsauerstoff oder mit Verunreinigungen in den Gefäßen (Alkoholreste vom Spülen der Gefäße, Reste anderer organischer Substanzen, Fett, Teile von Filtrierpapier, Chromschwefelsäure und ähnliches).

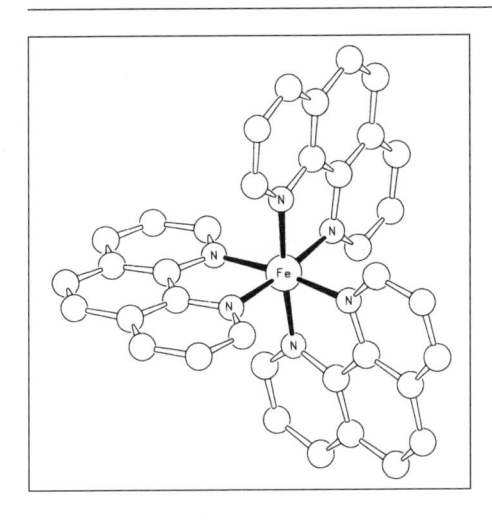

Abb. 3.14: Struktur des Kations von Ferroin [Fe(phen)$_3$]SO$_4$

3.4.3.2 Permanganatometrie

Die Wirkungsweise des Kaliumpermanganats als Oxidationsmittel ist verschieden, je nachdem, ob der Oxidationsvorgang in stark saurer oder in schwach saurer Lösung verläuft. Die meisten Oxidationsreaktionen finden in stark saurer Lösung statt:

$$MnO_4^- + 8\,H^+ + 5\,e^- \rightarrow Mn^{2+} + 4\,H_2O$$

Das Mn(VII) im Kaliumpermanganat wird bei Gegenwart von Wasserstoffionen zu Mn(II) reduziert. In alkalischen bzw. schwach sauren Lösungen lautet die Reaktionsgleichung:

$$MnO_4^- + 4\,H^+ + 3\,e^- \rightarrow MnO_2 + 2\,H_2O$$

Das Mn(VII) im Permanganat geht in Mn(IV) über.

Herstellung und Titerstellung einer Kaliumpermanganat-Maßlösung sowie Bestimmung von Oxalsäure und Oxalaten

Reaktionsprinzip: Permanganat oxidiert in saurer Lösung $H_2C_2O_4$ oder Oxalate zu CO_2 und geht dabei selbst in Mn^{2+} über:

$$2\,MnO_4^- + 5\,H_2C_2O_4 + 6\,H^+ \rightarrow 2\,Mn^{2+} + 10\,CO_2 + 8\,H_2O$$

Die Reaktion verläuft zu Anfang sehr langsam. Ein Zusatz von Mn^{2+} beschleunigt die Reaktion katalytisch.

Verfahrensfehler: Die Konzentration nimmt durch Staubteilchen im Wasser in den ersten Tagen nach der Herstellung meist nicht unwesentlich ab. Die Permanganatlösung muss vor der Titerstellung etwa 14 Tage stehen, oder die Lösung wird einige Stunden auf dem Wasserbad erhitzt. In jedem Fall wird durch eine Glasfilternutsche (nicht Papierfilter) in eine sorgfältig gereinigte Flasche filtriert, um ausgeschiedenen Braunstein abzutrennen, der die Zersetzung beschleunigt. Auch eine Lösung, welche längere Zeit nicht benutzt wurde, kann sich verändert haben und macht eine neue Konzentrationsbestimmung notwendig.

Arbeitsbereich: 1,0–0,1 mmol $H_2C_2O_4 \cdot 2 H_2O$ bzw. $Na_2C_2O_4$ (126–12,6 mg $H_2C_2O_4 \cdot 2 H_2O$; 90–9 mg $H_2C_2O_4$; 134–13,4 mg $Na_2C_2O_4$).

Arbeitsgeräte: Braune Schliffflasche (1 Liter); Wasserbad; Glasfilternutsche (17 G 4); Trockenschrank; 300-ml-Weithals-Erlenmeyerkolben; 20-ml-Pipette; 50-ml-Bürette.

Reagenzien: Etwa 3,2 g $KMnO_4$ (p.a.); $H_2C_2O_4 \cdot 2 H_2O$ (p.a.) oder Natriumoxalat (p.a.); 1 mol/l H_2SO_4; 1 mol/l $MnSO_4$; 0,02 mol/l $KMnO_4$.

Arbeitsvorschrift: Natriumoxalat bei 230–250 °C im Trockenschrank trocknen und davon Proben von ca. $m_E =$ 150–180 mg in Wägegläschen geben, genau wägen und in 200 ml Wasser lösen; oder 20 ml unbekannte $C_2O_4^{2-}$-haltige Lsg. verwenden. Lsg. mit 10 ml H_2SO_4 versetzen und auf 80 °C erwärmen. Unter Umschütteln titrieren, bis schwache Rosafärbung bestehen bleibt. Evtl. zu Beginn einige Tropfen $MnSO_4$-Lsg. zufügen.

Berechnung: 1 ml 0,02 mol/l $KMnO_4$ entspricht 0,05 mmol $H_2C_2O_4$ bzw. 4,401 mg $C_2O_4^{2-}$ oder 6,3033 mg $H_2C_2O_4 \cdot 2 H_2O$. **Titerstellung:** Aus m_E: $M(Na_2C_2O_4/2) = f_n \cdot V_t \cdot c(KMnO_4/5)$ ergibt sich für den Normierfaktor $f_n = 0{,}14925 \cdot (m_E \text{ in mg})/(V_t \text{ in ml})$.

Bestimmung von Calcium

Reaktionsprinzip: Ca^{2+} bildet mit $C_2O_4^{2-}$ einen schwerlöslichen Niederschlag von $CaC_2O_4 \cdot$ aq, der sich in verdünnter Schwefelsäure löst.

$$Ca^{2+} + C_2O_4^{2-} + n H_2O \rightarrow CaC_2O_4 \cdot n H_2O\downarrow \quad (n = 1 \text{ bis } 3)$$

Anschließend wird $C_2O_4^{2-}$ mit Permanganat bestimmt.

Verfahrensfehler: Die Löslichkeit von CaC_2O_4 beträgt bei 18 °C 0,6 mg in 100 ml Wasser. Größere Mengen an Cl^- müssen abwesend sein, weil sonst Oxidation zu Chlor und damit Mehrverbrauch eintritt.

Arbeitsbereich: 1,0–0,1 mmol Ca (40–4 mg Ca).

Arbeitsgeräte: 300-ml-Becherglas (breite Form); Filtertiegel G 4; 20-ml-Pipette; 50-ml-Bürette; 10-ml-Messkolben.

Reagenzien: Maßlsg.: 0,02 mol/l $KMnO_4$; 1 mol/l H_2SO_4; 6 mol/l HCl; CO_2-freie NH_3-Lsg.; 0,4 mol/l $(NH_4)_2C_2O_4$; 0,01 mol/l $(NH_4)_2C_2O_4$.

Arbeitsvorschrift: 20 ml Analysenlsg. in einem Becherglas mit 5 ml HCl versetzen und mit Wasser auf 100 ml verdünnen. NH_3-Lsg. zufügen, bis Flüssigkeit schwach alkalisch reagiert. Zum Sieden erhitzen und mit siedender 0,4 mol/l $(NH_4)_2C_2O_4$ in kleinen Anteilen solange versetzen, bis kein Niederschlag mehr entsteht. Geringen Überschuss hinzufügen und nach mehrstündigem Stehen durch Glasfiltertiegel (oder ersatzweise Blauband-Filter) dekantierend filtrieren. Den Niederschlag fünfmal mit 0,01 mol/l $(NH_4)_2C_2O_4$, dann einmal mit Wasser waschen, Glasfiltertiegel in Becherglas bringen und den Niederschlag spülen und H_2SO_4 durch Filter und Trichter geben, um alle Reste zu lösen. Auf etwa 300 ml verdünnen und mit Maßlsg. titrieren.

Berechnung: 1 ml 0,02 mol/l $KMnO_4 \triangleq$ 0,05 mmol Ca^{2+} bzw. 2,004 mg Ca oder 2,804 mg CaO.

Bestimmung von Wasserstoffperoxid

Reaktionsprinzip: Die Umsetzung von H_2O_2 erfolgt in saurer Lösung nach

$$2 MnO_4^- + 5 H_2O_2 + 6 H^+ \rightarrow 2 Mn^{2+} + 5 O_2\uparrow + 8 H_2O$$

Nach der gleichen Methode können auch andere Peroxoverbindungen bestimmt werden.

Verfahrensfehler: H_2O_2 ist leicht zersetzlich (s. S. 107). Bei Gegenwart organischer Stabilisatoren kann ein Mehrverbrauch an Oxidationsmittel eintreten.
Arbeitsbereich: 1,0–0,1 mmol H_2O_2 (34–3,4 mg H_2O_2).
Arbeitsgeräte: 300-ml-Weithals-Erlenmeyerkolben; 20-ml-Pipette; 50-ml-Bürette; 100-ml-Messkolben.
Reagenzien: Maßlsg.: 0,02 mol/l $KMnO_4$; 1 mol/l H_2SO_4.
Arbeitsvorschrift: 20 ml Analysenlsg. mit 60 ml H_2SO_4 versetzen und mit Wasser auf 200 ml verdünnen. In der Kälte titrieren und besonders bei Beginn der Titration vor jeder neuen Zugabe an Maßlsg. warten, bis völlige Entfärbung eingetreten ist.
Berechnung: 1 ml 0,02 mol/l $KMnO_4 \triangleq$ 0,05 mmol H_2O_2 bzw. 1,7007 mg H_2O_2.

Bestimmung von Eisen(II) in schwefelsaurer Lösung

Reaktionsprinzip: Fe^{2+} wird in schwefelsaurer Lösung schnell zu Fe^{3+} oxidiert:

$$MnO_4^- + 5\ Fe^{2+} + 8\ H^+ \rightarrow Mn^{2+} + 5\ Fe^{3+} + 4\ H_2O$$

Um die Färbung durch die bei der Titration entstehenden Fe(III)-Ionen zu unterdrücken, kann ein Zusatz von Phosphorsäure erfolgen; diese bildet mit Fe(III) farblose Komplexverbindungen.

Verfahrensfehler: Alles zu bestimmende Fe muss als Fe(II) vorliegen; NO_3^- und Cl^- müssen abwesend sein.
Arbeitsbereich: 2,0–0,2 mmol Fe (112–11 mg Fe).
Arbeitsgerät: 300-ml-Weithals-Erlenmeyerkolben; 20-ml-Pipette; 50-ml-Bürette; 100-ml-Messkolben.
Reagenzien: Maßlsg.: 0,02 mol/l $KMnO_4$-Lsg.; 2,5 mol/l H_2SO_4; 1 mol/l H_3PO_4.
Arbeitsvorschrift: 20 ml Analysenlsg. mit 10 ml H_2SO_4 versetzen und mit ausgekochtem Wasser auf 200 ml auffüllen. In der Kälte titrieren. Die Umsetzung ist beendet, wenn $KMnO_4$ nicht mehr verbraucht wird und ein geringfügiger Überschuss an der Farbe zu erkennen ist. Dieser Endpunkt tritt schärfer hervor, wenn man etwas H_3PO_4 hinzufügt.
Berechnung: 1 mol 0,02 mol/l $KMnO_4 \triangleq$ 0,1 mmol Fe^{2+} bzw. 5,5847 mg Fe.

Bestimmung von Eisen(II) und Eisen(III) in schwefelsaurer Lösung

Soll die Bestimmung von Fe(II) und Fe(III) nebeneinander erfolgen, so titriert man zuerst in schwefelsaurer Lsg. den Eisen(II)-Gehalt (s. oben). In einer zweiten Probe wird nach Reduktion in schwefelsaurer Lsg. der Gesamteisengehalt ermittelt, und schließlich wird aus der Differenz dieser beiden Werte der Gehalt der Lsg. an Fe(III) berechnet. Zur Reduktion verwendet man Reduktionsmittel, deren Überschuss leicht zu entfernen ist, wie z. B. nascierenden Wasserstoff. Dieser wird erzeugt, indem die schwefelsaure Lsg. mit metallischem Zn versetzt wird.

Bestimmung von Eisen(II) in salzsaurer Lösung

Reaktionsprinzip: In salzsaurer Lösung erfolgt die Oxidation von Fe(II) in Gegenwart von *Reinhardt-Zimmermann*-Lösung.

Verfahrensfehler: Bei Titration der salzsauren Lsg. treten Störungen auf, da eine induzierte Oxidation von Chlorid zu Chlor erfolgt. Diese Störung wird durch Zusatz von *Reinhardt-Zimmermann*-Lsg. (s. Reagenzien) verhindert.
Arbeitsbereich: 2,0–0,2 mmol Fe (112–11 mg Fe).
Arbeitsgeräte: 300-ml-Weithals-Erlenmeyerkolben; 200-ml-Pipette; 50-ml-Bürette; 100-ml-Messkolben.

Reagenzien: Maßlsg. 0,02 mol/l KMnO₄-Lsg.; **Reinhardt-Zimmermann-Lsg.:** 1 Liter 6 mol/l H_3PO_4, 600 ml Wasser und 400 ml 18 mol/l H_2SO_4 mit einer Lsg. von 200 g $MnSO_4 \cdot H_2O$ in 1 Liter Wasser vereinen.

Arbeitsvorschrift: 20 ml Analysenlsg. mit Wasser auf 100 ml verdünnen, 10 ml *Reinhardt-Zimmermann*-Lsg. hinzufügen. Bei Zimmertemp. unter Umschwenken mit Maßlsg. titrieren.

Berechnung: 1 ml 0,02 mol/l $KMnO_4 \cong$ 0,1 mmol Fe^{2+} bzw. 5,5847 mg Fe.

Bestimmung von Eisen(III) in salzsaurer Lösung nach vorheriger Reduktion

Reaktionsprinzip: Soll der Gehalt einer salzsauren Eisen(III)-salzlösung permanganometrisch bestimmt werden, so muss das Fe(III) vor der Titration reduziert werden. Als Reduktionsmittel eignet sich Zinn(II)-chlorid:

$$Sn^{2+} + 2\,Fe^{3+} \rightarrow 2\,Fe^{2+} + Sn^{4+}$$

Zinn(II)-chlorid darf nur in geringem Überschuss in der Lösung vorhanden sein; dieser lässt sich leicht mit Quecksilber(II)-chlorid nach

$$Sn^{2+} + 2\,Hg^{2+} + 2\,Cl^- \rightarrow Sn^{4+} + Hg_2Cl_2\downarrow$$

entfernen. Es fällt rein weißes, wie Perlmutt schimmerndes Hg_2Cl_2 aus.

Zur Vermeidung von Hg-Abfällen ist es besser, Fe^{3+} mit Zn in saurer Lösung (H_2SO_4) zu reduzieren. Es muss dabei jedoch sicher gestellt sein, dass vor Beginn der Titration alles Zn aufgelöst ist.

Verfahrensfehler: Bei zu großem Überschuss von $SnCl_2$ fällt mit $HgCl_2$ körniger, evtl. ein grau gefärbter Niederschlag, der ebenfalls Permanganat verbraucht. V und Cu stören.

Arbeitsbereich: 2,0–0,2 mmol Fe(112–11 mg Fe)

Arbeitsgeräte: Tropfpipette; 1-l-Becherglas; 20-ml-Pipette; 50-ml-Bürette; 100-ml-Messkolben.

Reagenzien: Maßlsg.: 0,02 mol/l $KMnO_4$; 0,2 mol/l $SnCl_2$ (1 g $SnCl_2 \cdot 2\,H_2O$, 10 ml 10 mol/l HCl, 15 ml H_2O); $HgCl_2$-Lsg., kalt gesättigt; *Reinhardt-Zimmermann*-Lsg. (s. oben).

Arbeitsvorschrift: 20 ml Analysenlsg. mit konz. Salzsäure auf $c(HCl) \approx$ 3 mol/l bringen und in der Siedehitze tropfenweise mit $SnCl_2$-Lsg. versetzen, bis die Flüssigkeit farblos ist. Abkühlen, 10 ml $HgCl_2$-Lsg. schnell eingießen. Nach 3 bis 5 Min. auf 600 ml verdünnen, mit 10 ml *Reinhardt-Zimmermann*-Lsg. versetzen und mit Maßlsg. titrieren.

Berechnung: 1 ml 0,02 mol/l $KMnO_4 \cong$ 0,1 mmol Fe^{3+}, Fe^{2+} bzw. 5,5847 mg Fe.

Bestimmung von Mangan(II) nach Volhard-Wolff

Reaktionsprinzip: In neutraler Lösung findet zwischen MnO_4^- und Mn^{2+} Komproportionierung statt, weil hier Mn(IV) als MnO_2 die beständigste Oxidationsstufe ist.

$$3\,Mn^{2+} + 2\,MnO_4^- + 2\,H_2O \rightarrow 5\,MnO_2\downarrow + 4\,H^+$$

Um die Bildung von Mn(II)-haltigen Niederschlägen zu verhindern, wird $ZnSO_4$ hinzugefügt, so dass statt Mn^{2+} überwiegend Zn^{2+} gebunden wird (s. S. 217 und 49). Fe^{3+} wird durch ZnO als Hydroxid gefällt.

Verfahrensfehler: Die Berechnung muss nach der oben angegebenen Formel erfolgen. Ein gutes Absetzen des Niederschlages wird erreicht, wenn beim ersten Titrieren gleich eine größere Permanganatmenge angewendet wird. Das Gefäß muss sauber und völlig fettfrei sein; es darf sich kein Braunstein an der Gefäßwandung abscheiden.

Arbeitsbereich: 2,0–0,2 mmol Mn (110–11 mg Mn).

Arbeitsgeräte: 1-l-Becherglas; 1-l-Stehkolben; 20-ml-Pipette; 50-ml-Bürette; 100-ml-Messkolben; 100-ml-Pipette; Faltenfilter.

Reagenzien: Maßlsg.: 0,02 mol/l $KMnO_4$; $ZnSO_4$; ZnO; Eisessig.

Arbeitsvorschrift: 20 ml schwachsaure, Fe(III)-haltige Analysenlsg. in 500-ml-Messkolben bringen, 25 ml Wasser und 2 g $ZnSO_4$ zusetzen, portionsweise mit einer ZnO-Aufschlämmung versetzen, bis $Fe(OH)_3$ quantitativ ausgefallen ist, mit Wasser bis zur Marke auffüllen und durch ein trockenes Filter in ein trockenes Becherglas abfiltrieren. Vom Filtrat 100 ml (oder 20 ml Fe- und Al-freie Analysenlsg.) in den Stehkolben abpipettieren, mit Wasser auf ca. 500 ml verdünnen und mit wenig ZnO versetzen, so dass auch nach dem Erhitzen noch ein geringer Bodenkörper vorhanden ist. Erhitzen und in der Siedehitze mit Maßlsg. titrieren. Kurz vor Erreichen des Endpunktes 1 ml Eisessig hinzufügen. Der Endpunkt ist erreicht, wenn die über dem Niederschlag befindliche klare Lsg. schwach rosa gefärbt ist.

Berechnung: 1 ml 0,02 mol/l $KMnO_4 \triangleq$ 0,03 mmol Mn^{2+} bzw. 1,648 mg Mn.

3.4.3.3 Iodometrie

Die Iodometrie beruht auf der oxidierenden Wirkung von elementarem Iod sowie auf der reduzierenden Wirkung von I^-. Diese Reaktion, die auch umkehrbar ist, kann wiedergegeben werden durch

$$I_2 + 2\,e^- \rightleftharpoons 2\,I^-$$

Reduktionsmittel können in neutraler Lösung direkt mit Iodlösung titriert werden (Bestimmung von As_2O_3, s. S. 414), während Oxidationsmittel Iodid zu Iod oxidieren. Das elementare Iod kann mit eingestellter Thiosulfatlösung titriert werden, wobei Thiosulfat zu Tetrathionat oxidiert wird (Cu-Bestimmung, s. S. 415):

$$I_2 + 2\,S_2O_3^{2-} \rightarrow 2\,I^- + S_4O_6^{2-}$$

Das Auftreten bzw. Verschwinden von elementaren Iod im Äquivalenzpunkt wird durch Zugabe einer Lösung aus löslicher Stärke, die mit elementarem Iod eine tiefblaue Verbindung bildet, besonders deutlich. Die Farbreaktion ist recht empfindlich, Konzentrationen bis zu 10^{-5} mol/l (($\triangleq$ 1,27 mg Iod/l = 0,13 mg Iod/100 ml) an Iod sind noch zu erkennen. Die hohe Empfindlichkeit der Iodstärkereaktion ist jedoch an die gleichzeitige Anwesenheit von Iodidionen gebunden. Die blaue Iodstärke ist eine Verbindung, die Iod mit Amylose, einem Bestandteil der Stärke bildet. Sie gehört zu den sog. „Einschlussverbindungen" (s. S. 50). Die Amylose besteht aus schraubenförmig angeordneten Molekülketten. In den kanalartigen Hohlräumen im Innern dieses Schraubenganges werden die Polyiodid-Ketten ($I_5^- - I_{15}^-$) eingelagert.

Herstellung und Einstellung einer Natriumthiosulfat-Maßlösung

Reaktionsprinzip: $Na_2S_2O_3$-Lösung wird durch Iod zu Tetrathionat oxidiert (s. oben).

Verfahrensfehler: Thiosulfatlsg. ist nicht haltbar. Es erfolgt Zersetzung durch CO_2, Luftsauerstoff und Schwefelbakterien. Ein Zusatz von 1 ml Amylalkohol zu 1 l Lsg. macht diese etwas haltbarer.

Arbeitsgeräte: Trockenschrank; 300-ml-Weithals-Erlenmeyerkolben; 20-ml-Pipette; 50-ml-Bürette.

Reagenzien: $Na_2S_2O_3 \cdot 5\ H_2O$ (p.a.); KIO_3 (p.a.); KI (p.a.): 2 mol/l HCl; **Stärkelsg.** (Ca. 0,5 g lösliche Stärke mit Wasser anrühren und dann in ca. 100 ml siedendem Wasser lösen. Nach Absetzen der Trübung klare Lsg. dekantieren und zur Verhütung von Pilzbildung mit ca. 5 mg HgI_2 versetzen.)

Arbeitsvorschrift: Etwa 0,1 mol $Na_2S_2O_3 \cdot 5\ H_2O$ in 1 l ausgekochtem Wasser lösen. Ca. 100 mg KIO_3 (genaue Einwaage), das bei 180 °C getrocknet wurde, in 200 ml Wasser lösen. 1 g KI in wenig Wasser lösen und zur zweiten Lsg. hinzufügen, mit 20 ml 2 mol/l HCl versetzen und mit der Thiosulfatlsg. titrieren. Wenn die Lsg. nur noch schwach gelb ist, 2 ml Stärkelsg. hinzufügen und bis zur Entfärbung titrieren.

Berechnung: 1 mol 0,1 mol/l $Na_2S_2O_3 \triangleq 3{,}567$ mg KIO_3.

Herstellung einer Iod-Maßlösung

Reaktionsprinzip: Die Zubereitung einer Iodlösung geschieht in der Weise, dass eine KIO_3-Lösung hergestellt wird, die im Bedarfsfalle abpipettiert und mit KI und HCl versetzt wird. KIO_3 reagiert mit überschüssigem KI in schwach saurer Lösung zu Iod:

$$IO_3^- + 5\ I^- + 6\ H^+ \rightarrow 3\ I_2 + 3\ H_2O$$

Arbeitsgeräte: 25-ml-Pipette; 300-ml-Weithals-Erlenmeyerkolben; 1-l-Messkolben; 50-ml-Messkolben; 50-ml-Bürette; Trockenschrank.

Reagenzien: KIO_3 (p.a.); 0,5 mol/l KI; 7 mol/l HCl.

Arbeitsvorschrift: KIO_3 im Trockenschrank bei 180 °C trocknen und 7,1334 g in Wasser lösen und zu 1 Liter auffüllen. Hiervon 25 ml entnehmen, mit 20 ml KI-Lsg. und 1 ml HCl versetzen und mit Wasser auf 50 ml auffüllen. Nach gründlichem Durchmischen wird die Lsg. in die Bürette gefüllt und zum Titrieren verwendet.

Berechnung: 178,34 mg $KIO_3 \triangleq {}^5/_6$ mmol KIO_3 ergeben 50 ml 0,05 mol/l I_2.

Arsentrioxid als Urtitersubstanz

Reaktionsprinzip: Arsenige Säure reagiert mit Iod nach der Gleichung

$$AsO_3^{3-} + H_2O + I_2 \rightleftharpoons AsO_4^{3-} + 2\ H^+ + 2\ I^-$$

Hierzu wird 0,05 mol As_2O_3 in Natronlauge gelöst und zur Titerstellung ein aliquoter Teil entnommen, mit Schwefelsäure schwach angesäuert und mit Iodlösung titriert. Die Werte für die Oxidationspotenziale von Arsenat(V)/Arsenat(III) und Iod/Iodid sind in schwach saurer Lösung einander sehr ähnlich, so dass sich für diese Umsetzung ein Gleichgewicht einstellt, das nach dem MWG nach rechts verschoben werden kann, wenn man die Konzentration der entstehenden Wasserstoffionen erniedrigt. Hierbei darf jedoch die Konzentration der OH^--Ionen nicht so stark erhöht werden, dass sich unter Iodverbrauch Iodid-,

Hypoiodit- oder Iodationen bilden. Aus diesem Grunde arbeitet man nicht in alkalischer Lösung, sondern im „Kohlensäure-Hydrogencarbonat-Puffer".

$$I_2 + AsO_3^{3-} + 2\,HCO_3^- \rightarrow 2\,I^- + AsO_4^{3-} + 2\,CO_2 \uparrow + H_2O$$

Umgekehrt lässt sich in stark saurer Lösung Iodid durch Arsenat(V) zu Iod oxidieren.

Verfahrensfehler: $NaHCO_3$ muss in so großer Menge anwesend sein, dass es ständig als Bodenkörper vorhanden ist.
Arbeitsbereich: 0,5–0,05 mmol As_2O_3 (99–9,9 mg As_2O_3).
Arbeitsgeräte: 300-ml-Weithals-Erlenmeyerkolben; 20-ml-Pipette; 50-ml-Bürette; 100-ml-Messkolben.
Reagenzien: Maßlsg.: 0,05 mol/l I_2; $NaHCO_3$, fest; Stärkelsg. (s. S. 414); 1 mol/l NaOH; 1 mol/l H_2SO_4.
Arbeitsvorschrift: Ca. 0,1–0,15 g des 2 Stunden bei 110 °C getrockneten As_2O_3 genau einwiegen, in 10 ml NaOH-Lsg. lösen und sofort mit 12 ml H_2SO_4 ansäuern (oder 20 ml der mit H_2SO_4 aufgefüllten Analysenlsg.), mit Wasser auf 100 ml auffüllen und mit ca. 2 g $NaHCO_3$ versetzen. Nach Zugabe von 2 ml Stärkelsg. mit Maßlsg. bis zu bleibender schwacher Blaufärbung (ca. 30 Sek. ohne Umschütteln) titrieren.
Berechnung: 1 ml 0,05 mol/l $I_2 \stackrel{\wedge}{=}$ 0,025 mmol As_2O_3 bzw. 4,9460 mg As_2O_3 oder 3,7461 mg As(III).

Bestimmung von Antimonat(III)

Analog der Arsenbestimmung wird auch die Bestimmung des Antimons in hydrogencarbonathaltiger Lösung ausgeführt:

$$SbO_3^{3-} + I_2 + H_2O \rightarrow 2\,H^+ + SbO_4^{3-} + 2\,I^-$$

Verfahrensfehler: Antimonsalze unterliegen leicht der Hydrolyse, wobei sich schwerlösliche basische Antimonverbindungen abscheiden; durch Zusatz von Weinsäure oder Tartrat bilden sich komplexe Antimonoxidtartratverbindungen. Bei der Titration muss ständig ein $NaHCO_3$-Bodenkörper vorhanden sein.
Arbeitsbereich: 0,5–0,05 mmol Sb_2O_3 (146–15 mg Sb_2O_3).
Arbeitsgeräte: 300-ml-Weithals-Erlenmeyerkolben; 20-ml-Pipette; 50-ml-Bürette; 100-ml-Messkolben
Reagenzien: Maßlsg.: 0,05 mol/l I_2; Seignettesalz (Kaliumnatriumtartrat); $NaHCO_3$, fest; Stärkelsg. (s. S. 414); 1 mol/l H_2SO_4.
Arbeitsvorschrift: 20 ml der mit H_2SO_4 aufgefüllten Analysenlsg. mit 3 g Seignettesalz und danach mit ca. 2 g $NaHCO_3$ versetzen. Nach Auffüllung mit Wasser auf ca. 100 ml und Zugabe von 2 ml Stärkelsg. mit Maßlsg. bis zu bleibender schwacher Blaufärbung (ca. 30 Sek. ohne Umschütteln) titrieren.
Berechnung: 1 ml 0,05 mol/l $I_2 \stackrel{\wedge}{=}$ 0,025 mmol Sb_2O_3 bzw. 7,2875 mg Sb_2O_3 oder 6,0875 mg Sb(III).

Bestimmung von Kupfer

Reaktionsprinzip: Kupfer(II)-salze reagieren mit Iodid zu schwerlöslichem Kupfer(I)-iodid unter gleichzeitiger Oxidation des Iodids zu elementarem Iod:

$$2\,Cu^{2+} + 4\,I^- \rightleftharpoons 2\,CuI \downarrow + I_2$$

Das ausgeschiedene Iod kann mit Thiosulfatlösung bestimmt werden. Um die Reaktion vorwiegend im Sinne des oberen Pfeiles zu leiten, ist ein größerer Überschuss von Kaliumiodid erforderlich, und das gebildete Iod muss aus dem Reaktionsgleichgewicht entfernt werden, was durch die Titration mit Thiosulfatlösung erreicht wird.

Verfahrensfehler: Die iodometrische Cu-Bestimmung wird durch Fe und As sowie größere Mengen HCl gestört. Da Cu(I)-Iodid durch Luftsauerstoff oxidiert wird, muss dieser möglichst fern gehalten werden; zum Auffüllen der Lsg. darf nur ausgekochtes Wasser verwendet werden. Am Endpunkt der Titration muss die Blaufärbung etwa $\frac{1}{2}$ bis 1 Minute lang verschwunden bleiben.

Arbeitsbereich: 2,0–0,2 mmol Cu (127–13 mg Cu).
Arbeitsgeräte: 20-ml-Pipette; 50-ml-Bürette.
Reagenzien: Maßlsg.: 0,1 mol/l $Na_2S_2O_3$; 3 mol/l H_2SO_4 (25%ig); KI (p.a.), Stärkelsg. (s. S. 414).
Arbeitsvorschrift: 20 ml Analysenlsg. mit soviel H_2SO_4 versetzen, dass die Gesamtlsg. $c(H_2SO_4) \approx 0{,}75$ mol/l besitzt; eine wässrige Lsg. von 2 g KI hinzufügen. Kolben schließen und von Zeit zu Zeit durchschütteln. Nach 1 Min. mit Maßlsg. titrieren. Gegen Ende der Titration, wenn die Lsg. nur noch schwach gelb ist, 2 ml Stärkelsg. hinzufügen und bis zum ersten völligen Verschwinden der Blaufärbung titrieren.
Berechnung: 1 ml 0,1 mol/l $Na_2S_2O_3 \, \widehat{=} \, 0{,}1$ mmol Cu bzw. 6,3546 mg Cu.

3.4.3.4 Bromatometrie

Die Bromatometrie ist ein Redox-Verfahren, das die Bestimmung von As(III), Sb(III) und Sn(II) in saurer Lösung gestattet. Sie beruht auf der Oxidation der zu bestimmenden Substanz durch Bromat:

$$BrO_3^- + 6\,H^+ + 6\,e^- \rightarrow Br^- + 3\,H_2O$$

Nach dem Äquivalenzpunkt entsteht aus Bromat und Bromid elementares Brom:

$$BrO_3^- + 5\,Br^- + 6\,H^+ \rightarrow 3\,Br_2 + 3\,H_2O$$

Das Brom ent- oder verfärbt einen als Indikator zugesetzten Farbstoff in langsamer Reaktion meist irreversibel durch Bromierung oder Oxidation. Als Indikator können Methylrot, Methylorange oder andere Farbstoffe verwendet werden.

Herstellung einer Kaliumbromat-Maßlösung

Reaktionsprinzip: $KBrO_3$ wirkt oxidierend und geht selbst in Bromid über (s. oben). Es dient als Urtitersubstanz.

Arbeitsgeräte: Trockenschrank; 1-l-Messkolben.
Reagenzien: $KBrO_3$ (p.a.).
Arbeitsvorschrift: $KBrO_3$ (p.a.) bei 180 °C im Trockenschrank trocknen. 2,7833 g in einem Messkolben zu 1 Liter auflösen. Die Lsg. ist titerbeständig. Eine $KBrO_3$-Lsg. unbekannten Gehaltes kann gegen As_2O_3 als Urtitersubstanz eingestellt werden (s. S. 414 f.), die Lsg. muss jedoch hier stark salzsauer sein, d. h., es wird in HCl gelöst und nicht abgepuffert. Sonst wird wie unten verfahren.

Berechnung: 2,7833 g KBrO$_3$ ≙ 1/60 mol KBrO$_3$, d.h., c(KBrO$_3$) = 1/60 mmol/ml.

Bestimmung von Arsenat(III) oder Antimonat(III)

Reaktionsprinzip: Die bromatometrische As-Bestimmung erfolgt nach:

$$3\,AsO_3^{3-} + BrO_3^- \rightarrow 3\,AsO_4^{3-} + Br^-$$

In gleicher Weise kann auch Sb(III) bestimmt werden.

Verfahrensfehler: Die Bromatlsg. soll langsam unter gutem Umschwenken einlaufen, weil sonst der Indikator durch an der Eintropfstelle gebildetes Brom vorzeitig zerstört wird.
Arbeitsbereich: 1,0–0,1 mmol As oder Sb (75–7,5 mg As oder 122–12 mg Sb).
Arbeitsgeräte: 200-ml-Weithals-Erlenmeyerkolben; 20-ml-Pipette; 50-ml-Bürette.
Reagenzien: Indikator: Methylorange, Maßlsg.: 1/60 mol/l KBrO$_3$; 7 mol/l HCl.
Arbeitsvorschrift: 20 ml Analysenlsg. mit Wasser auf 150 ml auffüllen. 10 ml HCl zufügen und auf 50°C erhitzen. 2 Tropfen Indikator zufügen und langsam unter Umschwenken bis zum Verschwinden der Farbe titrieren. Gegen Ende der Titration noch 2 Tropfen Indikator zusetzen.
Berechnung: 1 ml 1/60 mol/l KBrO$_3$ ≙ 0,05 mmol As(III) oder Sb(III) bzw. 3,7461 mg As oder 6,0875 mg Sb.

3.4.3.5 Dichromatometrie

Eine K$_2$Cr$_2$O$_7$-Maßlösung hat gegenüber einer Permanganatlösung den Vorteil, dass sie titerbeständig und direkt durch Einwägen herstellbar ist. Die Titration kann auch in Gegenwart von nicht allzu viel Chlorid durchgeführt und zur Bestimmung von Eisen in Erzen benutzt werden.

Der Reaktionsverlauf ist:

$$Cr_2O_7^{2-} + 14\,H^+ + 6\,e^- \rightarrow 2\,Cr^{3+} + 7\,H_2O$$

Als Indikatoren geeignet sind N-Phenylanthranilsäure, Na-Diphenylamin-p-sulfonat sowie Na-N-Methyl-diphenylamin-p-sulfonat (Abb. 3.15).

Dieser besser umschlagende Indikator ist jedoch nicht mehr im Handel erhältlich.

Bestimmung von Eisen(II) mit K$_2$Cr$_2$O$_7$

Reaktionsprinzip: Das Erz wird gelöst oder aufgeschlossen und nach dem Lösen das vorhandene Eisen zu Fe(II) reduziert. Hierfür wird die Lösung mit SnCl$_2$ versetzt und der Überschuss des Reduktionsmittels mit HgCl$_2$-Lösung entfernt (s. S. 412). Dann wird mit Indikator versetzt und titriert. Hierbei wird Fe(II) zu Fe(III) oxidiert, und die Farbe der Lösung schlägt von grün nach violett um.

Verfahrensfehler: s. S. 412, Bestimmung von Fe(III).
Arbeitsbereich: 2,0–0,2 mmol (112–11 mg Fe).
Arbeitsgeräte: 300-ml-Weithals-Erlenmeyerkolben; 20-ml-Pipette; 50-ml-Bürette.
Reagenzien: Maßlsg.: 1/60 mol/l K$_2$Cr$_2$O$_7$; Indikator: 0,1%ige Na-N-Methyldiphenylamin-p-sulfonat-Lsg.; 0,2 mol/l SnCl$_2$ (1 g SnCl$_6$ · 2 H$_2$O, 10 ml 10 mol/l HCl, 15 ml H$_2$O);

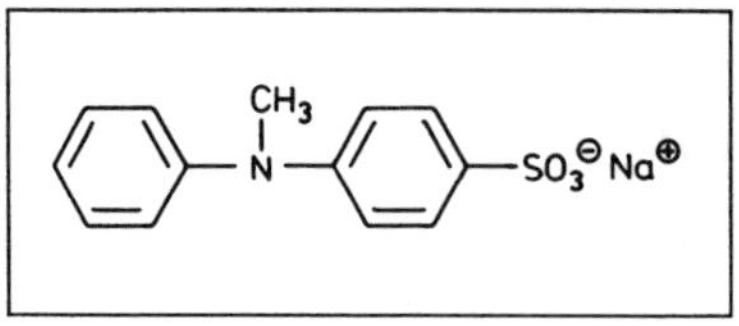

Abb. 3.15: Na-N-Methyldiphenylamin-p-sulfonat

HgCl$_2$-Lsg., kalt gesättigt; Gemisch aus 1 Teil 6 mol/l H$_3$PO$_4$ und 1 Teil 3 mol/l H$_2$SO$_4$ (25%ig).
Arbeitsvorschrift: 20 ml der Analysenlsg. zur Fe-Reduktion nach Vorschrift auf S. 412 behandeln. Mit 10 ml des H$_2$SO$_4$–H$_3$PO$_4$-Gemisches versetzen, mit Maßlösung nach Zusatz von Indikator bis zur Violettfärbung titrieren.
Berechnung: 1 ml $^1/_{60}$ mol/l K$_2$Cr$_2$O$_7 \stackrel{\wedge}{=} 0,1$ mmol Fe^{2+}, Fe^{3+} bzw. 5,5847 mg Fe.

Bestimmung von Eisen(II) mit K$_2$Cr$_2$O$_7$ und K$_3$[Fe(CN)$_6$] als Tüpfelindikator

Reaktionsprinzip: Die Fe(II)-Salzlösung wird in schwefelsaurer Lösung mit K$_2$Cr$_2$O$_7$-Lösung titriert. Zum Erkennen des Endpunktes wird im Verlauf der Titration jeweils ein Tropfen entnommen und auf einer Tüpfelplatte oder auf Filterpapier mit einem Tropfen K$_3$[Fe(CN)$_6$]-Lösung zusammengebracht. Bei Anwesenheit von Fe(II) bildet sich hierbei Berliner Blau (s. S. 232). Der Endpunkt der Titration ist erreicht, wenn beim Tüpfeln keine Blaufärbung mehr auftritt.

Verfahrensfehler: Die erste Titration dient zur ungefähren Ermittlung der Fe(II)-Menge. Bei der zweiten Titration wird der größte Teil der K$_2$Cr$_2$O$_7$-Lsg. mit einem Male zugegeben, so dass der Endpunkt mit nur zwei- oder dreimaligem Tüpfeln erkannt werden kann.

Arbeitsbereich: 2,0–0,2 mmol Fe (112–11 mg Fe).
Arbeitsgeräte: Tüpfelplatte oder Filterpapier; 20-ml-Pipette; 50-ml-Bürette; Glasstäbe; 300-ml-Weithals-Erlenmeyerkolben.
Reagenzien: Indikator: 0,05 mol/l K$_3$[Fe(CN)$_6$], frisch hergestellt (Kristalle vorher gut abspülen!); Maßlsg.: $^1/_{60}$ mol/l K$_2$Cr$_2$O$_7$; 1 mol/l H$_2$SO$_4$.
Arbeitsvorschrift: 20 ml Analysenlsg. mit 10 ml H$_2$SO$_4$ versetzen und mit Wasser auf ca. 100 ml auffüllen. Mit Maßlsg. titrieren und mehrmals während der Titration mit Glasstab einen Tropfen entnehmen und auf Tüpfelplatte oder Filterpapier prüfen, ob mit Indikator noch Blau- bis Grünfärbung eintritt. So lange titrieren, bis beim Tüpfeln keine Blaufärbung, sondern reine Braunfärbung auftritt.
Berechnung: 1 ml $^1/_{60}$ mol/l K$_2$Cr$_2$O$_7 \stackrel{\wedge}{=} 0,1$ mmol Fe^{2+} bzw. 5,5874 mg Fe.

3.4.3.6 Cerimetrie

Ce(IV)-Salzlösung ist ein starkes Oxidationsmittel, das im Gegensatz zu Permanganat ein Arbeiten auch in stark salzsaurer Lösung gestattet. Der Redoxvorgang verläuft nach:

$$Ce^{4+} + e^- \rightarrow Ce^{3+}$$

Die Titerstellung der Lösung kann gegen eine Fe(II)-Salzlösung erfolgen.

Herstellung einer Cer(IV)-sulfat-Maßlösung

Reaktionsprinzip: $Ce^{4+} + Fe^{2+} \rightarrow Ce^{3+} + Fe^{3+}$. Ein gut geeigneter Redoxindikator ist Ferroin (s. S. 408).

Arbeitsbereich: 2,0–0,2 mmol Fe (112–11 mg Fe).
Arbeitsgeräte: 1-l-Messkolben; 20-ml-Pipette; 50-ml-Bürette.
Reagenzien: $Cd(SO_4) \cdot 4\,H_2O$; 1 mol/l H_2SO_4; Maßlsg.: 0,1 mol/l $FeSO_4$ mit Normierfaktor f_{Fe}; Indikator: Ferroinlsg. (Merck).
Arbeitsvorschrift: Etwa 41 g $Ce(SO_4)_2 \cdot 4\,H_2O$ in soviel 1 mol/l H_2SO_4 lösen, dass klare Lösung erfolgt, dann mit 0,1 mol/l H_2SO_4 im Messkolben auffüllen. Umschütteln und mit Pipette $V_{Ce} = 20$ ml entnehmen und mit Wasser auf 100 ml verdünnen. 1 Tropfen Indikator zufügen und mit $FeSO_4$-Maßlösung bis zur rotfärbung titrieren; normierter Verbrauch an $FeSO_4$-Maßlsg. $V_t \cdot f_{Fe}$.
Berechnung: $40,32$ g $Ce(SO_4)_2 \cdot 4\,H_2O \,\hat{=}\, 0,1$ mol $Ce(SO_4)_2$, d.h. $f_{Ce} = (V_t \cdot f_{Fe})\,V_{Ce}$.

Bestimmung von $K_4[Fe(CN)_6]$

Reaktionsprinzip: Ce(IV) oxidiert in saurer Lösung $K_4[Fe(CN)_6]$ nach:

$$[Fe(CN)_6]^{4-} + Ce^{4+} \rightarrow [Fe(CN)_6]^{3-} + Ce^{3+}$$

Arbeitsbereich: 2,0–0,2 mmol $K_4[Fe(CN)_6]$ (737–74 mg $K_4[Fe(CN)_6]$).
Arbeitsgeräte: 300-ml-Weithals-Erlenmeyerkolben; 20-ml-Pipette; 50-ml-Bürette.
Reagenzien: Indikator: Ferroinlsg.; Maßlsg.: 0,1 mol/l $Ce(SO_4)_2$; 7 mol/l HCl.
Arbeitsvorschrift: Lsg. auf 100 ml verdünnen. Mit 10 ml HCl und einem Tropfen Ferroinlsg. versetzen. Bei Zimmertemp. von orangebraun bis grüngelb titrieren.
Berechnung: 1 ml 0,1 mol/l $Ce(SO_4)_2 \,\hat{=}\, 0,1$ mmol $K_4[Fe(CN)_6]$ bzw. 36,836 mg $K_4[Fe(CN)_6]$.

3.4.3.7 Ferrometrie

Bei der Ferrometrie dient eine Fe(II)-Salzlösung als Maßlösung. Diese läuft vor der Titration über einen Cadmiumreduktor, in welchem die quantitative Reduktion zu Fe^{2+} erfolgt. Der auf Abb. 3.16 abgebildete Reduktor besteht aus einem Glaszylinder (Durchmesser 14 mm, Betthöhe 140 mm), in dem sich eine Glasfritte G 1 befindet. Dieser Zylinder wird etwa bis zur Hälfte mit grob gepulvertem Cadmium (Merck) gefüllt und in der aus der Abb. 3.16 ersichtlichen Weise mit einer Bürette verbunden. Als Maßlösung dient eine $FeSO_4$-Lösung, die soviel Salz- oder Schwefelsäure enthält, dass ihre Wasserstoffionenkonzentration etwa 0,3 mol/l ist. Die Titerstellung kann gegen eine Permanganatlösung erfolgen.

Bestimmung von $Cr_2O_7^{2-}$ (bzw. Vanadat)

Reaktionsprinzip: In saurer Lösung reagieren

$$Cr_2O_7^{2-} + 6\,Fe^{2+} + 14\,H^+ \rightarrow 2\,Cr^{3+} + 6\,Fe^{3+} + 7\,H_2O$$

und

$$VO_2^+ + Fe^{2+} + 2\,H^+ \rightarrow VO^{2+} + Fe^{3+} + H_2O.$$

Fe(II) wird hierbei zu Fe(III) oxidiert.

Verfahrensfehler: Die Lsg. soll stark sauer sein, d.h. $c(H^+) = 0,5$–2 mol/l.
Arbeitsbereich: 0,3–0,03 mmol (88–9 mg) $K_2Cr_2O_7$ oder 2–0,2 mmol (234–23 mg) NH_4VO_3.

420　Titrimetrische Verfahren

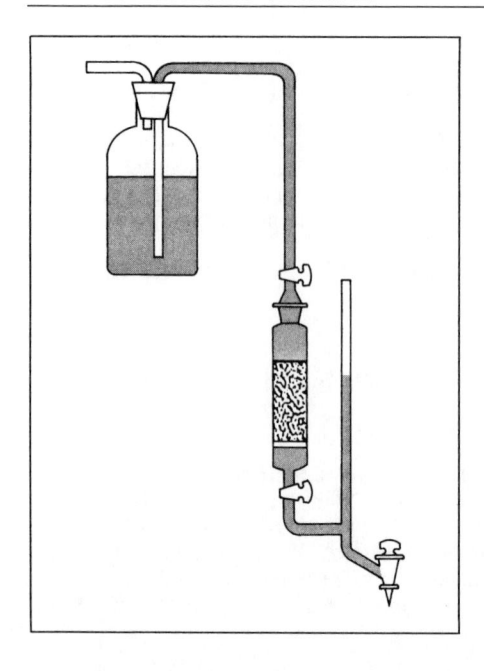

Abb. 3.16: Bürette mit Reduktor

Arbeitsgeräte: 300-ml-Weithals-Erlenmeyerkolben; 50-ml-Bürette mit Reduktor; 20-ml-Pipette.
Reagenzien: Indikator: 0,1%ige Na-N-Methyldiphenylamin-p-sulfonat-Lsg.; Maßlsg.: 0,1 mol/l Fe(II)-Lsg., Gemisch aus 1 Teil 6 mol/l H_3PO_4 und 1 Teil 3 mol/l H_2SO_4.
Arbeitsvorschrift: 20 ml Analysenlsg. mit ca. 100 ml Wasser verdünnen. 10 ml H_2SO_4–H_3PO_4-Gemisch und 0,3 ml Indikator (oder 0,1 ml 0,025 mol/l Ferroin bei $Cr_2O_7^{2-}$) zufügen. Wenn nach 1 Min. der Indikator eine satte, rote Farbe hat, mit Maßlsg. titrieren, bis die Farbe über violett schlagartig nach blaugrün umschlägt.
Berechnung: 1 ml 0,1 mol/l Fe(II)-Lsg. ≙ 4,9032 mg $K_2Cr_2O_7$ bzw. 11,698 mg NH_4VO_3.

3.4.4 Fällungsverfahren

Mit Hilfe der Fällungsverfahren können Stoffe titriert werden, die mit einer Maßlösung einen schwerlöslichen Niederschlag in stöchiometrisch ablaufender Reaktion geben. Eine Abtrennung des Niederschlags – wie bei der Gravimetrie – ist dabei nicht erforderlich. Am wichtigsten aus dieser Gruppe von Analysenverfahren sind die argentometrischen Bestimmungen und die hydrolytischen Fällungsverfahren.

3.4.4.1 Grundlagen

Von grundsätzlicher Bedeutung bei der Fällungsanalyse ist das Löslichkeitsprodukt (s. S. 27 und 357). Es spielt in der Fällungsanalyse eine analoge Rolle wie das

Ionenprodukt des Wassers in der Neutralisationsanalyse. So lässt sich mit seiner Hilfe die Änderung der Konzentration der an einer Fällungsanalyse beteiligten Ionen berechnen.

Titrationskurven

Als Beispiel sei die Fällung von 100 ml 0,01 mol/l NaCl mit einer Lösung von 1 mol/l $AgNO_3$ bei 20°C erläutert. Die Veränderung des Ausgangsvolumens durch den Zusatz der Maßlösung soll dabei vernachlässigt werden.

In Tab. 3.15 sind die Änderungen der Ionenkonzentrationen in Abhängigkeit von $AgNO_3$-Zusatz wiedergegeben.

Das Produkt von $c(Cl^-)$ und $c(Ag^+)$ ergibt für jeden Punkt der Kurve $1,1 \cdot 10^{-10}$ mol$^2 \cdot$ l^{-2}, d. h. das Löslichkeitsprodukt von AgCl. Die Werte der Tabelle sind graphisch in Abb. 3.17 wiedergegeben, wobei als Maß für die Konzentration der pCl-Wert verwendet wird (s. S. 357).

Auch bei diesem Titrationsverfahren ändert sich die Ionenkonzentration der an der Fällung beteiligten Ionen in der unmittelbaren Umgebung des Äquivalenzpunktes sprungartig. Voraussetzung für einen genügend großen Konzentrationssprung ist ein ausreichend kleines Löslichkeitsprodukt, es sollte z. B. für 1 : 1-Salze $\leq 10^{-8}$ mol$^2 \cdot$ l^{-2} sein. Am Äquivalenzpunkt erreicht die Löslichkeit des Niederschlags ein Maximum (s. S. 357 und Abb. 3.3).

Tab. 3.15: Titration von 100 ml 0,01 mol/l NaCl mit 1 mol/l $AgNO_3$-Lösung

ml $AgNO_3$	% Cl$^-$ gefällt	$c(Cl^-)$ in mol/l	$c(Ag^+)$ in mol/l	pCl
0,000	0,0	$1,0 \cdot 10^{-2}$	0	2
0,90	90,0	$1,0 \cdot 10^{-3}$	$1,1 \cdot 10^{-7}$	3
0,99	99,0	$1,0 \cdot 10^{-4}$	$1,1 \cdot 10^{-6}$	4
1,00		$1,05 \cdot 10^{-5}$	$1,05 \cdot 10^{-5}$	5
1,01		$1,1 \cdot 10^{-6}$	$1,0 \cdot 10^{-4}$	6
1,10		$1,1 \cdot 10^{-7}$	$1,0 \cdot 10^{-3}$	7

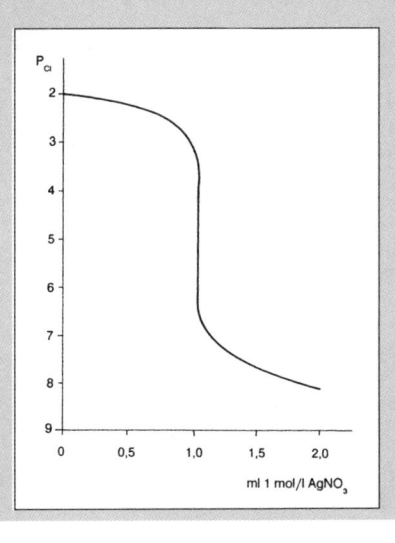

Abb. 3.17: Titration von NaCl-Lösung mit $AgNO_3$

Fortsetzung

Der Konzentrationssprung wird um so größer, je höher die Konzentrationen der Analysen- und der Maßlösung liegen. Einer beliebigen Konzentrationserhöhung sind Grenzen gesetzt (Volumenänderung, Mitfällung).

Indikatoren

Ohne spezielle Endpunktanzeige lässt sich **Ag^+ mit NaCl-Lösung nach *Gay-Lussac*** bestimmen. Als Kriterium für den Endpunkt dient die deutliche Zusammenballung des ausgefallenen Niederschlags und das Ausbleiben einer erneuten Trübung (Klarpunkt) bei Zusatz weiterer Maßlösung.

Eine Reihe von Indikatoren der Fällungsverfahren geben mit der Maßlösung einen farbigen Niederschlag, wie z. B. K_2CrO_4 bei der **argentometrischen Halogenidbestimmung nach *Mohr*.** CrO_4^{2-} bildet mit Ag^+ in neutraler oder sehr schwach alkalischer Lösung einen rotbraunen Niederschlag von Ag_2CrO_4. Das Löslichkeitsprodukt des zur Indizierung dienenden Niederschlags bezogen auf $c(Ag^+)$ muss größer sein als das des bei der Titration gebildeten Niederschlags. Um eine einwandfreie Erkennung des Endpunktes zu erreichen, ist es notwendig, die Konzentration des Indikators in einem bestimmten Bereich zu halten. Die Menge an $AgNO_3$-Lösung, die über den Äquivalenzpunkt hinaus zur Erkennung des Endpunktes der Titration zugesetzt werden muss, ist von der CrO_4^{2-}-Konzentration abhängig, und zwar soll diese etwa bei 10^{-2} mol/l liegen, wie aus folgender Rechnung hervorgeht.

Im Äquivalenzpunkt ist $c(Ag^+) = \sqrt{K_{L(AgCl)}} = 10^{-5}$ mol $\cdot$ l^{-1}. Außerdem gilt bei Fällung von $Ag_2CrO_4 : K_{L(Ag_2CrO_4)} = c^2(Ag^+) \cdot c(CrO_4^{2-})$.

$$c(CrO_4^{2-}) = \frac{K_{L(Ag_2CrO_4)}}{c^2(Ag^+)} = \frac{10^{-12} \text{ mol}^3 \cdot \text{l}^{-3}}{10^{-10} \text{ mol}^2 \cdot \text{l}^{-2}} = 10^{-2} \text{ mol} \cdot \text{l}^{-1}$$

Tatsächlich wählt man die CrO_4^{2-}-Konzentration etwas geringer (ca. $0,5 \cdot 10^{-2}$ mol/l), um die Farbe des ausfallenden Ag_2CrO_4 nicht durch die des CrO_4^{2-}-Ions zu überdecken.

Falls der zur Indizierung dienende Niederschlag schwerer löslich als die Analysenfällung ist, kann man den Indikator nur zum Tüpfeln verwenden. Als Beispiel sei die Titration von Zn^{2+} mit Na_2S genannt. Als Indikatorlösung dient hier $Co(NO_3)_2$-Lösung. CoS hat ein kleineres Löslichkeitsprodukt als ZnS, deshalb kann man das $Co(NO_3)_2$ nicht direkt der Analysenlösung zusetzen, es würde dann zuerst CoS ausfallen. Man hilft sich, indem man klare, ZnS-freie Lösungsproben entnimmt und mit $Co(NO_3)_2$-Lösung tüpfelt. Sonst würde sich ZnS mit Co^{2+} zu CoS und Zn^{2+} umsetzen. Erst am Äquivalenzpunkt reicht die S^{2-}-Konzentration aus, um beim Tüpfeln das schwarze CoS zu fällen. Weiterhin kann man einen Indikator zusetzen, der mit der Maßlösung nach Überschreitung des Endpunktes eine lösliche, farbige Verbindung bildet. Als Beispiel sei die **Titration von Ag^+ mit SCN^- nach Volhard** genannt. Zur Endpunktsanzeige wird eine $FeNH_4(SO_4)_2$-Lösung verwendet, die bereits mit einem sehr geringen SCN^--Überschuss die rote Farbe des aus qualitativen Analysen bekannten $Fe(SCN)_3$ bildet.

Eine besondere Gruppe von Indikatoren der Fällungsanalyse sind die Adsorptionsindikatoren, wie z. B. Rhodamin 6 G und Eosin, die bei der Argentometrie angewendet werden.

Im Verlauf einer Fällungstitration ändert sich die elektrische Auflage der Oberfläche des zum Teil in kolloider Form vorliegenden Niederschlages (s. S. 49,

Fortsetzung

Abb. 1.9). Und zwar ist das kolloide AgBr bei einer Titration von vorgelegtem Ag^+ mit Br^--Maßlösung infolge des Ag^+-Überschusses zunächst positiv aufgeladen. Im Äquivalenzpunkt verschwindet die Aufladung der Oberfläche, da $c(Ag^+)$ und $c(Br^-)$ gleich sind. Bei weiterem Zusatz von Br^- werden vorzugsweise die jetzt überschüssigen Br^--Ionen adsorbiert, die Aufladung des AgBr wird negativ. Wenn dagegen Br^- mit Ag^+-Maßlösung titriert wird, ist der Niederschlag zuerst negativ aufgeladen, im Äquivalenzpunkt neutral und wird bei weiterem Ag^+-Zusatz schließlich positiv geladen. Entsprechend diesen Umladungen des Niederschlags muss man im ersten Fall kationische Farbstoffe (z. B. Rhodamin 6 G) als Indikator anwenden, da diese nach Überschreiten des Äquivalenzpunktes durch den negativ geladenen Niederschlag adsorbiert werden. Für den zweiten Fall verwendet man analog anionische Farbstoffe (z. B. Eosin). Bei der Adsorption der Farbstoffionen wird deren Elektronenhülle deformiert (Polarisation, s. S. 50). Dadurch ändert sich der Farbton des Indikators.

Bei der **CN^--Bestimmung mit $AgNO_3$-Lösung nach Liebig** dient als Endpunktsanzeige das Auftreten einer Trübung. Zunächst bildet sich der lösliche $[Ag(CN)_2]^-$-Komplex. Am Äquivalenzpunkt reicht die CN^--Konzentration nicht mehr aus, um alles Ag^+ komplex in Lösung zu halten, und es tritt Fällung von AgCN ein.

Als letztes seien die Säure-Basen-Indikatoren erwähnt, die bei den hydrolytischen Fällungsverfahren Anwendung finden. Hier erfolgt am Äquivalenzpunkt eine sprunghafte Änderung des pH-Wertes, so dass z. B. bei der Titration von Ca^{2+} und Mg^{2+} mit Kaliumpalmitat die Rotfärbung von Phenolphthalein als Endpunktsanzeige benutzt wird.

3.4.4.2 Argentometrie

Ag^+ gibt mit den Halogenid- und Pseudohalogenidionen stöchiometrisch zusammengesetzte Niederschläge oder Komplexe.

Herstellung einer $AgNO_3$-Lösung

Verfahrensfehler: Das verwendete Silbernitrat darf kein metallisches Silber enthalten, seine wässrige Lösung muss neutral reagieren. Die fertige Lösung muss vor Licht und Staub geschützt werden.
Arbeitsgeräte: 1000-ml-Messkolben; Trockenschrank; Wägeglas; Analysenwaage.
Reagenzien: $AgNO_3$ (p.a.).
Arbeitsvorschrift: $AgNO_3$ im Trockenschrank bei 150 °C bis zur Gewichtskonstanz trocknen, davon 16,9875 g abwiegen, in Wasser lösen und im Messkolben auf 1000 ml auffüllen. Die Konzentration ist genau $c(AgNO_3) = 0,1000$ mol/l. Eine Titerstellung ist nicht notwendig; bei älteren Lösungen ist eine Titerstellung mit NaCl (p.a.) zu empfehlen.

Herstellung einer NH_4SCN-Maßlösung

Reaktionsprinzip: Thiocyanat gibt mit Ag^+ schwerlösliches AgSCN.

Verfahrensfehler: Das verwendete Ammoniumthiocyanat muss völlig frei von Chlorid sein.
Arbeitsgeräte: 1-l-Flasche; Wägeschiffchen; Waage.
Reagenzien: NH_4SCN (p.a.).
Arbeitsvorschrift: NH_4SCN ist hygroskopisch und zersetzt sich bei höheren Temperaturen. Ca. 8–9 g möglichst trockenes NH_4SCN abwiegen und in 1 l Wasser lösen. Die fertige Maßlsg. gegen 0,1 mol/l $AgNO_3$ einstellen.

Bestimmung von Chlorid nach Mohr

Reaktionsprinzip: Die Titration verläuft nach folgender Reaktionsgleichung:

$$Cl^- + Ag^+ \rightarrow AgCl\downarrow$$
$$35{,}453 \quad 107{,}868 \quad 143{,}321$$

Sobald der Äquivalenzpunkt überschritten ist, reicht die Ag^+-Konzentration aus, um mit dem als Indikator zugesetzten K_2CrO_4 einen rotbraunen Niederschlag von Ag_2CrO_4 zu bilden (s. S. 422 f.). Br^- ist ebenfalls so titrierbar.

Verfahrensfehler: Die Endpunktsanzeige erfolgt in sauren Lösungen zu spät oder gar nicht, da hier vorwiegend $Cr_2O_7^{2-}$ vorliegt (s. S. 242), das mit Ag^+ keinen Niederschlag bildet. Andererseits darf die Lsg. nicht zu alkalisch sein, da sonst Ag_2O ausfällt. Am besten ist pH = 6,5–7,2, einzustellen mit $NaHCO_3$ oder CH_3COOH. Alle Titrationen sollen möglichst unter den gleichen Bedingungen wie die Einstellungen der Maßlösung erfolgen. Damit wird der Fehler ausgeglichen, der durch den zur Erreichung einer sichtbaren Rotfärbung notwendigen Mehrverbrauch von $AgNO_3$ entsteht.

Arbeitsbereich: 1,0–0,1 mmol Cl^- (35–3,5 mg Cl).
Arbeitsgeräte: 100-ml-Messkolben; 20-ml-Pipette; 300-ml-Weithals-Erlenmeyerkolben; 50-ml-Bürette.
Reagenzien: Indikator: 0,3 mol/l K_2CrO_4; Maßlsg.: 0,1 mol/l $AgNO_3$.
Arbeitsvorschrift: 20 ml der Analysenlsg. mit Wasser auf 100 ml verdünnen, 2 ml der Indikatorlsg. zugeben. Mit Maßlsg. unter gutem Schütteln nicht zu schnell bis zum Umschlag titrieren. Die Rotfärbung soll etwa 1 Min. lang bestehen bleiben.
Berechnung: 1 ml 0,1 mol/l $AgNO_3 \,\hat{=}\, 0{,}1$ mmol Cl^- bzw. 3,5453 mg Cl.

Bestimmung von Silber nach Volhard

Reaktionsprinzip: Die Fällung des Ag^+ erfolgt mit einer SCN^--Maßlösung nach folgender Reaktionsgleichung:

$$Ag^+ + SCN^- \rightarrow AgSCN\downarrow$$
$$107{,}868 \quad 58{,}08 \quad\quad 165{,}948$$

Ein Überschuss an SCN^- wird durch einen Zusatz von Fe^{3+} erkannt (s. S. 232). Auf diese Weise ist die direkte Bestimmung von Ag^+ möglich. Durch Rücktitration lassen sich nach *Volhard* auch Cl^- (AgCl muss vor der Rücktitration abfiltriert werden), Br^-, I^-, CN^-, SCN^- bestimmen.

Verfahrensfehler: Die salpetersaure Lsg. darf keine NO_2^--Ionen enthalten, da diese mit SCN^- eine rote Färbung geben. Die Lsg. muss 0,5–1,5 mol/l HNO_3 enthalten, höhere Konzentrationen verzögern die Bildung des farbigen $Fe(SCN)_3$-Komplexes. Bei Temperaturen oberhalb 25 °C ist die Farbintensität des Indikators zu gering.

Arbeitsbereich: 1,0–0,1 mmol Ag (108–11 mg Ag).
Arbeitsgeräte: 100-ml-Messkolben; 20-ml-Pipette; 300-ml-Weithals-Erlenmeyerkolben; 50-ml-Bürette.
Reagenzien: Indikator: Kalt gesätt. $FeNH_4(SO_4)_2$-Lsg. so lange tropfenweise mit ausgekochter konz. HNO_3 versetzen, bis die anfangs entstehende Braunfärbung wieder verschwunden ist; Maßlsg.: 0,1 mol/l NH_4SCN.
Arbeitsvorschrift: 20 ml der Analysenlsg. mit Wasser auf 100 ml verdünnen, 2 ml Indikatorlsg. zusetzen. Mit SCN^--Maßlsg. bis zum Umschlag titrieren.
Berechnung: 1 ml 0,1 mol/l $NH_4SCN \,\hat{=}\, 0{,}1$ mmol Ag^+ bzw. 10,7868 mg Ag.

Bestimmung von Bromid nach Fajans

Reaktionsprinzip: Die Titration verläuft nach folgender Reaktionsgleichung:

$$Br^- + Ag^+ \rightarrow AgBr\downarrow$$
$$79,904 \quad 107,868 \quad 187,772$$

Nach Überschreiten des Äquivalenzpunktes ist das AgBr-Kolloid durch überschüssige Ag^+-Ionen an der Oberfläche positiv aufgeladen (s. S. 422) und vermag Eosinanionen unter Deformation ihrer Elektronenhülle (Farbänderung) zu adsorbieren.

In gleicher Weise sind mit anderen Indikatoren Cl^-, I^-, SCN^- titrierbar.

Verfahrensfehler: In Lösungen mit mehr als 0,1 mol/l HNO_3 wird der Farbstoff zerstört; wenn möglich, soll in essigsaurer Lsg. gearbeitet werden.
Arbeitsbereich: 1,0–0,1 mmol Br^- (80–8 mg Br).
Arbeitsgeräte: 100-ml-Messkolben; 20-ml-Pipette; 30-ml-Weithals-Erlenmeyerkolben; 50-ml-Bürette.
Reagenzien: Indikator: 1%ige Eosinnatrium-Lsg.; Maßlsg.: 0,1 mol/l $AgNO_3$.
Arbeitsvorschrift: 20 ml der Analysenlsg. mit Wasser auf 100 ml verdünnen, 2 Tropfen Indikatorlsg. für je 10 ml Verbrauch zusetzen, bis zur Flockung und zum Umschlag von rosa nach rot mit Maßlsg. titrieren.
Berechnung: 1 ml 0,1 mol/l $AgNO_3 \cong$ 1 mmol Br^- bzw. 7,9909 mg Br.

Bestimmung von Cyanid nach Liebig

Reaktionsprinzip: Dieser Titration liegt zwar eine Komplexbildungsreaktion zu Grunde (s. S. 41), sie gehört aber wegen der Art ihrer Endpunktsanzeige zu den Fällungsanalysen. Bis zum Äquivalenzpunkt erfolgt Komplexbildung:

$$2CN^- + Ag^+ \rightarrow [Ag(CN)_2]^-$$
$$52,036 \quad 107,868 \quad 159,904$$

Bei Überschreitung des Äquivalenzpunktes beginnt die Fällung von AgCN nach:

$$[Ag(CN)_2]^- + Ag^+ \rightarrow 2\, AgCN\downarrow$$

Verfahrensfehler: Die Bestimmung muss in schwach alkalischer Lsg. ausgeführt werden, in saurer Lsg. wird HCN frei, in stark alkalischer Lsg. fällt Ag_2O aus. Der Reagenzzusatz soll besonders gegen Ende der Titration langsam erfolgen, da sich primär an der Eintropfstelle gebildetes AgCN in einem geringen Überschuss von CN^- nur sehr langsam wieder löst. NH_4^+-Ionen stören durch Komplexbildung, Halogenid- und Thiocyanationen stören nicht. Zur besseren Sichtbarmachung des Endpunktes ist ein Zusatz von Diphenylcarbazid als Adsorptionsindikator zu empfehlen, dieses zeigt bereits vor einer sichtbaren Trübung einen Umschlag von rosa nach blassviolett.
Arbeitsbereich: 2,0–0,2 mmol CN^- (52–5,2 mg CN).
Arbeitsgeräte: 100-ml-Messkolben; 20-ml-Pipette; 300-ml-Weithals-Erlenmeyerkolben; 50-ml-Bürette.
Reagenzien: Indikator: 0,1%ige Lsg. von Diphenylcarbazid in Ethanol; Maßlsg.: 0,1 mol/l $AgNO_3$.
Arbeitsvorschrift: 20 ml Analysenlsg. mit Wasser auf 100 ml verdünnen (**Achtung!** Cyanid ist ein sehr starkes, tödlich wirkendes Gift, beim Entnehmen der Analysenlsg. mit

der Pipette auf keinen Fall mit dem Mund ansaugen; Pipettierball benutzen! Oder Analysenlsg. in eine Bürette füllen!), 2–3 Tropfen Indikatorlsg. zusetzen, bis zum bleibenden Umschlag nach blassviolett mit Maßlsg. titrieren.

Berechnung: 1 ml 0,1 mol/l $AgNO_3 \,\hat{=}\, 0{,}2$ mmol CN^- bzw. 5,2036 mg CN.

3.4.4.3 Hydrolytische Fällungsverfahren

Es werden Salze schwacher Säuren als Titrationsmittel verwendet, deren Anionen mit den zu bestimmenden Kationen schwerlösliche Niederschläge bilden. Der Endpunkt wird daran erkannt, dass ein Reagenzüberschuss als Base wirkt und den pH-Wert der Lösung sprunghaft erhöht.

Herstellung und Einstellung einer Kaliumpalmitat-Maßlösung

Reaktionsprinzip: $KC_{15}H_{31}COO$ gibt mit Mg^{2+} und Ca^{2+} schwerlösliche Niederschläge stöchiometrischer Zusammensetzung.

Verfahrensfehler: Die Maßlsg. muss genau neutral sein. Bei Einstellung der Lsg. mit einer $CaCl_2$-Lsg. aus HCl und $CaCO_3$ muss CO_2 vor der Titration verkocht werden.
Arbeitsgeräte: 1000-ml-Messkolben; Wägeschiffchen; Waage.
Reagenzien: Palmitinsäure; Phenolphthalein; Propanol; KOH; Ethanol.
Arbeitsvorschrift: 25,6 g Palmitinsäure abwiegen und zusammen mit 0,1 g Phenolphthalein in einem Gemisch von 500 ml Propanol und 300 ml Wasser lösen. 15 g KOH in 100 ml Ethanol in der Wärme lösen. Die ethanolische KOH-Lsg. in Portionen zur ersten Lsg. zusetzen, bis sich die Palmitinsäure klar gelöst hat und die Lsg. schwach rosa geworden ist. Wenn zu viel KOH-Lsg. zugegeben wurde, mit einigen Tropfen HCl entfärben und mit KOH tropfenweise bis zum Umschlag titrieren. Gegebenenfalls muss filtriert werden. Die fertige Maßlsg. muss gegen CO_2-freie $MgCl_2$- oder $CaCl_2$-Lsg. bekannter Konzentration eingestellt werden. Als Urtitersubstanz eignet sich $CaCO_3$.

Bestimmung von Magnesium mit Kaliumpalmitat

Reaktionsprinzip: Die Fällung des Magnesiumpalmitats erfolgt nach:

$$Mg^{2+} + 2\,C_{15}H_{31}COO^- \;\rightarrow\; Mg(C_{15}H_{31}COO)_2\downarrow$$
$$\phantom{Mg^{2+} +\,} 24{,}305 \quad\; 510{,}84 \qquad\qquad\quad\; 535{,}145$$

Beim Überschreiten des Äquivalenzpunktes reagiert das überschüssige Palmitat nach:

$$C_{15}H_{31}COO^- + H_2O \rightarrow C_{15}H_{31}COOH + OH^-$$

Die alkalische Reaktion wird durch Neutralisationsindikatoren, die bei hohem pH-Wert umschlagen, sichtbar gemacht.

Verfahrensfehler: Bei zu hohen Mg^{2+}-Konzentrationen ($c(Mg^{2+}) > 0{,}015$ mol/l) erfolgt Mitfällung von Kaliumpalmitat. Bei sehr geringen Mg^{2+}-Konzentrationen tritt ebenfalls ein zu hoher Verbrauch ein, da allein für den Umschlag des Indikators eine bestimmte Kaliumpalmitatmenge notwendig ist. Dieser Blindverbrauch beträgt maximal $V_b = 1$ ml bei $c(Mg^{2+}) < 5 \cdot 10^{-4}$ mol/l. Die Analysenlsg. muss neutral sein.

Arbeitsbereich: 1,5–0,05 mmol Mg^{2+} (37–1,2 mg Mg).
Arbeitsgeräte: 100-ml-Messkolben; 20-ml-Pipette; 300-ml-Weithals-Erlenmeyerkolben; 50-ml-Bürette.
Reagenzien: Indikator: 0,1%ige ethanolische Lsg. von Phenolphthalein; Maßlsg.: 0,1 mol/l Kaliumpalmitatlsg. (s. oben); 0,1 mol/l HCl.
Arbeitsvorschrift: 20 ml neutrale Analysenlsg. mit Wasser auf 100 ml verdünnen, mit 2 Tropfen Indikatorlsg. versetzen, evtl. mit 0,1 mol/l HCl bis zur Entfärbung titrieren, aufkochen und mit Maßlsg. bis zum Umschlag nach rosa titrieren. $V_n = f_n \cdot (V_t - V_b)$.
Berechnung: 1 ml 0,1 mol/l Kaliumpalmitat $\widehat{=}$ 0,05 mmol Mg^{2+} bzw. 1,215 mg Mg.

3.4.5 Komplexbildungs-Titrationen

Bei den komplexbildenden Titrationen werden Ionen mit Maßlösungen umgesetzt, die komplexbildende Liganden enthalten. Ein klassisches Beispiel ist die Bestimmung von Alkalicyaniden nach der Methode von *Liebig* (s. S. 425).

3.4.5.1 Grundsätzliches

Allgemein ist die einfache Komplexbildung nur in Sonderfällen brauchbar, da die maßanalytischen Grundbedingungen, das Vorliegen einer eindeutigen und vollständigen Reaktion sowie einer zuverlässigen Indikation des Endpunktes, nicht erfüllt sind. Ihre große Bedeutung erreichten die komplexbildenden Titrationen erst nach Darstellung von neuen Verbindungen, z. B. der Aminopolycarbonsäuren, und der in den 10 Jahren danach erfolgten Aufklärung des Komplexbildungs-Mechanismus. Da die neuen Reagenzien ausschließlich Chelatkomplexbildner sind, spricht man von **chelatometrischen Titrationen**.

Zu nennen sind vor allem die nach 1945 von *Schwarzenbach* in die analytische Chemie eingeführten komplexometrischen Titrationen und die von *Wickbold* entwickelten carbamatometrischen Titrationen.

Als Maßlösung werden Natriumsalze der chelatbildenden Säuren Ethylendiamintetraessigsäure, EDTA, kurz H_4Y, oder Diethyldithiocarbamat DDTC, kurz HC, verwendet.

Allgemein lassen sich die stattfindenden Umsetzungen formulieren zu

$$M^{n+} + Y^{4-} \rightleftharpoons [MY]^{-4+n}$$

$$M^{n+} + n \cdot C^- \rightleftharpoons [MC_n]^0$$

Aus dem MWG ergeben sich die Stabilitätskonstanten (s. S. 44) der Komplexe:

$$K_M = \frac{c([MY]^{-4+n})}{c(M^{n+}) \cdot c(Y^{4-})} \quad \text{bzw.} \quad K_M = \frac{c([MC_n])}{c(M^{n+}) \cdot c^n(C^-)}$$

Da sie bei den angeführten Titrationsarten sehr große Werte besitzen, ist es üblich, sie im logarithmischen Maß anzugeben:

$$pK = \log K_M$$

428 Titrimetrische Verfahren

Die vergleichsweise sehr große Stabilität dieser Komplexe ist im wesentlichen eine Folge der Bildung von Chelatringen.

Statt der Metallionenkonzentrationen werden die analog den pH-Werten definierten Werte angegeben:

$$pM = -\log c(M^{n+})$$

Trägt man die pM-Werte als Funktion des Verbrauches V an Maßlösung in ein pM-V-Diagramm ein, so erhält man Titrationskurven, die denjenigen bei Neutralisationstitrationen entsprechen. Es tritt auch hier am Äquivalenzpunkt eine sprunghafte pM-Änderung auf.

Zur Endpunktserkennung verwendet man hauptsächlich Metallindikatoren, in Sonderfällen elektrometrische Verfahren (s. Kap. 3.6). Ein Metallindikator ist ein Farbstoff, der mit dem zu titrierenden Kation einen anders farbigen Farbstoffkomplex bildet, der weniger stabil ist als der entsprechende Chelat-Komplex. Versetzt man die Analysenlösung mit dem Metallindikator, so bildet sich der entsprechende Farbstoffkomplex aus. Beim Titrieren mit dem Chelatbildner werden zuerst die freien Metallionen komplexiert. Am Äquivalenzpunkt aber wird auch der Indikatorkomplex zerstört. Es folgt der Umschlag in die Farbe des freien Metallindikators.

3.4.5.2 Komplexometrie

Unter dem von *Schwarzenbach* geprägten Sammelbegriff Komplexone fasst man eine Anzahl Verbindungen zusammen, z. B. die Nitrilotriessigsäure (Komplexon I)

$$N \begin{cases} CH_2COOH \\ CH_2COOH \\ CH_2COOH \end{cases}$$

die Ethylendiamintetraessigsäure (Komplexon II)

$$\begin{array}{c} H_2C-\overline{N} \begin{cases} CH_2COOH \\ CH_2COOH \end{cases} \\ | \\ H_2C-\underline{N} \begin{cases} CH_2COOH \\ CH_2COOH \end{cases} \end{array}$$

das Dinatriumsalz der Ethylendiamintetraessigsäure (Komplexon III) und die Diaminocyclohexantetraessigsäure (Komplexon IV).

Die weitaus größte Bedeutung hat das Dinatriumsalz der Ethylendiamintetraessigsäure, kurz ans Na_2H_2Y bezeichnet. Es dissoziiert in wässriger Lösung hauptsächlich nach

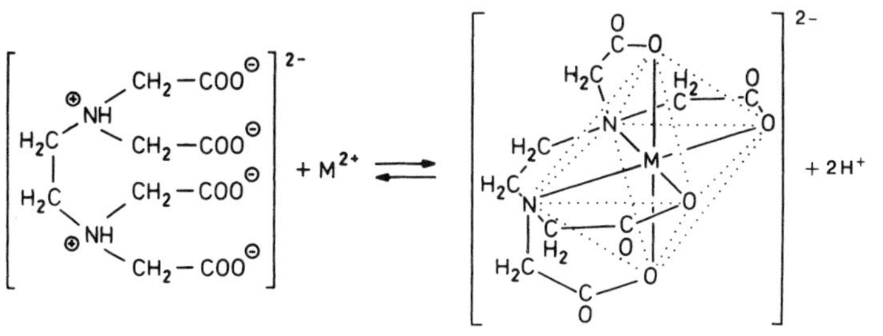

Abb. 3.18: Schematische Darstellung der Bildung eines EDTA-Komplexes

$$Na_2H_2Y \rightleftharpoons 2\,Na^+ + H_2Y^{2-}$$

Außerdem findet eine intramolekulare Umlagerung statt. Es wandern nämlich die H^+-Ionen der beiden nicht neutralisierten Carboxylgruppen an die Stickstoffatome, so dass eine sog. Betainstruktur (s. Abb. 3.18) entsteht. Dieses Ion kann in neutraler oder alkalischer Lösung mit zweifach positiv geladenen Kationen M^{2+} einen 1:1-Komplex bilden, wobei 2 H^+-Ionen frei werden.

Wie aus den Abb. 3.18 und 3.19 hervorgeht, bilden sich über Stickstoff- und Carbonylsauerstoffatome mehrere besonders stabile Fünfringe aus. Die EDTA-Komplexe (EDTA = Ethylendiamintetraacetat = Y^{4-}) besitzen fast ausschließlich die Koordinationszahl 6, dabei können bis zu 2 Koordinationsstellen durch Wasser oder andere Liganden ersetzt werden. Damit verringert sich die Anzahl von Fünfringen, die wie im vorliegenden Beispiel maximal fünf beträgt. Die Komplexstabilität wird von der Anzahl der Chelatringe bestimmt. So steigert jeder Chelatring die Stabilität von EDTA-Komplexen etwa um den 100fachen Wert (2 pK-Einheiten). Deshalb fällt z.B. aus den Nickel-, Cobalt- und Zinkkomplexonaten mit $(NH_4)_2S$ kein schwerlösliches Sulfid. Ebenso fällt Ca-Oxalat in Gegenwart von Komplexon nicht aus ammoniakalischer Lösung, und $BaSO_4$ wird von dem Chelatbildner aufgelöst.

Für 3- und 4fach positiv geladene Kationen kann man analoge Strukturen aufstellen. Die Reaktionen werden durch die folgenden Gleichungen beschrieben.

$$H_2Y^{2-} + M^{3+} \rightarrow MY^- + 2\,H^+ \quad \text{und}$$
$$H_2Y^{2-} + M^{4+} \rightarrow MY + 2\,H^+$$

Diese Komplexe sind fast immer im sauren Gebiet beständig.

Die EDTA-Komplexe tragen meist eine negative Ladung. Ihre hydrophilen Sauerstoffatome sind nach außen gerichtet. Hierauf beruht die gute Wasserlöslichkeit der Komplexe und ihre Schwerlöslichkeit in inerten organischen Lösungsmitteln. EDTA wird deshalb auch oft als ausgezeichnetes Maskierungsmittel für Kationen in wässriger Lösung verwendet (näheres s. S. 447).

430 Titrimetrische Verfahren

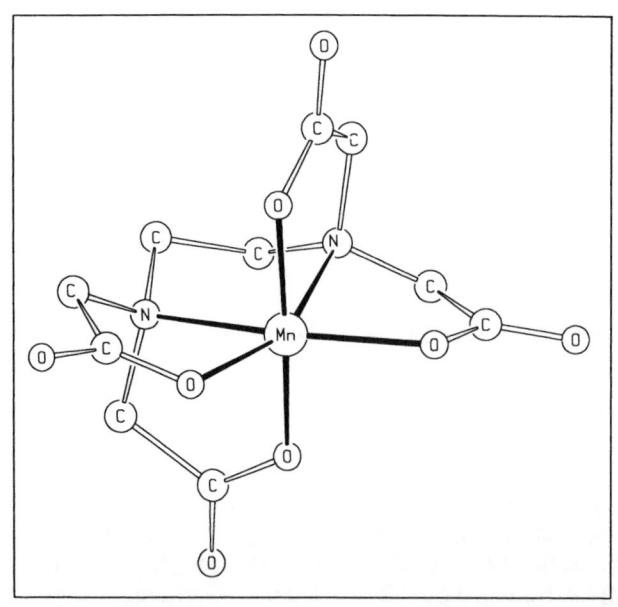

Abb. 3.19: Räumlicher Aufbau eines EDTA-Komplexes (Die H-Atome sind nicht mit abgebildet).

Tab. 3.16: Komplexometrische Titrationen

Bestimmungsverfahren		Arbeitsbereich $n(M^{n+})$ [µmol/l]	Ausgangsvolumen [ml]	Konzentration $c(M^{n+})$ [mol/l]	Konzentration $c(Na_2H_2Y)$ [mol/l]
Mikromol-Verfahren	3	1000–100	200	0,005–0,0005	0,1
	2	100–10	50	0,002–0,0002	0,01
	1	10–1	10	0,001–0,0001	0,001

Bei den komplexometrischen Titrationen ist das Stoffmengenverhältnis Metallion zu Komplexion im gebildeten Komplex unabhängig von der Kationenladung stets 1 : 1.

Als ein wesentlicher Vorteil komplexometrischer Titrationen sei herausgestellt, dass Mengen des Makro-, Halbmikro- und in vielen Fällen auch des Mikro-Arbeitsbereiches ohne größeren Zeitaufwand und Schwierigkeitsgrad titriert werden können. Hierin erweist sich die Komplexometrie allen bisher bekannten Titrationsmethoden überlegen. Bei Titrationen mit 10-ml-Büretten haben sich die in Tab. 3.16 angeführten Versuchsbedingungen ausgezeichnet bewährt.

Komplexbeständigkeit

Die durch den pK-Wert definierten Komplexstabilitäten zeigen eine starke pH-Abhängigkeit. Dies beruht auf der Tatsache, dass das vierbasige EDTA 2 Protonen sehr fest bindet, wie man es aus den entsprechenden pK_s-Werten für die Dissoziation ersehen kann:

$$H_4Y \rightleftharpoons H_3Y^- + H^+; \quad pK_{s_1} = 2,0$$
$$H_3Y^- \rightleftharpoons H_2Y^{2-} + H^+; \quad pK_{s_2} = 2,67$$
$$H_2Y^{2-} \rightleftharpoons HY^{3-} + H^+; \quad pK_{s_3} = 6,16$$
$$HY^{3-} \rightleftharpoons Y^{4-} + H^+; \quad pK_{s_4} = 10,26$$

HY^{3-} und H_2Y^{2-} werden folgerichtig auch als Protonenkomplexe der EDTA bezeichnet. Unterhalb von pH = 9 verursacht ihre konkurrierende Bildung eine zunehmende Schwächung der Metallkomplex-Stabilitäten, die durch einen pH-abhängigen Wasserstoffkoeffizienten α_H Berücksichtigung finden kann. Die effektive Stabilität pK' ist:

$$pK' = pK - \lg \alpha_H$$

Tab. 3.17: pK-Werte der Komplexe einiger Ionen

Ion	pK-Wert
Li^+	2,79
Na^+	1,66
K^+	1,1
Cs^+	0,9
Mg^{2+}	8,69
Ca^{2+}	10,70
Sr^{2+}	8,63
Ba^{2+}	7,76
Al^{3+}	16,13
Sc^{3+}	23,1
Y^{3+}	18,09
La^{3+}	15,50
Ce^{3+}	15,98
Gd^{3+}	17,37
Lu^{3+}	19,83
Mn^{2+}	13,79
Fe^{2+}	14,33
Fe^{3+}	25,1
Co^{2+}	16,31
Ni^{2+}	18,62
Cu^{2+}	18,80
Zn^{2+}	16,50
Cd^{2+}	16,46
Pb^{2+}	18,04
Hg^{2+}	21,80

Tab. 3.18: $\lg \alpha_H$ als Funktion des pH-Wertes

pH-Wert	$\lg \alpha_H$
12,0	0,03
11,0	0,07
10,5	0,20
10,0	0,45
9,5	0,83
9,0	1,28
8,5	1,77
8,0	2,27
7,5	2,78
7,0	3,32
6,5	3,92
6,0	4,65
5,5	5,51
5,0	6,45
4,5	7,43
4,0	8,44
3,5	9,48
3,0	10,60
2,5	11,89
2,0	13,44
1,5	15,22
1,0	17,13
0,5	19,10
0,0	21,09

Fortsetzung

Naturgemäß können auch andere Komplexbildner den pK'-Wert zusätzlich erniedrigen. So greift freies Ammoniak bei Amminkomplexbildnern wie Co^{2+}, Ni^{2+}, Cu^{2+}, Zn^{2+}, Cd^{2+} schwächend in die Titrationsgleichgewichte ein.

Allgemein setzen komplexometrische Titrationen effektive Komplexstabilitäten von pK' > 7 voraus. Anwesende andere Metallionen sind im allgemeinen ohne Einfluss, wenn ihr pK' < 3 ist.

Die Tab. 3.17 und 3.18 bringen eine Zusammenstellung der pK-Werte der Komplexe der wichtigsten Ionen und der Werte für $\lg \alpha_H$. Diese Daten erlauben eine gute Abschätzung der Durchführbarkeit, der Grenzen und mögliche Störungen komplexometrischer Titrationen. Bei der komplexometrischen Mg-Bestimmung, pK von $Mg^{2+} = 8{,}69$, darf also $\lg \alpha_H$ nicht über 1,69 liegen, d. h., der pH-Wert muss größer als 8,5 sein. Weiterhin erkennt man, dass die Alkaliionen bei komplexometrischen Titrationen nicht stören.

Metallindikatoren

Die wichtigsten Indikatoren sind das Eriochromschwarz T (Erio T), Murexid, Metallphthalein, Brenzcatechinviolett, 1-[2-Pyridylazo]-2-naphthol (PAN), 4-[2-Pyridylazo]-resorcin (PAR), Calconcarbonsäure (CC), Xylenolorange usw.

Erio T ist ein Azofarbstoff.

Als dreibasige Säure, H_3X, treten bei Eriochromschwarz T in den einzelnen pH-Gebieten folgende Farbstoffionen auf:

H_2X^-	rot	bei pH < 6
HX^{2-}	blau	bei pH 7–11
X^{3-}	gelborange	bei pH > 12

Mit zahlreichen Metallionen werden in ammoniakalischen Lösungen intensiv farbige Komplexe gebildet:

$$M^{2+} + HX^{2-} \rightleftharpoons MX^- + H^+$$
blau   weinrot

Eine komplexometrische Titration im pH-Bereich 7–11 lässt sich durch folgende Gleichungen beschreiben:
Hauptreaktion

$$M^{n+} + [H_2Y]^{2-} \rightarrow [MY]^{-4+n} + 2\,H^+$$

Indikatorreaktion

$$[MX]^{-3+n} + [H_2Y]^{2-} \rightarrow [MY]^{-4+n} + HX^{2-} + H^+$$
rot   blau

Bei der Hauptreaktion entstehen je Metallion 2 Wasserstoffionen, die eine wesentliche Änderung des pH-Wertes verursachen. Um diesen störenden Einfluss

Fortsetzung

auszuschalten, lässt man die Reaktion in einem Puffersystem ablaufen. Bei der Erio-T-Indikation verwendet man hierzu oft einen Ammoniumsalz-Ammoniak-Puffer:

$$c(NH_4^+) : c(NH_3) = 1 : 5$$

und stabilisiert damit einen pH-Bereich von 10,2–10,5.
Sorgfältige Einstellung und Einhaltung des pH-Wertes ist eine Grundforderung aller komplexometrischen Titrationen.
Saure Ausgangslösungen müssen vor der Zugabe der Pufferkomponenten mit NaOH neutralisiert werden.
Der Farbumschlag am Äquivalenzpunkt ist meist sehr scharf; Erio T wird daher sehr häufig benutzt. Mit einigen Kationen, z. B. Al^{3+}, Co^{2+} und Ni^{2+} bildet der Indikator allerdings so starke Komplexe, dass sie von Komplexon nicht mehr angegriffen werden.
Erio T wird mit der 100fachen Menge NaCl verrieben und spatelspitzenweise unmittelbar vor der Titration der Analysenlösung zugesetzt. Sowohl bei pH ≤ 8 als auch bei pH > 11 ist das gelöste Erio T besonders oxidationsempfindlich und wird bereits durch Luft relativ schnell in bräunliche Oxidationsprodukte überführt. Der gleiche Effekt tritt auch bei zu hohen Salzkonzentrationen auf.
Die Gesamtkonzentration der Ionen soll 0,5 mol/l nicht überschreiten.
Prinzipiell ähnliches Reaktionsverhalten zeigen auch die übrigen Indikatoren. Zu ihrer Anwendung werden sie ebenfalls mit der 100- bis 200fachen Menge NaCl verrieben. Einige Indikatoren finden auch als verdünnte Lösungen Verwendung.

Herstellung und Einstellung einer EDTA-Maßlösung

Das Dinatriumsalz der Ethylendiamintetraessigsäure, $Na_2H_2C_{10}H_{12}O_8N_2 \cdot 2\,H_2O$ ($M = 372{,}1$ g/mol), ist ein weißes, in Wasser leicht lösliches Pulver, das analysenrein unter Warenbezeichnungen wie Komplexon III (Komplexon AG.), Titriplex III (Merck), Idranal III (Riedel de Haen) im Handel ist. Der Feuchtegehalt von erfahrungsgemäß 0,4% ist bei der Einwaage zu berücksichtigen.

Das zur Herstellung der Maßlösung verwendete Wasser darf keine Spuren von Schwermetall- oder Erdalkaliionen enthalten. Um solche Verunreinigungen, die bisweilen auch im destillierten Wasser vorkommen, zu beseitigen, kann man einen stark sauren Kationenaustauscher in der Alkaliform benutzen (s. S. 402 f.).

Je nach zu bestimmender Stoffmenge verwendet man EDTA-Lösungen mit 0,1; 0,01 oder 0,001 mol/l und titriert mit 10-ml-Büretten oder Kolbenbüretten ähnlichen Inhaltes. Die Maßlösungen sind in Kunststoff-Flaschen (Polyethylen) aufzubewahren, da sie aus Glas im Laufe der Zeit merkliche Mengen Kationen (Mg^{2+}, Ca^{2+} etc.) herauslösen und damit ihren Titer ändern. Im übrigen sind die Lösungen unbegrenzt haltbar.

Zur Einstellung der Maßlösungen benutzt man am besten hochreine Metalle (99,9%) wie Zn, Al, Cu, Ni oder bei 110 °C getrocknete Salze bzw. Oxide wie $CaCO_3$, $PbCl_2$, Fe_2O_3.

Bestimmung von Magnesium

Reaktionsprinzip: Mg^{2+}-Ionen können in alkalischer Lösung direkt komplexometrisch mit **Erio T als Indikator** titriert werden. Nach gleicher Vorschrift sind auch Zn^{2+}, Cd^{2+}, Sc^{3+}, Y^{3+}, La^{3+}, Ga^{3+}, In^{3+}, Tl^{3+} und Seltenerdmetallionen titrierbar.

Mit Pb^{2+}, Mn^{2+}, Hg^{2+}, Ca^{2+}, Sr^{2+} und Ba^{2+} reagiert Erio T weniger gut, doch kann durch Zugabe von 10 (bzw. 1) ml 0,1 mol/l der EDTA-Komplexe, K_2MgY

oder Na_2ZnY in die saure oder neutrale Analysenlösung über die Substitutionsreaktionen

$$[MgY]^{2-} + M^{2+} \rightarrow [MY]^{2-} + Mg^{2+}$$
$$[ZnY]^{2-} + M^{2+} \rightarrow [MY]^{2-} + Zn^{2+}$$

der sehr scharfe Mg- oder Zn-Umschlag erhalten werden. Diese Substitutionstitration ist auch für Ce^{3+} empfehlenswert. Wegen der Oxidationsempfindlichkeit werden bei Titrationen von Mn^{2+} zusätzlich 100 (bzw. 50) mg Ascorbinsäure in die Lösung gegeben. Werte in Klammern gelten für 0,01 mol/l EDTA.

Störende Ionen: Fe^{2+}, Fe^{3+}, Co^{2+}, Ni^{2+}, Cu^{2+}, Au^{3+}, Al^{3+}, Ti^{4+}, Zr^{4+}, Gd^{4+} sowie Ionen der Platinelemente blockieren, selbst in Spuren, den Indikator, da ihre Farbstoffkomplexe stabiler als die entsprechenden EDTA-Komplexe sind. Diese Störung kann durch Zugabe der Maskierungsmittel KCN oder Triethanolamin ausgeschalten werden. KCN maskiert auch Zn^{2+}, Cd^{2+} und Hg^{2+} und verhindert den Einsatz von Na_2ZnY bei Substitutionstitrationen. Triethanolamin maskiert andererseits auch Mn^{2+}.

Verfahrensfehler: Bei der evtl. notwendigen Zugabe der stark alkalischen Maskierungsmittel ist eine sorgfältige Dosierung und pH-Kontrolle unerlässlich. Zur Vermeidung schleppender und unscharfer Umschläge sind maximal nur 10 mmol KCN (650 mg) oder 5 ml Triethanolamin zulässig. Weitere Einzelheiten zur Maskierung s. S. 445 ff.

Arbeitsbereich: 1,0–0,1 mmol Mg^{2+} (24,3–2,4 mg Mg); beim Mikromol-Verfahren 2: 0,10 bis 0,001 mmol Mg^{2+} (2,4–0,24 mg Mg).

Im weiteren sind die Zahlenangaben für den Arbeitsbereich beim Mikromol-Verfahren 2 in Klammern gesetzt.

Arbeitsgeräte: 100-(25)-ml-Messkolben; 20-(5)-ml-Pipetten; 300-(100)-ml-Weithals-Erlenmeyerkolben oder 400-(100)-ml-Bechergläser (hohe Form) bei mechanischer Rührung; Bürette; pH-Papier.

Reagenzien: Indikatoren: 1,0 g Erio T und 100 g NaCl (Umschlag rot/blau) oder 1,0 g Erio T, 0,30 g Methylrot und 100 g NaCl (Umschlag: rot/grau/grün) staubfein verrieben; unbegrenzt haltbar: 2 mol/l NH_3. Maßlsg.: 0,1 (0,01) mol/l Na_2H_2Y.

Arbeitsvorschrift: 20 (5) ml der Analysenlsg. neutralisieren, mit Wasser auf ca. 100 (25) ml auffüllen. 2,0 (0,5) ml 2 mol/l HCl, danach 2,0 (0,5) ml 13,5 mol/l NH_3 hinzufügen und mit H_2O auf 200 (50) ml auffüllen (pH = 10,3–10,5). Nach Zusatz von 100 (50) mg Indikator mit Maßlsg. von rot nach rein blau bzw. grün titrieren.

Berechnung: 1 ml 0,1 mol/l $Na_2H_2Y \cong$ 0,1 mmol Mg^{2+} bzw. 2,4305 mg Mg.

Bestimmung von Calcium

Reaktionsprinzip: Ca^{2+}-Ionen können in stark alkalischer Lösung direkt komplexometrisch mit **Calconcarbonsäure als Indikator** titriert werden.

Calconcarbonsäure ist ein dem Erio T ähnlicher Azofarbstoff, der oberhalb pH = 12 mit Ca^{2+}, nicht aber mit Mg^{2+}, violettrote Farbstoffkomplexe bildet. Bei pH > 13 reagiert im übrigen Mg^{2+} nicht mit EDTA, sondern fällt als Hydroxid aus. Durch Oberflächenadsorption des Ca-Farbstoffkomplexes an $Mg(OH)_2$ resultiert ein mehr roter Farbton, und der Umschlag gewinnt an Schärfe. Insgesamt sind bis zu 1,0 (bzw. 0,1) mmol Mg^{2+} ohne negativen Einfluss auf die Ca^{2+}-Titration. Enthält die Probe bereits Mg^{2+} (Leitungswasser, Dolomit), so kann der $MgCl_2$-Zusatz entfallen.

Störende Ionen: Pb^{2+}, Sr^{2+} und teilweise auch Ba^{2+} reagieren wie Ca^{2+} und sind ggf. als Sulfate vorher abzutrennen. Blockierend wirken Phosphat und Oxalat sowie die bereits bei

Magnesium aufgeführten Ionen (s. oben). die aber auch hier durch KCN oder Triethanolamin maskierbar sind.

Verfahrensfehler: s. oben unter Magnesium. Schleppender Umschlag bei Verwendung nicht ganz CO_2-freier NaOH-Lsg. ($CaCO_3$-Bldg.) oder Mitreißen von Ca^{2+} bei Fällung größerer $Mg(OH)_2$-Mengen lassen sich durch Titration mit partieller EDTA-Maskierung verhindern. Hierbei werden etwa 95% der vorberechneten oder durch Vortitration ermittelten Menge an Maßlösung bereits in die noch saure Probelsg. gegeben. Nach Einstellen der vorgeschriebenen Vers.-Bedingungen wird der Rest titriert.

Arbeitsbereich: 1,0–0,1 mmol Ca^{2+} (40–0,4 mg Ca); beim Mikromol-Verfahren 2: 0,10–0,01 mmol Ca^{2+} (4,0–0,4 mg Ca). Im weiteren sind die Zahlenangaben für das Mikromol-Verfahren 2 in Klammern gesetzt.

Arbeitsgeräte: s. unter Magnesium, s. oben.

Reagenzien: Indikator: 1,0 g Calconcarbonsäure und 100 g NaCl oder K_2SO_4 staubfein verreiben; unbegrenzt haltbar. 2 mol/l HCl, 2 mol/l NaOH (weitgehend CO_2-frei). 0,01 mol/l $MgCl_2$. Maßlsg.: 0,1 (0,01) mol/l $Na_2(H_2Y)$.

Arbeitsvorschrift: 20 (5) ml der Analysenlsg. neutralisieren, mit Wasser auf ca. 100 (25) ml auffüllen. 2,0 (1,0) ml HCl, 10 (1) ml $MgCl_2$-Lsg., danach 12,0 (4,0) ml NaOH-Lsg. hinzufügen und mit H_2O auf 200 (50) ml auffüllen (pH = 13–14). Nach Zusatz von 100 (50) mg Indikator mit Maßlsg. von rot nach rein blau titrieren.

Berechnung: 1 ml 0,1 mol/l $Na_2H_2Y \triangleq 0,1$ mmol Ca^{2+} bzw. 4,008 mg Ca.

Bestimmung von Cobalt

Reaktionsprinzip: Co^{2+}-Ionen können in ammoniakalischer Lösung direkt komplexometrisch mit **Murexid als Indikator** titriert werden. Nach gleicher Vorschrift sind auch Cu^{2+} und Ni^{2+} bestimmbar.

Störende Ionen: Bis zu 0,1 mmol Mg^{2+}, Ca^{2+}, Sr^{2+}, Ba^{2+} pro 100 ml sind ohne Einfluss. Ihre Komplexstabilitäten pK bzw. pK' sind sehr viel kleiner, und sie sprechen bei pH < 10 auch nicht auf Murexid an. Eine ältere Vorschrift für die Bestimmung des Ca verwendet eine Murexid-Indikation bei pH > 12,5, doch ist der Umschlag violettrot/blauviolett ungünstig.

Andere Ionen mit pK > 16 werden jedoch mit erfasst. Sie reagieren zwar nicht unmittelbar mit Murexid (H_3Mu^{2-}), werden aber in einer „inneren" Substitution umgesetzt, z. B.

$$[CoY]^{2-} + Zn^{2+} + H_3Mu^{2-} \rightarrow [ZnY]^{2-} + [CoH_2Mu]^- + H^+$$
$$\text{violett} \qquad\qquad\qquad\qquad\qquad \text{gelb}$$

Verfahrensfehler: Co^{2+} bildet relativ stabile Amminkomplexe, so dass die NH_3-Konz. möglichst klein gehalten werden muss, um eine einwandfreie Titration zu gewährleisten. Sollte die Lsg. im Verlaufe der Titration langsam einen violetten Farbton bekommen, so ist der pH-Wert zu prüfen und evtl. ein weiterer Tropfen 2 mol/l NH_3 zuzusetzen. Die violette Endfärbung wird hierdurch nicht beeinflusst. Die pH-Korrektur kann vermieden werden, wenn mit partieller Maskierung durch die Maßlösung gearbeitet wird (s. oben).

Arbeitsbereich: 1,0–0,1 mmol Co^{2+} (58,9–5,9 mg Co); beim Mikromol-Verfahren 2: 0,10 bis 0,01 mmol Co^{2+} (5,9–0,59 mg Co). Im weiteren sind die Zahlenangaben für das Mikromol-Verfahren 2 in Klammern gesetzt.

Arbeitsgeräte: siehe unter Magnesium, S. 434.

Reagenzien: Indikator: 1,0 g Murexid und 100 g NaCl staubfein verreiben; unbegrenzt haltbar. Pufferlsg.: 2 mol/l HCl, 2 mol/l NH_3. Maßlsg.: 0,1 (0,01) mol/l Na_2H_2Y.

Arbeitsvorschrift: 20 (5) ml der Analysenlsg. neutralisieren, mit Wasser auf ca. 100 (25) ml auffüllen. 2,0 (0,5) ml HCl und 100 mg des Indikators zugeben. In die rotviolette Lösung sofort Ammoniak eintropfen, bis eben Gelbfärbung auftritt. Mit Wasser auf 200 (50) ml auffüllen (pH = 7,7–8,5). Mit Maßlsg. von gelb nach violett titrieren.

Berechnung: 1 ml 0,1 mol/l $Na_2H_2Y \triangleq 0,1$ mmol Co^{2+} bzw. 5,893 mg Co.

Bestimmung von Aluminium

Reaktionsprinzip: Al^{3+}-Ionen werden komplexometrisch durch Rücktitration mit **Dithizon als Indikator** bestimmt. Direkte Titrationen sind mit Dithizon nicht einwandfrei durchführbar, da die Metalldithizonate schnell zu mischfarbenen Produkten oxidiert werden.

Nach gleicher Vorschrift können auch Zn^{2+}, Cd^{2+}, Pb^{2+}, Sn^{2+}, In^{3+}, Sc^{3+}, Y^{3+}, La^{3+} und Seltenerdmetallionen titriert werden.

Störende Ionen: Bei Cu^{2+} und Bi^{3+} ist der Umschlag irreversibel, während Hg^{2+}, Ag^+ und Platinmetallionen blockierend wirken. Wegen zu kleiner pK'-Werte sind in 100 ml Titrationsvolumen 5 mmol Mg^{2+}, Sr^{2+}, Ba^{2+} und 1 mmol Ca^{2+} ohne Einfluss. Auch stören bis zu 2 mmol PO_4^{3-} nicht.

Verfahrensfehler: Zur leichteren homogenen Verteilung der Indikatorlsg. und zur Erhöhung der Stabilität durch Solvatationseffekte muss 50%iges Ethanol (kein Methanol!) zugegeben werden. Bei pH = 4,5 tritt mit Ethanol folgende Reaktion ein:

$$[Al(H_2O)_2Y]^- + C_2H_5OH \rightarrow [Al(H_2O)Y]^- + C_2H_5OH \cdot H_2O$$
3 Chelatringe   4 Chelatringe
pK' = 8,7   pK' = 10,7

Arbeitsbereich: 0,95–0,1 mmol Al^{3+} (26–2,7 mg Al); beim Mikromol-Verfahren 2: 0,10–0,01 mmol Al^{3+} (2,7–0,27 mg Al). Im weiteren sind die Zahlenangaben für das Mikromol-Verfahren 2 in Klammern gesetzt.

Arbeitsgeräte: s. unter Magnesium, S. 434.

Reagenzien: Indikator: 50 mg Dithizon in 100 ml frisch dest. Trichlorethylen gelöst, in brauner Glasflasche nur ca. 2 Wochen haltbar. Pufferlsg.: 2 mol/l HCl, 2 mol/l $NaCH_3COO$. 50%iges Ethanol. Maßlsg.: 0,1 (0,01) mol/l Na_2H_2Y mit bekanntem Faktor f_{EDTA} und 0,1 (0,01) mol/l $Zn(CH_3COO)_2$.

Arbeitsvorschrift: 20 (5) ml neutralisierte Analysenlsg. mit 10,00 ml 0,1 (0,01) mol/l Na_2H_2Y (V_0) und 8,0 (4,0) ml HCl versetzen. Nach Erwärmen bis zur Klärung der Lsg. 10,0 (5,0) ml $NaCH_3COO$-Lsg. (pH = 4,0–4,5) zugeben. 10 Min. lang im siedenden Wasserbad erwärmen und nach Abkühlen mit Wasser auf 50 (25) ml auffüllen. Sodann 50 (25) ml Ethanol und 0,5 (0,2) ml Indikator zusetzen und die blaugrüne Lsg. mit 0,1 (0,01) mol/l $Zn(CH_3COO)_2$ nach rot titrieren. Verbrauchtes Maßlösungsvolumen V_t. Nach der Titration der Probe wird unter gleichen Bedingungen eine „Leertitration" durchgeführt, wobei von der $Zn(CH_3COO)_2$-Maßlsg. ein Volumen V_{leer} verbraucht wird. Die Leertitration erspart eine gesonderte Bestimmung des Normierfaktors f_{Zn} und die hier sehr umständliche Feststellung des Blindwerts.

Berechnung: 1 ml 0,1 mmol/l $Na_2H_2Y \cong 0,1$ mmol Al^{3+} bzw. 2,698 mg Al.
Der gesuchte normierte Verbrauch an EDTA-Maßlösung durch Al^{3+} ergibt sich zu

$$V_n = V_0 \cdot f_{EDTA} - V_t \cdot f_{Zn} = V_0 \cdot f_{EDTA} \cdot \left(1 - \frac{V_t}{V_{leer}}\right)$$

Weitere komplexometrische Titrationen sind im Kapitel 3.9 angeführt, das Vorschriften zur chemischen Materialkontrolle technischer Produkte enthält.

3.4.5.3 Carbamato-Komplexe

Zur Darstellung der Carbamato-Komplexe verwendet man das Natrium-diethyldithiocarbamat, DDTC (systematischer Name: Natrium-diethylamidodithiocarbonat), das in wässriger Lösung folgendes, kurz als $DDTC^-$ bezeichnetes, Anion bildet:

$$\begin{array}{c} H_5C_2 \\ \diagdown \\ N-C \\ \diagup \\ H_5C_2 \end{array} \begin{array}{c} S \\ \| \\ \diagdown \\ S^{\ominus} \end{array}$$

Im Gegensatz zum EDTA, das zu den besonders stabilen Fünfringchelaten reagiert, bilden die Amidothiocarbonate nur Vierringchelate, doch verhindern die besonders großen S-Atome in diesem Spezialfall eine stabilitätsmindernde Spannung des Ringsystems. Ein weiterer Unterschied zu den 1 : 1-EDTA-Komplexen ist die Anlagerung von n DDTC-Liganden an ein n-fach geladenes Kation, wodurch stets neutrale Chelatkomplexe entstehen, wie z. B. für ein M^{2+}-Ion:

$$\left[\begin{array}{c} H_5C_2 \\ \diagdown \\ N-C \\ \diagup \\ H_5C_2 \end{array} \begin{array}{c} S \\ \diagdown \\ \diagup \\ S \end{array} M \begin{array}{c} S \\ \diagdown \\ \diagup \\ S \end{array} \begin{array}{c} C-N \\ \diagup \\ \\ \diagdown \end{array} \begin{array}{c} C_2H_5 \\ \\ C_2H_5 \end{array} \right]$$

Die ungeladenen DDTC-Komplexe mit ihren hydrophoben (wasserabstoßenden) organischen Außengruppen sind erwartungsgemäß in wässrigen Lösungen (pH > 7) sehr schwer, in organischen Lösungsmitteln – insbesondere Chlorkohlenwasserstoffen – relativ leicht löslich. In Lösungen von pH < 7 werden sowohl das Reagens als auch die Komplexe schnell zersetzt. Diese Stoffgruppe wird wegen ihrer Löslichkeitseigenschaften auch mit Vorteil bei Fällungs- und Extraktionstrennungen eingesetzt, worauf in den Kapiteln 3.5.1 (s. S. 438) und 3.5.2 (s. S. 443) noch ausführlich eingegangen wird.

Die Komplexstabilitäten nehmen im ammoniakalischen Medium in folgender Reihenfolge ab:

$$Hg \to \genfrac{}{}{0pt}{}{Pd}{Ag} \to Cu \to Ni \to Co \to Pb \to Bi \to Cd \to Tl(III) \to Sb(III) \to \genfrac{}{}{0pt}{}{Zn}{Fe} \to Mn$$

Hg^{2+} vermag alle Ionen vom Cu^{2+} ab aus ihren Komplexen zu verdrängen. Es bildet sich der fast farblose Komplex $[Hg(DDTC)_2]$. In wässrigen Lösungen sind alle Komplexe schwerlöslich, werden aber von anwesenden Chlorkohlenwasserstoffen gelöst. Unter den Chlorkohlenwasserstoffen besitzt Trichlorethylen die beste Löslichkeit für DDTC-Komplexe, doch ist auch Chloroform brauchbar.

Auf die Fällung mit DDTC und die Extraktionsmöglichkeiten wird noch ausführlicher im Kap. 3.5.1.4 eingegangen.

3.5 Trennungen

Zur quantitativen Trennung von Ionengemischen stehen mehrere Verfahren zur Verfügung. Die Trennung durch Fällung besitzt wie die Gravimetrie einen hohen Schwierigkeitsgrad und erfordert viel Zeit. Schneller und wirksamer sind eine Reihe neuer Trennmethoden – insbesondere Extraktionen, gezielte Maskierungen (s. Kap. 3.5.3) oder Ionenaustauschchromatographie (s. Kap. 3.5.5).

3.5.1 Trennung durch Fällung

Bei der Trennung durch Fällung wird die unterschiedliche Löslichkeit geeigneter Verbindungen durch Filtration, Dekantation oder auch Extraktion ausgenutzt. Hierzu stehen zahlreiche Fällungsreagenzien zur Verfügung, doch sollten die auf mehrere Ionen ansprechenden Gruppenreagenzien von den selektiven oder sogar spezifischen Einzelreagenzien unterschieden werden. Bei den Gruppenreagenzien erreicht man eine ausreichende Selektivität durch sorgfältige Einstellung bestimmter pH-Werte oder Zugabe von Maskierungsmitteln. Die zu bestimmenden Ionen können u. a. als Hydroxide, organische Komplexverbindungen, Sulfide, organische Sulfidderivate, Carbonate, Sulfate oder Halogenide gefällt werden.

Bei der praktischen Durchführung einer Fällungstrennung ist die bereits bei der Gravimetrie (s. S. 355 f.) beschriebene Arbeitsweise anzuwenden, doch kann die Filtration oft mit beträchtlichem Zeitvorteil durch Zentrifugieren ersetzt werden.

Stoffmengen in Makro- und Halbmikroanalysen, d. h. mehr als 0,01 mmol fällbare Ionen, lassen sich im allgemeinen ohne Hilfsmittel abscheiden. Bei Mikromengen von wenigen Mikromol gelingt eine vollständige Abscheidung nur durch Mitfällung (s. S. 48). Hierzu müssen Stoffe zugesetzt werden, die gleichartig reagieren und die gesuchten Stoffe mitreißen. Ein Beispiel ist die Mitfällung von Ti-, Zr- oder Fe-Spuren bei Zugabe von $AlCl_3$ mit dem $Al(OH)_3$-Niederschlag. Der zugesetzte Stoff darf die anschließende Bestimmung nicht stören.

Das Grundprinzip der Fällungstrennungen soll im folgenden an einigen Beispielen gezeigt werden.

3.5.1.1 Abtrennung als Hydroxide

Mehr als 50 Kationen lassen sich als schwerlösliche Hydroxide oder Oxidhydrate mit wechselndem Wassergehalt ausfällen. Die Tab. 3.19 gibt einen Überblick über

Tab. 3.19: pH-Werte des Beginns der Hydroxidfällung

pH =	2	3	4	5	6	7	8	9 10	11	12
	Sb(V)	Sn(IV)	Mn(IV)	Cr(III)	Zn(II)	Y(III)	La(III)			
	Ti(IV)	Zr(IV)	Ce(IV)	Be(II)	Pb(II)	Pr(III)	Ce(III)	Mg(II)	Ca(II)	
		Th(IV)	Bi(III)	Cu(II)		Mn(III)	Hg(II)			
			Fe(III)			Co(II)	Mn(II)			
			Al(III)			Ni(II)				
			UO_2^{2+}			Cd(II)				
						Seltenerdmetalle				

die pH-Bereiche, in denen bei steigendem pH-Wert die Fällung dieser Ionen (1–0,1 mmol) als Hydroxide oder Hydrolyseprodukte (basische Salze) erfolgt.

Eine ausreichende Trennung setzt mindestens einen Unterschied der Fällungs-pH-Werte von 2 Einheiten voraus. Die Löslichkeit vieler Hydroxide im Überschuss der Fällungsmittel NaOH oder NH_3 kann jedoch durch Hydroxo- oder Amminkomplexbildung bis zur Leichtlöslichkeit ansteigen.

Am wirkungsvollsten sind die Hydrolysentrennungen der unterhalb von pH = 5 ausfallenden Ionen von solchen, die erst oberhalb von pH = 7 abgeschieden werden. Hierbei wird die bereits in wässriger Lösung vorhandene Dissoziation z. B.

$$[M(H_2O)_6)^{3+} \rightleftharpoons [M(OH)(H_2O)_5]^{2+} + H^+$$

durch Zugabe von Reagenzien verstärkt, die H^+-Ionen aufnehmen. Es sind dies neben NH_3 und Hexamethylentetraamin (Urotropin) vor allem gut dosierbare Salze schwacher Säuren, wie Acetat, Thiosulfat und Nitrit, schwerlösliche Oxide (ZnO) oder Carbonate ($BaCO_3$).

Hydrolysentrennung

Reaktionsprinzip: Nach der Acetatmethode können Ti oder Eisen(III) von Alkali-, Erdalkaliionen, Mg, Mn(II), Co(II), Ni(II), Cd(II), Zn(II) und Pb(II) getrennt werden, wobei Ti und Fe als schwerlösliche basische Acetate bzw. Hydroxide ausfallen. Die hierbei gebildete Essigsäure wirkt mit dem überschüssigen Natriumacetat als Puffer, so dass der pH-Wert während der Fällung im engen Bereich konstant bleibt.

Störende Ionen: Al^{3+} und Cr^{3+} werden weitgehend mitgefällt. Bei Stoffmengenverhältnissen $c(Cr^{3+}) : c(Fe^{3+}) > 1 : 10$ bleiben wachsende Fe-Mengen in Form leicht lösl. Acetatochrom(III)-eisen(III)-komplexe in Lösung. NO_3^--Ionen müssen durch zweimaliges Eindampfen mit HCl entfernt werden.

Verfahrensfehler: Vor der Fällung muss eine absolut klare salzsaure Lsg. vorliegen. Sind mehr als 1,0 (5,0) mmol Fremdionen in der Lsg. enthalten, so muss umgefällt werden. Bei Anwesenheit größerer H_2SO_4-Mengen muss die Probelsg. vorher mit NaOH neutralisiert werden.

Arbeitsbereich: 1,0–0,1 (5,0–1,0) mmol Ti oder Fe, entsprechend 56–5,6 (280–56) mg Fe. Alle Zahlen in Klammern gelten für die höheren Stoffmengen.

Arbeitsgeräte: 400-(1000)-ml-Bechergläser (hohe Form); Rührwerk; Schwarzbandfilter; Trichter, 10-(20)-ml-Pipette, 50-ml-Bürette; Uhrgläser; Heizplatte.

Reagenzien: KCl; 2 mol/l NaOH; 2(5) mol/l HCl; 2 mol/l NaCH$_3$COO, frisch hergestellt und mit CH$_3$COOH angesäuert; Waschflüssigkeit: 5 ml 2 mol/l CH$_3$COOH und 5 ml 2 mol/l NaCH$_3$COO, mit H$_2$O auf 1000 ml verdünnen.

Arbeitsvorschrift: Zur Entfernung eines starken Säureüberschusses maximal 50 (250) ml salzsaure Probelsg. auf dem Wasserbad unter Zusatz von 1 g KCl fast bis zur Trockne eindampfen. Rückstand in wenig kaltem Wasser (ca. 30 ml) lösen. Diese schwach salzsaure Lsg. mit 5,0 (25,0) ml NaCH$_3$COO-Lsg. versetzen, auf ca. 400 ml mit Wasser verdünnen und unter stetigem Rühren bis nahe zum Sieden erhitzen (kurz vor dem Sdp. setzt schlagartig die Abscheidung des dunkelbraunen Niederschlags ein). Nach kurzem Absitzen dekantierend über Schwarzbandfilter filtrieren und den Niederschlag im Becherglas und auf dem Filter mit Portionen von 20 (50) ml heißer Waschlsg. chloridfrei waschen. Die auf das Filter gelangten Niederschlagsanteile durch Auftropfen von 10 (20) ml heißer HCl lösen und die ablaufenden Filtrate im Becherglas auffangen, in dem sich noch der Hauptanteil des Niederschlags befindet. Mit heißem H$_2$O nachwaschen und Filtrat bis zur klaren Lsg. kochen. Fe z. B. kann nach der Methode auf S. 376 bestimmt werden.

3.5.1.2 Abtrennung als organische Komplexe

Oft viel schwerer löslich als Hydroxide oder basische Salze sind eine Reihe von Komplexen mit organischen Liganden, wobei die Schwerlöslichkeit auf Wechselwirkungskräften zwischen den Ionen und den organischen Hydroxy-, Amin- oder auch Nitrosogruppen beruht.

So wird z. B. Pyrogallol zur Fällung von Sb und Bi oder Tannin zur Trennung der Kationen mit der Ionenladung 3+ und höher von zweifach positiv geladenen Ionen herangezogen. Häufiger jedoch wird Cupferron, das NH$_4^+$–Salz des N-Nitroso-N-phenylhydroxylamins, angewendet. (**Vorsicht:** Cupferron ist giftig.)

$$M = 155{,}16 \text{ g} \cdot \text{mol}^{-1}$$

Bei pH < 1 lassen sich Pd, Ge, Fe, Ga, Sb, Bi, Ti, Zr, V, Nb, Ta, Mo und W von Cu, Al, Tl(III) und Th abtrennen, da diese erst bei pH = 4–5 ausfallen.

Bewährte Trennungen sind:

Fe(III) von Al, Cr, Ni, Co	aus 5 mol/l Säure
Ti(IV) von Al, PO$_4^{3-}$, U, Cr, Ni, Co	aus 5 mol/l Säure
Cu(II) von Zn, Cd	bei pH = 4,5
Bi(III) von Ag, Hg, Pb, Cd, As, Sb, Cr, Mn, Ni, Co	aus 1 mol/l HNO$_3$

Als Vertreter der Oxime sei das ähnlich wie Cupferron reagierende Cupron (α-Benzoinoxim) genannt.

Während die bisher angeführten Reagenzien fast ausschließlich wenig definierte Fällungen liefern, erhält man mit 8-Hydroxychinolin, Chinaldinsäure, Salicylaldoxim, Anthranilsäure usw. so gut definierte Niederschläge, dass sie nach geeigneter Trocknung direkt ausgewogen werden können. Sie ermöglichen

Trennung und gravimetrische Bestimmung in einem Arbeitsgang, wie die Beispiele für Oxinatfällungen (s. Mg, S. 367; Al, S. 368) zeigen.

3.5.1.3 Abtrennung als Sulfide

Die Ionen von mehr als 30 Elementen lassen sich aus wässriger Lösung als Sulfide ausfällen, wobei neben den für quantitative Zwecke schwer dosierbaren H_2S und Alkalisulfiden auch Stoffe wie Natriumthiosulfat, Thioharnstoff, Dithioessigsäure und Ammoniumamidothiocarbonat, die sich in der Siedehitze unter H_2S-Bildung zersetzen, Verwendung gefunden haben. Ein besonders gut geeignetes Fällungsmittel für die meisten Sulfide ist

$$\text{Thioacetamid} \quad CH_3-C\underset{S}{\overset{NH_2}{\diagup\!\!\!\diagdown}} \quad M = 75{,}13 \text{ g/mol}$$

Die weiße kristalline Verbindung (Schmelzpunkt 108 °C) ist in analysenreiner Qualität im Handel. Sie wird als wässrige Lösung der Konzentration 0,25 mol/l (1,88 g pro 100 ml, jeweils frisch bereitet) angewendet. **Beim Umgang mit Thioacetamid muss jedoch darauf geachtet werden, dass es möglicherweise Krebs erzeugen kann.**

Als Beispiel einer definierten Sulfidfällung wurde bereits die Sb-Fällung (s. S. 371) ausführlich beschrieben. Als weiteres Beispiel wird im folgenden die CdS-Abscheidung angeführt.

CdS-Abtrennung

Reaktionsprinzip: Aus schwefelsaurer Lösung lässt sich Cd als Sulfid von 10 mmol der Alkali-, Be-, Mg-, Al-, Sc-, Y-, La-, Seltenerdmetall-, Cr(III)-, Ga-, Mn(II)-, Zn-, Tl(I)- und UO_2^{2+} – sowie 1 mmol der Zr-, Th-, V-, Co- und Ni-Ionen einwandfrei abtrennen.

Störende Ionen: Die Mengen der angeführten Elemente dürfen nicht höher als angegeben sein.
Arbeitsbereich: 1,0–0,1 mmol Cd^{2+} (112–11,2 mg Cd).
Arbeitsgeräte: 250-ml-Bechergläser (hohe Form); Wittscher Saugtopf; Glasfiltertiegel 63 a G 4 oder 1 G 4; Pipette; Uhrgläser; Siedeglocken; kleine Spritzflaschen; Heizplatte; 300-ml-Titrierbecher.
Reagenzien: 0,25 mol/l Thioacetamid; 2 mol/l NaOH; 2 mol/l H_2SO_4; 5 mol/l HCl.
Arbeitsvorschrift: Maximal 50 ml Probelsg. im Becherglas bis zur eben beginnenden Trübung tropfenweise mit NaOH-Lsg. und danach sofort mit 10 ml H_2SO_4 versetzen. Nach Einstellen einer Siedeglocke bis zur klaren Lsg. erhitzen, mit H_2O auf 100 ml verdünnen und nach erneutem Sieden 25 ml Thioacetamidlsg. eingießen. Nach Auflegen eines Uhrglases 10 Min. lang schwach am Sieden halten, wobei sich der Niederschlag zusammenballt. Dann Siedeglocke (nach Abspritzen mit 10 ml H_2O) und Heizquelle entfernen. Kurz abkühlen und den dichten orangeroten Niederschlag über Glasfiltertiegel bei nur schwachem Unterdruck filtrieren. Filtrat in einer kleinen Spritzflasche auffangen und zum Aufbringen der Niederschlags-Reste verwenden. Nach Waschen durch Auftropfen von 10 ml heißem H_2O

löst man den Niederschlag durch Auftropfen von insgesamt 10 ml heißer HCl. Die salzsaure Cd-Lsg. wird im Titrierbecher aufgefangen und nach Verkochen des H_2S komplexometrisch (Magnesium-Vorschrift, S. 433) titriert.

3.5.1.4 Abtrennung als organische Sulfidderivate

Eine Reihe organischer Sulfidderivate reagiert mit den Ionen der Sulfidbildner zu schwerlöslichen Chelatkomplexen. Häufig eingesetzte Fällungsmittel sind: Natriumdiethylamidodithiocarbonat (Carbamat, DDTC), Thionalid und Mercaptobenzthiazol.

Besonders die Carbamatfällungen (s. S. 436) gestatten einen vollständigen Trennungsgang, der ähnlich wie die H_2S-Gruppentrennungen eine große Anzahl von Ionen erfasst.

Tab. 3.20: Fällungsgruppen der Metallcarbamate

Gruppe	I	II	III
Grundlsg.	0,1 mol/l NaOH	0,1 mol/l NH_3	0,1 mol/l CH_3COOH
	0,1 mol/l Tartrat	0,1 mol/l NH_4Cl	0,2 mol/l $NaCH_3COO$
		0,1 mol/l Tartrat	
pH-Wert	13±0,5	9,5±0,5	5±0,5
Fällungen ohne Maskierung	weiß: Hg, Pb, Cd, Tl(I)	Gruppe I sowie weiß: Mn(II), Zn, In, Sn(II)	Gruppen I und II sowie weiß: Nb, Ga, As(III)
	gelb: Ag, Pt, Pd, Rh, Tl(III)	gelb: Sb(III), Bi orange: Te(IV)	gelb: Se(IV), Sn(IV), V, U(VI)
	grün: Co(III), Ni braun: Cu, Ru, Os, Ir, Au	schwarzbraun: Mn(III), Fe(III)	blau: Cr(III) violett: Mo(VI)
Fällungen bei Anwesenheit von KCN	Pb, Tl teilweise maskiert: Cd	In, Sn(II), Sb(III), Bi, Te(IV)	–
Fällungen bei Anwesenheit von KCN + EDTA	Tl teilweise maskiert: Pb	Sb(III), Bi, Te(IV) teilweise maskiert: Sn(II)	–

Als Reagenz verwendet man eine frisch bereitete Lösung mit 0,1 mol/l DDTC (2,25 g des Na-Salzes, 1 ml 0,1 mol/l NaOH und H_2O auf 100 ml). Die Tab. 3.20 gibt einen Überblick der Trennmöglichkeiten. Lösung und Fällung können hier nicht nur durch Filtrieren, Dekantieren oder Zentrifugieren, sondern auch durch Extrahieren getrennt werden, da die in H_2O sehr schwerlöslichen Metallcarbamate im Gegensatz zu den Sulfiden gut in Chlorkohlenwasserstoffen wie Trichlorethylen und Dichlormethan löslich sind.

3.5.2 Trennung durch Extraktion

Die Trennung durch Extraktion basiert auf den unterschiedlichen Löslichkeitseigenschaften von bestimmten Verbindungen in zwei nicht miteinander mischbaren Lösungsmitteln. Im Gleichgewichtszustand gilt für jeden einzelnen Stoff das **Nernstsche Verteilungsgesetz** (s. auch S. 230).

$$\frac{c_1}{c_2} = \alpha = \text{konstant.}$$

Der **Verteilungskoeffizient** α ist bei einem bestimmten zweiphasigen System von der Temperatur und in der Nähe des Sättigungszustandes einer der Phasen auch von der Gesamtstoffmenge des zu extrahierenden Stoffes abhängig.

Wie auf S. 230 f. schon näher erläutert, ist wiederholtes Extrahieren mit kleinen Volumina wirksamer als die einmalige Operation mit einem großen Volumen. In der Praxis kommt man nur in Sonderfällen mit einer einmaligen Extraktion aus, da eine geringfügige Mischbarkeit der Phasen unvermeidlich und vollständige Phasentrennung kaum möglich ist.

Eine wirksame Trennung durch Extraktion ist an folgende Voraussetzungen gebunden:

Unterschiede der Verteilungskoeffizienten der zu trennenden Stoffe mindestens von einer Zehnerpotenz.

Gegenseitige Mischbarkeit der Phasen kleiner als 1 Vol.-%.

Ausreichend schnelle und gut erkennbare Ausbildung der Phasengrenzfläche.

Bei der anorganischen Analyse ist eine der Phasen stets eine wässrige Lösung mit einer Dichte von 0,9–1,2 g · cm^{-3}. Als leichtere organische Lösungsmittel werden oft (Dichte in Klammern in g/cm^3) Ether (0,719), Methylisobutylketon (MIK; 0,803), Butylalkohol (0,810) und Amylalkohol (0,887) verwendet. Sie bilden bei einer Extraktion die obere Schicht. Schwerere organische Lösungsmittel sind fast ausschließlich Halogenkohlenwasserstoffe, insbesondere Trichlorethylen (1,466), Chloroform (1,498). In einigen Fällen wird auch mit Mischungen verschiedener Lösungsmittel gearbeitet.

Die Ionen werden in Form von Ionenassoziaten oder Komplexen von der organischen Phase aufgenommen. Zur ersten Gruppe gehören Verbindungen wie Fluoride, Chloride, Bromide, Iodide, Thiocyanate, Nitrate, Heteropolysäuren, aber auch solche mit Alkylphosphaten und höhermolekularen Aminen.

Die Aufnahme dieser Stoffe ist häufig mit einer Koordination der organischen Moleküle am Metallzentrum (innerer Solvationseffekt) gekoppelt, wie z. B.

$[FeCl_x]^{3-x}$ $[FeCl_3(MIK)_3]^0$
salzsaure Phase   Methylisobutylketon-Phase

Bei den extrahierbaren Komplexen handelt es sich um ungeladene Chelatkomplexe mit hydrophoben Außengruppen. Sie sind in wässrigen Systemen sehr schwer löslich und lösen sich auf Grund äußerer Solvatationseffekte relativ leicht in einer geeignet gewählten organischen Phase. Charakteristische Vertreter dieser Gruppe sind: Acetylacetonate, Oxinate, Cupferronate und Carbamate. Auch der Dimethylglyoxim-Komplex des Ni(II) gehört hierher (s. S. 43).

Der Trenneffekt kann nicht nur durch den pH-Wert und die Reagenzkonzentration in der wässrigen Phase, sondern auch durch Maskierungsmittel wie Cyanid und EDTA gesteuert und gesteigert werden. Allgemein ist zu beachten, dass bei pH<7 viele Säuren wie HCl, HSCN, HI, H-Oxinat, H-Carbamat usw. in beträchtlicher Menge ebenfalls von der organischen Phase aufgenommen werden.

Extraktion des Eisen(III) mit Methylisobutylketon (MIK)

Reaktionsprinzip: Für dieses Beispiel gibt Tab. 3.21 zunächst einen Überblick des prozentualen Anteils H von der Gesamtmenge in der Oberphase bei gleichen Volumina der beiden Phasen und des Extraktionskoeffizienten $D = H/(100 - H)$ des Fe(III) im klassischen Extraktionsmittel Diethylether sowie im weitaus wirksameren MIK. D steht statt α, weil mehrere Fe(III)-Komplexe vorliegen.

Tab. 3.21: Eisen-Extraktion mit Ether oder MIK nach *Specker* und *Doll*

HCl-Konz.	[mol/l]	0,0	2,0	3,0	4,0	5,0	5,5	6,0	7,0	8,0
Ether	H in %	0,00	1	17,8	81,5	96	–	99	97,8	97
	D	0,00	0,01	$0,20_8$	4,40	24	–	99	45	32
MIK	H in %	0,00	25	77	98,4	99,8	$99,9_3$	$99,9_5$	$99,9_8$	≈99
	D	0,00	0,33	3,35	61,5	499	1430	2000	5000	≈99

Die optimale Säurekonzentration liegt danach bei 5,0–7,0 mol/l HCl. Oberhalb von 7 mol/l HCl nimmt D scheinbar ab, da sich die Phasen nicht nur schwer trennen, sondern auch eine mit der Säurekonzentration anwachsende gegenseitige Löslichkeit zeigen. Schließlich bewirkt eine HCl-Konzentration über 8 mol/l eine völlige Mischbarkeit. Für Li, Na, K, Rb, Cs, Be, Mg, Ca, Sr, Ba, Al, Ce(III) und Seltenerdmetalle, Ti, Zr, Ag, Cr(III) und Pb(II) liegt H unter 0,1%, wenn aus 7 mol/l HCl extrahiert wird. Tab. 3.22 bringt angenäherte H-Werte anderer Ionen.

Arbeitsbereich: 1,0–0,0001 mmol (z. B. 56 mg–5,6 µg Fe). Es sei ausdrücklich auf die große Anwendungsbreite hingewiesen, die ohne wesentliche Änderung der Versuchsbedingungen von keinem anderen Trennverfahren erreicht wird.

Arbeitsgeräte: Birnen- oder zylinderförmige Scheidetrichter (Abb. 3.20); Porzellanschale; Bechergläser; Wasserbad.

Reagenzien: Methylisobutylketon (MIK); 5 mol/l HCl.

Arbeitsvorschrift: Probelsg. mit Fe(III) in einer Porzellanschale auf dem Wasserbad zur Trockne oder sirupösen Konsistenz eindampfen. Rückstand in 10,0 ml HCl lösen und die Lsg. dreimal mit je 5,0 ml HCl quantitativ in den Scheidetrichter überführen. Nach Zugabe von 25,0 ml MIK 1 Min. lang kräftig schütteln und wässrige Phase nach Phasentrennung in ein Becherglas ablassen. Die MIK-Phase, die 99,8% des vorhandenen Fe(III) enthält, mit 25 ml reiner HCl extrahieren, um mitextrahierte Fremdionen in die wässrige Phase zurückzuführen. HCl-Phase ebenfalls in das Becherglas ablassen, das nun die Fremdionen enthält, die nach einem geeigneten Verfahren bestimmt werden können. Das in der MIK-Phase befindliche Fe durch zweimalige Extraktion mit je 25,0 ml H_2O wieder in eine wässrige Phase bringen und sodann in dieser bestimmen.

Tab. 3.22: MIK-Extraktion aus 7 mol/l HCl

Ion	H %	Ion	H %	Ion	H %	Ion	H %
Cr(VI)	98	Se(IV)	99	Ga(III)	99,9	Cd(II)	13
Mo(VI)	96	Ge(IV)	98	In(III)	94	Zn(II)	6
U(VI)	22	Te(IV)	96	As(III)	88	Cu(II)	4
Sb(V)	99	Sn(IV)	93	Sb(III)	69	Co(II)	3
V(V)	81	Th(IV)	1	Bi(III)	0,5	Ni(II)	1
As(V)	28	Fe(III)	99,98	Hg(II)	44	Mn(II)	0,7

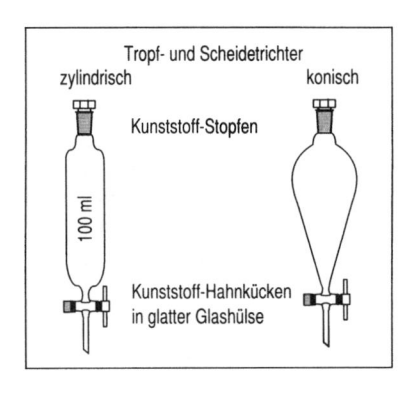

Abb. 3.20: Scheidetrichter

3.5.3 Maskierung statt Trennung

Eine schnelle und einfache „innere" Trennung erzielt man durch Überführung störender Ionen in Verbindungen, die zwar nach wie vor löslich sind, jedoch ein anderes Verhalten als das ursprüngliche Ion zeigen. Neben der Überführung in eine andere Oxidationsstufe ist hierzu vor allem eine gezielte Komplexbildung geeignet.

Als Beispiel der Trennung über verschiedene Oxidationsstufen sei die Fe/Cr-Trennung angeführt, bei der Cr(III) in alkalischer Lösung zu Chromat oxidiert wird. Fe(III) kann z. B. als Hydroxid abgeschieden werden, während Chromat in Lösung bleibt.

Im weitaus häufigeren Fall der Komplexbildung spricht man auch von Maskierung. Wirksame Maskierungsmittel sind neben Fluoriden, Halogeniden und organischen Hydroxysäuren vor allem Cyanide und Aminopolycarbonsäuren. Bei der Zugabe von Maskierungsmitteln sollte in jedem Falle eine möglichst genaue Dosierung vorgenommen werden, da zu große Überschüsse oft auch die Bestimmungsreaktion ungünstig beeinflussen.

Reine Fluorokomplexe mit einer zur Maskierung ausreichenden Stabilität werden von Be, Al, Sc, Ti, Zr, Nb, Fe(III), B, Ga, In, Si und Ge gebildet. Oberhalb von pH = 8 werden sie schnell hydrolytisch zersetzt. Die Fluorid-Maskierung ist bisher nur in wenigen Sonderfällen analytisch verwendet worden, wie etwa bei der

Ausschaltung der Störung durch Fe(III) beim Co-Nachweis mit Thiocyanat (s. S. 215). Mit der Einführung von Kunststoffgeräten (PTFE) kann der Anwendungsbereich aber wesentlich erweitert werden, da die oft störende Ätzwirkung von Fluorid auf Glasgeräte in saurer Lösung vermeidbar ist.

Von den organischen Säuren werden die Chelatbildner Oxalat, Tartrat und Citrat relativ häufig verwendet, zumal sich ihre Komplexwirkung über den pH-Bereich von 1–14 erstreckt. Ein Beispiel ist die Sulfidfällung von Sb(III), bei der anwesendes Sn(IV) als Oxalatokomplex in Lösung verbleibt (s. S. 304). Da diese organischen Säuren in alkalischer Lösung oft starke Komplexe bilden, werden störende Hydroxidfällungen der meisten zwei- und mehrfach positiv geladenen Kationen wirksam verhindert (s. z. B. die Carbamatfällung S. 442).

Quecksilberbestimmung durch Maskierungsreaktion

Reaktionsprinzip: Die Halogenide bilden im allgemeinen schwache Komplexe, deren Stabilität jedoch in der Reihenfolge Cl → Br → I zunimmt. Eine Ausnahme bilden die starken Iodokomplexe des Hg(II) sowie Sb(III) und Bi(III). Die Stabilität des Hg(II)-Tetraiodokomplexes übertrifft im ammoniakalischen Medium sogar diejenige des Hg(II)-EDTA-Komplexes. Bei Zugabe von KI wird also das an Hg(II) gebundene EDTA nach

$$[HgY]^{2-} + 4\,I^- + 2\,H_2O \rightarrow [HgI_4]^{2-} + H_2Y^{2-} + 2\,OH^-$$

in Freiheit gesetzt und kann dann mit einer Mg^{2+}-Maßlösung titriert werden.

Die KI-Maskierung in Verbindung mit einer komplexometrischen Rücktitration der freigesetzten EDTA ist eine sehr schnelle und zuverlässige Untersuchungsmethode für zahlreiche Hg-haltige Legierungen (Amalgame usw.). Empfehlenswerte Praktikumsübungen sind die Analysen von Lösungsgemischen mit den Ionenpaaren Mg/Hg, Zn/Hg, Cd/Hg und Pb/Hg.

Störende Ionen: Fe^{2+}, Fe^{3+}, Co^{2+}, Ni^{2+} oder Cu^{2+} blockieren den Indikator Erio T, können aber nicht durch Cyanidzusatz maskiert werden, da auch Hg sehr stabile Cyanokomplexe bildet.

Verfahrensfehler: Hg entzieht sich einer einfachen Bestimmung, wenn es von vornherein durch entsprechende KI-Zugabe maskiert wird. Ein Zusatz von K_2MgY bzw. Na_2ZnY (S. 433) ist empfehlenswert, um evtl. Fällungen (Chlorid, Hydroxid) zu vermeiden.

Arbeitsbereich: 0,9–0,1 mmol Hg^{2+} (180–20 mg Hg); für 0,09–0,01 mmol Hg^{2+} (18–2 mg Hg) gelten im folgenden die Zahlenangaben in Klammern.

Arbeitsgeräte: 20-(5)-ml-Pipetten; 300-(100)-ml-Weithals-Erlenmeyerkolben oder 400-(150)-ml-Bechergläser (hohe Form) bei mechanischer Rührung; Bürette; pH-Papier.

Reagenzien: Festes KI; Indikator: 1,0 g Erio T und 100 g NaCl staubfein verrieben; Pufferlsg.: 2 mol/l NH_3; Maßlsg.: 0,1 (0,01) mol/l $Na_2[H_2Y]$ und 0,1 (0,01) mol/l Mg^{2+}-Lösung; 0,1 mol/l Mg- oder Zn-EDTA.

Arbeitsvorschrift: 20 (5) ml der Analysenlsg. neutralisieren, mit H_2O auf ca. 100 (25) ml auffüllen. 10,0 (1,0) ml 0,1 mol/l Mg-EDTA (oder Zn-EDTA), 2,0 (0,5) ml HCl, danach 2,0 (0,5) ml Ammoniak hinzufügen und mit H_2O auf 200 (50) ml auffüllen (pH = 10,3–10,5). Nach Zusatz von 100 (50) mg Indikator mit 0,1 (0,01) mol/l $Na_2[H_2Y]$ (Y^{4-} = EDTA) von rot nach rein blau titrieren. 6 (2) g festes KI in die Lsg. geben und mit 0,1 (0,01) mol/l Mg^{2+}-Lsg. auf rein rot zurücktitrieren.

Berechnung: Bei der ersten Titration entspricht der EDTA-Verbrauch der gesamten Stoffmenge an komplexierbaren Ionen (Ca^{2+}, Sr^{2+}, Zn^{2+}, Cd^{2+}, Pb^{2+}, Mn^{2+}, Hg^{2+} usw.). Der Verbrauch V_{Mg} bei der Rücktitration ergibt dann die Hg-Menge. 1 ml 0,1 mol/l Mg^{2+}-Lsg. $\wedge = 20,06$ mg (0,1 mmol) Hg.

Zink- oder Cadmiumbestimmung durch Maskierung/Demaskierung

Reaktionsprinzip: Viele Cyanokomplexe sind bei pH > 6 sehr stabil. So lassen sich mit 10 mmol (650 mg) KCN pro 100 ml Lösungsvolumen je 1,4 mmol Fe, Co, Ru, Rh, Os, Ir, Zn, Cd; 2,0 mmol Ni, Cu, Pd, Pt; 3,3 mmol Ag, Au, Hg sicher maskieren. Zur Bildung stabiler Komplexe müssen Fe(III) und Cu(II) in alkalischer Lösung durch Ascorbinsäure reduziert werden. Von praktischer Bedeutung ist die selektive Zerstörung der Cyanokomplexe von Zn und Cd durch Formaldehyd in ammoniakalischer Lösung:

$$[M(CN)_4]^{2-} + 4\,NH_3 + 4\,CH_2O \cdot HCl \rightarrow [M(NH_3)_4]^{2+} + 4\,CH_2\!\!\begin{array}{c}OH\\CN\end{array} + 4\,Cl^-$$

Die anderen Cyanokomplexe reagieren unter diesen Verhältnissen nur sehr träge, wodurch eine selektive Zn- oder Cd-Bestimmung durch komplexometrische Titration ermöglicht wird.

Als Praktikumsübungen können die Trennungen Zn/Cu, Cd/Cu, Zn/Ni, Cd/Ni, aber auch Mg/Zn, Mg/Cd empfohlen werden.

Arbeitsbereich: 1,0–0,1 mmol Zn oder Cd (65–6,5 mg Zn oder 112–11,2 mg Cd). Beim Mikromolverfahren 2 0,1–0,01 mmol Zn oder Cd (6,5–0,65 mg Zn oder 11–1 mg Cd).

Störende Ionen: Es dürfen nicht mehr als 6 (1,5) mmol Ag, Au und Hg, 4 (1) mmol Ni, Cu, Pd, Pt, 2,5 (0,8) mmol Fe und Co vorhanden sein. Alle Zahlenangaben in Klammern gelten hier und im folgenden für das Mikromolverfahren 2.

Verfahrensfehler: Das zur Maskierung benutzte KCN muss analysenrein sein.

Arbeitsgeräte: 20-(5)-ml-Pipetten; 300-(100)-ml-Weithals-Erlenmeyerkolben oder 400-(159)-ml-Bechergläser (hohe Form) bei mechanischem Rühren; Bürette, pH-Papier.

Reagenzien: Indikator: 1,0 g Erio T und 100 g NaCl staubfein verrieben, unbegrenzt haltbar; Pufferlsg.: 2 mol/l NaOH, 2 mol/l HCl, 13,5 mol/l NH_3; KCN; Ascorbinsäure; Formaldehyd-HCl (5,0 ml 35%iges CH_2O und 10 ml 5 mol/l HCl; die Lsg. enthält 4,3 mol/l an CH_2O); Maßlsg.: 0,1 (0,01) mol/l $Na_2[H_2Y]$.

Arbeitsvorschrift: 20 (5) ml Analysenlsg. mit NaOH-Lsg. neutralisieren und mit H_2O auf 10 (25) ml verdünnen. Die klare Lsg. mit 2,0 (1,0) ml HCl, 2,0 (1,0) ml Ammoniak, danach mit 1,3 (0,4) g KCN und bei Anwesenheit von Cu oder Fe zusätzlich mit 200 (50) mg Ascorbinsäure versetzen. Nach Erwärmen auf 90 °C (Abzug!) mit H_2O auf 200 (50) ml verdünnen (pH = 10,7±0,3). Nach Zugabe von 200 (50) mg Indikator mit Maßlsg. von rot nach rein blau titrieren, wobei Mg, Mn(II), Pb, Y, Ga, In, La und bei Zusatz von $K_2[MgY]$ auch Ca, Sr und Ba erfasst werden. Dann in „Pendeltitration" unter Umschütteln tropfenweise $CH_2O \cdot HCl$ bis rot zusetzen und jeweils sofort mit Maßlsg. auf rein blau titrieren. Die Titration ist beendet, wenn die blaue Endfarbe nach Zusatz eines Tropfens $CH_2O \cdot HCl$ mindestens 30 Sek. lang bestehen bleibt.

Berechnung: Der Gesamtverbrauch der Pendeltitration entspricht der Zn- oder Cd-Menge.

Die Maskierung als Cyanokomplex wird nicht nur bei Titrationen, sondern auch bei zahlreichen anderen Bestimmungsmethoden angewendet, wie etwa das Schema der Carbamatfällungen (s. S. 442) zeigt. Sie ist ebenfalls ein wertvolles Hilfsmittel bei Extraktionstrennungen, da weder die Cyanokomplexe noch freies KCN bei pH > 8 in die organische Phase gehen.

Maskierung durch Aminopolycarbonsäuren

Eine ähnlich starke Komplexwirkung wie die Cyanide besitzen die Aminopolycarbonsäuren auf fast alle Kationen der Ionenladung +2 und +3. Als ein Beispiel von vielen sei die selektive Abscheidung von W und Mo mit 8-Hydroxychinolin erwähnt, wobei fast alle störenden Kationen durch EDTA maskiert werden. Auch die Störungen bei der Abscheidung von Ba^{2+} oder SO_4^{2-} als $BaSO_4$ durch Mitreißen von Kationen der Ionenladung +3 und höher werden durch EDTA weitgehend ausgeschaltet.

3.5.4 Trennung über die Gasphase

Eine weitere Trennmöglichkeit ist die Überführung einzelner Komponenten in die Gasphase. An eine geeignete chemische Umsetzung schließt sich eine physikalische Trennung durch Abdampfen oder Destillation an, wobei Druck und Temperatur maßgebenden Einfluss haben. Neben einigen leicht verdampfbaren Elementen findet man besonders unter den Wasserstoffverbindungen, Fluoriden, Oxiden und Halogeniden viele leicht flüchtige Verbindungen.

Sieht man von den Gasen wie Edelgase, H_2, N_2, F_2 und von Cl_2 ab, so sind folgende bei 1 bar unter 1000 °C siedende Elemente verdampfbar: Na, K, Rb, Cs, Zn, Cd, Hg, P, As, S, Se, Br_2 und I_2.

Als Beispiel der N-Abtrennung über N_2, das gasvolumetrisch (s. S. 509) gemessen werden kann, sei angeführt:

$$\text{Nitritzersetzung}: NO_2^- + NH_4^+ \rightarrow N_2\uparrow + 2\,H_2O$$

I_2 wird durch Oxidation von Iodiden erhalten und ist bereits mit Wasserdampf beträchtlich flüchtig.

Die höheren Oxidationsstufen vieler Elemente oxidieren HCl oder HBr zu Cl_2 bzw. Br_2, die nach einer weiteren Umsetzung mit Iodid

$$Cl_2(Br_2) + 2\,KI \rightarrow 2\,KCl(KBr) + I_2$$

iodometrisch titriert werden können (s. S. 413 f.).

Beim Auflösen von Metallen und Legierungen in nicht oxidierenden Säuren werden durch Hydrolyse oder Reduktion häufig die leicht flüchtigen Wasserstoffverbindungen B_2H_6, CH_4, SiH_4, GeH_4, NH_3, PH_3, AsH_3, SbH_3, H_2S, H_2Se, H_2Te gebildet. Bei der Bestimmung dieser Bestandteile muss zur Vermeidung grober Fehler stets in Gegenwart starker Oxidationsmittel (konz. HNO_3; H_2O_2; $KMnO_4$) gelöst werden. Andererseits ist die Entfernung von Fluoriden, Halogeniden und sonstigen Anionen leicht flüchtiger Säuren durch Abrauchen mit H_2SO_4 oder $HClO_4$ gebräuchlich.

Tab. 3.23: *Kjeldahl*-Trennungen für 5–0,5 mmol N

N-Verbindung	Arbeitsbedingungen	Destillation
NH_4-Salze	50 ml 2 mol/l NaOH + 100 ml H_2O	100 ml innerhalb von etwa 30 min in eine Vorlage destillieren, die 50 ml Maßlösung 0,05 mol/l H_2SO_4 (oder 0,1 mol/l HCl) und Mischindikator enthält
Nitrate	2 g gepulverte Devarda-Legierung (S. 135) 50 ml H_2O 100 ml 2 mol/l NaOH	
Nitrite	3 g Eisenpulver (reinst) 10 ml 5 mol/l H_2SO_4 30 min sieden in 100 ml H_2O lösen und danach 50 ml 2 mol/l NaOH zusetzen	

Durch Abrauchen mit HF und H_2SO_4 (oder $HClO_4$) oder durch Schmelzen mit NH_4F werden Verbindungen von B, Si und Ge aufgeschlossen, wobei jedoch BF_3, SiF_4 und GeF_4 ausgetrieben werden und verloren gehen. Ein allgemein anwendbares Trennverfahren für Fluoride ist die *Willard-Winter*-Destillation. Hierbei wird die fluoridhaltige Substanz in Gegenwart von Quarzmehl mit H_2SO_4 oder $HClO_4$ erhitzt (s. S. 157). Das entstehende SiF_4 wird in eine mit schwach alkalischer Lösung beschickte Vorlage überdestilliert, wo es hydrolysiert:

$$SiF_4 + 6\,NaOH \rightarrow Na_2SiO_3 + 4\,NaF + 3\,H_2O$$

Eine Methode zur Bestimmung von As-Spuren in Metallen, Legierungen, Oxiden und sonstigen Verbindungen ist die AsH_3-Entwicklung und die anschließende Bewertung der Färbung auf Papierstreifen, die mit $HgBr_2$ getränkt wurden. **Vorsicht:** AsH_3 ist sehr giftig.

Schwefelspuren in Metallen sowie die Sulfidgehalte vieler Verbindungen sind durch Behandlung mit Zn und HCl in Form von H_2S zu erhalten. Nach Absorption in einer Cadmiumacetat-Lösung kann H_2S direkt oder indirekt bestimmt werden.

Weiteres s. auch Kap. 3.8.

Bestimmung stickstoffhaltiger Verbindungen durch Kjeldahl-Destillation

Die Bedingungen der als „*Kjeldahl*-Destillation" bezeichneten N-Abtrennung als NH_3 sind in Tab. 3.23 zusammengestellt.

Mischindikator: 29 mg Methylrot + 279 mg Bromkresolgrün + 8,0 ml 0,1 mol/l NaOH in 100 ml Ethanol lösen, mit H_2O auf 500 ml auffüllen, orangerot pH = 4,0/blau pH = 5,6.

Bei organischen Amino-, Nitro-, Cyan- und sonstigen N-Verbindungen muss zunächst mit Phenol-Schwefelsäure aufgeschlossen werden. Bei heterocyclisch gebundenem N (Pyridin, Chinolin etc.) versagt aber auch diese Methode.

Umsetzung, Destillation und die anschließende titrimetrische Bestimmung erfolgen in der *Kjeldahl*-Apparatur (Abb. 3.21). Während der Destillation darf sich die orangerote Färbung der sauren Lsg. in der Vorlage nicht ändern. Erfolgt ein Umschlag nach blau, so muss die Bestimmung mit einer kleineren Einwaage wiederholt werden.

Nach Durchführung der Destillation ist der Liebigkühler mit wenig H_2O nachzuspülen. Danach wird die überschüssige 0,05 mol/l H_2SO_4 bzw. 0,1 mol/l HCl im Vorlagekolben mit 0,1 mol/l NaOH zurücktitriert (grauer Zwischenton). Man beachte in diesem Zusammenhang den bereits merklichen CO_2-Einfluss.

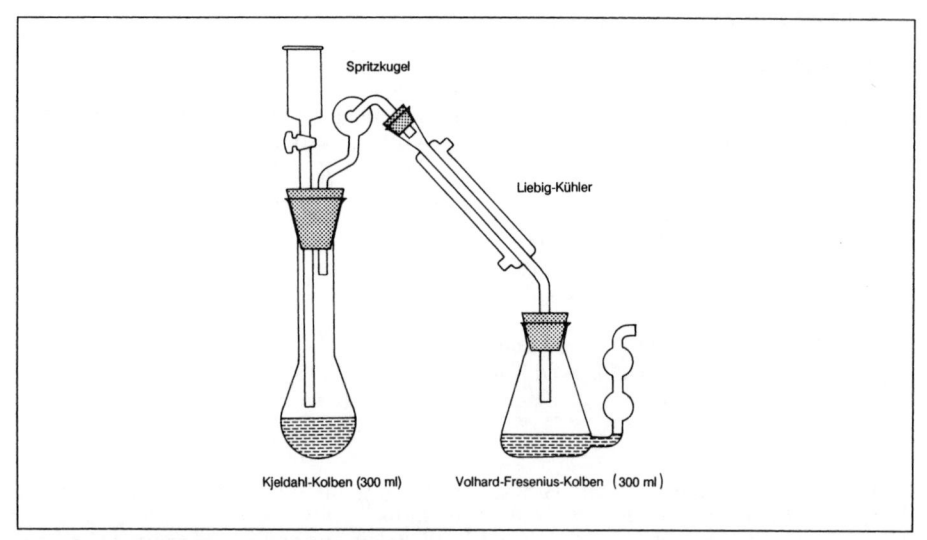

Abb. 3.21: *Kjeldahl*-Destillationsapparatur

Halogeniddestillation. Arsen/Antimon/Zinn

Reaktionsprinzip: Unter den Halogeniden finden sich zahlreiche leicht flüchtige Verbindungen, deren Siedepunkte im allgemeinen in der Reihenfolge Cl → Br → I ansteigen. Daher arbeitet man vorzugsweise mit den Chloriden, die man durch Erhitzen der festen feingepulverten Probesubstanzen in einem Gasstrom von Cl_2, $CHCl_3$, S_2Cl_2 oder HCl wasserfrei erhalten kann. Wird z. B. Silumin (eine Al-Si-Legierung) im Cl_2-Strom erhitzt, so verbleibt als Rückstand Al_2O_3 (aus Oxidhäuten), während sich im Reaktionsrohr entsprechend dem Temperaturgefälle Sublimate von $FeCl_3$ (317 °C), $AlCl_3$ (183 °C), $TiCl_4$ (136 °C) und $SiCl_4$ (58 °C) abscheiden. Aus wässriger Lösung sind nur wenige Chloride in wasserfreier Form abdampfbar. Aus konz. HCl (37–38%ig) sind $AsCl_3$ (130 °C), $SbCl_3$ (223 °C) und $GeCl_4$ (83 °C) destillierbar. $SnCl_4$ (114 °C) kann wegen der bereits sehr starken Hydrolyse nur bei wesentlich höheren Temperaturen (über 140 °C) abgedampft werden. Als Beispiel soll im folgenden eine Trennung von As/Sb/Sn ausführlicher behandelt werden.

    Verfahrensfehler: Zeitbedarf und Schwierigkeitsgrad dieser Dreistofftrennung sind verhältnismäßig groß. Eine Streuung von weniger als 2% kann – abgesehen von verfälschenden systematischen Fehlern – nur bei sorgfältiger Einhaltung der Arbeitsbedingungen erwartet werden.
    Arbeitsbereich: Jeweils nicht mehr als 2 mmol As, Sb, Sn, d.h. maximal 6 mmol Gesamtsubstanz.
    Arbeitsgeräte: Destillations-App. (s. Abb. 3.22); Spritzkugel; langstielige Trichter; Thermometer (200–250°), kurze Form; pH-Papier.
    Reagenzien: 18 mol/l H_2SO_4; Hydraziniumsulfat; KBr; 12,5 mol/l HCl; CO_2 (Stahlflasche oder Kipp); Thioacetamid oder H_2S; H_3PO_4 (85%ig); 5 mol/l NaOH; HBr (40%ig); 2 mol/l HNO_3.

Arbeitsvorschrift: Die in 5 ml H_2SO_4 gelöste Substanz bzw. eine auf 5 ml eingeengte schwefelsaure Lsg. mit dreimal 5 ml H_2O über einen langstieligen Trichter in den Destillationskolben bringen und mit 1 g Hydraziniumsulfat und 1 g KBr versetzen. Bis zur weitgehenden Auflsg. (hydrolytische Trübungen durch Sn sind ohne Belang) schütteln und App. zusammensetzen, dabei die Vorlage mit 100 ml H_2O beschicken. Durch den Tropftrichter 50 ml HCl einfüllen und Kolbeninhalt unter Durchleiten von 2–3 Blasen CO_2 pro Sek. bis auf 20–30 ml abdestillieren. Destillation mit weiteren 50 ml HCl wiederholen. Kurz vor Ende 1 ml Destillat in einem Reagenzglas auffangen und nach Zusatz einiger Körnchen Thioacetamid (oder Einleiten von H_2S) aufkochen. Bei Gelbfärbung nochmals mit 50 ml HCl destillieren. Das in der Vorlage befindliche As(III) bromatometrisch (s. S. 417) bestimmen.

Zur Sb-Trennung abkühlen lassen, Fraktionieraufsatz mit zweimal 25 ml HCl spülen und dann durch einfache Spritzkugel ersetzen. 10 ml H_3PO_4 einfüllen, Thermometer in den Destillationskolben stellen, App. zusammensetzen und neue Vorlage mit 100 ml H_2O unterstellen. Wie bei As destillieren, bis die Temp. $160 \pm 5\,°C$ erreicht hat. Nun 45 Min. lang bei dieser Temp. unter kontinuierlichem Zutropfen der erforderlichen Menge HCl destillieren. Gegen Ende der Destillation wie bei As auf Vollständigkeit prüfen. Bei Rotfärbung der mit NaOH-Lsg. auf pH = 1–3 abgestumpften Lsg. weiter 10 Min. lang destillieren. Das in der Vorlage befindliche Sb(III) ebenfalls bromatometrisch bestimmen.

Nach Auswechseln der Vorlage Sn(IV) sowie Sb(III) unter kontinuierlichem Zutropfen eines Gemisches aus 1 Teil HBr und 3 Teilen HCl bei einer Temp. von $145 \pm 5\,°C$ abdestillieren. Das in der Vorlage befindliche Sn(IV) durch Zusatz von HNO_3 und Eindampfen als SnO_2 abscheiden und auswägen.

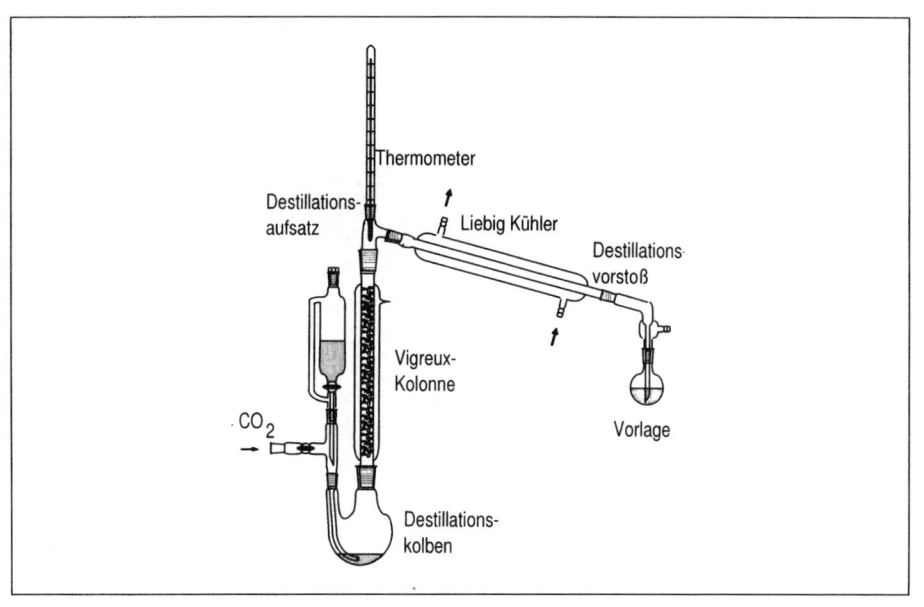

Abb. 3.22: Destillationsapparatur zur As/Sb/Sn-Trennung

3.5.5 Trennung durch Ionenaustauschchromatographie

Die einfachen Trennungen basieren auf der Tatsache, dass Kationen nur an Kationenaustauscher und Anionen nur an Anionenaustauscher gebunden werden (s. Kap. 3.4.2.5).

Ein weiteres Verfahren ist die chromatographische Trennung (s. auch S. 78 f.) gleichsinnig geladener Ionen. Sie hat ihre Ursache in der unterschiedlichen Bindungsfestigkeit der Ionen am Austauscher. Oft wird das Auseinanderziehen der Zonen auch durch einen Komplexbildner im Elutionsmittel erreicht, der mit den zu trennenden Ionen unterschiedlich starke Komplexe bildet. Allgemein werden nach dieser Methode chemisch sehr ähnliche Ionen (wie z. B. diejenigen der Seltenerdmetalle) getrennt.

Die einfache Trennung von Kationen und Anionen ist zur Beseitigung von Störungen bei gravimetrischen und maßanalytischen Bestimmungen gut geeignet. So macht z. B. die gravimetrische Bestimmung des Sulfats als Bariumsulfat (s. S. 361) bei Gegenwart einer Anzahl Kationen Schwierigkeiten, da diese bei der Fällung teilweise mitgerissen werden. Auch die acidimetrische Titration der Borsäure in Gegenwart mehrwertiger Alkohole (s. S. 399) wird durch bestimmte Kationen gestört. Durch Anwendung eines stark sauren Kationenaustauschers in der H^+-Form sind diese Kationen einwandfrei durch Austausch zu entfernen (s. S. 78).

Trennung von Cobalt und Nickel

Reaktionsprinzip: Einige Schwermetalle werden in konz. salzsaurer Lösung von stark basischen Anionenaustauschern als anionische Chlorokomplexe gebunden. Zum quantitativen Austausch sind bei Raumtemperatur Lösungen mit etwa 9 mol/l HCl erforderlich. Aber selbst in dieser Lösung ist z. B. die Bindung des Cobalts so schwach, dass eine Abtrennung größerer Cobaltmengen von Nickel, das nicht gebunden wird und deshalb die Austauschersäule glatt durchläuft, Schwierigkeiten bereitet.

Bei Erhöhung der Arbeitstemperatur sind zur qualitativen analytischen Trennung wesentlich geringere Salzsäurekonzentrationen erforderlich, da sich dabei die Gleichgewichte in der salzsauren Lösung zugunsten der anionischen Chlorokomplexe der Schwermetalle verschieben. Die Elution der als Chlorokomplexe gebundenen Schwermetalle lässt sich bei Raumtemperatur mit Wasser durchführen.

Störende Ionen: Viele Schwermetallionen stören sowohl den Austausch als auch später die Cobaltbestimmung (s. S. 378 f.).
Verfahrensfehler: In der Austauschersäule darf der Flüssigkeitsspiegel niemals in die Harzschicht eindringen, da sonst Luftblasen im Harzbett entstehen und der Austauscher dann nicht mehr einwandfrei arbeitet.
Arbeitsgeräte: Heizbare Austauschersäule nach Abb. 3.23 (Säulendurchmesser ca. 2 cm, Gesamtlänge ca. 55 cm; Mantelrohrlänge ca. 33 cm; Manteldurchmesser ca. 5 cm;

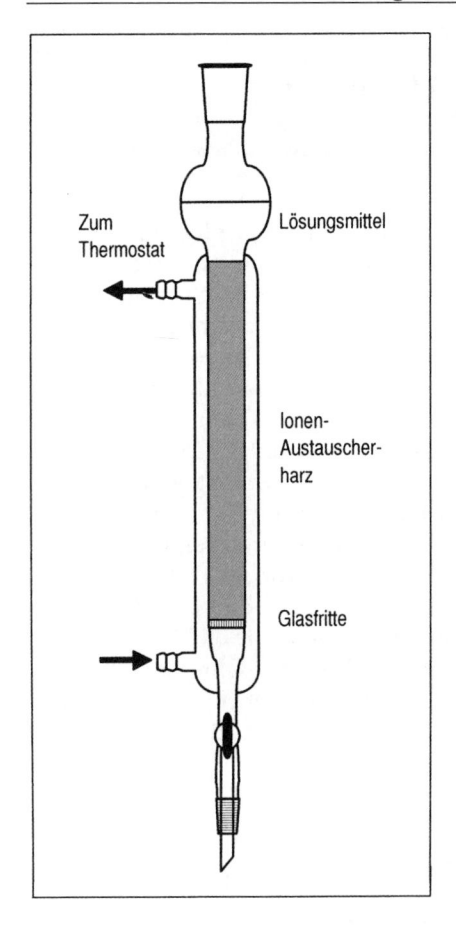

Trennung durch Ionenaustauschchromatographie

Abb. 3.23: Heizbare Austauschersäule

Höhe des Harzbettes ca. 18 cm); Wasserumlauf-Thermostat; 100-ml-Messkolben; 20-ml-Pipette; 400-ml-Bechergläser (hohe Form).
  Reagenzien: Stark basischer Anionenaustauscher; 7 mol/l HCl.
  Arbeitsvorschrift: Analysenlsg. im Messkolben mit HCl auffüllen. In mit dest. Wasser gefüllte Austauschersäule Anionenaustauscher einfüllen. Säule mit Hilfe des Thermostaten auf ca. 80°C aufheizen. Nach Ablassen des Wassers bis zur Harzoberfläche mit 30 ml warmer HCl vorwaschen und dabei Tropfgeschwindigkeit auf ca. 25 Tropfen/min (2,5 ml/min) einstellen. Nach Absinken des HCl-Spiegels bis zur Harzoberfläche Vorlage wechseln und 20 ml der auf 80°C erwärmten Analysenlsg. auf die Säule pipettieren. Dreimal mit je 30 ml heißer HCl waschen. Die Co-Zone erfüllt ca. 75% des Austauscherbettes. Das in der Vorlage befindliche Ni^{2+} nach Einengen durch Fällen mit Dimethylglyoxim (s. S. 379) bestimmen. Co^{2+} mit ca. 200 ml Wasser bei Zimmertemp. eluieren und nach Eindampfen bis zur Trockne gravimetrisch als Tetrakis(pyridin)cobalt-thiocyanat (s. S. 378) bestimmen.

3.6 Elektroanalytische Methoden

In einem analytischen Laboratorium werden heute zahlreiche physikalisch-chemische Methoden eingesetzt. Es sind hier vor allem die optischen und elektroanalytischen Verfahren zu nennen. Gegenüber den bisher beschriebenen rein chemischen Methoden haben hier physikalische Vorgänge chemische Reaktionen zur Folge, wie z. B. bei der Elektrogravimetrie und der Polarographie, oder aber das physikalische Verhalten einer Lösung erlaubt Schlüsse über den Verlauf einer Reaktion, so dass, wie bei der Potentiometrie und der Konduktometrie, der Endpunkt einer Reaktion erkannt werden kann. Der Vorteil der Methoden liegt vor allem darin, dass Bestimmungen, die auf anderem Wege nicht oder nur unter großem Arbeitsaufwand durchgeführt werden können, oft auf recht elegante Weise ermöglicht werden. Erwähnt seien hier nur die zahlreichen potentiometrischen Redoxtitrationen, für die kein geeigneter Indikator zur Verfügung steht, oder die recht genauen und bei Serienanalysen sehr schnell durchführbaren polarographischen Mikroanalysen. Darüber hinaus erlaubt eine elektrische Messgröße in den meisten Fällen die Registrierung durch Analogschreiber oder eine automatische Steuerung von Reaktionen. Diesen erheblichen Vorteilen steht allerdings als Nachteil der oft teure apparative Aufwand gegenüber.

3.6.1 Allgemeine Grundlagen

Die im folgenden kurz beschriebenen Grundlagen beschränken sich nur auf das unbedingt Notwendige. Für ein eingehendes Studium muss daher auf die einschlägige Fachliteratur und die Lehrbücher der physikalischen Chemie verwiesen werden (s. S. 569).

3.6.1.1 Elektrochemische Einheiten

Das kleinste Elementarteilchen in diesem Zusammenhang ist das Elektron mit nur $1/1836$ der Masse eines Protons und einer negativen Elementarladung. Diese Elementarladung beträgt $1{,}6021917 \cdot 10^{-19}$ C (Coulomb). Daraus ergibt sich die molare Ladung der Elektronen, die sog. **Faraday-Konstante**, zu $F \approx 6{,}02 \cdot 10^{23}$ mol^{-1} $\times$ $1{,}602 \cdot 10^{-19}$ C $= 96485$ C $\cdot$ mol^{-1}.

Durch eine Anhäufung oder auch durch einen Mangel an Elektronen wird ein Körper elektrisch aufgeladen. Zwischen zwei Körpern mit unterschiedlicher Tendenz, Elektronen abzugeben, d. h. unterschiedlichem Potential, besteht eine

Potenzialdifferenz oder Spannung U, die in Volt gemessen wird. Verbindet man nun diese beiden Körper mit einem Elektronenleiter (Metalldraht) miteinander, so werden die Elektronen vom elektronenreicheren negativen zum elektronenärmeren, weniger negativen oder positiven Körper fließen. Die Stärke dieses Elektronenstromes, die **Stromstärke** I, wird in Ampere (A) angegeben. Der Stromstärke 1 A = 1 C/s entspricht ungefähr ein Fluss von $6,2 \cdot 10^{18}$ Elektronen pro Sekunde. Sie ist abhängig von der Potenzialdifferenz oder Spannung U und dem **elektrischen Widerstand** R, der dem Elektronenstrom entgegengesetzt wird. Der Widerstand wird in Ohm (Ω) gemessen. 1 Ω ist gleich dem elektrischen Widerstand zwischen zwei Punkten eines fadenförmigen homogenen Leiters, durch den infolge der Spannung 1 V zwischen beiden Punkten ein elektrischer Strom der Stärke 1 A fließt. (A ist Basiseinheit im Internationalen Einheitensystem.) Zwischen beiden Punkten wird dabei die **Leistung 1 Watt** (1 W) = 1 VA = $1 \, J \cdot s^{-1}$ umgesetzt. Bei zeitlich unveränderter Spannung und Stromstärke wird je Sekunde die Energie 1 J = 1 VAs = 1 Ws umgesetzt. Die mathematische Beziehung zwischen den drei Größen Stromstärke, Spannung und Widerstand ist das **Ohmsche Gesetz**:

$$I = \frac{U}{R}$$

Der reziproke Wert des Widerstandes R ist der **elektrische Leitwert** G mit der Einheit Siemens (S); 1 S = 1 Ω^{-1}.

Die Begriffe elektrischer Strom, Stromstärke, Elektronenfluss usw. erinnern an den Wasserstrom, den Fluss. Tatsächlich wurden die Begriffe der Elektrodynamik aus der Hydrodynamik entlehnt, so dass weitgehende Parallelen bestehen. So ist die Potenzialdifferenz oder Spannung mit dem Niveauunterschied zwischen zwei Wasserbehältern zu vergleichen. Verbindet man beide durch eine geeignete Leitung, strömt das Wasser aus dem höher gelegenen Behälter in den darunter liegenden. Die Stromstärke ist gegeben durch die in der Zeiteinheit ausströmende Wassermenge. Umgekehrt kann man selbstverständlich aus der Stromstärke und der Zeit die Wassermenge berechnen. Die Stromstärke ist abhängig vom Widerstand der Leitungen. So wird z. B. durch ein glattes Rohr mehr Wasser pro Zeiteinheit strömen als durch ein Rohr mit rauher Wandung. Außerdem wird sie um so größer sein, je größer das Gefälle ist. Die Arbeit, die z. B. in einem Wasserkraftwerk geleistet wird, ergibt sich aus der Fallhöhe und der Wassermenge pro Zeiteinheit, also der Stromstärke in den Leitungen.

In Elektrolyten (Leiter 2. Klasse) erfolgt der Stromtransport nicht durch Elektronen, sondern durch die wesentlich größeren und damit langsameren Ionen. In verdünnten Lösungen ist die Wanderung der Kationen und Anionen praktisch unabhängig voneinander (**Kohlrauschsches Gesetz** von der unabhängigen Wanderung der Ionen).

Ihre Wanderungsgeschwindigkeiten w^+ bzw. w^- in $cm \cdot s^{-1}$ errechnen sich nach:

$$w^+ = \frac{z^+ \cdot e \cdot E}{W} \text{ (Kationen)} \quad \text{bzw.} \quad w^- = \frac{z^- \cdot e \cdot E}{W} \text{ (Anionen)}$$

(z^+, z^- = Ladung der Ionen, e = Elementarladung, E = Feldstärke in $V \cdot cm^{-1}$, W = hydrodynamischer Widerstand.) Wird die Wanderungsgeschwindigkeit durch die Feldstärke dividiert, so erhält man die **Ionenbeweglichkeit**

Elektroanalytische Methoden

$$u^{\pm} = \frac{z^{\pm} \cdot e}{W} = \frac{w^{\pm}}{E} \text{ in } \left[\frac{\text{cm}}{\text{s}} \Big/ \frac{\text{V}}{\text{cm}}\right] = \left[\frac{\text{cm}^2}{\text{V} \cdot \text{s}}\right]$$

Die Ionenbeweglichkeiten liegen zwischen 2 und $7 \cdot 10^{-4}$ cm^2 · V^{-1} · s^{-1}.

Die Multiplikation der Ionenbeweglichkeiten mit der Faradaykonstanten F und Division durch $|z|$ ergibt die in den Nachschlagewerken tabellierten **Ionenäquivalentleitfähigkeiten** $\lambda^{\pm}$ bei unendlicher Verdünnung (vgl. S. 481).

$$\begin{aligned}\lambda^+ &= (u^+/z^+) \cdot F \\ \lambda^- &= (u^-/z^-) \cdot F\end{aligned} \text{ in } \left[\frac{\text{cm}^2 \cdot \text{A} \cdot \text{s}}{\text{V} \cdot \text{s} \cdot \text{mol}}\right] = \left[\frac{\text{cm}^2}{\Omega \cdot \text{mol}}\right]$$

In älterer Literatur wird die Ionenäquivalentleitfähigkeit oft fälschlich als Beweglichkeit bezeichnet. Neuere Tabellen enthalten molare Ionenleitfähigkeiten.

Beim Ladungstransport führt es auf dasselbe hinaus, ob positive Ladungen in der einen oder negative Ladungen in der entgegengesetzten Richtung wandern. Daher addieren sich beide Ladungstransporte zu der Gesamtleitfähigkeit (*Kohlrausch*sches Gesetz), der sogenannten **Äquivalentleitfähigkeit** (molaren Leitfähigkeit) Λ.

Für einen starken 1 : 1-Elektrolyten gilt bei unendlicher Verdünnung:

$$\Lambda = \lambda^+ + \lambda^-$$

Bei unvollständig dissoziierten Verbindungen muss der Dissoziationsgrad berücksichtigt werden. Es gilt dann:

$$\Lambda = (\lambda^+ + \lambda^-) \, \alpha$$

Bei einer beliebig konzentrierten Lösung interessiert die elektrische **Leitfähigkeit** κ. Sie hängt mit der Äquivalentleitfähigkeit für einen 1 : 1-Elektrolyten durch folgende Beziehung zusammen:

$$\kappa = \Lambda \cdot c$$

Der in der Praxis gemessene **Leitwert G** hängt außer von der Lösung vor allem vom Querschnitt q der Elektroden und ihrem Abstand l ab. Für einen elektrolytgefüllten quaderförmigen Trog mit den beiden Elektroden als Vorder- und Rückwand gilt:

$$G = \kappa \cdot \frac{q}{l} = \kappa \cdot K^{-1}$$

Um reproduzierbare Ergebnisse erhalten zu können, darf die Zellenkonstante K nicht verändert werden. Deshalb sind auch in den Leitfähigkeitszellen die Elektroden meist so angeordnet, dass man sie nicht durch versehentliche Berührung verbiegen oder verschieben kann. Die Konstante wird meist mit Eichlösungen genau bekannter spezifischer Leitfähigkeit bestimmt. Die Kenntnis der Konstanten ist jedoch nur für Absolutmessungen, z.B. Ionenbeweglichkeiten, nicht aber für konduktometrische Titrationen notwendig.

Zusammenstellung der Größen, Einheiten und Konstanten

elektr. Ladung Q:	1 Coulomb (1 C) = 1 A · 1 s
Faraday-Konstante:	$F = 96\,485$ Coulomb · mol^{-1} bzw. C · mol^{-1}
Elektronenladung:	$e = F/N_A = 96\,485$ C · mol$^{-1}/6{,}02 \cdot 10^{-23}$ mol^{-1}
	$= 1{,}602 \cdot 10^{-19}$ C
elektr. Stromstärke I:	1 A = 1 C/s = 1 V/1 Ω
elektr. Widerstand R:	1 Ω = 1 V/1 A
elektr. Leitwert G:	1 Siemens (1 S) = 1/Ω
elektr. Spannung U:	1 V = 1 A · 1 Ω = 1 C/s · 1 Ω
Leistung P:	1 W = 1 A · 1 V = 1 C/s · 1 V
Arbeit, Energie W:	1 Joule (1 J) = 1 C · 1 V = 1 A · 1 s · 1 V
Ionenäquivalentleitfähigkeit:	$\lambda^\pm = F \cdot u^\pm$ in $\left[\dfrac{\text{cm}^2 \cdot \text{A} \cdot \text{s}}{\text{V} \cdot \text{s} \cdot \text{mol}}\right] = \left[\dfrac{\text{cm}^2}{\Omega \cdot \text{mol}}\right]$
Ionenbeweglichkeit:	u in [(cm/s)/(V/cm)]
Äquivalentleitfähigkeit:	$\Lambda = \lambda^- + \lambda^-$ (starke Elektrolyte)
für 1 : 1-Elektrolyte:	$\Lambda = (\lambda^+ + \lambda^-)\,\alpha$ (schwache Elektrolyte)
Elektrische Leitfähigkeit:	
für 1 : 1-Elektrolyte:	$\kappa = \Lambda \cdot c$ in 1/(Ω · cm)

3.6.1.2 Potenzialbildung und Nernstsches Gesetz

Durch Elektronenüberschuss oder -unterschuss eines Körpers gegenüber seiner Umgebung treten Potentiale auf. Taucht man z. B. ein Metall in eine Lösung eines Salzes, so entsteht an der Phasengrenzfläche ein elektrisches Potential, dessen Größe neben der Temperatur vor allem von der Art des Metalls und der Konzentration (oder genauer der Aktivität) der Lösung anhängt.

Nach *Nernst* besteht einerseits Lösungstendenz (Lösungsdruck) des Metalls (Bildung von Kationen), andererseits ein Abscheidungsbestreben der Kationen (Reduktion zum elementaren Metall). Der elektrolytische Lösungsdruck ist bei gegebener Temperatur für ein bestimmtes Metall eine charakteristische Konstante, das Abscheidungsbestreben dagegen ist eine Funktion des osmotischen Druckes und damit der Konzentration bzw. der Aktivität der Lösung. Zwischen beiden Kräften stellt sich ein Gleichgewicht ein. Ist das Abscheidungsbestreben größer (wie z. B. bei Cu), scheiden sich einige Ionen auf dem Metall ab und laden es positiv gegenüber der Lösung auf. Die zurückbleibende äquivalente Menge Anionen umgibt die Elektrode und bildet mit ihr eine **Helmholtzsche Doppelschicht** (Abb. 3.24 a).

Ist dagegen der Lösungsdruck größer (wie z. B. bei Zn), so geht etwas Metall in Lösung, die zurückbleibenden Elektronen laden das Metall negativ gegenüber der Lösung auf, und die Zn^{2+}-Ionen bilden dann die positive Seite der Doppelschicht (Abb. 3.24 b). Eine solche Kombination aus Metall und Lösung bezeichnet man als **galvanisches Halbelement**. Die potentialbildenden Vorgänge lassen sich durch die folgenden Gleichungen beschreiben (s. S. 35 ff.):

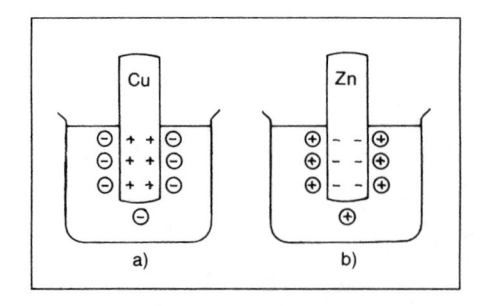

Abb. 3.24: Potenzialbildung an edlen und unedlen Metallen

$$Cu \rightleftharpoons Cu^{2+} + 2\,e^- \quad bzw. \quad Zn \rightleftharpoons Zn^{2+} + 2\,e^-$$

Das Material der Elektrode nimmt in diesen Fällen an der Reaktion teil.

An die Stelle der Metalle können auch Gase treten. Als „Träger" oder Ableitungselektroden dienen dann unangreifbare, indifferente Metallelektroden, z. B. platiniertes Platin, die von dem betreffenden Gas umspült werden. Das Bestreben der Gasmoleküle, in Ionen überzugehen, ist hier allerdings nicht mehr eine Materialkonstante, sondern abhängig von der Konzentration c des gelösten Gases, die wiederum nach dem **Henry-Daltonschen Gesetz** vom Partialdruck p des Elektrodengases abhängig ist (k = Konstante):

$$c = k \cdot p$$

Ein Beispiel für derartige Gaselektroden ist die **Wasserstoffelektrode**, ein Pt-Blech, das in eine H^+-Ionen enthaltende Lösung taucht und von H_2 umspült wird. Der potentialbildende Vorgang ist:

$$\tfrac{1}{2} H_2 \rightleftharpoons H^+ + e^-$$

Die Beispiele zeigen, dass diese Vorgänge mit Elektronenaustausch verbundene Redoxreaktionen sind. Auch Redoxsysteme, an denen nur Ionen beteiligt sind, bilden Potentiale. Zur Messung dienen hier meist blanke Platinbleche, an denen der Elektronenaustausch zwischen den Ionen teilweise erfolgt und die dadurch entsprechend aufgeladen werden. Als Beispiel für potentialbildende Vorgänge seien genannt:

$$Fe^{2+} \rightleftharpoons Fe^{3+} + e^-$$
$$Mn^{2+} + 4\,H_2O \rightleftharpoons MnO_4^- + 8\,H^+ + 5\,e^-$$

Im Gegensatz zu den Metallelektroden, die sowohl als Medium für den Elektronenaustausch dienen als auch gleichzeitig Reaktionsteilnehmer sind, also spezifische chemische Eigenschaften haben müssen, bilden in den letztgenannten Fällen die Platinelektroden lediglich das Medium für den Elektronenaustausch.

Die **Konzentrationsabhängigkeit des Potentials** wird durch die **Nernstsche Gleichung** (s. S. 36) beschrieben; die je nach der Art der Elektrode verschiedene Formen hat.

Allgemeine Grundlagen 459

Für ein Metall, das in seine Salzlösung eintaucht, z. B. Cu in CuSO$_4$-Lösung, beträgt das Potential E:

$$E = E^0 + \frac{RT}{zF}\ln c = E^0 + \frac{RT}{2F}\ln c(\text{Cu}^{2+})$$

in der Gleichung bedeuten R = molare Gaskonstante (8,31 J · mol^{-1} · K^{-1}), T = Kelvin-Temperatur, z = Anzahl der ausgetauschten Elektronen, F = Faraday-Konstante (96 485 C · mol^{-1}), E^0 = Standardpotenzial, c = Konzentration in mol · l^{-1}.

Für die Wasserstoff-Elektrode gilt (p_{H_2} = H$_2$-Druck relativ zu $p^0_{\text{H}_2}$):

$$E = E^0 + \frac{RT}{F}\ln \frac{c(\text{H}^+)}{p(\text{H}_2)}$$

Für das System Mn^{2+}/MnO$_4^-$ ergibt sich:

$$E = E^0 + \frac{RT}{5F}\ln \frac{c(\text{MnO}_4^-) \cdot c^8(\text{H}^+)}{c(\text{Mn}^{2+})}$$

Zur Vereinfachung rechnet man den natürlichen Logarithmus in den dekadischen um, setzt für R, T und F die entsprechenden Zahlenwerte ein und erhält dann z. B.

$$E = E^0 + \frac{0,059\ \text{Volt}}{z}\lg c \quad (25\,°\text{C})$$

Das absolute Potential E einer Elektrode gegenüber der Lösung ist außerordentlich schwierig und nur wenig genau zu bestimmen. Man misst daher meist relative Werte, die sich auf eine willkürlich gewählte Elektrode beziehen. Als solche dient die **Standardwasserstoffelektrode**, ein Pt-Blech, das in eine Säure mit $a(\text{H}^+) = 1$ mol/l eintaucht und von H$_2$ unter 1,01325 bar umspült wird. Deren Potential E und damit auch deren Standardpotenzial E^0 werden definitionsgemäß gleich Null gesetzt.

Schaltet man zwei gleichartige Halbelemente verschiedener Konzentration, die durch einen Flüssigkeitsheber verbunden sind, gegeneinander, so misst man ebenfalls ein Potential, nämlich das **Potential einer Konzentrationskette**, das durch die folgende Gleichung beschrieben wird:

$$E = \frac{RT}{zF}\ln \frac{c_1}{c_2} = \frac{0,059\ \text{Volt}}{z}\lg \frac{c_1}{c_2} \quad (25\,°\text{C})$$

Taucht z. B. eine Silberelektrode in 1 mol/l AgNO$_3$, eine zweite aber in 0,1 mol/l AgNO$_3$, so misst man, wenn beide Lösungen durch einen Flüssigkeitsheber verbunden sind, eine Spannung von 59 mV.

3.6.2 Potentiometrie

Die potentiometrische Titration ist eine maßanalytische Methode, bei der der Potenzialverlauf in Abhängigkeit vom Reagenzzusatz aufgenommen wird. Der Äquivalenzpunkt zeichnet sich bei dieser Methode durch eine sprunghafte Änderung des Potentials aus. Der gesamte Kurvenverlauf entspricht in der Regel dem einer Neutralisationskurve (vgl. Abb. 3.5, S. 388).

Der Vorteil der potentiometrischen Bestimmung gegenüber Titrationen mit Indikatoren liegt darin, dass auch in trüben oder farbigen Lösungen gearbeitet werden kann. Darüber hinaus können Reaktionen maßanalytisch ausgewertet werden, für die kein geeigneter Indikator bekannt ist.

3.6.2.1 Indikator- und Bezugselektroden

In der Praxis vergleicht man das unbekannte, zu messende Potential der Indikatorelektrode mit einem bekannten, konstanten Potential der **Bezugselektrode**. Als Bezugselektrode dienen im allgemeinen die **Kalomelelektrode**, die aus Hg, Hg_2Cl_2 und gesättigter KCl-Lösung besteht, oder die Ag/AgCl-Elektrode (Abb. 3.25).

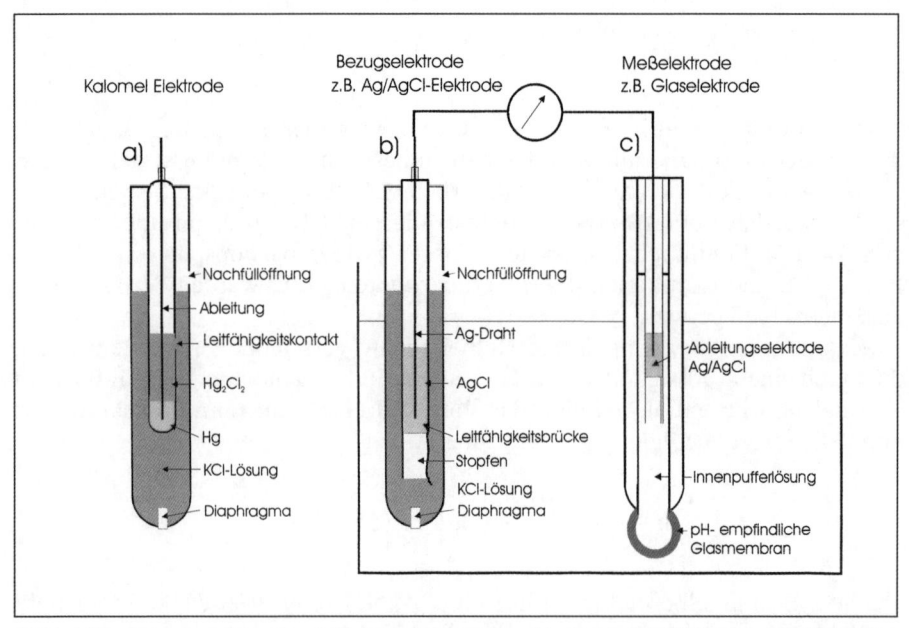

Abb. 3.25: Bezugselektrode a) Kalomelelektrode, b) Ag/AgCl-Elektrode und c) Glaselektrode

Der potentialbildende Vorgang der Bezugselektrode ist die Relation $2\,\text{Hg} \rightleftharpoons \text{Hg}_2^{2+} + 2\,\text{e}^-$. Das Potential wird beschrieben durch

$$E = E^0 + \frac{RT}{2F}\ln c(\text{Hg}_2^{2+})$$

Die Hg_2^{2+}–Ionenkonzentration steht jedoch mit dem Löslichkeitsprodukt in Beziehung:

$$K_L = c(\text{Hg}_2^{2+}) \cdot c^2(\text{Cl}^-)$$

So wird das Potential indirekt durch die Cl^--Ionenkonzentration bestimmt, die aufgrund der gesättigten Lösung konstant ist:

$$E = E^0 + \frac{RT}{2F}\ln\frac{K_L}{c^2(\text{Cl}^-)} = E^0 + \frac{RT}{F}\ln\frac{\sqrt{K_L}}{c(\text{Cl}^-)}$$

Als **Mess- oder Indikatorelektrode** muss eine Elektrode benutzt werden, die auf das zu bestimmende Ion anspricht, d. h. entweder selbst Partner der potentialbildenden Redoxreaktion ist (z. B. Ag-Elektroden für argentometrische Bestimmungen) oder aber als Ableitungselektrode für den Elektronenaustausch der gelösten Redoxpartner dienen kann (z. B. blanke Pt-Elektroden für Systeme wie $\text{Fe}^{2+}/\text{Fe}^{3+}$, $\text{Mn}^{2+}/\text{MnO}_4^-$, $\text{Cr}^{3+}/\text{CrO}_4^{2-}$,, Chinhydron, platinierte Pt-Elektroden für Gaselektroden wie H_2/H^+ usw.). Für acidimetrische Bestimmungen werden als Indikatorelektroden vor allem die Glas-, die Chinhydron- und die Wasserstoffelektrode eingesetzt.

Die **Glaselektrode** (Abb. 3.25) besteht aus einem Glasschaft, an den eine dünne Membran in Kölbchen- oder Kugelform angeschmolzen ist. Sie ist gefüllt mit einer Innenlösung (z. B. Acetatpuffer, pH = 4,6), in die eine Ableitungselektrode, z. B. eine Ag/AgCl-Elektrode eintaucht. Vor dem ersten Gebrauch muss die Glaselektrode gewässert werden, damit das Glas an der Außen- und Innenseite der Membran zu einer dünnen Gelschicht aufquellen kann, die als Kieselsäure-Silicat-Puffer wirkt und so einen annähernd konstanten, von dem pH-Wert der angrenzenden Lösung unabhängigen pH-Wert besitzt. Austrocknen macht die Glaselektrode unbrauchbar.

An den Grenzflächen zwischen den Lösungen und den Gelschichten bilden sich Potentiale aus, deren Größe von dem Verhältnis der H^+-Ionenkonzentration in der Lösung und der in der angrenzenden Gelschicht nach der *Nernst*schen Gleichung abhängt:

$$E = \frac{RT}{F}\ln\frac{c_1}{c_2}$$

Berücksichtigt man die Potentiale der Vergleichs- und der Ableitungselektrode, so ergibt sich der in Abb. 3.26 schematisch aufgezeichnete Potenzialverlauf.

Die Größe der Potenzialsprünge A und A' an der Vergleichs- und an der Ableitungselektrode sind für eine bestimmte Elektrode stets konstant, da ihr Potential nicht von der H^+-Ionenkonzentration beeinflusst wird. Auch das Potential C zwischen der inneren Gelschicht und der Pufferlösung ändert sich nicht. Lediglich das Potential B an der Grenzfläche zwischen der Analysenlösung und der äußeren Gelschicht ist variabel und wird beschrieben durch die Gleichung:

$$E = \frac{RT}{F}\ln\frac{c(\text{H}^+;\ \text{Lsg.})}{c(\text{H}^+;\ \text{Gel})} = 0,059\ \text{Volt} \cdot \lg\frac{c(\text{H}^+;\ \text{Lsg.})}{c(\text{H}^+;\ \text{Gel})}$$

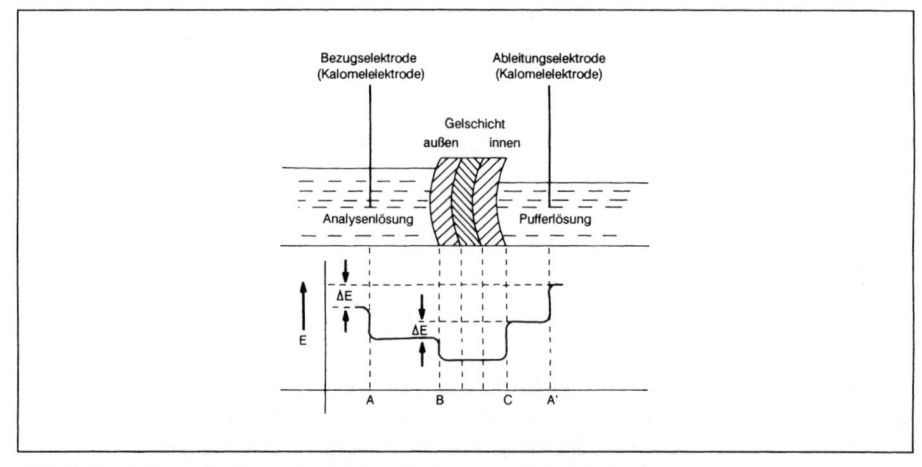

Abb. 3.26: Schematischer Potenzialverlauf an der Glaselektrode

$c(H^+; Gel)$ ist aber wegen der Pufferwirkung des Kieselsäure-Silicat-Puffers ebenfalls von der H^+-Ionenkonzentration der Analysenlösung praktisch unabhängig, so dass der Potenzialsprung B nur von $c(H^+; Lsg.)$ abhängig ist:

$$E = E' + 0{,}059 \text{ Volt} \cdot \lg c(H^+; Lsg.)$$

Wie nun die graphische Darstellung zeigt, ist die an den beiden Elektroden gemessene Potenzialdifferenz ΔE nur vom Potenzialsprung B und damit ausschließlich, von gewissen Fehlern (Säurefehler, Asymmetriepotential usw.) abgesehen, von der H^+-Ionenkonzentration der Lösung abhängig. Das Potential verschiebt sich bei einer Änderung der Konzentration um eine Zehnerpotenz (eine pH-Einheit) um 59 mV.

Für pH-Messungen wird die Elektrode mit Pufferlösungen genau bekannten pH-Wertes geeicht. Die Kenntnis der Größe der einzelnen Potenzialsprünge ist dann nicht erforderlich. Für potentiometrische Titrationen, bei denen aus dem Kurvenverlauf der Titrationsendpunkt ermittelt wird, kann auf die Eichung verzichtet werden; es genügen Relativmessungen.

Die im Handel erhältlichen Glaselektroden enthalten als Innenlösung 0,01 mol/l HCl, in die als Ableitungselektrode ein Silberdraht (Ag/AgCl-Elektrode) eintaucht. Die normalen Ausführungen der Glaselektrode arbeiten im allgemeinen ohne größere Fehler im pH-Bereich von 1–9, die sog. Hochalkalielektroden aus Spezialgläsern zwischen pH = 4 und 14. Auch für erhöhte Temperaturen (bis ca. 100 °C) stehen Spezialausführungen zur Verfügung.

Die **Chinhydronelektrode** besteht aus einem blanken Pt-Blech, das in die mit Chinhydron (1 : 1-Additionsverbindung von Chinon, $C_6H_4O_2$, und Hydrochinon, $C_6H_4(OH)_2$) gesättigte Analysenlösung eintaucht.

Der potentialbildende Vorgang kann vereinfacht beschrieben werden durch:

$$\tfrac{1}{2} C_6H_4(OH)_2 \rightleftharpoons \tfrac{1}{2} C_6H_4O_2 + H^+ + e^-$$

Die *Nernst*sche Gleichung lautet hierfür:

$$E = E^0 + \frac{RT}{F} \ln \frac{c^{1/2}(C_6H_4O_2) \cdot c(H^+)}{c^{1/2}(C_6H_4(OH)_2)}$$

Da das Verhältnis von Chinon zu Hydrochinon gleich 1 ist, ist auch diese Elektrode nur von der H^+-Ionenkonzentration der Lösung abhängig. Sie ist jedoch oberhalb pH = 7,5 wegen Zersetzung des Chinhydrons nicht mehr verwendbar.

Die **Wasserstoffelektrode** wurde bereits beschrieben (S. 459). Sie wird wegen ihrer Unhandlichkeit nur selten angewendet, an Genauigkeit aber von keiner anderen Elektrode übertroffen.

Die **Silberelektrode** besteht aus einem Ag-Blech oder -Draht, der in die Analysenlösung eintaucht. Sie wird zur Bestimmung von Ag^+-Ionen, Halogeniden und Pseudohalogeniden benutzt.

Der potentialbildende Vorgang ist

$$Ag \rightleftharpoons Ag^+ + e^-$$

Taucht die Elektrode in eine Ag^+-Ionenlösung, so liegt eine Elektrode 1. Art vor, taucht sie dagegen in eine Halogenid- oder Pseudohalogenidionenlösung ein, kann sie als sog. Elektrode 2. Art aufgefasst werden. In der *Nernst*schen Gleichung wird dann $c(Ag^+)$ durch $K_L/c(Hal^-)$ ersetzt (s. S. 461).

3.6.2.2 Messanordnungen

Die Potenzialdifferenz oder Spannung zwischen Indikator- und Bezugselektrode $\Delta E = E_x - E_{Bezug}$ ist wegen der Konstanz von E_{Bezug} nur abhängig von E_x. Die Messung dieser Spannung muss grundsätzlich stromlos erfolgen, da durch einen Stromfluss eine Elektrolyse auftreten würde, die die Potentiale der Elektroden verändert. Außerdem ist die gemessene Klemmenspannung nicht identisch mit der Gleichgewichtsspannung. Sie ist vielmehr von dem inneren Widerstand der Messzelle und dem äußeren Widerstand, vor allem dem des Messinstrumentes, abhängig. Eine stromlose Messung erreicht man mit der **Poggendorfschen Kompensationsschaltung** (Abb. 3.27), bei der eine veränderliche Spannung ΔE an dem an einer Gleichstromquelle (Akkumulator) liegenden Widerstand AB abgegriffen und dem unbekannten Element entgegengeschaltet wird.

Wenn das Galvanometer G Stromlosigkeit anzeigt, gilt

$$E_x = E \cdot \frac{a}{a+b}$$

An Stelle der Kompensationsschaltung können direkt anzeigende Millivoltmeter benutzt werden, wenn sie einen sehr hohen Eingangswiderstand ($\approx 10^{12}\ \Omega$) besitzen und dadurch ebenfalls eine stromlose Messung erlauben. Diesen Anforderungen entsprechen Transistorvoltmeter. Für Messungen mit der Glaselektrode sind sie unbedingt erforderlich.

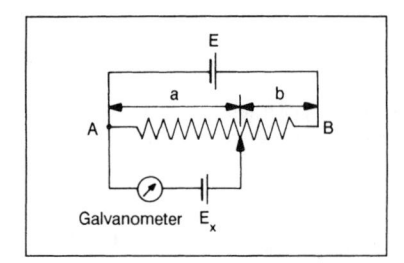

Abb. 3.27: *Poggendorf*sche Schaltung

3.6.2.3 Titrationen mit potentiometrischer Endpunktsanzeige

Versuchsanordnung: Zur **alkalimetrischen** Titration von Säuren mit der Glaselektrode ist wegen des hohen Membranwiderstandes ein Messinstrument mit elektronischer Verstärkung notwendig. Zu dessen Bedienung muss die Gebrauchsanweisung des Gerätes beachtet werden. Als Vergleichselektrode dient eine Ag/AgCl-Elektrode, als Indikatorelektrode eine Glaselektrode. Beide Elektroden werden an das Messgerät angeschlossen und zusammen mit einem Rührer in die Analysenlösung eingetaucht. Dabei muss die Membran der Glaselektrode vollständig mit Flüssigkeit bedeckt sein. Ist die Elektrodenkombination auf das Gerät geeicht, kann man jetzt den pH-Wert der Lösung direkt ablesen. Für die Titration ist aber eine Eichung nicht notwendig, da der Kurvenverlauf ausgewertet werden soll. In solchen Fällen liest man Millivolt ab. Solche Bestimmungen werden heute mit kombinierten Elektroden ausgeführt, in denen die Bezugselektrode und die Messelektrode in einer Messzelle untergebracht sind.

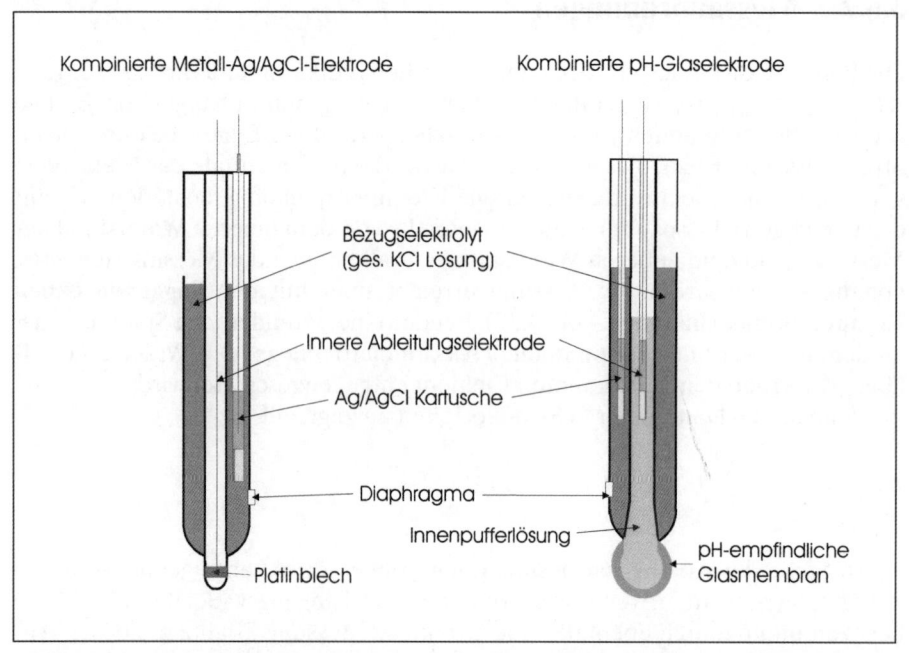

Abb. 3.28: Messstäbe für eine kombinierte Metall-Ag/AgCl-Elektrode und für eine kombinierte Glas-Ag/AgCl-Elektrode

Potentiometrie

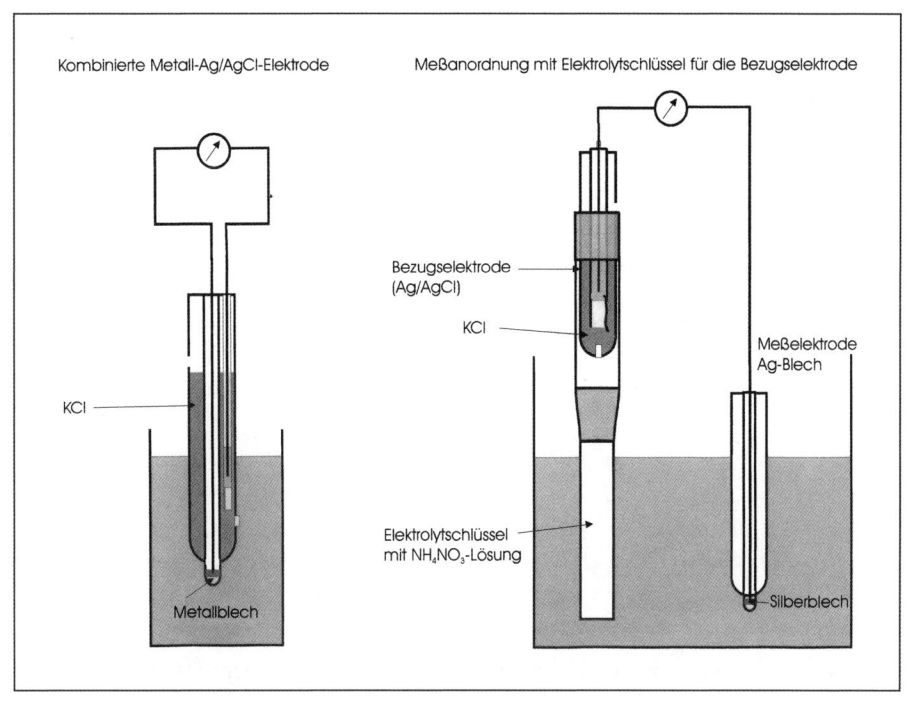

Abb. 3.29: Titrationsanordnung für argentometrische Titrationen

Zur **argentometrischen** Titration von Halogenidionen dient als Indikatorelektrode ein Silberblech von ca. 0,5 cm^2 und als Bezugselektrode eine Ag/AgCl-Elektrode. Diese darf jedoch nicht direkt in die Analysenlösung eintauchen, da sonst KCl-Lösung eindiffundieren und das Analysenergebnis verfälschen kann. Vielmehr lässt man sie in ein Gefäß mit gesättigter NH_4NO_3-Lösung eintauchen und verbindet dieses mit der Analysenlösung durch einen Elektrolytheber, der ebenfalls mit gesättigter NH_4NO_3-Lösung gefüllt ist. Die käuflichen Heber sind meist an den beiden Enden mit kleinen Glasfritten verschlossen, um ein Auslaufen zu verhindern. Fertigt man sie selbst aus einem Glasröhrchen an, so verschließt man sie am besten mit Filtrierpapierstopfen. An Stelle des zweiten Gefäßes benutzt man häufig auch nur ein mit gesättigter NH_4NO_3-Lösung gefülltes Zwischengefäß (Abb. 3.29).

Für alle **Redoxtitrationen** dient als Indikatorelektrode ein blankes Platinblech und als Bezugselektrode eine Ag/AgCl-Elektrode. Als Messinstrument kann ein handelsübliches elektronisch verstärkendes Millivoltmeter oder ein einfaches Galvanometer in Verbindung mit der Kompensationsschaltung dienen.

Ausführung und Auswertung: Die Titration erfolgt derart, dass man unter ständigem Rühren anfangs jeweils immer 0,1 ml der Maßlösung aus einer Mikrobürette zusetzt und den entsprechenden Messwert abliest. In der Nähe des Äquivalenzpunktes, der in einer groben Titration bestimmt werden kann, werden jeweils genau 0,01 ml Lösung zugesetzt. In einem Diagramm werden dann die abgelesenen Messwerte (mV bzw. pH) gegen die verbrauchten ml Maßlösung aufgetragen. Der Wendepunkt der Titrationskurve entspricht dem Äquivalenzpunkt. Die bei der Bestimmung der H_3PO_4 auftretenden zwei Potenzialsprünge zeigen die erste und zweite Stufe der H_3PO_4 an.

Zur genaueren Bestimmung des Wendepunktes werden die Änderungen des Messwertes (ΔpH bzw. ΔmV) zwischen zwei aufeinanderfolgenden Messungen gegen $(V_1 + V_2)/2$

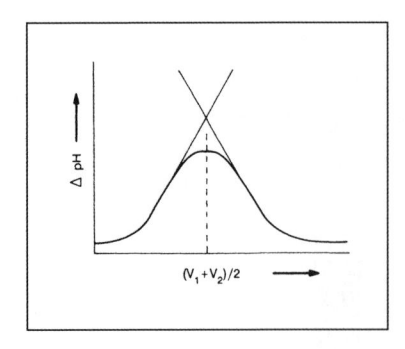

Abb. 3.30: Ermittlung des Wendepunktes einer Titrationskurve

Beispiel:									
pH-Wert	5,0	5,1	5,2	5,4	5,8	6,8	7,2	7,4	7,5
ΔpH-Wert		0,1	0,1	0,2	0,4	1,0	0,4	0,2	0,1
V	1,00	1,01	1,02	1,03	1,04	1,05	1,06	1,07	1,08
$(V_1 + V_2)/2$		1,005	1,015	1,025	1,035	1,045	1,055	1,065	1,075

aufgetragen (V_1 und V_2 = zwei aufeinanderfolgende Volumenablesungen an der Bürette mit Maßlösung; Differenzenmethode; Abb. 3.30).

Diese Kurve ist, mathematisch gesehen, die erste Ableitung der Titrationskurve und besitzt am Äquivalenzpunkt ein Maximum. Durch Extrapolation der beiden ansteigenden Kurvenäste erhält man einen Schnittpunkt, der dem Äquivalenzpunkt entspricht.

3.6.3 Elektrogravimetrie

Die Elektrogravimetrie dient vor allem zur Bestimmung von Kationen, die durch den elektrischen Strom entweder kathodisch zum Metall reduziert oder anodisch zu einem schwerlöslichen Oxid oxidiert werden. Besonders gut lassen sich die Edelmetalle, sowie Cu, Ni und Co im elementaren Zustand abscheiden, aber auch Zn und Cd werden gelegentlich elektrolytisch bestimmt. Pb und Mn werden dagegen als Dioxide niedergeschlagen. Vorteilhaft wirkt sich bei dieser Methode aus, dass die Analysenlösung nicht durch Reagenzzusätze verunreinigt wird und daher nach der Abscheidung einer Komponente ohne Zwischenoperationen weiter verarbeitet werden kann.

Darüber hinaus sind während der Elektrolyse meist nur kurze Kontrollen der Versuchsbedingungen notwendig, so dass bequem mehrere Analysen nebeneinander durchgeführt werden können. Der Zeitbedarf für eine Elektrolyse beträgt bei vielen Bestimmungen eine halbe Stunde oder weniger (z. B. Kupfer aus schwefelsaurer Lösung, Nickel), kann allerdings in einzelnen Fällen auch bei 3–4 Stunden liegen (Kupfer aus salpetersaurer Lösung).

3.6.3.1 Theoretische Grundlagen

Legt man an zwei in einen Elektrolyten eintauchende, gleichartige Elektroden eine langsam steigende Gleichspannung an, so können je nach den Bedingungen recht unterschiedliche Effekte auftreten. Bei der Elektrolyse einer Kupfersulfatlösung, bei der blanke Kupferbleche als Elektroden dienen, ergibt sich, dass die Stromstärke von der äußeren angelegten Spannung in gewissen Grenzen annähernd geradlinig abhängig, wie die Kurve a der Abb. 3.31 zeigt. An der Anode geht das Kupfer als Kupfersulfat in Lösung, an der Kathode wird dieselbe Menge Kupfer aus der Kupfersulfatlösung abgeschieden. Die Gesamtmenge an gelöstem Kupfersulfat ändert sich also nicht. Die Stromstärke-Spannungs-Kurve steigt von Anfang an geradlinig an. Derartige angreifbare Elektroden bezeichnet man als unpolarisierbar.

Benutzt man dagegen unangreifbare Elektroden (z. B. Platinelektroden) bei der Elektrolyse der Kupfersulfatlösung, so fließt bei kleinen Spannungen fast kein Strom. Erst oberhalb eines gewissen Wertes wird der Elektrolyt unter Abscheidung von Cu an der Kathode und O_2 an der Anode zersetzt. Diese Spannung wird als **Zersetzungsspannung** bezeichnet. Steigert man die Spannung weiter, so erhält man eine Stromstärke-Spannungs-Kurve von der in Abb. 3.31, Kurve b gezeigten Gestalt. Schaltet man nach einigen Minuten die Stromquelle ab, so zeigt ein angelegtes Voltmeter eine Spannung an, die erst allmählich zusammenbricht. Zum Verständnis dieser Erscheinung seien die Vorgänge an den beiden Elektroden betrachtet.

Taucht man eine Kupferelektrode in eine $CuSO_4$-Lösung ein, bildet sich ein Potential aus (vgl. S. 458). Eine zweite Kupferelektrode, die in die gleiche Lösung eintaucht, nimmt selbstverständlich das gleiche Potential an. Zwischen beiden Elektroden besteht also keine Potenzialdifferenz (Abb. 3.32a). Legt man nun eine sehr kleine äußere Spannung an, dann wird das Gleichgewicht zwischen Lösungsdruck und osmotischem Druck verschoben, an der Anode geht Kupfer in Lösung und an der Kathode scheiden sich äquivalente Mengen Kupferionen ab. Je größer die angelegte Spannung ist, um so schneller läuft dieser Vorgang ab, um so größer wird also die Stromstärke. Es resultiert die Kurve a (Abb. 3.31). Taucht

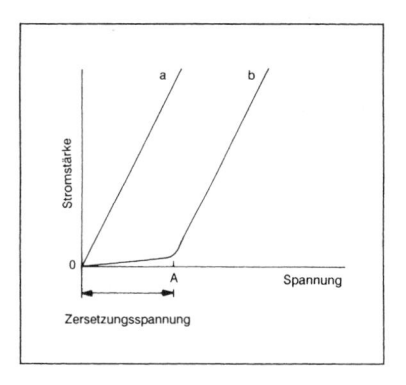

Abb. 3.31: Stromstärke-Spannungs-Kurven

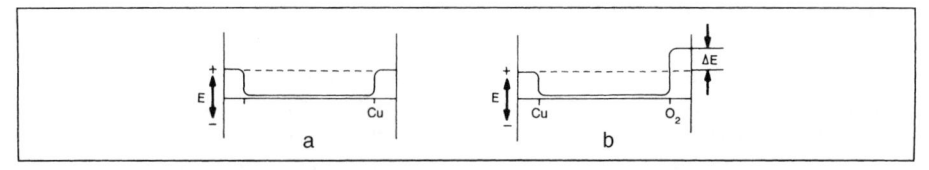

Abb. 3.32: Potenzialverlauf bei unpolarisierten (a) und polarisierten (b) Elektroden

man dagegen zwei Platinelektroden in die gleiche $CuSO_4$-Lösung, wird man anfangs zwar ebenfalls keine Potenzialdifferenz zwischen beiden Elektroden feststellen. Legt man jedoch eine kleine äußere Spannung an, so scheidet sich an der Kathode ganz wenig Kupfer, an der Anode etwas Sauerstoff ab. Damit haben sich die Elektroden unterschiedlich verändert: aus der Kathode ist eine Kupferelektrode, aus der Anode eine Sauerstoffelektrode geworden, die nun unterschiedliche Potentiale haben (Abb. 3.32b).

Man misst also eine Spannung ΔE, die sog. **Polarisationsspannung**, die der angelegten entgegengerichtet ist und eine weitere Elektrolyse verhindert. Ein merklicher Strom kann erst dann fließen, wenn die äußere angelegte Spannung etwas größer wird als die maximale Polarisationsspannung, die gleich der Zersetzungsspannung ist. Die Entstehung der Gegenspannung bezeichnet man meist als chemische Polarisation. Unter **polarisierbaren Elektroden** versteht man Elektroden, die beim Stromdurchgang ihr Potential ändern.

Elektrolysiert man eine $CuSO_4$-Lösung einige Zeit, so verarmt sie allmählich an Kupfer. Nach dem *Nernst*schen Gesetz wird also das Potential der Kupferkathode negativer, ΔE demnach größer. Das bedeutet, dass eine größere Spannung zur Abscheidung der letzten wägbaren Kupfermengen notwendig ist. Die Zersetzungsspannung ist also keine Konstante, sondern von der Konzentration abhängig. Die vollständige Abscheidung des Metalls erfolgt in einem gewissen Spannungsbereich, der sog. Fällungszone. Besonders bei höheren Stromstärken bilden sich in der unmittelbaren Umgebung der Elektroden, bedingt durch die schnelle Abscheidung der Elektrolyseprodukte, Konzentrationsgefälle gegenüber der Lösung aus. Sie bewirken die sog. **Konzentrationspolarisation**.

Benutzt man an Stelle des Sulfates $CuCl_2$, scheidet sich an der Platinelektrode Chlor ab und erteilt ihr damit das Potential einer Chlorelektrode. Damit unterscheidet sich die Polarisations- und die Zersetzungsspannung von der im vorigen

Tab. 3.24: Zersetzungsspannung in Elektrolytlösungen bei Zimmertemperatur

0,5 mol/l $ZnSO_4$:	2,35 Volt	13 mol/l H_3PO_4:	1,70 Volt
0,5 mol/l $ZnBr_2$:	1,80 Volt	0,5 mol/l H_2SO_4:	1,67 Volt
0,5 mol/l $NiSO_4$:	2,04 Volt	1 mol/l HCl:	1,31 Volt
0,5 mol/l $NiCl_2$:	1,85 Volt	1 mol/l HBr:	0,94 Volt
0,5 mol/l $CdSO_4$:	2,03 Volt		
0,5 mol/l $Cd(NO_3)_2$:	1,98 Volt	1 mol/l $NH_3 \cdot H_2O$:	1,74 Volt
0,5 mol/l $CdCl_2$:	1,88 Volt	1 mol/l NaOH:	1,69 Volt
		1 mol/l KOH:	1,67 Volt

Tab. 3.25: Überspannung von Wasserstoff an verschiedenen Metallen

Pt (platiniert)	0,00 Volt	Cu	0,23 Volt	Zn	0,70 Volt
Ag	0,15 Volt	Pb	0,64 Volt	Hg	0,78 Volt
Ni	0,21 Volt				

Beispiel genannten. Zur Kennzeichnung dieses Sachverhaltes sind in Tab. 3.24 für einige Lösungen die Zersetzungsspannungen angegeben.

Neben diesen theoretisch berechenbaren, sog. reversiblen Polarisationserscheinungen gibt es noch eine Reihe irreversibler, von denen die **Überspannung des Wasserstoffs** die wichtigste ist. Die elektrolytische Abscheidung des Wasserstoffs erfolgt lediglich an platinierten Platinelektroden in Übereinstimmung mit dem nach der *Nernst*schen Gleichung berechneten theoretischen Wert. In der Praxis zeigt sich aber, dass an fast allen anderen Metallelektroden hierzu negativere Potentiale erforderlich sind, dass also die Entladung der H^+-Ionen gehemmt ist. Die Differenz zwischen dem an Platin gemessenen Gleichgewichtspotential des Wasserstoffs und dem zur Einleitung der elektrolytischen Wasserstoffentwicklung an einer Metallkathode notwendigen Potential bezeichnet man als Überspannung des Wasserstoffs. Ihr Betrag ist vom Elektrodenmaterial (vgl. Tab. 3.25), von der Stromdichte, der Temperatur, der Beschaffenheit der Oberfläche, usw. abhängig.

Sie hat zur Folge, dass bei der Elektrolyse in manchen Fällen an Stelle einer nach der Spannungsreihe zu erwartenden H_2-Entwicklung ein anderer elektrochemischer Prozess vor sich geht. Dieses Verhalten des Wasserstoffs ist für die Durchführung elektrogravimetrischer Bestimmungen von Wichtigkeit, da es hierdurch möglich ist, solche Metalle, die nach ihrer Stellung in der Spannungsreihe unedler sind als der Wasserstoff, trotzdem aus saurer Lösung zur Abscheidung zu bringen.

Ähnliche Polarisationserscheinungen können auch bei der Abscheidung von Metallen auftreten, sind aber meist so gering, dass sie vernachlässigt werden können.

Betrachtet man die Elektrolyseanordnung als geschlossenen Stromkreis, so stellt die Lösung zwischen den Elektroden einen *Ohm*schen Widerstand dar, zu dessen Überwindung ebenfalls ein bestimmter Spannungsbetrag notwendig ist. Die in Abb. 3.33 dargestellten Potenzialniveaus zwischen den Elektroden müss-

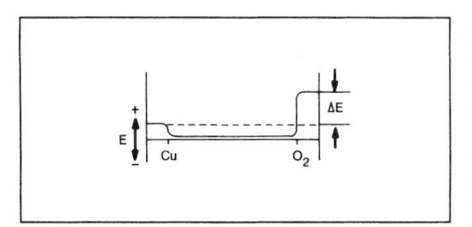

Abb. 3.33: Potenzialverlauf ohne Berücksichtigung des *Ohm*schen Widerstandes in der Lösung

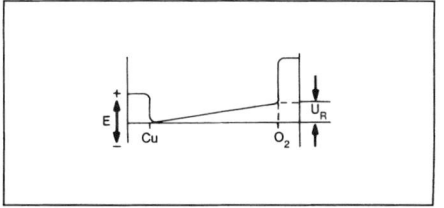

Abb. 3.34: Potenzialverlauf unter Berücksichtigung des *Ohm*schen Widerstandes in der Lösung

ten also genauer etwas geneigt sein (Abb. 3.34), wobei U_R dem Spannungsabfall in der Lösung entspricht.

Dieser Widerstand kann durch Elektrolytzusatz klein gehalten werden. In gleicher Richtung wirkt eine Temperaturerhöhung, da hierdurch die Beweglichkeit der Ionen steigt (vgl. S. 481 f.).

Die zur Abscheidung eines Ions notwendige Badspannung U setzt sich demnach im wesentlichen wie folgt zusammen:

$$U = (E_A - E_K) + U_P + \eta + U_R$$

wobei $(E_A - E_K)$ die bei der Elektrolyse auftretende Polarisationsspannung, U_P die Konzentrationspolarisation, η die Reaktionshemmungen wie z. B. die Überspannung des Wasserstoffs und U_R die zur Überwindung des *Ohm*schen Widerstandes notwendige Spannung bedeuten.

Jede elektrogravimetrische Einzelbestimmung eines Metallkations muss im Prinzip als eine Trennung vom Wasserstoffion aufgefasst werden, die nur gelingt, wenn das abzuscheidende Metall genügend edler als der Wasserstoff ist. Dies ist der Fall bei den Edelmetallen, Ag und Cu. Zn, Ni und Co dagegen sind unedler. In solchen Fällen arbeitet man dann in alkalischer oder ammoniakalischer Lösung, in der das Abscheidungspotential des Wasserstoffs erheblich negativer ist. Zwar wird dabei auch die Konzentration der Metallionen durch Komplexbildung ($[Zn(OH)_4]^{2-}$, $[Ni(NH_3)_6]^{2+}$ usw.) herabgesetzt, allerdings wegen der geringen Komplexstabilität wesentlich weniger als die der H^+-Ionen. Eine andere Möglichkeit ist die Ausnutzung der Überspannung des Wasserstoffs an geeignetem Elektrodenmaterial. So kann Zn aus essigsaurer Lösung an verkupferten Platinelektroden abgeschieden werden. Hat sich auf der Cu-Schicht eine dünne Zn-Schicht gebildet, erhöht sich die Überspannung, so dass eine quantitative Abscheidung möglich ist.

Mehrere Metalle können analog aus einer Lösung nacheinander abgetrennt werden, wenn die Fällungszonen genügend unterschiedlich sind. Die angelegte Spannung muss dabei so geregelt werden, dass zunächst nur die Fällungszone des edleren Metalls (oder auch Metalloxids) und erst später – nach Elektrodenwechsel – die des unedleren erreicht wird. Liegen die Zonen der zu trennenden Metalle besonders nahe beieinander oder überschneiden sie sich, so ist eine elektrolytische Trennung nicht ohne weiteres möglich, weil man zur Abscheidung der letzten Anteile des ersten Metalls die Spannung so hoch steigern muss, dass bereits die Fällungszone des zweiten Metalls erreicht wird. Diese Schwierigkeit lässt sich recht häufig umgehen, wenn man das zweite Metall komplexiert und damit die Konzentration seiner freien Ionen so weit herabsetzt, dass die vollständige elektrolytische Abscheidung des ersten Metalls ermöglicht wird.

Die Güte der Niederschläge und damit die Genauigkeit der Ergebnisse ist wesentlich von den Versuchsbedingungen abhängig. Anzustreben ist ein homogener, bei Metallen möglichst glänzender Überzug, wie er bei der Kupferelektrolyse aus schwefelsaurer Lösung leicht zu erhalten ist. Demgegenüber neigen manche Metalle, wie das Silber, zur Bildung von Dendriten (Nadelkristalle), die leicht abfallen und schlecht auswaschbar sind. In vielen Fällen hilft hier der Zusatz eines Komplexbildners (Ag aus cyanidhaltiger Lösung), der die

Abscheidung verlangsamt. Liegt das Abscheidungspotential des Metalls in der Nähe des Wasserstoffs, kommt es oft infolge von H_2-Entwicklung zur Bildung eines Metallschwammes, der leicht Mutterlauge einschließt (Cd aus schwefelsaurer Lösung). Auch hier hilft man sich gerne mit einem Zusatz eines Komplexbildners (Cyanid in ammoniakalischer Lösung).

Manche Niederschläge (z. B. Ni) neigen bisweilen zur Oxidation, zumal sulfathaltige Analysenlösungen durch die anodische O_2-Entwicklung ständig mit O_2 gesättigt sind. Die Elektrolyse soll daher nicht länger als notwendig laufen. Um die Oxidation zu vermeiden, werden Reduktionsmittel, wie Hydroxylamin zugesetzt.

Die Stromdichte ist auf die Beschaffenheit des abgeschiedenen Niederschlags ebenfalls von Einfluss. Eine hohe Stromdichte beschleunigt die Abscheidung, hat aber andererseits häufig eine nicht zusammenhängende, schwammige und zum Abfallen neigende Abscheidung zur Folge. Elektrolysiert man mit sehr kleiner Stromdichte, so scheidet sich das Metall oder Metalloxid häufig in feinen, nadeligen Kriställchen ab, welche bei Erschütterungen ebenfalls leicht abfallen. Fehlresultate werden auch in Gegenwart von Chloridionen erzielt. Diese werden anodisch zu Chlor oxidiert, das allmählich das Platin der Anode auflöst. Das gelöste Platin wird dann ganz oder teilweise mit dem zu bestimmenden Metall an der Kathode wieder abgeschieden. In Gegenwart von organischen Säuren fallen die Ergebnisse oft infolge Kohlenstoffabscheidung zu hoch aus. Im Gegensatz hierzu verhindern Eisensalze eine quantitative Abscheidung, da Fe(II)-Ionen anodisch oxidiert und kathodisch wieder zu Fe(II) reduziert werden. Dieser Kreislauf kann einen großen Teil des Stromes verbrauchen und die normale Abscheidung stören.

3.6.3.2 Versuchsanordnung

Die Versuchsanordnung besteht aus den beiden Elektroden, den Elektrodenhalterungen, dem Rührer, der Heizquelle, der Gleichstromquelle und den Messgeräten, einem Volt- und einem Amperemeter.

Als Elektrodenmaterial benutzt man im allgemeinen Platin. Als Kathode wird meistens ein zylinderförmig gebogenes Drahtnetz, als Anode ein Platindraht in Form einer Spirale verwendet (Abb. 3.35). Zur Bestimmung von Pb oder Mn als PbO_2 bzw. MnO_2 dient eine Platinschale als Anode (Abb. 3.36) und eine rotierende durchlochte Scheibe als Kathode (Abb. 3.37).

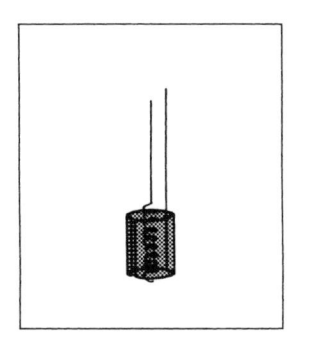

Abb. 3.35: Platinnetzkathode und Platinspirale als Anode

Abb. 3.36: Platinschale

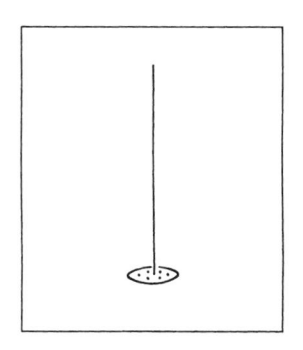

Abb. 3.37: Platinrührkathode

Befindet sich die zu elektrolysierende Lösung in einem Becherglas, so hängt man Drahtnetz und Spirale an der Halterung derart auf, dass sie nicht völlig in die Analysenlösung eintauchen, sondern ca. 1 bis 2 cm herausragen. Die Spirale muss sich etwa im Zentrum der Netzelektrode befinden. Die Größe des Becherglases ist so zu wählen, dass die Elektroden von der Wandung des Becherglases einen möglichst kleinen Abstand haben. Geeignet sind besonders 150 oder 250 ml fassende hohe Bechergläser. Zur Befestigung der Elektroden dienen am besten käufliche Elektrodenhalterungen, die ein Kunststoffteil enthalten und dadurch die isolierte Befestigung der Elektroden erlauben. Als Rührer dient die Platinspirale oder es wird ein Magnetrührer benutzt, der sich unterhalb des Netzraumes befindet. Er sorgt für gute Durchmischung und kürzt dadurch die Elektrolysendauer erheblich ab.

Benutzt man eine Platinschale, die die Lösung aufnimmt, so wird diese auf einen mit der Stromzuleitung versehenen Ring gestellt. Ist die Schale stabil genug, kann auch ein kleines Platinblech angelötet werden, an das die Leitung über eine Klemme angeschlossen wird. Als Stromquelle dient ein Akkumulator oder eine andere Spannungsquelle mit 4–6 V Spannung, der über einen Schalter mit einem Schiebewiderstand in Spannungsteilerschaltung verbunden ist. Die abgegriffene Spannung wird den Elektroden über ein Amperemeter zugeführt. Die Spannung wird durch ein Voltmeter kontrolliert (Abb. 3.38). Wesentlich bequemer ist jedoch die Benutzung handelsüblicher Elektrolysegeräte, die Stromquelle mit Messgeräten, Elektrodenhalterungen, Rührmotor und elektrische Heizplatte in geeigneter Anordnung besitzen.

Zur Durchführung der Elektrolyse wird die gewünschte Spannung eingestellt. Sollte sich dabei eine zu hohe Stromdichte einstellen, so ist die Spannung zu verringern, ist sie dagegen zu gering, kann man durch Erwärmen oder durch Elektrolytzusatz eine schnellere Abscheidung erreichen. Zur Berechnung der Stromdichte an Platinnetzen kann man annehmen, dass die wirksame Oberfläche genau so groß ist wie die eines Blechzylinders gleicher Dimensionen. Für die üblichen Elektroden ergibt sich so eine Fläche von ca. 100 cm^2. Die benetzte Oberfläche einer Schale mit 9 cm Durchmesser beträgt bei 150 ml Füllvolumen 120 cm^2.

Gegen Ende der Elektrolyse, das sich meist durch ein Absinken der Stromdichte bemerkbar macht, kann die Spannung für einige Minuten um ca. 0,5 V erhöht werden, wenn nicht die Gefahr besteht, dass sich ein anderes anwesendes Metall abscheidet. Das Ende der Elektrolyse kann entweder durch tieferes Eintauchen der Elektroden in die Analysenlösung festgestellt werden, wobei die blanken Teile der Elektrode blank bleiben müssen (Cu, Co, PbO_2) oder man benutzt geeignete Tüpfelreagenzien (gesättigte alkoholische Lösung von Dimethylglyoxim für Ni).

Die Elektroden werden vor der Elektrolyse mit chloridfreier Salpetersäure gereinigt, mit Wasser abgespült und nacheinander mit Ethanol (Methanol) und Ether gewaschen. Sie sind dann nach wenigen Minuten trocken und werden ausgewogen. Nach der Elektrolyse werden die Elektroden unter Spannung mit dest. Wasser abgespült und ebenfalls nacheinander mit Ethanol und Ether gewaschen und gewogen. Aus der Platinschale wird die Lösung am besten unter Benutzung eines Pipettierballes abgehebert. Die Ablösung der Niederschläge kann bei Cu und Zn mit konzentrierter chloridfreier Salpetersäure erfolgen,

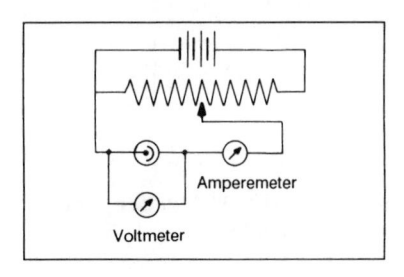

Abb. 3.38: Schaltschema für die Elektrogravimetrie

Ni und Co löst man dagegen anodisch ab. Als Kathode schaltet man dabei einen Kupferdraht. Als Elektrolyt benutzt man verdünnte Säure. Analog wird PbO_2 kathodisch mit Cu als Anode gelöst.

Über die allgemeine Behandlung von Platingeräten s. S. 88.

3.6.3.3 Elektrogravimetrische Bestimmungen

Bestimmung von Kupfer

Reaktionsprinzip: Die recht genaue elektroanalytische Bestimmung des Kupfers, die in manchen Fällen den gravimetrischen Bestimmungen durch Fällen als Sulfid oder Thiocyanat vorzuziehen ist, gelingt am besten in schwefelsaurer Lösung. Bei Anwesenheit von salpetriger Säure oder Salpetersäure, die kathodisch zu salpetriger Säure reduziert wird, setzt man zu ihrer Zerstörung vor der Elektrolyse Harnstoff zu der Lösung:

$$CO(NH_2)_2 + 2\ HNO_2 \rightarrow CO_2\uparrow + 2\ N_2\uparrow + 3\ H_2O$$

Verfahrensfehler: Die Lösung darf kein Chlorid enthalten.
Arbeitsbereich: 2,0–0,5 mmol Cu (127–32 mg Cu).
Arbeitsgeräte: Elektrolysierstativ mit Elektroden (s. S. 471); 150-ml-Bechergläser; 100-ml-Messkolben; 25-ml-Pipette; Messpipette; Thermometer.
Reagenzien: 18 mol/l H_2SO_4; 14 mol/l HNO_3; 2 mol/l $CO(NH_2)_2$ (wäss. Harnstofflsg.); Aceton.
Arbeitsvorschrift: Als Kathode dient ein Platindrahtnetz, als Anode eine Platinspirale. Die Analysenlsg. wird auf 70–80 ml verd. und mit 3 ml Schwefelsäure versetzt. Man elektrolysiert bei einer Spannung von ca. 2–2,5 V und einer Stromdichte von 0,2–0,6 A/dm^2. Um die Elektrolyse zu beschleunigen, erhitzt man die Lsg. auf ca. 40 °C; jedoch ist ein zu starkes Verdampfen der Lösung zu vermeiden. Die Elektrolyse ist nach 30–60 Min. beendet. Das abgeschiedene Kupfer soll hellrot aussehen und fest an der Kathode haften.

Die Elektrolyse des Kupfers wird in der Praxis meist auch aus salpetersaurer Lsg. vorgenommen. Zu 100 ml des Elektrolyten setzt man 2 ml Salpetersäure hinzu. Die Klemmenspannung soll 2–2,7 V bei einer Stromdichte von 0,2–0,6 A/dm^2 betragen. Um im Verlaufe der Elektrolyse entstehende HNO_2 zu entfernen, setzt man während der Elektrolyse alle 10–15 Min. je 5 ml Harnstoff-Lsg. zu. Die Analysenlsg. ist auf 40 °C zu erwärmen.

Bestimmung von Nickel

Reaktionsprinzip: Die Nickelbestimmung lässt sich mit guter Genauigkeit in kurzer Zeit durchführen. Die Elektrolyse darf jedoch nicht länger als unbedingt notwendig laufen, da sonst der Niederschlag teilweise oxidiert wird und die Ergebnisse zu hoch ausfallen.

Arbeitsbereich: 2,0–0,5 mmol Ni (117–29 mg Ni).
Arbeitsgeräte: s. unter Kupfer (s. oben).
Reagenzien: 13 mol/l NH_3; $(NH_4)_2SO_4$; $(N_2H_6)SO_4$; gesätt. Lsg. von Dimethylglyoxim in 96%igem Ethanol; Aceton.
Arbeitsvorschrift: Als Kathode dient ein Platindrahtnetz, als Anode eine Platinspirale (s. S. 471). Die chloridfreie Nickelsalzlsg. wird mit 30–40 ml Ammoniaklsg., 8 g $(NH_4)_2SO_4$ und 1 g $(N_2H_6)SO_4$ versetzt, auf 70–80 ml verdünnt und auf 40–60 °C erhitzt. Die Elektrolyse

wird bei 3–3,5 V und einer Stromdichte von 1,5–2 A/dm² durchgeführt. Die Elektrolyse muss nach 30 Min. beendet sein. Der Endpunkt ist erreicht, wenn beim Tüpfeln mit Dimethylglyoximlsg. keine Farbreaktion mehr zu erkennen ist. Beim Zusatz des Reagenz zur Lsg. tritt dann meistens noch eine schwache Rosafärbung auf, die jedoch von praktisch zu vernachlässigenden Ni-Mengen herrührt.

Bestimmung von Cobalt

Reaktionsprinzip: Die Cobaltbestimmung entspricht im wesentlichen der Nickelbestimmung.

> **Verfahrensfehler:** Das abgeschiedene Cobalt enthält stets ca. 2–3% Sauerstoff.
> **Arbeitsgeräte:** s. unter Kupfer (S. 473).
> **Reagenzien:** 13 mol/l NH_3; $(NH_4)_2SO_4$; $(N_2H_6)SO_4$; Aceton.
> **Arbeitsvorschrift:** Als Kathode dient ein Platindrahtnetz, als Anode eine Platinspirale. 25 ml der Analysenlsg. werden mit 35–40 ml NH_3-Lsg., 5 g $(NH_4)_2SO_4$ und 1 g $(N_2H_6)SO_4$ versetzt, auf 70–80 ml verd. u. auf 70 °C erhitzt. Die Spannung soll ca. 2,2–2,4 V bei einer Stromdichte von 0,25–2 A/dm² betragen. Der dunkle Niederschlag ist auf der blanken Platinelektrode gut zu erkennen. Die Werte fallen jedoch 2–3% zu hoch aus.

Bestimmung von Blei

Reaktionsprinzip: Blei lässt sich gut durch anodische Oxidation zum PbO_2 bestimmen. Ähnlich verhält sich lediglich Mangan, das als Mangan(IV)-dioxid-Hydrat abgeschieden wird. Durch dieses Verhalten wird eine Bestimmung neben einer ganzen Reihe anderer Kationen möglich.

> **Arbeitsgeräte:** s. unter Kupfer (S. 473).
> **Reagenzien:** 14 mol/l HNO_3; Harnstoff.
> **Arbeitsvorschrift:** Als Anode wird eine Platinschale, als Kathode eine rotierende Platinscheibe benutzt. 25 ml der Analysenlsg. werden mit 15–20 ml HNO_3 angesäuert, auf 80–100 ml verd. und auf 60–70 °C erhitzt. Bei einer Spannung von 2–2,5 V stellt sich eine Stromdichte von 0,4–1,2 A/dm² ein. Zur Zersetzung von HNO_2 wird während der Elektrolyse mehrere Male eine Spatelspitze Harnstoff zugegeben. Der Endpunkt kann durch Verdünnen festgestellt werden. Die Lsg. wird dann vorsichtig mit Hilfe eines Pipettierballes abgehebert. Danach spritzt man die Schale vorsichtig mit Wasser ab und hebert die Waschflüssigkeit ebenfalls ab. Die Schale trocknet man $1\tfrac{1}{2}$ Stunden bei 220 °C.
> Der Niederschlag wird am besten durch kathodische Reduktion gelöst.
> **Berechnung:**

$$m(Pb) = [\lambda] \cdot (PbO_2)$$

$$\text{Umrechnungsfaktor } [\lambda] = \frac{M(Pb)}{M(PbO_2)} = 0,8662$$

Trennung von Kupfer und Blei

Reaktionsprinzip: Entsprechend der Einzelbestimmung des Bleis beginnt die Elektrolyse in stark saurer Lösung. Unter diesen Bedingungen wird nur wenig oder gar kein Kupfer kathodisch abgeschieden. Bei einer zu geringen Säurekonzentration besteht die Gefahr, dass sich auf dem niedergeschlagenen Kupfer metallisches Blei bildet. Erst nach vollständiger Oxidation zum Dioxid wird daher mit verdünntem Ammoniak die Säure fast vollständig neutralisiert, so dass sich jetzt auch das Kupfer quantitativ abscheiden kann.

Verfahrensfehler: Bei zu geringer Säurekonzentration scheidet sich auf der Kathode neben Kupfer auch Blei ab. Beim Neutralisieren darf pH = 7 auf keinen Fall überschritten werden, da sich sonst PbO_2 wieder löst.
Arbeitsgeräte: s. unter Kupfer (S. 473).
Reagenzien: 14 mol/l HNO_3; Harnstoff; 2 mol/l NH_3; Aceton.
Arbeitsvorschrift: Als Anode dient wieder eine Platinschale, als Kathode eine rotierende Platinscheibe. Die Analysenlsg. wird mit 15–20 ml HNO_3 angesäuert, auf 80–100 ml verd. und auf 60–70 °C erhitzt, bei einer Spannung von 2–2,5 V stellt sich eine Stromdichte von 0,4–1,2 A/dm² ein. Während der gesamten Bestimmung, also auch während der Kupferabscheidung, wird mehrere Male eine Spatelspitze Harnstoff zugesetzt. Nach vollständiger PbO_2-Abscheidung neutralisiert man vorsichtig mit Ammoniak. Nach beendeter Elektrolyse hebert man die Lsg. mit dem Pipettierball ab, spült vorsichtig mit Wasser ab und trocknet die Schale $1\frac{1}{2}$ Std. bei 220 °C. Die Kathode wird wie üblich mit Ethanol und Ether oder mit Aceton getrocknet.

Trennung von Kupfer und Nickel

Reaktionsprinzip: Kupfer und Nickel werden nacheinander, und zwar Kupfer aus schwefelsaurer und Nickel aus ammoniakalischer Lösung, abgeschieden. Dabei besteht keine Gefahr, dass sich Nickel bereits bei der Kupferbestimmung mit abscheidet.

Verfahrensfehler, Arbeitsgeräte und Reagenzien: s. unter den Einzelbest. (S. 473 f.).
Arbeitsvorschrift: Als Kathode dient ein Platinnetz, als Anode eine Spirale. Die Lsg. wird mit 3 ml H_2SO_4 versetzt, auf 50–60 ml verd. und auf 60 °C erwärmt. Man elektrolysiert bei einer Spannung von 2–2,5 V und einer Stromdichte von 0,2–0,6 A/dm². Nach vollständiger Kupferabscheidung werden die Elektroden aus der Lsg. herausgehoben und mit wenig Wasser, das der Analysenlsg. zugefügt wird, abgespült. Nach dem Kathodenwechsel neutralisiert man die Lsg. mit Ammoniak, setzt weitere 30–40 ml Ammoniak sowie ca. 6 g $(NH_4)_2SO_4$ und 1 g $(N_2H_6)SO_4$ zu, erhitzt auf 40–60 °C und elektrolysiert bei 3–3,5 V und einer Stromdichte von 1,5–2 A/dm². Wegen der Erkennung des Endpunkts sei auf die Nickel-Einzelbestimmung (S. 473) verwiesen.

3.6.4 Polarographie

Die Polarographie ist eine mikroanalytische Methode zur Bestimmung von Kationen, Anionen und neutralen Molekülen bis herab zu einer Konzentration von ca. 10^{-6} mol/l mit einem Relativfehler von 1–3%. Sie ähnelt im Prinzip einer Elektrolyse zwischen zwei Quecksilber-Elektroden, nämlich einer tropfenden Kapillare mit einem inneren Durchmesser von ca. 0,05 mm, die mit einem Quecksilberreservoir verbunden ist, und dem Quecksilber, das am Boden des Elektrolytgefäßes liegt.

3.6.4.1 Theoretische Grundlagen

Infolge der geringen Oberfläche der Tropfelektrode ist die Stromstärke nur sehr gering, so dass sie mit einem Spiegelgalvanometer oder Mikroamperemeter gemessen werden muss. Dementsprechend ist aber auch die abgeschiedene Menge so klein, dass normalerweise die Konzentrationsänderung der Analysenlösung vernachlässigt werden kann. Als Messgröße dient die Stromstärke, die proportional der Konzentration des zu bestimmenden Stoffes ist. Bei Absolutbestimmungen muss daher stets das Volumen der Lösung bekannt sein.

Zur Bestimmung eines reduzierbaren Stoffes wird die Tropfelektrode als Kathode, das Bodenquecksilber als Anode geschaltet (bei oxidierbaren Stoffen muss umgepolt werden). Die Spannung wird dann langsam von Null beginnend bis auf 2 bzw. 3 V gesteigert. Enthält die Lösung keine besonders leicht reduzierbaren Bestandteile (z. B. Cu), so fließt unterhalb der Zersetzungsspannung des edelsten Elementes höchstens ein sehr kleiner Strom, der Grundstrom. Erst mit steigender Spannung beginnt die Stromstärke zu steigen, erreicht aber bald einen konstanten Wert, den sog. **Diffusionsstrom**.

Um eine Überlagerung des Diffusionsstromes durch eine Wanderung der Ionen im elektrischen Feld zu verhindern, setzt man einen sog. Leitelektrolyten in einem ca. 50–100fachen Überschuss zu. Dadurch wird die Ausbildung eines elektrischen Feldes in der Lösung unterdrückt. Die Zersetzungsspannung des Leitelektrolyten muss jedoch wesentlich höher liegen als die des zu untersuchenden Stoffes. Man benutzt hierzu oft Ammoniumsalzlösungen oder, vor allem zur Bestimmung von Alkaliionen, Tetraalkylammoniumverbindungen. Häufig werden auch Säuren angewandt.

Erhöht man die Spannung bis zur Zersetzungsspannung des nächstedleren Elementes, steigt die Stromstärke erneut an, um dann bald wieder konstant zu werden. So entsteht ein stufenförmiges Diagramm, das Polarogramm, in dem jede Stufe einem bestimmten Stoff zugeordnet werden kann.

Die Höhe einer Stufe, d. h. die Differenz zwischen dem Diffusionsstrom des betreffenden Stoffes, ist proportional der Konzentration des Stoffes in der Lösung. Zur quantitativen Auswertung benutzt man in der Regel Eichkurven.

Das Potential, bei dem die Stromstärke gerade die Hälfte des Diffusionsstromes erreicht hat, das sog. **Halbstufenpotential**, ist charakteristisch für einen bestimmten Stoff und im Gegensatz zur Zersetzungsspannung konzentrationsunabhängig. Es kann daher zur qualitativen Analyse herangezogen werden.

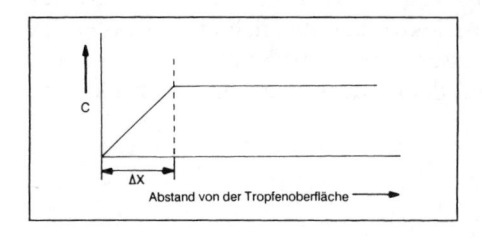

Abb. 3.39: Konzentrationsgefälle in der Diffusionsschicht des Quecksilbertropfens

Im Bereich des Diffusionsstromes ist der geschwindigkeitsbestimmende Schritt die Diffusion der Teilchen an die Elektroden. Unmittelbar an der Tropfenoberfläche ist nämlich durch Reduktion die Konzentration aller reduzierbaren Teilchen auf Null gesunken. Ein Strom kann daher nur fließen, wenn aus der Lösung neue Teilchen herandiffundieren. Dadurch bildet sich an der Tropfenoberfläche eine Schicht von 1/300 bis 1/400 mm Stärke aus, in der ein Konzentrationsgefälle herrscht. Vereinfacht ist dieses Konzentrationsprofil in Abb. 3.39 dargestellt.

Auf diesen Diffusionsvorgang lässt sich das **1. Ficksche Gesetz** anwenden. Danach ist

$$\frac{dn}{dt} = -D \cdot q \cdot \frac{dc}{dx} = -D \cdot q \cdot \frac{c - c_0}{\Delta x}$$

($\frac{dn}{dt}$ = Anzahl der an der Oberfläche ankommenden Teilchen pro Zeiteinheit dt, D = Diffusionskoeffizient, q = Oberfläche, $\frac{dc}{dx}$ = Konzentrationsgefälle in der Schicht von der Dicke dx, c = Konzentration der Lösung, c_0 = Konzentration an der Oberfläche).

Der Diffusionskoeffizient D, die Schichtdicke dx, und die Konzentration c sind während der Elektrolyse konstant. Auch die Oberfläche, die am Anfang der Lebensdauer eines Tropfens sehr klein ist, dann allmählich wächst und beim Abreißen des Tropfens wieder sehr klein wird, kann im Mittel als konstant angesehen werden. c_0 ist nach dem oben Gesagten im Bereich des Diffusionsstroms Null. Dadurch vereinfacht sich die Gleichung zu:

$$\frac{dn}{dt} = k \cdot c \quad (k = \text{Konstante})$$

Da aber nach dem *Faraday*schen Gesetz (S. 12) die Anzahl der pro Zeiteinheit abgegebenen Ladungen proportional der Stromstärke ist, wird verständlich, dass diese auch proportional der Konzentration der Lösung sein muss. Weiter folgt daraus, dass bei gleicher Konzentration und annähernd gleichem Diffusionskoeffizienten die Stufenhöhe eines Metallions mit der Ionenladung +2 ungefähr doppelt so hoch sein muss wie die eines Ions der Ionenladung +1. Die Stromstärke hängt jedoch außer von der Konzentration auch von der Ausströmgeschwindigkeit und der Tropfzeit des Quecksilbers sowie der Temperatur ab (*Ilkovič*-Gleichung).

Außerdem schwankt die Stromstärke im Rhythmus der Tropfen. Die dadurch auftretenden Schwankungen des Galvanometerausschlages können durch die sog. Galvanometerschaltung, bei der ein Widerstand in Serie und einer parallel zum Galvanometer geschaltet ist, in gewissen Grenzen gedämpft werden.

In gewissen Spannungsbereichen, vor allem in der Nähe der Zersetzungsspannung eines Stoffes, entstehen bisweilen infolge eines inhomogenen Feldes an der Tropfenoberfläche Strömungen, die die Diffusion stören und einen plötzlichen Stromanstieg über den normalen Diffusionsstrom hinaus zur Folge haben.

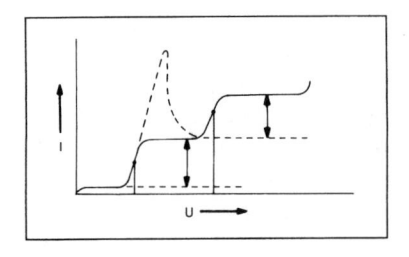

Abb. 3.40: Schematische Darstellung eines Polarogramms

Es bilden sich Maxima, die bei weiterem Stromanstieg teils langsam, teils aber auch sehr steil wieder absinken (Abb. 3.40). Diese meist unerwünschten Erscheinungen kann man durch Zusatz von Kolloiden, wie Gelatine oder Gummi arabicum unterdrücken.

In der Analysenlösung gelöster Sauerstoff kann ebenfalls reduziert werden, und zwar zuerst zum H_2O_2 und dann weiter zum H_2O. Dementsprechend treten zwei Stufen auf, die sich unter Umständen den anderen Stufen überlagern können. Man entfernt daher am besten den Sauerstoff durch Zusatz von Natriumsulfit oder durch Einleiten von Reinstickstoff. (Während der Messung muss das Einleiten jedoch unterbrochen werden.)

3.6.4.2 Messanordnung

Eine einfache Messanordnung zur polarographischen Bestimmung von Kationen kann nach Abb. 3.41 leicht mit einfachen Mitteln selbst zusammengestellt werden.

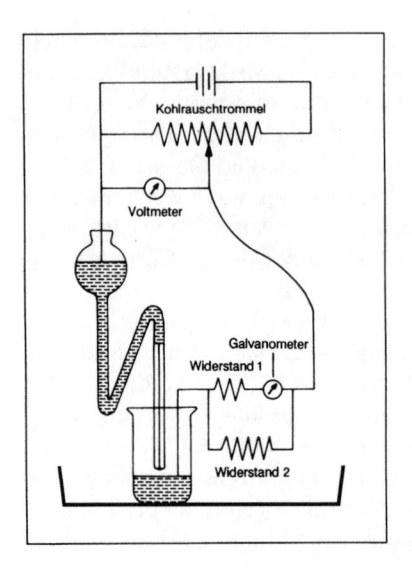

Abb. 3.41: Einfache Messanordnung für die Polarographie

Von einer Spannungsquelle (2 bzw. 4 V) wird über eine Kohlrauschtrommel eine variable Spannung, die mit dem Voltmeter gemessen wird, abgegriffen und an die beiden Elektroden angeschlossen. Im Stromkreis liegen das Galvanometer und der Widerstand 1, parallel wird der Widerstand 2 geschaltet. Durch Abstimmen der Widerstände und des Galvanometers kann man den sog. Grenzfall, den Übergang zwischen Schwing- und Kriechfall, einstellen und somit die durch das Tropfen verursachten Schwankungen dämpfen. Die Länge der Kapillare soll bei einem Durchmesser von ca. 0,05 mm ca. 10 cm betragen. Die Tropfgeschwindigkeit der in die Lösung eintauchenden Kapillaren kann durch entsprechende Stellung des Quecksilber-Niveaugefäßes auf ca. 1 Tropfen pro 1–3 Sekunden eingestellt werden. Es ist darauf zu achten, dass der Quecksilberfaden in der Kapillare nicht abreißt, da sonst der Stromkreis unterbrochen wird.

Bei der Arbeit mit Quecksilber ist auf peinlichste Sauberkeit zu achten (s. S. 71). Aus diesem Grunde sind die Tropfkapillare und die Analysenlösung in einer Wanne unterzubringen! Alle Arbeiten mit Quecksilber dürfen nur über dieser Wanne durchgeführt werden!

3.6.4.3 Polarographische Bestimmungen

In der Praxis benutzt man handelsübliche Geräte, die die Spannung innerhalb der gewählten Grenzen automatisch verändern. Der Diffusionsstrom wird elektronisch verstärkt und von einem Schreibgerät registriert. Die aufgezeichneten Kurven lassen sich dann leicht auswerten. Darüber darf jedoch nicht vergessen werden, dass die schwächste Stelle der ganzen Anlage die Tropfelektrode und der chemische Vorgang an der Elektrode ist.

Bestimmung von Kupfer und Zink nebeneinander

Zur Veranschaulichung des polarographischen Verfahrens im Praktikum lässt sich mit der Apparatur (Abb. 3.41) die Bestimmung von Kupfer und Zink gut durchführen.
Die Aufgabe besteht aus drei Teilen: Aufnahme des Polarogramms, Aufnahme der Eichkurven und Ausführung der Analyse.
Reagenzien: Cu-Lsg. I (0,60 mg Cu^{2+}/ml); Cu-Lsg. II (3,00 mg Cu^{2+}/ml). Zn-Lsg. I (0,60 mg Zn^{2+}/ml); Zn-Lsg. II (3,00 mg/Zn^{2+}/ml); gesätt. Na_2SO_3-Lsg. (frisch bereitet); 0,5%ige wässrige Gummi-arabicum-Lsg.; Leitelektrolyt: Lsg. aus gleichen Volumina 1 mol/l NH_4Cl und 1 mol/l NH_3.
Aufnahme des Polarogramms: Das Polarogramm soll zeigen, in welchem Spannungsintervall die Stromstärke konstant bleibt.
Das Bodenquecksilber wird 4–5mal mit Wasser im Schütteltrichter ausgeschüttelt und dann 1 cm hoch (oder bis zu einer Marke) in ein trockenes 50-ml-Becherglas gefüllt. Wassertropfen auf dem Hg werden mit Filtrierpapier entfernt. Folgende Lösungen werden zugesetzt und mit einem kleinen Glasstab, der in der Lsg. verbleibt, gut durchgemischt: 10 ml Leitelektrolyt, 1 ml Gummi arabicum, 1 ml Na_2SO_3, 5 ml Cu-Lsg. I, 5 ml Zn-Lsg. I.
Zu Beginn der Messung wird eine Spannungsquelle angeschlossen, die Kohlrauschtrommel KT auf Null gestellt, das Quecksilber durch kurzes Anheben des Niveaugefäßes zum Tropfen gebracht und der Ausschlag des Galvanometers (Nullwert, Grundstrom) abgelesen. Danach wird KT auf 50 eingestellt (bei insgesamt 1000 Teilstrichen). Man beobachtet jetzt ein Schwanken des Galvanometerausschlages im Rhythmus des abfallenden Quecksilbertropfens, wobei der Maximalwert abgelesen wird. Weitere Messungen werden in Schritten zu 50 Einheiten der Kohlrauschtrommel ausgeführt, bis der Lichtzeiger aus

dem Messbereich herauswandert (KT ca. 750). Danach wird durch Senken des Quecksilberniveaugefäßes das Tropfen unterbrochen und die Lsg. verworfen.

In einem Diagramm werden die Zeigerausschläge des Galvanometers gegen die Skalenteile der Kohlrauschtrommel aufgetragen. Es zeigt sich, dass etwa zwischen 200 und 500 Skalenteilen (Cu-Stufe) und zwischen 600 und 800 Skalenteilen (Zn-Stufe) die Stromstärke konstant bleibt.

Aufnahme der Eichkurven: Zur Ermittlung der Eichkurve wird das gewaschene Quecksilber bis zur gleichen Höhe wie vorher in ein trockenes Becherglas gefüllt und mit Filterpapier getrocknet.

Zuerst wird die Cu-Eichkurve aufgenommen. Die Eichlsg. hat folgende Zusammensetzung: 10 ml Leitelektrolyt, 2 ml Gummi arabicum, 1 ml Na_2SO_3-Lsg., 5 ml Cu-Lsg. I.

Die Messung erfolgt wie oben, jedoch jetzt nur bei Stellung 0 und bei je 5 Stellungen im Bereich des Diffusionsstromes. Zur Ermittlung des nächsten Eichpunktes werden 0,2 ml der Cu-Lsg. II zugesetzt. Dadurch steigt die Cu-Konz. der Eichlösung. Messung wie oben. Dieser Zusatz wird noch 5mal wiederholt, also insgesamt 6mal vorgenommen.

Nach Abschluß der Cu-Messungen wird die Zn-Eichkurve aufgenommen. Die Eichlsg. hat die folgende Zusammensetzung: 10 ml Leitelektrolyt, 2 ml Gummi arabicum, 1 ml Na_2SO_3-Lsg., 5 ml Zn-Lsg. I, 0,2 ml Cu-Lsg. II.

Gemessen werden 5 Einstellungen im Bereich des Cu-Diffusionsstromes (200–500 Skalenteile) sowie 5 Einstellungen im Bereich des Zn-Diffusionsstromes (600–800 Skalenteile). Zur Ermittlung der nächsten Eichpunkte werden 6mal je 0,2 ml Zn-Lsg. II zugesetzt.

Bei der Zeichnung der Eichkurven wird die Konz. des Cu bzw. Zn in mg/ml (Abszisse) gegen die Stromstärke in Skalenteilen des Galvanometers (Ordinate) aufgetragen.

Die Diffusionsstromstärke des Cu errechnet sich aus dem Galvanometerausschlag im KT-Bereich von 200 bis 500 (Cu-Stufe), vermindert um den Ausschlag bei der Stellung 0, für Zn aus dem Galvanometerausschlag im KT-Bereich von 600 bis 800 (Zn-Stufe), vermindert um den Ausschlag im KT-Bereich von 200 bis 500 (Cu-Stufe). Bei der Berechnung der Konz. muss das Gesamtvol. einschließlich der Zusätze, jedoch ausschließlich des Bodenquecksilbers berücksichtigt werden.

Ausführung der Analyse: Es werden 5 ml Analysenlsg. verwendet. Zusätze und Messung wie oben. Man bestimmt die Stromstärke für Cu und für Zn und ermittelt die zugehörige Konz. für Cu und Zn. Nach Multiplikation mit dem Vol. der Messlsg. erhält man die Masse Cu bzw. Zn in mg, enthalten in dem vorgelegten aliquoten Anteil = 5 ml Analysenlösung.

3.6.5 Konduktometrie

Die konduktometrische Titration oder Leitfähigkeitstitration ist eine maßanalytische Methode, bei der nach jedem Reagenzzusatz der *Ohm*sche Widerstand der Analysenlösung bzw. dessen reziproker Wert, der Leitwert, gemessen wird. Die Messwerte werden graphisch aufgetragen. Dabei erhält man Geraden, die sich im Äquivalenzpunkt schneiden (Abb. 3.42).

Die Messpunkte in unmittelbarer Nähe des Äquivalenzpunktes weichen oft von diesen Geraden ab (punktierter Kurvenverlauf). Im Gegensatz zu anderen Methoden ist es hier also nicht notwendig, den Titrationsendpunkt genau zu erfassen, sondern er wird durch Extrapolation ermittelt.

Diese Methode besitzt, ähnlich wie die Potentiometrie, Bedeutung vor allem bei Titrationen, für die kein geeigneter Indikator zur Verfügung steht. Auch in

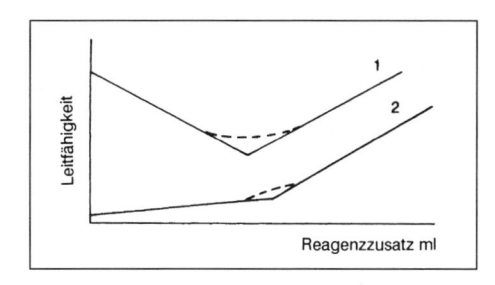

Abb. 3.42: Typen von Titrationskurven bei der Konduktometrie. Abnahme (Kurve 1) bzw. Zunahme (Kurve 2) der Leitfähigkeit bis zum Äquivalenzpunkt

trüben oder farbigen Lösungen kann man gute Ergebnisse erzielen. Der Nachteil der Konduktometrie besteht vor allem darin, dass möglichst wenig Fremdelektrolyt zugegen sein darf, denn der Widerstand einer Lösung hängt von allen anwesenden Ionen ab. Bei zu vielen Fremdionen ist daher kaum mehr eine Widerstandsänderung festzustellen. Bei Verwendung hochempfindlicher Geräte kann man allerdings heute schon bei einem bis etwa 500fachen Überschuss an Fremdelektrolyt arbeiten.

3.6.5.1 Leitfähigkeit von Elektrolytlösungen

Der Leitwert G hängt bei einer Elektrolytlösung vor allem von der Anzahl der Ionen zwischen den Elektroden, also von der Konzentration, der Ionenladung und der Beweglichkeit ab. Darüber hinaus wird er noch erheblich durch die Zähigkeit des Lösungsmittels, die wieder temperaturabhängig ist, beeinflusst.

Wegen der linearen Abhängigkeit der Leitfähigkeit von der Konzentration kann eine Verdünnung während der Titration die Werte derart verschieben, dass eine Auswertung nicht mehr möglich ist. Ein Zusatz von Wasser, vor allem auch das Abspritzen von Tropfen von der Bürette, muss daher unbedingt unterbleiben. Aus dem gleichen Grund benutzt man zur Titration Mikrobüretten mit möglichst konzentrierten Maßlösungen.

Die Beweglichkeit der Ionen ist eine Funktion des hydrodynamischen Widerstandes, den das Lösungsmittel den Ionen entgegensetzt. Man sollte daher erwarten, dass die Ionen einer Gruppe des PSE, also beispielsweise die Alkaliionen, mit steigender Ordnungszahl eine geringere Beweglichkeit haben. Tatsächlich aber tritt, wie Tab. 3.26 zeigt, eine Vergrößerung der Beweglichkeit und damit der Ionenäquivalentleitfähigkeit (s. S. 456 f.) auf.

Die Ursache für diese Erscheinung ist die Hydratation, die sich bei kleinen Ionen stärker bemerkbar macht als bei großen. Besonders auffallend sind die hohen Beweglichkeiten des H^+- und des OH^--Ions. Für diese Teilchen nimmt man einen besonderen Wanderungsmechanismus an. Man stelle sich vor, dass die H_2O-Moleküle der Lösung Ketten bilden. Lagert sich an das eine Ende der Kette ein H^+-Ion an, dann können die Bindungen der H_2O-Moleküle umklappen, und am anderen Ende der Kette wird wieder ein H^+-Ion ausgestoßen. Dadurch wird

Tab. 3.26: Ionenäquivalentleitfähigkeit in $cm^2/(\Omega\ mol)$ bei 18 °C

H^+	315	Ag^+	54,3	OH^-	174	I^-	66,5
Li^+	33,4	$\frac{1}{2}Mg^{2+}$	46	F^-	46,6	NO_3^-	61,7
Na^+	43,5	$\frac{1}{2}Ca^{2+}$	51	Cl^-	65,5	CH_3COO^-	35,0
K^+	64,6	$\frac{1}{2}Sr^{2+}$	50,6	Br^-	67	$\frac{1}{2}SO_4^{2-}$	68,3
Cs^+	68	$\frac{1}{2}Ba^{2+}$	55				

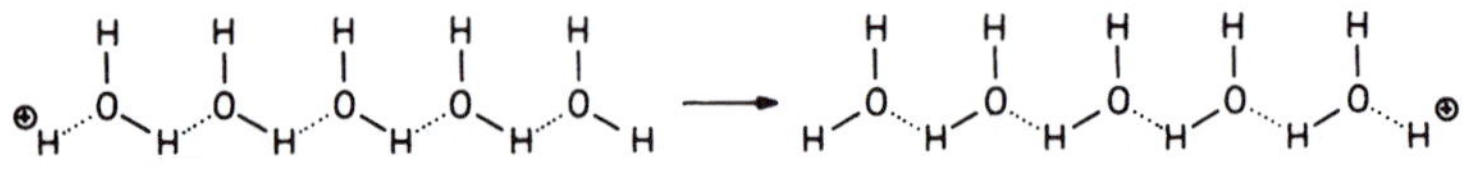

Abb. 3.43: Wanderungsmechanismen des H^+-Ions

praktisch nur die Ladung transportiert, nicht aber das H^+-Ion selbst; es bleibt ihm also ein großer Teil des mit Reibung verbundenen Weges erspart (Abb. 3.43). Ähnliches gilt auch für die OH^--Ionen.

Die Abnahme der Zähigkeit und damit die Zunahme der Leitfähigkeit beträgt ca. 2,5% pro °C Temperaturerhöhung. Während gewöhnlicher Titrationen tritt selten eine wesentliche Temperaturänderung auf. Man braucht sie daher nicht besonders zu berücksichtigen. Bei sehr langsam verlaufenden Reaktionen muss dagegen auf Temperaturkonstanz geachtet werden.

3.6.5.2 Kurvenformen

Die Form der Kurven wird in der Hauptsache durch die Beweglichkeit der bei der Reaktion hinzukommenden und verschwindenden Ionen bestimmt. Durch die Wahl geeigneter Maßlösungen kann daher der Kurvenverlauf entscheidend beeinflusst werden (s. z. B. die Fällungstitrationen mit $AgCH_3COO$). Diese Möglichkeit ist außerordentlich wichtig, da sich der Äquivalenzpunkt um so genauer bestimmen lässt, je spitzer der Winkel ist, unter dem sich die Geraden schneiden. Darüber hinaus hängt die Kurvenform vor allem von dem Dissoziationsgrad der Verbindung und der Konzentration der Lösung ab.

Titriert man eine starke Säure mit einer starken Lauge, z. B. HCl mit NaOH, so hat die Lösung am Anfang wegen der großen Beweglichkeit der H^+-Ionen eine hohe Leitfähigkeit. Bei Zusatz von NaOH treten die OH^--Ionen mit H^+-Ionen zu Wasser zusammen. Die H^+-Ionen werden also durch Na^+-Ionen ersetzt. Die Cl^--Ionenkonzentration bleibt dabei erhalten. Insgesamt muss also die Leitfähigkeit proportional zum Fortschritt der Titration sinken (Abb. 3.44).

$$H^+ + Cl^- \xrightarrow{+NaOH} Na^+ + Cl^- + H_2O$$
$$315 \quad 66 \qquad\qquad 44 \quad\ \ 66 \quad\ \ 0 \quad \text{(Ionenäquivalentleitfähigkeit)}$$

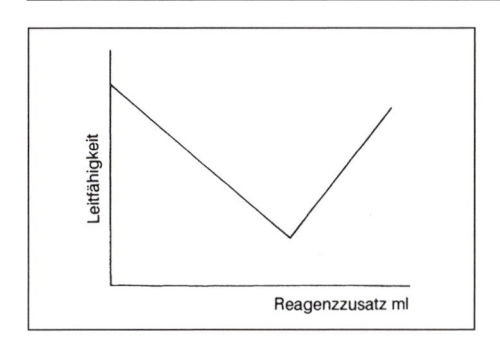

Abb. 3.44: Änderung der Leitfähigkeit bei der Titration von starker Säure mit starker Base

Nach Überschreiten des Neutralpunktes erfolgt keine Reaktion mehr. Durch weiteren Zusatz erhöht sich jetzt lediglich die Gesamtionenkonzentration der Lösung. Die Leitfähigkeit steigt also wieder an. Enthält die Lauge Carbonat, tritt an die Stelle eines scharfen Schnittpunktes eine Abrundung.

Die Steigung der Kurvenäste ist bei Verwendung konzentrierter Lösungen in der Regel stärker ausgeprägt. Damit lässt sich auch der Äquivalenzpunkt besser und genauer ermitteln. Man soll daher die Analysenlösung nicht unnötig verdünnen.

Bei der Titration einer schwachen Säure mit einer starken Lauge, z.B. CH_3COOH mit NaOH, besitzt die Lösung wegen der geringen Dissoziation der Säure anfangs nur geringe Leitfähigkeit. Durch Neutralisation mit NaOH entsteht dagegen das stark dissoziierte Salz, die Leitfähigkeit muss also zunehmen. Nach dem Neutralpunkt steigt dann die Kurve wegen der großen Beweglichkeit der OH^--Ionen steiler an. Infolge Hydrolyse des Salzes gehen die beiden Kurvenäste allmählich ineinander über (Abb. 3.45, Kurve 2). Allerdings macht sich die Pufferwirkung des entstandenen Salzes bemerkbar. Nach dem ersten Zusatz von NaOH entsteht stark dissoziiertes $NaCH_3COO$, das die Dissoziation der Essigsäure zurückdrängt. Da das Natriumion eine kleinere Beweglichkeit besitzt als das H^+-Ion, sinkt die Leitfähigkeit zunächst etwas ab. Erst bei weiterem Zusatz überwiegt das stark dissoziierte $NaCH_3COO$, so dass die Kurve wieder ansteigt (Abb. 3.45, Kurve 2).

$$\left.\begin{array}{c} CH_3COOH \\ CH_3COO^- + H^+ \\ 35 \quad\quad 315 \end{array}\right\} \xrightarrow{+\,NaOH} \left.\begin{array}{c} CH_3COOH \\ CH_3COO^- + Na^+ \\ 35 \quad\quad 44 \end{array}\right\} \xrightarrow{+\,NaOH} CH_3COO^- + Na^+$$

Zwei Säuren, deren Dissoziationskonstanten sich genügend unterscheiden, können auch nebeneinander bestimmt werden. Abb. 3.45, Kurve 1 zeigt den Kurvenverlauf einer Titration von HCl und CH_3COOH nebeneinander. Der starke Leitfähigkeitsabfall entspricht der Neutralisation der HCl, der langsame Anstieg zeigt die Neutralisation der Essigsäure an. Der steile Anstieg schließlich rührt wieder vom Reagenzüberschuss her.

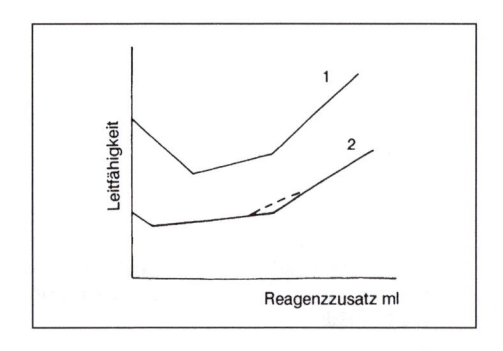

Abb. 3.45: Änderung der Leitfähigkeit bei der Titration von (HCl + CH₃COOH) mit NaOH (1) bzw. CH₃COOH mit NaOH (2)

Größere Unterschiede in den Dissoziationskonstanten mehrbasiger Säuren machen sich wie z. B. bei der Phosphorsäure durch mehrere, schwach ausgeprägte Knickpunkte in den Titrationskurven bemerkbar. Eine exakte Auswertung ist hier allerdings kaum mehr möglich.

Für argentometrische Fällungstitrationen lässt sich die Konduktometrie ebenfalls gut einsetzen. An Stelle des sonst üblichen Silbernitrats kann man hier jedoch eine Silberacetatmaßlösung verwenden. Bei der Reaktion werden die Halogenidionen durch das Anion des Silbersalzes ersetzt:

$$K^+ + Br^- \xrightarrow{+ AgCH_3COO} AgBr\downarrow + K^+ + CH_3COO^-$$
$$\;\;65\;\;\;680\;\;\;\;\;65\;\;\;\;\;35$$

$$K^+ + Br^- \xrightarrow{+ AgNO_3} AgBr\downarrow + K^+ + NO_3^-$$
$$0\;\;\;\;\;65\;\;\;\;\;62$$

Im Falle des Acetats fällt der erste Ast der Kurve also steiler als beim Nitrat. Dadurch erhält man einen wesentlich schärferen Schnittpunkt. Ähnliches gilt für die Sulfatbestimmung mit Bariumacetatlösung. Diese Beispiele zeigen deutlich, dass die Wahl der Maßlösung bei der Konduktometrie unter Umständen eine wesentlich größere Bedeutung haben kann als bei anderen Titrationen.

Verdrängungstitrationen, wie die Titration von NaCH₃COO mit HCl oder von NH₄Cl mit NaOH, lassen sich ebenfalls gut ausführen.

$$NH_4^+ + Cl^- \xrightarrow{+ NaOH} NH_3 + H_2O + Na^+ + Cl^-$$
$$\;\;64\;\;\;\;\;660\;\;\;\;\;\;0\;\;\;\;\;44\;\;\;\;66$$

(Abb. 3.45, obere Kurve),

$$Na^+ + CH_3COO^- \xrightarrow{+ HCl} Na^+ + Cl^- + CH_3COOH$$
$$\;\;44\;\;\;\;\;\;3544\;\;\;\;66\;\;\;\;\;\;0$$

(Abb. 3.45, untere Kurve).

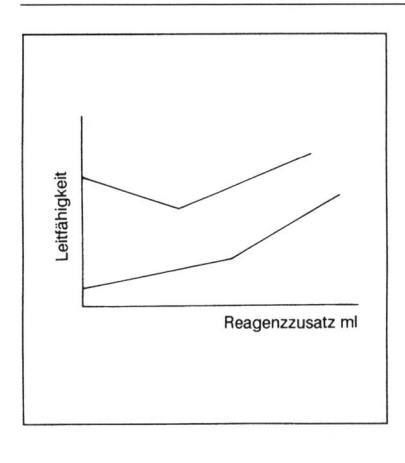

Abb. 3.46: Änderung der Leitfähigkeit bei der Veränderungstitration (obere Kurve: NH₄Cl mit NaOH; untere Kurve: NaCH₃COO mit HCl)

3.6.5.3 Messanordnung

Die Widerstände werden mit einer **Wheatstoneschen Brücke** gemessen (Abb. 3.47).

Diese besteht aus 4 Brückenwiderständen, nämlich dem unbekannten Widerstand R_x, einem Vergleichswiderstand R_v sowie einem kalibrierten Messdraht, der durch den Schleifkontakt S in die beiden Widerstände a und b geteilt wird. Die Brücke wird durch eine Wechselstromquelle gespeist.

In der Brückendiagonale liegt das Nullinstrument, das Stromlosigkeit anzeigt, wenn die Bedingung $\frac{R_x}{R_v} = \frac{a}{b}$ erfüllt ist.

Der unbekannte Widerstand R_x ergibt sich dann zu $R_x = R_v \cdot a/b$. Die Messgenauigkeit der Brücke ist am größten, wenn das Brückenverhältnis a/b = 1 ist, d. h. wenn S in der Mitte steht. Nach beiden Seiten hin nimmt sie dagegen ab. Aus diesem Grund soll der Vergleichswiderstand in der gleichen Größenordnung liegen wie der unbekannte.

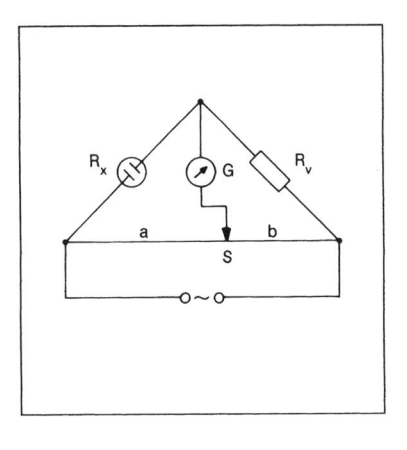

Abb. 3.47: *Wheatstone*sche Brückenschaltung

Elektroanalytische Methoden

Als Stromquelle dient im allgemeinen ein Wechselstromgenerator von 800–1000 Hz. Wegen der Gefahr der Elektrodenpolarisation kann die Frequenz nur bei hohen Widerständen, z. B. in nichtwässrigen Lösungsmitteln, auf 50 Hz erniedrigt werden.

Als Nullinstrument verwendet man einen Transistorverstärker mit geeignetem Anzeigeinstrument.

Als Leitfähigkeitsgefäße wurden zahlreiche Modelle entwickelt, die sich vor allem in der Gefäßform, der Stellung und der Größe der Elektroden unterscheiden. Viel verwendet werden auch Tauchelektroden. In allen Fällen bestehen die Elektroden aus Platinblechen oder -drähten, die meist platiniert sind. Sie müssen so befestigt sein, dass sich ihr Abstand und damit die sog. Zellenkonstante nicht ändern kann (vgl. S. 456).

Außer zur Endpunktsindizierung wird die Leitfähigkeitsmessung zur Absolutbestimmung benutzt, z. B. für die Reinheitsprüfung von Wasser (sog. Leitfähigkeitswasser) und die Elektrolytbestimmung von Zuckerlösungen (sog. Aschebestimmung im Zucker). In diesen Fällen gibt die absolute Größe der Leitfähigkeit Aufschluss über die Reinheit der untersuchten Produkte.

3.6.5.4 Titration mit konduktometrischer Endpunktsanzeige

In die Analysenlösung wird eine Tauchelektrode so tief eingetaucht, dass der Flüssigkeitsspiegel etwa 0,5 cm über dem oberen Rand der Elektrodenbleche steht. Nun wird die Wheatstonesche Brücke auf Null abgeglichen und der Widerstand oder die Abschnitte a und b des kalibrierten Messdrahtes abgelesen. Unter ständigem Rühren wird die Maßlösung in Anteilen von je 0,2 ml aus der Mikrobürette zugesetzt. Dabei ist darauf zu achten, dass der Tropfen gerade von der Bürette abfällt; denn ein "Abspritzen" mit Wasser würde zu erheblichen Fehlern führen. Nach jedem Zusatz wird die Brücke wieder auf Null abgeglichen und die Messwerte abgelesen. Insgesamt soll etwa doppelt so viel Maßlösung zugesetzt werden, wie zur quantitativen Umsetzung notwendig ist.

Zur Auswertung werden die reziproken Werte der Widerstände bzw. die Werte b/a gegen die verbrauchten ml Maßlösung aufgetragen. Durch die Messpunkte werden zwei Geraden gelegt, die sich im Äquivalenzpunkt schneiden. Die Punkte in der Nähe des Äquivalenzpunktes bleiben dabei unberücksichtigt.

3.7 Optische Methoden

3.7.1 Kolorimetrie und Photometrie

Das Grundprinzip beider Methoden besteht darin, eine farbige Lösung herzustellen, wobei der gesuchte Stoff oder das gesuchte Element in eine lichtechte, farbige, lösliche Verbindung eingebaut oder überführt wird oder eine Farbreaktion auslöst bzw. steuert.

Die **Kolorimetrie** ist ein Verfahren zur Konzentrationsermittlung durch optischen (in der Regel visuellen) Vergleich der Probelösung unbekannter Konzentration mit einer Standardlösung derselben Substanz. Zur Messung wird unzerlegtes (weißes) Licht verwendet. Die **Photometrie** dagegen beruht auf der Messung der Absorption monochromatischer Strahlung durch eine Lösung. Monochromatische Strahlung erhält man durch Verwendung von Filtern oder Monochromatoren (Gitter oder Prismen).

Die Vorteile der optischen Analysenmethoden sind Schnelligkeit und hohe Empfindlichkeit. Um diese Vorzüge auszunutzen, sollten die Lösungen vom Anfang bis zum Ende der chemischen Operationen klar bleiben und zeitraubende Arbeitsgänge, wie Fällungen, Filtrationen und Destillationen, nach Möglichkeit vermieden werden.

3.7.1.1 Grundbegriffe und Grundgesetze

Wenn ein aus weißem Licht bestehender Strahl einen mit einer Flüssigkeit gefüllten Glastrog (Küvette) durchsetzt, so erfolgt eine Lichtschwächung (Abb. 3.48). Der austretende Lichtstrom Φ_2 ist kleiner als der auftreffende Lichtstrom Φ_1. Unter Lichtstrom bzw. **Strahlungsleistung** versteht man die in der Zeiteinheit auf die Küvette fallende Lichtenergie; Einheit ist Lumen bzw. Watt. Der Verlust ist durch Reflexionen an den Grenzflächen Luft/Glas und Glas/

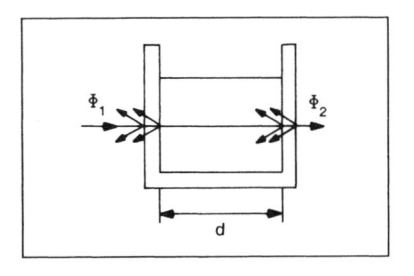

Abb. 3.48: Strahlengang durch eine Küvette

Flüssigkeit, durch Absorption in den Küvettenwänden, durch Streuung an suspendierten Teilchen, hauptsächlich aber auch Absorption in der Flüssigkeit bedingt. Die durch Reflexion und Absorption in den Glaswänden verursachten Verluste werden nie rechnerisch berücksichtigt; sie werden experimentell mit Hilfe einer Kompensationsküvette, die das reine Lösungsmittel oder eine Blindlösung enthält, eliminiert. Man verfährt dabei so, dass entweder die Probeküvette und die Kompensationsküvette nacheinander in den Strahlengang oder gleichzeitig beide Küvetten in zwei gleich intensive Strahlenbündel geschoben werden. Die Lichtschwächung durch Streuung lässt sich bei klaren Lösungen durch sorgfältiges und sauberes Arbeiten auf ein vernachlässigbares Maß herabdrücken. Die Verminderung des Lichtstromes durch Absorption kann nun über den gesamten sichtbaren Wellenlängenbereich ungefähr gleich sein – die Lösung erscheint dem Auge dann grau – oder sie kann sich in den einzelnen Spektralbereichen verschieden stark auswirken. In diesem Falle erscheint die Lösung farbig, und zwar ist die Farbe des auftretenden Lichtbündels zur Farbe der absorbierten Strahlung komplementär. Absorbiert eine Lösung im grünen Bereich, so erscheint sie purpurrot, absorbiert sie im gelben Bereich, so erscheint sie blau. Das Ausmaß der Absorption einer Substanz wird üblicherweise als Funktion der Wellenlänge wiedergegeben; den Kurvenverlauf bezeichnet man als **Absorptionsspektrum**.

Obwohl viele Begriffe und Gesetzmäßigkeiten auch in den Bereichen der ultravioletten und infraroten Strahlung gelten, sollen die folgenden Betrachtungen auf den sichtbaren Bereich des Spektrums beschränkt bleiben.

Schickt man monochromatische Strahlung durch eine Küvette mit einer absorbierenden Lösung (die Reflexionsverluste an den Phasengrenzflächen und die durch Absorption in den Küvettenwandungen bedingte Lichtschwächung sollen dabei vernachlässigt werden), so nimmt der Lichtstrom um so mehr ab, je weiter er in die absorbierende Flüssigkeit eindringt und je größer die Konzentration des absorbierenden Mediums ist, d. h., die relative Abnahme des Lichtstromes ist der Anzahl der im Strahlengang befindlichen absorbierenden Teilchen proportional. Bezeichnet man mit $-\,\mathrm{d}\Phi$ die Abnahme des Lichtstromes Φ, wenn die Anzahl der absorbierenden Teilchen um den Betrag $\mathrm{d}n$ zunimmt, so erhält man mit k' als Proportionalitätsfaktor

$$-\mathrm{d}\Phi = \Phi \cdot k' \cdot \mathrm{d}n$$

Durch Umformen und Integration in den angegebenen Grenzen ergibt sich

$$-\int_{\Phi_0}^{\Phi} \frac{\mathrm{d}\Phi}{\Phi} = k' \int_0^n \mathrm{d}n, \quad -\ln\frac{\Phi}{\Phi_0} = k' \cdot n.$$

Die Einführung dekadischer Logarithmen ändert nur den Proportionalitätsfaktor

$$-\lg\frac{\Phi}{\Phi_0} = k \cdot n$$

Φ_0 ist der in die Lösung eintretende Lichtstrom, n die Anzahl der Teilchen entlang der Schichtdicke d, innerhalb der der Lichtstrom auf den Wert Φ abnimmt. Die dimensionslose Größe Φ/Φ_0 bezeichnet man als **Transmissionsgrad** τ_i, den negativen Logarithmus von τ_i als **Extinktion** E:

$$-\lg \frac{\Phi}{\Phi_0} = -\lg \tau_i = E = k \cdot n.$$

Da die Teilchenzahl n der Konzentration c und der Schichtdicke d proportional ist, resultiert schließlich das **Lambert-Beersche Gesetz**

$$E = \varepsilon \cdot c \cdot d$$

mit der neuen Proportionalitätskonstanten ε, dem **Extinktionskoeffizienten**.

Nach IUPAC wäre ε als molarer (dekadischer) Absorptionskoeffizient zu bezeichnen und statt E wird das Symbol A (spektrales dekadisches Absorptionsmaß) empfohlen. Enthält eine Probe mehrere absorbierende Teilchenarten, so addieren sich die Einzelextinktionen für jede Teilchenart zur Gesamtextinktion der Probelösung. Da Φ Werte zwischen Φ_0 und Null annehmen kann, variiert demnach $E = -\lg(\Phi/\Phi_0)$ zwischen Null und Unendlich. Höhere Extinktionen als 2 lassen sich aber bei der Messung selten verwerten, weil der Bereich, in dem eine zufriedenstellende analytische Genauigkeit gilt, begrenzt ist.

Der Extinktionskoeffizient ε ist von der Wellenlänge λ abhängig. Die Funktion $\varepsilon = f(\lambda)$ gibt die Absorptionskurve wieder, sie ist typisch für die absorbierende Substanz. Gibt man d in cm und c in Mol/Liter an, so erhält ε die Dimension Liter/(Mol·cm). Man bezeichnet ε dann als den molaren dekadischen Extinktionskoeffizienten. Für farbstarke Lösungen liegt ε in der Größenordnung 10^4 Liter/(Mol·cm).

ε ist eine Materialeigenschaft (intensive Größe), während E eine Eigenschaft der Probe (extensive Größe) ist und sich mit der Konzentration und der Schichtdicke ändert.

Der Kolorimetrie liegt das **Beersche Gesetz** zugrunde. Es folgt aus dem *Lambert-Beer*schen Gesetz durch Gleichsetzen von ε_1 und ε_2 (gleiche Substanzen!):

$$E_1 = \varepsilon_1 \cdot c_1 \cdot d_1; \qquad E_2 = \varepsilon_2 \cdot c_2 \cdot d_2.$$

Zwei solcher Lösungen weisen dann gleiche Extinktion auf, wenn

$$c_1 \cdot d_1 = c_2 \cdot d_2$$

oder

$$c_1 : c_2 = d_2 : d_1,$$

d. h. wenn sich die Konzentrationen umgekehrt wie die Schichtdicken verhalten.

3.7.1.2 Geräte

Für die **Kolorimetrie** ergeben sich aus dem *Beer*schen Gesetz zwei Anwendungsmöglichkeiten. Entweder arbeitet man bei gleichen Schichtdicken und mit Vergleichslösungen

490 Optische Methoden

unterschiedlicher Konzentration oder man variiert die Schichtdicke der Vergleichslösung bei konstanter Konzentration.

Im ersten Falle wird die Untersuchungslösung in eine Reihe gleichartiger Standardlösungen abgestufter Konzentration eingeordnet. Als Gefäße können Becher- oder Reagenzgläser verwendet werden. Dabei ist auf gleichmäßige Beleuchtung durch diffuses Licht zu achten. Als Hintergrund benutzt man weißes Papier oder eine beleuchtete Mattglasscheibe. Man kann auch die Konzentration der Untersuchungslösung durch Verdünnen mit dem Lösungsmittel solange definiert ändern, bis die gleiche Farbintensität wie bei einer Vergleichslösung besteht oder bis die Farbintensität der Probelösung zwischen den Farbstärken zweier Vergleichslösungen liegt. Dieses Verfahren ist mehrmals durchzuführen und ein Mittelwert zu bilden.

Das zweite Prinzip liegt z. B. dem **Eintauchkolorimeter von Dubosq** (Abb. 3.49) zugrunde. Die von einer weißen Lichtquelle ausgehende Strahlung wird geteilt und durchsetzt in getrennten Strahlengängen zwei Küvetten. Die Schichtdicke dieser Küvetten lässt sich durch Eintauchen von Glasprismen mit planparallelen Grundflächen messbar verändern, wobei die Ablesung von d mit Hilfe eines Nonius gewöhnlich auf 1/10 mm genau möglich ist. Nach dem Passieren der Flüssigkeitsschichten werden die Strahlenbündel mit Hilfe eines Doppelprismas wieder vereinigt, so dass im Okular nebeneinander zwei Halbkreisflächen zu beobachten sind. Man hält nun die Schichtdicke d_1 in dem Glasbecher mit der Vergleichslösung (Konzentration c_1) konstant und verändert die Eintauchtiefe des Glasstabes in der Küvette der Probelösung solange, bis kein Unterschied in der Farbintensität mehr wahrgenommen werden kann. Aus dem abgelesenen Wert für d_2 lässt sich nach $c_2 = c_1 \cdot d_1/d_2$ die Konzentration der Untersuchungslösung berechnen. Vor der Messung prüft man die Gleichmäßigkeit des Strahlenganges, indem man beide Küvetten mit der gleichen Flüssigkeit füllt und beide Tauchstäbe auf gleiche Schichtdicke einstellt. Erscheinen beide Gesichtsfeldhälften nicht gleich, so ist der Strahlengang durch Justierung der Beleuchtung solange zu korrigieren, bis der Unterschied verschwunden ist. Das Messverfahren setzt die Gültigkeit des *Beer*schen Gesetzes voraus. Man prüft diese Voraussetzung für den Kon-

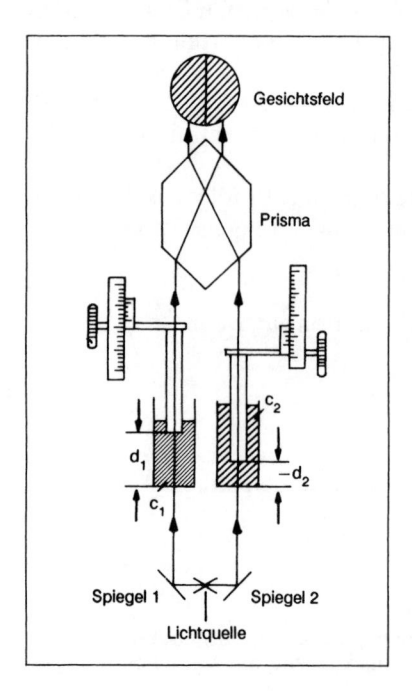

Abb. 3.49: Schematischer Strahlengang durch ein *Dubosq*-Kolorimeter

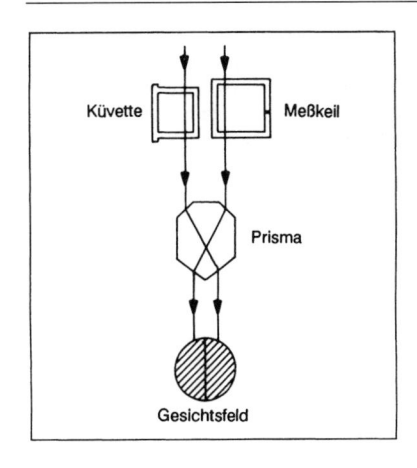

Abb. 3.50: Schematischer Strahlengang durch ein Keilkolorimeter nach *Autenrieth-Königsberger*

zentrationsbereich c_1 bis c_2 nach, indem man beide Küvetten mit der Lösung größerer Konzentrationen (z. B. c_2) füllt, die Schichtdicke d_2 einstellt, die eine Lösung dann auf die Konzentration c_1 verdünnt und die Eintauchtiefe in diesem Gefäß auf d_1 einreguliert. Stellt man fest, dass die Gesichtsfeldhälften vor und nach dem Verdünnen nicht farbgleich sind, so ist die Voraussetzung nicht erfüllt. Man muss in diesem Falle eine empirische Eichkurve aufnehmen, indem man bei konstantem Produkt $c_1 \cdot d_1$ die Konzentration c_2 graphisch gegen $1/d_2$ aufträgt.

Auf dem gleichen Prinzip beruht das **Keilkolorimeter nach Autenrieth-Königsberger** (Abb. 3.50). Die Probelösung befindet sich in einer Küvette konstanter Schichtdicke. Die Küvette mit der Vergleichslösung bekannter Konzentration ist keilförmig ausgebildet. Dieser Glaskeil lässt sich durch einen Trieb längs einer Skala messbar verschieben. Die Strahlenbündel werden durch eine geeignete Optik nach Passieren der Küvetten wieder so zusammengeführt, dass die Vergleichsfelder von Küvette und Keil nebeneinander liegen. Durch Verschiebung des Keils werden beide Gesichtsfeldhälften auf den gleichen Farbreiz eingestellt. Die Schichtdicke d_0 des Keils ändert sich linear mit der Höhe und ist dem abgelesenen Skalenteil s proportional. Ist c_0 die Konzentration der Vergleichslösung im Keil, d die Schichtdicke der Untersuchungsküvette und a eine Eichung durch zu ermittelnde Konstante, so gilt

$$c = c_0 \cdot \frac{a \cdot s}{d}, \quad c = K \cdot c_0.$$

Das heißt, die Konzentration der unbekannten Lösung c ist der Verschiebung an der Skala proportional. Auch hier legt man für jeden zu bestimmenden Stoff eine empirische Eichkurve fest, die bei Gültigkeit des *Beer*schen Gesetzes eine Gerade darstellt.

Die Kolorimetrie weist gegenüber der Photometrie den Vorzug auf, dass man mit billigeren Geräten arbeiten kann, die keine spektrale Zerlegung erfordern. Man benötigt aber Vergleichslösungen, die nicht immer haltbar sind und die zuweilen auch gar nicht zur Verfügung stehen.

Mit Hilfe der **„Mischfarbenkolorimetrie"** lässt sich die Fehlerbreite bei kolorimetrischen Messungen erheblich verbessern. Das geschieht durch Einschieben eines Farbglases vor das Okular. Das Farbglas wählt man in der Komplementärfarbe zur Lösung. Man stellt dann nicht mehr auf gleiche Farbsättigung, sondern auf gleichen Farbton ein.

In der **Photometrie** wird die Absorption in einem bestimmten engen Wellenlängenbereich bzw. bei streng monochromatischer Strahlung bei einer bestimmten Wellenlänge gemessen. Messgrößen sind die Extinktion E oder der Transmissionsgrad τ_i. Die Auswahl des Wellenlängenbereiches erfolgt bei den Filterphotometern durch Farb- oder Interferenzfilter, bei den Spektralphotometern durch spektrale Zerlegung des Lichtes mit Hilfe

492 Optische Methoden

eines Monochromators. Statt mit einer weißen Lichtquelle kann man auch mit Metalldampflampen arbeiten, die ein diskontinuierliches Linienspektrum aussenden.

Die gewünschte Spektrallinie wird dabei mit Hilfe von Sperrfiltern ausgesondert. Um die Empfindlichkeit eines Analysenverfahrens möglichst groß zu machen, wird man nach Möglichkeit die Wellenlänge des Absorptionsmaximums der Untersuchungslösung als Arbeitswellenlänge wählen.

Folgende Apparateteile kennzeichnen den Aufbau eines Photometers:

a) Strahlungsquelle (Glühlampe, Metalldampflampe, Leuchtdiode, Laser);
b) Intensitätseinstellung (Irisblende, veränderlicher Spalt, Vorwiderstand der Lampe);
c) Wellenlängeneinstellung (farbige Gläser oder farbige Folien als Spektralfilter, Interferenzfilter, Sperrfilter, Prismen oder Gitter als Monochromatoren);
d) Probenbehälter (Küvetten);
e) Empfänger (Auge, Sperrschichtzellen oder Photoelemente, Photozellen, Photosekundärelektronenvervielfacher, Thermosäule, Photoplatte);
f) Anzeigegerät (Galvanometer, Schreiber).

Je nach der Art des Empfängers unterscheidet man zwischen visuellen und lichtelektrischen Photometern. Die visuellen Geräte arbeiten mit zwei Strahlengängen, die über zwei Spiegel erzeugt werden (vgl. Abb. 3.51). In dem einen Strahlengang befindet sich die Küvette mit der Untersuchungslösung, in den zweiten Strahlengang kann eine Küvette mit einer Kompensationslösung eingebracht werden. Solche Geräte bezeichnet man als **Kompensationsphotometer**. Außerdem geht dieser Strahlengang durch eine Lichtschwächungsvorrichtung (Blende, Graukeil, *Nicol*sche Prismen), mit deren Hilfe beide Gesichtsfeldhälften auf gleiche Helligkeit eingestellt werden können. Die Lichtschwächungsvorrichtung ist mit einer Skala gekoppelt, an der die Extinktion bzw. der Transmissionsgrad abgelesen werden kann. Die Anwendung des Kompensationsverfahrens erlaubt die Messung der Analysenfarbe auch in Lösungen mit Eigenfärbung und gestattet die Verwendung farbiger Reagenzien. Im ersten Fall erfolgt die Kompensation durch die farbige Grundlösung ohne Reagenzzusatz, im zweiten Fall durch einen Blindansatz ohne Analysensubstanz. Mit Hilfe von **Zweistrahlgeräten** können Intensitätsschwankungen der Lichtquelle weitgehend ausgeschaltet werden. In die lichtelektrischen Zweistrahlgeräte kann man zwei gleichartige Empfänger einbauen oder die über beide Lichtwege verteilte Strahlung in zeitlicher Aufeinanderfolge abwechselnd auf denselben Empfänger gelangen lassen.

Bei **Einstrahlgeräten** bringt man Probe- und Kompensationslösung nacheinander in denselben Strahlengang. Als Beispiel für ein Photometer mit nur einem Strahlengang soll das Arbeitsprinzip des Eppendorf-Photometers erläutert werden (Abb. 3.52):

Als Strahlungsquelle dient eine Metalldampflampe (Hg- oder Hg/Cd-Lampe), die zum Schutz gegen Spannungs- und Frequenzschwankungen über einen stabilisierten Transfor-

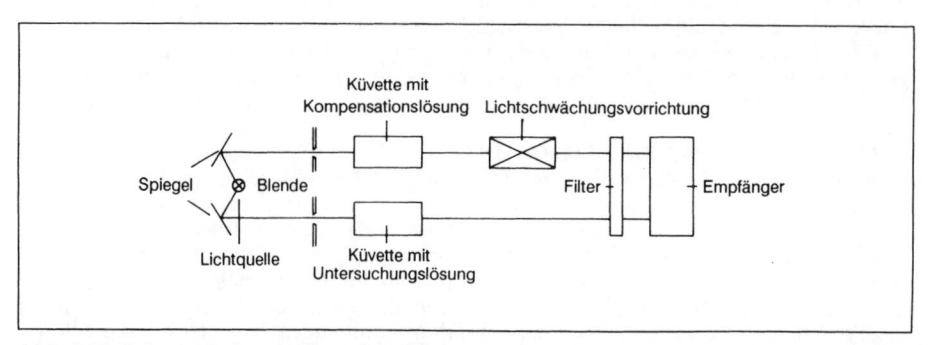

Abb. 3.51: Schematischer Aufbau eines Kompensationsphotometers mit 2 Strahlengängen

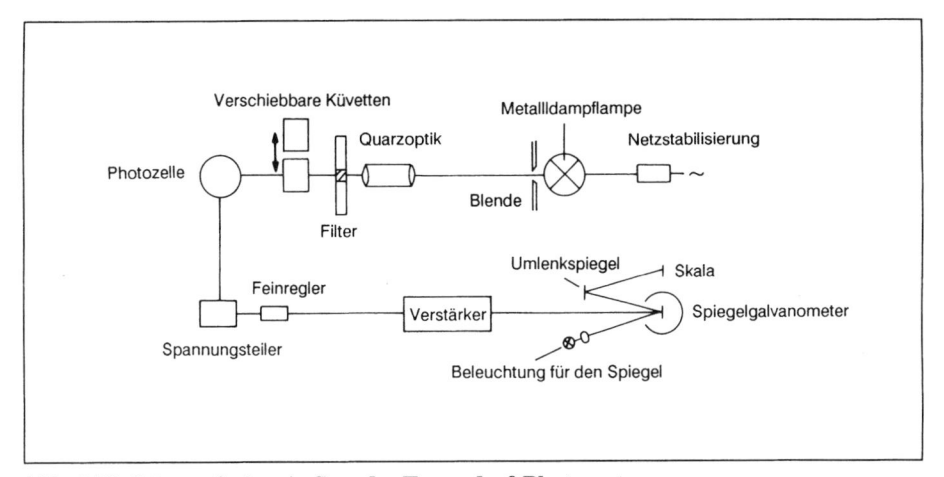

Abb. 3.52: Schematischer Aufbau des Eppendorf-Photometers

mator und eine Strombegrenzungsdrossel aus dem Wechselstromnetz gespeist wird. Aus dem Leuchtband der Lampe wird durch eine Blende ein Teil ausgeblendet. Das Licht gelangt dann durch eine Quarzoptik, mit der erreicht wird, dass die Messstrahlung in einem schmalen, exakt begrenzten Strahlenbündel die Küvette durchsetzt. Aus dem Linienspektrum der Lampe wird mit Hilfe eines geeigneten Filters eine Linie als streng monochromatische Messstrahlung isoliert. Der Lichtstrom fällt nach dem Durchgang durch die Küvette mit der zu messenden Lösung auf die lichtempfindliche Schicht einer Alkaliphotozelle und erzeugt dort einen Photostrom, dessen Größe dem auftreffenden Lichtstrom proportional ist. Dieser elektrische Strom ruft an einer Reihenschaltung von geeichten Widerständen, dem Spannungsteiler, eine dem Strom proportionale Spannung hervor, die in einem Wechselstromverstärker verstärkt und durch ein hochempfindliches Lichtmarkengalvanometer angezeigt wird. Die Küvetten befinden sich in einem schwenkbaren oder parallel verschiebbaren Halter, so dass sie nacheinander in den Strahlengang gebracht werden können.

3.7.2 Photometrische Bestimmungen

Als Anwendungsbeispiele sollen eine photometrische Bestimmung des Kupfers in Messing oder Bronze als Tetraamminkupferkomplex und eine photometrische Bestimmung des Mangans in Stahl als Permanganat mit dem Eppendorf-Photometer beschrieben werden.

Kupferbestimmung in Messing oder Bronze

Reaktionsprinzip: Cu^{2+}-Ionen bilden mit Ammoniak einen blauen Tetraamminkomplex, dessen Absorptionskurve bei 625 nm ein flaches Maximum aufweist. Bei 578 nm ist die Extinktion vom Anion des Komplexes unabhängig. Durch Zusatz von Weinsäure werden störende Metallionen komplexiert.

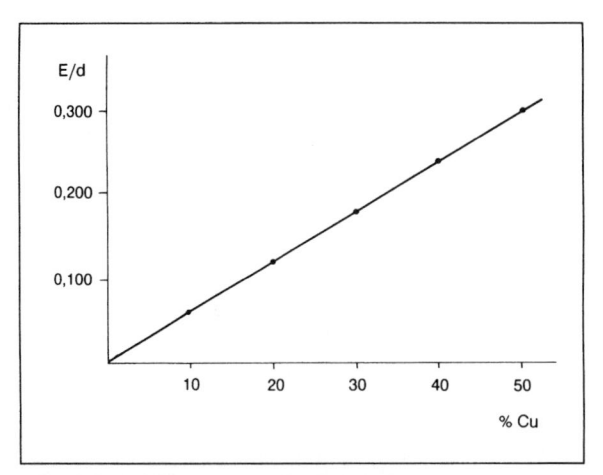

Abb. 3.53: Eichkurve zur Kupferbestimmung

Reagenzien: 14,5 mol/l HNO_3; 40%ige Weinsäure-Lsg.; 13 mol/l NH_3.
Arbeitsvorschrift: 0,200 g der Probe werden in einem 250-ml-Messkolben in 10 ml HNO_3 u. 20 ml Weinsäure-Lsg. gelöst. Die Lsg. wird auf ca. 200 ml mit Wasser verd., mit 30 ml Ammoniak versetzt u. nach dem Abkühlen zur Marke mit Wasser aufgefüllt. Dann bestimmt man die Extinktion der Lsg. bei 578 nm gegen dest. Wasser als Blindlösung.
Berechnung: Die Auswertung soll mit Hilfe einer Eichgeraden (Abb. 3.53) erfolgen, die mit einer Standardlösung aufgenommen wird.

Zu diesem Zweck löst man 1,9645 g $CuSO_4 \cdot 5\ H_2O$ in Wasser u. verdünnt die Lösung in einem Messkolben auf 500 ml. Sie enthält 1 mg Cu/ml. Aus einer Bürette gibt man 8, 16, 24, 32 u. 40 ml dieser Standard-Lsg. jeweils in einen 100-ml-Messkolben u. behandelt diese Lsg. nach der Arbeitsvorschrift weiter, indem man 4 ml HNO_3 u. 8 ml Weinsäure-Lsg. zufügt, auf ca. 80 ml mit Wasser verd., mit 12 ml Ammoniak versetzt, abkühlt u. mit Wasser zur Marke auffüllt.

Die auf die Schichtdicke 1 cm bezogene Extinktion bei 578 nm trägt man gegen die Cu-Konz. graphisch auf. Nach folgender Überlegung kann man die Abszisse der Eichgeraden unmittelbar in „Prozent Kupfer in der Probe" eichen: Der abgemessenen Cu-Menge in 100 ml Lsg. entspricht die 2,5fache Menge in 250 ml Lösung. Letztere soll in 200 mg der Legierung enthalten sein, was einen Cu-Gehalt von $w(Cu) = 10, 20, 30, 40$ bzw. 50% entspricht.

Manganbestimmung in Stahl

Reaktionsprinzip: Mn^{2+}-Ionen werden in saurer Lösung durch Kaliumperioxidat in der Siedehitze zu rotvioletten MnO_4^-–Ionen oxidiert. Das Absorptionsmaximum des Permanganations liegt bei 525 nm. Störungen durch Eisen werden durch Zusatz von Phosphorsäure ausgeschaltet.

Reagenzien: Mischsäure ($H_3PO_4 + H_2SO_4$), in 700 ml dest. Wasser werden 150 ml 18 mol/l H_2SO_4 u. 150 ml 15 mol/l H_3PO_4 eingegossen; 6,5 mol/l HNO_3; Kaliumperiodatlsg. (10 g Kaliumperiodat in 250 ml der heißen Mischsäure lösen).
Arbeitsvorschrift: 0,100 g der Stahlspäne werden in ein 50-ml-Becherglas eingewogen, mit etwas dest. Wasser angefeuchtet u. in 5 ml HNO_3 unter Erwärmen gelöst. Dann setzt man etwa 10 ml dest. Wasser zu, verkocht die Stickstoffoxide, kühlt ab, überführt in einen

50-ml-Messkolben, füllt mit dest. Wasser zur Marke auf u. schüttelt um. Anschließend wird die Lsg. über ein trockenes Filter in ein trockenes Becherglas filtriert. Vom Filtrat werden 10 ml in einem 25-ml-Messkolben überführt, mit 2 ml Kaliumperiodatlsg. versetzt, 3 bis 4 Min. lang zum Sieden erhitzt u. anschließend noch etwa 30 Min. lang auf 90 °C gehalten. Dann wird die Lsg. auf 20 °C abgekühlt u. mit dest. Wasser zur Marke aufgefüllt. Die Extinktion der Lsg. misst man bei 546 nm gegen eine Blindprobe aus 10 ml der filtrierten Lsg., die man auf 25 ml verdünnt.

Berechnung: Die Berechnung soll mit Hilfe eines „Eichfaktors", der über eine Eichgerade experimentell bestimmt wurde, nach folgender Formel erfolgen:

$$\% \text{ Mn} = f_{\text{Eich}} \cdot \frac{E}{d} \quad (d \text{ in cm})$$

Zur Aufstellung der Eichgeraden diesen Normalstähle mit bekanntem Mn-Gehalt, die unter den gleichen Versuchsbedingungen analysiert werden. Folgende Betrachtung lässt erkennen, aus welchen Größen sich der Eichfaktor zusammensetzt:

Wenn ε der Extinktionskoeffizient des Permanganats unter den Versuchsbedingungen, also in Gegenwart der Begleitstoffe und aller verwendeten Chemikalien, ist, dann ergibt sich für die Stoffmengenkonzentration im Messkolben

$$c(\text{MnO}_4^-) = \frac{1}{\varepsilon} \cdot \frac{E}{d}$$

Ist V das Volumen des Messkolbens, so enthält er an Permanganat bzw. Mangan

$$n(\text{MnO}_4^-) = n(\text{Mn}) = \frac{1}{\varepsilon} \cdot \frac{E}{d} \cdot V$$

Multiplikation der Stoffmenge n mit der molaren Masse des Mangans, $M(\text{Mn})$, ergibt die Masse des Mangans $m(\text{Mn})$

$$m(\text{Mn}) = \frac{1}{\varepsilon} \cdot \frac{E}{d} \cdot V \cdot M(\text{Mn})$$

Da die Stahleinwaage $m_\text{E} = 0{,}100$ g war, ist der gesuchte Massenanteil

$$w(\text{Mn}) = \left[\frac{1}{\varepsilon} \cdot V \cdot \frac{M(\text{Mn})}{m_\text{E}}\right] \cdot \frac{E}{d}$$

Der Klammerausdruck mal hundert wird zum analytischen Faktor f_{Eich} zusammengefasst:

$$\% \text{ Mn} = w(\text{Mn}) \text{ in Prozent} = f_{\text{Eich}} \frac{E}{d} \approx 3{,}03 \frac{E}{d(\text{in cm})}$$

3.7.3 Atomemissionsspektroskopie, Flammenphotometrie

Den Elektronen eines Atoms können diskrete Energiezustände zugeordnet werden. Diese Energiezustände sind durch die Wellenfunktionen (Orbitale) charakterisiert. Da aufgrund der unterschiedlichen Kernladung der einzelnen Elemente des Periodensystems die Orbitalenergien von Element zu Element variieren, ändern sich auch die Energiebeträge die aufgewendet werden müssen, um Elektronen von einem Energiezustand in einen höheren Energiezustand anzuregen. Diese angeregten Elektronen fallen nach einiger Zeit in den Grundzustand zurück. Dabei wird die überschüssige Energie in Form von Licht emittiert. Durch Messung der Wellenlänge des emittierten Lichts und damit des Energiebetrags ist es also möglich, die einzelnen Elemente qualitativ zu bestimmen. Im wesentlichen werden dazu zwei Messanordnungen verwendet. Im einen Fall wird die von den angeregten Atomen emittierte Wellenlänge der Strahlung gemessen, im anderen die von den Atomen im Grundzustand absorbierte Wellenlänge. Die Messanordnungen sind schematisch in Abb. 3.54 und 3.55 wiedergegeben. Das oben angegebene Prinzip kann nicht nur in der qualitativen Spektralanalyse, sondern auch in der quantitativ ausgelegten Flammenphotometrie verwendet werden. Es wird um so mehr Strahlung ausgesendet, je mehr Atome eines Elements in der Flamme sind, und die Intensität der Strahlung ist direkt proportional zur Konzentration des Elements in der Probe. Die beobachtete Intensität weicht allerdings meist stark von dieser theoretisch linearen Gesetzmäßigkeit ab, weshalb in der Praxis mit Kalibrierkurven gearbeitet werden muss. Siehe hierzu auch das folgende Kapitel über die Atomabsorptionsspektroskopie.

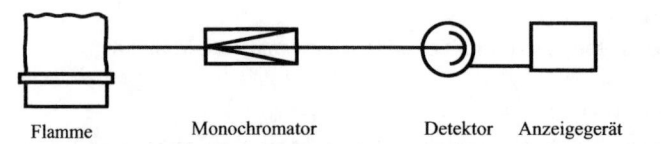

Abb. 3.54: Aufbau eines Flammenphotometers (Atomemissionsspektroskopie)

3.7.4 Atomabsorptionsspektroskopie, AAS

Jedes Absorptionsspektrophotometer besteht aus einer Lichtquelle, einem Probenraum und es besitzt eine spezifische Anordnung zur Lichtmessung.

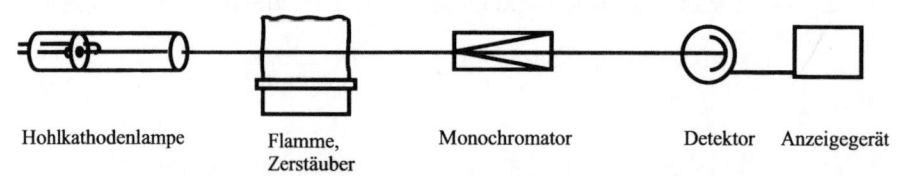

Abb. 3.55: Aufbau eines Atomabsorptionsspektrometers

Als Lichtquelle wird in der Atomabsorptionsspektroskopie meistens eine Hohlkathodenlampe verwendet. Die Hohlkathodenlampe, deren Kathode aus einem ausgehöhlten Zylinder des zu bestimmenden Metalls besteht, erzeugt ein Emissionsspektrum des Elements, dessen Absorption gemessen werden soll (eine solche Vorgehensweise nennt man Resonanzanregung). Anode und Kathode sind in einen Glaszylinder eingeschlossen, der entweder mit Neon oder Argon gefüllt ist. Befindet sich zwischen Anode und Kathode eine elektrische Spannung, werden einige Atome des Füllgases ionisiert (Ar → Ar$^+$). Die positiv geladenen Ionen werden im elektrischen Feld beschleunigt und kollidieren mit der negativ

Tab. 3.27: Wellenlängen, bei denen einige ausgewählte Metalle mit der AAS bestimmt werden

Metall	Wellenlänge/nm
Lithium	670,8
Natrium	589,0 und 589,6
Aluminium	309,3
Blei	283,3
Arsen	189
Chrom	357,9
Kupfer	327,4
Nickel	352,4
Zink	213,9
Cadmium	288,8
Quecksilber	253,7

geladenen Kathode, aus der sie einzelne Metallatome in einem Sputter-Prozess herausschlagen (M^o). Diese Atome werden dann durch Kollision mit den Ar^+-Ionen angeregt ($M^o \rightarrow M^*$) und emittieren beim Zurückfallen in den Grundzustand Licht mit der charakteristischen Wellenlänge des Kathodenmaterials ($M^* \rightarrow M^o$).

Die Probenlösung ($M^+ + A^-$) wird in ein Brennersystem gesaugt und zerstäubt. Dann wird das so entstandene Aerosol ($M^+ + A^-$) mit dem Brennergas und evtl. oxidierenden Gasen vermischt. Kommt das Aerosol schließlich am Brennerkopf in die Flamme, verdampft das Lösungsmittel und es bleiben kleine Feststoffpartikel zurück (MA), die durch Temperaturerhöhung über eine Flüssigphase in die Gasphase übergehen können. Aus der Gasphase (MA) werden die Moleküle durch weitere Energiezufuhr (ΔT) atomisiert ($M^o + A^o$) dann angeregt (M^*) und schließlich ionisiert ($M^+ + e^-$). Die Flammentemperatur ist somit ein wichtiger Parameter, der diese Prozesse steuert, denn für die Atomabsorptionsspektroskopie sollen möglichst nur Atome generiert werden, die sich in ihrem Grundzustand befinden ($M^o + A^o$).

Die Anzahl der Atome im Grundzustand bestimmt nun die in der Flamme absorbierte Menge des Lichts. Die Konzentration wird durch den Vergleich der Probenabsorption mit der Absorption einer Standardlösung bestimmt und es ist klar, dass sich die Flammentemperatur zwischen der Messung des Standards und der Probe nicht ändern sollte. In Tab. 3.28 sind einige Flammentemperaturen angegeben. Für die meisten Untersuchungen werden Luft/Acetylen-Gemische verwendet.

Der Atomabsorptionsprozess ist in Abb. 3.55 wiedergegeben. Licht der Resonanzwellenlänge mit der ursprünglichen Strahlungsleistung Φ_0 durchläuft die Brennerflamme, die die zu bestimmenden Atome im Grundzustand enthält. Dabei wird die ursprüngliche Strahlungsleistung (Lichtintensität) um einen Betrag reduziert, der durch die Anzahl der Atome in der Brennerflamme bestimmt wird. Aus der hervorgerufenen Schwächung des Lichts kann man auf die Zahl der absorbierenden Atome, entsprechend dem Lambert-Beerschen Gesetz schließen

Tab. 3.28: Temperaturen einiger Gasflammen

Gasgemisch	Temperatur/°C
Luft/Methan	1875
Luft/Erdgas	1700–1900
Luft/Wasserstoff	2000–2050
Luft/Acetylen	2125–2400
N_2O/Acetylen	2600–2800

$$\Phi = \Phi_0 \cdot e^{-acl}$$

(Φ = Strahlungsleistung; a = molarer Absorptionskoeffizient; c = Konzentration; l = Weglänge).

Danach sollte es egal sein, ob man mit kleiner Konzentration c und langer Weglänge l oder mit hoher Konzentration c und kleiner Weglänge misst. Streng gilt dies offenbar nur, wenn die einzelnen Metallatome keinerlei Wechselwirkungen untereinander eingehen, wie es also für geringe Konzentrationen angenommen werden kann. Man kann deshalb sagen, dass das *Lambert-Beer*sche Gesetz den Charakter eines Grenzgesetzes für kleine Konzentrationen hat.

Weitere Einschränkungen sind
- Die Konzentration gasförmig verdampfter Proben ist schwer anzugeben.
- Die Weglänge durch die Flamme ist nicht genau bestimmbar.
- Die Messbedingungen lassen sich nur schwierig über einen längeren Zeitraum konstant halten, weil Flammentemperatur, Gaszufuhr und Zufuhr der Probe sich leicht ändern können.

In der Praxis ergibt sich daher oft kein linearer Zusammenhang zwischen Absorption und Konzentration. Ein Diagramm, in dem die Absorption A gegen die Konzentration aufgetragen ist, ergibt dann keine Gerade, sondern eine Kurve.

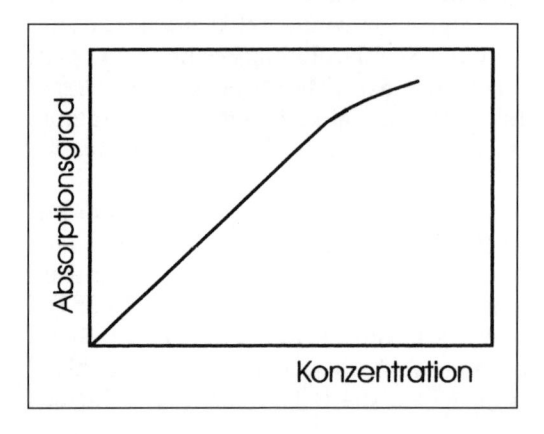

Abb. 3.56: Kalibrierkurve: Absorptionsgrad gegen Konzentration

Da weder die Konzentration c noch die Weglänge l bekannt sind, lässt sich der Absorptionskoeffizient a auch nicht berechnen. Zur Auswertung der Analyse muss auch deshalb immer eine Kalibriergerade (oder Kurve) angelegt werden.

3.7.3.1 Bestimmung von Strontium

Zur Herstellung einer Standardlösung löse man 1,685 g $SrCO_3$ in 10 ml 1 : 1-Salpetersäure und verdünne auf einen Liter. Die so erhaltene Lösung weist 1000 µg/ml Sr auf. Zur Messung verwende man einen Lampenstrom von 10 mA. Als Brenngas Acetylen/N_2O-Gemisch in der oxidierenden Flamme, Luft/Acetylen-Gemische können auch verwendet werden, jedoch reduzieren hier Silicium, Aluminium, Titan, Zirconium, Phosphat und Sulfat das Signal bei allen Konzentrationen. Man bestimmt die Linie bei 460,7 nm mit einer Spaltbreite von 0,1 mm. Der optimale Arbeitsbereich befindet sich bei 0,02–10 µg/ml.

3.8 Gasanalyse

Die quantitative Analyse von Gasen unterscheidet sich in der Methode wesentlich von der Analyse fester oder flüssiger Substanzen, vor allem, weil sich ein Gas in relativ kurzer Zeit in dem zur Verfügung stehenden Raum gleichmäßig verteilt. Darüber hinaus unterscheidet es sich in der Dichte von den festen und flüssigen Substanzen ungefähr um den Faktor 1000. Dadurch werden besonders gravimetrische Bestimmungen außerordentlich erschwert. Aus diesem Grund tritt in vielen Fällen an die Stelle der Wägung die Volumenmessung. Das Volumen ist abhängig von der Temperatur des Gases und vom Druck, unter dem das Gas steht. Genaue gasanalytische Bestimmungen erfordern daher stets die Messung bzw. Kontrolle der drei Größen Volumen, Druck und Temperatur.

Die Gasanalyse spielt in Forschung und Praxis eine bedeutende Rolle. Zwar werden heute in vielen Fällen, vor allem für Routinemessungen, Kontrollen usw., physikalisch-chemische Messmethoden und Apparaturen eingesetzt. Die Überprüfung und Eichung dieser Geräte erfordert aber wieder die Anwendung der „klassischen" Gasanalyse, von der einige grundlegende Methoden in den folgenden Kapiteln beschrieben werden.

3.8.1 Allgemeine Grundlagen

Die quantitative Bestimmung eines oder mehrerer Gase in einem Gasgemisch erfordert die Kenntnis des Zusammenhangs zwischen den Messgrößen Druck p, Volumen V, Temperatur θ und Masse m bzw. Stoffmenge n, der durch die Gasgesetze beschrieben wird.

3.8.1.1 Gasgesetze

Die beiden Zustandsgrößen Volumen und Druck sind bei konstanter Temperatur nach dem **Boyle-Mariotteschen Gesetz** einander umgekehrt proportional, d. h., das Produkt aus Druck und Volumen ist stets konstant.

$$p \cdot V = k \quad \text{bzw.} \quad p_1 V_1 = p_2 V_2$$

Die Temperaturabhängigkeit des Druckes eines Gases bei konstantem Volumen bzw. des Volumens bei konstantem Druck wird durch die beiden Formen des **1. Gay-Lussacschen Gesetzes** beschrieben:

$$p_t = p_0(1 + \beta\vartheta), \quad V_t = V_0(1 + \alpha\vartheta) \tag{1a, 1b}$$

Allgemeine Grundlagen 501

Der Koeffizient α bzw. β ist in beiden Gleichungen gleich und besitzt den Wert $\frac{1}{273,15\,\text{K}}$. Hier bedeuten p_0 und V_0 einen beliebigen Druck bzw. ein beliebiges Volumen bei $0\,°C$ ($\vartheta = 0\,°C$).

Setzt man definitionsgemäß für die Temperatur, gemessen in °C,

$$\vartheta = T - 273,15\,\text{K und}$$

$$T_0 = 273,15\,\text{K}\ (\vartheta = 0\,°C)$$

so vereinfachen sich die Gleichungen:

$$p_t = p_0 \frac{T}{T_0}, \quad V_t = V_0 \frac{T}{T_0}, \qquad (2\,a), (2\,b)$$

wobei T die Temperatur gemessen in K ist

Ein Gas befindet sich definitionsgemäß im Standardzustand, wenn es bei $0\,°C$ ($T_0 = 273{,}15\,\text{K}$) unter einem Druck von 760 Torr entsprechend 1013 hPa (mbar) steht. In den Gleichungen wird dieser Standarddruck durch das Symbol $p°$ gekennzeichnet. $V°$ ist ein Volumen unter Standarddruck bei $0\,°C$.

Sowohl beim *Boyle-Mariotte*schen als auch beim *Gay-Lussac*schen Gesetz ist stets eine der drei Messgrößen p, V und ϑ bzw. T konstant, die zweite Größe kann dann willkürlich geändert werden, wobei sich die dritte Größe automatisch einstellt.

Häufig ist es allerdings in der Praxis notwendig, einen Wert zu berechnen, wenn die beiden anderen Größen geändert werden. In diesem Falle verwendet man eine einfache Gleichung, die sich durch Vereinigung des *Boyle-Mariotte*schen und des *Gay-Lussac*schen Gesetzes ergibt:

$$\frac{p° \cdot V°}{T_0} = \frac{p_1 \cdot V_1}{T_1} = \frac{p_2 \cdot V_2}{T_2} \qquad (3)$$

Als drittes Gesetz beschreibt das **Avogadrosche Gesetz** den Zusammenhang zwischen der Masse m und dem Volumen V eines Gases. Danach nimmt ein Mol eines idealen Gases im Standardzustand einen Raum von 22,414 Litern ein. $V_m° = 22{,}414\,\text{l/mol}$ wird molares Standardvolumen genannt. Es gilt also die einfache Beziehung:

$$V° = n \cdot V_m° = \frac{m}{M} \cdot V_m° \qquad (4)$$

wobei $V°$ ein bestimmtes Volumen bei $p°$ und $0\,°C$, n die Stoffmenge in mol, m die Masse und M die molare Masse bedeuten. Führt man diese Beziehung (4) in Gleichung (3) ein und fasst die drei Größen $p°$, $V_m°$ und T_0 zu einer Konstanten, der sog. Gaskonstanten R, zusammen, so erhält man nach einer einfachen Umformung das ideale Gasgesetz

$$p \cdot V = n \cdot R \cdot T = \frac{m}{M} \cdot R \cdot T \qquad (5)$$

Gasanalyse

Der Zahlenwert der Gaskonstanten $R = \dfrac{p^\circ \cdot V_m^\circ}{T_0}$ richtet sich nach den Dimensionen, in denen Druck und Volumen gemessen werden, z. B.:

$V_m^\circ = 22,414 \text{ l/mol}$

$p^\circ = 1,013 \text{ bar}$

$T_0 = 273,15 \text{ K}$

$R = 0,08314 \text{ bar} \cdot 1/(\text{K} \cdot \text{mol})$

Das ideale Gasgesetz ist streng nur auf **ideale Gase** anwendbar. Alle bekannten **realen Gase** weichen mehr oder weniger stark vom idealen Verhalten ab, und zwar im allgemeinen um so stärker, je höher der Siedepunkt des Gases liegt. H_2 kommt z. B. dem idealen Verhalten recht nahe, während CO_2 erheblich abweicht. Aus diesem Grunde führte van der Waals Korrekturglieder in die ideale Gasgleichung ein.

Zur Reduzierung eines bei einer Temperatur ϑ und einem Druck p abgemessenen Gasvolumens auf Standardbedingungen genügt im allgemeinen die nach V° aufgelöste Gleichung (3):

$$V^\circ = V \cdot \frac{p}{p^\circ} \cdot \frac{T_0}{T} = V \cdot \frac{p}{p^\circ} \cdot \frac{273}{273 + \vartheta} = V \cdot F \tag{6}$$

Die Logarithmen des Faktors F sind in den Gasreduktionstabellen (Küster-Thiel-Fischbeck) für die gewünschten Wertepaare p und ϑ tabelliert.

Bei der Umrechnung auf Stoffmengen oder Massen, wie z. B. bei gasgravimetrischen, gastitrimetrischen und gasvolumetrischen Bestimmungen, machen sich die Abweichungen vom idealen Gasgesetz deutlich bemerkbar, da das molare Standardvolumen realer Gase meist kleiner als 22,414 l/mol ist. Es errechnet sich leicht aus der Dichte ρ Gase bei 0 °C nach der Beziehung

$$V_m^\circ = \frac{M}{\rho} \tag{7}$$

So ergibt sich für CO_2 ein Wert von 22,26 l/mol und für H_2 von 22,433 l/mol.

3.8.1.2 Geräte

Den drei Bestimmungsgrößen Volumen, Druck und Temperatur entsprechend schließt jede Gasanalyse die Messung dieser drei Größen ein.

Zur **Volumenmessung** steht eine Anzahl von Geräten zur Verfügung. Die Auswahl des Instruments richtet sich in erster Linie nach der Größe des Volumens, daneben aber auch nach den chemischen Eigenschaften.

Für Volumina bis 100 oder 200 ml benutzt man in der Regel eine Gasbürette. Diese besteht aus einem zylindrischen Glasrohr mit eingeätzter Teilung, das in einem Fuß eingegipst und am oberen Ende durch einen Kapillarhahn verschlossen ist. Der untere Ansatz, der aus dem Fuß herausragt, ist über einen Gummischlauch mit einem Niveaugefäß verbunden, das ebenfalls als zylindrisches Rohr oder als Kugel ausgebildet sein kann. Die beiden kommunizierenden Gefäße werden mit einer geeigneten Sperrflüssigkeit gefüllt.

Allgemeine Grundlagen

Zur Abmessung eines Gasvolumens wird das Gas durch Tiefstellen des Niveaugefäßes eingesaugt und nach Schließen des Hahnes unter Niveaugleichheit abgelesen. Nur unter dieser Bedingung ist der Druck in der Bürette gleich dem Außendruck. Hierbei muss die Bürette stets am Fuß und nicht am Messrohr gehalten werden, da sich die Handwärme sehr schnell auf das Gas überträgt und dadurch die Messung verfälscht. Eine Temperaturänderung von 20 °C auf 21 °C ergibt eine Volumenänderung von ca. 0,5 %.

Größere Mengen eines strömenden Gases können mit der „Gasuhr" gemessen werden. Dieser Gasmesser besteht aus einem zylindrischen Gehäuse, das bis etwas über die Hälfte mit einer Sperrflüssigkeit (Wasser oder Glycerinlösung) gefüllt ist und in dem sich eine in Kammern aufgeteilte, um eine waagerechte Achse drehbare Trommel befindet. Das durchströmende Gas setzt diese wie ein Wasserrad in Bewegung. Die Drehung wird auf ein Zeigerwerk übertragen, wodurch eine direkte Volumenablesung möglich wird.

Nicht ganz so genau arbeitet der auf Strömungsgeschwindigkeiten geeichte Rota-Messer. Kennt man die Zeit, kann man das Volumen leicht errechnen. Der Rota-Messer besteht aus einem senkrecht stehenden, leicht konischen Rohr mit eingeätzter Skala, in dem sich ein Kreisel befindet, dessen Durchmesser nur wenige Zehntelmillimeter kleiner ist als der des Rohres. Durchströmt das Gas das Rohr von unten nach oben, so wird der Kreisel je nach der Strömungsgeschwindigkeit mehr oder weniger hochgehoben und beginnt zu rotieren. Die Geräte müssen für jedes Gas besonders geeicht werden.

Als **Druckmesser** werden das Quecksilber-Barometer und Manometer verschiedener Bauart verwendet. Das Quecksilber-Barometer besteht aus einem etwa 1 m langen, an einem Ende geschlossenen, U-förmig gebogenen Rohr, das mit Quecksilber gefüllt ist. Die Teilung ist entweder auf dem Rohr selbst eingeätzt (Glasskalen) oder als Messingskala neben dem Rohr befestigt. Der Druck in mm Hg bzw. Torr ergibt sich aus der Differenz der beiden Quecksilbermenisken, d.h. aus der Differenz der Ablesungen an den beiden Schenkeln (beide Skalen sind auf einen gemeinsamen Nullpunkt bezogen). Da sich nun sowohl das Quecksilber als auch die Skalen (das Glasrohr bzw. die Messingskala) mit steigender Temperatur ausdehnen, muss noch eine Barometerkorrektur angebracht werden, und zwar werden bei Messungen zwischen 13 und 20 °C 2 mm und zwischen 20 und 29 °C 3 mm abgezogen. Genauere Korrekturwerte sind im Küster-Thiel-Fischbeck angegeben. 1 Torr = 1,3332 mbar.

Zur Messung kleiner Druckunterschiede, z. B. gegenüber dem Atmosphärendruck, dienen Differenzdruckmanometer, die mit Quecksilber, Paraffinöl oder Wasser gefüllt sind. Höhere Drücke (ca. 1–200 bar) werden durch Feder-Manometer, wie sie an den Reduzierventilen zu finden sind, angezeigt.

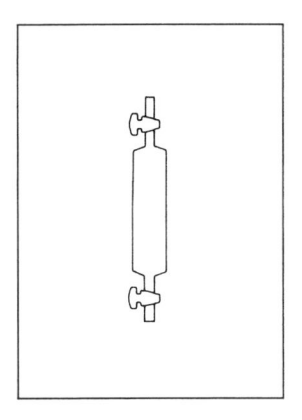

Abb. 3.57: Gaspipette

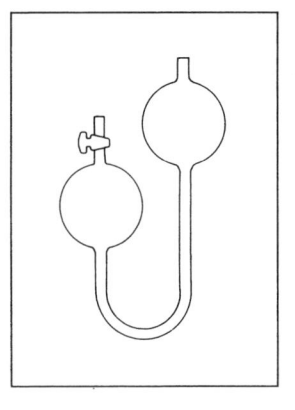

Abb. 3.58: Gaspipette zur Aufbewahrung von Gasen

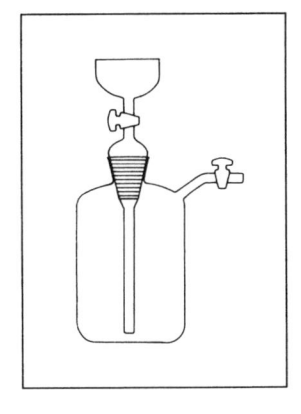

Abb. 3.59: Gasometer

Zur **Temperaturmessung** dienen Thermometer, die nach Möglichkeit unmittelbar in das zu messende Gas hineinreichen sollen, zumindest aber in unmittelbarer Nähe aufgehängt werden müssen. Bei Analysen, bei denen Reaktionswärmen auftreten können (Verbrennungsanalysen, Nitratbestimmung nach *Lunge*), muss auf vollständigen Temperaturausgleich mit der Umgebung geachtet werden.

Zur **Probenahme** von Gasen dienen meist Gaspipetten (Abb. 3.57), die mit Wasser gefüllt werden. Schließt man die Gaszuleitung an dem einen Ende an und lässt das Wasser am anderen Ende auslaufen, so füllt sich das Gefäß mit dem zu untersuchenden Gas.

Zum Aufbewahren von Gasen dienen häufig Pipetten der in Abb. 3.58 dargestellten Form. Sie sind mit einer Sperrflüssigkeit gefüllt. Für größere Volumina benutzt man Gasometer (Abb. 3.59).

Zahlreiche Gase kommen in **Stahlflaschen** unter Druck in den Handel. Diese Flaschen besitzen je nach dem Inhalt verschiedene Anstriche (bisher in Deutschland: brennbare Gase rot, Acetylen gelb, N_2 grün, O_2 blau, alle anderen Gase grau. Nach der neuen EU-Norm: Acetylen kastanienbraun; N_2: Flaschenmantel grau, dunkelgrün oder schwarz; Flaschenhals schwarz; O_2: Flaschenmantel blau oder grau, Flaschenhals weiß). Außerdem ist der Inhalt neben technischen Daten, Prüfstempeln usw. in die Stahlflasche eingeschlagen. Aus Sicherheitsgründen müssen nach gesetzlicher Vorschrift die Stahlflaschen stets gegen Umfallen gesichert sein.

Die Gase werden über geeignete Ventile den Stahlflaschen entnommen. Die Anschlussgewinde besitzen bei brennbaren Gasen Linksgewinde, bei allen anderen Gasen Rechtsgewinde. Eine Ausnahme bildet das Acetylen, das einen Klemmverschluss hat. Bei Sauerstoffventilen muss beachtet werden, dass sie völlig fett- und ölfrei gehalten werden.

Als Ventile werden meist Reduzier- oder Nadelventile benutzt. In den Reduzierventilen wird der Druck in der Flasche (bis 200 bar) auf einen beliebig einstellbaren Niederdruck reduziert. Wird der Gegendruck gleich dem eingestellten Druck, schließt sich das Ventil. So kann z. B. in einer verstopften Apparatur der Druck niemals höher als der eingestellte Druck steigen. Die Nadelventile dagegen bestehen nur aus einer konischen Nadel, die in einer ebenfalls konischen Düse sitzt. Mit diesem Ventil kann nur die Ausströmungsgeschwindigkeit reguliert werden, der Druck dagegen würde in einer geschlossenen Apparatur bis auf den Druck, der in der Flasche herrscht, ansteigen können. Der Vorteil des Nadelventils gegenüber dem Reduzierventil liegt vor allem darin, dass sich ein Gasstrom besser konstant halten lässt.

Die in der Gasanalyse verwendeten **Sperrflüssigkeiten** dürfen mit den zu untersuchenden Gasen chemisch nicht reagieren. Ferner sollen sich die Gase in ihnen nicht oder möglichst wenig lösen.

Besonders geeignet ist daher Quecksilber. Wegen seines hohen Preises und der Giftigkeit des Dampfes benutzt man aber statt dessen meist wässrige Lösungen, z. B. gesättigte mit HCl angesäuerte NaCl-Lösung oder 20%ige Na_2SO_4-Lösung, die 5% H_2SO_4 enthält (*Kobe*-Lösung). Außerdem setzt man diesen Lösungen Methylorange zu. Die gefärbte Lösung ermöglicht ein bequemeres Ablesen an den Gasbüretten. Außerdem erkennt man sofort, wenn die Lösung durch Verunreinigungen alkalisch wird (CO_2-Absorption!).

3.8.2 Chemische Methoden der Gasanalyse

Die Gasanalyse umfasst sowohl die qualitative Analyse eines bestimmten Gasgemisches bzw. das Erkennen eines Gasbestandteils als auch die quantitative Bestimmung. Die Methoden zur Untersuchung von Gasgemischen sind sehr verschieden und richten sich vor allem nach den anderen anwesenden Komponenten und nach der Konzentration des zu untersuchenden Gases. Die im Fol-

Chemische Methoden der Gasanalyse

genden beschriebenen Methoden können daher nur prinzipielle Bestimmungsmöglichkeiten zeigen, die im speziellen Falle unter Umständen variiert werden müssen, wenn störende Begleitgase auftreten.

3.8.2.1 Qualitativer Nachweis

Die Nachweisreaktionen einiger wichtiger Gase sind bereits besprochen, so z. B. der Nachweis von CO_2 mit Bariumhydroxid $Ba(OH)_2$ (s. S. 113) und H_2S mit Bleiacetatpapier (s. S. 147).

Wasserstoff erkennt man bei nicht zu geringer Konzentration durch die Knallgasprobe (s. S. 103); denn Wasserstoff-Luft-Gemische explodieren im Konzentrationsbereich von 4,1 bis 75% H_2. Umgekehrt kann man auf diese Weise auch Sauerstoff in einer Wasserstoffatmosphäre feststellen.

Geringere Mengen Wasserstoff (bis 0,01%) können durch die Molybdän-Blau-Reaktion nachgewiesen werden. Hierzu säuert man eine schwach alkalische 0,05%ige Natriummolybdatlösung, die das Natriumsalz der Protalbinsäure als Schutzkolloid enthält, mit 1 mol/l H_2SO_4 bis zur Gerinnung an und leitet das zu untersuchende Gas ein. In Gegenwart von H_2 färbt sich das Reagenz infolge Reduktion von Mo(VI) blau (s. auch S. 252). Allerdings werden diese Reaktionen durch andere reduzierende Stoffe, wie H_2S oder CO, gestört.

Zum Nachweis von O_2 leitet man das Gas über gelben Phosphor. In Gegenwart von O_2 bilden sich weiße Nebel von P_2O_5. Diese Reaktion wird durch Kohlenwasserstoffe und einige andere organische Dämpfe sowie durch NH_3 gestört. Um O_2 in Leuchtgas, das noch verschiedene Kohlenwasserstoffe enthält, nachzuweisen, ist daher diese Reaktion nicht geeignet.

Zum Nachweis von CO benutzt man eine 0,5%ige $NaCl-PdCl_2$-Lösung, die etwas Natriumacetat enthält. CO reduziert Pd(II) zu elementarem Palladium. Oft benutzt man Filterpapierstreifen, die mit dieser Lösung getränkt sind und die sich in Gegenwart von CO schwarz färben. Auch bei dieser Reaktion stören H_2S und ungesättigte Kohlenwasserstoffe.

Die gesättigten Kohlenwasserstoffe der sog. Paraffinreihe (C_2H_6, C_3H_8 usw.) können wegen ihrer außerordentlich großen Reaktionsträgheit kaum qualitativ nachgewiesen werden. Ungesättigte Kohlenwasserstoffe der Ethylenreihe (C_2H_4, C_3H_6 usw.) entfärben dagegen Bromwasser, dessen Konzentration 0,05% nicht überschreiten soll.

3.8.2.2 Absorptiometrie

Die Absorptiometrie ist eine quantitative gasanalytische Methode, bei der das zu bestimmende Gas in einer geeigneten Lösung absorbiert wird. Das Volumen des Gases wird vor und nach der Absorption gemessen und aus der Volumenverminderung der prozentuale Anteil des absorbierten Gases bestimmt. Die Konzentration der nach dieser Methode zu bestimmenden Gase soll möglichst nicht kleiner als 0,5% sein, wenn nicht Spezialapparaturen zur Verfügung stehen. Im Praktikum muss mit einem Fehler von ca. 0,5%, bezogen auf das Volumen der Gasprobe, gerechnet werden.

Als Absorptionslösung verwendet man für

CO_2	30%ige KOH-Lösung (7 mol/l KOH)
O_2	25%ige Pyrogallol-Lösung und 60%ige KOH-Lösung (1 : 4)

CO	CuCl-Lösung (200 g CuCl + 250 g NH$_4$Cl + 750 g Wasser)
ungesättigte Kohlenwasserstoffe	20%iges Oleum

CO$_2$ bildet mit Kalilauge CO$_3^{2-}$, O$_2$ oxidiert das Pyrogallol zu einer komplizierten, stark farbigen organischen Verbindung, CO bildet mit CuCl eine lockere Additionsverbindung der Zusammensetzung CuCl · CO · 2 H$_2$O und ungesättigte Kohlenwasserstoffe werden durch das Oleum in Alkylschwefelsäure, z.B. H$_3$CCH$_2$SO$_3$H, übergeführt.

Die Lösungen werden in *Hempel*-Pipetten gefüllt. Diese bestehen aus zwei kommunizierend miteinander verbundenen Glaskugeln. Jede dieser Kugeln hat ein Fassungsvermögen von ca. 150 ml (Abb. 3.60a).

Vielfach werden auch Pipetten verwendet, die am unteren Teil eine Öffnung besitzen, die mit einem Stopfen verschlossen werden kann. In diese Geräte können feste Absorptionsmittel oder Glasstäbe, die die Oberfläche vergrößern und damit die Absorptionsgeschwindigkeit erhöhen, eingefüllt werden (Abb. 3.60b).

Die Bestimmung erfolgt in der Weise, dass man 100 ml des zu untersuchenden Gases in einer Gasbürette (s. S. 502) abmisst und die Bürette über eine Kapillarbrücke mit der Absorptionspipette verbindet. Nun werden die Hähne der Bürette und ggf. der Pipette geöffnet und das Gas durch Heben des Niveaugefäßes in die Absorptionspipette gedrückt. Nach kurzer Zeit holt man dann das Gas durch Senken des Niveaugefäßes zurück in die Bürette, bis der Meniskus der Absorptionslösung wieder an der gleichen Stelle des Kapillarrohres der Pipette steht. Jetzt wird der Hahn der Bürette geschlossen und unter Niveaugleichheit das Volumen abgelesen. Dies wird mehrfach wiederholt, bis das Volumen nicht mehr abnimmt. Die Volumenverminderung in ml ergibt direkt in % den Volumenanteil des zu bestimmenden Gases. Häufig ist es allerdings bequemer, eine beliebige Menge Gas abzumessen und dann den Volumenanteil auszurechnen.

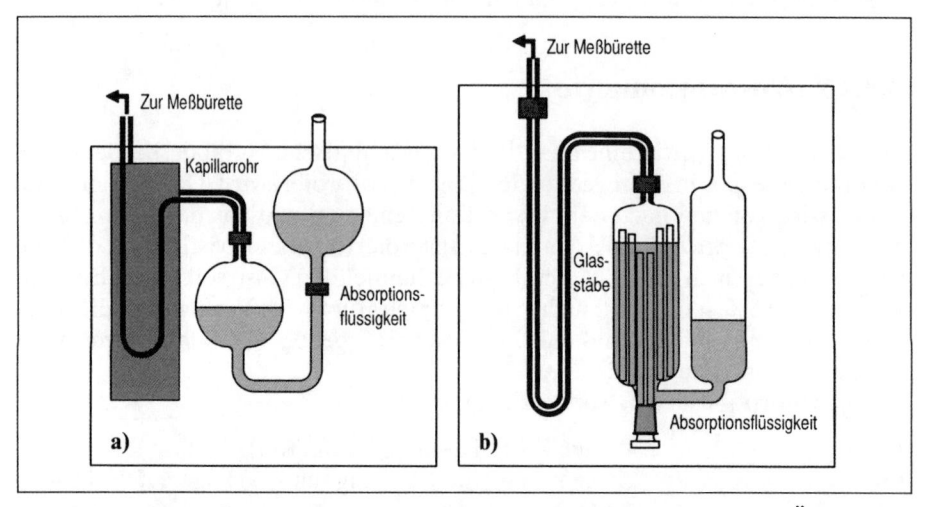

Abb. 3.60: a) *Hempel*-**Absorptionspipette. b) Absorptionspipette mit unterer Öffnung**

3.8.2.3 Verbrennungsanalyse

Oxidierbare Gase, vor allem Wasserstoff und Methan, können durch Verbrennung bestimmt werden. Aus der Volumenverminderung, gegebenenfalls nach der Absorption der Verbrennungsprodukte, ergibt sich dann die Konzentration der betreffenden Gase. Als Oxidationsmittel dient entweder Sauerstoff (Verbrennung in der *Dennis*-Pipette) oder CuO (Verbrennung in *Jäger*-Röhrchen).

Wasserstoffverbrennung in der Dennis-Pipette

Die *Dennis*-Pipette ist eine Gaspipette, in die eine heizbare Platinspirale eingesetzt ist (Abb. 3.61). Diese Pipette fasst ca. 200 ml und ist mit Wasser oder Sperrflüssigkeit bis zum Hahn gefüllt.

Vor Beginn der Bestimmung werden ca. 100 ml O_2 in einer Gasbürette genau abgemessen und in die *Dennis*-Pipette gedrückt.

Jetzt wird die Heizung eingeschaltet und so reguliert, dass die Spirale schwach rot glüht. Nun verbindet man die *Dennis*-Pipette über ein Kapillarrohr mit der Gasbürette, in der das Analysengas abgemessen worden ist, und drückt das Gas ganz langsam durch Heben des Niveaugefäßes in die *Dennis*-Pipette. Durch die Verbrennungswärme glüht der Heizdraht meist heller. Um ein Durchbrennen zu verhindern, verringert man daher den Heizstrom etwas. Um eine vollständige Verbrennung zu erreichen, werden ca. 100 ml des Gases in die Gasbürette zurückgezogen und nochmals langsam in die *Dennis*-Pipette gedrückt. Nun schaltet man den Heizstrom ab, lässt abkühlen und zieht das Gas in die Gasbürette zurück. Da das Restvolumen evtl. mehr als 100 ml beträgt, verteilt man das Gas ggf. auf 2 Büretten. Bei der Verbrennung von Wasserstoff gilt:

$$2\,H_2 + O_2 \rightarrow 2\,H_2O$$

Aus 2 Volumen H_2 und 1 Volumen O_2 entsteht flüssiges Wasser, dessen Volumen gleich Null zu setzen ist, da es Teil der Sperrflüssigkeit wird. Demnach entfallen $^2/_3$ der entstandenen Volumenverminderung auf den Wasserstoff.

Die Verminderung ergibt sich aus der Volumendifferenz von Analysengas + O_2 minus Restgas. Bei der Berechnung des Volumenanteils muss aber nur das Volumen des Analysengases zugrunde gelegt werden.

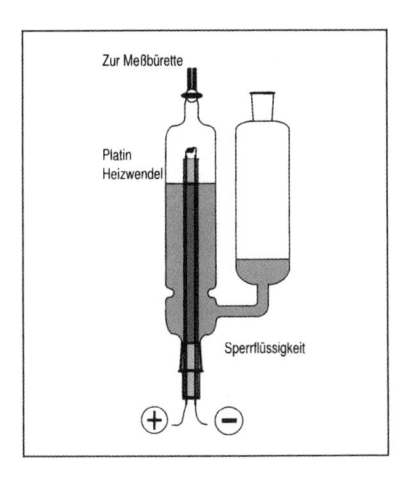

Abb. 3.61: *Dennis*-Pipette

Beispiel: 100 ml O_2 + 100 ml Analysengas ergeben 179 ml Restgas. Volumenverminderung 21 ml. Davon entfallen $^2/_3 \cdot 21$ ml = 14 ml auf H_2. Das entspricht einem Volumenanteil $\varphi(H_2) = 14\%$.

Die Genauigkeit beträgt ca. ±0,5% absolut. Erhebliche Fehler treten auf, wenn das Gas noch nicht wieder auf Zimmertemperatur abgekühlt ist.

Nach der gleichen Methode kann Methan in der *Dennis*-Pipette verbrannt werden. Bei der Reaktion entsteht ebenfalls flüssiges Wasser, außerdem jedoch CO_2:

$$CH_4 + 2\,O_2 \rightarrow CO_2 + 2\,H_2O$$

Aus 1 Volumen CH_2 und 2 Volumen O_2 entsteht 1 Volumen CO_2. Demnach ist die halbe Volumenminderung gleich dem Methanvolumen. Außerdem kann man jetzt noch das entstandene CO_2 in KOH absorbieren und hieraus den Methananteil $\varphi(CH_4)$ ermitteln.

Verbrennung von H_2 oder CH_4 im Jäger-Röhrchen

Das *Jäger*-Röhrchen ist ein mit drahtförmigem CuO gefülltes Quarzröhrchen, in dem beim Durchleiten H_2 (bei 300 °C) und CH_4 (bei 950 °C) oxidiert werden. Dabei wird das Kupferoxid zu Kupfer reduziert:

$$H_2 + CuO \rightarrow H_2O + Cu \quad \text{bzw.}$$
$$CH_4 + 4\,CuO \rightarrow CO_2 + 2\,H_2O + 4\,Cu$$

Zur Bestimmung der beiden Gase wird das *Jäger*-Röhrchen mit der Gasbürette, die das abgemessene Gas enthält, und einer mit Sperrflüssigkeit gefüllten Gaspipette (Abb. 3.62) verbunden.

Nach dem Öffnen der Hähne wird das Gas wiederholt durch das auf die entsprechende Temperatur aufgeheizte *Jäger*-Röhrchen in die Gaspipette gedrückt und dann wieder zurückgezogen. Nach dem Abkühlen des Gases kann die Volumenverminderung bestimmt

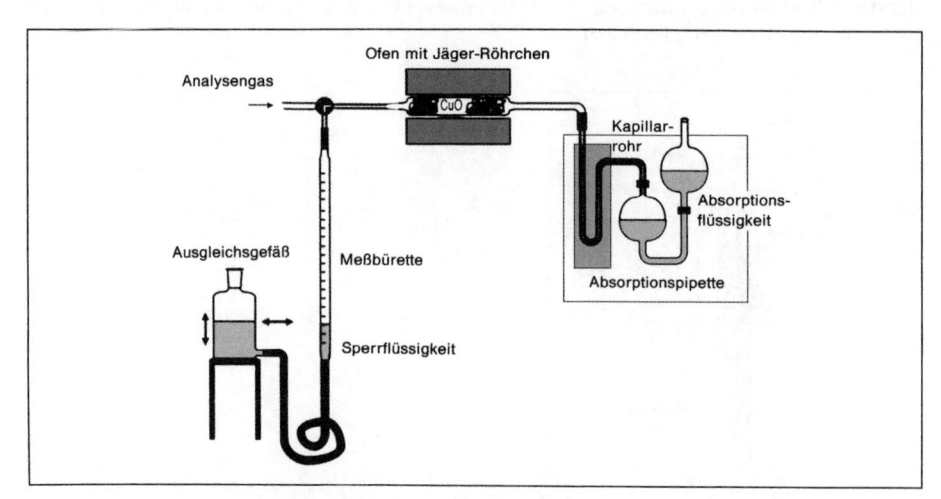

Abb. 3.62: Apparatur zur Verbrennung von H_2 oder CH_4

werden. Sie gibt direkt den H_2-Gehalt an. Bei CH_4 tritt keine Volumenverminderung ein, vielmehr muss hier das entstandene CO_2 in KOH absorbiert werden.

Nach der Bestimmung wird das CuO durch Überleiten von Sauerstoff bei 300 °C regeneriert.

Die unterschiedlichen Verbrennungstemperaturen für H_2 und CH_4 erlauben eine fraktionierte Bestimmung dieser Gase, wenn sie gemeinsam vorliegen. CO kann ebenfalls auf diese Weise bestimmt werden. Eine simultane Bestimmung aller drei Komponenten ist allerdings nicht möglich.

3.8.2.4 Gasvolumetrie

Zur gasvolumetrischen Bestimmung eignen sich Flüssigkeiten und feste Stoffe, die bei der Reaktion mit einem geeigneten Reagenz ein Gas entwickeln, dessen Volumen gemessen wird.

Nitrat- oder Nitritbestimmung nach Lunge

Nach dieser Methode werden vor allem Nitrate, Nitrite und die Ester der salpetrigen und der Salpetersäure im Nitrometer nach *Lunge* mit Quecksilber zu NO reduziert. Die Reaktion verläuft nach den Gleichungen:

$$2\,HNO_3 + 6\,Hg + 3\,H_2SO_4 \rightarrow 2\,NO \uparrow + 3\,Hg_2SO_4 + 4\,H_2O \quad \text{bzw.}$$

$$2\,HNO_2 + 2\,Hg + H_2SO_4 \rightarrow 2\,NO \uparrow + Hg_2SO_4 + 2\,H_2O$$

Das Nitrometer (Abb. 3.63) besteht aus einem kalibrierten Messrohr mit einem Zweiweghahn und einem trichterförmigen Ansatz und steht über einen dickwandigen Schlauch (Vakuumschlauch), der mit Metallschellen besonders gesichert ist, mit einem Niveaugefäß in Verbindung. Als Sperrflüssigkeit und gleichzeitig als Reduktionsmittel dient Quecksilber.

Das Messrohr wird durch Heben des Niveaugefäßes vollständig mit Quecksilber gefüllt. Die Dichtigkeit des Hahnes wird bei tiefgestelltem Niveaugefäß geprüft. Innerhalb von ca. 5 Minuten darf keine Luft eingesaugt werden. Andernfalls muss der Hahn frisch mit Silicon fett gefettet werden. Jetzt wird eine aliquote Menge der Analysenlösung (5 ml) in den trichterförmigen Ansatz einpipettiert und in das Messrohr vorsichtig eingesaugt, ohne dass dabei Luft eintritt. Dann wird dreimal mit 4,5 ml konz. H_2SO_4 auf die gleiche Weise nachgespült. Dabei tritt eine beachtliche Erwärmung auf. Nun fasst man das Messrohr mit der einen Hand am oberen Ende derart, dass das Hahnküken gegen Herausfallen gesichert ist, und mit der anderen Hand am unteren Ende und neigt das Rohr langsam. Die Reaktionsmischung darf dabei aber nicht in die Schlauchverbindung geraten. Durch ruckartiges Aufrichten mischt sich die Lösung mit dem Quecksilber. Meist beginnt nach mehrmaligem Mischen schon eine lebhafte Gasentwicklung. Man setzt aber das Schütteln fort, bis keine Volumenänderung mehr auftritt (ca. 10 Minuten) und wartet dann, bis das Gas sich wieder vollständig abgekühlt hat. Über dem Quecksilber im Nitrometerrohr steht jetzt eine H_2SO_4-Hg_2SO_4-Emulsion, deren Dichte etwa 1/7 der Dichte des Quecksilbers beträgt. Man darf daher das Volumen nicht bei Niveaugleichheit ablesen, sondern muss den Quecksilberspiegel im Niveaugefäß um 1/7 der Emulsionshöhe über den Quecksilberspiegel im Messrohr halten. Nur unter dieser Bedingung gibt das abgelesene Gasvolumen die ml NO unter dem herrschenden Luftdruck an. Zu dem abgelesenen Volumen muss noch ein

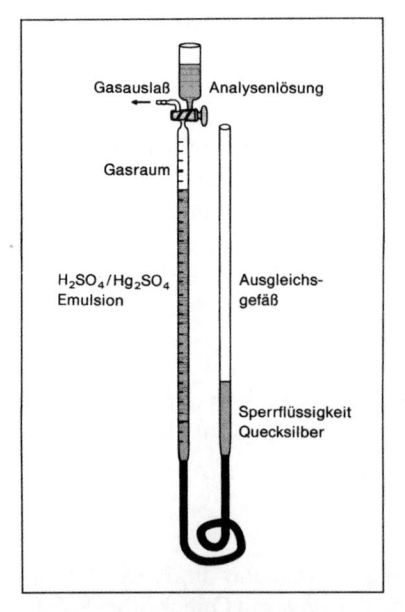

Abb. 3.63: Nitrometer

Korrekturglied addiert werden, das die Löslichkeit von NO in H_2SO_4 berücksichtigt. Es beträgt unter den angegebenen Bedingungen 0,1 ml.

Zur Säuberung des Nitrometers wird wiederholt Wasser in das Messrohr gezogen und nach kräftigem Durchschütteln über den Kapillaransatz wieder herausgedrückt.

Die Gasreduktion erfolgt nach dem idealen Gasgesetz

$$V^\circ = V \cdot \frac{p}{p^\circ} \left(\frac{273,15}{273,15 + \vartheta} \right) = V \cdot F$$

In den Gasreduktionstabellen (Küster-Thiel) sind die Logarithmen dieses Faktors F tabelliert. (Der dort angegebene Wert „09708 für Stickstoffbestimmungen" darf dabei nicht addiert werden.) Anschließend wird dann das auf Normalbedingungen reduzierte Volumen NO auf mg Substanz umgerechnet. Die Umrechnungsfaktoren findet man im Küster-Thiel.

Der Gang der Rechnung sei an einem Beispiel gezeigt:

Abgelesenes Volumen	30,1 ml NO
In der Emulsion gelöst	0,1 ml NO
	30,2 ml NO
Barometerstand (20 °C, Glasskala)	765 mm Hg
Barometerkorrektur (Küster-Thiel)	– 2,6 mm Hg
	≈ 762 mm Hg von 0 °C, d. h. 762 Torr
Raumtemperatur 20 °C	
log 30,2 ml	1,48001
Gasreduktion auf Normalbedingungen (Küster-Thiel)	0,97039-1
Umrechnung ml NO in mg HNO_3 (Küster-Thiel)	0,44938
log $m(HNO_3)$ in mg	1,89978

Die Probe enthält also 79,39 mg HNO_3.

Chemische Methoden der Gasanalyse

Die nach der volumetrischen Methode erzielten Ergebnisse sind sehr genau. Der Fehler liegt bei ±0,5%. Fehlerquellen sind ungenügendes Schütteln, undichter Hahn, unvollständiger Temperaturausgleich oder Gasdurchtritt in das Niveaugefäß.

Carbonatbestimmung

Viele Carbonate werden bereits durch Behandeln mit HCl vollständig zersetzt. Eine sehr einfache, schnelle und bei Beachtung einiger Voraussetzungen auch hinreichend genaue Analysenmethode für die Carbonatgehalte von 5 bis 0,5 mmol CO_3^{2-} stellt die Zersetzung im „Backpulvergerät" dar.

Das Unterteil des Gerätes (Abb. 3.64) wird bis zum seitlichen Schliff mit CO_2-gesättigter 2 mol/l HCl beschickt und danach das Schiffchen mit der festen Probesubstanz in den gut gefetteten Schliff geschoben. Das Oberteil ist bis dicht unter das Gaseinleitungsrohr mit CO_2-gesättigtem H_2O zu füllen und dicht mit dem oberen Stopfen zu verschließen. Man öffnet den Hahn und lässt überschüssiges Wasser durch die auf 1 mm Durchmesser verengte Auslaufspitze austreten, bis das entstehende Vakuum einen weiteren Auslauf des Wassers verhindert. Danach wird ein Messzylinder oder ein Wägegläschen unter den Hahn gestellt und die Probesubstanz durch Drehen des Schiffchens in die HCl geschüttet. Das entwickelte CO_2 verdrängt eine äquivalente Raummenge H_2O aus dem Oberteil (Normalbedingungen 1 mmol $CO_2 \hat{=} 22,4$ ml H_2O), die als Volumen (11 bis 110 ml) oder Gewicht (11 bis 110 g) bestimmt wird. Der genaue CO_3^{2-}-Gehalt muss unter Berücksichtigung von Temperatur und Luftdruck über das Gasgesetz berechnet werden. Vor einer neuen Füllung können mindestens 4 Bestimmungen vorgenommen werden. Zur Sättigung genügt zumeist ein 10 Minuten langes Durchleiten von CO_2 durch das verwendete Wasser bzw. die 2 mol/l HCl (größere Gaswaschflasche).

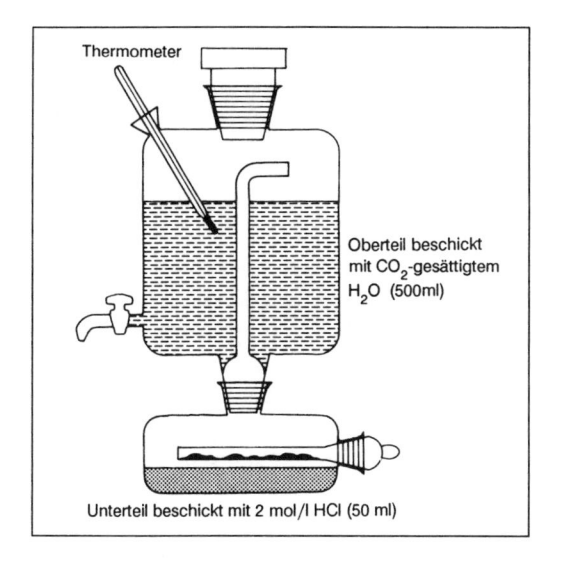

Abb. 3.64: „Backpulvergerät"

3.8.2.5 Gastitrimetrie

Ein in hoher Verdünnung vorliegendes Gas, z. B. CO_2 in der Luft, kann auf titrimetrischem Wege bestimmt werden. Das Gas wird in Intensivwaschflaschen durch eingestellte Lösungen herausgewaschen. Nach Durchgang von mehreren Litern oder Kubikmetern Gas wird dann das nicht verbrauchte Absorptionsmittel zurücktitriert. Da nahezu beliebig große Mengen Gas durchgesetzt werden können, hat diese Methode vor allem als Spurenbestimmung ihre Bedeutung erlangt.

Zur Bestimmung des CO_2 in der Luft wird das Gas durch 0,05 mol/l $Ba(OH)_2$ geleitet und die überschüssige Lauge mit Oxalsäure gegen Phenolphthalein als Indikator zurücktitriert.

Im Praktikum wird das zu bestimmende Gas zweckmäßigerweise in einem 5- oder 10-Liter-Gasometer ausgegeben, an dem dann auch die Volumenablesung erfolgt. Das Gas wird dann durch 2 Intensivwaschflaschen gedrückt, die je 20 ml mit ausgekochtem Wasser weiter verdünnte ca. 0,05 mol/l $Ba(OH)_2$ enthalten. Der Faktor der Lauge wird kurz vor dem Versuch bestimmt. Bei der Rücktitration wird bis zur ersten Entfärbung des Indikators titriert. Ist eine größere Gasmenge notwendig, wird das Volumen mit einer Gasuhr gemessen, die hinter die Waschflaschen geschaltet wird, um eine Absorption des CO_2 in der Sperrflüssigkeit der Uhr zu vermeiden. Zur Berechnung wird das Gesamtvolumen auf Normalbedingungen reduziert

$$V^\circ = \frac{V \cdot p_B \cdot 273,15}{p^\circ \cdot (273,15 + \vartheta)} = V \cdot F$$

Der Logarithmus des Faktors F ist in den Gasreduktionstabellen für die betreffenden Werte von p_B und t aufgeführt (Küster-Thiel). Die Barometerkorrektur ist ebenfalls im Küster-Thiel angegeben (vgl. S. 503). p_B = Luftdruck in Torr; p° = 760 Torr; 1 mbar $\cong$ 0, 7501 Torr.

Die Messergebnisse fallen nach dieser Methode wegen unvollständiger Absorption oft bis zu 10% zu niedrig aus. Vor allem für Spurenbestimmungen ist diese Genauigkeit aber meist noch ausreichend.

3.8.2.6 Gasgravimetrie

Bei der gasgravimetrischen Bestimmung wird das betreffende Gas an einem geeigneten festen Sorbens festgehalten und durch Auswägung bestimmt. Diese Methode hat eine sehr weite Verbreitung vor allem in der quantitativen organischen Analyse zur Bestimmung des C- und H-Gehaltes organischer Verbindungen gefunden. Die Analysensubstanzen werden hierbei verbrannt und die Verbrennungsprodukte H_2O und CO_2 in Absorptionsröhrchen, die mit $CaCl_2$ bzw. Natronkalk (mit konz. NaOH gelöschtes CaO) beschickt sind, nacheinander sorbiert. Diese klassische Methode ist bis zur Mikroanalyse ausgebaut worden. Bereits ca. 5 mg Substanz genügen für eine quantitative C-H-Bestimmung. Für die Durchführung dieser Analysen sind allerdings sehr viele technische Einzelheiten zu beachten. Außerdem ist noch eine reiche Erfahrung notwendig, um zuverlässige Werte zu erhalten. Es sei daher nur das Prinzip beschrieben.

Die in ein kleines Platin-Schiffchen eingewogene Substanz wird in einem Porzellanrohr, das in der hinteren Hälfte nacheinander mit CuO, PbCrO$_4$, Cu, Silberwolle und Platinasbest gefüllt ist, im Sauerstoffstrom verbrannt. Eventuell entstehende Stickstoffoxide werden am Kupfer zu N$_2$ reduziert, Halogene werden durch die Silberwolle und Schwefel vor allem durch PbCrO$_4$ gebunden. Das aus dem Rohr austretende Gas enthält dann neben N$_2$ und O$_2$ nur H$_2$O und CO$_2$. Das Wasser wird zuerst im CaCl$_2$-Röhrchen, das CO$_2$ danach im Natronkalk-Röhrchen absorbiert. Durch Bestimmung der Gewichtszunahme der Röhrchen wird der C- und H-Gehalt der Substanz ermittelt.

3.8.3 Physikalisch-chemische Methoden der Gasanalyse

Die physikalisch-chemischen Verfahren in der Gasanalyse können im Gegensatz zu den bisher beschriebenen oft kontinuierlich durchgeführt werden. Sie eignen sich deshalb besonders zur Überwachung der Zusammensetzung technischer Gase. Die Messergebnisse werden meist als elektrische Größen erhalten oder sind leicht in solche umzuwandeln. Änderungen in der Zusammensetzung können also sofort an den Instrumenten abgelesen werden. Auch können diese Anlagen mit Alarmeinrichtungen gekoppelt werden, die in Tätigkeit treten, wenn eine kritische Zusammensetzung über- oder unterschritten wird. Das bedeutet eine große Überlegenheit dieser Methoden gegenüber der klassischen Gasanalyse, bei der man auf Probenahmen angewiesen ist und bei der das Ergebnis oft erst nach Stunden vorliegt.

3.8.3.1 Wärmeleitfähigkeitsmethode

Die Wärmeleitfähigkeit ist eine für jedes Gas spezifische Größe. In Gemischen ergibt sich die Wärmeleitfähigkeit additiv aus den Beiträgen der Einzelgase, so dass bei binären Gemischen eine Bestimmung der Zusammensetzung möglich ist, wenn die Messgrößen der Einzelgase genügend unterschiedlich sind. Bei Anwesenheit von mehr als zwei Gasen ist die Bestimmung einer Komponente nur dann möglich, wenn das Verhältnis der anderen Bestandteile konstant bleibt oder ihre Wärmeleitfähigkeiten kaum voneinander abweichen.

In der Praxis wird die Methode vor allem zur Bestimmung des CO$_2$ im Rauchgas benutzt, das bei optimaler Zusammensetzung aus N$_2$, CO$_2$ und wenig O$_2$ neben geringen Mengen anderer Bestandteile besteht (s. S. 546 f.). N$_2$ und O$_2$ haben sehr ähnliche Wärmeleitfähigkeiten, die des CO$_2$ ist wesentlich geringer.

Die Wärmeleitfähigkeitskammer besteht aus einem Metallblock mit 4 Bohrungen. Darin sind 4 elektrisch geheizte Drähte gespannt, die zu einer Brücke (s. Abb. 3.65) zusammengeschaltet sind. 2 gegenüberliegende Äste der Brücke werden von einem Vergleichsgas (z. B. Luft), die anderen vom Analysengas umspült. Enthält das Analysengas CO$_2$, so wird die Wärme wegen der geringeren Wärmeleitfähigkeit des CO$_2$ nicht so stark abgeleitet, die Drähte in den Analysenkammern heizen sich also weiter auf. Dadurch verändert sich der Widerstand dieser Heizdrähte, und die Brücke kommt aus dem Gleichgewicht. Je höher der CO$_2$-Gehalt ist, um so größer ist also der Ausschlag des Messgeräts.

Fortsetzung

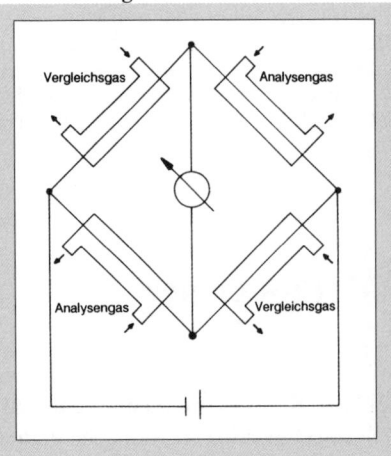

Abb. 3.65: Schema einer Wärmeleitfähigkeitskammer

3.8.3.2 Weitere Methoden

Von den normalerweise im Rauchgas vorkommenden Bestandteilen ist nur der Sauerstoff paramagnetisch (s. S. 46). Alle anderen Gase stören daher die magnetische Messung nicht. Die Apparatur für die magnetische Sauerstoffbestimmung besteht in der Hauptsache aus einem starken Magneten, der den Sauerstoff anzieht. An der Stelle der größten Feldstärke wird das Gas durch einen Glühdraht erhitzt und verliert dadurch teilweise seinen Paramagnetismus. Nachströmendes kaltes Gas verdrängt nun das weniger stark angezogene warme Gas, wird jetzt selbst am Glühdraht erwärmt und durch nachfolgendes kaltes verdrängt. Auf diese Weise entsteht eine Strömung, deren Geschwindigkeit der O_2-Konzentration proportional ist und entsprechend den Heizdraht abkühlt. Dieser wieder ändert dadurch seinen Widerstand, der über eine Brückenschaltung gemessen wird.

Die elektrochemische Sauerstoffbestimmung nach *Tödt* nutzt die vom Partialdruck abhängige Löslichkeit des O_2 in Wasser (s. S. 458) aus. Dabei wird aus 2 verschiedenen Elektroden und einer Pufferlösung, bzw. dem zu untersuchenden technischen Wasser ein galvanisches Element gebildet, bei dem an der edlen Au-Kathode O_2 zu OH^--Ionen reduziert wird, während die unedlere Zn-Anode teilweise in Lösung geht. Die Stromstärke wird durch die Diffusion des Sauerstoffs an die Kathodenoberfläche bestimmt und ist somit seiner Konzentration in der Lösung proportional (s. Polarographie, S. 476).

Neben diesen gibt es zahlreiche andere physikalische und physikalisch-chemische Analysenmethoden, bei denen andere Eigenschaften der Gase zur Analyse benutzt werden. So lässt sich z. B. die Verbrennungswärme eines Gases ermitteln, wenn das Gas an einem elektrisch geheizten Pt-Draht oxidiert wird. Die frei werdende Energie erhöht die Temperatur des Drahtes und damit seinen Widerstand. Die Messanordnung entspricht der der Wärmeleitfähigkeitsmethode. Große Bedeutung, besonders für organische Gase und Dämpfe, hat die Messung der Infrarotabsorption.

3.8.3.3 Bestimmung von Leuchtgas durch Adsorptions-Gaschromatographie mit einer einfachen Eigenbau-Apparatur

Die App. (Abb. 3.66) besteht aus einem Strömungsmesser, einem Quecksilbermanometer, einer Dosierschleife mit einem Vol. von 5–10 ml, den mit Aktivkohle gefüllten Säulen (Gesamtlänge 3–4 m, Durchmesser ca. 5–10 mm) u. dem mit 30%iger KOH gefüllten Azotometer. Zwischen Strömungsmesser und Dosierschleife sowie hinter Hahn 3 befinden sich Blasenzähler. Als Trägergas dient Reinst-CO_2, das einer Stahlflasche entnommen wird. Zwischen Stahlflasche u. App. wird, sofern kein gutes Nadelventil oder – besser – Membranventil zur Verfügung steht, zweckmäßig ein Druckpuffergefäß von 2 l Inhalt (Saugflasche) geschaltet. Vor Beginn der Analyse wird die App. mit CO_2 ausgespült, bis im Azotometer nur noch sog. Mikrobläschen hochsteigen. Um die KOH nicht vorzeitig zu erschöpfen, lässt man das Gas beim Hahn 3 ins Freie abblasen u. schaltet nur zur Reinheitsprüfung kurz das Azotometer ein. Während das Trägergas weiter durch die App. strömt (Strömungsgeschw. ca. 40 ml/min), schließt man an einen freien Stutzen des Hahnes 2 das Gefäß mit dem Analysengas an, spült die Schleife mit ca. 100 ml Gas durch u. dreht Hahn 2 um 90°, so dass eine bestimmte Menge Gas in der Schleife eingeschlossen ist. Schließlich wird das Azotometer über den Hahn 3 angeschlossen u. Hahn 1 um 90° gedreht. Der Trägergasstrom drückt jetzt das Analysengas vor sich her. Von nun an wird jede halbe Minute das Gasvol. im Azotometer abgelesen. Dabei muss das Niveaugefäß des Azotometers so gehalten werden, dass Niveaugleichheit herrscht.

Die Bestandteile des Leuchtgases treten in der Reihenfolge H_2, N_2, CO, CH_4 aus der Säule aus. Evtl. vorhandenes O_2 wird nicht vom N_2 getrennt. Die übrigen Komponenten liegen in zu geringer Konz. vor, um in dieser einfachen App. bestimmt werden zu können.

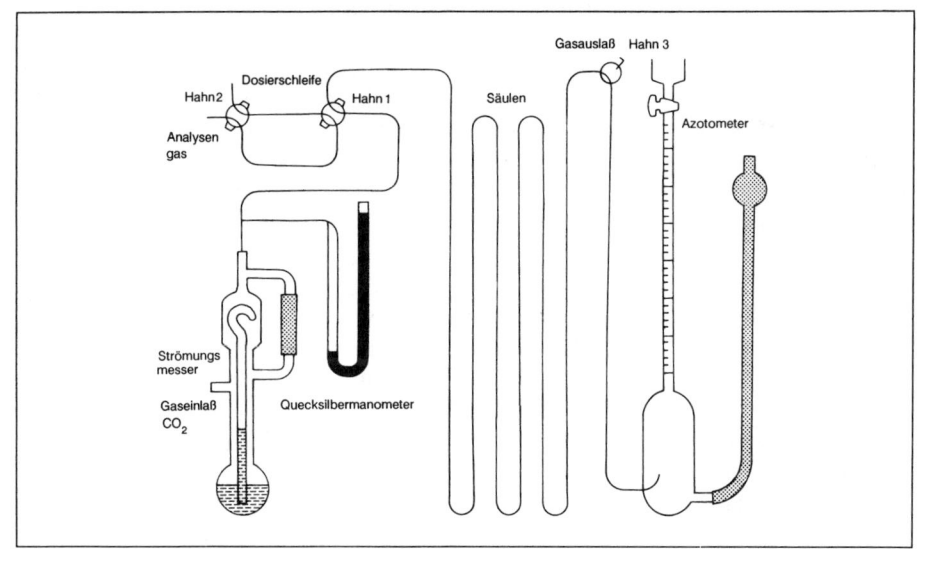

Abb. 3.66: Prinzipieller Aufbau einer Gaschromatographie-Apparatur

3.9 Chemische Materialkontrolle technischer Produkte

Aus der Fülle der analytischen Aufgaben der chemischen Materialkontrolle von technischen Produkten werden nur einige typische Beispiele behandelt.

3.9.1 Praktische Vorbemerkungen

Zur richtigen Beurteilung technischer Produkte benötigt man die analytischen Daten eines tatsächlichen Durchschnitts. Bei der **Probenahme** muss beachtet werden, dass die Materialien in den Probemassenbereichen bis 100, 500 oder sogar 1000 mg häufig nicht homogen zusammengesetzt sind.

Bei pulverförmigen Substanzen genügt zur Homogenisierung zumeist ein Vermahlen von mindestens 10 g auf Analysenfeinheit (Teilchengröße unter 60 µm) unter gleichzeitiger inniger Vermischung.

Bei Metallen und Legierungen ist eine Mischung von Feil- oder Drehspänen häufig nicht einheitlich zusammengesetzt, da Steigerungseffekte und Oxidationshäute Inhomogenitäten zur Folge haben. In der Regel sollte hier für die Einzelbestimmung mindestens eine Probemenge von 500 mg eingewogen werden. Notfalls muss eine primär hergestellte Probelösung etwa in einem 250-ml-Messkolben zur Marke aufgefüllt und die Bestimmung mit einem pipettierten Anteil von 25,00 oder 50,00 ml durchgeführt werden. Werden mehrere Bestimmungen gefordert, so ist eine entsprechende Anzahl gesonderter „echter" Einwaagen erforderlich. Die mehrmalige Abnahme aliquoter Teile der Lösung aus nur einer Einwaage ist weniger zuverlässig und birgt die Gefahr systematischer Fehler in sich. In diesen „unechten" Parallelen fehlen zwar die unvermeidlichen Streuungen; dafür bleiben aber auch evtl. grobe Fehler durch Einwaage, Auflösung oder Aufschluss und Verdünnung unerkannt.

Klare Flüssigkeiten sind homogen. Erfolgt die Probenahme durch Abzapfen aus Vorratsbehältern oder Rohrleitungen, so sollte der erste Ablauf verworfen werden, da in der Nähe der Zapfstellen mit Verunreinigungen durch Korrosion zu rechnen ist. Pasten und Emulsionen sind oft ausreichend einheitlich. Bei Suspensionen, Schäumen, Aerosolen usw. ist eine spezielle Vorbehandlung erforderlich. Auch dann ist es schwierig, einen befriedigenden Durchschnitt zu erhalten.

3.9.2 Wasseranalyse

Wasser verschiedener Herkunft aus Brunnen, Leitungen, Gewässern, Flüssen und Meeren sowie in Form von Regen-, Trink-, Wasch- und Kesselwasser ist der wichtigste Grundstoff aller Lebensvorgänge und der meisten Betriebe und Produktionsstätten. Daher hat der Gesetzgeber die Wasserentnahme (Frischwasser) und besonders die Wasserabgabe (Abwasser) in strengen gesetzlichen Vorschriften geregelt. Die Wasseruntersuchung ist unter den Verhältnissen eines modernen Industriestaates zu einer umfangreichen Spezialwissenschaft angewachsen.

Sieht man von den zahlreichen industriellen, verkehrsbedingten und sanitären Verunreinigungen, wie synthetischen Waschmitteln (Detergentien), Ölen, organischen Verbindungen, anorganischen Salzen und Fäkalien ab, so sind im Wasser vorzugsweise Ca^{2+}, Mg^{2+}, Na^+ sowie Chloride, Carbonate und Sulfate und in geringem Umfang auch K^+, NH_4^+, Mn^{2+}, Fe^{2+}, Phosphate, Silicate, Nitrate und gelöste Gase (O_2, N_2, CO_2) anzutreffen. Die allgemeinen Beurteilungsgrößen der Wasserqualität sind Härte und Alkalität.

Die **Härte** wird in mmol/l als Stoffmengenkonzentration der Erdalkaliionen angegeben. Früher waren statt dessen national verschiedene „Grad"-Angaben gebräuchlich. Für diese Umrechnung gilt

$$c(Ca^{2+}) = 1 \text{ mmol/l} \cong 5,6 \text{ deutsche Grad}$$
$$\cong 7,0 \text{ englische Grad}$$
$$\cong 10 \text{ französische Grad}.$$

Tab. 3.29: Härte und Alkalität (nach DIN 8103)

Gesamthärte H_G Kalkhärte H_{Ca} Magnesiahärte H_{Mg}	Carbonathärte H_K Kalk-Carbonathärte Kalk-H_K Magnesia-Carbonathärte Magnesia-H_K	Nicht-Carbonathärte H_{NK} bedingt durch: Hydroxid, Chlorid, Sulfat, Nitrat, Phosphat, Silicat, Humat usw.
Querbeziehung: $H_G = H_K + H_{NK}$		
Gesamtalkalität MA Methylorange-Alkalität Hydroxid + Carbonat + Hydrogencarbonat	Teilalkalität PA Phenolphthalein-Alkalität Hydroxid + $\frac{1}{2}$ Carbonat	Ätz-Alkalität Hydroxid
Befunde 1. PA = 0 2. PA < 0,5 MA 3. PA = 0,5 MA 4. PA > 0,5 MA 5. PA = MA	Hydroxid 0 0 0 2 PA − MA MA	Carbonat 0 2 PA 2 PA 2 (MA − PA) 0	Hydrogencarbonat MA MA − 2 PA 0 0 0
Querbeziehungen in mmol: 1. u. 2. $H_K = 0,5 \cdot$ MA, 3. $H_K =$ PA, 4. $H_K =$ MA − PA		

518 Chemische Materialkontrolle technischer Produkte

Der „deutsche Grad" (°d, °DH oder D.G.) war definiert als die Erdalkaliionkonzentration äquivalent einem Gehalt von 10,00 mg CaO in einem Liter Wasser. Dies entspricht 7,13 mg Ca oder 7,2 mg MgO bzw. 4,33 mg Mg in einem Liter Wasser.

Wasser mit einer Härte bis zu 0,7 mmol/l (4°d) wird als (sehr) weich, über 3,2 mmol/l (18°d) als hart bezeichnet.

Als **Alkalität** ist der zum Erreichen bestimmter pH-Werte erforderliche Säurezusatz festgelegt. Die Teilalkalität (der p-Wert) ist gegeben durch die mmol HCl/l Wasser bis zur Entfärbung von Phenolphthalein (pH = 8,2), die Gesamtalkalität (der m-Wert) durch die mmol HCl/l Wasser bis zum Methylorange-Umschlag (pH = 4,3).

Die Tab. 3.29 gibt einen Überblick der wichtigsten Größen.

Bestimmung der Gesamthärte

Reaktionsprinzip: Die klassische Bestimmung der Gesamthärte erfolgt durch Titration einer Wasserprobe mit Kaliumpalmitat-Lösung (s. S. 426). Die Gesamthärte kann jedoch einfacher und zuverlässiger durch komplexometrische Titration (s. S. 433) festgestellt werden.

Störende Ionen und Verfahrensfehler: s. S. 433 (Mg-Bestimmung).
Arbeitsgeräte: 100-ml-Pipette; 300-ml-Weithals-Erlenmeyerkolben; 50-ml-Bürette; pH-Papier.
Reagenzien: Maßlsg.: 0,01 mol/l $Na_2[H_2Y]$; weitere s. S. 433 (Mg-Bestimmung).
Arbeitsvorschrift: 100 ml des zu untersuchenden H_2O in Weithals-Erlenmeyerkolben pipettieren u. weiter nach Vorschrift auf S. 433 (Mg-Bestimmung) verfahren.
Berechnung: H_G [mmol · l^{-1}] = 0,1 · (V in ml) bzw. H_G [°d] = 0,5608 · (V in ml).

Bestimmung der Kalkhärte

Reaktionsprinzip: Die Kalkhärte wird in alkalischer Lösung direkt komplexometrisch bestimmt.

Störende Ionen und Verfahrensfehler: s. S. 434 (Ca-Bestimmung).
Arbeitsgeräte: s. unter Gesamthärte, s. oben.
Reagenzien: Maßlsg.: 0,01 mol/l $Na_2[H_2Y]$; weitere s. S. 434 f. (Ca-Bestimmung); die $MgCl_2$-Lsg. entfällt.
Arbeitsvorschrift: 100 ml des zu untersuchenden H_2O in Weithals-Erlenmeyerkolben pipettieren u. weiter nach Vorschrift auf S. 434 (Ca-Bestimmung) verfahren.
Berechnung: H_{Ca} [mmol/l Ca^{2+}] = 0,1 · (V in ml) bzw. H_{Ca} [°d] = 0,5608 · (V in ml).

Bestimmung der Magnesiahärte

Sie errechnet sich einfach aus der Differenz:

$$H_{Mg} = H_G - H_{Ca} \ [\text{mmol } Mg^{2+} \text{ oder } °d \ H_{Mg}]$$

Benutzt man eine spezielle Maßlösung mit $c(Na_2[H_2Y]) = 0{,}0178$ mol/l, entspricht 1,00 ml Maßlösung gerade 1,0°d.

Bestimmung der Gesamtalkalität

Reaktionsprinzip: Der Gesamtalkaligehalt kann durch direkte Titration mit einer eingestellten Säure gegen Methylorange als Indikator bestimmt werden. Um den Titrationsblindwert für dest. Wasser wird korrigiert.

Arbeitsgeräte: 100-ml-Pipette; 300-ml-Weithals-Erlenmeyerkolben; 50-ml-Bürette; Messpipetten.
Reagenzien: Indikator: 0,001 mol/l Methylorange in Wasser; Maßlsg.: 0,1 mol/l HCl.
Arbeitsvorschrift: 100 ml des zu untersuchenden H_2O in Weithals-Erlenmeyerkolben pipettieren, mit 10 ml Indikatorlsg. versetzen u. in der Kälte mit Maßlsg. von Orangegelb nach Rotorange gegen Vergleichslsg. titrieren. Verbrauchtes Maßlsg.-Volumen V in ml.
Berechnung: MA [mmol/l] = (V in ml) − 0,05.

Bestimmung der Teilalkalität

Reaktionsprinzip: Der Teilalkaligehalt kann durch direkte Titration mit einer eingestellten Säure gegen Phenolphthalein als Indikator bestimmt werden.

Arbeitsgeräte: 100-ml-Pipette; 300-ml-Weithals-Erlenmeyerkolben; 50-ml-Bürette; Messpipette.
Reagenzien: Indikator: 0,001 mol/l Phenolphthalein in 70% Ethanol; Maßlsg.: 0,1 mol/l HCl.
Arbeitsvorschrift: 100 ml des zu untersuchenden H_2O in Weithals-Erlenmeyer-Kolben pipettieren, mit 2,0 ml Indikatorlsg. versetzen u. in der Kälte mit Maßlsg. von Rot nach Farblos titrieren. Verbrauchtes Maßlsg.-Volumen V in ml.
Berechnung: PA [mmol/l] = (V in ml).

Die weitere Unterteilung der Gesamt- und Teilalkalität in Hydroxid, Carbonat und Hydrogencarbonat kann nach Tab. 3.29 erfolgen. Chlorid und Sulfat können gravimetrisch als AgCl (s. S. 360) bzw. $BaSO_4$ (s. S. 361) bestimmt werden. Bei allen sonstigen Prüfungen haben sich physikalische Verfahren immer mehr durchgesetzt; insbesondere sind die Photometrie für Fe^{3+}, Mn^{2+}, NO_3^-, SiO_2, PO_4^{3-} usw., sowie die Flammenphotometrie für Li^+, Na^+, K^+, Sr^{2+} und Ba^{2+} zu nennen. Über die O_2-Bestimmung im Wasser s. S. 514.

3.9.3 Mineralanalyse

Als **Mineralien** bezeichnet man alle in der Natur vorkommenden, nach stöchiometrischen Gesetzen aufgebauten, festen chemischen Verbindungen. Dazu rechnet man auch die gediegenen und legierten Elemente. In der Erdrinde hat man bis heute über 2000 Minerale gefunden, von denen jedoch nur einige Hundert weiter verbreitet sind und technische Bedeutung besitzen. Weitaus am häufigsten sind die silicatischen Mineralien, die etwa 95% des Gesteins der Erdkruste bilden. Von wirtschaftlichem Interesse sind aber vor allem die in Lagerstätten angereicherten Oxide, Sulfide, Sulfate und Carbonate technisch wichtiger Elemente.

Nur selten kommen die Mineralien in der Natur in reiner Form vor. Im allgemeinen sind mehrere Mineralien in unterschiedlichen Mengenverhältnissen sehr innig miteinander vermengt. Die den Hauptbestandteil verunreinigenden Mineralien bezeichnet man als **Gangart**.

Bei der Mineralanalyse handelt es sich also um die Bestimmung der technisch interessanten Haupt- und Nebenbestandteile. Bei den üblichen Analysenverfahren werden Spurenelemente meist nicht erfasst.

Neben der Herstellung einer homogenen Probesubstanz (s. S. 516) ist der Aufschluss besonders wichtig. Beim Behandeln einer Gesteinsprobe mit einer Mineralsäure verbleibt vielfach ein schwerlöslicher Rest, der oft aus silicatischer Gangart besteht. Meist wird dieser säureschwerlösliche Anteil nicht weiter untersucht, sondern als „Unlösliches" in das Analysenergebnis aufgenommen.

Für den Aufschluss schwerlöslicher Oxide, Sulfate und mancher Silicate ist die Schmelze mit Soda-Pottasche geeignet (s. S. 206). Wenn Natrium und Kalium bestimmt werden sollen, muss die Probe häufig mit Flusssäure aufgeschlossen werden. Durch mehrfaches Abrauchen mit Flusssäure wird Silicium quantitativ als Siliciumtetrafluorid entfernt. Allerdings reagieren einige Mineralien, wie Granate, Turmalin, Topas usw., mit Flusssäure nur langsam. Auch Borax, Borsäure und Bleiglätte (PbO) finden manchmal als Aufschlussmittel Anwendung.

Die aufgeschlossenen Proben werden mit verdünnter Salzsäure aufgenommen. Nach dem Abtrennen des Schwerlöslichen werden die interessierenden Bestandteile direkt nebeneinander oder nach geeigneten Trennoperationen nacheinander bestimmt.

Analyse eines Carbonats: Dolomit

Allgemeines: Der Dolomit, $CaMg(CO_3)_2$, ist ein Doppelsalz, das durch Überschuss eines der Bausteine Calcit, $CaCO_3$, oder Magnesit $MgCO_3$, unterschiedliche Zusammensetzung aufweisen kann. Ein Teil des Magnesiums ist mitunter durch Eisen oder Aluminium ersetzt. Dolomit ist allgemein von schwerlöslicher, silicatischer Gangart begleitet. Die Hauptbestandteile von Dolomit, Kalkstein, Kreide, Marmor und Magnesit sind neben Carbonat Calcium und Magnesium. Von den Nebenbestandteilen werden Eisen und Aluminium bestimmt.

Analysengang: Die Probe wird unter Erwärmen mit Salzsäure behandelt. Nach dem Abtrennen der schwerlöslichen Kieselsäure werden Eisen und Aluminium als Hydroxide gemeinsam abgetrennt. Dann werden entweder nacheinander Calcium als Oxalat und Magnesium als Magnesiumammoniumphosphat bzw. Magnesiumoxinat ausgefällt oder nebeneinander komplexometrisch bestimmt. In einer gesonderten Probe kann das durch Salzsäure in Freiheit gesetzte Kohlendioxid gasanalytisch bestimmt werden (s. S. 514); jedoch genügt im allgemeinen eine einfache Bestimmung des Glühverlustes.

Lösungsprozess

Arbeitsgeräte: 400-ml-Bechergläser (hohe Form, Jenaer oder Duranglas); Trockenschrank; Sandbad; Uhrgläser; Pipetten.
  Reagenzien: 7 mol/l HCl.

Arbeitsvorschrift: ca. 1 g Substanz nach 2stündigem Trocknen bei 90–100 °C im Trockenschrank einwägen, in Becherglas bringen und mit etwas Wasser anpasten. Dazu portionsweise insgesamt 10 ml HCl geben. Becherglas mit Uhrglas bedecken und auf Sandbad stellen (Einwaage m_E in mg).

Bestimmung von SiO_2 (Lösungsrückstand)

Arbeitsgeräte: Zusätzlich Blaubandfilter; Porzellantiegel; Muffelofen.
Reagenzien: 14 mol/l HNO_3; 7 mol/l HCl.
Arbeitsvorschrift: Durch Zugabe von 2 ml HNO_3 und weiteres Erwärmen rein weiße, schwerlösliche Kieselsäure abscheiden.
Zur vollständigen Dehydratisierung des SiO_2 auf dem Sandbad eindampfen, 2mal mit je 2 ml HCl abrauchen und $\frac{1}{2}$ Stunde lang im Trockenschrank bei 110 °C erhitzen. Die Probe in dem noch warmen Becherglas mit 2 ml HCl durchfeuchten, mit 80 ml heißem Wasser aufnehmen und $\frac{1}{4}$ Stunde lang auf dem Sandbad warmhalten. Durch Filter dekantierend filtrieren und mit heißem Wasser nachwaschen. Filtrat auffangen für M_2O_3-Bestimmung. Filter im Tiegel veraschen u. Rückstand in Intervallen von 45 Min. bei 1000 °C bis zur Gewichtskonstanz glühen. Auswaage $m(SiO_2)$ in mg.
Berechnung:

$$w(SiO_2) = \frac{m(SiO_2)}{m_E}$$

Bestimmung von M_2O_3 (Fe_2O_3 und Al_2O_3)

Arbeitsgeräte: 400-ml-Bechergläser; Weißbandfilter; Porzellantiegel; Muffelofen; Pipetten; Heizquelle.
Reagenzien: 3%iges H_2O_2; Methylrot; 2 mol/l NH_3 carbonatfrei; 2 mol/l HCl; Waschfl.: 2%ige NH_4NO_3-Lsg. mit einigen Tropfen NH_3-Lösung.
Arbeitsvorschrift: Das salzsaure Filtrat der Kieselsäureabscheidung im Becherglas zur Oxidation von Fe^{2+} mit einigen Tropfen H_2O_2 versetzen u. kurze Zeit kochen. Nach Zugabe einiger Tropfen Methylrot in der Hitze vorsichtig mit Ammoniak bis zum Indikatorumschlag versetzen. Den schleimigen Niederschlag von $Fe(OH)_3$ u. $Al(OH)_3$ absetzen lassen u. nur die überstehende Lösung durch Filter dekantierend filtrieren. Niederschlag im Becherglas in wenig warmer HCl lösen u. in der gleichen Weise noch einmal fällen. Nach dem Absetzen über dasselbe Filter filtrieren u. mit heißer Waschfl. nachwaschen. Gesamtfiltrat dient für Ca- und Mg-Bestimmung. Filter im Tiegel veraschen u. Rückstand in Intervallen von 45 Min bei 1000 °C bis zur Gewichtskonstanz glühen. Auswaage $m(R_2O_3)$ in mg.
Berechnung:

$$w(M_2O_3) = \frac{m(M_2O_3)}{m_E}$$

Bestimmung von Calcium und Magnesium

Arbeitsgeräte und Reagenzien: s. S. 365 ff. bzw. S. 410 u. 433.
Arbeitsvorschrift: Nach Einengen des Filtrats der Fe/Al-Fällung auf ca. 100 ml entweder Ca nach Vorschrift auf S. 337 als CaC_2O_4 abtrennen u. permanganatometrisch titrieren sowie anschließend Mg nach Vorschrift auf S. 365 ff. als $Mg_2P_2O_7$ bzw. Mg-Oxinat bestimmen, oder Ca u. Mg nebeneinander nach Vorschrift auf S. 433 komplexometrisch titrieren.
Berechnung:

$$w(Ca) = \frac{m(Ca)}{m_E} \quad \text{bzw.} \quad w(Mg) = \frac{m(Mg)}{m_E}$$

Bestimmung von CO_2 (Glühverlust)

Arbeitsgeräte: Trockenschrank; Porzellantiegel; Muffelofen.
Arbeitsvorschrift: ca. 1 g der im Trockenschrank 2 Std. lang bei 90–100 °C getrockneten Substanz im Porzellantiegel im Muffelofen langsam aufheizen u. dann etwa 90 Min. lang bei 1000 °C glühen.
Berechnung:

$$w(CO_2) = \frac{\text{Gewichtsabnahme}}{\text{Einwaage}}$$

Analyse eines Silicats: Ultramarin

Allgemeines: Ultramarin ist ein mineralischer Farbstoff, der natürlich vorkommt, aber auch künstlich dargestellt wird. Er ist im allgemeinen blau; es treten aber auch andere Farben auf. Man verwendet ihn zum „Bläuen", d. h., um gelbliche Farbtöne zu überdecken. Der natürlich vorkommende Ultramarin (Lasurstein, Lapislazuli) wird auch für Schmuckzwecke verwendet. Der Ultramarin ist ein Aluminium-Natrium-Doppelsilicat mit variablem Gehalt an Natriumpolysulfid etwa der Formel $Na_3Al_6Si_6O_{24}S_{2-4}$; es treten erhebliche Schwankungen der Zusammensetzung auf. Natürlicher und meist auch synthetischer Ultramarin wird durch wässrige Mineralsäuren angegriffen, wobei Schwefelwasserstoff entweicht und Siliciumdioxid abgeschieden wird.

Analysengang: Im Ultramarin wird Siliciumdioxid, Natrium, Aluminium und Schwefel bestimmt. Das Mineral wird durch Behandeln mit Brom und Salpetersäure aufgeschlossen, die Kieselsäure durch Abrauchen dehydratisiert und als Siliciumdioxid ausgewogen. Im Filtrat lässt sich Aluminium durch Ammoniak als Hydroxid fällen und gravimetrisch bestimmen. Natrium wird im Filtrat des Aluminiumniederschlages gravimetrisch als Na_2SO_4 ermittelt. Die Bestimmung des Schwefels als Sulfat erfolgt in einem weiteren Teil des Filtrats der Siliciumdioxidfällung, nachdem Aluminium als Hydroxid entfernt worden ist.

Lösungsprozess

Arbeitsgeräte: 400-ml-Bechergläser (hohe Form, Jenaer oder Duranglas); Trockenschrank; Sandbad; Uhrgläser; Pipetten.
Reagenzien: Br_2; 14 mol/l HNO_3; 7 mol/l HCl.
Arbeitsvorschrift: ca. 1 g Substanz nach 2stündigem Trocknen bei 90–100 °C im Trockenschrank einwiegen, in Becherglas bringen u. mit etwas Wasser anpasten. Sodann 3 ml Br_2 hinzufügen (Abzug!), gut verrühren u. mit 20 ml HNO_3 versetzen. Becherglas mit Uhrglas bedecken u. auf Sandbad stellen. 2 Std. lang in der Wärme belassen, bis zur Trockne (HNO_3-frei) eindampfen, kurz abkühlen lassen u. mit einigen Tropfen Wasser u. 20 ml HCl aufnehmen, dann auf dem Sandbad eindampfen, erneut in 20 ml HCl aufnehmen und filtrieren (Einwaage m_E in mg).

Bestimmung von SiO_2 (Lösungsrückstand)

Arbeitsgeräte, Reagenzien, Arbeitsvorschrift und Berechnung: s. beim Dolomit, S. 521.

Analysenlösung

Salzsaures Filtrat der SiO$_2$-Fällung auf ca. 100 ml einengen, in 250-ml-Messkolben überführen u. mit Wasser bis zur Marke auffüllen. Für die folgenden Bestimmungen daraus aliquote Teilmengen entnehmen.

Bestimmung von Aluminium

Arbeitsgeräte: 25-ml-Pipette; Heizquelle; 250-ml-Bechergläser (hohe Form); Schwarzbandfilter; Porzellantiegel; Muffelofen; Pipetten.
Reagenzien: Methylrot; 2 mol/l NH$_3$; Waschfl.: 2%ige NH$_4$NO$_3$-Lsg. mit einigen Tropfen NH$_3$-Lösung.
Arbeitsvorschrift: 25 ml aus Messkolben entnehmen u. mit 100 ml Wasser verdünnen. Nach Zugabe einiger Tropfen Methylrot bis fast zum Sieden erhitzen u. mit Ammoniak bis zum Farbumschlag tropfenweise versetzen, kurz aufkochen. Niederschlag absetzen lassen u. warm durch Schwarzbandfilter dekantierend filtrieren. Mit Waschflüssigkeit auswaschen. Filtrat dient zur Na-Bestimmung. Filter im Tiegel veraschen u. Rückstand in Intervallen von 45 Min. bei 1000 °C bis zur Gewichtskonstanz glühen. Auswaage m(Al$_2$O$_3$) in mg.
Berechnung:

$$w(\text{Al}_2\text{O}_3) = \frac{m(\text{Al}_2\text{O}_3)}{0,1 \cdot m_E}$$

Bestimmung von Natrium

Arbeitsgeräte: 400-ml-Bechergläser (hohe Form); Porzellantiegel; Heizquelle; Pipetten; Wasserbad.
Reagenzien: 2 mol/l H$_2$SO$_4$; gesätt. Ammoniumcarbonat-Lsg.; festes Ammoniumcarbonat.
Verfahrensfehler: Zur Überführung in das neutrale Na$_2$SO$_4$ muss eine Zugabe von Ammoniumcarbonat erfolgen, um die Bildung von Na$_2$S$_2$O$_7$ aus NaHSO$_4$ rückgängig zu machen.
Arbeitsvorschrift: Das Filtrat der Al-Fällung bei Vorhandensein vieler NH$_4$-Salze im Becherglas auf dem Wasserbad bis fast zur Trockne eindampfen. Die erstarrenden Salzreste mit einem Glasstab immer wieder zerkleinern. Temp. langsam steigern u. NH$_4$-Salze durch Abrauchen entfernen. Rest mit 2–3 ml Wasser aufnehmen u. in Porzellantiegel bringen. 2 ml H$_2$SO$_4$ hinzufügen und zur Trockne eindampfen. Rest über kleiner Flamme entwässern u. vorsichtig auf schwache Rotglut bringen. Erkalten lassen, mit 3–4 Tropfen Ammoniumcarbonat-Lsg. anfeuchten, vorsichtig über Brenner auf Rotglut bis eben zum Schmelzen bringen; Dauer: ca. 20 Min. Abrauchen u. Schmelzen mit erbsengroßem Stück Ammoniumcarbonat einmal wiederholen. Auswaage m(Na$_2$SO$_4$).
Berechnung:

$$m(\text{Na}_2\text{O}) = [\lambda] \cdot m(\text{Na}_2\text{SO}_4)$$

Umrechnungsfaktor

$$[\lambda] = \frac{M(\text{Na}_2\text{O})}{M(\text{Na}_2\text{SO}_4)} = 0,43636$$

$$w(\text{Na}_2\text{O}) = \frac{m(\text{Na}_2\text{O})}{0,1 \cdot m_E}$$

Bestimmung von Schwefel

Arbeitsgeräte und Reagenzien: 50-ml-Pipette; s. oben u. S. 362.
Arbeitsvorschrift: 50 ml Analysenlsg. aus Messkolben entnehmen u. Al nach obiger Vorschrift fällen. Die Bestimmung von Schwefel als Sulfat erfolgt dann nach der Vorschrift auf S. 525 f. Wegen des Umrechnungsfaktors auf Schwefel s. S. 362.
Berechnung:

$$w(S) = \frac{m(S)}{0,2 \cdot m_E}$$

Analyse eines Sulfids: Kupferkies

Allgemeines: Kupferkies, $CuFeS_2$, gehört zu der großen Gruppe sulfidischer Erze, deren wichtigste Vertreter neben Kupferkies Bleiglanz, PbS, Zinkblende, ZnS und Pyrit, FeS_2, sind. Die Hauptbestandteile des Kupferkieses sind Kupfer, Eisen, Schwefel; daneben findet man als Gangart Siliciumdioxid. Der Aufschluss der Sulfide erfolgt entweder durch Oxidationsschmelze oder durch Salpetersäure-Salzsäure-Gemische. Zur vollständigen Überführung des Schwefels in Sulfat ist gegebenenfalls noch der Zusatz besonderer Oxidationsmittel notwendig.

Analysengang: Das Probematerial wird mit einem Salpetersäure-Salzsäure-Gemisch unter Zusatz von etwas Brom (zur quantitativen Oxidation des Schwefels zum Sulfat) aufgeschlossen. Nach mehrmaligem Abrauchen mit Salzsäure verbleibt Siliciumdioxid als schwerlöslicher Rückstand. Im Filtrat wird Schwefel als Bariumsulfat bestimmt. Kupfer wird parallel dazu als Kupfersulfid gefällt und entweder gravimetrisch bestimmt oder gelöst und iodometrisch oder elektrogravimetrisch ermittelt. Im Filtrat der Kupfersulfid-Fällung trennt man Eisen als Eisen(III)-oxidhydrat ab und bestimmt es gravimetrisch oder maßanalytisch.

Lösungsprozess

Arbeitsgeräte: 400-ml-Bechergläser (hohe Form, Jenaer oder Duranglas); Uhrgläser; Pipetten.
Reagenzien: Br_2; 14 mol/l HNO_3; 7 mol/l HCl.
Arbeitsvorschrift: ca. 1 g Substanz einwägen, in Becherglas bringen u. mit einem Gemisch von 15 ml HNO_3 u. 5 ml HCl übergießen, einige Tropfen Br_2 zusetzen (Abzug!). Becherglas mit Uhrglas bedecken u. über Nacht stehen lassen. (Einwaage m_E in mg.)

Bestimmung von SiO_2 (Lösungsrückstand)

Arbeitsgeräte: Zusätzlich Blaubandfilter oder Filtertiegel A 1; Muffelofen; Sandbad.
Reagenzien: 7 mol/l HCl; 2 mol/l HCl.
Arbeitsvorschrift: Zur vollständigen Dehydratisierung des SiO_2 die Lsg. auf dem Sandbad eindampfen, 2mal mit je 2 ml 7 mol/l HCl abrauchen, mit 50 ml 2 mol/l HCl aufnehmen u. durch Filter dekantierend filtrieren u. mit heißem Wasser nachwaschen. Filter im Tiegel veraschen u. Rückstand in Intervallen von 45 Min. bei 1000 °C bis zur Gewichtskonstanz glühen. Auswaage $m(SiO_2)$ in mg.
Berechnung:

$$w(SiO_2) = \frac{m(SiO_2)}{m_E}$$

Mineralanalyse

Analysenlösung

Salzsaures Filtrat der SiO$_2$-Fällung auf ca. 100 ml einengen, in einem 250-ml-Messkolben bringen u. mit Wasser bis zur Marke auffüllen. Für die folgenden Bestimmungen daraus aliquote Teilmengen entnehmen.

Bestimmung von Schwefel

Arbeitsgeräte und Reagenzien: s. S. 362, zusätzlich 10%ige [NH$_3$OH]Cl-Lsg.
Arbeitsvorschrift: 50 ml Analysenlsg. aus Messkolben entnehmen, Fe^{3+} mit 2 ml [NH$_3$OH]Cl-Lsg. zu Fe^{2+} reduzieren u. nach Vorschrift auf S. 361 verfahren. Auswaage $m(BaSO_4)$ in mg.
Berechnung:

$$m(S) = [\lambda] \cdot m(BaSO_4)$$

Umrechnungsfaktor

$$[\lambda] = \frac{M(S)}{M(BaSO_4)} = 0{,}13737$$

$$w(S) = \frac{m(S)}{0{,}2 \cdot m_E}$$

Bestimmung von Kupfer

Arbeitsgeräte und Reagenzien: für a) s. S. 373 f. Für b) s. S. 373 f. u. 415 f. Für c) s. S. 373 f. u. 473; zusätzlich 25-ml-Pipetten; 5 mol/l HNO$_3$; 2 mol/l NH$_3$; 2 mol/l CH$_3$COOH.
Arbeitsvorschrift: a) gravimetrisch: 25 ml Analysenlsg. aus Messkolben entnehmen u. als CuS nach Vorschrift auf S. 373 f. bestimmen.

b) iodometrisch: 25 ml Analysenlsg. aus Messkolben entnehmen, mit Thioacetamid als CuS fällen (s. S. 372), mit HNO$_3$ wieder auflösen, mit NH$_3$-Lsg. bis zum Auftreten der blauen Farbe versetzen, mit CH$_3$COOH ansäuern u. nach Zusatz von 2 g KI mit Thiosulfat-Lsg. titrieren (s. S. 416).

c) elektrogravimetrisch: 25 ml Analysenlsg. aus Messkolben entnehmen, mit Thioacetamid als CuS fällen (s. S. 373), mit 5 mol/l HNO$_3$ wieder auflösen, Stickstoffoxide verkochen u. weiter nach Vorschrift auf S. 473 arbeiten.
Berechnung:

$$w(Cu) = \frac{m(Cu)}{0{,}1 \cdot m_E}$$

Bestimmung von Eisen

Arbeitsgeräte und Reagenzien: s. S. 377 bzw. 411 f.; zusätzlich Br$_2$-Wasser; 2 mol/l HCl.
Arbeitsvorschrift: Im Filtrat der CuS-Fällung überschüssiges Thioacetamid durch Eindampfen der Lsg. zerstören, auf 100 ml verdünnen, mit 3–4 Tropfen Br$_2$-Wasser Fe^{2+} zu Fe^{3+} oxidieren, als Fe(OH)$_3$ fällen (s. S. 376 f.) u. Fe entweder gravimetrisch nach Vorschrift S. 377 oder nach Lösen in HCl maßanalytisch nach Vorschrift S. 411 bestimmen. Diese Titration erfordert die Cu-Abtrennung, weil SnCl$_2$ bei bestimmten Cl$^-$-Konzentrationen auch Cu^{2+} reduziert.
Berechnung:

$$w(Fe) = \frac{m(Fe)}{0{,}1 \cdot m_E}$$

3.9.4 Glasanalyse (Anorganische Gläser)

Als Gläser werden amorphe Werkstoffe bezeichnet, die auf Grund eines Schmelzintervalles eine gute Verformbarkeit besitzen. Die „anorganischen" Gläser sind zumeist spröde und durchsichtig; sie leiten den elektrischen Strom schlecht. Neben den anorganischen Gläsern gibt es heute zahlreiche organische Gläser aus den verschiedensten Kunststoffen (z. B. Plexiglas), die aber hier ebenso wie die glasähnlichen keramischen Werkstoffe nicht behandelt werden.

Sieht man von einigen anorganischen Spezialgläsern ab, so enthalten sie alle als Hauptbestandteil mehr als 50 Gew.-% SiO_2. Bei der Analyse beschränkt man sich vielfach auf die Bestimmung einiger wesentlicher Kationengehalte in Form der Oxide, insbesondere Na_2O, K_2O, CaO, MgO, PbO, BaO, Al_2O_3.

Einen kleinen Ausschnitt aus der Vielzahl anorganischer Gläser gibt Tab. 3.30.

Für die Zuordnung einer Glasprobe zu den einzelnen Sorten sind folgende Vorproben auf Blei und Borsäure empfehlenswert.

Tab. 3.30: Anorganische Gläser (EP = Erweichungspunkt)

Sorte	Typ	Verwendung	Beispiel der Zusammensetzung
Normalgläser (EP um 600°C)	Natrium-Kalkglas	Fenster, Flaschen	15% Na_2O, 12% CaO, 73% SiO_2
	Thüringer Glas	billiges Geräteglas	13% Na_2O, 10% CaO, 7% K_2O, 70% SiO_2
	Böhmisches Glas	billiges Geräteglas	15% K_2O, 9% CaO, 76% SiO_2
hochwertige Gerätegläser	Alumo-Boro-Silicat (EP 600 bis 700°C)	hochwertiges resistentes Geräteglas	Jenaer Glas 20 7,7% Na_2O, 8,5% Al_2O_3, 0,8% CaO, 4,6% B_2O_3, 3,9% BaO, 74,5% SiO_2
Spezialgläser	Blei-Silicat (EP um 500°C)	optische Gläser	Jenaer Silicatflint S 57 80% PbO, 20% SiO_2, 0,1% As_2O_5
	Blei-Alumo-Borat (EP um 500°C)	lichtbrechendes Gebrauchs- und Ziergerät	Jenaer Boratflint S 7 32% PbO, 56% B_2O_3, 12% Al_2O_3
	Alumo-Boro-Phosphat	isolierende Gläser u.a.m.	Jenaer Phosphatkron S 40 28% BaO, 1,5% As_2O_5, 59,5% P_2O_5, 8% Al_2O_3, 3% B_2O_3
	Quarzglas EP > 1100°C	Geräteglas	100% SiO_2

Nachweis von Blei

Etwas Glaspulver wird an einem glühenden Magnesiastäbchen geschmolzen u. danach in die Reduktionsflamme eines kräftigen Brenners gehalten. Eine schnell entstehende tiefgrauschwarze Färbung zeigt höhere Pb-Gehalte, d. h. ein typisches Bleiglas, an.

Nachweis von Bor

Glaspulver u. CaF_2 werden im Verhältnis 1 : 1 mit einigen Tropfen 10 mol/l H_2SO_4 zu einem dicken Brei angerührt. Ein Anteil davon wird am Magnesiastäbchen in den äußersten Saum einer Bunsenbrennerflamme gebracht. Eine zunächst gelbgrüne u. sodann rein grüne Flammenfärbung zeigt Bor an (s. S. 109).

Die klassische quantitative Gasanalyse arbeitet fast ausschließlich mit gravimetrischen Bestimmungsmethoden, gegebenenfalls unter Einschaltung von Hydroxidtrennungen, deren Schwierigkeitsgrad und Zeitbedarf relativ groß ist. Auch hier haben neuere Methoden, insbesondere die komplexometrischen Titrationen und photometrische sowie flammenphotometrische Verfahren, einen wesentlichen Fortschritt gebracht.

Aufschluss von Glasproben

Reaktionsprinzip: Zum Aufschluss des Glases werden SiO_2 und auch B_2O_3 durch Abrauchen mit HF als SiF_4 bzw. BF_3 verflüchtigt. Zur Erleichterung der Umsetzung und Vertreibung letzter Fluoridmengen werden ausreichende Mengen der höher siedenden Mineralsäuren H_2SO_4 oder $HClO_4$ zugesetzt. Die Verwendung von $HClO_4$ anstatt H_2SO_4 ist stets dann empfehlenswert, wenn das Glas PbO oder BaO enthält, da schwerlösliche Sulfate die Wirksamkeit des Abrauchprozesses und die Weiterverarbeitung erschweren.

Verfahrensfehler: Die hohen Temperaturen gegen Ende des Abrauchprozesses von etwa 300 °C (H_2SO_4) bzw. 200 °C ($HClO_4$) können zu merklichen Verlusten an evtl. vorhandenem P_2O_5 führen.

Arbeitsgeräte: Stahlmörser; Platintiegel; Luftbad.
Reagenzien: 2,5 mol/l H_2SO_4 oder 5 mol/l $HClO_4$; konz. HF (38–40%ige).
Arbeitsvorschrift: Glasprobe im Stahlmörser feinst pulverisieren (Teilchengröße unter 60 µm). Vom Glaspulver bis $m_E = 500$ mg in Pt-Tiegel einwägen, mit 5 ml H_2SO_4 oder $HClO_4$ anpasten u. mit 10 ml HF versetzen. Auf dem Luftbad innerhalb von 30–60 Min. bis zum Rauchen erhitzen. 30 Sek. lang im kräftigen Rauchen halten u. abkühlen lassen.

Der Rückstand des Abrauchprozesses wird entweder direkt weiterverarbeitet oder daraus eine Lösung in einem 100-ml-Messkolben hergestellt, wenn mehrere Bestandteile bestimmt werden sollen.

Bestimmung von CaO im Normalglas

Reaktionsprinzip: Die Bestimmung erfolgt komplexometrisch durch direkte Titration des gelösten Aufschlusses mit 0,1 mol/l $Na_2[H_2Y]$ (Y = EDTA) gegen Calconcarbonsäure als Indikator (s. S. 435). Wird gegen Erio T als Indikator titriert, so können summarisch MgO, CaO, BaO, PbO usw. erfasst werden, doch ist Al^{3+} mit Triethanolamin zu maskieren.

Verfahrensfehler: Der Verbrauch an Maßlösung liegt bei $V = 6-9$ ml. Die Streuung ist mit $\pm 0{,}02$ ml Maßlsg. zu erwarten.

Arbeitsbereich: Normalglas enthält 9–12% CaO, so dass bei einer Einwaage von $m_E \approx 400$ mg Glas mit 36–48 mg CaO (0,6–0,9 mmol Ca) zu rechnen ist.

Arbeitsgeräte, Reagenzien und Arbeitsvorschrift: s. S. 435.

Berechnung:

$$w(\text{CaO}) = \frac{V \cdot c(\text{Na}_2[\text{H}_2\text{Y}]) \cdot M(\text{CaO})}{m_E}$$

$$= \frac{V \cdot (0{,}1 \text{ mmol/ml}) \cdot (56{,}08 \text{ mg/mmol})}{m_E}$$

Bestimmung von Al$_2$O$_3$ im Jenaer Glas 20

Reaktionsprinzip: Die Bestimmung erfolgt komplexometrisch nach Versetzen des gelösten Aufschlusses mit 10 ml 0,1 mol/l Na$_2$[H$_2$Y]-Lösung (Y = EDTA) durch Rücktitration mit Zn-Maßlösung gegen Dithizon als Indikator (s. S. 436).

Störende Ionen: Ca^{2+} und Ba^{2+} stören nicht. Pb^{2+} wird mittitriert und muss deshalb vor der Titration durch Fällung mit Thioacetamid als PbS abgetrennt werden.

Verfahrensfehler: Der Verbrauch $V = (f_{\text{EDTA}} \cdot 10{,}00 \text{ ml} - f_{\text{Zn}} \cdot V_1)$ liegt bei 5,5–8 ml, entsprechend einer Rücktitration mit $V_t = 4{,}5$–2 ml Zn-Maßlösung. Die Streuung von V ist mit $\pm 0{,}04$ ml zu erwarten.

Arbeitsbereich: Alumo-Boro-Silicatgläser enthalten 7–10% Al$_2$O$_3$, so dass bei einer Einwaage $m_E \approx 400$ mg Glas mit 28–40 mg Al$_2$O$_3$ (0,55–0,8 mmol Al) zu rechnen ist.

Arbeitsgeräte, Reagenzien und Arbeitsvorschrift: s. S. 436.

Berechnung:

$$w(\text{Al}_2\text{O}_3) = \frac{V \cdot c(\text{Na}_2[\text{H}_2\text{Y}]) \cdot M(^1/_2 \text{Al}_2\text{O}_3)}{m_E}$$

$$= \frac{V \cdot (0{,}1 \text{ mmol/ml}) \cdot (50{,}98 \text{ mg/mmol})}{m_E}$$

Bestimmung von PbO in Bleigläsern

Reaktionsprinzip: Die Bestimmung erfolgt komplexometrisch durch Titration des gelösten Aufschlusses mit 0,1 mol/l Na$_2$[H$_2$Y] gegen Erio T als Indikator (s. S. 433).

Verfahrensfehler: Al^{3+} wird mittitriert. Pb^{2+} muss deshalb vor der Titration durch Fällung mit Thioacetamid als PbS abgetrennt werden. Das gefällte PbS wird in HClO$_4$ gelöst und H$_2$S verkocht. Die Lsg. mit 2 g Kaliumnatriumtartrat versetzen, mit NaOH neutralisieren, nicht mit NH$_3$. Dann erst wie bei der Mg^{2+}-Titration mit HCl + NH$_3$ puffern; pH = 10–10,5. Die Streuung ist mit $\pm 0{,}04$ ml Maßlsg $\hat{=} \pm 0{,}9$ mg PbO als normal anzusehen.

Arbeitsbereich: Bleigläser enthalten 30–80% PbO, so dass bei einer Einwaage von $m_E \approx 250$ mg Glas mit 75–200 mg PbO (0,34–0,9 mmol Pb) zu rechnen ist.

Arbeitsgeräte, Reagenzien und Arbeitsvorschrift: s. S. 434.

Berechnung:

$$w(\text{PbO}) = \frac{V \cdot c(\text{Na}_2[\text{H}_2\text{Y}]) \cdot M(\text{PbO})}{m_E}$$

$$= \frac{V \cdot (0{,}1 \text{ mmol/ml}) \cdot (223{,}2 \text{ mg/mmol})}{m_E}$$

Kalium kann gravimetrisch als Tetraphenylborat bestimmt werden (s. S. 364), doch wird zur schnellen Erfassung von K_2O und Na_2O immer mehr die flammenphotometrische Methode bevorzugt. Die für die Farbe des Glases wichtigen Oxide Fe_2O_3 und Mn_2O_3 in der Größenordnung von 0,02–0,2% können schnell und zuverlässig photometrisch als roter 2,2'-Bipyridinkomplex bzw. als violettrotes Permanganat bestimmt werden.

Für den praktischen Gebrauch, insbesondere der Gerätegläser, ist die Resistenz gegenüber Laugen, Säuren und Wasser von Bedeutung. Auf Grund von Kochbehandlungen und der dabei eintretenden Substanzluste von Glasproben unterscheidet man jeweils 3 Laugen- bzw. Säureklassen.

Wasserbeständigkeit nach dem Glasgrieß-Titrationsverfahren

Reaktionsprinzip: Zur Ermittlung der Resistenz eines Glases gegen Wasser wird Glasgrieß längere Zeit mit Wasser in der Hitze behandelt und die dabei herausgelöste Na_2O-Menge, die als NaOH vorliegt, titrimetrisch mit HCl erfasst.

Verfahrensfehler: Es werden zweckmäßig gleichzeitig n = 3 Parallel- und n_B = 1 Blindansätze durchgeführt und zur Beurteilung der Mittelwert $\bar{V} = f_{HCl}(\bar{V}_t - \bar{V}_b)$ verwendet. In diesem Fall ist mit einer Mittelwertstreuung von ±0,02 ml Maßlsg. zu rechnen.

Arbeitsgeräte: Stahlmörser; Messingsiebe (DIN 1171: 0,5–0,3 mm); Magnet; 50-ml-Messkolben (30 Min. lang mit Wasserdampf ausdämpfen); Wasser-Umlaufthermostat (notfalls auch siedendes Wasserbad); 25-ml-Pipette; 150-ml-Weithals-Erlenmeyerkolben; 10-ml-Mikrobürette; Messpipette.

Reagenzien: CO_2-freies H_2O (Auskochen oder frisches Austauscherwasser); Maßlsg.: 0,01 mol/l HCl; Indikator: 100 mg Methylrot mit 95%igem Ethanol zu 100 ml Lsg. lösen; Pufferlsg.: 92,8 ml 0,1 mol/l $C_6H_8O_7 \cdot H_2O$ (Citronensäurelsg.) + 107,2 ml 0,2 mol/l Na_2HPO_4 (pH = 5,2).

Arbeitsvorschrift: Mindestens 50 g des zu prüfenden Glases im Stahlmörser auf eine Korngröße von 0,3 bis 0,5 mm zerkleinern u. aussieben. Eisenteilchen mit Magneten entfernen. 2,00 g Glasgrieß in Messkolben einwägen u. noch verbliebene Feinstanteile durch sechsmaliges Spülen mit je 25 ml Wasser abschlämmen. Danach bis zum Halsansatz des Kolbens mit Wasser auffüllen, Glasgrieß gleichmäßig über den Kolbenboden verteilen u. Kolben für t = 60,0 min in Thermostaten von 98,0 ± 0,2 °C einstellen. Während des Erhitzens nicht umschütteln! Durch Eintauchen in kaltes Wasser schnell auf 20 °C abkühlen, zur Marke auffüllen u. 25 ml in Weithals-Erlenmeyerkolben pipettieren. Nach Zusatz von 0,10 ml Indikatorlsg. mit Maßlsg. gegen Vergleichspufferlsg. titrieren.

Auswertung: Nach dem Verbrauch an Maßlsg. unterscheidet man 5 hydrolytische Klassen (Tab. 3.31).

Tab. 3.31: Hydrolytische Klassen

Klasse	Verbrauch V in ml an 0,01 mol/l HCl pro 1 g Glas	gelöste Masse $m(Na_2O)$ in mg pro 1 g Glas	Glassorte
1	bis 0,1	bis 0,03	wasserbeständig; höchstwertiges Apparateglas
2	über 0,1 bis 0,2	über 0,03 bis 0,06	resistent; hochwertiges Apparateglas
3	über 0,2 bis 0,85	über 0,06 bis 0,26	hart; Flaschengläser
4	über 0,85 bis 2,0	über 0,26 bis 0,62	weich; Fenstergläser
5	über 2,0 bis 3,5	über 0,62 bis 1,08	sehr weich; Spezialgläser

3.9.5 Legierungsanalyse

Geschmolzene Metalle sind in der Lage, sich gegenseitig zu lösen. Die erstarrten Mischungen heißen Legierungen und besitzen meist gegenüber den Reinmetallen erhöhte Festigkeit, Härte und Korrosionsbeständigkeit.

Die Metallkunde oder Metallurgie ist die Lehre, die sich mit dem Aufbau und den Eigenschaften der Metalle und Legierungen beschäftigt. Die wichtigsten Untersuchungsmethoden in der Metallkunde sind:

1. Die chemische Analyse und die Spektralanalyse. Sie geben Auskunft über die qualitative und quantitative Zusammensetzung einer Legierung.
2. Die Feinstrukturuntersuchung durch Röntgen- oder andere Strahlen.
3. Die mikroskopische Untersuchung.
4. Die thermische Analyse.

Als Bestandteil von Legierungen kommen neben Eisen besonders die Nichteisenmetalle (NE-Metalle) Kupfer, Zink, Zinn, Blei zusammen mit Mangan, Nickel, Cobalt und Antimon, ferner Aluminium und Magnesium vor. Chrom, Molybdän, Wolfram und Vanadium werden zur Erzielung ganz spezifischer Eigenschaften der betreffenden Legierung verwendet. Das gleiche gilt auch für den Gehalt der Legierungen – insbesondere bestimmter Eisensorten und Stahllegierungen – an Nichtmetallen: Schwefel, Phosphor, Silicium, Kohlenstoff.

Einen Überblick über die wichtigsten in der Technik verwendeten Legierungen mit Haupt- und Nebenbestandteilen gibt die Tab. 3.32.

Mit dem Ziel, Stoff, Zeit und Geld zu sparen, sind die Eisen- und Nichteisenwerkstoffe genormt worden. Des weiteren sind für genormte Werkstoffe Kurzzeichen eingeführt, um die Zusammenarbeit zwischen Hersteller, Lieferanten und Verbraucher zu vereinfachen und eindeutiger zu gestalten. So besteht das Kurzzeichen eines Nichteisenmetalls (NE-Metalles) aus einer Aneinanderreihung von Kennzeichen, die auf Herstellung, Verwendung, Zusammensetzung und besondere Eigenschaften hinweisen. Die die Zusammensetzung der Metalle und Legierungen kennzeichnenden chemischen Symbole gliedern sich in Angaben über den Grundstoff und über die Legierungszusätze. Grundstoff ist jeweils das Element mit dem größten Gehalt in der Legierung. Als Beispiel sei das Kurzzeichen für eine Guss-Zinn-Bronze G–SnBz 20 angeführt (G = Guss; Sn = chem. Symbol für Zinn; Bz = Bronze; 20 = Legierung enthält 20% Sn).

Als Lösungsmittel für Legierungen dienen Salzsäure, Salpetersäure oder auch ein Gemisch von beiden. Für Legierungen, welche Schwefel, Phosphor, Silicium und Kohlenstoff enthalten, verwendet man in vielen Fällen Salpetersäure oder andere oxidierende Aufschlussmittel, da diese Elemente mit Salzsäure flüchtige Verbindungen zu bilden vermögen. Für Aluminiumlegierungen verwendet man gegebenenfalls auch Lauge. Konzentrierte Schwefelsäure dient als oxidierendes Lösungsmittel. Bei einigen Legierungen ist ein Schmelzaufschluss erforderlich, wie z. B. bei Ferrosilicium eine oxidierende Schmelze mit Alkalicarbonat und Natriumperoxid.

Die nachstehend beschriebenen Analysenmethoden einiger Metalllegierungen sind keine Universalvorschriften. In der Praxis müssen entsprechend der vorliegenden Probe oft andere Analysenverfahren herangezogen werden.

Tab. 3.32: Überblick über die Zusammensetzung einiger Legierungen

Legierungen	Hauptbestandteile	Nebenbestandteile
Bronzen		
Zinnbronze	Cu, Sn	
Rotguss	Cu, Sn, Zn	Pb, Ni
Aluminiumbronze	Cu, Al	Mn, Zn
Bleibronzen	Cu, Pb	
Messing	Cu, Zn	Pb (Sn, Fe, Ni, Mn)
Neusilber	Cu, Zn, Ni	Mn, Fe, Pb
Lagerhartblei	Pb, Sb, Sn	Cu, As, Fe
Letternmetall	Pb, Sb	Sn
Weißmetall	Pb, Sn, Cd	Sb, Cu, Fe
Blei- und Zinnlote	Pb, Sn	Sb (Cu, Fe, Ni)
Duraluminium	Al, Cu, Mg	Fe, Mn, Si
Elektron	Mg, Al	Zn, Mn, Si
Roheisen	Fe	Si, Mn, C, S, P
Baustähle (unlegiert)	Fe	C
Stahlguss	Fe	C
Grauguss	Fe	C
Temperguss	Fe	C
Schnell(dreh)stähle	Fe, W, Cr, V, Mo	C
Säurebeständige Stähle	Fe, Cr, Ni, Mn oder Si	

Messinganalyse

> Messing ist eine Legierung mit den Hauptbestandteilen Kupfer und Zink. Je nach dem Kupfergehalt unterscheidet man Rotguss (> 80% Kupfer), Gelbguss (65–80% Kupfer) und Weißguss (< 50% Kupfer). Als Nebenbestandteile können im Messing Zinn (bis zu 1%), Blei (bis zu 2%), Eisen (bis zu 1%) und Nickel (bis zu 0,5%) enthalten sein. Mitunter sind Spuren von Mangan, Aluminium, Antimon und Phosphor zugegen.
>
> Im folgenden soll die systematische analytische Untersuchung einer Messinglegierung unter Berücksichtigung der Bestandteile Kupfer, Blei, Zink und Nickel beschrieben werden.

Analysengang: Das Probematerial wird in Salpetersäure gelöst. Durch Abrauchen mit Schwefelsäure wird Blei als Bleisulfat abgeschieden und im Filtrat Kupfer entweder elektrogravimetrisch oder als Kupfer(I)thiocyanat bestimmt. Aus der kupferfreien Lösung wird Nickel mit Dimethylglyoxim gefällt und anschließend Zink als Zinkdiphosphat oder komplexometrisch ermittelt.

Lösungsprozess

Arbeitsgeräte: 400-ml-Bechergläser (hohe Form); Heizquelle; Uhrgläser; Pipetten.
Reagenzien: 5 mol/l HNO_3; Ethanol oder Ether.

Arbeitsvorschrift: Etwa $m_E = 0{,}5$ g durch Waschen mit Alkohol oder Ether fettfrei erhaltene Messingspäne einwägen und in Becherglas bringen. Sodann 25 ml HNO_3 zusetzen, Becherglas mit Uhrglas bedecken und Probe bei 60–80 °C lösen. Nach Beendigung der Reaktion Uhrglas und Wandungen des Becherglases mit Wasser abspritzen.

Bestimmung von Blei

Arbeitsgeräte, Reagenzien und Arbeitsvorschrift: s. Vorschrift auf S. 369 f.
Berechnung:

$$m(Pb) = [\lambda] \cdot m(PbSO_4)$$

Umrechnungsfaktor

$$[\lambda] = \frac{M(Pb)}{M(PbSO_4)} = 0{,}6832$$

$$w(Pb) = \frac{m(Pb)}{m_E}$$

Analysenlösung

Filtrat und Waschwasser der Pb-Bestimmung unter Abzug auf Heizplatte durch Abdampfen vom Ethanol befreien (nicht mit Flamme erhitzen!) und Lsg. auf 50–70 ml einengen, nach Abkühlen auf Zimmertemp. in einen 100-ml-Messkolben bringen und mit Wasser bis zur Marke auffüllen. Für die folgenden Bestimmungen aliquote Teilvolumina entnehmen.

Bestimmung von Kupfer

Arbeitsgeräte und Reagenzien: für a) s. S. 373. Für b) s. S. 374 und zusätzlich 2 mol/l NaOH.
Arbeitsvorschrift:
a) elektrogravimetrisch: 20 ml aus Messkolben entnehmen und nach Vorschrift auf S. 373 elektrolysieren.
b) gravimetrisch: 20 ml aus Messkolben entnehmen, 30 ml Wasser zugeben, mit NaOH-Lsg. auf pH = 4–5 bringen und als CuSCN nach Vorschrift auf S. 374 f. bestimmen.

Berechnung:

$$w(Cu) = \frac{m(Cu)}{0{,}2 \cdot m_E}$$

Bestimmung von Nickel

Arbeitsgeräte und Reagenzien: s. S. 379; zusätzlich 2 mol/l HCl; 2 mol/l NH_3.
Arbeitsvorschrift: Cu-freie Lsg. (einschließlich Waschwasser) auf ca. 150 ml einengen, mit 25 ml HCl versetzen, mit NH_3-Lsg. auf pH = 2–3 bringen (Zn muss in Lsg. bleiben!) und weiter nach Vorschrift auf S. 379 verfahren.
Berechnung:

$$m(Ni) = 0{,}20317 \cdot m([Ni(C_4H_7N_2O_2)_2]); \quad w(Ni) = \frac{m(Ni)}{0{,}2 \cdot m_E}$$

Bestimmung von Zink

Arbeitsgeräte: für a) 400-ml-Bechergläser (hohe Form); Rührwerk; Porzellanfiltertiegel A 2; Wittscher Saugtopf; Heizquelle; Trockenschrank; Muffelofen; 50-ml-Bürette; Pipetten (5, 20 und 25 ml); für b) 300-ml-Weithals-Erlenmeyerkolben; Pipetten; 50-ml-Bürette.

Reagenzien: für a) Fällungsreagenz: 6 g $(NH_4)_2HPO_4$ in 35 ml Wasser lösen; 14 mol/l HNO_3; 7 mol/l HCl; 2 mol/l NH_3; Methylrot. Für b) 2 mol/l NH_3; KCN; Indikator: Eriochromschwarz T (s. S. 433); 4%ige Formaldehydlsg.; Maßlsg.: 0,01 mol/l Na_2H_2Y.

Arbeitsvorschrift: a) gravimetrisch: Filtrat der Ni-Bestimmung (einschließlich Waschwasser) mit HCl im Überschuss ansäuern, mit 25 ml HNO_3 versetzen und bis zur Trockne bzw. bis zum Rauchen der noch vorhandenen H_2SO_4 eindampfen. Zum erkalteten Rückstand 2–3 ml HCl und 50 ml warmes Wasser geben und mit NH_3-Lsg. gegen Methylrot genau neutralisieren, sodann mit Wasser auf 150 ml auffüllen, zum Sieden erhitzen und langsam aus Bürette 35 ml Fällungsreagenz zufügen. Lsg. nahe am Sieden halten, wobei sich der Niederschlag gut absetzt. Niederschlag ohne Erwärmung 2 Std. lang stehen lassen, durch Filtertiegel dekantierend filtrieren und Niederschlagsreste durch Filtrat in Tiegel bringen. Mit kaltem Wasser waschen. Tiegel im Trockenschrank bei 110 °C vortrocknen und danach im Muffelofen bei 900 °C in Intervallen von 45 Min. bis zur Gewichtskonstanz glühen. Auswaage $m(Zn_2P_2O_7)$ in mg.

b) komplexometrisch neben Cu und Ni: Aus Messkolben (Analysenlsg.) aliquoten Teil (x ml; maximal bis 15 mg Zn) entnehmen und in einen Weithals-Erlenmeyerkolben bringen. Mit Wasser auf ca. 50 ml verdünnen und tropfenweise NH_3-Lsg. zugeben, bis der Niederschlag eben verschwindet und Lsg. klarblau ist. Zur Maskierung von Cu^{2+} und Ni^{2+} wenige Spatelspitzen KCN (Lsg. hell klar) und 1 Spatelspitze Indikator zugeben. Zur Demaskierung von Zn dieser blauen Lsg. ca. 4 ml Formaldehydlsg. zusetzen, und zwar so viel, dass die Farbe nach violett umschlägt und dann noch einige Tropfen bis zum roten Farbton. Jetzt sofort mit Maßlsg. bis zum Farbumschlag nach Blau titrieren.

Berechnung für a):

$$m(Zn) = 0,42914 \cdot m(Zn_2P_2O_7)$$

$$w(Zn) = \frac{m(Zn)}{0,2 \cdot m_E}$$

für b): 1 ml 0,01 mol/l Na_2H_2Y entspricht 0,6538 mg Zn.

$$w(Zn) = \frac{m(Zn)}{(x/100) \cdot m_E}$$

Bronzeanalyse

> Als Bronzen bezeichnet man Legierungen des Kupfers mit Zinn, Aluminium, Silicium, Mangan, Blei usw. Auf Grund ihrer Zusammensetzungen werden unterschieden: Zinnbronzen, Zinngussbronzen und Sonderbronzen.
>
> Zinnbronzen enthalten bis zu 10% Zinn, Gussbronzen bis zu 20% Zinn. Als Nebenbestandteile können bis zu etwa 12% die Elemente Zink, Blei und Eisen und mitunter in Spuren Phosphor zugegen sein. Unter Sonderbronzen versteht man im eigentlichen Sinne keine Kupfer-Zinn-Legierungen, sondern Legierungen des Kupfers mit den Elementen Silicium (Siliciumbronze mit ca. 5% Silicium), Mangan (Manganbronze bis zu 30% Mangan), Aluminium (Aluminiumbronze bis zu 20% Aluminium) u. a. mehr.

Im folgenden Abschnitt wird die Gesamtanalyse einer Zinnbronze mit den Nebenbestandteilen Blei und Zink beschrieben.

Analysengang: Das zur Analyse kommende Probematerial wird nach Entfettung mit Benzin oder Ether in Salpetersäure gelöst und Zinn als schwerlösliche Zinnsäure abgeschieden. Blei wird durch Abrauchen mit Schwefelsäure als

Bleisulfat gefällt und in der filtrierten Lösung Kupfer entweder elektrogravimetrisch oder gravimetrisch als Kupfer(I)thiocyanat bestimmt. Im Filtrat fällt man Zink entweder als Zinkammoniumphosphat oder bestimmt es komplexometrisch.

Lösungsprozess

Arbeitsgeräte: 400-ml-Bechergläser (hohe Form); Uhrgläser; Pipetten.
Reagenzien: 14 mol/l HNO_3; Ether oder Benzin.
Arbeitsvorschrift: Etwa $m_E = 0,5$ g durch Waschen mit Ether oder Benzin fettfrei erhaltene Bronzespäne einwiegen und in Becherglas bringen. Sodann mit Wasser anfeuchten, Becherglas mit Uhrglas bedecken und vorsichtig in kleinen Portionen 10 ml HNO_3 zusetzen. Nach Beendigung der Reaktion Uhrglas und Wandungen des Becherglases mit Wasser abspritzen. (Einwaage m_E in mg)

Bestimmung von Zinn

Verfahrensfehler: Bei einem Sn-Gehalt >7% schließt die abgeschiedene Zinnsäure leicht Cu, Pb und evtl. vorhandenes Fe in erheblichem Maße ein, so dass umgefällt werden muss. Bei Behandlung des Niederschlags mit $(NH_4)_2S_x$-Lsg. geht Zinnsäure als $(NH_4)_2[SnS_3]$ in Lsg., während Cu, Pb und Fe schwerlösl. Sulfide bilden.
Arbeitsgeräte: Zusätzlich Heizplatte; Filterbrei-Tabletten; Reagenzgläser; Blaubandfilter; Muffelofen; Tiegel.
Reagenzien: 5 mol/l HNO_3; 2 mol/l HNO_3, konz. $(NH_4)_2S_x$-Lsg.; 2 mol/l HCl; Waschflüssigkeit: 0,2 mol/l HNO_3 bzw. 0,2 mol/l CH_3COOH.
Arbeitsvorschrift: Lsg. auf Heizplatte erhitzen, dabei unter Sdp. halten und langsam verdampfen lassen, bis nach 1 Std. 5 ml Lsg. verbleiben (Zinnsäure scheidet sich gut ab). Dann mit 30 ml heißem Wasser verdünnen und 20–30 Min. lang warm stellen. Jetzt $\frac{1}{4}$ Filterbrei-Tablette in kleine Stücke zerreißen, in Reagenzglas mit Wasser gut schütteln und der Lsg. beigeben. Nach Umrühren durch Blaubandfilter filtrieren, dabei evtl. getrübtes Filtrat nochmals durch Filter gießen und anschließend Niederschlag 10mal mit heißer 0,2 mol/l HNO_3 waschen. – Bei Sn-Gehalten >7% jetzt Niederschlag mit $(NH_4)_2S_x$-Lsg. digerieren, Rückstand abfiltrieren, mit heißer 5 mol/l HNO_3 vom Filter lösen und diese Lsg. mit dem Hauptfiltrat vereinigen. $(NH_4)_2[SnS_3]$-Lsg. auf ca. 80 °C erwärmen und mit HCl schwach ansäuern. Den aus SnS_2 und S bestehenden Niederschlag nach einigen Std. oder besser am folgenden Tag abfiltrieren und mit CH_3COOH waschen. – Filter trocknen und bei möglichst niedriger Temp. veraschen. Zum Niederschlag 1 Tropfen 2 mol/l HNO_3 geben und im Muffelofen bei 1000 °C in Intervallen von 20–30 Min. bis zur Gewichtskonstanz glühen. Auswaage $m(SnO_2)$ in mg.
Berechnung:

$$m(Sn) = [\lambda] \cdot m(SnO_2)$$

Umrechnungsfaktor

$$[\lambda] = \frac{M(Sn)}{M(SnO_2)} = 0,78765$$

$$w(Sn) = \frac{m(Sn)}{m_E}$$

Bestimmung von Blei, Kupfer und Zink

Arbeitsgeräte, Reagenzien, Arbeitsvorschrift und Berechnung: s. bei der Messinganalyse, S. 531.

Leichtmetallanalyse

> Neben Stahl finden in der Technik Leichtmetall-Legierungen (Dural, Hydronalium, Silumin, Elektron u. a.) Anwendung. Die Hauptlegierungsbestandteile sind Aluminium und Magnesium. Zusätze von anderen Metallen, z. B. von Silicium, Kupfer, Mangan, Zink, Eisen u. a. verbessern Festigkeit und Korrosionsbeständigkeit der Leichtmetall-Legierungen erheblich. Durch ihre Verwendung kann das Gewicht von Maschinen und sonstigen Konstruktionselementen stark vermindert werden.
>
> Die wichtigsten Aluminiumlegierungen bestehen aus den Systemen: Aluminium-Magnesium, Aluminium-Silicium, Aluminium-Magnesium-Silicium, Aluminium-Kupfer-Magnesium, Aluminium-Zink-Magnesium, Aluminium-Zink-Kupfer, die in Knet- und Gusslegierungen eingeteilt werden.
>
> Die Aluminiumknetlegierungen besitzen eine hohe Festigkeit und die Eigenschaft, sich plastisch verformen zu lassen. Sie können bis zu 7% Magnesium, 6% Zink, 5% Kupfer, 1,5% Mangan, 1,6% Silicium, 0,5% Eisen u. a. enthalten.
>
> Die Aluminiumgußlegierungen zeichnen sich durch gute Dünnflüssigkeit der Schmelze, hohe Festigkeit und gute Bearbeitbarkeit durch Schneidwerkzeuge aus. Ihre Legierungsbestandteile sind: Silicium ($\leq 13{,}5\%$), Mangan ($\leq 0{,}6\%$), Kupfer ($\leq 6\%$), Magnesium ($\leq 11\%$), Eisen ($\leq 1{,}5\%$), Titan ($\leq 0{,}3\%$) u. a.
>
> Magnesiumlegierungen enthalten Aluminium ($\leq 10{,}0\%$), Zink ($\leq 3{,}2\%$) und Mangan ($\leq 0{,}6\%$) als Nebenbestandteile. In Spuren sind mitunter Cer, Zirconium und Beryllium vorhanden. Zum Guss finden hauptsächlich Magnesium-Aluminium-Zink-Legierungen Anwendung, die ein relativ geringes spezifisches Gewicht besitzen und sich leicht bearbeiten lassen. Nachteilig für sie sind ihre geringe Korrosionsbeständigkeit und ihre schlechten Formgusseigenschaften. Die Magnesiumknetlegierungen entsprechen etwa in ihrer chemischen Zusammensetzung den Gusslegierungen, zeigen jedoch schlechtere technologische Eigenschaften. Aus den Knetlegierungen werden vor allem Pressteile gefertigt.

Im folgenden soll die Analyse eines Leichtmetalls mit den Bestandteilen Aluminium, Zink, Magnesium (bzw. Aluminium, Zink, Mangan) oder Aluminium, Magnesium (bzw. Aluminium, Kupfer, Mangan) beschrieben werden.

Analysengang: Enthält die Probe Zink, so wird entweder in einem Salzsäure-Schwefelsäure-Gemisch (Lösungsprozess I) oder in Natronlauge (Lösungsprozess II) gelöst. Ein kupferhaltiges Probenmaterial ist besser in einem Salpeter-Schwefelsäure-Gemisch (Lösungsprozess III) zu lösen. In den so erhaltenen Lösungen wird zuerst Zink bzw. Kupfer als Sulfid gefällt. Dieses kommt entweder direkt zur Auswaage, oder es wird gelöst, und die gravimetrische Bestimmung erfolgt als Zinkdiphosphat bzw. Kupfer(I)thiocyanat.

Zink kann auch nach Abtrennung als Zinksulfid und Lösen des Niederschlages in Salpetersäure komplexometrisch titriert werden. Die Abtrennung und Bestimmung des Kupfers lässt sich auch elektrogravimetrisch vornehmen.

In den zink- bzw. kupferfreien Lösungen wird Magnesium als Magnesiumammoniumphosphat und danach Aluminium als Oxinat gefällt. Mangan wird in einer gesonderten Einwaage nach dem Bismutatverfahren, der Methode von *Procter-Smith* oder photometrisch bestimmt.

Lösungsprozess I

Arbeitsgeräte: 400-ml-Bechergläser (hohe Form); Uhrgläser; Heizplatte; Pipetten; Messzylinder.
Reagenzien: Mischsäure: 10 ml 7 mol/l HCl und 5 ml 18 mol/l H_2SO_4; 2 mol/l HNO_3.
Arbeitsvorschrift: 1,2–1,5 g Leichtmetallspäne einwiegen und in Becherglas bringen. Becherglas mit Uhrglas bedecken und Mischsäure in kleinen Portionen zugeben. Nach dem Nachlassen der Reaktion das Becherglas auf die Heizplatte stellen, und die Probe in der Wärme weiter lösen. Bei nicht vollständigem Lösen einige Tropfen HNO_3 zusetzen. Sodann bis zur Vertreibung der HNO_3 und der Entstehung von weißen Nebeln eindampfen (erstarrende Salzreste dabei mit Glasstab bewegen). Erkalteten Rückstand mit 50 ml Wasser (evtl. in der Wärme) lösen. (Einwaage m_E in mg)

Lösungsprozess II

Arbeitsgeräte: wie bei I.
Reagenzien: 12 mol/l NaOH; 14 mol/l HNO_3; 18 mol/l H_2SO_4; H_2SO_3.
Arbeitsvorschrift: 1,2–1,5 g Späne einwiegen, in Becherglas bringen und mit etwas Wasser befeuchten. Becherglas mit einem Uhrglas bedecken und langsam 15 ml NaOH-Lsg. zusetzen. Nach Beendigung der Reaktion Uhrglas und Wandung des Becherglases mit Wasser abspritzen. Nach 1 Std. mit 80 ml Wasser verdünnen und über Nacht stehen lassen. Die trübe, dunkel gefärbte Lsg. mit Mn im Rückstand nun vorsichtig mit HNO_3 solange versetzen, bis eine klare Lsg. entsteht und dazu 5 ml H_2SO_4 geben. Evtl. kleine ausflockende Rückstände mit 2 Tropfen H_2SO_3 lösen, SO_2 vollständig verkochen und Lsg. zur Trockne eindampfen. Rückstand mit 50 ml heißem Wasser aufnehmen. (Einwaage in m_E in mg)

Lösungsprozess III

Arbeitsgeräte: wie bei I.
Reagenzien: Mischsäure: 30 ml 14 mol/l HNO_3 und 70 ml 18 mol/l H_2SO_4; 7 mol/l HCl.
Arbeitsvorschrift: Ca. 1 g Späne einwiegen, in Becherglas bringen und mit Wasser anfeuchten. Becherglas mit Uhrglas bedecken und vorsichtig in kleinen Portionen 15 ml Mischsäure zusetzen. Wenn die Reaktion nachlässt, noch 3–5 ml HCl zugeben. Auf Heizplatte bis zur Bildung weißen Nebels eindampfen und Lsg. dann noch 30 Min. lang am Rauchen halten. Nach dem Erkalten mit 60–80 ml heißem Wasser lösen. (Einwaage m_E in mg)

Bestimmung von Zink

Arbeitsgeräte: für a) zusätzlich Rührwerk; Filtertiegel A 2; Al-Block; CO_2-Stahlflasche; H_2S-Anlage. Für b) s. S. 367; für c) S. 434.
Reagenzien: für a) NH_4-Tartrat; 2 mol/l NH_3; Methylorange; H_2SO_4 (25,6 g 18 mol/l H_2SO_4 mit Wasser auf 100 ml auffüllen); $(NH_4)_2SO_4$; Waschflüssigkeit: H_2S-Wasser mit 1 g $(NH_4)_2SO_4$ pro 100 ml; S-Pulver. Für b) s. S. 367 und zusätzlich 5 mol/l HNO_3. Für c) s. S. 434 und zusätzlich 5 mol/l HNO_3.
Arbeitsvorschrift: a) gravimetrisch: Lsg. aus Lösungsprozess I oder II mit 2 g NH_4-Tartrat versetzen und mit NH_3-Lsg. gegen Methylorange neutralisieren. Hierbei so lange rühren, bis Niederschlag sich gerade wieder löst. Sodann 8 ml H_2SO_4 zugeben, auf 200 ml mit Wasser verdünnen und mit 3 g $(NH_4)_2SO_4$ versetzen, prüfen, ob pH = 2,9–3,3. Dann auf 70 °C erhitzen und 30 Min. lang H_2S in schneller Folge (2 Blasen/Sek.) einleiten. Über Nacht stehen lassen und durch Filtertiegel dekantierend filtrieren. Mit Waschflüssigkeit waschen. Niederschlag mit Schwefelpulver leicht bestreuen und im Al-Block im CO_2-Strom auf 400 °C erhitzen. Nach Erreichen dieser Temp. Heizung abstellen und Tiegel weiterhin im

CO$_2$-Strom belassen, bis Temp. auf 200 °C abgesunken ist, dann in den Exsikkator stellen. Auswaage m(ZnS) in mg.

b) gravimetrisch: ZnS wie unter a) fällen und abfiltrieren, dann Niederschlag mit HNO$_3$ lösen, H$_2$S verkochen und als Zn$_2$P$_2$O$_7$ nach Vorschrift auf S. 533 bestimmen. Vgl. Mn als Mn$_2$P$_2$O$_7$, S. 375 f.

c) maßanalytisch: Wie b), jedoch nach Verkochen des H$_2$S komplexometrisch wie Mg^{2+} bzw. Al^{3+} nach Vorschrift auf S. 434 bzw. 436 titrieren.

Berechnung: für a):

$$m(\mathrm{Zn}) = [\lambda] \ m(\mathrm{ZnS})$$

Umrechnungsfaktor

$$[\lambda] = \frac{M(\mathrm{Zn})}{M(\mathrm{ZnS})} = 0{,}67098$$

für a), b) und c):

$$w(\mathrm{Zn}) = \frac{m(\mathrm{Zn})}{m_\mathrm{E}}$$

Bestimmung von Kupfer

Arbeitsgeräte und Reagenzien: für a) s. S. 373 f. Für b) s. S. 374 und zusätzlich 2 mol/l NaOH: Für c) s. S. 473.

Arbeitsvorschrift: a) gravimetrisch: In Lsg. aus Lösungsprozess III Cu als CuS nach Vorschrift auf S. 373 f. bestimmen.

b) gravimetrisch: CuS wie unter a) fällen und abfiltrieren, dann Niederschlag mit HNO$_3$ lösen, H$_2$S verkochen, mit NaOH-Lsg. auf pH = 4–5 bringen und Cu als CuSCN nach Vorschrift auf S. 374 bestimmen.

c) elektrogravimetrisch: Lsg. aus Lösungsprozess III nach Vorschrift auf S. 473 elektrolysieren.

Berechnung:

$$w(\mathrm{Cu}) = \frac{m(\mathrm{Cu})}{m_\mathrm{E}}$$

Bestimmung von Magnesium

Arbeitsgeräte und Reagenzien: s. S. 367 und zusätzlich 250-ml-Messkolben; 50-ml-Pipette, 14 mol/l HNO$_3$; Weinsäurelsg. (1 : 1).

Arbeitsvorschrift: Im Filtrat der Sulfidfällungen H$_2$S restlos verkochen und NH$_4$-Salze durch Eindampfen mit 50 ml HNO$_3$ zerstören. Eingedampfte Lsg. bzw. durch elektrolyse von Cu befreite Lsg. in einen Messkolben füllen und mit Wasser bis zur Marke auffüllen. 50 ml aus Messkolben entnehmen, 20 ml Weinsäurelsg. zusetzen und MgNH$_4$PO$_4$ nach Vorschrift aus S. 367 fällen. (Für die Al-Bestimmung zwecks Einhaltung des Arbeitsbereiches evtl. nur aliquoten Teil des Filtrats der Mg-Bestimmung verwenden; V_y/V_F.

Berechnung:

$$w(\mathrm{Mg}) = \frac{m(\mathrm{Mg})}{0{,}2 \cdot m_\mathrm{E}}$$

Bestimmung von Aluminium

Arbeitsgeräte, Reagenzien und Arbeitsvorschrift: s. S. 369 f. Max. 27 mg Al^{3+}.

Berechnung:

$$w(\text{Al}) = \frac{m(\text{Al})}{0,2 \cdot (V_y/V_F) \cdot m_E}$$

Bestimmung von Mangan

Arbeitsgeräte: für a) 400-ml-Bechergläser (hohe Form); Uhrgläser; Heizplatte; Glasfiltertiegel 1 G 4; *Wittscher* Saugtopf; Pipetten; 50-ml-Pipette; 50-ml-Bürette. Für b) s. S. 542. Für c) s. S. 494.

Reagenzien: für a) 14 mol/l HNO_3; Stickstoffoxide durch halbstündiges Durchleiten von Luft entfernen; 7 mol/l H_2SO_4; $NaBiO_3$; 2 mol/l HNO_3; Maßlösungen: 0,05 mol/l $Na_2C_2O_4$; 0,02 mol/l $KMnO_4$. Für b) s. S. 542. Für c) s. S. 494.

Arbeitsvorschrift: a) Bismutatverfahren: Einwaage so bemessen, dass nicht mehr als 40 mg Mn zur Analyse gelangen. Späne in Becherglas bringen. Becherglas mit Uhrglas bedecken, auf Heizplatte stellen und Probe vorsichtig mit 15 ml 14 mol/l HNO_3 lösen. Nach der ersten heftigen Reaktion langsam 5 ml H_2SO_4 zugeben. Nach vollständigem Lösen mit 15 ml 14 mol/l HNO_3 versetzen. Sodann 30 ml heißes Wasser zusetzen, aufkochen, abkühlen und 1,3 g $NaBiO_3$ zugeben. Lsg. schütteln und 15 Min. land stehen lassen. Währenddessen eine mit 2 mol/l HNO_3 versetzte $KMnO_4$-Lsg., die etwas $NaBiO_3$ enthält; sowie anschließend 2 mol/l HNO_3 durch Glasfiltertiegel saugen. Vorlage wechseln und nun langsam die Analysenlsg. durch Glasfiltertiegel filtrieren und mit 2 mol/l HNO_3 nachwaschen, bis diese farblos abläuft. Zum Filtrat 10 ml H_2SO_4, genau 50 ml $Na_2C_2O_4$-Lsg. (Pipette!) geben, auf 70 °C erwärmen und mit $KMnO_4$-Lsg. zurücktitrieren.

b) Methode nach *Procter-Smith*: s. S. 542.

c) photometrisch: s. S. 494.

Berechnung:
für a) $m(\text{Mn})$ in mg $\cong 1,0988 \cdot 50 - V_t$ in ml
für b) s. S. 542, für c) s. S. 494.

$$w(\text{Mn}) = \frac{m(\text{Mn})}{m_E}$$

Eisen- und Stahlanalyse

> Gusseisen, Schmiedeeisen und Stahl sind Eisen-Kohlenstoff-Legierungen, die sich in ihrem Kohlenstoffgehalt unterscheiden.
>
> Gusseisen enthält 2,6–5,3% Kohlenstoff, Schmiedeeisen 0,1–0,5% Kohlenstoff und Stahl gewöhnlich 0,5–1,7% Kohlenstoff. Neben Kohlenstoff, der sowohl die Struktur als auch die Eigenschaften der Eisen-Kohlenstoff-Legierungen maßgebend beeinflusst, sind in allen Eisensorten Silicium, Schwefel, Phosphor und Mangan anzutreffen. Als weitere Legierungszusätze können in Stählen Aluminium, Chrom, Cobalt, Molybdän, Nickel, Vanadium, Titan, Wolfram, Kupfer und Stickstoff vorkommen. Man unterscheidet unlegierte und legierte Stähle. Im ersteren Fall ist das ein Stahl, bei dem die obere Grenze von 0,5% Silicium, 0,8% Mangan und 0,25% Kupfer nicht überschritten wird. Im zweiten Fall handelt es sich um Stähle, bei denen die vorgenannten Gehaltsgrenzen überschritten wurden oder die zur Erzielung besserer Eigenschaften mit weiteren Metallen legiert wurden. „Niedrig legierte" Stähle (mit Nickel und Chrom) werden für höher beanspruchte Maschinenteile verwendet. „Hoch legierte" Stähle (mit Nickel, Chrom, Mangan, Silicium, Molybdän, u. a.) besitzen hohe Verschleißfestigkeit und Korrosionsbeständigkeit (Edelstähle wie V 2 A und V 4 A).

Bei Eisen- und Stahllegierungen interessieren in erster Linie die Legierungsnebenbestandteile. Im folgenden wird die analytische Bestimmung von Silicium, Kohlenstoff, Phosphor, Schwefel, Chrom und Nickel im Gusseisen bzw. Stahl beschrieben.

Analysengang: Die zur Analyse kommenden Bohr- oder Drehspäne werden zuvor mit Ethanol oder Ether fettfrei gemacht und entsprechend der vorliegenden Legierungsart in Salzsäure, Salpetersäure oder in einem Gemisch von beiden gelöst. Säureunlösliche Legierungen sind durch eine oxidierende Schmelze (z. B. von Alkalicarbonat und Natriumperoxid) in einem Tiegel aufzuschließen. Zur Bestimmung der einzelnen Elemente empfiehlt es sich, gesonderte Einwaagen zu verwenden.

Bestimmung von Silicium

Reaktionsprinzip: Die Si-Abscheidung erfolgt nach dem Lösen der Probe (ausgenommen Ferrosilicium) in einer oxidierenden Säure (HNO_3) durch mehrmaliges Abrauchen mit HCl als SiO_2.

Verfahrensfehler: Löst man in HCl, so besteht die Gefahr, dass ein Teil des Si, das in den Legierungen fast immer als Silicid vorliegt, als SiH_4 entweicht. Neuerdings wird zum Lösen und Abrauchen ein $HClO_4$/HNO_3-Gemisch verwendet (Vorsicht! Nicht im Holzabzug abrauchen, da bei hochkonz. $HClO_4$ Explosionsgefahr besteht; nur einen „voll ausgekachelten" Abzug mit eingebauten Heizplatten benutzen!). Da das abgeschiedene SiO_2 häufig Fremdsubstanzen einschließt, ist Abrauchen mit HF zur Prüfung auf Reinheit ratsam.

Arbeitsgeräte: 400-ml-Becher; Uhrgläser; Wasserbad; Sandbad; Blaubandfilter; Porzellantiegel; Trockenschrank; Muffelofen; Pipetten.

Reagenzien: 5 mol/l HNO_3; 7 mol/l HCl.

Arbeitsvorschrift: 1–2 g einer siliciumreichen oder 2–5 g einer siliciumarmen Legierung einwiegen und in Becherglas bringen. Becherglas mit Uhrglas bedecken und vorsichtig portionsweise mit der etwa zwölffachen Menge HNO_3 versetzen. Nach dem Nachlassen der Reaktion auf dem Wasserbad bis zur klaren Lsg. erwärmen, Uhrglas mit heißem Wasser abspritzen und Lsg. auf Sandbad bis zur Trockne eindampfen. Sodann mattbraunen Rückstand nach völligem Abkühlen im bedeckten Becherglas mit HCl (4 ml für je 0,5 g Einwaage) bis zum Lösen erwärmen und nochmals bis zur Trockne eindampfen. Mit warmer HCl (3 ml auf je 0,5 g Einwaage) aufnehmen, mit heißem Wasser verdünnen, absetzen lassen und durch Filter dekantieren filtrieren, Niederschlag mit heißem, salzsaurem Wasser waschen. Filter in Tiegel bringen, im Trockenschrank trocknen und anschließend verraschen. Rückstand bei 1000 °C im Muffelofen in Intervallen von 45 Min. bis zur Gewichtskonstanz glühen. Auswaage $m(SiO_2)$ in mg.

Berechnung:

$$m(Si) = [\lambda] \cdot m(SiO_2)$$

Umrechnungsfaktor

$$[\lambda] = \frac{M(Si)}{M(SiO_2)} = 0,46743$$

$$w(Si) = \frac{m(Si)}{m_E}$$

Bestimmung von Kohlenstoff

Reaktionsprinzip: Kohlenstoff wird bei Temp. über 1100 °C im O_2-Strom zu CO_2 verbrannt und dieses absorptiometrisch bestimmt. Die abgekühlten Gase werden in einer Gasbürette aufgefangen und in eine mit Kalilauge gefüllte Gaspipette gedrückt. Aus der Volumenverminderung kann der C-Gehalt des Stahls berechnet werden.

Arbeitsgeräte: Apparatur nach Abb. 3.67; O_2-Stahlflasche; Porzellanschiffchen.

Reagenzien: 30%ige KOH-Lösung.

Verfahrensfehler: Der O_2-Strom darf nicht zu stark sein, damit die Bürette nicht vor vollständiger Verbrennung des Stahls gefüllt ist.

Arbeitsvorschrift: O_2 wird mit dem Reduzierventil so eingestellt, dass man die Blasen in der Waschflasche gerade noch zählen kann. Die Verbindung zwischen der Waschflasche und dem Porzellanrohr des Röhrenofens wird durch einen Schlauch und einen durchbohrten Gummistopfen hergestellt. O_2 durchströmt jetzt den Ofen und gelangt im Dreiwegehahn ins Freie. Nachdem die Apparatur gut mit O_2 ausgespült ist, wird der Stopfen wieder abgenommen, das Porzellanschiffchen mit den eingewogenen Stahlspänen in das Rohr des Ofens eingeschoben und Stopfen wieder aufgesetzt. Gleichzeitig wird Hahn 1 umgestellt, so dass das Gas in die Bürette gelangt. Das Niveaugefäß soll dabei so gehalten werden, dass der Spiegel der Sperrflüssigkeit nur wenig unter dem Flüssigkeitsspiegel in der Bürette liegt. Während der Verbrennung des Stahls wird O_2 bei richtig eingestellter Strömungsgeschwindigkeit fast vollständig verbraucht. Erst nach beendeter Reaktion beginnt dann der Spiegel wieder schneller zu sinken. Ist die Bürette einschließlich des verjüngten Teils gefüllt, wird Hahn 1 wieder in die alte Stellung gedreht. Jetzt muss der gesamte Kohlenstoff als CO_2 in die Bürette gespült sein. Ist an der Bürette eine verschiebbare Skala angebracht, so wird diese jetzt bei Niveaugleichheit so eingestellt, dass der Flüssigkeits-

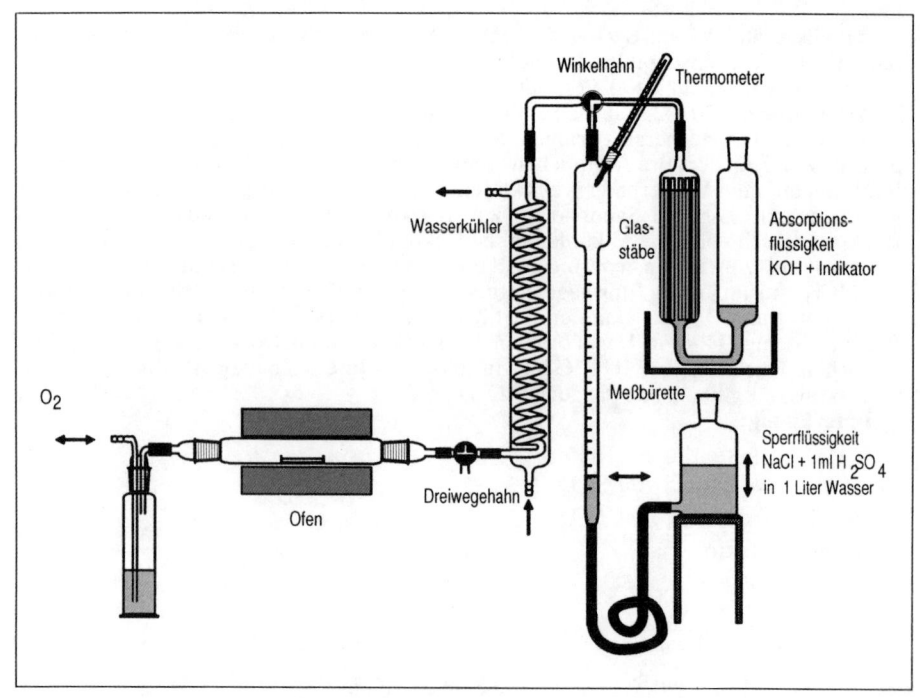

Abb. 3.67: Apparatur zur C-Bestimmung im Stahl

meniskus auf Null steht. Diese Nullpunktverschiebung ist hier im Gegensatz zu den bisher beschriebenen absorptiometrischen Verfahren zulässig, da die Vol.-Differenz proportional dem C-Gehalt der Einwaage und unabhängig vom Gesamtvol. ist, während sonst das Messergebnis auf das Ausgangsvol. bezogen wird. Jetzt wird durch Drehen des Winkelhahns die Bürette mit der Absorptionspipette verbunden und das Gas in die Pipette gedrückt. Nach vollständiger CO_2-Absorption wird dann das Gas wieder in die Bürette zurückgeholt und die Vol.-Verminderung ΔV bestimmt. Außerdem müssen die Gastemp. ϑ am Thermometer T und der Barometerstand p_B abgelesen werden.

Berechnung: Die Skala der Gasbürette ist gewöhnlich schon auf % C geeicht. Dabei sind Standarddruck p° (1013 mbar), eine Bezugstemp. ϑ' (z. B. 16 °C) und eine bestimmte Einwaage (1 g) zugrunde gelegt. Der Verrechnungsfaktor für Druck und Temp. kann einer Tabelle entnommen oder nach der Gleichung

$$\frac{p^\circ \cdot \% C}{\vartheta' + 273,15 \text{ K}} = \frac{p_B \cdot \% C_{Ablesung}}{\vartheta + 273,15 \text{ K}}$$

errechnet werden. Er ergibt sich aus Gleichung 3 (Kap. 3.8.1.1), da % C proportional dem Volumen CO_2 ist. Für p_B ist selbstverständlich der korrigierte Barometerstand einzusetzen (s. S. 503 und 510). Wenn die Gasbürette eine ml-Teilung trägt, muss die Rechnung nach dem idealen Gasgesetz durchgeführt werden, indem Gleichung 5 (Kap. 3.8.1.1) nach m aufgelöst wird:

$$m(CO_2) = \frac{p_B \cdot \Delta V \cdot M(CO_2)}{RT} = \frac{p_B \cdot \Delta V \cdot (44\,010 \text{ mg/mol})}{(82\,518 \text{ ml} \cdot \text{mbar}/(\text{K} \cdot \text{mol})) \cdot (\vartheta + 273,15 \text{ K})}.$$

Der Wert für „R" weicht um ca. 0,75% von dem theoretischen Wert 83 143 ml × mbar/ (K × mol) ab. Er wurde unter Benutzung des tatsächlichen molaren Volumens von CO_2 berechnet. Er enthält also bereits die Korrektur für die Abweichung von dem idealen Gasgesetz (s. S. 501). Der C-Gehalt wird dann durch einfache stöchiometrische Rechnung ermittelt. (Bei Benutzung alter Barometer: 1 Torr $\cong$ 1, 3332 mbar).

Bestimmung von Phosphor

Reaktionsprinzip: Die Probe wird in HNO_3 gelöst, wobei der als FeP vorliegende P teils zu H_3PO_3, teils zu H_3PO_4 oxidiert wird. Zur vollständigen Oxidation von H_3PO_3 dient $KMnO_4$.

$$FeP + 5 H^+ + 2 NO_3^- \rightarrow H_3PO_3 + Fe^{3+} + 2 NO + H_2O$$

$$5 H_3PO_3 + 2 MnO_4^- + 6 H^+ \rightarrow 5 H_3PO_4 + 2 Mn^{2+} + 3 H_2O$$

Anschließend wird das überschüssige $KMnO_4$ durch Oxalsäure oder KNO_2 wieder reduziert und PO_4^{3-} in salpetersaurer Lsg. als 8-Hydroxychinolinium-12-molybdo-1-phosphat gefällt. Die störende Komplexbildung des Fe^{3+} mit PO_4^{3-} wird durch Maskierung des Fe^{3+} mit Dinatriummethylendiamintetraacetat, Na_2H_2Y, verhindert. Enthält die Probe größere Mengen an Si, so raucht man das gebildete SiO_2 mit HF ab. Kleinere Mengen an Si lassen sich durch Zusatz einiger Tropfen HF leicht als SiF_4 entfernen.

Verfahrensfehler: HCl darf nicht als Lsgm. verwendet werden, da hierbei PH_3 entweichen würde.

Arbeitsgeräte: 400-ml-Bechergläser; Heizquelle; Pipetten; pH-Papier; 50-ml-Bürette.

Reagenzien: 2 mol/l HNO_3; HF; 3%ige $KMnO_4$-Lsg.; 5%ige KNO_2-Lsg.; 0,1 mol/l Sulfosalicylsäurelsg.; 2 mol/l NaOH; 0,1 mol/l Na_2H_2Y.

Arbeitsvorschrift: Etwa 0,5 g Späne in Becherglas einwiegen und mit 60 ml HNO_3 unter Erwärmen lösen. Nach dem Lösen der Metallspäne 10–15 Tropfen HF zufügen (Tropfen dürfen die Glaswandung nicht berühren!) und Lsg. ziemlich weit eindampfen (Salze dürfen noch nicht auskristallisieren!). Sodann Lsg. mit Wasser auf 150 ml Gesamtvol. verdünnen, mit 10–20 ml $KMnO_4$-Lsg. versetzen und 5 Min. lang kräftig kochen (bei evtl. Entfärbung nochmals $KMnO_4$-Lsg. zusetzen). Hiernach langsam KNO_2-Lsg. zugeben, bis Analysenlsg.

gelbklares Aussehen hat und kein Bodensatz von MnO_2 mehr vorhanden ist. Dann Lsg. kurz aufkochen, 2 ml Sulfosalicylsäurelsg. zufügen und nach Einstellen auf pH = 2–3 mit NaOH-Lsg. mit Na_2H_2Y-Lsg. aus Bürette bis zum Verschwinden der Violettfärbung versetzen. Im weiteren nach der auf S. 363 f. angegebenen Vorschrift verfahren. Die Auswaage $m([H_2Ox]_3[PMo_{12}O_{40}])$ beträgt ca. 10 mg.

Berechnung:

$$m(P) = [\lambda] \cdot m((H_2Ox)_3[PMo_{12}O_{40}])$$

Umrechnungsfaktor

$$[\lambda] = \frac{M(P)}{M((H_2Ox)_3[PMo_{12}O_{40}])} = 0,01370$$

$$w(P) = \frac{m(P)}{m_E}$$

Bestimmung von Schwefel

Reaktionsprinzip: Zur Bestimmung des Schwefels in Eisen- und Stahlsorten, besonders in solchen, die in HCl schwerlösl. sind, überführt man S durch einen Alkalicarbonat-Peroxid-Aufschluss in SO_4^{2-}, das als $BaSO_4$ ausgewogen wird. Üblich ist auch die der C-Bestimmung analoge Verbrennung nach *Holthaus*, mit Absorption des SO_2 in H_2O_2-haltiger 0,01 mol/l NaOH und Rücktitration mit H_2SO_4.

Arbeitsgeräte: s. S. 362 und zusätzlich Ni-Tiegel.
Reagenzien: s. S. 362 und zusätzlich Na_2CO_3; Na_2O_2; 2 mol/l HCl.
Arbeitsvorschrift: 1,5 g Einwaage im Tiegel mit 5 g Na_2CO_3 und 10 g Na_2O_2 aufschließen. Schmelzkuchen mit Wasser auslaugen, Lsg. einige Min. zum Sieden erhitzen und filtrieren. Die erkaltete Lsg. mit HCl auf pH = 2–3 bringen und nach der Vorschrift auf S. 362 weiterverfahren. Auswaage $m(BaSO_4)$ in mg.

Berechnung:

$$m(S) = [\lambda] \cdot m(BaSO_4)$$

Umrechnungsfaktor

$$[\lambda] = \frac{M(S)}{M(BaSO_4)} = 0,13734$$

$$w(S) = \frac{m(S)}{m_E}$$

Bestimmung von Mangan

Reaktionsprinzip: Nach dem Verfahren von *Procter-Smith* wird Mn^{2+} in salpetersaurer Lsg. durch $(NH_4)_2S_2O_8$ in Gegenwart von $AgNO_3$ als Katalysator zu MnO_4^- oxidiert, das dann durch Titration mit Na_3AsO_3-Maßlsg. von bekanntem Gehalt bestimmt wird (Methode a). Der Mn-Gehalt der Probe soll hierbei nicht mehr als $w(Mn) = 1,5\%$ betragen.

$$2\,Mn^{2+} + 8\,H_2O + 5\,S_2O_8^{2-} \rightarrow 2\,MnO_4^- + 16\,H^+ + 10\,SO_4^{2-}$$

$$2\,MnO_4^- + 6\,H^+ + 5\,H_2AsO_3^- \rightarrow 2\,Mn^{2+} + 5\,H_2AsO_4^- + 3\,H_2O$$

Enthält die Probe größere Mn-Mengen, so wird Mn^{2+} titrimetrisch nach dem Verfahren von *Volhard-Wolff* bestimmt (Methode b). Ferner kann Mn photometrisch bestimmt werden (Methode c).

Arbeitsgeräte: für a) 400-ml-Bechergläser; 1-Liter-Messkolben; 50-ml-Bürette; Heizquelle; Pipetten. Für b) s. S. 413. Für c) s. S. 494.

Reagenzien: für a) 5 mol/l HNO_3; $AgNO_3$-Lsg. (1,7 g/l); $(NH_4)_2S_2O_8$-Lsg. (500 g/l); NaCl-Lsg. (12 g/l); Maßlsg. 1/100 mol/l Na_3AsO_3 (0,989 g As_2O_3 und 2 g $NaHCO_3$ in heißem Wasser lösen und im Messkolben mit Wasser bis zur Marke auffüllen. Der Titer wird zweckmäßig mit Hilfe eines Normalstahls von bekanntem Mn-Gehalt empirisch bestimmt, da AsO_3^{3-} keine stöchiometrischen Werte liefert). Für b) s. S. 413. Für c) s. S. 494.

Arbeitsvorschrift: a) titrimetrisch: 0,2 g Späne einwiegen, in Becherglas bringen, mit 15 ml HNO_3 in der Wärme lösen und Stickstoffoxide restlos verkochen. Sodann die erkaltete Lsg. mit 50 ml $AgNO_3$-Lsg. und 2 ml $(NH_4)_2S_2O_8$-Lsg. versetzen. Einige Min. bei 60 °C zum vollständigen Rotwerden der Lsg. erwärmen. Diese dann unter fließendem Wasser kühlen und nach Zugabe von 50 ml Wasser mit 3 ml NaCl-Lsg. zur Ausfällung des Ag^+ versetzen. Anschließend mit Maßlsg. bis zum Verschwinden der Rosafärbung titrieren.

b) titrimetrisch: wie bei a) lösen und nach Vorschrift auf S. 413 verfahren.

c) s. S. 494.

Berechnung: für a) Verbrauch mit empirisch ermitteltem Faktor multiplizieren. Für b) s. S. 413. Für c) s. S. 495.

$$w(Mn) = \frac{m(Mn)}{m_E}$$

Bestimmung von Chrom

Reaktionsprinzip: In Gegenwart von $AgNO_3$ werden Cr^{3+}-Ionen in schwefelsaurer Lsg. durch $(NH_4)_2S_2O_8$ zu $Cr_2O_7^{2-}$ oxidiert. Durch Zugabe von überschüssiger $FeSO_4$-Lsg. wird das gebildete $Cr_2O_7^{2-}$ zu Cr^{3+} reduziert und der Überschuss an $FeSO_4$ durch $KMnO_4$-Lsg. ermittelt. Vor der Reduktion des Cr(VI) wird das überschüssige $(NH_4)_2S_2O_8$ durch Kochen und das bei Anwesenheit von Mn gebildete MnO_4^- durch NaCl zerstört. $Cr_2O_7^{2-}$ kann auch direkt ferrometrisch (s. S. 419) bestimmt werden.

Arbeitsgeräte: 400-ml-Bechergläser (hohe Form); Heizquelle; Pipetten; 50-ml-Bürette.

Reagenzien: Mischsäure (s. S. 494, Mn-Bestimmung); 7 mol/l HNO_3; 2,5%ige $AgNO_3$-Lsg.; 15%ige $(NH_4)_2S_2O_8$-Lsg.; 5%ige NaCl-Lsg.; Maßlösungen: 0,1 mol/l $FeSO_4$; 0,2 mol/l $KMnO_4$.

Arbeitsvorschrift: Etwa 1 g Späne einwiegen, in Becherglas bringen, mit 60 ml Mischsäure und 10 ml HNO_3 oxidierend lösen. Bis zur Nebelbildung einengen, kühlen und mit 300 ml Wasser verdünnen. Nach Zugabe von 2 ml $AgNO_3$-Lsg. kochen und 20 ml $(NH_4)_2S_2O_8$-Lsg. zugeben. Nach dem Entstehen der Orangefärbung Lsg. mit 5 ml NaCl-Lsg. versetzen und 10 Min. lang kochen. Nach Abkühlen auf Zimmertemp. (ca. 20 °C) $FeSO_4$-Lsg. (V_1) zusetzen und Überschuss an $FeSO_4$ mit $KMnO_4$-Lsg. (V_2) zurücktitrieren (s. S. 411). f_1 bzw. f_2 ist der Normierfaktor der entsprechenden Lösung.

Zur Reduktion des $Cr_2O_7^{2-}$ verbraucht: $V = V_1 \cdot f_1 - V_2 \cdot f_2$.

Berechnung: 1 ml 0,1 mol/l $FeSO_4 \cong 1,7332$ mg Cr.

$$w(Cr) = \frac{m(Cr)}{m_E}$$

Bestimmung von Nickel

Reaktionsprinzip: Die Probe wird in Salzsäure gelöst. Zur Bindung (Maskierung) des Eisens dient ein Zusatz von Weinsäure. Ni^{2+} wird mit Dimethylglyoxim gefällt.

Arbeitsgeräte und Reagenzien: s. S. 379 und zusätzlich 600-ml-Bechergläser; 2 mol/l HCl; 7 mol/l HNO_3; Weinsäure; 2 mol/l NH_3-Lösung.

Arbeitsvorschrift: Etwa 1 g Späne einwiegen, in Becherglas bringen und in 20 ml HCl lösen. Lsg. mit einigen ml HNO_3 oxidieren und zur Trockne eindampfen. Sodann mit HCl und Wasser aufnehmen, in Becherglas filtrieren und Filterrückstand mit salzsäurehaltigem H_2O auswaschen. Filtrat mit 7 g Weinsäure versetzen und ammoniakalisch machen (Lsg.

muss klar bleiben!). Sodann Lsg. mit HCl auf pH = 2–3 bringen und weiter nach Vorschrift auf S. 379 verfahren.
Berechnung:

$$w(\text{Ni}) = \frac{m(\text{Ni})}{m_\text{E}}$$

3.9.6 Analyse technischer Gase

Bei fast allen chemischen Prozessen, die in der Technik durchgeführt werden, entstehen gasförmige Haupt- oder Nebenprodukte. Zur Überwachung derartiger Reaktionen müssen Analysen der entstehenden Gase durchgeführt werden. Wichtige Anwendungen der Gasanalyse sind die Kontrolle der Heizgaserzeugung (Leuchtgasanalyse) und die Lenkung von Verbrennungsvorgängen (Rauchgasanalyse).

Leuchtgasanalyse nach Orsat

> Leuchtgas wird durch Erhitzen von Steinkohlen unter Luftabschluss auf 1200–1300 °C gewonnen und hat etwa folgende, in Volumenanteilen φ angegebene Zusammensetzung:
>
> Kohlendioxid 2–3%,
> Schwere Kohlenwasserstoffe 4%,
> (Ethen, Ethin, Benzol)
> Sauerstoff 0,5%,
> Kohlenmonoxid 8%,
> Wasserstoff 50%,
> Methan 30%,
> Stickstoff 5%.
>
> Das sog. Stadtgas ist ein Gemisch, das wechselnde Mengen von Leuchtgas, Wassergas und Spaltgas enthält. Sein Heizwert wird trotz unterschiedlicher Zusammensetzung konstant auf ca. 17 600 kJ/m³ eingestellt. Spaltgas, das vor allem in Spitzenverbrauchszeiten dem Stadtgas beigemischt wird, erhält man durch katalytische Umsetzung von Schweröl, Erdgas, Propan oder Butan mit Wasserdampf und Luft.

Analysengang: Die Bestimmung des Leuchtgases erfolgt mit dem *Orsat*-Apparat, der aus einer Gasbürette, mehreren Absorptionspipetten, einer *Dennis*-Pipette und einem *Jäger*-Röhrchen besteht. Alle diese Teile (im einzelnen schon auf S. 502 ff. beschrieben) sind durch ein Hahn- und Kapillarrohrsystem verbunden.

Arbeitsgeräte: *Orsat*-Apparat (Abb. 3.68): Gasbürette, Absorptionspipetten, *Dennis*-Pipette, *Jäger*-Röhrchen, Bunsenbrenner; Stromquelle.
Reagenzien: Absorptionsflüssigkeit (s. S. 506); O_2 für Dennis-Pipette.
Verfahrensfehler: Die Bestimmung der einzelnen Gasbestandteile muss unbedingt in der Reihenfolge der oben angeführten Zusammensetzung durchgeführt werden. Auch darf

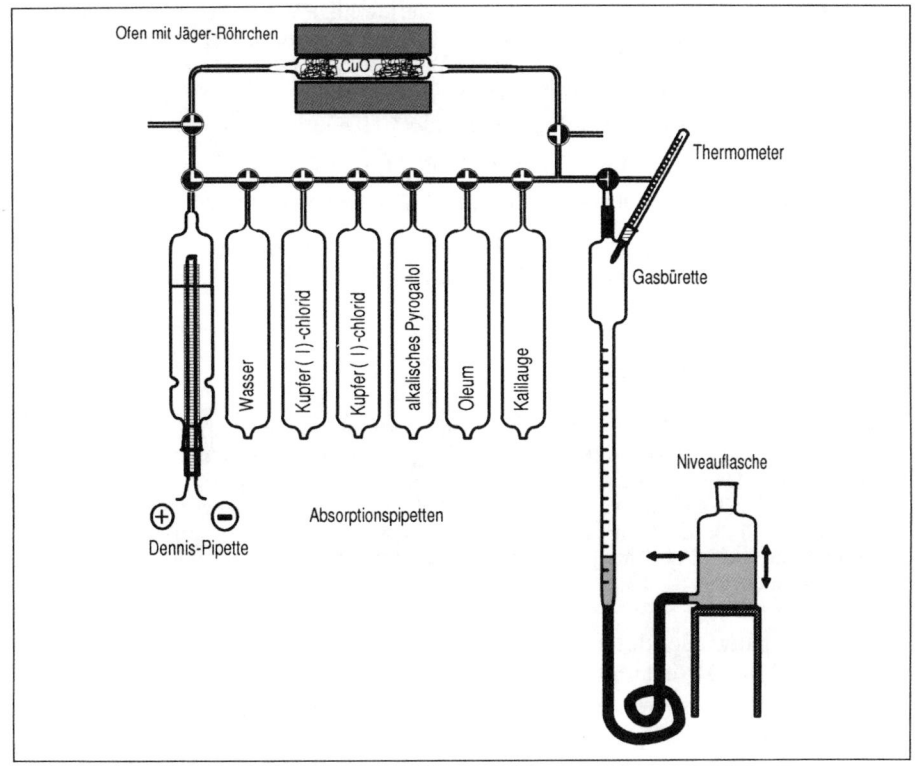

Abb. 3.68: *Orsat*-Apparatur

man keine Bestimmung überspringen, da sonst erhebliche Fehler auftreten. So wird z. B. CO_2 auch in der alkalischen Pyrogallollsg. oder O_2 in der CuCl-Lsg. absorbiert. Gelber Phosphor kann für die Sauerstoffabsorption nicht benutzt werden, da ihn bereits Spuren von Kohlenwasserstoffen vergiften. Bei der Methan-Bestimmung treten Fehler auf, wenn das Gas außer CH_4 auch größere Mengen Ethan, C_2H_6, enthält. Die Absorptionsflüssigkeiten dürfen nicht in das Kapillarrohrsystem gelangen (Verstopfungsgefahr).

Arbeitsvorschrift: Das Gas in der Bürette abmessen (möglichst genau 100 ml) und mehrmals bis zur Volumenkonstanz in die KOH-Pipette einleiten. Danach Absorption der sog. schweren Kohlenwasserstoffe (ungesättigte Aliphaten, Benzol und Derivate) in Oleum. Die Ablesung erfolgt erst, nachdem das verbliebene Gasgemisch zur Entfernung von SO_2 (aus dem Oleum) durch KOH geleitet worden ist. Als dritter Bestandteil wird O_2 in alkalischer Pyrogallollsg. absorbiert. Zur Bestimmung des CO stehen in der Regel zwei mit CuCl-Lsg. gefüllte Pipetten zur Verfügung. Um das Gleichgewicht $CO + CuCl + 2 H_2O \rightleftharpoons CuCl \cdot CO \cdot 2 H_2O$ möglichst auf die Seite der instabilen Additionsverbindung zu schieben, wird die Hauptmenge des CO im ersten, der Rest im zweiten Gefäß entfernt. H_2 und CH_4 werden fraktioniert, im *Jäger*-Röhrchen verbrannt, wobei eine mit Wasser gefüllte Absorptionspipette das Hin- und Herleiten des Analysengases während der Verbrennung ermöglicht.

Die gemeinsame Verbrennung durch O_2 in der *Dennis*-Pipette (s. S. 507) liefert als indirekte Analyse weniger genaue Ergebnisse.

Chemische Materialkontrolle technischer Produkte

Berechnung: Bei 100 ml Ausgangsvol. ergibt die jeweilige Vol.-Verminderung in ml den entsprechenden Volumenanteil des Gasbestandteils in Prozent. Bei der gemeinsamen Verbrennung von H_2 und CH_4 werden aus der Volumenverminderung (ΔV, in ml) und dem entstandenen CO_2-Volumen beide Komponenten berechnet:

adsorbiertes CO_2 – Volumen in ml $\widehat{=}$ CH_4 – Volumenanteil in %;

$^2/_3$ ($\Delta V - 2 \cdot CO_2$ – Volumen in ml) $\widehat{=}$ H_2 – Volumenanteil in %.

Nicht absorbierbares Restgas – Volumen $\widehat{=}$ N_2 – Volumenanteil in %.

Eine genauere Bestimmung aller Bestandteile des Leuchtgases, insbesondere der schweren Kohlenwasserstoffe, ist nur mit Hilfe der Gaschromatographie möglich.

Rauchgasanalyse nach Orsat

> Für den wirtschaftlichen Betrieb von Wärmekraftanlagen, in denen Energie durch Verbrennung kohlenstoffhaltiger Substanzen gewonnen wird, muss die bestmögliche Ausnutzung des Brennstoffes erreicht werden. Die Sauerstoffzufuhr zum Verbrennungsraum bestimmt im wesentlichen die Wärmeausbeute der Verbrennungsreaktion und auch die Zusammensetzung des Rauchgases, so dass die Verbrennung mit Hilfe einer laufenden Rauchgasanalyse in Richtung auf eine optimale Wärmeausbeute gesteuert werden kann.

Analysengang: Bei der Rauchgasanalyse nach *Orsat* werden nur vier Komponenten, CO_2, O_2, CO und N_2, bestimmt. Man benutzt hierzu eine vereinfachte Ausführung des beschriebenen *Orsat*-Apparates, die nur Absorptionspipetten mit KOH, alkalischer Pyrogallol-Lösung und CuCl-Lösung enthält.

Arbeitsgeräte, Reagenzien, Arbeitsvorschrift und Berechnung: s. S. 544 (und S. 503 ff.).

4 Anhang

4.1 Tabellen

Tab. 4.1: Übliche Konzentrationen der wichtigsten im Laboratorium ausstehenden Lösungen

Substanz	Massenanteil in Prozent	Stoffmengenkonzentration in Mol/Liter
konz. H_2SO_4	96	18
verd. H_2SO_4	9	1
rauch. HNO_3	95	22
konz. HNO_3	65	14
verd. HNO_3	12	2
rauch. HCl	37	12
konz. HCl	32	10,2
halbkonz. HCl	25	7,7
verd. HCl	7	2
verd. Essigsäure	12	2
konz. NaOH	40	14
verd. NaOH	7,5	2
konz. Ammoniak	25 oder 33	13,3 oder 17,1
verd. Ammoniak	3,5	2
H_2O_2 „Perhydrol"	30	9,8
H_2O_2	3	1
NH_4Cl	5,3	1
$(NH_4)_2C_2O_4 \cdot H_2O$	6,6 (gesätt.)	0,46
$BaCl_2$	11,2	0,5
Na_2CO_3	9,7	1
$NaCH_3COO$	13,1	1
Na_2HPO_4	6,8	0,5
$(NH_4)_2S$ [1]	–	1
$(NH_4)_2S_x$ [2]	–	1
$SnCl_2$	10,6	1 (in konz. HCl)
$HgCl_2$	6,6 (gesätt.)	0,24
Ag_2SO_4	0,75 (gesätt.)	0,024
Ammoniummolybdat	gesätt.	–
$(NH_4)_2SO_4$	12,4	1
$Ba(OH)_2 \cdot 8 H_2O$	3,48 (gesätt.)	–
Pb-Acetat	7,3	0,2
$K_2Cr_2O_7$	13,4	0,5
KF	10,7	2
$Co(NO_3)_2$	0,02	–
$MgCl_2$	–	0,5
NH_4SCN	7,5	1
Dimethylglyoxim	gesätt. in Ethanol	–
8-Hydroxychinolin	3 in 10%iger Essigsäure	–
Phosphorsäure	70–85	11–14,7
$ZrO(NO_3)_2$	–	0,1
$AgNO_3$	7,9	0,5

[1] 500 ml 2 mol/l NH_3 mit H_2S-Gas sättigen, bis 1 ml dieser Lsg. in 1 mol/l $MgSO_4$ keinerlei Fällung erzeugt. Dann 500 ml 2 mol/l NH_3 zugeben. Die farblose Lsg. ist ungefähr einen Monat haltbar.

[2] In 1 Liter $(NH_4)_2S$-Lsg. 32 g Schwefel geben und unter mäßigem Erwärmen lösen. In dieser gelben $(NH_4)_2S_x$-Lsg. ist $x \approx 2$.

Tab. 4.2: Dichte und Gehalt wässriger Lösungen*: Schwefelsäure

Dichte	H_2SO_4-Gehalt		Dichte	H_2SO_4-Gehalt		Dichte	H_2SO_4-Gehalt	
ϱ 20 °C	Gew.-%	mol/l	ϱ 20 °C	Gew.-%	mol/l	ϱ 20 °C	Gew.-%	mol/l
1,000	0,2609	0,0266	1,230	31,40	3,938	1,460	56,41	8,397
1,005	0,9855	0,1010	1,235	32,01	4,031	1,465	56,89	8,497
1,010	1,731	0,1783	1,240	32,61	4,123	1,470	57,36	8,589
1,015	2,485	0,2595	1,245	33,22	4,216	1,475	57,84	8,699
1,020	3,242	0,3372	1,250	33,82	4,310	1,480	58,31	8,799
1,025	4,000	0,4180	1,255	34,42	4,404	1,485	58,78	8,899
1,030	4,746	0,4983	1,260	35,01	4,498	1,490	59,24	9,000
1,035	5,493	0,5796	1,265	35,60	4,592	1,495	59,70	9,100
1,040	6,237	0,6613	1,270	36,19	4,686	1,500	60,17	9,202
1,045	6,956	0,7411	1,275	36,78	4,781	1,505	60,62	9,303
1,050	7,704	0,8250	1,280	37,36	4,876	1,510	61,08	9,404
1,055	8,415	0,9054	1,285	37,95	4,972	1,515	61,54	9,506
1,060	9,129	0,9865	1,290	38,53	5,068	1,520	62,00	9,608
1,065	9,843	1,066	1,295	39,10	5,163	1,525	62,45	9,711
1,070	10,56	1,152	1,300	39,68	5,259	1,530	62,91	9,813
1,075	11,26	1,235	1,305	40,25	5,356	1,535	63,36	9,916
1,080	11,96	1,317	1,310	40,82	5,452	1,540	63,81	10,02
1,085	12,66	1,401	1,315	41,39	5,549	1,545	64,26	10,12
1,090	13,36	1,484	1,320	41,95	5,646	1,550	64,71	10,23
1,095	14,04	1,567	1,325	42,51	5,743	1,555	65,15	10,33
1,100	14,73	1,652	1,330	43,07	5,840	1,560	65,59	10,43
1,105	15,41	1,735	1,335	43,62	5,938	1,565	66,03	10,54
1,110	16,08	1,820	1,340	44,17	6,035	1,570	66,47	10,64
1,115	16,76	1,905	1,345	44,72	6,132	1,575	66,91	10,74
1,120	17,43	1,990	1,350	45,26	6,229	1,580	67,35	10,85
1,125	18,09	2,075	1,355	45,80	6,327	1,585	67,79	10,96
1,130	18,76	2,161	1,360	46,33	6,424	1,590	68,23	11,06
1,135	19,42	2,247	1,365	46,86	6,522	1,595	68,66	11,16
1,140	20,08	2,334	1,370	47,39	6,620	1,600	69,09	11,27
1,145	20,73	2,420	1,375	47,92	6,718	1,605	69,53	11,38
1,150	21,38	2,507	1,380	48,45	6,817	1,610	69,96	11,48
1,155	22,03	2,594	1,385	48,97	6,915	1,615	70,39	11,59
1,160	22,67	2,681	1,390	49,48	7,012	1,620	70,82	11,70
1,165	23,31	2,768	1,395	49,99	7,110	1,625	71,25	11,80
1,170	23,95	2,857	1,400	50,50	7,208	1,630	72,67	11,91
1,175	24,58	2,945	1,405	51,01	7,307	1,635	72,09	12,02
1,180	25,21	3,033	1,410	51,52	7,406	1,640	72,52	12,13
1,185	25,84	3,122	1,415	52,02	7,505	1,645	72,95	12,24
1,190	26,47	3,211	1,420	52,51	7,603	1,650	73,37	12,34
1,195	27,10	3,302	1,425	53,01	7,702	1,655	73,80	12,45
1,200	27,72	3,391	1,430	53,50	7,801	1,660	74,22	12,56
1,205	28,33	3,481	1,435	54,00	7,901	1,665	74,64	12,67
1,210	28,95	3,572	1,440	54,49	8,000	1,670	75,07	12,78
1,215	29,57	3,663	1,445	54,97	8,009	1,675	75,49	12,89
1,220	30,18	3,754	1,450	55,45	8,198	1,680	75,92	13,00
1,225	30,79	3,846	1,455	55,93	8,297	1,685	76,34	13,12

Fortsetzung S. 550

Tab. 4.2: Fortsetzung

Dichte ϱ 20°C	H_2SO_4-Gehalt Gew.-%	mol/l	Dichte ϱ 20°C	H_2SO_4-Gehalt Gew.-%	mol/l	Dichte ϱ 20°C	H_2SO_4-Gehalt Gew.-%	mol/l
1,690	76,77	13,23	1,760	83,06	14,90	1,822	91,56	17,01
1,695	77,20	13,34	1,765	83,57	15,04	1,823	91,78	17,06
1,700	77,63	13,46	1,770	84,08	15,17	1,824	92,00	17,11
1,705	78,06	13,57	1,775	84,61	15,31	1,825	92,25	17,17
1,710	78,49	13,69	1,780	85,16	15,46	1,826	92,51	17,22
1,715	78,93	13,80	1,785	85,74	15,61	1,827	92,77	17,28
1,720	79,37	13,92	1,790	86,35	15,76	1,828	93,03	17,34
1,725	79,81	14,04	1,795	86,99	15,92	1,829	93,33	17,40
1,730	80,25	14,16	1,800	87,69	16,09	1,830	93,64	17,47
1,735	80,70	14,28	1,805	88,43	16,27	1,831	93,94	17,54
1,740	81,16	14,40	1,810	89,23	16,47	1,832	94,32	17,62
1,745	81,62	14,52	1,815	90,12	16,68	1,833	94,72	17,70
1,750	82,09	14,65	1,820	91,11	16,91			
1,755	82,57	14,78	1,821	91,33	16,96			

* Entnommen aus *Küster-Thiel-Fischbeck*, Logarithmische Rechentafeln, 84. bis 93. Aufl., 1962, mit frdl. Genehmigung des Verlages Walter de Gruyter & Co., Berlin.

Tab. 4.3: Dichte und Gehalt wässriger Lösungen: Salzsäure

Dichte ϱ 20°C	HCl-Gehalt Gew.-%	mol/l	Dichte ϱ 20°C	HCl-Gehalt Gew.-%	mol/l	Dichte ϱ 20°C	HCl-Gehalt Gew.-%	mol/l
1,000	0,3600	0,98872	1,070	14,94$_5$	4,253	1,140	28,18	8,809
1,005	1,360	0,3748	1,075	15,48$_5$	4,565	1,145	29,17	9,159
1,010	2,364	0,6547	1,080	16,47	4,878	1,150	30,14	9,505
1,015	3,374	0,9391	1,085	17,45	5,192	1,155	31,14	9,863
1,020	4,388	1,227	1,090	18,43	5,509$_5$	1,160	32,14	10,22$_5$
1,025	5,408	1,520	1,095	19,41	5,829	1,165	33,16	10,59$_5$
1,030	6,433	1,817	1,100	20,39	6,150	1,170	34,18	10,97
1,035	7,464	2,118	1,105	21,36	6,472	1,175	35,20	11,34
1,040	8,490	2,421	1,110	22,33	6,796	1,180	36,23	11,73
1,045	9,510	2,725	1,115	23,29	7,122	1,185	37,27	12,11
1,050	10,52	3,029	1,120	24,25	7,449	1,190	38,32	12,50
1,055	11,52	3,333	1,125	25,22	7,782	1,195	39,37	12,90
1,060	12,51	3,638	1,130	26,20	8,118	1,198	40,00	13,14
1,065	13,50	3,944	1,135	27,18	8,459			

Tab. 4.4: Dichte und Gehalt wässriger Lösungen: Salpetersäure

Dichte	HNO$_3$-Gehalt		Dichte	HNO$_3$-Gehalt		Dichte	HNO$_3$-Gehalt	
ϱ 20 °C	Gew.-%	mol/l	ϱ 20 °C	Gew.-%	mol/l	ϱ 20 °C	Gew.-%	mol/l
1,000	0,3333	0,05231	1,190	31,47	5,943	1,380	62,70	13,73
1,005	1,255	0,2001	1,195	32,21	6,107	1,385	63,72	14,01
1,010	2,164	0,3468	1,200	32,94	6,273	1,390	64,74	14,29
1,015	3,073	0,4950	1,205	33,68	6,440	1,395	65,84	14,57
1,020	3,982	0,6445	1,210	34,41	6,607	1,400	66,97	14,88
1,025	4,883	0,7943	1,215	35,16	6,778	1,405	68,10	15,18
1,030	5,784	0,9454	1,220	35,93	6,956	1,410	69,23	15,49
1,035	6,661	1,094	1,225	36,70	7,135	1,415	70,39	15,81
1,040	7,530	1,243	1,230	37,48	7,315	1,420	71,63	16,14
1,045	8,398	1,393	1,235	38,25	7,497	1,425	72,86	16,47
1,050	9,259	1,543	1,240	39,02	7,679	1,430	74,09	16,81
1,055	10,12	1,694	1,245	39,80	7,863	1,435	75,35	17,16
1,060	10,97	1,845	1,250	40,58	8,049	1,440	76,71	17,53
1,065	11,81	1,997	1,255	41,36	8,237	1,445	78,07	17,90
1,070	12,65	2,148	1,260	42,14	8,426	1,450	79,43	18,28
1,075	13,48	2,301	1,265	42,92	8,616	1,455	80,88	18,68
1,080	14,31	2,453	1,270	43,70	8,808	1,460	82,39	19,09
1,085	15,13	2,605	1,275	44,48	9,001	1,465	83,91	19,51
1,090	15,95	2,759	1,280	45,27	9,195	1,470	85,50	19,95
1,095	16,76	2,913	1,285	46,06	9,394	1,475	87,29	20,43
1,100	17,58	3,068	1,290	46,85	9,590	1,480	89,07	20,92
1,105	18,39	3,224	1,295	47,63	9,789	1,485	91,13	21,48
1,110	19,19	3,381	1,300	48,42	9,990	1,490	93,49	22,11
1,115	20,00	3,539	1,305	49,21	10,19	1,495	95,46	22,65
1,120	20,79	3,696	1,310	50,00	10,39	1,500	96,73	23,02
1,125	21,59	3,854	1,315	50,85	10,61	1,501	96,98	23,10
1,130	22,38	4,012	1,320	51,71	10,83	1,502	97,23	23,18
1,135	23,16	4,171	1,325	52,56	11,05	1,503	97,49	23,25
1,140	23,94	4,330	1,330	53,41	11,27	1,504	97,74	23,33
1,145	24,71	4,489	1,335	54,27	11,49	1,505	97,99	23,40
1,150	25,48	4,649	1,340	55,13	11,72	1,506	98,25	23,48
1,155	26,24	4,810	1,345	56,04	11,96	1,507	98,50	23,56
1,160	27,00	4,970	1,350	56,95	12,20	1,508	98,76	23,63
1,165	27,76	5,132	1,355	57,87	12,44	1,509	99,01	23,71
1,170	28,51	5,293	1,360	58,78	12,68	1,510	99,26	23,79
1,175	29,25	5,455	1,365	59,69	12,93	1,511	99,52	23,86
1,180	30,00	5,618	1,370	60,67	13,19	1,512	99,77	23,94
1,185	30,74	5,780	1,375	61,69	13,46	1,513	100,00	24,01

Tab. 4.5: Dichte und Gehalt wässriger Lösungen: Kaliumhydroxid

Dichte ϱ 20°C	KOH-Gehalt Gew.-%	mol/l	Dichte ϱ 20°C	KOH-Gehalt Gew.-%	mol/l	Dichte ϱ 20°C	KOH-Gehalt Gew.-%	mol/l
1,000	0,197	0,0351	1,180	19,35	4,07	1,360	36,73$_5$	8,90$_5$
1,005	0,743	0,133	1,185	19,86	4,19$_5$	1,365	37,19	9,05
1,010	1,29$_5$	0,233	1,190	20,37	4,32	1,370	37,65	9,19
1,015	1,84	0,333	1,195	20,88	4,45	1,375	38,10$_5$	9,34
1,020	2,38	0,433$_5$	1,200	21,38	4,57	1,380	38,56	9,48
1,025	2,93	0,536	1,205	21,88	4,70	1,385	39,01	9,63
1,030	3,48	0,639$_5$	1,210	22,38	4,83	1,390	39,46	9,78
1,035	4,03	0,744	1,215	22,88	4,95$_5$	1,395	39,92	9,93
1,040	4,58	0,848	1,220	23,38	5,08	1,400	40,37	10,07
1,045	5,12	0,954	1,225	23,87	5,21	1,405	40,82	10,22
1,050	5,66	1,06	1,230	24,37	5,34	1,410	41,26	10,37
1,055	6,20	1,17	1,235	24,86	5,47	1,415	42,71	10,52
1,060	6,74	1,27	1,240	25,36	5,60	1,420	42,15$_5$	10,67
1,065	7,28	1,38	1,245	25,85	5,74	1,425	42,60	10,82
1,070	7,82	1,49	1,250	26,34	5,87	1,430	43,04	10,97
1,075	8,36	1,60	1,255	26,83	6,00	1,435	43,48	11,12
1,080	8,89	1,71	1,260	27,32	6,13$_5$	1,440	43,92	11,28
1,085	9,43	1,82	1,265	27,80	6,27	1,445	44,36	11,42
1,090	9,96	1,94	1,270	28,29	6,40	1,450	44,79	11,58
1,095	10,49	2,05	1,275	28,77	6,54	1,455	45,23	11,73
1,100	11,03	2,16	1,280	29,25	6,67	1,460	45,66	11,88
1,105	11,56	2,28	1,285	29,73	6,81	1,465	46,09$_5$	12,04
1,110	12,08	2,39	1,290	30,21	6,95	1,470	46,53	12,19
1,115	12,61	2,51	1,295	30,68	7,08	1,475	46,96	12,35
1,120	13,14	2,62	1,300	31,15	7,22	1,480	47,39	12,50
1,125	13,66	2,74	1,305	31,62	7,36	1,485	47,82	12,66
1,130	14,19	2,86	1,310	32,09	7,49	1,490	48,25	12,82
1,135	14,70$_5$	2,97	1,315	32,56	7,63	1,495	48,67$_5$	12,97
1,140	15,22	3,09	1,320	33,03	7,77	1,500	49,10	13,13
1,145	15,74	3,21	1,325	33,50	7,91	1,505	49,53	13,29
1,150	16,26	3,33	1,330	33,97	8,05	1,510	49,95	13,45
1,155	16,78	3,45	1,335	34,43	8,19	1,515	50,38	13,60
1,160	17,29	3,58	1,340	34,90	8,33$_5$	1,520	50,80	13,76
1,165	17,81	3,70	1,345	35,36	8,48	1,525	51,22	13,92
1,170	18,32	3,82	1,350	35,82	8,62	1,530	51,64	14,08
1,175	18,84	3,94$_5$	1,355	36,28	8,76	1,535	52,05	14,24

Tab. 4.6: Dichte und Gehalt wässriger Lösungen: Natriumhydroxid

Dichte ϱ 20°C	NaOH-Gehalt Gew.-%	mol/l	Dichte ϱ 20°C	NaOH-Gehalt Gew.-%	mol/l	Dichte ϱ 20°C	NaOH-Gehalt Gew.-%	mol/l
1,000	0,159	0,0398	1,180	16,44	4,850	1,360	33,06	11,24
1,005	0,602	0,151	1,185	16,89	5,004	1,365	33,54	11,45
1,010	1,04$_5$	0,264	1,190	17,34$_5$	5,160	1,370	34,03	11,65
1,015	1,49	0,378	1,195	17,80	5,317	1,375	34,52	11,86
1,020	1,94	0,494	1,200	18,25$_5$	5,476	1,380	35,01	12,08
1,025	2,39	0,611	1,205	18,71	5,636	1,385	35,50$_5$	12,29
1,030	2,84	0,731	1,210	19,16	5,796	1,390	36,00	12,51
1,035	3,29	0,851	1,215	19,62	5,958	1,395	36,49$_5$	12,73
1,040	3,74$_5$	0,971	1,220	20,07	6,122	1,400	36,99	12,95
1,045	4,20	1,097	1,225	20,53	6,286	1,405	37,49	13,17
1,050	4,65$_5$	1,222	1,230	20,98	6,451	1,410	37,99	13,39
1,055	5,11	1,347	1,235	21,44	6,619	1,415	38,49	13,61
1,060	5,56	1,474	1,240	21,90	6,788	1,420	38,99	13,84
1,065	6,02	1,602	1,245	22,36	6,958	1,425	39,49$_5$	14,07
1,070	6,47	1,731	1,250	22,82	7,129	1,430	40,00	14,30
1,075	6,93	1,862	1,255	23,27$_5$	7,302	1,435	40,51$_5$	14,53
1,080	7,38	1,992	1,260	23,73	7,475	1,440	41,03	14,77
1,085	7,83	2,123	1,265	24,19	7,650	1,445	41,55	15,01
1,090	8,28	2,257	1,270	24,64$_5$	7,824	1,450	42,07	15,25
1,095	8,74	2,391	1,275	25,10	8,000	1,455	42,59	15,49
1,100	9,19	2,527	1,280	25,56	8,178	1,460	43,12	15,74
1,105	9,64$_5$	2,664	1,285	26,02	8,357	1,465	43,64	15,98
1,110	10,10	2,802	1,290	26,48	8,539	1,470	44,17	16,23
1,115	10,55$_5$	2,942	1,295	26,94	8,722	1,475	44,69$_5$	16,48
1,120	11,01	3,082	1,300	27,41	8,906	1,480	45,22	16,73
1,125	11,46	3,224	1,305	27,87	9,092	1,485	45,75	16,98
1,130	11,92	3,367	1,310	28,33	9,278	1,490	46,27	17,23
1,135	12,37	3,510	1,315	28,80	9,466	1,495	46,80	17,49
1,140	12,83	3,655	1,320	29,26	9,656	1,500	47,33	17,75
1,145	13,28	3,801	1,325	29,73	9,847	1,505	47,85	18,00
1,150	13,73	3,947	1,330	30,20	10,04	1,510	48,38	18,26
1,155	14,18	4,095	1,335	30,67	10,23	1,515	48,90$_5$	18,52
1,160	14,64	4,244	1,340	31,14	10,43	1,520	49,44	18,78
1,165	15,09	4,395	1,345	31,62	10,63	1,525	49,97	19,05
1,170	15,54	4,545	1,350	32,10	10,83	1,530	50,50	19,31
1,175	15,99	4,697	1,355	32,58	11,03			

Tab. 4.7: Dichte und Gehalt wässriger Lösungen: Ammoniak

Dichte ϱ 20°C	NH$_3$-Gehalt Gew.-%	mol/l	Dichte ϱ 20°C	NH$_3$-Gehalt Gew.-%	mol/l	Dichte ϱ 20°C	NH$_3$-Gehalt Gew.-%	mol/l
0,998	0,0465	0,0273	0,958	9,87	5,55	0,918	21,50	11,59
0,996	0,512	0,299	0,956	10,40$_5$	5,84	0,916	22,12$_5$	11,90
0,994	0,977	0,570	0,954	10,95	6,13	0,914	22,75	12,21
0,992	1,43	0,834	0,952	11,49	6,42	0,912	23,39	12,52
0,990	1,89	1,10	0,950	12,03	6,71	0,910	24,03	12,84
0,988	2,35	1,36$_5$	0,948	12,58	7,00	0,908	24,68	13,16
0,986	2,82	1,63$_5$	0,946	13,14	7,29	0,906	25,33	13,48
0,984	3,30	1,91	0,944	13,71	7,60	0,904	26,00	13,80
0,982	3,78	2,18	0,942	14,29	7,91	0,902	26,67	14,12
0,980	4,27	2,46	0,940	14,88	8,21	0,900	27,33	14,44
0,978	4,76	2,73	0,938	15,47	8,52	0,898	28,00	14,76
0,976	5,25	3,01	0,936	16,06	8,83	0,896	28,67	15,08
0,974	5,75	3,29	0,934	16,65	9,13	0,894	29,33	15,40
0,972	6,25	3,57	0,932	17,24	9,44	0,892	30,00	15,71
0,970	6,75	3,84	0,930	17,85	9,75	0,890	30,68$_5$	16,04
0,968	7,26	4,12	0,928	18,45	10,06	0,888	31,37	16,36
0,966	7,77	4,41	0,926	19,06	10,37	0,886	32,09	16,69
0,964	8,29	4,69	0,924	19,67	10,67	0,884	32,84	17,05
0,962	8,82	4,98	0,922	20,27	10,97	0,882	33,59$_5$	17,40
0,960	9,34	5,27	0,920	20,88	11,28	0,880	34,35	17,75

Tab. 4.8: Dichte und Gehalt wässriger Lösungen: Natriumcarbonat*)

Dichte ϱ 20°C	Na$_2$CO$_3$-Gehalt Gew.-%	mol/l	Dichte ϱ 20°C	Na$_2$CO$_3$-Gehalt Gew.-%	mol/l	Dichte ϱ 20°C	Na$_2$CO$_3$-Gehalt Gew.-%	mol/l
1,000	0,19	0,018	1,065	6,43	0,646	1,130	12,52	1,335
1,005	0,67	0,063$_5$	1,070	6,90	0,696	1,135	13,00	1,392
1,010	1,14	0,109	1,075	7,38	0,748	1,140	13,45	1,446
1,015	1,62	0,155	1,080	7,85	0,800	1,145	13,90	1,501
1,020	2,10	0,202	1,085	8,33	0,853	1,150	14,35	1,557
1,025	2,57	0,248	1,090	8,80	0,905	1,155	14,75	1,607
1,030	3,05	0,296	1,095	9,27	0,958	1,160	15,20	1,663
1,035	3,54	0,346	1,100	9,75	1,012	1,165	15,60	1,714
1,040	4,03	0,395	1,105	10,22	1,065	1,170	16,03	1,769
1,045	4,50	0,444	1,110	10,68	1,118	1,175	16,45	1,823
1,050	4,98	0,493	1,115	11,14	1,172	1,180	16,87	1,878
1,055	5,47	0,544	1,120	11,60	1,226	1,185	17,30	1,934
1,060	5,95	0,595	1,125	12,05	1,279	1,190	17,70	1,987

*) Gewichtsprozent auf wasserfreies Na$_2$CO$_3$ bezogen.

Tab. 4.9: Elektronenanordnung der Elemente (vereinfachte Darstellung)

	Element		1. Schale	2. Schale	3. Schale	4. Schale	5. Schale	6. Schale	7. Schale
1. Periode	1 H	Wasserstoff	1						
	2 He	Helium	2						
2. Periode	3 Li	Lithium	2	1					
	4 Be	Beryllium	2	2					
	5 B	Bor	2	3					
	6 C	Kohlenstoff	2	4					
	7 N	Stickstoff	2	5					
	8 O	Sauerstoff	2	6					
	9 F	Fluor	2	7					
	10 Ne	Neon	2	8					
3. Periode	11 Na	Natrium	2	8	1				
	12 Mg	Magnesium	2	8	2				
	13 Al	Aluminium	2	8	3				
	14 Si	Silicium	2	8	4				
	15 P	Phosphor	2	8	5				
	16 S	Schwefel	2	8	6				
	17 Cl	Chlor	2	8	7				
	18 Ar	Argon	2	8	8				
4. Periode	19 K	Kalium	2	8	8	1			
	20 Ca	Calcium	2	8	8	2			
	21 Sc	Scandium	2	8	8 + 1	2			
	22 Ti	Titan	2	8	8 + 2	2			
	23 V	Vanadium	2	8	8 + 3	2			
	24 Cr	Chrom	2	8	8 + 5	1			
	25 Mn	Mangan	2	8	8 + 5	2			
	26 Fe	Eisen	2	8	8 + 6	2			
	27 Co	Cobalt	2	8	8 + 7	2			
	28 Ni	Nickel	2	8	8 + 8	2			
	29 Cu	Kupfer	2	8	8 + 10	1			
	30 Zn	Zink	2	8	8 + 10	2			
	31 Ga	Gallium	2	8	18	3			
	32 Ge	Germanium	2	8	18	4			
	33 As	Arsen	2	8	18	5			
	34 Se	Selen	2	8	18	6			
	35 Br	Brom	2	8	18	7			
	36 Kr	Krypton	2	8	18	8			

Fortsetzung S. 556

Tab. 4.9: Fortsetzung

	Element		1. Schale	2. Schale	3. Schale	4. Schale	5. Schale	6. Schale	7. Schale
5. Periode	37 Rb	Rubidium	2	8	18	8	1		
	38 Sr	Strontium	2	8	18	8	2		
	39 Y	Yttrium	2	8	18	8 + 1	2		
	40 Zr	Zirconium	2	8	18	8 + 2	2		
	41 Nb	Niob	2	8	18	8 + 4	1		
	42 Mo	Molybdän	2	8	18	8 + 5	1		
	43 Tc	Technetium	2	8	18	8 + 6	1		
	44 Ru	Ruthenium	2	8	18	8 + 7	1		
	45 Rh	Rhodium	2	8	18	8 + 8	1		
	46 Pd	Palladium	2	8	18	8 + 10	0		
	47 Ag	Silber	2	8	18	8 + 10	1		
	48 Cd	Cadmium	2	8	18	8 + 10	2		
	49 In	Indium	2	8	18	18	3		
	50 Sn	Zinn	2	8	18	18	4		
	51 Sb	Antimon	2	8	18	18	5		
	52 Te	Tellur	2	8	18	18	6		
	53 I	Iod	2	8	18	18	7		
	54 Xe	Xenon	2	8	18	18	8		
6. Periode	55 Cs	Caesium	2	8	18	18	8	1	
	56 Ba	Barium	2	8	18	18	8	2	
	57 La	Lanthan	2	8	18	18	8 + 1	2	
	58 Ce	Cer	2	8	18	18 + 2	8	2	
	64 Gd	Gadolinium	2	8	18	18 + 7	8 + 1	2	
	71 Lu	Lutetium	2	8	18	18 + 14	8 + 1	2	
	72 Hf	Hafnium	2	8	18	32	8 + 2	2	
	73 Ta	Tantal	2	8	18	32	8 + 3	2	
	74 W	Wolfram	2	8	18	32	8 + 4	2	
	75 Re	Rhenium	2	8	18	32	8 + 5	2	
	76 Os	Osmium	2	8	18	32	8 + 6	2	
	77 Ir	Iridium	2	8	18	32	8 + 7	2	
	78 Pt	Platin	2	8	18	32	8 + 9	1	
	79 Au	Gold	2	8	18	32	8 + 10	1	
	80 Hg	Quecksilber	2	8	18	32	8 + 10	2	
	81 Tl	Thallium	2	8	18	32	18	3	
	82 Pb	Blei	2	8	18	32	18	4	
	83 Bi	Bismut	2	8	18	32	18	5	
	84 Po	Polonium	2	8	18	32	18	6	
	85 At	Astat	2	8	18	32	18	7	
	86 Rn	Radon	2	8	18	32	18	8	
7. Periode	87 Fr	Francium	2	8	18	32	18	8	1
	88 Ra	Radium	2	8	18	32	18	8	2
	89 Ac	Actinium	2	8	18	32	18	8 + 1	2
	90 Th	Thorium	2	8	18	32	18	8 + 2	2
	91 Pa	Protactinium	2	8	18	32	18 + 2	8 + 1	2
	92 U	Uranium	2	8	18	32	18 + 3	8 + 1	2
	103 Lr	Lawrencium	2	8	18	32	18 + 14	8 + 1	2

Tab. 4.10: Relative Atommassen, bezogen auf $^{12}C = 12{,}00000$ (IUPAC 1981)

Name	Symbol	Ordnungszahl	rel. Atommassen	Name	Symbol	Ordnungszahl	rel. Atommassen
Actinium	Ac	89	(227,0278)	Kurtschatovium	Ku	104	(261)
Aluminium	Al	13	26,98154	Lanthan	La	57	138,9055
Americium	Am	95	(243)	Lawrencium	Lr	103	(260)
Antimon	Sb	51	121,75	Lithium	Li	3	6,941
Argon	Ar	18	39,948	Lutetium	Lu	71	174,967
Arsen	As	33	74,9216	Magnesium	Mg	12	24,305
Astat	At	85	(210)	Mangan	Mn	25	54,9380
Barium	Ba	56	137,33	Meitnerium	Mt	109	(268)
Berkelium	Bk	97	(247)	Mendelevium	Md	101	(258)
Beryllium	Be	4	9,01218	Molybdän	Mo	42	95,94
Bismut	Bi	83	208,9804	Natrium	Na	11	22,98977
Blei	Pb	82	207,2	Neodym	Nd	60	144,24
Bohrium	Bh	107	(264)	Neon	Ne	10	20,179
Bor	B	5	10,81	Neptunium	Np	93	(237,0482)
Brom	Br	35	79,904	Nickel	Ni	28	58,69
Cadmium	Cd	48	112,41	Niob	Nb	41	92,9064
Caesium	Cs	55	132,9054	Nobelium	No	102	(259)
Calcium	Ca	20	40,08	Osmium	Os	76	190,2
Californium	Cf	98	(251)	Palladium	Pd	46	106,42
Cer	Ce	58	140,12	Phosphor	P	15	30,97376
Chlor	Cl	17	35,453	Platin	Pt	78	195,08
Chrom	Cr	24	51,996	Plutonium	Pu	94	(244)
Cobalt	Co	27	58,9332	Polonium	Po	84	(209)
Curium	Cm	96	(247)	Praseodym	Pr	59	140,9077
Darmstadtium	Ds	110	(269)	Promethium	Pm	61	(145)
Dubnium	Db	105	(262)	Protactinium	Pa	91	(231,0359)
Dysprosium	Dy	66	162,50	Quecksilber	Hg	80	200,59
Einsteinium	Es	99	(252)	Radium	Ra	88	(226,0254)
Eisen	Fe	26	55,847	Radon	Rn	86	(222)
Erbium	Er	68	167,26	Rhenium	Re	75	186,207
Europium	Eu	63	151,96	Rhodium	Rh	45	102,9055
Fermium	Fm	100	(257)	Röntgenium	Rg	111	(280)
Fluor	F	9	18,99840	Rubidium	Rb	37	85,4678
Francium	Fr	87	(223)	Ruthenium	Ru	44	101,07
Gadolinium	Gd	64	157,25	Rutherfordium	Rf	104	(261)
Gallium	Ga	31	69,72	Samarium	Sm	62	150,36
Germanium	Ge	32	72,59	Sauerstoff	O	8	15,9994
Gold	Au	79	196,9665	Scandium	Sc	21	44,9559
Hafnium	Hf	72	178,49	Schwefel	S	16	32,06
Hassium	Hs	108	(269)	Seaborgium	Sg	106	(266)
Helium	He	2	4,00260	Selen	Se	34	78,96
Holmium	Ho	67	164,9304	Silber	Ag	47	107,8682
Indium	In	49	114,82	Silicium	Si	14	28,0855
Iod	I	53	126,9045	Stickstoff	N	7	14,0067
Iridium	Ir	77	192,22	Strontium	Sr	38	87,62
Kalium	K	19	39,0983	Tantal	Ta	73	180,9479
Kohlenstoff	C	6	12,011	Technetium	Tc	43	(98)
Krypton	Kr	36	83,80	Tellur	Te	52	127,60
Kupfer	Cu	29	63,546	Terbium	Tb	65	158,9254

Fortsetzung S. 558

Tab. 4.10: Fortsetzung

Name	Symbol	Ordnungszahl	rel. Atommassen	Name	Symbol	Ordnungszahl	rel. Atommassen
Thallium	Tl	81	204,383	Wolfram	W	74	183,85
Thorium	Th	90	232,0381	Xenon	Xe	54	131,29
Thulium	Tm	69	168,9342	Ytterbium	Yb	70	173,04
Titan	Ti	22	47,88	Yttrium	Y	39	88,9059
Uranium	U	92	238,0289	Zink	Zn	30	65,38
Vanadium	V	23	50,9415	Zinn	Sn	50	118,69
Wasserstoff	H	1	1,00794[1])	Zirconium	Zr	40	91,22

[1]) = 1,00798 ± 0,00010 in Ozean- und kontinentalem Frischwasser

Tab. 4.11: Hinweise auf die besonderen Gefahren (R-Sätze) (s. auch Poster)

R 1	In trockenem Zustand explosionsgefährlich	R 32	Entwickelt bei Berührung mit Säure sehr giftige Gase
R 2	Durch Schlag, Reibung oder Feuer oder andere Zündquellen explosionsgefährlich	R 33	Gefahr kumulativer Wirkungen
		R 34	Verursacht Verätzungen
		R 35	Verursacht schwere Verätzungen
R 3	Durch Schlag, Reibung oder Feuer oder andere Zündquellen besonders explosionsgefährlich	R 36	Reizt die Augen
		R 37	Reizt die Atmungsorgane
		R 38	Reizt die Haut
R 4	Bildet hochempfindliche, explosionsgefährliche Metallverbindungen	R 39	Ernste Gefahr irreversiblen Schadens
		R 40	Irreversibler Schaden möglich
R 5	Beim Erwärmen explosionsfähig	R 41	Gefahr ernster Augenschäden
R 6	Mit und ohne Luft explosionsfähig	R 42	Sensibilisierung durch Einatmen
R 7	Kann Brand verursachen	R 43	Sensibilisierung durch Hautkontakt möglich
R 8	Feuergefahr bei Berührung mit brennbaren Stoffen	R 44	Explosionsgefahr bei Erhitzen unter Einschluss
R 9	Explosionsgefahr bei Mischung mit brennbaren Stoffen	R 45	Kann Krebs erzeugen
R 10	Entzündlich	R 46	Kann vererbbare Schäden erzeugen
R 11	Leicht entzündlich	R 48	Gefahr ernster Gesundheitsschäden bei längerer Exposition
R 12	Hoch entzündlich		
R 14	Reagiert heftig mit Wasser unter Bildung hoch entzündlicher Gase	R 50	Sehr giftig für Wasserorganismen
		R 51	Giftig für Wasserorganismen
R 15	Reagiert mit Wasser unter Bildung leicht entzündlicher Gase	R 52	Schädlich für Wasserorganismen
		R 53	Kann in Gewässern längerfristig schädliche Wirkungen haben
R 16	Explosionsgefährlich in Mischung mit brandfördernden Stoffen	R 54	Giftig für Pflanzen
R 17	Selbstentzündlich an der Luft	R 55	Giftig für Tiere
R 18	Bei Gebrauch Bildung explosionsfähiger/leicht entzündlicher Dampf-Luft-Gemische möglich	R 56	Giftig für Bodenorganismen
		R 57	Giftig für Bienen
		R 58	Kann längerfristig schädliche Wirkungen auf die Umwelt haben
R 19	Kann explosionsfähige Peroxide bilden	R 59	Gefährlich für die Ozonschicht
		R 60	Kann die Fortpflanzungsfähigkeit beeinträchtigen
R 20	Gesundheitsschädlich beim Einatmen	R 61	Kann das Kind im Mutterleib schädigen
R 21	Gesundheitsschädlich bei Berührung mit der Haut	R 62	Kann möglicherweise die Fortpflanzungsfähigkeit beeinträchtigen
R 22	Gesundheitsschädlich beim Verschlucken		
R 23	Giftig beim Einatmen	R 63	Kann das Kind im Mutterleib möglicherweise schädigen
R 25	Giftig beim Verschlucken		
R 26	Sehr giftig beim Einatmen	R 64	Kann Säuglinge über die Muttermilch schädigen
R 27	Sehr giftig bei Berührung mit der Haut		
		R 65	Gesundheitsschädlich: kann beim Verschlucken Lungenschäden verursachen
R 28	Sehr giftig beim Verschlucken		
R 29	Entwickelt bei Berührung mit Wasser giftige Gase		
		R 66	Wiederholter Kontakt kann zu spröder oder rissiger Haut führen
R 30	Kann bei Gebrauch leicht entzündlich werden	R 67	Dämpfe können Schläfrigkeit und Benommenheit verursachen
R 31	Entwickelt bei Berührung mit Säure giftige Gase		

Tab. 4.12: Kombination der R-Sätze

R 14/15	Reagiert heftig mit Wasser unter Bildung hoch entzündlicher Gase	R 39/23/24	Giftig: ernste Gefahr irreversiblen Schadens durch Einatmen und bei Berührung mit der Haut
R 15/29	Reagiert mit Wasser unter Bildung giftiger und hoch entzündlicher Gase	R 39/23/25	Giftig: ernste Gefahr irreversiblen Schadens durch Einatmen und durch Verschlucken
R 20/21	Gesundheitsschädlich beim Einatmen und bei Berührung mit der Haut	R 39/24/25	Giftig: ernste Gefahr irreversiblen Schadens bei Berührung mit der Haut und durch Verschlucken
R 20/22	Gesundheitsschädlich beim Einatmen und Verschlucken		
R 20/21/22	Gesundheitsschädlich beim Einatmen, Verschlucken und Berührung mit der Haut	R 39/23/24/25	Giftig: ernste Gefahr irreversiblen Schadens durch Einatmen, Berührung mit der Haut und durch Verschlucken
R 21/22	Gesundheitsschädlich bei Berührung mit der Haut und beim Verschlucken	R 39/26	Sehr giftig: ernste Gefahr irreversiblen Schadens durch Einatmen
R 23/24	Giftig beim Einatmen und bei Berührung mit der Haut		
R 23/25	Giftig beim Einatmen und Verschlucken	R 39/27	Sehr giftig: ernste Gefahr irreversiblen Schadens bei Berührung mit der Haut
R 23/24/25	Giftig beim Einatmen, Verschlucken und Berührung mit der Haut	R 39/28	Sehr giftig: ernste Gefahr irreversiblen Schadens durch Verschlucken
R 24/25	Giftig bei Berührung mit der Haut und beim Verschlucken	R 39/26/27	Sehr giftig: ernste Gefahr irreversiblen Schadens durch Einatmen und bei Berührung mit der Haut
R 26/27	Sehr giftig beim Einatmen und bei Berührung mit der Haut		
R 26/28	Sehr giftig beim Einatmen und Verschlucken	R 39/26/28	Sehr giftig: ernste Gefahr irreversiblen Schadens durch Einatmen und durch Verschlucken
R 26/27/28	Sehr giftig beim Einatmen, Verschlucken und Berührung mit der Haut	R 39/27/28	Sehr giftig: ernste Gefahr irreversiblen Schadens bei Berührung mit der Haut und durch Verschlucken
R 27/28	Sehr giftig bei Berührung mit der Haut und beim Verschlucken		
R 36/37	Reizt die Augen und die Atmungsorgane	R 39/26/27/28	Sehr giftig: ernste Gefahr irreversiblen Schadens durch Einatmen, Berührung mit der Haut und durch Verschlucken
R 36/38	Reizt die Augen und die Haut		
R 36/37/38	Reizt die Augen, Atmungsorgane und die Haut		
R 37/38	Reizt die Atmungsorgane und die Haut	R 40/20	Gesundheitsschädlich: Möglichkeit irreversiblen Schadens durch Einatmen
R 39/23	Giftig: ernste Gefahr irreversiblen Schadens durch Einatmen	R 40/21	Gesundheitsschädlich: Möglichkeit irreversiblen Schadens bei Berührung mit der Haut
R 39/24	Giftig: ernste Gefahr irreversiblen Schadens bei Berührung mit der Haut		
R 39/25	Giftig: ernste Gefahr irreversiblen Schadens durch Verschlucken	R 40/22	Gesundheitsschädlich: Möglichkeit irreversiblen Schadens durch Verschlucken

Tab. 4.12: Fortsetzung

R 40/20/21	Gesundheitsschädlich: Möglichkeit irreversiblen Schadens durch Einatmen und bei Berührung mit der Haut	R 48/20/ 21/22	Gesundheitsschädlich: Gefahr ernster Gesundheitsschäden bei längerer Exposition durch Einatmen, Berührung mit der Haut und durch Verschlucken
R 40/20/22	Gesundheitsschädlich: Möglichkeit irreversiblen Schadens durch Einatmen und durch Verschlucken	R 48/23	Giftig: Gefahr ernster Gesundheitsschäden bei längerer Exposition durch Einatmen
R 40/21/22	Gesundheitsschädlich: Möglichkeit irreversiblen Schadens durch Berührung mit der Haut und durch Verschlucken	R 48/24	Giftig: Gefahr ernster Gesundheitsschäden bei längerer Exposition durch Berührung mit der Haut
R 40/20/ 21/22	Gesundheitsschädlich: Möglichkeit irreversiblen Schadens durch Einatmen, Berührung mit der Haut und durch Verschlucken	R 48/25	Giftig: Gefahr ernster Gesundheitsschäden bei längerer Exposition durch Verschlucken
R 42/43	Sensibilisierung durch Einatmen und Hautkontakt möglich	R 48/23/24	Giftig: Gefahr ernster Gesundheitsschäden bei längerer Exposition durch Einatmen und durch Berührung mit der Haut
R 48/20	Gesundheitsschädlich: Gefahr ernster Gesundheitsschäden bei längerer Exposition durch Einatmen	R 48/23/25	Giftig: Gefahr ernster Gesundheitsschäden bei längerer Exposition durch Einatmen
R 48/21	Gesundheitsschädlich: Gefahr ernster Gesundheitsschäden bei längerer Exposition durch Berührung mit der Haut	R 48/24/25	Giftig: Gefahr ernster Gesundheitsschäden bei längerer Exposition durch Berührung mit der Haut und durch Verschlucken
R 48/22	Gesundheitsschädlich: Gefahr ernster Gesundheitsschäden bei längerer Exposition durch Verschlucken	R 48/23/ 24/25	Giftig: Gefahr ernster Gesundheitsschäden bei längerer Exposition durch Einatmen, Berührung mit der Haut und durch Verschlucken
R 48/20/21	Gesundheitsschädlich: Gefahr ernster Gesundheitsschäden bei längerer Exposition durch Einatmen und durch Berührung mit der Haut	R 50/53	Sehr giftig für Wasserorganismen, kann in Gewässern längerfristig schädliche Wirkungen haben
R 48/20/22	Gesundheitsschädlich: Gefahr ernster Gesundheitsschäden bei längerer Exposition durch Einatmen und durch Verschlucken	R 51/53	Giftig für Wasserorganismen, kann in Gewässern längerfristig schädliche Wirkungen haben
R 48/21/22	Gesundheitsschädlich: Gefahr ernster Gesundheitsschäden bei längerer Exposition durch Berührung mit der Haut und durch Verschlucken	R 52/53	Schädlich für Wasserorganismen, kann in Gewässern längerfristig schädliche Wirkungen haben

Tab. 4.13: Sicherheitsratschläge (S-Sätze) (s. auch Poster)

S 1	Unter Verschluss aufbewahren	S 37	Geeignete Handschuhe tragen
S 2	Darf nicht in die Hände von Kindern gelangen	S 38	Bei unzureichender Belüftung Atemschutzgeräte anlegen
S 3	Kühl aufbewahren	S 39	Schutzbrille/Gesichtsschutz tragen
S 4	Von Wohnplätzen fern halten	S 40	Fußboden und verunreinigte Gegenstände mit … reinigen (vom Hersteller anzugeben)
S 5	Unter … aufbewahren (geeignete Flüssigkeit vom Hersteller anzugeben)	S 41	Explosions- und Brandgase nicht einatmen
S 6	Unter … aufbewahren (inertes Gas vom Hersteller anzugeben)	S 42	Beim Räuchern/Versprühen geeignetes Atemschutzgerät anlegen (geeignete Bezeichnung[en] vom Hersteller anzugeben)
S 7	Behälter dicht geschlossen halten		
S 8	Behälter trocken halten		
S 9	Behälter an einem gut gelüfteten Ort aufbewahren	S 43	Zum Löschen … (vom Hersteller anzugeben) verwenden (wenn Wasser die Gefahr erhöht, anfügen: Kein Wasser Verwenden)
S 12	Behälter nicht gasdicht verschließen		
S 13	Von Nahrungsmitteln, Getränken und Futtermitteln fern halten		
S 14	Von …fern halten (inkompatible Substanzen vom Hersteller anzugeben)	S 45	Bei Unfall oder Unwohlsein sofort Arzt zuziehen (wenn möglich dieses Etikett vorzeigen)
S 15	Vor Hitze schützen	S 46	Bei Verschlucken sofort ärztlichen Rat einholen und Verpackung oder Etikett vorzeigen
S 16	Von Zündquellen fern halten – nicht rauchen		
S 17	Von brennbaren Stoffen fern halten	S 47	Nicht bei Temperaturen über …°C aufzubewahren (vom Hersteller anzugeben)
S 18	Behälter mit Vorsicht öffnen und handhaben		
S 20	Bei der Arbeit nicht essen und trinken	S 48	Feucht halten mit … (geeignetes Mittel vom Hersteller anzugeben)
S 21	Bei der Arbeit nicht rauchen		
S 22	Staub nicht einatmen	S 49	Nur im Originalbehälter aufbewahren
S 23	Gas/Rauch/Dampf/Aerosol nicht einatmen (geeignete Bezeichnung[en] vom Hersteller anzugeben)	S 50	Nicht mischen mit … (vom Hersteller anzugeben)
		S 51	Nur in gut belüfteten Bereichen verwenden
S 24	Berührung mit der Haut vermeiden		
S 25	Berührung mit den Augen vermeiden	S 52	Nicht großflächig für Wohn- und Aufenthaltsräume zu verwenden
S 26	Bei Berührung mit den Augen gründlich mit Wasser abspülen und den Arzt konsultieren	S 53	Exposition vermeiden – vor Gebrauch besondere Anweisungen einholen
S 27	Benutzte, getränkte Kleidung sofort ausziehen	S 56	Diesen Stoff und seinen Behälter der Problemabfallentsorgung zuführen
S 28	Bei Berührung mit der Haut sofort abwaschen mit viel … (vom Hersteller anzugeben)	S 57	Zur Vermeidung einer Kontamination der Umwelt geeigneten Behälter verwenden
S 29	Nicht in die Kanalisation gelangen lassen	S 59	Information zur Wiederverwendung/Wiederverwertung beim Hersteller/Lieferanten erfragen
S 30	Niemals Wasser hinzugießen		
S 33	Maßnahmen gegen elektrostatische Aufladungen treffen		
S 35	Abfälle und Behälter müssen in gesicherter Weise beseitigt werden	S 60	Dieser Stoff und sein Behälter sind als gefährlicher Abfall zu entsorgen
S 36	Bei der Arbeit geeignete Schutzkleidung tragen		

Tab. 4.13: Fortsetzung

S 61 Freisetzung in die Umwelt vermeiden. Besondere Anweisungen einholen/Sicherheitsdatenblatt zu Rate ziehen	S 63 Bei Unfall durch Einatmen: Verunfallten an die frische Luft bringen und ruhig stellen
S 62 Bei Verschlucken kein Erbrechen herbeiführen. Sofort ärztlichen Rat einholen und Verpackung oder Etikett vorzeigen	S 64 Bei Verschlucken Mund mit Wasser ausspülen (nur wenn Verunfallter bei Bewusstsein ist)

Tab. 4.14: Kombination der S-Sätze

S 1/2	Unter Verschluss und für Kinder unzugänglich aufbewahren	S 7/47	Behälter dicht geschlossen und nicht bei Temperaturen über … °C aufbewahren (vom Hersteller anzugeben)
S 3/7	Behälter dicht geschlossen halten und an einem kühlen Ort aufbewahren	S 20/21	Bei der Arbeit nicht essen, trinken, rauchen
S 3/9/14	An einem kühlen, gut gelüfteten Ort, entfernt von … aufbewahren (die Stoffe, mit denen Kontakt vermieden werden muss, sind vom Hersteller anzugeben)	S 24/25	Berührung mit den Augen und der Haut vermeiden
		S 27/28	Bei Berührung mit der Haut beschmutzte Kleidung sofort ausziehen und sofort abwaschen mit viel … (*vom Hersteller anzugeben*)
S 3/9/ 14/49	Nur im Originalbehälter an einem kühlen, gut gelüfteten Ort, entfernt von … aufbewahren (die Stoffe, mit denen Kontakt vermieden werden muss, sind vom Hersteller anzugeben)	S 29/35	Nicht in die Kanalisation gelangen lassen; Abfälle und Behälter müssen in gesicherter Weise beseitigt werden
		S 29/56	Nicht in die Kanalisation gelangen lassen[1])
S 3/9/49	Nur im Originalbehälter an einem kühlen, gut gelüfteten Ort aufbewahren	S 36/37	Bei der Arbeit geeignete Schutzhandschuhe und Schutzkleidung tragen
S 3/14	An einem kühlen, von … entfernten Ort aufbewahren (die Stoffe, mit denen Kontakt vermieden werden muss, sind vom Hersteller anzugeben)	S 36/37/39	Bei der Arbeit geeignete Schutzkleidung, Schutzhandschuhe und Schutzbrille/Gesichtsschutz tragen
S 7/8	Behälter trocken und dicht geschlossen halten	S 36/39	Bei der Arbeit geeignete Schutzkleidung und Schutzbrille/Gesichtsschutz tragen
S 7/9	Behälter dicht geschlossen an einem gut gelüfteten Ort aufbewahren	S 37/39	Bei der Arbeit geeignete Schutzhandschuhe und Schutzbrille/Gesichtsschutz tragen

[1]) Vollständiger Text laut 18. Anpassungsrichtlinie bei Übersetzung aus der dänischen, griechischen, englischen, französischen und portugiesischen Sprache: „Nicht in die Kanalisation gelangen lassen, diesen Stoff und seinen Behälter der Problemabfallentsorgung zuführen".

4.2 Verzeichnis der Zeichen und Symbole

[ ]	Kennzeichnung von Komplexverbindungen, z. B. $K_4[Fe(CN)_6]$
$\rightarrow$	Zeichen für einseitig verlaufende Reaktionen
$\rightleftharpoons$	Zeichen für umkehrbare Reaktion (Gleichgewichte), z. B. $H_2 + I_2 \rightleftharpoons 2\,HI$
$\downarrow$	Zeichen für Bildung eines schwerlöslichen Niederschlages, z. B. $BaSO_4\downarrow$
$\uparrow$	Zeichen für Bildung einer flüchtigen Verbindung, z. B. $CO_2\uparrow$
$\approx$	annähernd gleich, etwa, ungefähr
$\triangleq$	entspricht
$\varnothing$	Durchmesser
(2 : 3)	Verhältniszahlen bezogen auf Gewichtsteile, z. B. Fe/KNO_3
	(2 : 3) = 2 Gewichtsteile Fe auf 3 Gewichtsteile KNO_3
(2 : 3 Vol.)	Verhältniszahlen bezogen auf Volumteile, z. B. konz. HCl/H_2O
	(2 : 3 Vol.) = 2 Volumteile konz. HCl auf 3 Volumteile Wasser
A	allgemeines Elementsymbol
A	Ampere [Coulomb $\cdot$ s^{-1}]
Å	Ångström = 10^{-8} cm
a	Aktivität
a	eine durch Eichung zu ermittelnde Konstante
at	Atmosphäre, technische; 1 at = 0,98 bar
α	Ausdehnungskoeffizient [K^{-1}]
α	Dissoziationsgrad
α	Verteilungskoeffizient
α_H	Wasserstoffkoeffizient zur Korrektur von Komplexstabilitätskonstanten
B	allgemeines Elementsymbol
bar	Bar, Einheit des Druckes
β	Druckkoeffizient [K^{-1}]
C	Coulomb
C	Gesamtkonzentration, [mol $\cdot$ l^{-1}]
C$^-$	Anion des Diethyldithiocarbamat
c	Konzentration in Gleichungen des Massenwirkungsgesetzes, mol/l
	z. B. $\dfrac{c(H^+) \cdot c(OH^-)}{c(H_2O)} = K$
$c, c_1, c_2, c(X)$	Stoffmengenkonzentration, – einer Teilchenart X[mol $\cdot$ l^{-1}]
$c(\text{eq.}), c\left(\dfrac{X}{z*}\right)$	Stoffmengenkonzentration, bezogen auf Äquivalentteilchen
cal	Kalorie
cm	Zentimeter
D	Diffusionskoeffizient [cm$^2 \cdot$ s^{-1}]
d	Schichtdicke [cm]
dH	Grad deutscher Härte, Maß für die Härte von Wasser 1°d 10 mg CaO/l
dl	Teilstrecke (differentiell)
dP	Elektrischer Spannungsabfall (differentiell)
dm^2	Quadratdezimeter

E	Extinktion
$E°$	Standardpotenzial
EDTA	Ethylendiamintetraessigsäure
EG	Erfassungsgrenze
e	Elementarladung [$1,6 \cdot 10^{-19}$ Coulomb]
e^-	Elektron
ε	Extinktionskoeffizient [$cm^2 \cdot mmol^{-1}$][$10^4 \, l \, mol^{-1} \cdot cm^{-1}$]
η	Überspannung [Volt]
F	Korrekturfaktor bei der Gasreduktion
F	*Faraday*-Konstante $= 96\,485 \, C \cdot mol^{-1}$
f	Aktivitätskoeffizient
f_n	Normierfaktor einer Maßlösung
G	elektrischer Leitwert [$1/\Omega$]
GK	Grenzkonzentration
g	Gramm
γ	$\mu g = 10^{-6} \, g$
HM	Halbmikro
Hz	Hertz gleich 1 Schwingung s^{-1}, Maß für die Frequenz
HC	Diethylamidodithiocarbonat
H_4Y	Ethylendiamintetraessigsäure
h	Stufenhöhe bei der Polarographie
I	Stromstärke [Ampere]
J	Joule, Einheit der Energie
K	Kelvin, Einheit der thermodynamischen Temperatur
K	Konstante
K_L	Löslichkeitsprodukt
k	Konstante
kcal	Kilokalorie
κ	elektrische Leitfähigkeit [$\Omega^{-1} \cdot cm^{-1}$]
l	Liter
lm	Lumen, Einheit des Lichtstroms
l	Strecke, Abstand [cm]
λ	Wellenlänge
λ^+, λ^-	Ionenäquivalentleitfähigkeit für Kation bzw. Anion
Λ	Äquivalentleitfähigkeit [$\Omega^{-1} \cdot cm^2$]
M	molare Masse [$g \cdot mol^{-1}$]
M	molar, Konzentrationsangabe, $1 \, M = 1 \, mol \cdot l^{-1}$
M	Elementsymbol für ein Metall
M	Molarität [$mol \cdot l^{-1}$]
m	Masse
$m(X)$	Masse eines Elements oder einer Verbindung X
m_E	Einwaage
mbar	Millibar
mg	Milligramm
min	Minute
ml	Milliliter
mm	Millimeter

mol	Kurzzeichen für Mol, die gesetzliche Einheit der Stoffmenge
μm	Mikrometer $= 10^{-4}$ cm
MWG	Massenwirkungsgesetz
N_A	*Avogadro*-Konstante $= (6{,}022137 \pm 0{,}000004) \cdot 10^{23}$ mol^{-1}
n	Anzahl der Teilchen
$n(X)$	Stoffmenge, bezogen auf die Teilchenart X, [mol]
N	Normalität [Val · l^{-1}]
ν	Frequenz
nm	Nanometer $= 10^{-7}$ cm
Ω	Ohm, Einheit des elektrischen Widerstandes
$[\omega]$	Analytischer Umrechnungsfaktor
PSE	Periodensystem der Elemente
pD	negativer dekadischer Logarithmus der Grenzkonzentration
pH	negativer dekadischer Logarithmus der Wasserstoffionenkonzentration bzw. genauer Wasserstoffionenaktivität
pK	negativer dekadischer Logarithmus der Gleichgewichtskonstanten
pM	negativer dekadischer Logarithmus einer Metallionenkonzentration
pT	negativer dekadischer Logarithmus der Wasserstoffionenkonzentration beim Umschlag eines Indikators
p	Druck [bar], [Torr], [Pa]
p°	Standarddruck, 1013,25 mbar = 1013,25 hPa (Hectopascal)
Φ, Φ_0	Lichtstrom, Strahlungsleistung
φ	Volumenanteil
q	Oberfläche, Querschnitt [cm^2]
r	Radius
R	allgemeine molare Gaskonstante 0,08314 bar · l · K^{-1} mol^{-1} = 8,314 Ws · K^{-1} · mol^{-1}
R	Elektrischer Widerstand
ϱ	Dichte [g · cm^{-3}]
S	Siemens, Einheit des elektrischen Leitwerts
s	Sekunde
T	thermodynamische Temperatur [K]
T_0	273,15 K = 0 °C
t, ϑ	Temperatur [°C]
t_L, t_R, t_G	Lauf- bzw. Retentionszeiten bei der Gaschromatographie
τ_i	spektraler (lösungs-)interner Transmissionsgrad
U	Spannung [V]
UV	Ultraviolett
U_p	Konzentrationspolarisation
U_R	Spannung an einem *Ohm*schen Widerstand
u	Kurzzeichen für atomare Masseneinheit
$u^\pm$	Ionenbeweglichkeit [cm^2 · s^{-1} · V^{-1}]
V	Volumen
V_t, V_b	Maßlösungsvolumen bei Titration bzw. Blindtitration
V_n	normiertes Maßlösungsvolumen

Verzeichnis der Zeichen und Symbole

V^0	Volumen einer Gasmenge unter Standardbedingungen (bei p^0 und T_0)
ΔV	Volumendifferenz. -abnahme
W	Hydrodynamischer Widerstand
W	Messgröße
$w(X)$	Massenanteil des Stoffes X an der Gesamtmasse
w^+, w^-	Wanderungsgeschwindigkeit von Ionen [cm · s^{-1}]
x	Schichtdicke
x, y	Umsetzungskoeffizienten
z	Ionenzahl, Zahl der aufgenommenen oder abgegebenen Elektronen
z^*	Äquivalenzzahl
Z	Zahl der reaktionfähigen Teile

4.3 Verzeichnis der Wortabkürzungen

Für die hier verwendeten Wortabkürzungen wurde soweit wie möglich das Kürzungssystem des „Chemischen Zentralblattes" verwendet. Der Plural wird bei Kürzungen durch Verdoppelung des Endbuchstabens ausgedrückt, also z. B. Lsgg. = Lösungen, Ndd. = Niederschläge u. a.

A.	Ethylalkohol, Ethanol	nachst.	nachstehend
		Nachw.	Nachweis
Abb.	Abbildung	nasc.	nascierend (z. B. $H_{nasc.}$ für atomaren Wasserstoff)
absol.	absolut		
App.	Apparat, Apparatur	Nd.	Niederschlag
bes.	besonders	OT	Objektträger
Best.	Bestimmung	p.a.	pro analysi
Bldg.	Bildung	Prod.	Produkt
Darst.	Darstellung	Red.	Reduktion
Dest.	Destillation	red.	reduzieren, reduziert
dest.	destillieren, destilliert	Rk.	Reaktion
E.	Ether	SA.	Sodaauszug
Einfl.	Einfluss	Sek.	Sekunde(n)
Einw.	Einwirkung	Sdp.	Siedepunkt
Entw.	Entwicklung	Smp.	Schmelzpunkt
F.	Filtrat, Zentrifugat	Std.	Stunde(n)
Fl.	Flüssigkeit	Temp.	Temperatur
fl.	flüssig	Tr.	Tropfen
frakt.	franktioniert	u.	und
gesätt.	gesättigt	Unters.	Untersuchung
Ggw.	Gegenwart	V.	Vergrößerung
Gew.	Gewicht	Verb.	Verbindung
Herst.	Herstellung	verd.	verdünnt
Konz.	Konzentration	Verf.	Verfahren
konz.	konzentriert	Vers.	Versuch
krist.	kristallisiert	Vol.	Volumen
lösl.	löslich	vorst.	vorstehend
Lösungsm.	Lösungsmittel	W	Wasser
Lsg.	Lösung	wäss.	wässrig
Meth.	Methode	Z.	Zentrifugat
Min.	Minute(n)	Zers.	Zersetzung, Zerstörung

4.4 Literaturverzeichnis

Benutzte und zu empfehlende Lehrbücher und Nachschlagewerke:

A. Allgemeine und anorganische Chemie

1. *Ch. E. Mortimer* und *U. Müller*, Chemie. 8. Auflage. G. Thieme Verlag, Stuttgart 2003.
2. *E. Riedel*, Anorganische Chemie. 6. Auflage. W. de Gruyter & Co., Berlin 2004.
3. *A. F. Holleman* und *E. Wiberg*, Lehrbuch der anorganischen Chemie. 101. Auflage. W. de Gruyter & Co., Berlin 1995.
4. *F. A. Cotton, G. Wilkinson, C. A. Murillo* und *M. Bochmann*, Advanced Inorganic Chemistry, 6. Auflage. John Wiley & Sons, New York 1999.
5. *N. N. Greenwood* und *A. Earnshaw*, Chemie der Elemente. Deutsche Ausgabe, VCH Verlagsgesellschaft, Weinheim 1988.
6. *M. Binnewies, M. Jäckel, H. Willner* und *G. Rayner-Canham*, Allgemeine und anorganische Chemie. Spektrum Akademischer Verlag, Heidelberg 2004.
7. *H. H. Binder*, Lexikon der chemischen Elemente. 1. Auflage. S. Hirzel Verlag, Stuttgart, 1999.

B. Präparative Chemie

1. *W. A. Herrmann, Ed.*, Synthetic Methods of Organometallic and Inorganic Chemistry (Herrmann/Brauer). G. Thieme Verlag, Stuttgart, Bd. 1, 1996, bis Bd. 10, 2002.

C. Qualitative anorganische Analyse

1. *G. Jander* und *E. Blasius*, Lehrbuch der analytischen und präparativen anorganischen Chemie. 15. Auflage. S. Hirzel Verlag, Stuttgart 2002.
2. *E. Gerdes*, Qualitative Anorganische Analyse. 2. Auflage. Springer Verlag, Berlin 2001.
3. *D. Häfner*, Arbeitsbuch qualitative anorganische Analyse für Pharmazie- und Chemiestudenten. 2. Auflage. GOVI Verlag, Eschborn 2003.
4. *U. R. Kunze* und *G. Schwedt*, Grundlagen der qualitativen und quantitativen Analyse. 5. Auflage. Wiley-VCH, Weinheim 2001.
5. *W. Werner*, Qualitative anorganische Analyse für Pharmazeuten und Naturwissenschaftler. 3. Auflage. Deutscher Apotheker Verlag, Stuttgart 2000.
6. *R. Bock*, Handbuch der analytisch-chemischen Aufschlussmethoden. 1. Auflage. Wiley-VCH, Weinheim 2001.

D. Quantitative anorganische Analyse

1. *G. Jander* und *K. F. Jahr*, fortgeführt von *G. Schulze* und *J. Simon*, Maßanalyse. 16. Auflage. Walter de Gruyter, Berlin 2003.
2. *H. Naumer* und *W. Heller*, Untersuchungsmethoden in der Chemie. Einführung in die moderne Analytik. 3. Auflage. G. Thieme Verlag, Stuttgart 1997.

E. Monographien

1. *J. Weiß*, Ionenchromatographie. 3. Auflage. Wiley-VCH, Weinheim 2001.
2. *V. Meyer*, Praxis der Hochleistungs-Flüssigchromatographie. 9. Auflage. Wiley-VCH, Weinheim 2004.

F. Gifte und Gefahrstoffe

1. *H. Hörath*, Gefährliche Stoffe und Zubereitungen – Gefahrstoffverordnung. 6. Auflage. Wissenschaftliche Verlagsgesellschaft, Stuttgart 2002.
2. *H. Hörath*, Gefahrstoffverzeichnis. 5. Auflage. Deutscher Apotheker Verlag, Stuttgart 2003.
3. *R. Kühn* und *K. Birett*, Merkblätter. Gefährliche Arbeitsstoffe. ecomed Verlagsgesellschaft mbH, Landsberg 1983.
4. Sicheres Arbeiten in chemischen Laboratorien. Einführung für Studenten. Bundesverband der Unfallkassen, 6. Auflage 2000.
5. *L. Roth* und *V. Weller*, Gefährliche chemische Reaktionen. 6. Auflage. ecomed Verlagsgesellschaft mbH, Landsberg 2001.
6. Deutsche Forschungsgemeinschaft (Hrsg.), MAK- und BAT-Liste 2001, Wiley-VCH, Weinheim 2001.

G. Nachschlagwerke und Tabellen

1. *F. W. Küster* und *A. Thiel*, Rechentafeln für die chemische Analytik. 105. Auflage. W. de Gruyter & Co., Berlin 2003.

5 Register

5.1 Formelregister der Präparate

Ag, aus Rückständen ... 308	$(NH_4)_2MoS_4$ ... 252
$AlCl_3$ ... 235	$(NH_2)HSO_3$ ... 127
Cl_2 ... 160	$(N_2H_6)SO_4$ ... 128
$[CoCO_3(NH_3)_4]NO_3 \cdot \frac{1}{2}H_2O$ ... 213	$(NH_4)_2[SnCl_6]$ ... 303
$[Co(NH_3)_6]Cl_3$ ... 213	NO ... 129
$[Co(NO_2)_3(NH_3)_3]$ ... 213	NO_2 ... 130
Cr ... 234	N_2O ... 129
CuCl ... 281	$Na_3(AsSO_3) \cdot 12 H_2O$ ... 291
$[Cu(NH_3)_4]SO_4 \cdot H_2O$ ... 283	Na_2CO_3 ... 112
$FeCl_3$ ... 229	NaCl ... 163
$Fe(OH)_3$-Sol ... 228	$Na_3[Co(NO_2)_6]$ ... 213
H_2 ... 103	$Na_2S_2O_3 \cdot 5 H_2O$ ... 153
$H_3AsO_4 \cdot \frac{1}{2}H_2O$ ... 291	$Na_3SbS_4 \cdot 9 H_2O$ ... 299
HCl ... 164	O_2 ... 142
HNO_3 ... 134	PCl_3 ... 139
H_2O_2 ... 106	PCl_5 ... 140
$H_3[P(W_3O_{10})_4 \cdot aq]$ ... 255	$POCl_3$ ... 165
H_2S ... 146	Pb ... 272, 276
Hg ... 272	S_2Cl_2 ... 145
I_2, aus Rückständen ... 171	SO_2 ... 145, 148
$KAl(SO_4)_2 \cdot 12 H_2O$ ... 236	$SOCl_2$ ... 165
$KClO_3$ ... 169	SO_2Cl_2 ... 167
$KClO_4$ ... 170	Sb ... 295
$KCr(SO_4)_2 \cdot 12 H_2O$ ... 236	$SbCl_3$ ... 295
$KMnO_4$ ... 219	$SbCl_5$ ... 297
$K[SbCl_6] \cdot H_2O$ ... 299	Si ... 235
$K_2[SnCl_6]$ ... 303	$SiCl_4$ ... 121
Metalle aus Sulfiden ... 272	$SiHCl_3$ ... 121
Mn ... 234	$SiO_2 \cdot$ aq-Sol ... 122
N_2 ... 124	Sn ... 302
NH_3 ... 125	$SnCl_4$ ... 303
$NH_4Fe(SO_4)_2 \cdot 12 H_2O$ ... 236	$TiCl_4$ ... 248
$(NH_4)_2Fe(SO_4)_2 \cdot 6 H_2O$ ... 225	

5.2 Namenregister

A

Archimedes 2
Autenrieth 491
Avogadro 3, 38, 41, 501

B

Becker 4
Beckmann 186
Becquerel 3
Beer 489, 497, 498
Berzelius 355
Bettendorf 293
Birkeland 129
Bohr 4
Bosch 21, 124
Bothe 4
Boyle 500, 501
Brønsted 19
Büchner 77

C

Cassius 304, 305
Chadwick 4
Claisen 298
Consden 80
Coulomb 7
Curie 3

D

Dalton 2, 458
Daniell 35
Deacon 160
Dennis 507, 544, 545
Devarda 135
Drechsel 255
Dubosq 490

E

Einstein 2
Eyde 129

F

Fajans 425
Faraday 12, 169, 454, 477
Fehling 129, 283
Fick 477
Fresenius 96

G

Gay-Lussac 381, 500, 501
Glauber 185
Goldstein 3
Gordon 80

H

Haber 21, 124
Hahn 90
Helmholtz 457
Hempel 506
Henry 458
Hoffmann 105
Holthaus 542

I

Ilkovič 477
Incze 397

J

Jäger 507, 508, 544

K

Kipp 104
Kjeldahl 449
Klaproth 355
Knietsch 21, 150
Kobe 504
Königsberger 491
Kohlrausch 455
Kolthoff 48
Kroll 247

L

Lambert 489, 497, 498
Lavoisier 2
Le Chatelier 23
Lewis 20
Liebig 166, 423, 425
Lomonossow 2
Lunge 132, 135, 504, 509

M

Mariotte 500, 501
Marsh 289, 292, 300
Martin 80
Mendelejeff 3
Meyer 3
Mohr 118, 224, 424

N

Nernst 36, 230, 406, 443, 457, 458, 468
Neßler 192
Nicol 492

O

Ohm 455, 469
Orsat 544–546
Ostwald 125, 129, 133, 271, 392

P

Pauling 15
Poggendorf 463
Procter 535, 538, 542
Proust 2

R

Raoult 128
Reinhardt 411
Rose 355
Rutherford 3, 4

S

Schwarzenbach 427, 428
Smith 535, 538, 542

T

Thénard 238
Tödt 514
Tswett 78
Tyndall 46

V

Volhard 412, 424, 542
von Plücker 3

W

Weldon 161
Wheatstone 485
Wickbold 427
Willard 449
Winter 449
Witt 359, 361–363, 365–367, 369–371, 373–375, 378, 379
Wolff 412, 542
Woulfe 77

Z

Zimmermann 411

5.3 Sachregister

A

Abrauchen mit H$_2$SO$_4$ 317
Abscheidung 356
Absorptiometrie 505
Absorption 488
Absorptionsspektrum 488
Abtrennung, quantitative, als Hydroxide 438
–, –, als organische Komplexe 440
–, –, als organische Sulfidderivate 442
–, –, als Sulfide 441
Acetate 114
Actinium 257
Actinoide 257
Additionsverbindungen 56
Ag/AgCl-Elektrode 460
Aktivitäten 23
Aktivitätskoeffizient 23
Alaune, Darst. 235 f.
Algarotpulver 295
Allotropie 144
Aluminium 233 ff.
–, Aktivierung mit Hg^{2+} 236
–, Auflösen 236
–, Best. (quant.) 436
–, – als Aluminiumoxinat (quant.) 368
–, Nachweis
–, – als Caesiumalaun 238
–, – als Thénards Blau 238
–, – mit Alizarin S 238
–, – mit Morin 239
–, Reaktion
–, – mit Ammoniak 237
–, – mit H$_2$S, (NH$_4$)$_2$S 238
–, – mit NaCH$_3$COO 237
–, – mit NaOH oder KOH 236
–, – mit Natriumphosphat 238
–, – mit Urotropin 237
Aluminiumalaun 236
Aluminiumchlorid, Darst. 235
Aluminiumproduktion 233
Aluminothermisches Verfahren 233 f.

Amberlite 403
Americium 257
Amide 126
Amidoschwefelsäure 126
–, Darst. 127
Ammoniak 124
–, Darst.
–, – aus Ammoniumsalzen 126
–, – aus Magnesiumnitrid 125
Ammonium, Nachweis als NH$_3$ 192
–, – mit Neßlers Reagenz 192 f.
–, Umsetzung mit [HgI$_4$]$^{2-}$ 192 f.
–, Verhalten gegen Basen 191
–, Vertreiben von NH$_4^+$-Salzen durch Erhitzen 191
Ammoniumcarbonatgruppe 197 ff., 337 ff.
–, Trennungsgang 337
Ammoniumeisen(II)-sulfat, Darst. 225
Ammoniumhexachlorostannat(IV), Darst. 303
Ammoniumion 191 ff.
Ammoniumsalze, Titration 400
Ammoniumsulfid-Urotropingruppe 207 ff., 327 ff.
–, Analysengang 259
–, Kationentrennungsgang 260
–, Trennung der Elemente 208
–, – mit NH$_3$ 208
–, – mit (NH$_4$)$_2$S 208
–, – mit Urotropin 208, 260 ff.
–, Trennungsgang 327
– Vorproben 259
Ammoniumtetrathiomolybdat, Darst. 252
Ammoniumthiocyanat, Herstellung einer Maßlösung 423
Ampholyte 20
amphoter 7, 20, 221
Analyse, optische Methoden 487
–, systematischer Gang 313 ff.
–, Vorproben 313 ff.
Anatas 247

Anionen 12
–, Analyse bei Gegenwart von CN⁻ und SCN⁻ 181
–, – bei Gegenwart von $C_2O_4^{2-}$ 182
–, Nachweis 178 ff.
–, Abtrennung von Hexacyanoferrat 119
Anlagerungskomplex 43
Anode 12
Antikatalysatoren 107
Antimon 294 ff.
–, Best. als Antimon(III)sulfid (quant.) 371
–, Darst. durch Niederschlagsarbeit 295
–, Nachweis durch Reduktion mit unedlen Metallen 300
–, – mit Molybdophosphorsäure 300
–, Oxidation mit konz. HNO_3 297
–, Reaktion mit NaOH und Ammoniak 296
–, Redoxgleichgewicht mit I_2 und I^- 297
–, Vorproben 300
Antimon(III), quantitative Trennung As/Sb/Sn 450
–, Reaktion
–, – mit H_2O, Weinsäure 296
–, – mit H_2S 297, 299
Antimon(V), Nachweis mit Rhodamin B 301
–, Reaktion mit Na⁺-Ionen 299
Antimonat(III), Best. (quant.) 415, 417
Antimonbutter 295
Antimon(III)-chlorid, Darst. 295
Antimon(V)-chlorid, Darst. 297
Apatit 136, 156, 198
Aquamarin 239
Äquivalentkonzentration 18
Äquivalentleitfähigkeit 456
Äquivalenzpunkt 385, 388
Arbeitsplatztoleranzwert, biologischer 60
–, maximaler 60
Arbeitsprotokoll 101
Arbeitsregeln im Labor 69 ff.
Argentometrie 423
Arsen 289 ff.
–, Nachweis als $MgNH_4AsO_4 \cdot 6 H_2O$ 293
–, – mit Ammoniummolybdat 294
–, – mit $SnCl_2$ 293
–, Vorproben 292
Arsen(III), quantitative Trennung As/Sb/Sn 450
–, Reaktion mit $AgNO_3$ 290, 292
–, – mit H_2S 290, 292
–, – mit Oxidationsmittel 291
–, – mit Reduktionsmittel 292
Arsenat(III), Best. (quant.) 417

Arsenik 289
Arsenikalkies 289
Arsenkies 289
Arsen(V)-säure-Hemihydrat, Darst. 291
Arsen(III)-sulfid 289 f.
Arsen-Zinn-Gruppe 289, 322
–, Anionennachweis 307
–, Aufschluss schwerlöslicher Verbindungen 307
–, Kationennachweis 305 ff.
–, Trennungsgang 305
–, Vorproben 305
Asbest 74
Atomabsorptionsspektroskopie 496
Atombindung 14
Atomemissionsspektroskopie 495
Atomhypothese 3
Atommassen 4
–, relative 557 f.
Atommodell 4
Atomradius 5
Ätzprobe 317
Aufschluss, Erdalkalisulfate 206
– geglühter Oxide 268
– mit K_2CO_3/Na_2CO_3 268
– mit $KHSO_4$ 268
– von Silicaten 269
Auripigment 289
Avogadro-Konstante 38
Avogadrosche Hypothese 41
Avogadrosches Gesetz 501

B

Backpulvergerät 511
Barium 203 ff.
–, Nachweis als $BaSO_4$ 204
–, – durch Flammenfärbung 203
–, – mit CrO_4^{2-}- bzw. $Cr_2O_7^{2-}$ 204
–, – mit Na-Rhodizonat 202
–, – mit $SrSO_4$ 203
Bariumsulfat, Löslichkeit 362
Base, Definition nach Brønsted 19
–, Definition nach Lewis 20
–, Stärke 19
Bauxit 233
Beersches Gesetz 489
Berkelium 257
Berliner Blau 117
Beryll 239
Beryllium 239
Betriebsanweisung 62 ff.
Bettendorfsche Probe 293
Bezugselektrode 460

Bindung, Atombindung 14
–, homöopolare 14
–, koordinative 16
–, kovalente 14
–, Übergangsbindung 16
Bindungsarten 12 ff.
Bindungszahl 31
Biologischer Arbeitsplatztolerenzwert 60
Birkeland-Eyde-Verfahren 129
Bismut 278 ff.
–, Nachweis mit Chinolin oder 8-Hydroxychinolin (Oxin) und Kaliumiodid 280
–, – mit Dimethylglyoxim 279
–, – mit Kaliumiodid 279
–, – mit $[Sn(OH)_3]^-$ 279
–, Reaktion, mit H_2O 278
–, – mit H_2S 279
–, – mit NaOH, Ammoniak und Na_2CO_3 279
–, Vorproben 279
Bismutglanz 278
Bismutocker 278
Blei 275 ff.
–, Best. als Bleisulfat (quant.) 370
–, Darst. durch Röstreaktionsarbeit 276
–, elektrogravimetrische Best. 474
–, Nachweis als $K_2CuPb(NO_2)_6$ 278
–, – als $PbCrO_4$ 277
–, – mit KI 278
–, Reaktion mit Ammoniak 277
–, – mit HCl und Chloriden 277
–, – mit H_2S 277
–, – mit H_2SO_4 277
–, – mit NaOH 276
Blei und Kupfer, elektrogravimetrische Trennung 474
–, Vorproben 277
Bleiglanz 275
Bleiweiß 275
Blindproben 89, 98
Blutlaugensalz, gelbes 231
–, rotes 231
Böhmisches Glas 526
Bor 109
–, Nachweis als Borsäuremethylester 110
–, – durch Flammenfärbung 109
Boracit 109
Borat, Trennung und Nachweis von Silicaten, Boraten und F^-
Borax 109, 184
–, Titration 401
Boraxperle 211, 314
Borcarbid 109
Bornitrid 109
Borsäure, Titration 399

Boyle-Mariottesches Gesetz 500 ff.
Brauneisenstein 224
Braunstein 215
Brechweinstein 296
Breithauptit 210
Brenzcatechinviolett 432
Brom 170 ff.
Bromatometrie 416
Bromid, Best. nach Fajans (quant.) 425
–, Nachweis mit $AgNO_3$ 172
–, – mit Chlorwasser 172
–, – mit konz. H_2SO_4 172
–, Trennung und Nachweis von Cl^-, Br^-, I^- und NO_3^- 173
Bromwasserstoff 171
Bronze, quantitative Analyse 533
Brookit 247
Büchner-Trichter 77
Bunsenbrenner 86
Büretten 352

C

Cadmium 284 ff.
–, Best. durch Maskierung/Demaskierung 447
–, Nachweis
–, – des CdS im Gemisch der H_2S-Gruppenfällung 285
–, – mit H_2S 285
–, Reaktion mit Ammoniak 285
–, – mit KCN 285
–, – mit NaOH 285
–, Vorproben 285
Calcit 520
Calcium 198 ff.
–, Best. (quant.) 410, 434
–, Nachweis als $CaSO_4 \cdot 2 H_2O$ 201
–, – durch Flammenfärbung 200
–, – mit $K_4[Fe(CN)_6]$ 201
–, – mit $(NH_4)_2C_2O_4$ 201
–, Reaktion mit Na_2CO_3 oder $(NH_4)_2CO_3$ 200
–, – mit PO_4^{3-}-Ionen 200
Calciumcarbonat, thermische Zersetzung 199
–, Titration 400
Calciumoxid, Reaktion mit Wasser 199
Calconcarbonsäure 432, 434
Californium 257
Carbamato-Komplexe 436 f.
Carbonate 111
–, gasvolumetrische Best. 511
–, Nachweis als $BaCO_3$ 113

–, thermische Zersetzung 113
Carnallit 188, 193
Cassiusscher Goldpurpur 304, 305
Cer 257
Cerimetrie 418 f.
Cer(IV)-sulfat, Herstellung einer Maßlösung 418
Chalkogene 142 ff.
Chelateffekt 42
Chelatkomplex 42
Chelatometrie 427
Chemikalien, Aufbewahrung und Lagerung 68
–, Verpackung und Kennzeichnung 68
Chemikaliengesetz 58
Chemisches Gleichgewicht 21 ff.
Chilesalpeter 184
Chinhydronelektrode 462
Chlor 160 ff.
–, Bildung von Metallchloriden 161
–, Darst. 160 f.
–, Entwicklung aus CaCl(OCl) 168
–, Oxidation von Farbstoffen 162
–, – von Iodid bzw. Bromid 162
Chlordioxid 168
Chloride 163
–, Best. als Silberchlorid (quant.) 360
–, – nach Mohr (quant.) 424
–, Nachweis als AgCl bzw. [Ag(NH$_3$)$_2$]Cl 164
–, – neben Br$^-$ und I$^-$ mit Ag$^+$ und (NH$_4$)$_2$CO$_3$ 173
–, Trennung und Nachweis von Cl$^-$, Br$^-$, I$^-$ und NO$_3^-$ 173
chlorige Säure 168
Chlorkalk 168
Chlorknallgas 162
Chlorsauerstoffverbindungen 168 ff.
Chlorsäure 168
Chlorwasserstoff, Darst. 164
Chrom 234, 240 ff.
–, Aqua- und Sulfatokomplex 241
–, Gleichgewicht zwischen CrO$_4^{2-}$, HCrO$_4^-$ und Cr$_2$O$_7^{2-}$ 242
–, Nachweis als CrO$_5$ 244
–, – durch Oxidationsschmelze 244
–, – durch Oxidation von Cr(III) 244
–, – mit Diphenylcarbazid 245
–, Oxidation in alkalischer Lösung 242
–, – und Reduktion in saurer Lösung 242
–, Reaktion mit H$_2$S, (NH$_4$)$_2$S 241
–, – mit NaCH$_3$COO 241
–, – mit NaOH, Ammoniak, Na$_2$CO$_3$, Urotropin 241
–, – mit Natrium-hydrogenphosphat 241

–, Vorproben 244
Chromalaun 236
Chromat, Reaktion mit Ba^{2+}, Pb^{2+}, Hg$_2^{2+}$, Ag$^+$ 243
Chromatographie 78 ff.
Chromat-Sulfat-Verfahren 205 f.
Chrom(III)-chlorid, wasserfrei 241
Chromeisenstein 240
Chromgelb 275
Chromylchlorid 165
Chrysoberyll 239
Claisen-Aufsatz 298
Clathrate 50
Cobalt 212 ff.
–, Best. (quant.) 435
–, – als Tetrakis(pyridin)cobalt(II)-thiocyanat (quant.) 378
–, elektrogravimetrische Best. 474
–, Nachweis mit Ammoniumthiocyanat 215
–, quantitative Trennung von Nickel 452
–, Reaktion mit Ammoniak 214
–, – mit H$_2$S, (NH$_4$)$_2$ 214
–, – mit Na$_2$CO$_3$ 214
–, – mit NaOH oder KOH 214
–, – mit Urotropin 214
–, Vorproben 215
Cölestin 201
Coulombsches Gesetz 7
Curium 257
Cyanid, Best. nach Liebig (quant.) 423, 425
Cyanide 116
–, komplexe 118 f.
–, Nachweis als Thiocyanat 117
–, – aus [Cu(CN)$_4$]$^{3-}$ 119
–, – durch Berliner Blau-Reaktion 117 f.
–, – mit AgNO$_3$ 117
–, Reaktion mit H$_2$SO$_4$ 116
Cyanokomplexe 116
Cyanwasserstoffsäure 116
–, Giftigkeit 116

D

Daniell-Element 35
Deacon-Prozess 160
Dennis-Pipette 507, 544
Destillation 78
Destillationsapparat 78
Devardasche Legierung 135
Diamagnetismus 46
Dichlorheptaoxid 168
Dichloroxid 168

Dichromat, Best. (quant.) 419
Dichromatometrie 417
Diffusionsstrom 476
Diphenylcarbazid 425
Dipol 44
Dischwefelsäure 152
Disproportionierung 34
Dissoziation 17, 23 ff.
Dissoziationsgrad 23 ff.
Distickstoffmonooxid, Darst. 129
Disulfandisulfonsäure 152
Disulfite 148
Dithizon 436
Dolomit 193, 198, 520
–, quantitative Analyse 520
Dowex 403
Dünnschichtchromatographie 79 f.
Dural 535
Durchdringungskomplex 43
Dysprosium 257

E

Edelgashydrate 50
Edelgaskonfiguration 13
EDTA 428
–, Herstellung und Einstellung einer
 Maßlösung 433
Einschlussverbindungen 50
Einsteinium 257
Eintauchkolorimeter von Dubosq 490
Eisen 224 ff.
–, Best. als Eisen(III)oxid (quant.) 376
–, Nachweis als $Fe(SCN)_3$ 232
–, – mit $K_3[Fe(CN)_6]$ 232
–, – mit $K_4[Fe(CN)_6]$ 232
–, quantitative Analyse 538
–, Reaktion mit Ammoniak 225
–, – mit H_2S, $(NH_4)_2S$ 225
–, – mit Na_2CO_3 225
–, – mit NaOH oder KOH 225
–, – mit Urotropin 225
–, Vorproben 231
Eisen(II), Best. (quant.) 411
–, – mit $K_2Cr_2O_7$ 417 f.
–, Oxidation 225
Eisen(III), Best. (quant.) 411
–, Extraktion mit Ether 230
–, quantitative Extraktion mit Methylisobutylketon 444
–, Reaktion mit H_2S 229
–, – mit $NaCH_3COO$ 228
–, – mit NaOH, Ammoniak, Na_2CO_3 und
 Urotropin 228

–, – mit Natriumhydrogenphosphat 229
–, – mit $(NH_4)_2S$ 229
–, Reduktion 225 f.
Eisenalaun 236
Eisen(III)-chlorid, Darst. 229
Eisen(III)-oxid-Hydrat-Sol, Darst. 228
Eisenspat 224
Eisessig 114
Elektroanalyse 454 ff.
Elektrochemie, Einheiten 454
Elektroden, polarisierbare 468
Elektrogravimetrie 466 ff.
–, Versuchsanordnung 471
Elektrolyte 12
Elektrolytlösungen, Leitfähigkeit 481
Elektronegativität 15
Elektronen 4, 535
Elektronenaffinität 28, 102
Elektronenanordnung der Elemente 555 f.
Elektronenhüllen, Polarisation 15
18-Elektronen-Regel 45
Elektronenschalen 5
Elemente 4
–, Elektronenanordnung 555 f.
–, seltenere 245 f., 257 f.
–, –, Urotropintrennung 265 ff.
Enstatit 120
Eosinnatrium 425
Eppendorf-Photometer 492
Erbium 257
Erdalkalisulfate, Aufschluss 206
Erfassungsgrenze 99
Erhitzen im Glühröhrchen 315
– mit konzentrierter H_2SO_4 316 f.
– mit NaOH oder CaO 317
– mit verdünnter H_2SO_4 316
Eriochromschwarz T 432
Erio T 432, 433
Essigsäure 114
–, Nachweis mit $KHSO_4$ 114
–, – mit konz. H_2SO_4 + Ethylalkohol 114
–, Titration 398
Ethylendiamintetraessigsäure s. EDTA
Euklas 239
Eukolloide 46
Europium 257
Exsikkator 86
Extinktion 489
Extinktionskoeffizient 489

F

Fällung, quantitative Trennung 438 ff.
Fällungsanalyse, Grundlagen 420

–, Titrationskurven 421
Fällungsform 355
Fällungstitration 382 f.
Fällungsverfahren 420 ff.
–, hydrolytische 426 f.
Faraday-Konstante 169, 454
Faradaysches Gesetz 477
Fehlingsche Lösung 129
Fermium 257
Ferroin 408, 409
Ferrometrie 419
1. Ficksches Gesetz 477
Filtration 358
Fixiersalz 152
Flammenfärbung 185 f., 313
Flammenphotometrie 495
Fluor 156 ff.
Fluoride 156
–, Ätzprobe 157
–, Nachweis durch Entfärbung von Zirconium-Alizarin S-Lack 158
–, – durch "Kriechprobe" 157
–, – mit der Wassertropfenprobe 157
–, Reaktion mit $CaCl_2$ 156
–, Trennung und Nachweis von F^- und $[SiF_6]^{2-}$ 158
–, Trennung und Nachweis von Silicaten, Boraten und F^-
Fluorwasserstoff 156
Flussspat 156, 198
Formeln 52
Freiberger Aufschluss 307
Fullerene 111

G

Gadolinit 239
Gadolinium 257
Galmei 221
galvanisches Element 35
galvanisches Halbelement 457
Garnierit 210
Gärröhrchen 92
Gasanalyse 500 ff.
–, Absorptiometrie 505
–, chemische Methoden 504 ff.
–, Leuchtgas 544
–, physikalisch-chemische Methoden 513
–, qualitativer Nachweis 505
–, Rauchgas 546
– technischer Gase 544
Gaschromatographie 84 f.
Gase, ideale 502
–, reale 502

Gasgesetz, ideales 502
Gasgesetze 500 ff.
Gasgravimetrie 512
Gasometer 503
Gaspipette 503
Gastitrimetrie 512
Gasvolumetrie 509
Gay-Lussacsches Gesetz 500 f.
Gebläse-Brenner 86
Gefahrenhinweise (R-Sätze) 559 ff.
Gefahrensymbole 69
Gefahrstoffe, Technische Regeln 58
Gefahrstoffverordnung 58, 59 ff.
Gel 48
–, Altern 48
Gelbnickelkies 210
Gesetz von den konstanten Proportionen 2
Gesetz von den multiplen Proportionen 2
Gesetz von der Erhaltung der Masse 2
Glas, Aufschluss von Glasproben 527
–, Best. von Al_2O_3 im Jenaer Glas 20 528
–, – von CaO im Normalglas 527
–, – von PbO in Bleigläsern 528
–, hydrolytische Klassen 529
–, Nachweis von Blei 527
–, – von Bor 527
–, Wasserbeständigkeit 529
Glasanalyse 526 ff.
Glasbearbeitung 87 f.
Glaselektrode 460, 461
Gläser, anorganische 526
Glasfiltertiegel 358
Glaubersalz 185
Gleichgewicht, chemisches 21 ff.
–, heterogenes 198 f.
Glühröhrchen 315
Grauspießglanz 294
Gravimetrie 348, 355 ff.
Grenzkonzentration 99

H

Haber-Bosch-Verfahren 21, 124
Hafnium 245
Hahnsche Nutsche 91
Halbelement 35
–, galvanisches 457
Halbmikroanalyse 89 ff.
Halbstufenpotential 476
Halogene 155 ff.
Halogenidbestimmung nach Mohr
–, argentometrische (quant.) 422
Halogenide, Destillation 450
–, flüchtige, Apparatur zur Darst. 145

Hämatit 224
Hauptbestandteile 97
Hauptgruppenelemente 6
Hauptquantenzahl 5 f.
Hausmannit 215
Helmholtzsche Doppelschicht 457
Hempel-Absorptionspipette 506
Henry-Daltonsches Gesetz 458
Heparprobe 154, 317
Heterogene Gleichgewichte 198 f.
Heteropolysäuren 55, 246 f.
Hexaammincobalt(III)-chlorid, Darst. 213
Hexafluorosilicat, Nachweis 158
–, Trennung und Nachweis von F^- und $[SiF_6]^{2-}$ 158
Hexamethylentetramin s. Urotropin
Hoffmannscher Zersetzungsapparat 105
Holmium 257
Hydratation 17
Hydratationsisomerie 240
Hydrazin 126
Hydraziniumsulfat, Darst. 128
Hydrolyse 27
Hydrolysentrennung 208
–, quantitative 439
Hydronalium 535
Hydroniumion 17
Hydroxide 7
Hydroxylamin 126
–, Reduktionsmittel 129
hypochlorige Säure 168
hypophosphorige Säure 136

I

Ilkovič-Gleichung 477
Ilmenit 247
Imide 126
Indikation 385
Indikatorelektrode 460, 461
Indikatoren 20
Inhibitoren 107
Iod 170 ff.
–, Darst. aus Iodrückständen 171
–, Herstellung einer Maßlösung 414
Iodid, Nachweis mit $AgNO_3$ 172
–, – mit Chlorwasser 172
–, – mit konz. H_2SO_4 172
–, Trennung und Nachweis von Cl^-, Br^-, I^- und NO_3^- 173
Iodometrie 413 ff.
Iodwasserstoff 171
Ionenäquivalentleitfähigkeit 456, 482
Ionenaustauscher 402

Ionenbeweglichkeit 455
Ionenbindung 14
Ionenchromatographie 81 ff.
Ionengitter 14
Ionenladung 31
Ionenlehre 12 ff.
Ionenpotenzial 18
Ionenprodukt des Wassers 25, 26
Ionisierungsenergie 28, 102
isoelektrischer Punkt 47
Isomorphie 236
Isopolyoxo-Kationen 227 f.
Isopolysäuren 55, 243
Isotope 4

J

Jäger-Röhrchen 507, 544

K

Kakodyloxid 292
Kalifeldspat 188
Kalium 188 ff.
–, Best. als Kaliumtetraphenylborat (quant.) 364
–, Nachweis als $K_2CuPb(NO)_6$ 190
–, – durch Flammenfärbung 188
–, – mit $HClO_4$ 189
–, – mit $H_2[PtCl_6]$ 190
–, – mit $Na_3[Co(NO_2)_6]$ 189
Kaliumbromat, Herstellung einer Maßlösung 416
Kaliumchlorat, Darst. 169
Kaliumhexachlorantimonat(V)-Monohydrat, Darst. 299
Kaliumhexachlorostannat(IV), Darst. 303
Kaliumhexacyanoferrat(II) 231
–, Best. (quant.) 419
–, Reaktion mit Ammoniak + $(NH_4)_2S$, HCl 231
–, – mit H_2SO_4 231
Kaliumhexacyanoferrat(III) 231
Kaliumpalmitat, Herstellung und Einstellung einer Maßlösung 426
Kaliumperchlorat, Darst. 170
Kaliumpermanganat, Darst. 219
–, Herstellung einer Maßlösung 409
Kalk, gebrannter 199
–, gelöschter 199
Kalkmilch 199
Kalkspat 198
Kalomel 273

Kalomelelektrode 460
Kapillarfiltration 91
Katalyse 107
Kathode 12
Kationen 12
Keilkolorimeter nach Autenrieth-Königsberger 491
Kernit 109
Kernladungszahl 4
Kieselsäure, kolloidale, Darst. 122
–, Nachweis mit Ammoniummolybdat 122
–, – mit der Wassertropfenprobe 123
–, Verhalten gegen Ammoniumsalze 122
–, – gegen Säuren 122
Kieserit 193
Kippscher Apparat 104
Koagulieren 47
Kochsalz, Darst. 163
Kohlendioxid 111
Kohlenmonoxid 111
Kohlensäure 111
Kohlenstoff 111 ff.
Kohlrauschsches Gesetz 455
Kolloidchemie 46
Kolloide, hydrophile 46
–, hydrophobe 46
Kolloidteilchen, Flockung gegensinnig geladener 290
Kolorimetrie 487, 489 ff.
Kolthoff-Regel 48
Kompensationsphotometer 492
Komplex 41, 55
–, Koordinationszahl 42
–, Liganden 42
–, Zentralatom 42
Komplexbeständigkeit 431
Komplexbildungskonstante 44
Komplexbildungstitration 382 f., 427
Komplexchemie 41 ff.
Komplexdissoziationskonstante 44
Komplexometrie 428 ff.
komplexometrische Titrationen 430
Komplexone 428
Komproportionierung 34
Kondensation 137, 227 f., 243
Konduktometrie 480 ff.
–, Messanordnung 485
Königswasser 135
Konstantan 210
Konzentrationskette 459
Konzentrationsniederschläge 98
Konzentrationspolarisation 468
Koordinationszahl 42
–, Komplex 42
koordinative Bindung 16

Kristallisation 76
Kristallsysteme 56 f., 57
Kroll-Verfahren 247
Kryolith 156, 233
Kupfer 280 ff.
–, Best. (quant.) 415
–, – als Kupfer(II)-sulfid (quant.) 372
–, – als Kupfer(I)-thiocyanat (quant.) 373
–, elektrogravimetrische Best. 473
–, Nachweis mit Ammoniak und anschließende Abtrennung von Cadmium 284
–, – als $K_2CuPb(NO_2)_6$ 284
–, – mit $K_4[Fe(CN)_6]$ 284
–, photometrische Best. in Messing oder Bronze 493
–, Reaktion mit Ammoniak 283
–, – mit Fehlingscher Lösung 283
–, – mit H_2S 283
–, – mit KCN 282
–, – mit KI 282
–, – mit NaOH 282
–, – mit NH_4SCN 282
–, Reduktion mit unedlen Metallen 281
– und Blei, elektrogravimetrische Trennung 474
– und Nickel, elektrogravimetrische Trennung 475
– und Zink nebeneinander, polarographische Best. 479
–, Vorproben 283
Kupfer(I)-chlorid, Darst. 281
Kupferglanz 280
Kupfergruppe 271, 322
–, Aufschluss schwerlöslicher Verbindungen 288
–, Kationennachweis 286
–, papierchromatographische Trennung 285
–, Trennungsgang 286 ff.
Kupferkies 280
–, Mineralanalyse 525
–, quantitative Analyse 524

L

Laborabfälle, Entsorgung 72 ff.
Lachgas 129
Lackmus 20
Ladung, formale 31
Lambert-Beersches Gesetz 489, 497, 498
Lanthan 257
Lanthanoide 257
Lanthanoidenkontraktion 245, 257

Lautarit 170
Lawrencium 257
Le Chateliersches Prinzip 23
Legierungen, Zusammensetzung 531
Legierungsanalyse 530 ff.
Leichtmetall, quantitative Analyse 535
Leistung, elektrische 455
Leitfähigkeit, elektrische 456
– von Elektrolytlösungen 481
Leitfähigkeitstitration s. Konduktometrie
Leitwert 456
–, elektrischer 455
Leuchtgas, Analyse nach Orsat 544
–, Best. durch Adsorptions-Gaschromatographie 515
Leuchtprobe 317
Lewatit 403
Lewisbase 17, 20
Lewissäure 17, 20
Lichtstrom 487
Liebig-Kühler 166
Liganden 42
–, Komplex 42
Lithopone 203
Loschmidtsche Zahl 5
Lösliche Gruppe 184 ff., 339 f.
– –, Trennungsgang 339
Löslichkeitsprodukt 27 f., 28
Lösungen, gesättigte 27
–, Konzentration 548 ff.
Lutetium 257

M

Magnesit 193, 520
Magnesium 193 ff.
–, Best. (quant.) 433
–, – als Magnesiumdiphosphat (quant.) 365
–, – als Magnesiumoxinat (quant.) 367
–, – mit Kaliumpalmitat (quant.) 426
–, Fällung als Mg-Oxinat 194
–, Nachweis mit Magneson 195
–, – mit $(NH_4)_2HPO_4 + NH_4Cl$ + Ammoniak 195
–, – mit p-Nitrobenzolazo-α-naphthol 195
–, Reaktion mit Ammoniak 194
–, – mit Ammoniak + NH_4Cl 194
–, – mit Na_2CO_3 und $(NH_4)_2CO_3$ 194
–, – mit NaOH oder $Ba(OH)_2$ 193
Magnetit 224
Magnetkies 224
MAK 60
MAK-Wert 61

Mangan 215 ff., 234
–, Best. als Mangandiphosphat (quant.) 375
–, Fällung als MnO_2 217
–, Nachweis durch Oxidationsschmelze 219 f.
–, – durch Oxidation zu MnO_4^- 220 f.
–, photometrische Best.in Stahl 494
–, Reaktion mit Alkalicarbonat 217
–, – mit Ammoniak 216
–, – mit H_2S 218
–, – mit NaOH oder KOH 216
–, – mit $(NH_4)_2HPO_4$ 217
–, – mit Urotropin 216
–, Vorproben 219
Mangan(II), Best. nach Volhard-Wolff (quant.) 412
Manganin 210
Manganspat 215
Marshsche Probe 289, 292, 300, 317
Maskierung, quantitative, statt Trennung 445 ff.
– durch Aminopolycarbonsäuren 448
Massenwirkungsgesetz 22 f.
Maßlösungen 395
–, Herstellung 384
Materialkontrolle, chemische, technischer Produkte 516
Maximaler Arbeitsplatztoleranzwert 60
Mendelevium 257
Mennige 275
Messing, quantitative Analyse 531
Messkolben 352
Messzylinder 352
Metallbindung 16
Metalle 6, 102
–, Darst. aus ihren Sulfiden 272
Metallindikatoren 432 ff.
Metallphthalein 432
cyclo-Metaphosphorsäure 136
Methan, Verbrennung im Jäger-Röhrchen 508
Methylorange 20
Methylrot 20
Mg-oxinat, Struktur 44
Mikrogaskammer 92
Mineralanalyse 519 ff.
–, Dolomit 520
–, Ultramarin 522
Mischfarbenkolorimetrie 491
Mischkristallbildung 50
Mitfällung 48
Mohrsches Salz 118, 224 f.
Molalität 18
Molekülmassen 4

Molybdän 246, 252 ff.
– Nachweis als Ammonium- bzw. Kaliummolybdophosphat 253
–, – mit $K_4[Fe(CN)_6]$ 253
–, – mit konz. H_2SO_4 253
–, – mit KSCN + Reduktionsmitteln 253
–, Reaktion mit Hg(I) und Pb^{2+} 252
–, – mit H_2S 252
–, – mit Reduktionsmittel 253
–, – mit Säuren 252
–, Vorproben 253
Molybdänglanz 252
Monel 210
Mörtel 199
Murexid 432, 435

N

Na-N-Methyldiphenylamin-p-sulfonat, Herstellung 417 f.
Natrium 184 ff.
–, Nachweis durch Flammenfärbung 185
–, – mit $K[Sb(OH)_6]$ 187
Natriumacetat, Pufferwirkung 185
Natriumcarbonat, Darst. 112
–, Titration 401
–, Verhalten in Wasser 185
Natriumfluoridperle 317
Natriumhexanitritocobalt(III), Darst. 213
Natriummonothiotrioxoarsenat(V)-12-Wasser, Darst. 291
Natriumtetrathioantimonat(V)-9-Wasser, Darst. 299
Natriumthiosulfat 152
–, Herstellung einer Maßlösung 414
Natriumthiosulfat-5-Hydrat, Darst. 153
Natronfeldspat 184
Natronlauge, Herstellung einer Maßlösung 397
Nebenbestandteile 97
Nebengruppenelemente 6
Nebenquantenzahl 6
Neodym 257
Neptunium 257
Nernstsche Gleichung 406, 458
Nernstsches Gesetz 36, 457
Nernstsches Verteilungsgesetz 230, 443
Neutralisation 19, 20
Neutralisationsanalyse, Grundlagen 387
Neutralisationstitration 382 f.
–, Indikatoren 392
–, Titrationskurven 388
–, Umschlagsbereiche von Indikatoren 393 f.

Neutralisationsverfahren 387 ff.
Neutralisationtitration mit Laugen 398
– mit Säuren 400
–, Säure-Base-Indikatoren 395
Neutralrot 20
Neutronen 4
Nichrom 210
Nichtmetalle 6, 102
Nickel 209 ff.
–, Best. als Bis-[dimethylglyoximato]-nickel(II) (quant.) 379
–, elektrogravimetrische Best. 473
–, Nachweis mit Dimethylglyoxim (Diacetyldioxim) 212
–, quantitative Trennung von Cobalt 452
–, Reaktion mit Ammoniak 210
–, – mit H_2S 211
–, – mit Na_2CO_3 210
–, – mit NaOH 210
–, – mit $(NH_4)_2S$ 211
–, – mit Phosphat 211
–, – mit Urotropin 210
– und Kupfer, elektrogravimetrische Trennung 475
–, Vorproben 212
Nickeltetracarbonyl 210
Ni-Diacetyldioxim, Struktur 43
Niederschlagsarbeit 272
Niederschlagsbildung 76
Niob 245
Nitrate 133
–, Best. nach Lunge 504
–, gasvolumetrische Best. nach Lunge 509
–, Nachweis als NH_3 135
–, – mit $FeSO_4$ und konz. H_2SO_4 135
–, – mit Lunge-Reagenz 135
–, Reduktion in alkalischer Lösung 135
–, Trennung und Nachweis von Cl^-, Br^-, I^- und NO_3^- 173
Nitride 126
Nitrilotriessigsäure 428
Nitrite 130
–, gasvolumetrische Best. nach Lunge 509
–, Nachweis mit $FeSO_4$ 132
–, – mit Lunge-Reagenz 132
–, – mit Sulfanilsäure + α-Naphtylamin 132
–, Oxidation 131
–, Reaktionen mit Ammoniakderivaten 131
–, Reduktion 131
Nitrometer 510
Nitrosylchlorid 165
Nobelium 257
Nomenklatur 51 ff.

O

Ohmscher Widerstand 469
Ohmsches Gesetz 455
Okklusion 50
Oktettaufweitungen 15
Oktettregel 15
Olivin 120
Optische Methoden der Analyse 487
Orbitalmodell 6
Ordnungszahl 4
Orsat-Apparatur 544 f.
Orthoklas 120
Orthophosphorsäure 136
Ostwaldsche Stufenregel 271
Ostwald-Verfahren 125, 129, 133
Oxalsäure, Nachweis durch Oxidation mit MnO_4^- 115
–, – mit $CaCl_2$ 115
– und Oxalate 115
– – –, Best. (quant.) 409
–, Verhalten gegen H_2SO_4 115
Oxidation 28
Oxidationsschmelze 317
Oxidationsstufe 10, 28, 29, 31
Oxidationszahl 31
Oxoniumion 17
Oxosäuren 53 f.

P

Papierchromatographie 80 f.
Paramagnetismus 46
Passivierung 233
Patronit 249
Peptisation 47
Perchlorat, Best. (quant.) 404
Perchlorsäure 168
Periodensystem, allgemeine Zuammenhänge 9
– der Elemente 3
Periodizität der Eigenschaften 6
Permanganat, Reduktion in alkalischer Lösung 218
–, – in schwefelsaurer Lösung 218
Permanganatometrie 409
Permutit 403
Perowskit 247
Peroxodischwefelsäure 152
Peroxomonoschwefelsäure 152
Peroxosäuren 54 f.
Peroxoschwefelsäuren 152
Phenolphthalein 20

Phosgen 165
Phosphate 136
–, Best. 404
–, – als 8-Hydroxychinolinium-12-molybdo-1-phosphat 362
–, Nachweis als Zirconiumphosphat 139
–, – mit Mg^{2+} in ammoniakalischer Lösung 138
–, – mit Ammoniummolybdat 138
–, Reaktion mit $AgNO_3$ 137
–, – mit $BaCl_2$ 137
–, – mit $FeCl_3$ 137
–, – mit Zinndioxid-Hydrat 137
Phosphinsäure 136
Phosphonsäure 136
Phosphor 136
Phosphorige Säure 136
Phosphorit 136
Phosphoroxidtrichlorid, Darst. 165
Phosphorpentachlorid, Darst. 140
Phosphorsalzperle 211, 314
Phosphorsäure 136
–, Valenzstrichformel 136
Phosphortrichlorid, Darst. 139
Phosphorylchlorid 165
Photometrie 487, 491 ff., 493 ff.
pH-Wert 25, 26
Pipetten 352
Platingeräte, Behandlung 88 f.
Plutonium 257
Poggendorfsche Kompensationsschaltung 463
Polarisationsspannung 468
Polarographie 475 ff.
–, Messanordnung 478
Polymorphie 144
Porzellanfiltertiegel 358
Potentiometrie 460 ff.
Potenzialbildung 457
Praseodym 257
Präzipitat, schmelzbares 274
–, unschmelzbares 273
Probenahme 342, 516
Promethium 257
Protactinium 257
Protonen 4
Pufferlösungen 27, 185
1-[2-Pyridylazo]-2-naphthol 432
4-[2-Pyridylazo]-resorcin 432
Pyrit 224
Pyrophosphate 136
Pyrosulfite 148

Q

Quantitative Analyse, Arbeitsbereich 344 ff.
–, Arbeitsgeräte 350 f.
–, Bestimmungsverfahren 348
–, Bewertungsgrundlagen 344
–, Messgefäße 351 ff.
–, Selektivität 346
–, systematische Fehler 346
–, Trennmethoden 346 f.
Quarzglas 526
Quecksilber 271
–, Best. durch Maskierungsreaktion 446
–, Nachweis als Cobalt-thiocyanotomercurat(II) 275
–, – durch Amalgambildung mit unedleren Metallen 274
–, – durch Reduktionsmittel 275
–, Reaktion mit Ammoniak 273
–, – mit HCl, löslichen Chloriden 273
–, – mit H_2S 273, 274
–, – mit NaOH 273
–, Vorproben 274
Quecksilber(II)-Salze, wenig dissoziierte 274

R

Raoultsches Gesetz 128
Rauchgas, Analyse nach Orsat 546
Reaktionsgleichung, Aufstellung 29
Realgar 289
Redoxindikatoren 405 ff., 408
Redoxpotenzial 34
Redox-Reaktion 28
Redoxtitration 382 f., 465
–, Grundlagen 405 ff.
–, Indikatoren 408
–, Titrationskurven 406
Redoxverfahren 405 ff.
Reduktion 28
Reinhardt-Zimmermann-Lösung 411
Richtkonzentration, technische 60, 62
Ringprobe 135
Röstreaktionsarbeit 272
Röstreduktionsarbeit 272
Rotnickelkies 210
R-Sätze 559 f.
Rücktitration 386
Rutil 247

S

Salpetersäure 133
–, Darst. wasserfreier 134
–, Reaktionen mit Zink 134
–, Struktur 133
Salpetrige Säure 130
–, Beständigkeit 131
Salzsäure 163
–, Auflösung von Metallen 163
–, Herstellung einer Maßlösung 396
–, Neutralisation 163
Salzsäuregruppe 308, 320
–, Aufschluss schwerlöslicher Verbindungen 311
–, Trennungsgang 311, 320
–, – bei Gegenwart von Wolfram 312
Samarium 257
Sassolin 109
Sauerstoff 142
–, Darst. 142
–, Reaktion mit Elementen 143
Sauerstoffbestimmung, elektrochemische nach Tödt 514
Sauerstoffsäuren 53 f.
Säulenchromatographie 81
Säure 53
–, Definition nach Brønsted 19
–, – nach Lewis 20
–, Stärke 7, 19
Säureanhydride 7
Säure-Base-Gleichgewichte 18 ff.
Säure-Base-Paar, konjugiertes 19
Säurechloride 165
Säurekonstante 24
Säureschwerlösliche Gruppe 318
– –, Lösen und Aufschließen 318
Säurestärke 7, 19
Säure-Typen 8
Scandium 257
Scheelit 254
Scheidetrichter 445
Schmelzpunktbestimmung 128
Schmelzpunktbestimmungsapparat 127
Schrägbeziehung 103
Schwefel 144
–, Modifikationen 144
–, Reaktion mit Metallen 145
–, – mit Nichtmetallen 145
Schwefeldioxid 147
–, Darst. 148
Schwefelsäure 150
–, Titration 398
–, Valenzstrichformel 150

–, Verhalten gegen Zn 150 f.
–, wasserentziehende Wirkung 150
Schwefelwasserstoff 146
–, Darst. 146
–, Nachweis als PbS 147
–, Oxidation mit Iod 146
–, Reaktion mit Metallsalzen 146
Schwefelwasserstoffgruppe 270 ff., 322 ff.
–, Trennungsgang 322
Schweflige Säure 147
– –, Oxidationsmittel 149
– –, Oxidation von $SnCl_2$ 149
– –, Oxidation von Zn 149
– –, Reduktionsmittel 149
– –, Reduktion von I_2 149
Schwerspat 203
Selektivität 98
Seltene Erden 257
seltenere Elemente 245 f., 257 f.
– –, Urotropintrennung 265 ff.
Serpentin 120
Sicherheitsratschläge (S-Sätze) 562 f.
Silber 308 ff.
–, Aufarbeiten von Silberrückständen 308
–, Best. nach Gay-Lussac (quant.) 422
–, – nach Volhard (quant.) 422, 424
–, Komplexsalzbildung 309
–, mikrochemischer Nachweis als AgCl 310
– Nachweis als AgCl 310
–, Reaktion mit Cl^-, Br^-, I^- 309
–, – mit CN^-, SCN^- 310
–, – mit H_2S 310
–, – mit Reduktionsmitteln 310
–, Vorproben 310
Silberelektrode 463
Silbernitrat-Lösung, Herstellung 423
Silicate, Analyse 269
–, Aufschluss 269
–, Trennung und Nachweis von Silicaten, Boraten und F^-
Silicium 120, 235
Siliciumtetrachlorid, Darst. 121
Silicochloroform 121
Silumin 535
Smaragd 239
Soda 184
–, Darst. 112
Sodaauszug 175
Sol 46
Solvay-Verfahren 184
Spannung 455
Spannungsreihe 34, 36
Spektralanalyse 185 f.
Spezifität 98

Spuren 97
S-Sätze 562 f.
Stahl, quantitative Analyse 538
Standardpotenzial 36
Standardwasserstoffelektrode 36, 459
Stickstoff 124 ff.
–, Best. durch Kjeldahl-Destillation 449
–, Darst. aus Ammoniumnitrit 124
Stickstoffdioxid 129
–, Darst. 130
Stickstoffoxid 129
–, Darst. 130
Stöchiometrisches Rechnen 38 ff.
Stoffmenge 38
Stoffmengenkonzentration 18
Stolzit 254
Strahlungsleistung 487
Stromstärke 455
Strontianit 201
Strontium 201 ff.
–, Best. durch Atomabsorptions- spektroskopie 499
–, Nachweis durch Flammenfärbung 202
–, – mit CrO_4^{2-}-Ionen 202
–, – mit Gipslösung 202
–, – mit Na-Rhodizonat 202
Sublimieren mit NH_4Cl 317
Sulfate 150
–, Best. als Bariumsulfat (quant.) 361
–, Nachweis als $BaSO_4$ 151
–, – durch $BaSO_4$-$KMnO_4$-Mischkristall- bildung 152
Sulfide 146
Sulfite 147
–, Nachweis mit Formaldehyd 149
–, – mit $ZnSO_4 + K_4[Fe(CN)_6]$ + $Na_2[Fe(CN)_5NO] \cdot 2 H_2O$ 149
–, – nach Oxidation als $BaSO_4$ 149
–, Reaktion mit $BaCl_2$, $SrCl_2$ 150
Sulfurylchlorid, Darst. 167
Sylvin 188
Synproportionierung 34
Systematische Namen 52

T

Tantal 245
Technische Regeln für Gefahrstoffe 58
Technische Richtkonzentration 60, 62
Terbium 257
Tetraammincarbonatocobalt(III)-nitrat- Hemihydrat, Darst. 213
Tetraamminkupfer(II)-sulfat-Mono- hydrat, Darst. 283

Tetrathionsäure 152
Thenardit 184
Thioacetamid 441
Thiocyanate 119
Thiocyansäure 119
–, Nachweis als Fe(SCN)$_3$ 119
–, Reaktion mit Co(NO$_3$)$_2$ 119
–, – mit CuSO$_4$ 119
Thionylchlorid 165
–, Darst. 165
Thiosäuren 54 f.
Thioschwefelsäure 152
Thiosulfat 152
–, Einwirkung von Säuren 153
–, Nachweis, mit AgNO$_3$ 153
Thorium 257
Thortveitit 120
Thulium 257
Thüringer Glas 526
Titan 245, 247
–, Hydrolyse 248
–, Nachweis, mit H$_2$O$_2$ 249
–, Reaktion mit Dinatriumhydrogen-
   phosphat 249
–, – mit NaOH, Ammoniak, Na$_2$CO$_3$,
   (NH$_4$)$_2$S, Urotropin 248
–, – mit Zink + HCl 249
– Vorproben 249
Titan(IV)-chlorid, Darst. 248
Titerstellung 395
Titration, argentometrische 465
–, chelatometrische 427
–, direkte 386
–, komplexometrische 430
–, konduktometrische 486
– mit Laugen 398
– mit Säure 400
– nach Ionenaustausch 402
–, potentiometrische 464
–, Redoxtitration 465
–, Reproduzierbarkeit 386
–, umgekehrte 386
Titrationskurven, Fällungsanalyse 421
Titrimetrie 348, 381 ff.
Transmissionsgrad 489
Trennung durch Fällung 438 ff.
–, quantitative 438 ff.
–, –, durch Extraktion 443 ff.
–, –, durch Ionenaus-
   tauschchromatographie 452 f.
–, –, über die Gasphase 448 ff.
Trennungsgang, Ammoniumcarbonatgruppe 337 ff.
–, Ammoniumsulfid-Urotropingruppe
   327 ff.

– der Kationen, Einteilung der Gruppen
   183
–, lösliche Gruppe 339 ff.
–, Salzsäuregruppe 320 ff.
–, Säureschwerlösliche Gruppe 318 ff.
–, Schwefelwasserstoffgruppe 322 ff.
Triammintrinitritocobalt(III), Darst. 213
Trichlorsilan, Darst. 121
Trivialnamen 51
Trockenmittel 85
Tüpfelindikator 418
Turmalin 109
Tyndallphänomen 46

U

Übergangsbindung 16
Überspannung des Wasserstoffs 469
Ultramarin, quantitative Analyse 522
Uran 257, 258 f.
–, Fluoreszenz 259
–, Reaktion mit H$_2$O$_2$ 259
–, – mit KSCN + Ether 259
–, – mit NaHCO$_3$, (NH$_4$)$_2$CO$_3$ 259
–, – mit NaOH, KOH, Ammoniak,
   Urotropin 258
–, – mit (NH$_4$)$_2$S 259
–, Reduktion 259
Uranpechblende 258
Urotropin, Struktur 209
Urotropintrennung der selteneren
   Elemente 265 ff.
Urotropinverfahren 260 ff.
Urtitersubstanzen 384

V

Valenzelektronen 5, 13
Valenzstrichformeln 15
Vanadat, Best. (quant.) 419
Vanadinit 249
Vanadium 245, 249 ff.
–, Nachweis, als Peroxovanadium(V)-
   Komplex 251
–, Reaktion mit H$_2$S, (NH$_4$)$_2$S 250
–, – mit Reduktionsmitteln 250
–, – mit Säuren, Alkalien, Urotropin 250
–, – mit Schwermetall-, Erdalkaliionen
   250
– Vorproben 251
Vanadiumchloridoxid, Flüchtigkeit 251
Veraschung 359
Verbrennungsanalyse 507

Verteilungskoeffizient 230, 443
Vorproben 313 ff.

W

Wägeform 355
Wärmeleitfähigkeitskammer 513
Wärmeleitfähigkeitsmethode 513
Wasser 105
–, Alkalität 517, 518
–, Best. der Gesamtalkalität 519
–, – der Gesamthärte 518
–, – der Kalkhärte 518
–, – der Magnesiahärte 518
–, – der Teilalkalität 519
–, Härte 517
–, Ionenprodukt 25 f.
Wasseranalyse 517 ff.
Wasserglas 121
Wasserhärte, permanente 112
–, temporäre 112
Wasserstoff 103 ff.
–, Darst. 103
–, Reduktionswirkung 105
–, Überspannung 469
–, Verbrennung im Jäger-Röhrchen 508
–, – in der Dennis-Pipette 507
Wasserstoffelektrode 36, 458, 463
Wasserstoffperoxid 105
– als Reduktionsmittel 107
–, Best. (quant.) 410
–, Darst. 106
–, Nachweis als Chromperoxid 108
–, – als Peroxotitankation 108
–, Reaktion als Oxidationsmittel 108
–, – mit KI 108
–, – mit KMnO$_4$ 107
–, – mit MnSO$_4$ 108
–, Zerfall 107
Wassertropfenprobe 317
Weldon-Prozess 161
Wertigkeit, stöchiometrische 31
Wheatstonesche Brücke 485
Widerstand, elektrischer 455
Willard-Winter-Destillation 449
Witherit 203
Witt'scher Saugtopf 359
Wolfram 246, 254 ff.
–, Nachweis als Ammonium- bzw. Kaliumwolframophosphat 256
–, – durch Reduktionsmittel 256
–, – mit Hydrochinon 256
–, Reaktion mit Hg$_2^{2+}$ und Pb^{2+} 255
–, – mit H$_2$S, (NH$_4$)$_2$S 255

–, – mit Säuren 255
–, Vorproben 256
Wolframbronzen 254
Wolframcarbid 254
Wolframit 254
12-Wolframo-1-phosphorsäure, Darst. 255
Wolframsäure 255
α-Wollastonit 120
Woulfesche Flasche 77
Wulfenit 252

X

Xylenolorange 432

Y

Ytterbium 257
Yttrium 257

Z

Zementation 281, 308
Zentralatom 42
–, Komplex 42
Zentrifuge 90
Zersetzungsspannung 467
Zink 221 ff.
–, Best. als Zinktetrathiocyanatomercurat(II) 374
–, – durch Maskierung/Demaskierung 447
–, Bildung von Zn(OH)$_2$ 221
–, Nachweis als Rinmanns Grün 223
–, – als Zn[Hg(SCN)$_4$] 224
–, – mit K$_3$[Fe(CN)$_6$] 223
–, – mit K$_4$[Fe(CN)$_6$] 223
–, Passivierung 221
–, polarographische Bestimmung von Zn und Cu nebeneinander 479
–, Reaktion mit Ammoniak 222
–, – mit H$_2$S 222
–, – mit löslichen Carbonaten 222
–, – mit NaOH oder KOH 221
–, – mit (NH$_4$)$_2$S 223
–, – mit Phosphaten 222
–, – mit Urotropin 222
–, Vorproben 223
Zinkblende 221
Zinkspat 221
Zinn 301 ff.

–, Darst. 302
–, Vorproben 304
Zinn(II), Nachweis mit AuCl$_3$ 304
–, – mit Molybdophosphorsäure 304
–, Reaktion mit Ammoniak 302
–, – mit H$_2$S 302
–, – mit NaOH 302
–, – mit unedlen Metallen 302
Zinn(IV), quantitative Trennung
    As/Sb/Sn 450
–, Reaktion mit Fe 303
–, – mit H$_2$S 304

–, – mit NaOH 303
Zinn(IV)-chlorid, Darst. 303
Zinnober 271
Zinnstein 301
Zirconium 245

Kristallaufnahmen
Spektraltafel

Kristallaufnahmen (Tafel I) 591

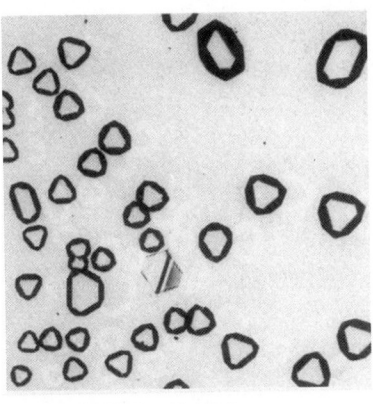

1 $CsAl(SO_4)_2 \cdot 12 H_2O$
  V. 1:60

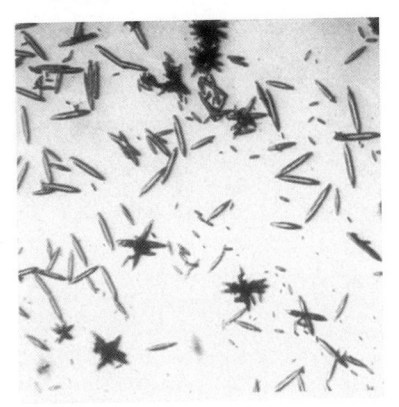

2 $K_2Na[Co(NO_2)_6]$
  V. 1:200

3 $Ba[SiF_6]$
  V. 1:90

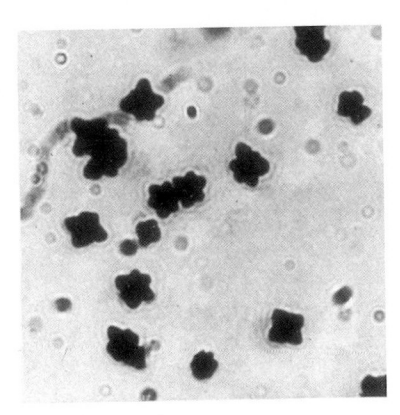

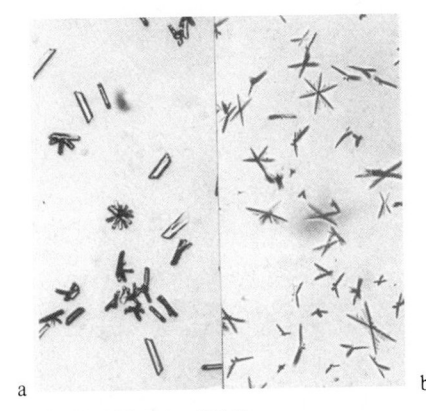

4 $MgNH_4PO_4 \cdot 6 H_2O$
  V. 1:60
  a) verd. Lsg., b) konz. Lsg.

5 $(NH_4)_3[P(Mo_3O_{10})_4] \cdot aq$
  V. 1:120

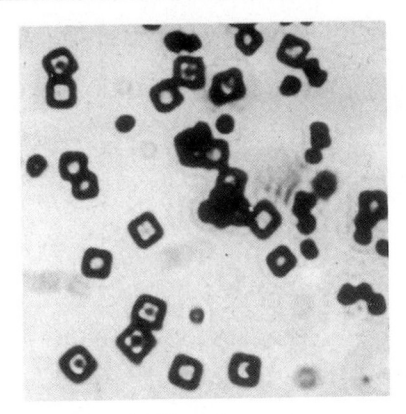

6 $NaMg(UO_2)_3(CH_3COO)_9 \cdot 9 H_2O$
  V. 1:120

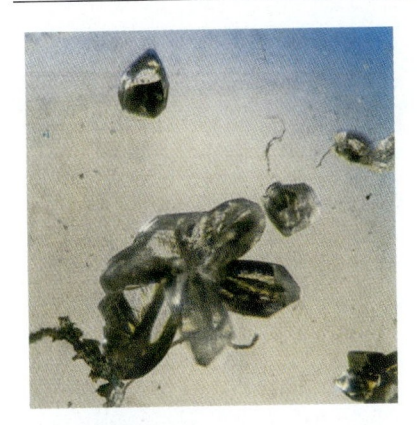

Kristallaufnahmen (Tafel II) 593

7 Na[Sb(OH)$_6$]
V. 1:200

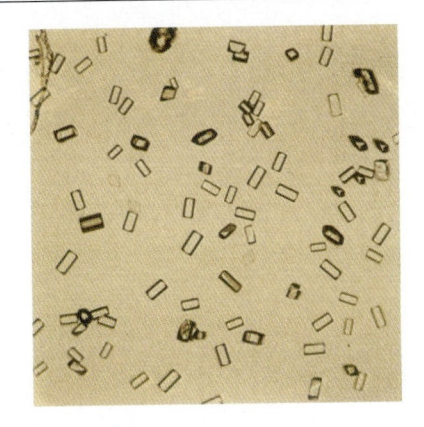

8 KClO$_3$
V. 1:100

9 BaSO$_4$
V. 1:200

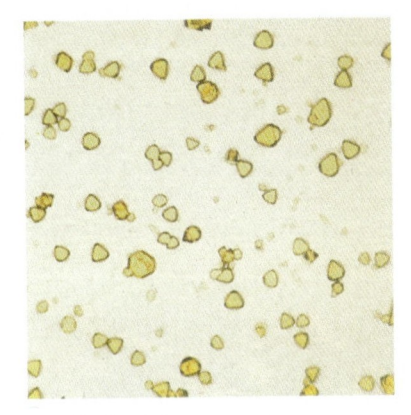

10 K$_2$[PtCl$_6$]
V. 1:100

11 K$_2$CuPb(NO$_2$)$_6$
V. 1:100

12 CaSO$_4$ · 2 H$_2$O
V. 1:200

Kristallaufnahmen (Tafel III) 595

13 SrCrO$_4$
   V. 1:100

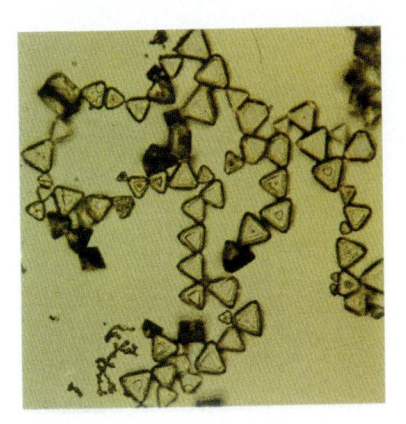

14 Zn[Hg(SCN)$_4$]
   V. 1:100

15 AgCl
   V. 1:100

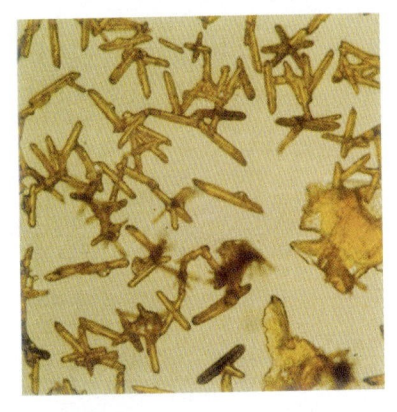

16 Co[Hg(SCN)$_4$]
   V. 1:100

17 PbCrO$_4$
   V. 1:100

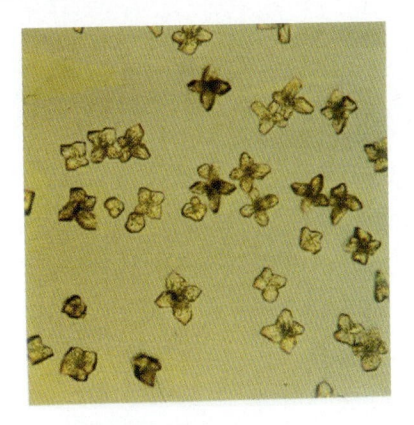

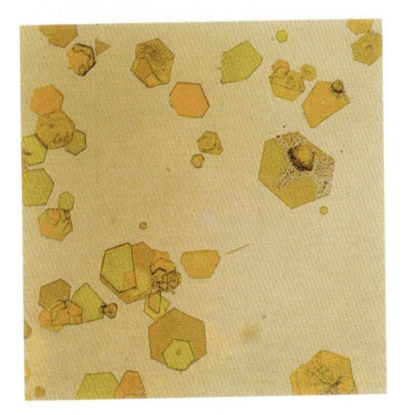

18 PbI$_2$
   V. 1:100